# 21世紀暦

## 曜日・干支・九星・旧暦・六曜

日外アソシエーツ編集部編

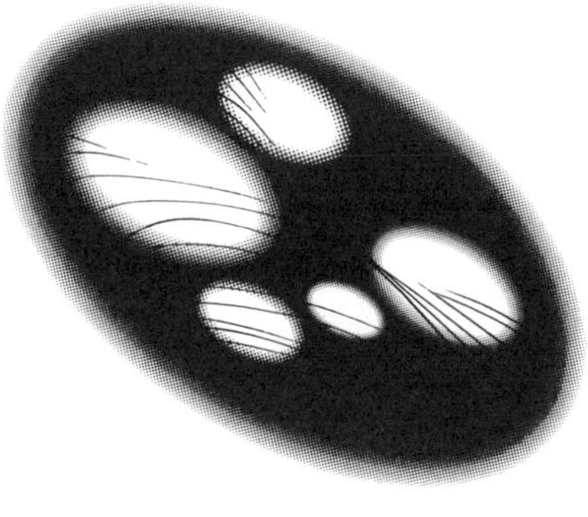

日外アソシエーツ

## 本書の内容

1. 21世紀（2001年1月1日から2100年12月31日まで）の100年間、36,524日の暦を収録しています。その年の二十四節気と雑節は暦表の右欄に掲載しました。またその年がどんな年に当たるかを、著名人の生誕・年忌や歴史上の出来事を中心にして各年の先頭頁に掲載しています。

2. 暦 表

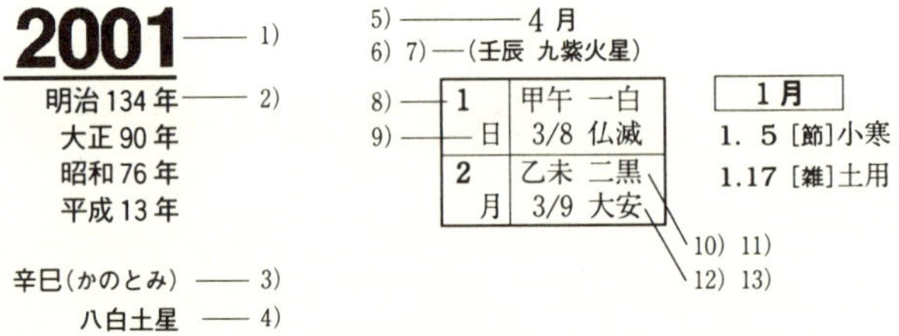


| | | |
|---|---|---|
| 1) 西暦年 | 5) 西暦月 | 10) 日干支 |
| 2) 和暦(累積) | 6) 月干支 | 11) 日九星 |
| 3) 年干支 | 7) 月九星 | 12) 旧暦月日 |
| 4) 年九星 | 8) 西暦日 | 13) 六曜 |
| | 9) 七曜 | |

※［節］は二十四節気（節入日)、［雑］は主な雑節（土用と彼岸は節入日）

3. 生誕・年忌など
   1) その年が著名人の誕生・死没や歴史的事件から何周年（百年単位）に当たるかを示しました。
   2) 日付は当時の暦（月の閏は省略）に基づくものを記載しました。従って現行のグレゴリオ暦からみると多少(日本の旧暦ならば約1ヶ月前後)のずれがあります。
   3) 日付が明確でないもの、長期間にわたる事件などは、「この年」として各年の末尾に記載しました。

4. 使用上の注意

本書掲載の暦表は編集部が計算を重ねて予測、作成し、巻末に列挙した参考資料等と照合・検証したものです。数十年先には部分的に誤差の生じる可能性もありますのであらかじめご承知置きください。日本の正式な暦は、国立天文台の観測データに基づき政府が前年官報により国民に告知することになっています。

装丁：熊谷博人

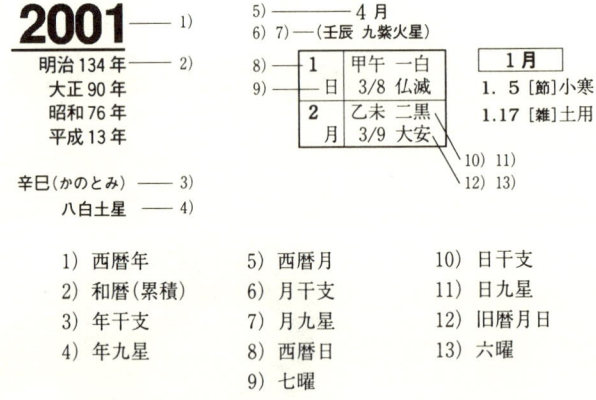

# 2001

明治 134 年
大正 90 年
昭和 76 年
平成 13 年

辛巳（かのとみ）
八白土星

生誕・年忌など

1.22 ヴィクトリア女王没後 100 年
1.25 菅原道真左遷 1100 年
式子内親王没後 800 年
1.27 G. ヴェルディ没後 100 年
2. 3 福沢諭吉没後 100 年
2.17 梶井基次郎生誕 100 年
2.25 契沖没後 300 年
3.14 松の廊下の刃傷事件 300 年
3.25 ノヴァーリス没後 200 年
4.29 昭和天皇生誕 100 年
5.18 社会民主党 (日本初の社会主義政党) 結成 100 年
7.24 中村草田男生誕 100 年
7. — カエサル生誕 2100 年
9. 9 ロートレック没後 100 年
9.29 本居宣長没後 200 年
10.10 A. ジャコメッティ生誕 100 年
11. 3 山口誓子生誕 100 年
12. 5 W. ディズニー生誕 100 年
12.10 ノーベル賞制定 100 年
12.13 中江兆民没後 100 年
この年 李白生誕 1300 年
蘇軾没後 900 年
ニコラウス・クザーヌス生誕 600 年

## 1月
（己丑 三碧木星）

| | | | |
|---|---|---|---|
| 1 | 月 | 甲子 一白 | 12/7 赤口 |
| 2 | 火 | 乙丑 二黒 | 12/8 先勝 |
| 3 | 水 | 丙寅 三碧 | 12/9 友引 |
| 4 | 木 | 丁卯 四緑 | 12/10 先負 |
| 5 | 金 | 戊辰 五黄 | 12/11 仏滅 |
| 6 | 土 | 己巳 六白 | 12/12 大安 |
| 7 | 日 | 庚午 七赤 | 12/13 赤口 |
| 8 | 月 | 辛未 八白 | 12/14 先勝 |
| 9 | 火 | 壬申 九紫 | 12/15 友引 |
| 10 | 水 | 癸酉 一白 | 12/16 先負 |
| 11 | 木 | 甲戌 二黒 | 12/17 仏滅 |
| 12 | 金 | 乙亥 三碧 | 12/18 大安 |
| 13 | 土 | 丙子 四緑 | 12/19 赤口 |
| 14 | 日 | 丁丑 五黄 | 12/20 先勝 |
| 15 | 月 | 戊寅 六白 | 12/21 友引 |
| 16 | 火 | 己卯 七赤 | 12/22 先負 |
| 17 | 水 | 庚辰 八白 | 12/23 仏滅 |
| 18 | 木 | 辛巳 九紫 | 12/24 大安 |
| 19 | 金 | 壬午 一白 | 12/25 赤口 |
| 20 | 土 | 癸未 二黒 | 12/26 先勝 |
| 21 | 日 | 甲申 三碧 | 12/27 友引 |
| 22 | 月 | 乙酉 四緑 | 12/28 先負 |
| 23 | 火 | 丙戌 五黄 | 12/29 仏滅 |
| 24 | 水 | 丁亥 六白 | 1/1 先勝 |
| 25 | 木 | 戊子 七赤 | 1/2 友引 |
| 26 | 金 | 己丑 八白 | 1/3 先負 |
| 27 | 土 | 庚寅 九紫 | 1/4 仏滅 |
| 28 | 日 | 辛卯 一白 | 1/5 大安 |
| 29 | 月 | 壬辰 二黒 | 1/6 赤口 |
| 30 | 火 | 癸巳 三碧 | 1/7 先勝 |
| 31 | 水 | 甲午 四緑 | 1/8 友引 |

## 2月
（庚寅 二黒土星）

| | | | |
|---|---|---|---|
| 1 | 木 | 乙未 五黄 | 1/9 先負 |
| 2 | 金 | 丙申 六白 | 1/10 仏滅 |
| 3 | 土 | 丁酉 七赤 | 1/11 大安 |
| 4 | 日 | 戊戌 八白 | 1/12 赤口 |
| 5 | 月 | 己亥 九紫 | 1/13 先勝 |
| 6 | 火 | 庚子 一白 | 1/14 友引 |
| 7 | 水 | 辛丑 二黒 | 1/15 先負 |
| 8 | 木 | 壬寅 三碧 | 1/16 仏滅 |
| 9 | 金 | 癸卯 四緑 | 1/17 大安 |
| 10 | 土 | 甲辰 五黄 | 1/18 赤口 |
| 11 | 日 | 乙巳 六白 | 1/19 先勝 |
| 12 | 月 | 丙午 七赤 | 1/20 友引 |
| 13 | 火 | 丁未 八白 | 1/21 先負 |
| 14 | 水 | 戊申 九紫 | 1/22 仏滅 |
| 15 | 木 | 己酉 一白 | 1/23 大安 |
| 16 | 金 | 庚戌 二黒 | 1/24 赤口 |
| 17 | 土 | 辛亥 三碧 | 1/25 先勝 |
| 18 | 日 | 壬子 四緑 | 1/26 友引 |
| 19 | 月 | 癸丑 五黄 | 1/27 先負 |
| 20 | 火 | 甲寅 六白 | 1/28 仏滅 |
| 21 | 水 | 乙卯 七赤 | 1/29 大安 |
| 22 | 木 | 丙辰 八白 | 1/30 赤口 |
| 23 | 金 | 丁巳 九紫 | 2/1 友引 |
| 24 | 土 | 戊午 一白 | 2/2 先負 |
| 25 | 日 | 己未 二黒 | 2/3 仏滅 |
| 26 | 月 | 庚申 三碧 | 2/4 大安 |
| 27 | 火 | 辛酉 四緑 | 2/5 赤口 |
| 28 | 水 | 壬戌 五黄 | 2/6 先勝 |

## 3月
（辛卯 一白水星）

| | | | |
|---|---|---|---|
| 1 | 木 | 癸亥 六白 | 2/7 友引 |
| 2 | 金 | 甲子 七赤 | 2/8 先負 |
| 3 | 土 | 乙丑 八白 | 2/9 仏滅 |
| 4 | 日 | 丙寅 九紫 | 2/10 大安 |
| 5 | 月 | 丁卯 一白 | 2/11 赤口 |
| 6 | 火 | 戊辰 二黒 | 2/12 先勝 |
| 7 | 水 | 己巳 三碧 | 2/13 友引 |
| 8 | 木 | 庚午 四緑 | 2/14 先負 |
| 9 | 金 | 辛未 五黄 | 2/15 仏滅 |
| 10 | 土 | 壬申 六白 | 2/16 大安 |
| 11 | 日 | 癸酉 七赤 | 2/17 赤口 |
| 12 | 月 | 甲戌 八白 | 2/18 先勝 |
| 13 | 火 | 乙亥 九紫 | 2/19 友引 |
| 14 | 水 | 丙子 一白 | 2/20 先負 |
| 15 | 木 | 丁丑 二黒 | 2/21 仏滅 |
| 16 | 金 | 戊寅 三碧 | 2/22 大安 |
| 17 | 土 | 己卯 四緑 | 2/23 赤口 |
| 18 | 日 | 庚辰 五黄 | 2/24 先勝 |
| 19 | 月 | 辛巳 六白 | 2/25 友引 |
| 20 | 火 | 壬午 七赤 | 2/26 先負 |
| 21 | 水 | 癸未 八白 | 2/27 仏滅 |
| 22 | 木 | 甲申 九紫 | 2/28 大安 |
| 23 | 金 | 乙酉 一白 | 2/29 赤口 |
| 24 | 土 | 丙戌 二黒 | 2/30 先勝 |
| 25 | 日 | 丁亥 三碧 | 3/1 先負 |
| 26 | 月 | 戊子 四緑 | 3/2 仏滅 |
| 27 | 火 | 己丑 五黄 | 3/3 大安 |
| 28 | 水 | 庚寅 六白 | 3/4 赤口 |
| 29 | 木 | 辛卯 七赤 | 3/5 先勝 |
| 30 | 金 | 壬辰 八白 | 3/6 友引 |
| 31 | 土 | 癸巳 九紫 | 3/7 先負 |

## 4月
（壬辰 九紫火星）

| | | | |
|---|---|---|---|
| 1 | 日 | 甲午 一白 | 3/8 仏滅 |
| 2 | 月 | 乙未 二黒 | 3/9 大安 |
| 3 | 火 | 丙申 三碧 | 3/10 赤口 |
| 4 | 水 | 丁酉 四緑 | 3/11 先勝 |
| 5 | 木 | 戊戌 五黄 | 3/12 友引 |
| 6 | 金 | 己亥 六白 | 3/13 先負 |
| 7 | 土 | 庚子 七赤 | 3/14 仏滅 |
| 8 | 日 | 辛丑 八白 | 3/15 大安 |
| 9 | 月 | 壬寅 九紫 | 3/16 赤口 |
| 10 | 火 | 癸卯 一白 | 3/17 先勝 |
| 11 | 水 | 甲辰 二黒 | 3/18 友引 |
| 12 | 木 | 乙巳 三碧 | 3/19 先負 |
| 13 | 金 | 丙午 四緑 | 3/20 仏滅 |
| 14 | 土 | 丁未 五黄 | 3/21 大安 |
| 15 | 日 | 戊申 六白 | 3/22 赤口 |
| 16 | 月 | 己酉 七赤 | 3/23 先勝 |
| 17 | 火 | 庚戌 八白 | 3/24 友引 |
| 18 | 水 | 辛亥 九紫 | 3/25 先負 |
| 19 | 木 | 壬子 一白 | 3/26 仏滅 |
| 20 | 金 | 癸丑 二黒 | 3/27 大安 |
| 21 | 土 | 甲寅 三碧 | 3/28 赤口 |
| 22 | 日 | 乙卯 四緑 | 3/29 先勝 |
| 23 | 月 | 丙辰 五黄 | 3/30 友引 |
| 24 | 火 | 丁巳 六白 | 4/1 仏滅 |
| 25 | 水 | 戊午 七赤 | 4/2 大安 |
| 26 | 木 | 己未 八白 | 4/3 赤口 |
| 27 | 金 | 庚申 九紫 | 4/4 先勝 |
| 28 | 土 | 辛酉 一白 | 4/5 友引 |
| 29 | 日 | 壬戌 二黒 | 4/6 先負 |
| 30 | 月 | 癸亥 三碧 | 4/7 仏滅 |

**1月**

1. 5 ［節］小寒
1.17 ［雑］土用
1.20 ［節］大寒

**2月**

2. 3 ［雑］節分
2. 4 ［節］立春
2.18 ［節］雨水

**3月**

3. 5 ［節］啓蟄
3.16 ［雑］社日
3.17 ［雑］彼岸
3.20 ［節］春分

**4月**

4. 5 ［節］清明
4.17 ［雑］土用
4.20 ［節］穀雨

## 5月
（癸巳 八白土星）

| | | | |
|---|---|---|---|
| 1 | 火 | 甲子 四緑 | 4/8 大安 |
| 2 | 水 | 乙丑 五黄 | 4/9 赤口 |
| 3 | 木 | 丙寅 六白 | 4/10 先勝 |
| 4 | 金 | 丁卯 七赤 | 4/11 友引 |
| 5 | 土 | 戊辰 八白 | 4/12 先負 |
| 6 | 日 | 己巳 九紫 | 4/13 仏滅 |
| 7 | 月 | 庚午 一白 | 4/14 大安 |
| 8 | 火 | 辛未 二黒 | 4/15 赤口 |
| 9 | 水 | 壬申 三碧 | 4/16 先勝 |
| 10 | 木 | 癸酉 四緑 | 4/17 友引 |
| 11 | 金 | 甲戌 五黄 | 4/18 先負 |
| 12 | 土 | 乙亥 六白 | 4/19 仏滅 |
| 13 | 日 | 丙子 七赤 | 4/20 大安 |
| 14 | 月 | 丁丑 八白 | 4/21 赤口 |
| 15 | 火 | 戊寅 九紫 | 4/22 先勝 |
| 16 | 水 | 己卯 一白 | 4/23 友引 |
| 17 | 木 | 庚辰 二黒 | 4/24 先負 |
| 18 | 金 | 辛巳 三碧 | 4/25 仏滅 |
| 19 | 土 | 壬午 四緑 | 4/26 大安 |
| 20 | 日 | 癸未 五黄 | 4/27 赤口 |
| 21 | 月 | 甲申 六白 | 4/28 先勝 |
| 22 | 火 | 乙酉 七赤 | 4/29 友引 |
| 23 | 水 | 丙戌 八白 | 閏4/1 仏滅 |
| 24 | 木 | 丁亥 九紫 | 閏4/2 大安 |
| 25 | 金 | 戊子 一白 | 閏4/3 赤口 |
| 26 | 土 | 己丑 二黒 | 閏4/4 先勝 |
| 27 | 日 | 庚寅 三碧 | 閏4/5 友引 |
| 28 | 月 | 辛卯 四緑 | 閏4/6 先負 |
| 29 | 火 | 壬辰 五黄 | 閏4/7 仏滅 |
| 30 | 水 | 癸巳 六白 | 閏4/8 大安 |
| 31 | 木 | 甲午 七赤 | 閏4/9 赤口 |

## 6月
（甲午 七赤金星）

| | | | |
|---|---|---|---|
| 1 | 金 | 乙未 八白 | 閏4/10 先勝 |
| 2 | 土 | 丙申 九紫 | 閏4/11 友引 |
| 3 | 日 | 丁酉 一白 | 閏4/12 先負 |
| 4 | 月 | 戊戌 二黒 | 閏4/13 仏滅 |
| 5 | 火 | 己亥 三碧 | 閏4/14 大安 |
| 6 | 水 | 庚子 四緑 | 閏4/15 赤口 |
| 7 | 木 | 辛丑 五黄 | 閏4/16 先勝 |
| 8 | 金 | 壬寅 六白 | 閏4/17 友引 |
| 9 | 土 | 癸卯 七赤 | 閏4/18 先負 |
| 10 | 日 | 甲辰 八白 | 閏4/19 仏滅 |
| 11 | 月 | 乙巳 九紫 | 閏4/20 大安 |
| 12 | 火 | 丙午 一白 | 閏4/21 赤口 |
| 13 | 水 | 丁未 二黒 | 閏4/22 先勝 |
| 14 | 木 | 戊申 三碧 | 閏4/23 友引 |
| 15 | 金 | 己酉 四緑 | 閏4/24 先負 |
| 16 | 土 | 庚戌 五黄 | 閏4/25 仏滅 |
| 17 | 日 | 辛亥 六白 | 閏4/26 大安 |
| 18 | 月 | 壬子 七赤 | 閏4/27 赤口 |
| 19 | 火 | 癸丑 八白 | 閏4/28 先勝 |
| 20 | 水 | 甲寅 九紫 | 閏4/29 友引 |
| 21 | 木 | 乙卯 一白 | 5/1 大安 |
| 22 | 金 | 丙辰 二黒 | 5/2 赤口 |
| 23 | 土 | 丁巳 三碧 | 5/3 先勝 |
| 24 | 日 | 戊午 四緑 | 5/4 友引 |
| 25 | 月 | 己未 五黄 | 5/5 先負 |
| 26 | 火 | 庚申 六白 | 5/6 仏滅 |
| 27 | 水 | 辛酉 七赤 | 5/7 大安 |
| 28 | 木 | 壬戌 八白 | 5/8 赤口 |
| 29 | 金 | 癸亥 九紫 | 5/9 先勝 |
| 30 | 土 | 甲子 九紫 | 5/10 友引 |

## 7月
（乙未 六白金星）

| | | | |
|---|---|---|---|
| 1 | 日 | 乙丑 八白 | 5/11 先負 |
| 2 | 月 | 丙寅 七赤 | 5/12 仏滅 |
| 3 | 火 | 丁卯 六白 | 5/13 大安 |
| 4 | 水 | 戊辰 五黄 | 5/14 赤口 |
| 5 | 木 | 己巳 四緑 | 5/15 先勝 |
| 6 | 金 | 庚午 三碧 | 5/16 友引 |
| 7 | 土 | 辛未 二黒 | 5/17 先負 |
| 8 | 日 | 壬申 一白 | 5/18 仏滅 |
| 9 | 月 | 癸酉 九紫 | 5/19 大安 |
| 10 | 火 | 甲戌 八白 | 5/20 赤口 |
| 11 | 水 | 乙亥 七赤 | 5/21 先勝 |
| 12 | 木 | 丙子 六白 | 5/22 友引 |
| 13 | 金 | 丁丑 五黄 | 5/23 先負 |
| 14 | 土 | 戊寅 四緑 | 5/24 仏滅 |
| 15 | 日 | 己卯 三碧 | 5/25 大安 |
| 16 | 月 | 庚辰 二黒 | 5/26 赤口 |
| 17 | 火 | 辛巳 一白 | 5/27 先勝 |
| 18 | 水 | 壬午 九紫 | 5/28 友引 |
| 19 | 木 | 癸未 八白 | 5/29 先負 |
| 20 | 金 | 甲申 七赤 | 5/30 仏滅 |
| 21 | 土 | 乙酉 六白 | 6/1 赤口 |
| 22 | 日 | 丙戌 五黄 | 6/2 先勝 |
| 23 | 月 | 丁亥 四緑 | 6/3 友引 |
| 24 | 火 | 戊子 三碧 | 6/4 先負 |
| 25 | 水 | 己丑 二黒 | 6/5 仏滅 |
| 26 | 木 | 庚寅 一白 | 6/6 大安 |
| 27 | 金 | 辛卯 九紫 | 6/7 赤口 |
| 28 | 土 | 壬辰 八白 | 6/8 先勝 |
| 29 | 日 | 癸巳 七赤 | 6/9 友引 |
| 30 | 月 | 甲午 六白 | 6/10 先負 |
| 31 | 火 | 乙未 五黄 | 6/11 仏滅 |

## 8月
（丙申 五黄土星）

| | | | |
|---|---|---|---|
| 1 | 水 | 丙申 四緑 | 6/12 大安 |
| 2 | 木 | 丁酉 三碧 | 6/13 赤口 |
| 3 | 金 | 戊戌 二黒 | 6/14 先勝 |
| 4 | 土 | 己亥 一白 | 6/15 友引 |
| 5 | 日 | 庚子 九紫 | 6/16 先負 |
| 6 | 月 | 辛丑 八白 | 6/17 仏滅 |
| 7 | 火 | 壬寅 七赤 | 6/18 大安 |
| 8 | 水 | 癸卯 六白 | 6/19 赤口 |
| 9 | 木 | 甲辰 五黄 | 6/20 先勝 |
| 10 | 金 | 乙巳 四緑 | 6/21 友引 |
| 11 | 土 | 丙午 三碧 | 6/22 先負 |
| 12 | 日 | 丁未 二黒 | 6/23 仏滅 |
| 13 | 月 | 戊申 一白 | 6/24 大安 |
| 14 | 火 | 己酉 九紫 | 6/25 赤口 |
| 15 | 水 | 庚戌 八白 | 6/26 先勝 |
| 16 | 木 | 辛亥 七赤 | 6/27 友引 |
| 17 | 金 | 壬子 六白 | 6/28 先負 |
| 18 | 土 | 癸丑 五黄 | 6/29 仏滅 |
| 19 | 日 | 甲寅 四緑 | 7/1 先勝 |
| 20 | 月 | 乙卯 三碧 | 7/2 友引 |
| 21 | 火 | 丙辰 二黒 | 7/3 先負 |
| 22 | 水 | 丁巳 一白 | 7/4 仏滅 |
| 23 | 木 | 戊午 九紫 | 7/5 大安 |
| 24 | 金 | 己未 八白 | 7/6 赤口 |
| 25 | 土 | 庚申 七赤 | 7/7 先勝 |
| 26 | 日 | 辛酉 六白 | 7/8 友引 |
| 27 | 月 | 壬戌 五黄 | 7/9 先負 |
| 28 | 火 | 癸亥 四緑 | 7/10 仏滅 |
| 29 | 水 | 甲子 三碧 | 7/11 大安 |
| 30 | 木 | 乙丑 二黒 | 7/12 赤口 |
| 31 | 金 | 丙寅 一白 | 7/13 先勝 |

**5月**

5. 2［雑］八十八夜
5. 5［節］立夏
5.21［節］小満

**6月**

6. 5［節］芒種
6.11［雑］入梅
6.21［節］夏至

**7月**

7. 2［雑］半夏生
7. 7［節］小暑
7.20［雑］土用
7.23［節］大暑

**8月**

8. 7［節］立秋
8.23［節］処暑

2001 年

## 9 月
（丁酉 四緑木星）

| 日 | 曜 | 干支・九星 | 旧暦・六曜 |
|---|---|---|---|
| 1 | 土 | 丁卯 九紫 | 7/14 友引 |
| 2 | 日 | 戊辰 八白 | 7/15 先負 |
| 3 | 月 | 己巳 七赤 | 7/16 仏滅 |
| 4 | 火 | 庚午 六白 | 7/17 大安 |
| 5 | 水 | 辛未 五黄 | 7/18 赤口 |
| 6 | 木 | 壬申 四緑 | 7/19 先勝 |
| 7 | 金 | 癸酉 三碧 | 7/20 友引 |
| 8 | 土 | 甲戌 二黒 | 7/21 先負 |
| 9 | 日 | 乙亥 一白 | 7/22 仏滅 |
| 10 | 月 | 丙子 九紫 | 7/23 大安 |
| 11 | 火 | 丁丑 八白 | 7/24 赤口 |
| 12 | 水 | 戊寅 七赤 | 7/25 先勝 |
| 13 | 木 | 己卯 六白 | 7/26 友引 |
| 14 | 金 | 庚辰 五黄 | 7/27 先負 |
| 15 | 土 | 辛巳 四緑 | 7/28 仏滅 |
| 16 | 日 | 壬午 三碧 | 7/29 大安 |
| 17 | 月 | 癸未 二黒 | 8/1 友引 |
| 18 | 火 | 甲申 一白 | 8/2 先負 |
| 19 | 水 | 乙酉 九紫 | 8/3 仏滅 |
| 20 | 木 | 丙戌 八白 | 8/4 大安 |
| 21 | 金 | 丁亥 七赤 | 8/5 赤口 |
| 22 | 土 | 戊子 六白 | 8/6 先勝 |
| 23 | 日 | 己丑 五黄 | 8/7 友引 |
| 24 | 月 | 庚寅 四緑 | 8/8 先負 |
| 25 | 火 | 辛卯 三碧 | 8/9 仏滅 |
| 26 | 水 | 壬辰 二黒 | 8/10 大安 |
| 27 | 木 | 癸巳 一白 | 8/11 赤口 |
| 28 | 金 | 甲午 九紫 | 8/12 先勝 |
| 29 | 土 | 乙未 八白 | 8/13 友引 |
| 30 | 日 | 丙申 七赤 | 8/14 先負 |

## 10 月
（戊戌 三碧木星）

| 日 | 曜 | 干支・九星 | 旧暦・六曜 |
|---|---|---|---|
| 1 | 月 | 丁酉 六白 | 8/15 仏滅 |
| 2 | 火 | 戊戌 五黄 | 8/16 大安 |
| 3 | 水 | 己亥 四緑 | 8/17 赤口 |
| 4 | 木 | 庚子 三碧 | 8/18 先勝 |
| 5 | 金 | 辛丑 二黒 | 8/19 友引 |
| 6 | 土 | 壬寅 一白 | 8/20 先負 |
| 7 | 日 | 癸卯 九紫 | 8/21 仏滅 |
| 8 | 月 | 甲辰 八白 | 8/22 大安 |
| 9 | 火 | 乙巳 七赤 | 8/23 赤口 |
| 10 | 水 | 丙午 六白 | 8/24 先勝 |
| 11 | 木 | 丁未 五黄 | 8/25 友引 |
| 12 | 金 | 戊申 四緑 | 8/26 先負 |
| 13 | 土 | 己酉 三碧 | 8/27 仏滅 |
| 14 | 日 | 庚戌 二黒 | 8/28 大安 |
| 15 | 月 | 辛亥 一白 | 8/29 赤口 |
| 16 | 火 | 壬子 九紫 | 8/30 先勝 |
| 17 | 水 | 癸丑 八白 | 9/1 先負 |
| 18 | 木 | 甲寅 七赤 | 9/2 仏滅 |
| 19 | 金 | 乙卯 六白 | 9/3 大安 |
| 20 | 土 | 丙辰 五黄 | 9/4 赤口 |
| 21 | 日 | 丁巳 四緑 | 9/5 先勝 |
| 22 | 月 | 戊午 三碧 | 9/6 友引 |
| 23 | 火 | 己未 二黒 | 9/7 先負 |
| 24 | 水 | 庚申 一白 | 9/8 仏滅 |
| 25 | 木 | 辛酉 九紫 | 9/9 大安 |
| 26 | 金 | 壬戌 八白 | 9/10 赤口 |
| 27 | 土 | 癸亥 七赤 | 9/11 先勝 |
| 28 | 日 | 甲子 六白 | 9/12 友引 |
| 29 | 月 | 乙丑 五黄 | 9/13 先負 |
| 30 | 火 | 丙寅 四緑 | 9/14 仏滅 |
| 31 | 水 | 丁卯 三碧 | 9/15 大安 |

## 11 月
（己亥 二黒土星）

| 日 | 曜 | 干支・九星 | 旧暦・六曜 |
|---|---|---|---|
| 1 | 木 | 戊辰 二黒 | 9/16 赤口 |
| 2 | 金 | 己巳 一白 | 9/17 先勝 |
| 3 | 土 | 庚午 九紫 | 9/18 友引 |
| 4 | 日 | 辛未 八白 | 9/19 先負 |
| 5 | 月 | 壬申 七赤 | 9/20 仏滅 |
| 6 | 火 | 癸酉 六白 | 9/21 大安 |
| 7 | 水 | 甲戌 五黄 | 9/22 赤口 |
| 8 | 木 | 乙亥 四緑 | 9/23 先勝 |
| 9 | 金 | 丙子 三碧 | 9/24 友引 |
| 10 | 土 | 丁丑 二黒 | 9/25 先負 |
| 11 | 日 | 戊寅 一白 | 9/26 仏滅 |
| 12 | 月 | 己卯 九紫 | 9/27 大安 |
| 13 | 火 | 庚辰 八白 | 9/28 赤口 |
| 14 | 水 | 辛巳 七赤 | 9/29 先勝 |
| 15 | 木 | 壬午 六白 | 10/1 仏滅 |
| 16 | 金 | 癸未 五黄 | 10/2 大安 |
| 17 | 土 | 甲申 四緑 | 10/3 赤口 |
| 18 | 日 | 乙酉 三碧 | 10/4 先勝 |
| 19 | 月 | 丙戌 二黒 | 10/5 友引 |
| 20 | 火 | 丁亥 一白 | 10/6 先負 |
| 21 | 水 | 戊子 九紫 | 10/7 仏滅 |
| 22 | 木 | 己丑 八白 | 10/8 大安 |
| 23 | 金 | 庚寅 七赤 | 10/9 赤口 |
| 24 | 土 | 辛卯 六白 | 10/10 先勝 |
| 25 | 日 | 壬辰 五黄 | 10/11 友引 |
| 26 | 月 | 癸巳 四緑 | 10/12 先負 |
| 27 | 火 | 甲午 三碧 | 10/13 仏滅 |
| 28 | 水 | 乙未 二黒 | 10/14 大安 |
| 29 | 木 | 丙申 一白 | 10/15 赤口 |
| 30 | 金 | 丁酉 九紫 | 10/16 先勝 |

## 12 月
（庚子 一白水星）

| 日 | 曜 | 干支・九星 | 旧暦・六曜 |
|---|---|---|---|
| 1 | 土 | 戊戌 八白 | 10/17 友引 |
| 2 | 日 | 己亥 七赤 | 10/18 先負 |
| 3 | 月 | 庚子 六白 | 10/19 仏滅 |
| 4 | 火 | 辛丑 五黄 | 10/20 大安 |
| 5 | 水 | 壬寅 四緑 | 10/21 赤口 |
| 6 | 木 | 癸卯 三碧 | 10/22 先勝 |
| 7 | 金 | 甲辰 二黒 | 10/23 友引 |
| 8 | 土 | 乙巳 一白 | 10/24 先負 |
| 9 | 日 | 丙午 九紫 | 10/25 仏滅 |
| 10 | 月 | 丁未 八白 | 10/26 大安 |
| 11 | 火 | 戊申 七赤 | 10/27 赤口 |
| 12 | 水 | 己酉 六白 | 10/28 先勝 |
| 13 | 木 | 庚戌 五黄 | 10/29 友引 |
| 14 | 金 | 辛亥 四緑 | 10/30 先負 |
| 15 | 土 | 壬子 三碧 | 11/1 大安 |
| 16 | 日 | 癸丑 二黒 | 11/2 赤口 |
| 17 | 月 | 甲寅 一白 | 11/3 先勝 |
| 18 | 火 | 乙卯 九紫 | 11/4 友引 |
| 19 | 水 | 丙辰 八白 | 11/5 先負 |
| 20 | 木 | 丁巳 七赤 | 11/6 仏滅 |
| 21 | 金 | 戊午 六白 | 11/7 大安 |
| 22 | 土 | 己未 五黄 | 11/8 赤口 |
| 23 | 日 | 庚申 四緑 | 11/9 先勝 |
| 24 | 月 | 辛酉 三碧 | 11/10 友引 |
| 25 | 火 | 壬戌 二黒 | 11/11 先負 |
| 26 | 水 | 癸亥 一白 | 11/12 仏滅 |
| 27 | 木 | 甲子 一白 | 11/13 大安 |
| 28 | 金 | 乙丑 二黒 | 11/14 赤口 |
| 29 | 土 | 丙寅 三碧 | 11/15 先勝 |
| 30 | 日 | 丁卯 四緑 | 11/16 友引 |
| 31 | 月 | 戊辰 五黄 | 11/17 先負 |

**9 月**

9. 1［雑］二百十日
9. 7［節］白露
9.20［雑］彼岸
9.22［雑］社日
9.23［節］秋分

**10 月**

10. 8［節］寒露
10.20［雑］土用
10.23［節］霜降

**11 月**

11. 7［節］立冬
11.22［節］小雪

**12 月**

12. 7［節］大雪
12.22［節］冬至

# 2002

明治 **135** 年
大正 **91** 年
昭和 **77** 年
平成 **14** 年

壬午（みずのえうま）
七赤金星

生誕・年忌など

**1.14** 狩野探幽生誕 400 年
**1.23** 「八甲田山雪中行軍」遭難事件 100 年
**1.30** 日英同盟成立 100 年
**2.26** V. ユゴー生誕 200 年
**2.27** J. スタインベック生誕 100 年
**4.11** 小林秀雄生誕 100 年
**5. 4** スペイン継承戦争勃発 300 年
**9.19** 正岡子規没後 100 年
**9.29** E. ゾラ没後 100 年
**12.10** アスワン・ダム完成 100 年
**12.15** 赤穂浪士討ち入り 300 年
**12.22** 持統天皇没後 1300 年
**12.24** 高山樗牛没後 100 年
**この年** ソクラテス没後 2400 年
ベトナム・グエン王朝創始 200 年

2002 年

## 1 月
（辛丑 九紫火星）

| | | |
|---|---|---|
| 1 火 | 己巳 六白 | 11/18 仏滅 |
| 2 水 | 庚午 七赤 | 11/19 大安 |
| 3 木 | 辛未 八白 | 11/20 赤口 |
| 4 金 | 壬申 九紫 | 11/21 先勝 |
| 5 土 | 癸酉 一白 | 11/22 友引 |
| 6 日 | 甲戌 二黒 | 11/23 先負 |
| 7 月 | 乙亥 三碧 | 11/24 仏滅 |
| 8 火 | 丙子 四緑 | 11/25 大安 |
| 9 水 | 丁丑 五黄 | 11/26 赤口 |
| 10 木 | 戊寅 六白 | 11/27 先勝 |
| 11 金 | 己卯 七赤 | 11/28 友引 |
| 12 土 | 庚辰 八白 | 11/29 先負 |
| 13 日 | 辛巳 九紫 | 12/1 赤口 |
| 14 月 | 壬午 一白 | 12/2 先勝 |
| 15 火 | 癸未 二黒 | 12/3 友引 |
| 16 水 | 甲申 三碧 | 12/4 先負 |
| 17 木 | 乙酉 四緑 | 12/5 仏滅 |
| 18 金 | 丙戌 五黄 | 12/6 大安 |
| 19 土 | 丁亥 六白 | 12/7 赤口 |
| 20 日 | 戊子 七赤 | 12/8 先勝 |
| 21 月 | 己丑 八白 | 12/9 友引 |
| 22 火 | 庚寅 九紫 | 12/10 先負 |
| 23 水 | 辛卯 一白 | 12/11 仏滅 |
| 24 木 | 壬辰 二黒 | 12/12 大安 |
| 25 金 | 癸巳 三碧 | 12/13 赤口 |
| 26 土 | 甲午 四緑 | 12/14 先勝 |
| 27 日 | 乙未 五黄 | 12/15 友引 |
| 28 月 | 丙申 六白 | 12/16 先負 |
| 29 火 | 丁酉 七赤 | 12/17 仏滅 |
| 30 水 | 戊戌 八白 | 12/18 大安 |
| 31 木 | 己亥 九紫 | 12/19 赤口 |

## 2 月
（壬寅 八白土星）

| | | |
|---|---|---|
| 1 金 | 庚子 一白 | 12/20 先勝 |
| 2 土 | 辛丑 二黒 | 12/21 友引 |
| 3 日 | 壬寅 三碧 | 12/22 先負 |
| 4 月 | 癸卯 四緑 | 12/23 仏滅 |
| 5 火 | 甲辰 五黄 | 12/24 大安 |
| 6 水 | 乙巳 六白 | 12/25 赤口 |
| 7 木 | 丙午 七赤 | 12/26 先勝 |
| 8 金 | 丁未 八白 | 12/27 友引 |
| 9 土 | 戊申 九紫 | 12/28 先負 |
| 10 日 | 己酉 一白 | 12/29 仏滅 |
| 11 月 | 庚戌 二黒 | 12/30 大安 |
| 12 火 | 辛亥 三碧 | 1/1 先勝 |
| 13 水 | 壬子 四緑 | 1/2 友引 |
| 14 木 | 癸丑 五黄 | 1/3 先負 |
| 15 金 | 甲寅 六白 | 1/4 仏滅 |
| 16 土 | 乙卯 七赤 | 1/5 大安 |
| 17 日 | 丙辰 八白 | 1/6 赤口 |
| 18 月 | 丁巳 九紫 | 1/7 先勝 |
| 19 火 | 戊午 一白 | 1/8 友引 |
| 20 水 | 己未 二黒 | 1/9 先負 |
| 21 木 | 庚申 三碧 | 1/10 仏滅 |
| 22 金 | 辛酉 四緑 | 1/11 大安 |
| 23 土 | 壬戌 五黄 | 1/12 赤口 |
| 24 日 | 癸亥 六白 | 1/13 先勝 |
| 25 月 | 甲子 七赤 | 1/14 友引 |
| 26 火 | 乙丑 八白 | 1/15 先負 |
| 27 水 | 丙寅 九紫 | 1/16 仏滅 |
| 28 木 | 丁卯 一白 | 1/17 大安 |

## 3 月
（癸卯 七赤金星）

| | | |
|---|---|---|
| 1 金 | 戊辰 二黒 | 1/18 赤口 |
| 2 土 | 己巳 三碧 | 1/19 先勝 |
| 3 日 | 庚午 四緑 | 1/20 友引 |
| 4 月 | 辛未 五黄 | 1/21 先負 |
| 5 火 | 壬申 六白 | 1/22 仏滅 |
| 6 水 | 癸酉 七赤 | 1/23 大安 |
| 7 木 | 甲戌 八白 | 1/24 赤口 |
| 8 金 | 乙亥 九紫 | 1/25 先勝 |
| 9 土 | 丙子 一白 | 1/26 友引 |
| 10 日 | 丁丑 二黒 | 1/27 先負 |
| 11 月 | 戊寅 三碧 | 1/28 仏滅 |
| 12 火 | 己卯 四緑 | 1/29 大安 |
| 13 水 | 庚辰 五黄 | 1/30 赤口 |
| 14 木 | 辛巳 六白 | 2/1 友引 |
| 15 金 | 壬午 七赤 | 2/2 先負 |
| 16 土 | 癸未 八白 | 2/3 仏滅 |
| 17 日 | 甲申 九紫 | 2/4 大安 |
| 18 月 | 乙酉 一白 | 2/5 赤口 |
| 19 火 | 丙戌 二黒 | 2/6 先勝 |
| 20 水 | 丁亥 三碧 | 2/7 友引 |
| 21 木 | 戊子 四緑 | 2/8 先負 |
| 22 金 | 己丑 五黄 | 2/9 仏滅 |
| 23 土 | 庚寅 六白 | 2/10 大安 |
| 24 日 | 辛卯 七赤 | 2/11 赤口 |
| 25 月 | 壬辰 八白 | 2/12 先勝 |
| 26 火 | 癸巳 九紫 | 2/13 友引 |
| 27 水 | 甲午 一白 | 2/14 先負 |
| 28 木 | 乙未 二黒 | 2/15 仏滅 |
| 29 金 | 丙申 三碧 | 2/16 大安 |
| 30 土 | 丁酉 四緑 | 2/17 赤口 |
| 31 日 | 戊戌 五黄 | 2/18 先勝 |

## 4 月
（甲辰 六白金星）

| | | |
|---|---|---|
| 1 月 | 己亥 六白 | 2/19 友引 |
| 2 火 | 庚子 七赤 | 2/20 先負 |
| 3 水 | 辛丑 八白 | 2/21 仏滅 |
| 4 木 | 壬寅 九紫 | 2/22 大安 |
| 5 金 | 癸卯 一白 | 2/23 赤口 |
| 6 土 | 甲辰 二黒 | 2/24 先勝 |
| 7 日 | 乙巳 三碧 | 2/25 友引 |
| 8 月 | 丙午 四緑 | 2/26 先負 |
| 9 火 | 丁未 五黄 | 2/27 仏滅 |
| 10 水 | 戊申 六白 | 2/28 大安 |
| 11 木 | 己酉 七赤 | 2/29 赤口 |
| 12 金 | 庚戌 八白 | 2/30 先勝 |
| 13 土 | 辛亥 九紫 | 3/1 先負 |
| 14 日 | 壬子 一白 | 3/2 仏滅 |
| 15 月 | 癸丑 二黒 | 3/3 大安 |
| 16 火 | 甲寅 三碧 | 3/4 赤口 |
| 17 水 | 乙卯 四緑 | 3/5 先勝 |
| 18 木 | 丙辰 五黄 | 3/6 友引 |
| 19 金 | 丁巳 六白 | 3/7 先負 |
| 20 土 | 戊午 七赤 | 3/8 仏滅 |
| 21 日 | 己未 八白 | 3/9 大安 |
| 22 月 | 庚申 九紫 | 3/10 赤口 |
| 23 火 | 辛酉 一白 | 3/11 先勝 |
| 24 水 | 壬戌 二黒 | 3/12 友引 |
| 25 木 | 癸亥 三碧 | 3/13 先負 |
| 26 金 | 甲子 四緑 | 3/14 仏滅 |
| 27 土 | 乙丑 五黄 | 3/15 大安 |
| 28 日 | 丙寅 六白 | 3/16 赤口 |
| 29 月 | 丁卯 七赤 | 3/17 先勝 |
| 30 火 | 戊辰 八白 | 3/18 友引 |

**1 月**

1. 5 [節] 小寒
1.17 [雑] 土用
1.20 [節] 大寒

**2 月**

2. 3 [雑] 節分
2. 4 [節] 立春
2.19 [節] 雨水

**3 月**

3. 6 [節] 啓蟄
3.18 [雑] 彼岸
3.21 [節] 春分
3.21 [雑] 社日

**4 月**

4. 5 [節] 清明
4.17 [雑] 土用
4.20 [節] 穀雨

## 5月
（乙巳 五黄土星）

| | | | |
|---|---|---|---|
| 1 | 水 | 己巳 九紫 | 3/19 先負 |
| 2 | 木 | 庚午 一白 | 3/20 仏滅 |
| 3 | 金 | 辛未 二黒 | 3/21 大安 |
| 4 | 土 | 壬申 三碧 | 3/22 赤口 |
| 5 | 日 | 癸酉 四緑 | 3/23 先勝 |
| 6 | 月 | 甲戌 五黄 | 3/24 友引 |
| 7 | 火 | 乙亥 六白 | 3/25 先負 |
| 8 | 水 | 丙子 七赤 | 3/26 仏滅 |
| 9 | 木 | 丁丑 八白 | 3/27 大安 |
| 10 | 金 | 戊寅 九紫 | 3/28 赤口 |
| 11 | 土 | 己卯 一白 | 3/29 先勝 |
| 12 | 日 | 庚辰 二黒 | 4/1 仏滅 |
| 13 | 月 | 辛巳 三碧 | 4/2 大安 |
| 14 | 火 | 壬午 四緑 | 4/3 赤口 |
| 15 | 水 | 癸未 五黄 | 4/4 先勝 |
| 16 | 木 | 甲申 六白 | 4/5 友引 |
| 17 | 金 | 乙酉 七赤 | 4/6 先負 |
| 18 | 土 | 丙戌 八白 | 4/7 仏滅 |
| 19 | 日 | 丁亥 九紫 | 4/8 大安 |
| 20 | 月 | 戊子 一白 | 4/9 赤口 |
| 21 | 火 | 己丑 二黒 | 4/10 先勝 |
| 22 | 水 | 庚寅 三碧 | 4/11 友引 |
| 23 | 木 | 辛卯 四緑 | 4/12 先負 |
| 24 | 金 | 壬辰 五黄 | 4/13 仏滅 |
| 25 | 土 | 癸巳 六白 | 4/14 大安 |
| 26 | 日 | 甲午 七赤 | 4/15 赤口 |
| 27 | 月 | 乙未 八白 | 4/16 先勝 |
| 28 | 火 | 丙申 九紫 | 4/17 友引 |
| 29 | 水 | 丁酉 一白 | 4/18 先負 |
| 30 | 木 | 戊戌 二黒 | 4/19 仏滅 |
| 31 | 金 | 己亥 三碧 | 4/20 大安 |

## 6月
（丙午 四緑木星）

| | | | |
|---|---|---|---|
| 1 | 土 | 庚子 四緑 | 4/21 赤口 |
| 2 | 日 | 辛丑 五黄 | 4/22 先勝 |
| 3 | 月 | 壬寅 六白 | 4/23 友引 |
| 4 | 火 | 癸卯 七赤 | 4/24 先負 |
| 5 | 水 | 甲辰 八白 | 4/25 仏滅 |
| 6 | 木 | 乙巳 九紫 | 4/26 大安 |
| 7 | 金 | 丙午 一白 | 4/27 赤口 |
| 8 | 土 | 丁未 二黒 | 4/28 先勝 |
| 9 | 日 | 戊申 三碧 | 4/29 友引 |
| 10 | 月 | 己酉 四緑 | 4/30 先負 |
| 11 | 火 | 庚戌 五黄 | 5/1 大安 |
| 12 | 水 | 辛亥 六白 | 5/2 赤口 |
| 13 | 木 | 壬子 七赤 | 5/3 先勝 |
| 14 | 金 | 癸丑 八白 | 5/4 友引 |
| 15 | 土 | 甲寅 九紫 | 5/5 先負 |
| 16 | 日 | 乙卯 一白 | 5/6 仏滅 |
| 17 | 月 | 丙辰 二黒 | 5/7 大安 |
| 18 | 火 | 丁巳 三碧 | 5/8 赤口 |
| 19 | 水 | 戊午 四緑 | 5/9 先勝 |
| 20 | 木 | 己未 五黄 | 5/10 友引 |
| 21 | 金 | 庚申 六白 | 5/11 先負 |
| 22 | 土 | 辛酉 七赤 | 5/12 仏滅 |
| 23 | 日 | 壬戌 八白 | 5/13 大安 |
| 24 | 月 | 癸亥 九紫 | 5/14 赤口 |
| 25 | 火 | 甲子 九紫 | 5/15 先勝 |
| 26 | 水 | 乙丑 八白 | 5/16 友引 |
| 27 | 木 | 丙寅 七赤 | 5/17 先負 |
| 28 | 金 | 丁卯 六白 | 5/18 仏滅 |
| 29 | 土 | 戊辰 五黄 | 5/19 大安 |
| 30 | 日 | 己巳 四緑 | 5/20 赤口 |

## 7月
（丁未 三碧木星）

| | | | |
|---|---|---|---|
| 1 | 月 | 庚午 三碧 | 5/21 先勝 |
| 2 | 火 | 辛未 二黒 | 5/22 友引 |
| 3 | 水 | 壬申 一白 | 5/23 先負 |
| 4 | 木 | 癸酉 九紫 | 5/24 仏滅 |
| 5 | 金 | 甲戌 八白 | 5/25 大安 |
| 6 | 土 | 乙亥 七赤 | 5/26 赤口 |
| 7 | 日 | 丙子 六白 | 5/27 先勝 |
| 8 | 月 | 丁丑 五黄 | 5/28 友引 |
| 9 | 火 | 戊寅 四緑 | 5/29 先負 |
| 10 | 水 | 己卯 三碧 | 6/1 赤口 |
| 11 | 木 | 庚辰 二黒 | 6/2 先勝 |
| 12 | 金 | 辛巳 一白 | 6/3 友引 |
| 13 | 土 | 壬午 九紫 | 6/4 先負 |
| 14 | 日 | 癸未 八白 | 6/5 仏滅 |
| 15 | 月 | 甲申 七赤 | 6/6 大安 |
| 16 | 火 | 乙酉 六白 | 6/7 赤口 |
| 17 | 水 | 丙戌 五黄 | 6/8 先勝 |
| 18 | 木 | 丁亥 四緑 | 6/9 友引 |
| 19 | 金 | 戊子 三碧 | 6/10 先負 |
| 20 | 土 | 己丑 二黒 | 6/11 仏滅 |
| 21 | 日 | 庚寅 一白 | 6/12 大安 |
| 22 | 月 | 辛卯 九紫 | 6/13 赤口 |
| 23 | 火 | 壬辰 八白 | 6/14 先勝 |
| 24 | 水 | 癸巳 七赤 | 6/15 友引 |
| 25 | 木 | 甲午 六白 | 6/16 先負 |
| 26 | 金 | 乙未 五黄 | 6/17 仏滅 |
| 27 | 土 | 丙申 四緑 | 6/18 大安 |
| 28 | 日 | 丁酉 三碧 | 6/19 赤口 |
| 29 | 月 | 戊戌 二黒 | 6/20 先勝 |
| 30 | 火 | 己亥 一白 | 6/21 友引 |
| 31 | 水 | 庚子 九紫 | 6/22 先負 |

## 8月
（戊申 二黒土星）

| | | | |
|---|---|---|---|
| 1 | 木 | 辛丑 八白 | 6/23 仏滅 |
| 2 | 金 | 壬寅 七赤 | 6/24 大安 |
| 3 | 土 | 癸卯 六白 | 6/25 赤口 |
| 4 | 日 | 甲辰 五黄 | 6/26 先勝 |
| 5 | 月 | 乙巳 四緑 | 6/27 友引 |
| 6 | 火 | 丙午 三碧 | 6/28 先負 |
| 7 | 水 | 丁未 二黒 | 6/29 仏滅 |
| 8 | 木 | 戊申 一白 | 6/30 大安 |
| 9 | 金 | 己酉 九紫 | 7/1 先勝 |
| 10 | 土 | 庚戌 八白 | 7/2 友引 |
| 11 | 日 | 辛亥 七赤 | 7/3 先負 |
| 12 | 月 | 壬子 六白 | 7/4 仏滅 |
| 13 | 火 | 癸丑 五黄 | 7/5 大安 |
| 14 | 水 | 甲寅 四緑 | 7/6 赤口 |
| 15 | 木 | 乙卯 三碧 | 7/7 先勝 |
| 16 | 金 | 丙辰 二黒 | 7/8 友引 |
| 17 | 土 | 丁巳 一白 | 7/9 先負 |
| 18 | 日 | 戊午 九紫 | 7/10 仏滅 |
| 19 | 月 | 己未 八白 | 7/11 大安 |
| 20 | 火 | 庚申 七赤 | 7/12 赤口 |
| 21 | 水 | 辛酉 六白 | 7/13 先勝 |
| 22 | 木 | 壬戌 五黄 | 7/14 友引 |
| 23 | 金 | 癸亥 四緑 | 7/15 先負 |
| 24 | 土 | 甲子 三碧 | 7/16 仏滅 |
| 25 | 日 | 乙丑 二黒 | 7/17 大安 |
| 26 | 月 | 丙寅 一白 | 7/18 赤口 |
| 27 | 火 | 丁卯 九紫 | 7/19 先勝 |
| 28 | 水 | 戊辰 八白 | 7/20 友引 |
| 29 | 木 | 己巳 七赤 | 7/21 先負 |
| 30 | 金 | 庚午 六白 | 7/22 仏滅 |
| 31 | 土 | 辛未 五黄 | 7/23 大安 |

**5月**

5. 2［雑］八十八夜
5. 6［節］立夏
5.21［節］小満

**6月**

6. 6［節］芒種
6.11［雑］入梅
6.21［節］夏至

**7月**

7. 2［雑］半夏生
7. 7［節］小暑
7.20［雑］土用
7.23［節］大暑

**8月**

8. 8［節］立秋
8.23［節］処暑

## 9月
（己酉 一白水星）

| | | | |
|---|---|---|---|
| 1 | 日 | 壬申 四緑 | 7/24 赤口 |
| 2 | 月 | 癸酉 三碧 | 7/25 先勝 |
| 3 | 火 | 甲戌 二黒 | 7/26 友引 |
| 4 | 水 | 乙亥 一白 | 7/27 先負 |
| 5 | 木 | 丙子 九紫 | 7/28 仏滅 |
| 6 | 金 | 丁丑 八白 | 7/29 大安 |
| 7 | 土 | 戊寅 七赤 | 8/1 友引 |
| 8 | 日 | 己卯 六白 | 8/2 先負 |
| 9 | 月 | 庚辰 五黄 | 8/3 仏滅 |
| 10 | 火 | 辛巳 四緑 | 8/4 大安 |
| 11 | 水 | 壬午 三碧 | 8/5 赤口 |
| 12 | 木 | 癸未 二黒 | 8/6 先勝 |
| 13 | 金 | 甲申 一白 | 8/7 友引 |
| 14 | 土 | 乙酉 九紫 | 8/8 先負 |
| 15 | 日 | 丙戌 八白 | 8/9 仏滅 |
| 16 | 月 | 丁亥 七赤 | 8/10 大安 |
| 17 | 火 | 戊子 六白 | 8/11 赤口 |
| 18 | 水 | 己丑 五黄 | 8/12 先勝 |
| 19 | 木 | 庚寅 四緑 | 8/13 友引 |
| 20 | 金 | 辛卯 三碧 | 8/14 先負 |
| 21 | 土 | 壬辰 二黒 | 8/15 仏滅 |
| 22 | 日 | 癸巳 一白 | 8/16 大安 |
| 23 | 月 | 甲午 九紫 | 8/17 赤口 |
| 24 | 火 | 乙未 八白 | 8/18 先勝 |
| 25 | 水 | 丙申 七赤 | 8/19 友引 |
| 26 | 木 | 丁酉 六白 | 8/20 先負 |
| 27 | 金 | 戊戌 五黄 | 8/21 仏滅 |
| 28 | 土 | 己亥 四緑 | 8/22 大安 |
| 29 | 日 | 庚子 三碧 | 8/23 赤口 |
| 30 | 月 | 辛丑 二黒 | 8/24 先勝 |

**9月**

9. 1 [雑] 二百十日
9. 8 [節] 白露
9.20 [雑] 彼岸
9.23 [節] 秋分
9.27 [雑] 社日

## 10月
（庚戌 九紫火星）

| | | | |
|---|---|---|---|
| 1 | 火 | 壬寅 一白 | 8/25 友引 |
| 2 | 水 | 癸卯 九紫 | 8/26 先負 |
| 3 | 木 | 甲辰 八白 | 8/27 仏滅 |
| 4 | 金 | 乙巳 七赤 | 8/28 大安 |
| 5 | 土 | 丙午 六白 | 8/29 赤口 |
| 6 | 日 | 丁未 五黄 | 9/1 先負 |
| 7 | 月 | 戊申 四緑 | 9/2 仏滅 |
| 8 | 火 | 己酉 三碧 | 9/3 大安 |
| 9 | 水 | 庚戌 二黒 | 9/4 赤口 |
| 10 | 木 | 辛亥 一白 | 9/5 先勝 |
| 11 | 金 | 壬子 九紫 | 9/6 友引 |
| 12 | 土 | 癸丑 八白 | 9/7 先負 |
| 13 | 日 | 甲寅 七赤 | 9/8 仏滅 |
| 14 | 月 | 乙卯 六白 | 9/9 大安 |
| 15 | 火 | 丙辰 五黄 | 9/10 赤口 |
| 16 | 水 | 丁巳 四緑 | 9/11 先勝 |
| 17 | 木 | 戊午 三碧 | 9/12 友引 |
| 18 | 金 | 己未 二黒 | 9/13 先負 |
| 19 | 土 | 庚申 一白 | 9/14 仏滅 |
| 20 | 日 | 辛酉 九紫 | 9/15 大安 |
| 21 | 月 | 壬戌 八白 | 9/16 赤口 |
| 22 | 火 | 癸亥 七赤 | 9/17 先勝 |
| 23 | 水 | 甲子 六白 | 9/18 友引 |
| 24 | 木 | 乙丑 五黄 | 9/19 先負 |
| 25 | 金 | 丙寅 四緑 | 9/20 仏滅 |
| 26 | 土 | 丁卯 三碧 | 9/21 大安 |
| 27 | 日 | 戊辰 二黒 | 9/22 赤口 |
| 28 | 月 | 己巳 一白 | 9/23 先勝 |
| 29 | 火 | 庚午 九紫 | 9/24 友引 |
| 30 | 水 | 辛未 八白 | 9/25 先負 |
| 31 | 木 | 壬申 七赤 | 9/26 仏滅 |

**10月**

10. 8 [節] 寒露
10.20 [雑] 土用
10.23 [節] 霜降

## 11月
（辛亥 八白土星）

| | | | |
|---|---|---|---|
| 1 | 金 | 癸酉 六白 | 9/27 大安 |
| 2 | 土 | 甲戌 五黄 | 9/28 赤口 |
| 3 | 日 | 乙亥 四緑 | 9/29 先勝 |
| 4 | 月 | 丙子 三碧 | 9/30 友引 |
| 5 | 火 | 丁丑 二黒 | 10/1 仏滅 |
| 6 | 水 | 戊寅 一白 | 10/2 大安 |
| 7 | 木 | 己卯 九紫 | 10/3 赤口 |
| 8 | 金 | 庚辰 八白 | 10/4 先勝 |
| 9 | 土 | 辛巳 七赤 | 10/5 友引 |
| 10 | 日 | 壬午 六白 | 10/6 先負 |
| 11 | 月 | 癸未 五黄 | 10/7 仏滅 |
| 12 | 火 | 甲申 四緑 | 10/8 大安 |
| 13 | 水 | 乙酉 三碧 | 10/9 赤口 |
| 14 | 木 | 丙戌 二黒 | 10/10 先勝 |
| 15 | 金 | 丁亥 一白 | 10/11 友引 |
| 16 | 土 | 戊子 九紫 | 10/12 先負 |
| 17 | 日 | 己丑 八白 | 10/13 仏滅 |
| 18 | 月 | 庚寅 七赤 | 10/14 大安 |
| 19 | 火 | 辛卯 六白 | 10/15 赤口 |
| 20 | 水 | 壬辰 五黄 | 10/16 先勝 |
| 21 | 木 | 癸巳 四緑 | 10/17 友引 |
| 22 | 金 | 甲午 三碧 | 10/18 先負 |
| 23 | 土 | 乙未 二黒 | 10/19 仏滅 |
| 24 | 日 | 丙申 一白 | 10/20 大安 |
| 25 | 月 | 丁酉 九紫 | 10/21 赤口 |
| 26 | 火 | 戊戌 八白 | 10/22 先勝 |
| 27 | 水 | 己亥 七赤 | 10/23 友引 |
| 28 | 木 | 庚子 六白 | 10/24 先負 |
| 29 | 金 | 辛丑 五黄 | 10/25 仏滅 |
| 30 | 土 | 壬寅 四緑 | 10/26 大安 |

**11月**

11. 7 [節] 立冬
11.22 [節] 小雪

## 12月
（壬子 七赤金星）

| | | | |
|---|---|---|---|
| 1 | 日 | 癸卯 三碧 | 10/27 赤口 |
| 2 | 月 | 甲辰 二黒 | 10/28 先勝 |
| 3 | 火 | 乙巳 一白 | 10/29 友引 |
| 4 | 水 | 丙午 九紫 | 11/1 大安 |
| 5 | 木 | 丁未 八白 | 11/2 赤口 |
| 6 | 金 | 戊申 七赤 | 11/3 先勝 |
| 7 | 土 | 己酉 六白 | 11/4 友引 |
| 8 | 日 | 庚戌 五黄 | 11/5 先負 |
| 9 | 月 | 辛亥 四緑 | 11/6 仏滅 |
| 10 | 火 | 壬子 三碧 | 11/7 大安 |
| 11 | 水 | 癸丑 二黒 | 11/8 赤口 |
| 12 | 木 | 甲寅 一白 | 11/9 先勝 |
| 13 | 金 | 乙卯 九紫 | 11/10 友引 |
| 14 | 土 | 丙辰 八白 | 11/11 先負 |
| 15 | 日 | 丁巳 七赤 | 11/12 仏滅 |
| 16 | 月 | 戊午 六白 | 11/13 大安 |
| 17 | 火 | 己未 五黄 | 11/14 赤口 |
| 18 | 水 | 庚申 四緑 | 11/15 先勝 |
| 19 | 木 | 辛酉 三碧 | 11/16 友引 |
| 20 | 金 | 壬戌 二黒 | 11/17 先負 |
| 21 | 土 | 癸亥 一白 | 11/18 仏滅 |
| 22 | 日 | 甲子 一白 | 11/19 大安 |
| 23 | 月 | 乙丑 二黒 | 11/20 赤口 |
| 24 | 火 | 丙寅 三碧 | 11/21 先勝 |
| 25 | 水 | 丁卯 四緑 | 11/22 友引 |
| 26 | 木 | 戊辰 五黄 | 11/23 先負 |
| 27 | 金 | 己巳 六白 | 11/24 仏滅 |
| 28 | 土 | 庚午 七赤 | 11/25 大安 |
| 29 | 日 | 辛未 八白 | 11/26 赤口 |
| 30 | 月 | 壬申 九紫 | 11/27 先勝 |
| 31 | 火 | 癸酉 一白 | 11/28 友引 |

**12月**

12. 7 [節] 大雪
12.22 [節] 冬至

# 2003

明治 **136** 年
大正 **92** 年
昭和 **78** 年
平成 **15** 年

癸未（みずのとひつじ）
六白金星

## 生誕・年忌など

**2. 4** 赤穂浪士切腹 300 年
**2.12** 江戸幕府創立(徳川家康征夷大将軍叙任)400 年
**2.13** G. シムノン生誕 100 年
**2.25** 菅原道真没後 1100 年
**3.24** エリザベス 1 世没後 400 年
**4. 3** スチュアート朝創始 400 年
**5. 8** P. ゴーギャン没後 100 年
**5.12** 草野心平生誕 100 年
**5.22** 藤村操没後 100 年
**5.23** サトウハチロー生誕 100 年
**5.25** R. エマーソン生誕 200 年
**6. 1** 日比谷公園開園 100 年
**6. 3** A. ハチャトゥリアン生誕 100 年
**6.18** R. ラディゲ生誕 100 年
**6.22** 山本周五郎生誕 100 年
**6.25** G. オーウェル生誕 100 年
**6.29** 滝廉太郎没後 100 年
**7. 1** ツール・ド・フランス開幕 100 年
**8. 9** 蒸気船実験成功 200 年
**10.13** 小林多喜二生誕 100 年
**10.30** 尾崎紅葉没後 100 年
**11. 3** パナマ独立 100 年
**11.21** 野球早慶戦 100 年
**11.23** 元禄地震 300 年
**12. 8** H. スペンサー没後 100 年
**12.11** H. ベルリオーズ生誕 200 年
**12.12** 小津安二郎生誕 100 年
**12.17** ライト兄弟・飛行機発明 100 年
**12.28** G. ギッシング没後 100 年
**12.31** 林芙美子生誕 100 年

## 2003年

### 1月
（癸丑 六白金星）

| | | | |
|---|---|---|---|
| 1 | 水 | 甲戌 二黒 | 11/29 先負 |
| 2 | 木 | 乙亥 三碧 | 11/30 仏滅 |
| 3 | 金 | 丙子 四緑 | 12/1 赤口 |
| 4 | 土 | 丁丑 五黄 | 12/2 先勝 |
| 5 | 日 | 戊寅 六白 | 12/3 友引 |
| 6 | 月 | 己卯 七赤 | 12/4 先負 |
| 7 | 火 | 庚辰 八白 | 12/5 仏滅 |
| 8 | 水 | 辛巳 九紫 | 12/6 大安 |
| 9 | 木 | 壬午 一白 | 12/7 赤口 |
| 10 | 金 | 癸未 二黒 | 12/8 先勝 |
| 11 | 土 | 甲申 三碧 | 12/9 友引 |
| 12 | 日 | 乙酉 四緑 | 12/10 先負 |
| 13 | 月 | 丙戌 五黄 | 12/11 仏滅 |
| 14 | 火 | 丁亥 六白 | 12/12 大安 |
| 15 | 水 | 戊子 七赤 | 12/13 赤口 |
| 16 | 木 | 己丑 八白 | 12/14 先勝 |
| 17 | 金 | 庚寅 九紫 | 12/15 友引 |
| 18 | 土 | 辛卯 一白 | 12/16 先負 |
| 19 | 日 | 壬辰 二黒 | 12/17 仏滅 |
| 20 | 月 | 癸巳 三碧 | 12/18 大安 |
| 21 | 火 | 甲午 四緑 | 12/19 赤口 |
| 22 | 水 | 乙未 五黄 | 12/20 先勝 |
| 23 | 木 | 丙申 六白 | 12/21 友引 |
| 24 | 金 | 丁酉 七赤 | 12/22 先負 |
| 25 | 土 | 戊戌 八白 | 12/23 仏滅 |
| 26 | 日 | 己亥 九紫 | 12/24 大安 |
| 27 | 月 | 庚子 一白 | 12/25 赤口 |
| 28 | 火 | 辛丑 二黒 | 12/26 先勝 |
| 29 | 水 | 壬寅 三碧 | 12/27 友引 |
| 30 | 木 | 癸卯 四緑 | 12/28 先負 |
| 31 | 金 | 甲辰 五黄 | 12/29 仏滅 |

### 2月
（甲寅 五黄土星）

| | | | |
|---|---|---|---|
| 1 | 土 | 乙巳 六白 | 1/1 先勝 |
| 2 | 日 | 丙午 七赤 | 1/2 友引 |
| 3 | 月 | 丁未 八白 | 1/3 先負 |
| 4 | 火 | 戊申 九紫 | 1/4 仏滅 |
| 5 | 水 | 己酉 一白 | 1/5 大安 |
| 6 | 木 | 庚戌 二黒 | 1/6 赤口 |
| 7 | 金 | 辛亥 三碧 | 1/7 先勝 |
| 8 | 土 | 壬子 四緑 | 1/8 友引 |
| 9 | 日 | 癸丑 五黄 | 1/9 先負 |
| 10 | 月 | 甲寅 六白 | 1/10 仏滅 |
| 11 | 火 | 乙卯 七赤 | 1/11 大安 |
| 12 | 水 | 丙辰 八白 | 1/12 赤口 |
| 13 | 木 | 丁巳 九紫 | 1/13 先勝 |
| 14 | 金 | 戊午 一白 | 1/14 友引 |
| 15 | 土 | 己未 二黒 | 1/15 先負 |
| 16 | 日 | 庚申 三碧 | 1/16 仏滅 |
| 17 | 月 | 辛酉 四緑 | 1/17 大安 |
| 18 | 火 | 壬戌 五黄 | 1/18 赤口 |
| 19 | 水 | 癸亥 六白 | 1/19 先勝 |
| 20 | 木 | 甲子 七赤 | 1/20 友引 |
| 21 | 金 | 乙丑 八白 | 1/21 先負 |
| 22 | 土 | 丙寅 九紫 | 1/22 仏滅 |
| 23 | 日 | 丁卯 一白 | 1/23 大安 |
| 24 | 月 | 戊辰 二黒 | 1/24 赤口 |
| 25 | 火 | 己巳 三碧 | 1/25 先勝 |
| 26 | 水 | 庚午 四緑 | 1/26 友引 |
| 27 | 木 | 辛未 五黄 | 1/27 先負 |
| 28 | 金 | 壬申 六白 | 1/28 仏滅 |

### 3月
（乙卯 四緑木星）

| | | | |
|---|---|---|---|
| 1 | 土 | 癸酉 七赤 | 1/29 大安 |
| 2 | 日 | 甲戌 八白 | 1/30 赤口 |
| 3 | 月 | 乙亥 九紫 | 2/1 友引 |
| 4 | 火 | 丙子 一白 | 2/2 先負 |
| 5 | 水 | 丁丑 二黒 | 2/3 仏滅 |
| 6 | 木 | 戊寅 三碧 | 2/4 大安 |
| 7 | 金 | 己卯 四緑 | 2/5 赤口 |
| 8 | 土 | 庚辰 五黄 | 2/6 先勝 |
| 9 | 日 | 辛巳 六白 | 2/7 友引 |
| 10 | 月 | 壬午 七赤 | 2/8 先負 |
| 11 | 火 | 癸未 八白 | 2/9 仏滅 |
| 12 | 水 | 甲申 九紫 | 2/10 大安 |
| 13 | 木 | 乙酉 一白 | 2/11 赤口 |
| 14 | 金 | 丙戌 二黒 | 2/12 先勝 |
| 15 | 土 | 丁亥 三碧 | 2/13 友引 |
| 16 | 日 | 戊子 四緑 | 2/14 先負 |
| 17 | 月 | 己丑 五黄 | 2/15 仏滅 |
| 18 | 火 | 庚寅 六白 | 2/16 大安 |
| 19 | 水 | 辛卯 七赤 | 2/17 赤口 |
| 20 | 木 | 壬辰 八白 | 2/18 先勝 |
| 21 | 金 | 癸巳 九紫 | 2/19 友引 |
| 22 | 土 | 甲午 一白 | 2/20 先負 |
| 23 | 日 | 乙未 二黒 | 2/21 仏滅 |
| 24 | 月 | 丙申 三碧 | 2/22 大安 |
| 25 | 火 | 丁酉 四緑 | 2/23 赤口 |
| 26 | 水 | 戊戌 五黄 | 2/24 先勝 |
| 27 | 木 | 己亥 六白 | 2/25 友引 |
| 28 | 金 | 庚子 七赤 | 2/26 先負 |
| 29 | 土 | 辛丑 八白 | 2/27 仏滅 |
| 30 | 日 | 壬寅 九紫 | 2/28 大安 |
| 31 | 月 | 癸卯 一白 | 2/29 赤口 |

### 4月
（丙辰 三碧木星）

| | | | |
|---|---|---|---|
| 1 | 火 | 甲辰 二黒 | 2/30 先勝 |
| 2 | 水 | 乙巳 三碧 | 3/1 先負 |
| 3 | 木 | 丙午 四緑 | 3/2 仏滅 |
| 4 | 金 | 丁未 五黄 | 3/3 大安 |
| 5 | 土 | 戊申 六白 | 3/4 赤口 |
| 6 | 日 | 己酉 七赤 | 3/5 先勝 |
| 7 | 月 | 庚戌 八白 | 3/6 友引 |
| 8 | 火 | 辛亥 九紫 | 3/7 先負 |
| 9 | 水 | 壬子 一白 | 3/8 仏滅 |
| 10 | 木 | 癸丑 二黒 | 3/9 大安 |
| 11 | 金 | 甲寅 三碧 | 3/10 赤口 |
| 12 | 土 | 乙卯 四緑 | 3/11 先勝 |
| 13 | 日 | 丙辰 五黄 | 3/12 友引 |
| 14 | 月 | 丁巳 六白 | 3/13 先負 |
| 15 | 火 | 戊午 七赤 | 3/14 仏滅 |
| 16 | 水 | 己未 八白 | 3/15 大安 |
| 17 | 木 | 庚申 九紫 | 3/16 赤口 |
| 18 | 金 | 辛酉 一白 | 3/17 先勝 |
| 19 | 土 | 壬戌 二黒 | 3/18 友引 |
| 20 | 日 | 癸亥 三碧 | 3/19 先負 |
| 21 | 月 | 甲子 四緑 | 3/20 仏滅 |
| 22 | 火 | 乙丑 五黄 | 3/21 大安 |
| 23 | 水 | 丙寅 六白 | 3/22 赤口 |
| 24 | 木 | 丁卯 七赤 | 3/23 先勝 |
| 25 | 金 | 戊辰 八白 | 3/24 友引 |
| 26 | 土 | 己巳 九紫 | 3/25 先負 |
| 27 | 日 | 庚午 一白 | 3/26 仏滅 |
| 28 | 月 | 辛未 二黒 | 3/27 大安 |
| 29 | 火 | 壬申 三碧 | 3/28 赤口 |
| 30 | 水 | 癸酉 四緑 | 3/29 先勝 |

**1月**

1. 6［節］小寒
1.17［雑］土用
1.20［節］大寒

**2月**

2. 3［雑］節分
2. 4［節］立春
2.19［節］雨水

**3月**

3. 6［節］啓蟄
3.16［雑］社日
3.18［雑］彼岸
3.21［節］春分

**4月**

4. 5［節］清明
4.17［雑］土用
4.20［節］穀雨

## 5月
（丁巳 二黒土星）

| 日 | 曜 | 干支 九星 | 旧暦 六曜 |
|---|---|---|---|
| 1 | 木 | 甲戌 五黄 | 4/1 仏滅 |
| 2 | 金 | 乙亥 六白 | 4/2 大安 |
| 3 | 土 | 丙子 七赤 | 4/3 赤口 |
| 4 | 日 | 丁丑 八白 | 4/4 先勝 |
| 5 | 月 | 戊寅 九紫 | 4/5 友引 |
| 6 | 火 | 己卯 一白 | 4/6 先負 |
| 7 | 水 | 庚辰 二黒 | 4/7 仏滅 |
| 8 | 木 | 辛巳 三碧 | 4/8 大安 |
| 9 | 金 | 壬午 四緑 | 4/9 赤口 |
| 10 | 土 | 癸未 五黄 | 4/10 先勝 |
| 11 | 日 | 甲申 六白 | 4/11 友引 |
| 12 | 月 | 乙酉 七赤 | 4/12 先負 |
| 13 | 火 | 丙戌 八白 | 4/13 仏滅 |
| 14 | 水 | 丁亥 九紫 | 4/14 大安 |
| 15 | 木 | 戊子 一白 | 4/15 赤口 |
| 16 | 金 | 己丑 二黒 | 4/16 先勝 |
| 17 | 土 | 庚寅 三碧 | 4/17 友引 |
| 18 | 日 | 辛卯 四緑 | 4/18 先負 |
| 19 | 月 | 壬辰 五黄 | 4/19 仏滅 |
| 20 | 火 | 癸巳 六白 | 4/20 大安 |
| 21 | 水 | 甲午 七赤 | 4/21 赤口 |
| 22 | 木 | 乙未 八白 | 4/22 先勝 |
| 23 | 金 | 丙申 九紫 | 4/23 友引 |
| 24 | 土 | 丁酉 一白 | 4/24 先負 |
| 25 | 日 | 戊戌 二黒 | 4/25 仏滅 |
| 26 | 月 | 己亥 二碧 | 4/26 大安 |
| 27 | 火 | 庚子 四緑 | 4/27 赤口 |
| 28 | 水 | 辛丑 五黄 | 4/28 先勝 |
| 29 | 木 | 壬寅 六白 | 4/29 友引 |
| 30 | 金 | 癸卯 七赤 | 4/30 先負 |
| 31 | 土 | 甲辰 八白 | 5/1 大安 |

## 6月
（戊午 一白水星）

| 日 | 曜 | 干支 九星 | 旧暦 六曜 |
|---|---|---|---|
| 1 | 日 | 乙巳 九紫 | 5/2 赤口 |
| 2 | 月 | 丙午 一白 | 5/3 先勝 |
| 3 | 火 | 丁未 二黒 | 5/4 友引 |
| 4 | 水 | 戊申 三碧 | 5/5 先負 |
| 5 | 木 | 己酉 四緑 | 5/6 仏滅 |
| 6 | 金 | 庚戌 五黄 | 5/7 大安 |
| 7 | 土 | 辛亥 六白 | 5/8 赤口 |
| 8 | 日 | 壬子 七赤 | 5/9 先勝 |
| 9 | 月 | 癸丑 八白 | 5/10 友引 |
| 10 | 火 | 甲寅 九紫 | 5/11 先負 |
| 11 | 水 | 乙卯 一白 | 5/12 仏滅 |
| 12 | 木 | 丙辰 二黒 | 5/13 大安 |
| 13 | 金 | 丁巳 三碧 | 5/14 赤口 |
| 14 | 土 | 戊午 四緑 | 5/15 先勝 |
| 15 | 日 | 己未 五黄 | 5/16 友引 |
| 16 | 月 | 庚申 六白 | 5/17 先負 |
| 17 | 火 | 辛酉 七赤 | 5/18 仏滅 |
| 18 | 水 | 壬戌 八白 | 5/19 大安 |
| 19 | 木 | 癸亥 九紫 | 5/20 赤口 |
| 20 | 金 | 甲子 九紫 | 5/21 先勝 |
| 21 | 土 | 乙丑 八白 | 5/22 友引 |
| 22 | 日 | 丙寅 七赤 | 5/23 先負 |
| 23 | 月 | 丁卯 六白 | 5/24 仏滅 |
| 24 | 火 | 戊辰 五黄 | 5/25 大安 |
| 25 | 水 | 己巳 四緑 | 5/26 赤口 |
| 26 | 木 | 庚午 三碧 | 5/27 先勝 |
| 27 | 金 | 辛未 二黒 | 5/28 友引 |
| 28 | 土 | 壬申 一白 | 5/29 先負 |
| 29 | 日 | 癸酉 九紫 | 5/30 仏滅 |
| 30 | 月 | 甲戌 八白 | 6/1 赤口 |

## 7月
（己未 九紫火星）

| 日 | 曜 | 干支 九星 | 旧暦 六曜 |
|---|---|---|---|
| 1 | 火 | 乙亥 七赤 | 6/2 先勝 |
| 2 | 水 | 丙子 六白 | 6/3 友引 |
| 3 | 木 | 丁丑 五黄 | 6/4 先負 |
| 4 | 金 | 戊寅 四緑 | 6/5 仏滅 |
| 5 | 土 | 己卯 三碧 | 6/6 大安 |
| 6 | 日 | 庚辰 二黒 | 6/7 赤口 |
| 7 | 月 | 辛巳 一白 | 6/8 先勝 |
| 8 | 火 | 壬午 九紫 | 6/9 友引 |
| 9 | 水 | 癸未 八白 | 6/10 先負 |
| 10 | 木 | 甲申 七赤 | 6/11 仏滅 |
| 11 | 金 | 乙酉 六白 | 6/12 大安 |
| 12 | 土 | 丙戌 五黄 | 6/13 赤口 |
| 13 | 日 | 丁亥 四緑 | 6/14 先勝 |
| 14 | 月 | 戊子 三碧 | 6/15 友引 |
| 15 | 火 | 己丑 二黒 | 6/16 先負 |
| 16 | 水 | 庚寅 一白 | 6/17 仏滅 |
| 17 | 木 | 辛卯 九紫 | 6/18 大安 |
| 18 | 金 | 壬辰 八白 | 6/19 赤口 |
| 19 | 土 | 癸巳 七赤 | 6/20 先勝 |
| 20 | 日 | 甲午 六白 | 6/21 友引 |
| 21 | 月 | 乙未 五黄 | 6/22 先負 |
| 22 | 火 | 丙申 四緑 | 6/23 仏滅 |
| 23 | 水 | 丁酉 三碧 | 6/24 大安 |
| 24 | 木 | 戊戌 二黒 | 6/25 赤口 |
| 25 | 金 | 己亥 一白 | 6/26 先勝 |
| 26 | 土 | 庚子 九紫 | 6/27 友引 |
| 27 | 日 | 辛丑 八白 | 6/28 先負 |
| 28 | 月 | 壬寅 七赤 | 6/29 仏滅 |
| 29 | 火 | 癸卯 六白 | 7/1 先勝 |
| 30 | 水 | 甲辰 五黄 | 7/2 友引 |
| 31 | 木 | 乙巳 四緑 | 7/3 先負 |

## 8月
（庚申 八白土星）

| 日 | 曜 | 干支 九星 | 旧暦 六曜 |
|---|---|---|---|
| 1 | 金 | 丙午 三碧 | 7/4 仏滅 |
| 2 | 土 | 丁未 二黒 | 7/5 大安 |
| 3 | 日 | 戊申 一白 | 7/6 赤口 |
| 4 | 月 | 己酉 九紫 | 7/7 先勝 |
| 5 | 火 | 庚戌 八白 | 7/8 友引 |
| 6 | 水 | 辛亥 七赤 | 7/9 先負 |
| 7 | 木 | 壬子 六白 | 7/10 仏滅 |
| 8 | 金 | 癸丑 五黄 | 7/11 大安 |
| 9 | 土 | 甲寅 四緑 | 7/12 赤口 |
| 10 | 日 | 乙卯 三碧 | 7/13 先勝 |
| 11 | 月 | 丙辰 二黒 | 7/14 友引 |
| 12 | 火 | 丁巳 一白 | 7/15 先負 |
| 13 | 水 | 戊午 九紫 | 7/16 仏滅 |
| 14 | 木 | 己未 八白 | 7/17 大安 |
| 15 | 金 | 庚申 七赤 | 7/18 赤口 |
| 16 | 土 | 辛酉 六白 | 7/19 先勝 |
| 17 | 日 | 壬戌 五黄 | 7/20 友引 |
| 18 | 月 | 癸亥 四緑 | 7/21 先負 |
| 19 | 火 | 甲子 三碧 | 7/22 仏滅 |
| 20 | 水 | 乙丑 二黒 | 7/23 大安 |
| 21 | 木 | 丙寅 一白 | 7/24 赤口 |
| 22 | 金 | 丁卯 九紫 | 7/25 先勝 |
| 23 | 土 | 戊辰 八白 | 7/26 友引 |
| 24 | 日 | 己巳 七赤 | 7/27 先負 |
| 25 | 月 | 庚午 六白 | 7/28 仏滅 |
| 26 | 火 | 辛未 五黄 | 7/29 大安 |
| 27 | 水 | 壬申 四緑 | 7/30 赤口 |
| 28 | 木 | 癸酉 三碧 | 8/1 友引 |
| 29 | 金 | 甲戌 二黒 | 8/2 先負 |
| 30 | 土 | 乙亥 一白 | 8/3 仏滅 |
| 31 | 日 | 丙子 九紫 | 8/4 大安 |

**5月**

5. 2［雑］八十八夜
5. 6［節］立夏
5.21［節］小満

**6月**

6. 6［節］芒種
6.11［雑］入梅
6.22［節］夏至

**7月**

7. 2［雑］半夏生
7. 7［節］小暑
7.20［雑］土用
7.23［節］大暑

**8月**

8. 8［節］立秋
8.23［節］処暑

## 2003 年

### 9 月
（辛酉 七赤金星）

| | | | |
|---|---|---|---|
| 1 | 月 | 丁丑 八白 | 8/5 赤口 |
| 2 | 火 | 戊寅 七赤 | 8/6 先勝 |
| 3 | 水 | 己卯 六白 | 8/7 友引 |
| 4 | 木 | 庚辰 五黄 | 8/8 先負 |
| 5 | 金 | 辛巳 四緑 | 8/9 仏滅 |
| 6 | 土 | 壬午 三碧 | 8/10 大安 |
| 7 | 日 | 癸未 二黒 | 8/11 赤口 |
| 8 | 月 | 甲申 一白 | 8/12 先勝 |
| 9 | 火 | 乙酉 九紫 | 8/13 友引 |
| 10 | 水 | 丙戌 八白 | 8/14 先負 |
| 11 | 木 | 丁亥 七赤 | 8/15 仏滅 |
| 12 | 金 | 戊子 六白 | 8/16 大安 |
| 13 | 土 | 己丑 五黄 | 8/17 赤口 |
| 14 | 日 | 庚寅 四緑 | 8/18 先勝 |
| 15 | 月 | 辛卯 三碧 | 8/19 友引 |
| 16 | 火 | 壬辰 二黒 | 8/20 先負 |
| 17 | 水 | 癸巳 一白 | 8/21 仏滅 |
| 18 | 木 | 甲午 九紫 | 8/22 大安 |
| 19 | 金 | 乙未 八白 | 8/23 赤口 |
| 20 | 土 | 丙申 七赤 | 8/24 先勝 |
| 21 | 日 | 丁酉 六白 | 8/25 友引 |
| 22 | 月 | 戊戌 五黄 | 8/26 先負 |
| 23 | 火 | 己亥 四緑 | 8/27 仏滅 |
| 24 | 水 | 庚子 三碧 | 8/28 大安 |
| 25 | 木 | 辛丑 二黒 | 8/29 赤口 |
| 26 | 金 | 壬寅 一白 | 9/1 先負 |
| 27 | 土 | 癸卯 九紫 | 9/2 仏滅 |
| 28 | 日 | 甲辰 八白 | 9/3 大安 |
| 29 | 月 | 乙巳 七赤 | 9/4 赤口 |
| 30 | 火 | 丙午 六白 | 9/5 先勝 |

### 10 月
（壬戌 六白金星）

| | | | |
|---|---|---|---|
| 1 | 水 | 丁未 五黄 | 9/6 友引 |
| 2 | 木 | 戊申 四緑 | 9/7 先負 |
| 3 | 金 | 己酉 三碧 | 9/8 仏滅 |
| 4 | 土 | 庚戌 二黒 | 9/9 大安 |
| 5 | 日 | 辛亥 一白 | 9/10 赤口 |
| 6 | 月 | 壬子 九紫 | 9/11 先勝 |
| 7 | 火 | 癸丑 八白 | 9/12 友引 |
| 8 | 水 | 甲寅 七赤 | 9/13 先負 |
| 9 | 木 | 乙卯 六白 | 9/14 仏滅 |
| 10 | 金 | 丙辰 五黄 | 9/15 大安 |
| 11 | 土 | 丁巳 四緑 | 9/16 赤口 |
| 12 | 日 | 戊午 三碧 | 9/17 先勝 |
| 13 | 月 | 己未 二黒 | 9/18 友引 |
| 14 | 火 | 庚申 一白 | 9/19 先負 |
| 15 | 水 | 辛酉 九紫 | 9/20 仏滅 |
| 16 | 木 | 壬戌 八白 | 9/21 大安 |
| 17 | 金 | 癸亥 七赤 | 9/22 赤口 |
| 18 | 土 | 甲子 六白 | 9/23 先勝 |
| 19 | 日 | 乙丑 五黄 | 9/24 友引 |
| 20 | 月 | 丙寅 四緑 | 9/25 先負 |
| 21 | 火 | 丁卯 三碧 | 9/26 仏滅 |
| 22 | 水 | 戊辰 二黒 | 9/27 大安 |
| 23 | 木 | 己巳 一白 | 9/28 赤口 |
| 24 | 金 | 庚午 九紫 | 9/29 先勝 |
| 25 | 土 | 辛未 八白 | 10/1 仏滅 |
| 26 | 日 | 壬申 七赤 | 10/2 大安 |
| 27 | 月 | 癸酉 六白 | 10/3 赤口 |
| 28 | 火 | 甲戌 五黄 | 10/4 先勝 |
| 29 | 水 | 乙亥 四緑 | 10/5 友引 |
| 30 | 木 | 丙子 三碧 | 10/6 先負 |
| 31 | 金 | 丁丑 二黒 | 10/7 仏滅 |

### 11 月
（癸亥 五黄土星）

| | | | |
|---|---|---|---|
| 1 | 土 | 戊寅 一白 | 10/8 大安 |
| 2 | 日 | 己卯 九紫 | 10/9 赤口 |
| 3 | 月 | 庚辰 八白 | 10/10 先勝 |
| 4 | 火 | 辛巳 七赤 | 10/11 友引 |
| 5 | 水 | 壬午 六白 | 10/12 先負 |
| 6 | 木 | 癸未 五黄 | 10/13 仏滅 |
| 7 | 金 | 甲申 四緑 | 10/14 大安 |
| 8 | 土 | 乙酉 三碧 | 10/15 赤口 |
| 9 | 日 | 丙戌 二黒 | 10/16 先勝 |
| 10 | 月 | 丁亥 一白 | 10/17 友引 |
| 11 | 火 | 戊子 九紫 | 10/18 先負 |
| 12 | 水 | 己丑 八白 | 10/19 仏滅 |
| 13 | 木 | 庚寅 七赤 | 10/20 大安 |
| 14 | 金 | 辛卯 六白 | 10/21 赤口 |
| 15 | 土 | 壬辰 五黄 | 10/22 先勝 |
| 16 | 日 | 癸巳 四緑 | 10/23 友引 |
| 17 | 月 | 甲午 三碧 | 10/24 先負 |
| 18 | 火 | 乙未 二黒 | 10/25 仏滅 |
| 19 | 水 | 丙申 一白 | 10/26 大安 |
| 20 | 木 | 丁酉 九紫 | 10/27 赤口 |
| 21 | 金 | 戊戌 八白 | 10/28 先勝 |
| 22 | 土 | 己亥 七赤 | 10/29 友引 |
| 23 | 日 | 庚子 六白 | 10/30 先負 |
| 24 | 月 | 辛丑 五黄 | 11/1 大安 |
| 25 | 火 | 壬寅 四緑 | 11/2 赤口 |
| 26 | 水 | 癸卯 三碧 | 11/3 先勝 |
| 27 | 木 | 甲辰 二黒 | 11/4 友引 |
| 28 | 金 | 乙巳 一白 | 11/5 先負 |
| 29 | 土 | 丙午 九紫 | 11/6 仏滅 |
| 30 | 日 | 丁未 八白 | 11/7 大安 |

### 12 月
（甲子 四緑木星）

| | | | |
|---|---|---|---|
| 1 | 月 | 戊申 七赤 | 11/8 赤口 |
| 2 | 火 | 己酉 六白 | 11/9 先勝 |
| 3 | 水 | 庚戌 五黄 | 11/10 友引 |
| 4 | 木 | 辛亥 四緑 | 11/11 先負 |
| 5 | 金 | 壬子 三碧 | 11/12 仏滅 |
| 6 | 土 | 癸丑 二黒 | 11/13 大安 |
| 7 | 日 | 甲寅 一白 | 11/14 赤口 |
| 8 | 月 | 乙卯 九紫 | 11/15 先勝 |
| 9 | 火 | 丙辰 八白 | 11/16 友引 |
| 10 | 水 | 丁巳 七赤 | 11/17 先負 |
| 11 | 木 | 戊午 六白 | 11/18 仏滅 |
| 12 | 金 | 己未 五黄 | 11/19 大安 |
| 13 | 土 | 庚申 四緑 | 11/20 赤口 |
| 14 | 日 | 辛酉 三碧 | 11/21 先勝 |
| 15 | 月 | 壬戌 二黒 | 11/22 友引 |
| 16 | 火 | 癸亥 一白 | 11/23 先負 |
| 17 | 水 | 甲子 一白 | 11/24 仏滅 |
| 18 | 木 | 乙丑 二黒 | 11/25 大安 |
| 19 | 金 | 丙寅 三碧 | 11/26 赤口 |
| 20 | 土 | 丁卯 四緑 | 11/27 先勝 |
| 21 | 日 | 戊辰 五黄 | 11/28 友引 |
| 22 | 月 | 己巳 六白 | 11/29 先負 |
| 23 | 火 | 庚午 七赤 | 12/1 赤口 |
| 24 | 水 | 辛未 八白 | 12/2 先勝 |
| 25 | 木 | 壬申 九紫 | 12/3 友引 |
| 26 | 金 | 癸酉 一白 | 12/4 先負 |
| 27 | 土 | 甲戌 二黒 | 12/5 仏滅 |
| 28 | 日 | 乙亥 三碧 | 12/6 大安 |
| 29 | 月 | 丙子 四緑 | 12/7 赤口 |
| 30 | 火 | 丁丑 五黄 | 12/8 先勝 |
| 31 | 水 | 戊寅 六白 | 12/9 友引 |

**9 月**

9. 1［雑］二百十日
9. 8［節］白露
9.20［雑］彼岸
9.22［雑］社日
9.23［節］秋分

**10 月**

10. 9［節］寒露
10.21［雑］土用
10.24［節］霜降

**11 月**

11. 8［節］立冬
11.23［節］小雪

**12 月**

12. 7［節］大雪
12.22［節］冬至

# 2004

明治 137 年
大正 93 年
昭和 79 年
平成 16 年

甲申（きのえさる）
五黄土星

## 生誕・年忌など

**2.10** 日露戦争開戦 100 年

**2.12** I. カント没後 200 年

**2.18** オペラ「マダム・バタフライ」初演 100 年

**4.13** 十字軍コンスタンティノープル占領 800 年
斎藤緑雨没後 100 年

**5. 1** A. ドヴォルジャーク没後 100 年

**5. 5** 高野長英生誕 200 年

**5.11** S. ダリ生誕 100 年

**7. 4** N. ホーソーン生誕 200 年

**7.12** P. ネルーダ生誕 100 年

**7.15** A. チェーホフ没後 100 年

**7.17** 徳川家光生誕 400 年

**7.21** シベリア鉄道開通 100 年

**8.22** 鄧小平生誕 100 年

**9. 1** 幸田文生誕 100 年

**9. 6** レザノフ長崎来航 200 年

**9.10** 向井去来没後 300 年

**9.26** L. ハーン (小泉八雲) 没後 100 年

**10. 2** グレアム・グリーン生誕 100 年

**10. 8** ハイチ独立 200 年

**10.28** J. ロック没後 300 年

**11.22** 丹羽文雄生誕 100 年

**12. 2** ナポレオン 1 世皇帝即位 200 年

**12.16** 慶長地震 400 年

**12.28** 堀辰雄生誕 100 年

この年 十七条憲法制定 1400 年

2004年

## 1月
（乙丑 三碧木星）

| | | | |
|---|---|---|---|
| 1 | 木 | 己卯 七赤 | 12/10 先負 |
| 2 | 金 | 庚辰 八白 | 12/11 仏滅 |
| 3 | 土 | 辛巳 九紫 | 12/12 大安 |
| 4 | 日 | 壬午 一白 | 12/13 赤口 |
| 5 | 月 | 癸未 二黒 | 12/14 先勝 |
| 6 | 火 | 甲申 三碧 | 12/15 友引 |
| 7 | 水 | 乙酉 四緑 | 12/16 先負 |
| 8 | 木 | 丙戌 五黄 | 12/17 仏滅 |
| 9 | 金 | 丁亥 六白 | 12/18 大安 |
| 10 | 土 | 戊子 七赤 | 12/19 赤口 |
| 11 | 日 | 己丑 八白 | 12/20 先勝 |
| 12 | 月 | 庚寅 九紫 | 12/21 友引 |
| 13 | 火 | 辛卯 一白 | 12/22 先負 |
| 14 | 水 | 壬辰 二黒 | 12/23 仏滅 |
| 15 | 木 | 癸巳 三碧 | 12/24 大安 |
| 16 | 金 | 甲午 四緑 | 12/25 赤口 |
| 17 | 土 | 乙未 五黄 | 12/26 先勝 |
| 18 | 日 | 丙申 六白 | 12/27 友引 |
| 19 | 月 | 丁酉 七赤 | 12/28 先負 |
| 20 | 火 | 戊戌 八白 | 12/29 仏滅 |
| 21 | 水 | 己亥 九紫 | 12/30 大安 |
| 22 | 木 | 庚子 一白 | 1/1 先勝 |
| 23 | 金 | 辛丑 二黒 | 1/2 友引 |
| 24 | 土 | 壬寅 三碧 | 1/3 先負 |
| 25 | 日 | 癸卯 四緑 | 1/4 仏滅 |
| 26 | 月 | 甲辰 五黄 | 1/5 大安 |
| 27 | 火 | 乙巳 六白 | 1/6 赤口 |
| 28 | 水 | 丙午 七赤 | 1/7 先勝 |
| 29 | 木 | 丁未 八白 | 1/8 友引 |
| 30 | 金 | 戊申 九紫 | 1/9 先負 |
| 31 | 土 | 己酉 一白 | 1/10 仏滅 |

## 2月
（丙寅 二黒土星）

| | | | |
|---|---|---|---|
| 1 | 日 | 庚戌 二黒 | 1/11 大安 |
| 2 | 月 | 辛亥 三碧 | 1/12 赤口 |
| 3 | 火 | 壬子 四緑 | 1/13 先勝 |
| 4 | 水 | 癸丑 五黄 | 1/14 友引 |
| 5 | 木 | 甲寅 六白 | 1/15 先負 |
| 6 | 金 | 乙卯 七赤 | 1/16 仏滅 |
| 7 | 土 | 丙辰 八白 | 1/17 大安 |
| 8 | 日 | 丁巳 九紫 | 1/18 赤口 |
| 9 | 月 | 戊午 一白 | 1/19 先勝 |
| 10 | 火 | 己未 二黒 | 1/20 友引 |
| 11 | 水 | 庚申 三碧 | 1/21 先負 |
| 12 | 木 | 辛酉 四緑 | 1/22 仏滅 |
| 13 | 金 | 壬戌 五黄 | 1/23 大安 |
| 14 | 土 | 癸亥 六白 | 1/24 赤口 |
| 15 | 日 | 甲子 七赤 | 1/25 先勝 |
| 16 | 月 | 乙丑 八白 | 1/26 友引 |
| 17 | 火 | 丙寅 九紫 | 1/27 先負 |
| 18 | 水 | 丁卯 一白 | 1/28 仏滅 |
| 19 | 木 | 戊辰 二黒 | 1/29 大安 |
| 20 | 金 | 己巳 三碧 | 2/1 友引 |
| 21 | 土 | 庚午 四緑 | 2/2 先負 |
| 22 | 日 | 辛未 五黄 | 2/3 仏滅 |
| 23 | 月 | 壬申 六白 | 2/4 大安 |
| 24 | 火 | 癸酉 七赤 | 2/5 赤口 |
| 25 | 水 | 甲戌 八白 | 2/6 先勝 |
| 26 | 木 | 乙亥 九紫 | 2/7 友引 |
| 27 | 金 | 丙子 一白 | 2/8 先負 |
| 28 | 土 | 丁丑 二黒 | 2/9 仏滅 |
| 29 | 日 | 戊寅 三碧 | 2/10 大安 |

## 3月
（丁卯 一白水星）

| | | | |
|---|---|---|---|
| 1 | 月 | 己卯 四緑 | 2/11 赤口 |
| 2 | 火 | 庚辰 五黄 | 2/12 先勝 |
| 3 | 水 | 辛巳 六白 | 2/13 友引 |
| 4 | 木 | 壬午 七赤 | 2/14 先負 |
| 5 | 金 | 癸未 八白 | 2/15 仏滅 |
| 6 | 土 | 甲申 九紫 | 2/16 大安 |
| 7 | 日 | 乙酉 一白 | 2/17 赤口 |
| 8 | 月 | 丙戌 二黒 | 2/18 先勝 |
| 9 | 火 | 丁亥 三碧 | 2/19 友引 |
| 10 | 水 | 戊子 四緑 | 2/20 先負 |
| 11 | 木 | 己丑 五黄 | 2/21 仏滅 |
| 12 | 金 | 庚寅 六白 | 2/22 大安 |
| 13 | 土 | 辛卯 七赤 | 2/23 赤口 |
| 14 | 日 | 壬辰 八白 | 2/24 先勝 |
| 15 | 月 | 癸巳 九紫 | 2/25 友引 |
| 16 | 火 | 甲午 一白 | 2/26 先負 |
| 17 | 水 | 乙未 二黒 | 2/27 仏滅 |
| 18 | 木 | 丙申 三碧 | 2/28 大安 |
| 19 | 金 | 丁酉 四緑 | 2/29 赤口 |
| 20 | 土 | 戊戌 五黄 | 2/30 先勝 |
| 21 | 日 | 己亥 六白 | 閏2/1 友引 |
| 22 | 月 | 庚子 七赤 | 閏2/2 先負 |
| 23 | 火 | 辛丑 八白 | 閏2/3 仏滅 |
| 24 | 水 | 壬寅 九紫 | 閏2/4 大安 |
| 25 | 木 | 癸卯 一白 | 閏2/5 赤口 |
| 26 | 金 | 甲辰 二黒 | 閏2/6 先勝 |
| 27 | 土 | 乙巳 三碧 | 閏2/7 友引 |
| 28 | 日 | 丙午 四緑 | 閏2/8 先負 |
| 29 | 月 | 丁未 五黄 | 閏2/9 仏滅 |
| 30 | 火 | 戊申 六白 | 閏2/10 大安 |
| 31 | 水 | 己酉 七赤 | 閏2/11 赤口 |

## 4月
（戊辰 九紫火星）

| | | | |
|---|---|---|---|
| 1 | 木 | 庚戌 八白 | 閏2/12 先勝 |
| 2 | 金 | 辛亥 九紫 | 閏2/13 友引 |
| 3 | 土 | 壬子 一白 | 閏2/14 先負 |
| 4 | 日 | 癸丑 二黒 | 閏2/15 仏滅 |
| 5 | 月 | 甲寅 三碧 | 閏2/16 大安 |
| 6 | 火 | 乙卯 四緑 | 閏2/17 赤口 |
| 7 | 水 | 丙辰 五黄 | 閏2/18 先勝 |
| 8 | 木 | 丁巳 六白 | 閏2/19 友引 |
| 9 | 金 | 戊午 七赤 | 閏2/20 先負 |
| 10 | 土 | 己未 八白 | 閏2/21 仏滅 |
| 11 | 日 | 庚申 九紫 | 閏2/22 大安 |
| 12 | 月 | 辛酉 一白 | 閏2/23 赤口 |
| 13 | 火 | 壬戌 二黒 | 閏2/24 先勝 |
| 14 | 水 | 癸亥 三碧 | 閏2/25 友引 |
| 15 | 木 | 甲子 四緑 | 閏2/26 先負 |
| 16 | 金 | 乙丑 五黄 | 閏2/27 仏滅 |
| 17 | 土 | 丙寅 六白 | 閏2/28 大安 |
| 18 | 日 | 丁卯 七赤 | 閏2/29 赤口 |
| 19 | 月 | 戊辰 八白 | 3/1 先負 |
| 20 | 火 | 己巳 九紫 | 3/2 仏滅 |
| 21 | 水 | 庚午 一白 | 3/3 大安 |
| 22 | 木 | 辛未 二黒 | 3/4 赤口 |
| 23 | 金 | 壬申 三碧 | 3/5 先勝 |
| 24 | 土 | 癸酉 四緑 | 3/6 友引 |
| 25 | 日 | 甲戌 五黄 | 3/7 先負 |
| 26 | 月 | 乙亥 六白 | 3/8 仏滅 |
| 27 | 火 | 丙子 七赤 | 3/9 大安 |
| 28 | 水 | 丁丑 八白 | 3/10 赤口 |
| 29 | 木 | 戊寅 九紫 | 3/11 先勝 |
| 30 | 金 | 己卯 一白 | 3/12 友引 |

**1月**

1. 6［節］小寒
1.18［雑］土用
1.21［節］大寒

**2月**

2. 3［雑］節分
2. 4［節］立春
2.19［節］雨水

**3月**

3. 5［節］啓蟄
3.17［雑］彼岸
3.20［節］春分
3.20［雑］社日

**4月**

4. 4［節］清明
4.17［雑］土用
4.20［節］穀雨

## 5月
（己巳 八白土星）

| | | | | | |
|---|---|---|---|---|---|
| 1 | 土 | 庚辰 | 二黒 | 3/13 | 先負 |
| 2 | 日 | 辛巳 | 三碧 | 3/14 | 仏滅 |
| 3 | 月 | 壬午 | 四緑 | 3/15 | 大安 |
| 4 | 火 | 癸未 | 五黄 | 3/16 | 赤口 |
| 5 | 水 | 甲申 | 六白 | 3/17 | 先勝 |
| 6 | 木 | 乙酉 | 七赤 | 3/18 | 友引 |
| 7 | 金 | 丙戌 | 八白 | 3/19 | 先負 |
| 8 | 土 | 丁亥 | 九紫 | 3/20 | 仏滅 |
| 9 | 日 | 戊子 | 一白 | 3/21 | 大安 |
| 10 | 月 | 己丑 | 二黒 | 3/22 | 赤口 |
| 11 | 火 | 庚寅 | 三碧 | 3/23 | 先勝 |
| 12 | 水 | 辛卯 | 四緑 | 3/24 | 友引 |
| 13 | 木 | 壬辰 | 五黄 | 3/25 | 先負 |
| 14 | 金 | 癸巳 | 六白 | 3/26 | 仏滅 |
| 15 | 土 | 甲午 | 七赤 | 3/27 | 大安 |
| 16 | 日 | 乙未 | 八白 | 3/28 | 赤口 |
| 17 | 月 | 丙申 | 九紫 | 3/29 | 先勝 |
| 18 | 火 | 丁酉 | 一白 | 3/30 | 友引 |
| 19 | 水 | 戊戌 | 二黒 | 4/1 | 仏滅 |
| 20 | 木 | 己亥 | 三碧 | 4/2 | 大安 |
| 21 | 金 | 庚子 | 四緑 | 4/3 | 赤口 |
| 22 | 土 | 辛丑 | 五黄 | 4/4 | 先勝 |
| 23 | 日 | 壬寅 | 六白 | 4/5 | 友引 |
| 24 | 月 | 癸卯 | 七赤 | 4/6 | 先負 |
| 25 | 火 | 甲辰 | 八白 | 4/7 | 仏滅 |
| 26 | 水 | 乙巳 | 九紫 | 4/8 | 大安 |
| 27 | 木 | 丙午 | 一白 | 4/9 | 赤口 |
| 28 | 金 | 丁未 | 二黒 | 4/10 | 先勝 |
| 29 | 土 | 戊申 | 三碧 | 4/11 | 友引 |
| 30 | 日 | 己酉 | 四緑 | 4/12 | 先負 |
| 31 | 月 | 庚戌 | 五黄 | 4/13 | 仏滅 |

## 6月
（庚午 七赤金星）

| | | | | | |
|---|---|---|---|---|---|
| 1 | 火 | 辛亥 | 六白 | 4/14 | 大安 |
| 2 | 水 | 壬子 | 七赤 | 4/15 | 赤口 |
| 3 | 木 | 癸丑 | 八白 | 4/16 | 先勝 |
| 4 | 金 | 甲寅 | 九紫 | 4/17 | 友引 |
| 5 | 土 | 乙卯 | 一白 | 4/18 | 先負 |
| 6 | 日 | 丙辰 | 二黒 | 4/19 | 仏滅 |
| 7 | 月 | 丁巳 | 三碧 | 4/20 | 大安 |
| 8 | 火 | 戊午 | 四緑 | 4/21 | 赤口 |
| 9 | 水 | 己未 | 五黄 | 4/22 | 先勝 |
| 10 | 木 | 庚申 | 六白 | 4/23 | 友引 |
| 11 | 金 | 辛酉 | 七赤 | 4/24 | 先負 |
| 12 | 土 | 壬戌 | 八白 | 4/25 | 仏滅 |
| 13 | 日 | 癸亥 | 九紫 | 4/26 | 大安 |
| 14 | 月 | 甲子 | 九紫 | 4/27 | 赤口 |
| 15 | 火 | 乙丑 | 八白 | 4/28 | 先勝 |
| 16 | 水 | 丙寅 | 七赤 | 4/29 | 友引 |
| 17 | 木 | 丁卯 | 六白 | 4/30 | 先負 |
| 18 | 金 | 戊辰 | 五黄 | 5/1 | 大安 |
| 19 | 土 | 己巳 | 四緑 | 5/2 | 赤口 |
| 20 | 日 | 庚午 | 三碧 | 5/3 | 先勝 |
| 21 | 月 | 辛未 | 二黒 | 5/4 | 友引 |
| 22 | 火 | 壬申 | 一白 | 5/5 | 先負 |
| 23 | 水 | 癸酉 | 九紫 | 5/6 | 仏滅 |
| 24 | 木 | 甲戌 | 八白 | 5/7 | 大安 |
| 25 | 金 | 乙亥 | 七赤 | 5/8 | 赤口 |
| 26 | 土 | 丙子 | 六白 | 5/9 | 先勝 |
| 27 | 日 | 丁丑 | 五黄 | 5/10 | 友引 |
| 28 | 月 | 戊寅 | 四緑 | 5/11 | 先負 |
| 29 | 火 | 己卯 | 三碧 | 5/12 | 仏滅 |
| 30 | 水 | 庚辰 | 二黒 | 5/13 | 大安 |

## 7月
（辛未 六白金星）

| | | | | | |
|---|---|---|---|---|---|
| 1 | 木 | 辛巳 | 一白 | 5/14 | 赤口 |
| 2 | 金 | 壬午 | 九紫 | 5/15 | 先勝 |
| 3 | 土 | 癸未 | 八白 | 5/16 | 友引 |
| 4 | 日 | 甲申 | 七赤 | 5/17 | 先負 |
| 5 | 月 | 乙酉 | 六白 | 5/18 | 仏滅 |
| 6 | 火 | 丙戌 | 五黄 | 5/19 | 大安 |
| 7 | 水 | 丁亥 | 四緑 | 5/20 | 赤口 |
| 8 | 木 | 戊子 | 三碧 | 5/21 | 先勝 |
| 9 | 金 | 己丑 | 二黒 | 5/22 | 友引 |
| 10 | 土 | 庚寅 | 一白 | 5/23 | 先負 |
| 11 | 日 | 辛卯 | 九紫 | 5/24 | 仏滅 |
| 12 | 月 | 壬辰 | 八白 | 5/25 | 大安 |
| 13 | 火 | 癸巳 | 七赤 | 5/26 | 赤口 |
| 14 | 水 | 甲午 | 六白 | 5/27 | 先勝 |
| 15 | 木 | 乙未 | 五黄 | 5/28 | 友引 |
| 16 | 金 | 丙申 | 四緑 | 5/29 | 先負 |
| 17 | 土 | 丁酉 | 三碧 | 6/1 | 赤口 |
| 18 | 日 | 戊戌 | 二黒 | 6/2 | 先勝 |
| 19 | 月 | 己亥 | 一白 | 6/3 | 友引 |
| 20 | 火 | 庚子 | 九紫 | 6/4 | 先負 |
| 21 | 水 | 辛丑 | 八白 | 6/5 | 仏滅 |
| 22 | 木 | 壬寅 | 七赤 | 6/6 | 大安 |
| 23 | 金 | 癸卯 | 六白 | 6/7 | 赤口 |
| 24 | 土 | 甲辰 | 五黄 | 6/8 | 先勝 |
| 25 | 日 | 乙巳 | 四緑 | 6/9 | 友引 |
| 26 | 月 | 丙午 | 三碧 | 6/10 | 先負 |
| 27 | 火 | 丁未 | 二黒 | 6/11 | 仏滅 |
| 28 | 水 | 戊申 | 一白 | 6/12 | 大安 |
| 29 | 木 | 己酉 | 九紫 | 6/13 | 赤口 |
| 30 | 金 | 庚戌 | 八白 | 6/14 | 先勝 |
| 31 | 土 | 辛亥 | 七赤 | 6/15 | 友引 |

## 8月
（壬申 五黄土星）

| | | | | | |
|---|---|---|---|---|---|
| 1 | 日 | 壬子 | 六白 | 6/16 | 先負 |
| 2 | 月 | 癸丑 | 五黄 | 6/17 | 仏滅 |
| 3 | 火 | 甲寅 | 四緑 | 6/18 | 大安 |
| 4 | 水 | 乙卯 | 三碧 | 6/19 | 赤口 |
| 5 | 木 | 丙辰 | 二黒 | 6/20 | 先勝 |
| 6 | 金 | 丁巳 | 一白 | 6/21 | 友引 |
| 7 | 土 | 戊午 | 九紫 | 6/22 | 先負 |
| 8 | 日 | 己未 | 八白 | 6/23 | 仏滅 |
| 9 | 月 | 庚申 | 七赤 | 6/24 | 大安 |
| 10 | 火 | 辛酉 | 六白 | 6/25 | 赤口 |
| 11 | 水 | 壬戌 | 五黄 | 6/26 | 先勝 |
| 12 | 木 | 癸亥 | 四緑 | 6/27 | 友引 |
| 13 | 金 | 甲子 | 三碧 | 6/28 | 先負 |
| 14 | 土 | 乙丑 | 二黒 | 6/29 | 仏滅 |
| 15 | 日 | 丙寅 | 一白 | 6/30 | 大安 |
| 16 | 月 | 丁卯 | 九紫 | 7/1 | 先勝 |
| 17 | 火 | 戊辰 | 八白 | 7/2 | 友引 |
| 18 | 水 | 己巳 | 七赤 | 7/3 | 先負 |
| 19 | 木 | 庚午 | 六白 | 7/4 | 仏滅 |
| 20 | 金 | 辛未 | 五黄 | 7/5 | 大安 |
| 21 | 土 | 壬申 | 四緑 | 7/6 | 赤口 |
| 22 | 日 | 癸酉 | 三碧 | 7/7 | 先勝 |
| 23 | 月 | 甲戌 | 二黒 | 7/8 | 友引 |
| 24 | 火 | 乙亥 | 一白 | 7/9 | 先負 |
| 25 | 水 | 丙子 | 九紫 | 7/10 | 仏滅 |
| 26 | 木 | 丁丑 | 八白 | 7/11 | 大安 |
| 27 | 金 | 戊寅 | 七赤 | 7/12 | 赤口 |
| 28 | 土 | 己卯 | 六白 | 7/13 | 先勝 |
| 29 | 日 | 庚辰 | 五黄 | 7/14 | 友引 |
| 30 | 月 | 辛巳 | 四緑 | 7/15 | 先負 |
| 31 | 火 | 壬午 | 三碧 | 7/16 | 仏滅 |

**5月**

5. 1［雑］八十八夜
5. 5［節］立夏
5.21［節］小満

**6月**

6. 5［節］芒種
6.10［雑］入梅
6.21［節］夏至

**7月**

7. 1［雑］半夏生
7. 7［節］小暑
7.19［雑］土用
7.22［節］大暑

**8月**

8. 7［節］立秋
8.23［節］処暑
8.31［雑］二百十日

2004年

## 9月
（癸酉 四緑木星）

| | | | |
|---|---|---|---|
| 1 | 水 | 癸未 二黒 | 7/17 大安 |
| 2 | 木 | 甲申 一白 | 7/18 赤口 |
| 3 | 金 | 乙酉 九紫 | 7/19 先勝 |
| 4 | 土 | 丙戌 八白 | 7/20 友引 |
| 5 | 日 | 丁亥 七赤 | 7/21 先負 |
| 6 | 月 | 戊子 六白 | 7/22 仏滅 |
| 7 | 火 | 己丑 五黄 | 7/23 大安 |
| 8 | 水 | 庚寅 四緑 | 7/24 赤口 |
| 9 | 木 | 辛卯 三碧 | 7/25 先勝 |
| 10 | 金 | 壬辰 二黒 | 7/26 友引 |
| 11 | 土 | 癸巳 一白 | 7/27 先負 |
| 12 | 日 | 甲午 九紫 | 7/28 仏滅 |
| 13 | 月 | 乙未 八白 | 7/29 大安 |
| 14 | 火 | 丙申 七赤 | 8/1 友引 |
| 15 | 水 | 丁酉 六白 | 8/2 先負 |
| 16 | 木 | 戊戌 五黄 | 8/3 仏滅 |
| 17 | 金 | 己亥 四緑 | 8/4 大安 |
| 18 | 土 | 庚子 三碧 | 8/5 赤口 |
| 19 | 日 | 辛丑 二黒 | 8/6 先勝 |
| 20 | 月 | 壬寅 一白 | 8/7 友引 |
| 21 | 火 | 癸卯 九紫 | 8/8 先負 |
| 22 | 水 | 甲辰 八白 | 8/9 仏滅 |
| 23 | 木 | 乙巳 七赤 | 8/10 大安 |
| 24 | 金 | 丙午 六白 | 8/11 赤口 |
| 25 | 土 | 丁未 五黄 | 8/12 先勝 |
| 26 | 日 | 戊申 四緑 | 8/13 友引 |
| 27 | 月 | 己酉 三碧 | 8/14 先負 |
| 28 | 火 | 庚戌 二黒 | 8/15 仏滅 |
| 29 | 水 | 辛亥 一白 | 8/16 大安 |
| 30 | 木 | 壬子 九紫 | 8/17 赤口 |

## 10月
（甲戌 三碧木星）

| | | | |
|---|---|---|---|
| 1 | 金 | 癸丑 八白 | 8/18 先勝 |
| 2 | 土 | 甲寅 七赤 | 8/19 友引 |
| 3 | 日 | 乙卯 六白 | 8/20 先負 |
| 4 | 月 | 丙辰 五黄 | 8/21 仏滅 |
| 5 | 火 | 丁巳 四緑 | 8/22 大安 |
| 6 | 水 | 戊午 三碧 | 8/23 赤口 |
| 7 | 木 | 己未 二黒 | 8/24 先勝 |
| 8 | 金 | 庚申 一白 | 8/25 友引 |
| 9 | 土 | 辛酉 九紫 | 8/26 先負 |
| 10 | 日 | 壬戌 八白 | 8/27 仏滅 |
| 11 | 月 | 癸亥 七赤 | 8/28 大安 |
| 12 | 火 | 甲子 六白 | 8/29 赤口 |
| 13 | 水 | 乙丑 五黄 | 8/30 先勝 |
| 14 | 木 | 丙寅 四緑 | 9/1 先負 |
| 15 | 金 | 丁卯 三碧 | 9/2 仏滅 |
| 16 | 土 | 戊辰 二黒 | 9/3 大安 |
| 17 | 日 | 己巳 一白 | 9/4 赤口 |
| 18 | 月 | 庚午 九紫 | 9/5 先勝 |
| 19 | 火 | 辛未 八白 | 9/6 友引 |
| 20 | 水 | 壬申 七赤 | 9/7 先負 |
| 21 | 木 | 癸酉 六白 | 9/8 仏滅 |
| 22 | 金 | 甲戌 五黄 | 9/9 大安 |
| 23 | 土 | 乙亥 四緑 | 9/10 赤口 |
| 24 | 日 | 丙子 三碧 | 9/11 先勝 |
| 25 | 月 | 丁丑 二黒 | 9/12 友引 |
| 26 | 火 | 戊寅 一白 | 9/13 先負 |
| 27 | 水 | 己卯 九紫 | 9/14 仏滅 |
| 28 | 木 | 庚辰 八白 | 9/15 大安 |
| 29 | 金 | 辛巳 七赤 | 9/16 赤口 |
| 30 | 土 | 壬午 六白 | 9/17 先勝 |
| 31 | 日 | 癸未 五黄 | 9/18 友引 |

## 11月
（乙亥 二黒土星）

| | | | |
|---|---|---|---|
| 1 | 月 | 甲申 四緑 | 9/19 先負 |
| 2 | 火 | 乙酉 三碧 | 9/20 仏滅 |
| 3 | 水 | 丙戌 二黒 | 9/21 大安 |
| 4 | 木 | 丁亥 一白 | 9/22 赤口 |
| 5 | 金 | 戊子 九紫 | 9/23 先勝 |
| 6 | 土 | 己丑 八白 | 9/24 友引 |
| 7 | 日 | 庚寅 七赤 | 9/25 先負 |
| 8 | 月 | 辛卯 六白 | 9/26 仏滅 |
| 9 | 火 | 壬辰 五黄 | 9/27 大安 |
| 10 | 水 | 癸巳 四緑 | 9/28 赤口 |
| 11 | 木 | 甲午 三碧 | 9/29 先勝 |
| 12 | 金 | 乙未 二黒 | 10/1 仏滅 |
| 13 | 土 | 丙申 一白 | 10/2 大安 |
| 14 | 日 | 丁酉 九紫 | 10/3 赤口 |
| 15 | 月 | 戊戌 八白 | 10/4 先勝 |
| 16 | 火 | 己亥 七赤 | 10/5 友引 |
| 17 | 水 | 庚子 六白 | 10/6 先負 |
| 18 | 木 | 辛丑 五黄 | 10/7 仏滅 |
| 19 | 金 | 壬寅 四緑 | 10/8 大安 |
| 20 | 土 | 癸卯 三碧 | 10/9 赤口 |
| 21 | 日 | 甲辰 二黒 | 10/10 先勝 |
| 22 | 月 | 乙巳 一白 | 10/11 友引 |
| 23 | 火 | 丙午 九紫 | 10/12 先負 |
| 24 | 水 | 丁未 八白 | 10/13 仏滅 |
| 25 | 木 | 戊申 七赤 | 10/14 大安 |
| 26 | 金 | 己酉 六白 | 10/15 赤口 |
| 27 | 土 | 庚戌 五黄 | 10/16 先勝 |
| 28 | 日 | 辛亥 四緑 | 10/17 友引 |
| 29 | 月 | 壬子 三碧 | 10/18 先負 |
| 30 | 火 | 癸丑 二黒 | 10/19 仏滅 |

## 12月
（丙子 一白水星）

| | | | |
|---|---|---|---|
| 1 | 水 | 甲寅 一白 | 10/20 大安 |
| 2 | 木 | 乙卯 九紫 | 10/21 赤口 |
| 3 | 金 | 丙辰 八白 | 10/22 先勝 |
| 4 | 土 | 丁巳 七赤 | 10/23 友引 |
| 5 | 日 | 戊午 六白 | 10/24 先負 |
| 6 | 月 | 己未 五黄 | 10/25 仏滅 |
| 7 | 火 | 庚申 四緑 | 10/26 大安 |
| 8 | 水 | 辛酉 三碧 | 10/27 赤口 |
| 9 | 木 | 壬戌 二黒 | 10/28 先勝 |
| 10 | 金 | 癸亥 一白 | 10/29 友引 |
| 11 | 土 | 甲子 一白 | 10/30 先負 |
| 12 | 日 | 乙丑 二黒 | 11/1 大安 |
| 13 | 月 | 丙寅 三碧 | 11/2 赤口 |
| 14 | 火 | 丁卯 四緑 | 11/3 先勝 |
| 15 | 水 | 戊辰 五黄 | 11/4 友引 |
| 16 | 木 | 己巳 六白 | 11/5 先負 |
| 17 | 金 | 庚午 七赤 | 11/6 仏滅 |
| 18 | 土 | 辛未 八白 | 11/7 大安 |
| 19 | 日 | 壬申 九紫 | 11/8 赤口 |
| 20 | 月 | 癸酉 一白 | 11/9 先勝 |
| 21 | 火 | 甲戌 二黒 | 11/10 友引 |
| 22 | 水 | 乙亥 三碧 | 11/11 先負 |
| 23 | 木 | 丙子 四緑 | 11/12 仏滅 |
| 24 | 金 | 丁丑 五黄 | 11/13 大安 |
| 25 | 土 | 戊寅 六白 | 11/14 赤口 |
| 26 | 日 | 己卯 七赤 | 11/15 先勝 |
| 27 | 月 | 庚辰 八白 | 11/16 友引 |
| 28 | 火 | 辛巳 九紫 | 11/17 先負 |
| 29 | 水 | 壬午 一白 | 11/18 仏滅 |
| 30 | 木 | 癸未 二黒 | 11/19 大安 |
| 31 | 金 | 甲申 三碧 | 11/20 赤口 |

**9月**

9. 7［節］白露
9.20［雑］彼岸
9.23［節］秋分
9.26［雑］社日

**10月**

10. 8［節］寒露
10.20［雑］土用
10.23［節］霜降

**11月**

11. 7［節］立冬
11.22［節］小雪

**12月**

12. 7［節］大雪
12.21［節］冬至

# 2005

明治 **138** 年
大正 **94** 年
昭和 **80** 年
平成 **17** 年

乙酉（きのととり）
四緑木星

生誕・年忌など

**1. 1** 旅順陥落 100 年
**1.16** 伊藤整生誕 100 年
**1.22** 血の日曜日事件・第 1 次ロシア革命勃発 100 年
**3.24** J. ヴェルヌ没後 100 年
**4. 2** H. アンデルセン生誕 200 年
**5. 9** F. シラー没後 200 年
**5.27** 日本海海戦 100 年
**6. 7** ノルウェー独立 100 年
**6.21** J.P. サルトル生誕 100 年
**7.29** C. トクヴィル生誕 200 年
**9. 5** ポーツマス条約調印 100 年
**9.20** 山内一豊没後 400 年
**10.13** 華岡青洲・全身麻酔手術成功 200 年
**10.23** A. シュティフター生誕 200 年
**12. —** 則天武后没後 1300 年
この年 蔡倫・製紙法発明 1900 年
足利尊氏生誕 700 年
セルバンテス「ドン・キホーテ」刊行 400 年
アインシュタイン・特殊相対性理論発表 100 年

## 1月
（丁丑 九紫火星）

| | | | |
|---|---|---|---|
| 1 | 土 | 乙酉 四緑 | 11/21 先勝 |
| 2 | 日 | 丙戌 五黄 | 11/22 友引 |
| 3 | 月 | 丁亥 六白 | 11/23 先負 |
| 4 | 火 | 戊子 七赤 | 11/24 仏滅 |
| 5 | 水 | 己丑 八白 | 11/25 大安 |
| 6 | 木 | 庚寅 九紫 | 11/26 赤口 |
| 7 | 金 | 辛卯 一白 | 11/27 先勝 |
| 8 | 土 | 壬辰 二黒 | 11/28 友引 |
| 9 | 日 | 癸巳 三碧 | 11/29 先負 |
| 10 | 月 | 甲午 四緑 | 12/1 赤口 |
| 11 | 火 | 乙未 五黄 | 12/2 先勝 |
| 12 | 水 | 丙申 六白 | 12/3 友引 |
| 13 | 木 | 丁酉 七赤 | 12/4 先負 |
| 14 | 金 | 戊戌 八白 | 12/5 仏滅 |
| 15 | 土 | 己亥 九紫 | 12/6 大安 |
| 16 | 日 | 庚子 一白 | 12/7 赤口 |
| 17 | 月 | 辛丑 二黒 | 12/8 先勝 |
| 18 | 火 | 壬寅 三碧 | 12/9 友引 |
| 19 | 水 | 癸卯 四緑 | 12/10 先負 |
| 20 | 木 | 甲辰 五黄 | 12/11 仏滅 |
| 21 | 金 | 乙巳 六白 | 12/12 大安 |
| 22 | 土 | 丙午 七赤 | 12/13 赤口 |
| 23 | 日 | 丁未 八白 | 12/14 先勝 |
| 24 | 月 | 戊申 九紫 | 12/15 友引 |
| 25 | 火 | 己酉 一白 | 12/16 先負 |
| 26 | 水 | 庚戌 二黒 | 12/17 仏滅 |
| 27 | 木 | 辛亥 三碧 | 12/18 大安 |
| 28 | 金 | 壬子 四緑 | 12/19 赤口 |
| 29 | 土 | 癸丑 五黄 | 12/20 先勝 |
| 30 | 日 | 甲寅 六白 | 12/21 友引 |
| 31 | 月 | 乙卯 七赤 | 12/22 先負 |

## 2月
（戊寅 八白土星）

| | | | |
|---|---|---|---|
| 1 | 火 | 丙辰 八白 | 12/23 仏滅 |
| 2 | 水 | 丁巳 九紫 | 12/24 大安 |
| 3 | 木 | 戊午 一白 | 12/25 赤口 |
| 4 | 金 | 己未 二黒 | 12/26 先勝 |
| 5 | 土 | 庚申 三碧 | 12/27 友引 |
| 6 | 日 | 辛酉 四緑 | 12/28 先負 |
| 7 | 月 | 壬戌 五黄 | 12/29 仏滅 |
| 8 | 火 | 癸亥 六白 | 12/30 大安 |
| 9 | 水 | 甲子 七赤 | 1/1 先勝 |
| 10 | 木 | 乙丑 八白 | 1/2 友引 |
| 11 | 金 | 丙寅 九紫 | 1/3 先負 |
| 12 | 土 | 丁卯 一白 | 1/4 仏滅 |
| 13 | 日 | 戊辰 二黒 | 1/5 大安 |
| 14 | 月 | 己巳 三碧 | 1/6 赤口 |
| 15 | 火 | 庚午 四緑 | 1/7 先勝 |
| 16 | 水 | 辛未 五黄 | 1/8 友引 |
| 17 | 木 | 壬申 六白 | 1/9 先負 |
| 18 | 金 | 癸酉 七赤 | 1/10 仏滅 |
| 19 | 土 | 甲戌 八白 | 1/11 大安 |
| 20 | 日 | 乙亥 九紫 | 1/12 赤口 |
| 21 | 月 | 丙子 一白 | 1/13 先勝 |
| 22 | 火 | 丁丑 二黒 | 1/14 友引 |
| 23 | 水 | 戊寅 三碧 | 1/15 先負 |
| 24 | 木 | 己卯 四緑 | 1/16 仏滅 |
| 25 | 金 | 庚辰 五黄 | 1/17 大安 |
| 26 | 土 | 辛巳 六白 | 1/18 赤口 |
| 27 | 日 | 壬午 七赤 | 1/19 先勝 |
| 28 | 月 | 癸未 八白 | 1/20 友引 |

## 3月
（己卯 七赤金星）

| | | | |
|---|---|---|---|
| 1 | 火 | 甲申 九紫 | 1/21 先負 |
| 2 | 水 | 乙酉 一白 | 1/22 仏滅 |
| 3 | 木 | 丙戌 二黒 | 1/23 大安 |
| 4 | 金 | 丁亥 三碧 | 1/24 赤口 |
| 5 | 土 | 戊子 四緑 | 1/25 先勝 |
| 6 | 日 | 己丑 五黄 | 1/26 友引 |
| 7 | 月 | 庚寅 六白 | 1/27 先負 |
| 8 | 火 | 辛卯 七赤 | 1/28 仏滅 |
| 9 | 水 | 壬辰 八白 | 1/29 大安 |
| 10 | 木 | 癸巳 九紫 | 2/1 友引 |
| 11 | 金 | 甲午 一白 | 2/2 先負 |
| 12 | 土 | 乙未 二黒 | 2/3 仏滅 |
| 13 | 日 | 丙申 三碧 | 2/4 大安 |
| 14 | 月 | 丁酉 四緑 | 2/5 赤口 |
| 15 | 火 | 戊戌 五黄 | 2/6 先勝 |
| 16 | 水 | 己亥 六白 | 2/7 友引 |
| 17 | 木 | 庚子 七赤 | 2/8 先負 |
| 18 | 金 | 辛丑 八白 | 2/9 仏滅 |
| 19 | 土 | 壬寅 九紫 | 2/10 大安 |
| 20 | 日 | 癸卯 一白 | 2/11 赤口 |
| 21 | 月 | 甲辰 二黒 | 2/12 先勝 |
| 22 | 火 | 乙巳 三碧 | 2/13 友引 |
| 23 | 水 | 丙午 四緑 | 2/14 先負 |
| 24 | 木 | 丁未 五黄 | 2/15 仏滅 |
| 25 | 金 | 戊申 六白 | 2/16 大安 |
| 26 | 土 | 己酉 七赤 | 2/17 赤口 |
| 27 | 日 | 庚戌 八白 | 2/18 先勝 |
| 28 | 月 | 辛亥 九紫 | 2/19 友引 |
| 29 | 火 | 壬子 一白 | 2/20 先負 |
| 30 | 水 | 癸丑 二黒 | 2/21 仏滅 |
| 31 | 木 | 甲寅 三碧 | 2/22 大安 |

## 4月
（庚辰 六白金星）

| | | | |
|---|---|---|---|
| 1 | 金 | 乙卯 四緑 | 2/23 赤口 |
| 2 | 土 | 丙辰 五黄 | 2/24 先勝 |
| 3 | 日 | 丁巳 六白 | 2/25 友引 |
| 4 | 月 | 戊午 七赤 | 2/26 先負 |
| 5 | 火 | 己未 八白 | 2/27 仏滅 |
| 6 | 水 | 庚申 九紫 | 2/28 大安 |
| 7 | 木 | 辛酉 一白 | 2/29 赤口 |
| 8 | 金 | 壬戌 二黒 | 2/30 先勝 |
| 9 | 土 | 癸亥 三碧 | 3/1 先負 |
| 10 | 日 | 甲子 四緑 | 3/2 仏滅 |
| 11 | 月 | 乙丑 五黄 | 3/3 大安 |
| 12 | 火 | 丙寅 六白 | 3/4 赤口 |
| 13 | 水 | 丁卯 七赤 | 3/5 先勝 |
| 14 | 木 | 戊辰 八白 | 3/6 友引 |
| 15 | 金 | 己巳 九紫 | 3/7 先負 |
| 16 | 土 | 庚午 一白 | 3/8 仏滅 |
| 17 | 日 | 辛未 二黒 | 3/9 大安 |
| 18 | 月 | 壬申 三碧 | 3/10 赤口 |
| 19 | 火 | 癸酉 四緑 | 3/11 先勝 |
| 20 | 水 | 甲戌 五黄 | 3/12 友引 |
| 21 | 木 | 乙亥 六白 | 3/13 先負 |
| 22 | 金 | 丙子 七赤 | 3/14 仏滅 |
| 23 | 土 | 丁丑 八白 | 3/15 大安 |
| 24 | 日 | 戊寅 九紫 | 3/16 赤口 |
| 25 | 月 | 己卯 一白 | 3/17 先勝 |
| 26 | 火 | 庚辰 二黒 | 3/18 友引 |
| 27 | 水 | 辛巳 三碧 | 3/19 先負 |
| 28 | 木 | 壬午 四緑 | 3/20 仏滅 |
| 29 | 金 | 癸未 五黄 | 3/21 大安 |
| 30 | 土 | 甲申 六白 | 3/22 赤口 |

**1月**

1. 5〔節〕小寒
1.17〔雑〕土用
1.20〔節〕大寒

**2月**

2. 3〔雑〕節分
2. 4〔節〕立春
2.18〔節〕雨水

**3月**

3. 5〔節〕啓蟄
3.17〔雑〕彼岸
3.20〔節〕春分
3.25〔雑〕社日

**4月**

4. 5〔節〕清明
4.17〔雑〕土用
4.20〔節〕穀雨

## 5 月
（辛巳 五黄土星）

| | | | |
|---|---|---|---|
| 1 | 日 | 乙酉 七赤 | 3/23 先勝 |
| 2 | 月 | 丙戌 八白 | 3/24 友引 |
| 3 | 火 | 丁亥 九紫 | 3/25 先負 |
| 4 | 水 | 戊子 一白 | 3/26 仏滅 |
| 5 | 木 | 己丑 二黒 | 3/27 大安 |
| 6 | 金 | 庚寅 三碧 | 3/28 赤口 |
| 7 | 土 | 辛卯 四緑 | 3/29 先勝 |
| 8 | 日 | 壬辰 五黄 | 4/1 仏滅 |
| 9 | 月 | 癸巳 六白 | 4/2 大安 |
| 10 | 火 | 甲午 七赤 | 4/3 赤口 |
| 11 | 水 | 乙未 八白 | 4/4 先勝 |
| 12 | 木 | 丙申 九紫 | 4/5 友引 |
| 13 | 金 | 丁酉 一白 | 4/6 先負 |
| 14 | 土 | 戊戌 二黒 | 4/7 仏滅 |
| 15 | 日 | 己亥 三碧 | 4/8 大安 |
| 16 | 月 | 庚子 四緑 | 4/9 赤口 |
| 17 | 火 | 辛丑 五黄 | 4/10 先勝 |
| 18 | 水 | 壬寅 六白 | 4/11 友引 |
| 19 | 木 | 癸卯 七赤 | 4/12 先負 |
| 20 | 金 | 甲辰 八白 | 4/13 仏滅 |
| 21 | 土 | 乙巳 九紫 | 4/14 大安 |
| 22 | 日 | 丙午 一白 | 4/15 赤口 |
| 23 | 月 | 丁未 二黒 | 4/16 先勝 |
| 24 | 火 | 戊申 三碧 | 4/17 友引 |
| 25 | 水 | 己酉 四緑 | 4/18 先負 |
| 26 | 木 | 庚戌 五黄 | 4/19 仏滅 |
| 27 | 金 | 辛亥 六白 | 4/20 大安 |
| 28 | 土 | 壬子 七赤 | 4/21 赤口 |
| 29 | 日 | 癸丑 八白 | 4/22 先勝 |
| 30 | 月 | 甲寅 九紫 | 4/23 友引 |
| 31 | 火 | 乙卯 一白 | 4/24 先負 |

## 6 月
（壬午 四緑木星）

| | | | |
|---|---|---|---|
| 1 | 水 | 丙辰 二黒 | 4/25 仏滅 |
| 2 | 木 | 丁巳 三碧 | 4/26 大安 |
| 3 | 金 | 戊午 四緑 | 4/27 赤口 |
| 4 | 土 | 己未 五黄 | 4/28 先勝 |
| 5 | 日 | 庚申 六白 | 4/29 友引 |
| 6 | 月 | 辛酉 七赤 | 4/30 先負 |
| 7 | 火 | 壬戌 八白 | 5/1 大安 |
| 8 | 水 | 癸亥 九紫 | 5/2 赤口 |
| 9 | 木 | 甲子 九紫 | 5/3 先勝 |
| 10 | 金 | 乙丑 八白 | 5/4 友引 |
| 11 | 土 | 丙寅 七赤 | 5/5 先負 |
| 12 | 日 | 丁卯 六白 | 5/6 仏滅 |
| 13 | 月 | 戊辰 五黄 | 5/7 大安 |
| 14 | 火 | 己巳 四緑 | 5/8 赤口 |
| 15 | 水 | 庚午 三碧 | 5/9 先勝 |
| 16 | 木 | 辛未 二黒 | 5/10 友引 |
| 17 | 金 | 壬申 一白 | 5/11 先負 |
| 18 | 土 | 癸酉 九紫 | 5/12 仏滅 |
| 19 | 日 | 甲戌 八白 | 5/13 大安 |
| 20 | 月 | 乙亥 七赤 | 5/14 赤口 |
| 21 | 火 | 丙子 六白 | 5/15 先勝 |
| 22 | 水 | 丁丑 五黄 | 5/16 友引 |
| 23 | 木 | 戊寅 四緑 | 5/17 先負 |
| 24 | 金 | 己卯 三碧 | 5/18 仏滅 |
| 25 | 土 | 庚辰 二黒 | 5/19 大安 |
| 26 | 日 | 辛巳 一白 | 5/20 赤口 |
| 27 | 月 | 壬午 九紫 | 5/21 先勝 |
| 28 | 火 | 癸未 八白 | 5/22 友引 |
| 29 | 水 | 甲申 七赤 | 5/23 先負 |
| 30 | 木 | 乙酉 六白 | 5/24 仏滅 |

## 7 月
（癸未 三碧木星）

| | | | |
|---|---|---|---|
| 1 | 金 | 丙戌 五黄 | 5/25 大安 |
| 2 | 土 | 丁亥 四緑 | 5/26 赤口 |
| 3 | 日 | 戊子 三碧 | 5/27 先勝 |
| 4 | 月 | 己丑 二黒 | 5/28 友引 |
| 5 | 火 | 庚寅 一白 | 5/29 先負 |
| 6 | 水 | 辛卯 九紫 | 6/1 赤口 |
| 7 | 木 | 壬辰 八白 | 6/2 先勝 |
| 8 | 金 | 癸巳 七赤 | 6/3 友引 |
| 9 | 土 | 甲午 六白 | 6/4 先負 |
| 10 | 日 | 乙未 五黄 | 6/5 仏滅 |
| 11 | 月 | 丙申 四緑 | 6/6 大安 |
| 12 | 火 | 丁酉 三碧 | 6/7 赤口 |
| 13 | 水 | 戊戌 二黒 | 6/8 先勝 |
| 14 | 木 | 己亥 一白 | 6/9 友引 |
| 15 | 金 | 庚子 九紫 | 6/10 先負 |
| 16 | 土 | 辛丑 八白 | 6/11 仏滅 |
| 17 | 日 | 壬寅 七赤 | 6/12 大安 |
| 18 | 月 | 癸卯 六白 | 6/13 赤口 |
| 19 | 火 | 甲辰 五黄 | 6/14 先勝 |
| 20 | 水 | 乙巳 四緑 | 6/15 友引 |
| 21 | 木 | 丙午 三碧 | 6/16 先負 |
| 22 | 金 | 丁未 二黒 | 6/17 仏滅 |
| 23 | 土 | 戊申 一白 | 6/18 大安 |
| 24 | 日 | 己酉 九紫 | 6/19 赤口 |
| 25 | 月 | 庚戌 八白 | 6/20 先勝 |
| 26 | 火 | 辛亥 七赤 | 6/21 友引 |
| 27 | 水 | 壬子 六白 | 6/22 先負 |
| 28 | 木 | 癸丑 五黄 | 6/23 仏滅 |
| 29 | 金 | 甲寅 四緑 | 6/24 大安 |
| 30 | 土 | 乙卯 三碧 | 6/25 赤口 |
| 31 | 日 | 丙辰 二黒 | 6/26 先勝 |

## 8 月
（甲申 二黒土星）

| | | | |
|---|---|---|---|
| 1 | 月 | 丁巳 一白 | 6/27 友引 |
| 2 | 火 | 戊午 九紫 | 6/28 先負 |
| 3 | 水 | 己未 八白 | 6/29 仏滅 |
| 4 | 木 | 庚申 七赤 | 6/30 大安 |
| 5 | 金 | 辛酉 六白 | 7/1 先勝 |
| 6 | 土 | 壬戌 五黄 | 7/2 友引 |
| 7 | 日 | 癸亥 四緑 | 7/3 先負 |
| 8 | 月 | 甲子 三碧 | 7/4 仏滅 |
| 9 | 火 | 乙丑 二黒 | 7/5 大安 |
| 10 | 水 | 丙寅 一白 | 7/6 赤口 |
| 11 | 木 | 丁卯 九紫 | 7/7 先勝 |
| 12 | 金 | 戊辰 八白 | 7/8 友引 |
| 13 | 土 | 己巳 七赤 | 7/9 先負 |
| 14 | 日 | 庚午 六白 | 7/10 仏滅 |
| 15 | 月 | 辛未 五黄 | 7/11 大安 |
| 16 | 火 | 壬申 四緑 | 7/12 赤口 |
| 17 | 水 | 癸酉 三碧 | 7/13 先勝 |
| 18 | 木 | 甲戌 二黒 | 7/14 友引 |
| 19 | 金 | 乙亥 一白 | 7/15 先負 |
| 20 | 土 | 丙子 九紫 | 7/16 仏滅 |
| 21 | 日 | 丁丑 八白 | 7/17 大安 |
| 22 | 月 | 戊寅 七赤 | 7/18 赤口 |
| 23 | 火 | 己卯 六白 | 7/19 先勝 |
| 24 | 水 | 庚辰 五黄 | 7/20 友引 |
| 25 | 木 | 辛巳 四緑 | 7/21 先負 |
| 26 | 金 | 壬午 三碧 | 7/22 仏滅 |
| 27 | 土 | 癸未 二黒 | 7/23 大安 |
| 28 | 日 | 甲申 一白 | 7/24 赤口 |
| 29 | 月 | 乙酉 九紫 | 7/25 先勝 |
| 30 | 火 | 丙戌 八白 | 7/26 友引 |
| 31 | 水 | 丁亥 七赤 | 7/27 先負 |

### 5 月
5. 2［雑］八十八夜
5. 5［節］立夏
5.21［節］小満

### 6 月
6. 5［節］芒種
6.11［雑］入梅
6.21［節］夏至

### 7 月
7. 2［雑］半夏生
7. 7［節］小暑
7.19［雑］土用
7.23［節］大暑

### 8 月
8. 7［節］立秋
8.23［節］処暑

2005年

## 9月
（乙酉 一白水星）

| | | | |
|---|---|---|---|
| 1 | 木 | 戊子 六白 | 7/28 仏滅 |
| 2 | 金 | 己丑 五黄 | 7/29 大安 |
| 3 | 土 | 庚寅 四緑 | 7/30 赤口 |
| 4 | 日 | 辛卯 三碧 | 8/1 友引 |
| 5 | 月 | 壬辰 二黒 | 8/2 先負 |
| 6 | 火 | 癸巳 一白 | 8/3 仏滅 |
| 7 | 水 | 甲午 九紫 | 8/4 大安 |
| 8 | 木 | 乙未 八白 | 8/5 赤口 |
| 9 | 金 | 丙申 七赤 | 8/6 先勝 |
| 10 | 土 | 丁酉 六白 | 8/7 友引 |
| 11 | 日 | 戊戌 五黄 | 8/8 先負 |
| 12 | 月 | 己亥 四緑 | 8/9 仏滅 |
| 13 | 火 | 庚子 三碧 | 8/10 大安 |
| 14 | 水 | 辛丑 二黒 | 8/11 赤口 |
| 15 | 木 | 壬寅 一白 | 8/12 先勝 |
| 16 | 金 | 癸卯 九紫 | 8/13 友引 |
| 17 | 土 | 甲辰 八白 | 8/14 先負 |
| 18 | 日 | 乙巳 七赤 | 8/15 仏滅 |
| 19 | 月 | 丙午 六白 | 8/16 大安 |
| 20 | 火 | 丁未 五黄 | 8/17 赤口 |
| 21 | 水 | 戊申 四緑 | 8/18 先勝 |
| 22 | 木 | 己酉 三碧 | 8/19 友引 |
| 23 | 金 | 庚戌 二黒 | 8/20 先負 |
| 24 | 土 | 辛亥 一白 | 8/21 仏滅 |
| 25 | 日 | 壬子 九紫 | 8/22 大安 |
| 26 | 月 | 癸丑 八白 | 8/23 赤口 |
| 27 | 火 | 甲寅 七赤 | 8/24 先勝 |
| 28 | 水 | 乙卯 六白 | 8/25 友引 |
| 29 | 木 | 丙辰 五黄 | 8/26 先負 |
| 30 | 金 | 丁巳 四緑 | 8/27 仏滅 |

## 10月
（丙戌 九紫火星）

| | | | |
|---|---|---|---|
| 1 | 土 | 戊午 三碧 | 8/28 大安 |
| 2 | 日 | 己未 二黒 | 8/29 赤口 |
| 3 | 月 | 庚申 一白 | 9/1 先負 |
| 4 | 火 | 辛酉 九紫 | 9/2 仏滅 |
| 5 | 水 | 壬戌 八白 | 9/3 大安 |
| 6 | 木 | 癸亥 七赤 | 9/4 赤口 |
| 7 | 金 | 甲子 六白 | 9/5 先勝 |
| 8 | 土 | 乙丑 五黄 | 9/6 友引 |
| 9 | 日 | 丙寅 四緑 | 9/7 先負 |
| 10 | 月 | 丁卯 三碧 | 9/8 仏滅 |
| 11 | 火 | 戊辰 二黒 | 9/9 大安 |
| 12 | 水 | 己巳 一白 | 9/10 赤口 |
| 13 | 木 | 庚午 九紫 | 9/11 先勝 |
| 14 | 金 | 辛未 八白 | 9/12 友引 |
| 15 | 土 | 壬申 七赤 | 9/13 先負 |
| 16 | 日 | 癸酉 六白 | 9/14 仏滅 |
| 17 | 月 | 甲戌 五黄 | 9/15 大安 |
| 18 | 火 | 乙亥 四緑 | 9/16 赤口 |
| 19 | 水 | 丙子 三碧 | 9/17 先勝 |
| 20 | 木 | 丁丑 二黒 | 9/18 友引 |
| 21 | 金 | 戊寅 一白 | 9/19 先負 |
| 22 | 土 | 己卯 九紫 | 9/20 仏滅 |
| 23 | 日 | 庚辰 八白 | 9/21 大安 |
| 24 | 月 | 辛巳 七赤 | 9/22 赤口 |
| 25 | 火 | 壬午 六白 | 9/23 先勝 |
| 26 | 水 | 癸未 五黄 | 9/24 友引 |
| 27 | 木 | 甲申 四緑 | 9/25 先負 |
| 28 | 金 | 乙酉 三碧 | 9/26 仏滅 |
| 29 | 土 | 丙戌 二黒 | 9/27 大安 |
| 30 | 日 | 丁亥 一白 | 9/28 赤口 |
| 31 | 月 | 戊子 九紫 | 9/29 先勝 |

## 11月
（丁亥 八白土星）

| | | | |
|---|---|---|---|
| 1 | 火 | 己丑 八白 | 9/30 友引 |
| 2 | 水 | 庚寅 七赤 | 10/1 仏滅 |
| 3 | 木 | 辛卯 六白 | 10/2 大安 |
| 4 | 金 | 壬辰 五黄 | 10/3 赤口 |
| 5 | 土 | 癸巳 四緑 | 10/4 先勝 |
| 6 | 日 | 甲午 三碧 | 10/5 友引 |
| 7 | 月 | 乙未 二黒 | 10/6 先負 |
| 8 | 火 | 丙申 一白 | 10/7 仏滅 |
| 9 | 水 | 丁酉 九紫 | 10/8 大安 |
| 10 | 木 | 戊戌 八白 | 10/9 赤口 |
| 11 | 金 | 己亥 七赤 | 10/10 先勝 |
| 12 | 土 | 庚子 六白 | 10/11 友引 |
| 13 | 日 | 辛丑 五黄 | 10/12 先負 |
| 14 | 月 | 壬寅 四緑 | 10/13 仏滅 |
| 15 | 火 | 癸卯 三碧 | 10/14 大安 |
| 16 | 水 | 甲辰 二黒 | 10/15 赤口 |
| 17 | 木 | 乙巳 一白 | 10/16 先勝 |
| 18 | 金 | 丙午 九紫 | 10/17 友引 |
| 19 | 土 | 丁未 八白 | 10/18 先負 |
| 20 | 日 | 戊申 七赤 | 10/19 仏滅 |
| 21 | 月 | 己酉 六白 | 10/20 大安 |
| 22 | 火 | 庚戌 五黄 | 10/21 赤口 |
| 23 | 水 | 辛亥 四緑 | 10/22 先勝 |
| 24 | 木 | 壬子 三碧 | 10/23 友引 |
| 25 | 金 | 癸丑 二黒 | 10/24 先負 |
| 26 | 土 | 甲寅 一白 | 10/25 仏滅 |
| 27 | 日 | 乙卯 九紫 | 10/26 大安 |
| 28 | 月 | 丙辰 八白 | 10/27 赤口 |
| 29 | 火 | 丁巳 七赤 | 10/28 先勝 |
| 30 | 水 | 戊午 六白 | 10/29 友引 |

## 12月
（戊子 七赤金星）

| | | | |
|---|---|---|---|
| 1 | 木 | 己未 五黄 | 10/30 先負 |
| 2 | 金 | 庚申 四緑 | 11/1 大安 |
| 3 | 土 | 辛酉 三碧 | 11/2 赤口 |
| 4 | 日 | 壬戌 二黒 | 11/3 先勝 |
| 5 | 月 | 癸亥 一白 | 11/4 友引 |
| 6 | 火 | 甲子 一白 | 11/5 先負 |
| 7 | 水 | 乙丑 二黒 | 11/6 仏滅 |
| 8 | 木 | 丙寅 三碧 | 11/7 大安 |
| 9 | 金 | 丁卯 四緑 | 11/8 赤口 |
| 10 | 土 | 戊辰 五黄 | 11/9 先勝 |
| 11 | 日 | 己巳 六白 | 11/10 友引 |
| 12 | 月 | 庚午 七赤 | 11/11 先負 |
| 13 | 火 | 辛未 八白 | 11/12 仏滅 |
| 14 | 水 | 壬申 九紫 | 11/13 大安 |
| 15 | 木 | 癸酉 一白 | 11/14 赤口 |
| 16 | 金 | 甲戌 二黒 | 11/15 先勝 |
| 17 | 土 | 乙亥 三碧 | 11/16 友引 |
| 18 | 日 | 丙子 四緑 | 11/17 先負 |
| 19 | 月 | 丁丑 五黄 | 11/18 仏滅 |
| 20 | 火 | 戊寅 六白 | 11/19 大安 |
| 21 | 水 | 己卯 七赤 | 11/20 赤口 |
| 22 | 木 | 庚辰 八白 | 11/21 先勝 |
| 23 | 金 | 辛巳 九紫 | 11/22 友引 |
| 24 | 土 | 壬午 一白 | 11/23 先負 |
| 25 | 日 | 癸未 二黒 | 11/24 仏滅 |
| 26 | 月 | 甲申 三碧 | 11/25 大安 |
| 27 | 火 | 乙酉 四緑 | 11/26 赤口 |
| 28 | 水 | 丙戌 五黄 | 11/27 先勝 |
| 29 | 木 | 丁亥 六白 | 11/28 友引 |
| 30 | 金 | 戊子 七赤 | 11/29 先負 |
| 31 | 土 | 己丑 八白 | 12/1 赤口 |

**9月**

9. 1 [雑] 二百十日
9. 7 [節] 白露
9.20 [雑] 彼岸
9.21 [雑] 社日
9.23 [節] 秋分

**10月**

10. 8 [節] 寒露
10.20 [雑] 土用
10.23 [節] 霜降

**11月**

11. 7 [節] 立冬
11.22 [節] 小雪

**12月**

12. 7 [節] 大雪
12.22 [節] 冬至

# 2006

明治 **139** 年
大正 **95** 年
昭和 **81** 年
平成 **18** 年

丙戌（ひのえいぬ）
三碧木星

## 生誕・年忌など

**1.17** B. フランクリン生誕 300 年
**3. 4** 文化の大火 (丙寅火事・車町火事)200 年
**3.17** イブン・ハルドゥーン没後 600 年
**3.31** 朝永振一郎生誕 100 年
**4. 7** F. ザビエル生誕 500 年
**4.13** S. ベケット生誕 100 年
**4.18** サンフランシスコ大地震 100 年
**5.20** C. コロンブス没後 500 年
J.S. ミル生誕 200 年
**5.23** H. イプセン没後 100 年
**7.15** レンブラント・ファン・レイン生誕 400 年
**8. 6** 神聖ローマ帝国消滅 200 年
**9.20** 喜多川歌麿没後 200 年
**9.25** D. ショスタコーヴィチ生誕 100 年
**10.20** 坂口安吾生誕 100 年
**10.22** P. セザンヌ没後 100 年
**11. 2** L. ヴィスコンティ生誕 100 年
**11.17** 本田宗一郎生誕 100 年
**11.24** 鈴木真砂女生誕 100 年
この年 高祖 (前漢) 没後 2200 年
チンギス・ハンのモンゴル統一 800 年

2006年

## 1月
（己丑 六白金星）

| | | | |
|---|---|---|---|
| 1 | 日 | 庚寅 九紫 | 12/2 先勝 |
| 2 | 月 | 辛卯 一白 | 12/3 友引 |
| 3 | 火 | 壬辰 二黒 | 12/4 先負 |
| 4 | 水 | 癸巳 三碧 | 12/5 仏滅 |
| 5 | 木 | 甲午 四緑 | 12/6 大安 |
| 6 | 金 | 乙未 五黄 | 12/7 赤口 |
| 7 | 土 | 丙申 六白 | 12/8 先勝 |
| 8 | 日 | 丁酉 七赤 | 12/9 友引 |
| 9 | 月 | 戊戌 八白 | 12/10 先負 |
| 10 | 火 | 己亥 九紫 | 12/11 仏滅 |
| 11 | 水 | 庚子 一白 | 12/12 大安 |
| 12 | 木 | 辛丑 二黒 | 12/13 赤口 |
| 13 | 金 | 壬寅 三碧 | 12/14 先勝 |
| 14 | 土 | 癸卯 四緑 | 12/15 友引 |
| 15 | 日 | 甲辰 五黄 | 12/16 先負 |
| 16 | 月 | 乙巳 六白 | 12/17 仏滅 |
| 17 | 火 | 丙午 七赤 | 12/18 大安 |
| 18 | 水 | 丁未 八白 | 12/19 赤口 |
| 19 | 木 | 戊申 九紫 | 12/20 先勝 |
| 20 | 金 | 己酉 一白 | 12/21 友引 |
| 21 | 土 | 庚戌 二黒 | 12/22 先負 |
| 22 | 日 | 辛亥 三碧 | 12/23 仏滅 |
| 23 | 月 | 壬子 四緑 | 12/24 大安 |
| 24 | 火 | 癸丑 五黄 | 12/25 赤口 |
| 25 | 水 | 甲寅 六白 | 12/26 先勝 |
| 26 | 木 | 乙卯 七赤 | 12/27 友引 |
| 27 | 金 | 丙辰 八白 | 12/28 先負 |
| 28 | 土 | 丁巳 九紫 | 12/29 仏滅 |
| 29 | 日 | 戊午 一白 | 1/1 先勝 |
| 30 | 月 | 己未 二黒 | 1/2 友引 |
| 31 | 火 | 庚申 三碧 | 1/3 先負 |

## 2月
（庚寅 五黄土星）

| | | | |
|---|---|---|---|
| 1 | 水 | 辛酉 四緑 | 1/4 仏滅 |
| 2 | 木 | 壬戌 五黄 | 1/5 大安 |
| 3 | 金 | 癸亥 六白 | 1/6 赤口 |
| 4 | 土 | 甲子 七赤 | 1/7 先勝 |
| 5 | 日 | 乙丑 八白 | 1/8 友引 |
| 6 | 月 | 丙寅 九紫 | 1/9 先負 |
| 7 | 火 | 丁卯 一白 | 1/10 仏滅 |
| 8 | 水 | 戊辰 二黒 | 1/11 大安 |
| 9 | 木 | 己巳 三碧 | 1/12 赤口 |
| 10 | 金 | 庚午 四緑 | 1/13 先勝 |
| 11 | 土 | 辛未 五黄 | 1/14 友引 |
| 12 | 日 | 壬申 六白 | 1/15 先負 |
| 13 | 月 | 癸酉 七赤 | 1/16 仏滅 |
| 14 | 火 | 甲戌 八白 | 1/17 大安 |
| 15 | 水 | 乙亥 九紫 | 1/18 赤口 |
| 16 | 木 | 丙子 一白 | 1/19 先勝 |
| 17 | 金 | 丁丑 二黒 | 1/20 友引 |
| 18 | 土 | 戊寅 三碧 | 1/21 先負 |
| 19 | 日 | 己卯 四緑 | 1/22 仏滅 |
| 20 | 月 | 庚辰 五黄 | 1/23 大安 |
| 21 | 火 | 辛巳 六白 | 1/24 赤口 |
| 22 | 水 | 壬午 七赤 | 1/25 先勝 |
| 23 | 木 | 癸未 八白 | 1/26 友引 |
| 24 | 金 | 甲申 九紫 | 1/27 先負 |
| 25 | 土 | 乙酉 一白 | 1/28 仏滅 |
| 26 | 日 | 丙戌 二黒 | 1/29 大安 |
| 27 | 月 | 丁亥 三碧 | 1/30 赤口 |
| 28 | 火 | 戊子 四緑 | 2/1 友引 |

## 3月
（辛卯 四緑木星）

| | | | |
|---|---|---|---|
| 1 | 水 | 己丑 五黄 | 2/2 先負 |
| 2 | 木 | 庚寅 六白 | 2/3 仏滅 |
| 3 | 金 | 辛卯 七赤 | 2/4 大安 |
| 4 | 土 | 壬辰 八白 | 2/5 赤口 |
| 5 | 日 | 癸巳 九紫 | 2/6 先勝 |
| 6 | 月 | 甲午 一白 | 2/7 友引 |
| 7 | 火 | 乙未 二黒 | 2/8 先負 |
| 8 | 水 | 丙申 三碧 | 2/9 仏滅 |
| 9 | 木 | 丁酉 四緑 | 2/10 大安 |
| 10 | 金 | 戊戌 五黄 | 2/11 赤口 |
| 11 | 土 | 己亥 六白 | 2/12 先勝 |
| 12 | 日 | 庚子 七赤 | 2/13 友引 |
| 13 | 月 | 辛丑 八白 | 2/14 先負 |
| 14 | 火 | 壬寅 九紫 | 2/15 仏滅 |
| 15 | 水 | 癸卯 一白 | 2/16 大安 |
| 16 | 木 | 甲辰 二黒 | 2/17 赤口 |
| 17 | 金 | 乙巳 三碧 | 2/18 先勝 |
| 18 | 土 | 丙午 四緑 | 2/19 友引 |
| 19 | 日 | 丁未 五黄 | 2/20 先負 |
| 20 | 月 | 戊申 六白 | 2/21 仏滅 |
| 21 | 火 | 己酉 七赤 | 2/22 大安 |
| 22 | 水 | 庚戌 八白 | 2/23 赤口 |
| 23 | 木 | 辛亥 九紫 | 2/24 先勝 |
| 24 | 金 | 壬子 一白 | 2/25 友引 |
| 25 | 土 | 癸丑 二黒 | 2/26 先負 |
| 26 | 日 | 甲寅 三碧 | 2/27 仏滅 |
| 27 | 月 | 乙卯 四緑 | 2/28 大安 |
| 28 | 火 | 丙辰 五黄 | 2/29 赤口 |
| 29 | 水 | 丁巳 六白 | 3/1 先負 |
| 30 | 木 | 戊午 七赤 | 3/2 仏滅 |
| 31 | 金 | 己未 八白 | 3/3 大安 |

## 4月
（壬辰 三碧木星）

| | | | |
|---|---|---|---|
| 1 | 土 | 庚申 九紫 | 3/4 赤口 |
| 2 | 日 | 辛酉 一白 | 3/5 先勝 |
| 3 | 月 | 壬戌 二黒 | 3/6 友引 |
| 4 | 火 | 癸亥 三碧 | 3/7 先負 |
| 5 | 水 | 甲子 四緑 | 3/8 仏滅 |
| 6 | 木 | 乙丑 五黄 | 3/9 大安 |
| 7 | 金 | 丙寅 六白 | 3/10 赤口 |
| 8 | 土 | 丁卯 七赤 | 3/11 先勝 |
| 9 | 日 | 戊辰 八白 | 3/12 友引 |
| 10 | 月 | 己巳 九紫 | 3/13 先負 |
| 11 | 火 | 庚午 一白 | 3/14 仏滅 |
| 12 | 水 | 辛未 二黒 | 3/15 大安 |
| 13 | 木 | 壬申 三碧 | 3/16 赤口 |
| 14 | 金 | 癸酉 四緑 | 3/17 先勝 |
| 15 | 土 | 甲戌 五黄 | 3/18 友引 |
| 16 | 日 | 乙亥 六白 | 3/19 先負 |
| 17 | 月 | 丙子 七赤 | 3/20 仏滅 |
| 18 | 火 | 丁丑 八白 | 3/21 大安 |
| 19 | 水 | 戊寅 九紫 | 3/22 赤口 |
| 20 | 木 | 己卯 一白 | 3/23 先勝 |
| 21 | 金 | 庚辰 二黒 | 3/24 友引 |
| 22 | 土 | 辛巳 三碧 | 3/25 先負 |
| 23 | 日 | 壬午 四緑 | 3/26 仏滅 |
| 24 | 月 | 癸未 五黄 | 3/27 大安 |
| 25 | 火 | 甲申 六白 | 3/28 赤口 |
| 26 | 水 | 乙酉 七赤 | 3/29 先勝 |
| 27 | 木 | 丙戌 八白 | 3/30 友引 |
| 28 | 金 | 丁亥 九紫 | 4/1 仏滅 |
| 29 | 土 | 戊子 一白 | 4/2 大安 |
| 30 | 日 | 己丑 二黒 | 4/3 赤口 |

**1月**

1. 5 [節] 小寒
1.17 [雑] 土用
1.20 [節] 大寒

**2月**

2. 3 [雑] 節分
2. 4 [節] 立春
2.19 [節] 雨水

**3月**

3. 6 [節] 啓蟄
3.18 [雑] 彼岸
3.20 [雑] 社日
3.21 [節] 春分

**4月**

4. 5 [節] 清明
4.17 [雑] 土用
4.20 [節] 穀雨

## 5月
(癸巳 二黒土星)

| | | | |
|---|---|---|---|
| 1 | 月 | 庚寅 三碧 | 4/4 先勝 |
| 2 | 火 | 辛卯 四緑 | 4/5 友引 |
| 3 | 水 | 壬辰 五黄 | 4/6 先負 |
| 4 | 木 | 癸巳 六白 | 4/7 仏滅 |
| 5 | 金 | 甲午 七赤 | 4/8 大安 |
| 6 | 土 | 乙未 八白 | 4/9 赤口 |
| 7 | 日 | 丙申 九紫 | 4/10 先勝 |
| 8 | 月 | 丁酉 一白 | 4/11 友引 |
| 9 | 火 | 戊戌 二黒 | 4/12 先負 |
| 10 | 水 | 己亥 三碧 | 4/13 仏滅 |
| 11 | 木 | 庚子 四緑 | 4/14 大安 |
| 12 | 金 | 辛丑 五黄 | 4/15 赤口 |
| 13 | 土 | 壬寅 六白 | 4/16 先勝 |
| 14 | 日 | 癸卯 七赤 | 4/17 友引 |
| 15 | 月 | 甲辰 八白 | 4/18 先負 |
| 16 | 火 | 乙巳 九紫 | 4/19 仏滅 |
| 17 | 水 | 丙午 一白 | 4/20 大安 |
| 18 | 木 | 丁未 二黒 | 4/21 赤口 |
| 19 | 金 | 戊申 三碧 | 4/22 先勝 |
| 20 | 土 | 己酉 四緑 | 4/23 友引 |
| 21 | 日 | 庚戌 五黄 | 4/24 先負 |
| 22 | 月 | 辛亥 六白 | 4/25 仏滅 |
| 23 | 火 | 壬子 七赤 | 4/26 大安 |
| 24 | 水 | 癸丑 八白 | 4/27 赤口 |
| 25 | 木 | 甲寅 九紫 | 4/28 先勝 |
| 26 | 金 | 乙卯 一白 | 4/29 友引 |
| 27 | 土 | 丙辰 二黒 | 5/1 大安 |
| 28 | 日 | 丁巳 三碧 | 5/2 赤口 |
| 29 | 月 | 戊午 四緑 | 5/3 先勝 |
| 30 | 火 | 己未 五黄 | 5/4 友引 |
| 31 | 水 | 庚申 六白 | 5/5 先負 |

**5月**

5. 2［雑］八十八夜
5. 6［節］立夏
5.21［節］小満

## 6月
(甲午 一白水星)

| | | | |
|---|---|---|---|
| 1 | 木 | 辛酉 七赤 | 5/6 仏滅 |
| 2 | 金 | 壬戌 八白 | 5/7 大安 |
| 3 | 土 | 癸亥 九紫 | 5/8 赤口 |
| 4 | 日 | 甲子 九紫 | 5/9 先勝 |
| 5 | 月 | 乙丑 八白 | 5/10 友引 |
| 6 | 火 | 丙寅 七赤 | 5/11 先負 |
| 7 | 水 | 丁卯 六白 | 5/12 仏滅 |
| 8 | 木 | 戊辰 五黄 | 5/13 大安 |
| 9 | 金 | 己巳 四緑 | 5/14 赤口 |
| 10 | 土 | 庚午 三碧 | 5/15 先勝 |
| 11 | 日 | 辛未 二黒 | 5/16 友引 |
| 12 | 月 | 壬申 一白 | 5/17 先負 |
| 13 | 火 | 癸酉 九紫 | 5/18 仏滅 |
| 14 | 水 | 甲戌 八白 | 5/19 大安 |
| 15 | 木 | 乙亥 七赤 | 5/20 赤口 |
| 16 | 金 | 丙子 六白 | 5/21 先勝 |
| 17 | 土 | 丁丑 五黄 | 5/22 友引 |
| 18 | 日 | 戊寅 四緑 | 5/23 先負 |
| 19 | 月 | 己卯 三碧 | 5/24 仏滅 |
| 20 | 火 | 庚辰 二黒 | 5/25 大安 |
| 21 | 水 | 辛巳 一白 | 5/26 赤口 |
| 22 | 木 | 壬午 九紫 | 5/27 先勝 |
| 23 | 金 | 癸未 八白 | 5/28 友引 |
| 24 | 土 | 甲申 七赤 | 5/29 先負 |
| 25 | 日 | 乙酉 六白 | 5/30 仏滅 |
| 26 | 月 | 丙戌 五黄 | 6/1 赤口 |
| 27 | 火 | 丁亥 四緑 | 6/2 先勝 |
| 28 | 水 | 戊子 三碧 | 6/3 友引 |
| 29 | 木 | 己丑 二黒 | 6/4 先負 |
| 30 | 金 | 庚寅 一白 | 6/5 仏滅 |

**6月**

6. 6［節］芒種
6.11［雑］入梅
6.21［節］夏至

## 7月
(乙未 九紫火星)

| | | | |
|---|---|---|---|
| 1 | 土 | 辛卯 九紫 | 6/6 大安 |
| 2 | 日 | 壬辰 八白 | 6/7 赤口 |
| 3 | 月 | 癸巳 七赤 | 6/8 先勝 |
| 4 | 火 | 甲午 六白 | 6/9 友引 |
| 5 | 水 | 乙未 五黄 | 6/10 先負 |
| 6 | 木 | 丙申 四緑 | 6/11 仏滅 |
| 7 | 金 | 丁酉 三碧 | 6/12 大安 |
| 8 | 土 | 戊戌 二黒 | 6/13 赤口 |
| 9 | 日 | 己亥 一白 | 6/14 先勝 |
| 10 | 月 | 庚子 九紫 | 6/15 友引 |
| 11 | 火 | 辛丑 八白 | 6/16 先負 |
| 12 | 水 | 壬寅 七赤 | 6/17 仏滅 |
| 13 | 木 | 癸卯 六白 | 6/18 大安 |
| 14 | 金 | 甲辰 五黄 | 6/19 赤口 |
| 15 | 土 | 乙巳 四緑 | 6/20 先勝 |
| 16 | 日 | 丙午 三碧 | 6/21 友引 |
| 17 | 月 | 丁未 二黒 | 6/22 先負 |
| 18 | 火 | 戊申 一白 | 6/23 仏滅 |
| 19 | 水 | 己酉 九紫 | 6/24 大安 |
| 20 | 木 | 庚戌 八白 | 6/25 赤口 |
| 21 | 金 | 辛亥 七赤 | 6/26 先勝 |
| 22 | 土 | 壬子 六白 | 6/27 友引 |
| 23 | 日 | 癸丑 五黄 | 6/28 先負 |
| 24 | 月 | 甲寅 四緑 | 6/29 仏滅 |
| 25 | 火 | 乙卯 三碧 | 7/1 先勝 |
| 26 | 水 | 丙辰 二黒 | 7/2 友引 |
| 27 | 木 | 丁巳 一白 | 7/3 先負 |
| 28 | 金 | 戊午 九紫 | 7/4 仏滅 |
| 29 | 土 | 己未 八白 | 7/5 大安 |
| 30 | 日 | 庚申 七赤 | 7/6 赤口 |
| 31 | 月 | 辛酉 六白 | 7/7 先勝 |

**7月**

7. 2［雑］半夏生
7. 7［節］小暑
7.20［雑］土用
7.23［節］大暑

## 8月
(丙申 八白土星)

| | | | |
|---|---|---|---|
| 1 | 火 | 壬戌 五黄 | 7/8 友引 |
| 2 | 水 | 癸亥 四緑 | 7/9 先負 |
| 3 | 木 | 甲子 三碧 | 7/10 仏滅 |
| 4 | 金 | 乙丑 二黒 | 7/11 大安 |
| 5 | 土 | 丙寅 一白 | 7/12 赤口 |
| 6 | 日 | 丁卯 九紫 | 7/13 先勝 |
| 7 | 月 | 戊辰 八白 | 7/14 友引 |
| 8 | 火 | 己巳 七赤 | 7/15 先負 |
| 9 | 水 | 庚午 六白 | 7/16 仏滅 |
| 10 | 木 | 辛未 五黄 | 7/17 大安 |
| 11 | 金 | 壬申 四緑 | 7/18 赤口 |
| 12 | 土 | 癸酉 三碧 | 7/19 先勝 |
| 13 | 日 | 甲戌 二黒 | 7/20 友引 |
| 14 | 月 | 乙亥 一白 | 7/21 先負 |
| 15 | 火 | 丙子 九紫 | 7/22 仏滅 |
| 16 | 水 | 丁丑 八白 | 7/23 大安 |
| 17 | 木 | 戊寅 七赤 | 7/24 赤口 |
| 18 | 金 | 己卯 六白 | 7/25 先勝 |
| 19 | 土 | 庚辰 五黄 | 7/26 友引 |
| 20 | 日 | 辛巳 四緑 | 7/27 先負 |
| 21 | 月 | 壬午 三碧 | 7/28 仏滅 |
| 22 | 火 | 癸未 二黒 | 7/29 大安 |
| 23 | 水 | 甲申 一白 | 7/30 赤口 |
| 24 | 木 | 乙酉 九紫 | 閏7/1 先勝 |
| 25 | 金 | 丙戌 八白 | 閏7/2 友引 |
| 26 | 土 | 丁亥 七赤 | 閏7/3 先負 |
| 27 | 日 | 戊子 六白 | 閏7/4 仏滅 |
| 28 | 月 | 己丑 五黄 | 閏7/5 大安 |
| 29 | 火 | 庚寅 四緑 | 閏7/6 赤口 |
| 30 | 水 | 辛卯 三碧 | 閏7/7 先勝 |
| 31 | 木 | 壬辰 二黒 | 閏7/8 友引 |

**8月**

8. 8［節］立秋
8.23［節］処暑

2006年

## 9月
（丁酉 七赤金星）

| | | | |
|---|---|---|---|
| 1 | 金 | 癸巳 一白 | 閏7/9 先負 |
| 2 | 土 | 甲午 九紫 | 閏7/10 仏滅 |
| 3 | 日 | 乙未 八白 | 閏7/11 大安 |
| 4 | 月 | 丙申 七赤 | 閏7/12 赤口 |
| 5 | 火 | 丁酉 六白 | 閏7/13 先勝 |
| 6 | 水 | 戊戌 五黄 | 閏7/14 友引 |
| 7 | 木 | 己亥 四緑 | 閏7/15 先負 |
| 8 | 金 | 庚子 三碧 | 閏7/16 仏滅 |
| 9 | 土 | 辛丑 二黒 | 閏7/17 大安 |
| 10 | 日 | 壬寅 一白 | 閏7/18 赤口 |
| 11 | 月 | 癸卯 九紫 | 閏7/19 先勝 |
| 12 | 火 | 甲辰 八白 | 閏7/20 友引 |
| 13 | 水 | 乙巳 七赤 | 閏7/21 先負 |
| 14 | 木 | 丙午 六白 | 閏7/22 仏滅 |
| 15 | 金 | 丁未 五黄 | 閏7/23 大安 |
| 16 | 土 | 戊申 四緑 | 閏7/24 赤口 |
| 17 | 日 | 己酉 三碧 | 閏7/25 先勝 |
| 18 | 月 | 庚戌 二黒 | 閏7/26 友引 |
| 19 | 火 | 辛亥 一白 | 閏7/27 先負 |
| 20 | 水 | 壬子 九紫 | 閏7/28 仏滅 |
| 21 | 木 | 癸丑 八白 | 閏7/29 大安 |
| 22 | 金 | 甲寅 七赤 | 8/1 友引 |
| 23 | 土 | 乙卯 六白 | 8/2 先負 |
| 24 | 日 | 丙辰 五黄 | 8/3 仏滅 |
| 25 | 月 | 丁巳 四緑 | 8/4 大安 |
| 26 | 火 | 戊午 三碧 | 8/5 赤口 |
| 27 | 水 | 己未 二黒 | 8/6 先勝 |
| 28 | 木 | 庚申 一白 | 8/7 友引 |
| 29 | 金 | 辛酉 九紫 | 8/8 先負 |
| 30 | 土 | 壬戌 八白 | 8/9 仏滅 |

## 10月
（戊戌 六白金星）

| | | | |
|---|---|---|---|
| 1 | 日 | 癸亥 七赤 | 8/10 大安 |
| 2 | 月 | 甲子 六白 | 8/11 赤口 |
| 3 | 火 | 乙丑 五黄 | 8/12 先勝 |
| 4 | 水 | 丙寅 四緑 | 8/13 友引 |
| 5 | 木 | 丁卯 三碧 | 8/14 先負 |
| 6 | 金 | 戊辰 二黒 | 8/15 仏滅 |
| 7 | 土 | 己巳 一白 | 8/16 大安 |
| 8 | 日 | 庚午 九紫 | 8/17 赤口 |
| 9 | 月 | 辛未 八白 | 8/18 先勝 |
| 10 | 火 | 壬申 七赤 | 8/19 友引 |
| 11 | 水 | 癸酉 六白 | 8/20 先負 |
| 12 | 木 | 甲戌 五黄 | 8/21 仏滅 |
| 13 | 金 | 乙亥 四緑 | 8/22 大安 |
| 14 | 土 | 丙子 三碧 | 8/23 赤口 |
| 15 | 日 | 丁丑 二黒 | 8/24 先勝 |
| 16 | 月 | 戊寅 一白 | 8/25 友引 |
| 17 | 火 | 己卯 九紫 | 8/26 先負 |
| 18 | 水 | 庚辰 八白 | 8/27 仏滅 |
| 19 | 木 | 辛巳 七赤 | 8/28 大安 |
| 20 | 金 | 壬午 六白 | 8/29 赤口 |
| 21 | 土 | 癸未 五黄 | 8/30 先勝 |
| 22 | 日 | 甲申 四緑 | 9/1 先負 |
| 23 | 月 | 乙酉 三碧 | 9/2 仏滅 |
| 24 | 火 | 丙戌 二黒 | 9/3 大安 |
| 25 | 水 | 丁亥 一白 | 9/4 赤口 |
| 26 | 木 | 戊子 九紫 | 9/5 先勝 |
| 27 | 金 | 己丑 八白 | 9/6 友引 |
| 28 | 土 | 庚寅 七赤 | 9/7 先負 |
| 29 | 日 | 辛卯 六白 | 9/8 仏滅 |
| 30 | 月 | 壬辰 五黄 | 9/9 大安 |
| 31 | 火 | 癸巳 四緑 | 9/10 赤口 |

## 11月
（己亥 五黄土星）

| | | | |
|---|---|---|---|
| 1 | 水 | 甲午 三碧 | 9/11 先勝 |
| 2 | 木 | 乙未 二黒 | 9/12 友引 |
| 3 | 金 | 丙申 一白 | 9/13 先負 |
| 4 | 土 | 丁酉 九紫 | 9/14 仏滅 |
| 5 | 日 | 戊戌 八白 | 9/15 大安 |
| 6 | 月 | 己亥 七赤 | 9/16 赤口 |
| 7 | 火 | 庚子 六白 | 9/17 先勝 |
| 8 | 水 | 辛丑 五黄 | 9/18 友引 |
| 9 | 木 | 壬寅 四緑 | 9/19 先負 |
| 10 | 金 | 癸卯 三碧 | 9/20 仏滅 |
| 11 | 土 | 甲辰 二黒 | 9/21 大安 |
| 12 | 日 | 乙巳 一白 | 9/22 赤口 |
| 13 | 月 | 丙午 九紫 | 9/23 先勝 |
| 14 | 火 | 丁未 八白 | 9/24 友引 |
| 15 | 水 | 戊申 七赤 | 9/25 先負 |
| 16 | 木 | 己酉 六白 | 9/26 仏滅 |
| 17 | 金 | 庚戌 五黄 | 9/27 大安 |
| 18 | 土 | 辛亥 四緑 | 9/28 赤口 |
| 19 | 日 | 壬子 三碧 | 9/29 先勝 |
| 20 | 月 | 癸丑 二黒 | 9/30 友引 |
| 21 | 火 | 甲寅 一白 | 10/1 仏滅 |
| 22 | 水 | 乙卯 九紫 | 10/2 大安 |
| 23 | 木 | 丙辰 八白 | 10/3 赤口 |
| 24 | 金 | 丁巳 七赤 | 10/4 先勝 |
| 25 | 土 | 戊午 六白 | 10/5 友引 |
| 26 | 日 | 己未 五黄 | 10/6 先負 |
| 27 | 月 | 庚申 四緑 | 10/7 仏滅 |
| 28 | 火 | 辛酉 三碧 | 10/8 大安 |
| 29 | 水 | 壬戌 二黒 | 10/9 赤口 |
| 30 | 木 | 癸亥 一白 | 10/10 先勝 |

## 12月
（庚子 四緑木星）

| | | | |
|---|---|---|---|
| 1 | 金 | 甲子 一白 | 10/11 友引 |
| 2 | 土 | 乙丑 二黒 | 10/12 先負 |
| 3 | 日 | 丙寅 三碧 | 10/13 仏滅 |
| 4 | 月 | 丁卯 四緑 | 10/14 大安 |
| 5 | 火 | 戊辰 五黄 | 10/15 赤口 |
| 6 | 水 | 己巳 六白 | 10/16 先勝 |
| 7 | 木 | 庚午 七赤 | 10/17 友引 |
| 8 | 金 | 辛未 八白 | 10/18 先負 |
| 9 | 土 | 壬申 九紫 | 10/19 仏滅 |
| 10 | 日 | 癸酉 一白 | 10/20 大安 |
| 11 | 月 | 甲戌 二黒 | 10/21 赤口 |
| 12 | 火 | 乙亥 三碧 | 10/22 先勝 |
| 13 | 水 | 丙子 四緑 | 10/23 友引 |
| 14 | 木 | 丁丑 五黄 | 10/24 先負 |
| 15 | 金 | 戊寅 六白 | 10/25 仏滅 |
| 16 | 土 | 己卯 七赤 | 10/26 大安 |
| 17 | 日 | 庚辰 八白 | 10/27 赤口 |
| 18 | 月 | 辛巳 九紫 | 10/28 先勝 |
| 19 | 火 | 壬午 一白 | 10/29 友引 |
| 20 | 水 | 癸未 二黒 | 11/1 大安 |
| 21 | 木 | 甲申 三碧 | 11/2 赤口 |
| 22 | 金 | 乙酉 四緑 | 11/3 先勝 |
| 23 | 土 | 丙戌 五黄 | 11/4 友引 |
| 24 | 日 | 丁亥 六白 | 11/5 先負 |
| 25 | 月 | 戊子 七赤 | 11/6 仏滅 |
| 26 | 火 | 己丑 八白 | 11/7 大安 |
| 27 | 水 | 庚寅 九紫 | 11/8 赤口 |
| 28 | 木 | 辛卯 一白 | 11/9 先勝 |
| 29 | 金 | 壬辰 二黒 | 11/10 友引 |
| 30 | 土 | 癸巳 三碧 | 11/11 先負 |
| 31 | 日 | 甲午 四緑 | 11/12 仏滅 |

**9月**

9. 1［雑］二百十日
9. 8［節］白露
9.20［雑］彼岸
9.23［節］秋分
9.26［雑］社日

**10月**

10. 8［節］寒露
10.20［雑］土用
10.23［節］霜降

**11月**

11. 7［節］立冬
11.22［節］小雪

**12月**

12. 7［節］大雪
12.22［節］冬至

# 2007

明治 **140** 年
大正 **96** 年
昭和 **82** 年
平成 **19** 年

丁亥（ひのとい）
二黒土星

生誕・年忌など

**1.23** 湯川秀樹生誕 100 年
**1.30** 高見順生誕 100 年
**4.29** 中原中也生誕 100 年
**5. 6** 井上靖生誕 100 年
**5.12** J. ユイスマンス没後 100 年
**5.23** C. リンネ生誕 300 年
**6.26** ハーグ密使事件 100 年
**8.12** 淡谷のり子生誕 100 年
**9. 4** E. グリーグ没後 100 年
**10. 4** 宝永地震 300 年
**10.28** 伊予親王事件 1200 年
**11.23** 宝永の富士山噴火 300 年
この年 小野妹子遣隋 1400 年
唐滅亡 1100 年
欧陽修生誕 1000 年

2007年

## 1月
（辛丑 三碧木星）

| | | | |
|---|---|---|---|
| 1 | 月 | 乙未 五黄 | 11/13 大安 |
| 2 | 火 | 丙申 六白 | 11/14 赤口 |
| 3 | 水 | 丁酉 七赤 | 11/15 先勝 |
| 4 | 木 | 戊戌 八白 | 11/16 友引 |
| 5 | 金 | 己亥 九紫 | 11/17 先負 |
| 6 | 土 | 庚子 一白 | 11/18 仏滅 |
| 7 | 日 | 辛丑 二黒 | 11/19 大安 |
| 8 | 月 | 壬寅 三碧 | 11/20 赤口 |
| 9 | 火 | 癸卯 四緑 | 11/21 先勝 |
| 10 | 水 | 甲辰 五黄 | 11/22 友引 |
| 11 | 木 | 乙巳 六白 | 11/23 先負 |
| 12 | 金 | 丙午 七赤 | 11/24 仏滅 |
| 13 | 土 | 丁未 八白 | 11/25 大安 |
| 14 | 日 | 戊申 九紫 | 11/26 赤口 |
| 15 | 月 | 己酉 一白 | 11/27 先勝 |
| 16 | 火 | 庚戌 二黒 | 11/28 友引 |
| 17 | 水 | 辛亥 三碧 | 11/29 先負 |
| 18 | 木 | 壬子 四緑 | 11/30 仏滅 |
| 19 | 金 | 癸丑 五黄 | 12/1 赤口 |
| 20 | 土 | 甲寅 六白 | 12/2 先勝 |
| 21 | 日 | 乙卯 七赤 | 12/3 友引 |
| 22 | 月 | 丙辰 八白 | 12/4 先負 |
| 23 | 火 | 丁巳 九紫 | 12/5 仏滅 |
| 24 | 水 | 戊午 一白 | 12/6 大安 |
| 25 | 木 | 己未 二黒 | 12/7 赤口 |
| 26 | 金 | 庚申 三碧 | 12/8 先勝 |
| 27 | 土 | 辛酉 四緑 | 12/9 友引 |
| 28 | 日 | 壬戌 五黄 | 12/10 先負 |
| 29 | 月 | 癸亥 六白 | 12/11 仏滅 |
| 30 | 火 | 甲子 七赤 | 12/12 大安 |
| 31 | 水 | 乙丑 八白 | 12/13 赤口 |

## 2月
（壬寅 二黒土星）

| | | | |
|---|---|---|---|
| 1 | 木 | 丙寅 九紫 | 12/14 先勝 |
| 2 | 金 | 丁卯 一白 | 12/15 友引 |
| 3 | 土 | 戊辰 二黒 | 12/16 先負 |
| 4 | 日 | 己巳 三碧 | 12/17 仏滅 |
| 5 | 月 | 庚午 四緑 | 12/18 大安 |
| 6 | 火 | 辛未 五黄 | 12/19 赤口 |
| 7 | 水 | 壬申 六白 | 12/20 先勝 |
| 8 | 木 | 癸酉 七赤 | 12/21 友引 |
| 9 | 金 | 甲戌 八白 | 12/22 先負 |
| 10 | 土 | 乙亥 九紫 | 12/23 仏滅 |
| 11 | 日 | 丙子 一白 | 12/24 大安 |
| 12 | 月 | 丁丑 二黒 | 12/25 赤口 |
| 13 | 火 | 戊寅 三碧 | 12/26 先勝 |
| 14 | 水 | 己卯 四緑 | 12/27 友引 |
| 15 | 木 | 庚辰 五黄 | 12/28 先負 |
| 16 | 金 | 辛巳 六白 | 12/29 仏滅 |
| 17 | 土 | 壬午 七赤 | 12/30 大安 |
| 18 | 日 | 癸未 八白 | 1/1 先勝 |
| 19 | 月 | 甲申 九紫 | 1/2 友引 |
| 20 | 火 | 乙酉 一白 | 1/3 先負 |
| 21 | 水 | 丙戌 二黒 | 1/4 仏滅 |
| 22 | 木 | 丁亥 三碧 | 1/5 大安 |
| 23 | 金 | 戊子 四緑 | 1/6 赤口 |
| 24 | 土 | 己丑 五黄 | 1/7 先勝 |
| 25 | 日 | 庚寅 六白 | 1/8 友引 |
| 26 | 月 | 辛卯 七赤 | 1/9 先負 |
| 27 | 火 | 壬辰 八白 | 1/10 仏滅 |
| 28 | 水 | 癸巳 九紫 | 1/11 大安 |

## 3月
（癸卯 一白水星）

| | | | |
|---|---|---|---|
| 1 | 木 | 甲午 一白 | 1/12 赤口 |
| 2 | 金 | 乙未 二黒 | 1/13 先勝 |
| 3 | 土 | 丙申 三碧 | 1/14 友引 |
| 4 | 日 | 丁酉 四緑 | 1/15 先負 |
| 5 | 月 | 戊戌 五黄 | 1/16 仏滅 |
| 6 | 火 | 己亥 六白 | 1/17 大安 |
| 7 | 水 | 庚子 七赤 | 1/18 赤口 |
| 8 | 木 | 辛丑 八白 | 1/19 先勝 |
| 9 | 金 | 壬寅 九紫 | 1/20 友引 |
| 10 | 土 | 癸卯 一白 | 1/21 先負 |
| 11 | 日 | 甲辰 二黒 | 1/22 仏滅 |
| 12 | 月 | 乙巳 三碧 | 1/23 大安 |
| 13 | 火 | 丙午 四緑 | 1/24 赤口 |
| 14 | 水 | 丁未 五黄 | 1/25 先勝 |
| 15 | 木 | 戊申 六白 | 1/26 友引 |
| 16 | 金 | 己酉 七赤 | 1/27 先負 |
| 17 | 土 | 庚戌 八白 | 1/28 仏滅 |
| 18 | 日 | 辛亥 九紫 | 1/29 大安 |
| 19 | 月 | 壬子 一白 | 2/1 友引 |
| 20 | 火 | 癸丑 二黒 | 2/2 先負 |
| 21 | 水 | 甲寅 三碧 | 2/3 仏滅 |
| 22 | 木 | 乙卯 四緑 | 2/4 大安 |
| 23 | 金 | 丙辰 五黄 | 2/5 赤口 |
| 24 | 土 | 丁巳 六白 | 2/6 先勝 |
| 25 | 日 | 戊午 七赤 | 2/7 友引 |
| 26 | 月 | 己未 八白 | 2/8 先負 |
| 27 | 火 | 庚申 九紫 | 2/9 仏滅 |
| 28 | 水 | 辛酉 一白 | 2/10 大安 |
| 29 | 木 | 壬戌 二黒 | 2/11 赤口 |
| 30 | 金 | 癸亥 三碧 | 2/12 先勝 |
| 31 | 土 | 甲子 四緑 | 2/13 友引 |

## 4月
（甲辰 九紫火星）

| | | | |
|---|---|---|---|
| 1 | 日 | 乙丑 五黄 | 2/14 先負 |
| 2 | 月 | 丙寅 六白 | 2/15 仏滅 |
| 3 | 火 | 丁卯 七赤 | 2/16 大安 |
| 4 | 水 | 戊辰 八白 | 2/17 赤口 |
| 5 | 木 | 己巳 九紫 | 2/18 先勝 |
| 6 | 金 | 庚午 一白 | 2/19 友引 |
| 7 | 土 | 辛未 二黒 | 2/20 先負 |
| 8 | 日 | 壬申 三碧 | 2/21 仏滅 |
| 9 | 月 | 癸酉 四緑 | 2/22 大安 |
| 10 | 火 | 甲戌 五黄 | 2/23 赤口 |
| 11 | 水 | 乙亥 六白 | 2/24 先勝 |
| 12 | 木 | 丙子 七赤 | 2/25 友引 |
| 13 | 金 | 丁丑 八白 | 2/26 先負 |
| 14 | 土 | 戊寅 九紫 | 2/27 仏滅 |
| 15 | 日 | 己卯 一白 | 2/28 大安 |
| 16 | 月 | 庚辰 二黒 | 2/29 赤口 |
| 17 | 火 | 辛巳 三碧 | 3/1 先負 |
| 18 | 水 | 壬午 四緑 | 3/2 仏滅 |
| 19 | 木 | 癸未 五黄 | 3/3 大安 |
| 20 | 金 | 甲申 六白 | 3/4 赤口 |
| 21 | 土 | 乙酉 七赤 | 3/5 先勝 |
| 22 | 日 | 丙戌 八白 | 3/6 友引 |
| 23 | 月 | 丁亥 九紫 | 3/7 先負 |
| 24 | 火 | 戊子 一白 | 3/8 仏滅 |
| 25 | 水 | 己丑 二黒 | 3/9 大安 |
| 26 | 木 | 庚寅 三碧 | 3/10 赤口 |
| 27 | 金 | 辛卯 四緑 | 3/11 先勝 |
| 28 | 土 | 壬辰 五黄 | 3/12 友引 |
| 29 | 日 | 癸巳 六白 | 3/13 先負 |
| 30 | 月 | 甲午 七赤 | 3/14 仏滅 |

**1月**

1. 6［節］小寒
1.17［雑］土用
1.20［節］大寒

**2月**

2. 3［雑］節分
2. 4［節］立春
2.19［節］雨水

**3月**

3. 6［節］啓蟄
3.18［雑］彼岸
3.21［節］春分
3.25［雑］社日

**4月**

4. 5［節］清明
4.17［雑］土用
4.20［節］穀雨

## 5月
（乙巳 八白土星）

| | | | |
|---|---|---|---|
| 1 | 火 | 乙未 八白 | 3/15 大安 |
| 2 | 水 | 丙申 九紫 | 3/16 赤口 |
| 3 | 木 | 丁酉 一白 | 3/17 先勝 |
| 4 | 金 | 戊戌 二黒 | 3/18 友引 |
| 5 | 土 | 己亥 三碧 | 3/19 先負 |
| 6 | 日 | 庚子 四緑 | 3/20 仏滅 |
| 7 | 月 | 辛丑 五黄 | 3/21 大安 |
| 8 | 火 | 壬寅 六白 | 3/22 赤口 |
| 9 | 水 | 癸卯 七赤 | 3/23 先勝 |
| 10 | 木 | 甲辰 八白 | 3/24 友引 |
| 11 | 金 | 乙巳 九紫 | 3/25 先負 |
| 12 | 土 | 丙午 一白 | 3/26 仏滅 |
| 13 | 日 | 丁未 二黒 | 3/27 大安 |
| 14 | 月 | 戊申 三碧 | 3/28 赤口 |
| 15 | 火 | 己酉 四緑 | 3/29 先勝 |
| 16 | 水 | 庚戌 五黄 | 3/30 友引 |
| 17 | 木 | 辛亥 六白 | 4/1 仏滅 |
| 18 | 金 | 壬子 七赤 | 4/2 大安 |
| 19 | 土 | 癸丑 八白 | 4/3 赤口 |
| 20 | 日 | 甲寅 九紫 | 4/4 先勝 |
| 21 | 月 | 乙卯 一白 | 4/5 友引 |
| 22 | 火 | 丙辰 二黒 | 4/6 先負 |
| 23 | 水 | 丁巳 三碧 | 4/7 仏滅 |
| 24 | 木 | 戊午 四緑 | 4/8 大安 |
| 25 | 金 | 己未 五黄 | 4/9 赤口 |
| 26 | 土 | 庚申 六白 | 4/10 先勝 |
| 27 | 日 | 辛酉 七赤 | 4/11 友引 |
| 28 | 月 | 壬戌 八白 | 4/12 先負 |
| 29 | 火 | 癸亥 九紫 | 4/13 仏滅 |
| 30 | 水 | 甲子 九紫 | 4/14 大安 |
| 31 | 木 | 乙丑 八白 | 4/15 赤口 |

## 6月
（丙午 七赤金星）

| | | | |
|---|---|---|---|
| 1 | 金 | 丙寅 七赤 | 4/16 先勝 |
| 2 | 土 | 丁卯 六白 | 4/17 友引 |
| 3 | 日 | 戊辰 五黄 | 4/18 先負 |
| 4 | 月 | 己巳 四緑 | 4/19 仏滅 |
| 5 | 火 | 庚午 三碧 | 4/20 大安 |
| 6 | 水 | 辛未 二黒 | 4/21 赤口 |
| 7 | 木 | 壬申 一白 | 4/22 先勝 |
| 8 | 金 | 癸酉 九紫 | 4/23 友引 |
| 9 | 土 | 甲戌 八白 | 4/24 先負 |
| 10 | 日 | 乙亥 七赤 | 4/25 仏滅 |
| 11 | 月 | 丙子 六白 | 4/26 大安 |
| 12 | 火 | 丁丑 五黄 | 4/27 赤口 |
| 13 | 水 | 戊寅 四緑 | 4/28 先勝 |
| 14 | 木 | 己卯 三碧 | 4/29 友引 |
| 15 | 金 | 庚辰 二黒 | 5/1 大安 |
| 16 | 土 | 辛巳 一白 | 5/2 赤口 |
| 17 | 日 | 壬午 九紫 | 5/3 先勝 |
| 18 | 月 | 癸未 八白 | 5/4 友引 |
| 19 | 火 | 甲申 七赤 | 5/5 先負 |
| 20 | 水 | 乙酉 六白 | 5/6 仏滅 |
| 21 | 木 | 丙戌 五黄 | 5/7 大安 |
| 22 | 金 | 丁亥 四緑 | 5/8 赤口 |
| 23 | 土 | 戊子 三碧 | 5/9 先勝 |
| 24 | 日 | 己丑 二黒 | 5/10 友引 |
| 25 | 月 | 庚寅 一白 | 5/11 先負 |
| 26 | 火 | 辛卯 九紫 | 5/12 仏滅 |
| 27 | 水 | 壬辰 八白 | 5/13 大安 |
| 28 | 木 | 癸巳 七赤 | 5/14 赤口 |
| 29 | 金 | 甲午 六白 | 5/15 先勝 |
| 30 | 土 | 乙未 五黄 | 5/16 友引 |

## 7月
（丁未 六白金星）

| | | | |
|---|---|---|---|
| 1 | 日 | 丙申 四緑 | 5/17 先負 |
| 2 | 月 | 丁酉 三碧 | 5/18 仏滅 |
| 3 | 火 | 戊戌 二黒 | 5/19 大安 |
| 4 | 水 | 己亥 一白 | 5/20 赤口 |
| 5 | 木 | 庚子 九紫 | 5/21 先勝 |
| 6 | 金 | 辛丑 八白 | 5/22 友引 |
| 7 | 土 | 壬寅 七赤 | 5/23 先負 |
| 8 | 日 | 癸卯 六白 | 5/24 仏滅 |
| 9 | 月 | 甲辰 五黄 | 5/25 大安 |
| 10 | 火 | 乙巳 四緑 | 5/26 赤口 |
| 11 | 水 | 丙午 三碧 | 5/27 先勝 |
| 12 | 木 | 丁未 二黒 | 5/28 友引 |
| 13 | 金 | 戊申 一白 | 5/29 先負 |
| 14 | 土 | 己酉 九紫 | 6/1 赤口 |
| 15 | 日 | 庚戌 八白 | 6/2 先勝 |
| 16 | 月 | 辛亥 七赤 | 6/3 友引 |
| 17 | 火 | 壬子 六白 | 6/4 先負 |
| 18 | 水 | 癸丑 五黄 | 6/5 仏滅 |
| 19 | 木 | 甲寅 四緑 | 6/6 大安 |
| 20 | 金 | 乙卯 三碧 | 6/7 赤口 |
| 21 | 土 | 丙辰 二黒 | 6/8 先勝 |
| 22 | 日 | 丁巳 一白 | 6/9 友引 |
| 23 | 月 | 戊午 九紫 | 6/10 先負 |
| 24 | 火 | 己未 八白 | 6/11 仏滅 |
| 25 | 水 | 庚申 七赤 | 6/12 大安 |
| 26 | 木 | 辛酉 六白 | 6/13 赤口 |
| 27 | 金 | 壬戌 五黄 | 6/14 先勝 |
| 28 | 土 | 癸亥 四緑 | 6/15 友引 |
| 29 | 日 | 甲子 三碧 | 6/16 先負 |
| 30 | 月 | 乙丑 二黒 | 6/17 仏滅 |
| 31 | 火 | 丙寅 一白 | 6/18 大安 |

## 8月
（戊申 五黄土星）

| | | | |
|---|---|---|---|
| 1 | 水 | 丁卯 九紫 | 6/19 赤口 |
| 2 | 木 | 戊辰 八白 | 6/20 先勝 |
| 3 | 金 | 己巳 七赤 | 6/21 友引 |
| 4 | 土 | 庚午 六白 | 6/22 先負 |
| 5 | 日 | 辛未 五黄 | 6/23 仏滅 |
| 6 | 月 | 壬申 四緑 | 6/24 大安 |
| 7 | 火 | 癸酉 三碧 | 6/25 赤口 |
| 8 | 水 | 甲戌 二黒 | 6/26 先勝 |
| 9 | 木 | 乙亥 一白 | 6/27 友引 |
| 10 | 金 | 丙子 九紫 | 6/28 先負 |
| 11 | 土 | 丁丑 八白 | 6/29 仏滅 |
| 12 | 日 | 戊寅 七赤 | 6/30 大安 |
| 13 | 月 | 己卯 六白 | 7/1 先勝 |
| 14 | 火 | 庚辰 五黄 | 7/2 友引 |
| 15 | 水 | 辛巳 四緑 | 7/3 先負 |
| 16 | 木 | 壬午 三碧 | 7/4 仏滅 |
| 17 | 金 | 癸未 二黒 | 7/5 大安 |
| 18 | 土 | 甲申 一白 | 7/6 赤口 |
| 19 | 日 | 乙酉 九紫 | 7/7 先勝 |
| 20 | 月 | 丙戌 八白 | 7/8 友引 |
| 21 | 火 | 丁亥 七赤 | 7/9 先負 |
| 22 | 水 | 戊子 六白 | 7/10 仏滅 |
| 23 | 木 | 己丑 五黄 | 7/11 大安 |
| 24 | 金 | 庚寅 四緑 | 7/12 赤口 |
| 25 | 土 | 辛卯 三碧 | 7/13 先勝 |
| 26 | 日 | 壬辰 二黒 | 7/14 友引 |
| 27 | 月 | 癸巳 一白 | 7/15 先負 |
| 28 | 火 | 甲午 九紫 | 7/16 仏滅 |
| 29 | 水 | 乙未 八白 | 7/17 大安 |
| 30 | 木 | 丙申 七赤 | 7/18 赤口 |
| 31 | 金 | 丁酉 六白 | 7/19 先勝 |

**5月**

5. 2 [雑] 八十八夜
5. 6 [節] 立夏
5.21 [節] 小満

**6月**

6. 6 [節] 芒種
6.11 [雑] 入梅
6.22 [節] 夏至

**7月**

7. 2 [雑] 半夏生
7. 7 [節] 小暑
7.20 [雑] 土用
7.23 [節] 大暑

**8月**

8. 8 [節] 立秋
8.23 [節] 処暑

## 9 月
（己酉 四緑木星）

| | | | | | |
|---|---|---|---|---|---|
| 1 | 土 | 戊戌 | 五黄 | 7/20 | 友引 |
| 2 | 日 | 己亥 | 四緑 | 7/21 | 先負 |
| 3 | 月 | 庚子 | 三碧 | 7/22 | 仏滅 |
| 4 | 火 | 辛丑 | 二黒 | 7/23 | 大安 |
| 5 | 水 | 壬寅 | 一白 | 7/24 | 赤口 |
| 6 | 木 | 癸卯 | 九紫 | 7/25 | 先勝 |
| 7 | 金 | 甲辰 | 八白 | 7/26 | 友引 |
| 8 | 土 | 乙巳 | 七赤 | 7/27 | 先負 |
| 9 | 日 | 丙午 | 六白 | 7/28 | 仏滅 |
| 10 | 月 | 丁未 | 五黄 | 7/29 | 大安 |
| 11 | 火 | 戊申 | 四緑 | 8/1 | 友引 |
| 12 | 水 | 己酉 | 三碧 | 8/2 | 先負 |
| 13 | 木 | 庚戌 | 二黒 | 8/3 | 仏滅 |
| 14 | 金 | 辛亥 | 一白 | 8/4 | 大安 |
| 15 | 土 | 壬子 | 九紫 | 8/5 | 赤口 |
| 16 | 日 | 癸丑 | 八白 | 8/6 | 先勝 |
| 17 | 月 | 甲寅 | 七赤 | 8/7 | 友引 |
| 18 | 火 | 乙卯 | 六白 | 8/8 | 先負 |
| 19 | 水 | 丙辰 | 五黄 | 8/9 | 仏滅 |
| 20 | 木 | 丁巳 | 四緑 | 8/10 | 大安 |
| 21 | 金 | 戊午 | 三碧 | 8/11 | 赤口 |
| 22 | 土 | 己未 | 二黒 | 8/12 | 先勝 |
| 23 | 日 | 庚申 | 一白 | 8/13 | 友引 |
| 24 | 月 | 辛酉 | 九紫 | 8/14 | 先負 |
| 25 | 火 | 壬戌 | 八白 | 8/15 | 仏滅 |
| 26 | 水 | 癸亥 | 七赤 | 8/16 | 大安 |
| 27 | 木 | 甲子 | 六白 | 8/17 | 赤口 |
| 28 | 金 | 乙丑 | 五黄 | 8/18 | 先勝 |
| 29 | 土 | 丙寅 | 四緑 | 8/19 | 友引 |
| 30 | 日 | 丁卯 | 三碧 | 8/20 | 先負 |

9 月

9. 1［雑］二百十日
9. 8［節］白露
9.20［雑］彼岸
9.21［雑］社日
9.23［節］秋分

## 10 月
（庚戌 三碧木星）

| | | | | | |
|---|---|---|---|---|---|
| 1 | 月 | 戊辰 | 二黒 | 8/21 | 仏滅 |
| 2 | 火 | 己巳 | 一白 | 8/22 | 大安 |
| 3 | 水 | 庚午 | 九紫 | 8/23 | 赤口 |
| 4 | 木 | 辛未 | 八白 | 8/24 | 先勝 |
| 5 | 金 | 壬申 | 七赤 | 8/25 | 友引 |
| 6 | 土 | 癸酉 | 六白 | 8/26 | 先負 |
| 7 | 日 | 甲戌 | 五黄 | 8/27 | 仏滅 |
| 8 | 月 | 乙亥 | 四緑 | 8/28 | 大安 |
| 9 | 火 | 丙子 | 三碧 | 8/29 | 赤口 |
| 10 | 水 | 丁丑 | 二黒 | 8/30 | 先勝 |
| 11 | 木 | 戊寅 | 一白 | 9/1 | 先負 |
| 12 | 金 | 己卯 | 九紫 | 9/2 | 仏滅 |
| 13 | 土 | 庚辰 | 八白 | 9/3 | 大安 |
| 14 | 日 | 辛巳 | 七赤 | 9/4 | 赤口 |
| 15 | 月 | 壬午 | 六白 | 9/5 | 先勝 |
| 16 | 火 | 癸未 | 五黄 | 9/6 | 友引 |
| 17 | 水 | 甲申 | 四緑 | 9/7 | 先負 |
| 18 | 木 | 乙酉 | 三碧 | 9/8 | 仏滅 |
| 19 | 金 | 丙戌 | 二黒 | 9/9 | 大安 |
| 20 | 土 | 丁亥 | 一白 | 9/10 | 赤口 |
| 21 | 日 | 戊子 | 九紫 | 9/11 | 先勝 |
| 22 | 月 | 己丑 | 八白 | 9/12 | 友引 |
| 23 | 火 | 庚寅 | 七赤 | 9/13 | 先負 |
| 24 | 水 | 辛卯 | 六白 | 9/14 | 仏滅 |
| 25 | 木 | 壬辰 | 五黄 | 9/15 | 大安 |
| 26 | 金 | 癸巳 | 四緑 | 9/16 | 赤口 |
| 27 | 土 | 甲午 | 三碧 | 9/17 | 先勝 |
| 28 | 日 | 乙未 | 二黒 | 9/18 | 友引 |
| 29 | 月 | 丙申 | 一白 | 9/19 | 先負 |
| 30 | 火 | 丁酉 | 九紫 | 9/20 | 仏滅 |
| 31 | 水 | 戊戌 | 八白 | 9/21 | 大安 |

10 月

10. 9［節］寒露
10.21［雑］土用
10.24［節］霜降

## 11 月
（辛亥 二黒土星）

| | | | | | |
|---|---|---|---|---|---|
| 1 | 木 | 己亥 | 七赤 | 9/22 | 赤口 |
| 2 | 金 | 庚子 | 六白 | 9/23 | 先勝 |
| 3 | 土 | 辛丑 | 五黄 | 9/24 | 友引 |
| 4 | 日 | 壬寅 | 四緑 | 9/25 | 先負 |
| 5 | 月 | 癸卯 | 三碧 | 9/26 | 仏滅 |
| 6 | 火 | 甲辰 | 二黒 | 9/27 | 大安 |
| 7 | 水 | 乙巳 | 一白 | 9/28 | 赤口 |
| 8 | 木 | 丙午 | 九紫 | 9/29 | 先勝 |
| 9 | 金 | 丁未 | 八白 | 9/30 | 友引 |
| 10 | 土 | 戊申 | 七赤 | 10/1 | 仏滅 |
| 11 | 日 | 己酉 | 六白 | 10/2 | 大安 |
| 12 | 月 | 庚戌 | 五黄 | 10/3 | 赤口 |
| 13 | 火 | 辛亥 | 四緑 | 10/4 | 先勝 |
| 14 | 水 | 壬子 | 三碧 | 10/5 | 友引 |
| 15 | 木 | 癸丑 | 二黒 | 10/6 | 先負 |
| 16 | 金 | 甲寅 | 一白 | 10/7 | 仏滅 |
| 17 | 土 | 乙卯 | 九紫 | 10/8 | 大安 |
| 18 | 日 | 丙辰 | 八白 | 10/9 | 赤口 |
| 19 | 月 | 丁巳 | 七赤 | 10/10 | 先勝 |
| 20 | 火 | 戊午 | 六白 | 10/11 | 友引 |
| 21 | 水 | 己未 | 五黄 | 10/12 | 先負 |
| 22 | 木 | 庚申 | 四緑 | 10/13 | 仏滅 |
| 23 | 金 | 辛酉 | 三碧 | 10/14 | 大安 |
| 24 | 土 | 壬戌 | 二黒 | 10/15 | 赤口 |
| 25 | 日 | 癸亥 | 一白 | 10/16 | 先勝 |
| 26 | 月 | 甲子 | 一白 | 10/17 | 友引 |
| 27 | 火 | 乙丑 | 二黒 | 10/18 | 先負 |
| 28 | 水 | 丙寅 | 三碧 | 10/19 | 仏滅 |
| 29 | 木 | 丁卯 | 四緑 | 10/20 | 大安 |
| 30 | 金 | 戊辰 | 五黄 | 10/21 | 赤口 |

11 月

11. 8［節］立冬
11.23［節］小雪

## 12 月
（壬子 一白水星）

| | | | | | |
|---|---|---|---|---|---|
| 1 | 土 | 己巳 | 六白 | 10/22 | 先勝 |
| 2 | 日 | 庚午 | 七赤 | 10/23 | 友引 |
| 3 | 月 | 辛未 | 八白 | 10/24 | 先負 |
| 4 | 火 | 壬申 | 九紫 | 10/25 | 仏滅 |
| 5 | 水 | 癸酉 | 一白 | 10/26 | 大安 |
| 6 | 木 | 甲戌 | 二黒 | 10/27 | 赤口 |
| 7 | 金 | 乙亥 | 三碧 | 10/28 | 先勝 |
| 8 | 土 | 丙子 | 四緑 | 10/29 | 友引 |
| 9 | 日 | 丁丑 | 五黄 | 10/30 | 先負 |
| 10 | 月 | 戊寅 | 六白 | 11/1 | 大安 |
| 11 | 火 | 己卯 | 七赤 | 11/2 | 赤口 |
| 12 | 水 | 庚辰 | 八白 | 11/3 | 先勝 |
| 13 | 木 | 辛巳 | 九紫 | 11/4 | 友引 |
| 14 | 金 | 壬午 | 一白 | 11/5 | 先負 |
| 15 | 土 | 癸未 | 二黒 | 11/6 | 仏滅 |
| 16 | 日 | 甲申 | 三碧 | 11/7 | 大安 |
| 17 | 月 | 乙酉 | 四緑 | 11/8 | 赤口 |
| 18 | 火 | 丙戌 | 五黄 | 11/9 | 先勝 |
| 19 | 水 | 丁亥 | 六白 | 11/10 | 友引 |
| 20 | 木 | 戊子 | 七赤 | 11/11 | 先負 |
| 21 | 金 | 己丑 | 八白 | 11/12 | 仏滅 |
| 22 | 土 | 庚寅 | 九紫 | 11/13 | 大安 |
| 23 | 日 | 辛卯 | 一白 | 11/14 | 赤口 |
| 24 | 月 | 壬辰 | 二黒 | 11/15 | 先勝 |
| 25 | 火 | 癸巳 | 三碧 | 11/16 | 友引 |
| 26 | 水 | 甲午 | 四緑 | 11/17 | 先負 |
| 27 | 木 | 乙未 | 五黄 | 11/18 | 仏滅 |
| 28 | 金 | 丙申 | 六白 | 11/19 | 大安 |
| 29 | 土 | 丁酉 | 七赤 | 11/20 | 赤口 |
| 30 | 日 | 戊戌 | 八白 | 11/21 | 先勝 |
| 31 | 月 | 己亥 | 九紫 | 11/22 | 友引 |

12 月

12. 7［節］大雪
12.22［節］冬至

# 2008

明治 141 年
大正 97 年
昭和 83 年
平成 20 年

戊子（つちのえね）
一白水星

生誕・年忌など

1. 9 S. ボーヴォワール生誕 100 年
2.26 H. ドーミエ生誕 200 年
3. 7 中江藤樹生誕 400 年
4.11 井深大生誕 100 年
4.20 ナポレオン 3 世生誕 200 年
4.28 日本・ブラジルへの移民開始 100 年
5. 6 足利義満没後 600 年
5.22 G. ネルヴァル生誕 200 年
6.23 国木田独歩没後 100 年
7. 8 東山魁夷生誕 100 年
7.23 「青年トルコ人」革命 100 年
8.15 フェートン号事件 200 年
8. — パリ凱旋門完成 200 年
9.21 E. フェノロサ没後 100 年
10. 1 大衆車「フォード T 型」発売 100 年
10. — 西太后没後 100 年
11.11 沢村貞子生誕 100 年
11.28 レヴィ・ストロース生誕 100 年
12. 9 J. ミルトン生誕 400 年
この年 赤壁の戦い 1800 年
和同開珎鋳造 1300 年

2008年

## 1月
（癸丑 九紫火星）

| | | | | | |
|---|---|---|---|---|---|
| 1 | 火 | 庚子 | 一白 | 11/23 | 先負 |
| 2 | 水 | 辛丑 | 二黒 | 11/24 | 仏滅 |
| 3 | 木 | 壬寅 | 三碧 | 11/25 | 大安 |
| 4 | 金 | 癸卯 | 四緑 | 11/26 | 赤口 |
| 5 | 土 | 甲辰 | 五黄 | 11/27 | 先勝 |
| 6 | 日 | 乙巳 | 六白 | 11/28 | 友引 |
| 7 | 月 | 丙午 | 七赤 | 11/29 | 先負 |
| 8 | 火 | 丁未 | 八白 | 12/1 | 赤口 |
| 9 | 水 | 戊申 | 九紫 | 12/2 | 先勝 |
| 10 | 木 | 己酉 | 一白 | 12/3 | 友引 |
| 11 | 金 | 庚戌 | 二黒 | 12/4 | 先負 |
| 12 | 土 | 辛亥 | 三碧 | 12/5 | 仏滅 |
| 13 | 日 | 壬子 | 四緑 | 12/6 | 大安 |
| 14 | 月 | 癸丑 | 五黄 | 12/7 | 赤口 |
| 15 | 火 | 甲寅 | 六白 | 12/8 | 先勝 |
| 16 | 水 | 乙卯 | 七赤 | 12/9 | 友引 |
| 17 | 木 | 丙辰 | 八白 | 12/10 | 先負 |
| 18 | 金 | 丁巳 | 九紫 | 12/11 | 仏滅 |
| 19 | 土 | 戊午 | 一白 | 12/12 | 大安 |
| 20 | 日 | 己未 | 二黒 | 12/13 | 赤口 |
| 21 | 月 | 庚申 | 三碧 | 12/14 | 先勝 |
| 22 | 火 | 辛酉 | 四緑 | 12/15 | 友引 |
| 23 | 水 | 壬戌 | 五黄 | 12/16 | 先負 |
| 24 | 木 | 癸亥 | 六白 | 12/17 | 仏滅 |
| 25 | 金 | 甲子 | 七赤 | 12/18 | 大安 |
| 26 | 土 | 乙丑 | 八白 | 12/19 | 赤口 |
| 27 | 日 | 丙寅 | 九紫 | 12/20 | 先勝 |
| 28 | 月 | 丁卯 | 一白 | 12/21 | 友引 |
| 29 | 火 | 戊辰 | 二黒 | 12/22 | 先負 |
| 30 | 水 | 己巳 | 三碧 | 12/23 | 仏滅 |
| 31 | 木 | 庚午 | 四緑 | 12/24 | 大安 |

## 2月
（甲寅 八白土星）

| | | | | | |
|---|---|---|---|---|---|
| 1 | 金 | 辛未 | 五黄 | 12/25 | 赤口 |
| 2 | 土 | 壬申 | 六白 | 12/26 | 先勝 |
| 3 | 日 | 癸酉 | 七赤 | 12/27 | 友引 |
| 4 | 月 | 甲戌 | 八白 | 12/28 | 先負 |
| 5 | 火 | 乙亥 | 九紫 | 12/29 | 仏滅 |
| 6 | 水 | 丙子 | 一白 | 12/30 | 大安 |
| 7 | 木 | 丁丑 | 二黒 | 1/1 | 先勝 |
| 8 | 金 | 戊寅 | 三碧 | 1/2 | 友引 |
| 9 | 土 | 己卯 | 四緑 | 1/3 | 先負 |
| 10 | 日 | 庚辰 | 五黄 | 1/4 | 仏滅 |
| 11 | 月 | 辛巳 | 六白 | 1/5 | 大安 |
| 12 | 火 | 壬午 | 七赤 | 1/6 | 赤口 |
| 13 | 水 | 癸未 | 八白 | 1/7 | 先勝 |
| 14 | 木 | 甲申 | 九紫 | 1/8 | 友引 |
| 15 | 金 | 乙酉 | 一白 | 1/9 | 先負 |
| 16 | 土 | 丙戌 | 二黒 | 1/10 | 仏滅 |
| 17 | 日 | 丁亥 | 三碧 | 1/11 | 大安 |
| 18 | 月 | 戊子 | 四緑 | 1/12 | 赤口 |
| 19 | 火 | 己丑 | 五黄 | 1/13 | 先勝 |
| 20 | 水 | 庚寅 | 六白 | 1/14 | 友引 |
| 21 | 木 | 辛卯 | 七赤 | 1/15 | 先負 |
| 22 | 金 | 壬辰 | 八白 | 1/16 | 仏滅 |
| 23 | 土 | 癸巳 | 九紫 | 1/17 | 大安 |
| 24 | 日 | 甲午 | 一白 | 1/18 | 赤口 |
| 25 | 月 | 乙未 | 二黒 | 1/19 | 先勝 |
| 26 | 火 | 丙申 | 三碧 | 1/20 | 友引 |
| 27 | 水 | 丁酉 | 四緑 | 1/21 | 先負 |
| 28 | 木 | 戊戌 | 五黄 | 1/22 | 仏滅 |
| 29 | 金 | 己亥 | 六白 | 1/23 | 大安 |

## 3月
（乙卯 七赤金星）

| | | | | | |
|---|---|---|---|---|---|
| 1 | 土 | 庚子 | 七赤 | 1/24 | 赤口 |
| 2 | 日 | 辛丑 | 八白 | 1/25 | 先勝 |
| 3 | 月 | 壬寅 | 九紫 | 1/26 | 友引 |
| 4 | 火 | 癸卯 | 一白 | 1/27 | 先負 |
| 5 | 水 | 甲辰 | 二黒 | 1/28 | 仏滅 |
| 6 | 木 | 乙巳 | 三碧 | 1/29 | 大安 |
| 7 | 金 | 丙午 | 四緑 | 1/30 | 赤口 |
| 8 | 土 | 丁未 | 五黄 | 2/1 | 友引 |
| 9 | 日 | 戊申 | 六白 | 2/2 | 先負 |
| 10 | 月 | 己酉 | 七赤 | 2/3 | 仏滅 |
| 11 | 火 | 庚戌 | 八白 | 2/4 | 大安 |
| 12 | 水 | 辛亥 | 九紫 | 2/5 | 赤口 |
| 13 | 木 | 壬子 | 一白 | 2/6 | 先勝 |
| 14 | 金 | 癸丑 | 二黒 | 2/7 | 友引 |
| 15 | 土 | 甲寅 | 三碧 | 2/8 | 先負 |
| 16 | 日 | 乙卯 | 四緑 | 2/9 | 仏滅 |
| 17 | 月 | 丙辰 | 五黄 | 2/10 | 大安 |
| 18 | 火 | 丁巳 | 六白 | 2/11 | 赤口 |
| 19 | 水 | 戊午 | 七赤 | 2/12 | 先勝 |
| 20 | 木 | 己未 | 八白 | 2/13 | 友引 |
| 21 | 金 | 庚申 | 九紫 | 2/14 | 先負 |
| 22 | 土 | 辛酉 | 一白 | 2/15 | 仏滅 |
| 23 | 日 | 壬戌 | 二黒 | 2/16 | 大安 |
| 24 | 月 | 癸亥 | 三碧 | 2/17 | 赤口 |
| 25 | 火 | 甲子 | 四緑 | 2/18 | 先勝 |
| 26 | 水 | 乙丑 | 五黄 | 2/19 | 友引 |
| 27 | 木 | 丙寅 | 六白 | 2/20 | 先負 |
| 28 | 金 | 丁卯 | 七赤 | 2/21 | 仏滅 |
| 29 | 土 | 戊辰 | 八白 | 2/22 | 大安 |
| 30 | 日 | 己巳 | 九紫 | 2/23 | 赤口 |
| 31 | 月 | 庚午 | 一白 | 2/24 | 先勝 |

## 4月
（丙辰 六白金星）

| | | | | | |
|---|---|---|---|---|---|
| 1 | 火 | 辛未 | 二黒 | 2/25 | 友引 |
| 2 | 水 | 壬申 | 三碧 | 2/26 | 先負 |
| 3 | 木 | 癸酉 | 四緑 | 2/27 | 仏滅 |
| 4 | 金 | 甲戌 | 五黄 | 2/28 | 大安 |
| 5 | 土 | 乙亥 | 六白 | 2/29 | 赤口 |
| 6 | 日 | 丙子 | 七赤 | 3/1 | 先負 |
| 7 | 月 | 丁丑 | 八白 | 3/2 | 仏滅 |
| 8 | 火 | 戊寅 | 九紫 | 3/3 | 大安 |
| 9 | 水 | 己卯 | 一白 | 3/4 | 赤口 |
| 10 | 木 | 庚辰 | 二黒 | 3/5 | 先勝 |
| 11 | 金 | 辛巳 | 三碧 | 3/6 | 友引 |
| 12 | 土 | 壬午 | 四緑 | 3/7 | 先負 |
| 13 | 日 | 癸未 | 五黄 | 3/8 | 仏滅 |
| 14 | 月 | 甲申 | 六白 | 3/9 | 大安 |
| 15 | 火 | 乙酉 | 七赤 | 3/10 | 赤口 |
| 16 | 水 | 丙戌 | 八白 | 3/11 | 先勝 |
| 17 | 木 | 丁亥 | 九紫 | 3/12 | 友引 |
| 18 | 金 | 戊子 | 一白 | 3/13 | 先負 |
| 19 | 土 | 己丑 | 二黒 | 3/14 | 仏滅 |
| 20 | 日 | 庚寅 | 三碧 | 3/15 | 大安 |
| 21 | 月 | 辛卯 | 四緑 | 3/16 | 赤口 |
| 22 | 火 | 壬辰 | 五黄 | 3/17 | 先勝 |
| 23 | 水 | 癸巳 | 六白 | 3/18 | 友引 |
| 24 | 木 | 甲午 | 七赤 | 3/19 | 先負 |
| 25 | 金 | 乙未 | 八白 | 3/20 | 仏滅 |
| 26 | 土 | 丙申 | 九紫 | 3/21 | 大安 |
| 27 | 日 | 丁酉 | 一白 | 3/22 | 赤口 |
| 28 | 月 | 戊戌 | 二黒 | 3/23 | 先勝 |
| 29 | 火 | 己亥 | 三碧 | 3/24 | 友引 |
| 30 | 水 | 庚子 | 四緑 | 3/25 | 先負 |

**1月**

1. 6 [節] 小寒
1.18 [雑] 土用
1.21 [節] 大寒

**2月**

2. 3 [雑] 節分
2. 4 [節] 立春
2.19 [節] 雨水

**3月**

3. 5 [節] 啓蟄
3.17 [雑] 彼岸
3.19 [雑] 社日
3.20 [節] 春分

**4月**

4. 4 [節] 清明
4.17 [雑] 土用
4.20 [節] 穀雨

## 5月
（丁巳 五黄土星）

| | | | | | |
|---|---|---|---|---|---|
| 1 | 木 | 辛丑 | 五黄 | 3/26 | 仏滅 |
| 2 | 金 | 壬寅 | 六白 | 3/27 | 大安 |
| 3 | 土 | 癸卯 | 七赤 | 3/28 | 赤口 |
| 4 | 日 | 甲辰 | 八白 | 3/29 | 先勝 |
| 5 | 月 | 乙巳 | 九紫 | 4/1 | 仏滅 |
| 6 | 火 | 丙午 | 一白 | 4/2 | 大安 |
| 7 | 水 | 丁未 | 二黒 | 4/3 | 赤口 |
| 8 | 木 | 戊申 | 三碧 | 4/4 | 先勝 |
| 9 | 金 | 己酉 | 四緑 | 4/5 | 友引 |
| 10 | 土 | 庚戌 | 五黄 | 4/6 | 先負 |
| 11 | 日 | 辛亥 | 六白 | 4/7 | 仏滅 |
| 12 | 月 | 壬子 | 七赤 | 4/8 | 大安 |
| 13 | 火 | 癸丑 | 八白 | 4/9 | 赤口 |
| 14 | 水 | 甲寅 | 九紫 | 4/10 | 先勝 |
| 15 | 木 | 乙卯 | 一白 | 4/11 | 友引 |
| 16 | 金 | 丙辰 | 二黒 | 4/12 | 先負 |
| 17 | 土 | 丁巳 | 三碧 | 4/13 | 仏滅 |
| 18 | 日 | 戊午 | 四緑 | 4/14 | 大安 |
| 19 | 月 | 己未 | 五黄 | 4/15 | 赤口 |
| 20 | 火 | 庚申 | 六白 | 4/16 | 先勝 |
| 21 | 水 | 辛酉 | 七赤 | 4/17 | 友引 |
| 22 | 木 | 壬戌 | 八白 | 4/18 | 先負 |
| 23 | 金 | 癸亥 | 九紫 | 4/19 | 仏滅 |
| 24 | 土 | 甲子 | 九紫 | 4/20 | 大安 |
| 25 | 日 | 乙丑 | 八白 | 4/21 | 赤口 |
| 26 | 月 | 丙寅 | 七赤 | 4/22 | 先勝 |
| 27 | 火 | 丁卯 | 六白 | 4/23 | 友引 |
| 28 | 水 | 戊辰 | 五黄 | 4/24 | 先負 |
| 29 | 木 | 己巳 | 四緑 | 4/25 | 仏滅 |
| 30 | 金 | 庚午 | 三碧 | 4/26 | 大安 |
| 31 | 土 | 辛未 | 二黒 | 4/27 | 赤口 |

## 6月
（戊午 四緑木星）

| | | | | | |
|---|---|---|---|---|---|
| 1 | 日 | 壬申 | 一白 | 4/28 | 先勝 |
| 2 | 月 | 癸酉 | 九紫 | 4/29 | 友引 |
| 3 | 火 | 甲戌 | 八白 | 4/30 | 先負 |
| 4 | 水 | 乙亥 | 七赤 | 5/1 | 大安 |
| 5 | 木 | 丙子 | 六白 | 5/2 | 赤口 |
| 6 | 金 | 丁丑 | 五黄 | 5/3 | 先勝 |
| 7 | 土 | 戊寅 | 四緑 | 5/4 | 友引 |
| 8 | 日 | 己卯 | 三碧 | 5/5 | 先負 |
| 9 | 月 | 庚辰 | 二黒 | 5/6 | 仏滅 |
| 10 | 火 | 辛巳 | 一白 | 5/7 | 大安 |
| 11 | 水 | 壬午 | 九紫 | 5/8 | 赤口 |
| 12 | 木 | 癸未 | 八白 | 5/9 | 先勝 |
| 13 | 金 | 甲申 | 七赤 | 5/10 | 友引 |
| 14 | 土 | 乙酉 | 六白 | 5/11 | 先負 |
| 15 | 日 | 丙戌 | 五黄 | 5/12 | 仏滅 |
| 16 | 月 | 丁亥 | 四緑 | 5/13 | 大安 |
| 17 | 火 | 戊子 | 三碧 | 5/14 | 赤口 |
| 18 | 水 | 己丑 | 二黒 | 5/15 | 先勝 |
| 19 | 木 | 庚寅 | 一白 | 5/16 | 友引 |
| 20 | 金 | 辛卯 | 九紫 | 5/17 | 先負 |
| 21 | 土 | 壬辰 | 八白 | 5/18 | 仏滅 |
| 22 | 日 | 癸巳 | 七赤 | 5/19 | 大安 |
| 23 | 月 | 甲午 | 六白 | 5/20 | 赤口 |
| 24 | 火 | 乙未 | 五黄 | 5/21 | 先勝 |
| 25 | 水 | 丙申 | 四緑 | 5/22 | 友引 |
| 26 | 木 | 丁酉 | 三碧 | 5/23 | 先負 |
| 27 | 金 | 戊戌 | 二黒 | 5/24 | 仏滅 |
| 28 | 土 | 己亥 | 一白 | 5/25 | 大安 |
| 29 | 日 | 庚子 | 九紫 | 5/26 | 赤口 |
| 30 | 月 | 辛丑 | 八白 | 5/27 | 先勝 |

## 7月
（己未 三碧木星）

| | | | | | |
|---|---|---|---|---|---|
| 1 | 火 | 壬寅 | 七赤 | 5/28 | 友引 |
| 2 | 水 | 癸卯 | 六白 | 5/29 | 先負 |
| 3 | 木 | 甲辰 | 五黄 | 6/1 | 赤口 |
| 4 | 金 | 乙巳 | 四緑 | 6/2 | 先勝 |
| 5 | 土 | 丙午 | 三碧 | 6/3 | 友引 |
| 6 | 日 | 丁未 | 二黒 | 6/4 | 先負 |
| 7 | 月 | 戊申 | 一白 | 6/5 | 仏滅 |
| 8 | 火 | 己酉 | 九紫 | 6/6 | 大安 |
| 9 | 水 | 庚戌 | 八白 | 6/7 | 赤口 |
| 10 | 木 | 辛亥 | 七赤 | 6/8 | 先勝 |
| 11 | 金 | 壬子 | 六白 | 6/9 | 友引 |
| 12 | 土 | 癸丑 | 五黄 | 6/10 | 先負 |
| 13 | 日 | 甲寅 | 四緑 | 6/11 | 仏滅 |
| 14 | 月 | 乙卯 | 三碧 | 6/12 | 大安 |
| 15 | 火 | 丙辰 | 二黒 | 6/13 | 赤口 |
| 16 | 水 | 丁巳 | 一白 | 6/14 | 先勝 |
| 17 | 木 | 戊午 | 九紫 | 6/15 | 友引 |
| 18 | 金 | 己未 | 八白 | 6/16 | 先負 |
| 19 | 土 | 庚申 | 七赤 | 6/17 | 仏滅 |
| 20 | 日 | 辛酉 | 六白 | 6/18 | 大安 |
| 21 | 月 | 壬戌 | 五黄 | 6/19 | 赤口 |
| 22 | 火 | 癸亥 | 四緑 | 6/20 | 先勝 |
| 23 | 水 | 甲子 | 三碧 | 6/21 | 友引 |
| 24 | 木 | 乙丑 | 二黒 | 6/22 | 先負 |
| 25 | 金 | 丙寅 | 一白 | 6/23 | 仏滅 |
| 26 | 土 | 丁卯 | 九紫 | 6/24 | 大安 |
| 27 | 日 | 戊辰 | 八白 | 6/25 | 赤口 |
| 28 | 月 | 己巳 | 七赤 | 6/26 | 先勝 |
| 29 | 火 | 庚午 | 六白 | 6/27 | 友引 |
| 30 | 水 | 辛未 | 五黄 | 6/28 | 先負 |
| 31 | 木 | 壬申 | 四緑 | 6/29 | 仏滅 |

## 8月
（庚申 二黒土星）

| | | | | | |
|---|---|---|---|---|---|
| 1 | 金 | 癸酉 | 三碧 | 7/1 | 先勝 |
| 2 | 土 | 甲戌 | 二黒 | 7/2 | 友引 |
| 3 | 日 | 乙亥 | 一白 | 7/3 | 先負 |
| 4 | 月 | 丙子 | 九紫 | 7/4 | 仏滅 |
| 5 | 火 | 丁丑 | 八白 | 7/5 | 大安 |
| 6 | 水 | 戊寅 | 七赤 | 7/6 | 赤口 |
| 7 | 木 | 己卯 | 六白 | 7/7 | 先勝 |
| 8 | 金 | 庚辰 | 五黄 | 7/8 | 友引 |
| 9 | 土 | 辛巳 | 四緑 | 7/9 | 先負 |
| 10 | 日 | 壬午 | 三碧 | 7/10 | 仏滅 |
| 11 | 月 | 癸未 | 二黒 | 7/11 | 大安 |
| 12 | 火 | 甲申 | 一白 | 7/12 | 赤口 |
| 13 | 水 | 乙酉 | 九紫 | 7/13 | 先勝 |
| 14 | 木 | 丙戌 | 八白 | 7/14 | 友引 |
| 15 | 金 | 丁亥 | 七赤 | 7/15 | 先負 |
| 16 | 土 | 戊子 | 六白 | 7/16 | 仏滅 |
| 17 | 日 | 己丑 | 五黄 | 7/17 | 大安 |
| 18 | 月 | 庚寅 | 四緑 | 7/18 | 赤口 |
| 19 | 火 | 辛卯 | 三碧 | 7/19 | 先勝 |
| 20 | 水 | 壬辰 | 二黒 | 7/20 | 友引 |
| 21 | 木 | 癸巳 | 一白 | 7/21 | 先負 |
| 22 | 金 | 甲午 | 九紫 | 7/22 | 仏滅 |
| 23 | 土 | 乙未 | 八白 | 7/23 | 大安 |
| 24 | 日 | 丙申 | 七赤 | 7/24 | 赤口 |
| 25 | 月 | 丁酉 | 六白 | 7/25 | 先勝 |
| 26 | 火 | 戊戌 | 五黄 | 7/26 | 友引 |
| 27 | 水 | 己亥 | 四緑 | 7/27 | 先負 |
| 28 | 木 | 庚子 | 三碧 | 7/28 | 仏滅 |
| 29 | 金 | 辛丑 | 二黒 | 7/29 | 大安 |
| 30 | 土 | 壬寅 | 一白 | 7/30 | 赤口 |
| 31 | 日 | 癸卯 | 九紫 | 8/1 | 友引 |

**5月**

5. 1［雑］八十八夜
5. 5［節］立夏
5.21［節］小満

**6月**

6. 5［節］芒種
6.10［雑］入梅
6.21［節］夏至

**7月**

7. 1［雑］半夏生
7. 7［節］小暑
7.19［雑］土用
7.22［節］大暑

**8月**

8. 7［節］立秋
8.23［節］処暑
8.31［雑］二百十日

## 2008年

### 9月
（辛酉 一白水星）

| | | | |
|---|---|---|---|
| 1 | 月 | 甲辰 八白 | 8/2 先負 |
| 2 | 火 | 乙巳 七赤 | 8/3 仏滅 |
| 3 | 水 | 丙午 六白 | 8/4 大安 |
| 4 | 木 | 丁未 五黄 | 8/5 赤口 |
| 5 | 金 | 戊申 四緑 | 8/6 先勝 |
| 6 | 土 | 己酉 三碧 | 8/7 友引 |
| 7 | 日 | 庚戌 二黒 | 8/8 先負 |
| 8 | 月 | 辛亥 一白 | 8/9 仏滅 |
| 9 | 火 | 壬子 九紫 | 8/10 大安 |
| 10 | 水 | 癸丑 八白 | 8/11 赤口 |
| 11 | 木 | 甲寅 七赤 | 8/12 先勝 |
| 12 | 金 | 乙卯 六白 | 8/13 友引 |
| 13 | 土 | 丙辰 五黄 | 8/14 先負 |
| 14 | 日 | 丁巳 四緑 | 8/15 仏滅 |
| 15 | 月 | 戊午 三碧 | 8/16 大安 |
| 16 | 火 | 己未 二黒 | 8/17 赤口 |
| 17 | 水 | 庚申 一白 | 8/18 先勝 |
| 18 | 木 | 辛酉 九紫 | 8/19 友引 |
| 19 | 金 | 壬戌 八白 | 8/20 先負 |
| 20 | 土 | 癸亥 七赤 | 8/21 仏滅 |
| 21 | 日 | 甲子 六白 | 8/22 大安 |
| 22 | 月 | 乙丑 五黄 | 8/23 赤口 |
| 23 | 火 | 丙寅 四緑 | 8/24 先勝 |
| 24 | 水 | 丁卯 三碧 | 8/25 友引 |
| 25 | 木 | 戊辰 二黒 | 8/26 先負 |
| 26 | 金 | 己巳 一白 | 8/27 仏滅 |
| 27 | 土 | 庚午 九紫 | 8/28 大安 |
| 28 | 日 | 辛未 八白 | 8/29 赤口 |
| 29 | 月 | 壬申 七赤 | 9/1 先負 |
| 30 | 火 | 癸酉 六白 | 9/2 仏滅 |

### 10月
（壬戌 九紫火星）

| | | | |
|---|---|---|---|
| 1 | 水 | 甲戌 五黄 | 9/3 大安 |
| 2 | 木 | 乙亥 四緑 | 9/4 赤口 |
| 3 | 金 | 丙子 三碧 | 9/5 先勝 |
| 4 | 土 | 丁丑 二黒 | 9/6 友引 |
| 5 | 日 | 戊寅 一白 | 9/7 先負 |
| 6 | 月 | 己卯 九紫 | 9/8 仏滅 |
| 7 | 火 | 庚辰 八白 | 9/9 大安 |
| 8 | 水 | 辛巳 七赤 | 9/10 赤口 |
| 9 | 木 | 壬午 六白 | 9/11 先勝 |
| 10 | 金 | 癸未 五黄 | 9/12 友引 |
| 11 | 土 | 甲申 四緑 | 9/13 先負 |
| 12 | 日 | 乙酉 三碧 | 9/14 仏滅 |
| 13 | 月 | 丙戌 二黒 | 9/15 大安 |
| 14 | 火 | 丁亥 一白 | 9/16 赤口 |
| 15 | 水 | 戊子 九紫 | 9/17 先勝 |
| 16 | 木 | 己丑 八白 | 9/18 友引 |
| 17 | 金 | 庚寅 七赤 | 9/19 先負 |
| 18 | 土 | 辛卯 六白 | 9/20 仏滅 |
| 19 | 日 | 壬辰 五黄 | 9/21 大安 |
| 20 | 月 | 癸巳 四緑 | 9/22 赤口 |
| 21 | 火 | 甲午 三碧 | 9/23 先勝 |
| 22 | 水 | 乙未 二黒 | 9/24 友引 |
| 23 | 木 | 丙申 一白 | 9/25 先負 |
| 24 | 金 | 丁酉 九紫 | 9/26 仏滅 |
| 25 | 土 | 戊戌 八白 | 9/27 大安 |
| 26 | 日 | 己亥 七赤 | 9/28 赤口 |
| 27 | 月 | 庚子 六白 | 9/29 先勝 |
| 28 | 火 | 辛丑 五黄 | 9/30 友引 |
| 29 | 水 | 壬寅 四緑 | 10/1 仏滅 |
| 30 | 木 | 癸卯 三碧 | 10/2 大安 |
| 31 | 金 | 甲辰 二黒 | 10/3 赤口 |

### 11月
（癸亥 八白土星）

| | | | |
|---|---|---|---|
| 1 | 土 | 乙巳 一白 | 10/4 先勝 |
| 2 | 日 | 丙午 九紫 | 10/5 友引 |
| 3 | 月 | 丁未 八白 | 10/6 先負 |
| 4 | 火 | 戊申 七赤 | 10/7 仏滅 |
| 5 | 水 | 己酉 六白 | 10/8 大安 |
| 6 | 木 | 庚戌 五黄 | 10/9 赤口 |
| 7 | 金 | 辛亥 四緑 | 10/10 先勝 |
| 8 | 土 | 壬子 三碧 | 10/11 友引 |
| 9 | 日 | 癸丑 二黒 | 10/12 先負 |
| 10 | 月 | 甲寅 一白 | 10/13 仏滅 |
| 11 | 火 | 乙卯 九紫 | 10/14 大安 |
| 12 | 水 | 丙辰 八白 | 10/15 赤口 |
| 13 | 木 | 丁巳 七赤 | 10/16 先勝 |
| 14 | 金 | 戊午 六白 | 10/17 友引 |
| 15 | 土 | 己未 五黄 | 10/18 先負 |
| 16 | 日 | 庚申 四緑 | 10/19 仏滅 |
| 17 | 月 | 辛酉 三碧 | 10/20 大安 |
| 18 | 火 | 壬戌 二黒 | 10/21 赤口 |
| 19 | 水 | 癸亥 一白 | 10/22 先勝 |
| 20 | 木 | 甲子 九紫 | 10/23 友引 |
| 21 | 金 | 乙丑 八白 | 10/24 先負 |
| 22 | 土 | 丙寅 七赤 | 10/25 仏滅 |
| 23 | 日 | 丁卯 六白 | 10/26 大安 |
| 24 | 月 | 戊辰 五黄 | 10/27 赤口 |
| 25 | 火 | 己巳 四緑 | 10/28 先勝 |
| 26 | 水 | 庚午 三碧 | 10/29 友引 |
| 27 | 木 | 辛未 二黒 | 10/30 先負 |
| 28 | 金 | 壬申 一白 | 11/1 大安 |
| 29 | 土 | 癸酉 九紫 | 11/2 赤口 |
| 30 | 日 | 甲戌 八白 | 11/3 先勝 |

### 12月
（甲子 七赤金星）

| | | | |
|---|---|---|---|
| 1 | 月 | 乙亥 七赤 | 11/4 友引 |
| 2 | 火 | 丙子 六白 | 11/5 先負 |
| 3 | 水 | 丁丑 五黄 | 11/6 仏滅 |
| 4 | 木 | 戊寅 四緑 | 11/7 大安 |
| 5 | 金 | 己卯 三碧 | 11/8 赤口 |
| 6 | 土 | 庚辰 二黒 | 11/9 先勝 |
| 7 | 日 | 辛巳 一白 | 11/10 友引 |
| 8 | 月 | 壬午 九紫 | 11/11 先負 |
| 9 | 火 | 癸未 八白 | 11/12 仏滅 |
| 10 | 水 | 甲申 七赤 | 11/13 大安 |
| 11 | 木 | 乙酉 六白 | 11/14 赤口 |
| 12 | 金 | 丙戌 五黄 | 11/15 先勝 |
| 13 | 土 | 丁亥 四緑 | 11/16 友引 |
| 14 | 日 | 戊子 三碧 | 11/17 先負 |
| 15 | 月 | 己丑 二黒 | 11/18 仏滅 |
| 16 | 火 | 庚寅 一白 | 11/19 大安 |
| 17 | 水 | 辛卯 九紫 | 11/20 赤口 |
| 18 | 木 | 壬辰 八白 | 11/21 先勝 |
| 19 | 金 | 癸巳 七赤 | 11/22 友引 |
| 20 | 土 | 甲午 七赤 | 11/23 先負 |
| 21 | 日 | 乙未 八白 | 11/24 仏滅 |
| 22 | 月 | 丙申 九紫 | 11/25 大安 |
| 23 | 火 | 丁酉 一白 | 11/26 赤口 |
| 24 | 水 | 戊戌 二黒 | 11/27 先勝 |
| 25 | 木 | 己亥 三碧 | 11/28 友引 |
| 26 | 金 | 庚子 四緑 | 11/29 先負 |
| 27 | 土 | 辛丑 五黄 | 12/1 赤口 |
| 28 | 日 | 壬寅 六白 | 12/2 先勝 |
| 29 | 月 | 癸卯 七赤 | 12/3 友引 |
| 30 | 火 | 甲辰 八白 | 12/4 先負 |
| 31 | 水 | 乙巳 九紫 | 12/5 仏滅 |

**9月**

9. 7［節］白露
9.20［雑］彼岸
9.23［節］秋分
9.25［雑］社日

**10月**

10. 8［節］寒露
10.20［雑］土用
10.23［節］霜降

**11月**

11. 7［節］立冬
11.22［節］小雪

**12月**

12. 7［節］大雪
12.21［節］冬至

# 2009

明治 **142** 年
大正 **98** 年
昭和 **84** 年
平成 **21** 年

己丑（つちのとうし）
九紫火星

生誕・年忌など

**1.10** 徳川綱吉没後 300 年
**1.15** P. プルードン生誕 200 年
**1.19** E.A. ポー生誕 200 年
**2. 3** J. メンデルスゾーン生誕 200 年
**2.12** A. リンカーン生誕 200 年
C. ダーウィン生誕 200 年
**3. 6** 大岡昇平生誕 100 年
**4. 5** 薩摩藩の琉球征服 400 年
**4. 6** 米のピアリ・北極点到達 100 年
**4.10** 淀川長治生誕 100 年
**5. 5** 中島敦生誕 100 年
**5.10** 二葉亭四迷没後 100 年
**5.31** F. ハイドン没後 200 年
**6. 8** T. ペイン没後 200 年
**6.19** 太宰治生誕 100 年
**6.27** 上田秋成没後 200 年
**7.10** J. カルヴァン生誕 500 年
**8. 6** A. テニスン生誕 200 年
**9.18** S. ジョンソン生誕 300 年
**10.26** 伊藤博文暗殺事件 100 年
**10.28** F. ベーコン生誕 100 年
**12.19** 埴谷雄高生誕 100 年
**12.21** 松本清張生誕 100 年
この年 顔真卿生誕 1300 年
間宮海峡発見 (樺太探検)200 年
N. ゴーゴリ生誕 200 年

2009年

## 1月
（乙丑 六白金星）

| | | | |
|---|---|---|---|
| 1 | 木 | 丙午 一白 | 12/6 大安 |
| 2 | 金 | 丁未 二黒 | 12/7 赤口 |
| 3 | 土 | 戊申 三碧 | 12/8 先勝 |
| 4 | 日 | 己酉 四緑 | 12/9 友引 |
| 5 | 月 | 庚戌 五黄 | 12/10 先負 |
| 6 | 火 | 辛亥 六白 | 12/11 仏滅 |
| 7 | 水 | 壬子 七赤 | 12/12 大安 |
| 8 | 木 | 癸丑 八白 | 12/13 赤口 |
| 9 | 金 | 甲寅 九紫 | 12/14 先勝 |
| 10 | 土 | 乙卯 一白 | 12/15 友引 |
| 11 | 日 | 丙辰 二黒 | 12/16 先負 |
| 12 | 月 | 丁巳 三碧 | 12/17 仏滅 |
| 13 | 火 | 戊午 四緑 | 12/18 大安 |
| 14 | 水 | 己未 五黄 | 12/19 赤口 |
| 15 | 木 | 庚申 六白 | 12/20 先勝 |
| 16 | 金 | 辛酉 七赤 | 12/21 友引 |
| 17 | 土 | 壬戌 八白 | 12/22 先負 |
| 18 | 日 | 癸亥 九紫 | 12/23 仏滅 |
| 19 | 月 | 甲子 一白 | 12/24 大安 |
| 20 | 火 | 乙丑 二黒 | 12/25 赤口 |
| 21 | 水 | 丙寅 三碧 | 12/26 先勝 |
| 22 | 木 | 丁卯 四緑 | 12/27 友引 |
| 23 | 金 | 戊辰 五黄 | 12/28 先負 |
| 24 | 土 | 己巳 六白 | 12/29 仏滅 |
| 25 | 日 | 庚午 七赤 | 12/30 大安 |
| 26 | 月 | 辛未 八白 | 1/1 先勝 |
| 27 | 火 | 壬申 九紫 | 1/2 友引 |
| 28 | 水 | 癸酉 一白 | 1/3 先負 |
| 29 | 木 | 甲戌 二黒 | 1/4 仏滅 |
| 30 | 金 | 乙亥 三碧 | 1/5 大安 |
| 31 | 土 | 丙子 四緑 | 1/6 赤口 |

## 2月
（丙寅 五黄土星）

| | | | |
|---|---|---|---|
| 1 | 日 | 丁丑 五黄 | 1/7 先勝 |
| 2 | 月 | 戊寅 六白 | 1/8 友引 |
| 3 | 火 | 己卯 七赤 | 1/9 先負 |
| 4 | 水 | 庚辰 八白 | 1/10 仏滅 |
| 5 | 木 | 辛巳 九紫 | 1/11 大安 |
| 6 | 金 | 壬午 一白 | 1/12 赤口 |
| 7 | 土 | 癸未 二黒 | 1/13 先勝 |
| 8 | 日 | 甲申 三碧 | 1/14 友引 |
| 9 | 月 | 乙酉 四緑 | 1/15 先負 |
| 10 | 火 | 丙戌 五黄 | 1/16 仏滅 |
| 11 | 水 | 丁亥 六白 | 1/17 大安 |
| 12 | 木 | 戊子 七赤 | 1/18 赤口 |
| 13 | 金 | 己丑 八白 | 1/19 先勝 |
| 14 | 土 | 庚寅 九紫 | 1/20 友引 |
| 15 | 日 | 辛卯 一白 | 1/21 先負 |
| 16 | 月 | 壬辰 二黒 | 1/22 仏滅 |
| 17 | 火 | 癸巳 三碧 | 1/23 大安 |
| 18 | 水 | 甲午 四緑 | 1/24 赤口 |
| 19 | 木 | 乙未 五黄 | 1/25 先勝 |
| 20 | 金 | 丙申 六白 | 1/26 友引 |
| 21 | 土 | 丁酉 七赤 | 1/27 先負 |
| 22 | 日 | 戊戌 八白 | 1/28 仏滅 |
| 23 | 月 | 己亥 九紫 | 1/29 大安 |
| 24 | 火 | 庚子 一白 | 1/30 赤口 |
| 25 | 水 | 辛丑 二黒 | 2/1 友引 |
| 26 | 木 | 壬寅 三碧 | 2/2 先負 |
| 27 | 金 | 癸卯 四緑 | 2/3 仏滅 |
| 28 | 土 | 甲辰 五黄 | 2/4 大安 |

## 3月
（丁卯 四緑木星）

| | | | |
|---|---|---|---|
| 1 | 日 | 乙巳 六白 | 2/5 赤口 |
| 2 | 月 | 丙午 七赤 | 2/6 先勝 |
| 3 | 火 | 丁未 八白 | 2/7 友引 |
| 4 | 水 | 戊申 九紫 | 2/8 先負 |
| 5 | 木 | 己酉 一白 | 2/9 仏滅 |
| 6 | 金 | 庚戌 二黒 | 2/10 大安 |
| 7 | 土 | 辛亥 三碧 | 2/11 赤口 |
| 8 | 日 | 壬子 四緑 | 2/12 先勝 |
| 9 | 月 | 癸丑 五黄 | 2/13 友引 |
| 10 | 火 | 甲寅 六白 | 2/14 先負 |
| 11 | 水 | 乙卯 七赤 | 2/15 仏滅 |
| 12 | 木 | 丙辰 八白 | 2/16 大安 |
| 13 | 金 | 丁巳 九紫 | 2/17 赤口 |
| 14 | 土 | 戊午 一白 | 2/18 先勝 |
| 15 | 日 | 己未 二黒 | 2/19 友引 |
| 16 | 月 | 庚申 三碧 | 2/20 先負 |
| 17 | 火 | 辛酉 四緑 | 2/21 仏滅 |
| 18 | 水 | 壬戌 五黄 | 2/22 大安 |
| 19 | 木 | 癸亥 六白 | 2/23 赤口 |
| 20 | 金 | 甲子 七赤 | 2/24 先勝 |
| 21 | 土 | 乙丑 八白 | 2/25 友引 |
| 22 | 日 | 丙寅 九紫 | 2/26 先負 |
| 23 | 月 | 丁卯 一白 | 2/27 仏滅 |
| 24 | 火 | 戊辰 二黒 | 2/28 大安 |
| 25 | 水 | 己巳 三碧 | 2/29 赤口 |
| 26 | 木 | 庚午 四緑 | 2/30 先勝 |
| 27 | 金 | 辛未 五黄 | 3/1 先負 |
| 28 | 土 | 壬申 六白 | 3/2 仏滅 |
| 29 | 日 | 癸酉 七赤 | 3/3 大安 |
| 30 | 月 | 甲戌 八白 | 3/4 赤口 |
| 31 | 火 | 乙亥 九紫 | 3/5 先勝 |

## 4月
（戊辰 三碧木星）

| | | | |
|---|---|---|---|
| 1 | 水 | 丙子 一白 | 3/6 友引 |
| 2 | 木 | 丁丑 二黒 | 3/7 先負 |
| 3 | 金 | 戊寅 三碧 | 3/8 仏滅 |
| 4 | 土 | 己卯 四緑 | 3/9 大安 |
| 5 | 日 | 庚辰 五黄 | 3/10 赤口 |
| 6 | 月 | 辛巳 六白 | 3/11 先勝 |
| 7 | 火 | 壬午 七赤 | 3/12 友引 |
| 8 | 水 | 癸未 八白 | 3/13 先負 |
| 9 | 木 | 甲申 九紫 | 3/14 仏滅 |
| 10 | 金 | 乙酉 一白 | 3/15 大安 |
| 11 | 土 | 丙戌 二黒 | 3/16 赤口 |
| 12 | 日 | 丁亥 三碧 | 3/17 先勝 |
| 13 | 月 | 戊子 四緑 | 3/18 友引 |
| 14 | 火 | 己丑 五黄 | 3/19 先負 |
| 15 | 水 | 庚寅 六白 | 3/20 仏滅 |
| 16 | 木 | 辛卯 七赤 | 3/21 大安 |
| 17 | 金 | 壬辰 八白 | 3/22 赤口 |
| 18 | 土 | 癸巳 九紫 | 3/23 先勝 |
| 19 | 日 | 甲午 一白 | 3/24 友引 |
| 20 | 月 | 乙未 二黒 | 3/25 先負 |
| 21 | 火 | 丙申 三碧 | 3/26 仏滅 |
| 22 | 水 | 丁酉 四緑 | 3/27 大安 |
| 23 | 木 | 戊戌 五黄 | 3/28 赤口 |
| 24 | 金 | 己亥 六白 | 3/29 先勝 |
| 25 | 土 | 庚子 七赤 | 4/1 仏滅 |
| 26 | 日 | 辛丑 八白 | 4/2 大安 |
| 27 | 月 | 壬寅 九紫 | 4/3 赤口 |
| 28 | 火 | 癸卯 一白 | 4/4 先勝 |
| 29 | 水 | 甲辰 二黒 | 4/5 友引 |
| 30 | 木 | 乙巳 三碧 | 4/6 先負 |

**1月**

1. 5［節］小寒
1.17［雑］土用
1.20［節］大寒

**2月**

2. 3［雑］節分
2. 4［節］立春
2.18［節］雨水

**3月**

3. 5［節］啓蟄
3.17［雑］彼岸
3.20［節］春分
3.24［雑］社日

**4月**

4. 5［節］清明
4.17［雑］土用
4.20［節］穀雨

## 5 月
（己巳 二黒土星）

| | | | |
|---|---|---|---|
| 1 | 金 | 丙午 四緑 | 4/7 仏滅 |
| 2 | 土 | 丁未 五黄 | 4/8 大安 |
| 3 | 日 | 戊申 六白 | 4/9 赤口 |
| 4 | 月 | 己酉 七赤 | 4/10 先勝 |
| 5 | 火 | 庚戌 八白 | 4/11 友引 |
| 6 | 水 | 辛亥 九紫 | 4/12 先負 |
| 7 | 木 | 壬子 一白 | 4/13 仏滅 |
| 8 | 金 | 癸丑 二黒 | 4/14 大安 |
| 9 | 土 | 甲寅 三碧 | 4/15 赤口 |
| 10 | 日 | 乙卯 四緑 | 4/16 先勝 |
| 11 | 月 | 丙辰 五黄 | 4/17 友引 |
| 12 | 火 | 丁巳 六白 | 4/18 先負 |
| 13 | 水 | 戊午 七赤 | 4/19 仏滅 |
| 14 | 木 | 己未 八白 | 4/20 大安 |
| 15 | 金 | 庚申 九紫 | 4/21 赤口 |
| 16 | 土 | 辛酉 一白 | 4/22 先勝 |
| 17 | 日 | 壬戌 二黒 | 4/23 友引 |
| 18 | 月 | 癸亥 三碧 | 4/24 先負 |
| 19 | 火 | 甲子 四緑 | 4/25 仏滅 |
| 20 | 水 | 乙丑 五黄 | 4/26 大安 |
| 21 | 木 | 丙寅 六白 | 4/27 赤口 |
| 22 | 金 | 丁卯 七赤 | 4/28 先勝 |
| 23 | 土 | 戊辰 八白 | 4/29 友引 |
| 24 | 日 | 己巳 九紫 | 5/1 大安 |
| 25 | 月 | 庚午 一白 | 5/2 赤口 |
| 26 | 火 | 辛未 二黒 | 5/3 先勝 |
| 27 | 水 | 壬申 三碧 | 5/4 友引 |
| 28 | 木 | 癸酉 四緑 | 5/5 先負 |
| 29 | 金 | 甲戌 五黄 | 5/6 仏滅 |
| 30 | 土 | 乙亥 六白 | 5/7 大安 |
| 31 | 日 | 丙子 七赤 | 5/8 赤口 |

## 6 月
（庚午 一白水星）

| | | | |
|---|---|---|---|
| 1 | 月 | 丁丑 八白 | 5/9 先勝 |
| 2 | 火 | 戊寅 九紫 | 5/10 友引 |
| 3 | 水 | 己卯 一白 | 5/11 先負 |
| 4 | 木 | 庚辰 二黒 | 5/12 仏滅 |
| 5 | 金 | 辛巳 三碧 | 5/13 大安 |
| 6 | 土 | 壬午 四緑 | 5/14 赤口 |
| 7 | 日 | 癸未 五黄 | 5/15 先勝 |
| 8 | 月 | 甲申 六白 | 5/16 友引 |
| 9 | 火 | 乙酉 七赤 | 5/17 先負 |
| 10 | 水 | 丙戌 八白 | 5/18 仏滅 |
| 11 | 木 | 丁亥 九紫 | 5/19 大安 |
| 12 | 金 | 戊子 一白 | 5/20 赤口 |
| 13 | 土 | 己丑 二黒 | 5/21 先勝 |
| 14 | 日 | 庚寅 三碧 | 5/22 友引 |
| 15 | 月 | 辛卯 四緑 | 5/23 先負 |
| 16 | 火 | 壬辰 五黄 | 5/24 仏滅 |
| 17 | 水 | 癸巳 六白 | 5/25 大安 |
| 18 | 木 | 甲午 七赤 | 5/26 赤口 |
| 19 | 金 | 乙未 八白 | 5/27 先勝 |
| 20 | 土 | 丙申 九紫 | 5/28 友引 |
| 21 | 日 | 丁酉 一白 | 5/29 先負 |
| 22 | 月 | 戊戌 二黒 | 5/30 仏滅 |
| 23 | 火 | 己亥 三碧 | 閏5/1 大安 |
| 24 | 水 | 庚子 四緑 | 閏5/2 赤口 |
| 25 | 木 | 辛丑 五黄 | 閏5/3 先勝 |
| 26 | 金 | 壬寅 六白 | 閏5/4 友引 |
| 27 | 土 | 癸卯 七赤 | 閏5/5 先負 |
| 28 | 日 | 甲辰 八白 | 閏5/6 仏滅 |
| 29 | 月 | 乙巳 九紫 | 閏5/7 大安 |
| 30 | 火 | 丙午 一白 | 閏5/8 赤口 |

## 7 月
（辛未 九紫火星）

| | | | |
|---|---|---|---|
| 1 | 水 | 丁未 二黒 | 閏5/9 先勝 |
| 2 | 木 | 戊申 三碧 | 閏5/10 友引 |
| 3 | 金 | 己酉 四緑 | 閏5/11 先負 |
| 4 | 土 | 庚戌 五黄 | 閏5/12 仏滅 |
| 5 | 日 | 辛亥 六白 | 閏5/13 大安 |
| 6 | 月 | 壬子 七赤 | 閏5/14 赤口 |
| 7 | 火 | 癸丑 八白 | 閏5/15 先勝 |
| 8 | 水 | 甲寅 九紫 | 閏5/16 友引 |
| 9 | 木 | 乙卯 一白 | 閏5/17 先負 |
| 10 | 金 | 丙辰 二黒 | 閏5/18 仏滅 |
| 11 | 土 | 丁巳 三碧 | 閏5/19 大安 |
| 12 | 日 | 戊午 四緑 | 閏5/20 赤口 |
| 13 | 月 | 己未 五黄 | 閏5/21 先勝 |
| 14 | 火 | 庚申 六白 | 閏5/22 友引 |
| 15 | 水 | 辛酉 七赤 | 閏5/23 先負 |
| 16 | 木 | 壬戌 八白 | 閏5/24 仏滅 |
| 17 | 金 | 癸亥 九紫 | 閏5/25 大安 |
| 18 | 土 | 甲子 九紫 | 閏5/26 赤口 |
| 19 | 日 | 乙丑 八白 | 閏5/27 先勝 |
| 20 | 月 | 丙寅 七赤 | 閏5/28 友引 |
| 21 | 火 | 丁卯 六白 | 閏5/29 先負 |
| 22 | 水 | 戊辰 五黄 | 6/1 赤口 |
| 23 | 木 | 己巳 四緑 | 6/2 先勝 |
| 24 | 金 | 庚午 三碧 | 6/3 友引 |
| 25 | 土 | 辛未 二黒 | 6/4 先負 |
| 26 | 日 | 壬申 一白 | 6/5 仏滅 |
| 27 | 月 | 癸酉 九紫 | 6/6 大安 |
| 28 | 火 | 甲戌 八白 | 6/7 赤口 |
| 29 | 水 | 乙亥 七赤 | 6/8 先勝 |
| 30 | 木 | 丙子 六白 | 6/9 友引 |
| 31 | 金 | 丁丑 五黄 | 6/10 先負 |

## 8 月
（壬申 八白土星）

| | | | |
|---|---|---|---|
| 1 | 土 | 戊寅 四緑 | 6/11 仏滅 |
| 2 | 日 | 己卯 三碧 | 6/12 大安 |
| 3 | 月 | 庚辰 二黒 | 6/13 赤口 |
| 4 | 火 | 辛巳 一白 | 6/14 先勝 |
| 5 | 水 | 壬午 九紫 | 6/15 友引 |
| 6 | 木 | 癸未 八白 | 6/16 先負 |
| 7 | 金 | 甲申 七赤 | 6/17 仏滅 |
| 8 | 土 | 乙酉 六白 | 6/18 大安 |
| 9 | 日 | 丙戌 五黄 | 6/19 赤口 |
| 10 | 月 | 丁亥 四緑 | 6/20 先勝 |
| 11 | 火 | 戊子 三碧 | 6/21 友引 |
| 12 | 水 | 己丑 二黒 | 6/22 先負 |
| 13 | 木 | 庚寅 一白 | 6/23 仏滅 |
| 14 | 金 | 辛卯 九紫 | 6/24 大安 |
| 15 | 土 | 壬辰 八白 | 6/25 赤口 |
| 16 | 日 | 癸巳 七赤 | 6/26 先勝 |
| 17 | 月 | 甲午 六白 | 6/27 友引 |
| 18 | 火 | 乙未 五黄 | 6/28 先負 |
| 19 | 水 | 丙申 四緑 | 6/29 仏滅 |
| 20 | 木 | 丁酉 三碧 | 7/1 先勝 |
| 21 | 金 | 戊戌 二黒 | 7/2 友引 |
| 22 | 土 | 己亥 一白 | 7/3 先負 |
| 23 | 日 | 庚子 九紫 | 7/4 仏滅 |
| 24 | 月 | 辛丑 八白 | 7/5 大安 |
| 25 | 火 | 壬寅 七赤 | 7/6 赤口 |
| 26 | 水 | 癸卯 六白 | 7/7 先勝 |
| 27 | 木 | 甲辰 五黄 | 7/8 友引 |
| 28 | 金 | 乙巳 四緑 | 7/9 先負 |
| 29 | 土 | 丙午 三碧 | 7/10 仏滅 |
| 30 | 日 | 丁未 二黒 | 7/11 大安 |
| 31 | 月 | 戊申 一白 | 7/12 赤口 |

**5 月**

5. 2 [雑] 八十八夜
5. 5 [節] 立夏
5.21 [節] 小満

**6 月**

6. 5 [節] 芒種
6.11 [雑] 入梅
6.21 [節] 夏至

**7 月**

7. 2 [雑] 半夏生
7. 7 [節] 小暑
7.19 [雑] 土用
7.23 [節] 大暑

**8 月**

8. 7 [節] 立秋
8.23 [節] 処暑

2009年

## 9月
（癸酉 七赤金星）

| | | | |
|---|---|---|---|
| 1 | 火 | 己酉 九紫 | 7/13 先勝 |
| 2 | 水 | 庚戌 八白 | 7/14 友引 |
| 3 | 木 | 辛亥 七赤 | 7/15 先負 |
| 4 | 金 | 壬子 六白 | 7/16 仏滅 |
| 5 | 土 | 癸丑 五黄 | 7/17 大安 |
| 6 | 日 | 甲寅 四緑 | 7/18 赤口 |
| 7 | 月 | 乙卯 三碧 | 7/19 先勝 |
| 8 | 火 | 丙辰 二黒 | 7/20 友引 |
| 9 | 水 | 丁巳 一白 | 7/21 先負 |
| 10 | 木 | 戊午 九紫 | 7/22 仏滅 |
| 11 | 金 | 己未 八白 | 7/23 大安 |
| 12 | 土 | 庚申 七赤 | 7/24 赤口 |
| 13 | 日 | 辛酉 六白 | 7/25 先勝 |
| 14 | 月 | 壬戌 五黄 | 7/26 友引 |
| 15 | 火 | 癸亥 四緑 | 7/27 先負 |
| 16 | 水 | 甲子 三碧 | 7/28 仏滅 |
| 17 | 木 | 乙丑 二黒 | 7/29 大安 |
| 18 | 金 | 丙寅 一白 | 7/30 赤口 |
| 19 | 土 | 丁卯 九紫 | 8/1 友引 |
| 20 | 日 | 戊辰 八白 | 8/2 先負 |
| 21 | 月 | 己巳 七赤 | 8/3 仏滅 |
| 22 | 火 | 庚午 六白 | 8/4 大安 |
| 23 | 水 | 辛未 五黄 | 8/5 赤口 |
| 24 | 木 | 壬申 四緑 | 8/6 先勝 |
| 25 | 金 | 癸酉 三碧 | 8/7 友引 |
| 26 | 土 | 甲戌 二黒 | 8/8 先負 |
| 27 | 日 | 乙亥 一白 | 8/9 仏滅 |
| 28 | 月 | 丙子 九紫 | 8/10 大安 |
| 29 | 火 | 丁丑 八白 | 8/11 赤口 |
| 30 | 水 | 戊寅 七赤 | 8/12 先勝 |

## 10月
（甲戌 六白金星）

| | | | |
|---|---|---|---|
| 1 | 木 | 己卯 六白 | 8/13 友引 |
| 2 | 金 | 庚辰 五黄 | 8/14 先負 |
| 3 | 土 | 辛巳 四緑 | 8/15 仏滅 |
| 4 | 日 | 壬午 三碧 | 8/16 大安 |
| 5 | 月 | 癸未 二黒 | 8/17 赤口 |
| 6 | 火 | 甲申 一白 | 8/18 先勝 |
| 7 | 水 | 乙酉 九紫 | 8/19 友引 |
| 8 | 木 | 丙戌 八白 | 8/20 先負 |
| 9 | 金 | 丁亥 七赤 | 8/21 仏滅 |
| 10 | 土 | 戊子 六白 | 8/22 大安 |
| 11 | 日 | 己丑 五黄 | 8/23 赤口 |
| 12 | 月 | 庚寅 四緑 | 8/24 先勝 |
| 13 | 火 | 辛卯 三碧 | 8/25 友引 |
| 14 | 水 | 壬辰 二黒 | 8/26 先負 |
| 15 | 木 | 癸巳 一白 | 8/27 仏滅 |
| 16 | 金 | 甲午 九紫 | 8/28 大安 |
| 17 | 土 | 乙未 八白 | 8/29 赤口 |
| 18 | 日 | 丙申 七赤 | 9/1 先負 |
| 19 | 月 | 丁酉 六白 | 9/2 仏滅 |
| 20 | 火 | 戊戌 五黄 | 9/3 大安 |
| 21 | 水 | 己亥 四緑 | 9/4 赤口 |
| 22 | 木 | 庚子 三碧 | 9/5 先勝 |
| 23 | 金 | 辛丑 二黒 | 9/6 友引 |
| 24 | 土 | 壬寅 一白 | 9/7 先負 |
| 25 | 日 | 癸卯 九紫 | 9/8 仏滅 |
| 26 | 月 | 甲辰 八白 | 9/9 大安 |
| 27 | 火 | 乙巳 七赤 | 9/10 赤口 |
| 28 | 水 | 丙午 六白 | 9/11 先勝 |
| 29 | 木 | 丁未 五黄 | 9/12 友引 |
| 30 | 金 | 戊申 四緑 | 9/13 先負 |
| 31 | 土 | 己酉 三碧 | 9/14 仏滅 |

## 11月
（乙亥 五黄土星）

| | | | |
|---|---|---|---|
| 1 | 日 | 庚戌 二黒 | 9/15 大安 |
| 2 | 月 | 辛亥 一白 | 9/16 赤口 |
| 3 | 火 | 壬子 九紫 | 9/17 先勝 |
| 4 | 水 | 癸丑 八白 | 9/18 友引 |
| 5 | 木 | 甲寅 七赤 | 9/19 先負 |
| 6 | 金 | 乙卯 六白 | 9/20 仏滅 |
| 7 | 土 | 丙辰 五黄 | 9/21 大安 |
| 8 | 日 | 丁巳 四緑 | 9/22 赤口 |
| 9 | 月 | 戊午 三碧 | 9/23 先勝 |
| 10 | 火 | 己未 二黒 | 9/24 友引 |
| 11 | 水 | 庚申 一白 | 9/25 先負 |
| 12 | 木 | 辛酉 九紫 | 9/26 仏滅 |
| 13 | 金 | 壬戌 八白 | 9/27 大安 |
| 14 | 土 | 癸亥 七赤 | 9/28 赤口 |
| 15 | 日 | 甲子 六白 | 9/29 先勝 |
| 16 | 月 | 乙丑 五黄 | 9/30 友引 |
| 17 | 火 | 丙寅 四緑 | 10/1 仏滅 |
| 18 | 水 | 丁卯 三碧 | 10/2 大安 |
| 19 | 木 | 戊辰 二黒 | 10/3 赤口 |
| 20 | 金 | 己巳 一白 | 10/4 先勝 |
| 21 | 土 | 庚午 九紫 | 10/5 友引 |
| 22 | 日 | 辛未 八白 | 10/6 先負 |
| 23 | 月 | 壬申 七赤 | 10/7 仏滅 |
| 24 | 火 | 癸酉 六白 | 10/8 大安 |
| 25 | 水 | 甲戌 五黄 | 10/9 赤口 |
| 26 | 木 | 乙亥 四緑 | 10/10 先勝 |
| 27 | 金 | 丙子 三碧 | 10/11 友引 |
| 28 | 土 | 丁丑 二黒 | 10/12 先負 |
| 29 | 日 | 戊寅 一白 | 10/13 仏滅 |
| 30 | 月 | 己卯 九紫 | 10/14 大安 |

## 12月
（丙子 四緑木星）

| | | | |
|---|---|---|---|
| 1 | 火 | 庚辰 八白 | 10/15 赤口 |
| 2 | 水 | 辛巳 七赤 | 10/16 先勝 |
| 3 | 木 | 壬午 六白 | 10/17 友引 |
| 4 | 金 | 癸未 五黄 | 10/18 先負 |
| 5 | 土 | 甲申 四緑 | 10/19 仏滅 |
| 6 | 日 | 乙酉 三碧 | 10/20 大安 |
| 7 | 月 | 丙戌 二黒 | 10/21 赤口 |
| 8 | 火 | 丁亥 一白 | 10/22 先勝 |
| 9 | 水 | 戊子 九紫 | 10/23 友引 |
| 10 | 木 | 己丑 八白 | 10/24 先負 |
| 11 | 金 | 庚寅 七赤 | 10/25 仏滅 |
| 12 | 土 | 辛卯 六白 | 10/26 大安 |
| 13 | 日 | 壬辰 五黄 | 10/27 赤口 |
| 14 | 月 | 癸巳 四緑 | 10/28 先勝 |
| 15 | 火 | 甲午 三碧 | 10/29 友引 |
| 16 | 水 | 乙未 二黒 | 11/1 大安 |
| 17 | 木 | 丙申 一白 | 11/2 赤口 |
| 18 | 金 | 丁酉 九紫 | 11/3 先勝 |
| 19 | 土 | 戊戌 八白 | 11/4 友引 |
| 20 | 日 | 己亥 七赤 | 11/5 先負 |
| 21 | 月 | 庚子 六白 | 11/6 仏滅 |
| 22 | 火 | 辛丑 五黄 | 11/7 大安 |
| 23 | 水 | 壬寅 四緑 | 11/8 赤口 |
| 24 | 木 | 癸卯 三碧 | 11/9 先勝 |
| 25 | 金 | 甲辰 二黒 | 11/10 友引 |
| 26 | 土 | 乙巳 一白 | 11/11 先負 |
| 27 | 日 | 丙午 九紫 | 11/12 仏滅 |
| 28 | 月 | 丁未 八白 | 11/13 大安 |
| 29 | 火 | 戊申 七赤 | 11/14 赤口 |
| 30 | 水 | 己酉 六白 | 11/15 先勝 |
| 31 | 木 | 庚戌 五黄 | 11/16 友引 |

**9月**

9. 1［雑］二百十日
9. 7［節］白露
9.20［雑］彼岸
9.20［雑］社日
9.23［節］秋分

**10月**

10. 8［節］寒露
10.20［雑］土用
10.23［節］霜降

**11月**

11. 7［節］立冬
11.22［節］小雪

**12月**

12. 7［節］大雪
12.22［節］冬至

# 2010

明治 **143** 年
大正 **99** 年
昭和 **85** 年
平成 **22** 年

庚寅（かのえとら）
八白土星

## 生誕・年忌など

**3.23** 黒沢明生誕 100 年
**4. 4** 三浦の乱 500 年
**4.21** マーク・トウェイン没後 100 年
**5.11** マテオ・リッチ没後 400 年
**5.17** S. ボッティチェリ没後 500 年
**5.19** ハレー彗星大接近 100 年
**5.27** R. コッホ没後 100 年
**5.31** 南ア連邦成立 100 年
**6. 1** 大逆事件 100 年
**6. 5** オー・ヘンリー没後 100 年
**6. 8** R. シューマン生誕 200 年
**8.13** F. ナイチンゲール没後 100 年
**8.22** 日韓併合 (李王朝滅亡)100 年
**8.27** マザー・テレサ生誕 100 年
**9. 2** アンリ・ルソー没後 100 年
**9. —** 薬子の変 1200 年
**10. 4** ポルトガル革命、共和国樹立 100 年
**10.24** 山田美妙没後 100 年
**11.20** L. トルストイ没後 100 年
**11. —** ポルトガルのゴア征服 500 年
**12.19** J. ジュネ生誕 100 年
この年 平城京遷都 1300 年
黄宗義生誕 400 年
カメハメハ大王のハワイ諸島統一 200 年

## 2010年

### 1月
（丁丑 三碧木星）

| | | | |
|---|---|---|---|
| 1 | 金 | 辛亥 四緑 | 11/17 先負 |
| 2 | 土 | 壬子 三碧 | 11/18 仏滅 |
| 3 | 日 | 癸丑 二黒 | 11/19 大安 |
| 4 | 月 | 甲寅 一白 | 11/20 赤口 |
| 5 | 火 | 乙卯 九紫 | 11/21 先勝 |
| 6 | 水 | 丙辰 八白 | 11/22 友引 |
| 7 | 木 | 丁巳 七赤 | 11/23 先負 |
| 8 | 金 | 戊午 六白 | 11/24 仏滅 |
| 9 | 土 | 己未 五黄 | 11/25 大安 |
| 10 | 日 | 庚申 四緑 | 11/26 赤口 |
| 11 | 月 | 辛酉 三碧 | 11/27 先勝 |
| 12 | 火 | 壬戌 二黒 | 11/28 友引 |
| 13 | 水 | 癸亥 一白 | 11/29 先負 |
| 14 | 木 | 甲子 一白 | 11/30 仏滅 |
| 15 | 金 | 乙丑 二黒 | 12/1 赤口 |
| 16 | 土 | 丙寅 三碧 | 12/2 先勝 |
| 17 | 日 | 丁卯 四緑 | 12/3 友引 |
| 18 | 月 | 戊辰 五黄 | 12/4 先負 |
| 19 | 火 | 己巳 六白 | 12/5 仏滅 |
| 20 | 水 | 庚午 七赤 | 12/6 大安 |
| 21 | 木 | 辛未 八白 | 12/7 赤口 |
| 22 | 金 | 壬申 九紫 | 12/8 先勝 |
| 23 | 土 | 癸酉 一白 | 12/9 友引 |
| 24 | 日 | 甲戌 二黒 | 12/10 先負 |
| 25 | 月 | 乙亥 三碧 | 12/11 仏滅 |
| 26 | 火 | 丙子 四緑 | 12/12 大安 |
| 27 | 水 | 丁丑 五黄 | 12/13 赤口 |
| 28 | 木 | 戊寅 六白 | 12/14 先勝 |
| 29 | 金 | 己卯 七赤 | 12/15 友引 |
| 30 | 土 | 庚辰 八白 | 12/16 先負 |
| 31 | 日 | 辛巳 九紫 | 12/17 仏滅 |

### 2月
（戊寅 二黒土星）

| | | | |
|---|---|---|---|
| 1 | 月 | 壬午 一白 | 12/18 大安 |
| 2 | 火 | 癸未 二黒 | 12/19 赤口 |
| 3 | 水 | 甲申 三碧 | 12/20 先勝 |
| 4 | 木 | 乙酉 四緑 | 12/21 友引 |
| 5 | 金 | 丙戌 五黄 | 12/22 先負 |
| 6 | 土 | 丁亥 六白 | 12/23 仏滅 |
| 7 | 日 | 戊子 七赤 | 12/24 大安 |
| 8 | 月 | 己丑 八白 | 12/25 赤口 |
| 9 | 火 | 庚寅 九紫 | 12/26 先勝 |
| 10 | 水 | 辛卯 一白 | 12/27 友引 |
| 11 | 木 | 壬辰 二黒 | 12/28 先負 |
| 12 | 金 | 癸巳 三碧 | 12/29 仏滅 |
| 13 | 土 | 甲午 四緑 | 12/30 大安 |
| 14 | 日 | 乙未 五黄 | 1/1 先勝 |
| 15 | 月 | 丙申 六白 | 1/2 友引 |
| 16 | 火 | 丁酉 七赤 | 1/3 先負 |
| 17 | 水 | 戊戌 八白 | 1/4 仏滅 |
| 18 | 木 | 己亥 九紫 | 1/5 大安 |
| 19 | 金 | 庚子 一白 | 1/6 赤口 |
| 20 | 土 | 辛丑 二黒 | 1/7 先勝 |
| 21 | 日 | 壬寅 三碧 | 1/8 友引 |
| 22 | 月 | 癸卯 四緑 | 1/9 先負 |
| 23 | 火 | 甲辰 五黄 | 1/10 仏滅 |
| 24 | 水 | 乙巳 六白 | 1/11 大安 |
| 25 | 木 | 丙午 七赤 | 1/12 赤口 |
| 26 | 金 | 丁未 八白 | 1/13 先勝 |
| 27 | 土 | 戊申 九紫 | 1/14 友引 |
| 28 | 日 | 己酉 一白 | 1/15 先負 |

### 3月
（己卯 一白水星）

| | | | |
|---|---|---|---|
| 1 | 月 | 庚戌 二黒 | 1/16 仏滅 |
| 2 | 火 | 辛亥 三碧 | 1/17 大安 |
| 3 | 水 | 壬子 四緑 | 1/18 赤口 |
| 4 | 木 | 癸丑 五黄 | 1/19 先勝 |
| 5 | 金 | 甲寅 六白 | 1/20 友引 |
| 6 | 土 | 乙卯 七赤 | 1/21 先負 |
| 7 | 日 | 丙辰 八白 | 1/22 仏滅 |
| 8 | 月 | 丁巳 九紫 | 1/23 大安 |
| 9 | 火 | 戊午 一白 | 1/24 赤口 |
| 10 | 水 | 己未 二黒 | 1/25 先勝 |
| 11 | 木 | 庚申 三碧 | 1/26 友引 |
| 12 | 金 | 辛酉 四緑 | 1/27 先負 |
| 13 | 土 | 壬戌 五黄 | 1/28 仏滅 |
| 14 | 日 | 癸亥 六白 | 1/29 大安 |
| 15 | 月 | 甲子 七赤 | 1/30 赤口 |
| 16 | 火 | 乙丑 八白 | 2/1 友引 |
| 17 | 水 | 丙寅 九紫 | 2/2 先負 |
| 18 | 木 | 丁卯 一白 | 2/3 仏滅 |
| 19 | 金 | 戊辰 二黒 | 2/4 大安 |
| 20 | 土 | 己巳 三碧 | 2/5 赤口 |
| 21 | 日 | 庚午 四緑 | 2/6 先勝 |
| 22 | 月 | 辛未 五黄 | 2/7 友引 |
| 23 | 火 | 壬申 六白 | 2/8 先負 |
| 24 | 水 | 癸酉 七赤 | 2/9 仏滅 |
| 25 | 木 | 甲戌 八白 | 2/10 大安 |
| 26 | 金 | 乙亥 九紫 | 2/11 赤口 |
| 27 | 土 | 丙子 一白 | 2/12 先勝 |
| 28 | 日 | 丁丑 二黒 | 2/13 友引 |
| 29 | 月 | 戊寅 三碧 | 2/14 先負 |
| 30 | 火 | 己卯 四緑 | 2/15 仏滅 |
| 31 | 水 | 庚辰 五黄 | 2/16 大安 |

### 4月
（庚辰 九紫火星）

| | | | |
|---|---|---|---|
| 1 | 木 | 辛巳 六白 | 2/17 赤口 |
| 2 | 金 | 壬午 七赤 | 2/18 先勝 |
| 3 | 土 | 癸未 八白 | 2/19 友引 |
| 4 | 日 | 甲申 九紫 | 2/20 先負 |
| 5 | 月 | 乙酉 一白 | 2/21 仏滅 |
| 6 | 火 | 丙戌 二黒 | 2/22 大安 |
| 7 | 水 | 丁亥 三碧 | 2/23 赤口 |
| 8 | 木 | 戊子 四緑 | 2/24 先勝 |
| 9 | 金 | 己丑 五黄 | 2/25 友引 |
| 10 | 土 | 庚寅 六白 | 2/26 先負 |
| 11 | 日 | 辛卯 七赤 | 2/27 仏滅 |
| 12 | 月 | 壬辰 八白 | 2/28 大安 |
| 13 | 火 | 癸巳 九紫 | 2/29 赤口 |
| 14 | 水 | 甲午 一白 | 3/1 先負 |
| 15 | 木 | 乙未 二黒 | 3/2 仏滅 |
| 16 | 金 | 丙申 三碧 | 3/3 大安 |
| 17 | 土 | 丁酉 四緑 | 3/4 赤口 |
| 18 | 日 | 戊戌 五黄 | 3/5 先勝 |
| 19 | 月 | 己亥 六白 | 3/6 友引 |
| 20 | 火 | 庚子 七赤 | 3/7 先負 |
| 21 | 水 | 辛丑 八白 | 3/8 仏滅 |
| 22 | 木 | 壬寅 九紫 | 3/9 大安 |
| 23 | 金 | 癸卯 一白 | 3/10 赤口 |
| 24 | 土 | 甲辰 二黒 | 3/11 先勝 |
| 25 | 日 | 乙巳 三碧 | 3/12 友引 |
| 26 | 月 | 丙午 四緑 | 3/13 先負 |
| 27 | 火 | 丁未 五黄 | 3/14 仏滅 |
| 28 | 水 | 戊申 六白 | 3/15 大安 |
| 29 | 木 | 己酉 七赤 | 3/16 赤口 |
| 30 | 金 | 庚戌 八白 | 3/17 先勝 |

**1月**

1. 5［節］小寒
1.17［雑］土用
1.20［節］大寒

**2月**

2. 3［雑］節分
2. 4［節］立春
2.19［節］雨水

**3月**

3. 6［節］啓蟄
3.18［雑］彼岸
3.19［雑］社日
3.21［節］春分

**4月**

4. 5［節］清明
4.17［雑］土用
4.20［節］穀雨

## 5月
（辛巳 八白土星）

| | | | |
|---|---|---|---|
| 1 | 土 | 辛亥 九紫 | 3/18 友引 |
| 2 | 日 | 壬子 一白 | 3/19 先負 |
| 3 | 月 | 癸丑 二黒 | 3/20 仏滅 |
| 4 | 火 | 甲寅 三碧 | 3/21 大安 |
| 5 | 水 | 乙卯 四緑 | 3/22 赤口 |
| 6 | 木 | 丙辰 五黄 | 3/23 先勝 |
| 7 | 金 | 丁巳 六白 | 3/24 友引 |
| 8 | 土 | 戊午 七赤 | 3/25 先負 |
| 9 | 日 | 己未 八白 | 3/26 仏滅 |
| 10 | 月 | 庚申 九紫 | 3/27 大安 |
| 11 | 火 | 辛酉 一白 | 3/28 赤口 |
| 12 | 水 | 壬戌 二黒 | 3/29 先勝 |
| 13 | 木 | 癸亥 三碧 | 3/30 友引 |
| 14 | 金 | 甲子 四緑 | 4/1 仏滅 |
| 15 | 土 | 乙丑 五黄 | 4/2 大安 |
| 16 | 日 | 丙寅 六白 | 4/3 赤口 |
| 17 | 月 | 丁卯 七赤 | 4/4 先勝 |
| 18 | 火 | 戊辰 八白 | 4/5 友引 |
| 19 | 水 | 己巳 九紫 | 4/6 先負 |
| 20 | 木 | 庚午 一白 | 4/7 仏滅 |
| 21 | 金 | 辛未 二黒 | 4/8 大安 |
| 22 | 土 | 壬申 三碧 | 4/9 赤口 |
| 23 | 日 | 癸酉 四緑 | 4/10 先勝 |
| 24 | 月 | 甲戌 五黄 | 4/11 友引 |
| 25 | 火 | 乙亥 六白 | 4/12 先負 |
| 26 | 水 | 丙子 七赤 | 4/13 仏滅 |
| 27 | 木 | 丁丑 八白 | 4/14 大安 |
| 28 | 金 | 戊寅 九紫 | 4/15 赤口 |
| 29 | 土 | 己卯 一白 | 4/16 先勝 |
| 30 | 日 | 庚辰 二黒 | 4/17 友引 |
| 31 | 月 | 辛巳 三碧 | 4/18 先負 |

## 6月
（壬午 七赤金星）

| | | | |
|---|---|---|---|
| 1 | 火 | 壬午 四緑 | 4/19 仏滅 |
| 2 | 水 | 癸未 五黄 | 4/20 大安 |
| 3 | 木 | 甲申 六白 | 4/21 赤口 |
| 4 | 金 | 乙酉 七赤 | 4/22 先勝 |
| 5 | 土 | 丙戌 八白 | 4/23 友引 |
| 6 | 日 | 丁亥 九紫 | 4/24 先負 |
| 7 | 月 | 戊子 一白 | 4/25 仏滅 |
| 8 | 火 | 己丑 二黒 | 4/26 大安 |
| 9 | 水 | 庚寅 三碧 | 4/27 赤口 |
| 10 | 木 | 辛卯 四緑 | 4/28 先勝 |
| 11 | 金 | 壬辰 五黄 | 4/29 友引 |
| 12 | 土 | 癸巳 六白 | 5/1 大安 |
| 13 | 日 | 甲午 七赤 | 5/2 赤口 |
| 14 | 月 | 乙未 八白 | 5/3 先勝 |
| 15 | 火 | 丙申 九紫 | 5/4 友引 |
| 16 | 水 | 丁酉 一白 | 5/5 先負 |
| 17 | 木 | 戊戌 二黒 | 5/6 仏滅 |
| 18 | 金 | 己亥 三碧 | 5/7 大安 |
| 19 | 土 | 庚子 四緑 | 5/8 赤口 |
| 20 | 日 | 辛丑 五黄 | 5/9 先勝 |
| 21 | 月 | 壬寅 六白 | 5/10 友引 |
| 22 | 火 | 癸卯 七赤 | 5/11 先負 |
| 23 | 水 | 甲辰 八白 | 5/12 仏滅 |
| 24 | 木 | 乙巳 九紫 | 5/13 大安 |
| 25 | 金 | 丙午 一白 | 5/14 赤口 |
| 26 | 土 | 丁未 二黒 | 5/15 先勝 |
| 27 | 日 | 戊申 三碧 | 5/16 友引 |
| 28 | 月 | 己酉 四緑 | 5/17 先負 |
| 29 | 火 | 庚戌 五黄 | 5/18 仏滅 |
| 30 | 水 | 辛亥 六白 | 5/19 大安 |

## 7月
（癸未 六白金星）

| | | | |
|---|---|---|---|
| 1 | 木 | 壬子 七赤 | 5/20 赤口 |
| 2 | 金 | 癸丑 八白 | 5/21 先勝 |
| 3 | 土 | 甲寅 九紫 | 5/22 友引 |
| 4 | 日 | 乙卯 一白 | 5/23 先負 |
| 5 | 月 | 丙辰 二黒 | 5/24 仏滅 |
| 6 | 火 | 丁巳 三碧 | 5/25 大安 |
| 7 | 水 | 戊午 四緑 | 5/26 赤口 |
| 8 | 木 | 己未 五黄 | 5/27 先勝 |
| 9 | 金 | 庚申 六白 | 5/28 友引 |
| 10 | 土 | 辛酉 七赤 | 5/29 先負 |
| 11 | 日 | 壬戌 八白 | 5/30 仏滅 |
| 12 | 月 | 癸亥 九紫 | 6/1 赤口 |
| 13 | 火 | 甲子 九紫 | 6/2 先勝 |
| 14 | 水 | 乙丑 八白 | 6/3 友引 |
| 15 | 木 | 丙寅 七赤 | 6/4 先負 |
| 16 | 金 | 丁卯 六白 | 6/5 仏滅 |
| 17 | 土 | 戊辰 五黄 | 6/6 大安 |
| 18 | 日 | 己巳 四緑 | 6/7 赤口 |
| 19 | 月 | 庚午 三碧 | 6/8 先勝 |
| 20 | 火 | 辛未 二黒 | 6/9 友引 |
| 21 | 水 | 壬申 一白 | 6/10 先負 |
| 22 | 木 | 癸酉 九紫 | 6/11 仏滅 |
| 23 | 金 | 甲戌 八白 | 6/12 大安 |
| 24 | 土 | 乙亥 七赤 | 6/13 赤口 |
| 25 | 日 | 丙子 六白 | 6/14 先勝 |
| 26 | 月 | 丁丑 五黄 | 6/15 友引 |
| 27 | 火 | 戊寅 四緑 | 6/16 先負 |
| 28 | 水 | 己卯 三碧 | 6/17 仏滅 |
| 29 | 木 | 庚辰 二黒 | 6/18 大安 |
| 30 | 金 | 辛巳 一白 | 6/19 赤口 |
| 31 | 土 | 壬午 九紫 | 6/20 先勝 |

## 8月
（甲申 五黄土星）

| | | | |
|---|---|---|---|
| 1 | 日 | 癸未 八白 | 6/21 友引 |
| 2 | 月 | 甲申 七赤 | 6/22 先負 |
| 3 | 火 | 乙酉 六白 | 6/23 仏滅 |
| 4 | 水 | 丙戌 五黄 | 6/24 大安 |
| 5 | 木 | 丁亥 四緑 | 6/25 赤口 |
| 6 | 金 | 戊子 三碧 | 6/26 先勝 |
| 7 | 土 | 己丑 二黒 | 6/27 友引 |
| 8 | 日 | 庚寅 一白 | 6/28 先負 |
| 9 | 月 | 辛卯 九紫 | 6/29 仏滅 |
| 10 | 火 | 壬辰 八白 | 7/1 先勝 |
| 11 | 水 | 癸巳 七赤 | 7/2 友引 |
| 12 | 木 | 甲午 六白 | 7/3 先負 |
| 13 | 金 | 乙未 五黄 | 7/4 仏滅 |
| 14 | 土 | 丙申 四緑 | 7/5 大安 |
| 15 | 日 | 丁酉 三碧 | 7/6 赤口 |
| 16 | 月 | 戊戌 二黒 | 7/7 先勝 |
| 17 | 火 | 己亥 一白 | 7/8 友引 |
| 18 | 水 | 庚子 九紫 | 7/9 先負 |
| 19 | 木 | 辛丑 八白 | 7/10 仏滅 |
| 20 | 金 | 壬寅 七赤 | 7/11 大安 |
| 21 | 土 | 癸卯 六白 | 7/12 赤口 |
| 22 | 日 | 甲辰 五黄 | 7/13 先勝 |
| 23 | 月 | 乙巳 四緑 | 7/14 友引 |
| 24 | 火 | 丙午 三碧 | 7/15 先負 |
| 25 | 水 | 丁未 二黒 | 7/16 仏滅 |
| 26 | 木 | 戊申 一白 | 7/17 大安 |
| 27 | 金 | 己酉 九紫 | 7/18 赤口 |
| 28 | 土 | 庚戌 八白 | 7/19 先勝 |
| 29 | 日 | 辛亥 七赤 | 7/20 友引 |
| 30 | 月 | 壬子 六白 | 7/21 先負 |
| 31 | 火 | 癸丑 五黄 | 7/22 仏滅 |

**5月**

5. 2［雑］八十八夜
5. 5［節］立夏
5.21［節］小満

**6月**

6. 6［節］芒種
6.11［雑］入梅
6.21［節］夏至

**7月**

7. 2［雑］半夏生
7. 7［節］小暑
7.20［雑］土用
7.23［節］大暑

**8月**

8. 7［節］立秋
8.23［節］処暑

**2010年**

## 9月
（乙酉 四緑木星）

| | | | | | |
|---|---|---|---|---|---|
| 1 | 水 | 甲寅 | 四緑 | 7/23 | 大安 |
| 2 | 木 | 乙卯 | 三碧 | 7/24 | 赤口 |
| 3 | 金 | 丙辰 | 二黒 | 7/25 | 先勝 |
| 4 | 土 | 丁巳 | 一白 | 7/26 | 友引 |
| 5 | 日 | 戊午 | 九紫 | 7/27 | 先負 |
| 6 | 月 | 己未 | 八白 | 7/28 | 仏滅 |
| 7 | 火 | 庚申 | 七赤 | 7/29 | 大安 |
| 8 | 水 | 辛酉 | 六白 | 8/1 | 友引 |
| 9 | 木 | 壬戌 | 五黄 | 8/2 | 先負 |
| 10 | 金 | 癸亥 | 四緑 | 8/3 | 仏滅 |
| 11 | 土 | 甲子 | 三碧 | 8/4 | 大安 |
| 12 | 日 | 乙丑 | 二黒 | 8/5 | 赤口 |
| 13 | 月 | 丙寅 | 一白 | 8/6 | 先勝 |
| 14 | 火 | 丁卯 | 九紫 | 8/7 | 友引 |
| 15 | 水 | 戊辰 | 八白 | 8/8 | 先負 |
| 16 | 木 | 己巳 | 七赤 | 8/9 | 仏滅 |
| 17 | 金 | 庚午 | 六白 | 8/10 | 大安 |
| 18 | 土 | 辛未 | 五黄 | 8/11 | 赤口 |
| 19 | 日 | 壬申 | 四緑 | 8/12 | 先勝 |
| 20 | 月 | 癸酉 | 三碧 | 8/13 | 友引 |
| 21 | 火 | 甲戌 | 二黒 | 8/14 | 先負 |
| 22 | 水 | 乙亥 | 一白 | 8/15 | 仏滅 |
| 23 | 木 | 丙子 | 九紫 | 8/16 | 大安 |
| 24 | 金 | 丁丑 | 八白 | 8/17 | 赤口 |
| 25 | 土 | 戊寅 | 七赤 | 8/18 | 先勝 |
| 26 | 日 | 己卯 | 六白 | 8/19 | 友引 |
| 27 | 月 | 庚辰 | 五黄 | 8/20 | 先負 |
| 28 | 火 | 辛巳 | 四緑 | 8/21 | 仏滅 |
| 29 | 水 | 壬午 | 三碧 | 8/22 | 大安 |
| 30 | 木 | 癸未 | 二黒 | 8/23 | 赤口 |

## 10月
（丙戌 三碧木星）

| | | | | | |
|---|---|---|---|---|---|
| 1 | 金 | 甲申 | 一白 | 8/24 | 先勝 |
| 2 | 土 | 乙酉 | 九紫 | 8/25 | 友引 |
| 3 | 日 | 丙戌 | 八白 | 8/26 | 先負 |
| 4 | 月 | 丁亥 | 七赤 | 8/27 | 仏滅 |
| 5 | 火 | 戊子 | 六白 | 8/28 | 大安 |
| 6 | 水 | 己丑 | 五黄 | 8/29 | 赤口 |
| 7 | 木 | 庚寅 | 四緑 | 8/30 | 先勝 |
| 8 | 金 | 辛卯 | 三碧 | 9/1 | 先負 |
| 9 | 土 | 壬辰 | 二黒 | 9/2 | 仏滅 |
| 10 | 日 | 癸巳 | 一白 | 9/3 | 大安 |
| 11 | 月 | 甲午 | 九紫 | 9/4 | 赤口 |
| 12 | 火 | 乙未 | 八白 | 9/5 | 先勝 |
| 13 | 水 | 丙申 | 七赤 | 9/6 | 友引 |
| 14 | 木 | 丁酉 | 六白 | 9/7 | 先負 |
| 15 | 金 | 戊戌 | 五黄 | 9/8 | 仏滅 |
| 16 | 土 | 己亥 | 四緑 | 9/9 | 大安 |
| 17 | 日 | 庚子 | 三碧 | 9/10 | 赤口 |
| 18 | 月 | 辛丑 | 二黒 | 9/11 | 先勝 |
| 19 | 火 | 壬寅 | 一白 | 9/12 | 友引 |
| 20 | 水 | 癸卯 | 九紫 | 9/13 | 先負 |
| 21 | 木 | 甲辰 | 八白 | 9/14 | 仏滅 |
| 22 | 金 | 乙巳 | 七赤 | 9/15 | 大安 |
| 23 | 土 | 丙午 | 六白 | 9/16 | 赤口 |
| 24 | 日 | 丁未 | 五黄 | 9/17 | 先勝 |
| 25 | 月 | 戊申 | 四緑 | 9/18 | 友引 |
| 26 | 火 | 己酉 | 三碧 | 9/19 | 先負 |
| 27 | 水 | 庚戌 | 二黒 | 9/20 | 仏滅 |
| 28 | 木 | 辛亥 | 一白 | 9/21 | 大安 |
| 29 | 金 | 壬子 | 九紫 | 9/22 | 赤口 |
| 30 | 土 | 癸丑 | 八白 | 9/23 | 先勝 |
| 31 | 日 | 甲寅 | 七赤 | 9/24 | 友引 |

## 11月
（丁亥 二黒土星）

| | | | | | |
|---|---|---|---|---|---|
| 1 | 月 | 乙卯 | 六白 | 9/25 | 先負 |
| 2 | 火 | 丙辰 | 五黄 | 9/26 | 仏滅 |
| 3 | 水 | 丁巳 | 四緑 | 9/27 | 大安 |
| 4 | 木 | 戊午 | 三碧 | 9/28 | 赤口 |
| 5 | 金 | 己未 | 二黒 | 9/29 | 先勝 |
| 6 | 土 | 庚申 | 一白 | 10/1 | 仏滅 |
| 7 | 日 | 辛酉 | 九紫 | 10/2 | 大安 |
| 8 | 月 | 壬戌 | 八白 | 10/3 | 赤口 |
| 9 | 火 | 癸亥 | 七赤 | 10/4 | 先勝 |
| 10 | 水 | 甲子 | 六白 | 10/5 | 友引 |
| 11 | 木 | 乙丑 | 五黄 | 10/6 | 先負 |
| 12 | 金 | 丙寅 | 四緑 | 10/7 | 仏滅 |
| 13 | 土 | 丁卯 | 三碧 | 10/8 | 大安 |
| 14 | 日 | 戊辰 | 二黒 | 10/9 | 赤口 |
| 15 | 月 | 己巳 | 一白 | 10/10 | 先勝 |
| 16 | 火 | 庚午 | 九紫 | 10/11 | 友引 |
| 17 | 水 | 辛未 | 八白 | 10/12 | 先負 |
| 18 | 木 | 壬申 | 七赤 | 10/13 | 仏滅 |
| 19 | 金 | 癸酉 | 六白 | 10/14 | 大安 |
| 20 | 土 | 甲戌 | 五黄 | 10/15 | 赤口 |
| 21 | 日 | 乙亥 | 四緑 | 10/16 | 先勝 |
| 22 | 月 | 丙子 | 三碧 | 10/17 | 友引 |
| 23 | 火 | 丁丑 | 二黒 | 10/18 | 先負 |
| 24 | 水 | 戊寅 | 一白 | 10/19 | 仏滅 |
| 25 | 木 | 己卯 | 九紫 | 10/20 | 大安 |
| 26 | 金 | 庚辰 | 八白 | 10/21 | 赤口 |
| 27 | 土 | 辛巳 | 七赤 | 10/22 | 先勝 |
| 28 | 日 | 壬午 | 六白 | 10/23 | 友引 |
| 29 | 月 | 癸未 | 五黄 | 10/24 | 先負 |
| 30 | 火 | 甲申 | 四緑 | 10/25 | 仏滅 |

## 12月
（戊子 一白水星）

| | | | | | |
|---|---|---|---|---|---|
| 1 | 水 | 乙酉 | 三碧 | 10/26 | 大安 |
| 2 | 木 | 丙戌 | 二黒 | 10/27 | 赤口 |
| 3 | 金 | 丁亥 | 一白 | 10/28 | 先勝 |
| 4 | 土 | 戊子 | 九紫 | 10/29 | 友引 |
| 5 | 日 | 己丑 | 八白 | 10/30 | 先負 |
| 6 | 月 | 庚寅 | 七赤 | 11/1 | 大安 |
| 7 | 火 | 辛卯 | 六白 | 11/2 | 赤口 |
| 8 | 水 | 壬辰 | 五黄 | 11/3 | 先勝 |
| 9 | 木 | 癸巳 | 四緑 | 11/4 | 友引 |
| 10 | 金 | 甲午 | 三碧 | 11/5 | 先負 |
| 11 | 土 | 乙未 | 二黒 | 11/6 | 仏滅 |
| 12 | 日 | 丙申 | 一白 | 11/7 | 大安 |
| 13 | 月 | 丁酉 | 九紫 | 11/8 | 赤口 |
| 14 | 火 | 戊戌 | 八白 | 11/9 | 先勝 |
| 15 | 水 | 己亥 | 七赤 | 11/10 | 友引 |
| 16 | 木 | 庚子 | 六白 | 11/11 | 先負 |
| 17 | 金 | 辛丑 | 五黄 | 11/12 | 仏滅 |
| 18 | 土 | 壬寅 | 四緑 | 11/13 | 大安 |
| 19 | 日 | 癸卯 | 三碧 | 11/14 | 赤口 |
| 20 | 月 | 甲辰 | 二黒 | 11/15 | 先勝 |
| 21 | 火 | 乙巳 | 一白 | 11/16 | 友引 |
| 22 | 水 | 丙午 | 九紫 | 11/17 | 先負 |
| 23 | 木 | 丁未 | 八白 | 11/18 | 仏滅 |
| 24 | 金 | 戊申 | 七赤 | 11/19 | 大安 |
| 25 | 土 | 己酉 | 六白 | 11/20 | 赤口 |
| 26 | 日 | 庚戌 | 五黄 | 11/21 | 先勝 |
| 27 | 月 | 辛亥 | 四緑 | 11/22 | 友引 |
| 28 | 火 | 壬子 | 三碧 | 11/23 | 先負 |
| 29 | 水 | 癸丑 | 二黒 | 11/24 | 仏滅 |
| 30 | 木 | 甲寅 | 一白 | 11/25 | 大安 |
| 31 | 金 | 乙卯 | 九紫 | 11/26 | 赤口 |

**9月**

9. 1 [雑] 二百十日
9. 8 [節] 白露
9.20 [雑] 彼岸
9.23 [節] 秋分
9.25 [雑] 社日

**10月**

10. 8 [節] 寒露
10.20 [雑] 土用
10.23 [節] 霜降

**11月**

11. 7 [節] 立冬
11.22 [節] 小雪

**12月**

12. 7 [節] 大雪
12.22 [節] 冬至

# 2011

明治 144 年
大正 100 年
昭和 86 年
平成 23 年

辛卯（かのとう）
七赤金星

生誕・年忌など

**1.24** 幸徳秋水没後 100 年
**2. 5** 中村光夫生誕 100 年
**2.21** 日本・不平等条約完全改正 100 年
**2.26** 岡本太郎生誕 100 年
**4.26** D. ヒューム生誕 300 年
**5.18** G. マーラー没後 100 年
**5.23** 坂上田村麻呂没後 1200 年
**5.25** メキシコ革命 100 年
**10. 1** 椎名麟三生誕 100 年
W. ディルタイ没後 100 年
**10.10** 辛亥革命勃発 100 年
**10.22** F. リスト生誕 200 年
**10.25** E. ガロア生誕 200 年
**10.29** J. ピュリッツァー没後 100 年
**11.26** 小村寿太郎没後 100 年
**12.14** アムンゼン・南極点到達 100 年

## 2011年

### 1月
（己丑 九紫火星）

| | | | |
|---|---|---|---|
| 1 | 土 | 丙辰 八白 | 11/27 先勝 |
| 2 | 日 | 丁巳 七赤 | 11/28 友引 |
| 3 | 月 | 戊午 六白 | 11/29 先負 |
| 4 | 火 | 己未 五黄 | 12/1 赤口 |
| 5 | 水 | 庚申 四緑 | 12/2 先勝 |
| 6 | 木 | 辛酉 三碧 | 12/3 友引 |
| 7 | 金 | 壬戌 二黒 | 12/4 先負 |
| 8 | 土 | 癸亥 一白 | 12/5 仏滅 |
| 9 | 日 | 甲子 一白 | 12/6 大安 |
| 10 | 月 | 乙丑 二黒 | 12/7 赤口 |
| 11 | 火 | 丙寅 三碧 | 12/8 先勝 |
| 12 | 水 | 丁卯 四緑 | 12/9 友引 |
| 13 | 木 | 戊辰 五黄 | 12/10 先負 |
| 14 | 金 | 己巳 六白 | 12/11 仏滅 |
| 15 | 土 | 庚午 七赤 | 12/12 大安 |
| 16 | 日 | 辛未 八白 | 12/13 赤口 |
| 17 | 月 | 壬申 九紫 | 12/14 先勝 |
| 18 | 火 | 癸酉 一白 | 12/15 友引 |
| 19 | 水 | 甲戌 二黒 | 12/16 先負 |
| 20 | 木 | 乙亥 三碧 | 12/17 仏滅 |
| 21 | 金 | 丙子 四緑 | 12/18 大安 |
| 22 | 土 | 丁丑 五黄 | 12/19 赤口 |
| 23 | 日 | 戊寅 六白 | 12/20 先勝 |
| 24 | 月 | 己卯 七赤 | 12/21 友引 |
| 25 | 火 | 庚辰 八白 | 12/22 先負 |
| 26 | 水 | 辛巳 九紫 | 12/23 仏滅 |
| 27 | 木 | 壬午 一白 | 12/24 大安 |
| 28 | 金 | 癸未 二黒 | 12/25 赤口 |
| 29 | 土 | 甲申 三碧 | 12/26 先勝 |
| 30 | 日 | 乙酉 四緑 | 12/27 友引 |
| 31 | 月 | 丙戌 五黄 | 12/28 先負 |

### 2月
（庚寅 八白土星）

| | | | |
|---|---|---|---|
| 1 | 火 | 丁亥 六白 | 12/29 仏滅 |
| 2 | 水 | 戊子 七赤 | 12/30 大安 |
| 3 | 木 | 己丑 八白 | 1/1 先勝 |
| 4 | 金 | 庚寅 九紫 | 1/2 友引 |
| 5 | 土 | 辛卯 一白 | 1/3 先負 |
| 6 | 日 | 壬辰 二黒 | 1/4 仏滅 |
| 7 | 月 | 癸巳 三碧 | 1/5 大安 |
| 8 | 火 | 甲午 四緑 | 1/6 赤口 |
| 9 | 水 | 乙未 五黄 | 1/7 先勝 |
| 10 | 木 | 丙申 六白 | 1/8 友引 |
| 11 | 金 | 丁酉 七赤 | 1/9 先負 |
| 12 | 土 | 戊戌 八白 | 1/10 仏滅 |
| 13 | 日 | 己亥 九紫 | 1/11 大安 |
| 14 | 月 | 庚子 一白 | 1/12 赤口 |
| 15 | 火 | 辛丑 二黒 | 1/13 先勝 |
| 16 | 水 | 壬寅 三碧 | 1/14 友引 |
| 17 | 木 | 癸卯 四緑 | 1/15 先負 |
| 18 | 金 | 甲辰 五黄 | 1/16 仏滅 |
| 19 | 土 | 乙巳 六白 | 1/17 大安 |
| 20 | 日 | 丙午 七赤 | 1/18 赤口 |
| 21 | 月 | 丁未 八白 | 1/19 先勝 |
| 22 | 火 | 戊申 九紫 | 1/20 友引 |
| 23 | 水 | 己酉 一白 | 1/21 先負 |
| 24 | 木 | 庚戌 二黒 | 1/22 仏滅 |
| 25 | 金 | 辛亥 三碧 | 1/23 大安 |
| 26 | 土 | 壬子 四緑 | 1/24 赤口 |
| 27 | 日 | 癸丑 五黄 | 1/25 先勝 |
| 28 | 月 | 甲寅 六白 | 1/26 友引 |

### 3月
（辛卯 七赤金星）

| | | | |
|---|---|---|---|
| 1 | 火 | 乙卯 七赤 | 1/27 先負 |
| 2 | 水 | 丙辰 八白 | 1/28 仏滅 |
| 3 | 木 | 丁巳 九紫 | 1/29 大安 |
| 4 | 金 | 戊午 一白 | 1/30 赤口 |
| 5 | 土 | 己未 二黒 | 2/1 友引 |
| 6 | 日 | 庚申 三碧 | 2/2 先負 |
| 7 | 月 | 辛酉 四緑 | 2/3 仏滅 |
| 8 | 火 | 壬戌 五黄 | 2/4 大安 |
| 9 | 水 | 癸亥 六白 | 2/5 赤口 |
| 10 | 木 | 甲子 七赤 | 2/6 先勝 |
| 11 | 金 | 乙丑 八白 | 2/7 友引 |
| 12 | 土 | 丙寅 九紫 | 2/8 先負 |
| 13 | 日 | 丁卯 一白 | 2/9 仏滅 |
| 14 | 月 | 戊辰 二黒 | 2/10 大安 |
| 15 | 火 | 己巳 三碧 | 2/11 赤口 |
| 16 | 水 | 庚午 四緑 | 2/12 先勝 |
| 17 | 木 | 辛未 五黄 | 2/13 友引 |
| 18 | 金 | 壬申 六白 | 2/14 先負 |
| 19 | 土 | 癸酉 七赤 | 2/15 仏滅 |
| 20 | 日 | 甲戌 八白 | 2/16 大安 |
| 21 | 月 | 乙亥 九紫 | 2/17 赤口 |
| 22 | 火 | 丙子 一白 | 2/18 先勝 |
| 23 | 水 | 丁丑 二黒 | 2/19 友引 |
| 24 | 木 | 戊寅 三碧 | 2/20 先負 |
| 25 | 金 | 己卯 四緑 | 2/21 仏滅 |
| 26 | 土 | 庚辰 五黄 | 2/22 大安 |
| 27 | 日 | 辛巳 六白 | 2/23 赤口 |
| 28 | 月 | 壬午 七赤 | 2/24 先勝 |
| 29 | 火 | 癸未 八白 | 2/25 友引 |
| 30 | 水 | 甲申 九紫 | 2/26 先負 |
| 31 | 木 | 乙酉 一白 | 2/27 仏滅 |

### 4月
（壬辰 六白金星）

| | | | |
|---|---|---|---|
| 1 | 金 | 丙戌 二黒 | 2/28 大安 |
| 2 | 土 | 丁亥 三碧 | 2/29 赤口 |
| 3 | 日 | 戊子 四緑 | 3/1 先負 |
| 4 | 月 | 己丑 五黄 | 3/2 仏滅 |
| 5 | 火 | 庚寅 六白 | 3/3 大安 |
| 6 | 水 | 辛卯 七赤 | 3/4 赤口 |
| 7 | 木 | 壬辰 八白 | 3/5 先勝 |
| 8 | 金 | 癸巳 九紫 | 3/6 友引 |
| 9 | 土 | 甲午 一白 | 3/7 先負 |
| 10 | 日 | 乙未 二黒 | 3/8 仏滅 |
| 11 | 月 | 丙申 三碧 | 3/9 大安 |
| 12 | 火 | 丁酉 四緑 | 3/10 赤口 |
| 13 | 水 | 戊戌 五黄 | 3/11 先勝 |
| 14 | 木 | 己亥 六白 | 3/12 友引 |
| 15 | 金 | 庚子 七赤 | 3/13 先負 |
| 16 | 土 | 辛丑 八白 | 3/14 仏滅 |
| 17 | 日 | 壬寅 九紫 | 3/15 大安 |
| 18 | 月 | 癸卯 一白 | 3/16 赤口 |
| 19 | 火 | 甲辰 二黒 | 3/17 先勝 |
| 20 | 水 | 乙巳 三碧 | 3/18 友引 |
| 21 | 木 | 丙午 四緑 | 3/19 先負 |
| 22 | 金 | 丁未 五黄 | 3/20 仏滅 |
| 23 | 土 | 戊申 六白 | 3/21 大安 |
| 24 | 日 | 己酉 七赤 | 3/22 赤口 |
| 25 | 月 | 庚戌 八白 | 3/23 先勝 |
| 26 | 火 | 辛亥 九紫 | 3/24 友引 |
| 27 | 水 | 壬子 一白 | 3/25 先負 |
| 28 | 木 | 癸丑 二黒 | 3/26 仏滅 |
| 29 | 金 | 甲寅 三碧 | 3/27 大安 |
| 30 | 土 | 乙卯 四緑 | 3/28 赤口 |

**1月**

1. 6〔節〕小寒
1.17〔雑〕土用
1.20〔節〕大寒

**2月**

2. 3〔雑〕節分
2. 4〔節〕立春
2.19〔節〕雨水

**3月**

3. 6〔節〕啓蟄
3.18〔雑〕彼岸
3.21〔節〕春分
3.24〔雑〕社日

**4月**

4. 5〔節〕清明
4.17〔雑〕土用
4.20〔節〕穀雨

## 5月
（癸巳 五黄土星）

| | | | |
|---|---|---|---|
| 1 | 日 | 丙辰 五黄 | 3/29 先勝 |
| 2 | 月 | 丁巳 六白 | 3/30 友引 |
| 3 | 火 | 戊午 七赤 | 4/1 仏滅 |
| 4 | 水 | 己未 八白 | 4/2 大安 |
| 5 | 木 | 庚申 九紫 | 4/3 赤口 |
| 6 | 金 | 辛酉 一白 | 4/4 先勝 |
| 7 | 土 | 壬戌 二黒 | 4/5 友引 |
| 8 | 日 | 癸亥 三碧 | 4/6 先負 |
| 9 | 月 | 甲子 四緑 | 4/7 仏滅 |
| 10 | 火 | 乙丑 五黄 | 4/8 大安 |
| 11 | 水 | 丙寅 六白 | 4/9 赤口 |
| 12 | 木 | 丁卯 七赤 | 4/10 先勝 |
| 13 | 金 | 戊辰 八白 | 4/11 友引 |
| 14 | 土 | 己巳 九紫 | 4/12 先負 |
| 15 | 日 | 庚午 一白 | 4/13 仏滅 |
| 16 | 月 | 辛未 二黒 | 4/14 大安 |
| 17 | 火 | 壬申 三碧 | 4/15 赤口 |
| 18 | 水 | 癸酉 四緑 | 4/16 先勝 |
| 19 | 木 | 甲戌 五黄 | 4/17 友引 |
| 20 | 金 | 乙亥 六白 | 4/18 先負 |
| 21 | 土 | 丙子 七赤 | 4/19 仏滅 |
| 22 | 日 | 丁丑 八白 | 4/20 大安 |
| 23 | 月 | 戊寅 九紫 | 4/21 赤口 |
| 24 | 火 | 己卯 一白 | 4/22 先勝 |
| 25 | 水 | 庚辰 二黒 | 4/23 友引 |
| 26 | 木 | 辛巳 三碧 | 4/24 先負 |
| 27 | 金 | 壬午 四緑 | 4/25 仏滅 |
| 28 | 土 | 癸未 五黄 | 4/26 大安 |
| 29 | 日 | 甲申 六白 | 4/27 赤口 |
| 30 | 月 | 乙酉 七赤 | 4/28 先勝 |
| 31 | 火 | 丙戌 八白 | 4/29 友引 |

## 6月
（甲午 四緑木星）

| | | | |
|---|---|---|---|
| 1 | 水 | 丁亥 九紫 | 4/30 先負 |
| 2 | 木 | 戊子 一白 | 5/1 大安 |
| 3 | 金 | 己丑 二黒 | 5/2 赤口 |
| 4 | 土 | 庚寅 三碧 | 5/3 先勝 |
| 5 | 日 | 辛卯 四緑 | 5/4 友引 |
| 6 | 月 | 壬辰 五黄 | 5/5 先負 |
| 7 | 火 | 癸巳 六白 | 5/6 仏滅 |
| 8 | 水 | 甲午 七赤 | 5/7 大安 |
| 9 | 木 | 乙未 八白 | 5/8 赤口 |
| 10 | 金 | 丙申 九紫 | 5/9 先勝 |
| 11 | 土 | 丁酉 一白 | 5/10 友引 |
| 12 | 日 | 戊戌 二黒 | 5/11 先負 |
| 13 | 月 | 己亥 三碧 | 5/12 仏滅 |
| 14 | 火 | 庚子 四緑 | 5/13 大安 |
| 15 | 水 | 辛丑 五黄 | 5/14 赤口 |
| 16 | 木 | 壬寅 六白 | 5/15 先勝 |
| 17 | 金 | 癸卯 七赤 | 5/16 友引 |
| 18 | 土 | 甲辰 八白 | 5/17 先負 |
| 19 | 日 | 乙巳 九紫 | 5/18 仏滅 |
| 20 | 月 | 丙午 一白 | 5/19 大安 |
| 21 | 火 | 丁未 二黒 | 5/20 赤口 |
| 22 | 水 | 戊申 三碧 | 5/21 先勝 |
| 23 | 木 | 己酉 四緑 | 5/22 友引 |
| 24 | 金 | 庚戌 五黄 | 5/23 先負 |
| 25 | 土 | 辛亥 六白 | 5/24 仏滅 |
| 26 | 日 | 壬子 七赤 | 5/25 大安 |
| 27 | 月 | 癸丑 八白 | 5/26 赤口 |
| 28 | 火 | 甲寅 九紫 | 5/27 先勝 |
| 29 | 水 | 乙卯 一白 | 5/28 友引 |
| 30 | 木 | 丙辰 二黒 | 5/29 先負 |

## 7月
（乙未 三碧木星）

| | | | |
|---|---|---|---|
| 1 | 金 | 丁巳 三碧 | 6/1 赤口 |
| 2 | 土 | 戊午 四緑 | 6/2 先勝 |
| 3 | 日 | 己未 五黄 | 6/3 友引 |
| 4 | 月 | 庚申 六白 | 6/4 先負 |
| 5 | 火 | 辛酉 七赤 | 6/5 仏滅 |
| 6 | 水 | 壬戌 八白 | 6/6 大安 |
| 7 | 木 | 癸亥 九紫 | 6/7 赤口 |
| 8 | 金 | 甲子 九紫 | 6/8 先勝 |
| 9 | 土 | 乙丑 八白 | 6/9 友引 |
| 10 | 日 | 丙寅 七赤 | 6/10 先負 |
| 11 | 月 | 丁卯 六白 | 6/11 仏滅 |
| 12 | 火 | 戊辰 五黄 | 6/12 大安 |
| 13 | 水 | 己巳 四緑 | 6/13 赤口 |
| 14 | 木 | 庚午 三碧 | 6/14 先勝 |
| 15 | 金 | 辛未 二黒 | 6/15 友引 |
| 16 | 土 | 壬申 一白 | 6/16 先負 |
| 17 | 日 | 癸酉 九紫 | 6/17 仏滅 |
| 18 | 月 | 甲戌 八白 | 6/18 大安 |
| 19 | 火 | 乙亥 七赤 | 6/19 赤口 |
| 20 | 水 | 丙子 六白 | 6/20 先勝 |
| 21 | 木 | 丁丑 五黄 | 6/21 友引 |
| 22 | 金 | 戊寅 四緑 | 6/22 先負 |
| 23 | 土 | 己卯 三碧 | 6/23 仏滅 |
| 24 | 日 | 庚辰 二黒 | 6/24 大安 |
| 25 | 月 | 辛巳 一白 | 6/25 赤口 |
| 26 | 火 | 壬午 九紫 | 6/26 先勝 |
| 27 | 水 | 癸未 八白 | 6/27 友引 |
| 28 | 木 | 甲申 七赤 | 6/28 先負 |
| 29 | 金 | 乙酉 六白 | 6/29 仏滅 |
| 30 | 土 | 丙戌 五黄 | 6/30 大安 |
| 31 | 日 | 丁亥 四緑 | 7/1 先勝 |

## 8月
（丙申 二黒土星）

| | | | |
|---|---|---|---|
| 1 | 月 | 戊子 三碧 | 7/2 友引 |
| 2 | 火 | 己丑 二黒 | 7/3 先負 |
| 3 | 水 | 庚寅 一白 | 7/4 仏滅 |
| 4 | 木 | 辛卯 九紫 | 7/5 大安 |
| 5 | 金 | 壬辰 八白 | 7/6 赤口 |
| 6 | 土 | 癸巳 七赤 | 7/7 先勝 |
| 7 | 日 | 甲午 六白 | 7/8 友引 |
| 8 | 月 | 乙未 五黄 | 7/9 先負 |
| 9 | 火 | 丙申 四緑 | 7/10 仏滅 |
| 10 | 水 | 丁酉 三碧 | 7/11 大安 |
| 11 | 木 | 戊戌 二黒 | 7/12 赤口 |
| 12 | 金 | 己亥 一白 | 7/13 先勝 |
| 13 | 土 | 庚子 九紫 | 7/14 友引 |
| 14 | 日 | 辛丑 八白 | 7/15 先負 |
| 15 | 月 | 壬寅 七赤 | 7/16 仏滅 |
| 16 | 火 | 癸卯 六白 | 7/17 大安 |
| 17 | 水 | 甲辰 五黄 | 7/18 赤口 |
| 18 | 木 | 乙巳 四緑 | 7/19 先勝 |
| 19 | 金 | 丙午 三碧 | 7/20 友引 |
| 20 | 土 | 丁未 二黒 | 7/21 先負 |
| 21 | 日 | 戊申 一白 | 7/22 仏滅 |
| 22 | 月 | 己酉 九紫 | 7/23 大安 |
| 23 | 火 | 庚戌 八白 | 7/24 赤口 |
| 24 | 水 | 辛亥 七赤 | 7/25 先勝 |
| 25 | 木 | 壬子 六白 | 7/26 友引 |
| 26 | 金 | 癸丑 五黄 | 7/27 先負 |
| 27 | 土 | 甲寅 四緑 | 7/28 仏滅 |
| 28 | 日 | 乙卯 三碧 | 7/29 大安 |
| 29 | 月 | 丙辰 二黒 | 8/1 友引 |
| 30 | 火 | 丁巳 一白 | 8/2 先負 |
| 31 | 水 | 戊午 九紫 | 8/3 仏滅 |

### 5月
5. 2［雑］八十八夜
5. 6［節］立夏
5.21［節］小満

### 6月
6. 6［節］芒種
6.11［雑］入梅
6.22［節］夏至

### 7月
7. 2［雑］半夏生
7. 7［節］小暑
7.20［雑］土用
7.23［節］大暑

### 8月
8. 8［節］立秋
8.23［節］処暑

## 9月
（丁酉 一白水星）

| | | | |
|---|---|---|---|
| 1 | 木 | 己未 八白 | 8/4 大安 |
| 2 | 金 | 庚申 七赤 | 8/5 赤口 |
| 3 | 土 | 辛酉 六白 | 8/6 先勝 |
| 4 | 日 | 壬戌 五黄 | 8/7 友引 |
| 5 | 月 | 癸亥 四緑 | 8/8 先負 |
| 6 | 火 | 甲子 三碧 | 8/9 仏滅 |
| 7 | 水 | 乙丑 二黒 | 8/10 大安 |
| 8 | 木 | 丙寅 一白 | 8/11 赤口 |
| 9 | 金 | 丁卯 九紫 | 8/12 先勝 |
| 10 | 土 | 戊辰 八白 | 8/13 友引 |
| 11 | 日 | 己巳 七赤 | 8/14 先負 |
| 12 | 月 | 庚午 六白 | 8/15 仏滅 |
| 13 | 火 | 辛未 五黄 | 8/16 大安 |
| 14 | 水 | 壬申 四緑 | 8/17 赤口 |
| 15 | 木 | 癸酉 三碧 | 8/18 先勝 |
| 16 | 金 | 甲戌 二黒 | 8/19 友引 |
| 17 | 土 | 乙亥 一白 | 8/20 先負 |
| 18 | 日 | 丙子 九紫 | 8/21 仏滅 |
| 19 | 月 | 丁丑 八白 | 8/22 大安 |
| 20 | 火 | 戊寅 七赤 | 8/23 赤口 |
| 21 | 水 | 己卯 六白 | 8/24 先勝 |
| 22 | 木 | 庚辰 五黄 | 8/25 友引 |
| 23 | 金 | 辛巳 四緑 | 8/26 先負 |
| 24 | 土 | 壬午 三碧 | 8/27 仏滅 |
| 25 | 日 | 癸未 二黒 | 8/28 大安 |
| 26 | 月 | 甲申 一白 | 8/29 赤口 |
| 27 | 火 | 乙酉 九紫 | 9/1 先負 |
| 28 | 水 | 丙戌 八白 | 9/2 仏滅 |
| 29 | 木 | 丁亥 七赤 | 9/3 大安 |
| 30 | 金 | 戊子 六白 | 9/4 赤口 |

## 10月
（戊戌 九紫火星）

| | | | |
|---|---|---|---|
| 1 | 土 | 己丑 五黄 | 9/5 先勝 |
| 2 | 日 | 庚寅 四緑 | 9/6 友引 |
| 3 | 月 | 辛卯 三碧 | 9/7 先負 |
| 4 | 火 | 壬辰 二黒 | 9/8 仏滅 |
| 5 | 水 | 癸巳 一白 | 9/9 大安 |
| 6 | 木 | 甲午 九紫 | 9/10 赤口 |
| 7 | 金 | 乙未 八白 | 9/11 先勝 |
| 8 | 土 | 丙申 七赤 | 9/12 友引 |
| 9 | 日 | 丁酉 六白 | 9/13 先負 |
| 10 | 月 | 戊戌 五黄 | 9/14 仏滅 |
| 11 | 火 | 己亥 四緑 | 9/15 大安 |
| 12 | 水 | 庚子 三碧 | 9/16 赤口 |
| 13 | 木 | 辛丑 二黒 | 9/17 先勝 |
| 14 | 金 | 壬寅 一白 | 9/18 友引 |
| 15 | 土 | 癸卯 九紫 | 9/19 先負 |
| 16 | 日 | 甲辰 八白 | 9/20 仏滅 |
| 17 | 月 | 乙巳 七赤 | 9/21 大安 |
| 18 | 火 | 丙午 六白 | 9/22 赤口 |
| 19 | 水 | 丁未 五黄 | 9/23 先勝 |
| 20 | 木 | 戊申 四緑 | 9/24 友引 |
| 21 | 金 | 己酉 三碧 | 9/25 先負 |
| 22 | 土 | 庚戌 二黒 | 9/26 仏滅 |
| 23 | 日 | 辛亥 一白 | 9/27 大安 |
| 24 | 月 | 壬子 九紫 | 9/28 赤口 |
| 25 | 火 | 癸丑 八白 | 9/29 先勝 |
| 26 | 水 | 甲寅 七赤 | 9/30 友引 |
| 27 | 木 | 乙卯 六白 | 10/1 仏滅 |
| 28 | 金 | 丙辰 五黄 | 10/2 大安 |
| 29 | 土 | 丁巳 四緑 | 10/3 赤口 |
| 30 | 日 | 戊午 三碧 | 10/4 先勝 |
| 31 | 月 | 己未 二黒 | 10/5 友引 |

## 11月
（己亥 八白土星）

| | | | |
|---|---|---|---|
| 1 | 火 | 庚申 一白 | 10/6 先負 |
| 2 | 水 | 辛酉 九紫 | 10/7 仏滅 |
| 3 | 木 | 壬戌 八白 | 10/8 大安 |
| 4 | 金 | 癸亥 七赤 | 10/9 赤口 |
| 5 | 土 | 甲子 六白 | 10/10 先勝 |
| 6 | 日 | 乙丑 五黄 | 10/11 友引 |
| 7 | 月 | 丙寅 四緑 | 10/12 先負 |
| 8 | 火 | 丁卯 三碧 | 10/13 仏滅 |
| 9 | 水 | 戊辰 二黒 | 10/14 大安 |
| 10 | 木 | 己巳 一白 | 10/15 赤口 |
| 11 | 金 | 庚午 九紫 | 10/16 先勝 |
| 12 | 土 | 辛未 八白 | 10/17 友引 |
| 13 | 日 | 壬申 七赤 | 10/18 先負 |
| 14 | 月 | 癸酉 六白 | 10/19 仏滅 |
| 15 | 火 | 甲戌 五黄 | 10/20 大安 |
| 16 | 水 | 乙亥 四緑 | 10/21 赤口 |
| 17 | 木 | 丙子 三碧 | 10/22 先勝 |
| 18 | 金 | 丁丑 二黒 | 10/23 友引 |
| 19 | 土 | 戊寅 一白 | 10/24 先負 |
| 20 | 日 | 己卯 九紫 | 10/25 仏滅 |
| 21 | 月 | 庚辰 八白 | 10/26 大安 |
| 22 | 火 | 辛巳 七赤 | 10/27 赤口 |
| 23 | 水 | 壬午 六白 | 10/28 先勝 |
| 24 | 木 | 癸未 五黄 | 10/29 友引 |
| 25 | 金 | 甲申 四緑 | 11/1 大安 |
| 26 | 土 | 乙酉 三碧 | 11/2 赤口 |
| 27 | 日 | 丙戌 二黒 | 11/3 先勝 |
| 28 | 月 | 丁亥 一白 | 11/4 友引 |
| 29 | 火 | 戊子 九紫 | 11/5 先負 |
| 30 | 水 | 己丑 八白 | 11/6 仏滅 |

## 12月
（庚子 七赤金星）

| | | | |
|---|---|---|---|
| 1 | 木 | 庚寅 七赤 | 11/7 大安 |
| 2 | 金 | 辛卯 六白 | 11/8 赤口 |
| 3 | 土 | 壬辰 五黄 | 11/9 先勝 |
| 4 | 日 | 癸巳 四緑 | 11/10 友引 |
| 5 | 月 | 甲午 三碧 | 11/11 先負 |
| 6 | 火 | 乙未 二黒 | 11/12 仏滅 |
| 7 | 水 | 丙申 一白 | 11/13 大安 |
| 8 | 木 | 丁酉 九紫 | 11/14 赤口 |
| 9 | 金 | 戊戌 八白 | 11/15 先勝 |
| 10 | 土 | 己亥 七赤 | 11/16 友引 |
| 11 | 日 | 庚子 六白 | 11/17 先負 |
| 12 | 月 | 辛丑 五黄 | 11/18 仏滅 |
| 13 | 火 | 壬寅 四緑 | 11/19 大安 |
| 14 | 水 | 癸卯 三碧 | 11/20 赤口 |
| 15 | 木 | 甲辰 二黒 | 11/21 先勝 |
| 16 | 金 | 乙巳 一白 | 11/22 友引 |
| 17 | 土 | 丙午 九紫 | 11/23 先負 |
| 18 | 日 | 丁未 八白 | 11/24 仏滅 |
| 19 | 月 | 戊申 七赤 | 11/25 大安 |
| 20 | 火 | 己酉 六白 | 11/26 赤口 |
| 21 | 水 | 庚戌 五黄 | 11/27 先勝 |
| 22 | 木 | 辛亥 四緑 | 11/28 友引 |
| 23 | 金 | 壬子 三碧 | 11/29 先負 |
| 24 | 土 | 癸丑 二黒 | 11/30 仏滅 |
| 25 | 日 | 甲寅 一白 | 12/1 赤口 |
| 26 | 月 | 乙卯 九紫 | 12/2 先勝 |
| 27 | 火 | 丙辰 八白 | 12/3 友引 |
| 28 | 水 | 丁巳 七赤 | 12/4 先負 |
| 29 | 木 | 戊午 六白 | 12/5 仏滅 |
| 30 | 金 | 己未 五黄 | 12/6 大安 |
| 31 | 土 | 庚申 四緑 | 12/7 赤口 |

**9月**

9. 1［雑］二百十日
9. 8［節］白露
9.20［雑］彼岸
9.20［雑］社日
9.23［節］秋分

**10月**

10. 9［節］寒露
10.21［雑］土用
10.24［節］霜降

**11月**

11. 8［節］立冬
11.23［節］小雪

**12月**

12. 7［節］大雪
12.22［節］冬至

# 2012

明治 145 年
大正 101 年
昭和 87 年
平成 24 年

壬辰（みずのえたつ）
六白金星

生誕・年忌など

1. 1 孫文・中華民国成立宣言 100 年
1. 6 ジャンヌ・ダルク生誕 600 年
2. 7 C. ディケンズ生誕 200 年
2.12 溥儀退位・清朝滅亡 100 年
4. 6 A. ゲルツェン生誕 200 年
4.13 石川啄木没後 100 年
4.14 タイタニック号沈没 100 年
6.19 米英戦争開戦 200 年
6.28 ジャン・ジャック・ルソー生誕 300 年
6.29 日本・オリンピック参加 100 年
7.29 明治天皇崩御・大正改元 100 年
8.23 宮柊二生誕 100 年
9.13 乃木希典殉死 100 年
10.17 バルカン戦争開戦 100 年
12. 5 木下恵介生誕 100 年
この年 孟子没後 2300 年
広開土王没後 1600 年
杜甫生誕 1300 年
ナポレオン・ロシア遠征 200 年

# 2012 年

## 1 月
（辛丑 六白金星）

| | | | |
|---|---|---|---|
| 1 | 日 | 辛酉 三碧 | 12/8 先勝 |
| 2 | 月 | 壬戌 二黒 | 12/9 友引 |
| 3 | 火 | 癸亥 一白 | 12/10 先負 |
| 4 | 水 | 甲子 一白 | 12/11 仏滅 |
| 5 | 木 | 乙丑 二黒 | 12/12 大安 |
| 6 | 金 | 丙寅 三碧 | 12/13 赤口 |
| 7 | 土 | 丁卯 四緑 | 12/14 先勝 |
| 8 | 日 | 戊辰 五黄 | 12/15 友引 |
| 9 | 月 | 己巳 六白 | 12/16 先負 |
| 10 | 火 | 庚午 七赤 | 12/17 仏滅 |
| 11 | 水 | 辛未 八白 | 12/18 大安 |
| 12 | 木 | 壬申 九紫 | 12/19 赤口 |
| 13 | 金 | 癸酉 一白 | 12/20 先勝 |
| 14 | 土 | 甲戌 二黒 | 12/21 友引 |
| 15 | 日 | 乙亥 三碧 | 12/22 先負 |
| 16 | 月 | 丙子 四緑 | 12/23 仏滅 |
| 17 | 火 | 丁丑 五黄 | 12/24 大安 |
| 18 | 水 | 戊寅 六白 | 12/25 赤口 |
| 19 | 木 | 己卯 七赤 | 12/26 先勝 |
| 20 | 金 | 庚辰 八白 | 12/27 友引 |
| 21 | 土 | 辛巳 九紫 | 12/28 先負 |
| 22 | 日 | 壬午 一白 | 12/29 仏滅 |
| 23 | 月 | 癸未 二黒 | 1/1 先勝 |
| 24 | 火 | 甲申 三碧 | 1/2 友引 |
| 25 | 水 | 乙酉 四緑 | 1/3 先負 |
| 26 | 木 | 丙戌 五黄 | 1/4 仏滅 |
| 27 | 金 | 丁亥 六白 | 1/5 大安 |
| 28 | 土 | 戊子 七赤 | 1/6 赤口 |
| 29 | 日 | 己丑 八白 | 1/7 先勝 |
| 30 | 月 | 庚寅 九紫 | 1/8 友引 |
| 31 | 火 | 辛卯 一白 | 1/9 先負 |

## 2 月
（壬寅 五黄土星）

| | | | |
|---|---|---|---|
| 1 | 水 | 壬辰 二黒 | 1/10 仏滅 |
| 2 | 木 | 癸巳 三碧 | 1/11 大安 |
| 3 | 金 | 甲午 四緑 | 1/12 赤口 |
| 4 | 土 | 乙未 五黄 | 1/13 先勝 |
| 5 | 日 | 丙申 六白 | 1/14 友引 |
| 6 | 月 | 丁酉 七赤 | 1/15 先負 |
| 7 | 火 | 戊戌 八白 | 1/16 仏滅 |
| 8 | 水 | 己亥 九紫 | 1/17 大安 |
| 9 | 木 | 庚子 一白 | 1/18 赤口 |
| 10 | 金 | 辛丑 二黒 | 1/19 先勝 |
| 11 | 土 | 壬寅 三碧 | 1/20 友引 |
| 12 | 日 | 癸卯 四緑 | 1/21 先負 |
| 13 | 月 | 甲辰 五黄 | 1/22 仏滅 |
| 14 | 火 | 乙巳 六白 | 1/23 大安 |
| 15 | 水 | 丙午 七赤 | 1/24 赤口 |
| 16 | 木 | 丁未 八白 | 1/25 先勝 |
| 17 | 金 | 戊申 九紫 | 1/26 友引 |
| 18 | 土 | 己酉 一白 | 1/27 先負 |
| 19 | 日 | 庚戌 二黒 | 1/28 仏滅 |
| 20 | 月 | 辛亥 三碧 | 1/29 大安 |
| 21 | 火 | 壬子 四緑 | 1/30 赤口 |
| 22 | 水 | 癸丑 五黄 | 2/1 友引 |
| 23 | 木 | 甲寅 六白 | 2/2 先負 |
| 24 | 金 | 乙卯 七赤 | 2/3 仏滅 |
| 25 | 土 | 丙辰 八白 | 2/4 大安 |
| 26 | 日 | 丁巳 九紫 | 2/5 赤口 |
| 27 | 月 | 戊午 一白 | 2/6 先勝 |
| 28 | 火 | 己未 二黒 | 2/7 友引 |
| 29 | 水 | 庚申 三碧 | 2/8 先負 |

## 3 月
（癸卯 四緑木星）

| | | | |
|---|---|---|---|
| 1 | 木 | 辛酉 四緑 | 2/9 仏滅 |
| 2 | 金 | 壬戌 五黄 | 2/10 大安 |
| 3 | 土 | 癸亥 六白 | 2/11 赤口 |
| 4 | 日 | 甲子 七赤 | 2/12 先勝 |
| 5 | 月 | 乙丑 八白 | 2/13 友引 |
| 6 | 火 | 丙寅 九紫 | 2/14 先負 |
| 7 | 水 | 丁卯 一白 | 2/15 仏滅 |
| 8 | 木 | 戊辰 二黒 | 2/16 大安 |
| 9 | 金 | 己巳 三碧 | 2/17 赤口 |
| 10 | 土 | 庚午 四緑 | 2/18 先勝 |
| 11 | 日 | 辛未 五黄 | 2/19 友引 |
| 12 | 月 | 壬申 六白 | 2/20 先負 |
| 13 | 火 | 癸酉 七赤 | 2/21 仏滅 |
| 14 | 水 | 甲戌 八白 | 2/22 大安 |
| 15 | 木 | 乙亥 九紫 | 2/23 赤口 |
| 16 | 金 | 丙子 一白 | 2/24 先勝 |
| 17 | 土 | 丁丑 二黒 | 2/25 友引 |
| 18 | 日 | 戊寅 三碧 | 2/26 先負 |
| 19 | 月 | 己卯 四緑 | 2/27 仏滅 |
| 20 | 火 | 庚辰 五黄 | 2/28 大安 |
| 21 | 水 | 辛巳 六白 | 2/29 赤口 |
| 22 | 木 | 壬午 七赤 | 3/1 先負 |
| 23 | 金 | 癸未 八白 | 3/2 仏滅 |
| 24 | 土 | 甲申 九紫 | 3/3 大安 |
| 25 | 日 | 乙酉 一白 | 3/4 赤口 |
| 26 | 月 | 丙戌 二黒 | 3/5 先勝 |
| 27 | 火 | 丁亥 三碧 | 3/6 友引 |
| 28 | 水 | 戊子 四緑 | 3/7 先負 |
| 29 | 木 | 己丑 五黄 | 3/8 仏滅 |
| 30 | 金 | 庚寅 六白 | 3/9 大安 |
| 31 | 土 | 辛卯 七赤 | 3/10 赤口 |

## 4 月
（甲辰 三碧木星）

| | | | |
|---|---|---|---|
| 1 | 日 | 壬辰 八白 | 3/11 先勝 |
| 2 | 月 | 癸巳 九紫 | 3/12 友引 |
| 3 | 火 | 甲午 一白 | 3/13 先負 |
| 4 | 水 | 乙未 二黒 | 3/14 仏滅 |
| 5 | 木 | 丙申 三碧 | 3/15 大安 |
| 6 | 金 | 丁酉 四緑 | 3/16 赤口 |
| 7 | 土 | 戊戌 五黄 | 3/17 先勝 |
| 8 | 日 | 己亥 六白 | 3/18 友引 |
| 9 | 月 | 庚子 七赤 | 3/19 先負 |
| 10 | 火 | 辛丑 八白 | 3/20 仏滅 |
| 11 | 水 | 壬寅 九紫 | 3/21 大安 |
| 12 | 木 | 癸卯 一白 | 3/22 赤口 |
| 13 | 金 | 甲辰 二黒 | 3/23 先勝 |
| 14 | 土 | 乙巳 三碧 | 3/24 友引 |
| 15 | 日 | 丙午 四緑 | 3/25 先負 |
| 16 | 月 | 丁未 五黄 | 3/26 仏滅 |
| 17 | 火 | 戊申 六白 | 3/27 大安 |
| 18 | 水 | 己酉 七赤 | 3/28 赤口 |
| 19 | 木 | 庚戌 八白 | 3/29 先勝 |
| 20 | 金 | 辛亥 九紫 | 3/30 友引 |
| 21 | 土 | 壬子 一白 | 閏3/1 先負 |
| 22 | 日 | 癸丑 二黒 | 閏3/2 仏滅 |
| 23 | 月 | 甲寅 三碧 | 閏3/3 大安 |
| 24 | 火 | 乙卯 四緑 | 閏3/4 赤口 |
| 25 | 水 | 丙辰 五黄 | 閏3/5 先勝 |
| 26 | 木 | 丁巳 六白 | 閏3/6 友引 |
| 27 | 金 | 戊午 七赤 | 閏3/7 先負 |
| 28 | 土 | 己未 八白 | 閏3/8 仏滅 |
| 29 | 日 | 庚申 九紫 | 閏3/9 大安 |
| 30 | 月 | 辛酉 一白 | 閏3/10 赤口 |

**1 月**

1. 6 [節] 小寒
1.18 [雑] 土用
1.21 [節] 大寒

**2 月**

2. 3 [雑] 節分
2. 4 [節] 立春
2.19 [節] 雨水

**3 月**

3. 5 [節] 啓蟄
3.17 [雑] 彼岸
3.18 [雑] 社日
3.20 [節] 春分

**4 月**

4. 4 [節] 清明
4.16 [雑] 土用
4.20 [節] 穀雨

## 5月
（乙巳 二黒土星）

| | | | |
|---|---|---|---|
| 1 | 火 | 壬戌 二黒 | 閏3/11 先勝 |
| 2 | 水 | 癸亥 三碧 | 閏3/12 友引 |
| 3 | 木 | 甲子 四緑 | 閏3/13 先負 |
| 4 | 金 | 乙丑 五黄 | 閏3/14 仏滅 |
| 5 | 土 | 丙寅 六白 | 閏3/15 大安 |
| 6 | 日 | 丁卯 七赤 | 閏3/16 赤口 |
| 7 | 月 | 戊辰 八白 | 閏3/17 先勝 |
| 8 | 火 | 己巳 九紫 | 閏3/18 友引 |
| 9 | 水 | 庚午 一白 | 閏3/19 先負 |
| 10 | 木 | 辛未 二黒 | 閏3/20 仏滅 |
| 11 | 金 | 壬申 三碧 | 閏3/21 大安 |
| 12 | 土 | 癸酉 四緑 | 閏3/22 赤口 |
| 13 | 日 | 甲戌 五黄 | 閏3/23 先勝 |
| 14 | 月 | 乙亥 六白 | 閏3/24 友引 |
| 15 | 火 | 丙子 七赤 | 閏3/25 先負 |
| 16 | 水 | 丁丑 八白 | 閏3/26 仏滅 |
| 17 | 木 | 戊寅 九紫 | 閏3/27 大安 |
| 18 | 金 | 己卯 一白 | 閏3/28 赤口 |
| 19 | 土 | 庚辰 二黒 | 閏3/29 先勝 |
| 20 | 日 | 辛巳 三碧 | 閏3/30 友引 |
| 21 | 月 | 壬午 四緑 | 4/1 仏滅 |
| 22 | 火 | 癸未 五黄 | 4/2 大安 |
| 23 | 水 | 甲申 六白 | 4/3 赤口 |
| 24 | 木 | 乙酉 七赤 | 4/4 先勝 |
| 25 | 金 | 丙戌 八白 | 4/5 友引 |
| 26 | 土 | 丁亥 九紫 | 4/6 先負 |
| 27 | 日 | 戊子 一白 | 4/7 仏滅 |
| 28 | 月 | 己丑 二黒 | 4/8 大安 |
| 29 | 火 | 庚寅 三碧 | 4/9 赤口 |
| 30 | 水 | 辛卯 四緑 | 4/10 先勝 |
| 31 | 木 | 壬辰 五黄 | 4/11 友引 |

## 6月
（丙午 一白水星）

| | | | |
|---|---|---|---|
| 1 | 金 | 癸巳 六白 | 4/12 先負 |
| 2 | 土 | 甲午 七赤 | 4/13 仏滅 |
| 3 | 日 | 乙未 八白 | 4/14 大安 |
| 4 | 月 | 丙申 九紫 | 4/15 赤口 |
| 5 | 火 | 丁酉 一白 | 4/16 先勝 |
| 6 | 水 | 戊戌 二黒 | 4/17 友引 |
| 7 | 木 | 己亥 三碧 | 4/18 先負 |
| 8 | 金 | 庚子 四緑 | 4/19 仏滅 |
| 9 | 土 | 辛丑 五黄 | 4/20 大安 |
| 10 | 日 | 壬寅 六白 | 4/21 赤口 |
| 11 | 月 | 癸卯 七赤 | 4/22 先勝 |
| 12 | 火 | 甲辰 八白 | 4/23 友引 |
| 13 | 水 | 乙巳 九紫 | 4/24 先負 |
| 14 | 木 | 丙午 一白 | 4/25 仏滅 |
| 15 | 金 | 丁未 二黒 | 4/26 大安 |
| 16 | 土 | 戊申 三碧 | 4/27 赤口 |
| 17 | 日 | 己酉 四緑 | 4/28 先勝 |
| 18 | 月 | 庚戌 五黄 | 4/29 友引 |
| 19 | 火 | 辛亥 六白 | 4/30 先負 |
| 20 | 水 | 壬子 七赤 | 5/1 大安 |
| 21 | 木 | 癸丑 八白 | 5/2 赤口 |
| 22 | 金 | 甲寅 九紫 | 5/3 先勝 |
| 23 | 土 | 乙卯 一白 | 5/4 友引 |
| 24 | 日 | 丙辰 二黒 | 5/5 先負 |
| 25 | 月 | 丁巳 三碧 | 5/6 仏滅 |
| 26 | 火 | 戊午 四緑 | 5/7 大安 |
| 27 | 水 | 己未 五黄 | 5/8 赤口 |
| 28 | 木 | 庚申 六白 | 5/9 先勝 |
| 29 | 金 | 辛酉 七赤 | 5/10 友引 |
| 30 | 土 | 壬戌 八白 | 5/11 先負 |

## 7月
（丁未 九紫火星）

| | | | |
|---|---|---|---|
| 1 | 日 | 癸亥 九紫 | 5/12 仏滅 |
| 2 | 月 | 甲子 九紫 | 5/13 大安 |
| 3 | 火 | 乙丑 八白 | 5/14 赤口 |
| 4 | 水 | 丙寅 七赤 | 5/15 先勝 |
| 5 | 木 | 丁卯 六白 | 5/16 友引 |
| 6 | 金 | 戊辰 五黄 | 5/17 先負 |
| 7 | 土 | 己巳 四緑 | 5/18 仏滅 |
| 8 | 日 | 庚午 三碧 | 5/19 大安 |
| 9 | 月 | 辛未 二黒 | 5/20 赤口 |
| 10 | 火 | 壬申 一白 | 5/21 先勝 |
| 11 | 水 | 癸酉 九紫 | 5/22 友引 |
| 12 | 木 | 甲戌 八白 | 5/23 先負 |
| 13 | 金 | 乙亥 七赤 | 5/24 仏滅 |
| 14 | 土 | 丙子 六白 | 5/25 大安 |
| 15 | 日 | 丁丑 五黄 | 5/26 赤口 |
| 16 | 月 | 戊寅 四緑 | 5/27 先勝 |
| 17 | 火 | 己卯 三碧 | 5/28 友引 |
| 18 | 水 | 庚辰 二黒 | 5/29 先負 |
| 19 | 木 | 辛巳 一白 | 6/1 赤口 |
| 20 | 金 | 壬午 九紫 | 6/2 先勝 |
| 21 | 土 | 癸未 八白 | 6/3 友引 |
| 22 | 日 | 甲申 七赤 | 6/4 先負 |
| 23 | 月 | 乙酉 六白 | 6/5 仏滅 |
| 24 | 火 | 丙戌 五黄 | 6/6 大安 |
| 25 | 水 | 丁亥 四緑 | 6/7 赤口 |
| 26 | 木 | 戊子 三碧 | 6/8 先勝 |
| 27 | 金 | 己丑 二黒 | 6/9 友引 |
| 28 | 土 | 庚寅 一白 | 6/10 先負 |
| 29 | 日 | 辛卯 九紫 | 6/11 仏滅 |
| 30 | 月 | 壬辰 八白 | 6/12 大安 |
| 31 | 火 | 癸巳 七赤 | 6/13 赤口 |

## 8月
（戊申 八白土星）

| | | | |
|---|---|---|---|
| 1 | 水 | 甲午 六白 | 6/14 先勝 |
| 2 | 木 | 乙未 五黄 | 6/15 友引 |
| 3 | 金 | 丙申 四緑 | 6/16 先負 |
| 4 | 土 | 丁酉 三碧 | 6/17 仏滅 |
| 5 | 日 | 戊戌 二黒 | 6/18 大安 |
| 6 | 月 | 己亥 一白 | 6/19 赤口 |
| 7 | 火 | 庚子 九紫 | 6/20 先勝 |
| 8 | 水 | 辛丑 八白 | 6/21 友引 |
| 9 | 木 | 壬寅 七赤 | 6/22 先負 |
| 10 | 金 | 癸卯 六白 | 6/23 仏滅 |
| 11 | 土 | 甲辰 五黄 | 6/24 大安 |
| 12 | 日 | 乙巳 四緑 | 6/25 赤口 |
| 13 | 月 | 丙午 三碧 | 6/26 先勝 |
| 14 | 火 | 丁未 二黒 | 6/27 友引 |
| 15 | 水 | 戊申 一白 | 6/28 先負 |
| 16 | 木 | 己酉 九紫 | 6/29 仏滅 |
| 17 | 金 | 庚戌 八白 | 6/30 大安 |
| 18 | 土 | 辛亥 七赤 | 7/1 先勝 |
| 19 | 日 | 壬子 六白 | 7/2 友引 |
| 20 | 月 | 癸丑 五黄 | 7/3 先負 |
| 21 | 火 | 甲寅 四緑 | 7/4 仏滅 |
| 22 | 水 | 乙卯 三碧 | 7/5 大安 |
| 23 | 木 | 丙辰 二黒 | 7/6 赤口 |
| 24 | 金 | 丁巳 一白 | 7/7 先勝 |
| 25 | 土 | 戊午 九紫 | 7/8 友引 |
| 26 | 日 | 己未 八白 | 7/9 先負 |
| 27 | 月 | 庚申 七赤 | 7/10 仏滅 |
| 28 | 火 | 辛酉 六白 | 7/11 大安 |
| 29 | 水 | 壬戌 五黄 | 7/12 赤口 |
| 30 | 木 | 癸亥 四緑 | 7/13 先勝 |
| 31 | 金 | 甲子 三碧 | 7/14 友引 |

**5月**

- 5. 1［雑］八十八夜
- 5. 5［節］立夏
- 5.21［節］小満

**6月**

- 6. 5［節］芒種
- 6.10［雑］入梅
- 6.21［節］夏至

**7月**

- 7. 1［雑］半夏生
- 7. 7［節］小暑
- 7.19［雑］土用
- 7.22［節］大暑

**8月**

- 8. 7［節］立秋
- 8.23［節］処暑
- 8.31［雑］二百十日

## 9月
（己酉 七赤金星）

| | | | |
|---|---|---|---|
| 1 | 土 | 乙丑 二黒 | 7/15 先負 |
| 2 | 日 | 丙寅 一白 | 7/16 仏滅 |
| 3 | 月 | 丁卯 九紫 | 7/17 大安 |
| 4 | 火 | 戊辰 八白 | 7/18 赤口 |
| 5 | 水 | 己巳 七赤 | 7/19 先勝 |
| 6 | 木 | 庚午 六白 | 7/20 友引 |
| 7 | 金 | 辛未 五黄 | 7/21 先負 |
| 8 | 土 | 壬申 四緑 | 7/22 仏滅 |
| 9 | 日 | 癸酉 三碧 | 7/23 大安 |
| 10 | 月 | 甲戌 二黒 | 7/24 赤口 |
| 11 | 火 | 乙亥 一白 | 7/25 先勝 |
| 12 | 水 | 丙子 九紫 | 7/26 友引 |
| 13 | 木 | 丁丑 八白 | 7/27 先負 |
| 14 | 金 | 戊寅 七赤 | 7/28 仏滅 |
| 15 | 土 | 己卯 六白 | 7/29 大安 |
| 16 | 日 | 庚辰 五黄 | 8/1 友引 |
| 17 | 月 | 辛巳 四緑 | 8/2 先負 |
| 18 | 火 | 壬午 三碧 | 8/3 仏滅 |
| 19 | 水 | 癸未 二黒 | 8/4 大安 |
| 20 | 木 | 甲申 一白 | 8/5 赤口 |
| 21 | 金 | 乙酉 九紫 | 8/6 先勝 |
| 22 | 土 | 丙戌 八白 | 8/7 友引 |
| 23 | 日 | 丁亥 七赤 | 8/8 先負 |
| 24 | 月 | 戊子 六白 | 8/9 仏滅 |
| 25 | 火 | 己丑 五黄 | 8/10 大安 |
| 26 | 水 | 庚寅 四緑 | 8/11 赤口 |
| 27 | 木 | 辛卯 三碧 | 8/12 先勝 |
| 28 | 金 | 壬辰 二黒 | 8/13 友引 |
| 29 | 土 | 癸巳 一白 | 8/14 先負 |
| 30 | 日 | 甲午 九紫 | 8/15 仏滅 |

## 10月
（庚戌 六白金星）

| | | | |
|---|---|---|---|
| 1 | 月 | 乙未 八白 | 8/16 大安 |
| 2 | 火 | 丙申 七赤 | 8/17 赤口 |
| 3 | 水 | 丁酉 六白 | 8/18 先勝 |
| 4 | 木 | 戊戌 五黄 | 8/19 友引 |
| 5 | 金 | 己亥 四緑 | 8/20 先負 |
| 6 | 土 | 庚子 三碧 | 8/21 仏滅 |
| 7 | 日 | 辛丑 二黒 | 8/22 大安 |
| 8 | 月 | 壬寅 一白 | 8/23 赤口 |
| 9 | 火 | 癸卯 九紫 | 8/24 先勝 |
| 10 | 水 | 甲辰 八白 | 8/25 友引 |
| 11 | 木 | 乙巳 七赤 | 8/26 先負 |
| 12 | 金 | 丙午 六白 | 8/27 仏滅 |
| 13 | 土 | 丁未 五黄 | 8/28 大安 |
| 14 | 日 | 戊申 四緑 | 8/29 赤口 |
| 15 | 月 | 己酉 三碧 | 9/1 先負 |
| 16 | 火 | 庚戌 二黒 | 9/2 仏滅 |
| 17 | 水 | 辛亥 一白 | 9/3 大安 |
| 18 | 木 | 壬子 九紫 | 9/4 赤口 |
| 19 | 金 | 癸丑 八白 | 9/5 先勝 |
| 20 | 土 | 甲寅 七赤 | 9/6 友引 |
| 21 | 日 | 乙卯 六白 | 9/7 先負 |
| 22 | 月 | 丙辰 五黄 | 9/8 仏滅 |
| 23 | 火 | 丁巳 四緑 | 9/9 大安 |
| 24 | 水 | 戊午 三碧 | 9/10 赤口 |
| 25 | 木 | 己未 二黒 | 9/11 先勝 |
| 26 | 金 | 庚申 一白 | 9/12 友引 |
| 27 | 土 | 辛酉 九紫 | 9/13 先負 |
| 28 | 日 | 壬戌 八白 | 9/14 仏滅 |
| 29 | 月 | 癸亥 七赤 | 9/15 大安 |
| 30 | 火 | 甲子 六白 | 9/16 赤口 |
| 31 | 水 | 乙丑 五黄 | 9/17 先勝 |

## 11月
（辛亥 五黄土星）

| | | | |
|---|---|---|---|
| 1 | 木 | 丙寅 四緑 | 9/18 友引 |
| 2 | 金 | 丁卯 三碧 | 9/19 先負 |
| 3 | 土 | 戊辰 二黒 | 9/20 仏滅 |
| 4 | 日 | 己巳 一白 | 9/21 大安 |
| 5 | 月 | 庚午 九紫 | 9/22 赤口 |
| 6 | 火 | 辛未 八白 | 9/23 先勝 |
| 7 | 水 | 壬申 七赤 | 9/24 友引 |
| 8 | 木 | 癸酉 六白 | 9/25 先負 |
| 9 | 金 | 甲戌 五黄 | 9/26 仏滅 |
| 10 | 土 | 乙亥 四緑 | 9/27 大安 |
| 11 | 日 | 丙子 三碧 | 9/28 赤口 |
| 12 | 月 | 丁丑 二黒 | 9/29 先勝 |
| 13 | 火 | 戊寅 一白 | 9/30 友引 |
| 14 | 水 | 己卯 九紫 | 10/1 仏滅 |
| 15 | 木 | 庚辰 八白 | 10/2 大安 |
| 16 | 金 | 辛巳 七赤 | 10/3 赤口 |
| 17 | 土 | 壬午 六白 | 10/4 先勝 |
| 18 | 日 | 癸未 五黄 | 10/5 友引 |
| 19 | 月 | 甲申 四緑 | 10/6 先負 |
| 20 | 火 | 乙酉 三碧 | 10/7 仏滅 |
| 21 | 水 | 丙戌 二黒 | 10/8 大安 |
| 22 | 木 | 丁亥 一白 | 10/9 赤口 |
| 23 | 金 | 戊子 九紫 | 10/10 先勝 |
| 24 | 土 | 己丑 八白 | 10/11 友引 |
| 25 | 日 | 庚寅 七赤 | 10/12 先負 |
| 26 | 月 | 辛卯 六白 | 10/13 仏滅 |
| 27 | 火 | 壬辰 五黄 | 10/14 大安 |
| 28 | 水 | 癸巳 四緑 | 10/15 赤口 |
| 29 | 木 | 甲午 三碧 | 10/16 先勝 |
| 30 | 金 | 乙未 二黒 | 10/17 友引 |

## 12月
（壬子 四緑木星）

| | | | |
|---|---|---|---|
| 1 | 土 | 丙申 一白 | 10/18 先負 |
| 2 | 日 | 丁酉 九紫 | 10/19 仏滅 |
| 3 | 月 | 戊戌 八白 | 10/20 大安 |
| 4 | 火 | 己亥 七赤 | 10/21 赤口 |
| 5 | 水 | 庚子 六白 | 10/22 先勝 |
| 6 | 木 | 辛丑 五黄 | 10/23 友引 |
| 7 | 金 | 壬寅 四緑 | 10/24 先負 |
| 8 | 土 | 癸卯 三碧 | 10/25 仏滅 |
| 9 | 日 | 甲辰 二黒 | 10/26 大安 |
| 10 | 月 | 乙巳 一白 | 10/27 赤口 |
| 11 | 火 | 丙午 九紫 | 10/28 先勝 |
| 12 | 水 | 丁未 八白 | 10/29 友引 |
| 13 | 木 | 戊申 七赤 | 11/1 大安 |
| 14 | 金 | 己酉 六白 | 11/2 赤口 |
| 15 | 土 | 庚戌 五黄 | 11/3 先勝 |
| 16 | 日 | 辛亥 四緑 | 11/4 友引 |
| 17 | 月 | 壬子 三碧 | 11/5 先負 |
| 18 | 火 | 癸丑 二黒 | 11/6 仏滅 |
| 19 | 水 | 甲寅 一白 | 11/7 大安 |
| 20 | 木 | 乙卯 九紫 | 11/8 赤口 |
| 21 | 金 | 丙辰 八白 | 11/9 先勝 |
| 22 | 土 | 丁巳 七赤 | 11/10 友引 |
| 23 | 日 | 戊午 六白 | 11/11 先負 |
| 24 | 月 | 己未 五黄 | 11/12 仏滅 |
| 25 | 火 | 庚申 四緑 | 11/13 大安 |
| 26 | 水 | 辛酉 三碧 | 11/14 赤口 |
| 27 | 木 | 壬戌 二黒 | 11/15 先勝 |
| 28 | 金 | 癸亥 一白 | 11/16 友引 |
| 29 | 土 | 甲子 一白 | 11/17 先負 |
| 30 | 日 | 乙丑 二黒 | 11/18 仏滅 |
| 31 | 月 | 丙寅 三碧 | 11/19 大安 |

**9月**

9. 7〔節〕白露
9.19〔雑〕彼岸
9.22〔節〕秋分
9.24〔雑〕社日

**10月**

10. 8〔節〕寒露
10.20〔雑〕土用
10.23〔節〕霜降

**11月**

11. 7〔節〕立冬
11.22〔節〕小雪

**12月**

12. 7〔節〕大雪
12.21〔節〕冬至

# 2013

明治 146 年
大正 102 年
昭和 88 年
平成 25 年

癸巳（みずのとみ）
五黄土星

## 生誕・年忌など

**2.11** 大正政変 100 年
**2.22** F. ソシュール没後 100 年
**3.19** D. リビングストン生誕 200 年
**4. 3** 金田一春彦生誕 100 年
**5. 5** S. キルケゴール生誕 200 年
**5.13** 和田合戦 800 年
**5.22** R. ワーグナー生誕 200 年
**5.28** 顧炎武生誕 400 年
**7.30** 新美南吉生誕 100 年
伊藤左千夫没後 100 年
**8.16** 帝国大学への女子入学 100 年
**9. 2** 岡倉天心没後 100 年
**9. 4** 田中正造没後 100 年
**9.15** 支倉常長欧州派遣 400 年
**10. 5** D. ディドロ生誕 300 年
**10.10** G. ヴェルディ生誕 200 年
**10.22** R. キャパ生誕 100 年
**10.26** 織田作之助生誕 100 年
**11. 7** A. カミュ生誕 100 年
**11.22** 徳川慶喜没後 100 年
**12.10** タゴール・ノーベル賞受賞 (アジア初)100 年
**この年** ローマ皇帝キリスト教公認 (ミラノ勅令)1700 年
善導生誕 1400 年
G. ボッカチオ生誕 700 年

**2013 年**

## 1 月
（癸丑 三碧木星）

| | | | |
|---|---|---|---|
| 1 | 火 | 丁卯 四緑 | 11/20 赤口 |
| 2 | 水 | 戊辰 五黄 | 11/21 先勝 |
| 3 | 木 | 己巳 六白 | 11/22 友引 |
| 4 | 金 | 庚午 七赤 | 11/23 先負 |
| 5 | 土 | 辛未 八白 | 11/24 仏滅 |
| 6 | 日 | 壬申 九紫 | 11/25 大安 |
| 7 | 月 | 癸酉 一白 | 11/26 赤口 |
| 8 | 火 | 甲戌 二黒 | 11/27 先勝 |
| 9 | 水 | 乙亥 三碧 | 11/28 友引 |
| 10 | 木 | 丙子 四緑 | 11/29 先負 |
| 11 | 金 | 丁丑 五黄 | 11/30 仏滅 |
| 12 | 土 | 戊寅 六白 | 12/1 赤口 |
| 13 | 日 | 己卯 七赤 | 12/2 先勝 |
| 14 | 月 | 庚辰 八白 | 12/3 友引 |
| 15 | 火 | 辛巳 九紫 | 12/4 先負 |
| 16 | 水 | 壬午 一白 | 12/5 仏滅 |
| 17 | 木 | 癸未 二黒 | 12/6 大安 |
| 18 | 金 | 甲申 三碧 | 12/7 赤口 |
| 19 | 土 | 乙酉 四緑 | 12/8 先勝 |
| 20 | 日 | 丙戌 五黄 | 12/9 友引 |
| 21 | 月 | 丁亥 六白 | 12/10 先負 |
| 22 | 火 | 戊子 七赤 | 12/11 仏滅 |
| 23 | 水 | 己丑 八白 | 12/12 大安 |
| 24 | 木 | 庚寅 九紫 | 12/13 赤口 |
| 25 | 金 | 辛卯 一白 | 12/14 先勝 |
| 26 | 土 | 壬辰 二黒 | 12/15 友引 |
| 27 | 日 | 癸巳 三碧 | 12/16 先負 |
| 28 | 月 | 甲午 四緑 | 12/17 仏滅 |
| 29 | 火 | 乙未 五黄 | 12/18 大安 |
| 30 | 水 | 丙申 六白 | 12/19 赤口 |
| 31 | 木 | 丁酉 七赤 | 12/20 先勝 |

## 2 月
（甲寅 二黒土星）

| | | | |
|---|---|---|---|
| 1 | 金 | 戊戌 八白 | 12/21 友引 |
| 2 | 土 | 己亥 九紫 | 12/22 先負 |
| 3 | 日 | 庚子 一白 | 12/23 仏滅 |
| 4 | 月 | 辛丑 二黒 | 12/24 大安 |
| 5 | 火 | 壬寅 三碧 | 12/25 赤口 |
| 6 | 水 | 癸卯 四緑 | 12/26 先勝 |
| 7 | 木 | 甲辰 五黄 | 12/27 友引 |
| 8 | 金 | 乙巳 六白 | 12/28 先負 |
| 9 | 土 | 丙午 七赤 | 12/29 仏滅 |
| 10 | 日 | 丁未 八白 | 1/1 先勝 |
| 11 | 月 | 戊申 九紫 | 1/2 友引 |
| 12 | 火 | 己酉 一白 | 1/3 先負 |
| 13 | 水 | 庚戌 二黒 | 1/4 仏滅 |
| 14 | 木 | 辛亥 三碧 | 1/5 大安 |
| 15 | 金 | 壬子 四緑 | 1/6 赤口 |
| 16 | 土 | 癸丑 五黄 | 1/7 先勝 |
| 17 | 日 | 甲寅 六白 | 1/8 友引 |
| 18 | 月 | 乙卯 七赤 | 1/9 先負 |
| 19 | 火 | 丙辰 八白 | 1/10 仏滅 |
| 20 | 水 | 丁巳 九紫 | 1/11 大安 |
| 21 | 木 | 戊午 一白 | 1/12 赤口 |
| 22 | 金 | 己未 二黒 | 1/13 先勝 |
| 23 | 土 | 庚申 三碧 | 1/14 友引 |
| 24 | 日 | 辛酉 四緑 | 1/15 先負 |
| 25 | 月 | 壬戌 五黄 | 1/16 仏滅 |
| 26 | 火 | 癸亥 六白 | 1/17 大安 |
| 27 | 水 | 甲子 七赤 | 1/18 赤口 |
| 28 | 木 | 乙丑 八白 | 1/19 先勝 |

## 3 月
（乙卯 一白水星）

| | | | |
|---|---|---|---|
| 1 | 金 | 丙寅 九紫 | 1/20 友引 |
| 2 | 土 | 丁卯 一白 | 1/21 先負 |
| 3 | 日 | 戊辰 二黒 | 1/22 仏滅 |
| 4 | 月 | 己巳 三碧 | 1/23 大安 |
| 5 | 火 | 庚午 四緑 | 1/24 赤口 |
| 6 | 水 | 辛未 五黄 | 1/25 先勝 |
| 7 | 木 | 壬申 六白 | 1/26 友引 |
| 8 | 金 | 癸酉 七赤 | 1/27 先負 |
| 9 | 土 | 甲戌 八白 | 1/28 仏滅 |
| 10 | 日 | 乙亥 九紫 | 1/29 大安 |
| 11 | 月 | 丙子 一白 | 1/30 赤口 |
| 12 | 火 | 丁丑 二黒 | 2/1 友引 |
| 13 | 水 | 戊寅 三碧 | 2/2 先負 |
| 14 | 木 | 己卯 四緑 | 2/3 仏滅 |
| 15 | 金 | 庚辰 五黄 | 2/4 大安 |
| 16 | 土 | 辛巳 六白 | 2/5 赤口 |
| 17 | 日 | 壬午 七赤 | 2/6 先勝 |
| 18 | 月 | 癸未 八白 | 2/7 友引 |
| 19 | 火 | 甲申 九紫 | 2/8 先負 |
| 20 | 水 | 乙酉 一白 | 2/9 仏滅 |
| 21 | 木 | 丙戌 二黒 | 2/10 大安 |
| 22 | 金 | 丁亥 三碧 | 2/11 赤口 |
| 23 | 土 | 戊子 四緑 | 2/12 先勝 |
| 24 | 日 | 己丑 五黄 | 2/13 友引 |
| 25 | 月 | 庚寅 六白 | 2/14 先負 |
| 26 | 火 | 辛卯 七赤 | 2/15 仏滅 |
| 27 | 水 | 壬辰 八白 | 2/16 大安 |
| 28 | 木 | 癸巳 九紫 | 2/17 赤口 |
| 29 | 金 | 甲午 一白 | 2/18 先勝 |
| 30 | 土 | 乙未 二黒 | 2/19 友引 |
| 31 | 日 | 丙申 三碧 | 2/20 先負 |

## 4 月
（丙辰 九紫火星）

| | | | |
|---|---|---|---|
| 1 | 月 | 丁酉 四緑 | 2/21 仏滅 |
| 2 | 火 | 戊戌 五黄 | 2/22 大安 |
| 3 | 水 | 己亥 六白 | 2/23 赤口 |
| 4 | 木 | 庚子 七赤 | 2/24 先勝 |
| 5 | 金 | 辛丑 八白 | 2/25 友引 |
| 6 | 土 | 壬寅 九紫 | 2/26 先負 |
| 7 | 日 | 癸卯 一白 | 2/27 仏滅 |
| 8 | 月 | 甲辰 二黒 | 2/28 大安 |
| 9 | 火 | 乙巳 三碧 | 2/29 赤口 |
| 10 | 水 | 丙午 四緑 | 3/1 先負 |
| 11 | 木 | 丁未 五黄 | 3/2 仏滅 |
| 12 | 金 | 戊申 六白 | 3/3 大安 |
| 13 | 土 | 己酉 七赤 | 3/4 赤口 |
| 14 | 日 | 庚戌 八白 | 3/5 先勝 |
| 15 | 月 | 辛亥 九紫 | 3/6 友引 |
| 16 | 火 | 壬子 一白 | 3/7 先負 |
| 17 | 水 | 癸丑 二黒 | 3/8 仏滅 |
| 18 | 木 | 甲寅 三碧 | 3/9 大安 |
| 19 | 金 | 乙卯 四緑 | 3/10 赤口 |
| 20 | 土 | 丙辰 五黄 | 3/11 先勝 |
| 21 | 日 | 丁巳 六白 | 3/12 友引 |
| 22 | 月 | 戊午 七赤 | 3/13 先負 |
| 23 | 火 | 己未 八白 | 3/14 仏滅 |
| 24 | 水 | 庚申 九紫 | 3/15 大安 |
| 25 | 木 | 辛酉 一白 | 3/16 赤口 |
| 26 | 金 | 壬戌 二黒 | 3/17 先勝 |
| 27 | 土 | 癸亥 三碧 | 3/18 友引 |
| 28 | 日 | 甲子 四緑 | 3/19 先負 |
| 29 | 月 | 乙丑 五黄 | 3/20 仏滅 |
| 30 | 火 | 丙寅 六白 | 3/21 大安 |

**1 月**

1. 5〔節〕小寒
1.17〔雑〕土用
1.20〔節〕大寒

**2 月**

2. 3〔雑〕節分
2. 4〔節〕立春
2.18〔節〕雨水

**3 月**

3. 5〔節〕啓蟄
3.17〔雑〕彼岸
3.20〔節〕春分
3.23〔雑〕社日

**4 月**

4. 5〔節〕清明
4.17〔雑〕土用
4.20〔節〕穀雨

## 5月
（丁巳 八白土星）

| | | | |
|---|---|---|---|
| 1 | 水 | 丁卯 七赤 | 3/22 赤口 |
| 2 | 木 | 戊辰 八白 | 3/23 先勝 |
| 3 | 金 | 己巳 九紫 | 3/24 友引 |
| 4 | 土 | 庚午 一白 | 3/25 先負 |
| 5 | 日 | 辛未 二黒 | 3/26 仏滅 |
| 6 | 月 | 壬申 三碧 | 3/27 大安 |
| 7 | 火 | 癸酉 四緑 | 3/28 赤口 |
| 8 | 水 | 甲戌 五黄 | 3/29 先勝 |
| 9 | 木 | 乙亥 六白 | 3/30 友引 |
| 10 | 金 | 丙子 七赤 | 4/1 仏滅 |
| 11 | 土 | 丁丑 八白 | 4/2 大安 |
| 12 | 日 | 戊寅 九紫 | 4/3 赤口 |
| 13 | 月 | 己卯 一白 | 4/4 先勝 |
| 14 | 火 | 庚辰 二黒 | 4/5 友引 |
| 15 | 水 | 辛巳 三碧 | 4/6 先負 |
| 16 | 木 | 壬午 四緑 | 4/7 仏滅 |
| 17 | 金 | 癸未 五黄 | 4/8 大安 |
| 18 | 土 | 甲申 六白 | 4/9 赤口 |
| 19 | 日 | 乙酉 七赤 | 4/10 先勝 |
| 20 | 月 | 丙戌 八白 | 4/11 友引 |
| 21 | 火 | 丁亥 九紫 | 4/12 先負 |
| 22 | 水 | 戊子 一白 | 4/13 仏滅 |
| 23 | 木 | 己丑 二黒 | 4/14 大安 |
| 24 | 金 | 庚寅 三碧 | 4/15 赤口 |
| 25 | 土 | 辛卯 四緑 | 4/16 先勝 |
| 26 | 日 | 壬辰 五黄 | 4/17 友引 |
| 27 | 月 | 癸巳 六白 | 4/18 先負 |
| 28 | 火 | 甲午 七赤 | 4/19 仏滅 |
| 29 | 水 | 乙未 八白 | 4/20 大安 |
| 30 | 木 | 丙申 九紫 | 4/21 赤口 |
| 31 | 金 | 丁酉 一白 | 4/22 先勝 |

## 6月
（戊午 七赤金星）

| | | | |
|---|---|---|---|
| 1 | 土 | 戊戌 二黒 | 4/23 友引 |
| 2 | 日 | 己亥 三碧 | 4/24 先負 |
| 3 | 月 | 庚子 四緑 | 4/25 仏滅 |
| 4 | 火 | 辛丑 五黄 | 4/26 大安 |
| 5 | 水 | 壬寅 六白 | 4/27 赤口 |
| 6 | 木 | 癸卯 七赤 | 4/28 先勝 |
| 7 | 金 | 甲辰 八白 | 4/29 友引 |
| 8 | 土 | 乙巳 九紫 | 4/30 先負 |
| 9 | 日 | 丙午 一白 | 5/1 大安 |
| 10 | 月 | 丁未 二黒 | 5/2 赤口 |
| 11 | 火 | 戊申 三碧 | 5/3 先勝 |
| 12 | 水 | 己酉 四緑 | 5/4 友引 |
| 13 | 木 | 庚戌 五黄 | 5/5 先負 |
| 14 | 金 | 辛亥 六白 | 5/6 仏滅 |
| 15 | 土 | 壬子 七赤 | 5/7 大安 |
| 16 | 日 | 癸丑 八白 | 5/8 赤口 |
| 17 | 月 | 甲寅 九紫 | 5/9 先勝 |
| 18 | 火 | 乙卯 一白 | 5/10 友引 |
| 19 | 水 | 丙辰 二黒 | 5/11 先負 |
| 20 | 木 | 丁巳 三碧 | 5/12 仏滅 |
| 21 | 金 | 戊午 四緑 | 5/13 大安 |
| 22 | 土 | 己未 五黄 | 5/14 赤口 |
| 23 | 日 | 庚申 六白 | 5/15 先勝 |
| 24 | 月 | 辛酉 七赤 | 5/16 友引 |
| 25 | 火 | 壬戌 八白 | 5/17 先負 |
| 26 | 水 | 癸亥 九紫 | 5/18 仏滅 |
| 27 | 木 | 甲子 九紫 | 5/19 大安 |
| 28 | 金 | 乙丑 八白 | 5/20 赤口 |
| 29 | 土 | 丙寅 七赤 | 5/21 先勝 |
| 30 | 日 | 丁卯 六白 | 5/22 友引 |

## 7月
（己未 六白金星）

| | | | |
|---|---|---|---|
| 1 | 月 | 戊辰 五黄 | 5/23 先負 |
| 2 | 火 | 己巳 四緑 | 5/24 仏滅 |
| 3 | 水 | 庚午 三碧 | 5/25 大安 |
| 4 | 木 | 辛未 二黒 | 5/26 赤口 |
| 5 | 金 | 壬申 一白 | 5/27 先勝 |
| 6 | 土 | 癸酉 九紫 | 5/28 友引 |
| 7 | 日 | 甲戌 八白 | 5/29 先負 |
| 8 | 月 | 乙亥 七赤 | 6/1 赤口 |
| 9 | 火 | 丙子 六白 | 6/2 先勝 |
| 10 | 水 | 丁丑 五黄 | 6/3 友引 |
| 11 | 木 | 戊寅 四緑 | 6/4 先負 |
| 12 | 金 | 己卯 三碧 | 6/5 仏滅 |
| 13 | 土 | 庚辰 二黒 | 6/6 大安 |
| 14 | 日 | 辛巳 一白 | 6/7 赤口 |
| 15 | 月 | 壬午 九紫 | 6/8 先勝 |
| 16 | 火 | 癸未 八白 | 6/9 友引 |
| 17 | 水 | 甲申 七赤 | 6/10 先負 |
| 18 | 木 | 乙酉 六白 | 6/11 仏滅 |
| 19 | 金 | 丙戌 五黄 | 6/12 大安 |
| 20 | 土 | 丁亥 四緑 | 6/13 赤口 |
| 21 | 日 | 戊子 三碧 | 6/14 先勝 |
| 22 | 月 | 己丑 二黒 | 6/15 友引 |
| 23 | 火 | 庚寅 一白 | 6/16 先負 |
| 24 | 水 | 辛卯 九紫 | 6/17 仏滅 |
| 25 | 木 | 壬辰 八白 | 6/18 大安 |
| 26 | 金 | 癸巳 七赤 | 6/19 赤口 |
| 27 | 土 | 甲午 六白 | 6/20 先勝 |
| 28 | 日 | 乙未 五黄 | 6/21 友引 |
| 29 | 月 | 丙申 四緑 | 6/22 先負 |
| 30 | 火 | 丁酉 三碧 | 6/23 仏滅 |
| 31 | 水 | 戊戌 二黒 | 6/24 大安 |

## 8月
（庚申 五黄土星）

| | | | |
|---|---|---|---|
| 1 | 木 | 己亥 一白 | 6/25 赤口 |
| 2 | 金 | 庚子 九紫 | 6/26 先勝 |
| 3 | 土 | 辛丑 八白 | 6/27 友引 |
| 4 | 日 | 壬寅 七赤 | 6/28 先負 |
| 5 | 月 | 癸卯 六白 | 6/29 仏滅 |
| 6 | 火 | 甲辰 五黄 | 6/30 大安 |
| 7 | 水 | 乙巳 四緑 | 7/1 先勝 |
| 8 | 木 | 丙午 三碧 | 7/2 友引 |
| 9 | 金 | 丁未 二黒 | 7/3 先負 |
| 10 | 土 | 戊申 一白 | 7/4 仏滅 |
| 11 | 日 | 己酉 九紫 | 7/5 大安 |
| 12 | 月 | 庚戌 八白 | 7/6 赤口 |
| 13 | 火 | 辛亥 七赤 | 7/7 先勝 |
| 14 | 水 | 壬子 六白 | 7/8 友引 |
| 15 | 木 | 癸丑 五黄 | 7/9 先負 |
| 16 | 金 | 甲寅 四緑 | 7/10 仏滅 |
| 17 | 土 | 乙卯 三碧 | 7/11 大安 |
| 18 | 日 | 丙辰 二黒 | 7/12 赤口 |
| 19 | 月 | 丁巳 一白 | 7/13 先勝 |
| 20 | 火 | 戊午 九紫 | 7/14 友引 |
| 21 | 水 | 己未 八白 | 7/15 先負 |
| 22 | 木 | 庚申 七赤 | 7/16 仏滅 |
| 23 | 金 | 辛酉 六白 | 7/17 大安 |
| 24 | 土 | 壬戌 五黄 | 7/18 赤口 |
| 25 | 日 | 癸亥 四緑 | 7/19 先勝 |
| 26 | 月 | 甲子 三碧 | 7/20 友引 |
| 27 | 火 | 乙丑 二黒 | 7/21 先負 |
| 28 | 水 | 丙寅 一白 | 7/22 仏滅 |
| 29 | 木 | 丁卯 九紫 | 7/23 大安 |
| 30 | 金 | 戊辰 八白 | 7/24 赤口 |
| 31 | 土 | 己巳 七赤 | 7/25 先勝 |

**5月**

5. 2［雑］八十八夜
5. 5［節］立夏
5.21［節］小満

**6月**

6. 5［節］芒種
6.11［雑］入梅
6.21［節］夏至

**7月**

7. 2［雑］半夏生
7. 7［節］小暑
7.19［雑］土用
7.23［節］大暑

**8月**

8. 7［節］立秋
8.23［節］処暑

2013年

## 9月
（辛酉 四緑木星）

| | | | |
|---|---|---|---|
| 1 | 日 | 庚午 六白 | 7/26 友引 |
| 2 | 月 | 辛未 五黄 | 7/27 先負 |
| 3 | 火 | 壬申 四緑 | 7/28 仏滅 |
| 4 | 水 | 癸酉 三碧 | 7/29 大安 |
| 5 | 木 | 甲戌 二黒 | 8/1 友引 |
| 6 | 金 | 乙亥 一白 | 8/2 先負 |
| 7 | 土 | 丙子 九紫 | 8/3 仏滅 |
| 8 | 日 | 丁丑 八白 | 8/4 大安 |
| 9 | 月 | 戊寅 七赤 | 8/5 赤口 |
| 10 | 火 | 己卯 六白 | 8/6 先勝 |
| 11 | 水 | 庚辰 五黄 | 8/7 友引 |
| 12 | 木 | 辛巳 四緑 | 8/8 先負 |
| 13 | 金 | 壬午 三碧 | 8/9 仏滅 |
| 14 | 土 | 癸未 二黒 | 8/10 大安 |
| 15 | 日 | 甲申 一白 | 8/11 赤口 |
| 16 | 月 | 乙酉 九紫 | 8/12 先勝 |
| 17 | 火 | 丙戌 八白 | 8/13 友引 |
| 18 | 水 | 丁亥 七赤 | 8/14 先負 |
| 19 | 木 | 戊子 六白 | 8/15 仏滅 |
| 20 | 金 | 己丑 五黄 | 8/16 大安 |
| 21 | 土 | 庚寅 四緑 | 8/17 赤口 |
| 22 | 日 | 辛卯 三碧 | 8/18 先勝 |
| 23 | 月 | 壬辰 二黒 | 8/19 友引 |
| 24 | 火 | 癸巳 一白 | 8/20 先負 |
| 25 | 水 | 甲午 九紫 | 8/21 仏滅 |
| 26 | 木 | 乙未 八白 | 8/22 大安 |
| 27 | 金 | 丙申 七赤 | 8/23 赤口 |
| 28 | 土 | 丁酉 六白 | 8/24 先勝 |
| 29 | 日 | 戊戌 五黄 | 8/25 友引 |
| 30 | 月 | 己亥 四緑 | 8/26 先負 |

## 10月
（壬戌 三碧木星）

| | | | |
|---|---|---|---|
| 1 | 火 | 庚子 三碧 | 8/27 仏滅 |
| 2 | 水 | 辛丑 二黒 | 8/28 大安 |
| 3 | 木 | 壬寅 一白 | 8/29 赤口 |
| 4 | 金 | 癸卯 九紫 | 8/30 先勝 |
| 5 | 土 | 甲辰 八白 | 9/1 先負 |
| 6 | 日 | 乙巳 七赤 | 9/2 仏滅 |
| 7 | 月 | 丙午 六白 | 9/3 大安 |
| 8 | 火 | 丁未 五黄 | 9/4 赤口 |
| 9 | 水 | 戊申 四緑 | 9/5 先勝 |
| 10 | 木 | 己酉 三碧 | 9/6 友引 |
| 11 | 金 | 庚戌 二黒 | 9/7 先負 |
| 12 | 土 | 辛亥 一白 | 9/8 仏滅 |
| 13 | 日 | 壬子 九紫 | 9/9 大安 |
| 14 | 月 | 癸丑 八白 | 9/10 赤口 |
| 15 | 火 | 甲寅 七赤 | 9/11 先勝 |
| 16 | 水 | 乙卯 六白 | 9/12 友引 |
| 17 | 木 | 丙辰 五黄 | 9/13 先負 |
| 18 | 金 | 丁巳 四緑 | 9/14 仏滅 |
| 19 | 土 | 戊午 三碧 | 9/15 大安 |
| 20 | 日 | 己未 二黒 | 9/16 赤口 |
| 21 | 月 | 庚申 一白 | 9/17 先勝 |
| 22 | 火 | 辛酉 九紫 | 9/18 友引 |
| 23 | 水 | 壬戌 八白 | 9/19 先負 |
| 24 | 木 | 癸亥 七赤 | 9/20 仏滅 |
| 25 | 金 | 甲子 六白 | 9/21 大安 |
| 26 | 土 | 乙丑 五黄 | 9/22 赤口 |
| 27 | 日 | 丙寅 四緑 | 9/23 先勝 |
| 28 | 月 | 丁卯 三碧 | 9/24 友引 |
| 29 | 火 | 戊辰 二黒 | 9/25 先負 |
| 30 | 水 | 己巳 一白 | 9/26 仏滅 |
| 31 | 木 | 庚午 九紫 | 9/27 大安 |

## 11月
（癸亥 二黒土星）

| | | | |
|---|---|---|---|
| 1 | 金 | 辛未 八白 | 9/28 赤口 |
| 2 | 土 | 壬申 七赤 | 9/29 先勝 |
| 3 | 日 | 癸酉 六白 | 10/1 仏滅 |
| 4 | 月 | 甲戌 五黄 | 10/2 大安 |
| 5 | 火 | 乙亥 四緑 | 10/3 赤口 |
| 6 | 水 | 丙子 三碧 | 10/4 先勝 |
| 7 | 木 | 丁丑 二黒 | 10/5 友引 |
| 8 | 金 | 戊寅 一白 | 10/6 先負 |
| 9 | 土 | 己卯 九紫 | 10/7 仏滅 |
| 10 | 日 | 庚辰 八白 | 10/8 大安 |
| 11 | 月 | 辛巳 七赤 | 10/9 赤口 |
| 12 | 火 | 壬午 六白 | 10/10 先勝 |
| 13 | 水 | 癸未 五黄 | 10/11 友引 |
| 14 | 木 | 甲申 四緑 | 10/12 先負 |
| 15 | 金 | 乙酉 三碧 | 10/13 仏滅 |
| 16 | 土 | 丙戌 二黒 | 10/14 大安 |
| 17 | 日 | 丁亥 一白 | 10/15 赤口 |
| 18 | 月 | 戊子 九紫 | 10/16 先勝 |
| 19 | 火 | 己丑 八白 | 10/17 友引 |
| 20 | 水 | 庚寅 七赤 | 10/18 先負 |
| 21 | 木 | 辛卯 六白 | 10/19 仏滅 |
| 22 | 金 | 壬辰 五黄 | 10/20 大安 |
| 23 | 土 | 癸巳 四緑 | 10/21 赤口 |
| 24 | 日 | 甲午 三碧 | 10/22 先勝 |
| 25 | 月 | 乙未 二黒 | 10/23 友引 |
| 26 | 火 | 丙申 一白 | 10/24 先負 |
| 27 | 水 | 丁酉 九紫 | 10/25 仏滅 |
| 28 | 木 | 戊戌 八白 | 10/26 大安 |
| 29 | 金 | 己亥 七赤 | 10/27 赤口 |
| 30 | 土 | 庚子 六白 | 10/28 先勝 |

## 12月
（甲子 一白水星）

| | | | |
|---|---|---|---|
| 1 | 日 | 辛丑 五黄 | 10/29 友引 |
| 2 | 月 | 壬寅 四緑 | 10/30 先負 |
| 3 | 火 | 癸卯 三碧 | 11/1 大安 |
| 4 | 水 | 甲辰 二黒 | 11/2 赤口 |
| 5 | 木 | 乙巳 一白 | 11/3 先勝 |
| 6 | 金 | 丙午 九紫 | 11/4 友引 |
| 7 | 土 | 丁未 八白 | 11/5 先負 |
| 8 | 日 | 戊申 七赤 | 11/6 仏滅 |
| 9 | 月 | 己酉 六白 | 11/7 大安 |
| 10 | 火 | 庚戌 五黄 | 11/8 赤口 |
| 11 | 水 | 辛亥 四緑 | 11/9 先勝 |
| 12 | 木 | 壬子 三碧 | 11/10 友引 |
| 13 | 金 | 癸丑 二黒 | 11/11 先負 |
| 14 | 土 | 甲寅 一白 | 11/12 仏滅 |
| 15 | 日 | 乙卯 九紫 | 11/13 大安 |
| 16 | 月 | 丙辰 八白 | 11/14 赤口 |
| 17 | 火 | 丁巳 七赤 | 11/15 先勝 |
| 18 | 水 | 戊午 六白 | 11/16 友引 |
| 19 | 木 | 己未 五黄 | 11/17 先負 |
| 20 | 金 | 庚申 四緑 | 11/18 仏滅 |
| 21 | 土 | 辛酉 三碧 | 11/19 大安 |
| 22 | 日 | 壬戌 二黒 | 11/20 赤口 |
| 23 | 月 | 癸亥 一白 | 11/21 先勝 |
| 24 | 火 | 甲子 一白 | 11/22 友引 |
| 25 | 水 | 乙丑 二黒 | 11/23 先負 |
| 26 | 木 | 丙寅 三碧 | 11/24 仏滅 |
| 27 | 金 | 丁卯 四緑 | 11/25 大安 |
| 28 | 土 | 戊辰 五黄 | 11/26 赤口 |
| 29 | 日 | 己巳 六白 | 11/27 先勝 |
| 30 | 月 | 庚午 七赤 | 11/28 友引 |
| 31 | 火 | 辛未 八白 | 11/29 先負 |

**9月**

9. 1［雑］二百十日
9. 7［節］白露
9.19［雑］社日
9.20［雑］彼岸
9.23［節］秋分

**10月**

10. 8［節］寒露
10.20［雑］土用
10.23［節］霜降

**11月**

11. 7［節］立冬
11.22［節］小雪

**12月**

12. 7［節］大雪
12.22［節］冬至

# 2014

明治 **147** 年
大正 **103** 年
昭和 **89** 年
平成 **26** 年

甲午（きのえうま）
四緑木星

生誕・年忌など

**1.23** シーメンス事件発覚 100 年
**1.28** カール大帝没後 1200 年
**4. 4** M. デュラス生誕 100 年
**5.20** 前畑秀子生誕 100 年
**5.30** M. バクーニン生誕 200 年
**5. —** ナポレオン・エルバ島配流 200 年
**6.28** オーストリア皇太子暗殺 (サラエボ)100 年
**7.28** 第一次世界大戦勃発 100 年
**7.30** 立原道造生誕 100 年
**8. 9** T. ヤンソン生誕 100 年
**8.15** パナマ運河開通 100 年
**8.19** G. アウグストゥス没後 2000 年
**9.18** ウィーン会議開催 200 年
**10. 4** J. ミレー生誕 200 年
**10. —** 高山右近国外追放 400 年
**11. 7** 日本軍青島占領 100 年
**11. —** 大坂冬の陣 400 年
**12. 2** M. サド没後 200 年
**12.15** 福岡方城鉱ガス爆発事故 100 年
**12.18** 東京駅開業 100 年
この年 藤原鎌足生誕 1400 年
八橋検校生誕 400 年
絵島・生島事件 300 年
スティーブンソン蒸気機関車開発 200 年
J. フィヒテ没後 200 年
A. ビアス没後 100 年

2014年

## 1月
（乙丑 九紫火星）

| | | |
|---|---|---|
| 1 水 | 壬申 九紫 | 12/1 赤口 |
| 2 木 | 癸酉 一白 | 12/2 先勝 |
| 3 金 | 甲戌 二黒 | 12/3 友引 |
| 4 土 | 乙亥 三碧 | 12/4 先負 |
| 5 日 | 丙子 四緑 | 12/5 仏滅 |
| 6 月 | 丁丑 五黄 | 12/6 大安 |
| 7 火 | 戊寅 六白 | 12/7 赤口 |
| 8 水 | 己卯 七赤 | 12/8 先勝 |
| 9 木 | 庚辰 八白 | 12/9 友引 |
| 10 金 | 辛巳 九紫 | 12/10 先負 |
| 11 土 | 壬午 一白 | 12/11 仏滅 |
| 12 日 | 癸未 二黒 | 12/12 大安 |
| 13 月 | 甲申 三碧 | 12/13 赤口 |
| 14 火 | 乙酉 四緑 | 12/14 先勝 |
| 15 水 | 丙戌 五黄 | 12/15 友引 |
| 16 木 | 丁亥 六白 | 12/16 先負 |
| 17 金 | 戊子 七赤 | 12/17 仏滅 |
| 18 土 | 己丑 八白 | 12/18 大安 |
| 19 日 | 庚寅 九紫 | 12/19 赤口 |
| 20 月 | 辛卯 一白 | 12/20 先勝 |
| 21 火 | 壬辰 二黒 | 12/21 友引 |
| 22 水 | 癸巳 三碧 | 12/22 先負 |
| 23 木 | 甲午 四緑 | 12/23 仏滅 |
| 24 金 | 乙未 五黄 | 12/24 大安 |
| 25 土 | 丙申 六白 | 12/25 赤口 |
| 26 日 | 丁酉 七赤 | 12/26 先勝 |
| 27 月 | 戊戌 八白 | 12/27 友引 |
| 28 火 | 己亥 九紫 | 12/28 先負 |
| 29 水 | 庚子 一白 | 12/29 仏滅 |
| 30 木 | 辛丑 二黒 | 12/30 大安 |
| 31 金 | 壬寅 三碧 | 1/1 先勝 |

## 2月
（丙寅 八白土星）

| | | |
|---|---|---|
| 1 土 | 癸卯 四緑 | 1/2 友引 |
| 2 日 | 甲辰 五黄 | 1/3 先負 |
| 3 月 | 乙巳 六白 | 1/4 仏滅 |
| 4 火 | 丙午 七赤 | 1/5 大安 |
| 5 水 | 丁未 八白 | 1/6 赤口 |
| 6 木 | 戊申 九紫 | 1/7 先勝 |
| 7 金 | 己酉 一白 | 1/8 友引 |
| 8 土 | 庚戌 二黒 | 1/9 先負 |
| 9 日 | 辛亥 三碧 | 1/10 仏滅 |
| 10 月 | 壬子 四緑 | 1/11 大安 |
| 11 火 | 癸丑 五黄 | 1/12 赤口 |
| 12 水 | 甲寅 六白 | 1/13 先勝 |
| 13 木 | 乙卯 七赤 | 1/14 友引 |
| 14 金 | 丙辰 八白 | 1/15 先負 |
| 15 土 | 丁巳 九紫 | 1/16 仏滅 |
| 16 日 | 戊午 一白 | 1/17 大安 |
| 17 月 | 己未 二黒 | 1/18 赤口 |
| 18 火 | 庚申 三碧 | 1/19 先勝 |
| 19 水 | 辛酉 四緑 | 1/20 友引 |
| 20 木 | 壬戌 五黄 | 1/21 先負 |
| 21 金 | 癸亥 六白 | 1/22 仏滅 |
| 22 土 | 甲子 七赤 | 1/23 大安 |
| 23 日 | 乙丑 八白 | 1/24 赤口 |
| 24 月 | 丙寅 九紫 | 1/25 先勝 |
| 25 火 | 丁卯 一白 | 1/26 友引 |
| 26 水 | 戊辰 二黒 | 1/27 先負 |
| 27 木 | 己巳 三碧 | 1/28 仏滅 |
| 28 金 | 庚午 四緑 | 1/29 大安 |

## 3月
（丁卯 七赤金星）

| | | |
|---|---|---|
| 1 土 | 辛未 五黄 | 2/1 友引 |
| 2 日 | 壬申 六白 | 2/2 先負 |
| 3 月 | 癸酉 七赤 | 2/3 仏滅 |
| 4 火 | 甲戌 八白 | 2/4 大安 |
| 5 水 | 乙亥 九紫 | 2/5 赤口 |
| 6 木 | 丙子 一白 | 2/6 先勝 |
| 7 金 | 丁丑 二黒 | 2/7 友引 |
| 8 土 | 戊寅 三碧 | 2/8 先負 |
| 9 日 | 己卯 四緑 | 2/9 仏滅 |
| 10 月 | 庚辰 五黄 | 2/10 大安 |
| 11 火 | 辛巳 六白 | 2/11 赤口 |
| 12 水 | 壬午 七赤 | 2/12 先勝 |
| 13 木 | 癸未 八白 | 2/13 友引 |
| 14 金 | 甲申 九紫 | 2/14 先負 |
| 15 土 | 乙酉 一白 | 2/15 仏滅 |
| 16 日 | 丙戌 二黒 | 2/16 大安 |
| 17 月 | 丁亥 三碧 | 2/17 赤口 |
| 18 火 | 戊子 四緑 | 2/18 先勝 |
| 19 水 | 己丑 五黄 | 2/19 友引 |
| 20 木 | 庚寅 六白 | 2/20 先負 |
| 21 金 | 辛卯 七赤 | 2/21 仏滅 |
| 22 土 | 壬辰 八白 | 2/22 大安 |
| 23 日 | 癸巳 九紫 | 2/23 赤口 |
| 24 月 | 甲午 一白 | 2/24 先勝 |
| 25 火 | 乙未 二黒 | 2/25 友引 |
| 26 水 | 丙申 三碧 | 2/26 先負 |
| 27 木 | 丁酉 四緑 | 2/27 仏滅 |
| 28 金 | 戊戌 五黄 | 2/28 大安 |
| 29 土 | 己亥 六白 | 2/29 赤口 |
| 30 日 | 庚子 七赤 | 2/30 先勝 |
| 31 月 | 辛丑 八白 | 3/1 先負 |

## 4月
（戊辰 六白金星）

| | | |
|---|---|---|
| 1 火 | 壬寅 九紫 | 3/2 仏滅 |
| 2 水 | 癸卯 一白 | 3/3 大安 |
| 3 木 | 甲辰 二黒 | 3/4 赤口 |
| 4 金 | 乙巳 三碧 | 3/5 先勝 |
| 5 土 | 丙午 四緑 | 3/6 友引 |
| 6 日 | 丁未 五黄 | 3/7 先負 |
| 7 月 | 戊申 六白 | 3/8 仏滅 |
| 8 火 | 己酉 七赤 | 3/9 大安 |
| 9 水 | 庚戌 八白 | 3/10 赤口 |
| 10 木 | 辛亥 九紫 | 3/11 先勝 |
| 11 金 | 壬子 一白 | 3/12 友引 |
| 12 土 | 癸丑 二黒 | 3/13 先負 |
| 13 日 | 甲寅 三碧 | 3/14 仏滅 |
| 14 月 | 乙卯 四緑 | 3/15 大安 |
| 15 火 | 丙辰 五黄 | 3/16 赤口 |
| 16 水 | 丁巳 六白 | 3/17 先勝 |
| 17 木 | 戊午 七赤 | 3/18 友引 |
| 18 金 | 己未 八白 | 3/19 先負 |
| 19 土 | 庚申 九紫 | 3/20 仏滅 |
| 20 日 | 辛酉 一白 | 3/21 大安 |
| 21 月 | 壬戌 二黒 | 3/22 赤口 |
| 22 火 | 癸亥 三碧 | 3/23 先勝 |
| 23 水 | 甲子 四緑 | 3/24 友引 |
| 24 木 | 乙丑 五黄 | 3/25 先負 |
| 25 金 | 丙寅 六白 | 3/26 仏滅 |
| 26 土 | 丁卯 七赤 | 3/27 大安 |
| 27 日 | 戊辰 八白 | 3/28 赤口 |
| 28 月 | 己巳 九紫 | 3/29 先勝 |
| 29 火 | 庚午 一白 | 4/1 仏滅 |
| 30 水 | 辛未 二黒 | 4/2 大安 |

**1月**

1. 5［節］小寒
1.17［雑］土用
1.20［節］大寒

**2月**

2. 3［雑］節分
2. 4［節］立春
2.19［節］雨水

**3月**

3. 6［節］啓蟄
3.18［雑］彼岸
3.18［雑］社日
3.21［節］春分

**4月**

4. 5［節］清明
4.17［雑］土用
4.20［節］穀雨

## 5月
（己巳 五黄土星）

| 日 | 曜 | 干支 九星 | 旧暦 六曜 |
|---|---|---|---|
| 1 | 木 | 壬申 三碧 | 4/3 赤口 |
| 2 | 金 | 癸酉 四緑 | 4/4 先勝 |
| 3 | 土 | 甲戌 五黄 | 4/5 友引 |
| 4 | 日 | 乙亥 六白 | 4/6 先負 |
| 5 | 月 | 丙子 七赤 | 4/7 仏滅 |
| 6 | 火 | 丁丑 八白 | 4/8 大安 |
| 7 | 水 | 戊寅 九紫 | 4/9 赤口 |
| 8 | 木 | 己卯 一白 | 4/10 先勝 |
| 9 | 金 | 庚辰 二黒 | 4/11 友引 |
| 10 | 土 | 辛巳 三碧 | 4/12 先負 |
| 11 | 日 | 壬午 四緑 | 4/13 仏滅 |
| 12 | 月 | 癸未 五黄 | 4/14 大安 |
| 13 | 火 | 甲申 六白 | 4/15 赤口 |
| 14 | 水 | 乙酉 七赤 | 4/16 先勝 |
| 15 | 木 | 丙戌 八白 | 4/17 友引 |
| 16 | 金 | 丁亥 九紫 | 4/18 先負 |
| 17 | 土 | 戊子 一白 | 4/19 仏滅 |
| 18 | 日 | 己丑 二黒 | 4/20 大安 |
| 19 | 月 | 庚寅 三碧 | 4/21 赤口 |
| 20 | 火 | 辛卯 四緑 | 4/22 先勝 |
| 21 | 水 | 壬辰 五黄 | 4/23 友引 |
| 22 | 木 | 癸巳 六白 | 4/24 先負 |
| 23 | 金 | 甲午 七赤 | 4/25 仏滅 |
| 24 | 土 | 乙未 八白 | 4/26 大安 |
| 25 | 日 | 丙申 九紫 | 4/27 赤口 |
| 26 | 月 | 丁酉 一白 | 4/28 先勝 |
| 27 | 火 | 戊戌 二黒 | 4/29 友引 |
| 28 | 水 | 己亥 三碧 | 4/30 先負 |
| 29 | 木 | 庚子 四緑 | 5/1 大安 |
| 30 | 金 | 辛丑 五黄 | 5/2 赤口 |
| 31 | 土 | 壬寅 六白 | 5/3 先勝 |

## 6月
（庚午 四緑木星）

| 日 | 曜 | 干支 九星 | 旧暦 六曜 |
|---|---|---|---|
| 1 | 日 | 癸卯 七赤 | 5/4 友引 |
| 2 | 月 | 甲辰 八白 | 5/5 先負 |
| 3 | 火 | 乙巳 九紫 | 5/6 仏滅 |
| 4 | 水 | 丙午 一白 | 5/7 大安 |
| 5 | 木 | 丁未 二黒 | 5/8 赤口 |
| 6 | 金 | 戊申 三碧 | 5/9 先勝 |
| 7 | 土 | 己酉 四緑 | 5/10 友引 |
| 8 | 日 | 庚戌 五黄 | 5/11 先負 |
| 9 | 月 | 辛亥 六白 | 5/12 仏滅 |
| 10 | 火 | 壬子 七赤 | 5/13 大安 |
| 11 | 水 | 癸丑 八白 | 5/14 赤口 |
| 12 | 木 | 甲寅 九紫 | 5/15 先勝 |
| 13 | 金 | 乙卯 一白 | 5/16 友引 |
| 14 | 土 | 丙辰 二黒 | 5/17 先負 |
| 15 | 日 | 丁巳 三碧 | 5/18 仏滅 |
| 16 | 月 | 戊午 四緑 | 5/19 大安 |
| 17 | 火 | 己未 五黄 | 5/20 赤口 |
| 18 | 水 | 庚申 六白 | 5/21 先勝 |
| 19 | 木 | 辛酉 七赤 | 5/22 友引 |
| 20 | 金 | 壬戌 八白 | 5/23 先負 |
| 21 | 土 | 癸亥 九紫 | 5/24 仏滅 |
| 22 | 日 | 甲子 九紫 | 5/25 大安 |
| 23 | 月 | 乙丑 八白 | 5/26 赤口 |
| 24 | 火 | 丙寅 七赤 | 5/27 先勝 |
| 25 | 水 | 丁卯 六白 | 5/28 友引 |
| 26 | 木 | 戊辰 五黄 | 5/29 先負 |
| 27 | 金 | 己巳 四緑 | 6/1 赤口 |
| 28 | 土 | 庚午 三碧 | 6/2 先勝 |
| 29 | 日 | 辛未 二黒 | 6/3 友引 |
| 30 | 月 | 壬申 一白 | 6/4 先負 |

## 7月
（辛未 三碧木星）

| 日 | 曜 | 干支 九星 | 旧暦 六曜 |
|---|---|---|---|
| 1 | 火 | 癸酉 九紫 | 6/5 仏滅 |
| 2 | 水 | 甲戌 八白 | 6/6 大安 |
| 3 | 木 | 乙亥 七赤 | 6/7 赤口 |
| 4 | 金 | 丙子 六白 | 6/8 先勝 |
| 5 | 土 | 丁丑 五黄 | 6/9 友引 |
| 6 | 日 | 戊寅 四緑 | 6/10 先負 |
| 7 | 月 | 己卯 三碧 | 6/11 仏滅 |
| 8 | 火 | 庚辰 二黒 | 6/12 大安 |
| 9 | 水 | 辛巳 一白 | 6/13 赤口 |
| 10 | 木 | 壬午 九紫 | 6/14 先勝 |
| 11 | 金 | 癸未 八白 | 6/15 友引 |
| 12 | 土 | 甲申 七赤 | 6/16 先負 |
| 13 | 日 | 乙酉 六白 | 6/17 仏滅 |
| 14 | 月 | 丙戌 五黄 | 6/18 大安 |
| 15 | 火 | 丁亥 四緑 | 6/19 赤口 |
| 16 | 水 | 戊子 三碧 | 6/20 先勝 |
| 17 | 木 | 己丑 二黒 | 6/21 友引 |
| 18 | 金 | 庚寅 一白 | 6/22 先負 |
| 19 | 土 | 辛卯 九紫 | 6/23 仏滅 |
| 20 | 日 | 壬辰 八白 | 6/24 大安 |
| 21 | 月 | 癸巳 七赤 | 6/25 赤口 |
| 22 | 火 | 甲午 六白 | 6/26 先勝 |
| 23 | 水 | 乙未 五黄 | 6/27 友引 |
| 24 | 木 | 丙申 四緑 | 6/28 先負 |
| 25 | 金 | 丁酉 三碧 | 6/29 仏滅 |
| 26 | 土 | 戊戌 二黒 | 6/30 大安 |
| 27 | 日 | 己亥 一白 | 7/1 先勝 |
| 28 | 月 | 庚子 九紫 | 7/2 友引 |
| 29 | 火 | 辛丑 八白 | 7/3 先負 |
| 30 | 水 | 壬寅 七赤 | 7/4 仏滅 |
| 31 | 木 | 癸卯 六白 | 7/5 大安 |

## 8月
（壬申 二黒土星）

| 日 | 曜 | 干支 九星 | 旧暦 六曜 |
|---|---|---|---|
| 1 | 金 | 甲辰 五黄 | 7/6 赤口 |
| 2 | 土 | 乙巳 四緑 | 7/7 先勝 |
| 3 | 日 | 丙午 三碧 | 7/8 友引 |
| 4 | 月 | 丁未 二黒 | 7/9 先負 |
| 5 | 火 | 戊申 一白 | 7/10 仏滅 |
| 6 | 水 | 己酉 九紫 | 7/11 大安 |
| 7 | 木 | 庚戌 八白 | 7/12 赤口 |
| 8 | 金 | 辛亥 七赤 | 7/13 先勝 |
| 9 | 土 | 壬子 六白 | 7/14 友引 |
| 10 | 日 | 癸丑 五黄 | 7/15 先負 |
| 11 | 月 | 甲寅 四緑 | 7/16 仏滅 |
| 12 | 火 | 乙卯 三碧 | 7/17 大安 |
| 13 | 水 | 丙辰 二黒 | 7/18 赤口 |
| 14 | 木 | 丁巳 一白 | 7/19 先勝 |
| 15 | 金 | 戊午 九紫 | 7/20 友引 |
| 16 | 土 | 己未 八白 | 7/21 先負 |
| 17 | 日 | 庚申 七赤 | 7/22 仏滅 |
| 18 | 月 | 辛酉 六白 | 7/23 大安 |
| 19 | 火 | 壬戌 五黄 | 7/24 赤口 |
| 20 | 水 | 癸亥 四緑 | 7/25 先勝 |
| 21 | 木 | 甲子 三碧 | 7/26 友引 |
| 22 | 金 | 乙丑 二黒 | 7/27 先負 |
| 23 | 土 | 丙寅 一白 | 7/28 仏滅 |
| 24 | 日 | 丁卯 九紫 | 7/29 大安 |
| 25 | 月 | 戊辰 八白 | 8/1 友引 |
| 26 | 火 | 己巳 七赤 | 8/2 先負 |
| 27 | 水 | 庚午 六白 | 8/3 仏滅 |
| 28 | 木 | 辛未 五黄 | 8/4 大安 |
| 29 | 金 | 壬申 四緑 | 8/5 赤口 |
| 30 | 土 | 癸酉 三碧 | 8/6 先勝 |
| 31 | 日 | 甲戌 二黒 | 8/7 友引 |

**5月**

5. 2〔雑〕八十八夜
5. 5〔節〕立夏
5.21〔節〕小満

**6月**

6. 6〔節〕芒種
6.11〔雑〕入梅
6.21〔節〕夏至

**7月**

7. 2〔雑〕半夏生
7. 7〔節〕小暑
7.20〔雑〕土用
7.23〔節〕大暑

**8月**

8. 7〔節〕立秋
8.23〔節〕処暑

2014年

## 9月
（癸酉 一白水星）

| | | | |
|---|---|---|---|
| 1 | 月 | 乙亥 一白 | 8/8 先負 |
| 2 | 火 | 丙子 九紫 | 8/9 仏滅 |
| 3 | 水 | 丁丑 八白 | 8/10 大安 |
| 4 | 木 | 戊寅 七赤 | 8/11 赤口 |
| 5 | 金 | 己卯 六白 | 8/12 先勝 |
| 6 | 土 | 庚辰 五黄 | 8/13 友引 |
| 7 | 日 | 辛巳 四緑 | 8/14 先負 |
| 8 | 月 | 壬午 三碧 | 8/15 仏滅 |
| 9 | 火 | 癸未 二黒 | 8/16 大安 |
| 10 | 水 | 甲申 一白 | 8/17 赤口 |
| 11 | 木 | 乙酉 九紫 | 8/18 先勝 |
| 12 | 金 | 丙戌 八白 | 8/19 友引 |
| 13 | 土 | 丁亥 七赤 | 8/20 先負 |
| 14 | 日 | 戊子 六白 | 8/21 仏滅 |
| 15 | 月 | 己丑 五黄 | 8/22 大安 |
| 16 | 火 | 庚寅 四緑 | 8/23 赤口 |
| 17 | 水 | 辛卯 三碧 | 8/24 先勝 |
| 18 | 木 | 壬辰 二黒 | 8/25 友引 |
| 19 | 金 | 癸巳 一白 | 8/26 先負 |
| 20 | 土 | 甲午 九紫 | 8/27 仏滅 |
| 21 | 日 | 乙未 八白 | 8/28 大安 |
| 22 | 月 | 丙申 七赤 | 8/29 赤口 |
| 23 | 火 | 丁酉 六白 | 8/30 先勝 |
| 24 | 水 | 戊戌 五黄 | 9/1 先負 |
| 25 | 木 | 己亥 四緑 | 9/2 仏滅 |
| 26 | 金 | 庚子 三碧 | 9/3 大安 |
| 27 | 土 | 辛丑 二黒 | 9/4 赤口 |
| 28 | 日 | 壬寅 一白 | 9/5 先勝 |
| 29 | 月 | 癸卯 九紫 | 9/6 友引 |
| 30 | 火 | 甲辰 八白 | 9/7 先負 |

## 10月
（甲戌 九紫火星）

| | | | |
|---|---|---|---|
| 1 | 水 | 乙巳 七赤 | 9/8 仏滅 |
| 2 | 木 | 丙午 六白 | 9/9 大安 |
| 3 | 金 | 丁未 五黄 | 9/10 赤口 |
| 4 | 土 | 戊申 四緑 | 9/11 先勝 |
| 5 | 日 | 己酉 三碧 | 9/12 友引 |
| 6 | 月 | 庚戌 二黒 | 9/13 先負 |
| 7 | 火 | 辛亥 一白 | 9/14 仏滅 |
| 8 | 水 | 壬子 九紫 | 9/15 大安 |
| 9 | 木 | 癸丑 八白 | 9/16 赤口 |
| 10 | 金 | 甲寅 七赤 | 9/17 先勝 |
| 11 | 土 | 乙卯 六白 | 9/18 友引 |
| 12 | 日 | 丙辰 五黄 | 9/19 先負 |
| 13 | 月 | 丁巳 四緑 | 9/20 仏滅 |
| 14 | 火 | 戊午 三碧 | 9/21 大安 |
| 15 | 水 | 己未 二黒 | 9/22 赤口 |
| 16 | 木 | 庚申 一白 | 9/23 先勝 |
| 17 | 金 | 辛酉 九紫 | 9/24 友引 |
| 18 | 土 | 壬戌 八白 | 9/25 先負 |
| 19 | 日 | 癸亥 七赤 | 9/26 仏滅 |
| 20 | 月 | 甲子 六白 | 9/27 大安 |
| 21 | 火 | 乙丑 五黄 | 9/28 赤口 |
| 22 | 水 | 丙寅 四緑 | 9/29 先勝 |
| 23 | 木 | 丁卯 三碧 | 9/30 友引 |
| 24 | 金 | 戊辰 二黒 | 閏9/1 先負 |
| 25 | 土 | 己巳 一白 | 閏9/2 仏滅 |
| 26 | 日 | 庚午 九紫 | 閏9/3 大安 |
| 27 | 月 | 辛未 八白 | 閏9/4 赤口 |
| 28 | 火 | 壬申 七赤 | 閏9/5 先勝 |
| 29 | 水 | 癸酉 六白 | 閏9/6 友引 |
| 30 | 木 | 甲戌 五黄 | 閏9/7 先負 |
| 31 | 金 | 乙亥 四緑 | 閏9/8 仏滅 |

## 11月
（乙亥 八白土星）

| | | | |
|---|---|---|---|
| 1 | 土 | 丙子 三碧 | 閏9/9 大安 |
| 2 | 日 | 丁丑 二黒 | 閏9/10 赤口 |
| 3 | 月 | 戊寅 一白 | 閏9/11 先勝 |
| 4 | 火 | 己卯 九紫 | 閏9/12 友引 |
| 5 | 水 | 庚辰 八白 | 閏9/13 先負 |
| 6 | 木 | 辛巳 七赤 | 閏9/14 仏滅 |
| 7 | 金 | 壬午 六白 | 閏9/15 大安 |
| 8 | 土 | 癸未 五黄 | 閏9/16 赤口 |
| 9 | 日 | 甲申 四緑 | 閏9/17 先勝 |
| 10 | 月 | 乙酉 三碧 | 閏9/18 友引 |
| 11 | 火 | 丙戌 二黒 | 閏9/19 先負 |
| 12 | 水 | 丁亥 一白 | 閏9/20 仏滅 |
| 13 | 木 | 戊子 九紫 | 閏9/21 大安 |
| 14 | 金 | 己丑 八白 | 閏9/22 赤口 |
| 15 | 土 | 庚寅 七赤 | 閏9/23 先勝 |
| 16 | 日 | 辛卯 六白 | 閏9/24 友引 |
| 17 | 月 | 壬辰 五黄 | 閏9/25 先負 |
| 18 | 火 | 癸巳 四緑 | 閏9/26 仏滅 |
| 19 | 水 | 甲午 三碧 | 閏9/27 大安 |
| 20 | 木 | 乙未 二黒 | 閏9/28 赤口 |
| 21 | 金 | 丙申 一白 | 閏9/29 先勝 |
| 22 | 土 | 丁酉 九紫 | 10/1 仏滅 |
| 23 | 日 | 戊戌 八白 | 10/2 大安 |
| 24 | 月 | 己亥 七赤 | 10/3 赤口 |
| 25 | 火 | 庚子 六白 | 10/4 先勝 |
| 26 | 水 | 辛丑 五黄 | 10/5 友引 |
| 27 | 木 | 壬寅 四緑 | 10/6 先負 |
| 28 | 金 | 癸卯 三碧 | 10/7 仏滅 |
| 29 | 土 | 甲辰 二黒 | 10/8 大安 |
| 30 | 日 | 乙巳 一白 | 10/9 赤口 |

## 12月
（丙子 七赤金星）

| | | | |
|---|---|---|---|
| 1 | 月 | 丙午 九紫 | 10/10 先勝 |
| 2 | 火 | 丁未 八白 | 10/11 友引 |
| 3 | 水 | 戊申 七赤 | 10/12 先負 |
| 4 | 木 | 己酉 六白 | 10/13 仏滅 |
| 5 | 金 | 庚戌 五黄 | 10/14 大安 |
| 6 | 土 | 辛亥 四緑 | 10/15 赤口 |
| 7 | 日 | 壬子 三碧 | 10/16 先勝 |
| 8 | 月 | 癸丑 二黒 | 10/17 友引 |
| 9 | 火 | 甲寅 一白 | 10/18 先負 |
| 10 | 水 | 乙卯 九紫 | 10/19 仏滅 |
| 11 | 木 | 丙辰 八白 | 10/20 大安 |
| 12 | 金 | 丁巳 七赤 | 10/21 赤口 |
| 13 | 土 | 戊午 六白 | 10/22 先勝 |
| 14 | 日 | 己未 五黄 | 10/23 友引 |
| 15 | 月 | 庚申 四緑 | 10/24 先負 |
| 16 | 火 | 辛酉 三碧 | 10/25 仏滅 |
| 17 | 水 | 壬戌 二黒 | 10/26 大安 |
| 18 | 木 | 癸亥 一白 | 10/27 赤口 |
| 19 | 金 | 甲子 一白 | 10/28 先勝 |
| 20 | 土 | 乙丑 二黒 | 10/29 友引 |
| 21 | 日 | 丙寅 三碧 | 10/30 先負 |
| 22 | 月 | 丁卯 四緑 | 11/1 大安 |
| 23 | 火 | 戊辰 五黄 | 11/2 赤口 |
| 24 | 水 | 己巳 六白 | 11/3 先勝 |
| 25 | 木 | 庚午 七赤 | 11/4 友引 |
| 26 | 金 | 辛未 八白 | 11/5 先負 |
| 27 | 土 | 壬申 九紫 | 11/6 仏滅 |
| 28 | 日 | 癸酉 一白 | 11/7 大安 |
| 29 | 月 | 甲戌 二黒 | 11/8 赤口 |
| 30 | 火 | 乙亥 三碧 | 11/9 先勝 |
| 31 | 水 | 丙子 四緑 | 11/10 友引 |

**9月**

9. 1［雑］二百十日
9. 8［節］白露
9.20［雑］彼岸
9.23［節］秋分
9.24［雑］社日

**10月**

10. 8［節］寒露
10.20［雑］土用
10.23［節］霜降

**11月**

11. 7［節］立冬
11.22［節］小雪

**12月**

12. 7［節］大雪
12.22［節］冬至

# 2015

明治 **148** 年
大正 **104** 年
昭和 **90** 年
平成 **27** 年

乙未（きのとひつじ）
三碧木星

生誕・年忌など

**1. 6** 北条時政没後 800 年
**1.18** 対華 21ヵ条要求 100 年
**2.23** 野間宏生誕 100 年
**4. 1** O. ビスマルク生誕 200 年
**4.10** インドネシア・タンボラ火山大噴火 200 年
**4.27** A. スクリャービン没後 100 年
**4.—** 杉田玄白「蘭学事始」完成 200 年
**5. 6** 大坂夏の陣 400 年
O. ウェルズ生誕 100 年
**5. 7** 真田幸村没後 400 年
U ボートの米客船ルシタニア号撃沈 100 年
**5. 8** 豊臣氏滅亡 400 年
豊臣秀頼没後 400 年
淀君没後 400 年
**6. 8** ドイツ連邦成立 200 年
**6. 9** ウィーン会議終結 200 年
**6.15** マグナ・カルタ (大憲章) 制定 800 年
**7. 6** ヤン・フス処刑 600 年
**8.18** 日本・全国高校野球 100 年
**9. 1** ルイ 14 世没後 300 年
**10.11** J. ファーブル没後 100 年
**10.17** アーサー・ミラー生誕 100 年
**10.29** 井伊直弼生誕 200 年
**11.12** R. バルト生誕 100 年
この年 シャカ入滅 2500 年
フビライ・ハン生誕 800 年
ナポレオン「百日天下」200 年

2015 年

## 1 月
（丁丑 六白金星）

| | | | |
|---|---|---|---|
| 1 | 木 | 丁丑 五黄 | 11/11 先負 |
| 2 | 金 | 戊寅 六白 | 11/12 仏滅 |
| 3 | 土 | 己卯 七赤 | 11/13 大安 |
| 4 | 日 | 庚辰 八白 | 11/14 赤口 |
| 5 | 月 | 辛巳 九紫 | 11/15 先勝 |
| 6 | 火 | 壬午 一白 | 11/16 友引 |
| 7 | 水 | 癸未 二黒 | 11/17 先負 |
| 8 | 木 | 甲申 三碧 | 11/18 仏滅 |
| 9 | 金 | 乙酉 四緑 | 11/19 大安 |
| 10 | 土 | 丙戌 五黄 | 11/20 赤口 |
| 11 | 日 | 丁亥 六白 | 11/21 先勝 |
| 12 | 月 | 戊子 七赤 | 11/22 友引 |
| 13 | 火 | 己丑 八白 | 11/23 先負 |
| 14 | 水 | 庚寅 九紫 | 11/24 仏滅 |
| 15 | 木 | 辛卯 一白 | 11/25 大安 |
| 16 | 金 | 壬辰 二黒 | 11/26 赤口 |
| 17 | 土 | 癸巳 三碧 | 11/27 先勝 |
| 18 | 日 | 甲午 四緑 | 11/28 友引 |
| 19 | 月 | 乙未 五黄 | 11/29 先負 |
| 20 | 火 | 丙申 六白 | 12/1 赤口 |
| 21 | 水 | 丁酉 七赤 | 12/2 先勝 |
| 22 | 木 | 戊戌 八白 | 12/3 友引 |
| 23 | 金 | 己亥 九紫 | 12/4 先負 |
| 24 | 土 | 庚子 一白 | 12/5 仏滅 |
| 25 | 日 | 辛丑 二黒 | 12/6 大安 |
| 26 | 月 | 壬寅 三碧 | 12/7 赤口 |
| 27 | 火 | 癸卯 四緑 | 12/8 先勝 |
| 28 | 水 | 甲辰 五黄 | 12/9 友引 |
| 29 | 木 | 乙巳 六白 | 12/10 先負 |
| 30 | 金 | 丙午 七赤 | 12/11 仏滅 |
| 31 | 土 | 丁未 八白 | 12/12 大安 |

## 2 月
（戊寅 五黄土星）

| | | | |
|---|---|---|---|
| 1 | 日 | 戊申 九紫 | 12/13 赤口 |
| 2 | 月 | 己酉 一白 | 12/14 先勝 |
| 3 | 火 | 庚戌 二黒 | 12/15 友引 |
| 4 | 水 | 辛亥 三碧 | 12/16 先負 |
| 5 | 木 | 壬子 四緑 | 12/17 仏滅 |
| 6 | 金 | 癸丑 五黄 | 12/18 大安 |
| 7 | 土 | 甲寅 六白 | 12/19 赤口 |
| 8 | 日 | 乙卯 七赤 | 12/20 先勝 |
| 9 | 月 | 丙辰 八白 | 12/21 友引 |
| 10 | 火 | 丁巳 九紫 | 12/22 先負 |
| 11 | 水 | 戊午 一白 | 12/23 仏滅 |
| 12 | 木 | 己未 二黒 | 12/24 大安 |
| 13 | 金 | 庚申 三碧 | 12/25 赤口 |
| 14 | 土 | 辛酉 四緑 | 12/26 先勝 |
| 15 | 日 | 壬戌 五黄 | 12/27 友引 |
| 16 | 月 | 癸亥 六白 | 12/28 先負 |
| 17 | 火 | 甲子 七赤 | 12/29 仏滅 |
| 18 | 水 | 乙丑 八白 | 12/30 大安 |
| 19 | 木 | 丙寅 九紫 | 1/1 先勝 |
| 20 | 金 | 丁卯 一白 | 1/2 友引 |
| 21 | 土 | 戊辰 二黒 | 1/3 先負 |
| 22 | 日 | 己巳 三碧 | 1/4 仏滅 |
| 23 | 月 | 庚午 四緑 | 1/5 大安 |
| 24 | 火 | 辛未 五黄 | 1/6 赤口 |
| 25 | 水 | 壬申 六白 | 1/7 先勝 |
| 26 | 木 | 癸酉 七赤 | 1/8 友引 |
| 27 | 金 | 甲戌 八白 | 1/9 先負 |
| 28 | 土 | 乙亥 九紫 | 1/10 仏滅 |

## 3 月
（己卯 四緑木星）

| | | | |
|---|---|---|---|
| 1 | 日 | 丙子 一白 | 1/11 大安 |
| 2 | 月 | 丁丑 二黒 | 1/12 赤口 |
| 3 | 火 | 戊寅 三碧 | 1/13 先勝 |
| 4 | 水 | 己卯 四緑 | 1/14 友引 |
| 5 | 木 | 庚辰 五黄 | 1/15 先負 |
| 6 | 金 | 辛巳 六白 | 1/16 仏滅 |
| 7 | 土 | 壬午 七赤 | 1/17 大安 |
| 8 | 日 | 癸未 八白 | 1/18 赤口 |
| 9 | 月 | 甲申 九紫 | 1/19 先勝 |
| 10 | 火 | 乙酉 一白 | 1/20 友引 |
| 11 | 水 | 丙戌 二黒 | 1/21 先負 |
| 12 | 木 | 丁亥 三碧 | 1/22 仏滅 |
| 13 | 金 | 戊子 四緑 | 1/23 大安 |
| 14 | 土 | 己丑 五黄 | 1/24 赤口 |
| 15 | 日 | 庚寅 六白 | 1/25 先勝 |
| 16 | 月 | 辛卯 七赤 | 1/26 友引 |
| 17 | 火 | 壬辰 八白 | 1/27 先負 |
| 18 | 水 | 癸巳 九紫 | 1/28 仏滅 |
| 19 | 木 | 甲午 一白 | 1/29 大安 |
| 20 | 金 | 乙未 二黒 | 2/1 友引 |
| 21 | 土 | 丙申 三碧 | 2/2 先負 |
| 22 | 日 | 丁酉 四緑 | 2/3 仏滅 |
| 23 | 月 | 戊戌 五黄 | 2/4 大安 |
| 24 | 火 | 己亥 六白 | 2/5 赤口 |
| 25 | 水 | 庚子 七赤 | 2/6 先勝 |
| 26 | 木 | 辛丑 八白 | 2/7 友引 |
| 27 | 金 | 壬寅 九紫 | 2/8 先負 |
| 28 | 土 | 癸卯 一白 | 2/9 仏滅 |
| 29 | 日 | 甲辰 二黒 | 2/10 大安 |
| 30 | 月 | 乙巳 三碧 | 2/11 赤口 |
| 31 | 火 | 丙午 四緑 | 2/12 先勝 |

## 4 月
（庚辰 三碧木星）

| | | | |
|---|---|---|---|
| 1 | 水 | 丁未 五黄 | 2/13 友引 |
| 2 | 木 | 戊申 六白 | 2/14 先負 |
| 3 | 金 | 己酉 七赤 | 2/15 仏滅 |
| 4 | 土 | 庚戌 八白 | 2/16 大安 |
| 5 | 日 | 辛亥 九紫 | 2/17 赤口 |
| 6 | 月 | 壬子 一白 | 2/18 先勝 |
| 7 | 火 | 癸丑 二黒 | 2/19 友引 |
| 8 | 水 | 甲寅 三碧 | 2/20 先負 |
| 9 | 木 | 乙卯 四緑 | 2/21 仏滅 |
| 10 | 金 | 丙辰 五黄 | 2/22 大安 |
| 11 | 土 | 丁巳 六白 | 2/23 赤口 |
| 12 | 日 | 戊午 七赤 | 2/24 先勝 |
| 13 | 月 | 己未 八白 | 2/25 友引 |
| 14 | 火 | 庚申 九紫 | 2/26 先負 |
| 15 | 水 | 辛酉 一白 | 2/27 仏滅 |
| 16 | 木 | 壬戌 二黒 | 2/28 大安 |
| 17 | 金 | 癸亥 三碧 | 2/29 赤口 |
| 18 | 土 | 甲子 四緑 | 2/30 先勝 |
| 19 | 日 | 乙丑 五黄 | 3/1 先負 |
| 20 | 月 | 丙寅 六白 | 3/2 仏滅 |
| 21 | 火 | 丁卯 七赤 | 3/3 大安 |
| 22 | 水 | 戊辰 八白 | 3/4 赤口 |
| 23 | 木 | 己巳 九紫 | 3/5 先勝 |
| 24 | 金 | 庚午 一白 | 3/6 友引 |
| 25 | 土 | 辛未 二黒 | 3/7 先負 |
| 26 | 日 | 壬申 三碧 | 3/8 仏滅 |
| 27 | 月 | 癸酉 四緑 | 3/9 大安 |
| 28 | 火 | 甲戌 五黄 | 3/10 赤口 |
| 29 | 水 | 乙亥 六白 | 3/11 先勝 |
| 30 | 木 | 丙子 七赤 | 3/12 友引 |

**1 月**

1. 6 [節] 小寒
1.17 [雑] 土用
1.20 [節] 大寒

**2 月**

2. 3 [雑] 節分
2. 4 [節] 立春
2.19 [節] 雨水

**3 月**

3. 6 [節] 啓蟄
3.18 [雑] 彼岸
3.21 [節] 春分
3.23 [雑] 社日

**4 月**

4. 5 [節] 清明
4.17 [雑] 土用
4.20 [節] 穀雨

## 5月
（辛巳 二黒土星）

| | | | |
|---|---|---|---|
| 1 | 金 | 丁丑 八白 | 3/13 先負 |
| 2 | 土 | 戊寅 九紫 | 3/14 仏滅 |
| 3 | 日 | 己卯 一白 | 3/15 大安 |
| 4 | 月 | 庚辰 二黒 | 3/16 赤口 |
| 5 | 火 | 辛巳 三碧 | 3/17 先勝 |
| 6 | 水 | 壬午 四緑 | 3/18 友引 |
| 7 | 木 | 癸未 五黄 | 3/19 先負 |
| 8 | 金 | 甲申 六白 | 3/20 仏滅 |
| 9 | 土 | 乙酉 七赤 | 3/21 大安 |
| 10 | 日 | 丙戌 八白 | 3/22 赤口 |
| 11 | 月 | 丁亥 九紫 | 3/23 先勝 |
| 12 | 火 | 戊子 一白 | 3/24 友引 |
| 13 | 水 | 己丑 二黒 | 3/25 先負 |
| 14 | 木 | 庚寅 三碧 | 3/26 仏滅 |
| 15 | 金 | 辛卯 四緑 | 3/27 大安 |
| 16 | 土 | 壬辰 五黄 | 3/28 赤口 |
| 17 | 日 | 癸巳 六白 | 3/29 先勝 |
| 18 | 月 | 甲午 七赤 | 4/1 仏滅 |
| 19 | 火 | 乙未 八白 | 4/2 大安 |
| 20 | 水 | 丙申 九紫 | 4/3 赤口 |
| 21 | 木 | 丁酉 一白 | 4/4 先勝 |
| 22 | 金 | 戊戌 二黒 | 4/5 友引 |
| 23 | 土 | 己亥 三碧 | 4/6 先負 |
| 24 | 日 | 庚子 四緑 | 4/7 仏滅 |
| 25 | 月 | 辛丑 五黄 | 4/8 大安 |
| 26 | 火 | 壬寅 六白 | 4/9 赤口 |
| 27 | 水 | 癸卯 七赤 | 4/10 先勝 |
| 28 | 木 | 甲辰 八白 | 4/11 友引 |
| 29 | 金 | 乙巳 九紫 | 4/12 先負 |
| 30 | 土 | 丙午 一白 | 4/13 仏滅 |
| 31 | 日 | 丁未 二黒 | 4/14 大安 |

## 6月
（壬午 一白水星）

| | | | |
|---|---|---|---|
| 1 | 月 | 戊申 三碧 | 4/15 赤口 |
| 2 | 火 | 己酉 四緑 | 4/16 先勝 |
| 3 | 水 | 庚戌 五黄 | 4/17 友引 |
| 4 | 木 | 辛亥 六白 | 4/18 先負 |
| 5 | 金 | 壬子 七赤 | 4/19 仏滅 |
| 6 | 土 | 癸丑 八白 | 4/20 大安 |
| 7 | 日 | 甲寅 九紫 | 4/21 赤口 |
| 8 | 月 | 乙卯 一白 | 4/22 先勝 |
| 9 | 火 | 丙辰 二黒 | 4/23 友引 |
| 10 | 水 | 丁巳 三碧 | 4/24 先負 |
| 11 | 木 | 戊午 四緑 | 4/25 仏滅 |
| 12 | 金 | 己未 五黄 | 4/26 大安 |
| 13 | 土 | 庚申 六白 | 4/27 赤口 |
| 14 | 日 | 辛酉 七赤 | 4/28 先勝 |
| 15 | 月 | 壬戌 八白 | 4/29 友引 |
| 16 | 火 | 癸亥 九紫 | 5/1 大安 |
| 17 | 水 | 甲子 九紫 | 5/2 赤口 |
| 18 | 木 | 乙丑 八白 | 5/3 先勝 |
| 19 | 金 | 丙寅 七赤 | 5/4 友引 |
| 20 | 土 | 丁卯 六白 | 5/5 先負 |
| 21 | 日 | 戊辰 五黄 | 5/6 仏滅 |
| 22 | 月 | 己巳 四緑 | 5/7 大安 |
| 23 | 火 | 庚午 三碧 | 5/8 赤口 |
| 24 | 水 | 辛未 二黒 | 5/9 先勝 |
| 25 | 木 | 壬申 一白 | 5/10 友引 |
| 26 | 金 | 癸酉 九紫 | 5/11 先負 |
| 27 | 土 | 甲戌 八白 | 5/12 仏滅 |
| 28 | 日 | 乙亥 七赤 | 5/13 大安 |
| 29 | 月 | 丙子 六白 | 5/14 赤口 |
| 30 | 火 | 丁丑 五黄 | 5/15 先勝 |

## 7月
（癸未 九紫火星）

| | | | |
|---|---|---|---|
| 1 | 水 | 戊寅 四緑 | 5/16 友引 |
| 2 | 木 | 己卯 三碧 | 5/17 先負 |
| 3 | 金 | 庚辰 二黒 | 5/18 仏滅 |
| 4 | 土 | 辛巳 一白 | 5/19 大安 |
| 5 | 日 | 壬午 九紫 | 5/20 赤口 |
| 6 | 月 | 癸未 八白 | 5/21 先勝 |
| 7 | 火 | 甲申 七赤 | 5/22 友引 |
| 8 | 水 | 乙酉 六白 | 5/23 先負 |
| 9 | 木 | 丙戌 五黄 | 5/24 仏滅 |
| 10 | 金 | 丁亥 四緑 | 5/25 大安 |
| 11 | 土 | 戊子 三碧 | 5/26 赤口 |
| 12 | 日 | 己丑 二黒 | 5/27 先勝 |
| 13 | 月 | 庚寅 一白 | 5/28 友引 |
| 14 | 火 | 辛卯 九紫 | 5/29 先負 |
| 15 | 水 | 壬辰 八白 | 5/30 仏滅 |
| 16 | 木 | 癸巳 七赤 | 6/1 赤口 |
| 17 | 金 | 甲午 六白 | 6/2 先勝 |
| 18 | 土 | 乙未 五黄 | 6/3 友引 |
| 19 | 日 | 丙申 四緑 | 6/4 先負 |
| 20 | 月 | 丁酉 三碧 | 6/5 仏滅 |
| 21 | 火 | 戊戌 二黒 | 6/6 大安 |
| 22 | 水 | 己亥 一白 | 6/7 赤口 |
| 23 | 木 | 庚子 九紫 | 6/8 先勝 |
| 24 | 金 | 辛丑 八白 | 6/9 友引 |
| 25 | 土 | 壬寅 七赤 | 6/10 先負 |
| 26 | 日 | 癸卯 六白 | 6/11 仏滅 |
| 27 | 月 | 甲辰 五黄 | 6/12 大安 |
| 28 | 火 | 乙巳 四緑 | 6/13 赤口 |
| 29 | 水 | 丙午 三碧 | 6/14 先勝 |
| 30 | 木 | 丁未 二黒 | 6/15 友引 |
| 31 | 金 | 戊申 一白 | 6/16 先負 |

## 8月
（甲申 八白土星）

| | | | |
|---|---|---|---|
| 1 | 土 | 己酉 九紫 | 6/17 仏滅 |
| 2 | 日 | 庚戌 八白 | 6/18 大安 |
| 3 | 月 | 辛亥 七赤 | 6/19 赤口 |
| 4 | 火 | 壬子 六白 | 6/20 先勝 |
| 5 | 水 | 癸丑 五黄 | 6/21 友引 |
| 6 | 木 | 甲寅 四緑 | 6/22 先負 |
| 7 | 金 | 乙卯 三碧 | 6/23 仏滅 |
| 8 | 土 | 丙辰 二黒 | 6/24 大安 |
| 9 | 日 | 丁巳 一白 | 6/25 赤口 |
| 10 | 月 | 戊午 九紫 | 6/26 先勝 |
| 11 | 火 | 己未 八白 | 6/27 友引 |
| 12 | 水 | 庚申 七赤 | 6/28 先負 |
| 13 | 木 | 辛酉 六白 | 6/29 仏滅 |
| 14 | 金 | 壬戌 五黄 | 7/1 先勝 |
| 15 | 土 | 癸亥 四緑 | 7/2 友引 |
| 16 | 日 | 甲子 三碧 | 7/3 先負 |
| 17 | 月 | 乙丑 二黒 | 7/4 仏滅 |
| 18 | 火 | 丙寅 一白 | 7/5 大安 |
| 19 | 水 | 丁卯 九紫 | 7/6 赤口 |
| 20 | 木 | 戊辰 八白 | 7/7 先勝 |
| 21 | 金 | 己巳 七赤 | 7/8 友引 |
| 22 | 土 | 庚午 六白 | 7/9 先負 |
| 23 | 日 | 辛未 五黄 | 7/10 仏滅 |
| 24 | 月 | 壬申 四緑 | 7/11 大安 |
| 25 | 火 | 癸酉 三碧 | 7/12 赤口 |
| 26 | 水 | 甲戌 二黒 | 7/13 先勝 |
| 27 | 木 | 乙亥 一白 | 7/14 友引 |
| 28 | 金 | 丙子 九紫 | 7/15 先負 |
| 29 | 土 | 丁丑 八白 | 7/16 仏滅 |
| 30 | 日 | 戊寅 七赤 | 7/17 大安 |
| 31 | 月 | 己卯 六白 | 7/18 赤口 |

**5月**

5. 2［雑］八十八夜
5. 6［節］立夏
5.21［節］小満

**6月**

6. 6［節］芒種
6.11［雑］入梅
6.22［節］夏至

**7月**

7. 2［雑］半夏生
7. 7［節］小暑
7.20［雑］土用
7.23［節］大暑

**8月**

8. 8［節］立秋
8.23［節］処暑

## 9月
（乙酉 七赤金星）

| 日 | 曜 | 干支・九星 | 旧暦・六曜 |
|---|---|---|---|
| 1 | 火 | 庚辰 五黄 | 7/19 先勝 |
| 2 | 水 | 辛巳 四緑 | 7/20 友引 |
| 3 | 木 | 壬午 三碧 | 7/21 先負 |
| 4 | 金 | 癸未 二黒 | 7/22 仏滅 |
| 5 | 土 | 甲申 一白 | 7/23 大安 |
| 6 | 日 | 乙酉 九紫 | 7/24 赤口 |
| 7 | 月 | 丙戌 八白 | 7/25 先勝 |
| 8 | 火 | 丁亥 七赤 | 7/26 友引 |
| 9 | 水 | 戊子 六白 | 7/27 先負 |
| 10 | 木 | 己丑 五黄 | 7/28 仏滅 |
| 11 | 金 | 庚寅 四緑 | 7/29 大安 |
| 12 | 土 | 辛卯 三碧 | 7/30 赤口 |
| 13 | 日 | 壬辰 二黒 | 8/1 友引 |
| 14 | 月 | 癸巳 一白 | 8/2 先負 |
| 15 | 火 | 甲午 九紫 | 8/3 仏滅 |
| 16 | 水 | 乙未 八白 | 8/4 大安 |
| 17 | 木 | 丙申 七赤 | 8/5 赤口 |
| 18 | 金 | 丁酉 六白 | 8/6 先勝 |
| 19 | 土 | 戊戌 五黄 | 8/7 友引 |
| 20 | 日 | 己亥 四緑 | 8/8 先負 |
| 21 | 月 | 庚子 三碧 | 8/9 仏滅 |
| 22 | 火 | 辛丑 二黒 | 8/10 大安 |
| 23 | 水 | 壬寅 一白 | 8/11 赤口 |
| 24 | 木 | 癸卯 九紫 | 8/12 先勝 |
| 25 | 金 | 甲辰 八白 | 8/13 友引 |
| 26 | 土 | 乙巳 七赤 | 8/14 先負 |
| 27 | 日 | 丙午 六白 | 8/15 仏滅 |
| 28 | 月 | 丁未 五黄 | 8/16 大安 |
| 29 | 火 | 戊申 四緑 | 8/17 赤口 |
| 30 | 水 | 己酉 三碧 | 8/18 先勝 |

## 10月
（丙戌 六白金星）

| 日 | 曜 | 干支・九星 | 旧暦・六曜 |
|---|---|---|---|
| 1 | 木 | 庚戌 二黒 | 8/19 友引 |
| 2 | 金 | 辛亥 一白 | 8/20 先負 |
| 3 | 土 | 壬子 九紫 | 8/21 仏滅 |
| 4 | 日 | 癸丑 八白 | 8/22 大安 |
| 5 | 月 | 甲寅 七赤 | 8/23 赤口 |
| 6 | 火 | 乙卯 六白 | 8/24 先勝 |
| 7 | 水 | 丙辰 五黄 | 8/25 友引 |
| 8 | 木 | 丁巳 四緑 | 8/26 先負 |
| 9 | 金 | 戊午 三碧 | 8/27 仏滅 |
| 10 | 土 | 己未 二黒 | 8/28 大安 |
| 11 | 日 | 庚申 一白 | 8/29 赤口 |
| 12 | 月 | 辛酉 九紫 | 8/30 先勝 |
| 13 | 火 | 壬戌 八白 | 9/1 先負 |
| 14 | 水 | 癸亥 七赤 | 9/2 仏滅 |
| 15 | 木 | 甲子 六白 | 9/3 大安 |
| 16 | 金 | 乙丑 五黄 | 9/4 赤口 |
| 17 | 土 | 丙寅 四緑 | 9/5 先勝 |
| 18 | 日 | 丁卯 三碧 | 9/6 友引 |
| 19 | 月 | 戊辰 二黒 | 9/7 先負 |
| 20 | 火 | 己巳 一白 | 9/8 仏滅 |
| 21 | 水 | 庚午 九紫 | 9/9 大安 |
| 22 | 木 | 辛未 八白 | 9/10 赤口 |
| 23 | 金 | 壬申 七赤 | 9/11 先勝 |
| 24 | 土 | 癸酉 六白 | 9/12 友引 |
| 25 | 日 | 甲戌 五黄 | 9/13 先負 |
| 26 | 月 | 乙亥 四緑 | 9/14 仏滅 |
| 27 | 火 | 丙子 三碧 | 9/15 大安 |
| 28 | 水 | 丁丑 二黒 | 9/16 赤口 |
| 29 | 木 | 戊寅 一白 | 9/17 先勝 |
| 30 | 金 | 己卯 九紫 | 9/18 友引 |
| 31 | 土 | 庚辰 八白 | 9/19 先負 |

## 11月
（丁亥 五黄土星）

| 日 | 曜 | 干支・九星 | 旧暦・六曜 |
|---|---|---|---|
| 1 | 日 | 辛巳 七赤 | 9/20 仏滅 |
| 2 | 月 | 壬午 六白 | 9/21 大安 |
| 3 | 火 | 癸未 五黄 | 9/22 赤口 |
| 4 | 水 | 甲申 四緑 | 9/23 先勝 |
| 5 | 木 | 乙酉 三碧 | 9/24 友引 |
| 6 | 金 | 丙戌 二黒 | 9/25 先負 |
| 7 | 土 | 丁亥 一白 | 9/26 仏滅 |
| 8 | 日 | 戊子 九紫 | 9/27 大安 |
| 9 | 月 | 己丑 八白 | 9/28 赤口 |
| 10 | 火 | 庚寅 七赤 | 9/29 先勝 |
| 11 | 水 | 辛卯 六白 | 9/30 友引 |
| 12 | 木 | 壬辰 五黄 | 10/1 仏滅 |
| 13 | 金 | 癸巳 四緑 | 10/2 大安 |
| 14 | 土 | 甲午 三碧 | 10/3 赤口 |
| 15 | 日 | 乙未 二黒 | 10/4 先勝 |
| 16 | 月 | 丙申 一白 | 10/5 友引 |
| 17 | 火 | 丁酉 九紫 | 10/6 先負 |
| 18 | 水 | 戊戌 八白 | 10/7 仏滅 |
| 19 | 木 | 己亥 七赤 | 10/8 大安 |
| 20 | 金 | 庚子 六白 | 10/9 赤口 |
| 21 | 土 | 辛丑 五黄 | 10/10 先勝 |
| 22 | 日 | 壬寅 四緑 | 10/11 友引 |
| 23 | 月 | 癸卯 三碧 | 10/12 先負 |
| 24 | 火 | 甲辰 二黒 | 10/13 仏滅 |
| 25 | 水 | 乙巳 一白 | 10/14 大安 |
| 26 | 木 | 丙午 九紫 | 10/15 赤口 |
| 27 | 金 | 丁未 八白 | 10/16 先勝 |
| 28 | 土 | 戊申 七赤 | 10/17 友引 |
| 29 | 日 | 己酉 六白 | 10/18 先負 |
| 30 | 月 | 庚戌 五黄 | 10/19 仏滅 |

## 12月
（戊子 四緑木星）

| 日 | 曜 | 干支・九星 | 旧暦・六曜 |
|---|---|---|---|
| 1 | 火 | 辛亥 四緑 | 10/20 大安 |
| 2 | 水 | 壬子 三碧 | 10/21 赤口 |
| 3 | 木 | 癸丑 二黒 | 10/22 先勝 |
| 4 | 金 | 甲寅 一白 | 10/23 友引 |
| 5 | 土 | 乙卯 九紫 | 10/24 先負 |
| 6 | 日 | 丙辰 八白 | 10/25 仏滅 |
| 7 | 月 | 丁巳 七赤 | 10/26 大安 |
| 8 | 火 | 戊午 六白 | 10/27 赤口 |
| 9 | 水 | 己未 五黄 | 10/28 先勝 |
| 10 | 木 | 庚申 四緑 | 10/29 友引 |
| 11 | 金 | 辛酉 三碧 | 11/1 大安 |
| 12 | 土 | 壬戌 二黒 | 11/2 赤口 |
| 13 | 日 | 癸亥 一白 | 11/3 先勝 |
| 14 | 月 | 甲子 一白 | 11/4 友引 |
| 15 | 火 | 乙丑 二黒 | 11/5 先負 |
| 16 | 水 | 丙寅 三碧 | 11/6 仏滅 |
| 17 | 木 | 丁卯 四緑 | 11/7 大安 |
| 18 | 金 | 戊辰 五黄 | 11/8 赤口 |
| 19 | 土 | 己巳 六白 | 11/9 先勝 |
| 20 | 日 | 庚午 七赤 | 11/10 友引 |
| 21 | 月 | 辛未 八白 | 11/11 先負 |
| 22 | 火 | 壬申 九紫 | 11/12 仏滅 |
| 23 | 水 | 癸酉 一白 | 11/13 大安 |
| 24 | 木 | 甲戌 二黒 | 11/14 赤口 |
| 25 | 金 | 乙亥 三碧 | 11/15 先勝 |
| 26 | 土 | 丙子 四緑 | 11/16 友引 |
| 27 | 日 | 丁丑 五黄 | 11/17 先負 |
| 28 | 月 | 戊寅 六白 | 11/18 仏滅 |
| 29 | 火 | 己卯 七赤 | 11/19 大安 |
| 30 | 水 | 庚辰 八白 | 11/20 赤口 |
| 31 | 木 | 辛巳 九紫 | 11/21 先勝 |

**9月**

9. 1 [雑] 二百十日
9. 8 [節] 白露
9.19 [雑] 社日
9.20 [雑] 彼岸
9.23 [節] 秋分

**10月**

10. 8 [節] 寒露
10.21 [雑] 土用
10.24 [節] 霜降

**11月**

11. 8 [節] 立冬
11.23 [節] 小雪

**12月**

12. 7 [節] 大雪
12.22 [節] 冬至

# 2016

**明治 149 年**
**大正 105 年**
**昭和 91 年**
**平成 28 年**

丙申（ひのえさる）
二黒土星

生誕・年忌など

**2. 3** 河竹黙阿弥生誕 200 年
**2.19** E. マッハ没後 100 年
**2.28** H. ジェームズ没後 100 年
**4.17** 徳川家康没後 400 年
**4.23** M. セルバンテス没後 400 年
　　W. シェイクスピア没後 400 年
**4.24** アイルランド・反英蜂起 100 年
**5. 1** 享保の改革開始 300 年
**6. 2** 尾形光琳没後 300 年
**6. 5** アラブ軍・オスマン帝国に反乱 100 年
**6. 8** 鴨長明没後 800 年
**7. 9** アルゼンチン独立宣言 200 年
　　上田敏没後 100 年
**9. 7** 山東京伝没後 200 年
**10. 2** 上杉禅秀の乱勃発 600 年
**11.14** G. ライプニッツ没後 300 年
**11.22** J. ロンドン没後 100 年
**12. 9** 夏目漱石没後 100 年
この年 後金 (のちの清) 建国 400 年
　　与謝蕪村生誕 300 年

## 2016年

### 1月
（己丑 三碧木星）

| | | | |
|---|---|---|---|
| 1 | 金 | 壬午 一白 | 11/22 友引 |
| 2 | 土 | 癸未 二黒 | 11/23 先負 |
| 3 | 日 | 甲申 三碧 | 11/24 仏滅 |
| 4 | 月 | 乙酉 四緑 | 11/25 大安 |
| 5 | 火 | 丙戌 五黄 | 11/26 赤口 |
| 6 | 水 | 丁亥 六白 | 11/27 先勝 |
| 7 | 木 | 戊子 七赤 | 11/28 友引 |
| 8 | 金 | 己丑 八白 | 11/29 先負 |
| 9 | 土 | 庚寅 九紫 | 11/30 仏滅 |
| 10 | 日 | 辛卯 一白 | 12/1 赤口 |
| 11 | 月 | 壬辰 二黒 | 12/2 先勝 |
| 12 | 火 | 癸巳 三碧 | 12/3 友引 |
| 13 | 水 | 甲午 四緑 | 12/4 先負 |
| 14 | 木 | 乙未 五黄 | 12/5 仏滅 |
| 15 | 金 | 丙申 六白 | 12/6 大安 |
| 16 | 土 | 丁酉 七赤 | 12/7 赤口 |
| 17 | 日 | 戊戌 八白 | 12/8 先勝 |
| 18 | 月 | 己亥 九紫 | 12/9 友引 |
| 19 | 火 | 庚子 一白 | 12/10 先負 |
| 20 | 水 | 辛丑 二黒 | 12/11 仏滅 |
| 21 | 木 | 壬寅 三碧 | 12/12 大安 |
| 22 | 金 | 癸卯 四緑 | 12/13 赤口 |
| 23 | 土 | 甲辰 五黄 | 12/14 先勝 |
| 24 | 日 | 乙巳 六白 | 12/15 友引 |
| 25 | 月 | 丙午 七赤 | 12/16 先負 |
| 26 | 火 | 丁未 八白 | 12/17 仏滅 |
| 27 | 水 | 戊申 九紫 | 12/18 大安 |
| 28 | 木 | 己酉 一白 | 12/19 赤口 |
| 29 | 金 | 庚戌 二黒 | 12/20 先勝 |
| 30 | 土 | 辛亥 三碧 | 12/21 友引 |
| 31 | 日 | 壬子 四緑 | 12/22 先負 |

### 2月
（庚寅 二黒土星）

| | | | |
|---|---|---|---|
| 1 | 月 | 癸丑 五黄 | 12/23 仏滅 |
| 2 | 火 | 甲寅 六白 | 12/24 大安 |
| 3 | 水 | 乙卯 七赤 | 12/25 赤口 |
| 4 | 木 | 丙辰 八白 | 12/26 先勝 |
| 5 | 金 | 丁巳 九紫 | 12/27 友引 |
| 6 | 土 | 戊午 一白 | 12/28 先負 |
| 7 | 日 | 己未 二黒 | 12/29 仏滅 |
| 8 | 月 | 庚申 三碧 | 1/1 先勝 |
| 9 | 火 | 辛酉 四緑 | 1/2 友引 |
| 10 | 水 | 壬戌 五黄 | 1/3 先負 |
| 11 | 木 | 癸亥 六白 | 1/4 仏滅 |
| 12 | 金 | 甲子 七赤 | 1/5 大安 |
| 13 | 土 | 乙丑 八白 | 1/6 赤口 |
| 14 | 日 | 丙寅 九紫 | 1/7 先勝 |
| 15 | 月 | 丁卯 一白 | 1/8 友引 |
| 16 | 火 | 戊辰 二黒 | 1/9 先負 |
| 17 | 水 | 己巳 三碧 | 1/10 仏滅 |
| 18 | 木 | 庚午 四緑 | 1/11 大安 |
| 19 | 金 | 辛未 五黄 | 1/12 赤口 |
| 20 | 土 | 壬申 六白 | 1/13 先勝 |
| 21 | 日 | 癸酉 七赤 | 1/14 友引 |
| 22 | 月 | 甲戌 八白 | 1/15 先負 |
| 23 | 火 | 乙亥 九紫 | 1/16 仏滅 |
| 24 | 水 | 丙子 一白 | 1/17 大安 |
| 25 | 木 | 丁丑 二黒 | 1/18 赤口 |
| 26 | 金 | 戊寅 三碧 | 1/19 先勝 |
| 27 | 土 | 己卯 四緑 | 1/20 友引 |
| 28 | 日 | 庚辰 五黄 | 1/21 先負 |
| 29 | 月 | 辛巳 六白 | 1/22 仏滅 |

### 3月
（辛卯 一白水星）

| | | | |
|---|---|---|---|
| 1 | 火 | 壬午 七赤 | 1/23 大安 |
| 2 | 水 | 癸未 八白 | 1/24 赤口 |
| 3 | 木 | 甲申 九紫 | 1/25 先勝 |
| 4 | 金 | 乙酉 一白 | 1/26 友引 |
| 5 | 土 | 丙戌 二黒 | 1/27 先負 |
| 6 | 日 | 丁亥 三碧 | 1/28 仏滅 |
| 7 | 月 | 戊子 四緑 | 1/29 大安 |
| 8 | 火 | 己丑 五黄 | 1/30 赤口 |
| 9 | 水 | 庚寅 六白 | 2/1 友引 |
| 10 | 木 | 辛卯 七赤 | 2/2 先負 |
| 11 | 金 | 壬辰 八白 | 2/3 仏滅 |
| 12 | 土 | 癸巳 九紫 | 2/4 大安 |
| 13 | 日 | 甲午 一白 | 2/5 赤口 |
| 14 | 月 | 乙未 二黒 | 2/6 先勝 |
| 15 | 火 | 丙申 三碧 | 2/7 友引 |
| 16 | 水 | 丁酉 四緑 | 2/8 先負 |
| 17 | 木 | 戊戌 五黄 | 2/9 仏滅 |
| 18 | 金 | 己亥 六白 | 2/10 大安 |
| 19 | 土 | 庚子 七赤 | 2/11 赤口 |
| 20 | 日 | 辛丑 八白 | 2/12 先勝 |
| 21 | 月 | 壬寅 九紫 | 2/13 友引 |
| 22 | 火 | 癸卯 一白 | 2/14 先負 |
| 23 | 水 | 甲辰 二黒 | 2/15 仏滅 |
| 24 | 木 | 乙巳 三碧 | 2/16 大安 |
| 25 | 金 | 丙午 四緑 | 2/17 赤口 |
| 26 | 土 | 丁未 五黄 | 2/18 先勝 |
| 27 | 日 | 戊申 六白 | 2/19 友引 |
| 28 | 月 | 己酉 七赤 | 2/20 先負 |
| 29 | 火 | 庚戌 八白 | 2/21 仏滅 |
| 30 | 水 | 辛亥 九紫 | 2/22 大安 |
| 31 | 木 | 壬子 一白 | 2/23 赤口 |

### 4月
（壬辰 九紫火星）

| | | | |
|---|---|---|---|
| 1 | 金 | 癸丑 二黒 | 2/24 先勝 |
| 2 | 土 | 甲寅 三碧 | 2/25 友引 |
| 3 | 日 | 乙卯 四緑 | 2/26 先負 |
| 4 | 月 | 丙辰 五黄 | 2/27 仏滅 |
| 5 | 火 | 丁巳 六白 | 2/28 大安 |
| 6 | 水 | 戊午 七赤 | 2/29 赤口 |
| 7 | 木 | 己未 八白 | 3/1 先負 |
| 8 | 金 | 庚申 九紫 | 3/2 仏滅 |
| 9 | 土 | 辛酉 一白 | 3/3 大安 |
| 10 | 日 | 壬戌 二黒 | 3/4 赤口 |
| 11 | 月 | 癸亥 三碧 | 3/5 先勝 |
| 12 | 火 | 甲子 四緑 | 3/6 友引 |
| 13 | 水 | 乙丑 五黄 | 3/7 先負 |
| 14 | 木 | 丙寅 六白 | 3/8 仏滅 |
| 15 | 金 | 丁卯 七赤 | 3/9 大安 |
| 16 | 土 | 戊辰 八白 | 3/10 赤口 |
| 17 | 日 | 己巳 九紫 | 3/11 先勝 |
| 18 | 月 | 庚午 一白 | 3/12 友引 |
| 19 | 火 | 辛未 二黒 | 3/13 先負 |
| 20 | 水 | 壬申 三碧 | 3/14 仏滅 |
| 21 | 木 | 癸酉 四緑 | 3/15 大安 |
| 22 | 金 | 甲戌 五黄 | 3/16 赤口 |
| 23 | 土 | 乙亥 六白 | 3/17 先勝 |
| 24 | 日 | 丙子 七赤 | 3/18 友引 |
| 25 | 月 | 丁丑 八白 | 3/19 先負 |
| 26 | 火 | 戊寅 九紫 | 3/20 仏滅 |
| 27 | 水 | 己卯 一白 | 3/21 大安 |
| 28 | 木 | 庚辰 二黒 | 3/22 赤口 |
| 29 | 金 | 辛巳 三碧 | 3/23 先勝 |
| 30 | 土 | 壬午 四緑 | 3/24 友引 |

**1月**

1. 6［節］小寒
1.18［雑］土用
1.21［節］大寒

**2月**

2. 3［雑］節分
2. 4［節］立春
2.19［節］雨水

**3月**

3. 5［節］啓蟄
3.17［雑］彼岸
3.17［雑］社日
3.20［節］春分

**4月**

4. 4［節］清明
4.16［雑］土用
4.20［節］穀雨

## 5月
（癸巳 八白土星）

| | | | |
|---|---|---|---|
| 1 | 日 | 癸未 五黄 | 3/25 先負 |
| 2 | 月 | 甲申 六白 | 3/26 仏滅 |
| 3 | 火 | 乙酉 七赤 | 3/27 大安 |
| 4 | 水 | 丙戌 八白 | 3/28 赤口 |
| 5 | 木 | 丁亥 九紫 | 3/29 先勝 |
| 6 | 金 | 戊子 一白 | 3/30 友引 |
| 7 | 土 | 己丑 二黒 | 4/1 仏滅 |
| 8 | 日 | 庚寅 三碧 | 4/2 大安 |
| 9 | 月 | 辛卯 四緑 | 4/3 赤口 |
| 10 | 火 | 壬辰 五黄 | 4/4 先勝 |
| 11 | 水 | 癸巳 六白 | 4/5 友引 |
| 12 | 木 | 甲午 七赤 | 4/6 先負 |
| 13 | 金 | 乙未 八白 | 4/7 仏滅 |
| 14 | 土 | 丙申 九紫 | 4/8 大安 |
| 15 | 日 | 丁酉 一白 | 4/9 赤口 |
| 16 | 月 | 戊戌 二黒 | 4/10 先勝 |
| 17 | 火 | 己亥 三碧 | 4/11 友引 |
| 18 | 水 | 庚子 四緑 | 4/12 先負 |
| 19 | 木 | 辛丑 五黄 | 4/13 仏滅 |
| 20 | 金 | 壬寅 六白 | 4/14 大安 |
| 21 | 土 | 癸卯 七赤 | 4/15 赤口 |
| 22 | 日 | 甲辰 八白 | 4/16 先勝 |
| 23 | 月 | 乙巳 九紫 | 4/17 友引 |
| 24 | 火 | 丙午 一白 | 4/18 先負 |
| 25 | 水 | 丁未 二黒 | 4/19 仏滅 |
| 26 | 木 | 戊申 三碧 | 4/20 大安 |
| 27 | 金 | 己酉 四緑 | 4/21 赤口 |
| 28 | 土 | 庚戌 五黄 | 4/22 先勝 |
| 29 | 日 | 辛亥 六白 | 4/23 友引 |
| 30 | 月 | 壬子 七赤 | 4/24 先負 |
| 31 | 火 | 癸丑 八白 | 4/25 仏滅 |

## 6月
（甲午 七赤金星）

| | | | |
|---|---|---|---|
| 1 | 水 | 甲寅 九紫 | 4/26 大安 |
| 2 | 木 | 乙卯 一白 | 4/27 赤口 |
| 3 | 金 | 丙辰 二黒 | 4/28 先勝 |
| 4 | 土 | 丁巳 三碧 | 4/29 友引 |
| 5 | 日 | 戊午 四緑 | 5/1 大安 |
| 6 | 月 | 己未 五黄 | 5/2 赤口 |
| 7 | 火 | 庚申 六白 | 5/3 先勝 |
| 8 | 水 | 辛酉 七赤 | 5/4 友引 |
| 9 | 木 | 壬戌 八白 | 5/5 先負 |
| 10 | 金 | 癸亥 九紫 | 5/6 仏滅 |
| 11 | 土 | 甲子 九紫 | 5/7 大安 |
| 12 | 日 | 乙丑 八白 | 5/8 赤口 |
| 13 | 月 | 丙寅 七赤 | 5/9 先勝 |
| 14 | 火 | 丁卯 六白 | 5/10 友引 |
| 15 | 水 | 戊辰 五黄 | 5/11 先負 |
| 16 | 木 | 己巳 四緑 | 5/12 仏滅 |
| 17 | 金 | 庚午 三碧 | 5/13 大安 |
| 18 | 土 | 辛未 二黒 | 5/14 赤口 |
| 19 | 日 | 壬申 一白 | 5/15 先勝 |
| 20 | 月 | 癸酉 九紫 | 5/16 友引 |
| 21 | 火 | 甲戌 八白 | 5/17 先負 |
| 22 | 水 | 乙亥 七赤 | 5/18 仏滅 |
| 23 | 木 | 丙子 六白 | 5/19 大安 |
| 24 | 金 | 丁丑 五黄 | 5/20 赤口 |
| 25 | 土 | 戊寅 四緑 | 5/21 先勝 |
| 26 | 日 | 己卯 三碧 | 5/22 友引 |
| 27 | 月 | 庚辰 二黒 | 5/23 先負 |
| 28 | 火 | 辛巳 一白 | 5/24 仏滅 |
| 29 | 水 | 壬午 九紫 | 5/25 大安 |
| 30 | 木 | 癸未 八白 | 5/26 赤口 |

## 7月
（乙未 六白金星）

| | | | |
|---|---|---|---|
| 1 | 金 | 甲申 七赤 | 5/27 先勝 |
| 2 | 土 | 乙酉 六白 | 5/28 友引 |
| 3 | 日 | 丙戌 五黄 | 5/29 先負 |
| 4 | 月 | 丁亥 四緑 | 6/1 赤口 |
| 5 | 火 | 戊子 三碧 | 6/2 先勝 |
| 6 | 水 | 己丑 二黒 | 6/3 友引 |
| 7 | 木 | 庚寅 一白 | 6/4 先負 |
| 8 | 金 | 辛卯 九紫 | 6/5 仏滅 |
| 9 | 土 | 壬辰 八白 | 6/6 大安 |
| 10 | 日 | 癸巳 七赤 | 6/7 赤口 |
| 11 | 月 | 甲午 六白 | 6/8 先勝 |
| 12 | 火 | 乙未 五黄 | 6/9 友引 |
| 13 | 水 | 丙申 四緑 | 6/10 先負 |
| 14 | 木 | 丁酉 三碧 | 6/11 仏滅 |
| 15 | 金 | 戊戌 二黒 | 6/12 大安 |
| 16 | 土 | 己亥 一白 | 6/13 赤口 |
| 17 | 日 | 庚子 九紫 | 6/14 先勝 |
| 18 | 月 | 辛丑 八白 | 6/15 友引 |
| 19 | 火 | 壬寅 七赤 | 6/16 先負 |
| 20 | 水 | 癸卯 六白 | 6/17 仏滅 |
| 21 | 木 | 甲辰 五黄 | 6/18 大安 |
| 22 | 金 | 乙巳 四緑 | 6/19 赤口 |
| 23 | 土 | 丙午 三碧 | 6/20 先勝 |
| 24 | 日 | 丁未 二黒 | 6/21 友引 |
| 25 | 月 | 戊申 一白 | 6/22 先負 |
| 26 | 火 | 己酉 九紫 | 6/23 仏滅 |
| 27 | 水 | 庚戌 八白 | 6/24 大安 |
| 28 | 木 | 辛亥 七赤 | 6/25 赤口 |
| 29 | 金 | 壬子 六白 | 6/26 先勝 |
| 30 | 土 | 癸丑 五黄 | 6/27 友引 |
| 31 | 日 | 甲寅 四緑 | 6/28 先負 |

## 8月
（丙申 五黄土星）

| | | | |
|---|---|---|---|
| 1 | 月 | 乙卯 三碧 | 6/29 仏滅 |
| 2 | 火 | 丙辰 二黒 | 6/30 大安 |
| 3 | 水 | 丁巳 一白 | 7/1 先勝 |
| 4 | 木 | 戊午 九紫 | 7/2 友引 |
| 5 | 金 | 己未 八白 | 7/3 先負 |
| 6 | 土 | 庚申 七赤 | 7/4 仏滅 |
| 7 | 日 | 辛酉 六白 | 7/5 大安 |
| 8 | 月 | 壬戌 五黄 | 7/6 赤口 |
| 9 | 火 | 癸亥 四緑 | 7/7 先勝 |
| 10 | 水 | 甲子 三碧 | 7/8 友引 |
| 11 | 木 | 乙丑 二黒 | 7/9 先負 |
| 12 | 金 | 丙寅 一白 | 7/10 仏滅 |
| 13 | 土 | 丁卯 九紫 | 7/11 大安 |
| 14 | 日 | 戊辰 八白 | 7/12 赤口 |
| 15 | 月 | 己巳 七赤 | 7/13 先勝 |
| 16 | 火 | 庚午 六白 | 7/14 友引 |
| 17 | 水 | 辛未 五黄 | 7/15 先負 |
| 18 | 木 | 壬申 四緑 | 7/16 仏滅 |
| 19 | 金 | 癸酉 三碧 | 7/17 大安 |
| 20 | 土 | 甲戌 二黒 | 7/18 赤口 |
| 21 | 日 | 乙亥 一白 | 7/19 先勝 |
| 22 | 月 | 丙子 九紫 | 7/20 友引 |
| 23 | 火 | 丁丑 八白 | 7/21 先負 |
| 24 | 水 | 戊寅 七赤 | 7/22 仏滅 |
| 25 | 木 | 己卯 六白 | 7/23 大安 |
| 26 | 金 | 庚辰 五黄 | 7/24 赤口 |
| 27 | 土 | 辛巳 四緑 | 7/25 先勝 |
| 28 | 日 | 壬午 三碧 | 7/26 友引 |
| 29 | 月 | 癸未 二黒 | 7/27 先負 |
| 30 | 火 | 甲申 一白 | 7/28 仏滅 |
| 31 | 水 | 乙酉 九紫 | 7/29 大安 |

**5月**

5. 1［雑］八十八夜
5. 5［節］立夏
5.20［節］小満

**6月**

6. 5［節］芒種
6.10［雑］入梅
6.21［節］夏至

**7月**

7. 1［雑］半夏生
7. 7［節］小暑
7.19［雑］土用
7.22［節］大暑

**8月**

8. 7［節］立秋
8.23［節］処暑
8.31［雑］二百十日

# 2016年

## 9月
（丁酉 四緑木星）

| | | | |
|---|---|---|---|
| 1 | 木 | 丙戌 八白 | 8/1 友引 |
| 2 | 金 | 丁亥 七赤 | 8/2 先負 |
| 3 | 土 | 戊子 六白 | 8/3 仏滅 |
| 4 | 日 | 己丑 五黄 | 8/4 大安 |
| 5 | 月 | 庚寅 四緑 | 8/5 赤口 |
| 6 | 火 | 辛卯 三碧 | 8/6 先勝 |
| 7 | 水 | 壬辰 二黒 | 8/7 友引 |
| 8 | 木 | 癸巳 一白 | 8/8 先負 |
| 9 | 金 | 甲午 九紫 | 8/9 仏滅 |
| 10 | 土 | 乙未 八白 | 8/10 大安 |
| 11 | 日 | 丙申 七赤 | 8/11 赤口 |
| 12 | 月 | 丁酉 六白 | 8/12 先勝 |
| 13 | 火 | 戊戌 五黄 | 8/13 友引 |
| 14 | 水 | 己亥 四緑 | 8/14 先負 |
| 15 | 木 | 庚子 三碧 | 8/15 仏滅 |
| 16 | 金 | 辛丑 二黒 | 8/16 大安 |
| 17 | 土 | 壬寅 一白 | 8/17 赤口 |
| 18 | 日 | 癸卯 九紫 | 8/18 先勝 |
| 19 | 月 | 甲辰 八白 | 8/19 友引 |
| 20 | 火 | 乙巳 七赤 | 8/20 先負 |
| 21 | 水 | 丙午 六白 | 8/21 仏滅 |
| 22 | 木 | 丁未 五黄 | 8/22 大安 |
| 23 | 金 | 戊申 四緑 | 8/23 赤口 |
| 24 | 土 | 己酉 三碧 | 8/24 先勝 |
| 25 | 日 | 庚戌 二黒 | 8/25 友引 |
| 26 | 月 | 辛亥 一白 | 8/26 先負 |
| 27 | 火 | 壬子 九紫 | 8/27 仏滅 |
| 28 | 水 | 癸丑 八白 | 8/28 大安 |
| 29 | 木 | 甲寅 七赤 | 8/29 赤口 |
| 30 | 金 | 乙卯 六白 | 8/30 先勝 |

## 10月
（戊戌 三碧木星）

| | | | |
|---|---|---|---|
| 1 | 土 | 丙辰 五黄 | 9/1 先負 |
| 2 | 日 | 丁巳 四緑 | 9/2 仏滅 |
| 3 | 月 | 戊午 三碧 | 9/3 大安 |
| 4 | 火 | 己未 二黒 | 9/4 赤口 |
| 5 | 水 | 庚申 一白 | 9/5 先勝 |
| 6 | 木 | 辛酉 九紫 | 9/6 友引 |
| 7 | 金 | 壬戌 八白 | 9/7 先負 |
| 8 | 土 | 癸亥 七赤 | 9/8 仏滅 |
| 9 | 日 | 甲子 六白 | 9/9 大安 |
| 10 | 月 | 乙丑 五黄 | 9/10 赤口 |
| 11 | 火 | 丙寅 四緑 | 9/11 先勝 |
| 12 | 水 | 丁卯 三碧 | 9/12 友引 |
| 13 | 木 | 戊辰 二黒 | 9/13 先負 |
| 14 | 金 | 己巳 一白 | 9/14 仏滅 |
| 15 | 土 | 庚午 九紫 | 9/15 大安 |
| 16 | 日 | 辛未 八白 | 9/16 赤口 |
| 17 | 月 | 壬申 七赤 | 9/17 先勝 |
| 18 | 火 | 癸酉 六白 | 9/18 友引 |
| 19 | 水 | 甲戌 五黄 | 9/19 先負 |
| 20 | 木 | 乙亥 四緑 | 9/20 仏滅 |
| 21 | 金 | 丙子 三碧 | 9/21 大安 |
| 22 | 土 | 丁丑 二黒 | 9/22 赤口 |
| 23 | 日 | 戊寅 一白 | 9/23 先勝 |
| 24 | 月 | 己卯 九紫 | 9/24 友引 |
| 25 | 火 | 庚辰 八白 | 9/25 先負 |
| 26 | 水 | 辛巳 七赤 | 9/26 仏滅 |
| 27 | 木 | 壬午 六白 | 9/27 大安 |
| 28 | 金 | 癸未 五黄 | 9/28 赤口 |
| 29 | 土 | 甲申 四緑 | 9/29 先勝 |
| 30 | 日 | 乙酉 三碧 | 9/30 友引 |
| 31 | 月 | 丙戌 二黒 | 10/1 仏滅 |

## 11月
（己亥 二黒土星）

| | | | |
|---|---|---|---|
| 1 | 火 | 丁亥 一白 | 10/2 大安 |
| 2 | 水 | 戊子 九紫 | 10/3 赤口 |
| 3 | 木 | 己丑 八白 | 10/4 先勝 |
| 4 | 金 | 庚寅 七赤 | 10/5 友引 |
| 5 | 土 | 辛卯 六白 | 10/6 先負 |
| 6 | 日 | 壬辰 五黄 | 10/7 仏滅 |
| 7 | 月 | 癸巳 四緑 | 10/8 大安 |
| 8 | 火 | 甲午 三碧 | 10/9 赤口 |
| 9 | 水 | 乙未 二黒 | 10/10 先勝 |
| 10 | 木 | 丙申 一白 | 10/11 友引 |
| 11 | 金 | 丁酉 九紫 | 10/12 先負 |
| 12 | 土 | 戊戌 八白 | 10/13 仏滅 |
| 13 | 日 | 己亥 七赤 | 10/14 大安 |
| 14 | 月 | 庚子 六白 | 10/15 赤口 |
| 15 | 火 | 辛丑 五黄 | 10/16 先勝 |
| 16 | 水 | 壬寅 四緑 | 10/17 友引 |
| 17 | 木 | 癸卯 三碧 | 10/18 先負 |
| 18 | 金 | 甲辰 二黒 | 10/19 仏滅 |
| 19 | 土 | 乙巳 一白 | 10/20 大安 |
| 20 | 日 | 丙午 九紫 | 10/21 赤口 |
| 21 | 月 | 丁未 八白 | 10/22 先勝 |
| 22 | 火 | 戊申 七赤 | 10/23 友引 |
| 23 | 水 | 己酉 六白 | 10/24 先負 |
| 24 | 木 | 庚戌 五黄 | 10/25 仏滅 |
| 25 | 金 | 辛亥 四緑 | 10/26 大安 |
| 26 | 土 | 壬子 三碧 | 10/27 赤口 |
| 27 | 日 | 癸丑 二黒 | 10/28 先勝 |
| 28 | 月 | 甲寅 一白 | 10/29 友引 |
| 29 | 火 | 乙卯 九紫 | 11/1 大安 |
| 30 | 水 | 丙辰 八白 | 11/2 赤口 |

## 12月
（庚子 一白水星）

| | | | |
|---|---|---|---|
| 1 | 木 | 丁巳 七赤 | 11/3 先勝 |
| 2 | 金 | 戊午 六白 | 11/4 友引 |
| 3 | 土 | 己未 五黄 | 11/5 先負 |
| 4 | 日 | 庚申 四緑 | 11/6 仏滅 |
| 5 | 月 | 辛酉 三碧 | 11/7 大安 |
| 6 | 火 | 壬戌 二黒 | 11/8 赤口 |
| 7 | 水 | 癸亥 一白 | 11/9 先勝 |
| 8 | 木 | 甲子 一白 | 11/10 友引 |
| 9 | 金 | 乙丑 二黒 | 11/11 先負 |
| 10 | 土 | 丙寅 三碧 | 11/12 仏滅 |
| 11 | 日 | 丁卯 四緑 | 11/13 大安 |
| 12 | 月 | 戊辰 五黄 | 11/14 赤口 |
| 13 | 火 | 己巳 六白 | 11/15 先勝 |
| 14 | 水 | 庚午 七赤 | 11/16 友引 |
| 15 | 木 | 辛未 八白 | 11/17 先負 |
| 16 | 金 | 壬申 九紫 | 11/18 仏滅 |
| 17 | 土 | 癸酉 一白 | 11/19 大安 |
| 18 | 日 | 甲戌 二黒 | 11/20 赤口 |
| 19 | 月 | 乙亥 三碧 | 11/21 先勝 |
| 20 | 火 | 丙子 四緑 | 11/22 友引 |
| 21 | 水 | 丁丑 五黄 | 11/23 先負 |
| 22 | 木 | 戊寅 六白 | 11/24 仏滅 |
| 23 | 金 | 己卯 七赤 | 11/25 大安 |
| 24 | 土 | 庚辰 八白 | 11/26 赤口 |
| 25 | 日 | 辛巳 九紫 | 11/27 先勝 |
| 26 | 月 | 壬午 一白 | 11/28 友引 |
| 27 | 火 | 癸未 二黒 | 11/29 先負 |
| 28 | 水 | 甲申 三碧 | 11/30 仏滅 |
| 29 | 木 | 乙酉 四緑 | 12/1 赤口 |
| 30 | 金 | 丙戌 五黄 | 12/2 先勝 |
| 31 | 土 | 丁亥 六白 | 12/3 友引 |

**9月**

9. 7 [節] 白露
9.19 [雑] 彼岸
9.22 [節] 秋分
9.23 [雑] 社日

**10月**

10. 8 [節] 寒露
10.20 [雑] 土用
10.23 [節] 霜降

**11月**

11. 7 [節] 立冬
11.22 [節] 小雪

**12月**

12. 7 [節] 大雪
12.21 [節] 冬至

# 2017

**明治 150 年**
**大正 106 年**
**昭和 92 年**
**平成 29 年**

丁酉（ひのととり）
一白水星

生誕・年忌など

**3.15** ロシア二月革命 (ロマノフ王朝滅亡)100 年
**4.17** 杉田玄白没後 200 年
**4.18** 島尾敏雄生誕 100 年
**5.13** マリア・テレジア生誕 300 年
**5.29** J.F. ケネディ生誕 100 年
**7.12** H. ソロー生誕 200 年
**7.18** J. オースティン没後 200 年
**9.14** T. シュトルム生誕 200 年
**9.26** H. ドガ没後 100 年
**10.15** マタ・ハリ (女スパイ) 銃殺 100 年
**10.31** ルター宗教改革開始 500 年
**11. 7** ソビエト政権樹立 (十月革命)100 年
**11.15** E. デュルケム没後 100 年
**11.16** J. ダランベール生誕 300 年
**11.17** F. ロダン没後 100 年
**この年** アリストテレス生誕 2400 年
李賀没後 1200 年

**2017年**

## 1月
（辛丑 九紫火星）

| | | | |
|---|---|---|---|
| 1 | 日 | 戊子 七赤 | 12/4 先負 |
| 2 | 月 | 己丑 八白 | 12/5 仏滅 |
| 3 | 火 | 庚寅 九紫 | 12/6 大安 |
| 4 | 水 | 辛卯 一白 | 12/7 赤口 |
| 5 | 木 | 壬辰 二黒 | 12/8 先勝 |
| 6 | 金 | 癸巳 三碧 | 12/9 友引 |
| 7 | 土 | 甲午 四緑 | 12/10 先負 |
| 8 | 日 | 乙未 五黄 | 12/11 仏滅 |
| 9 | 月 | 丙申 六白 | 12/12 大安 |
| 10 | 火 | 丁酉 七赤 | 12/13 赤口 |
| 11 | 水 | 戊戌 八白 | 12/14 先勝 |
| 12 | 木 | 己亥 九紫 | 12/15 友引 |
| 13 | 金 | 庚子 一白 | 12/16 先負 |
| 14 | 土 | 辛丑 二黒 | 12/17 仏滅 |
| 15 | 日 | 壬寅 三碧 | 12/18 大安 |
| 16 | 月 | 癸卯 四緑 | 12/19 赤口 |
| 17 | 火 | 甲辰 五黄 | 12/20 先勝 |
| 18 | 水 | 乙巳 六白 | 12/21 友引 |
| 19 | 木 | 丙午 七赤 | 12/22 先負 |
| 20 | 金 | 丁未 八白 | 12/23 仏滅 |
| 21 | 土 | 戊申 九紫 | 12/24 大安 |
| 22 | 日 | 己酉 一白 | 12/25 赤口 |
| 23 | 月 | 庚戌 二黒 | 12/26 先勝 |
| 24 | 火 | 辛亥 三碧 | 12/27 友引 |
| 25 | 水 | 壬子 四緑 | 12/28 先負 |
| 26 | 木 | 癸丑 五黄 | 12/29 仏滅 |
| 27 | 金 | 甲寅 六白 | 12/30 大安 |
| 28 | 土 | 乙卯 七赤 | 1/1 先勝 |
| 29 | 日 | 丙辰 八白 | 1/2 友引 |
| 30 | 月 | 丁巳 九紫 | 1/3 先負 |
| 31 | 火 | 戊午 一白 | 1/4 仏滅 |

## 2月
（壬寅 八白土星）

| | | | |
|---|---|---|---|
| 1 | 水 | 己未 二黒 | 1/5 大安 |
| 2 | 木 | 庚申 三碧 | 1/6 赤口 |
| 3 | 金 | 辛酉 四緑 | 1/7 先勝 |
| 4 | 土 | 壬戌 五黄 | 1/8 友引 |
| 5 | 日 | 癸亥 六白 | 1/9 先負 |
| 6 | 月 | 甲子 七赤 | 1/10 仏滅 |
| 7 | 火 | 乙丑 八白 | 1/11 大安 |
| 8 | 水 | 丙寅 九紫 | 1/12 赤口 |
| 9 | 木 | 丁卯 一白 | 1/13 先勝 |
| 10 | 金 | 戊辰 二黒 | 1/14 友引 |
| 11 | 土 | 己巳 三碧 | 1/15 先負 |
| 12 | 日 | 庚午 四緑 | 1/16 仏滅 |
| 13 | 月 | 辛未 五黄 | 1/17 大安 |
| 14 | 火 | 壬申 六白 | 1/18 赤口 |
| 15 | 水 | 癸酉 七赤 | 1/19 先勝 |
| 16 | 木 | 甲戌 八白 | 1/20 友引 |
| 17 | 金 | 乙亥 九紫 | 1/21 先負 |
| 18 | 土 | 丙子 一白 | 1/22 仏滅 |
| 19 | 日 | 丁丑 二黒 | 1/23 大安 |
| 20 | 月 | 戊寅 三碧 | 1/24 赤口 |
| 21 | 火 | 己卯 四緑 | 1/25 先勝 |
| 22 | 水 | 庚辰 五黄 | 1/26 友引 |
| 23 | 木 | 辛巳 六白 | 1/27 先負 |
| 24 | 金 | 壬午 七赤 | 1/28 仏滅 |
| 25 | 土 | 癸未 八白 | 1/29 大安 |
| 26 | 日 | 甲申 九紫 | 2/1 友引 |
| 27 | 月 | 乙酉 一白 | 2/2 先負 |
| 28 | 火 | 丙戌 二黒 | 2/3 仏滅 |

## 3月
（癸卯 七赤金星）

| | | | |
|---|---|---|---|
| 1 | 水 | 丁亥 三碧 | 2/4 大安 |
| 2 | 木 | 戊子 四緑 | 2/5 赤口 |
| 3 | 金 | 己丑 五黄 | 2/6 先勝 |
| 4 | 土 | 庚寅 六白 | 2/7 友引 |
| 5 | 日 | 辛卯 七赤 | 2/8 先負 |
| 6 | 月 | 壬辰 八白 | 2/9 仏滅 |
| 7 | 火 | 癸巳 九紫 | 2/10 大安 |
| 8 | 水 | 甲午 一白 | 2/11 赤口 |
| 9 | 木 | 乙未 二黒 | 2/12 先勝 |
| 10 | 金 | 丙申 三碧 | 2/13 友引 |
| 11 | 土 | 丁酉 四緑 | 2/14 先負 |
| 12 | 日 | 戊戌 五黄 | 2/15 仏滅 |
| 13 | 月 | 己亥 六白 | 2/16 大安 |
| 14 | 火 | 庚子 七赤 | 2/17 赤口 |
| 15 | 水 | 辛丑 八白 | 2/18 先勝 |
| 16 | 木 | 壬寅 九紫 | 2/19 友引 |
| 17 | 金 | 癸卯 一白 | 2/20 先負 |
| 18 | 土 | 甲辰 二黒 | 2/21 仏滅 |
| 19 | 日 | 乙巳 三碧 | 2/22 大安 |
| 20 | 月 | 丙午 四緑 | 2/23 赤口 |
| 21 | 火 | 丁未 五黄 | 2/24 先勝 |
| 22 | 水 | 戊申 六白 | 2/25 友引 |
| 23 | 木 | 己酉 七赤 | 2/26 先負 |
| 24 | 金 | 庚戌 八白 | 2/27 仏滅 |
| 25 | 土 | 辛亥 九紫 | 2/28 大安 |
| 26 | 日 | 壬子 一白 | 2/29 赤口 |
| 27 | 月 | 癸丑 二黒 | 2/30 先勝 |
| 28 | 火 | 甲寅 三碧 | 3/1 先負 |
| 29 | 水 | 乙卯 四緑 | 3/2 仏滅 |
| 30 | 木 | 丙辰 五黄 | 3/3 大安 |
| 31 | 金 | 丁巳 六白 | 3/4 赤口 |

## 4月
（甲辰 六白金星）

| | | | |
|---|---|---|---|
| 1 | 土 | 戊午 七赤 | 3/5 先勝 |
| 2 | 日 | 己未 八白 | 3/6 友引 |
| 3 | 月 | 庚申 九紫 | 3/7 先負 |
| 4 | 火 | 辛酉 一白 | 3/8 仏滅 |
| 5 | 水 | 壬戌 二黒 | 3/9 大安 |
| 6 | 木 | 癸亥 三碧 | 3/10 赤口 |
| 7 | 金 | 甲子 四緑 | 3/11 先勝 |
| 8 | 土 | 乙丑 五黄 | 3/12 友引 |
| 9 | 日 | 丙寅 六白 | 3/13 先負 |
| 10 | 月 | 丁卯 七赤 | 3/14 仏滅 |
| 11 | 火 | 戊辰 八白 | 3/15 大安 |
| 12 | 水 | 己巳 九紫 | 3/16 赤口 |
| 13 | 木 | 庚午 一白 | 3/17 先勝 |
| 14 | 金 | 辛未 二黒 | 3/18 友引 |
| 15 | 土 | 壬申 三碧 | 3/19 先負 |
| 16 | 日 | 癸酉 四緑 | 3/20 仏滅 |
| 17 | 月 | 甲戌 五黄 | 3/21 大安 |
| 18 | 火 | 乙亥 六白 | 3/22 赤口 |
| 19 | 水 | 丙子 七赤 | 3/23 先勝 |
| 20 | 木 | 丁丑 八白 | 3/24 友引 |
| 21 | 金 | 戊寅 九紫 | 3/25 先負 |
| 22 | 土 | 己卯 一白 | 3/26 仏滅 |
| 23 | 日 | 庚辰 二黒 | 3/27 大安 |
| 24 | 月 | 辛巳 三碧 | 3/28 赤口 |
| 25 | 火 | 壬午 四緑 | 3/29 先勝 |
| 26 | 水 | 癸未 五黄 | 4/1 仏滅 |
| 27 | 木 | 甲申 六白 | 4/2 大安 |
| 28 | 金 | 乙酉 七赤 | 4/3 赤口 |
| 29 | 土 | 丙戌 八白 | 4/4 先勝 |
| 30 | 日 | 丁亥 九紫 | 4/5 友引 |

**1月**

1. 5 [節] 小寒
1.17 [雑] 土用
1.20 [節] 大寒

**2月**

2. 3 [雑] 節分
2. 4 [節] 立春
2.18 [節] 雨水

**3月**

3. 5 [節] 啓蟄
3.17 [雑] 彼岸
3.20 [節] 春分
3.22 [雑] 社日

**4月**

4. 4 [節] 清明
4.17 [雑] 土用
4.20 [節] 穀雨

## 5月
（乙巳 五黄土星）

| | | | |
|---|---|---|---|
| 1 | 月 | 戊子 一白 | 4/6 先負 |
| 2 | 火 | 己丑 二黒 | 4/7 仏滅 |
| 3 | 水 | 庚寅 三碧 | 4/8 大安 |
| 4 | 木 | 辛卯 四緑 | 4/9 赤口 |
| 5 | 金 | 壬辰 五黄 | 4/10 先勝 |
| 6 | 土 | 癸巳 六白 | 4/11 友引 |
| 7 | 日 | 甲午 七赤 | 4/12 先負 |
| 8 | 月 | 乙未 八白 | 4/13 仏滅 |
| 9 | 火 | 丙申 九紫 | 4/14 大安 |
| 10 | 水 | 丁酉 一白 | 4/15 赤口 |
| 11 | 木 | 戊戌 二黒 | 4/16 先勝 |
| 12 | 金 | 己亥 三碧 | 4/17 友引 |
| 13 | 土 | 庚子 四緑 | 4/18 先負 |
| 14 | 日 | 辛丑 五黄 | 4/19 仏滅 |
| 15 | 月 | 壬寅 六白 | 4/20 大安 |
| 16 | 火 | 癸卯 七赤 | 4/21 赤口 |
| 17 | 水 | 甲辰 八白 | 4/22 先勝 |
| 18 | 木 | 乙巳 九紫 | 4/23 友引 |
| 19 | 金 | 丙午 一白 | 4/24 先負 |
| 20 | 土 | 丁未 二黒 | 4/25 仏滅 |
| 21 | 日 | 戊申 三碧 | 4/26 大安 |
| 22 | 月 | 己酉 四緑 | 4/27 赤口 |
| 23 | 火 | 庚戌 五黄 | 4/28 先勝 |
| 24 | 水 | 辛亥 六白 | 4/29 友引 |
| 25 | 木 | 壬子 七赤 | 4/30 先負 |
| 26 | 金 | 癸丑 八白 | 5/1 大安 |
| 27 | 土 | 甲寅 九紫 | 5/2 赤口 |
| 28 | 日 | 乙卯 一白 | 5/3 先勝 |
| 29 | 月 | 丙辰 二黒 | 5/4 友引 |
| 30 | 火 | 丁巳 三碧 | 5/5 先負 |
| 31 | 水 | 戊午 四緑 | 5/6 仏滅 |

## 6月
（丙午 四緑木星）

| | | | |
|---|---|---|---|
| 1 | 木 | 己未 五黄 | 5/7 大安 |
| 2 | 金 | 庚申 六白 | 5/8 赤口 |
| 3 | 土 | 辛酉 七赤 | 5/9 先勝 |
| 4 | 日 | 壬戌 八白 | 5/10 友引 |
| 5 | 月 | 癸亥 九紫 | 5/11 先負 |
| 6 | 火 | 甲子 九紫 | 5/12 仏滅 |
| 7 | 水 | 乙丑 八白 | 5/13 大安 |
| 8 | 木 | 丙寅 七赤 | 5/14 赤口 |
| 9 | 金 | 丁卯 六白 | 5/15 先勝 |
| 10 | 土 | 戊辰 五黄 | 5/16 友引 |
| 11 | 日 | 己巳 四緑 | 5/17 先負 |
| 12 | 月 | 庚午 三碧 | 5/18 仏滅 |
| 13 | 火 | 辛未 二黒 | 5/19 大安 |
| 14 | 水 | 壬申 一白 | 5/20 赤口 |
| 15 | 木 | 癸酉 九紫 | 5/21 先勝 |
| 16 | 金 | 甲戌 八白 | 5/22 友引 |
| 17 | 土 | 乙亥 七赤 | 5/23 先負 |
| 18 | 日 | 丙子 六白 | 5/24 仏滅 |
| 19 | 月 | 丁丑 五黄 | 5/25 大安 |
| 20 | 火 | 戊寅 四緑 | 5/26 赤口 |
| 21 | 水 | 己卯 三碧 | 5/27 先勝 |
| 22 | 木 | 庚辰 二黒 | 5/28 友引 |
| 23 | 金 | 辛巳 一白 | 5/29 先負 |
| 24 | 土 | 壬午 九紫 | 閏5/1 大安 |
| 25 | 日 | 癸未 八白 | 閏5/2 赤口 |
| 26 | 月 | 甲申 七赤 | 閏5/3 先勝 |
| 27 | 火 | 乙酉 六白 | 閏5/4 友引 |
| 28 | 水 | 丙戌 五黄 | 閏5/5 先負 |
| 29 | 木 | 丁亥 四緑 | 閏5/6 仏滅 |
| 30 | 金 | 戊子 三碧 | 閏5/7 大安 |

## 7月
（丁未 三碧木星）

| | | | |
|---|---|---|---|
| 1 | 土 | 己丑 二黒 | 閏5/8 赤口 |
| 2 | 日 | 庚寅 一白 | 閏5/9 先勝 |
| 3 | 月 | 辛卯 九紫 | 閏5/10 友引 |
| 4 | 火 | 壬辰 八白 | 閏5/11 先負 |
| 5 | 水 | 癸巳 七赤 | 閏5/12 仏滅 |
| 6 | 木 | 甲午 六白 | 閏5/13 大安 |
| 7 | 金 | 乙未 五黄 | 閏5/14 赤口 |
| 8 | 土 | 丙申 四緑 | 閏5/15 先勝 |
| 9 | 日 | 丁酉 三碧 | 閏5/16 友引 |
| 10 | 月 | 戊戌 二黒 | 閏5/17 先負 |
| 11 | 火 | 己亥 一白 | 閏5/18 仏滅 |
| 12 | 水 | 庚子 九紫 | 閏5/19 大安 |
| 13 | 木 | 辛丑 八白 | 閏5/20 赤口 |
| 14 | 金 | 壬寅 七赤 | 閏5/21 先勝 |
| 15 | 土 | 癸卯 六白 | 閏5/22 友引 |
| 16 | 日 | 甲辰 五黄 | 閏5/23 先負 |
| 17 | 月 | 乙巳 四緑 | 閏5/24 仏滅 |
| 18 | 火 | 丙午 三碧 | 閏5/25 大安 |
| 19 | 水 | 丁未 二黒 | 閏5/26 赤口 |
| 20 | 木 | 戊申 一白 | 閏5/27 先勝 |
| 21 | 金 | 己酉 九紫 | 閏5/28 友引 |
| 22 | 土 | 庚戌 八白 | 閏5/29 先負 |
| 23 | 日 | 辛亥 七赤 | 6/1 赤口 |
| 24 | 月 | 壬子 六白 | 6/2 先勝 |
| 25 | 火 | 癸丑 五黄 | 6/3 友引 |
| 26 | 水 | 甲寅 四緑 | 6/4 先負 |
| 27 | 木 | 乙卯 三碧 | 6/5 仏滅 |
| 28 | 金 | 丙辰 二黒 | 6/6 大安 |
| 29 | 土 | 丁巳 一白 | 6/7 赤口 |
| 30 | 日 | 戊午 九紫 | 6/8 先勝 |
| 31 | 月 | 己未 八白 | 6/9 友引 |

## 8月
（戊申 二黒土星）

| | | | |
|---|---|---|---|
| 1 | 火 | 庚申 七赤 | 6/10 先負 |
| 2 | 水 | 辛酉 六白 | 6/11 仏滅 |
| 3 | 木 | 壬戌 五黄 | 6/12 大安 |
| 4 | 金 | 癸亥 四緑 | 6/13 赤口 |
| 5 | 土 | 甲子 三碧 | 6/14 先勝 |
| 6 | 日 | 乙丑 二黒 | 6/15 友引 |
| 7 | 月 | 丙寅 一白 | 6/16 先負 |
| 8 | 火 | 丁卯 九紫 | 6/17 仏滅 |
| 9 | 水 | 戊辰 八白 | 6/18 大安 |
| 10 | 木 | 己巳 七赤 | 6/19 赤口 |
| 11 | 金 | 庚午 六白 | 6/20 先勝 |
| 12 | 土 | 辛未 五黄 | 6/21 友引 |
| 13 | 日 | 壬申 四緑 | 6/22 先負 |
| 14 | 月 | 癸酉 三碧 | 6/23 仏滅 |
| 15 | 火 | 甲戌 二黒 | 6/24 大安 |
| 16 | 水 | 乙亥 一白 | 6/25 赤口 |
| 17 | 木 | 丙子 九紫 | 6/26 先勝 |
| 18 | 金 | 丁丑 八白 | 6/27 友引 |
| 19 | 土 | 戊寅 七赤 | 6/28 先負 |
| 20 | 日 | 己卯 六白 | 6/29 仏滅 |
| 21 | 月 | 庚辰 五黄 | 6/30 大安 |
| 22 | 火 | 辛巳 四緑 | 7/1 先勝 |
| 23 | 水 | 壬午 三碧 | 7/2 友引 |
| 24 | 木 | 癸未 二黒 | 7/3 先負 |
| 25 | 金 | 甲申 一白 | 7/4 仏滅 |
| 26 | 土 | 乙酉 九紫 | 7/5 大安 |
| 27 | 日 | 丙戌 八白 | 7/6 赤口 |
| 28 | 月 | 丁亥 七赤 | 7/7 先勝 |
| 29 | 火 | 戊子 六白 | 7/8 友引 |
| 30 | 水 | 己丑 五黄 | 7/9 先負 |
| 31 | 木 | 庚寅 四緑 | 7/10 仏滅 |

### 5月
5. 2 [雑] 八十八夜
5. 5 [節] 立夏
5.21 [節] 小満

### 6月
6. 5 [節] 芒種
6.11 [雑] 入梅
6.21 [節] 夏至

### 7月
7. 2 [雑] 半夏生
7. 7 [節] 小暑
7.19 [雑] 土用
7.23 [節] 大暑

### 8月
8. 7 [節] 立秋
8.23 [節] 処暑

## 9 月
（己酉 一白水星）

| | | | |
|---|---|---|---|
| 1 | 金 | 辛卯 三碧 | 7/11 大安 |
| 2 | 土 | 壬辰 二黒 | 7/12 赤口 |
| 3 | 日 | 癸巳 一白 | 7/13 先勝 |
| 4 | 月 | 甲午 九紫 | 7/14 友引 |
| 5 | 火 | 乙未 八白 | 7/15 先負 |
| 6 | 水 | 丙申 七赤 | 7/16 仏滅 |
| 7 | 木 | 丁酉 六白 | 7/17 大安 |
| 8 | 金 | 戊戌 五黄 | 7/18 赤口 |
| 9 | 土 | 己亥 四緑 | 7/19 先勝 |
| 10 | 日 | 庚子 三碧 | 7/20 友引 |
| 11 | 月 | 辛丑 二黒 | 7/21 先負 |
| 12 | 火 | 壬寅 一白 | 7/22 仏滅 |
| 13 | 水 | 癸卯 九紫 | 7/23 大安 |
| 14 | 木 | 甲辰 八白 | 7/24 赤口 |
| 15 | 金 | 乙巳 七赤 | 7/25 先勝 |
| 16 | 土 | 丙午 六白 | 7/26 友引 |
| 17 | 日 | 丁未 五黄 | 7/27 先負 |
| 18 | 月 | 戊申 四緑 | 7/28 仏滅 |
| 19 | 火 | 己酉 三碧 | 7/29 大安 |
| 20 | 水 | 庚戌 二黒 | 8/1 友引 |
| 21 | 木 | 辛亥 一白 | 8/2 先負 |
| 22 | 金 | 壬子 九紫 | 8/3 仏滅 |
| 23 | 土 | 癸丑 八白 | 8/4 大安 |
| 24 | 日 | 甲寅 七赤 | 8/5 赤口 |
| 25 | 月 | 乙卯 六白 | 8/6 先勝 |
| 26 | 火 | 丙辰 五黄 | 8/7 友引 |
| 27 | 水 | 丁巳 四緑 | 8/8 先負 |
| 28 | 木 | 戊午 三碧 | 8/9 仏滅 |
| 29 | 金 | 己未 二黒 | 8/10 大安 |
| 30 | 土 | 庚申 一白 | 8/11 赤口 |

## 10 月
（庚戌 九紫火星）

| | | | |
|---|---|---|---|
| 1 | 日 | 辛酉 九紫 | 8/12 先勝 |
| 2 | 月 | 壬戌 八白 | 8/13 友引 |
| 3 | 火 | 癸亥 七赤 | 8/14 先負 |
| 4 | 水 | 甲子 六白 | 8/15 仏滅 |
| 5 | 木 | 乙丑 五黄 | 8/16 大安 |
| 6 | 金 | 丙寅 四緑 | 8/17 赤口 |
| 7 | 土 | 丁卯 三碧 | 8/18 先勝 |
| 8 | 日 | 戊辰 二黒 | 8/19 友引 |
| 9 | 月 | 己巳 一白 | 8/20 先負 |
| 10 | 火 | 庚午 九紫 | 8/21 仏滅 |
| 11 | 水 | 辛未 八白 | 8/22 大安 |
| 12 | 木 | 壬申 七赤 | 8/23 赤口 |
| 13 | 金 | 癸酉 六白 | 8/24 先勝 |
| 14 | 土 | 甲戌 五黄 | 8/25 友引 |
| 15 | 日 | 乙亥 四緑 | 8/26 先負 |
| 16 | 月 | 丙子 三碧 | 8/27 仏滅 |
| 17 | 火 | 丁丑 二黒 | 8/28 大安 |
| 18 | 水 | 戊寅 一白 | 8/29 赤口 |
| 19 | 木 | 己卯 九紫 | 8/30 先勝 |
| 20 | 金 | 庚辰 八白 | 9/1 先負 |
| 21 | 土 | 辛巳 七赤 | 9/2 仏滅 |
| 22 | 日 | 壬午 六白 | 9/3 大安 |
| 23 | 月 | 癸未 五黄 | 9/4 赤口 |
| 24 | 火 | 甲申 四緑 | 9/5 先勝 |
| 25 | 水 | 乙酉 三碧 | 9/6 友引 |
| 26 | 木 | 丙戌 二黒 | 9/7 先負 |
| 27 | 金 | 丁亥 一白 | 9/8 仏滅 |
| 28 | 土 | 戊子 九紫 | 9/9 大安 |
| 29 | 日 | 己丑 八白 | 9/10 赤口 |
| 30 | 月 | 庚寅 七赤 | 9/11 先勝 |
| 31 | 火 | 辛卯 六白 | 9/12 友引 |

## 11 月
（辛亥 八白土星）

| | | | |
|---|---|---|---|
| 1 | 水 | 壬辰 五黄 | 9/13 先負 |
| 2 | 木 | 癸巳 四緑 | 9/14 仏滅 |
| 3 | 金 | 甲午 三碧 | 9/15 大安 |
| 4 | 土 | 乙未 二黒 | 9/16 赤口 |
| 5 | 日 | 丙申 一白 | 9/17 先勝 |
| 6 | 月 | 丁酉 九紫 | 9/18 友引 |
| 7 | 火 | 戊戌 八白 | 9/19 先負 |
| 8 | 水 | 己亥 七赤 | 9/20 仏滅 |
| 9 | 木 | 庚子 六白 | 9/21 大安 |
| 10 | 金 | 辛丑 五黄 | 9/22 赤口 |
| 11 | 土 | 壬寅 四緑 | 9/23 先勝 |
| 12 | 日 | 癸卯 三碧 | 9/24 友引 |
| 13 | 月 | 甲辰 二黒 | 9/25 先負 |
| 14 | 火 | 乙巳 一白 | 9/26 仏滅 |
| 15 | 水 | 丙午 九紫 | 9/27 大安 |
| 16 | 木 | 丁未 八白 | 9/28 赤口 |
| 17 | 金 | 戊申 七赤 | 9/29 先勝 |
| 18 | 土 | 己酉 六白 | 10/1 仏滅 |
| 19 | 日 | 庚戌 五黄 | 10/2 大安 |
| 20 | 月 | 辛亥 四緑 | 10/3 赤口 |
| 21 | 火 | 壬子 三碧 | 10/4 先勝 |
| 22 | 水 | 癸丑 二黒 | 10/5 友引 |
| 23 | 木 | 甲寅 一白 | 10/6 先負 |
| 24 | 金 | 乙卯 九紫 | 10/7 仏滅 |
| 25 | 土 | 丙辰 八白 | 10/8 大安 |
| 26 | 日 | 丁巳 七赤 | 10/9 赤口 |
| 27 | 月 | 戊午 六白 | 10/10 先勝 |
| 28 | 火 | 己未 五黄 | 10/11 友引 |
| 29 | 水 | 庚申 四緑 | 10/12 先負 |
| 30 | 木 | 辛酉 三碧 | 10/13 仏滅 |

## 12 月
（壬子 七赤金星）

| | | | |
|---|---|---|---|
| 1 | 金 | 壬戌 二黒 | 10/14 大安 |
| 2 | 土 | 癸亥 一白 | 10/15 赤口 |
| 3 | 日 | 甲子 一白 | 10/16 先勝 |
| 4 | 月 | 乙丑 二黒 | 10/17 友引 |
| 5 | 火 | 丙寅 三碧 | 10/18 先負 |
| 6 | 水 | 丁卯 四緑 | 10/19 仏滅 |
| 7 | 木 | 戊辰 五黄 | 10/20 大安 |
| 8 | 金 | 己巳 六白 | 10/21 赤口 |
| 9 | 土 | 庚午 七赤 | 10/22 先勝 |
| 10 | 日 | 辛未 八白 | 10/23 友引 |
| 11 | 月 | 壬申 九紫 | 10/24 先負 |
| 12 | 火 | 癸酉 一白 | 10/25 仏滅 |
| 13 | 水 | 甲戌 二黒 | 10/26 大安 |
| 14 | 木 | 乙亥 三碧 | 10/27 赤口 |
| 15 | 金 | 丙子 四緑 | 10/28 先勝 |
| 16 | 土 | 丁丑 五黄 | 10/29 友引 |
| 17 | 日 | 戊寅 六白 | 10/30 先負 |
| 18 | 月 | 己卯 七赤 | 11/1 大安 |
| 19 | 火 | 庚辰 八白 | 11/2 赤口 |
| 20 | 水 | 辛巳 九紫 | 11/3 先勝 |
| 21 | 木 | 壬午 一白 | 11/4 友引 |
| 22 | 金 | 癸未 二黒 | 11/5 先負 |
| 23 | 土 | 甲申 三碧 | 11/6 仏滅 |
| 24 | 日 | 乙酉 四緑 | 11/7 大安 |
| 25 | 月 | 丙戌 五黄 | 11/8 赤口 |
| 26 | 火 | 丁亥 六白 | 11/9 先勝 |
| 27 | 水 | 戊子 七赤 | 11/10 友引 |
| 28 | 木 | 己丑 八白 | 11/11 先負 |
| 29 | 金 | 庚寅 九紫 | 11/12 仏滅 |
| 30 | 土 | 辛卯 一白 | 11/13 大安 |
| 31 | 日 | 壬辰 二黒 | 11/14 赤口 |

**9 月**

9. 1 [雑] 二百十日
9. 7 [節] 白露
9.18 [雑] 社日
9.20 [雑] 彼岸
9.23 [節] 秋分

**10 月**

10. 8 [節] 寒露
10.20 [雑] 土用
10.23 [節] 霜降

**11 月**

11. 7 [節] 立冬
11.22 [節] 小雪

**12 月**

12. 7 [節] 大雪
12.22 [節] 冬至

# 2018

明治 **151** 年
大正 **107** 年
昭和 **93** 年
平成 **30** 年

戊戌（つちのえいぬ）
九紫火星

生誕・年忌など

**1. 6** G. カントル没後 100 年
**3.25** ドビュッシー没後 100 年
**4.18** 伊能忠敬没後 200 年
**5. 4** 田中角栄生誕 100 年
**5. 5** K. マルクス生誕 200 年
**5.18** ドイツ三十年戦争開始 400 年
**5.25** J. ブルクハルト生誕 200 年
**7.14** I. ベルイマン生誕 100 年
**7.30** E. ブロンテ生誕 200 年
**8. 3** 富山県・米騒動 100 年
**8.12** シベリア出兵 100 年
**9.29** 原敬内閣 (本格的政党内閣) 発足 100 年
**11. 3** ドイツ革命勃発 100 年
**11. 5** 島村抱月没後 100 年
**11. 9** I. ツルゲーネフ生誕 200 年
G. アポリネール没後 100 年
**11.11** 第一次世界大戦終結 100 年
**11.13** ハプスブルク帝国崩壊 100 年
**12.15** いわさきちひろ生誕 100 年
この年 唐建国 1400 年
高麗建国 1100 年
平清盛生誕 900 年
チリ独立宣言 200 年
スペイン風邪大流行 100 年

## 2018 年

### 1 月
（癸丑 六白金星）

| | | | |
|---|---|---|---|
| 1 | 月 | 癸巳 三碧 | 11/15 先勝 |
| 2 | 火 | 甲午 四緑 | 11/16 友引 |
| 3 | 水 | 乙未 五黄 | 11/17 先負 |
| 4 | 木 | 丙申 六白 | 11/18 仏滅 |
| 5 | 金 | 丁酉 七赤 | 11/19 大安 |
| 6 | 土 | 戊戌 八白 | 11/20 赤口 |
| 7 | 日 | 己亥 九紫 | 11/21 先勝 |
| 8 | 月 | 庚子 一白 | 11/22 友引 |
| 9 | 火 | 辛丑 二黒 | 11/23 先負 |
| 10 | 水 | 壬寅 三碧 | 11/24 仏滅 |
| 11 | 木 | 癸卯 四緑 | 11/25 大安 |
| 12 | 金 | 甲辰 五黄 | 11/26 赤口 |
| 13 | 土 | 乙巳 六白 | 11/27 先勝 |
| 14 | 日 | 丙午 七赤 | 11/28 友引 |
| 15 | 月 | 丁未 八白 | 11/29 先負 |
| 16 | 火 | 戊申 九紫 | 11/30 仏滅 |
| 17 | 水 | 己酉 一白 | 12/1 赤口 |
| 18 | 木 | 庚戌 二黒 | 12/2 先勝 |
| 19 | 金 | 辛亥 三碧 | 12/3 友引 |
| 20 | 土 | 壬子 四緑 | 12/4 先負 |
| 21 | 日 | 癸丑 五黄 | 12/5 仏滅 |
| 22 | 月 | 甲寅 六白 | 12/6 大安 |
| 23 | 火 | 乙卯 七赤 | 12/7 赤口 |
| 24 | 水 | 丙辰 八白 | 12/8 先勝 |
| 25 | 木 | 丁巳 九紫 | 12/9 友引 |
| 26 | 金 | 戊午 一白 | 12/10 先負 |
| 27 | 土 | 己未 二黒 | 12/11 仏滅 |
| 28 | 日 | 庚申 三碧 | 12/12 大安 |
| 29 | 月 | 辛酉 四緑 | 12/13 赤口 |
| 30 | 火 | 壬戌 五黄 | 12/14 先勝 |
| 31 | 水 | 癸亥 六白 | 12/15 友引 |

### 2 月
（甲寅 五黄土星）

| | | | |
|---|---|---|---|
| 1 | 木 | 甲子 七赤 | 12/16 先負 |
| 2 | 金 | 乙丑 八白 | 12/17 仏滅 |
| 3 | 土 | 丙寅 九紫 | 12/18 大安 |
| 4 | 日 | 丁卯 一白 | 12/19 赤口 |
| 5 | 月 | 戊辰 二黒 | 12/20 先勝 |
| 6 | 火 | 己巳 三碧 | 12/21 友引 |
| 7 | 水 | 庚午 四緑 | 12/22 先負 |
| 8 | 木 | 辛未 五黄 | 12/23 仏滅 |
| 9 | 金 | 壬申 六白 | 12/24 大安 |
| 10 | 土 | 癸酉 七赤 | 12/25 赤口 |
| 11 | 日 | 甲戌 八白 | 12/26 先勝 |
| 12 | 月 | 乙亥 九紫 | 12/27 友引 |
| 13 | 火 | 丙子 一白 | 12/28 先負 |
| 14 | 水 | 丁丑 二黒 | 12/29 仏滅 |
| 15 | 木 | 戊寅 三碧 | 12/30 大安 |
| 16 | 金 | 己卯 四緑 | 1/1 先勝 |
| 17 | 土 | 庚辰 五黄 | 1/2 友引 |
| 18 | 日 | 辛巳 六白 | 1/3 先負 |
| 19 | 月 | 壬午 七赤 | 1/4 仏滅 |
| 20 | 火 | 癸未 八白 | 1/5 大安 |
| 21 | 水 | 甲申 九紫 | 1/6 赤口 |
| 22 | 木 | 乙酉 一白 | 1/7 先勝 |
| 23 | 金 | 丙戌 二黒 | 1/8 友引 |
| 24 | 土 | 丁亥 三碧 | 1/9 先負 |
| 25 | 日 | 戊子 四緑 | 1/10 仏滅 |
| 26 | 月 | 己丑 五黄 | 1/11 大安 |
| 27 | 火 | 庚寅 六白 | 1/12 赤口 |
| 28 | 水 | 辛卯 七赤 | 1/13 先勝 |

### 3 月
（乙卯 四緑木星）

| | | | |
|---|---|---|---|
| 1 | 木 | 壬辰 八白 | 1/14 友引 |
| 2 | 金 | 癸巳 九紫 | 1/15 先負 |
| 3 | 土 | 甲午 一白 | 1/16 仏滅 |
| 4 | 日 | 乙未 二黒 | 1/17 大安 |
| 5 | 月 | 丙申 三碧 | 1/18 赤口 |
| 6 | 火 | 丁酉 四緑 | 1/19 先勝 |
| 7 | 水 | 戊戌 五黄 | 1/20 友引 |
| 8 | 木 | 己亥 六白 | 1/21 先負 |
| 9 | 金 | 庚子 七赤 | 1/22 仏滅 |
| 10 | 土 | 辛丑 八白 | 1/23 大安 |
| 11 | 日 | 壬寅 九紫 | 1/24 赤口 |
| 12 | 月 | 癸卯 一白 | 1/25 先勝 |
| 13 | 火 | 甲辰 二黒 | 1/26 友引 |
| 14 | 水 | 乙巳 三碧 | 1/27 先負 |
| 15 | 木 | 丙午 四緑 | 1/28 仏滅 |
| 16 | 金 | 丁未 五黄 | 1/29 大安 |
| 17 | 土 | 戊申 六白 | 2/1 友引 |
| 18 | 日 | 己酉 七赤 | 2/2 先負 |
| 19 | 月 | 庚戌 八白 | 2/3 仏滅 |
| 20 | 火 | 辛亥 九紫 | 2/4 大安 |
| 21 | 水 | 壬子 一白 | 2/5 赤口 |
| 22 | 木 | 癸丑 二黒 | 2/6 先勝 |
| 23 | 金 | 甲寅 三碧 | 2/7 友引 |
| 24 | 土 | 乙卯 四緑 | 2/8 先負 |
| 25 | 日 | 丙辰 五黄 | 2/9 仏滅 |
| 26 | 月 | 丁巳 六白 | 2/10 大安 |
| 27 | 火 | 戊午 七赤 | 2/11 赤口 |
| 28 | 水 | 己未 八白 | 2/12 先勝 |
| 29 | 木 | 庚申 九紫 | 2/13 友引 |
| 30 | 金 | 辛酉 一白 | 2/14 先負 |
| 31 | 土 | 壬戌 二黒 | 2/15 仏滅 |

### 4 月
（丙辰 三碧木星）

| | | | |
|---|---|---|---|
| 1 | 日 | 癸亥 三碧 | 2/16 大安 |
| 2 | 月 | 甲子 四緑 | 2/17 赤口 |
| 3 | 火 | 乙丑 五黄 | 2/18 先勝 |
| 4 | 水 | 丙寅 六白 | 2/19 友引 |
| 5 | 木 | 丁卯 七赤 | 2/20 先負 |
| 6 | 金 | 戊辰 八白 | 2/21 仏滅 |
| 7 | 土 | 己巳 九紫 | 2/22 大安 |
| 8 | 日 | 庚午 一白 | 2/23 赤口 |
| 9 | 月 | 辛未 二黒 | 2/24 先勝 |
| 10 | 火 | 壬申 三碧 | 2/25 友引 |
| 11 | 水 | 癸酉 四緑 | 2/26 先負 |
| 12 | 木 | 甲戌 五黄 | 2/27 仏滅 |
| 13 | 金 | 乙亥 六白 | 2/28 大安 |
| 14 | 土 | 丙子 七赤 | 2/29 赤口 |
| 15 | 日 | 丁丑 八白 | 2/30 先勝 |
| 16 | 月 | 戊寅 九紫 | 3/1 先負 |
| 17 | 火 | 己卯 一白 | 3/2 仏滅 |
| 18 | 水 | 庚辰 二黒 | 3/3 大安 |
| 19 | 木 | 辛巳 三碧 | 3/4 赤口 |
| 20 | 金 | 壬午 四緑 | 3/5 先勝 |
| 21 | 土 | 癸未 五黄 | 3/6 友引 |
| 22 | 日 | 甲申 六白 | 3/7 先負 |
| 23 | 月 | 乙酉 七赤 | 3/8 仏滅 |
| 24 | 火 | 丙戌 八白 | 3/9 大安 |
| 25 | 水 | 丁亥 九紫 | 3/10 赤口 |
| 26 | 木 | 戊子 一白 | 3/11 先勝 |
| 27 | 金 | 己丑 二黒 | 3/12 友引 |
| 28 | 土 | 庚寅 三碧 | 3/13 先負 |
| 29 | 日 | 辛卯 四緑 | 3/14 仏滅 |
| 30 | 月 | 壬辰 五黄 | 3/15 大安 |

**1 月**

1. 5 [節] 小寒
1.17 [雑] 土用
1.20 [節] 大寒

**2 月**

2. 3 [雑] 節分
2. 4 [節] 立春
2.19 [節] 雨水

**3 月**

3. 6 [節] 啓蟄
3.17 [雑] 社日
3.18 [雑] 彼岸
3.21 [節] 春分

**4 月**

4. 5 [節] 清明
4.17 [雑] 土用
4.20 [節] 穀雨

## 5月
（丁巳 二黒土星）

| | | | |
|---|---|---|---|
| 1 | 火 | 癸巳 六白 | 3/16 赤口 |
| 2 | 水 | 甲午 七赤 | 3/17 先勝 |
| 3 | 木 | 乙未 八白 | 3/18 友引 |
| 4 | 金 | 丙申 九紫 | 3/19 先負 |
| 5 | 土 | 丁酉 一白 | 3/20 仏滅 |
| 6 | 日 | 戊戌 二黒 | 3/21 大安 |
| 7 | 月 | 己亥 三碧 | 3/22 赤口 |
| 8 | 火 | 庚子 四緑 | 3/23 先勝 |
| 9 | 水 | 辛丑 五黄 | 3/24 友引 |
| 10 | 木 | 壬寅 六白 | 3/25 先負 |
| 11 | 金 | 癸卯 七赤 | 3/26 仏滅 |
| 12 | 土 | 甲辰 八白 | 3/27 大安 |
| 13 | 日 | 乙巳 九紫 | 3/28 赤口 |
| 14 | 月 | 丙午 一白 | 3/29 先勝 |
| 15 | 火 | 丁未 二黒 | 4/1 仏滅 |
| 16 | 水 | 戊申 三碧 | 4/2 大安 |
| 17 | 木 | 己酉 四緑 | 4/3 赤口 |
| 18 | 金 | 庚戌 五黄 | 4/4 先勝 |
| 19 | 土 | 辛亥 六白 | 4/5 友引 |
| 20 | 日 | 壬子 七赤 | 4/6 先負 |
| 21 | 月 | 癸丑 八白 | 4/7 仏滅 |
| 22 | 火 | 甲寅 九紫 | 4/8 大安 |
| 23 | 水 | 乙卯 一白 | 4/9 赤口 |
| 24 | 木 | 丙辰 二黒 | 4/10 先勝 |
| 25 | 金 | 丁巳 三碧 | 4/11 友引 |
| 26 | 土 | 戊午 四緑 | 4/12 先負 |
| 27 | 日 | 己未 五黄 | 4/13 仏滅 |
| 28 | 月 | 庚申 六白 | 4/14 大安 |
| 29 | 火 | 辛酉 七赤 | 4/15 赤口 |
| 30 | 水 | 壬戌 八白 | 4/16 先勝 |
| 31 | 木 | 癸亥 九紫 | 4/17 友引 |

## 6月
（戊午 一白水星）

| | | | |
|---|---|---|---|
| 1 | 金 | 甲子 九紫 | 4/18 先負 |
| 2 | 土 | 乙丑 八白 | 4/19 仏滅 |
| 3 | 日 | 丙寅 七赤 | 4/20 大安 |
| 4 | 月 | 丁卯 六白 | 4/21 赤口 |
| 5 | 火 | 戊辰 五黄 | 4/22 先勝 |
| 6 | 水 | 己巳 四緑 | 4/23 友引 |
| 7 | 木 | 庚午 三碧 | 4/24 先負 |
| 8 | 金 | 辛未 二黒 | 4/25 仏滅 |
| 9 | 土 | 壬申 一白 | 4/26 大安 |
| 10 | 日 | 癸酉 九紫 | 4/27 赤口 |
| 11 | 月 | 甲戌 八白 | 4/28 先勝 |
| 12 | 火 | 乙亥 七赤 | 4/29 友引 |
| 13 | 水 | 丙子 六白 | 4/30 先負 |
| 14 | 木 | 丁丑 五黄 | 5/1 大安 |
| 15 | 金 | 戊寅 四緑 | 5/2 赤口 |
| 16 | 土 | 己卯 三碧 | 5/3 先勝 |
| 17 | 日 | 庚辰 二黒 | 5/4 友引 |
| 18 | 月 | 辛巳 一白 | 5/5 先負 |
| 19 | 火 | 壬午 九紫 | 5/6 仏滅 |
| 20 | 水 | 癸未 八白 | 5/7 大安 |
| 21 | 木 | 甲申 七赤 | 5/8 赤口 |
| 22 | 金 | 乙酉 六白 | 5/9 先勝 |
| 23 | 土 | 丙戌 五黄 | 5/10 友引 |
| 24 | 日 | 丁亥 四緑 | 5/11 先負 |
| 25 | 月 | 戊子 三碧 | 5/12 仏滅 |
| 26 | 火 | 己丑 二黒 | 5/13 大安 |
| 27 | 水 | 庚寅 一白 | 5/14 赤口 |
| 28 | 木 | 辛卯 九紫 | 5/15 先勝 |
| 29 | 金 | 壬辰 八白 | 5/16 友引 |
| 30 | 土 | 癸巳 七赤 | 5/17 先負 |

## 7月
（己未 九紫火星）

| | | | |
|---|---|---|---|
| 1 | 日 | 甲午 六白 | 5/18 仏滅 |
| 2 | 月 | 乙未 五黄 | 5/19 大安 |
| 3 | 火 | 丙申 四緑 | 5/20 赤口 |
| 4 | 水 | 丁酉 三碧 | 5/21 先勝 |
| 5 | 木 | 戊戌 二黒 | 5/22 友引 |
| 6 | 金 | 己亥 一白 | 5/23 先負 |
| 7 | 土 | 庚子 九紫 | 5/24 仏滅 |
| 8 | 日 | 辛丑 八白 | 5/25 大安 |
| 9 | 月 | 壬寅 七赤 | 5/26 赤口 |
| 10 | 火 | 癸卯 六白 | 5/27 先勝 |
| 11 | 水 | 甲辰 五黄 | 5/28 友引 |
| 12 | 木 | 乙巳 四緑 | 5/29 先負 |
| 13 | 金 | 丙午 三碧 | 6/1 赤口 |
| 14 | 土 | 丁未 二黒 | 6/2 先勝 |
| 15 | 日 | 戊申 一白 | 6/3 友引 |
| 16 | 月 | 己酉 九紫 | 6/4 先負 |
| 17 | 火 | 庚戌 八白 | 6/5 仏滅 |
| 18 | 水 | 辛亥 七赤 | 6/6 大安 |
| 19 | 木 | 壬子 六白 | 6/7 赤口 |
| 20 | 金 | 癸丑 五黄 | 6/8 先勝 |
| 21 | 土 | 甲寅 四緑 | 6/9 友引 |
| 22 | 日 | 乙卯 三碧 | 6/10 先負 |
| 23 | 月 | 丙辰 二黒 | 6/11 仏滅 |
| 24 | 火 | 丁巳 一白 | 6/12 大安 |
| 25 | 水 | 戊午 九紫 | 6/13 赤口 |
| 26 | 木 | 己未 八白 | 6/14 先勝 |
| 27 | 金 | 庚申 七赤 | 6/15 友引 |
| 28 | 土 | 辛酉 六白 | 6/16 先負 |
| 29 | 日 | 壬戌 五黄 | 6/17 仏滅 |
| 30 | 月 | 癸亥 四緑 | 6/18 大安 |
| 31 | 火 | 甲子 三碧 | 6/19 赤口 |

## 8月
（庚申 八白土星）

| | | | |
|---|---|---|---|
| 1 | 水 | 乙丑 二黒 | 6/20 先勝 |
| 2 | 木 | 丙寅 一白 | 6/21 友引 |
| 3 | 金 | 丁卯 九紫 | 6/22 先負 |
| 4 | 土 | 戊辰 八白 | 6/23 仏滅 |
| 5 | 日 | 己巳 七赤 | 6/24 大安 |
| 6 | 月 | 庚午 六白 | 6/25 赤口 |
| 7 | 火 | 辛未 五黄 | 6/26 先勝 |
| 8 | 水 | 壬申 四緑 | 6/27 友引 |
| 9 | 木 | 癸酉 三碧 | 6/28 先負 |
| 10 | 金 | 甲戌 二黒 | 6/29 仏滅 |
| 11 | 土 | 乙亥 一白 | 7/1 先勝 |
| 12 | 日 | 丙子 九紫 | 7/2 友引 |
| 13 | 月 | 丁丑 八白 | 7/3 先負 |
| 14 | 火 | 戊寅 七赤 | 7/4 仏滅 |
| 15 | 水 | 己卯 六白 | 7/5 大安 |
| 16 | 木 | 庚辰 五黄 | 7/6 赤口 |
| 17 | 金 | 辛巳 四緑 | 7/7 先勝 |
| 18 | 土 | 壬午 三碧 | 7/8 友引 |
| 19 | 日 | 癸未 二黒 | 7/9 先負 |
| 20 | 月 | 甲申 一白 | 7/10 仏滅 |
| 21 | 火 | 乙酉 九紫 | 7/11 大安 |
| 22 | 水 | 丙戌 八白 | 7/12 赤口 |
| 23 | 木 | 丁亥 七赤 | 7/13 先勝 |
| 24 | 金 | 戊子 六白 | 7/14 友引 |
| 25 | 土 | 己丑 五黄 | 7/15 先負 |
| 26 | 日 | 庚寅 四緑 | 7/16 仏滅 |
| 27 | 月 | 辛卯 三碧 | 7/17 大安 |
| 28 | 火 | 壬辰 二黒 | 7/18 赤口 |
| 29 | 水 | 癸巳 一白 | 7/19 先勝 |
| 30 | 木 | 甲午 九紫 | 7/20 友引 |
| 31 | 金 | 乙未 八白 | 7/21 先負 |

**5月**

5. 2〔雑〕八十八夜
5. 5〔節〕立夏
5.21〔節〕小満

**6月**

6. 6〔節〕芒種
6.11〔雑〕入梅
6.21〔節〕夏至

**7月**

7. 2〔雑〕半夏生
7. 7〔節〕小暑
7.20〔雑〕土用
7.23〔節〕大暑

**8月**

8. 7〔節〕立秋
8.23〔節〕処暑

## 9 月
（辛酉 七赤金星）

| | | | |
|---|---|---|---|
| 1 | 土 | 丙申 七赤 | 7/22 仏滅 |
| 2 | 日 | 丁酉 六白 | 7/23 大安 |
| 3 | 月 | 戊戌 五黄 | 7/24 赤口 |
| 4 | 火 | 己亥 四緑 | 7/25 先勝 |
| 5 | 水 | 庚子 三碧 | 7/26 友引 |
| 6 | 木 | 辛丑 二黒 | 7/27 先負 |
| 7 | 金 | 壬寅 一白 | 7/28 仏滅 |
| 8 | 土 | 癸卯 九紫 | 7/29 大安 |
| 9 | 日 | 甲辰 八白 | 7/30 赤口 |
| 10 | 月 | 乙巳 七赤 | 8/1 友引 |
| 11 | 火 | 丙午 六白 | 8/2 先負 |
| 12 | 水 | 丁未 五黄 | 8/3 仏滅 |
| 13 | 木 | 戊申 四緑 | 8/4 大安 |
| 14 | 金 | 己酉 三碧 | 8/5 赤口 |
| 15 | 土 | 庚戌 二黒 | 8/6 先勝 |
| 16 | 日 | 辛亥 一白 | 8/7 友引 |
| 17 | 月 | 壬子 九紫 | 8/8 先負 |
| 18 | 火 | 癸丑 八白 | 8/9 仏滅 |
| 19 | 水 | 甲寅 七赤 | 8/10 大安 |
| 20 | 木 | 乙卯 六白 | 8/11 赤口 |
| 21 | 金 | 丙辰 五黄 | 8/12 先勝 |
| 22 | 土 | 丁巳 四緑 | 8/13 友引 |
| 23 | 日 | 戊午 三碧 | 8/14 先負 |
| 24 | 月 | 己未 二黒 | 8/15 仏滅 |
| 25 | 火 | 庚申 一白 | 8/16 大安 |
| 26 | 水 | 辛酉 九紫 | 8/17 赤口 |
| 27 | 木 | 壬戌 八白 | 8/18 先勝 |
| 28 | 金 | 癸亥 七赤 | 8/19 友引 |
| 29 | 土 | 甲子 六白 | 8/20 先負 |
| 30 | 日 | 乙丑 五黄 | 8/21 仏滅 |

## 10 月
（壬戌 六白金星）

| | | | |
|---|---|---|---|
| 1 | 月 | 丙寅 四緑 | 8/22 大安 |
| 2 | 火 | 丁卯 三碧 | 8/23 赤口 |
| 3 | 水 | 戊辰 二黒 | 8/24 先勝 |
| 4 | 木 | 己巳 一白 | 8/25 友引 |
| 5 | 金 | 庚午 九紫 | 8/26 先負 |
| 6 | 土 | 辛未 八白 | 8/27 仏滅 |
| 7 | 日 | 壬申 七赤 | 8/28 大安 |
| 8 | 月 | 癸酉 六白 | 8/29 赤口 |
| 9 | 火 | 甲戌 五黄 | 9/1 先負 |
| 10 | 水 | 乙亥 四緑 | 9/2 仏滅 |
| 11 | 木 | 丙子 三碧 | 9/3 大安 |
| 12 | 金 | 丁丑 二黒 | 9/4 赤口 |
| 13 | 土 | 戊寅 一白 | 9/5 先勝 |
| 14 | 日 | 己卯 九紫 | 9/6 友引 |
| 15 | 月 | 庚辰 八白 | 9/7 先負 |
| 16 | 火 | 辛巳 七赤 | 9/8 仏滅 |
| 17 | 水 | 壬午 六白 | 9/9 大安 |
| 18 | 木 | 癸未 五黄 | 9/10 赤口 |
| 19 | 金 | 甲申 四緑 | 9/11 先勝 |
| 20 | 土 | 乙酉 三碧 | 9/12 友引 |
| 21 | 日 | 丙戌 二黒 | 9/13 先負 |
| 22 | 月 | 丁亥 一白 | 9/14 仏滅 |
| 23 | 火 | 戊子 九紫 | 9/15 大安 |
| 24 | 水 | 己丑 八白 | 9/16 赤口 |
| 25 | 木 | 庚寅 七赤 | 9/17 先勝 |
| 26 | 金 | 辛卯 六白 | 9/18 友引 |
| 27 | 土 | 壬辰 五黄 | 9/19 先負 |
| 28 | 日 | 癸巳 四緑 | 9/20 仏滅 |
| 29 | 月 | 甲午 三碧 | 9/21 大安 |
| 30 | 火 | 乙未 二黒 | 9/22 赤口 |
| 31 | 水 | 丙申 一白 | 9/23 先勝 |

## 11 月
（癸亥 五黄土星）

| | | | |
|---|---|---|---|
| 1 | 木 | 丁酉 九紫 | 9/24 友引 |
| 2 | 金 | 戊戌 八白 | 9/25 先負 |
| 3 | 土 | 己亥 七赤 | 9/26 仏滅 |
| 4 | 日 | 庚子 六白 | 9/27 大安 |
| 5 | 月 | 辛丑 五黄 | 9/28 赤口 |
| 6 | 火 | 壬寅 四緑 | 9/29 先勝 |
| 7 | 水 | 癸卯 三碧 | 9/30 友引 |
| 8 | 木 | 甲辰 二黒 | 10/1 仏滅 |
| 9 | 金 | 乙巳 一白 | 10/2 大安 |
| 10 | 土 | 丙午 九紫 | 10/3 赤口 |
| 11 | 日 | 丁未 八白 | 10/4 先勝 |
| 12 | 月 | 戊申 七赤 | 10/5 友引 |
| 13 | 火 | 己酉 六白 | 10/6 先負 |
| 14 | 水 | 庚戌 五黄 | 10/7 仏滅 |
| 15 | 木 | 辛亥 四緑 | 10/8 大安 |
| 16 | 金 | 壬子 三碧 | 10/9 赤口 |
| 17 | 土 | 癸丑 二黒 | 10/10 先勝 |
| 18 | 日 | 甲寅 一白 | 10/11 友引 |
| 19 | 月 | 乙卯 九紫 | 10/12 先負 |
| 20 | 火 | 丙辰 八白 | 10/13 仏滅 |
| 21 | 水 | 丁巳 七赤 | 10/14 大安 |
| 22 | 木 | 戊午 六白 | 10/15 赤口 |
| 23 | 金 | 己未 五黄 | 10/16 先勝 |
| 24 | 土 | 庚申 四緑 | 10/17 友引 |
| 25 | 日 | 辛酉 三碧 | 10/18 先負 |
| 26 | 月 | 壬戌 二黒 | 10/19 仏滅 |
| 27 | 火 | 癸亥 一白 | 10/20 大安 |
| 28 | 水 | 甲子 一白 | 10/21 赤口 |
| 29 | 木 | 乙丑 二黒 | 10/22 先勝 |
| 30 | 金 | 丙寅 三碧 | 10/23 友引 |

## 12 月
（甲子 四緑木星）

| | | | |
|---|---|---|---|
| 1 | 土 | 丁卯 四緑 | 10/24 先負 |
| 2 | 日 | 戊辰 五黄 | 10/25 仏滅 |
| 3 | 月 | 己巳 六白 | 10/26 大安 |
| 4 | 火 | 庚午 七赤 | 10/27 赤口 |
| 5 | 水 | 辛未 八白 | 10/28 先勝 |
| 6 | 木 | 壬申 九紫 | 10/29 友引 |
| 7 | 金 | 癸酉 一白 | 11/1 大安 |
| 8 | 土 | 甲戌 二黒 | 11/2 赤口 |
| 9 | 日 | 乙亥 三碧 | 11/3 先勝 |
| 10 | 月 | 丙子 四緑 | 11/4 友引 |
| 11 | 火 | 丁丑 五黄 | 11/5 先負 |
| 12 | 水 | 戊寅 六白 | 11/6 仏滅 |
| 13 | 木 | 己卯 七赤 | 11/7 大安 |
| 14 | 金 | 庚辰 八白 | 11/8 赤口 |
| 15 | 土 | 辛巳 九紫 | 11/9 先勝 |
| 16 | 日 | 壬午 一白 | 11/10 友引 |
| 17 | 月 | 癸未 二黒 | 11/11 先負 |
| 18 | 火 | 甲申 三碧 | 11/12 仏滅 |
| 19 | 水 | 乙酉 四緑 | 11/13 大安 |
| 20 | 木 | 丙戌 五黄 | 11/14 赤口 |
| 21 | 金 | 丁亥 六白 | 11/15 先勝 |
| 22 | 土 | 戊子 七赤 | 11/16 友引 |
| 23 | 日 | 己丑 八白 | 11/17 先負 |
| 24 | 月 | 庚寅 九紫 | 11/18 仏滅 |
| 25 | 火 | 辛卯 一白 | 11/19 大安 |
| 26 | 水 | 壬辰 二黒 | 11/20 赤口 |
| 27 | 木 | 癸巳 三碧 | 11/21 先勝 |
| 28 | 金 | 甲午 四緑 | 11/22 友引 |
| 29 | 土 | 乙未 五黄 | 11/23 先負 |
| 30 | 日 | 丙申 六白 | 11/24 仏滅 |
| 31 | 月 | 丁酉 七赤 | 11/25 大安 |

**9 月**

9. 1 [雑] 二百十日
9. 8 [節] 白露
9.20 [雑] 彼岸
9.23 [節] 秋分
9.23 [雑] 社日

**10 月**

10. 8 [節] 寒露
10.20 [雑] 土用
10.23 [節] 霜降

**11 月**

11. 7 [節] 立冬
11.22 [節] 小雪

**12 月**

12. 7 [節] 大雪
12.22 [節] 冬至

# 2019

明治 152 年
大正 108 年
昭和 94 年
平成 31 年

己亥（つちのとい）
八白土星

生誕・年忌など

1. 1 J. サリンジャー生誕 100 年
1. 5 松井須磨子没後 100 年
1.15 R. ルクセンブルク没後 100 年
1.18 パリ講和会議 100 年
1.27 源実朝没後 800 年
3. 1 朝鮮三・一独立運動 100 年
3.28 刀伊の入寇 1000 年
4. 6 ガンジー不服従運動開始 100 年
4.10 メキシコ・サパタ暗殺 100 年
4.27 前島密没後 100 年
5. 2 レオナルド・ダ・ヴィンチ没後 500 年
5. 4 中国五・四運動 100 年
5.24 ヴィクトリア女王生誕 200 年
5.31 W. ホイットマン生誕 200 年
6.20 応永の外寇 600 年
6.28 ヴェルサイユ条約調印 100 年
7.15 I. マードック生誕 100 年
7.16 板垣退助没後 100 年
8. 1 H. メルヴィル生誕 200 年
8.11 A. カーネギー没後 100 年
9.19 加藤周一生誕 100 年
9.20 マゼラン世界一周航海出発 500 年
10. 5 柳宗元没後 1200 年
10. 8 宮沢喜一生誕 100 年
10.10 中国国民党結成 100 年
12.17 コロンビア独立 200 年
A. ルノアール没後 100 年
この年 楊貴妃生誕 1300 年
今川義元生誕 500 年
塙保己一「群書類従」完成 200 年

**2019 年**

## 1 月
（乙丑 三碧木星）

| | | | |
|---|---|---|---|
| 1 | 火 | 戊戌 八白 | 11/26 赤口 |
| 2 | 水 | 己亥 九紫 | 11/27 先勝 |
| 3 | 木 | 庚子 一白 | 11/28 友引 |
| 4 | 金 | 辛丑 二黒 | 11/29 先負 |
| 5 | 土 | 壬寅 三碧 | 11/30 仏滅 |
| 6 | 日 | 癸卯 四緑 | 12/1 赤口 |
| 7 | 月 | 甲辰 五黄 | 12/2 先勝 |
| 8 | 火 | 乙巳 六白 | 12/3 友引 |
| 9 | 水 | 丙午 七赤 | 12/4 先負 |
| 10 | 木 | 丁未 八白 | 12/5 仏滅 |
| 11 | 金 | 戊申 九紫 | 12/6 大安 |
| 12 | 土 | 己酉 一白 | 12/7 赤口 |
| 13 | 日 | 庚戌 二黒 | 12/8 先勝 |
| 14 | 月 | 辛亥 三碧 | 12/9 友引 |
| 15 | 火 | 壬子 四緑 | 12/10 先負 |
| 16 | 水 | 癸丑 五黄 | 12/11 仏滅 |
| 17 | 木 | 甲寅 六白 | 12/12 大安 |
| 18 | 金 | 乙卯 七赤 | 12/13 赤口 |
| 19 | 土 | 丙辰 八白 | 12/14 先勝 |
| 20 | 日 | 丁巳 九紫 | 12/15 友引 |
| 21 | 月 | 戊午 一白 | 12/16 先負 |
| 22 | 火 | 己未 二黒 | 12/17 仏滅 |
| 23 | 水 | 庚申 三碧 | 12/18 大安 |
| 24 | 木 | 辛酉 四緑 | 12/19 赤口 |
| 25 | 金 | 壬戌 五黄 | 12/20 先勝 |
| 26 | 土 | 癸亥 六白 | 12/21 友引 |
| 27 | 日 | 甲子 七赤 | 12/22 先負 |
| 28 | 月 | 乙丑 八白 | 12/23 仏滅 |
| 29 | 火 | 丙寅 九紫 | 12/24 大安 |
| 30 | 水 | 丁卯 一白 | 12/25 赤口 |
| 31 | 木 | 戊辰 二黒 | 12/26 先勝 |

## 2 月
（丙寅 二黒土星）

| | | | |
|---|---|---|---|
| 1 | 金 | 己巳 三碧 | 12/27 友引 |
| 2 | 土 | 庚午 四緑 | 12/28 先負 |
| 3 | 日 | 辛未 五黄 | 12/29 仏滅 |
| 4 | 月 | 壬申 六白 | 12/30 大安 |
| 5 | 火 | 癸酉 七赤 | 1/1 先勝 |
| 6 | 水 | 甲戌 八白 | 1/2 友引 |
| 7 | 木 | 乙亥 九紫 | 1/3 先負 |
| 8 | 金 | 丙子 一白 | 1/4 仏滅 |
| 9 | 土 | 丁丑 二黒 | 1/5 大安 |
| 10 | 日 | 戊寅 三碧 | 1/6 赤口 |
| 11 | 月 | 己卯 四緑 | 1/7 先勝 |
| 12 | 火 | 庚辰 五黄 | 1/8 友引 |
| 13 | 水 | 辛巳 六白 | 1/9 先負 |
| 14 | 木 | 壬午 七赤 | 1/10 仏滅 |
| 15 | 金 | 癸未 八白 | 1/11 大安 |
| 16 | 土 | 甲申 九紫 | 1/12 赤口 |
| 17 | 日 | 乙酉 一白 | 1/13 先勝 |
| 18 | 月 | 丙戌 二黒 | 1/14 友引 |
| 19 | 火 | 丁亥 三碧 | 1/15 先負 |
| 20 | 水 | 戊子 四緑 | 1/16 仏滅 |
| 21 | 木 | 己丑 五黄 | 1/17 大安 |
| 22 | 金 | 庚寅 六白 | 1/18 赤口 |
| 23 | 土 | 辛卯 七赤 | 1/19 先勝 |
| 24 | 日 | 壬辰 八白 | 1/20 友引 |
| 25 | 月 | 癸巳 九紫 | 1/21 先負 |
| 26 | 火 | 甲午 一白 | 1/22 仏滅 |
| 27 | 水 | 乙未 二黒 | 1/23 大安 |
| 28 | 木 | 丙申 三碧 | 1/24 赤口 |

## 3 月
（丁卯 一白水星）

| | | | |
|---|---|---|---|
| 1 | 金 | 丁酉 四緑 | 1/25 先勝 |
| 2 | 土 | 戊戌 五黄 | 1/26 友引 |
| 3 | 日 | 己亥 六白 | 1/27 先負 |
| 4 | 月 | 庚子 七赤 | 1/28 仏滅 |
| 5 | 火 | 辛丑 八白 | 1/29 大安 |
| 6 | 水 | 壬寅 九紫 | 1/30 赤口 |
| 7 | 木 | 癸卯 一白 | 2/1 友引 |
| 8 | 金 | 甲辰 二黒 | 2/2 先負 |
| 9 | 土 | 乙巳 三碧 | 2/3 仏滅 |
| 10 | 日 | 丙午 四緑 | 2/4 大安 |
| 11 | 月 | 丁未 五黄 | 2/5 赤口 |
| 12 | 火 | 戊申 六白 | 2/6 先勝 |
| 13 | 水 | 己酉 七赤 | 2/7 友引 |
| 14 | 木 | 庚戌 八白 | 2/8 先負 |
| 15 | 金 | 辛亥 九紫 | 2/9 仏滅 |
| 16 | 土 | 壬子 一白 | 2/10 大安 |
| 17 | 日 | 癸丑 二黒 | 2/11 赤口 |
| 18 | 月 | 甲寅 三碧 | 2/12 先勝 |
| 19 | 火 | 乙卯 四緑 | 2/13 友引 |
| 20 | 水 | 丙辰 五黄 | 2/14 先負 |
| 21 | 木 | 丁巳 六白 | 2/15 仏滅 |
| 22 | 金 | 戊午 七赤 | 2/16 大安 |
| 23 | 土 | 己未 八白 | 2/17 赤口 |
| 24 | 日 | 庚申 九紫 | 2/18 先勝 |
| 25 | 月 | 辛酉 一白 | 2/19 友引 |
| 26 | 火 | 壬戌 二黒 | 2/20 先負 |
| 27 | 水 | 癸亥 三碧 | 2/21 仏滅 |
| 28 | 木 | 甲子 四緑 | 2/22 大安 |
| 29 | 金 | 乙丑 五黄 | 2/23 赤口 |
| 30 | 土 | 丙寅 六白 | 2/24 先勝 |
| 31 | 日 | 丁卯 七赤 | 2/25 友引 |

## 4 月
（戊辰 九紫火星）

| | | | |
|---|---|---|---|
| 1 | 月 | 戊辰 八白 | 2/26 先負 |
| 2 | 火 | 己巳 九紫 | 2/27 仏滅 |
| 3 | 水 | 庚午 一白 | 2/28 大安 |
| 4 | 木 | 辛未 二黒 | 2/29 赤口 |
| 5 | 金 | 壬申 三碧 | 3/1 先負 |
| 6 | 土 | 癸酉 四緑 | 3/2 仏滅 |
| 7 | 日 | 甲戌 五黄 | 3/3 大安 |
| 8 | 月 | 乙亥 六白 | 3/4 赤口 |
| 9 | 火 | 丙子 七赤 | 3/5 先勝 |
| 10 | 水 | 丁丑 八白 | 3/6 友引 |
| 11 | 木 | 戊寅 九紫 | 3/7 先負 |
| 12 | 金 | 己卯 一白 | 3/8 仏滅 |
| 13 | 土 | 庚辰 二黒 | 3/9 大安 |
| 14 | 日 | 辛巳 三碧 | 3/10 赤口 |
| 15 | 月 | 壬午 四緑 | 3/11 先勝 |
| 16 | 火 | 癸未 五黄 | 3/12 友引 |
| 17 | 水 | 甲申 六白 | 3/13 先負 |
| 18 | 木 | 乙酉 七赤 | 3/14 仏滅 |
| 19 | 金 | 丙戌 八白 | 3/15 大安 |
| 20 | 土 | 丁亥 九紫 | 3/16 赤口 |
| 21 | 日 | 戊子 一白 | 3/17 先勝 |
| 22 | 月 | 己丑 二黒 | 3/18 友引 |
| 23 | 火 | 庚寅 三碧 | 3/19 先負 |
| 24 | 水 | 辛卯 四緑 | 3/20 仏滅 |
| 25 | 木 | 壬辰 五黄 | 3/21 大安 |
| 26 | 金 | 癸巳 六白 | 3/22 赤口 |
| 27 | 土 | 甲午 七赤 | 3/23 先勝 |
| 28 | 日 | 乙未 八白 | 3/24 友引 |
| 29 | 月 | 丙申 九紫 | 3/25 先負 |
| 30 | 火 | 丁酉 一白 | 3/26 仏滅 |

**1 月**

1. 6 [節] 小寒
1.17 [雑] 土用
1.20 [節] 大寒

**2 月**

2. 3 [雑] 節分
2. 4 [節] 立春
2.19 [節] 雨水

**3 月**

3. 6 [節] 啓蟄
3.18 [雑] 彼岸
3.21 [節] 春分
3.22 [雑] 社日

**4 月**

4. 5 [節] 清明
4.17 [雑] 土用
4.20 [節] 穀雨

## 5 月
（己巳 八白土星）

| | | | |
|---|---|---|---|
| 1 | 水 | 戊戌 二黒 | 3/27 大安 |
| 2 | 木 | 己亥 三碧 | 3/28 赤口 |
| 3 | 金 | 庚子 四緑 | 3/29 先勝 |
| 4 | 土 | 辛丑 五黄 | 3/30 友引 |
| 5 | 日 | 壬寅 六白 | 4/1 仏滅 |
| 6 | 月 | 癸卯 七赤 | 4/2 大安 |
| 7 | 火 | 甲辰 八白 | 4/3 赤口 |
| 8 | 水 | 乙巳 九紫 | 4/4 先勝 |
| 9 | 木 | 丙午 一白 | 4/5 友引 |
| 10 | 金 | 丁未 二黒 | 4/6 先負 |
| 11 | 土 | 戊申 三碧 | 4/7 仏滅 |
| 12 | 日 | 己酉 四緑 | 4/8 大安 |
| 13 | 月 | 庚戌 五黄 | 4/9 赤口 |
| 14 | 火 | 辛亥 六白 | 4/10 先勝 |
| 15 | 水 | 壬子 七赤 | 4/11 友引 |
| 16 | 木 | 癸丑 八白 | 4/12 先負 |
| 17 | 金 | 甲寅 九紫 | 4/13 仏滅 |
| 18 | 土 | 乙卯 一白 | 4/14 大安 |
| 19 | 日 | 丙辰 二黒 | 4/15 赤口 |
| 20 | 月 | 丁巳 三碧 | 4/16 先勝 |
| 21 | 火 | 戊午 四緑 | 4/17 友引 |
| 22 | 水 | 己未 五黄 | 4/18 先負 |
| 23 | 木 | 庚申 六白 | 4/19 仏滅 |
| 24 | 金 | 辛酉 七赤 | 4/20 大安 |
| 25 | 土 | 壬戌 八白 | 4/21 赤口 |
| 26 | 日 | 癸亥 九紫 | 4/22 先勝 |
| 27 | 月 | 甲子 九紫 | 4/23 友引 |
| 28 | 火 | 乙丑 八白 | 4/24 先負 |
| 29 | 水 | 丙寅 七赤 | 4/25 仏滅 |
| 30 | 木 | 丁卯 六白 | 4/26 大安 |
| 31 | 金 | 戊辰 五黄 | 4/27 赤口 |

## 6 月
（庚午 七赤金星）

| | | | |
|---|---|---|---|
| 1 | 土 | 己巳 四緑 | 4/28 先勝 |
| 2 | 日 | 庚午 三碧 | 4/29 友引 |
| 3 | 月 | 辛未 二黒 | 5/1 大安 |
| 4 | 火 | 壬申 一白 | 5/2 赤口 |
| 5 | 水 | 癸酉 九紫 | 5/3 先勝 |
| 6 | 木 | 甲戌 八白 | 5/4 友引 |
| 7 | 金 | 乙亥 七赤 | 5/5 先負 |
| 8 | 土 | 丙子 六白 | 5/6 仏滅 |
| 9 | 日 | 丁丑 五黄 | 5/7 大安 |
| 10 | 月 | 戊寅 四緑 | 5/8 赤口 |
| 11 | 火 | 己卯 三碧 | 5/9 先勝 |
| 12 | 水 | 庚辰 二黒 | 5/10 友引 |
| 13 | 木 | 辛巳 一白 | 5/11 先負 |
| 14 | 金 | 壬午 九紫 | 5/12 仏滅 |
| 15 | 土 | 癸未 八白 | 5/13 大安 |
| 16 | 日 | 甲申 七赤 | 5/14 赤口 |
| 17 | 月 | 乙酉 六白 | 5/15 先勝 |
| 18 | 火 | 丙戌 五黄 | 5/16 友引 |
| 19 | 水 | 丁亥 四緑 | 5/17 先負 |
| 20 | 木 | 戊子 三碧 | 5/18 仏滅 |
| 21 | 金 | 己丑 二黒 | 5/19 大安 |
| 22 | 土 | 庚寅 一白 | 5/20 赤口 |
| 23 | 日 | 辛卯 九紫 | 5/21 先勝 |
| 24 | 月 | 壬辰 八白 | 5/22 友引 |
| 25 | 火 | 癸巳 七赤 | 5/23 先負 |
| 26 | 水 | 甲午 六白 | 5/24 仏滅 |
| 27 | 木 | 乙未 五黄 | 5/25 大安 |
| 28 | 金 | 丙申 四緑 | 5/26 赤口 |
| 29 | 土 | 丁酉 三碧 | 5/27 先勝 |
| 30 | 日 | 戊戌 二黒 | 5/28 友引 |

## 7 月
（辛未 六白金星）

| | | | |
|---|---|---|---|
| 1 | 月 | 己亥 一白 | 5/29 先負 |
| 2 | 火 | 庚子 九紫 | 5/30 仏滅 |
| 3 | 水 | 辛丑 八白 | 6/1 赤口 |
| 4 | 木 | 壬寅 七赤 | 6/2 先勝 |
| 5 | 金 | 癸卯 六白 | 6/3 友引 |
| 6 | 土 | 甲辰 五黄 | 6/4 先負 |
| 7 | 日 | 乙巳 四緑 | 6/5 仏滅 |
| 8 | 月 | 丙午 三碧 | 6/6 大安 |
| 9 | 火 | 丁未 二黒 | 6/7 赤口 |
| 10 | 水 | 戊申 一白 | 6/8 先勝 |
| 11 | 木 | 己酉 九紫 | 6/9 友引 |
| 12 | 金 | 庚戌 八白 | 6/10 先負 |
| 13 | 土 | 辛亥 七赤 | 6/11 仏滅 |
| 14 | 日 | 壬子 六白 | 6/12 大安 |
| 15 | 月 | 癸丑 五黄 | 6/13 赤口 |
| 16 | 火 | 甲寅 四緑 | 6/14 先勝 |
| 17 | 水 | 乙卯 三碧 | 6/15 友引 |
| 18 | 木 | 丙辰 二黒 | 6/16 先負 |
| 19 | 金 | 丁巳 一白 | 6/17 仏滅 |
| 20 | 土 | 戊午 九紫 | 6/18 大安 |
| 21 | 日 | 己未 八白 | 6/19 赤口 |
| 22 | 月 | 庚申 七赤 | 6/20 先勝 |
| 23 | 火 | 辛酉 六白 | 6/21 友引 |
| 24 | 水 | 壬戌 五黄 | 6/22 先負 |
| 25 | 木 | 癸亥 四緑 | 6/23 仏滅 |
| 26 | 金 | 甲子 三碧 | 6/24 大安 |
| 27 | 土 | 乙丑 二黒 | 6/25 赤口 |
| 28 | 日 | 丙寅 一白 | 6/26 先勝 |
| 29 | 月 | 丁卯 九紫 | 6/27 友引 |
| 30 | 火 | 戊辰 八白 | 6/28 先負 |
| 31 | 水 | 己巳 七赤 | 6/29 仏滅 |

## 8 月
（壬申 五黄土星）

| | | | |
|---|---|---|---|
| 1 | 木 | 庚午 六白 | 7/1 先勝 |
| 2 | 金 | 辛未 五黄 | 7/2 友引 |
| 3 | 土 | 壬申 四緑 | 7/3 先負 |
| 4 | 日 | 癸酉 三碧 | 7/4 仏滅 |
| 5 | 月 | 甲戌 二黒 | 7/5 大安 |
| 6 | 火 | 乙亥 一白 | 7/6 赤口 |
| 7 | 水 | 丙子 九紫 | 7/7 先勝 |
| 8 | 木 | 丁丑 八白 | 7/8 友引 |
| 9 | 金 | 戊寅 七赤 | 7/9 先負 |
| 10 | 土 | 己卯 六白 | 7/10 仏滅 |
| 11 | 日 | 庚辰 五黄 | 7/11 大安 |
| 12 | 月 | 辛巳 四緑 | 7/12 赤口 |
| 13 | 火 | 壬午 三碧 | 7/13 先勝 |
| 14 | 水 | 癸未 二黒 | 7/14 友引 |
| 15 | 木 | 甲申 一白 | 7/15 先負 |
| 16 | 金 | 乙酉 九紫 | 7/16 仏滅 |
| 17 | 土 | 丙戌 八白 | 7/17 大安 |
| 18 | 日 | 丁亥 七赤 | 7/18 赤口 |
| 19 | 月 | 戊子 六白 | 7/19 先勝 |
| 20 | 火 | 己丑 五黄 | 7/20 友引 |
| 21 | 水 | 庚寅 四緑 | 7/21 先負 |
| 22 | 木 | 辛卯 三碧 | 7/22 仏滅 |
| 23 | 金 | 壬辰 二黒 | 7/23 大安 |
| 24 | 土 | 癸巳 一白 | 7/24 赤口 |
| 25 | 日 | 甲午 九紫 | 7/25 先勝 |
| 26 | 月 | 乙未 八白 | 7/26 友引 |
| 27 | 火 | 丙申 七赤 | 7/27 先負 |
| 28 | 水 | 丁酉 六白 | 7/28 仏滅 |
| 29 | 木 | 戊戌 五黄 | 7/29 大安 |
| 30 | 金 | 己亥 四緑 | 8/1 友引 |
| 31 | 土 | 庚子 三碧 | 8/2 先負 |

**5 月**

5. 2［雑］八十八夜
5. 6［節］立夏
5.21［節］小満

**6 月**

6. 6［節］芒種
6.11［雑］入梅
6.22［節］夏至

**7 月**

7. 2［雑］半夏生
7. 7［節］小暑
7.20［雑］土用
7.23［節］大暑

**8 月**

8. 8［節］立秋
8.23［節］処暑

2019年

## 9月
（癸酉 四緑木星）

| | | | |
|---|---|---|---|
| 1 | 日 | 辛丑 二黒 | 8/3 仏滅 |
| 2 | 月 | 壬寅 一白 | 8/4 大安 |
| 3 | 火 | 癸卯 九紫 | 8/5 赤口 |
| 4 | 水 | 甲辰 八白 | 8/6 先勝 |
| 5 | 木 | 乙巳 七赤 | 8/7 友引 |
| 6 | 金 | 丙午 六白 | 8/8 先負 |
| 7 | 土 | 丁未 五黄 | 8/9 仏滅 |
| 8 | 日 | 戊申 四緑 | 8/10 大安 |
| 9 | 月 | 己酉 三碧 | 8/11 赤口 |
| 10 | 火 | 庚戌 二黒 | 8/12 先勝 |
| 11 | 水 | 辛亥 一白 | 8/13 友引 |
| 12 | 木 | 壬子 九紫 | 8/14 先負 |
| 13 | 金 | 癸丑 八白 | 8/15 仏滅 |
| 14 | 土 | 甲寅 七赤 | 8/16 大安 |
| 15 | 日 | 乙卯 六白 | 8/17 赤口 |
| 16 | 月 | 丙辰 五黄 | 8/18 先勝 |
| 17 | 火 | 丁巳 四緑 | 8/19 友引 |
| 18 | 水 | 戊午 三碧 | 8/20 先負 |
| 19 | 木 | 己未 二黒 | 8/21 仏滅 |
| 20 | 金 | 庚申 一白 | 8/22 大安 |
| 21 | 土 | 辛酉 九紫 | 8/23 赤口 |
| 22 | 日 | 壬戌 八白 | 8/24 先勝 |
| 23 | 月 | 癸亥 七赤 | 8/25 友引 |
| 24 | 火 | 甲子 六白 | 8/26 先負 |
| 25 | 水 | 乙丑 五黄 | 8/27 仏滅 |
| 26 | 木 | 丙寅 四緑 | 8/28 大安 |
| 27 | 金 | 丁卯 三碧 | 8/29 赤口 |
| 28 | 土 | 戊辰 二黒 | 8/30 先勝 |
| 29 | 日 | 己巳 一白 | 9/1 先負 |
| 30 | 月 | 庚午 九紫 | 9/2 仏滅 |

## 10月
（甲戌 三碧木星）

| | | | |
|---|---|---|---|
| 1 | 火 | 辛未 八白 | 9/3 大安 |
| 2 | 水 | 壬申 七赤 | 9/4 赤口 |
| 3 | 木 | 癸酉 六白 | 9/5 先勝 |
| 4 | 金 | 甲戌 五黄 | 9/6 友引 |
| 5 | 土 | 乙亥 四緑 | 9/7 先負 |
| 6 | 日 | 丙子 三碧 | 9/8 仏滅 |
| 7 | 月 | 丁丑 二黒 | 9/9 大安 |
| 8 | 火 | 戊寅 一白 | 9/10 赤口 |
| 9 | 水 | 己卯 九紫 | 9/11 先勝 |
| 10 | 木 | 庚辰 八白 | 9/12 友引 |
| 11 | 金 | 辛巳 七赤 | 9/13 先負 |
| 12 | 土 | 壬午 六白 | 9/14 仏滅 |
| 13 | 日 | 癸未 五黄 | 9/15 大安 |
| 14 | 月 | 甲申 四緑 | 9/16 赤口 |
| 15 | 火 | 乙酉 三碧 | 9/17 先勝 |
| 16 | 水 | 丙戌 二黒 | 9/18 友引 |
| 17 | 木 | 丁亥 一白 | 9/19 先負 |
| 18 | 金 | 戊子 九紫 | 9/20 仏滅 |
| 19 | 土 | 己丑 八白 | 9/21 大安 |
| 20 | 日 | 庚寅 七赤 | 9/22 赤口 |
| 21 | 月 | 辛卯 六白 | 9/23 先勝 |
| 22 | 火 | 壬辰 五黄 | 9/24 友引 |
| 23 | 水 | 癸巳 四緑 | 9/25 先負 |
| 24 | 木 | 甲午 三碧 | 9/26 仏滅 |
| 25 | 金 | 乙未 二黒 | 9/27 大安 |
| 26 | 土 | 丙申 一白 | 9/28 赤口 |
| 27 | 日 | 丁酉 九紫 | 9/29 先勝 |
| 28 | 月 | 戊戌 八白 | 10/1 仏滅 |
| 29 | 火 | 己亥 七赤 | 10/2 大安 |
| 30 | 水 | 庚子 六白 | 10/3 赤口 |
| 31 | 木 | 辛丑 五黄 | 10/4 先勝 |

## 11月
（乙亥 二黒土星）

| | | | |
|---|---|---|---|
| 1 | 金 | 壬寅 四緑 | 10/5 友引 |
| 2 | 土 | 癸卯 三碧 | 10/6 先負 |
| 3 | 日 | 甲辰 二黒 | 10/7 仏滅 |
| 4 | 月 | 乙巳 一白 | 10/8 大安 |
| 5 | 火 | 丙午 九紫 | 10/9 赤口 |
| 6 | 水 | 丁未 八白 | 10/10 先勝 |
| 7 | 木 | 戊申 七赤 | 10/11 友引 |
| 8 | 金 | 己酉 六白 | 10/12 先負 |
| 9 | 土 | 庚戌 五黄 | 10/13 仏滅 |
| 10 | 日 | 辛亥 四緑 | 10/14 大安 |
| 11 | 月 | 壬子 三碧 | 10/15 赤口 |
| 12 | 火 | 癸丑 二黒 | 10/16 先勝 |
| 13 | 水 | 甲寅 一白 | 10/17 友引 |
| 14 | 木 | 乙卯 九紫 | 10/18 先負 |
| 15 | 金 | 丙辰 八白 | 10/19 仏滅 |
| 16 | 土 | 丁巳 七赤 | 10/20 大安 |
| 17 | 日 | 戊午 六白 | 10/21 赤口 |
| 18 | 月 | 己未 五黄 | 10/22 先勝 |
| 19 | 火 | 庚申 四緑 | 10/23 友引 |
| 20 | 水 | 辛酉 三碧 | 10/24 先負 |
| 21 | 木 | 壬戌 二黒 | 10/25 仏滅 |
| 22 | 金 | 癸亥 一白 | 10/26 大安 |
| 23 | 土 | 甲子 一白 | 10/27 赤口 |
| 24 | 日 | 乙丑 二黒 | 10/28 先勝 |
| 25 | 月 | 丙寅 三碧 | 10/29 友引 |
| 26 | 火 | 丁卯 四緑 | 10/30 先負 |
| 27 | 水 | 戊辰 五黄 | 11/1 大安 |
| 28 | 木 | 己巳 六白 | 11/2 赤口 |
| 29 | 金 | 庚午 七赤 | 11/3 先勝 |
| 30 | 土 | 辛未 八白 | 11/4 友引 |

## 12月
（丙子 一白水星）

| | | | |
|---|---|---|---|
| 1 | 日 | 壬申 九紫 | 11/5 先負 |
| 2 | 月 | 癸酉 一白 | 11/6 仏滅 |
| 3 | 火 | 甲戌 二黒 | 11/7 大安 |
| 4 | 水 | 乙亥 三碧 | 11/8 赤口 |
| 5 | 木 | 丙子 四緑 | 11/9 先勝 |
| 6 | 金 | 丁丑 五黄 | 11/10 友引 |
| 7 | 土 | 戊寅 六白 | 11/11 先負 |
| 8 | 日 | 己卯 七赤 | 11/12 仏滅 |
| 9 | 月 | 庚辰 八白 | 11/13 大安 |
| 10 | 火 | 辛巳 九紫 | 11/14 赤口 |
| 11 | 水 | 壬午 一白 | 11/15 先勝 |
| 12 | 木 | 癸未 二黒 | 11/16 友引 |
| 13 | 金 | 甲申 三碧 | 11/17 先負 |
| 14 | 土 | 乙酉 四緑 | 11/18 仏滅 |
| 15 | 日 | 丙戌 五黄 | 11/19 大安 |
| 16 | 月 | 丁亥 六白 | 11/20 赤口 |
| 17 | 火 | 戊子 七赤 | 11/21 先勝 |
| 18 | 水 | 己丑 八白 | 11/22 友引 |
| 19 | 木 | 庚寅 九紫 | 11/23 先負 |
| 20 | 金 | 辛卯 一白 | 11/24 仏滅 |
| 21 | 土 | 壬辰 二黒 | 11/25 大安 |
| 22 | 日 | 癸巳 三碧 | 11/26 赤口 |
| 23 | 月 | 甲午 四緑 | 11/27 先勝 |
| 24 | 火 | 乙未 五黄 | 11/28 友引 |
| 25 | 水 | 丙申 六白 | 11/29 先負 |
| 26 | 木 | 丁酉 七赤 | 12/1 赤口 |
| 27 | 金 | 戊戌 八白 | 12/2 先勝 |
| 28 | 土 | 己亥 九紫 | 12/3 友引 |
| 29 | 日 | 庚子 一白 | 12/4 先負 |
| 30 | 月 | 辛丑 二黒 | 12/5 仏滅 |
| 31 | 火 | 壬寅 三碧 | 12/6 大安 |

**9月**

**9. 1**［雑］二百十日
**9. 8**［節］白露
**9.20**［雑］彼岸
**9.23**［節］秋分
**9.28**［雑］社日

**10月**

**10. 8**［節］寒露
**10.21**［雑］土用
**10.24**［節］霜降

**11月**

**11. 8**［節］立冬
**11.22**［節］小雪

**12月**

**12. 7**［節］大雪
**12.22**［節］冬至

# 2020

明治 153 年
大正 109 年
昭和 95 年
平成 32 年

庚子（かのえね）
七赤金星

生誕・年忌など

**1. 2** I. アシモフ生誕 100 年
**1. 7** 米国禁酒法発効 100 年
**1.10** 国際連盟成立 100 年
**1.20** F. フェリーニ生誕 100 年
**1.24** A. モディリアニ没後 100 年
**1.30** 長谷川町子生誕 100 年
**4. 1** 三船敏郎生誕 100 年
**4. 6** ラファエロ没後 500 年
**4.27** H. スペンサー生誕 200 年
**5. 2** 日本・メーデー 100 年
**5.12** F. ナイチンゲール生誕 200 年
**5.30** 安岡章太郎生誕 100 年
**6.14** M. ウェーバー没後 100 年
**6.17** 原節子生誕 100 年
**7. 6** ミヤコ蝶々生誕 100 年
**8.22** R. ブラッドベリ生誕 100 年
**8.26** 米国婦人参政権批准 100 年
**10. 1** 日本・国勢調査実施 100 年
**11. 2** 世界初のラジオ定時放送開始 100 年
**11.28** F. エンゲルス生誕 200 年
**12.24** 阿川弘之生誕 100 年
この年 曹操没後 1800 年
メイフラワー号による北米移住 400 年
三浦按針没後 400 年

**2020 年**

## 1 月
（丁丑 九紫火星）

| | | | |
|---|---|---|---|
| 1 | 水 | 癸卯 四緑 | 12/7 赤口 |
| 2 | 木 | 甲辰 五黄 | 12/8 先勝 |
| 3 | 金 | 乙巳 六白 | 12/9 友引 |
| 4 | 土 | 丙午 七赤 | 12/10 先負 |
| 5 | 日 | 丁未 八白 | 12/11 仏滅 |
| 6 | 月 | 戊申 九紫 | 12/12 大安 |
| 7 | 火 | 己酉 一白 | 12/13 赤口 |
| 8 | 水 | 庚戌 二黒 | 12/14 先勝 |
| 9 | 木 | 辛亥 三碧 | 12/15 友引 |
| 10 | 金 | 壬子 四緑 | 12/16 先負 |
| 11 | 土 | 癸丑 五黄 | 12/17 仏滅 |
| 12 | 日 | 甲寅 六白 | 12/18 大安 |
| 13 | 月 | 乙卯 七赤 | 12/19 赤口 |
| 14 | 火 | 丙辰 八白 | 12/20 先勝 |
| 15 | 水 | 丁巳 九紫 | 12/21 友引 |
| 16 | 木 | 戊午 一白 | 12/22 先負 |
| 17 | 金 | 己未 二黒 | 12/23 仏滅 |
| 18 | 土 | 庚申 三碧 | 12/24 大安 |
| 19 | 日 | 辛酉 四緑 | 12/25 赤口 |
| 20 | 月 | 壬戌 五黄 | 12/26 先勝 |
| 21 | 火 | 癸亥 六白 | 12/27 友引 |
| 22 | 水 | 甲子 七赤 | 12/28 先負 |
| 23 | 木 | 乙丑 八白 | 12/29 仏滅 |
| 24 | 金 | 丙寅 九紫 | 12/30 大安 |
| 25 | 土 | 丁卯 一白 | 1/1 先勝 |
| 26 | 日 | 戊辰 二黒 | 1/2 友引 |
| 27 | 月 | 己巳 三碧 | 1/3 先負 |
| 28 | 火 | 庚午 四緑 | 1/4 仏滅 |
| 29 | 水 | 辛未 五黄 | 1/5 大安 |
| 30 | 木 | 壬申 六白 | 1/6 赤口 |
| 31 | 金 | 癸酉 七赤 | 1/7 先勝 |

## 2 月
（戊寅 八白土星）

| | | | |
|---|---|---|---|
| 1 | 土 | 甲戌 八白 | 1/8 友引 |
| 2 | 日 | 乙亥 九紫 | 1/9 先負 |
| 3 | 月 | 丙子 一白 | 1/10 仏滅 |
| 4 | 火 | 丁丑 二黒 | 1/11 大安 |
| 5 | 水 | 戊寅 三碧 | 1/12 赤口 |
| 6 | 木 | 己卯 四緑 | 1/13 先勝 |
| 7 | 金 | 庚辰 五黄 | 1/14 友引 |
| 8 | 土 | 辛巳 六白 | 1/15 先負 |
| 9 | 日 | 壬午 七赤 | 1/16 仏滅 |
| 10 | 月 | 癸未 八白 | 1/17 大安 |
| 11 | 火 | 甲申 九紫 | 1/18 赤口 |
| 12 | 水 | 乙酉 一白 | 1/19 先勝 |
| 13 | 木 | 丙戌 二黒 | 1/20 友引 |
| 14 | 金 | 丁亥 三碧 | 1/21 先負 |
| 15 | 土 | 戊子 四緑 | 1/22 仏滅 |
| 16 | 日 | 己丑 五黄 | 1/23 大安 |
| 17 | 月 | 庚寅 六白 | 1/24 赤口 |
| 18 | 火 | 辛卯 七赤 | 1/25 先勝 |
| 19 | 水 | 壬辰 八白 | 1/26 友引 |
| 20 | 木 | 癸巳 九紫 | 1/27 先負 |
| 21 | 金 | 甲午 一白 | 1/28 仏滅 |
| 22 | 土 | 乙未 二黒 | 1/29 大安 |
| 23 | 日 | 丙申 三碧 | 1/30 赤口 |
| 24 | 月 | 丁酉 四緑 | 2/1 友引 |
| 25 | 火 | 戊戌 五黄 | 2/2 先負 |
| 26 | 水 | 己亥 六白 | 2/3 仏滅 |
| 27 | 木 | 庚子 七赤 | 2/4 大安 |
| 28 | 金 | 辛丑 八白 | 2/5 赤口 |
| 29 | 土 | 壬寅 九紫 | 2/6 先勝 |

## 3 月
（己卯 七赤金星）

| | | | |
|---|---|---|---|
| 1 | 日 | 癸卯 一白 | 2/7 友引 |
| 2 | 月 | 甲辰 二黒 | 2/8 先負 |
| 3 | 火 | 乙巳 三碧 | 2/9 仏滅 |
| 4 | 水 | 丙午 四緑 | 2/10 大安 |
| 5 | 木 | 丁未 五黄 | 2/11 赤口 |
| 6 | 金 | 戊申 六白 | 2/12 先勝 |
| 7 | 土 | 己酉 七赤 | 2/13 友引 |
| 8 | 日 | 庚戌 八白 | 2/14 先負 |
| 9 | 月 | 辛亥 九紫 | 2/15 仏滅 |
| 10 | 火 | 壬子 一白 | 2/16 大安 |
| 11 | 水 | 癸丑 二黒 | 2/17 赤口 |
| 12 | 木 | 甲寅 三碧 | 2/18 先勝 |
| 13 | 金 | 乙卯 四緑 | 2/19 友引 |
| 14 | 土 | 丙辰 五黄 | 2/20 先負 |
| 15 | 日 | 丁巳 六白 | 2/21 仏滅 |
| 16 | 月 | 戊午 七赤 | 2/22 大安 |
| 17 | 火 | 己未 八白 | 2/23 赤口 |
| 18 | 水 | 庚申 九紫 | 2/24 先勝 |
| 19 | 木 | 辛酉 一白 | 2/25 友引 |
| 20 | 金 | 壬戌 二黒 | 2/26 先負 |
| 21 | 土 | 癸亥 三碧 | 2/27 仏滅 |
| 22 | 日 | 甲子 四緑 | 2/28 大安 |
| 23 | 月 | 乙丑 五黄 | 2/29 赤口 |
| 24 | 火 | 丙寅 六白 | 3/1 先負 |
| 25 | 水 | 丁卯 七赤 | 3/2 仏滅 |
| 26 | 木 | 戊辰 八白 | 3/3 大安 |
| 27 | 金 | 己巳 九紫 | 3/4 赤口 |
| 28 | 土 | 庚午 一白 | 3/5 先勝 |
| 29 | 日 | 辛未 二黒 | 3/6 友引 |
| 30 | 月 | 壬申 三碧 | 3/7 先負 |
| 31 | 火 | 癸酉 四緑 | 3/8 仏滅 |

## 4 月
（庚辰 六白金星）

| | | | |
|---|---|---|---|
| 1 | 水 | 甲戌 五黄 | 3/9 大安 |
| 2 | 木 | 乙亥 六白 | 3/10 赤口 |
| 3 | 金 | 丙子 七赤 | 3/11 先勝 |
| 4 | 土 | 丁丑 八白 | 3/12 友引 |
| 5 | 日 | 戊寅 九紫 | 3/13 先負 |
| 6 | 月 | 己卯 一白 | 3/14 仏滅 |
| 7 | 火 | 庚辰 二黒 | 3/15 大安 |
| 8 | 水 | 辛巳 三碧 | 3/16 赤口 |
| 9 | 木 | 壬午 四緑 | 3/17 先勝 |
| 10 | 金 | 癸未 五黄 | 3/18 友引 |
| 11 | 土 | 甲申 六白 | 3/19 先負 |
| 12 | 日 | 乙酉 七赤 | 3/20 仏滅 |
| 13 | 月 | 丙戌 八白 | 3/21 大安 |
| 14 | 火 | 丁亥 九紫 | 3/22 赤口 |
| 15 | 水 | 戊子 一白 | 3/23 先勝 |
| 16 | 木 | 己丑 二黒 | 3/24 友引 |
| 17 | 金 | 庚寅 三碧 | 3/25 先負 |
| 18 | 土 | 辛卯 四緑 | 3/26 仏滅 |
| 19 | 日 | 壬辰 五黄 | 3/27 大安 |
| 20 | 月 | 癸巳 六白 | 3/28 赤口 |
| 21 | 火 | 甲午 七赤 | 3/29 先勝 |
| 22 | 水 | 乙未 八白 | 3/30 友引 |
| 23 | 木 | 丙申 九紫 | 4/1 仏滅 |
| 24 | 金 | 丁酉 一白 | 4/2 大安 |
| 25 | 土 | 戊戌 二黒 | 4/3 赤口 |
| 26 | 日 | 己亥 三碧 | 4/4 先勝 |
| 27 | 月 | 庚子 四緑 | 4/5 友引 |
| 28 | 火 | 辛丑 五黄 | 4/6 先負 |
| 29 | 水 | 壬寅 六白 | 4/7 仏滅 |
| 30 | 木 | 癸卯 七赤 | 4/8 大安 |

**1 月**

1. 6 [節] 小寒
1.18 [雑] 土用
1.20 [節] 大寒

**2 月**

2. 3 [雑] 節分
2. 4 [節] 立春
2.19 [節] 雨水

**3 月**

3. 5 [節] 啓蟄
3.16 [雑] 社日
3.17 [雑] 彼岸
3.20 [節] 春分

**4 月**

4. 4 [節] 清明
4.16 [雑] 土用
4.19 [節] 穀雨

## 5月
（辛巳 五黄土星）

| | | | |
|---|---|---|---|
| 1 | 金 | 甲辰 八白 | 4/9 赤口 |
| 2 | 土 | 乙巳 九紫 | 4/10 先勝 |
| 3 | 日 | 丙午 一白 | 4/11 友引 |
| 4 | 月 | 丁未 二黒 | 4/12 先負 |
| 5 | 火 | 戊申 三碧 | 4/13 仏滅 |
| 6 | 水 | 己酉 四緑 | 4/14 大安 |
| 7 | 木 | 庚戌 五黄 | 4/15 赤口 |
| 8 | 金 | 辛亥 六白 | 4/16 先勝 |
| 9 | 土 | 壬子 七赤 | 4/17 友引 |
| 10 | 日 | 癸丑 八白 | 4/18 先負 |
| 11 | 月 | 甲寅 九紫 | 4/19 仏滅 |
| 12 | 火 | 乙卯 一白 | 4/20 大安 |
| 13 | 水 | 丙辰 二黒 | 4/21 赤口 |
| 14 | 木 | 丁巳 三碧 | 4/22 先勝 |
| 15 | 金 | 戊午 四緑 | 4/23 友引 |
| 16 | 土 | 己未 五黄 | 4/24 先負 |
| 17 | 日 | 庚申 六白 | 4/25 仏滅 |
| 18 | 月 | 辛酉 七赤 | 4/26 大安 |
| 19 | 火 | 壬戌 八白 | 4/27 赤口 |
| 20 | 水 | 癸亥 九紫 | 4/28 先勝 |
| 21 | 木 | 甲子 一白 | 4/29 友引 |
| 22 | 金 | 乙丑 二黒 | 4/30 先負 |
| 23 | 土 | 丙寅 三碧 | 閏4/1 仏滅 |
| 24 | 日 | 丁卯 四緑 | 閏4/2 大安 |
| 25 | 月 | 戊辰 五黄 | 閏4/3 赤口 |
| 26 | 火 | 己巳 六白 | 閏4/4 先勝 |
| 27 | 水 | 庚午 七赤 | 閏4/5 友引 |
| 28 | 木 | 辛未 八白 | 閏4/6 先負 |
| 29 | 金 | 壬申 九紫 | 閏4/7 仏滅 |
| 30 | 土 | 癸酉 一白 | 閏4/8 大安 |
| 31 | 日 | 甲戌 二黒 | 閏4/9 赤口 |

## 6月
（壬午 四緑木星）

| | | | |
|---|---|---|---|
| 1 | 月 | 乙亥 三碧 | 閏4/10 先勝 |
| 2 | 火 | 丙子 四緑 | 閏4/11 友引 |
| 3 | 水 | 丁丑 五黄 | 閏4/12 先負 |
| 4 | 木 | 戊寅 六白 | 閏4/13 仏滅 |
| 5 | 金 | 己卯 七赤 | 閏4/14 大安 |
| 6 | 土 | 庚辰 八白 | 閏4/15 赤口 |
| 7 | 日 | 辛巳 九紫 | 閏4/16 先勝 |
| 8 | 月 | 壬午 一白 | 閏4/17 友引 |
| 9 | 火 | 癸未 二黒 | 閏4/18 先負 |
| 10 | 水 | 甲申 三碧 | 閏4/19 仏滅 |
| 11 | 木 | 乙酉 四緑 | 閏4/20 大安 |
| 12 | 金 | 丙戌 五黄 | 閏4/21 赤口 |
| 13 | 土 | 丁亥 六白 | 閏4/22 先勝 |
| 14 | 日 | 戊子 七赤 | 閏4/23 友引 |
| 15 | 月 | 己丑 八白 | 閏4/24 先負 |
| 16 | 火 | 庚寅 九紫 | 閏4/25 仏滅 |
| 17 | 水 | 辛卯 一白 | 閏4/26 大安 |
| 18 | 木 | 壬辰 二黒 | 閏4/27 赤口 |
| 19 | 金 | 癸巳 三碧 | 閏4/28 先勝 |
| 20 | 土 | 甲午 三碧 | 閏4/29 友引 |
| 21 | 日 | 乙未 二黒 | 5/1 大安 |
| 22 | 月 | 丙申 一白 | 5/2 赤口 |
| 23 | 火 | 丁酉 九紫 | 5/3 先勝 |
| 24 | 水 | 戊戌 八白 | 5/4 友引 |
| 25 | 木 | 己亥 七赤 | 5/5 先負 |
| 26 | 金 | 庚子 六白 | 5/6 仏滅 |
| 27 | 土 | 辛丑 五黄 | 5/7 大安 |
| 28 | 日 | 壬寅 四緑 | 5/8 赤口 |
| 29 | 月 | 癸卯 三碧 | 5/9 先勝 |
| 30 | 火 | 甲辰 二黒 | 5/10 友引 |

## 7月
（癸未 三碧木星）

| | | | |
|---|---|---|---|
| 1 | 水 | 乙巳 一白 | 5/11 先負 |
| 2 | 木 | 丙午 九紫 | 5/12 仏滅 |
| 3 | 金 | 丁未 八白 | 5/13 大安 |
| 4 | 土 | 戊申 七赤 | 5/14 赤口 |
| 5 | 日 | 己酉 六白 | 5/15 先勝 |
| 6 | 月 | 庚戌 五黄 | 5/16 友引 |
| 7 | 火 | 辛亥 四緑 | 5/17 先負 |
| 8 | 水 | 壬子 三碧 | 5/18 仏滅 |
| 9 | 木 | 癸丑 二黒 | 5/19 大安 |
| 10 | 金 | 甲寅 一白 | 5/20 赤口 |
| 11 | 土 | 乙卯 九紫 | 5/21 先勝 |
| 12 | 日 | 丙辰 八白 | 5/22 友引 |
| 13 | 月 | 丁巳 七赤 | 5/23 先負 |
| 14 | 火 | 戊午 六白 | 5/24 仏滅 |
| 15 | 水 | 己未 五黄 | 5/25 大安 |
| 16 | 木 | 庚申 四緑 | 5/26 赤口 |
| 17 | 金 | 辛酉 三碧 | 5/27 先勝 |
| 18 | 土 | 壬戌 二黒 | 5/28 友引 |
| 19 | 日 | 癸亥 一白 | 5/29 先負 |
| 20 | 月 | 甲子 九紫 | 5/30 仏滅 |
| 21 | 火 | 乙丑 八白 | 6/1 赤口 |
| 22 | 水 | 丙寅 七赤 | 6/2 先勝 |
| 23 | 木 | 丁卯 六白 | 6/3 友引 |
| 24 | 金 | 戊辰 五黄 | 6/4 先負 |
| 25 | 土 | 己巳 四緑 | 6/5 仏滅 |
| 26 | 日 | 庚午 三碧 | 6/6 大安 |
| 27 | 月 | 辛未 二黒 | 6/7 赤口 |
| 28 | 火 | 壬申 一白 | 6/8 先勝 |
| 29 | 水 | 癸酉 九紫 | 6/9 友引 |
| 30 | 木 | 甲戌 八白 | 6/10 先負 |
| 31 | 金 | 乙亥 七赤 | 6/11 仏滅 |

## 8月
（甲申 二黒土星）

| | | | |
|---|---|---|---|
| 1 | 土 | 丙子 六白 | 6/12 大安 |
| 2 | 日 | 丁丑 五黄 | 6/13 赤口 |
| 3 | 月 | 戊寅 四緑 | 6/14 先勝 |
| 4 | 火 | 己卯 三碧 | 6/15 友引 |
| 5 | 水 | 庚辰 二黒 | 6/16 先負 |
| 6 | 木 | 辛巳 一白 | 6/17 仏滅 |
| 7 | 金 | 壬午 九紫 | 6/18 大安 |
| 8 | 土 | 癸未 八白 | 6/19 赤口 |
| 9 | 日 | 甲申 七赤 | 6/20 先勝 |
| 10 | 月 | 乙酉 六白 | 6/21 友引 |
| 11 | 火 | 丙戌 五黄 | 6/22 先負 |
| 12 | 水 | 丁亥 四緑 | 6/23 仏滅 |
| 13 | 木 | 戊子 三碧 | 6/24 大安 |
| 14 | 金 | 己丑 二黒 | 6/25 赤口 |
| 15 | 土 | 庚寅 一白 | 6/26 先勝 |
| 16 | 日 | 辛卯 九紫 | 6/27 友引 |
| 17 | 月 | 壬辰 八白 | 6/28 先負 |
| 18 | 火 | 癸巳 七赤 | 6/29 仏滅 |
| 19 | 水 | 甲午 六白 | 7/1 先勝 |
| 20 | 木 | 乙未 五黄 | 7/2 友引 |
| 21 | 金 | 丙申 四緑 | 7/3 先負 |
| 22 | 土 | 丁酉 三碧 | 7/4 仏滅 |
| 23 | 日 | 戊戌 二黒 | 7/5 大安 |
| 24 | 月 | 己亥 一白 | 7/6 赤口 |
| 25 | 火 | 庚子 九紫 | 7/7 先勝 |
| 26 | 水 | 辛丑 八白 | 7/8 友引 |
| 27 | 木 | 壬寅 七赤 | 7/9 先負 |
| 28 | 金 | 癸卯 六白 | 7/10 仏滅 |
| 29 | 土 | 甲辰 五黄 | 7/11 大安 |
| 30 | 日 | 乙巳 四緑 | 7/12 赤口 |
| 31 | 月 | 丙午 三碧 | 7/13 先勝 |

**5月**

5. 1 〔雑〕八十八夜
5. 5 〔節〕立夏
5.20 〔節〕小満

**6月**

6. 5 〔節〕芒種
6.10 〔雑〕入梅
6.21 〔節〕夏至

**7月**

7. 1 〔雑〕半夏生
7. 7 〔節〕小暑
7.19 〔雑〕土用
7.22 〔節〕大暑

**8月**

8. 7 〔節〕立秋
8.23 〔節〕処暑
8.31 〔雑〕二百十日

## 2020 年

### 9 月
（乙酉 一白水星）

| | | | |
|---|---|---|---|
| 1 | 火 | 丁未 二黒 | 7/14 友引 |
| 2 | 水 | 戊申 一白 | 7/15 先負 |
| 3 | 木 | 己酉 九紫 | 7/16 仏滅 |
| 4 | 金 | 庚戌 八白 | 7/17 大安 |
| 5 | 土 | 辛亥 七赤 | 7/18 赤口 |
| 6 | 日 | 壬子 六白 | 7/19 先勝 |
| 7 | 月 | 癸丑 五黄 | 7/20 友引 |
| 8 | 火 | 甲寅 四緑 | 7/21 先負 |
| 9 | 水 | 乙卯 三碧 | 7/22 仏滅 |
| 10 | 木 | 丙辰 二黒 | 7/23 大安 |
| 11 | 金 | 丁巳 一白 | 7/24 赤口 |
| 12 | 土 | 戊午 九紫 | 7/25 先勝 |
| 13 | 日 | 己未 八白 | 7/26 友引 |
| 14 | 月 | 庚申 七赤 | 7/27 先負 |
| 15 | 火 | 辛酉 六白 | 7/28 仏滅 |
| 16 | 水 | 壬戌 五黄 | 7/29 大安 |
| 17 | 木 | 癸亥 四緑 | 8/1 友引 |
| 18 | 金 | 甲子 三碧 | 8/2 先負 |
| 19 | 土 | 乙丑 二黒 | 8/3 仏滅 |
| 20 | 日 | 丙寅 一白 | 8/4 大安 |
| 21 | 月 | 丁卯 九紫 | 8/5 赤口 |
| 22 | 火 | 戊辰 八白 | 8/6 先勝 |
| 23 | 水 | 己巳 七赤 | 8/7 友引 |
| 24 | 木 | 庚午 六白 | 8/8 先負 |
| 25 | 金 | 辛未 五黄 | 8/9 仏滅 |
| 26 | 土 | 壬申 四緑 | 8/10 大安 |
| 27 | 日 | 癸酉 三碧 | 8/11 赤口 |
| 28 | 月 | 甲戌 二黒 | 8/12 先勝 |
| 29 | 火 | 乙亥 一白 | 8/13 友引 |
| 30 | 水 | 丙子 九紫 | 8/14 先負 |

### 10 月
（丙戌 九紫火星）

| | | | |
|---|---|---|---|
| 1 | 木 | 丁丑 八白 | 8/15 仏滅 |
| 2 | 金 | 戊寅 七赤 | 8/16 大安 |
| 3 | 土 | 己卯 六白 | 8/17 赤口 |
| 4 | 日 | 庚辰 五黄 | 8/18 先勝 |
| 5 | 月 | 辛巳 四緑 | 8/19 友引 |
| 6 | 火 | 壬午 三碧 | 8/20 先負 |
| 7 | 水 | 癸未 二黒 | 8/21 仏滅 |
| 8 | 木 | 甲申 一白 | 8/22 大安 |
| 9 | 金 | 乙酉 九紫 | 8/23 赤口 |
| 10 | 土 | 丙戌 八白 | 8/24 先勝 |
| 11 | 日 | 丁亥 七赤 | 8/25 友引 |
| 12 | 月 | 戊子 六白 | 8/26 先負 |
| 13 | 火 | 己丑 五黄 | 8/27 仏滅 |
| 14 | 水 | 庚寅 四緑 | 8/28 大安 |
| 15 | 木 | 辛卯 三碧 | 8/29 赤口 |
| 16 | 金 | 壬辰 二黒 | 8/30 先勝 |
| 17 | 土 | 癸巳 一白 | 9/1 先負 |
| 18 | 日 | 甲午 九紫 | 9/2 仏滅 |
| 19 | 月 | 乙未 八白 | 9/3 大安 |
| 20 | 火 | 丙申 七赤 | 9/4 赤口 |
| 21 | 水 | 丁酉 六白 | 9/5 先勝 |
| 22 | 木 | 戊戌 五黄 | 9/6 友引 |
| 23 | 金 | 己亥 四緑 | 9/7 先負 |
| 24 | 土 | 庚子 三碧 | 9/8 仏滅 |
| 25 | 日 | 辛丑 二黒 | 9/9 大安 |
| 26 | 月 | 壬寅 一白 | 9/10 赤口 |
| 27 | 火 | 癸卯 九紫 | 9/11 先勝 |
| 28 | 水 | 甲辰 八白 | 9/12 友引 |
| 29 | 木 | 乙巳 七赤 | 9/13 先負 |
| 30 | 金 | 丙午 六白 | 9/14 仏滅 |
| 31 | 土 | 丁未 五黄 | 9/15 大安 |

### 11 月
（丁亥 八白土星）

| | | | |
|---|---|---|---|
| 1 | 日 | 戊申 四緑 | 9/16 赤口 |
| 2 | 月 | 己酉 三碧 | 9/17 先勝 |
| 3 | 火 | 庚戌 二黒 | 9/18 友引 |
| 4 | 水 | 辛亥 一白 | 9/19 先負 |
| 5 | 木 | 壬子 九紫 | 9/20 仏滅 |
| 6 | 金 | 癸丑 八白 | 9/21 大安 |
| 7 | 土 | 甲寅 七赤 | 9/22 赤口 |
| 8 | 日 | 乙卯 六白 | 9/23 先勝 |
| 9 | 月 | 丙辰 五黄 | 9/24 友引 |
| 10 | 火 | 丁巳 四緑 | 9/25 先負 |
| 11 | 水 | 戊午 三碧 | 9/26 仏滅 |
| 12 | 木 | 己未 二黒 | 9/27 大安 |
| 13 | 金 | 庚申 一白 | 9/28 赤口 |
| 14 | 土 | 辛酉 九紫 | 9/29 先勝 |
| 15 | 日 | 壬戌 八白 | 10/1 仏滅 |
| 16 | 月 | 癸亥 七赤 | 10/2 大安 |
| 17 | 火 | 甲子 六白 | 10/3 赤口 |
| 18 | 水 | 乙丑 五黄 | 10/4 先勝 |
| 19 | 木 | 丙寅 四緑 | 10/5 友引 |
| 20 | 金 | 丁卯 三碧 | 10/6 先負 |
| 21 | 土 | 戊辰 二黒 | 10/7 仏滅 |
| 22 | 日 | 己巳 一白 | 10/8 大安 |
| 23 | 月 | 庚午 九紫 | 10/9 赤口 |
| 24 | 火 | 辛未 八白 | 10/10 先勝 |
| 25 | 水 | 壬申 七赤 | 10/11 友引 |
| 26 | 木 | 癸酉 六白 | 10/12 先負 |
| 27 | 金 | 甲戌 五黄 | 10/13 仏滅 |
| 28 | 土 | 乙亥 四緑 | 10/14 大安 |
| 29 | 日 | 丙子 三碧 | 10/15 赤口 |
| 30 | 月 | 丁丑 二黒 | 10/16 先勝 |

### 12 月
（戊子 七赤金星）

| | | | |
|---|---|---|---|
| 1 | 火 | 戊寅 一白 | 10/17 友引 |
| 2 | 水 | 己卯 九紫 | 10/18 先負 |
| 3 | 木 | 庚辰 八白 | 10/19 仏滅 |
| 4 | 金 | 辛巳 七赤 | 10/20 大安 |
| 5 | 土 | 壬午 六白 | 10/21 赤口 |
| 6 | 日 | 癸未 五黄 | 10/22 先勝 |
| 7 | 月 | 甲申 四緑 | 10/23 友引 |
| 8 | 火 | 乙酉 三碧 | 10/24 先負 |
| 9 | 水 | 丙戌 二黒 | 10/25 仏滅 |
| 10 | 木 | 丁亥 一白 | 10/26 大安 |
| 11 | 金 | 戊子 九紫 | 10/27 赤口 |
| 12 | 土 | 己丑 八白 | 10/28 先勝 |
| 13 | 日 | 庚寅 七赤 | 10/29 友引 |
| 14 | 月 | 辛卯 六白 | 10/30 先負 |
| 15 | 火 | 壬辰 五黄 | 11/1 大安 |
| 16 | 水 | 癸巳 四緑 | 11/2 赤口 |
| 17 | 木 | 甲午 三碧 | 11/3 先勝 |
| 18 | 金 | 乙未 二黒 | 11/4 友引 |
| 19 | 土 | 丙申 一白 | 11/5 先負 |
| 20 | 日 | 丁酉 九紫 | 11/6 仏滅 |
| 21 | 月 | 戊戌 八白 | 11/7 大安 |
| 22 | 火 | 己亥 七赤 | 11/8 赤口 |
| 23 | 水 | 庚子 六白 | 11/9 先勝 |
| 24 | 木 | 辛丑 五黄 | 11/10 友引 |
| 25 | 金 | 壬寅 四緑 | 11/11 先負 |
| 26 | 土 | 癸卯 三碧 | 11/12 仏滅 |
| 27 | 日 | 甲辰 二黒 | 11/13 大安 |
| 28 | 月 | 乙巳 一白 | 11/14 赤口 |
| 29 | 火 | 丙午 九紫 | 11/15 先勝 |
| 30 | 水 | 丁未 八白 | 11/16 友引 |
| 31 | 木 | 戊申 七赤 | 11/17 先負 |

**9 月**

9. 7［節］白露
9.19［雑］彼岸
9.22［節］秋分
9.22［雑］社日

**10 月**

10. 8［節］寒露
10.20［雑］土用
10.23［節］霜降

**11 月**

11. 7［節］立冬
11.22［節］小雪

**12 月**

12. 7［節］大雪
12.21［節］冬至

# 2021

**明治 154 年**
**大正 110 年**
**昭和 96 年**
**平成 33 年**

辛丑（かのとうし）
六白金星

## 生誕・年忌など

**1.26** 盛田昭夫生誕 100 年
**2.23** J. キーツ没後 200 年
**4. 1** 滝平二郎生誕 100 年
**4. 9** C. ボードレール生誕 200 年
**4.27** F. マゼラン没後 500 年
**5. 5** ナポレオン 1 世没後 200 年
**7. 1** 中国共産党成立 100 年
**7.28** ペルー独立宣言 200 年
**8.13** アステカ帝国滅亡 500 年
**9.10** 槇有恒アイガー東山稜初登頂 100 年
**9.12** 塙保己一没後 200 年
**9.14** エルサルバドル独立宣言 200 年
**9.15** メキシコ独立宣言 200 年
**9. —** A. ダンテ没後 700 年
**11. 3** 武田信玄生誕 500 年
**11. 4** 原敬暗殺事件 100 年
**11.11** F. ドストエフスキー生誕 200 年
**12. 1** ドミニカ独立宣言 200 年
**12.12** G. フローベール生誕 200 年
**12.16** サン・サーンス没後 100 年
**この年** 王安石生誕 1000 年
承久の乱 800 年

2021年

### 1月
（己丑 六白金星）

| | | | |
|---|---|---|---|
| 1 | 金 | 己酉 六白 | 11/18 仏滅 |
| 2 | 土 | 庚戌 五黄 | 11/19 大安 |
| 3 | 日 | 辛亥 四緑 | 11/20 赤口 |
| 4 | 月 | 壬子 三碧 | 11/21 先勝 |
| 5 | 火 | 癸丑 二黒 | 11/22 友引 |
| 6 | 水 | 甲寅 一白 | 11/23 先負 |
| 7 | 木 | 乙卯 九紫 | 11/24 仏滅 |
| 8 | 金 | 丙辰 八白 | 11/25 大安 |
| 9 | 土 | 丁巳 七赤 | 11/26 赤口 |
| 10 | 日 | 戊午 六白 | 11/27 先勝 |
| 11 | 月 | 己未 五黄 | 11/28 友引 |
| 12 | 火 | 庚申 四緑 | 11/29 先負 |
| 13 | 水 | 辛酉 三碧 | 12/1 赤口 |
| 14 | 木 | 壬戌 二黒 | 12/2 先勝 |
| 15 | 金 | 癸亥 一白 | 12/3 友引 |
| 16 | 土 | 甲子 一白 | 12/4 先負 |
| 17 | 日 | 乙丑 二黒 | 12/5 仏滅 |
| 18 | 月 | 丙寅 三碧 | 12/6 大安 |
| 19 | 火 | 丁卯 四緑 | 12/7 赤口 |
| 20 | 水 | 戊辰 五黄 | 12/8 先勝 |
| 21 | 木 | 己巳 六白 | 12/9 友引 |
| 22 | 金 | 庚午 七赤 | 12/10 先負 |
| 23 | 土 | 辛未 八白 | 12/11 仏滅 |
| 24 | 日 | 壬申 九紫 | 12/12 大安 |
| 25 | 月 | 癸酉 一白 | 12/13 赤口 |
| 26 | 火 | 甲戌 二黒 | 12/14 先勝 |
| 27 | 水 | 乙亥 三碧 | 12/15 友引 |
| 28 | 木 | 丙子 四緑 | 12/16 先負 |
| 29 | 金 | 丁丑 五黄 | 12/17 仏滅 |
| 30 | 土 | 戊寅 六白 | 12/18 大安 |
| 31 | 日 | 己卯 七赤 | 12/19 赤口 |

### 2月
（庚寅 五黄土星）

| | | | |
|---|---|---|---|
| 1 | 月 | 庚辰 八白 | 12/20 先勝 |
| 2 | 火 | 辛巳 九紫 | 12/21 友引 |
| 3 | 水 | 壬午 一白 | 12/22 先負 |
| 4 | 木 | 癸未 二黒 | 12/23 仏滅 |
| 5 | 金 | 甲申 三碧 | 12/24 大安 |
| 6 | 土 | 乙酉 四緑 | 12/25 赤口 |
| 7 | 日 | 丙戌 五黄 | 12/26 先勝 |
| 8 | 月 | 丁亥 六白 | 12/27 友引 |
| 9 | 火 | 戊子 七赤 | 12/28 先負 |
| 10 | 水 | 己丑 八白 | 12/29 仏滅 |
| 11 | 木 | 庚寅 九紫 | 12/30 大安 |
| 12 | 金 | 辛卯 一白 | 1/1 先勝 |
| 13 | 土 | 壬辰 二黒 | 1/2 友引 |
| 14 | 日 | 癸巳 三碧 | 1/3 先負 |
| 15 | 月 | 甲午 四緑 | 1/4 仏滅 |
| 16 | 火 | 乙未 五黄 | 1/5 大安 |
| 17 | 水 | 丙申 六白 | 1/6 赤口 |
| 18 | 木 | 丁酉 七赤 | 1/7 先勝 |
| 19 | 金 | 戊戌 八白 | 1/8 友引 |
| 20 | 土 | 己亥 九紫 | 1/9 先負 |
| 21 | 日 | 庚子 一白 | 1/10 仏滅 |
| 22 | 月 | 辛丑 二黒 | 1/11 大安 |
| 23 | 火 | 壬寅 三碧 | 1/12 赤口 |
| 24 | 水 | 癸卯 四緑 | 1/13 先勝 |
| 25 | 木 | 甲辰 五黄 | 1/14 友引 |
| 26 | 金 | 乙巳 六白 | 1/15 先負 |
| 27 | 土 | 丙午 七赤 | 1/16 仏滅 |
| 28 | 日 | 丁未 八白 | 1/17 大安 |

### 3月
（辛卯 四緑木星）

| | | | |
|---|---|---|---|
| 1 | 月 | 戊申 九紫 | 1/18 赤口 |
| 2 | 火 | 己酉 一白 | 1/19 先勝 |
| 3 | 水 | 庚戌 二黒 | 1/20 友引 |
| 4 | 木 | 辛亥 三碧 | 1/21 先負 |
| 5 | 金 | 壬子 四緑 | 1/22 仏滅 |
| 6 | 土 | 癸丑 五黄 | 1/23 大安 |
| 7 | 日 | 甲寅 六白 | 1/24 赤口 |
| 8 | 月 | 乙卯 七赤 | 1/25 先勝 |
| 9 | 火 | 丙辰 八白 | 1/26 友引 |
| 10 | 水 | 丁巳 九紫 | 1/27 先負 |
| 11 | 木 | 戊午 一白 | 1/28 仏滅 |
| 12 | 金 | 己未 二黒 | 1/29 大安 |
| 13 | 土 | 庚申 三碧 | 2/1 友引 |
| 14 | 日 | 辛酉 四緑 | 2/2 先負 |
| 15 | 月 | 壬戌 五黄 | 2/3 仏滅 |
| 16 | 火 | 癸亥 六白 | 2/4 大安 |
| 17 | 水 | 甲子 七赤 | 2/5 赤口 |
| 18 | 木 | 乙丑 八白 | 2/6 先勝 |
| 19 | 金 | 丙寅 九紫 | 2/7 友引 |
| 20 | 土 | 丁卯 一白 | 2/8 先負 |
| 21 | 日 | 戊辰 二黒 | 2/9 仏滅 |
| 22 | 月 | 己巳 三碧 | 2/10 大安 |
| 23 | 火 | 庚午 四緑 | 2/11 赤口 |
| 24 | 水 | 辛未 五黄 | 2/12 先勝 |
| 25 | 木 | 壬申 六白 | 2/13 友引 |
| 26 | 金 | 癸酉 七赤 | 2/14 先負 |
| 27 | 土 | 甲戌 八白 | 2/15 仏滅 |
| 28 | 日 | 乙亥 九紫 | 2/16 大安 |
| 29 | 月 | 丙子 一白 | 2/17 赤口 |
| 30 | 火 | 丁丑 二黒 | 2/18 先勝 |
| 31 | 水 | 戊寅 三碧 | 2/19 友引 |

### 4月
（壬辰 三碧木星）

| | | | |
|---|---|---|---|
| 1 | 木 | 己卯 四緑 | 2/20 先負 |
| 2 | 金 | 庚辰 五黄 | 2/21 仏滅 |
| 3 | 土 | 辛巳 六白 | 2/22 大安 |
| 4 | 日 | 壬午 七赤 | 2/23 赤口 |
| 5 | 月 | 癸未 八白 | 2/24 先勝 |
| 6 | 火 | 甲申 九紫 | 2/25 友引 |
| 7 | 水 | 乙酉 一白 | 2/26 先負 |
| 8 | 木 | 丙戌 二黒 | 2/27 仏滅 |
| 9 | 金 | 丁亥 三碧 | 2/28 大安 |
| 10 | 土 | 戊子 四緑 | 2/29 赤口 |
| 11 | 日 | 己丑 五黄 | 2/30 先勝 |
| 12 | 月 | 庚寅 六白 | 3/1 先負 |
| 13 | 火 | 辛卯 七赤 | 3/2 仏滅 |
| 14 | 水 | 壬辰 八白 | 3/3 大安 |
| 15 | 木 | 癸巳 九紫 | 3/4 赤口 |
| 16 | 金 | 甲午 一白 | 3/5 先勝 |
| 17 | 土 | 乙未 二黒 | 3/6 友引 |
| 18 | 日 | 丙申 三碧 | 3/7 先負 |
| 19 | 月 | 丁酉 四緑 | 3/8 仏滅 |
| 20 | 火 | 戊戌 五黄 | 3/9 大安 |
| 21 | 水 | 己亥 六白 | 3/10 赤口 |
| 22 | 木 | 庚子 七赤 | 3/11 先勝 |
| 23 | 金 | 辛丑 八白 | 3/12 友引 |
| 24 | 土 | 壬寅 九紫 | 3/13 先負 |
| 25 | 日 | 癸卯 一白 | 3/14 仏滅 |
| 26 | 月 | 甲辰 二黒 | 3/15 大安 |
| 27 | 火 | 乙巳 三碧 | 3/16 赤口 |
| 28 | 水 | 丙午 四緑 | 3/17 先勝 |
| 29 | 木 | 丁未 五黄 | 3/18 友引 |
| 30 | 金 | 戊申 六白 | 3/19 先負 |

**1月**

1. 5［節］小寒
1.17［雑］土用
1.20［節］大寒

**2月**

2. 2［雑］節分
2. 3［節］立春
2.18［節］雨水

**3月**

3. 5［節］啓蟄
3.17［雑］彼岸
3.20［節］春分
3.21［雑］社日

**4月**

4. 4［節］清明
4.17［雑］土用
4.20［節］穀雨

## 5月
（癸巳 二黒土星）

| | | | |
|---|---|---|---|
| 1 | 土 | 己酉 七赤 | 3/20 仏滅 |
| 2 | 日 | 庚戌 八白 | 3/21 大安 |
| 3 | 月 | 辛亥 九紫 | 3/22 赤口 |
| 4 | 火 | 壬子 一白 | 3/23 先勝 |
| 5 | 水 | 癸丑 二黒 | 3/24 友引 |
| 6 | 木 | 甲寅 三碧 | 3/25 先負 |
| 7 | 金 | 乙卯 四緑 | 3/26 仏滅 |
| 8 | 土 | 丙辰 五黄 | 3/27 大安 |
| 9 | 日 | 丁巳 六白 | 3/28 赤口 |
| 10 | 月 | 戊午 七赤 | 3/29 先勝 |
| 11 | 火 | 己未 八白 | 3/30 友引 |
| 12 | 水 | 庚申 九紫 | 4/1 仏滅 |
| 13 | 木 | 辛酉 一白 | 4/2 大安 |
| 14 | 金 | 壬戌 二黒 | 4/3 赤口 |
| 15 | 土 | 癸亥 三碧 | 4/4 先勝 |
| 16 | 日 | 甲子 四緑 | 4/5 友引 |
| 17 | 月 | 乙丑 五黄 | 4/6 先負 |
| 18 | 火 | 丙寅 六白 | 4/7 仏滅 |
| 19 | 水 | 丁卯 七赤 | 4/8 大安 |
| 20 | 木 | 戊辰 八白 | 4/9 赤口 |
| 21 | 金 | 己巳 九紫 | 4/10 先勝 |
| 22 | 土 | 庚午 一白 | 4/11 友引 |
| 23 | 日 | 辛未 二黒 | 4/12 先負 |
| 24 | 月 | 壬申 三碧 | 4/13 仏滅 |
| 25 | 火 | 癸酉 四緑 | 4/14 大安 |
| 26 | 水 | 甲戌 五黄 | 4/15 赤口 |
| 27 | 木 | 乙亥 六白 | 4/16 先勝 |
| 28 | 金 | 丙子 七赤 | 4/17 友引 |
| 29 | 土 | 丁丑 八白 | 4/18 先負 |
| 30 | 日 | 戊寅 九紫 | 4/19 仏滅 |
| 31 | 月 | 己卯 一白 | 4/20 大安 |

## 6月
（甲午 一白水星）

| | | | |
|---|---|---|---|
| 1 | 火 | 庚辰 二黒 | 4/21 赤口 |
| 2 | 水 | 辛巳 三碧 | 4/22 先勝 |
| 3 | 木 | 壬午 四緑 | 4/23 友引 |
| 4 | 金 | 癸未 五黄 | 4/24 先負 |
| 5 | 土 | 甲申 六白 | 4/25 仏滅 |
| 6 | 日 | 乙酉 七赤 | 4/26 大安 |
| 7 | 月 | 丙戌 八白 | 4/27 赤口 |
| 8 | 火 | 丁亥 九紫 | 4/28 先勝 |
| 9 | 水 | 戊子 一白 | 4/29 友引 |
| 10 | 木 | 己丑 二黒 | 5/1 大安 |
| 11 | 金 | 庚寅 三碧 | 5/2 赤口 |
| 12 | 土 | 辛卯 四緑 | 5/3 先勝 |
| 13 | 日 | 壬辰 五黄 | 5/4 友引 |
| 14 | 月 | 癸巳 六白 | 5/5 先負 |
| 15 | 火 | 甲午 七赤 | 5/6 仏滅 |
| 16 | 水 | 乙未 八白 | 5/7 大安 |
| 17 | 木 | 丙申 九紫 | 5/8 赤口 |
| 18 | 金 | 丁酉 一白 | 5/9 先勝 |
| 19 | 土 | 戊戌 二黒 | 5/10 友引 |
| 20 | 日 | 己亥 三碧 | 5/11 先負 |
| 21 | 月 | 庚子 四緑 | 5/12 仏滅 |
| 22 | 火 | 辛丑 五黄 | 5/13 大安 |
| 23 | 水 | 壬寅 六白 | 5/14 赤口 |
| 24 | 木 | 癸卯 七赤 | 5/15 先勝 |
| 25 | 金 | 甲辰 八白 | 5/16 友引 |
| 26 | 土 | 乙巳 九紫 | 5/17 先負 |
| 27 | 日 | 丙午 一白 | 5/18 仏滅 |
| 28 | 月 | 丁未 二黒 | 5/19 大安 |
| 29 | 火 | 戊申 三碧 | 5/20 赤口 |
| 30 | 水 | 己酉 四緑 | 5/21 先勝 |

## 7月
（乙未 九紫火星）

| | | | |
|---|---|---|---|
| 1 | 木 | 庚戌 五黄 | 5/22 友引 |
| 2 | 金 | 辛亥 六白 | 5/23 先負 |
| 3 | 土 | 壬子 七赤 | 5/24 仏滅 |
| 4 | 日 | 癸丑 八白 | 5/25 大安 |
| 5 | 月 | 甲寅 九紫 | 5/26 赤口 |
| 6 | 火 | 乙卯 一白 | 5/27 先勝 |
| 7 | 水 | 丙辰 二黒 | 5/28 友引 |
| 8 | 木 | 丁巳 三碧 | 5/29 先負 |
| 9 | 金 | 戊午 四緑 | 5/30 仏滅 |
| 10 | 土 | 己未 五黄 | 6/1 赤口 |
| 11 | 日 | 庚申 六白 | 6/2 先勝 |
| 12 | 月 | 辛酉 七赤 | 6/3 友引 |
| 13 | 火 | 壬戌 八白 | 6/4 先負 |
| 14 | 水 | 癸亥 九紫 | 6/5 仏滅 |
| 15 | 木 | 甲子 九紫 | 6/6 大安 |
| 16 | 金 | 乙丑 八白 | 6/7 赤口 |
| 17 | 土 | 丙寅 七赤 | 6/8 先勝 |
| 18 | 日 | 丁卯 六白 | 6/9 友引 |
| 19 | 月 | 戊辰 五黄 | 6/10 先負 |
| 20 | 火 | 己巳 四緑 | 6/11 仏滅 |
| 21 | 水 | 庚午 三碧 | 6/12 大安 |
| 22 | 木 | 辛未 二黒 | 6/13 赤口 |
| 23 | 金 | 壬申 一白 | 6/14 先勝 |
| 24 | 土 | 癸酉 九紫 | 6/15 友引 |
| 25 | 日 | 甲戌 八白 | 6/16 先負 |
| 26 | 月 | 乙亥 七赤 | 6/17 仏滅 |
| 27 | 火 | 丙子 六白 | 6/18 大安 |
| 28 | 水 | 丁丑 五黄 | 6/19 赤口 |
| 29 | 木 | 戊寅 四緑 | 6/20 先勝 |
| 30 | 金 | 己卯 三碧 | 6/21 友引 |
| 31 | 土 | 庚辰 二黒 | 6/22 先負 |

## 8月
（丙申 八白土星）

| | | | |
|---|---|---|---|
| 1 | 日 | 辛巳 一白 | 6/23 仏滅 |
| 2 | 月 | 壬午 九紫 | 6/24 大安 |
| 3 | 火 | 癸未 八白 | 6/25 赤口 |
| 4 | 水 | 甲申 七赤 | 6/26 先勝 |
| 5 | 木 | 乙酉 六白 | 6/27 友引 |
| 6 | 金 | 丙戌 五黄 | 6/28 先負 |
| 7 | 土 | 丁亥 四緑 | 6/29 仏滅 |
| 8 | 日 | 戊子 三碧 | 7/1 先勝 |
| 9 | 月 | 己丑 二黒 | 7/2 友引 |
| 10 | 火 | 庚寅 一白 | 7/3 先負 |
| 11 | 水 | 辛卯 九紫 | 7/4 仏滅 |
| 12 | 木 | 壬辰 八白 | 7/5 大安 |
| 13 | 金 | 癸巳 七赤 | 7/6 赤口 |
| 14 | 土 | 甲午 六白 | 7/7 先勝 |
| 15 | 日 | 乙未 五黄 | 7/8 友引 |
| 16 | 月 | 丙申 四緑 | 7/9 先負 |
| 17 | 火 | 丁酉 三碧 | 7/10 仏滅 |
| 18 | 水 | 戊戌 二黒 | 7/11 大安 |
| 19 | 木 | 己亥 一白 | 7/12 赤口 |
| 20 | 金 | 庚子 九紫 | 7/13 先勝 |
| 21 | 土 | 辛丑 八白 | 7/14 友引 |
| 22 | 日 | 壬寅 七赤 | 7/15 先負 |
| 23 | 月 | 癸卯 六白 | 7/16 仏滅 |
| 24 | 火 | 甲辰 五黄 | 7/17 大安 |
| 25 | 水 | 乙巳 四緑 | 7/18 赤口 |
| 26 | 木 | 丙午 三碧 | 7/19 先勝 |
| 27 | 金 | 丁未 二黒 | 7/20 友引 |
| 28 | 土 | 戊申 一白 | 7/21 先負 |
| 29 | 日 | 己酉 九紫 | 7/22 仏滅 |
| 30 | 月 | 庚戌 八白 | 7/23 大安 |
| 31 | 火 | 辛亥 七赤 | 7/24 赤口 |

**5月**

5. 1 [雑] 八十八夜
5. 5 [節] 立夏
5.21 [節] 小満

**6月**

6. 5 [節] 芒種
6.11 [雑] 入梅
6.21 [節] 夏至

**7月**

7. 2 [雑] 半夏生
7. 7 [節] 小暑
7.19 [雑] 土用
7.22 [節] 大暑

**8月**

8. 7 [節] 立秋
8.23 [節] 処暑
8.31 [雑] 二百十日

## 9 月
（丁酉 七赤金星）

| | | | |
|---|---|---|---|
| 1 | 水 | 壬子 六白 | 7/25 先勝 |
| 2 | 木 | 癸丑 五黄 | 7/26 友引 |
| 3 | 金 | 甲寅 四緑 | 7/27 先負 |
| 4 | 土 | 乙卯 三碧 | 7/28 仏滅 |
| 5 | 日 | 丙辰 二黒 | 7/29 大安 |
| 6 | 月 | 丁巳 一白 | 7/30 赤口 |
| 7 | 火 | 戊午 九紫 | 8/1 友引 |
| 8 | 水 | 己未 八白 | 8/2 先負 |
| 9 | 木 | 庚申 七赤 | 8/3 仏滅 |
| 10 | 金 | 辛酉 六白 | 8/4 大安 |
| 11 | 土 | 壬戌 五黄 | 8/5 赤口 |
| 12 | 日 | 癸亥 四緑 | 8/6 先勝 |
| 13 | 月 | 甲子 三碧 | 8/7 友引 |
| 14 | 火 | 乙丑 二黒 | 8/8 先負 |
| 15 | 水 | 丙寅 一白 | 8/9 仏滅 |
| 16 | 木 | 丁卯 九紫 | 8/10 大安 |
| 17 | 金 | 戊辰 八白 | 8/11 赤口 |
| 18 | 土 | 己巳 七赤 | 8/12 先勝 |
| 19 | 日 | 庚午 六白 | 8/13 友引 |
| 20 | 月 | 辛未 五黄 | 8/14 先負 |
| 21 | 火 | 壬申 四緑 | 8/15 仏滅 |
| 22 | 水 | 癸酉 三碧 | 8/16 大安 |
| 23 | 木 | 甲戌 二黒 | 8/17 赤口 |
| 24 | 金 | 乙亥 一白 | 8/18 先勝 |
| 25 | 土 | 丙子 九紫 | 8/19 友引 |
| 26 | 日 | 丁丑 八白 | 8/20 先負 |
| 27 | 月 | 戊寅 七赤 | 8/21 仏滅 |
| 28 | 火 | 己卯 六白 | 8/22 大安 |
| 29 | 水 | 庚辰 五黄 | 8/23 赤口 |
| 30 | 木 | 辛巳 四緑 | 8/24 先勝 |

## 10 月
（戊戌 六白金星）

| | | | |
|---|---|---|---|
| 1 | 金 | 壬午 三碧 | 8/25 友引 |
| 2 | 土 | 癸未 二黒 | 8/26 先負 |
| 3 | 日 | 甲申 一白 | 8/27 仏滅 |
| 4 | 月 | 乙酉 九紫 | 8/28 大安 |
| 5 | 火 | 丙戌 八白 | 8/29 赤口 |
| 6 | 水 | 丁亥 七赤 | 9/1 先負 |
| 7 | 木 | 戊子 六白 | 9/2 仏滅 |
| 8 | 金 | 己丑 五黄 | 9/3 大安 |
| 9 | 土 | 庚寅 四緑 | 9/4 赤口 |
| 10 | 日 | 辛卯 三碧 | 9/5 先勝 |
| 11 | 月 | 壬辰 二黒 | 9/6 友引 |
| 12 | 火 | 癸巳 一白 | 9/7 先負 |
| 13 | 水 | 甲午 九紫 | 9/8 仏滅 |
| 14 | 木 | 乙未 八白 | 9/9 大安 |
| 15 | 金 | 丙申 七赤 | 9/10 赤口 |
| 16 | 土 | 丁酉 六白 | 9/11 先勝 |
| 17 | 日 | 戊戌 五黄 | 9/12 友引 |
| 18 | 月 | 己亥 四緑 | 9/13 先負 |
| 19 | 火 | 庚子 三碧 | 9/14 仏滅 |
| 20 | 水 | 辛丑 二黒 | 9/15 大安 |
| 21 | 木 | 壬寅 一白 | 9/16 赤口 |
| 22 | 金 | 癸卯 九紫 | 9/17 先勝 |
| 23 | 土 | 甲辰 八白 | 9/18 友引 |
| 24 | 日 | 乙巳 七赤 | 9/19 先負 |
| 25 | 月 | 丙午 六白 | 9/20 仏滅 |
| 26 | 火 | 丁未 五黄 | 9/21 大安 |
| 27 | 水 | 戊申 四緑 | 9/22 赤口 |
| 28 | 木 | 己酉 三碧 | 9/23 先勝 |
| 29 | 金 | 庚戌 二黒 | 9/24 友引 |
| 30 | 土 | 辛亥 一白 | 9/25 先負 |
| 31 | 日 | 壬子 九紫 | 9/26 仏滅 |

## 11 月
（己亥 五黄土星）

| | | | |
|---|---|---|---|
| 1 | 月 | 癸丑 八白 | 9/27 大安 |
| 2 | 火 | 甲寅 七赤 | 9/28 赤口 |
| 3 | 水 | 乙卯 六白 | 9/29 先勝 |
| 4 | 木 | 丙辰 五黄 | 9/30 友引 |
| 5 | 金 | 丁巳 四緑 | 10/1 仏滅 |
| 6 | 土 | 戊午 三碧 | 10/2 大安 |
| 7 | 日 | 己未 二黒 | 10/3 赤口 |
| 8 | 月 | 庚申 一白 | 10/4 先勝 |
| 9 | 火 | 辛酉 九紫 | 10/5 友引 |
| 10 | 水 | 壬戌 八白 | 10/6 先負 |
| 11 | 木 | 癸亥 七赤 | 10/7 仏滅 |
| 12 | 金 | 甲子 六白 | 10/8 大安 |
| 13 | 土 | 乙丑 五黄 | 10/9 赤口 |
| 14 | 日 | 丙寅 四緑 | 10/10 先勝 |
| 15 | 月 | 丁卯 三碧 | 10/11 友引 |
| 16 | 火 | 戊辰 二黒 | 10/12 先負 |
| 17 | 水 | 己巳 一白 | 10/13 仏滅 |
| 18 | 木 | 庚午 九紫 | 10/14 大安 |
| 19 | 金 | 辛未 八白 | 10/15 赤口 |
| 20 | 土 | 壬申 七赤 | 10/16 先勝 |
| 21 | 日 | 癸酉 六白 | 10/17 友引 |
| 22 | 月 | 甲戌 五黄 | 10/18 先負 |
| 23 | 火 | 乙亥 四緑 | 10/19 仏滅 |
| 24 | 水 | 丙子 三碧 | 10/20 大安 |
| 25 | 木 | 丁丑 二黒 | 10/21 赤口 |
| 26 | 金 | 戊寅 一白 | 10/22 先勝 |
| 27 | 土 | 己卯 九紫 | 10/23 友引 |
| 28 | 日 | 庚辰 八白 | 10/24 先負 |
| 29 | 月 | 辛巳 七赤 | 10/25 仏滅 |
| 30 | 火 | 壬午 六白 | 10/26 大安 |

## 12 月
（庚子 四緑木星）

| | | | |
|---|---|---|---|
| 1 | 水 | 癸未 五黄 | 10/27 赤口 |
| 2 | 木 | 甲申 四緑 | 10/28 先勝 |
| 3 | 金 | 乙酉 三碧 | 10/29 友引 |
| 4 | 土 | 丙戌 二黒 | 11/1 大安 |
| 5 | 日 | 丁亥 一白 | 11/2 赤口 |
| 6 | 月 | 戊子 九紫 | 11/3 先勝 |
| 7 | 火 | 己丑 八白 | 11/4 友引 |
| 8 | 水 | 庚寅 七赤 | 11/5 先負 |
| 9 | 木 | 辛卯 六白 | 11/6 仏滅 |
| 10 | 金 | 壬辰 五黄 | 11/7 大安 |
| 11 | 土 | 癸巳 四緑 | 11/8 赤口 |
| 12 | 日 | 甲午 三碧 | 11/9 先勝 |
| 13 | 月 | 乙未 二黒 | 11/10 友引 |
| 14 | 火 | 丙申 一白 | 11/11 先負 |
| 15 | 水 | 丁酉 九紫 | 11/12 仏滅 |
| 16 | 木 | 戊戌 八白 | 11/13 大安 |
| 17 | 金 | 己亥 七赤 | 11/14 赤口 |
| 18 | 土 | 庚子 六白 | 11/15 先勝 |
| 19 | 日 | 辛丑 五黄 | 11/16 友引 |
| 20 | 月 | 壬寅 四緑 | 11/17 先負 |
| 21 | 火 | 癸卯 三碧 | 11/18 仏滅 |
| 22 | 水 | 甲辰 二黒 | 11/19 大安 |
| 23 | 木 | 乙巳 一白 | 11/20 赤口 |
| 24 | 金 | 丙午 九紫 | 11/21 先勝 |
| 25 | 土 | 丁未 八白 | 11/22 友引 |
| 26 | 日 | 戊申 七赤 | 11/23 先負 |
| 27 | 月 | 己酉 六白 | 11/24 仏滅 |
| 28 | 火 | 庚戌 五黄 | 11/25 大安 |
| 29 | 水 | 辛亥 四緑 | 11/26 赤口 |
| 30 | 木 | 壬子 三碧 | 11/27 先勝 |
| 31 | 金 | 癸丑 二黒 | 11/28 友引 |

**9 月**

9. 7 [節] 白露
9.20 [雑] 彼岸
9.23 [節] 秋分
9.27 [雑] 社日

**10 月**

10. 8 [節] 寒露
10.20 [雑] 土用
10.23 [節] 霜降

**11 月**

11. 7 [節] 立冬
11.22 [節] 小雪

**12 月**

12. 7 [節] 大雪
12.22 [節] 冬至

# 2022

明治 155 年
大正 111 年
昭和 97 年
平成 34 年

壬寅（みずのえとら）
五黄土星

生誕・年忌など

1. 6 H. シュリーマン生誕 200 年
式亭三馬没後 200 年
1.10 大隈重信生誕 100 年
1.15 モリエール生誕 400 年
2. 1 山縣有朋没後 100 年
2. 6 ワシントン軍縮会議調印 100 年
2.16 日蓮生誕 800 年
2.22 聖徳太子没後 1400 年
2.28 エジプト独立 100 年
3. 8 水木しげる生誕 100 年
4.25 リベリア入植開始 200 年
三浦綾子生誕 100 年
4. — イースター島発見 300 年
5.15 瀬戸内寂聴生誕 100 年
6.25 E. ホフマン没後 200 年
7. 8 P. シェリー没後 200 年
7. 9 森鴎外没後 100 年
7.22 G. メンデル生誕 200 年
8. 5 元和大殉教 400 年
9. 7 ブラジル独立宣言 200 年
9. — ビクトリア号世界一周航海成功 500 年
10.31 伊・ムッソリーニ政権奪取 100 年
11.18 M. プルースト没後 100 年
12.10 C. フランク生誕 200 年
12.24 M. アーノルド生誕 200 年
12.27 L. パスツール生誕 200 年
この年 孔子没後 2500 年
イスラム教 1400 年
千利休生誕 500 年

2022年

## 1月
（辛丑 三碧木星）

| | | | |
|---|---|---|---|
| 1 | 土 | 甲寅 一白 | 11/29 先負 |
| 2 | 日 | 乙卯 九紫 | 11/30 仏滅 |
| 3 | 月 | 丙辰 八白 | 12/1 赤口 |
| 4 | 火 | 丁巳 七赤 | 12/2 先勝 |
| 5 | 水 | 戊午 六白 | 12/3 友引 |
| 6 | 木 | 己未 五黄 | 12/4 先負 |
| 7 | 金 | 庚申 四緑 | 12/5 仏滅 |
| 8 | 土 | 辛酉 三碧 | 12/6 大安 |
| 9 | 日 | 壬戌 二黒 | 12/7 赤口 |
| 10 | 月 | 癸亥 一白 | 12/8 先勝 |
| 11 | 火 | 甲子 一白 | 12/9 友引 |
| 12 | 水 | 乙丑 二黒 | 12/10 先負 |
| 13 | 木 | 丙寅 三碧 | 12/11 仏滅 |
| 14 | 金 | 丁卯 四緑 | 12/12 大安 |
| 15 | 土 | 戊辰 五黄 | 12/13 赤口 |
| 16 | 日 | 己巳 六白 | 12/14 先勝 |
| 17 | 月 | 庚午 七赤 | 12/15 友引 |
| 18 | 火 | 辛未 八白 | 12/16 先負 |
| 19 | 水 | 壬申 九紫 | 12/17 仏滅 |
| 20 | 木 | 癸酉 一白 | 12/18 大安 |
| 21 | 金 | 甲戌 二黒 | 12/19 赤口 |
| 22 | 土 | 乙亥 三碧 | 12/20 先勝 |
| 23 | 日 | 丙子 四緑 | 12/21 友引 |
| 24 | 月 | 丁丑 五黄 | 12/22 先負 |
| 25 | 火 | 戊寅 六白 | 12/23 仏滅 |
| 26 | 水 | 己卯 七赤 | 12/24 大安 |
| 27 | 木 | 庚辰 八白 | 12/25 赤口 |
| 28 | 金 | 辛巳 九紫 | 12/26 先勝 |
| 29 | 土 | 壬午 一白 | 12/27 友引 |
| 30 | 日 | 癸未 二黒 | 12/28 先負 |
| 31 | 月 | 甲申 三碧 | 12/29 仏滅 |

## 2月
（壬寅 二黒土星）

| | | | |
|---|---|---|---|
| 1 | 火 | 乙酉 四緑 | 1/1 先勝 |
| 2 | 水 | 丙戌 五黄 | 1/2 友引 |
| 3 | 木 | 丁亥 六白 | 1/3 先負 |
| 4 | 金 | 戊子 七赤 | 1/4 仏滅 |
| 5 | 土 | 己丑 八白 | 1/5 大安 |
| 6 | 日 | 庚寅 九紫 | 1/6 赤口 |
| 7 | 月 | 辛卯 一白 | 1/7 先勝 |
| 8 | 火 | 壬辰 二黒 | 1/8 友引 |
| 9 | 水 | 癸巳 三碧 | 1/9 先負 |
| 10 | 木 | 甲午 四緑 | 1/10 仏滅 |
| 11 | 金 | 乙未 五黄 | 1/11 大安 |
| 12 | 土 | 丙申 六白 | 1/12 赤口 |
| 13 | 日 | 丁酉 七赤 | 1/13 先勝 |
| 14 | 月 | 戊戌 八白 | 1/14 友引 |
| 15 | 火 | 己亥 九紫 | 1/15 先負 |
| 16 | 水 | 庚子 一白 | 1/16 仏滅 |
| 17 | 木 | 辛丑 二黒 | 1/17 大安 |
| 18 | 金 | 壬寅 三碧 | 1/18 赤口 |
| 19 | 土 | 癸卯 四緑 | 1/19 先勝 |
| 20 | 日 | 甲辰 五黄 | 1/20 友引 |
| 21 | 月 | 乙巳 六白 | 1/21 先負 |
| 22 | 火 | 丙午 七赤 | 1/22 仏滅 |
| 23 | 水 | 丁未 八白 | 1/23 大安 |
| 24 | 木 | 戊申 九紫 | 1/24 赤口 |
| 25 | 金 | 己酉 一白 | 1/25 先勝 |
| 26 | 土 | 庚戌 二黒 | 1/26 友引 |
| 27 | 日 | 辛亥 三碧 | 1/27 先負 |
| 28 | 月 | 壬子 四緑 | 1/28 仏滅 |

## 3月
（癸卯 一白水星）

| | | | |
|---|---|---|---|
| 1 | 火 | 癸丑 五黄 | 1/29 大安 |
| 2 | 水 | 甲寅 六白 | 1/30 赤口 |
| 3 | 木 | 乙卯 七赤 | 2/1 友引 |
| 4 | 金 | 丙辰 八白 | 2/2 先負 |
| 5 | 土 | 丁巳 九紫 | 2/3 仏滅 |
| 6 | 日 | 戊午 一白 | 2/4 大安 |
| 7 | 月 | 己未 二黒 | 2/5 赤口 |
| 8 | 火 | 庚申 三碧 | 2/6 先勝 |
| 9 | 水 | 辛酉 四緑 | 2/7 友引 |
| 10 | 木 | 壬戌 五黄 | 2/8 先負 |
| 11 | 金 | 癸亥 六白 | 2/9 仏滅 |
| 12 | 土 | 甲子 七赤 | 2/10 大安 |
| 13 | 日 | 乙丑 八白 | 2/11 赤口 |
| 14 | 月 | 丙寅 九紫 | 2/12 先勝 |
| 15 | 火 | 丁卯 一白 | 2/13 友引 |
| 16 | 水 | 戊辰 二黒 | 2/14 先負 |
| 17 | 木 | 己巳 三碧 | 2/15 仏滅 |
| 18 | 金 | 庚午 四緑 | 2/16 大安 |
| 19 | 土 | 辛未 五黄 | 2/17 赤口 |
| 20 | 日 | 壬申 六白 | 2/18 先勝 |
| 21 | 月 | 癸酉 七赤 | 2/19 友引 |
| 22 | 火 | 甲戌 八白 | 2/20 先負 |
| 23 | 水 | 乙亥 九紫 | 2/21 仏滅 |
| 24 | 木 | 丙子 一白 | 2/22 大安 |
| 25 | 金 | 丁丑 二黒 | 2/23 赤口 |
| 26 | 土 | 戊寅 三碧 | 2/24 先勝 |
| 27 | 日 | 己卯 四緑 | 2/25 友引 |
| 28 | 月 | 庚辰 五黄 | 2/26 先負 |
| 29 | 火 | 辛巳 六白 | 2/27 仏滅 |
| 30 | 水 | 壬午 七赤 | 2/28 大安 |
| 31 | 木 | 癸未 八白 | 2/29 赤口 |

## 4月
（甲辰 九紫火星）

| | | | |
|---|---|---|---|
| 1 | 金 | 甲申 九紫 | 3/1 先負 |
| 2 | 土 | 乙酉 一白 | 3/2 仏滅 |
| 3 | 日 | 丙戌 二黒 | 3/3 大安 |
| 4 | 月 | 丁亥 三碧 | 3/4 赤口 |
| 5 | 火 | 戊子 四緑 | 3/5 先勝 |
| 6 | 水 | 己丑 五黄 | 3/6 友引 |
| 7 | 木 | 庚寅 六白 | 3/7 先負 |
| 8 | 金 | 辛卯 七赤 | 3/8 仏滅 |
| 9 | 土 | 壬辰 八白 | 3/9 大安 |
| 10 | 日 | 癸巳 九紫 | 3/10 赤口 |
| 11 | 月 | 甲午 一白 | 3/11 先勝 |
| 12 | 火 | 乙未 二黒 | 3/12 友引 |
| 13 | 水 | 丙申 三碧 | 3/13 先負 |
| 14 | 木 | 丁酉 四緑 | 3/14 仏滅 |
| 15 | 金 | 戊戌 五黄 | 3/15 大安 |
| 16 | 土 | 己亥 六白 | 3/16 赤口 |
| 17 | 日 | 庚子 七赤 | 3/17 先勝 |
| 18 | 月 | 辛丑 八白 | 3/18 友引 |
| 19 | 火 | 壬寅 九紫 | 3/19 先負 |
| 20 | 水 | 癸卯 一白 | 3/20 仏滅 |
| 21 | 木 | 甲辰 二黒 | 3/21 大安 |
| 22 | 金 | 乙巳 三碧 | 3/22 赤口 |
| 23 | 土 | 丙午 四緑 | 3/23 先勝 |
| 24 | 日 | 丁未 五黄 | 3/24 友引 |
| 25 | 月 | 戊申 六白 | 3/25 先負 |
| 26 | 火 | 己酉 七赤 | 3/26 仏滅 |
| 27 | 水 | 庚戌 八白 | 3/27 大安 |
| 28 | 木 | 辛亥 九紫 | 3/28 赤口 |
| 29 | 金 | 壬子 一白 | 3/29 先勝 |
| 30 | 土 | 癸丑 二黒 | 3/30 友引 |

**1月**

1. 5［節］小寒
1.17［雑］土用
1.20［節］大寒

**2月**

2. 3［雑］節分
2. 4［節］立春
2.19［節］雨水

**3月**

3. 5［節］啓蟄
3.16［雑］社日
3.18［雑］彼岸
3.21［節］春分

**4月**

4. 5［節］清明
4.17［雑］土用
4.20［節］穀雨

## 5 月
（乙巳 八白土星）

| | | | |
|---|---|---|---|
| 1 | 日 | 甲寅 三碧 | 4/1 仏滅 |
| 2 | 月 | 乙卯 四緑 | 4/2 大安 |
| 3 | 火 | 丙辰 五黄 | 4/3 赤口 |
| 4 | 水 | 丁巳 六白 | 4/4 先勝 |
| 5 | 木 | 戊午 七赤 | 4/5 友引 |
| 6 | 金 | 己未 八白 | 4/6 先負 |
| 7 | 土 | 庚申 九紫 | 4/7 仏滅 |
| 8 | 日 | 辛酉 一白 | 4/8 大安 |
| 9 | 月 | 壬戌 二黒 | 4/9 赤口 |
| 10 | 火 | 癸亥 三碧 | 4/10 先勝 |
| 11 | 水 | 甲子 四緑 | 4/11 友引 |
| 12 | 木 | 乙丑 五黄 | 4/12 先負 |
| 13 | 金 | 丙寅 六白 | 4/13 仏滅 |
| 14 | 土 | 丁卯 七赤 | 4/14 大安 |
| 15 | 日 | 戊辰 八白 | 4/15 赤口 |
| 16 | 月 | 己巳 九紫 | 4/16 先勝 |
| 17 | 火 | 庚午 一白 | 4/17 友引 |
| 18 | 水 | 辛未 二黒 | 4/18 先負 |
| 19 | 木 | 壬申 三碧 | 4/19 仏滅 |
| 20 | 金 | 癸酉 四緑 | 4/20 大安 |
| 21 | 土 | 甲戌 五黄 | 4/21 赤口 |
| 22 | 日 | 乙亥 六白 | 4/22 先勝 |
| 23 | 月 | 丙子 七赤 | 4/23 友引 |
| 24 | 火 | 丁丑 八白 | 4/24 先負 |
| 25 | 水 | 戊寅 九紫 | 4/25 仏滅 |
| 26 | 木 | 己卯 一白 | 4/26 大安 |
| 27 | 金 | 庚辰 二黒 | 4/27 赤口 |
| 28 | 土 | 辛巳 三碧 | 4/28 先勝 |
| 29 | 日 | 壬午 四緑 | 4/29 友引 |
| 30 | 月 | 癸未 五黄 | 5/1 大安 |
| 31 | 火 | 甲申 六白 | 5/2 赤口 |

## 6 月
（丙午 七赤金星）

| | | | |
|---|---|---|---|
| 1 | 水 | 乙酉 七赤 | 5/3 先勝 |
| 2 | 木 | 丙戌 八白 | 5/4 友引 |
| 3 | 金 | 丁亥 九紫 | 5/5 先負 |
| 4 | 土 | 戊子 一白 | 5/6 仏滅 |
| 5 | 日 | 己丑 二黒 | 5/7 大安 |
| 6 | 月 | 庚寅 三碧 | 5/8 赤口 |
| 7 | 火 | 辛卯 四緑 | 5/9 先勝 |
| 8 | 水 | 壬辰 五黄 | 5/10 友引 |
| 9 | 木 | 癸巳 六白 | 5/11 先負 |
| 10 | 金 | 甲午 七赤 | 5/12 仏滅 |
| 11 | 土 | 乙未 八白 | 5/13 大安 |
| 12 | 日 | 丙申 九紫 | 5/14 赤口 |
| 13 | 月 | 丁酉 一白 | 5/15 先勝 |
| 14 | 火 | 戊戌 二黒 | 5/16 友引 |
| 15 | 水 | 己亥 三碧 | 5/17 先負 |
| 16 | 木 | 庚子 四緑 | 5/18 仏滅 |
| 17 | 金 | 辛丑 五黄 | 5/19 大安 |
| 18 | 土 | 壬寅 六白 | 5/20 赤口 |
| 19 | 日 | 癸卯 七赤 | 5/21 先勝 |
| 20 | 月 | 甲辰 八白 | 5/22 友引 |
| 21 | 火 | 乙巳 九紫 | 5/23 先負 |
| 22 | 水 | 丙午 一白 | 5/24 仏滅 |
| 23 | 木 | 丁未 二黒 | 5/25 大安 |
| 24 | 金 | 戊申 三碧 | 5/26 赤口 |
| 25 | 土 | 己酉 四緑 | 5/27 先勝 |
| 26 | 日 | 庚戌 五黄 | 5/28 友引 |
| 27 | 月 | 辛亥 六白 | 5/29 先負 |
| 28 | 火 | 壬子 七赤 | 5/30 仏滅 |
| 29 | 水 | 癸丑 八白 | 6/1 赤口 |
| 30 | 木 | 甲寅 九紫 | 6/2 先勝 |

## 7 月
（丁未 六白金星）

| | | | |
|---|---|---|---|
| 1 | 金 | 乙卯 一白 | 6/3 友引 |
| 2 | 土 | 丙辰 二黒 | 6/4 先負 |
| 3 | 日 | 丁巳 三碧 | 6/5 仏滅 |
| 4 | 月 | 戊午 四緑 | 6/6 大安 |
| 5 | 火 | 己未 五黄 | 6/7 赤口 |
| 6 | 水 | 庚申 六白 | 6/8 先勝 |
| 7 | 木 | 辛酉 七赤 | 6/9 友引 |
| 8 | 金 | 壬戌 八白 | 6/10 先負 |
| 9 | 土 | 癸亥 九紫 | 6/11 仏滅 |
| 10 | 日 | 甲子 九紫 | 6/12 大安 |
| 11 | 月 | 乙丑 八白 | 6/13 赤口 |
| 12 | 火 | 丙寅 七赤 | 6/14 先勝 |
| 13 | 水 | 丁卯 六白 | 6/15 友引 |
| 14 | 木 | 戊辰 五黄 | 6/16 先負 |
| 15 | 金 | 己巳 四緑 | 6/17 仏滅 |
| 16 | 土 | 庚午 三碧 | 6/18 大安 |
| 17 | 日 | 辛未 二黒 | 6/19 赤口 |
| 18 | 月 | 壬申 一白 | 6/20 先勝 |
| 19 | 火 | 癸酉 九紫 | 6/21 友引 |
| 20 | 水 | 甲戌 八白 | 6/22 先負 |
| 21 | 木 | 乙亥 七赤 | 6/23 仏滅 |
| 22 | 金 | 丙子 六白 | 6/24 大安 |
| 23 | 土 | 丁丑 五黄 | 6/25 赤口 |
| 24 | 日 | 戊寅 四緑 | 6/26 先勝 |
| 25 | 月 | 己卯 三碧 | 6/27 友引 |
| 26 | 火 | 庚辰 二黒 | 6/28 先負 |
| 27 | 水 | 辛巳 一白 | 6/29 仏滅 |
| 28 | 木 | 壬午 九紫 | 6/30 大安 |
| 29 | 金 | 癸未 八白 | 7/1 先勝 |
| 30 | 土 | 甲申 七赤 | 7/2 友引 |
| 31 | 日 | 乙酉 六白 | 7/3 先負 |

## 8 月
（戊申 五黄土星）

| | | | |
|---|---|---|---|
| 1 | 月 | 丙戌 五黄 | 7/4 仏滅 |
| 2 | 火 | 丁亥 四緑 | 7/5 大安 |
| 3 | 水 | 戊子 三碧 | 7/6 赤口 |
| 4 | 木 | 己丑 二黒 | 7/7 先勝 |
| 5 | 金 | 庚寅 一白 | 7/8 友引 |
| 6 | 土 | 辛卯 九紫 | 7/9 先負 |
| 7 | 日 | 壬辰 八白 | 7/10 仏滅 |
| 8 | 月 | 癸巳 七赤 | 7/11 大安 |
| 9 | 火 | 甲午 六白 | 7/12 赤口 |
| 10 | 水 | 乙未 五黄 | 7/13 先勝 |
| 11 | 木 | 丙申 四緑 | 7/14 友引 |
| 12 | 金 | 丁酉 三碧 | 7/15 先負 |
| 13 | 土 | 戊戌 二黒 | 7/16 仏滅 |
| 14 | 日 | 己亥 一白 | 7/17 大安 |
| 15 | 月 | 庚子 九紫 | 7/18 赤口 |
| 16 | 火 | 辛丑 八白 | 7/19 先勝 |
| 17 | 水 | 壬寅 七赤 | 7/20 友引 |
| 18 | 木 | 癸卯 六白 | 7/21 先負 |
| 19 | 金 | 甲辰 五黄 | 7/22 仏滅 |
| 20 | 土 | 乙巳 四緑 | 7/23 大安 |
| 21 | 日 | 丙午 三碧 | 7/24 赤口 |
| 22 | 月 | 丁未 二黒 | 7/25 先勝 |
| 23 | 火 | 戊申 一白 | 7/26 友引 |
| 24 | 水 | 己酉 九紫 | 7/27 先負 |
| 25 | 木 | 庚戌 八白 | 7/28 仏滅 |
| 26 | 金 | 辛亥 七赤 | 7/29 大安 |
| 27 | 土 | 壬子 六白 | 8/1 友引 |
| 28 | 日 | 癸丑 五黄 | 8/2 先負 |
| 29 | 月 | 甲寅 四緑 | 8/3 仏滅 |
| 30 | 火 | 乙卯 三碧 | 8/4 大安 |
| 31 | 水 | 丙辰 二黒 | 8/5 赤口 |

**5 月**

5. 2 [雑] 八十八夜
5. 5 [節] 立夏
5.21 [節] 小満

**6 月**

6. 6 [節] 芒種
6.11 [雑] 入梅
6.21 [節] 夏至

**7 月**

7. 2 [雑] 半夏生
7. 7 [節] 小暑
7.20 [雑] 土用
7.23 [節] 大暑

**8 月**

8. 7 [節] 立秋
8.23 [節] 処暑

## 2022年

### 9月
（己酉 四緑木星）

| | | | |
|---|---|---|---|
| 1 | 木 | 丁巳 一白 | 8/6 先勝 |
| 2 | 金 | 戊午 九紫 | 8/7 友引 |
| 3 | 土 | 己未 八白 | 8/8 先負 |
| 4 | 日 | 庚申 七赤 | 8/9 仏滅 |
| 5 | 月 | 辛酉 六白 | 8/10 大安 |
| 6 | 火 | 壬戌 五黄 | 8/11 赤口 |
| 7 | 水 | 癸亥 四緑 | 8/12 先勝 |
| 8 | 木 | 甲子 三碧 | 8/13 友引 |
| 9 | 金 | 乙丑 二黒 | 8/14 先負 |
| 10 | 土 | 丙寅 一白 | 8/15 仏滅 |
| 11 | 日 | 丁卯 九紫 | 8/16 大安 |
| 12 | 月 | 戊辰 八白 | 8/17 赤口 |
| 13 | 火 | 己巳 七赤 | 8/18 先勝 |
| 14 | 水 | 庚午 六白 | 8/19 友引 |
| 15 | 木 | 辛未 五黄 | 8/20 先負 |
| 16 | 金 | 壬申 四緑 | 8/21 仏滅 |
| 17 | 土 | 癸酉 三碧 | 8/22 大安 |
| 18 | 日 | 甲戌 二黒 | 8/23 赤口 |
| 19 | 月 | 乙亥 一白 | 8/24 先勝 |
| 20 | 火 | 丙子 九紫 | 8/25 友引 |
| 21 | 水 | 丁丑 八白 | 8/26 先負 |
| 22 | 木 | 戊寅 七赤 | 8/27 仏滅 |
| 23 | 金 | 己卯 六白 | 8/28 大安 |
| 24 | 土 | 庚辰 五黄 | 8/29 赤口 |
| 25 | 日 | 辛巳 四緑 | 8/30 先勝 |
| 26 | 月 | 壬午 三碧 | 9/1 先負 |
| 27 | 火 | 癸未 二黒 | 9/2 仏滅 |
| 28 | 水 | 甲申 一白 | 9/3 大安 |
| 29 | 木 | 乙酉 九紫 | 9/4 赤口 |
| 30 | 金 | 丙戌 八白 | 9/5 先勝 |

### 10月
（庚戌 三碧木星）

| | | | |
|---|---|---|---|
| 1 | 土 | 丁亥 七赤 | 9/6 友引 |
| 2 | 日 | 戊子 六白 | 9/7 先負 |
| 3 | 月 | 己丑 五黄 | 9/8 仏滅 |
| 4 | 火 | 庚寅 四緑 | 9/9 大安 |
| 5 | 水 | 辛卯 三碧 | 9/10 赤口 |
| 6 | 木 | 壬辰 二黒 | 9/11 先勝 |
| 7 | 金 | 癸巳 一白 | 9/12 友引 |
| 8 | 土 | 甲午 九紫 | 9/13 先負 |
| 9 | 日 | 乙未 八白 | 9/14 仏滅 |
| 10 | 月 | 丙申 七赤 | 9/15 大安 |
| 11 | 火 | 丁酉 六白 | 9/16 赤口 |
| 12 | 水 | 戊戌 五黄 | 9/17 先勝 |
| 13 | 木 | 己亥 四緑 | 9/18 友引 |
| 14 | 金 | 庚子 三碧 | 9/19 先負 |
| 15 | 土 | 辛丑 二黒 | 9/20 仏滅 |
| 16 | 日 | 壬寅 一白 | 9/21 大安 |
| 17 | 月 | 癸卯 九紫 | 9/22 赤口 |
| 18 | 火 | 甲辰 八白 | 9/23 先勝 |
| 19 | 水 | 乙巳 七赤 | 9/24 友引 |
| 20 | 木 | 丙午 六白 | 9/25 先負 |
| 21 | 金 | 丁未 五黄 | 9/26 仏滅 |
| 22 | 土 | 戊申 四緑 | 9/27 大安 |
| 23 | 日 | 己酉 三碧 | 9/28 赤口 |
| 24 | 月 | 庚戌 二黒 | 9/29 先勝 |
| 25 | 火 | 辛亥 一白 | 10/1 仏滅 |
| 26 | 水 | 壬子 九紫 | 10/2 大安 |
| 27 | 木 | 癸丑 八白 | 10/3 赤口 |
| 28 | 金 | 甲寅 七赤 | 10/4 先勝 |
| 29 | 土 | 乙卯 六白 | 10/5 友引 |
| 30 | 日 | 丙辰 五黄 | 10/6 先負 |
| 31 | 月 | 丁巳 四緑 | 10/7 仏滅 |

### 11月
（辛亥 二黒土星）

| | | | |
|---|---|---|---|
| 1 | 火 | 戊午 三碧 | 10/8 大安 |
| 2 | 水 | 己未 二黒 | 10/9 赤口 |
| 3 | 木 | 庚申 一白 | 10/10 先勝 |
| 4 | 金 | 辛酉 九紫 | 10/11 友引 |
| 5 | 土 | 壬戌 八白 | 10/12 先負 |
| 6 | 日 | 癸亥 七赤 | 10/13 仏滅 |
| 7 | 月 | 甲子 六白 | 10/14 大安 |
| 8 | 火 | 乙丑 五黄 | 10/15 赤口 |
| 9 | 水 | 丙寅 四緑 | 10/16 先勝 |
| 10 | 木 | 丁卯 三碧 | 10/17 友引 |
| 11 | 金 | 戊辰 二黒 | 10/18 先負 |
| 12 | 土 | 己巳 一白 | 10/19 仏滅 |
| 13 | 日 | 庚午 九紫 | 10/20 大安 |
| 14 | 月 | 辛未 八白 | 10/21 赤口 |
| 15 | 火 | 壬申 七赤 | 10/22 先勝 |
| 16 | 水 | 癸酉 六白 | 10/23 友引 |
| 17 | 木 | 甲戌 五黄 | 10/24 先負 |
| 18 | 金 | 乙亥 四緑 | 10/25 仏滅 |
| 19 | 土 | 丙子 三碧 | 10/26 大安 |
| 20 | 日 | 丁丑 二黒 | 10/27 赤口 |
| 21 | 月 | 戊寅 一白 | 10/28 先勝 |
| 22 | 火 | 己卯 九紫 | 10/29 友引 |
| 23 | 水 | 庚辰 八白 | 10/30 先負 |
| 24 | 木 | 辛巳 七赤 | 11/1 大安 |
| 25 | 金 | 壬午 六白 | 11/2 赤口 |
| 26 | 土 | 癸未 五黄 | 11/3 先勝 |
| 27 | 日 | 甲申 四緑 | 11/4 友引 |
| 28 | 月 | 乙酉 三碧 | 11/5 先負 |
| 29 | 火 | 丙戌 二黒 | 11/6 仏滅 |
| 30 | 水 | 丁亥 一白 | 11/7 大安 |

### 12月
（壬子 一白水星）

| | | | |
|---|---|---|---|
| 1 | 木 | 戊子 九紫 | 11/8 赤口 |
| 2 | 金 | 己丑 八白 | 11/9 先勝 |
| 3 | 土 | 庚寅 七赤 | 11/10 友引 |
| 4 | 日 | 辛卯 六白 | 11/11 先負 |
| 5 | 月 | 壬辰 五黄 | 11/12 仏滅 |
| 6 | 火 | 癸巳 四緑 | 11/13 大安 |
| 7 | 水 | 甲午 三碧 | 11/14 赤口 |
| 8 | 木 | 乙未 二黒 | 11/15 先勝 |
| 9 | 金 | 丙申 一白 | 11/16 友引 |
| 10 | 土 | 丁酉 九紫 | 11/17 先負 |
| 11 | 日 | 戊戌 八白 | 11/18 仏滅 |
| 12 | 月 | 己亥 七赤 | 11/19 大安 |
| 13 | 火 | 庚子 六白 | 11/20 赤口 |
| 14 | 水 | 辛丑 五黄 | 11/21 先勝 |
| 15 | 木 | 壬寅 四緑 | 11/22 友引 |
| 16 | 金 | 癸卯 三碧 | 11/23 先負 |
| 17 | 土 | 甲辰 二黒 | 11/24 仏滅 |
| 18 | 日 | 乙巳 一白 | 11/25 大安 |
| 19 | 月 | 丙午 九紫 | 11/26 赤口 |
| 20 | 火 | 丁未 八白 | 11/27 先勝 |
| 21 | 水 | 戊申 七赤 | 11/28 友引 |
| 22 | 木 | 己酉 六白 | 11/29 先負 |
| 23 | 金 | 庚戌 五黄 | 12/1 赤口 |
| 24 | 土 | 辛亥 四緑 | 12/2 先勝 |
| 25 | 日 | 壬子 三碧 | 12/3 友引 |
| 26 | 月 | 癸丑 二黒 | 12/4 先負 |
| 27 | 火 | 甲寅 一白 | 12/5 仏滅 |
| 28 | 水 | 乙卯 九紫 | 12/6 大安 |
| 29 | 木 | 丙辰 八白 | 12/7 赤口 |
| 30 | 金 | 丁巳 七赤 | 12/8 先勝 |
| 31 | 土 | 戊午 六白 | 12/9 友引 |

**9月**

9. 1［雑］二百十日
9. 8［節］白露
9.20［雑］彼岸
9.22［雑］社日
9.23［節］秋分

**10月**

10. 8［節］寒露
10.20［雑］土用
10.23［節］霜降

**11月**

11. 7［節］立冬
11.22［節］小雪

**12月**

12. 7［節］大雪
12.22［節］冬至

# 2023

明治 156 年
大正 112 年
昭和 98 年
平成 35 年

癸卯（みずのとう）
四緑木星

生誕・年忌など

3.27 遠藤周作生誕 100 年
4. — 寧波の乱 500 年
6. 5 アダム・スミス生誕 300 年
6. 9 有島武郎没後 100 年
6.19 B. パスカル生誕 400 年
7.19 三波春夫生誕 100 年
8. 1 中田喜直生誕 100 年
9. 1 関東大震災 100 年
10.15 I. カルビーノ生誕 100 年
10.29 トルコ革命 (オスマン王朝滅亡)100 年
12. 2 M. カラス生誕 100 年
12. — J. ファーブル生誕 200 年
この年 劉備没後 1800 年

## 2023年

### 1月
（癸丑 九紫火星）

| | | | |
|---|---|---|---|
| 1 | 日 | 己未 五黄 | 12/10 先負 |
| 2 | 月 | 庚申 四緑 | 12/11 仏滅 |
| 3 | 火 | 辛酉 三碧 | 12/12 大安 |
| 4 | 水 | 壬戌 二黒 | 12/13 赤口 |
| 5 | 木 | 癸亥 一白 | 12/14 先勝 |
| 6 | 金 | 甲子 一白 | 12/15 友引 |
| 7 | 土 | 乙丑 二黒 | 12/16 先負 |
| 8 | 日 | 丙寅 三碧 | 12/17 仏滅 |
| 9 | 月 | 丁卯 四緑 | 12/18 大安 |
| 10 | 火 | 戊辰 五黄 | 12/19 赤口 |
| 11 | 水 | 己巳 六白 | 12/20 先勝 |
| 12 | 木 | 庚午 七赤 | 12/21 友引 |
| 13 | 金 | 辛未 八白 | 12/22 先負 |
| 14 | 土 | 壬申 九紫 | 12/23 仏滅 |
| 15 | 日 | 癸酉 一白 | 12/24 大安 |
| 16 | 月 | 甲戌 二黒 | 12/25 赤口 |
| 17 | 火 | 乙亥 三碧 | 12/26 先勝 |
| 18 | 水 | 丙子 四緑 | 12/27 友引 |
| 19 | 木 | 丁丑 五黄 | 12/28 先負 |
| 20 | 金 | 戊寅 六白 | 12/29 仏滅 |
| 21 | 土 | 己卯 七赤 | 12/30 大安 |
| 22 | 日 | 庚辰 八白 | 1/1 先勝 |
| 23 | 月 | 辛巳 九紫 | 1/2 友引 |
| 24 | 火 | 壬午 一白 | 1/3 先負 |
| 25 | 水 | 癸未 二黒 | 1/4 仏滅 |
| 26 | 木 | 甲申 三碧 | 1/5 大安 |
| 27 | 金 | 乙酉 四緑 | 1/6 赤口 |
| 28 | 土 | 丙戌 五黄 | 1/7 先勝 |
| 29 | 日 | 丁亥 六白 | 1/8 友引 |
| 30 | 月 | 戊子 七赤 | 1/9 先負 |
| 31 | 火 | 己丑 八白 | 1/10 仏滅 |

### 2月
（甲寅 八白土星）

| | | | |
|---|---|---|---|
| 1 | 水 | 庚寅 九紫 | 1/11 大安 |
| 2 | 木 | 辛卯 一白 | 1/12 赤口 |
| 3 | 金 | 壬辰 二黒 | 1/13 先勝 |
| 4 | 土 | 癸巳 三碧 | 1/14 友引 |
| 5 | 日 | 甲午 四緑 | 1/15 先負 |
| 6 | 月 | 乙未 五黄 | 1/16 仏滅 |
| 7 | 火 | 丙申 六白 | 1/17 大安 |
| 8 | 水 | 丁酉 七赤 | 1/18 赤口 |
| 9 | 木 | 戊戌 八白 | 1/19 先勝 |
| 10 | 金 | 己亥 九紫 | 1/20 友引 |
| 11 | 土 | 庚子 一白 | 1/21 先負 |
| 12 | 日 | 辛丑 二黒 | 1/22 仏滅 |
| 13 | 月 | 壬寅 三碧 | 1/23 大安 |
| 14 | 火 | 癸卯 四緑 | 1/24 赤口 |
| 15 | 水 | 甲辰 五黄 | 1/25 先勝 |
| 16 | 木 | 乙巳 六白 | 1/26 友引 |
| 17 | 金 | 丙午 七赤 | 1/27 先負 |
| 18 | 土 | 丁未 八白 | 1/28 仏滅 |
| 19 | 日 | 戊申 九紫 | 1/29 大安 |
| 20 | 月 | 己酉 一白 | 2/1 友引 |
| 21 | 火 | 庚戌 二黒 | 2/2 先負 |
| 22 | 水 | 辛亥 三碧 | 2/3 仏滅 |
| 23 | 木 | 壬子 四緑 | 2/4 大安 |
| 24 | 金 | 癸丑 五黄 | 2/5 赤口 |
| 25 | 土 | 甲寅 六白 | 2/6 先勝 |
| 26 | 日 | 乙卯 七赤 | 2/7 友引 |
| 27 | 月 | 丙辰 八白 | 2/8 先負 |
| 28 | 火 | 丁巳 九紫 | 2/9 仏滅 |

### 3月
（乙卯 七赤金星）

| | | | |
|---|---|---|---|
| 1 | 水 | 戊午 一白 | 2/10 大安 |
| 2 | 木 | 己未 二黒 | 2/11 赤口 |
| 3 | 金 | 庚申 三碧 | 2/12 先勝 |
| 4 | 土 | 辛酉 四緑 | 2/13 友引 |
| 5 | 日 | 壬戌 五黄 | 2/14 先負 |
| 6 | 月 | 癸亥 六白 | 2/15 仏滅 |
| 7 | 火 | 甲子 七赤 | 2/16 大安 |
| 8 | 水 | 乙丑 八白 | 2/17 赤口 |
| 9 | 木 | 丙寅 九紫 | 2/18 先勝 |
| 10 | 金 | 丁卯 一白 | 2/19 友引 |
| 11 | 土 | 戊辰 二黒 | 2/20 先負 |
| 12 | 日 | 己巳 三碧 | 2/21 仏滅 |
| 13 | 月 | 庚午 四緑 | 2/22 大安 |
| 14 | 火 | 辛未 五黄 | 2/23 赤口 |
| 15 | 水 | 壬申 六白 | 2/24 先勝 |
| 16 | 木 | 癸酉 七赤 | 2/25 友引 |
| 17 | 金 | 甲戌 八白 | 2/26 先負 |
| 18 | 土 | 乙亥 九紫 | 2/27 仏滅 |
| 19 | 日 | 丙子 一白 | 2/28 大安 |
| 20 | 月 | 丁丑 二黒 | 2/29 赤口 |
| 21 | 火 | 戊寅 三碧 | 2/30 先勝 |
| 22 | 水 | 己卯 四緑 | 閏2/1 友引 |
| 23 | 木 | 庚辰 五黄 | 閏2/2 先負 |
| 24 | 金 | 辛巳 六白 | 閏2/3 仏滅 |
| 25 | 土 | 壬午 七赤 | 閏2/4 大安 |
| 26 | 日 | 癸未 八白 | 閏2/5 赤口 |
| 27 | 月 | 甲申 九紫 | 閏2/6 先勝 |
| 28 | 火 | 乙酉 一白 | 閏2/7 友引 |
| 29 | 水 | 丙戌 二黒 | 閏2/8 先負 |
| 30 | 木 | 丁亥 三碧 | 閏2/9 仏滅 |
| 31 | 金 | 戊子 四緑 | 閏2/10 大安 |

### 4月
（丙辰 六白金星）

| | | | |
|---|---|---|---|
| 1 | 土 | 己丑 五黄 | 閏2/11 赤口 |
| 2 | 日 | 庚寅 六白 | 閏2/12 先勝 |
| 3 | 月 | 辛卯 七赤 | 閏2/13 友引 |
| 4 | 火 | 壬辰 八白 | 閏2/14 先負 |
| 5 | 水 | 癸巳 九紫 | 閏2/15 仏滅 |
| 6 | 木 | 甲午 一白 | 閏2/16 大安 |
| 7 | 金 | 乙未 二黒 | 閏2/17 赤口 |
| 8 | 土 | 丙申 三碧 | 閏2/18 先勝 |
| 9 | 日 | 丁酉 四緑 | 閏2/19 友引 |
| 10 | 月 | 戊戌 五黄 | 閏2/20 先負 |
| 11 | 火 | 己亥 六白 | 閏2/21 仏滅 |
| 12 | 水 | 庚子 七赤 | 閏2/22 大安 |
| 13 | 木 | 辛丑 八白 | 閏2/23 赤口 |
| 14 | 金 | 壬寅 九紫 | 閏2/24 先勝 |
| 15 | 土 | 癸卯 一白 | 閏2/25 友引 |
| 16 | 日 | 甲辰 二黒 | 閏2/26 先負 |
| 17 | 月 | 乙巳 三碧 | 閏2/27 仏滅 |
| 18 | 火 | 丙午 四緑 | 閏2/28 大安 |
| 19 | 水 | 丁未 五黄 | 閏2/29 赤口 |
| 20 | 木 | 戊申 六白 | 3/1 先負 |
| 21 | 金 | 己酉 七赤 | 3/2 仏滅 |
| 22 | 土 | 庚戌 八白 | 3/3 大安 |
| 23 | 日 | 辛亥 九紫 | 3/4 赤口 |
| 24 | 月 | 壬子 一白 | 3/5 先勝 |
| 25 | 火 | 癸丑 二黒 | 3/6 友引 |
| 26 | 水 | 甲寅 三碧 | 3/7 先負 |
| 27 | 木 | 乙卯 四緑 | 3/8 仏滅 |
| 28 | 金 | 丙辰 五黄 | 3/9 大安 |
| 29 | 土 | 丁巳 六白 | 3/10 赤口 |
| 30 | 日 | 戊午 七赤 | 3/11 先勝 |

**1月**

1. 6 [節] 小寒
1.17 [雑] 土用
1.20 [節] 大寒

**2月**

2. 3 [雑] 節分
2. 4 [節] 立春
2.19 [節] 雨水

**3月**

3. 6 [節] 啓蟄
3.18 [雑] 彼岸
3.21 [節] 春分
3.21 [雑] 社日

**4月**

4. 5 [節] 清明
4.17 [雑] 土用
4.20 [節] 穀雨

## 5月
（丁巳 五黄土星）

| | | | |
|---|---|---|---|
| 1 | 月 | 己未 八白 | 3/12 友引 |
| 2 | 火 | 庚申 九紫 | 3/13 先負 |
| 3 | 水 | 辛酉 一白 | 3/14 仏滅 |
| 4 | 木 | 壬戌 二黒 | 3/15 大安 |
| 5 | 金 | 癸亥 三碧 | 3/16 赤口 |
| 6 | 土 | 甲子 四緑 | 3/17 先勝 |
| 7 | 日 | 乙丑 五黄 | 3/18 友引 |
| 8 | 月 | 丙寅 六白 | 3/19 先負 |
| 9 | 火 | 丁卯 七赤 | 3/20 仏滅 |
| 10 | 水 | 戊辰 八白 | 3/21 大安 |
| 11 | 木 | 己巳 九紫 | 3/22 赤口 |
| 12 | 金 | 庚午 一白 | 3/23 先勝 |
| 13 | 土 | 辛未 二黒 | 3/24 友引 |
| 14 | 日 | 壬申 三碧 | 3/25 先負 |
| 15 | 月 | 癸酉 四緑 | 3/26 仏滅 |
| 16 | 火 | 甲戌 五黄 | 3/27 大安 |
| 17 | 水 | 乙亥 六白 | 3/28 赤口 |
| 18 | 木 | 丙子 七赤 | 3/29 先勝 |
| 19 | 金 | 丁丑 八白 | 3/30 友引 |
| 20 | 土 | 戊寅 九紫 | 4/1 仏滅 |
| 21 | 日 | 己卯 一白 | 4/2 大安 |
| 22 | 月 | 庚辰 二黒 | 4/3 赤口 |
| 23 | 火 | 辛巳 三碧 | 4/4 先勝 |
| 24 | 水 | 壬午 四緑 | 4/5 友引 |
| 25 | 木 | 癸未 五黄 | 4/6 先負 |
| 26 | 金 | 甲申 六白 | 4/7 仏滅 |
| 27 | 土 | 乙酉 七赤 | 4/8 大安 |
| 28 | 日 | 丙戌 八白 | 4/9 赤口 |
| 29 | 月 | 丁亥 九紫 | 4/10 先勝 |
| 30 | 火 | 戊子 一白 | 4/11 友引 |
| 31 | 水 | 己丑 二黒 | 4/12 先負 |

## 6月
（戊午 四緑木星）

| | | | |
|---|---|---|---|
| 1 | 木 | 庚寅 三碧 | 4/13 仏滅 |
| 2 | 金 | 辛卯 四緑 | 4/14 大安 |
| 3 | 土 | 壬辰 五黄 | 4/15 赤口 |
| 4 | 日 | 癸巳 六白 | 4/16 先勝 |
| 5 | 月 | 甲午 七赤 | 4/17 友引 |
| 6 | 火 | 乙未 八白 | 4/18 先負 |
| 7 | 水 | 丙申 九紫 | 4/19 仏滅 |
| 8 | 木 | 丁酉 一白 | 4/20 大安 |
| 9 | 金 | 戊戌 二黒 | 4/21 赤口 |
| 10 | 土 | 己亥 三碧 | 4/22 先勝 |
| 11 | 日 | 庚子 四緑 | 4/23 友引 |
| 12 | 月 | 辛丑 五黄 | 4/24 先負 |
| 13 | 火 | 壬寅 六白 | 4/25 仏滅 |
| 14 | 水 | 癸卯 七赤 | 4/26 大安 |
| 15 | 木 | 甲辰 八白 | 4/27 赤口 |
| 16 | 金 | 乙巳 九紫 | 4/28 先勝 |
| 17 | 土 | 丙午 一白 | 4/29 友引 |
| 18 | 日 | 丁未 二黒 | 5/1 大安 |
| 19 | 月 | 戊申 三碧 | 5/2 赤口 |
| 20 | 火 | 己酉 四緑 | 5/3 先勝 |
| 21 | 水 | 庚戌 五黄 | 5/4 友引 |
| 22 | 木 | 辛亥 六白 | 5/5 先負 |
| 23 | 金 | 壬子 七赤 | 5/6 仏滅 |
| 24 | 土 | 癸丑 八白 | 5/7 大安 |
| 25 | 日 | 甲寅 九紫 | 5/8 赤口 |
| 26 | 月 | 乙卯 一白 | 5/9 先勝 |
| 27 | 火 | 丙辰 二黒 | 5/10 友引 |
| 28 | 水 | 丁巳 三碧 | 5/11 先負 |
| 29 | 木 | 戊午 四緑 | 5/12 仏滅 |
| 30 | 金 | 己未 五黄 | 5/13 大安 |

## 7月
（己未 三碧木星）

| | | | |
|---|---|---|---|
| 1 | 土 | 庚申 六白 | 5/14 赤口 |
| 2 | 日 | 辛酉 七赤 | 5/15 先勝 |
| 3 | 月 | 壬戌 八白 | 5/16 友引 |
| 4 | 火 | 癸亥 九紫 | 5/17 先負 |
| 5 | 水 | 甲子 九紫 | 5/18 仏滅 |
| 6 | 木 | 乙丑 八白 | 5/19 大安 |
| 7 | 金 | 丙寅 七赤 | 5/20 赤口 |
| 8 | 土 | 丁卯 六白 | 5/21 先勝 |
| 9 | 日 | 戊辰 五黄 | 5/22 友引 |
| 10 | 月 | 己巳 四緑 | 5/23 先負 |
| 11 | 火 | 庚午 三碧 | 5/24 仏滅 |
| 12 | 水 | 辛未 二黒 | 5/25 大安 |
| 13 | 木 | 壬申 一白 | 5/26 赤口 |
| 14 | 金 | 癸酉 九紫 | 5/27 先勝 |
| 15 | 土 | 甲戌 八白 | 5/28 友引 |
| 16 | 日 | 乙亥 七赤 | 5/29 先負 |
| 17 | 月 | 丙子 六白 | 5/30 仏滅 |
| 18 | 火 | 丁丑 五黄 | 6/1 赤口 |
| 19 | 水 | 戊寅 四緑 | 6/2 先勝 |
| 20 | 木 | 己卯 三碧 | 6/3 友引 |
| 21 | 金 | 庚辰 二黒 | 6/4 先負 |
| 22 | 土 | 辛巳 一白 | 6/5 仏滅 |
| 23 | 日 | 壬午 九紫 | 6/6 大安 |
| 24 | 月 | 癸未 八白 | 6/7 赤口 |
| 25 | 火 | 甲申 七赤 | 6/8 先勝 |
| 26 | 水 | 乙酉 六白 | 6/9 友引 |
| 27 | 木 | 丙戌 五黄 | 6/10 先負 |
| 28 | 金 | 丁亥 四緑 | 6/11 仏滅 |
| 29 | 土 | 戊子 三碧 | 6/12 大安 |
| 30 | 日 | 己丑 二黒 | 6/13 赤口 |
| 31 | 月 | 庚寅 一白 | 6/14 先勝 |

## 8月
（庚申 二黒土星）

| | | | |
|---|---|---|---|
| 1 | 火 | 辛卯 九紫 | 6/15 友引 |
| 2 | 水 | 壬辰 八白 | 6/16 先負 |
| 3 | 木 | 癸巳 七赤 | 6/17 仏滅 |
| 4 | 金 | 甲午 六白 | 6/18 大安 |
| 5 | 土 | 乙未 五黄 | 6/19 赤口 |
| 6 | 日 | 丙申 四緑 | 6/20 先勝 |
| 7 | 月 | 丁酉 三碧 | 6/21 友引 |
| 8 | 火 | 戊戌 二黒 | 6/22 先負 |
| 9 | 水 | 己亥 一白 | 6/23 仏滅 |
| 10 | 木 | 庚子 九紫 | 6/24 大安 |
| 11 | 金 | 辛丑 八白 | 6/25 赤口 |
| 12 | 土 | 壬寅 七赤 | 6/26 先勝 |
| 13 | 日 | 癸卯 六白 | 6/27 友引 |
| 14 | 月 | 甲辰 五黄 | 6/28 先負 |
| 15 | 火 | 乙巳 四緑 | 6/29 仏滅 |
| 16 | 水 | 丙午 三碧 | 7/1 先勝 |
| 17 | 木 | 丁未 二黒 | 7/2 友引 |
| 18 | 金 | 戊申 一白 | 7/3 先負 |
| 19 | 土 | 己酉 九紫 | 7/4 仏滅 |
| 20 | 日 | 庚戌 八白 | 7/5 大安 |
| 21 | 月 | 辛亥 七赤 | 7/6 赤口 |
| 22 | 火 | 壬子 六白 | 7/7 先勝 |
| 23 | 水 | 癸丑 五黄 | 7/8 友引 |
| 24 | 木 | 甲寅 四緑 | 7/9 先負 |
| 25 | 金 | 乙卯 三碧 | 7/10 仏滅 |
| 26 | 土 | 丙辰 二黒 | 7/11 大安 |
| 27 | 日 | 丁巳 一白 | 7/12 赤口 |
| 28 | 月 | 戊午 九紫 | 7/13 先勝 |
| 29 | 火 | 己未 八白 | 7/14 友引 |
| 30 | 水 | 庚申 七赤 | 7/15 先負 |
| 31 | 木 | 辛酉 六白 | 7/16 仏滅 |

**5月**

5. 2 [雑] 八十八夜
5. 6 [節] 立夏
5.21 [節] 小満

**6月**

6. 6 [節] 芒種
6.11 [雑] 入梅
6.21 [節] 夏至

**7月**

7. 2 [雑] 半夏生
7. 7 [節] 小暑
7.20 [雑] 土用
7.23 [節] 大暑

**8月**

8. 8 [節] 立秋
8.23 [節] 処暑

## 9 月
（辛酉 一白水星）

| | | | |
|---|---|---|---|
| 1 | 金 | 壬戌 五黄 | 7/17 大安 |
| 2 | 土 | 癸亥 四緑 | 7/18 赤口 |
| 3 | 日 | 甲子 三碧 | 7/19 先勝 |
| 4 | 月 | 乙丑 二黒 | 7/20 友引 |
| 5 | 火 | 丙寅 一白 | 7/21 先負 |
| 6 | 水 | 丁卯 九紫 | 7/22 仏滅 |
| 7 | 木 | 戊辰 八白 | 7/23 大安 |
| 8 | 金 | 己巳 七赤 | 7/24 赤口 |
| 9 | 土 | 庚午 六白 | 7/25 先勝 |
| 10 | 日 | 辛未 五黄 | 7/26 友引 |
| 11 | 月 | 壬申 四緑 | 7/27 先負 |
| 12 | 火 | 癸酉 三碧 | 7/28 仏滅 |
| 13 | 水 | 甲戌 二黒 | 7/29 大安 |
| 14 | 木 | 乙亥 一白 | 7/30 赤口 |
| 15 | 金 | 丙子 九紫 | 8/1 友引 |
| 16 | 土 | 丁丑 八白 | 8/2 先負 |
| 17 | 日 | 戊寅 七赤 | 8/3 仏滅 |
| 18 | 月 | 己卯 六白 | 8/4 大安 |
| 19 | 火 | 庚辰 五黄 | 8/5 赤口 |
| 20 | 水 | 辛巳 四緑 | 8/6 先勝 |
| 21 | 木 | 壬午 三碧 | 8/7 友引 |
| 22 | 金 | 癸未 二黒 | 8/8 先負 |
| 23 | 土 | 甲申 一白 | 8/9 仏滅 |
| 24 | 日 | 乙酉 九紫 | 8/10 大安 |
| 25 | 月 | 丙戌 八白 | 8/11 赤口 |
| 26 | 火 | 丁亥 七赤 | 8/12 先勝 |
| 27 | 水 | 戊子 六白 | 8/13 友引 |
| 28 | 木 | 己丑 五黄 | 8/14 先負 |
| 29 | 金 | 庚寅 四緑 | 8/15 仏滅 |
| 30 | 土 | 辛卯 三碧 | 8/16 大安 |

## 10 月
（壬戌 九紫火星）

| | | | |
|---|---|---|---|
| 1 | 日 | 壬辰 二黒 | 8/17 赤口 |
| 2 | 月 | 癸巳 一白 | 8/18 先勝 |
| 3 | 火 | 甲午 九紫 | 8/19 友引 |
| 4 | 水 | 乙未 八白 | 8/20 先負 |
| 5 | 木 | 丙申 七赤 | 8/21 仏滅 |
| 6 | 金 | 丁酉 六白 | 8/22 大安 |
| 7 | 土 | 戊戌 五黄 | 8/23 赤口 |
| 8 | 日 | 己亥 四緑 | 8/24 先勝 |
| 9 | 月 | 庚子 三碧 | 8/25 友引 |
| 10 | 火 | 辛丑 二黒 | 8/26 先負 |
| 11 | 水 | 壬寅 一白 | 8/27 仏滅 |
| 12 | 木 | 癸卯 九紫 | 8/28 大安 |
| 13 | 金 | 甲辰 八白 | 8/29 赤口 |
| 14 | 土 | 乙巳 七赤 | 8/30 先勝 |
| 15 | 日 | 丙午 六白 | 9/1 先負 |
| 16 | 月 | 丁未 五黄 | 9/2 仏滅 |
| 17 | 火 | 戊申 四緑 | 9/3 大安 |
| 18 | 水 | 己酉 三碧 | 9/4 赤口 |
| 19 | 木 | 庚戌 二黒 | 9/5 先勝 |
| 20 | 金 | 辛亥 一白 | 9/6 友引 |
| 21 | 土 | 壬子 九紫 | 9/7 先負 |
| 22 | 日 | 癸丑 八白 | 9/8 仏滅 |
| 23 | 月 | 甲寅 七赤 | 9/9 大安 |
| 24 | 火 | 乙卯 六白 | 9/10 赤口 |
| 25 | 水 | 丙辰 五黄 | 9/11 先勝 |
| 26 | 木 | 丁巳 四緑 | 9/12 友引 |
| 27 | 金 | 戊午 三碧 | 9/13 先負 |
| 28 | 土 | 己未 二黒 | 9/14 仏滅 |
| 29 | 日 | 庚申 一白 | 9/15 大安 |
| 30 | 月 | 辛酉 九紫 | 9/16 赤口 |
| 31 | 火 | 壬戌 八白 | 9/17 先勝 |

## 11 月
（癸亥 八白土星）

| | | | |
|---|---|---|---|
| 1 | 水 | 癸亥 七赤 | 9/18 友引 |
| 2 | 木 | 甲子 六白 | 9/19 先負 |
| 3 | 金 | 乙丑 五黄 | 9/20 仏滅 |
| 4 | 土 | 丙寅 四緑 | 9/21 大安 |
| 5 | 日 | 丁卯 三碧 | 9/22 赤口 |
| 6 | 月 | 戊辰 二黒 | 9/23 先勝 |
| 7 | 火 | 己巳 一白 | 9/24 友引 |
| 8 | 水 | 庚午 九紫 | 9/25 先負 |
| 9 | 木 | 辛未 八白 | 9/26 仏滅 |
| 10 | 金 | 壬申 七赤 | 9/27 大安 |
| 11 | 土 | 癸酉 六白 | 9/28 赤口 |
| 12 | 日 | 甲戌 五黄 | 9/29 先勝 |
| 13 | 月 | 乙亥 四緑 | 10/1 仏滅 |
| 14 | 火 | 丙子 三碧 | 10/2 大安 |
| 15 | 水 | 丁丑 二黒 | 10/3 赤口 |
| 16 | 木 | 戊寅 一白 | 10/4 先勝 |
| 17 | 金 | 己卯 九紫 | 10/5 友引 |
| 18 | 土 | 庚辰 八白 | 10/6 先負 |
| 19 | 日 | 辛巳 七赤 | 10/7 仏滅 |
| 20 | 月 | 壬午 六白 | 10/8 大安 |
| 21 | 火 | 癸未 五黄 | 10/9 赤口 |
| 22 | 水 | 甲申 四緑 | 10/10 先勝 |
| 23 | 木 | 乙酉 三碧 | 10/11 友引 |
| 24 | 金 | 丙戌 二黒 | 10/12 先負 |
| 25 | 土 | 丁亥 一白 | 10/13 仏滅 |
| 26 | 日 | 戊子 九紫 | 10/14 大安 |
| 27 | 月 | 己丑 八白 | 10/15 赤口 |
| 28 | 火 | 庚寅 七赤 | 10/16 先勝 |
| 29 | 水 | 辛卯 六白 | 10/17 友引 |
| 30 | 木 | 壬辰 五黄 | 10/18 先負 |

## 12 月
（甲子 七赤金星）

| | | | |
|---|---|---|---|
| 1 | 金 | 癸巳 四緑 | 10/19 仏滅 |
| 2 | 土 | 甲午 三碧 | 10/20 大安 |
| 3 | 日 | 乙未 二黒 | 10/21 赤口 |
| 4 | 月 | 丙申 一白 | 10/22 先勝 |
| 5 | 火 | 丁酉 九紫 | 10/23 友引 |
| 6 | 水 | 戊戌 八白 | 10/24 先負 |
| 7 | 木 | 己亥 七赤 | 10/25 仏滅 |
| 8 | 金 | 庚子 六白 | 10/26 大安 |
| 9 | 土 | 辛丑 五黄 | 10/27 赤口 |
| 10 | 日 | 壬寅 四緑 | 10/28 先勝 |
| 11 | 月 | 癸卯 三碧 | 10/29 友引 |
| 12 | 火 | 甲辰 二黒 | 10/30 先負 |
| 13 | 水 | 乙巳 一白 | 11/1 大安 |
| 14 | 木 | 丙午 九紫 | 11/2 赤口 |
| 15 | 金 | 丁未 八白 | 11/3 先勝 |
| 16 | 土 | 戊申 七赤 | 11/4 友引 |
| 17 | 日 | 己酉 六白 | 11/5 先負 |
| 18 | 月 | 庚戌 五黄 | 11/6 仏滅 |
| 19 | 火 | 辛亥 四緑 | 11/7 大安 |
| 20 | 水 | 壬子 三碧 | 11/8 赤口 |
| 21 | 木 | 癸丑 二黒 | 11/9 先勝 |
| 22 | 金 | 甲寅 一白 | 11/10 友引 |
| 23 | 土 | 乙卯 九紫 | 11/11 先負 |
| 24 | 日 | 丙辰 八白 | 11/12 仏滅 |
| 25 | 月 | 丁巳 七赤 | 11/13 大安 |
| 26 | 火 | 戊午 六白 | 11/14 赤口 |
| 27 | 水 | 己未 五黄 | 11/15 先勝 |
| 28 | 木 | 庚申 四緑 | 11/16 友引 |
| 29 | 金 | 辛酉 三碧 | 11/17 先負 |
| 30 | 土 | 壬戌 二黒 | 11/18 仏滅 |
| 31 | 日 | 癸亥 一白 | 11/19 大安 |

**9 月**

9. 1［雑］二百十日
9. 8［節］白露
9.20［雑］彼岸
9.23［節］秋分
9.27［雑］社日

**10 月**

10. 8［節］寒露
10.21［雑］土用
10.24［節］霜降

**11 月**

11. 8［節］立冬
11.22［節］小雪

**12 月**

12. 7［節］大雪
12.22［節］冬至

# 2024

明治 **157** 年
大正 **113** 年
昭和 **99** 年
平成 **36** 年

甲辰（きのえたつ）
三碧木星

生誕・年忌など

**1. 8** マルコ・ポーロ没後 700 年
**1.21** V. レーニン没後 100 年
**3. 7** 阿部公房生誕 100 年
**4.13** 吉行淳之介生誕 100 年
**4.19** G. バイロン没後 200 年
**4.22** I. カント生誕 300 年
**5. 7** ベートーベン「第九交響曲」初演 200 年
**6. 3** モンゴル人民共和国成立 100 年
F. カフカ没後 100 年
**7.15** 黒田清輝没後 100 年
**8. 1** 甲子園球場完成 100 年
**8. 3** J. コンラッド没後 100 年
**9. 4** A. ブルックナー生誕 200 年
**9.19** 正中の変 700 年
**10.29** F. バーネット没後 100 年
**11. 4** G. フォーレ没後 100 年
**11.14** 力道山生誕 100 年
**11.29** G. プッチーニ没後 100 年
**12. —** 韓愈没後 1200 年
**この年** 則天武后生誕 1400 年
鄭成功生誕 400 年

## 2024年

### 1月
（乙丑 六白金星）

| 日 | 曜 | 干支・九星 | 旧暦・六曜 |
|---|---|---|---|
| 1 | 月 | 甲子 一白 | 11/20 赤口 |
| 2 | 火 | 乙丑 二黒 | 11/21 先勝 |
| 3 | 水 | 丙寅 三碧 | 11/22 友引 |
| 4 | 木 | 丁卯 四緑 | 11/23 先負 |
| 5 | 金 | 戊辰 五黄 | 11/24 仏滅 |
| 6 | 土 | 己巳 六白 | 11/25 大安 |
| 7 | 日 | 庚午 七赤 | 11/26 赤口 |
| 8 | 月 | 辛未 八白 | 11/27 先勝 |
| 9 | 火 | 壬申 九紫 | 11/28 友引 |
| 10 | 水 | 癸酉 一白 | 11/29 先負 |
| 11 | 木 | 甲戌 二黒 | 12/1 赤口 |
| 12 | 金 | 乙亥 三碧 | 12/2 先勝 |
| 13 | 土 | 丙子 四緑 | 12/3 友引 |
| 14 | 日 | 丁丑 五黄 | 12/4 先負 |
| 15 | 月 | 戊寅 六白 | 12/5 仏滅 |
| 16 | 火 | 己卯 七赤 | 12/6 大安 |
| 17 | 水 | 庚辰 八白 | 12/7 赤口 |
| 18 | 木 | 辛巳 九紫 | 12/8 先勝 |
| 19 | 金 | 壬午 一白 | 12/9 友引 |
| 20 | 土 | 癸未 二黒 | 12/10 先負 |
| 21 | 日 | 甲申 三碧 | 12/11 仏滅 |
| 22 | 月 | 乙酉 四緑 | 12/12 大安 |
| 23 | 火 | 丙戌 五黄 | 12/13 赤口 |
| 24 | 水 | 丁亥 六白 | 12/14 先勝 |
| 25 | 木 | 戊子 七赤 | 12/15 友引 |
| 26 | 金 | 己丑 八白 | 12/16 先負 |
| 27 | 土 | 庚寅 九紫 | 12/17 仏滅 |
| 28 | 日 | 辛卯 一白 | 12/18 大安 |
| 29 | 月 | 壬辰 二黒 | 12/19 赤口 |
| 30 | 火 | 癸巳 三碧 | 12/20 先勝 |
| 31 | 水 | 甲午 四緑 | 12/21 友引 |

### 2月
（丙寅 五黄土星）

| 日 | 曜 | 干支・九星 | 旧暦・六曜 |
|---|---|---|---|
| 1 | 木 | 乙未 五黄 | 12/22 先負 |
| 2 | 金 | 丙申 六白 | 12/23 仏滅 |
| 3 | 土 | 丁酉 七赤 | 12/24 大安 |
| 4 | 日 | 戊戌 八白 | 12/25 赤口 |
| 5 | 月 | 己亥 九紫 | 12/26 先勝 |
| 6 | 火 | 庚子 一白 | 12/27 友引 |
| 7 | 水 | 辛丑 二黒 | 12/28 先負 |
| 8 | 木 | 壬寅 三碧 | 12/29 仏滅 |
| 9 | 金 | 癸卯 四緑 | 12/30 大安 |
| 10 | 土 | 甲辰 五黄 | 1/1 先勝 |
| 11 | 日 | 乙巳 六白 | 1/2 友引 |
| 12 | 月 | 丙午 七赤 | 1/3 先負 |
| 13 | 火 | 丁未 八白 | 1/4 仏滅 |
| 14 | 水 | 戊申 九紫 | 1/5 大安 |
| 15 | 木 | 己酉 一白 | 1/6 赤口 |
| 16 | 金 | 庚戌 二黒 | 1/7 先勝 |
| 17 | 土 | 辛亥 三碧 | 1/8 友引 |
| 18 | 日 | 壬子 四緑 | 1/9 先負 |
| 19 | 月 | 癸丑 五黄 | 1/10 仏滅 |
| 20 | 火 | 甲寅 六白 | 1/11 大安 |
| 21 | 水 | 乙卯 七赤 | 1/12 赤口 |
| 22 | 木 | 丙辰 八白 | 1/13 先勝 |
| 23 | 金 | 丁巳 九紫 | 1/14 友引 |
| 24 | 土 | 戊午 一白 | 1/15 先負 |
| 25 | 日 | 己未 二黒 | 1/16 仏滅 |
| 26 | 月 | 庚申 三碧 | 1/17 大安 |
| 27 | 火 | 辛酉 四緑 | 1/18 赤口 |
| 28 | 水 | 壬戌 五黄 | 1/19 先勝 |
| 29 | 木 | 癸亥 六白 | 1/20 友引 |

### 3月
（丁卯 四緑木星）

| 日 | 曜 | 干支・九星 | 旧暦・六曜 |
|---|---|---|---|
| 1 | 金 | 甲子 七赤 | 1/21 先負 |
| 2 | 土 | 乙丑 八白 | 1/22 仏滅 |
| 3 | 日 | 丙寅 九紫 | 1/23 大安 |
| 4 | 月 | 丁卯 一白 | 1/24 赤口 |
| 5 | 火 | 戊辰 二黒 | 1/25 先勝 |
| 6 | 水 | 己巳 三碧 | 1/26 友引 |
| 7 | 木 | 庚午 四緑 | 1/27 先負 |
| 8 | 金 | 辛未 五黄 | 1/28 仏滅 |
| 9 | 土 | 壬申 六白 | 1/29 大安 |
| 10 | 日 | 癸酉 七赤 | 2/1 友引 |
| 11 | 月 | 甲戌 八白 | 2/2 先負 |
| 12 | 火 | 乙亥 九紫 | 2/3 仏滅 |
| 13 | 水 | 丙子 一白 | 2/4 大安 |
| 14 | 木 | 丁丑 二黒 | 2/5 赤口 |
| 15 | 金 | 戊寅 三碧 | 2/6 先勝 |
| 16 | 土 | 己卯 四緑 | 2/7 友引 |
| 17 | 日 | 庚辰 五黄 | 2/8 先負 |
| 18 | 月 | 辛巳 六白 | 2/9 仏滅 |
| 19 | 火 | 壬午 七赤 | 2/10 大安 |
| 20 | 水 | 癸未 八白 | 2/11 赤口 |
| 21 | 木 | 甲申 九紫 | 2/12 先勝 |
| 22 | 金 | 乙酉 一白 | 2/13 友引 |
| 23 | 土 | 丙戌 二黒 | 2/14 先負 |
| 24 | 日 | 丁亥 三碧 | 2/15 仏滅 |
| 25 | 月 | 戊子 四緑 | 2/16 大安 |
| 26 | 火 | 己丑 五黄 | 2/17 赤口 |
| 27 | 水 | 庚寅 六白 | 2/18 先勝 |
| 28 | 木 | 辛卯 七赤 | 2/19 友引 |
| 29 | 金 | 壬辰 八白 | 2/20 先負 |
| 30 | 土 | 癸巳 九紫 | 2/21 仏滅 |
| 31 | 日 | 甲午 一白 | 2/22 大安 |

### 4月
（戊辰 三碧木星）

| 日 | 曜 | 干支・九星 | 旧暦・六曜 |
|---|---|---|---|
| 1 | 月 | 乙未 二黒 | 2/23 赤口 |
| 2 | 火 | 丙申 三碧 | 2/24 先勝 |
| 3 | 水 | 丁酉 四緑 | 2/25 友引 |
| 4 | 木 | 戊戌 五黄 | 2/26 先負 |
| 5 | 金 | 己亥 六白 | 2/27 仏滅 |
| 6 | 土 | 庚子 七赤 | 2/28 大安 |
| 7 | 日 | 辛丑 八白 | 2/29 赤口 |
| 8 | 月 | 壬寅 九紫 | 2/30 先勝 |
| 9 | 火 | 癸卯 一白 | 3/1 先負 |
| 10 | 水 | 甲辰 二黒 | 3/2 仏滅 |
| 11 | 木 | 乙巳 三碧 | 3/3 大安 |
| 12 | 金 | 丙午 四緑 | 3/4 赤口 |
| 13 | 土 | 丁未 五黄 | 3/5 先勝 |
| 14 | 日 | 戊申 六白 | 3/6 友引 |
| 15 | 月 | 己酉 七赤 | 3/7 先負 |
| 16 | 火 | 庚戌 八白 | 3/8 仏滅 |
| 17 | 水 | 辛亥 九紫 | 3/9 大安 |
| 18 | 木 | 壬子 一白 | 3/10 赤口 |
| 19 | 金 | 癸丑 二黒 | 3/11 先勝 |
| 20 | 土 | 甲寅 三碧 | 3/12 友引 |
| 21 | 日 | 乙卯 四緑 | 3/13 先負 |
| 22 | 月 | 丙辰 五黄 | 3/14 仏滅 |
| 23 | 火 | 丁巳 六白 | 3/15 大安 |
| 24 | 水 | 戊午 七赤 | 3/16 赤口 |
| 25 | 木 | 己未 八白 | 3/17 先勝 |
| 26 | 金 | 庚申 九紫 | 3/18 友引 |
| 27 | 土 | 辛酉 一白 | 3/19 先負 |
| 28 | 日 | 壬戌 二黒 | 3/20 仏滅 |
| 29 | 月 | 癸亥 三碧 | 3/21 大安 |
| 30 | 火 | 甲子 四緑 | 3/22 赤口 |

**1月**

1. 6［節］小寒
1.18［雑］土用
1.20［節］大寒

**2月**

2. 3［雑］節分
2. 4［節］立春
2.19［節］雨水

**3月**

3. 5［節］啓蟄
3.17［雑］彼岸
3.20［節］春分
3.25［雑］社日

**4月**

4. 4［節］清明
4.16［雑］土用
4.19［節］穀雨

## 5月
（己巳 二黒土星）

| | | | |
|---|---|---|---|
| 1 | 水 | 乙丑 五黄 | 3/23 先勝 |
| 2 | 木 | 丙寅 六白 | 3/24 友引 |
| 3 | 金 | 丁卯 七赤 | 3/25 先負 |
| 4 | 土 | 戊辰 八白 | 3/26 仏滅 |
| 5 | 日 | 己巳 九紫 | 3/27 大安 |
| 6 | 月 | 庚午 一白 | 3/28 赤口 |
| 7 | 火 | 辛未 二黒 | 3/29 先勝 |
| 8 | 水 | 壬申 三碧 | 4/1 仏滅 |
| 9 | 木 | 癸酉 四緑 | 4/2 大安 |
| 10 | 金 | 甲戌 五黄 | 4/3 赤口 |
| 11 | 土 | 乙亥 六白 | 4/4 先勝 |
| 12 | 日 | 丙子 七赤 | 4/5 友引 |
| 13 | 月 | 丁丑 八白 | 4/6 先負 |
| 14 | 火 | 戊寅 九紫 | 4/7 仏滅 |
| 15 | 水 | 己卯 一白 | 4/8 大安 |
| 16 | 木 | 庚辰 二黒 | 4/9 赤口 |
| 17 | 金 | 辛巳 三碧 | 4/10 先勝 |
| 18 | 土 | 壬午 四緑 | 4/11 友引 |
| 19 | 日 | 癸未 五黄 | 4/12 先負 |
| 20 | 月 | 甲申 六白 | 4/13 仏滅 |
| 21 | 火 | 乙酉 七赤 | 4/14 大安 |
| 22 | 水 | 丙戌 八白 | 4/15 赤口 |
| 23 | 木 | 丁亥 九紫 | 4/16 先勝 |
| 24 | 金 | 戊子 一白 | 4/17 友引 |
| 25 | 土 | 己丑 二黒 | 4/18 先負 |
| 26 | 日 | 庚寅 三碧 | 4/19 仏滅 |
| 27 | 月 | 辛卯 四緑 | 4/20 大安 |
| 28 | 火 | 壬辰 五黄 | 4/21 赤口 |
| 29 | 水 | 癸巳 六白 | 4/22 先勝 |
| 30 | 木 | 甲午 七赤 | 4/23 友引 |
| 31 | 金 | 乙未 八白 | 4/24 先負 |

5月

5. 1［雑］八十八夜
5. 5［節］立夏
5.20［節］小満

## 6月
（庚午 一白水星）

| | | | |
|---|---|---|---|
| 1 | 土 | 丙申 九紫 | 4/25 仏滅 |
| 2 | 日 | 丁酉 一白 | 4/26 大安 |
| 3 | 月 | 戊戌 二黒 | 4/27 赤口 |
| 4 | 火 | 己亥 三碧 | 4/28 先勝 |
| 5 | 水 | 庚子 四緑 | 4/29 友引 |
| 6 | 木 | 辛丑 五黄 | 5/1 大安 |
| 7 | 金 | 壬寅 六白 | 5/2 赤口 |
| 8 | 土 | 癸卯 七赤 | 5/3 先勝 |
| 9 | 日 | 甲辰 八白 | 5/4 友引 |
| 10 | 月 | 乙巳 九紫 | 5/5 先負 |
| 11 | 火 | 丙午 一白 | 5/6 仏滅 |
| 12 | 水 | 丁未 二黒 | 5/7 大安 |
| 13 | 木 | 戊申 三碧 | 5/8 赤口 |
| 14 | 金 | 己酉 四緑 | 5/9 先勝 |
| 15 | 土 | 庚戌 五黄 | 5/10 友引 |
| 16 | 日 | 辛亥 六白 | 5/11 先負 |
| 17 | 月 | 壬子 七赤 | 5/12 仏滅 |
| 18 | 火 | 癸丑 八白 | 5/13 大安 |
| 19 | 水 | 甲寅 九紫 | 5/14 赤口 |
| 20 | 木 | 乙卯 一白 | 5/15 先勝 |
| 21 | 金 | 丙辰 二黒 | 5/16 友引 |
| 22 | 土 | 丁巳 三碧 | 5/17 先負 |
| 23 | 日 | 戊午 四緑 | 5/18 仏滅 |
| 24 | 月 | 己未 五黄 | 5/19 大安 |
| 25 | 火 | 庚申 六白 | 5/20 赤口 |
| 26 | 水 | 辛酉 七赤 | 5/21 先勝 |
| 27 | 木 | 壬戌 八白 | 5/22 友引 |
| 28 | 金 | 癸亥 九紫 | 5/23 先負 |
| 29 | 土 | 甲子 九紫 | 5/24 仏滅 |
| 30 | 日 | 乙丑 八白 | 5/25 大安 |

6月

6. 5［節］芒種
6.10［雑］入梅
6.21［節］夏至

## 7月
（辛未 九紫火星）

| | | | |
|---|---|---|---|
| 1 | 月 | 丙寅 七赤 | 5/26 赤口 |
| 2 | 火 | 丁卯 六白 | 5/27 先勝 |
| 3 | 水 | 戊辰 五黄 | 5/28 友引 |
| 4 | 木 | 己巳 四緑 | 5/29 先負 |
| 5 | 金 | 庚午 三碧 | 5/30 仏滅 |
| 6 | 土 | 辛未 二黒 | 6/1 赤口 |
| 7 | 日 | 壬申 一白 | 6/2 先勝 |
| 8 | 月 | 癸酉 九紫 | 6/3 友引 |
| 9 | 火 | 甲戌 八白 | 6/4 先負 |
| 10 | 水 | 乙亥 七赤 | 6/5 仏滅 |
| 11 | 木 | 丙子 六白 | 6/6 大安 |
| 12 | 金 | 丁丑 五黄 | 6/7 赤口 |
| 13 | 土 | 戊寅 四緑 | 6/8 先勝 |
| 14 | 日 | 己卯 三碧 | 6/9 友引 |
| 15 | 月 | 庚辰 二黒 | 6/10 先負 |
| 16 | 火 | 辛巳 一白 | 6/11 仏滅 |
| 17 | 水 | 壬午 九紫 | 6/12 大安 |
| 18 | 木 | 癸未 八白 | 6/13 赤口 |
| 19 | 金 | 甲申 七赤 | 6/14 先勝 |
| 20 | 土 | 乙酉 六白 | 6/15 友引 |
| 21 | 日 | 丙戌 五黄 | 6/16 先負 |
| 22 | 月 | 丁亥 四緑 | 6/17 仏滅 |
| 23 | 火 | 戊子 三碧 | 6/18 大安 |
| 24 | 水 | 己丑 二黒 | 6/19 赤口 |
| 25 | 木 | 庚寅 一白 | 6/20 先勝 |
| 26 | 金 | 辛卯 九紫 | 6/21 友引 |
| 27 | 土 | 壬辰 八白 | 6/22 先負 |
| 28 | 日 | 癸巳 七赤 | 6/23 仏滅 |
| 29 | 月 | 甲午 六白 | 6/24 大安 |
| 30 | 火 | 乙未 五黄 | 6/25 赤口 |
| 31 | 水 | 丙申 四緑 | 6/26 先勝 |

7月

7. 1［雑］半夏生
7. 6［節］小暑
7.19［雑］土用
7.22［節］大暑

## 8月
（壬申 八白土星）

| | | | |
|---|---|---|---|
| 1 | 木 | 丁酉 三碧 | 6/27 友引 |
| 2 | 金 | 戊戌 二黒 | 6/28 先負 |
| 3 | 土 | 己亥 一白 | 6/29 仏滅 |
| 4 | 日 | 庚子 九紫 | 7/1 先勝 |
| 5 | 月 | 辛丑 八白 | 7/2 友引 |
| 6 | 火 | 壬寅 七赤 | 7/3 先負 |
| 7 | 水 | 癸卯 六白 | 7/4 仏滅 |
| 8 | 木 | 甲辰 五黄 | 7/5 大安 |
| 9 | 金 | 乙巳 四緑 | 7/6 赤口 |
| 10 | 土 | 丙午 三碧 | 7/7 先勝 |
| 11 | 日 | 丁未 二黒 | 7/8 友引 |
| 12 | 月 | 戊申 一白 | 7/9 先負 |
| 13 | 火 | 己酉 九紫 | 7/10 仏滅 |
| 14 | 水 | 庚戌 八白 | 7/11 大安 |
| 15 | 木 | 辛亥 七赤 | 7/12 赤口 |
| 16 | 金 | 壬子 六白 | 7/13 先勝 |
| 17 | 土 | 癸丑 五黄 | 7/14 友引 |
| 18 | 日 | 甲寅 四緑 | 7/15 先負 |
| 19 | 月 | 乙卯 三碧 | 7/16 仏滅 |
| 20 | 火 | 丙辰 二黒 | 7/17 大安 |
| 21 | 水 | 丁巳 一白 | 7/18 赤口 |
| 22 | 木 | 戊午 九紫 | 7/19 先勝 |
| 23 | 金 | 己未 八白 | 7/20 友引 |
| 24 | 土 | 庚申 七赤 | 7/21 先負 |
| 25 | 日 | 辛酉 六白 | 7/22 仏滅 |
| 26 | 月 | 壬戌 五黄 | 7/23 大安 |
| 27 | 火 | 癸亥 四緑 | 7/24 赤口 |
| 28 | 水 | 甲子 三碧 | 7/25 先勝 |
| 29 | 木 | 乙丑 二黒 | 7/26 友引 |
| 30 | 金 | 丙寅 一白 | 7/27 先負 |
| 31 | 土 | 丁卯 九紫 | 7/28 仏滅 |

8月

8. 7［節］立秋
8.22［節］処暑
8.31［雑］二百十日

## 9月
（癸酉 七赤金星）

| | | | | | |
|---|---|---|---|---|---|
| 1 | 日 | 戊辰 | 八白 | 7/29 | 大安 |
| 2 | 月 | 己巳 | 七赤 | 7/30 | 赤口 |
| 3 | 火 | 庚午 | 六白 | 8/1 | 友引 |
| 4 | 水 | 辛未 | 五黄 | 8/2 | 先負 |
| 5 | 木 | 壬申 | 四緑 | 8/3 | 仏滅 |
| 6 | 金 | 癸酉 | 三碧 | 8/4 | 大安 |
| 7 | 土 | 甲戌 | 二黒 | 8/5 | 赤口 |
| 8 | 日 | 乙亥 | 一白 | 8/6 | 先勝 |
| 9 | 月 | 丙子 | 九紫 | 8/7 | 友引 |
| 10 | 火 | 丁丑 | 八白 | 8/8 | 先負 |
| 11 | 水 | 戊寅 | 七赤 | 8/9 | 仏滅 |
| 12 | 木 | 己卯 | 六白 | 8/10 | 大安 |
| 13 | 金 | 庚辰 | 五黄 | 8/11 | 赤口 |
| 14 | 土 | 辛巳 | 四緑 | 8/12 | 先勝 |
| 15 | 日 | 壬午 | 三碧 | 8/13 | 友引 |
| 16 | 月 | 癸未 | 二黒 | 8/14 | 先負 |
| 17 | 火 | 甲申 | 一白 | 8/15 | 仏滅 |
| 18 | 水 | 乙酉 | 九紫 | 8/16 | 大安 |
| 19 | 木 | 丙戌 | 八白 | 8/17 | 赤口 |
| 20 | 金 | 丁亥 | 七赤 | 8/18 | 先勝 |
| 21 | 土 | 戊子 | 六白 | 8/19 | 友引 |
| 22 | 日 | 己丑 | 五黄 | 8/20 | 先負 |
| 23 | 月 | 庚寅 | 四緑 | 8/21 | 仏滅 |
| 24 | 火 | 辛卯 | 三碧 | 8/22 | 大安 |
| 25 | 水 | 壬辰 | 二黒 | 8/23 | 赤口 |
| 26 | 木 | 癸巳 | 一白 | 8/24 | 先勝 |
| 27 | 金 | 甲午 | 九紫 | 8/25 | 友引 |
| 28 | 土 | 乙未 | 八白 | 8/26 | 先負 |
| 29 | 日 | 丙申 | 七赤 | 8/27 | 仏滅 |
| 30 | 月 | 丁酉 | 六白 | 8/28 | 大安 |

## 10月
（甲戌 六白金星）

| | | | | | |
|---|---|---|---|---|---|
| 1 | 火 | 戊戌 | 五黄 | 8/29 | 赤口 |
| 2 | 水 | 己亥 | 四緑 | 8/30 | 先勝 |
| 3 | 木 | 庚子 | 三碧 | 9/1 | 先負 |
| 4 | 金 | 辛丑 | 二黒 | 9/2 | 仏滅 |
| 5 | 土 | 壬寅 | 一白 | 9/3 | 大安 |
| 6 | 日 | 癸卯 | 九紫 | 9/4 | 赤口 |
| 7 | 月 | 甲辰 | 八白 | 9/5 | 先勝 |
| 8 | 火 | 乙巳 | 七赤 | 9/6 | 友引 |
| 9 | 水 | 丙午 | 六白 | 9/7 | 先負 |
| 10 | 木 | 丁未 | 五黄 | 9/8 | 仏滅 |
| 11 | 金 | 戊申 | 四緑 | 9/9 | 大安 |
| 12 | 土 | 己酉 | 三碧 | 9/10 | 赤口 |
| 13 | 日 | 庚戌 | 二黒 | 9/11 | 先勝 |
| 14 | 月 | 辛亥 | 一白 | 9/12 | 友引 |
| 15 | 火 | 壬子 | 九紫 | 9/13 | 先負 |
| 16 | 水 | 癸丑 | 八白 | 9/14 | 仏滅 |
| 17 | 木 | 甲寅 | 七赤 | 9/15 | 大安 |
| 18 | 金 | 乙卯 | 六白 | 9/16 | 赤口 |
| 19 | 土 | 丙辰 | 五黄 | 9/17 | 先勝 |
| 20 | 日 | 丁巳 | 四緑 | 9/18 | 友引 |
| 21 | 月 | 戊午 | 三碧 | 9/19 | 先負 |
| 22 | 火 | 己未 | 二黒 | 9/20 | 仏滅 |
| 23 | 水 | 庚申 | 一白 | 9/21 | 大安 |
| 24 | 木 | 辛酉 | 九紫 | 9/22 | 赤口 |
| 25 | 金 | 壬戌 | 八白 | 9/23 | 先勝 |
| 26 | 土 | 癸亥 | 七赤 | 9/24 | 友引 |
| 27 | 日 | 甲子 | 六白 | 9/25 | 先負 |
| 28 | 月 | 乙丑 | 五黄 | 9/26 | 仏滅 |
| 29 | 火 | 丙寅 | 四緑 | 9/27 | 大安 |
| 30 | 水 | 丁卯 | 三碧 | 9/28 | 赤口 |
| 31 | 木 | 戊辰 | 二黒 | 9/29 | 先勝 |

## 11月
（乙亥 五黄土星）

| | | | | | |
|---|---|---|---|---|---|
| 1 | 金 | 己巳 | 一白 | 10/1 | 仏滅 |
| 2 | 土 | 庚午 | 九紫 | 10/2 | 大安 |
| 3 | 日 | 辛未 | 八白 | 10/3 | 赤口 |
| 4 | 月 | 壬申 | 七赤 | 10/4 | 先勝 |
| 5 | 火 | 癸酉 | 六白 | 10/5 | 友引 |
| 6 | 水 | 甲戌 | 五黄 | 10/6 | 先負 |
| 7 | 木 | 乙亥 | 四緑 | 10/7 | 仏滅 |
| 8 | 金 | 丙子 | 三碧 | 10/8 | 大安 |
| 9 | 土 | 丁丑 | 二黒 | 10/9 | 赤口 |
| 10 | 日 | 戊寅 | 一白 | 10/10 | 先勝 |
| 11 | 月 | 己卯 | 九紫 | 10/11 | 友引 |
| 12 | 火 | 庚辰 | 八白 | 10/12 | 先負 |
| 13 | 水 | 辛巳 | 七赤 | 10/13 | 仏滅 |
| 14 | 木 | 壬午 | 六白 | 10/14 | 大安 |
| 15 | 金 | 癸未 | 五黄 | 10/15 | 赤口 |
| 16 | 土 | 甲申 | 四緑 | 10/16 | 先勝 |
| 17 | 日 | 乙酉 | 三碧 | 10/17 | 友引 |
| 18 | 月 | 丙戌 | 二黒 | 10/18 | 先負 |
| 19 | 火 | 丁亥 | 一白 | 10/19 | 仏滅 |
| 20 | 水 | 戊子 | 九紫 | 10/20 | 大安 |
| 21 | 木 | 己丑 | 八白 | 10/21 | 赤口 |
| 22 | 金 | 庚寅 | 七赤 | 10/22 | 先勝 |
| 23 | 土 | 辛卯 | 六白 | 10/23 | 友引 |
| 24 | 日 | 壬辰 | 五黄 | 10/24 | 先負 |
| 25 | 月 | 癸巳 | 四緑 | 10/25 | 仏滅 |
| 26 | 火 | 甲午 | 三碧 | 10/26 | 大安 |
| 27 | 水 | 乙未 | 二黒 | 10/27 | 赤口 |
| 28 | 木 | 丙申 | 一白 | 10/28 | 先勝 |
| 29 | 金 | 丁酉 | 九紫 | 10/29 | 友引 |
| 30 | 土 | 戊戌 | 八白 | 10/30 | 先負 |

## 12月
（丙子 四緑木星）

| | | | | | |
|---|---|---|---|---|---|
| 1 | 日 | 己亥 | 七赤 | 11/1 | 大安 |
| 2 | 月 | 庚子 | 六白 | 11/2 | 赤口 |
| 3 | 火 | 辛丑 | 五黄 | 11/3 | 先勝 |
| 4 | 水 | 壬寅 | 四緑 | 11/4 | 友引 |
| 5 | 木 | 癸卯 | 三碧 | 11/5 | 先負 |
| 6 | 金 | 甲辰 | 二黒 | 11/6 | 仏滅 |
| 7 | 土 | 乙巳 | 一白 | 11/7 | 大安 |
| 8 | 日 | 丙午 | 九紫 | 11/8 | 赤口 |
| 9 | 月 | 丁未 | 八白 | 11/9 | 先勝 |
| 10 | 火 | 戊申 | 七赤 | 11/10 | 友引 |
| 11 | 水 | 己酉 | 六白 | 11/11 | 先負 |
| 12 | 木 | 庚戌 | 五黄 | 11/12 | 仏滅 |
| 13 | 金 | 辛亥 | 四緑 | 11/13 | 大安 |
| 14 | 土 | 壬子 | 三碧 | 11/14 | 赤口 |
| 15 | 日 | 癸丑 | 二黒 | 11/15 | 先勝 |
| 16 | 月 | 甲寅 | 一白 | 11/16 | 友引 |
| 17 | 火 | 乙卯 | 九紫 | 11/17 | 先負 |
| 18 | 水 | 丙辰 | 八白 | 11/18 | 仏滅 |
| 19 | 木 | 丁巳 | 七赤 | 11/19 | 大安 |
| 20 | 金 | 戊午 | 六白 | 11/20 | 赤口 |
| 21 | 土 | 己未 | 五黄 | 11/21 | 先勝 |
| 22 | 日 | 庚申 | 四緑 | 11/22 | 友引 |
| 23 | 月 | 辛酉 | 三碧 | 11/23 | 先負 |
| 24 | 火 | 壬戌 | 二黒 | 11/24 | 仏滅 |
| 25 | 水 | 癸亥 | 一白 | 11/25 | 大安 |
| 26 | 木 | 甲子 | 一白 | 11/26 | 赤口 |
| 27 | 金 | 乙丑 | 二黒 | 11/27 | 先勝 |
| 28 | 土 | 丙寅 | 三碧 | 11/28 | 友引 |
| 29 | 日 | 丁卯 | 四緑 | 11/29 | 先負 |
| 30 | 月 | 戊辰 | 五黄 | 11/30 | 仏滅 |
| 31 | 火 | 己巳 | 六白 | 12/1 | 赤口 |

**9月**

9. 7［節］白露
9.19［雑］彼岸
9.21［雑］社日
9.22［節］秋分

**10月**

10. 8［節］寒露
10.20［雑］土用
10.23［節］霜降

**11月**

11. 7［節］立冬
11.22［節］小雪

**12月**

12. 7［節］大雪
12.21［節］冬至

# 2025

明治 **158** 年
大正 **114** 年
昭和 **100** 年
平成 **37** 年

乙巳（きのとみ）
二黒土星

生誕・年忌など

**1. 5** ボリビア独立 200 年
**1.14** 三島由紀夫生誕 100 年
**1.26** トロツキー失脚・スターリン独裁 100 年
**2.18** 異国船打払令 200 年
**3. 1** 日本・ラジオ放送開始 100 年
**3.12** 江崎玲於奈生誕 100 年
**3.20** 梅原猛生誕 100 年
**3.29** 普通選挙法公布 100 年
**4.22** 治安維持法公布 100 年
**5.19** 新井白石没後 300 年
**7. 1** E. サティ没後 100 年
**7.11** 北条政子没後 800 年
**7.18** ヒトラー「我が闘争」100 年
**8.27** 丸谷才一生誕 100 年
**9.24** 辻邦生生誕 100 年
**10.25** J. シュトラウス生誕 200 年
**11.30** 林家三平生誕 100 年
この年 後漢建国 2000 年
在原業平生誕 1200 年

## 2025 年

### 1 月
（丁丑 三碧木星）

| | | | |
|---|---|---|---|
| 1 | 水 | 庚午 七赤 | 12/2 先勝 |
| 2 | 木 | 辛未 八白 | 12/3 友引 |
| 3 | 金 | 壬申 九紫 | 12/4 先負 |
| 4 | 土 | 癸酉 一白 | 12/5 仏滅 |
| 5 | 日 | 甲戌 二黒 | 12/6 大安 |
| 6 | 月 | 乙亥 三碧 | 12/7 赤口 |
| 7 | 火 | 丙子 四緑 | 12/8 先勝 |
| 8 | 水 | 丁丑 五黄 | 12/9 友引 |
| 9 | 木 | 戊寅 六白 | 12/10 先負 |
| 10 | 金 | 己卯 七赤 | 12/11 仏滅 |
| 11 | 土 | 庚辰 八白 | 12/12 大安 |
| 12 | 日 | 辛巳 九紫 | 12/13 赤口 |
| 13 | 月 | 壬午 一白 | 12/14 先勝 |
| 14 | 火 | 癸未 二黒 | 12/15 友引 |
| 15 | 水 | 甲申 三碧 | 12/16 先負 |
| 16 | 木 | 乙酉 四緑 | 12/17 仏滅 |
| 17 | 金 | 丙戌 五黄 | 12/18 大安 |
| 18 | 土 | 丁亥 六白 | 12/19 赤口 |
| 19 | 日 | 戊子 七赤 | 12/20 先勝 |
| 20 | 月 | 己丑 八白 | 12/21 友引 |
| 21 | 火 | 庚寅 九紫 | 12/22 先負 |
| 22 | 水 | 辛卯 一白 | 12/23 仏滅 |
| 23 | 木 | 壬辰 二黒 | 12/24 大安 |
| 24 | 金 | 癸巳 三碧 | 12/25 赤口 |
| 25 | 土 | 甲午 四緑 | 12/26 先勝 |
| 26 | 日 | 乙未 五黄 | 12/27 友引 |
| 27 | 月 | 丙申 六白 | 12/28 先負 |
| 28 | 火 | 丁酉 七赤 | 12/29 仏滅 |
| 29 | 水 | 戊戌 八白 | 1/1 先勝 |
| 30 | 木 | 己亥 九紫 | 1/2 友引 |
| 31 | 金 | 庚子 一白 | 1/3 先負 |

### 2 月
（戊寅 二黒土星）

| | | | |
|---|---|---|---|
| 1 | 土 | 辛丑 二黒 | 1/4 仏滅 |
| 2 | 日 | 壬寅 三碧 | 1/5 大安 |
| 3 | 月 | 癸卯 四緑 | 1/6 赤口 |
| 4 | 火 | 甲辰 五黄 | 1/7 先勝 |
| 5 | 水 | 乙巳 六白 | 1/8 友引 |
| 6 | 木 | 丙午 七赤 | 1/9 先負 |
| 7 | 金 | 丁未 八白 | 1/10 仏滅 |
| 8 | 土 | 戊申 九紫 | 1/11 大安 |
| 9 | 日 | 己酉 一白 | 1/12 赤口 |
| 10 | 月 | 庚戌 二黒 | 1/13 先勝 |
| 11 | 火 | 辛亥 三碧 | 1/14 友引 |
| 12 | 水 | 壬子 四緑 | 1/15 先負 |
| 13 | 木 | 癸丑 五黄 | 1/16 仏滅 |
| 14 | 金 | 甲寅 六白 | 1/17 大安 |
| 15 | 土 | 乙卯 七赤 | 1/18 赤口 |
| 16 | 日 | 丙辰 八白 | 1/19 先勝 |
| 17 | 月 | 丁巳 九紫 | 1/20 友引 |
| 18 | 火 | 戊午 一白 | 1/21 先負 |
| 19 | 水 | 己未 二黒 | 1/22 仏滅 |
| 20 | 木 | 庚申 三碧 | 1/23 大安 |
| 21 | 金 | 辛酉 四緑 | 1/24 赤口 |
| 22 | 土 | 壬戌 五黄 | 1/25 先勝 |
| 23 | 日 | 癸亥 六白 | 1/26 友引 |
| 24 | 月 | 甲子 七赤 | 1/27 先負 |
| 25 | 火 | 乙丑 八白 | 1/28 仏滅 |
| 26 | 水 | 丙寅 九紫 | 1/29 大安 |
| 27 | 木 | 丁卯 一白 | 1/30 赤口 |
| 28 | 金 | 戊辰 二黒 | 2/1 友引 |

### 3 月
（己卯 一白水星）

| | | | |
|---|---|---|---|
| 1 | 土 | 己巳 三碧 | 2/2 先負 |
| 2 | 日 | 庚午 四緑 | 2/3 仏滅 |
| 3 | 月 | 辛未 五黄 | 2/4 大安 |
| 4 | 火 | 壬申 六白 | 2/5 赤口 |
| 5 | 水 | 癸酉 七赤 | 2/6 先勝 |
| 6 | 木 | 甲戌 八白 | 2/7 友引 |
| 7 | 金 | 乙亥 九紫 | 2/8 先負 |
| 8 | 土 | 丙子 一白 | 2/9 仏滅 |
| 9 | 日 | 丁丑 二黒 | 2/10 大安 |
| 10 | 月 | 戊寅 三碧 | 2/11 赤口 |
| 11 | 火 | 己卯 四緑 | 2/12 先勝 |
| 12 | 水 | 庚辰 五黄 | 2/13 友引 |
| 13 | 木 | 辛巳 六白 | 2/14 先負 |
| 14 | 金 | 壬午 七赤 | 2/15 仏滅 |
| 15 | 土 | 癸未 八白 | 2/16 大安 |
| 16 | 日 | 甲申 九紫 | 2/17 赤口 |
| 17 | 月 | 乙酉 一白 | 2/18 先勝 |
| 18 | 火 | 丙戌 二黒 | 2/19 友引 |
| 19 | 水 | 丁亥 三碧 | 2/20 先負 |
| 20 | 木 | 戊子 四緑 | 2/21 仏滅 |
| 21 | 金 | 己丑 五黄 | 2/22 大安 |
| 22 | 土 | 庚寅 六白 | 2/23 赤口 |
| 23 | 日 | 辛卯 七赤 | 2/24 先勝 |
| 24 | 月 | 壬辰 八白 | 2/25 友引 |
| 25 | 火 | 癸巳 九紫 | 2/26 先負 |
| 26 | 水 | 甲午 一白 | 2/27 仏滅 |
| 27 | 木 | 乙未 二黒 | 2/28 大安 |
| 28 | 金 | 丙申 三碧 | 2/29 赤口 |
| 29 | 土 | 丁酉 四緑 | 3/1 先負 |
| 30 | 日 | 戊戌 五黄 | 3/2 仏滅 |
| 31 | 月 | 己亥 六白 | 3/3 大安 |

### 4 月
（庚辰 九紫火星）

| | | | |
|---|---|---|---|
| 1 | 火 | 庚子 七赤 | 3/4 赤口 |
| 2 | 水 | 辛丑 八白 | 3/5 先勝 |
| 3 | 木 | 壬寅 九紫 | 3/6 友引 |
| 4 | 金 | 癸卯 一白 | 3/7 先負 |
| 5 | 土 | 甲辰 二黒 | 3/8 仏滅 |
| 6 | 日 | 乙巳 三碧 | 3/9 大安 |
| 7 | 月 | 丙午 四緑 | 3/10 赤口 |
| 8 | 火 | 丁未 五黄 | 3/11 先勝 |
| 9 | 水 | 戊申 六白 | 3/12 友引 |
| 10 | 木 | 己酉 七赤 | 3/13 先負 |
| 11 | 金 | 庚戌 八白 | 3/14 仏滅 |
| 12 | 土 | 辛亥 九紫 | 3/15 大安 |
| 13 | 日 | 壬子 一白 | 3/16 赤口 |
| 14 | 月 | 癸丑 二黒 | 3/17 先勝 |
| 15 | 火 | 甲寅 三碧 | 3/18 友引 |
| 16 | 水 | 乙卯 四緑 | 3/19 先負 |
| 17 | 木 | 丙辰 五黄 | 3/20 仏滅 |
| 18 | 金 | 丁巳 六白 | 3/21 大安 |
| 19 | 土 | 戊午 七赤 | 3/22 赤口 |
| 20 | 日 | 己未 八白 | 3/23 先勝 |
| 21 | 月 | 庚申 九紫 | 3/24 友引 |
| 22 | 火 | 辛酉 一白 | 3/25 先負 |
| 23 | 水 | 壬戌 二黒 | 3/26 仏滅 |
| 24 | 木 | 癸亥 三碧 | 3/27 大安 |
| 25 | 金 | 甲子 四緑 | 3/28 赤口 |
| 26 | 土 | 乙丑 五黄 | 3/29 先勝 |
| 27 | 日 | 丙寅 六白 | 3/30 友引 |
| 28 | 月 | 丁卯 七赤 | 4/1 仏滅 |
| 29 | 火 | 戊辰 八白 | 4/2 大安 |
| 30 | 水 | 己巳 九紫 | 4/3 赤口 |

**1 月**

1\. 5 [節] 小寒
1.17 [雑] 土用
1.20 [節] 大寒

**2 月**

2\. 2 [雑] 節分
2\. 3 [節] 立春
2.18 [節] 雨水

**3 月**

3\. 5 [節] 啓蟄
3.17 [雑] 彼岸
3.20 [節] 春分
3.20 [雑] 社日

**4 月**

4\. 4 [節] 清明
4.17 [雑] 土用
4.20 [節] 穀雨

## 5月
（辛巳 八白土星）

| | | | |
|---|---|---|---|
| 1 | 木 | 庚午 一白 | 4/4 先勝 |
| 2 | 金 | 辛未 二黒 | 4/5 友引 |
| 3 | 土 | 壬申 三碧 | 4/6 先負 |
| 4 | 日 | 癸酉 四緑 | 4/7 仏滅 |
| 5 | 月 | 甲戌 五黄 | 4/8 大安 |
| 6 | 火 | 乙亥 六白 | 4/9 赤口 |
| 7 | 水 | 丙子 七赤 | 4/10 先勝 |
| 8 | 木 | 丁丑 八白 | 4/11 友引 |
| 9 | 金 | 戊寅 九紫 | 4/12 先負 |
| 10 | 土 | 己卯 一白 | 4/13 仏滅 |
| 11 | 日 | 庚辰 二黒 | 4/14 大安 |
| 12 | 月 | 辛巳 三碧 | 4/15 赤口 |
| 13 | 火 | 壬午 四緑 | 4/16 先勝 |
| 14 | 水 | 癸未 五黄 | 4/17 友引 |
| 15 | 木 | 甲申 六白 | 4/18 先負 |
| 16 | 金 | 乙酉 七赤 | 4/19 仏滅 |
| 17 | 土 | 丙戌 八白 | 4/20 大安 |
| 18 | 日 | 丁亥 九紫 | 4/21 赤口 |
| 19 | 月 | 戊子 一白 | 4/22 先勝 |
| 20 | 火 | 己丑 二黒 | 4/23 友引 |
| 21 | 水 | 庚寅 三碧 | 4/24 先負 |
| 22 | 木 | 辛卯 四緑 | 4/25 仏滅 |
| 23 | 金 | 壬辰 五黄 | 4/26 大安 |
| 24 | 土 | 癸巳 六白 | 4/27 赤口 |
| 25 | 日 | 甲午 七赤 | 4/28 先勝 |
| 26 | 月 | 乙未 八白 | 4/29 友引 |
| 27 | 火 | 丙申 九紫 | 5/1 大安 |
| 28 | 水 | 丁酉 一白 | 5/2 赤口 |
| 29 | 木 | 戊戌 二黒 | 5/3 先勝 |
| 30 | 金 | 己亥 三碧 | 5/4 友引 |
| 31 | 土 | 庚子 四緑 | 5/5 先負 |

## 6月
（壬午 七赤金星）

| | | | |
|---|---|---|---|
| 1 | 日 | 辛丑 五黄 | 5/6 仏滅 |
| 2 | 月 | 壬寅 六白 | 5/7 大安 |
| 3 | 火 | 癸卯 七赤 | 5/8 赤口 |
| 4 | 水 | 甲辰 八白 | 5/9 先勝 |
| 5 | 木 | 乙巳 九紫 | 5/10 友引 |
| 6 | 金 | 丙午 一白 | 5/11 先負 |
| 7 | 土 | 丁未 二黒 | 5/12 仏滅 |
| 8 | 日 | 戊申 三碧 | 5/13 大安 |
| 9 | 月 | 己酉 四緑 | 5/14 赤口 |
| 10 | 火 | 庚戌 五黄 | 5/15 先勝 |
| 11 | 水 | 辛亥 六白 | 5/16 友引 |
| 12 | 木 | 壬子 七赤 | 5/17 先負 |
| 13 | 金 | 癸丑 八白 | 5/18 仏滅 |
| 14 | 土 | 甲寅 九紫 | 5/19 大安 |
| 15 | 日 | 乙卯 一白 | 5/20 赤口 |
| 16 | 月 | 丙辰 二黒 | 5/21 先勝 |
| 17 | 火 | 丁巳 三碧 | 5/22 友引 |
| 18 | 水 | 戊午 四緑 | 5/23 先負 |
| 19 | 木 | 己未 五黄 | 5/24 仏滅 |
| 20 | 金 | 庚申 六白 | 5/25 大安 |
| 21 | 土 | 辛酉 七赤 | 5/26 赤口 |
| 22 | 日 | 壬戌 八白 | 5/27 先勝 |
| 23 | 月 | 癸亥 九紫 | 5/28 友引 |
| 24 | 火 | 甲子 九紫 | 5/29 先負 |
| 25 | 水 | 乙丑 八白 | 6/1 赤口 |
| 26 | 木 | 丙寅 七赤 | 6/2 先勝 |
| 27 | 金 | 丁卯 六白 | 6/3 友引 |
| 28 | 土 | 戊辰 五黄 | 6/4 先負 |
| 29 | 日 | 己巳 四緑 | 6/5 仏滅 |
| 30 | 月 | 庚午 三碧 | 6/6 大安 |

## 7月
（癸未 六白金星）

| | | | |
|---|---|---|---|
| 1 | 火 | 辛未 二黒 | 6/7 赤口 |
| 2 | 水 | 壬申 一白 | 6/8 先勝 |
| 3 | 木 | 癸酉 九紫 | 6/9 友引 |
| 4 | 金 | 甲戌 八白 | 6/10 先負 |
| 5 | 土 | 乙亥 七赤 | 6/11 仏滅 |
| 6 | 日 | 丙子 六白 | 6/12 大安 |
| 7 | 月 | 丁丑 五黄 | 6/13 赤口 |
| 8 | 火 | 戊寅 四緑 | 6/14 先勝 |
| 9 | 水 | 己卯 三碧 | 6/15 友引 |
| 10 | 木 | 庚辰 二黒 | 6/16 先負 |
| 11 | 金 | 辛巳 一白 | 6/17 仏滅 |
| 12 | 土 | 壬午 九紫 | 6/18 大安 |
| 13 | 日 | 癸未 八白 | 6/19 赤口 |
| 14 | 月 | 甲申 七赤 | 6/20 先勝 |
| 15 | 火 | 乙酉 六白 | 6/21 友引 |
| 16 | 水 | 丙戌 五黄 | 6/22 先負 |
| 17 | 木 | 丁亥 四緑 | 6/23 仏滅 |
| 18 | 金 | 戊子 三碧 | 6/24 大安 |
| 19 | 土 | 己丑 二黒 | 6/25 赤口 |
| 20 | 日 | 庚寅 一白 | 6/26 先勝 |
| 21 | 月 | 辛卯 九紫 | 6/27 友引 |
| 22 | 火 | 壬辰 八白 | 6/28 先負 |
| 23 | 水 | 癸巳 七赤 | 6/29 仏滅 |
| 24 | 木 | 甲午 六白 | 6/30 大安 |
| 25 | 金 | 乙未 五黄 | 閏6/1 赤口 |
| 26 | 土 | 丙申 四緑 | 閏6/2 先勝 |
| 27 | 日 | 丁酉 三碧 | 閏6/3 友引 |
| 28 | 月 | 戊戌 二黒 | 閏6/4 先負 |
| 29 | 火 | 己亥 一白 | 閏6/5 仏滅 |
| 30 | 水 | 庚子 九紫 | 閏6/6 大安 |
| 31 | 木 | 辛丑 八白 | 閏6/7 赤口 |

## 8月
（甲申 五黄土星）

| | | | |
|---|---|---|---|
| 1 | 金 | 壬寅 七赤 | 閏6/8 先勝 |
| 2 | 土 | 癸卯 六白 | 閏6/9 友引 |
| 3 | 日 | 甲辰 五黄 | 閏6/10 先負 |
| 4 | 月 | 乙巳 四緑 | 閏6/11 仏滅 |
| 5 | 火 | 丙午 三碧 | 閏6/12 大安 |
| 6 | 水 | 丁未 二黒 | 閏6/13 赤口 |
| 7 | 木 | 戊申 一白 | 閏6/14 先勝 |
| 8 | 金 | 己酉 九紫 | 閏6/15 友引 |
| 9 | 土 | 庚戌 八白 | 閏6/16 先負 |
| 10 | 日 | 辛亥 七赤 | 閏6/17 仏滅 |
| 11 | 月 | 壬子 六白 | 閏6/18 大安 |
| 12 | 火 | 癸丑 五黄 | 閏6/19 赤口 |
| 13 | 水 | 甲寅 四緑 | 閏6/20 先勝 |
| 14 | 木 | 乙卯 三碧 | 閏6/21 友引 |
| 15 | 金 | 丙辰 二黒 | 閏6/22 先負 |
| 16 | 土 | 丁巳 一白 | 閏6/23 仏滅 |
| 17 | 日 | 戊午 九紫 | 閏6/24 大安 |
| 18 | 月 | 己未 八白 | 閏6/25 赤口 |
| 19 | 火 | 庚申 七赤 | 閏6/26 先勝 |
| 20 | 水 | 辛酉 六白 | 閏6/27 友引 |
| 21 | 木 | 壬戌 五黄 | 閏6/28 先負 |
| 22 | 金 | 癸亥 四緑 | 閏6/29 仏滅 |
| 23 | 土 | 甲子 三碧 | 7/1 先勝 |
| 24 | 日 | 乙丑 二黒 | 7/2 友引 |
| 25 | 月 | 丙寅 一白 | 7/3 先負 |
| 26 | 火 | 丁卯 九紫 | 7/4 仏滅 |
| 27 | 水 | 戊辰 八白 | 7/5 大安 |
| 28 | 木 | 己巳 七赤 | 7/6 赤口 |
| 29 | 金 | 庚午 六白 | 7/7 先勝 |
| 30 | 土 | 辛未 五黄 | 7/8 友引 |
| 31 | 日 | 壬申 四緑 | 7/9 先負 |

**5月**

5. 1［雑］八十八夜
5. 5［節］立夏
5.21［節］小満

**6月**

6. 5［節］芒種
6.11［雑］入梅
6.21［節］夏至

**7月**

7. 1［雑］半夏生
7. 7［節］小暑
7.19［雑］土用
7.22［節］大暑

**8月**

8. 7［節］立秋
8.23［節］処暑
8.31［雑］二百十日

## 9 月
（乙酉 四緑木星）

| | | | |
|---|---|---|---|
| 1 | 月 | 癸酉 三碧 | 7/10 仏滅 |
| 2 | 火 | 甲戌 二黒 | 7/11 大安 |
| 3 | 水 | 乙亥 一白 | 7/12 赤口 |
| 4 | 木 | 丙子 九紫 | 7/13 先勝 |
| 5 | 金 | 丁丑 八白 | 7/14 友引 |
| 6 | 土 | 戊寅 七赤 | 7/15 先負 |
| 7 | 日 | 己卯 六白 | 7/16 仏滅 |
| 8 | 月 | 庚辰 五黄 | 7/17 大安 |
| 9 | 火 | 辛巳 四緑 | 7/18 赤口 |
| 10 | 水 | 壬午 三碧 | 7/19 先勝 |
| 11 | 木 | 癸未 二黒 | 7/20 友引 |
| 12 | 金 | 甲申 一白 | 7/21 先負 |
| 13 | 土 | 乙酉 九紫 | 7/22 仏滅 |
| 14 | 日 | 丙戌 八白 | 7/23 大安 |
| 15 | 月 | 丁亥 七赤 | 7/24 赤口 |
| 16 | 火 | 戊子 六白 | 7/25 先勝 |
| 17 | 水 | 己丑 五黄 | 7/26 友引 |
| 18 | 木 | 庚寅 四緑 | 7/27 先負 |
| 19 | 金 | 辛卯 三碧 | 7/28 仏滅 |
| 20 | 土 | 壬辰 二黒 | 7/29 大安 |
| 21 | 日 | 癸巳 一白 | 7/30 赤口 |
| 22 | 月 | 甲午 九紫 | 8/1 友引 |
| 23 | 火 | 乙未 八白 | 8/2 先負 |
| 24 | 水 | 丙申 七赤 | 8/3 仏滅 |
| 25 | 木 | 丁酉 六白 | 8/4 大安 |
| 26 | 金 | 戊戌 五黄 | 8/5 赤口 |
| 27 | 土 | 己亥 四緑 | 8/6 先勝 |
| 28 | 日 | 庚子 三碧 | 8/7 友引 |
| 29 | 月 | 辛丑 二黒 | 8/8 先負 |
| 30 | 火 | 壬寅 一白 | 8/9 仏滅 |

## 10 月
（丙戌 三碧木星）

| | | | |
|---|---|---|---|
| 1 | 水 | 癸卯 九紫 | 8/10 大安 |
| 2 | 木 | 甲辰 八白 | 8/11 赤口 |
| 3 | 金 | 乙巳 七赤 | 8/12 先勝 |
| 4 | 土 | 丙午 六白 | 8/13 友引 |
| 5 | 日 | 丁未 五黄 | 8/14 先負 |
| 6 | 月 | 戊申 四緑 | 8/15 仏滅 |
| 7 | 火 | 己酉 三碧 | 8/16 大安 |
| 8 | 水 | 庚戌 二黒 | 8/17 赤口 |
| 9 | 木 | 辛亥 一白 | 8/18 先勝 |
| 10 | 金 | 壬子 九紫 | 8/19 友引 |
| 11 | 土 | 癸丑 八白 | 8/20 先負 |
| 12 | 日 | 甲寅 七赤 | 8/21 仏滅 |
| 13 | 月 | 乙卯 六白 | 8/22 大安 |
| 14 | 火 | 丙辰 五黄 | 8/23 赤口 |
| 15 | 水 | 丁巳 四緑 | 8/24 先勝 |
| 16 | 木 | 戊午 三碧 | 8/25 友引 |
| 17 | 金 | 己未 二黒 | 8/26 先負 |
| 18 | 土 | 庚申 一白 | 8/27 仏滅 |
| 19 | 日 | 辛酉 九紫 | 8/28 大安 |
| 20 | 月 | 壬戌 八白 | 8/29 赤口 |
| 21 | 火 | 癸亥 七赤 | 9/1 先負 |
| 22 | 水 | 甲子 六白 | 9/2 仏滅 |
| 23 | 木 | 乙丑 五黄 | 9/3 大安 |
| 24 | 金 | 丙寅 四緑 | 9/4 赤口 |
| 25 | 土 | 丁卯 三碧 | 9/5 先勝 |
| 26 | 日 | 戊辰 二黒 | 9/6 友引 |
| 27 | 月 | 己巳 一白 | 9/7 先負 |
| 28 | 火 | 庚午 九紫 | 9/8 仏滅 |
| 29 | 水 | 辛未 八白 | 9/9 大安 |
| 30 | 木 | 壬申 七赤 | 9/10 赤口 |
| 31 | 金 | 癸酉 六白 | 9/11 先勝 |

## 11 月
（丁亥 二黒土星）

| | | | |
|---|---|---|---|
| 1 | 土 | 甲戌 五黄 | 9/12 友引 |
| 2 | 日 | 乙亥 四緑 | 9/13 先負 |
| 3 | 月 | 丙子 三碧 | 9/14 仏滅 |
| 4 | 火 | 丁丑 二黒 | 9/15 大安 |
| 5 | 水 | 戊寅 一白 | 9/16 赤口 |
| 6 | 木 | 己卯 九紫 | 9/17 先勝 |
| 7 | 金 | 庚辰 八白 | 9/18 友引 |
| 8 | 土 | 辛巳 七赤 | 9/19 先負 |
| 9 | 日 | 壬午 六白 | 9/20 仏滅 |
| 10 | 月 | 癸未 五黄 | 9/21 大安 |
| 11 | 火 | 甲申 四緑 | 9/22 赤口 |
| 12 | 水 | 乙酉 三碧 | 9/23 先勝 |
| 13 | 木 | 丙戌 二黒 | 9/24 友引 |
| 14 | 金 | 丁亥 一白 | 9/25 先負 |
| 15 | 土 | 戊子 九紫 | 9/26 仏滅 |
| 16 | 日 | 己丑 八白 | 9/27 大安 |
| 17 | 月 | 庚寅 七赤 | 9/28 赤口 |
| 18 | 火 | 辛卯 六白 | 9/29 先勝 |
| 19 | 水 | 壬辰 五黄 | 9/30 友引 |
| 20 | 木 | 癸巳 四緑 | 10/1 仏滅 |
| 21 | 金 | 甲午 三碧 | 10/2 大安 |
| 22 | 土 | 乙未 二黒 | 10/3 赤口 |
| 23 | 日 | 丙申 一白 | 10/4 先勝 |
| 24 | 月 | 丁酉 九紫 | 10/5 友引 |
| 25 | 火 | 戊戌 八白 | 10/6 先負 |
| 26 | 水 | 己亥 七赤 | 10/7 仏滅 |
| 27 | 木 | 庚子 六白 | 10/8 大安 |
| 28 | 金 | 辛丑 五黄 | 10/9 赤口 |
| 29 | 土 | 壬寅 四緑 | 10/10 先勝 |
| 30 | 日 | 癸卯 三碧 | 10/11 友引 |

## 12 月
（戊子 一白水星）

| | | | |
|---|---|---|---|
| 1 | 月 | 甲辰 二黒 | 10/12 先負 |
| 2 | 火 | 乙巳 一白 | 10/13 仏滅 |
| 3 | 水 | 丙午 九紫 | 10/14 大安 |
| 4 | 木 | 丁未 八白 | 10/15 赤口 |
| 5 | 金 | 戊申 七赤 | 10/16 先勝 |
| 6 | 土 | 己酉 六白 | 10/17 友引 |
| 7 | 日 | 庚戌 五黄 | 10/18 先負 |
| 8 | 月 | 辛亥 四緑 | 10/19 仏滅 |
| 9 | 火 | 壬子 三碧 | 10/20 大安 |
| 10 | 水 | 癸丑 二黒 | 10/21 赤口 |
| 11 | 木 | 甲寅 一白 | 10/22 先勝 |
| 12 | 金 | 乙卯 九紫 | 10/23 友引 |
| 13 | 土 | 丙辰 八白 | 10/24 先負 |
| 14 | 日 | 丁巳 七赤 | 10/25 仏滅 |
| 15 | 月 | 戊午 六白 | 10/26 大安 |
| 16 | 火 | 己未 五黄 | 10/27 赤口 |
| 17 | 水 | 庚申 四緑 | 10/28 先勝 |
| 18 | 木 | 辛酉 三碧 | 10/29 友引 |
| 19 | 金 | 壬戌 二黒 | 10/30 先負 |
| 20 | 土 | 癸亥 一白 | 11/1 大安 |
| 21 | 日 | 甲子 一白 | 11/2 赤口 |
| 22 | 月 | 乙丑 二黒 | 11/3 先勝 |
| 23 | 火 | 丙寅 三碧 | 11/4 友引 |
| 24 | 水 | 丁卯 四緑 | 11/5 先負 |
| 25 | 木 | 戊辰 五黄 | 11/6 仏滅 |
| 26 | 金 | 己巳 六白 | 11/7 大安 |
| 27 | 土 | 庚午 七赤 | 11/8 赤口 |
| 28 | 日 | 辛未 八白 | 11/9 先勝 |
| 29 | 月 | 壬申 九紫 | 11/10 友引 |
| 30 | 火 | 癸酉 一白 | 11/11 先負 |
| 31 | 水 | 甲戌 二黒 | 11/12 仏滅 |

**9 月**

9.　7［節］白露
9.20［雑］彼岸
9.23［節］秋分
9.26［雑］社日

**10 月**

10.　8［節］寒露
10.20［雑］土用
10.23［節］霜降

**11 月**

11.　7［節］立冬
11.22［節］小雪

**12 月**

12.　7［節］大雪
12.22［節］冬至

# 2026

明治 159 年
大正 115 年
昭和 101 年
平成 38 年

丙午（ひのえうま）
一白水星

**生誕・年忌など**

**1. 6** 立原正秋生誕 100 年
**1.10** いいだもも生誕 100 年
**1.12** 三浦朱門生誕 100 年
**3.27** 島木赤彦没後 100 年
**4. 9** F. ベーコン没後 400 年
**5.20** 蘇我馬子没後 1400 年
**5.25** M. デービス生誕 100 年
**6.10** A. ガウディ没後 100 年
**7. 4** S. フォスター生誕 200 年
T. ジェファーソン没後 200 年
**7.25** 奥野健男生誕 100 年
**9. 6** 星新一生誕 100 年
**10. 3** 聖フランチェスコ没後 800 年
**11. 3** 山口瞳生誕 100 年
**11.30** 中根千枝生誕 100 年
**12. 5** C. モネ没後 100 年
**12.25** 大正天皇崩御・昭和改元 100 年
**12.29** R. リルケ没後 100 年
**この年** 中尊寺建立 900 年

## 2026 年

### 1 月
（己丑 九紫火星）

| | | | |
|---|---|---|---|
| 1 | 木 | 乙亥 三碧 | 11/13 大安 |
| 2 | 金 | 丙子 四緑 | 11/14 赤口 |
| 3 | 土 | 丁丑 五黄 | 11/15 先勝 |
| 4 | 日 | 戊寅 六白 | 11/16 友引 |
| 5 | 月 | 己卯 七赤 | 11/17 先負 |
| 6 | 火 | 庚辰 八白 | 11/18 仏滅 |
| 7 | 水 | 辛巳 九紫 | 11/19 大安 |
| 8 | 木 | 壬午 一白 | 11/20 赤口 |
| 9 | 金 | 癸未 二黒 | 11/21 先勝 |
| 10 | 土 | 甲申 三碧 | 11/22 友引 |
| 11 | 日 | 乙酉 四緑 | 11/23 先負 |
| 12 | 月 | 丙戌 五黄 | 11/24 仏滅 |
| 13 | 火 | 丁亥 六白 | 11/25 大安 |
| 14 | 水 | 戊子 七赤 | 11/26 赤口 |
| 15 | 木 | 己丑 八白 | 11/27 先勝 |
| 16 | 金 | 庚寅 九紫 | 11/28 友引 |
| 17 | 土 | 辛卯 一白 | 11/29 先負 |
| 18 | 日 | 壬辰 二黒 | 11/30 仏滅 |
| 19 | 月 | 癸巳 三碧 | 12/1 赤口 |
| 20 | 火 | 甲午 四緑 | 12/2 先勝 |
| 21 | 水 | 乙未 五黄 | 12/3 友引 |
| 22 | 木 | 丙申 六白 | 12/4 先負 |
| 23 | 金 | 丁酉 七赤 | 12/5 仏滅 |
| 24 | 土 | 戊戌 八白 | 12/6 大安 |
| 25 | 日 | 己亥 九紫 | 12/7 赤口 |
| 26 | 月 | 庚子 一白 | 12/8 先勝 |
| 27 | 火 | 辛丑 二黒 | 12/9 友引 |
| 28 | 水 | 壬寅 三碧 | 12/10 先負 |
| 29 | 木 | 癸卯 四緑 | 12/11 仏滅 |
| 30 | 金 | 甲辰 五黄 | 12/12 大安 |
| 31 | 土 | 乙巳 六白 | 12/13 赤口 |

### 2 月
（庚寅 八白土星）

| | | | |
|---|---|---|---|
| 1 | 日 | 丙午 七赤 | 12/14 先勝 |
| 2 | 月 | 丁未 八白 | 12/15 友引 |
| 3 | 火 | 戊申 九紫 | 12/16 先負 |
| 4 | 水 | 己酉 一白 | 12/17 仏滅 |
| 5 | 木 | 庚戌 二黒 | 12/18 大安 |
| 6 | 金 | 辛亥 三碧 | 12/19 赤口 |
| 7 | 土 | 壬子 四緑 | 12/20 先勝 |
| 8 | 日 | 癸丑 五黄 | 12/21 友引 |
| 9 | 月 | 甲寅 六白 | 12/22 先負 |
| 10 | 火 | 乙卯 七赤 | 12/23 仏滅 |
| 11 | 水 | 丙辰 八白 | 12/24 大安 |
| 12 | 木 | 丁巳 九紫 | 12/25 赤口 |
| 13 | 金 | 戊午 一白 | 12/26 先勝 |
| 14 | 土 | 己未 二黒 | 12/27 友引 |
| 15 | 日 | 庚申 三碧 | 12/28 先負 |
| 16 | 月 | 辛酉 四緑 | 12/29 仏滅 |
| 17 | 火 | 壬戌 五黄 | 1/1 先勝 |
| 18 | 水 | 癸亥 六白 | 1/2 友引 |
| 19 | 木 | 甲子 七赤 | 1/3 先負 |
| 20 | 金 | 乙丑 八白 | 1/4 仏滅 |
| 21 | 土 | 丙寅 九紫 | 1/5 大安 |
| 22 | 日 | 丁卯 一白 | 1/6 赤口 |
| 23 | 月 | 戊辰 二黒 | 1/7 先勝 |
| 24 | 火 | 己巳 三碧 | 1/8 友引 |
| 25 | 水 | 庚午 四緑 | 1/9 先負 |
| 26 | 木 | 辛未 五黄 | 1/10 仏滅 |
| 27 | 金 | 壬申 六白 | 1/11 大安 |
| 28 | 土 | 癸酉 七赤 | 1/12 赤口 |

### 3 月
（辛卯 七赤金星）

| | | | |
|---|---|---|---|
| 1 | 日 | 甲戌 八白 | 1/13 先勝 |
| 2 | 月 | 乙亥 九紫 | 1/14 友引 |
| 3 | 火 | 丙子 一白 | 1/15 先負 |
| 4 | 水 | 丁丑 二黒 | 1/16 仏滅 |
| 5 | 木 | 戊寅 三碧 | 1/17 大安 |
| 6 | 金 | 己卯 四緑 | 1/18 赤口 |
| 7 | 土 | 庚辰 五黄 | 1/19 先勝 |
| 8 | 日 | 辛巳 六白 | 1/20 友引 |
| 9 | 月 | 壬午 七赤 | 1/21 先負 |
| 10 | 火 | 癸未 八白 | 1/22 仏滅 |
| 11 | 水 | 甲申 九紫 | 1/23 大安 |
| 12 | 木 | 乙酉 一白 | 1/24 赤口 |
| 13 | 金 | 丙戌 二黒 | 1/25 先勝 |
| 14 | 土 | 丁亥 三碧 | 1/26 友引 |
| 15 | 日 | 戊子 四緑 | 1/27 先負 |
| 16 | 月 | 己丑 五黄 | 1/28 仏滅 |
| 17 | 火 | 庚寅 六白 | 1/29 大安 |
| 18 | 水 | 辛卯 七赤 | 1/30 赤口 |
| 19 | 木 | 壬辰 八白 | 2/1 友引 |
| 20 | 金 | 癸巳 九紫 | 2/2 先負 |
| 21 | 土 | 甲午 一白 | 2/3 仏滅 |
| 22 | 日 | 乙未 二黒 | 2/4 大安 |
| 23 | 月 | 丙申 三碧 | 2/5 赤口 |
| 24 | 火 | 丁酉 四緑 | 2/6 先勝 |
| 25 | 水 | 戊戌 五黄 | 2/7 友引 |
| 26 | 木 | 己亥 六白 | 2/8 先負 |
| 27 | 金 | 庚子 七赤 | 2/9 仏滅 |
| 28 | 土 | 辛丑 八白 | 2/10 大安 |
| 29 | 日 | 壬寅 九紫 | 2/11 赤口 |
| 30 | 月 | 癸卯 一白 | 2/12 先勝 |
| 31 | 火 | 甲辰 二黒 | 2/13 友引 |

### 4 月
（壬辰 六白金星）

| | | | |
|---|---|---|---|
| 1 | 水 | 乙巳 三碧 | 2/14 先負 |
| 2 | 木 | 丙午 四緑 | 2/15 仏滅 |
| 3 | 金 | 丁未 五黄 | 2/16 大安 |
| 4 | 土 | 戊申 六白 | 2/17 赤口 |
| 5 | 日 | 己酉 七赤 | 2/18 先勝 |
| 6 | 月 | 庚戌 八白 | 2/19 友引 |
| 7 | 火 | 辛亥 九紫 | 2/20 先負 |
| 8 | 水 | 壬子 一白 | 2/21 仏滅 |
| 9 | 木 | 癸丑 二黒 | 2/22 大安 |
| 10 | 金 | 甲寅 三碧 | 2/23 赤口 |
| 11 | 土 | 乙卯 四緑 | 2/24 先勝 |
| 12 | 日 | 丙辰 五黄 | 2/25 友引 |
| 13 | 月 | 丁巳 六白 | 2/26 先負 |
| 14 | 火 | 戊午 七赤 | 2/27 仏滅 |
| 15 | 水 | 己未 八白 | 2/28 大安 |
| 16 | 木 | 庚申 九紫 | 2/29 赤口 |
| 17 | 金 | 辛酉 一白 | 3/1 先負 |
| 18 | 土 | 壬戌 二黒 | 3/2 仏滅 |
| 19 | 日 | 癸亥 三碧 | 3/3 大安 |
| 20 | 月 | 甲子 四緑 | 3/4 赤口 |
| 21 | 火 | 乙丑 五黄 | 3/5 先勝 |
| 22 | 水 | 丙寅 六白 | 3/6 友引 |
| 23 | 木 | 丁卯 七赤 | 3/7 先負 |
| 24 | 金 | 戊辰 八白 | 3/8 仏滅 |
| 25 | 土 | 己巳 九紫 | 3/9 大安 |
| 26 | 日 | 庚午 一白 | 3/10 赤口 |
| 27 | 月 | 辛未 二黒 | 3/11 先勝 |
| 28 | 火 | 壬申 三碧 | 3/12 友引 |
| 29 | 水 | 癸酉 四緑 | 3/13 先負 |
| 30 | 木 | 甲戌 五黄 | 3/14 仏滅 |

**1 月**

1. 5［節］小寒
1.17［雑］土用
1.20［節］大寒

**2 月**

2. 3［雑］節分
2. 4［節］立春
2.19［節］雨水

**3 月**

3. 5［節］啓蟄
3.17［雑］彼岸
3.20［節］春分
3.25［雑］社日

**4 月**

4. 5［節］清明
4.17［雑］土用
4.20［節］穀雨

## 5月
（癸巳 五黄土星）

| | | | |
|---|---|---|---|
| 1 | 金 | 乙亥 六白 | 3/15 大安 |
| 2 | 土 | 丙子 七赤 | 3/16 赤口 |
| 3 | 日 | 丁丑 八白 | 3/17 先勝 |
| 4 | 月 | 戊寅 九紫 | 3/18 友引 |
| 5 | 火 | 己卯 一白 | 3/19 先負 |
| 6 | 水 | 庚辰 二黒 | 3/20 仏滅 |
| 7 | 木 | 辛巳 三碧 | 3/21 大安 |
| 8 | 金 | 壬午 四緑 | 3/22 赤口 |
| 9 | 土 | 癸未 五黄 | 3/23 先勝 |
| 10 | 日 | 甲申 六白 | 3/24 友引 |
| 11 | 月 | 乙酉 七赤 | 3/25 先負 |
| 12 | 火 | 丙戌 八白 | 3/26 仏滅 |
| 13 | 水 | 丁亥 九紫 | 3/27 大安 |
| 14 | 木 | 戊子 一白 | 3/28 赤口 |
| 15 | 金 | 己丑 二黒 | 3/29 先勝 |
| 16 | 土 | 庚寅 三碧 | 3/30 友引 |
| 17 | 日 | 辛卯 四緑 | 4/1 仏滅 |
| 18 | 月 | 壬辰 五黄 | 4/2 大安 |
| 19 | 火 | 癸巳 六白 | 4/3 赤口 |
| 20 | 水 | 甲午 七赤 | 4/4 先勝 |
| 21 | 木 | 乙未 八白 | 4/5 友引 |
| 22 | 金 | 丙申 九紫 | 4/6 先負 |
| 23 | 土 | 丁酉 一白 | 4/7 仏滅 |
| 24 | 日 | 戊戌 二黒 | 4/8 大安 |
| 25 | 月 | 己亥 三碧 | 4/9 赤口 |
| 26 | 火 | 庚子 四緑 | 4/10 先勝 |
| 27 | 水 | 辛丑 五黄 | 4/11 友引 |
| 28 | 木 | 壬寅 六白 | 4/12 先負 |
| 29 | 金 | 癸卯 七赤 | 4/13 仏滅 |
| 30 | 土 | 甲辰 八白 | 4/14 大安 |
| 31 | 日 | 乙巳 九紫 | 4/15 赤口 |

## 6月
（甲午 四緑木星）

| | | | |
|---|---|---|---|
| 1 | 月 | 丙午 一白 | 4/16 先勝 |
| 2 | 火 | 丁未 二黒 | 4/17 友引 |
| 3 | 水 | 戊申 三碧 | 4/18 先負 |
| 4 | 木 | 己酉 四緑 | 4/19 仏滅 |
| 5 | 金 | 庚戌 五黄 | 4/20 大安 |
| 6 | 土 | 辛亥 六白 | 4/21 赤口 |
| 7 | 日 | 壬子 七赤 | 4/22 先勝 |
| 8 | 月 | 癸丑 八白 | 4/23 友引 |
| 9 | 火 | 甲寅 九紫 | 4/24 先負 |
| 10 | 水 | 乙卯 一白 | 4/25 仏滅 |
| 11 | 木 | 丙辰 二黒 | 4/26 大安 |
| 12 | 金 | 丁巳 三碧 | 4/27 赤口 |
| 13 | 土 | 戊午 四緑 | 4/28 先勝 |
| 14 | 日 | 己未 五黄 | 4/29 友引 |
| 15 | 月 | 庚申 六白 | 5/1 大安 |
| 16 | 火 | 辛酉 七赤 | 5/2 赤口 |
| 17 | 水 | 壬戌 八白 | 5/3 先勝 |
| 18 | 木 | 癸亥 九紫 | 5/4 友引 |
| 19 | 金 | 甲子 九紫 | 5/5 先負 |
| 20 | 土 | 乙丑 八白 | 5/6 仏滅 |
| 21 | 日 | 丙寅 七赤 | 5/7 大安 |
| 22 | 月 | 丁卯 六白 | 5/8 赤口 |
| 23 | 火 | 戊辰 五黄 | 5/9 先勝 |
| 24 | 水 | 己巳 四緑 | 5/10 友引 |
| 25 | 木 | 庚午 三碧 | 5/11 先負 |
| 26 | 金 | 辛未 二黒 | 5/12 仏滅 |
| 27 | 土 | 壬申 一白 | 5/13 大安 |
| 28 | 日 | 癸酉 九紫 | 5/14 赤口 |
| 29 | 月 | 甲戌 八白 | 5/15 先勝 |
| 30 | 火 | 乙亥 七赤 | 5/16 友引 |

## 7月
（乙未 三碧木星）

| | | | |
|---|---|---|---|
| 1 | 水 | 丙子 六白 | 5/17 先負 |
| 2 | 木 | 丁丑 五黄 | 5/18 仏滅 |
| 3 | 金 | 戊寅 四緑 | 5/19 大安 |
| 4 | 土 | 己卯 三碧 | 5/20 赤口 |
| 5 | 日 | 庚辰 二黒 | 5/21 先勝 |
| 6 | 月 | 辛巳 一白 | 5/22 友引 |
| 7 | 火 | 壬午 九紫 | 5/23 先負 |
| 8 | 水 | 癸未 八白 | 5/24 仏滅 |
| 9 | 木 | 甲申 七赤 | 5/25 大安 |
| 10 | 金 | 乙酉 六白 | 5/26 赤口 |
| 11 | 土 | 丙戌 五黄 | 5/27 先勝 |
| 12 | 日 | 丁亥 四緑 | 5/28 友引 |
| 13 | 月 | 戊子 三碧 | 5/29 先負 |
| 14 | 火 | 己丑 二黒 | 6/1 赤口 |
| 15 | 水 | 庚寅 一白 | 6/2 先勝 |
| 16 | 木 | 辛卯 九紫 | 6/3 友引 |
| 17 | 金 | 壬辰 八白 | 6/4 先負 |
| 18 | 土 | 癸巳 七赤 | 6/5 仏滅 |
| 19 | 日 | 甲午 六白 | 6/6 大安 |
| 20 | 月 | 乙未 五黄 | 6/7 赤口 |
| 21 | 火 | 丙申 四緑 | 6/8 先勝 |
| 22 | 水 | 丁酉 三碧 | 6/9 友引 |
| 23 | 木 | 戊戌 二黒 | 6/10 先負 |
| 24 | 金 | 己亥 一白 | 6/11 仏滅 |
| 25 | 土 | 庚子 九紫 | 6/12 大安 |
| 26 | 日 | 辛丑 八白 | 6/13 赤口 |
| 27 | 月 | 壬寅 七赤 | 6/14 先勝 |
| 28 | 火 | 癸卯 六白 | 6/15 友引 |
| 29 | 水 | 甲辰 五黄 | 6/16 先負 |
| 30 | 木 | 乙巳 四緑 | 6/17 仏滅 |
| 31 | 金 | 丙午 三碧 | 6/18 大安 |

## 8月
（丙申 二黒土星）

| | | | |
|---|---|---|---|
| 1 | 土 | 丁未 二黒 | 6/19 赤口 |
| 2 | 日 | 戊申 一白 | 6/20 先勝 |
| 3 | 月 | 己酉 九紫 | 6/21 友引 |
| 4 | 火 | 庚戌 八白 | 6/22 先負 |
| 5 | 水 | 辛亥 七赤 | 6/23 仏滅 |
| 6 | 木 | 壬子 六白 | 6/24 大安 |
| 7 | 金 | 癸丑 五黄 | 6/25 赤口 |
| 8 | 土 | 甲寅 四緑 | 6/26 先勝 |
| 9 | 日 | 乙卯 三碧 | 6/27 友引 |
| 10 | 月 | 丙辰 二黒 | 6/28 先負 |
| 11 | 火 | 丁巳 一白 | 6/29 仏滅 |
| 12 | 水 | 戊午 九紫 | 6/30 大安 |
| 13 | 木 | 己未 八白 | 7/1 先勝 |
| 14 | 金 | 庚申 七赤 | 7/2 友引 |
| 15 | 土 | 辛酉 六白 | 7/3 先負 |
| 16 | 日 | 壬戌 五黄 | 7/4 仏滅 |
| 17 | 月 | 癸亥 四緑 | 7/5 大安 |
| 18 | 火 | 甲子 三碧 | 7/6 赤口 |
| 19 | 水 | 乙丑 二黒 | 7/7 先勝 |
| 20 | 木 | 丙寅 一白 | 7/8 友引 |
| 21 | 金 | 丁卯 九紫 | 7/9 先負 |
| 22 | 土 | 戊辰 八白 | 7/10 仏滅 |
| 23 | 日 | 己巳 七赤 | 7/11 大安 |
| 24 | 月 | 庚午 六白 | 7/12 赤口 |
| 25 | 火 | 辛未 五黄 | 7/13 先勝 |
| 26 | 水 | 壬申 四緑 | 7/14 友引 |
| 27 | 木 | 癸酉 三碧 | 7/15 先負 |
| 28 | 金 | 甲戌 二黒 | 7/16 仏滅 |
| 29 | 土 | 乙亥 一白 | 7/17 大安 |
| 30 | 日 | 丙子 九紫 | 7/18 赤口 |
| 31 | 月 | 丁丑 八白 | 7/19 先勝 |

**5月**

5. 2［雑］八十八夜
5. 5［節］立夏
5.21［節］小満

**6月**

6. 6［節］芒種
6.11［雑］入梅
6.21［節］夏至

**7月**

7. 2［雑］半夏生
7. 7［節］小暑
7.20［雑］土用
7.23［節］大暑

**8月**

8. 7［節］立秋
8.23［節］処暑

## 9 月
（丁酉 一白水星）

| 日 | 曜 | 干支 九星 | 旧暦 六曜 |
|---|---|---|---|
| 1 | 火 | 戊寅 七赤 | 7/20 友引 |
| 2 | 水 | 己卯 六白 | 7/21 先負 |
| 3 | 木 | 庚辰 五黄 | 7/22 仏滅 |
| 4 | 金 | 辛巳 四緑 | 7/23 大安 |
| 5 | 土 | 壬午 三碧 | 7/24 赤口 |
| 6 | 日 | 癸未 二黒 | 7/25 先勝 |
| 7 | 月 | 甲申 一白 | 7/26 友引 |
| 8 | 火 | 乙酉 九紫 | 7/27 先負 |
| 9 | 水 | 丙戌 八白 | 7/28 仏滅 |
| 10 | 木 | 丁亥 七赤 | 7/29 大安 |
| 11 | 金 | 戊子 六白 | 8/1 友引 |
| 12 | 土 | 己丑 五黄 | 8/2 先負 |
| 13 | 日 | 庚寅 四緑 | 8/3 仏滅 |
| 14 | 月 | 辛卯 三碧 | 8/4 大安 |
| 15 | 火 | 壬辰 二黒 | 8/5 赤口 |
| 16 | 水 | 癸巳 一白 | 8/6 先勝 |
| 17 | 木 | 甲午 九紫 | 8/7 友引 |
| 18 | 金 | 乙未 八白 | 8/8 先負 |
| 19 | 土 | 丙申 七赤 | 8/9 仏滅 |
| 20 | 日 | 丁酉 六白 | 8/10 大安 |
| 21 | 月 | 戊戌 五黄 | 8/11 赤口 |
| 22 | 火 | 己亥 四緑 | 8/12 先勝 |
| 23 | 水 | 庚子 三碧 | 8/13 友引 |
| 24 | 木 | 辛丑 二黒 | 8/14 先負 |
| 25 | 金 | 壬寅 一白 | 8/15 仏滅 |
| 26 | 土 | 癸卯 九紫 | 8/16 大安 |
| 27 | 日 | 甲辰 八白 | 8/17 赤口 |
| 28 | 月 | 乙巳 七赤 | 8/18 先勝 |
| 29 | 火 | 丙午 六白 | 8/19 友引 |
| 30 | 水 | 丁未 五黄 | 8/20 先負 |

## 10 月
（戊戌 九紫火星）

| 日 | 曜 | 干支 九星 | 旧暦 六曜 |
|---|---|---|---|
| 1 | 木 | 戊申 四緑 | 8/21 仏滅 |
| 2 | 金 | 己酉 三碧 | 8/22 大安 |
| 3 | 土 | 庚戌 二黒 | 8/23 赤口 |
| 4 | 日 | 辛亥 一白 | 8/24 先勝 |
| 5 | 月 | 壬子 九紫 | 8/25 友引 |
| 6 | 火 | 癸丑 八白 | 8/26 先負 |
| 7 | 水 | 甲寅 七赤 | 8/27 仏滅 |
| 8 | 木 | 乙卯 六白 | 8/28 大安 |
| 9 | 金 | 丙辰 五黄 | 8/29 赤口 |
| 10 | 土 | 丁巳 四緑 | 8/30 先勝 |
| 11 | 日 | 戊午 三碧 | 9/1 先負 |
| 12 | 月 | 己未 二黒 | 9/2 仏滅 |
| 13 | 火 | 庚申 一白 | 9/3 大安 |
| 14 | 水 | 辛酉 九紫 | 9/4 赤口 |
| 15 | 木 | 壬戌 八白 | 9/5 先勝 |
| 16 | 金 | 癸亥 七赤 | 9/6 友引 |
| 17 | 土 | 甲子 六白 | 9/7 先負 |
| 18 | 日 | 乙丑 五黄 | 9/8 仏滅 |
| 19 | 月 | 丙寅 四緑 | 9/9 大安 |
| 20 | 火 | 丁卯 三碧 | 9/10 赤口 |
| 21 | 水 | 戊辰 二黒 | 9/11 先勝 |
| 22 | 木 | 己巳 一白 | 9/12 友引 |
| 23 | 金 | 庚午 九紫 | 9/13 先負 |
| 24 | 土 | 辛未 八白 | 9/14 仏滅 |
| 25 | 日 | 壬申 七赤 | 9/15 大安 |
| 26 | 月 | 癸酉 六白 | 9/16 赤口 |
| 27 | 火 | 甲戌 五黄 | 9/17 先勝 |
| 28 | 水 | 乙亥 四緑 | 9/18 友引 |
| 29 | 木 | 丙子 三碧 | 9/19 先負 |
| 30 | 金 | 丁丑 二黒 | 9/20 仏滅 |
| 31 | 土 | 戊寅 一白 | 9/21 大安 |

## 11 月
（己亥 八白土星）

| 日 | 曜 | 干支 九星 | 旧暦 六曜 |
|---|---|---|---|
| 1 | 日 | 己卯 九紫 | 9/22 赤口 |
| 2 | 月 | 庚辰 八白 | 9/23 先勝 |
| 3 | 火 | 辛巳 七赤 | 9/24 友引 |
| 4 | 水 | 壬午 六白 | 9/25 先負 |
| 5 | 木 | 癸未 五黄 | 9/26 仏滅 |
| 6 | 金 | 甲申 四緑 | 9/27 大安 |
| 7 | 土 | 乙酉 三碧 | 9/28 赤口 |
| 8 | 日 | 丙戌 二黒 | 9/29 先勝 |
| 9 | 月 | 丁亥 一白 | 10/1 仏滅 |
| 10 | 火 | 戊子 九紫 | 10/2 大安 |
| 11 | 水 | 己丑 八白 | 10/3 赤口 |
| 12 | 木 | 庚寅 七赤 | 10/4 先勝 |
| 13 | 金 | 辛卯 六白 | 10/5 友引 |
| 14 | 土 | 壬辰 五黄 | 10/6 先負 |
| 15 | 日 | 癸巳 四緑 | 10/7 仏滅 |
| 16 | 月 | 甲午 三碧 | 10/8 大安 |
| 17 | 火 | 乙未 二黒 | 10/9 赤口 |
| 18 | 水 | 丙申 一白 | 10/10 先勝 |
| 19 | 木 | 丁酉 九紫 | 10/11 友引 |
| 20 | 金 | 戊戌 八白 | 10/12 先負 |
| 21 | 土 | 己亥 七赤 | 10/13 仏滅 |
| 22 | 日 | 庚子 六白 | 10/14 大安 |
| 23 | 月 | 辛丑 五黄 | 10/15 赤口 |
| 24 | 火 | 壬寅 四緑 | 10/16 先勝 |
| 25 | 水 | 癸卯 三碧 | 10/17 友引 |
| 26 | 木 | 甲辰 二黒 | 10/18 先負 |
| 27 | 金 | 乙巳 一白 | 10/19 仏滅 |
| 28 | 土 | 丙午 九紫 | 10/20 大安 |
| 29 | 日 | 丁未 八白 | 10/21 赤口 |
| 30 | 月 | 戊申 七赤 | 10/22 先勝 |

## 12 月
（庚子 七赤金星）

| 日 | 曜 | 干支 九星 | 旧暦 六曜 |
|---|---|---|---|
| 1 | 火 | 己酉 六白 | 10/23 友引 |
| 2 | 水 | 庚戌 五黄 | 10/24 先負 |
| 3 | 木 | 辛亥 四緑 | 10/25 仏滅 |
| 4 | 金 | 壬子 三碧 | 10/26 大安 |
| 5 | 土 | 癸丑 二黒 | 10/27 赤口 |
| 6 | 日 | 甲寅 一白 | 10/28 先勝 |
| 7 | 月 | 乙卯 九紫 | 10/29 友引 |
| 8 | 火 | 丙辰 八白 | 10/30 先負 |
| 9 | 水 | 丁巳 七赤 | 11/1 大安 |
| 10 | 木 | 戊午 六白 | 11/2 赤口 |
| 11 | 金 | 己未 五黄 | 11/3 先勝 |
| 12 | 土 | 庚申 四緑 | 11/4 友引 |
| 13 | 日 | 辛酉 三碧 | 11/5 先負 |
| 14 | 月 | 壬戌 二黒 | 11/6 仏滅 |
| 15 | 火 | 癸亥 一白 | 11/7 大安 |
| 16 | 水 | 甲子 一白 | 11/8 赤口 |
| 17 | 木 | 乙丑 二黒 | 11/9 先勝 |
| 18 | 金 | 丙寅 三碧 | 11/10 友引 |
| 19 | 土 | 丁卯 四緑 | 11/11 先負 |
| 20 | 日 | 戊辰 五黄 | 11/12 仏滅 |
| 21 | 月 | 己巳 六白 | 11/13 大安 |
| 22 | 火 | 庚午 七赤 | 11/14 赤口 |
| 23 | 水 | 辛未 八白 | 11/15 先勝 |
| 24 | 木 | 壬申 九紫 | 11/16 友引 |
| 25 | 金 | 癸酉 一白 | 11/17 先負 |
| 26 | 土 | 甲戌 二黒 | 11/18 仏滅 |
| 27 | 日 | 乙亥 三碧 | 11/19 大安 |
| 28 | 月 | 丙子 四緑 | 11/20 赤口 |
| 29 | 火 | 丁丑 五黄 | 11/21 先勝 |
| 30 | 水 | 戊寅 六白 | 11/22 友引 |
| 31 | 木 | 己卯 七赤 | 11/23 先負 |

**9 月**

9. 1［雑］二百十日
9. 7［節］白露
9.20［雑］彼岸
9.21［雑］社日
9.23［節］秋分

**10 月**

10. 8［節］寒露
10.20［雑］土用
10.23［節］霜降

**11 月**

11. 7［節］立冬
11.22［節］小雪

**12 月**

12. 7［節］大雪
12.22［節］冬至

# 2027

明治 160 年
大正 116 年
昭和 102 年
平成 39 年

丁未（ひのとひつじ）
九紫火星

生誕・年忌など

2.17 J. ペスタロッチ没後 200 年
3. 7 北丹後地震 100 年
3.11 石牟礼道子生誕 100 年
3.15 金融恐慌 100 年
3.26 L. ベートーベン没後 200 年
3. — I. ニュートン没後 300 年
康有為没後 100 年
4. 6 志賀重昂没後 100 年
4.18 蒋介石の南京国民政府成立 100 年
5. 1 吉村昭生誕 100 年
北杜夫生誕 100 年
萬鉄五郎没後 100 年
5.23 リンドバーグ大西洋無着陸横断飛行成功 100 年
6. — N. マキアヴェリ没後 500 年
7.24 芥川龍之介没後 100 年
8.12 W. ブレーク没後 200 年
8. — チンギス・ハン没後 800 年
9.11 後白河天皇生誕 900 年
9.14 イサドラ・ダンカン没後 100 年
9.18 徳冨蘆花没後 100 年
10.26 八木重吉没後 100 年
11.19 小林　茶没後 200 年
12. 4 藤原道長没後 1000 年
12.30 日本・地下鉄開業 100 年
この年 陶淵明没後 1600 年
M. エックハルト没後 700 年
李卓吾生誕 500 年
頼山陽「日本外史」完成 200 年

2027 年

## 1 月
（辛丑 六白金星）

| | | |
|---|---|---|
| 1 金 | 庚辰 八白 | 11/24 仏滅 |
| 2 土 | 辛巳 九紫 | 11/25 大安 |
| 3 日 | 壬午 一白 | 11/26 赤口 |
| 4 月 | 癸未 二黒 | 11/27 先勝 |
| 5 火 | 甲申 三碧 | 11/28 友引 |
| 6 水 | 乙酉 四緑 | 11/29 先負 |
| 7 木 | 丙戌 五黄 | 11/30 仏滅 |
| 8 金 | 丁亥 六白 | 12/1 赤口 |
| 9 土 | 戊子 七赤 | 12/2 先勝 |
| 10 日 | 己丑 八白 | 12/3 友引 |
| 11 月 | 庚寅 九紫 | 12/4 先負 |
| 12 火 | 辛卯 一白 | 12/5 仏滅 |
| 13 水 | 壬辰 二黒 | 12/6 大安 |
| 14 木 | 癸巳 三碧 | 12/7 赤口 |
| 15 金 | 甲午 四緑 | 12/8 先勝 |
| 16 土 | 乙未 五黄 | 12/9 友引 |
| 17 日 | 丙申 六白 | 12/10 先負 |
| 18 月 | 丁酉 七赤 | 12/11 仏滅 |
| 19 火 | 戊戌 八白 | 12/12 大安 |
| 20 水 | 己亥 九紫 | 12/13 赤口 |
| 21 木 | 庚子 一白 | 12/14 先勝 |
| 22 金 | 辛丑 二黒 | 12/15 友引 |
| 23 土 | 壬寅 三碧 | 12/16 先負 |
| 24 日 | 癸卯 四緑 | 12/17 仏滅 |
| 25 月 | 甲辰 五黄 | 12/18 大安 |
| 26 火 | 乙巳 六白 | 12/19 赤口 |
| 27 水 | 丙午 七赤 | 12/20 先勝 |
| 28 木 | 丁未 八白 | 12/21 友引 |
| 29 金 | 戊申 九紫 | 12/22 先負 |
| 30 土 | 己酉 一白 | 12/23 仏滅 |
| 31 日 | 庚戌 二黒 | 12/24 大安 |

## 2 月
（壬寅 五黄土星）

| | | |
|---|---|---|
| 1 月 | 辛亥 三碧 | 12/25 赤口 |
| 2 火 | 壬子 四緑 | 12/26 先勝 |
| 3 水 | 癸丑 五黄 | 12/27 友引 |
| 4 木 | 甲寅 六白 | 12/28 先負 |
| 5 金 | 乙卯 七赤 | 12/29 仏滅 |
| 6 土 | 丙辰 八白 | 12/30 大安 |
| 7 日 | 丁巳 九紫 | 1/1 先勝 |
| 8 月 | 戊午 一白 | 1/2 友引 |
| 9 火 | 己未 二黒 | 1/3 先負 |
| 10 水 | 庚申 三碧 | 1/4 仏滅 |
| 11 木 | 辛酉 四緑 | 1/5 大安 |
| 12 金 | 壬戌 五黄 | 1/6 赤口 |
| 13 土 | 癸亥 六白 | 1/7 先勝 |
| 14 日 | 甲子 七赤 | 1/8 友引 |
| 15 月 | 乙丑 八白 | 1/9 先負 |
| 16 火 | 丙寅 九紫 | 1/10 仏滅 |
| 17 水 | 丁卯 一白 | 1/11 大安 |
| 18 木 | 戊辰 二黒 | 1/12 赤口 |
| 19 金 | 己巳 三碧 | 1/13 先勝 |
| 20 土 | 庚午 四緑 | 1/14 友引 |
| 21 日 | 辛未 五黄 | 1/15 先負 |
| 22 月 | 壬申 六白 | 1/16 仏滅 |
| 23 火 | 癸酉 七赤 | 1/17 大安 |
| 24 水 | 甲戌 八白 | 1/18 赤口 |
| 25 木 | 乙亥 九紫 | 1/19 先勝 |
| 26 金 | 丙子 一白 | 1/20 友引 |
| 27 土 | 丁丑 二黒 | 1/21 先負 |
| 28 日 | 戊寅 三碧 | 1/22 仏滅 |

## 3 月
（癸卯 四緑木星）

| | | |
|---|---|---|
| 1 月 | 己卯 四緑 | 1/23 大安 |
| 2 火 | 庚辰 五黄 | 1/24 赤口 |
| 3 水 | 辛巳 六白 | 1/25 先勝 |
| 4 木 | 壬午 七赤 | 1/26 友引 |
| 5 金 | 癸未 八白 | 1/27 先負 |
| 6 土 | 甲申 九紫 | 1/28 仏滅 |
| 7 日 | 乙酉 一白 | 1/29 大安 |
| 8 月 | 丙戌 二黒 | 2/1 友引 |
| 9 火 | 丁亥 三碧 | 2/2 先負 |
| 10 水 | 戊子 四緑 | 2/3 仏滅 |
| 11 木 | 己丑 五黄 | 2/4 大安 |
| 12 金 | 庚寅 六白 | 2/5 赤口 |
| 13 土 | 辛卯 七赤 | 2/6 先勝 |
| 14 日 | 壬辰 八白 | 2/7 友引 |
| 15 月 | 癸巳 九紫 | 2/8 先負 |
| 16 火 | 甲午 一白 | 2/9 仏滅 |
| 17 水 | 乙未 二黒 | 2/10 大安 |
| 18 木 | 丙申 三碧 | 2/11 赤口 |
| 19 金 | 丁酉 四緑 | 2/12 先勝 |
| 20 土 | 戊戌 五黄 | 2/13 友引 |
| 21 日 | 己亥 六白 | 2/14 先負 |
| 22 月 | 庚子 七赤 | 2/15 仏滅 |
| 23 火 | 辛丑 八白 | 2/16 大安 |
| 24 水 | 壬寅 九紫 | 2/17 赤口 |
| 25 木 | 癸卯 一白 | 2/18 先勝 |
| 26 金 | 甲辰 二黒 | 2/19 友引 |
| 27 土 | 乙巳 三碧 | 2/20 先負 |
| 28 日 | 丙午 四緑 | 2/21 仏滅 |
| 29 月 | 丁未 五黄 | 2/22 大安 |
| 30 火 | 戊申 六白 | 2/23 赤口 |
| 31 水 | 己酉 七赤 | 2/24 先勝 |

## 4 月
（甲辰 三碧木星）

| | | |
|---|---|---|
| 1 木 | 庚戌 八白 | 2/25 友引 |
| 2 金 | 辛亥 九紫 | 2/26 先負 |
| 3 土 | 壬子 一白 | 2/27 仏滅 |
| 4 日 | 癸丑 二黒 | 2/28 大安 |
| 5 月 | 甲寅 三碧 | 2/29 赤口 |
| 6 火 | 乙卯 四緑 | 2/30 先勝 |
| 7 水 | 丙辰 五黄 | 3/1 先負 |
| 8 木 | 丁巳 六白 | 3/2 仏滅 |
| 9 金 | 戊午 七赤 | 3/3 大安 |
| 10 土 | 己未 八白 | 3/4 赤口 |
| 11 日 | 庚申 九紫 | 3/5 先勝 |
| 12 月 | 辛酉 一白 | 3/6 友引 |
| 13 火 | 壬戌 二黒 | 3/7 先負 |
| 14 水 | 癸亥 三碧 | 3/8 仏滅 |
| 15 木 | 甲子 四緑 | 3/9 大安 |
| 16 金 | 乙丑 五黄 | 3/10 赤口 |
| 17 土 | 丙寅 六白 | 3/11 先勝 |
| 18 日 | 丁卯 七赤 | 3/12 友引 |
| 19 月 | 戊辰 八白 | 3/13 先負 |
| 20 火 | 己巳 九紫 | 3/14 仏滅 |
| 21 水 | 庚午 一白 | 3/15 大安 |
| 22 木 | 辛未 二黒 | 3/16 赤口 |
| 23 金 | 壬申 三碧 | 3/17 先勝 |
| 24 土 | 癸酉 四緑 | 3/18 友引 |
| 25 日 | 甲戌 五黄 | 3/19 先負 |
| 26 月 | 乙亥 六白 | 3/20 仏滅 |
| 27 火 | 丙子 七赤 | 3/21 大安 |
| 28 水 | 丁丑 八白 | 3/22 赤口 |
| 29 木 | 戊寅 九紫 | 3/23 先勝 |
| 30 金 | 己卯 一白 | 3/24 友引 |

**1 月**

1. 5［節］小寒
1.17［雑］土用
1.20［節］大寒

**2 月**

2. 3［雑］節分
2. 4［節］立春
2.19［節］雨水

**3 月**

3. 6［節］啓蟄
3.18［雑］彼岸
3.20［雑］社日
3.21［節］春分

**4 月**

4. 5［節］清明
4.17［雑］土用
4.20［節］穀雨

## 5 月
（乙巳 二黒土星）

| | | | | | |
|---|---|---|---|---|---|
| 1 | 土 | 庚辰 | 二黒 | 3/25 | 先負 |
| 2 | 日 | 辛巳 | 三碧 | 3/26 | 仏滅 |
| 3 | 月 | 壬午 | 四緑 | 3/27 | 大安 |
| 4 | 火 | 癸未 | 五黄 | 3/28 | 赤口 |
| 5 | 水 | 甲申 | 六白 | 3/29 | 先勝 |
| 6 | 木 | 乙酉 | 七赤 | 4/1 | 仏滅 |
| 7 | 金 | 丙戌 | 八白 | 4/2 | 大安 |
| 8 | 土 | 丁亥 | 九紫 | 4/3 | 赤口 |
| 9 | 日 | 戊子 | 一白 | 4/4 | 先勝 |
| 10 | 月 | 己丑 | 二黒 | 4/5 | 友引 |
| 11 | 火 | 庚寅 | 三碧 | 4/6 | 先負 |
| 12 | 水 | 辛卯 | 四緑 | 4/7 | 仏滅 |
| 13 | 木 | 壬辰 | 五黄 | 4/8 | 大安 |
| 14 | 金 | 癸巳 | 六白 | 4/9 | 赤口 |
| 15 | 土 | 甲午 | 七赤 | 4/10 | 先勝 |
| 16 | 日 | 乙未 | 八白 | 4/11 | 友引 |
| 17 | 月 | 丙申 | 九紫 | 4/12 | 先負 |
| 18 | 火 | 丁酉 | 一白 | 4/13 | 仏滅 |
| 19 | 水 | 戊戌 | 二黒 | 4/14 | 大安 |
| 20 | 木 | 己亥 | 三碧 | 4/15 | 赤口 |
| 21 | 金 | 庚子 | 四緑 | 4/16 | 先勝 |
| 22 | 土 | 辛丑 | 五黄 | 4/17 | 友引 |
| 23 | 日 | 壬寅 | 六白 | 4/18 | 先負 |
| 24 | 月 | 癸卯 | 七赤 | 4/19 | 仏滅 |
| 25 | 火 | 甲辰 | 八白 | 4/20 | 大安 |
| 26 | 水 | 乙巳 | 九紫 | 4/21 | 赤口 |
| 27 | 木 | 丙午 | 一白 | 4/22 | 先勝 |
| 28 | 金 | 丁未 | 二黒 | 4/23 | 友引 |
| 29 | 土 | 戊申 | 三碧 | 4/24 | 先負 |
| 30 | 日 | 己酉 | 四緑 | 4/25 | 仏滅 |
| 31 | 月 | 庚戌 | 五黄 | 4/26 | 大安 |

## 6 月
（丙午 一白水星）

| | | | | | |
|---|---|---|---|---|---|
| 1 | 火 | 辛亥 | 六白 | 4/27 | 赤口 |
| 2 | 水 | 壬子 | 七赤 | 4/28 | 先勝 |
| 3 | 木 | 癸丑 | 八白 | 4/29 | 友引 |
| 4 | 金 | 甲寅 | 九紫 | 4/30 | 先負 |
| 5 | 土 | 乙卯 | 一白 | 5/1 | 大安 |
| 6 | 日 | 丙辰 | 二黒 | 5/2 | 赤口 |
| 7 | 月 | 丁巳 | 三碧 | 5/3 | 先勝 |
| 8 | 火 | 戊午 | 四緑 | 5/4 | 友引 |
| 9 | 水 | 己未 | 五黄 | 5/5 | 先負 |
| 10 | 木 | 庚申 | 六白 | 5/6 | 仏滅 |
| 11 | 金 | 辛酉 | 七赤 | 5/7 | 大安 |
| 12 | 土 | 壬戌 | 八白 | 5/8 | 赤口 |
| 13 | 日 | 癸亥 | 九紫 | 5/9 | 先勝 |
| 14 | 月 | 甲子 | 九紫 | 5/10 | 友引 |
| 15 | 火 | 乙丑 | 八白 | 5/11 | 先負 |
| 16 | 水 | 丙寅 | 七赤 | 5/12 | 仏滅 |
| 17 | 木 | 丁卯 | 六白 | 5/13 | 大安 |
| 18 | 金 | 戊辰 | 五黄 | 5/14 | 赤口 |
| 19 | 土 | 己巳 | 四緑 | 5/15 | 先勝 |
| 20 | 日 | 庚午 | 三碧 | 5/16 | 友引 |
| 21 | 月 | 辛未 | 二黒 | 5/17 | 先負 |
| 22 | 火 | 壬申 | 一白 | 5/18 | 仏滅 |
| 23 | 水 | 癸酉 | 九紫 | 5/19 | 大安 |
| 24 | 木 | 甲戌 | 八白 | 5/20 | 赤口 |
| 25 | 金 | 乙亥 | 七赤 | 5/21 | 先勝 |
| 26 | 土 | 丙子 | 六白 | 5/22 | 友引 |
| 27 | 日 | 丁丑 | 五黄 | 5/23 | 先負 |
| 28 | 月 | 戊寅 | 四緑 | 5/24 | 仏滅 |
| 29 | 火 | 己卯 | 三碧 | 5/25 | 大安 |
| 30 | 水 | 庚辰 | 二黒 | 5/26 | 赤口 |

## 7 月
（丁未 九紫火星）

| | | | | | |
|---|---|---|---|---|---|
| 1 | 木 | 辛巳 | 一白 | 5/27 | 先勝 |
| 2 | 金 | 壬午 | 九紫 | 5/28 | 友引 |
| 3 | 土 | 癸未 | 八白 | 5/29 | 先負 |
| 4 | 日 | 甲申 | 七赤 | 6/1 | 赤口 |
| 5 | 月 | 乙酉 | 六白 | 6/2 | 先勝 |
| 6 | 火 | 丙戌 | 五黄 | 6/3 | 友引 |
| 7 | 水 | 丁亥 | 四緑 | 6/4 | 先負 |
| 8 | 木 | 戊子 | 三碧 | 6/5 | 仏滅 |
| 9 | 金 | 己丑 | 二黒 | 6/6 | 大安 |
| 10 | 土 | 庚寅 | 一白 | 6/7 | 赤口 |
| 11 | 日 | 辛卯 | 九紫 | 6/8 | 先勝 |
| 12 | 月 | 壬辰 | 八白 | 6/9 | 友引 |
| 13 | 火 | 癸巳 | 七赤 | 6/10 | 先負 |
| 14 | 水 | 甲午 | 六白 | 6/11 | 仏滅 |
| 15 | 木 | 乙未 | 五黄 | 6/12 | 大安 |
| 16 | 金 | 丙申 | 四緑 | 6/13 | 赤口 |
| 17 | 土 | 丁酉 | 三碧 | 6/14 | 先勝 |
| 18 | 日 | 戊戌 | 二黒 | 6/15 | 友引 |
| 19 | 月 | 己亥 | 一白 | 6/16 | 先負 |
| 20 | 火 | 庚子 | 九紫 | 6/17 | 仏滅 |
| 21 | 水 | 辛丑 | 八白 | 6/18 | 大安 |
| 22 | 木 | 壬寅 | 七赤 | 6/19 | 赤口 |
| 23 | 金 | 癸卯 | 六白 | 6/20 | 先勝 |
| 24 | 土 | 甲辰 | 五黄 | 6/21 | 友引 |
| 25 | 日 | 乙巳 | 四緑 | 6/22 | 先負 |
| 26 | 月 | 丙午 | 三碧 | 6/23 | 仏滅 |
| 27 | 火 | 丁未 | 二黒 | 6/24 | 大安 |
| 28 | 水 | 戊申 | 一白 | 6/25 | 赤口 |
| 29 | 木 | 己酉 | 九紫 | 6/26 | 先勝 |
| 30 | 金 | 庚戌 | 八白 | 6/27 | 友引 |
| 31 | 土 | 辛亥 | 七赤 | 6/28 | 先負 |

## 8 月
（戊申 八白土星）

| | | | | | |
|---|---|---|---|---|---|
| 1 | 日 | 壬子 | 六白 | 6/29 | 仏滅 |
| 2 | 月 | 癸丑 | 五黄 | 7/1 | 先勝 |
| 3 | 火 | 甲寅 | 四緑 | 7/2 | 友引 |
| 4 | 水 | 乙卯 | 三碧 | 7/3 | 先負 |
| 5 | 木 | 丙辰 | 二黒 | 7/4 | 仏滅 |
| 6 | 金 | 丁巳 | 一白 | 7/5 | 大安 |
| 7 | 土 | 戊午 | 九紫 | 7/6 | 赤口 |
| 8 | 日 | 己未 | 八白 | 7/7 | 先勝 |
| 9 | 月 | 庚申 | 七赤 | 7/8 | 友引 |
| 10 | 火 | 辛酉 | 六白 | 7/9 | 先負 |
| 11 | 水 | 壬戌 | 五黄 | 7/10 | 仏滅 |
| 12 | 木 | 癸亥 | 四緑 | 7/11 | 大安 |
| 13 | 金 | 甲子 | 三碧 | 7/12 | 赤口 |
| 14 | 土 | 乙丑 | 二黒 | 7/13 | 先勝 |
| 15 | 日 | 丙寅 | 一白 | 7/14 | 友引 |
| 16 | 月 | 丁卯 | 九紫 | 7/15 | 先負 |
| 17 | 火 | 戊辰 | 八白 | 7/16 | 仏滅 |
| 18 | 水 | 己巳 | 七赤 | 7/17 | 大安 |
| 19 | 木 | 庚午 | 六白 | 7/18 | 赤口 |
| 20 | 金 | 辛未 | 五黄 | 7/19 | 先勝 |
| 21 | 土 | 壬申 | 四緑 | 7/20 | 友引 |
| 22 | 日 | 癸酉 | 三碧 | 7/21 | 先負 |
| 23 | 月 | 甲戌 | 二黒 | 7/22 | 仏滅 |
| 24 | 火 | 乙亥 | 一白 | 7/23 | 大安 |
| 25 | 水 | 丙子 | 九紫 | 7/24 | 赤口 |
| 26 | 木 | 丁丑 | 八白 | 7/25 | 先勝 |
| 27 | 金 | 戊寅 | 七赤 | 7/26 | 友引 |
| 28 | 土 | 己卯 | 六白 | 7/27 | 先負 |
| 29 | 日 | 庚辰 | 五黄 | 7/28 | 仏滅 |
| 30 | 月 | 辛巳 | 四緑 | 7/29 | 大安 |
| 31 | 火 | 壬午 | 三碧 | 7/30 | 赤口 |

**5 月**

5. 2 [雑] 八十八夜
5. 6 [節] 立夏
5.21 [節] 小満

**6 月**

6. 6 [節] 芒種
6.11 [雑] 入梅
6.21 [節] 夏至

**7 月**

7. 2 [雑] 半夏生
7. 7 [節] 小暑
7.20 [雑] 土用
7.23 [節] 大暑

**8 月**

8. 8 [節] 立秋
8.23 [節] 処暑

## 9月
（己酉 七赤金星）

| | | | | | |
|---|---|---|---|---|---|
| 1 | 水 | 癸未 | 二黒 | 8/1 | 友引 |
| 2 | 木 | 甲申 | 一白 | 8/2 | 先負 |
| 3 | 金 | 乙酉 | 九紫 | 8/3 | 仏滅 |
| 4 | 土 | 丙戌 | 八白 | 8/4 | 大安 |
| 5 | 日 | 丁亥 | 七赤 | 8/5 | 赤口 |
| 6 | 月 | 戊子 | 六白 | 8/6 | 先勝 |
| 7 | 火 | 己丑 | 五黄 | 8/7 | 友引 |
| 8 | 水 | 庚寅 | 四緑 | 8/8 | 先負 |
| 9 | 木 | 辛卯 | 三碧 | 8/9 | 仏滅 |
| 10 | 金 | 壬辰 | 二黒 | 8/10 | 大安 |
| 11 | 土 | 癸巳 | 一白 | 8/11 | 赤口 |
| 12 | 日 | 甲午 | 九紫 | 8/12 | 先勝 |
| 13 | 月 | 乙未 | 八白 | 8/13 | 友引 |
| 14 | 火 | 丙申 | 七赤 | 8/14 | 先負 |
| 15 | 水 | 丁酉 | 六白 | 8/15 | 仏滅 |
| 16 | 木 | 戊戌 | 五黄 | 8/16 | 大安 |
| 17 | 金 | 己亥 | 四緑 | 8/17 | 赤口 |
| 18 | 土 | 庚子 | 三碧 | 8/18 | 先勝 |
| 19 | 日 | 辛丑 | 二黒 | 8/19 | 友引 |
| 20 | 月 | 壬寅 | 一白 | 8/20 | 先負 |
| 21 | 火 | 癸卯 | 九紫 | 8/21 | 仏滅 |
| 22 | 水 | 甲辰 | 八白 | 8/22 | 大安 |
| 23 | 木 | 乙巳 | 七赤 | 8/23 | 赤口 |
| 24 | 金 | 丙午 | 六白 | 8/24 | 先勝 |
| 25 | 土 | 丁未 | 五黄 | 8/25 | 友引 |
| 26 | 日 | 戊申 | 四緑 | 8/26 | 先負 |
| 27 | 月 | 己酉 | 三碧 | 8/27 | 仏滅 |
| 28 | 火 | 庚戌 | 二黒 | 8/28 | 大安 |
| 29 | 水 | 辛亥 | 一白 | 8/29 | 赤口 |
| 30 | 木 | 壬子 | 九紫 | 9/1 | 先負 |

## 10月
（庚戌 六白金星）

| | | | | | |
|---|---|---|---|---|---|
| 1 | 金 | 癸丑 | 八白 | 9/2 | 仏滅 |
| 2 | 土 | 甲寅 | 七赤 | 9/3 | 大安 |
| 3 | 日 | 乙卯 | 六白 | 9/4 | 赤口 |
| 4 | 月 | 丙辰 | 五黄 | 9/5 | 先勝 |
| 5 | 火 | 丁巳 | 四緑 | 9/6 | 友引 |
| 6 | 水 | 戊午 | 三碧 | 9/7 | 先負 |
| 7 | 木 | 己未 | 二黒 | 9/8 | 仏滅 |
| 8 | 金 | 庚申 | 一白 | 9/9 | 大安 |
| 9 | 土 | 辛酉 | 九紫 | 9/10 | 赤口 |
| 10 | 日 | 壬戌 | 八白 | 9/11 | 先勝 |
| 11 | 月 | 癸亥 | 七赤 | 9/12 | 友引 |
| 12 | 火 | 甲子 | 六白 | 9/13 | 先負 |
| 13 | 水 | 乙丑 | 五黄 | 9/14 | 仏滅 |
| 14 | 木 | 丙寅 | 四緑 | 9/15 | 大安 |
| 15 | 金 | 丁卯 | 三碧 | 9/16 | 赤口 |
| 16 | 土 | 戊辰 | 二黒 | 9/17 | 先勝 |
| 17 | 日 | 己巳 | 一白 | 9/18 | 友引 |
| 18 | 月 | 庚午 | 九紫 | 9/19 | 先負 |
| 19 | 火 | 辛未 | 八白 | 9/20 | 仏滅 |
| 20 | 水 | 壬申 | 七赤 | 9/21 | 大安 |
| 21 | 木 | 癸酉 | 六白 | 9/22 | 赤口 |
| 22 | 金 | 甲戌 | 五黄 | 9/23 | 先勝 |
| 23 | 土 | 乙亥 | 四緑 | 9/24 | 友引 |
| 24 | 日 | 丙子 | 三碧 | 9/25 | 先負 |
| 25 | 月 | 丁丑 | 二黒 | 9/26 | 仏滅 |
| 26 | 火 | 戊寅 | 一白 | 9/27 | 大安 |
| 27 | 水 | 己卯 | 九紫 | 9/28 | 赤口 |
| 28 | 木 | 庚辰 | 八白 | 9/29 | 先勝 |
| 29 | 金 | 辛巳 | 七赤 | 10/1 | 仏滅 |
| 30 | 土 | 壬午 | 六白 | 10/2 | 大安 |
| 31 | 日 | 癸未 | 五黄 | 10/3 | 赤口 |

## 11月
（辛亥 五黄土星）

| | | | | | |
|---|---|---|---|---|---|
| 1 | 月 | 甲申 | 四緑 | 10/4 | 先勝 |
| 2 | 火 | 乙酉 | 三碧 | 10/5 | 友引 |
| 3 | 水 | 丙戌 | 二黒 | 10/6 | 先負 |
| 4 | 木 | 丁亥 | 一白 | 10/7 | 仏滅 |
| 5 | 金 | 戊子 | 九紫 | 10/8 | 大安 |
| 6 | 土 | 己丑 | 八白 | 10/9 | 赤口 |
| 7 | 日 | 庚寅 | 七赤 | 10/10 | 先勝 |
| 8 | 月 | 辛卯 | 六白 | 10/11 | 友引 |
| 9 | 火 | 壬辰 | 五黄 | 10/12 | 先負 |
| 10 | 水 | 癸巳 | 四緑 | 10/13 | 仏滅 |
| 11 | 木 | 甲午 | 三碧 | 10/14 | 大安 |
| 12 | 金 | 乙未 | 二黒 | 10/15 | 赤口 |
| 13 | 土 | 丙申 | 一白 | 10/16 | 先勝 |
| 14 | 日 | 丁酉 | 九紫 | 10/17 | 友引 |
| 15 | 月 | 戊戌 | 八白 | 10/18 | 先負 |
| 16 | 火 | 己亥 | 七赤 | 10/19 | 仏滅 |
| 17 | 水 | 庚子 | 六白 | 10/20 | 大安 |
| 18 | 木 | 辛丑 | 五黄 | 10/21 | 赤口 |
| 19 | 金 | 壬寅 | 四緑 | 10/22 | 先勝 |
| 20 | 土 | 癸卯 | 三碧 | 10/23 | 友引 |
| 21 | 日 | 甲辰 | 二黒 | 10/24 | 先負 |
| 22 | 月 | 乙巳 | 一白 | 10/25 | 仏滅 |
| 23 | 火 | 丙午 | 九紫 | 10/26 | 大安 |
| 24 | 水 | 丁未 | 八白 | 10/27 | 赤口 |
| 25 | 木 | 戊申 | 七赤 | 10/28 | 先勝 |
| 26 | 金 | 己酉 | 六白 | 10/29 | 友引 |
| 27 | 土 | 庚戌 | 五黄 | 10/30 | 先負 |
| 28 | 日 | 辛亥 | 四緑 | 11/1 | 大安 |
| 29 | 月 | 壬子 | 三碧 | 11/2 | 赤口 |
| 30 | 火 | 癸丑 | 二黒 | 11/3 | 先勝 |

## 12月
（壬子 四緑木星）

| | | | | | |
|---|---|---|---|---|---|
| 1 | 水 | 甲寅 | 一白 | 11/4 | 友引 |
| 2 | 木 | 乙卯 | 九紫 | 11/5 | 先負 |
| 3 | 金 | 丙辰 | 八白 | 11/6 | 仏滅 |
| 4 | 土 | 丁巳 | 七赤 | 11/7 | 大安 |
| 5 | 日 | 戊午 | 六白 | 11/8 | 赤口 |
| 6 | 月 | 己未 | 五黄 | 11/9 | 先勝 |
| 7 | 火 | 庚申 | 四緑 | 11/10 | 友引 |
| 8 | 水 | 辛酉 | 三碧 | 11/11 | 先負 |
| 9 | 木 | 壬戌 | 二黒 | 11/12 | 仏滅 |
| 10 | 金 | 癸亥 | 一白 | 11/13 | 大安 |
| 11 | 土 | 甲子 | 一白 | 11/14 | 赤口 |
| 12 | 日 | 乙丑 | 二黒 | 11/15 | 先勝 |
| 13 | 月 | 丙寅 | 三碧 | 11/16 | 友引 |
| 14 | 火 | 丁卯 | 四緑 | 11/17 | 先負 |
| 15 | 水 | 戊辰 | 五黄 | 11/18 | 仏滅 |
| 16 | 木 | 己巳 | 六白 | 11/19 | 大安 |
| 17 | 金 | 庚午 | 七赤 | 11/20 | 赤口 |
| 18 | 土 | 辛未 | 八白 | 11/21 | 先勝 |
| 19 | 日 | 壬申 | 九紫 | 11/22 | 友引 |
| 20 | 月 | 癸酉 | 一白 | 11/23 | 先負 |
| 21 | 火 | 甲戌 | 二黒 | 11/24 | 仏滅 |
| 22 | 水 | 乙亥 | 三碧 | 11/25 | 大安 |
| 23 | 木 | 丙子 | 四緑 | 11/26 | 赤口 |
| 24 | 金 | 丁丑 | 五黄 | 11/27 | 先勝 |
| 25 | 土 | 戊寅 | 六白 | 11/28 | 友引 |
| 26 | 日 | 己卯 | 七赤 | 11/29 | 先負 |
| 27 | 月 | 庚辰 | 八白 | 11/30 | 仏滅 |
| 28 | 火 | 辛巳 | 九紫 | 12/1 | 赤口 |
| 29 | 水 | 壬午 | 一白 | 12/2 | 先勝 |
| 30 | 木 | 癸未 | 二黒 | 12/3 | 友引 |
| 31 | 金 | 甲申 | 三碧 | 12/4 | 先負 |

**9月**

9. 1［雑］二百十日
9. 8［節］白露
9.20［雑］彼岸
9.23［節］秋分
9.26［雑］社日

**10月**

10. 8［節］寒露
10.21［雑］土用
10.24［節］霜降

**11月**

11. 8［節］立冬
11.22［節］小雪

**12月**

12. 7［節］大雪
12.22［節］冬至

# 2028

明治 161 年
大正 117 年
昭和 103 年
平成 40 年

戊申（つちのえさる）
八白土星

## 生誕・年忌など

**1.10** 森毅生誕 100 年
**1.11** T. ハーディ没後 100 年
**1.19** 荻生徂徠没後 300 年
**1.28** 馬場あき子生誕 100 年
**2. 7** 九条武子没後 100 年
**2. 8** J. ヴェルヌ生誕 200 年
**2.13** 佐藤さとる生誕 100 年
**2.20** 普通選挙実施 100 年
**3. 7** 推古天皇没後 1400 年
**3.20** H. イプセン生誕 200 年
**4. 6** A. デューラー没後 500 年
**4.15** 大黒屋光太夫没後 200 年
**4.16** F. ゴヤ没後 200 年
**5. 8** 澁澤龍彦生誕 100 年
**5.12** D. G. ロセッティ生誕 200 年
**5.21** 野口英世没後 100 年
**6. 4** 張作霖爆殺事件 100 年
**6.10** 徳川光圀生誕 400 年
**7.23** 葛西善蔵没後 100 年
**8.10** シーボルト事件発生 200 年
**8.12** L. ヤナーチェク没後 100 年
**8.15** 佐伯祐三没後 100 年
**8.16** ガルシア・マルケス生誕 100 年
**8.27** ウルグアイ独立 200 年
**8. —** ベーリング海発見 300 年
**9. 9** L. トルストイ生誕 200 年
**9.17** 若山牧水没後 100 年
**9.19** ミッキーマウス誕生 100 年
**9. —** 正長の土一揆 600 年
**11. 3** 手塚治虫生誕 100 年
**11.19** F. シューベルト没後 200 年
**12. 7** N. チョムスキー生誕 100 年
**12.25** 小山内薫没後 100 年
この年 磐井の乱 1500 年
平忠常の乱勃発 1000 年
明智光秀生誕 500 年
王陽明没後 500 年
天一坊事件 300 年

# 2028年

## 1月
（癸丑 三碧木星）

| | | | | | |
|---|---|---|---|---|---|
| 1 | 土 | 乙酉 | 四緑 | 12/5 | 仏滅 |
| 2 | 日 | 丙戌 | 五黄 | 12/6 | 大安 |
| 3 | 月 | 丁亥 | 六白 | 12/7 | 赤口 |
| 4 | 火 | 戊子 | 七赤 | 12/8 | 先勝 |
| 5 | 水 | 己丑 | 八白 | 12/9 | 友引 |
| 6 | 木 | 庚寅 | 九紫 | 12/10 | 先負 |
| 7 | 金 | 辛卯 | 一白 | 12/11 | 仏滅 |
| 8 | 土 | 壬辰 | 二黒 | 12/12 | 大安 |
| 9 | 日 | 癸巳 | 三碧 | 12/13 | 赤口 |
| 10 | 月 | 甲午 | 四緑 | 12/14 | 先勝 |
| 11 | 火 | 乙未 | 五黄 | 12/15 | 友引 |
| 12 | 水 | 丙申 | 六白 | 12/16 | 先負 |
| 13 | 木 | 丁酉 | 七赤 | 12/17 | 仏滅 |
| 14 | 金 | 戊戌 | 八白 | 12/18 | 大安 |
| 15 | 土 | 己亥 | 九紫 | 12/19 | 赤口 |
| 16 | 日 | 庚子 | 一白 | 12/20 | 先勝 |
| 17 | 月 | 辛丑 | 二黒 | 12/21 | 友引 |
| 18 | 火 | 壬寅 | 三碧 | 12/22 | 先負 |
| 19 | 水 | 癸卯 | 四緑 | 12/23 | 仏滅 |
| 20 | 木 | 甲辰 | 五黄 | 12/24 | 大安 |
| 21 | 金 | 乙巳 | 六白 | 12/25 | 赤口 |
| 22 | 土 | 丙午 | 七赤 | 12/26 | 先勝 |
| 23 | 日 | 丁未 | 八白 | 12/27 | 友引 |
| 24 | 月 | 戊申 | 九紫 | 12/28 | 先負 |
| 25 | 火 | 己酉 | 一白 | 12/29 | 仏滅 |
| 26 | 水 | 庚戌 | 二黒 | 12/30 | 大安 |
| 27 | 木 | 辛亥 | 三碧 | 1/1 | 先勝 |
| 28 | 金 | 壬子 | 四緑 | 1/2 | 友引 |
| 29 | 土 | 癸丑 | 五黄 | 1/3 | 先負 |
| 30 | 日 | 甲寅 | 六白 | 1/4 | 仏滅 |
| 31 | 月 | 乙卯 | 七赤 | 1/5 | 大安 |

## 2月
（甲寅 二黒土星）

| | | | | | |
|---|---|---|---|---|---|
| 1 | 火 | 丙辰 | 八白 | 1/6 | 赤口 |
| 2 | 水 | 丁巳 | 九紫 | 1/7 | 先勝 |
| 3 | 木 | 戊午 | 一白 | 1/8 | 友引 |
| 4 | 金 | 己未 | 二黒 | 1/9 | 先負 |
| 5 | 土 | 庚申 | 三碧 | 1/10 | 仏滅 |
| 6 | 日 | 辛酉 | 四緑 | 1/11 | 大安 |
| 7 | 月 | 壬戌 | 五黄 | 1/12 | 赤口 |
| 8 | 火 | 癸亥 | 六白 | 1/13 | 先勝 |
| 9 | 水 | 甲子 | 七赤 | 1/14 | 友引 |
| 10 | 木 | 乙丑 | 八白 | 1/15 | 先負 |
| 11 | 金 | 丙寅 | 九紫 | 1/16 | 仏滅 |
| 12 | 土 | 丁卯 | 一白 | 1/17 | 大安 |
| 13 | 日 | 戊辰 | 二黒 | 1/18 | 赤口 |
| 14 | 月 | 己巳 | 三碧 | 1/19 | 先勝 |
| 15 | 火 | 庚午 | 四緑 | 1/20 | 友引 |
| 16 | 水 | 辛未 | 五黄 | 1/21 | 先負 |
| 17 | 木 | 壬申 | 六白 | 1/22 | 仏滅 |
| 18 | 金 | 癸酉 | 七赤 | 1/23 | 大安 |
| 19 | 土 | 甲戌 | 八白 | 1/24 | 赤口 |
| 20 | 日 | 乙亥 | 九紫 | 1/25 | 先勝 |
| 21 | 月 | 丙子 | 一白 | 1/26 | 友引 |
| 22 | 火 | 丁丑 | 二黒 | 1/27 | 先負 |
| 23 | 水 | 戊寅 | 三碧 | 1/28 | 仏滅 |
| 24 | 木 | 己卯 | 四緑 | 1/29 | 大安 |
| 25 | 金 | 庚辰 | 五黄 | 2/1 | 友引 |
| 26 | 土 | 辛巳 | 六白 | 2/2 | 先負 |
| 27 | 日 | 壬午 | 七赤 | 2/3 | 仏滅 |
| 28 | 月 | 癸未 | 八白 | 2/4 | 大安 |
| 29 | 火 | 甲申 | 九紫 | 2/5 | 赤口 |

## 3月
（乙卯 一白水星）

| | | | | | |
|---|---|---|---|---|---|
| 1 | 水 | 乙酉 | 一白 | 2/6 | 先勝 |
| 2 | 木 | 丙戌 | 二黒 | 2/7 | 友引 |
| 3 | 金 | 丁亥 | 三碧 | 2/8 | 先負 |
| 4 | 土 | 戊子 | 四緑 | 2/9 | 仏滅 |
| 5 | 日 | 己丑 | 五黄 | 2/10 | 大安 |
| 6 | 月 | 庚寅 | 六白 | 2/11 | 赤口 |
| 7 | 火 | 辛卯 | 七赤 | 2/12 | 先勝 |
| 8 | 水 | 壬辰 | 八白 | 2/13 | 友引 |
| 9 | 木 | 癸巳 | 九紫 | 2/14 | 先負 |
| 10 | 金 | 甲午 | 一白 | 2/15 | 仏滅 |
| 11 | 土 | 乙未 | 二黒 | 2/16 | 大安 |
| 12 | 日 | 丙申 | 三碧 | 2/17 | 赤口 |
| 13 | 月 | 丁酉 | 四緑 | 2/18 | 先勝 |
| 14 | 火 | 戊戌 | 五黄 | 2/19 | 友引 |
| 15 | 水 | 己亥 | 六白 | 2/20 | 先負 |
| 16 | 木 | 庚子 | 七赤 | 2/21 | 仏滅 |
| 17 | 金 | 辛丑 | 八白 | 2/22 | 大安 |
| 18 | 土 | 壬寅 | 九紫 | 2/23 | 赤口 |
| 19 | 日 | 癸卯 | 一白 | 2/24 | 先勝 |
| 20 | 月 | 甲辰 | 二黒 | 2/25 | 友引 |
| 21 | 火 | 乙巳 | 三碧 | 2/26 | 先負 |
| 22 | 水 | 丙午 | 四緑 | 2/27 | 仏滅 |
| 23 | 木 | 丁未 | 五黄 | 2/28 | 大安 |
| 24 | 金 | 戊申 | 六白 | 2/29 | 赤口 |
| 25 | 土 | 己酉 | 七赤 | 2/30 | 先勝 |
| 26 | 日 | 庚戌 | 八白 | 3/1 | 先負 |
| 27 | 月 | 辛亥 | 九紫 | 3/2 | 仏滅 |
| 28 | 火 | 壬子 | 一白 | 3/3 | 大安 |
| 29 | 水 | 癸丑 | 二黒 | 3/4 | 赤口 |
| 30 | 木 | 甲寅 | 三碧 | 3/5 | 先勝 |
| 31 | 金 | 乙卯 | 四緑 | 3/6 | 友引 |

## 4月
（丙辰 九紫火星）

| | | | | | |
|---|---|---|---|---|---|
| 1 | 土 | 丙辰 | 五黄 | 3/7 | 先負 |
| 2 | 日 | 丁巳 | 六白 | 3/8 | 仏滅 |
| 3 | 月 | 戊午 | 七赤 | 3/9 | 大安 |
| 4 | 火 | 己未 | 八白 | 3/10 | 赤口 |
| 5 | 水 | 庚申 | 九紫 | 3/11 | 先勝 |
| 6 | 木 | 辛酉 | 一白 | 3/12 | 友引 |
| 7 | 金 | 壬戌 | 二黒 | 3/13 | 先負 |
| 8 | 土 | 癸亥 | 三碧 | 3/14 | 仏滅 |
| 9 | 日 | 甲子 | 四緑 | 3/15 | 大安 |
| 10 | 月 | 乙丑 | 五黄 | 3/16 | 赤口 |
| 11 | 火 | 丙寅 | 六白 | 3/17 | 先勝 |
| 12 | 水 | 丁卯 | 七赤 | 3/18 | 友引 |
| 13 | 木 | 戊辰 | 八白 | 3/19 | 先負 |
| 14 | 金 | 己巳 | 九紫 | 3/20 | 仏滅 |
| 15 | 土 | 庚午 | 一白 | 3/21 | 大安 |
| 16 | 日 | 辛未 | 二黒 | 3/22 | 赤口 |
| 17 | 月 | 壬申 | 三碧 | 3/23 | 先勝 |
| 18 | 火 | 癸酉 | 四緑 | 3/24 | 友引 |
| 19 | 水 | 甲戌 | 五黄 | 3/25 | 先負 |
| 20 | 木 | 乙亥 | 六白 | 3/26 | 仏滅 |
| 21 | 金 | 丙子 | 七赤 | 3/27 | 大安 |
| 22 | 土 | 丁丑 | 八白 | 3/28 | 赤口 |
| 23 | 日 | 戊寅 | 九紫 | 3/29 | 先勝 |
| 24 | 月 | 己卯 | 一白 | 3/30 | 友引 |
| 25 | 火 | 庚辰 | 二黒 | 4/1 | 仏滅 |
| 26 | 水 | 辛巳 | 三碧 | 4/2 | 大安 |
| 27 | 木 | 壬午 | 四緑 | 4/3 | 赤口 |
| 28 | 金 | 癸未 | 五黄 | 4/4 | 先勝 |
| 29 | 土 | 甲申 | 六白 | 4/5 | 友引 |
| 30 | 日 | 乙酉 | 七赤 | 4/6 | 先負 |

**1月**

1. 6［節］小寒
1.17［雑］土用
1.20［節］大寒

**2月**

2. 3［雑］節分
2. 4［節］立春
2.19［節］雨水

**3月**

3. 5［節］啓蟄
3.17［雑］彼岸
3.20［節］春分
3.24［雑］社日

**4月**

4. 4［節］清明
4.16［雑］土用
4.19［節］穀雨

## 5月
（丁巳 八白土星）

| | | | |
|---|---|---|---|
| 1 | 月 | 丙戌 八白 | 4/7 仏滅 |
| 2 | 火 | 丁亥 九紫 | 4/8 大安 |
| 3 | 水 | 戊子 一白 | 4/9 赤口 |
| 4 | 木 | 己丑 二黒 | 4/10 先勝 |
| 5 | 金 | 庚寅 三碧 | 4/11 友引 |
| 6 | 土 | 辛卯 四緑 | 4/12 先負 |
| 7 | 日 | 壬辰 五黄 | 4/13 仏滅 |
| 8 | 月 | 癸巳 六白 | 4/14 大安 |
| 9 | 火 | 甲午 七赤 | 4/15 赤口 |
| 10 | 水 | 乙未 八白 | 4/16 先勝 |
| 11 | 木 | 丙申 九紫 | 4/17 友引 |
| 12 | 金 | 丁酉 一白 | 4/18 先負 |
| 13 | 土 | 戊戌 二黒 | 4/19 仏滅 |
| 14 | 日 | 己亥 三碧 | 4/20 大安 |
| 15 | 月 | 庚子 四緑 | 4/21 赤口 |
| 16 | 火 | 辛丑 五黄 | 4/22 先勝 |
| 17 | 水 | 壬寅 六白 | 4/23 友引 |
| 18 | 木 | 癸卯 七赤 | 4/24 先負 |
| 19 | 金 | 甲辰 八白 | 4/25 仏滅 |
| 20 | 土 | 乙巳 九紫 | 4/26 大安 |
| 21 | 日 | 丙午 一白 | 4/27 赤口 |
| 22 | 月 | 丁未 二黒 | 4/28 先勝 |
| 23 | 火 | 戊申 三碧 | 4/29 友引 |
| 24 | 水 | 己酉 四緑 | 5/1 大安 |
| 25 | 木 | 庚戌 五黄 | 5/2 赤口 |
| 26 | 金 | 辛亥 六白 | 5/3 先勝 |
| 27 | 土 | 壬子 七赤 | 5/4 友引 |
| 28 | 日 | 癸丑 八白 | 5/5 先負 |
| 29 | 月 | 甲寅 九紫 | 5/6 仏滅 |
| 30 | 火 | 乙卯 一白 | 5/7 大安 |
| 31 | 水 | 丙辰 二黒 | 5/8 赤口 |

## 6月
（戊午 七赤金星）

| | | | |
|---|---|---|---|
| 1 | 木 | 丁巳 三碧 | 5/9 先勝 |
| 2 | 金 | 戊午 四緑 | 5/10 友引 |
| 3 | 土 | 己未 五黄 | 5/11 先負 |
| 4 | 日 | 庚申 六白 | 5/12 仏滅 |
| 5 | 月 | 辛酉 七赤 | 5/13 大安 |
| 6 | 火 | 壬戌 八白 | 5/14 赤口 |
| 7 | 水 | 癸亥 九紫 | 5/15 先勝 |
| 8 | 木 | 甲子 九紫 | 5/16 友引 |
| 9 | 金 | 乙丑 八白 | 5/17 先負 |
| 10 | 土 | 丙寅 七赤 | 5/18 仏滅 |
| 11 | 日 | 丁卯 六白 | 5/19 大安 |
| 12 | 月 | 戊辰 五黄 | 5/20 赤口 |
| 13 | 火 | 己巳 四緑 | 5/21 先勝 |
| 14 | 水 | 庚午 三碧 | 5/22 友引 |
| 15 | 木 | 辛未 二黒 | 5/23 先負 |
| 16 | 金 | 壬申 一白 | 5/24 仏滅 |
| 17 | 土 | 癸酉 九紫 | 5/25 大安 |
| 18 | 日 | 甲戌 八白 | 5/26 赤口 |
| 19 | 月 | 乙亥 七赤 | 5/27 先勝 |
| 20 | 火 | 丙子 六白 | 5/28 友引 |
| 21 | 水 | 丁丑 五黄 | 5/29 先負 |
| 22 | 木 | 戊寅 四緑 | 5/30 仏滅 |
| 23 | 金 | 己卯 三碧 | 閏5/1 大安 |
| 24 | 土 | 庚辰 二黒 | 閏5/2 赤口 |
| 25 | 日 | 辛巳 一白 | 閏5/3 先勝 |
| 26 | 月 | 壬午 九紫 | 閏5/4 友引 |
| 27 | 火 | 癸未 八白 | 閏5/5 先負 |
| 28 | 水 | 甲申 七赤 | 閏5/6 仏滅 |
| 29 | 木 | 乙酉 六白 | 閏5/7 大安 |
| 30 | 金 | 丙戌 五黄 | 閏5/8 赤口 |

## 7月
（己未 六白金星）

| | | | |
|---|---|---|---|
| 1 | 土 | 丁亥 四緑 | 閏5/9 先勝 |
| 2 | 日 | 戊子 三碧 | 閏5/10 友引 |
| 3 | 月 | 己丑 二黒 | 閏5/11 先負 |
| 4 | 火 | 庚寅 一白 | 閏5/12 仏滅 |
| 5 | 水 | 辛卯 九紫 | 閏5/13 大安 |
| 6 | 木 | 壬辰 八白 | 閏5/14 赤口 |
| 7 | 金 | 癸巳 七赤 | 閏5/15 先勝 |
| 8 | 土 | 甲午 六白 | 閏5/16 友引 |
| 9 | 日 | 乙未 五黄 | 閏5/17 先負 |
| 10 | 月 | 丙申 四緑 | 閏5/18 仏滅 |
| 11 | 火 | 丁酉 三碧 | 閏5/19 大安 |
| 12 | 水 | 戊戌 二黒 | 閏5/20 赤口 |
| 13 | 木 | 己亥 一白 | 閏5/21 先勝 |
| 14 | 金 | 庚子 九紫 | 閏5/22 友引 |
| 15 | 土 | 辛丑 八白 | 閏5/23 先負 |
| 16 | 日 | 壬寅 七赤 | 閏5/24 仏滅 |
| 17 | 月 | 癸卯 六白 | 閏5/25 大安 |
| 18 | 火 | 甲辰 五黄 | 閏5/26 赤口 |
| 19 | 水 | 乙巳 四緑 | 閏5/27 先勝 |
| 20 | 木 | 丙午 三碧 | 閏5/28 友引 |
| 21 | 金 | 丁未 二黒 | 閏5/29 先負 |
| 22 | 土 | 戊申 一白 | 6/1 赤口 |
| 23 | 日 | 己酉 九紫 | 6/2 先勝 |
| 24 | 月 | 庚戌 八白 | 6/3 友引 |
| 25 | 火 | 辛亥 七赤 | 6/4 先負 |
| 26 | 水 | 壬子 六白 | 6/5 仏滅 |
| 27 | 木 | 癸丑 五黄 | 6/6 大安 |
| 28 | 金 | 甲寅 四緑 | 6/7 赤口 |
| 29 | 土 | 乙卯 三碧 | 6/8 先勝 |
| 30 | 日 | 丙辰 二黒 | 6/9 友引 |
| 31 | 月 | 丁巳 一白 | 6/10 先負 |

## 8月
（庚申 五黄土星）

| | | | |
|---|---|---|---|
| 1 | 火 | 戊午 九紫 | 6/11 仏滅 |
| 2 | 水 | 己未 八白 | 6/12 大安 |
| 3 | 木 | 庚申 七赤 | 6/13 赤口 |
| 4 | 金 | 辛酉 六白 | 6/14 先勝 |
| 5 | 土 | 壬戌 五黄 | 6/15 友引 |
| 6 | 日 | 癸亥 四緑 | 6/16 先負 |
| 7 | 月 | 甲子 三碧 | 6/17 仏滅 |
| 8 | 火 | 乙丑 二黒 | 6/18 大安 |
| 9 | 水 | 丙寅 一白 | 6/19 赤口 |
| 10 | 木 | 丁卯 九紫 | 6/20 先勝 |
| 11 | 金 | 戊辰 八白 | 6/21 友引 |
| 12 | 土 | 己巳 七赤 | 6/22 先負 |
| 13 | 日 | 庚午 六白 | 6/23 仏滅 |
| 14 | 月 | 辛未 五黄 | 6/24 大安 |
| 15 | 火 | 壬申 四緑 | 6/25 赤口 |
| 16 | 水 | 癸酉 三碧 | 6/26 先勝 |
| 17 | 木 | 甲戌 二黒 | 6/27 友引 |
| 18 | 金 | 乙亥 一白 | 6/28 先負 |
| 19 | 土 | 丙子 九紫 | 6/29 仏滅 |
| 20 | 日 | 丁丑 八白 | 7/1 先勝 |
| 21 | 月 | 戊寅 七赤 | 7/2 友引 |
| 22 | 火 | 己卯 六白 | 7/3 先負 |
| 23 | 水 | 庚辰 五黄 | 7/4 仏滅 |
| 24 | 木 | 辛巳 四緑 | 7/5 大安 |
| 25 | 金 | 壬午 三碧 | 7/6 赤口 |
| 26 | 土 | 癸未 二黒 | 7/7 先勝 |
| 27 | 日 | 甲申 一白 | 7/8 友引 |
| 28 | 月 | 乙酉 九紫 | 7/9 先負 |
| 29 | 火 | 丙戌 八白 | 7/10 仏滅 |
| 30 | 水 | 丁亥 七赤 | 7/11 大安 |
| 31 | 木 | 戊子 六白 | 7/12 赤口 |

**5月**

5. 1［雑］八十八夜
5. 5［節］立夏
5.20［節］小満

**6月**

6. 5［節］芒種
6.10［雑］入梅
6.21［節］夏至

**7月**

7. 1［雑］半夏生
7. 6［節］小暑
7.19［雑］土用
7.22［節］大暑

**8月**

8. 7［節］立秋
8.22［節］処暑
8.31［雑］二百十日

## 9月
（辛酉 四緑木星）

| | | | | | |
|---|---|---|---|---|---|
| 1 | 金 | 己丑 | 五黄 | 7/13 | 先勝 |
| 2 | 土 | 庚寅 | 四緑 | 7/14 | 友引 |
| 3 | 日 | 辛卯 | 三碧 | 7/15 | 先負 |
| 4 | 月 | 壬辰 | 二黒 | 7/16 | 仏滅 |
| 5 | 火 | 癸巳 | 一白 | 7/17 | 大安 |
| 6 | 水 | 甲午 | 九紫 | 7/18 | 赤口 |
| 7 | 木 | 乙未 | 八白 | 7/19 | 先勝 |
| 8 | 金 | 丙申 | 七赤 | 7/20 | 友引 |
| 9 | 土 | 丁酉 | 六白 | 7/21 | 先負 |
| 10 | 日 | 戊戌 | 五黄 | 7/22 | 仏滅 |
| 11 | 月 | 己亥 | 四緑 | 7/23 | 大安 |
| 12 | 火 | 庚子 | 三碧 | 7/24 | 赤口 |
| 13 | 水 | 辛丑 | 二黒 | 7/25 | 先勝 |
| 14 | 木 | 壬寅 | 一白 | 7/26 | 友引 |
| 15 | 金 | 癸卯 | 九紫 | 7/27 | 先負 |
| 16 | 土 | 甲辰 | 八白 | 7/28 | 仏滅 |
| 17 | 日 | 乙巳 | 七赤 | 7/29 | 大安 |
| 18 | 月 | 丙午 | 六白 | 7/30 | 赤口 |
| 19 | 火 | 丁未 | 五黄 | 8/1 | 友引 |
| 20 | 水 | 戊申 | 四緑 | 8/2 | 先負 |
| 21 | 木 | 己酉 | 三碧 | 8/3 | 仏滅 |
| 22 | 金 | 庚戌 | 二黒 | 8/4 | 大安 |
| 23 | 土 | 辛亥 | 一白 | 8/5 | 赤口 |
| 24 | 日 | 壬子 | 九紫 | 8/6 | 先勝 |
| 25 | 月 | 癸丑 | 八白 | 8/7 | 友引 |
| 26 | 火 | 甲寅 | 七赤 | 8/8 | 先負 |
| 27 | 水 | 乙卯 | 六白 | 8/9 | 仏滅 |
| 28 | 木 | 丙辰 | 五黄 | 8/10 | 大安 |
| 29 | 金 | 丁巳 | 四緑 | 8/11 | 赤口 |
| 30 | 土 | 戊午 | 三碧 | 8/12 | 先勝 |

## 10月
（壬戌 三碧木星）

| | | | | | |
|---|---|---|---|---|---|
| 1 | 日 | 己未 | 二黒 | 8/13 | 友引 |
| 2 | 月 | 庚申 | 一白 | 8/14 | 先負 |
| 3 | 火 | 辛酉 | 九紫 | 8/15 | 仏滅 |
| 4 | 水 | 壬戌 | 八白 | 8/16 | 大安 |
| 5 | 木 | 癸亥 | 七赤 | 8/17 | 赤口 |
| 6 | 金 | 甲子 | 六白 | 8/18 | 先勝 |
| 7 | 土 | 乙丑 | 五黄 | 8/19 | 友引 |
| 8 | 日 | 丙寅 | 四緑 | 8/20 | 先負 |
| 9 | 月 | 丁卯 | 三碧 | 8/21 | 仏滅 |
| 10 | 火 | 戊辰 | 二黒 | 8/22 | 大安 |
| 11 | 水 | 己巳 | 一白 | 8/23 | 赤口 |
| 12 | 木 | 庚午 | 九紫 | 8/24 | 先勝 |
| 13 | 金 | 辛未 | 八白 | 8/25 | 友引 |
| 14 | 土 | 壬申 | 七赤 | 8/26 | 先負 |
| 15 | 日 | 癸酉 | 六白 | 8/27 | 仏滅 |
| 16 | 月 | 甲戌 | 五黄 | 8/28 | 大安 |
| 17 | 火 | 乙亥 | 四緑 | 8/29 | 赤口 |
| 18 | 水 | 丙子 | 三碧 | 9/1 | 先負 |
| 19 | 木 | 丁丑 | 二黒 | 9/2 | 仏滅 |
| 20 | 金 | 戊寅 | 一白 | 9/3 | 大安 |
| 21 | 土 | 己卯 | 九紫 | 9/4 | 赤口 |
| 22 | 日 | 庚辰 | 八白 | 9/5 | 先勝 |
| 23 | 月 | 辛巳 | 七赤 | 9/6 | 友引 |
| 24 | 火 | 壬午 | 六白 | 9/7 | 先負 |
| 25 | 水 | 癸未 | 五黄 | 9/8 | 仏滅 |
| 26 | 木 | 甲申 | 四緑 | 9/9 | 大安 |
| 27 | 金 | 乙酉 | 三碧 | 9/10 | 赤口 |
| 28 | 土 | 丙戌 | 二黒 | 9/11 | 先勝 |
| 29 | 日 | 丁亥 | 一白 | 9/12 | 友引 |
| 30 | 月 | 戊子 | 九紫 | 9/13 | 先負 |
| 31 | 火 | 己丑 | 八白 | 9/14 | 仏滅 |

## 11月
（癸亥 二黒土星）

| | | | | | |
|---|---|---|---|---|---|
| 1 | 水 | 庚寅 | 七赤 | 9/15 | 大安 |
| 2 | 木 | 辛卯 | 六白 | 9/16 | 赤口 |
| 3 | 金 | 壬辰 | 五黄 | 9/17 | 先勝 |
| 4 | 土 | 癸巳 | 四緑 | 9/18 | 友引 |
| 5 | 日 | 甲午 | 三碧 | 9/19 | 先負 |
| 6 | 月 | 乙未 | 二黒 | 9/20 | 仏滅 |
| 7 | 火 | 丙申 | 一白 | 9/21 | 大安 |
| 8 | 水 | 丁酉 | 九紫 | 9/22 | 赤口 |
| 9 | 木 | 戊戌 | 八白 | 9/23 | 先勝 |
| 10 | 金 | 己亥 | 七赤 | 9/24 | 友引 |
| 11 | 土 | 庚子 | 六白 | 9/25 | 先負 |
| 12 | 日 | 辛丑 | 五黄 | 9/26 | 仏滅 |
| 13 | 月 | 壬寅 | 四緑 | 9/27 | 大安 |
| 14 | 火 | 癸卯 | 三碧 | 9/28 | 赤口 |
| 15 | 水 | 甲辰 | 二黒 | 9/29 | 先勝 |
| 16 | 木 | 乙巳 | 一白 | 10/1 | 仏滅 |
| 17 | 金 | 丙午 | 九紫 | 10/2 | 大安 |
| 18 | 土 | 丁未 | 八白 | 10/3 | 赤口 |
| 19 | 日 | 戊申 | 七赤 | 10/4 | 先勝 |
| 20 | 月 | 己酉 | 六白 | 10/5 | 友引 |
| 21 | 火 | 庚戌 | 五黄 | 10/6 | 先負 |
| 22 | 水 | 辛亥 | 四緑 | 10/7 | 仏滅 |
| 23 | 木 | 壬子 | 三碧 | 10/8 | 大安 |
| 24 | 金 | 癸丑 | 二黒 | 10/9 | 赤口 |
| 25 | 土 | 甲寅 | 一白 | 10/10 | 先勝 |
| 26 | 日 | 乙卯 | 九紫 | 10/11 | 友引 |
| 27 | 月 | 丙辰 | 八白 | 10/12 | 先負 |
| 28 | 火 | 丁巳 | 七赤 | 10/13 | 仏滅 |
| 29 | 水 | 戊午 | 六白 | 10/14 | 大安 |
| 30 | 木 | 己未 | 五黄 | 10/15 | 赤口 |

## 12月
（甲子 一白水星）

| | | | | | |
|---|---|---|---|---|---|
| 1 | 金 | 庚申 | 四緑 | 10/16 | 先勝 |
| 2 | 土 | 辛酉 | 三碧 | 10/17 | 友引 |
| 3 | 日 | 壬戌 | 二黒 | 10/18 | 先負 |
| 4 | 月 | 癸亥 | 一白 | 10/19 | 仏滅 |
| 5 | 火 | 甲子 | 一白 | 10/20 | 大安 |
| 6 | 水 | 乙丑 | 二黒 | 10/21 | 赤口 |
| 7 | 木 | 丙寅 | 三碧 | 10/22 | 先勝 |
| 8 | 金 | 丁卯 | 四緑 | 10/23 | 友引 |
| 9 | 土 | 戊辰 | 五黄 | 10/24 | 先負 |
| 10 | 日 | 己巳 | 六白 | 10/25 | 仏滅 |
| 11 | 月 | 庚午 | 七赤 | 10/26 | 大安 |
| 12 | 火 | 辛未 | 八白 | 10/27 | 赤口 |
| 13 | 水 | 壬申 | 九紫 | 10/28 | 先勝 |
| 14 | 木 | 癸酉 | 一白 | 10/29 | 友引 |
| 15 | 金 | 甲戌 | 二黒 | 10/30 | 先負 |
| 16 | 土 | 乙亥 | 三碧 | 11/1 | 大安 |
| 17 | 日 | 丙子 | 四緑 | 11/2 | 赤口 |
| 18 | 月 | 丁丑 | 五黄 | 11/3 | 先勝 |
| 19 | 火 | 戊寅 | 六白 | 11/4 | 友引 |
| 20 | 水 | 己卯 | 七赤 | 11/5 | 先負 |
| 21 | 木 | 庚辰 | 八白 | 11/6 | 仏滅 |
| 22 | 金 | 辛巳 | 九紫 | 11/7 | 大安 |
| 23 | 土 | 壬午 | 一白 | 11/8 | 赤口 |
| 24 | 日 | 癸未 | 二黒 | 11/9 | 先勝 |
| 25 | 月 | 甲申 | 三碧 | 11/10 | 友引 |
| 26 | 火 | 乙酉 | 四緑 | 11/11 | 先負 |
| 27 | 水 | 丙戌 | 五黄 | 11/12 | 仏滅 |
| 28 | 木 | 丁亥 | 六白 | 11/13 | 大安 |
| 29 | 金 | 戊子 | 七赤 | 11/14 | 赤口 |
| 30 | 土 | 己丑 | 八白 | 11/15 | 先勝 |
| 31 | 日 | 庚寅 | 九紫 | 11/16 | 友引 |

**9月**

9. 7［節］白露
9.19［雑］彼岸
9.20［雑］社日
9.22［節］秋分

**10月**

10. 8［節］寒露
10.20［雑］土用
10.23［節］霜降

**11月**

11. 7［節］立冬
11.22［節］小雪

**12月**

12. 6［節］大雪
12.21［節］冬至

# 2029

明治 **162** 年
大正 **118** 年
昭和 **104** 年
平成 **41** 年

己酉（つちのととり）
七赤金星

## 生誕・年忌など

**1.15** キング牧師生誕 100 年
**1.22** G. レッシング生誕 300 年
**2. 3** 西周生誕 200 年
**2.11** バチカン市国成立 100 年
**2.12** 長屋王の変 1300 年
**3. 4** 沢田正二郎没後 100 年
**3. 5** 山本宣治没後 100 年
**3.21** 文政の大火 (己丑火事)200 年
**3.28** 色川武大生誕 100 年
**4.13** 後藤新平没後 100 年
**5.13** 松平定信没後 200 年
**7.15** H. ホフマンスタール没後 100 年
**8. 6** A. ウォーホール生誕 100 年
**8.16** 津田梅子没後 100 年
**8.19** S. ディアギレフ没後 100 年
**8.23** エルサレム「嘆きの壁事件」100 年
**8.26** E. サトウ没後 100 年
**8. —** 飛行船ツェッペリン号世界一周 100 年
**9.11** サトウサンペイ生誕 100 年
**9.29** 田中義一没後 100 年
**10.24** ウォール街「暗黒の木曜日」・世界大恐慌開始 100 年
**11.27** 鶴屋南北没後 200 年
**12.20** 岸田劉生没後 100 年
牧野省三没後 100 年
この年 尚巴志・琉球統一 600 年
オスマン・トルコ軍第 1 次ウィーン包囲 500 年
踏み絵開始 400 年
ギリシア独立 200 年

## 2029 年

### 1 月
（乙丑 九紫火星）

| | | | |
|---|---|---|---|
| 1 | 月 | 辛卯 一白 | 11/17 先負 |
| 2 | 火 | 壬辰 二黒 | 11/18 仏滅 |
| 3 | 水 | 癸巳 三碧 | 11/19 大安 |
| 4 | 木 | 甲午 四緑 | 11/20 赤口 |
| 5 | 金 | 乙未 五黄 | 11/21 先勝 |
| 6 | 土 | 丙申 六白 | 11/22 友引 |
| 7 | 日 | 丁酉 七赤 | 11/23 先負 |
| 8 | 月 | 戊戌 八白 | 11/24 仏滅 |
| 9 | 火 | 己亥 九紫 | 11/25 大安 |
| 10 | 水 | 庚子 一白 | 11/26 赤口 |
| 11 | 木 | 辛丑 二黒 | 11/27 先勝 |
| 12 | 金 | 壬寅 三碧 | 11/28 友引 |
| 13 | 土 | 癸卯 四緑 | 11/29 先負 |
| 14 | 日 | 甲辰 五黄 | 11/30 仏滅 |
| 15 | 月 | 乙巳 六白 | 12/1 赤口 |
| 16 | 火 | 丙午 七赤 | 12/2 先勝 |
| 17 | 水 | 丁未 八白 | 12/3 友引 |
| 18 | 木 | 戊申 九紫 | 12/4 先負 |
| 19 | 金 | 己酉 一白 | 12/5 仏滅 |
| 20 | 土 | 庚戌 二黒 | 12/6 大安 |
| 21 | 日 | 辛亥 三碧 | 12/7 赤口 |
| 22 | 月 | 壬子 四緑 | 12/8 先勝 |
| 23 | 火 | 癸丑 五黄 | 12/9 友引 |
| 24 | 水 | 甲寅 六白 | 12/10 先負 |
| 25 | 木 | 乙卯 七赤 | 12/11 仏滅 |
| 26 | 金 | 丙辰 八白 | 12/12 大安 |
| 27 | 土 | 丁巳 九紫 | 12/13 赤口 |
| 28 | 日 | 戊午 一白 | 12/14 先勝 |
| 29 | 月 | 己未 二黒 | 12/15 友引 |
| 30 | 火 | 庚申 三碧 | 12/16 先負 |
| 31 | 水 | 辛酉 四緑 | 12/17 仏滅 |

### 2 月
（丙寅 八白土星）

| | | | |
|---|---|---|---|
| 1 | 木 | 壬戌 五黄 | 12/18 大安 |
| 2 | 金 | 癸亥 六白 | 12/19 赤口 |
| 3 | 土 | 甲子 七赤 | 12/20 先勝 |
| 4 | 日 | 乙丑 八白 | 12/21 友引 |
| 5 | 月 | 丙寅 九紫 | 12/22 先負 |
| 6 | 火 | 丁卯 一白 | 12/23 仏滅 |
| 7 | 水 | 戊辰 二黒 | 12/24 大安 |
| 8 | 木 | 己巳 三碧 | 12/25 赤口 |
| 9 | 金 | 庚午 四緑 | 12/26 先勝 |
| 10 | 土 | 辛未 五黄 | 12/27 友引 |
| 11 | 日 | 壬申 六白 | 12/28 先負 |
| 12 | 月 | 癸酉 七赤 | 12/29 仏滅 |
| 13 | 火 | 甲戌 八白 | 1/1 先勝 |
| 14 | 水 | 乙亥 九紫 | 1/2 友引 |
| 15 | 木 | 丙子 一白 | 1/3 先負 |
| 16 | 金 | 丁丑 二黒 | 1/4 仏滅 |
| 17 | 土 | 戊寅 三碧 | 1/5 大安 |
| 18 | 日 | 己卯 四緑 | 1/6 赤口 |
| 19 | 月 | 庚辰 五黄 | 1/7 先勝 |
| 20 | 火 | 辛巳 六白 | 1/8 友引 |
| 21 | 水 | 壬午 七赤 | 1/9 先負 |
| 22 | 木 | 癸未 八白 | 1/10 仏滅 |
| 23 | 金 | 甲申 九紫 | 1/11 大安 |
| 24 | 土 | 乙酉 一白 | 1/12 赤口 |
| 25 | 日 | 丙戌 二黒 | 1/13 先勝 |
| 26 | 月 | 丁亥 三碧 | 1/14 友引 |
| 27 | 火 | 戊子 四緑 | 1/15 先負 |
| 28 | 水 | 己丑 五黄 | 1/16 仏滅 |

### 3 月
（丁卯 七赤金星）

| | | | |
|---|---|---|---|
| 1 | 木 | 庚寅 六白 | 1/17 大安 |
| 2 | 金 | 辛卯 七赤 | 1/18 赤口 |
| 3 | 土 | 壬辰 八白 | 1/19 先勝 |
| 4 | 日 | 癸巳 九紫 | 1/20 友引 |
| 5 | 月 | 甲午 一白 | 1/21 先負 |
| 6 | 火 | 乙未 二黒 | 1/22 仏滅 |
| 7 | 水 | 丙申 三碧 | 1/23 大安 |
| 8 | 木 | 丁酉 四緑 | 1/24 赤口 |
| 9 | 金 | 戊戌 五黄 | 1/25 先勝 |
| 10 | 土 | 己亥 六白 | 1/26 友引 |
| 11 | 日 | 庚子 七赤 | 1/27 先負 |
| 12 | 月 | 辛丑 八白 | 1/28 仏滅 |
| 13 | 火 | 壬寅 九紫 | 1/29 大安 |
| 14 | 水 | 癸卯 一白 | 1/30 赤口 |
| 15 | 木 | 甲辰 二黒 | 2/1 友引 |
| 16 | 金 | 乙巳 三碧 | 2/2 先負 |
| 17 | 土 | 丙午 四緑 | 2/3 仏滅 |
| 18 | 日 | 丁未 五黄 | 2/4 大安 |
| 19 | 月 | 戊申 六白 | 2/5 赤口 |
| 20 | 火 | 己酉 七赤 | 2/6 先勝 |
| 21 | 水 | 庚戌 八白 | 2/7 友引 |
| 22 | 木 | 辛亥 九紫 | 2/8 先負 |
| 23 | 金 | 壬子 一白 | 2/9 仏滅 |
| 24 | 土 | 癸丑 二黒 | 2/10 大安 |
| 25 | 日 | 甲寅 三碧 | 2/11 赤口 |
| 26 | 月 | 乙卯 四緑 | 2/12 先勝 |
| 27 | 火 | 丙辰 五黄 | 2/13 友引 |
| 28 | 水 | 丁巳 六白 | 2/14 先負 |
| 29 | 木 | 戊午 七赤 | 2/15 仏滅 |
| 30 | 金 | 己未 八白 | 2/16 大安 |
| 31 | 土 | 庚申 九紫 | 2/17 赤口 |

### 4 月
（戊辰 六白金星）

| | | | |
|---|---|---|---|
| 1 | 日 | 辛酉 一白 | 2/18 先勝 |
| 2 | 月 | 壬戌 二黒 | 2/19 友引 |
| 3 | 火 | 癸亥 三碧 | 2/20 先負 |
| 4 | 水 | 甲子 四緑 | 2/21 仏滅 |
| 5 | 木 | 乙丑 五黄 | 2/22 大安 |
| 6 | 金 | 丙寅 六白 | 2/23 赤口 |
| 7 | 土 | 丁卯 七赤 | 2/24 先勝 |
| 8 | 日 | 戊辰 八白 | 2/25 友引 |
| 9 | 月 | 己巳 九紫 | 2/26 先負 |
| 10 | 火 | 庚午 一白 | 2/27 仏滅 |
| 11 | 水 | 辛未 二黒 | 2/28 大安 |
| 12 | 木 | 壬申 三碧 | 2/29 赤口 |
| 13 | 金 | 癸酉 四緑 | 2/30 先勝 |
| 14 | 土 | 甲戌 五黄 | 3/1 先負 |
| 15 | 日 | 乙亥 六白 | 3/2 仏滅 |
| 16 | 月 | 丙子 七赤 | 3/3 大安 |
| 17 | 火 | 丁丑 八白 | 3/4 赤口 |
| 18 | 水 | 戊寅 九紫 | 3/5 先勝 |
| 19 | 木 | 己卯 一白 | 3/6 友引 |
| 20 | 金 | 庚辰 二黒 | 3/7 先負 |
| 21 | 土 | 辛巳 三碧 | 3/8 仏滅 |
| 22 | 日 | 壬午 四緑 | 3/9 大安 |
| 23 | 月 | 癸未 五黄 | 3/10 赤口 |
| 24 | 火 | 甲申 六白 | 3/11 先勝 |
| 25 | 水 | 乙酉 七赤 | 3/12 友引 |
| 26 | 木 | 丙戌 八白 | 3/13 先負 |
| 27 | 金 | 丁亥 九紫 | 3/14 仏滅 |
| 28 | 土 | 戊子 一白 | 3/15 大安 |
| 29 | 日 | 己丑 二黒 | 3/16 赤口 |
| 30 | 月 | 庚寅 三碧 | 3/17 先勝 |

**1 月**

1. 5［節］小寒
1.17［雑］土用
1.20［節］大寒

**2 月**

2. 2［雑］節分
2. 3［節］立春
2.18［節］雨水

**3 月**

3. 5［節］啓蟄
3.17［雑］彼岸
3.19［雑］社日
3.20［節］春分

**4 月**

4. 4［節］清明
4.17［雑］土用
4.20［節］穀雨

## 5月
（己巳 五黄土星）

| | | | |
|---|---|---|---|
| 1 | 火 | 辛卯 四緑 | 3/18 友引 |
| 2 | 水 | 壬辰 五黄 | 3/19 先負 |
| 3 | 木 | 癸巳 六白 | 3/20 仏滅 |
| 4 | 金 | 甲午 七赤 | 3/21 大安 |
| 5 | 土 | 乙未 八白 | 3/22 赤口 |
| 6 | 日 | 丙申 九紫 | 3/23 先勝 |
| 7 | 月 | 丁酉 一白 | 3/24 友引 |
| 8 | 火 | 戊戌 二黒 | 3/25 先負 |
| 9 | 水 | 己亥 三碧 | 3/26 仏滅 |
| 10 | 木 | 庚子 四緑 | 3/27 大安 |
| 11 | 金 | 辛丑 五黄 | 3/28 赤口 |
| 12 | 土 | 壬寅 六白 | 3/29 先勝 |
| 13 | 日 | 癸卯 七赤 | 4/1 仏滅 |
| 14 | 月 | 甲辰 八白 | 4/2 大安 |
| 15 | 火 | 乙巳 九紫 | 4/3 赤口 |
| 16 | 水 | 丙午 一白 | 4/4 先勝 |
| 17 | 木 | 丁未 二黒 | 4/5 友引 |
| 18 | 金 | 戊申 三碧 | 4/6 先負 |
| 19 | 土 | 己酉 四緑 | 4/7 仏滅 |
| 20 | 日 | 庚戌 五黄 | 4/8 大安 |
| 21 | 月 | 辛亥 六白 | 4/9 赤口 |
| 22 | 火 | 壬子 七赤 | 4/10 先勝 |
| 23 | 水 | 癸丑 八白 | 4/11 友引 |
| 24 | 木 | 甲寅 九紫 | 4/12 先負 |
| 25 | 金 | 乙卯 一白 | 4/13 仏滅 |
| 26 | 土 | 丙辰 二黒 | 4/14 大安 |
| 27 | 日 | 丁巳 三碧 | 4/15 赤口 |
| 28 | 月 | 戊午 四緑 | 4/16 先勝 |
| 29 | 火 | 己未 五黄 | 4/17 友引 |
| 30 | 水 | 庚申 六白 | 4/18 先負 |
| 31 | 木 | 辛酉 七赤 | 4/19 仏滅 |

## 6月
（庚午 四緑木星）

| | | | |
|---|---|---|---|
| 1 | 金 | 壬戌 八白 | 4/20 大安 |
| 2 | 土 | 癸亥 九紫 | 4/21 赤口 |
| 3 | 日 | 甲子 九紫 | 4/22 先勝 |
| 4 | 月 | 乙丑 八白 | 4/23 友引 |
| 5 | 火 | 丙寅 七赤 | 4/24 先負 |
| 6 | 水 | 丁卯 六白 | 4/25 仏滅 |
| 7 | 木 | 戊辰 五黄 | 4/26 大安 |
| 8 | 金 | 己巳 四緑 | 4/27 赤口 |
| 9 | 土 | 庚午 三碧 | 4/28 先勝 |
| 10 | 日 | 辛未 二黒 | 4/29 友引 |
| 11 | 月 | 壬申 一白 | 4/30 先負 |
| 12 | 火 | 癸酉 九紫 | 5/1 大安 |
| 13 | 水 | 甲戌 八白 | 5/2 赤口 |
| 14 | 木 | 乙亥 七赤 | 5/3 先勝 |
| 15 | 金 | 丙子 六白 | 5/4 友引 |
| 16 | 土 | 丁丑 五黄 | 5/5 先負 |
| 17 | 日 | 戊寅 四緑 | 5/6 仏滅 |
| 18 | 月 | 己卯 三碧 | 5/7 大安 |
| 19 | 火 | 庚辰 二黒 | 5/8 赤口 |
| 20 | 水 | 辛巳 一白 | 5/9 先勝 |
| 21 | 木 | 壬午 九紫 | 5/10 友引 |
| 22 | 金 | 癸未 八白 | 5/11 先負 |
| 23 | 土 | 甲申 七赤 | 5/12 仏滅 |
| 24 | 日 | 乙酉 六白 | 5/13 大安 |
| 25 | 月 | 丙戌 五黄 | 5/14 赤口 |
| 26 | 火 | 丁亥 四緑 | 5/15 先勝 |
| 27 | 水 | 戊子 三碧 | 5/16 友引 |
| 28 | 木 | 己丑 二黒 | 5/17 先負 |
| 29 | 金 | 庚寅 一白 | 5/18 仏滅 |
| 30 | 土 | 辛卯 九紫 | 5/19 大安 |

## 7月
（辛未 三碧木星）

| | | | |
|---|---|---|---|
| 1 | 日 | 壬辰 八白 | 5/20 赤口 |
| 2 | 月 | 癸巳 七赤 | 5/21 先勝 |
| 3 | 火 | 甲午 六白 | 5/22 友引 |
| 4 | 水 | 乙未 五黄 | 5/23 先負 |
| 5 | 木 | 丙申 四緑 | 5/24 仏滅 |
| 6 | 金 | 丁酉 三碧 | 5/25 大安 |
| 7 | 土 | 戊戌 二黒 | 5/26 赤口 |
| 8 | 日 | 己亥 一白 | 5/27 先勝 |
| 9 | 月 | 庚子 九紫 | 5/28 友引 |
| 10 | 火 | 辛丑 八白 | 5/29 先負 |
| 11 | 水 | 壬寅 七赤 | 5/30 仏滅 |
| 12 | 木 | 癸卯 六白 | 6/1 赤口 |
| 13 | 金 | 甲辰 五黄 | 6/2 先勝 |
| 14 | 土 | 乙巳 四緑 | 6/3 友引 |
| 15 | 日 | 丙午 三碧 | 6/4 先負 |
| 16 | 月 | 丁未 二黒 | 6/5 仏滅 |
| 17 | 火 | 戊申 一白 | 6/6 大安 |
| 18 | 水 | 己酉 九紫 | 6/7 赤口 |
| 19 | 木 | 庚戌 八白 | 6/8 先勝 |
| 20 | 金 | 辛亥 七赤 | 6/9 友引 |
| 21 | 土 | 壬子 六白 | 6/10 先負 |
| 22 | 日 | 癸丑 五黄 | 6/11 仏滅 |
| 23 | 月 | 甲寅 四緑 | 6/12 大安 |
| 24 | 火 | 乙卯 三碧 | 6/13 赤口 |
| 25 | 水 | 丙辰 二黒 | 6/14 先勝 |
| 26 | 木 | 丁巳 一白 | 6/15 友引 |
| 27 | 金 | 戊午 九紫 | 6/16 先負 |
| 28 | 土 | 己未 八白 | 6/17 仏滅 |
| 29 | 日 | 庚申 七赤 | 6/18 大安 |
| 30 | 月 | 辛酉 六白 | 6/19 赤口 |
| 31 | 火 | 壬戌 五黄 | 6/20 先勝 |

## 8月
（壬申 二黒土星）

| | | | |
|---|---|---|---|
| 1 | 水 | 癸亥 四緑 | 6/21 友引 |
| 2 | 木 | 甲子 三碧 | 6/22 先負 |
| 3 | 金 | 乙丑 二黒 | 6/23 仏滅 |
| 4 | 土 | 丙寅 一白 | 6/24 大安 |
| 5 | 日 | 丁卯 九紫 | 6/25 赤口 |
| 6 | 月 | 戊辰 八白 | 6/26 先勝 |
| 7 | 火 | 己巳 七赤 | 6/27 友引 |
| 8 | 水 | 庚午 六白 | 6/28 先負 |
| 9 | 木 | 辛未 五黄 | 6/29 仏滅 |
| 10 | 金 | 壬申 四緑 | 7/1 先勝 |
| 11 | 土 | 癸酉 三碧 | 7/2 友引 |
| 12 | 日 | 甲戌 二黒 | 7/3 先負 |
| 13 | 月 | 乙亥 一白 | 7/4 仏滅 |
| 14 | 火 | 丙子 九紫 | 7/5 大安 |
| 15 | 水 | 丁丑 八白 | 7/6 赤口 |
| 16 | 木 | 戊寅 七赤 | 7/7 先勝 |
| 17 | 金 | 己卯 六白 | 7/8 友引 |
| 18 | 土 | 庚辰 五黄 | 7/9 先負 |
| 19 | 日 | 辛巳 四緑 | 7/10 仏滅 |
| 20 | 月 | 壬午 三碧 | 7/11 大安 |
| 21 | 火 | 癸未 二黒 | 7/12 赤口 |
| 22 | 水 | 甲申 一白 | 7/13 先勝 |
| 23 | 木 | 乙酉 九紫 | 7/14 友引 |
| 24 | 金 | 丙戌 八白 | 7/15 先負 |
| 25 | 土 | 丁亥 七赤 | 7/16 仏滅 |
| 26 | 日 | 戊子 六白 | 7/17 大安 |
| 27 | 月 | 己丑 五黄 | 7/18 赤口 |
| 28 | 火 | 庚寅 四緑 | 7/19 先勝 |
| 29 | 水 | 辛卯 三碧 | 7/20 友引 |
| 30 | 木 | 壬辰 二黒 | 7/21 先負 |
| 31 | 金 | 癸巳 一白 | 7/22 仏滅 |

**5月**

5. 1［雑］八十八夜
5. 5［節］立夏
5.21［節］小満

**6月**

6. 5［節］芒種
6.10［雑］入梅
6.21［節］夏至

**7月**

7. 1［雑］半夏生
7. 7［節］小暑
7.19［雑］土用
7.22［節］大暑

**8月**

8. 7［節］立秋
8.23［節］処暑
8.31［雑］二百十日

## 9 月
（癸酉 一白水星）

| | | | | | |
|---|---|---|---|---|---|
| 1 | 土 | 甲午 | 九紫 | 7/23 | 大安 |
| 2 | 日 | 乙未 | 八白 | 7/24 | 赤口 |
| 3 | 月 | 丙申 | 七赤 | 7/25 | 先勝 |
| 4 | 火 | 丁酉 | 六白 | 7/26 | 友引 |
| 5 | 水 | 戊戌 | 五黄 | 7/27 | 先負 |
| 6 | 木 | 己亥 | 四緑 | 7/28 | 仏滅 |
| 7 | 金 | 庚子 | 三碧 | 7/29 | 大安 |
| 8 | 土 | 辛丑 | 二黒 | 8/1 | 友引 |
| 9 | 日 | 壬寅 | 一白 | 8/2 | 先負 |
| 10 | 月 | 癸卯 | 九紫 | 8/3 | 仏滅 |
| 11 | 火 | 甲辰 | 八白 | 8/4 | 大安 |
| 12 | 水 | 乙巳 | 七赤 | 8/5 | 赤口 |
| 13 | 木 | 丙午 | 六白 | 8/6 | 先勝 |
| 14 | 金 | 丁未 | 五黄 | 8/7 | 友引 |
| 15 | 土 | 戊申 | 四緑 | 8/8 | 先負 |
| 16 | 日 | 己酉 | 三碧 | 8/9 | 仏滅 |
| 17 | 月 | 庚戌 | 二黒 | 8/10 | 大安 |
| 18 | 火 | 辛亥 | 一白 | 8/11 | 赤口 |
| 19 | 水 | 壬子 | 九紫 | 8/12 | 先勝 |
| 20 | 木 | 癸丑 | 八白 | 8/13 | 友引 |
| 21 | 金 | 甲寅 | 七赤 | 8/14 | 先負 |
| 22 | 土 | 乙卯 | 六白 | 8/15 | 仏滅 |
| 23 | 日 | 丙辰 | 五黄 | 8/16 | 大安 |
| 24 | 月 | 丁巳 | 四緑 | 8/17 | 赤口 |
| 25 | 火 | 戊午 | 三碧 | 8/18 | 先勝 |
| 26 | 水 | 己未 | 二黒 | 8/19 | 友引 |
| 27 | 木 | 庚申 | 一白 | 8/20 | 先負 |
| 28 | 金 | 辛酉 | 九紫 | 8/21 | 仏滅 |
| 29 | 土 | 壬戌 | 八白 | 8/22 | 大安 |
| 30 | 日 | 癸亥 | 七赤 | 8/23 | 赤口 |

## 10 月
（甲戌 九紫火星）

| | | | | | |
|---|---|---|---|---|---|
| 1 | 月 | 甲子 | 六白 | 8/24 | 先勝 |
| 2 | 火 | 乙丑 | 五黄 | 8/25 | 友引 |
| 3 | 水 | 丙寅 | 四緑 | 8/26 | 先負 |
| 4 | 木 | 丁卯 | 三碧 | 8/27 | 仏滅 |
| 5 | 金 | 戊辰 | 二黒 | 8/28 | 大安 |
| 6 | 土 | 己巳 | 一白 | 8/29 | 赤口 |
| 7 | 日 | 庚午 | 九紫 | 8/30 | 先勝 |
| 8 | 月 | 辛未 | 八白 | 9/1 | 先負 |
| 9 | 火 | 壬申 | 七赤 | 9/2 | 仏滅 |
| 10 | 水 | 癸酉 | 六白 | 9/3 | 大安 |
| 11 | 木 | 甲戌 | 五黄 | 9/4 | 赤口 |
| 12 | 金 | 乙亥 | 四緑 | 9/5 | 先勝 |
| 13 | 土 | 丙子 | 三碧 | 9/6 | 友引 |
| 14 | 日 | 丁丑 | 二黒 | 9/7 | 先負 |
| 15 | 月 | 戊寅 | 一白 | 9/8 | 仏滅 |
| 16 | 火 | 己卯 | 九紫 | 9/9 | 大安 |
| 17 | 水 | 庚辰 | 八白 | 9/10 | 赤口 |
| 18 | 木 | 辛巳 | 七赤 | 9/11 | 先勝 |
| 19 | 金 | 壬午 | 六白 | 9/12 | 友引 |
| 20 | 土 | 癸未 | 五黄 | 9/13 | 先負 |
| 21 | 日 | 甲申 | 四緑 | 9/14 | 仏滅 |
| 22 | 月 | 乙酉 | 三碧 | 9/15 | 大安 |
| 23 | 火 | 丙戌 | 二黒 | 9/16 | 赤口 |
| 24 | 水 | 丁亥 | 一白 | 9/17 | 先勝 |
| 25 | 木 | 戊子 | 九紫 | 9/18 | 友引 |
| 26 | 金 | 己丑 | 八白 | 9/19 | 先負 |
| 27 | 土 | 庚寅 | 七赤 | 9/20 | 仏滅 |
| 28 | 日 | 辛卯 | 六白 | 9/21 | 大安 |
| 29 | 月 | 壬辰 | 五黄 | 9/22 | 赤口 |
| 30 | 火 | 癸巳 | 四緑 | 9/23 | 先勝 |
| 31 | 水 | 甲午 | 三碧 | 9/24 | 友引 |

## 11 月
（乙亥 八白土星）

| | | | | | |
|---|---|---|---|---|---|
| 1 | 木 | 乙未 | 二黒 | 9/25 | 先負 |
| 2 | 金 | 丙申 | 一白 | 9/26 | 仏滅 |
| 3 | 土 | 丁酉 | 九紫 | 9/27 | 大安 |
| 4 | 日 | 戊戌 | 八白 | 9/28 | 赤口 |
| 5 | 月 | 己亥 | 七赤 | 9/29 | 先勝 |
| 6 | 火 | 庚子 | 六白 | 10/1 | 仏滅 |
| 7 | 水 | 辛丑 | 五黄 | 10/2 | 大安 |
| 8 | 木 | 壬寅 | 四緑 | 10/3 | 赤口 |
| 9 | 金 | 癸卯 | 三碧 | 10/4 | 先勝 |
| 10 | 土 | 甲辰 | 二黒 | 10/5 | 友引 |
| 11 | 日 | 乙巳 | 一白 | 10/6 | 先負 |
| 12 | 月 | 丙午 | 九紫 | 10/7 | 仏滅 |
| 13 | 火 | 丁未 | 八白 | 10/8 | 大安 |
| 14 | 水 | 戊申 | 七赤 | 10/9 | 赤口 |
| 15 | 木 | 己酉 | 六白 | 10/10 | 先勝 |
| 16 | 金 | 庚戌 | 五黄 | 10/11 | 友引 |
| 17 | 土 | 辛亥 | 四緑 | 10/12 | 先負 |
| 18 | 日 | 壬子 | 三碧 | 10/13 | 仏滅 |
| 19 | 月 | 癸丑 | 二黒 | 10/14 | 大安 |
| 20 | 火 | 甲寅 | 一白 | 10/15 | 赤口 |
| 21 | 水 | 乙卯 | 九紫 | 10/16 | 先勝 |
| 22 | 木 | 丙辰 | 八白 | 10/17 | 友引 |
| 23 | 金 | 丁巳 | 七赤 | 10/18 | 先負 |
| 24 | 土 | 戊午 | 六白 | 10/19 | 仏滅 |
| 25 | 日 | 己未 | 五黄 | 10/20 | 大安 |
| 26 | 月 | 庚申 | 四緑 | 10/21 | 赤口 |
| 27 | 火 | 辛酉 | 三碧 | 10/22 | 先勝 |
| 28 | 水 | 壬戌 | 二黒 | 10/23 | 友引 |
| 29 | 木 | 癸亥 | 一白 | 10/24 | 先負 |
| 30 | 金 | 甲子 | 一白 | 10/25 | 仏滅 |

## 12 月
（丙子 七赤金星）

| | | | | | |
|---|---|---|---|---|---|
| 1 | 土 | 乙丑 | 二黒 | 10/26 | 大安 |
| 2 | 日 | 丙寅 | 三碧 | 10/27 | 赤口 |
| 3 | 月 | 丁卯 | 四緑 | 10/28 | 先勝 |
| 4 | 火 | 戊辰 | 五黄 | 10/29 | 友引 |
| 5 | 水 | 己巳 | 六白 | 11/1 | 大安 |
| 6 | 木 | 庚午 | 七赤 | 11/2 | 赤口 |
| 7 | 金 | 辛未 | 八白 | 11/3 | 先勝 |
| 8 | 土 | 壬申 | 九紫 | 11/4 | 友引 |
| 9 | 日 | 癸酉 | 一白 | 11/5 | 先負 |
| 10 | 月 | 甲戌 | 二黒 | 11/6 | 仏滅 |
| 11 | 火 | 乙亥 | 三碧 | 11/7 | 大安 |
| 12 | 水 | 丙子 | 四緑 | 11/8 | 赤口 |
| 13 | 木 | 丁丑 | 五黄 | 11/9 | 先勝 |
| 14 | 金 | 戊寅 | 六白 | 11/10 | 友引 |
| 15 | 土 | 己卯 | 七赤 | 11/11 | 先負 |
| 16 | 日 | 庚辰 | 八白 | 11/12 | 仏滅 |
| 17 | 月 | 辛巳 | 九紫 | 11/13 | 大安 |
| 18 | 火 | 壬午 | 一白 | 11/14 | 赤口 |
| 19 | 水 | 癸未 | 二黒 | 11/15 | 先勝 |
| 20 | 木 | 甲申 | 三碧 | 11/16 | 友引 |
| 21 | 金 | 乙酉 | 四緑 | 11/17 | 先負 |
| 22 | 土 | 丙戌 | 五黄 | 11/18 | 仏滅 |
| 23 | 日 | 丁亥 | 六白 | 11/19 | 大安 |
| 24 | 月 | 戊子 | 七赤 | 11/20 | 赤口 |
| 25 | 火 | 己丑 | 八白 | 11/21 | 先勝 |
| 26 | 水 | 庚寅 | 九紫 | 11/22 | 友引 |
| 27 | 木 | 辛卯 | 一白 | 11/23 | 先負 |
| 28 | 金 | 壬辰 | 二黒 | 11/24 | 仏滅 |
| 29 | 土 | 癸巳 | 三碧 | 11/25 | 大安 |
| 30 | 日 | 甲午 | 四緑 | 11/26 | 赤口 |
| 31 | 月 | 乙未 | 五黄 | 11/27 | 先勝 |

**9 月**

9. 7［節］白露
9.20［雑］彼岸
9.23［節］秋分
9.25［雑］社日

**10 月**

10. 8［節］寒露
10.20［雑］土用
10.23［節］霜降

**11 月**

11. 7［節］立冬
11.22［節］小雪

**12 月**

12. 7［節］大雪
12.21［節］冬至

# 2030

明治163年
大正119年
昭和105年
平成42年

庚戌（かのえいぬ）
六白金星

生誕・年忌など

**1.21** 上杉謙信生誕500年
**3. 2** D.H.ロレンス没後100年
**3.12** ガンジー「塩の行進」100年
**3.28** 内村鑑三没後100年
**4.22** ロンドン軍縮条約調印100年
**5. 7** 本居宣長生誕300年
**5.10** 下村観山没後100年
**5.13** 田山花袋没後100年
**6.15** 平山郁夫生誕100年
**7. 7** A.C.ドイル没後100年
**7.13** ワールドカップ・サッカー100年
**7.29** パリ7月革命200年
**8.10** 大久保利通生誕200年
**8.28** アウグスティヌス没後1600年
**9.15** 英マンチェスター・リヴァプール間鉄道開通200年
**9.22** ベネズエラ独立200年
**10. 8** 武満徹生誕100年
**10.27** 霧社事件100年
**10.30** 豊田佐吉没後100年
**11.14** 浜口雄幸首相狙撃事件100年
**11.15** J.ケプラー没後400年
**11.26** 北伊豆地震100年
**12. 3** J.ゴダール生誕100年
**12.10** E.ディキンソン生誕200年
**12.30** 開高健生誕100年
この年 イエス十字架磔刑2000年
遣唐使開始1400年
額田王生誕1400年
朱子生誕900年
山田長政没後400年

**2030 年**

## 1 月
（丁丑 六白金星）

| | | | |
|---|---|---|---|
| 1 | 火 | 丙申 六白 | 11/28 友引 |
| 2 | 水 | 丁酉 七赤 | 11/29 先負 |
| 3 | 木 | 戊戌 八白 | 11/30 仏滅 |
| 4 | 金 | 己亥 九紫 | 12/1 赤口 |
| 5 | 土 | 庚子 一白 | 12/2 先勝 |
| 6 | 日 | 辛丑 二黒 | 12/3 友引 |
| 7 | 月 | 壬寅 三碧 | 12/4 先負 |
| 8 | 火 | 癸卯 四緑 | 12/5 仏滅 |
| 9 | 水 | 甲辰 五黄 | 12/6 大安 |
| 10 | 木 | 乙巳 六白 | 12/7 赤口 |
| 11 | 金 | 丙午 七赤 | 12/8 先勝 |
| 12 | 土 | 丁未 八白 | 12/9 友引 |
| 13 | 日 | 戊申 九紫 | 12/10 先負 |
| 14 | 月 | 己酉 一白 | 12/11 仏滅 |
| 15 | 火 | 庚戌 二黒 | 12/12 大安 |
| 16 | 水 | 辛亥 三碧 | 12/13 赤口 |
| 17 | 木 | 壬子 四緑 | 12/14 先勝 |
| 18 | 金 | 癸丑 五黄 | 12/15 友引 |
| 19 | 土 | 甲寅 六白 | 12/16 先負 |
| 20 | 日 | 乙卯 七赤 | 12/17 仏滅 |
| 21 | 月 | 丙辰 八白 | 12/18 大安 |
| 22 | 火 | 丁巳 九紫 | 12/19 赤口 |
| 23 | 水 | 戊午 一白 | 12/20 先勝 |
| 24 | 木 | 己未 二黒 | 12/21 友引 |
| 25 | 金 | 庚申 三碧 | 12/22 先負 |
| 26 | 土 | 辛酉 四緑 | 12/23 仏滅 |
| 27 | 日 | 壬戌 五黄 | 12/24 大安 |
| 28 | 月 | 癸亥 六白 | 12/25 赤口 |
| 29 | 火 | 甲子 七赤 | 12/26 先勝 |
| 30 | 水 | 乙丑 八白 | 12/27 友引 |
| 31 | 木 | 丙寅 九紫 | 12/28 先負 |

## 2 月
（戊寅 五黄土星）

| | | | |
|---|---|---|---|
| 1 | 金 | 丁卯 一白 | 12/29 仏滅 |
| 2 | 土 | 戊辰 二黒 | 12/30 大安 |
| 3 | 日 | 己巳 三碧 | 1/1 先勝 |
| 4 | 月 | 庚午 四緑 | 1/2 友引 |
| 5 | 火 | 辛未 五黄 | 1/3 先負 |
| 6 | 水 | 壬申 六白 | 1/4 仏滅 |
| 7 | 木 | 癸酉 七赤 | 1/5 大安 |
| 8 | 金 | 甲戌 八白 | 1/6 赤口 |
| 9 | 土 | 乙亥 九紫 | 1/7 先勝 |
| 10 | 日 | 丙子 一白 | 1/8 友引 |
| 11 | 月 | 丁丑 二黒 | 1/9 先負 |
| 12 | 火 | 戊寅 三碧 | 1/10 仏滅 |
| 13 | 水 | 己卯 四緑 | 1/11 大安 |
| 14 | 木 | 庚辰 五黄 | 1/12 赤口 |
| 15 | 金 | 辛巳 六白 | 1/13 先勝 |
| 16 | 土 | 壬午 七赤 | 1/14 友引 |
| 17 | 日 | 癸未 八白 | 1/15 先負 |
| 18 | 月 | 甲申 九紫 | 1/16 仏滅 |
| 19 | 火 | 乙酉 一白 | 1/17 大安 |
| 20 | 水 | 丙戌 二黒 | 1/18 赤口 |
| 21 | 木 | 丁亥 三碧 | 1/19 先勝 |
| 22 | 金 | 戊子 四緑 | 1/20 友引 |
| 23 | 土 | 己丑 五黄 | 1/21 先負 |
| 24 | 日 | 庚寅 六白 | 1/22 仏滅 |
| 25 | 月 | 辛卯 七赤 | 1/23 大安 |
| 26 | 火 | 壬辰 八白 | 1/24 赤口 |
| 27 | 水 | 癸巳 九紫 | 1/25 先勝 |
| 28 | 木 | 甲午 一白 | 1/26 友引 |

## 3 月
（己卯 四緑木星）

| | | | |
|---|---|---|---|
| 1 | 金 | 乙未 二黒 | 1/27 先負 |
| 2 | 土 | 丙申 三碧 | 1/28 仏滅 |
| 3 | 日 | 丁酉 四緑 | 1/29 大安 |
| 4 | 月 | 戊戌 五黄 | 2/1 友引 |
| 5 | 火 | 己亥 六白 | 2/2 先負 |
| 6 | 水 | 庚子 七赤 | 2/3 仏滅 |
| 7 | 木 | 辛丑 八白 | 2/4 大安 |
| 8 | 金 | 壬寅 九紫 | 2/5 赤口 |
| 9 | 土 | 癸卯 一白 | 2/6 先勝 |
| 10 | 日 | 甲辰 二黒 | 2/7 友引 |
| 11 | 月 | 乙巳 三碧 | 2/8 先負 |
| 12 | 火 | 丙午 四緑 | 2/9 仏滅 |
| 13 | 水 | 丁未 五黄 | 2/10 大安 |
| 14 | 木 | 戊申 六白 | 2/11 赤口 |
| 15 | 金 | 己酉 七赤 | 2/12 先勝 |
| 16 | 土 | 庚戌 八白 | 2/13 友引 |
| 17 | 日 | 辛亥 九紫 | 2/14 先負 |
| 18 | 月 | 壬子 一白 | 2/15 仏滅 |
| 19 | 火 | 癸丑 二黒 | 2/16 大安 |
| 20 | 水 | 甲寅 三碧 | 2/17 赤口 |
| 21 | 木 | 乙卯 四緑 | 2/18 先勝 |
| 22 | 金 | 丙辰 五黄 | 2/19 友引 |
| 23 | 土 | 丁巳 六白 | 2/20 先負 |
| 24 | 日 | 戊午 七赤 | 2/21 仏滅 |
| 25 | 月 | 己未 八白 | 2/22 大安 |
| 26 | 火 | 庚申 九紫 | 2/23 赤口 |
| 27 | 水 | 辛酉 一白 | 2/24 先勝 |
| 28 | 木 | 壬戌 二黒 | 2/25 友引 |
| 29 | 金 | 癸亥 三碧 | 2/26 先負 |
| 30 | 土 | 甲子 四緑 | 2/27 仏滅 |
| 31 | 日 | 乙丑 五黄 | 2/28 大安 |

## 4 月
（庚辰 三碧木星）

| | | | |
|---|---|---|---|
| 1 | 月 | 丙寅 六白 | 2/29 赤口 |
| 2 | 火 | 丁卯 七赤 | 2/30 先勝 |
| 3 | 水 | 戊辰 八白 | 3/1 先負 |
| 4 | 木 | 己巳 九紫 | 3/2 仏滅 |
| 5 | 金 | 庚午 一白 | 3/3 大安 |
| 6 | 土 | 辛未 二黒 | 3/4 赤口 |
| 7 | 日 | 壬申 三碧 | 3/5 先勝 |
| 8 | 月 | 癸酉 四緑 | 3/6 友引 |
| 9 | 火 | 甲戌 五黄 | 3/7 先負 |
| 10 | 水 | 乙亥 六白 | 3/8 仏滅 |
| 11 | 木 | 丙子 七赤 | 3/9 大安 |
| 12 | 金 | 丁丑 八白 | 3/10 赤口 |
| 13 | 土 | 戊寅 九紫 | 3/11 先勝 |
| 14 | 日 | 己卯 一白 | 3/12 友引 |
| 15 | 月 | 庚辰 二黒 | 3/13 先負 |
| 16 | 火 | 辛巳 三碧 | 3/14 仏滅 |
| 17 | 水 | 壬午 四緑 | 3/15 大安 |
| 18 | 木 | 癸未 五黄 | 3/16 赤口 |
| 19 | 金 | 甲申 六白 | 3/17 先勝 |
| 20 | 土 | 乙酉 七赤 | 3/18 友引 |
| 21 | 日 | 丙戌 八白 | 3/19 先負 |
| 22 | 月 | 丁亥 九紫 | 3/20 仏滅 |
| 23 | 火 | 戊子 一白 | 3/21 大安 |
| 24 | 水 | 己丑 二黒 | 3/22 赤口 |
| 25 | 木 | 庚寅 三碧 | 3/23 先勝 |
| 26 | 金 | 辛卯 四緑 | 3/24 友引 |
| 27 | 土 | 壬辰 五黄 | 3/25 先負 |
| 28 | 日 | 癸巳 六白 | 3/26 仏滅 |
| 29 | 月 | 甲午 七赤 | 3/27 大安 |
| 30 | 火 | 乙未 八白 | 3/28 赤口 |

**1 月**

1. 5［節］小寒
1.17［雑］土用
1.20［節］大寒

**2 月**

2. 3［雑］節分
2. 4［節］立春
2.19［節］雨水

**3 月**

3. 5［節］啓蟄
3.17［雑］彼岸
3.20［節］春分
3.24［雑］社日

**4 月**

4. 5［節］清明
4.17［雑］土用
4.20［節］穀雨

## 5月
（辛巳 二黒土星）

| | | | |
|---|---|---|---|
| 1 | 水 | 丙申 九紫 | 3/29 先勝 |
| 2 | 木 | 丁酉 一白 | 4/1 仏滅 |
| 3 | 金 | 戊戌 二黒 | 4/2 大安 |
| 4 | 土 | 己亥 三碧 | 4/3 赤口 |
| 5 | 日 | 庚子 四緑 | 4/4 先勝 |
| 6 | 月 | 辛丑 五黄 | 4/5 友引 |
| 7 | 火 | 壬寅 六白 | 4/6 先負 |
| 8 | 水 | 癸卯 七赤 | 4/7 仏滅 |
| 9 | 木 | 甲辰 八白 | 4/8 大安 |
| 10 | 金 | 乙巳 九紫 | 4/9 赤口 |
| 11 | 土 | 丙午 一白 | 4/10 先勝 |
| 12 | 日 | 丁未 二黒 | 4/11 友引 |
| 13 | 月 | 戊申 三碧 | 4/12 先負 |
| 14 | 火 | 己酉 四緑 | 4/13 仏滅 |
| 15 | 水 | 庚戌 五黄 | 4/14 大安 |
| 16 | 木 | 辛亥 六白 | 4/15 赤口 |
| 17 | 金 | 壬子 七赤 | 4/16 先勝 |
| 18 | 土 | 癸丑 八白 | 4/17 友引 |
| 19 | 日 | 甲寅 九紫 | 4/18 先負 |
| 20 | 月 | 乙卯 一白 | 4/19 仏滅 |
| 21 | 火 | 丙辰 二黒 | 4/20 大安 |
| 22 | 水 | 丁巳 三碧 | 4/21 赤口 |
| 23 | 木 | 戊午 四緑 | 4/22 先勝 |
| 24 | 金 | 己未 五黄 | 4/23 友引 |
| 25 | 土 | 庚申 六白 | 4/24 先負 |
| 26 | 日 | 辛酉 七赤 | 4/25 仏滅 |
| 27 | 月 | 壬戌 八白 | 4/26 大安 |
| 28 | 火 | 癸亥 九紫 | 4/27 赤口 |
| 29 | 水 | 甲子 九紫 | 4/28 先勝 |
| 30 | 木 | 乙丑 八白 | 4/29 友引 |
| 31 | 金 | 丙寅 七赤 | 4/30 先負 |

## 6月
（壬午 一白水星）

| | | | |
|---|---|---|---|
| 1 | 土 | 丁卯 六白 | 5/1 大安 |
| 2 | 日 | 戊辰 五黄 | 5/2 赤口 |
| 3 | 月 | 己巳 四緑 | 5/3 先勝 |
| 4 | 火 | 庚午 三碧 | 5/4 友引 |
| 5 | 水 | 辛未 二黒 | 5/5 先負 |
| 6 | 木 | 壬申 一白 | 5/6 仏滅 |
| 7 | 金 | 癸酉 九紫 | 5/7 大安 |
| 8 | 土 | 甲戌 八白 | 5/8 赤口 |
| 9 | 日 | 乙亥 七赤 | 5/9 先勝 |
| 10 | 月 | 丙子 六白 | 5/10 友引 |
| 11 | 火 | 丁丑 五黄 | 5/11 先負 |
| 12 | 水 | 戊寅 四緑 | 5/12 仏滅 |
| 13 | 木 | 己卯 三碧 | 5/13 大安 |
| 14 | 金 | 庚辰 二黒 | 5/14 赤口 |
| 15 | 土 | 辛巳 一白 | 5/15 先勝 |
| 16 | 日 | 壬午 九紫 | 5/16 友引 |
| 17 | 月 | 癸未 八白 | 5/17 先負 |
| 18 | 火 | 甲申 七赤 | 5/18 仏滅 |
| 19 | 水 | 乙酉 六白 | 5/19 大安 |
| 20 | 木 | 丙戌 五黄 | 5/20 赤口 |
| 21 | 金 | 丁亥 四緑 | 5/21 先勝 |
| 22 | 土 | 戊子 三碧 | 5/22 友引 |
| 23 | 日 | 己丑 二黒 | 5/23 先負 |
| 24 | 月 | 庚寅 一白 | 5/24 仏滅 |
| 25 | 火 | 辛卯 九紫 | 5/25 大安 |
| 26 | 水 | 壬辰 八白 | 5/26 赤口 |
| 27 | 木 | 癸巳 七赤 | 5/27 先勝 |
| 28 | 金 | 甲午 六白 | 5/28 友引 |
| 29 | 土 | 乙未 五黄 | 5/29 先負 |
| 30 | 日 | 丙申 四緑 | 5/30 仏滅 |

## 7月
（癸未 九紫火星）

| | | | |
|---|---|---|---|
| 1 | 月 | 丁酉 三碧 | 6/1 赤口 |
| 2 | 火 | 戊戌 二黒 | 6/2 先勝 |
| 3 | 水 | 己亥 一白 | 6/3 友引 |
| 4 | 木 | 庚子 九紫 | 6/4 先負 |
| 5 | 金 | 辛丑 八白 | 6/5 仏滅 |
| 6 | 土 | 壬寅 七赤 | 6/6 大安 |
| 7 | 日 | 癸卯 六白 | 6/7 赤口 |
| 8 | 月 | 甲辰 五黄 | 6/8 先勝 |
| 9 | 火 | 乙巳 四緑 | 6/9 友引 |
| 10 | 水 | 丙午 三碧 | 6/10 先負 |
| 11 | 木 | 丁未 二黒 | 6/11 仏滅 |
| 12 | 金 | 戊申 一白 | 6/12 大安 |
| 13 | 土 | 己酉 九紫 | 6/13 赤口 |
| 14 | 日 | 庚戌 八白 | 6/14 先勝 |
| 15 | 月 | 辛亥 七赤 | 6/15 友引 |
| 16 | 火 | 壬子 六白 | 6/16 先負 |
| 17 | 水 | 癸丑 五黄 | 6/17 仏滅 |
| 18 | 木 | 甲寅 四緑 | 6/18 大安 |
| 19 | 金 | 乙卯 三碧 | 6/19 赤口 |
| 20 | 土 | 丙辰 二黒 | 6/20 先勝 |
| 21 | 日 | 丁巳 一白 | 6/21 友引 |
| 22 | 月 | 戊午 九紫 | 6/22 先負 |
| 23 | 火 | 己未 八白 | 6/23 仏滅 |
| 24 | 水 | 庚申 七赤 | 6/24 大安 |
| 25 | 木 | 辛酉 六白 | 6/25 赤口 |
| 26 | 金 | 壬戌 五黄 | 6/26 先勝 |
| 27 | 土 | 癸亥 四緑 | 6/27 友引 |
| 28 | 日 | 甲子 三碧 | 6/28 先負 |
| 29 | 月 | 乙丑 二黒 | 6/29 仏滅 |
| 30 | 火 | 丙寅 一白 | 7/1 先勝 |
| 31 | 水 | 丁卯 九紫 | 7/2 友引 |

## 8月
（甲申 八白土星）

| | | | |
|---|---|---|---|
| 1 | 木 | 戊辰 八白 | 7/3 先負 |
| 2 | 金 | 己巳 七赤 | 7/4 仏滅 |
| 3 | 土 | 庚午 六白 | 7/5 大安 |
| 4 | 日 | 辛未 五黄 | 7/6 赤口 |
| 5 | 月 | 壬申 四緑 | 7/7 先勝 |
| 6 | 火 | 癸酉 三碧 | 7/8 友引 |
| 7 | 水 | 甲戌 二黒 | 7/9 先負 |
| 8 | 木 | 乙亥 一白 | 7/10 仏滅 |
| 9 | 金 | 丙子 九紫 | 7/11 大安 |
| 10 | 土 | 丁丑 八白 | 7/12 赤口 |
| 11 | 日 | 戊寅 七赤 | 7/13 先勝 |
| 12 | 月 | 己卯 六白 | 7/14 友引 |
| 13 | 火 | 庚辰 五黄 | 7/15 先負 |
| 14 | 水 | 辛巳 四緑 | 7/16 仏滅 |
| 15 | 木 | 壬午 三碧 | 7/17 大安 |
| 16 | 金 | 癸未 二黒 | 7/18 赤口 |
| 17 | 土 | 甲申 一白 | 7/19 先勝 |
| 18 | 日 | 乙酉 九紫 | 7/20 友引 |
| 19 | 月 | 丙戌 八白 | 7/21 先負 |
| 20 | 火 | 丁亥 七赤 | 7/22 仏滅 |
| 21 | 水 | 戊子 六白 | 7/23 大安 |
| 22 | 木 | 己丑 五黄 | 7/24 赤口 |
| 23 | 金 | 庚寅 四緑 | 7/25 先勝 |
| 24 | 土 | 辛卯 三碧 | 7/26 友引 |
| 25 | 日 | 壬辰 二黒 | 7/27 先負 |
| 26 | 月 | 癸巳 一白 | 7/28 仏滅 |
| 27 | 火 | 甲午 九紫 | 7/29 大安 |
| 28 | 水 | 乙未 八白 | 7/30 赤口 |
| 29 | 木 | 丙申 七赤 | 8/1 友引 |
| 30 | 金 | 丁酉 六白 | 8/2 先負 |
| 31 | 土 | 戊戌 五黄 | 8/3 仏滅 |

**5月**

5. 2［雑］八十八夜
5. 5［節］立夏
5.21［節］小満

**6月**

6. 5［節］芒種
6.11［雑］入梅
6.21［節］夏至

**7月**

7. 2［雑］半夏生
7. 7［節］小暑
7.19［雑］土用
7.23［節］大暑

**8月**

8. 7［節］立秋
8.23［節］処暑

2030 年

## 9 月
（乙酉 七赤金星）

| | | | |
|---|---|---|---|
| 1 | 日 | 己亥 四緑 | 8/4 大安 |
| 2 | 月 | 庚子 三碧 | 8/5 赤口 |
| 3 | 火 | 辛丑 二黒 | 8/6 先勝 |
| 4 | 水 | 壬寅 一白 | 8/7 友引 |
| 5 | 木 | 癸卯 九紫 | 8/8 先負 |
| 6 | 金 | 甲辰 八白 | 8/9 仏滅 |
| 7 | 土 | 乙巳 七赤 | 8/10 大安 |
| 8 | 日 | 丙午 六白 | 8/11 赤口 |
| 9 | 月 | 丁未 五黄 | 8/12 先勝 |
| 10 | 火 | 戊申 四緑 | 8/13 友引 |
| 11 | 水 | 己酉 三碧 | 8/14 先負 |
| 12 | 木 | 庚戌 二黒 | 8/15 仏滅 |
| 13 | 金 | 辛亥 一白 | 8/16 大安 |
| 14 | 土 | 壬子 九紫 | 8/17 赤口 |
| 15 | 日 | 癸丑 八白 | 8/18 先勝 |
| 16 | 月 | 甲寅 七赤 | 8/19 友引 |
| 17 | 火 | 乙卯 六白 | 8/20 先負 |
| 18 | 水 | 丙辰 五黄 | 8/21 仏滅 |
| 19 | 木 | 丁巳 四緑 | 8/22 大安 |
| 20 | 金 | 戊午 三碧 | 8/23 赤口 |
| 21 | 土 | 己未 二黒 | 8/24 先勝 |
| 22 | 日 | 庚申 一白 | 8/25 友引 |
| 23 | 月 | 辛酉 九紫 | 8/26 先負 |
| 24 | 火 | 壬戌 八白 | 8/27 仏滅 |
| 25 | 水 | 癸亥 七赤 | 8/28 大安 |
| 26 | 木 | 甲子 六白 | 8/29 赤口 |
| 27 | 金 | 乙丑 五黄 | 9/1 先負 |
| 28 | 土 | 丙寅 四緑 | 9/2 仏滅 |
| 29 | 日 | 丁卯 三碧 | 9/3 大安 |
| 30 | 月 | 戊辰 二黒 | 9/4 赤口 |

9 月
9. 1 〔雑〕二百十日
9. 7 〔節〕白露
9.20 〔雑〕彼岸
9.20 〔雑〕社日
9.23 〔節〕秋分

## 10 月
（丙戌 六白金星）

| | | | |
|---|---|---|---|
| 1 | 火 | 己巳 一白 | 9/5 先勝 |
| 2 | 水 | 庚午 九紫 | 9/6 友引 |
| 3 | 木 | 辛未 八白 | 9/7 先負 |
| 4 | 金 | 壬申 七赤 | 9/8 仏滅 |
| 5 | 土 | 癸酉 六白 | 9/9 大安 |
| 6 | 日 | 甲戌 五黄 | 9/10 赤口 |
| 7 | 月 | 乙亥 四緑 | 9/11 先勝 |
| 8 | 火 | 丙子 三碧 | 9/12 友引 |
| 9 | 水 | 丁丑 二黒 | 9/13 先負 |
| 10 | 木 | 戊寅 一白 | 9/14 仏滅 |
| 11 | 金 | 己卯 九紫 | 9/15 大安 |
| 12 | 土 | 庚辰 八白 | 9/16 赤口 |
| 13 | 日 | 辛巳 七赤 | 9/17 先勝 |
| 14 | 月 | 壬午 六白 | 9/18 友引 |
| 15 | 火 | 癸未 五黄 | 9/19 先負 |
| 16 | 水 | 甲申 四緑 | 9/20 仏滅 |
| 17 | 木 | 乙酉 三碧 | 9/21 大安 |
| 18 | 金 | 丙戌 二黒 | 9/22 赤口 |
| 19 | 土 | 丁亥 一白 | 9/23 先勝 |
| 20 | 日 | 戊子 九紫 | 9/24 友引 |
| 21 | 月 | 己丑 八白 | 9/25 先負 |
| 22 | 火 | 庚寅 七赤 | 9/26 仏滅 |
| 23 | 水 | 辛卯 六白 | 9/27 大安 |
| 24 | 木 | 壬辰 五黄 | 9/28 赤口 |
| 25 | 金 | 癸巳 四緑 | 9/29 先勝 |
| 26 | 土 | 甲午 三碧 | 9/30 友引 |
| 27 | 日 | 乙未 二黒 | 10/1 仏滅 |
| 28 | 月 | 丙申 一白 | 10/2 大安 |
| 29 | 火 | 丁酉 九紫 | 10/3 赤口 |
| 30 | 水 | 戊戌 八白 | 10/4 先勝 |
| 31 | 木 | 己亥 七赤 | 10/5 友引 |

10 月
10. 8 〔節〕寒露
10.20 〔雑〕土用
10.23 〔節〕霜降

## 11 月
（丁亥 五黄土星）

| | | | |
|---|---|---|---|
| 1 | 金 | 庚子 六白 | 10/6 先負 |
| 2 | 土 | 辛丑 五黄 | 10/7 仏滅 |
| 3 | 日 | 壬寅 四緑 | 10/8 大安 |
| 4 | 月 | 癸卯 三碧 | 10/9 赤口 |
| 5 | 火 | 甲辰 二黒 | 10/10 先勝 |
| 6 | 水 | 乙巳 一白 | 10/11 友引 |
| 7 | 木 | 丙午 九紫 | 10/12 先負 |
| 8 | 金 | 丁未 八白 | 10/13 仏滅 |
| 9 | 土 | 戊申 七赤 | 10/14 大安 |
| 10 | 日 | 己酉 六白 | 10/15 赤口 |
| 11 | 月 | 庚戌 五黄 | 10/16 先勝 |
| 12 | 火 | 辛亥 四緑 | 10/17 友引 |
| 13 | 水 | 壬子 三碧 | 10/18 先負 |
| 14 | 木 | 癸丑 二黒 | 10/19 仏滅 |
| 15 | 金 | 甲寅 一白 | 10/20 大安 |
| 16 | 土 | 乙卯 九紫 | 10/21 赤口 |
| 17 | 日 | 丙辰 八白 | 10/22 先勝 |
| 18 | 月 | 丁巳 七赤 | 10/23 友引 |
| 19 | 火 | 戊午 六白 | 10/24 先負 |
| 20 | 水 | 己未 五黄 | 10/25 仏滅 |
| 21 | 木 | 庚申 四緑 | 10/26 大安 |
| 22 | 金 | 辛酉 三碧 | 10/27 赤口 |
| 23 | 土 | 壬戌 二黒 | 10/28 先勝 |
| 24 | 日 | 癸亥 一白 | 10/29 友引 |
| 25 | 月 | 甲子 一白 | 11/1 大安 |
| 26 | 火 | 乙丑 二黒 | 11/2 赤口 |
| 27 | 水 | 丙寅 三碧 | 11/3 先勝 |
| 28 | 木 | 丁卯 四緑 | 11/4 友引 |
| 29 | 金 | 戊辰 五黄 | 11/5 先負 |
| 30 | 土 | 己巳 六白 | 11/6 仏滅 |

11 月
11. 7 〔節〕立冬
11.22 〔節〕小雪

## 12 月
（戊子 四緑木星）

| | | | |
|---|---|---|---|
| 1 | 日 | 庚午 七赤 | 11/7 大安 |
| 2 | 月 | 辛未 八白 | 11/8 赤口 |
| 3 | 火 | 壬申 九紫 | 11/9 先勝 |
| 4 | 水 | 癸酉 一白 | 11/10 友引 |
| 5 | 木 | 甲戌 二黒 | 11/11 先負 |
| 6 | 金 | 乙亥 三碧 | 11/12 仏滅 |
| 7 | 土 | 丙子 四緑 | 11/13 大安 |
| 8 | 日 | 丁丑 五黄 | 11/14 赤口 |
| 9 | 月 | 戊寅 六白 | 11/15 先勝 |
| 10 | 火 | 己卯 七赤 | 11/16 友引 |
| 11 | 水 | 庚辰 八白 | 11/17 先負 |
| 12 | 木 | 辛巳 九紫 | 11/18 仏滅 |
| 13 | 金 | 壬午 一白 | 11/19 大安 |
| 14 | 土 | 癸未 二黒 | 11/20 赤口 |
| 15 | 日 | 甲申 三碧 | 11/21 先勝 |
| 16 | 月 | 乙酉 四緑 | 11/22 友引 |
| 17 | 火 | 丙戌 五黄 | 11/23 先負 |
| 18 | 水 | 丁亥 六白 | 11/24 仏滅 |
| 19 | 木 | 戊子 七赤 | 11/25 大安 |
| 20 | 金 | 己丑 八白 | 11/26 赤口 |
| 21 | 土 | 庚寅 九紫 | 11/27 先勝 |
| 22 | 日 | 辛卯 一白 | 11/28 友引 |
| 23 | 月 | 壬辰 二黒 | 11/29 先負 |
| 24 | 火 | 癸巳 三碧 | 11/30 仏滅 |
| 25 | 水 | 甲午 四緑 | 12/1 赤口 |
| 26 | 木 | 乙未 五黄 | 12/2 先勝 |
| 27 | 金 | 丙申 六白 | 12/3 友引 |
| 28 | 土 | 丁酉 七赤 | 12/4 先負 |
| 29 | 日 | 戊戌 八白 | 12/5 仏滅 |
| 30 | 月 | 己亥 九紫 | 12/6 大安 |
| 31 | 火 | 庚子 一白 | 12/7 赤口 |

12 月
12. 7 〔節〕大雪
12.22 〔節〕冬至

# 2031

明治 164 年
大正 120 年
昭和 106 年
平成 43 年

辛亥（かのとい）
五黄土星

## 生誕・年忌など

**1. 6** 良寛没後 200 年
**1.20** 中村八大生誕 100 年
有吉佐和子生誕 100 年
**1.28** 小松左京生誕 100 年
**1.31** A. パブロワ没後 100 年
**2. 8** J. ディーン生誕 100 年
**2.16** 大岡信生誕 100 年
**3. 6** 三月事件 100 年
**3.31** J. ダン没後 400 年
**4. 9** 広中平祐生誕 100 年
**4.14** スペイン革命 (共和政成立)100 年
**4.24** D. デフォー没後 300 年
**4. —** 平忠常降伏 1000 年
**5. 1** エンパイアステートビル完成 100 年
**5.30** ジャンヌ・ダルク処刑 600 年
**5. —** 元弘の変 700 年
**6.13** 北里柴三郎没後 100 年
**8. 7** 十返舎一九没後 200 年
**8.31** 高橋和巳生誕 100 年
**9.18** 柳条湖事件・満州事変勃発 100 年
**10.11** H. ツヴィングリ没後 500 年
**10.15** P. ヴェルギリウス生誕 2100 年
**10.17** 十月事件 100 年
**10.18** T. エジソン没後 100 年
**10.31** A. シュニッツラー没後 100 年
**11.11** 渋沢栄一没後 100 年
**11.14** G. ヘーゲル没後 200 年
**11.16** K. クラウゼヴィッツ没後 200 年
**12.15** 谷川俊太郎生誕 100 年
**この年** 中国・春秋時代開始 2800 年
寛喜の大飢饉 800 年
ベルギー王国独立 200 年

## 2031 年

### 1 月
（己丑 三碧木星）

| | | | |
|---|---|---|---|
| 1 | 水 | 辛丑 二黒 | 12/8 先勝 |
| 2 | 木 | 壬寅 三碧 | 12/9 友引 |
| 3 | 金 | 癸卯 四緑 | 12/10 先負 |
| 4 | 土 | 甲辰 五黄 | 12/11 仏滅 |
| 5 | 日 | 乙巳 六白 | 12/12 大安 |
| 6 | 月 | 丙午 七赤 | 12/13 赤口 |
| 7 | 火 | 丁未 八白 | 12/14 先勝 |
| 8 | 水 | 戊申 九紫 | 12/15 友引 |
| 9 | 木 | 己酉 一白 | 12/16 先負 |
| 10 | 金 | 庚戌 二黒 | 12/17 仏滅 |
| 11 | 土 | 辛亥 三碧 | 12/18 大安 |
| 12 | 日 | 壬子 四緑 | 12/19 赤口 |
| 13 | 月 | 癸丑 五黄 | 12/20 先勝 |
| 14 | 火 | 甲寅 六白 | 12/21 友引 |
| 15 | 水 | 乙卯 七赤 | 12/22 先負 |
| 16 | 木 | 丙辰 八白 | 12/23 仏滅 |
| 17 | 金 | 丁巳 九紫 | 12/24 大安 |
| 18 | 土 | 戊午 一白 | 12/25 赤口 |
| 19 | 日 | 己未 二黒 | 12/26 先勝 |
| 20 | 月 | 庚申 三碧 | 12/27 友引 |
| 21 | 火 | 辛酉 四緑 | 12/28 先負 |
| 22 | 水 | 壬戌 五黄 | 12/29 仏滅 |
| 23 | 木 | 癸亥 六白 | 1/1 先勝 |
| 24 | 金 | 甲子 七赤 | 1/2 友引 |
| 25 | 土 | 乙丑 八白 | 1/3 先負 |
| 26 | 日 | 丙寅 九紫 | 1/4 仏滅 |
| 27 | 月 | 丁卯 一白 | 1/5 大安 |
| 28 | 火 | 戊辰 二黒 | 1/6 赤口 |
| 29 | 水 | 己巳 三碧 | 1/7 先勝 |
| 30 | 木 | 庚午 四緑 | 1/8 友引 |
| 31 | 金 | 辛未 五黄 | 1/9 先負 |

### 2 月
（庚寅 二黒土星）

| | | | |
|---|---|---|---|
| 1 | 土 | 壬申 六白 | 1/10 仏滅 |
| 2 | 日 | 癸酉 七赤 | 1/11 大安 |
| 3 | 月 | 甲戌 八白 | 1/12 赤口 |
| 4 | 火 | 乙亥 九紫 | 1/13 先勝 |
| 5 | 水 | 丙子 一白 | 1/14 友引 |
| 6 | 木 | 丁丑 二黒 | 1/15 先負 |
| 7 | 金 | 戊寅 三碧 | 1/16 仏滅 |
| 8 | 土 | 己卯 四緑 | 1/17 大安 |
| 9 | 日 | 庚辰 五黄 | 1/18 赤口 |
| 10 | 月 | 辛巳 六白 | 1/19 先勝 |
| 11 | 火 | 壬午 七赤 | 1/20 友引 |
| 12 | 水 | 癸未 八白 | 1/21 先負 |
| 13 | 木 | 甲申 九紫 | 1/22 仏滅 |
| 14 | 金 | 乙酉 一白 | 1/23 大安 |
| 15 | 土 | 丙戌 二黒 | 1/24 赤口 |
| 16 | 日 | 丁亥 三碧 | 1/25 先勝 |
| 17 | 月 | 戊子 四緑 | 1/26 友引 |
| 18 | 火 | 己丑 五黄 | 1/27 先負 |
| 19 | 水 | 庚寅 六白 | 1/28 仏滅 |
| 20 | 木 | 辛卯 七赤 | 1/29 大安 |
| 21 | 金 | 壬辰 八白 | 1/30 赤口 |
| 22 | 土 | 癸巳 九紫 | 2/1 友引 |
| 23 | 日 | 甲午 一白 | 2/2 先負 |
| 24 | 月 | 乙未 二黒 | 2/3 仏滅 |
| 25 | 火 | 丙申 三碧 | 2/4 大安 |
| 26 | 水 | 丁酉 四緑 | 2/5 赤口 |
| 27 | 木 | 戊戌 五黄 | 2/6 先勝 |
| 28 | 金 | 己亥 六白 | 2/7 友引 |

### 3 月
（辛卯 一白水星）

| | | | |
|---|---|---|---|
| 1 | 土 | 庚子 七赤 | 2/8 先負 |
| 2 | 日 | 辛丑 八白 | 2/9 仏滅 |
| 3 | 月 | 壬寅 九紫 | 2/10 大安 |
| 4 | 火 | 癸卯 一白 | 2/11 赤口 |
| 5 | 水 | 甲辰 二黒 | 2/12 先勝 |
| 6 | 木 | 乙巳 三碧 | 2/13 友引 |
| 7 | 金 | 丙午 四緑 | 2/14 先負 |
| 8 | 土 | 丁未 五黄 | 2/15 仏滅 |
| 9 | 日 | 戊申 六白 | 2/16 大安 |
| 10 | 月 | 己酉 七赤 | 2/17 赤口 |
| 11 | 火 | 庚戌 八白 | 2/18 先勝 |
| 12 | 水 | 辛亥 九紫 | 2/19 友引 |
| 13 | 木 | 壬子 一白 | 2/20 先負 |
| 14 | 金 | 癸丑 二黒 | 2/21 仏滅 |
| 15 | 土 | 甲寅 三碧 | 2/22 大安 |
| 16 | 日 | 乙卯 四緑 | 2/23 赤口 |
| 17 | 月 | 丙辰 五黄 | 2/24 先勝 |
| 18 | 火 | 丁巳 六白 | 2/25 友引 |
| 19 | 水 | 戊午 七赤 | 2/26 先負 |
| 20 | 木 | 己未 八白 | 2/27 仏滅 |
| 21 | 金 | 庚申 九紫 | 2/28 大安 |
| 22 | 土 | 辛酉 一白 | 2/29 赤口 |
| 23 | 日 | 壬戌 二黒 | 3/1 先負 |
| 24 | 月 | 癸亥 三碧 | 3/2 仏滅 |
| 25 | 火 | 甲子 四緑 | 3/3 大安 |
| 26 | 水 | 乙丑 五黄 | 3/4 赤口 |
| 27 | 木 | 丙寅 六白 | 3/5 先勝 |
| 28 | 金 | 丁卯 七赤 | 3/6 友引 |
| 29 | 土 | 戊辰 八白 | 3/7 先負 |
| 30 | 日 | 己巳 九紫 | 3/8 仏滅 |
| 31 | 月 | 庚午 一白 | 3/9 大安 |

### 4 月
（壬辰 九紫火星）

| | | | |
|---|---|---|---|
| 1 | 火 | 辛未 二黒 | 3/10 赤口 |
| 2 | 水 | 壬申 三碧 | 3/11 先勝 |
| 3 | 木 | 癸酉 四緑 | 3/12 友引 |
| 4 | 金 | 甲戌 五黄 | 3/13 先負 |
| 5 | 土 | 乙亥 六白 | 3/14 仏滅 |
| 6 | 日 | 丙子 七赤 | 3/15 大安 |
| 7 | 月 | 丁丑 八白 | 3/16 赤口 |
| 8 | 火 | 戊寅 九紫 | 3/17 先勝 |
| 9 | 水 | 己卯 一白 | 3/18 友引 |
| 10 | 木 | 庚辰 二黒 | 3/19 先負 |
| 11 | 金 | 辛巳 三碧 | 3/20 仏滅 |
| 12 | 土 | 壬午 四緑 | 3/21 大安 |
| 13 | 日 | 癸未 五黄 | 3/22 赤口 |
| 14 | 月 | 甲申 六白 | 3/23 先勝 |
| 15 | 火 | 乙酉 七赤 | 3/24 友引 |
| 16 | 水 | 丙戌 八白 | 3/25 先負 |
| 17 | 木 | 丁亥 九紫 | 3/26 仏滅 |
| 18 | 金 | 戊子 一白 | 3/27 大安 |
| 19 | 土 | 己丑 二黒 | 3/28 赤口 |
| 20 | 日 | 庚寅 三碧 | 3/29 先勝 |
| 21 | 月 | 辛卯 四緑 | 3/30 友引 |
| 22 | 火 | 壬辰 五黄 | 閏3/1 先負 |
| 23 | 水 | 癸巳 六白 | 閏3/2 仏滅 |
| 24 | 木 | 甲午 七赤 | 閏3/3 大安 |
| 25 | 金 | 乙未 八白 | 閏3/4 赤口 |
| 26 | 土 | 丙申 九紫 | 閏3/5 先勝 |
| 27 | 日 | 丁酉 一白 | 閏3/6 友引 |
| 28 | 月 | 戊戌 二黒 | 閏3/7 先負 |
| 29 | 火 | 己亥 三碧 | 閏3/8 仏滅 |
| 30 | 水 | 庚子 四緑 | 閏3/9 大安 |

**1 月**

1. 5［節］小寒
1.17［雑］土用
1.20［節］大寒

**2 月**

2. 3［雑］節分
2. 4［節］立春
2.19［節］雨水

**3 月**

3. 6［節］啓蟄
3.18［雑］彼岸
3.19［雑］社日
3.21［節］春分

**4 月**

4. 5［節］清明
4.17［雑］土用
4.20［節］穀雨

## 5 月
（癸巳 八白土星）

| 日 | 曜 | 干支・九星 | 旧暦・六曜 |
|---|---|---|---|
| 1 | 木 | 辛丑 五黄 | 閏3/10 赤口 |
| 2 | 金 | 壬寅 六白 | 閏3/11 先勝 |
| 3 | 土 | 癸卯 七赤 | 閏3/12 友引 |
| 4 | 日 | 甲辰 八白 | 閏3/13 先負 |
| 5 | 月 | 乙巳 九紫 | 閏3/14 仏滅 |
| 6 | 火 | 丙午 一白 | 閏3/15 大安 |
| 7 | 水 | 丁未 二黒 | 閏3/16 赤口 |
| 8 | 木 | 戊申 三碧 | 閏3/17 先勝 |
| 9 | 金 | 己酉 四緑 | 閏3/18 友引 |
| 10 | 土 | 庚戌 五黄 | 閏3/19 先負 |
| 11 | 日 | 辛亥 六白 | 閏3/20 仏滅 |
| 12 | 月 | 壬子 七赤 | 閏3/21 大安 |
| 13 | 火 | 癸丑 八白 | 閏3/22 赤口 |
| 14 | 水 | 甲寅 九紫 | 閏3/23 先勝 |
| 15 | 木 | 乙卯 一白 | 閏3/24 友引 |
| 16 | 金 | 丙辰 二黒 | 閏3/25 先負 |
| 17 | 土 | 丁巳 三碧 | 閏3/26 仏滅 |
| 18 | 日 | 戊午 四緑 | 閏3/27 大安 |
| 19 | 月 | 己未 五黄 | 閏3/28 赤口 |
| 20 | 火 | 庚申 六白 | 閏3/29 先勝 |
| 21 | 水 | 辛酉 七赤 | 4/1 仏滅 |
| 22 | 木 | 壬戌 八白 | 4/2 大安 |
| 23 | 金 | 癸亥 九紫 | 4/3 赤口 |
| 24 | 土 | 甲子 九紫 | 4/4 先勝 |
| 25 | 日 | 乙丑 八白 | 4/5 友引 |
| 26 | 月 | 丙寅 七赤 | 4/6 先負 |
| 27 | 火 | 丁卯 六白 | 4/7 仏滅 |
| 28 | 水 | 戊辰 五黄 | 4/8 大安 |
| 29 | 木 | 己巳 四緑 | 4/9 赤口 |
| 30 | 金 | 庚午 三碧 | 4/10 先勝 |
| 31 | 土 | 辛未 二黒 | 4/11 友引 |

## 6 月
（甲午 七赤金星）

| 日 | 曜 | 干支・九星 | 旧暦・六曜 |
|---|---|---|---|
| 1 | 日 | 壬申 一白 | 4/12 先負 |
| 2 | 月 | 癸酉 九紫 | 4/13 仏滅 |
| 3 | 火 | 甲戌 八白 | 4/14 大安 |
| 4 | 水 | 乙亥 七赤 | 4/15 赤口 |
| 5 | 木 | 丙子 六白 | 4/16 先勝 |
| 6 | 金 | 丁丑 五黄 | 4/17 友引 |
| 7 | 土 | 戊寅 四緑 | 4/18 先負 |
| 8 | 日 | 己卯 三碧 | 4/19 仏滅 |
| 9 | 月 | 庚辰 二黒 | 4/20 大安 |
| 10 | 火 | 辛巳 一白 | 4/21 赤口 |
| 11 | 水 | 壬午 九紫 | 4/22 先勝 |
| 12 | 木 | 癸未 八白 | 4/23 友引 |
| 13 | 金 | 甲申 七赤 | 4/24 先負 |
| 14 | 土 | 乙酉 六白 | 4/25 仏滅 |
| 15 | 日 | 丙戌 五黄 | 4/26 大安 |
| 16 | 月 | 丁亥 四緑 | 4/27 赤口 |
| 17 | 火 | 戊子 三碧 | 4/28 先勝 |
| 18 | 水 | 己丑 二黒 | 4/29 友引 |
| 19 | 木 | 庚寅 一白 | 4/30 先負 |
| 20 | 金 | 辛卯 九紫 | 5/1 大安 |
| 21 | 土 | 壬辰 八白 | 5/2 赤口 |
| 22 | 日 | 癸巳 七赤 | 5/3 先勝 |
| 23 | 月 | 甲午 六白 | 5/4 友引 |
| 24 | 火 | 乙未 五黄 | 5/5 先負 |
| 25 | 水 | 丙申 四緑 | 5/6 仏滅 |
| 26 | 木 | 丁酉 三碧 | 5/7 大安 |
| 27 | 金 | 戊戌 二黒 | 5/8 赤口 |
| 28 | 土 | 己亥 一白 | 5/9 先勝 |
| 29 | 日 | 庚子 九紫 | 5/10 友引 |
| 30 | 月 | 辛丑 八白 | 5/11 先負 |

## 7 月
（乙未 六白金星）

| 日 | 曜 | 干支・九星 | 旧暦・六曜 |
|---|---|---|---|
| 1 | 火 | 壬寅 七赤 | 5/12 仏滅 |
| 2 | 水 | 癸卯 六白 | 5/13 大安 |
| 3 | 木 | 甲辰 五黄 | 5/14 赤口 |
| 4 | 金 | 乙巳 四緑 | 5/15 先勝 |
| 5 | 土 | 丙午 三碧 | 5/16 友引 |
| 6 | 日 | 丁未 二黒 | 5/17 先負 |
| 7 | 月 | 戊申 一白 | 5/18 仏滅 |
| 8 | 火 | 己酉 九紫 | 5/19 大安 |
| 9 | 水 | 庚戌 八白 | 5/20 赤口 |
| 10 | 木 | 辛亥 七赤 | 5/21 先勝 |
| 11 | 金 | 壬子 六白 | 5/22 友引 |
| 12 | 土 | 癸丑 五黄 | 5/23 先負 |
| 13 | 日 | 甲寅 四緑 | 5/24 仏滅 |
| 14 | 月 | 乙卯 三碧 | 5/25 大安 |
| 15 | 火 | 丙辰 二黒 | 5/26 赤口 |
| 16 | 水 | 丁巳 一白 | 5/27 先勝 |
| 17 | 木 | 戊午 九紫 | 5/28 友引 |
| 18 | 金 | 己未 八白 | 5/29 先負 |
| 19 | 土 | 庚申 七赤 | 6/1 赤口 |
| 20 | 日 | 辛酉 六白 | 6/2 先勝 |
| 21 | 月 | 壬戌 五黄 | 6/3 友引 |
| 22 | 火 | 癸亥 四緑 | 6/4 先負 |
| 23 | 水 | 甲子 三碧 | 6/5 仏滅 |
| 24 | 木 | 乙丑 二黒 | 6/6 大安 |
| 25 | 金 | 丙寅 一白 | 6/7 赤口 |
| 26 | 土 | 丁卯 九紫 | 6/8 先勝 |
| 27 | 日 | 戊辰 八白 | 6/9 友引 |
| 28 | 月 | 己巳 七赤 | 6/10 先負 |
| 29 | 火 | 庚午 六白 | 6/11 仏滅 |
| 30 | 水 | 辛未 五黄 | 6/12 大安 |
| 31 | 木 | 壬申 四緑 | 6/13 赤口 |

## 8 月
（丙申 五黄土星）

| 日 | 曜 | 干支・九星 | 旧暦・六曜 |
|---|---|---|---|
| 1 | 金 | 癸酉 三碧 | 6/14 先勝 |
| 2 | 土 | 甲戌 二黒 | 6/15 友引 |
| 3 | 日 | 乙亥 一白 | 6/16 先負 |
| 4 | 月 | 丙子 九紫 | 6/17 仏滅 |
| 5 | 火 | 丁丑 八白 | 6/18 大安 |
| 6 | 水 | 戊寅 七赤 | 6/19 赤口 |
| 7 | 木 | 己卯 六白 | 6/20 先勝 |
| 8 | 金 | 庚辰 五黄 | 6/21 友引 |
| 9 | 土 | 辛巳 四緑 | 6/22 先負 |
| 10 | 日 | 壬午 三碧 | 6/23 仏滅 |
| 11 | 月 | 癸未 二黒 | 6/24 大安 |
| 12 | 火 | 甲申 一白 | 6/25 赤口 |
| 13 | 水 | 乙酉 九紫 | 6/26 先勝 |
| 14 | 木 | 丙戌 八白 | 6/27 友引 |
| 15 | 金 | 丁亥 七赤 | 6/28 先負 |
| 16 | 土 | 戊子 六白 | 6/29 仏滅 |
| 17 | 日 | 己丑 五黄 | 6/30 大安 |
| 18 | 月 | 庚寅 四緑 | 7/1 先勝 |
| 19 | 火 | 辛卯 三碧 | 7/2 友引 |
| 20 | 水 | 壬辰 二黒 | 7/3 先負 |
| 21 | 木 | 癸巳 一白 | 7/4 仏滅 |
| 22 | 金 | 甲午 九紫 | 7/5 大安 |
| 23 | 土 | 乙未 八白 | 7/6 赤口 |
| 24 | 日 | 丙申 七赤 | 7/7 先勝 |
| 25 | 月 | 丁酉 六白 | 7/8 友引 |
| 26 | 火 | 戊戌 五黄 | 7/9 先負 |
| 27 | 水 | 己亥 四緑 | 7/10 仏滅 |
| 28 | 木 | 庚子 三碧 | 7/11 大安 |
| 29 | 金 | 辛丑 二黒 | 7/12 赤口 |
| 30 | 土 | 壬寅 一白 | 7/13 先勝 |
| 31 | 日 | 癸卯 九紫 | 7/14 友引 |

**5 月**

5. 2［雑］八十八夜
5. 6［節］立夏
5.21［節］小満

**6 月**

6. 6［節］芒種
6.11［雑］入梅
6.21［節］夏至

**7 月**

7. 2［雑］半夏生
7. 7［節］小暑
7.20［雑］土用
7.23［節］大暑

**8 月**

8. 8［節］立秋
8.23［節］処暑

## 9 月
（丁酉 四緑木星）

| | | | |
|---|---|---|---|
| 1 | 月 | 甲辰 八白 | 7/15 先負 |
| 2 | 火 | 乙巳 七赤 | 7/16 仏滅 |
| 3 | 水 | 丙午 六白 | 7/17 大安 |
| 4 | 木 | 丁未 五黄 | 7/18 赤口 |
| 5 | 金 | 戊申 四緑 | 7/19 先勝 |
| 6 | 土 | 己酉 三碧 | 7/20 友引 |
| 7 | 日 | 庚戌 二黒 | 7/21 先負 |
| 8 | 月 | 辛亥 一白 | 7/22 仏滅 |
| 9 | 火 | 壬子 九紫 | 7/23 大安 |
| 10 | 水 | 癸丑 八白 | 7/24 赤口 |
| 11 | 木 | 甲寅 七赤 | 7/25 先勝 |
| 12 | 金 | 乙卯 六白 | 7/26 友引 |
| 13 | 土 | 丙辰 五黄 | 7/27 先負 |
| 14 | 日 | 丁巳 四緑 | 7/28 仏滅 |
| 15 | 月 | 戊午 三碧 | 7/29 大安 |
| 16 | 火 | 己未 二黒 | 7/30 赤口 |
| 17 | 水 | 庚申 一白 | 8/1 友引 |
| 18 | 木 | 辛酉 九紫 | 8/2 先負 |
| 19 | 金 | 壬戌 八白 | 8/3 仏滅 |
| 20 | 土 | 癸亥 七赤 | 8/4 大安 |
| 21 | 日 | 甲子 六白 | 8/5 赤口 |
| 22 | 月 | 乙丑 五黄 | 8/6 先勝 |
| 23 | 火 | 丙寅 四緑 | 8/7 友引 |
| 24 | 水 | 丁卯 三碧 | 8/8 先負 |
| 25 | 木 | 戊辰 二黒 | 8/9 仏滅 |
| 26 | 金 | 己巳 一白 | 8/10 大安 |
| 27 | 土 | 庚午 九紫 | 8/11 赤口 |
| 28 | 日 | 辛未 八白 | 8/12 先勝 |
| 29 | 月 | 壬申 七赤 | 8/13 友引 |
| 30 | 火 | 癸酉 六白 | 8/14 先負 |

## 10 月
（戊戌 三碧木星）

| | | | |
|---|---|---|---|
| 1 | 水 | 甲戌 五黄 | 8/15 仏滅 |
| 2 | 木 | 乙亥 四緑 | 8/16 大安 |
| 3 | 金 | 丙子 三碧 | 8/17 赤口 |
| 4 | 土 | 丁丑 二黒 | 8/18 先勝 |
| 5 | 日 | 戊寅 一白 | 8/19 友引 |
| 6 | 月 | 己卯 九紫 | 8/20 先負 |
| 7 | 火 | 庚辰 八白 | 8/21 仏滅 |
| 8 | 水 | 辛巳 七赤 | 8/22 大安 |
| 9 | 木 | 壬午 六白 | 8/23 赤口 |
| 10 | 金 | 癸未 五黄 | 8/24 先勝 |
| 11 | 土 | 甲申 四緑 | 8/25 友引 |
| 12 | 日 | 乙酉 三碧 | 8/26 先負 |
| 13 | 月 | 丙戌 二黒 | 8/27 仏滅 |
| 14 | 火 | 丁亥 一白 | 8/28 大安 |
| 15 | 水 | 戊子 九紫 | 8/29 赤口 |
| 16 | 木 | 己丑 八白 | 9/1 先負 |
| 17 | 金 | 庚寅 七赤 | 9/2 仏滅 |
| 18 | 土 | 辛卯 六白 | 9/3 大安 |
| 19 | 日 | 壬辰 五黄 | 9/4 赤口 |
| 20 | 月 | 癸巳 四緑 | 9/5 先勝 |
| 21 | 火 | 甲午 三碧 | 9/6 友引 |
| 22 | 水 | 乙未 二黒 | 9/7 先負 |
| 23 | 木 | 丙申 一白 | 9/8 仏滅 |
| 24 | 金 | 丁酉 九紫 | 9/9 大安 |
| 25 | 土 | 戊戌 八白 | 9/10 赤口 |
| 26 | 日 | 己亥 七赤 | 9/11 先勝 |
| 27 | 月 | 庚子 六白 | 9/12 友引 |
| 28 | 火 | 辛丑 五黄 | 9/13 先負 |
| 29 | 水 | 壬寅 四緑 | 9/14 仏滅 |
| 30 | 木 | 癸卯 三碧 | 9/15 大安 |
| 31 | 金 | 甲辰 二黒 | 9/16 赤口 |

## 11 月
（己亥 二黒土星）

| | | | |
|---|---|---|---|
| 1 | 土 | 乙巳 一白 | 9/17 先勝 |
| 2 | 日 | 丙午 九紫 | 9/18 友引 |
| 3 | 月 | 丁未 八白 | 9/19 先負 |
| 4 | 火 | 戊申 七赤 | 9/20 仏滅 |
| 5 | 水 | 己酉 六白 | 9/21 大安 |
| 6 | 木 | 庚戌 五黄 | 9/22 赤口 |
| 7 | 金 | 辛亥 四緑 | 9/23 先勝 |
| 8 | 土 | 壬子 三碧 | 9/24 友引 |
| 9 | 日 | 癸丑 二黒 | 9/25 先負 |
| 10 | 月 | 甲寅 一白 | 9/26 仏滅 |
| 11 | 火 | 乙卯 九紫 | 9/27 大安 |
| 12 | 水 | 丙辰 八白 | 9/28 赤口 |
| 13 | 木 | 丁巳 七赤 | 9/29 先勝 |
| 14 | 金 | 戊午 六白 | 9/30 友引 |
| 15 | 土 | 己未 五黄 | 10/1 仏滅 |
| 16 | 日 | 庚申 四緑 | 10/2 大安 |
| 17 | 月 | 辛酉 三碧 | 10/3 赤口 |
| 18 | 火 | 壬戌 二黒 | 10/4 先勝 |
| 19 | 水 | 癸亥 一白 | 10/5 友引 |
| 20 | 木 | 甲子 九紫 | 10/6 先負 |
| 21 | 金 | 乙丑 八白 | 10/7 仏滅 |
| 22 | 土 | 丙寅 七赤 | 10/8 大安 |
| 23 | 日 | 丁卯 六白 | 10/9 赤口 |
| 24 | 月 | 戊辰 五黄 | 10/10 先勝 |
| 25 | 火 | 己巳 四緑 | 10/11 友引 |
| 26 | 水 | 庚午 三碧 | 10/12 先負 |
| 27 | 木 | 辛未 二黒 | 10/13 仏滅 |
| 28 | 金 | 壬申 一白 | 10/14 大安 |
| 29 | 土 | 癸酉 九紫 | 10/15 赤口 |
| 30 | 日 | 甲戌 八白 | 10/16 先勝 |

## 12 月
（庚子 一白水星）

| | | | |
|---|---|---|---|
| 1 | 月 | 乙亥 七赤 | 10/17 友引 |
| 2 | 火 | 丙子 六白 | 10/18 先負 |
| 3 | 水 | 丁丑 五黄 | 10/19 仏滅 |
| 4 | 木 | 戊寅 四緑 | 10/20 大安 |
| 5 | 金 | 己卯 三碧 | 10/21 赤口 |
| 6 | 土 | 庚辰 二黒 | 10/22 先勝 |
| 7 | 日 | 辛巳 一白 | 10/23 友引 |
| 8 | 月 | 壬午 九紫 | 10/24 先負 |
| 9 | 火 | 癸未 八白 | 10/25 仏滅 |
| 10 | 水 | 甲申 七赤 | 10/26 大安 |
| 11 | 木 | 乙酉 六白 | 10/27 赤口 |
| 12 | 金 | 丙戌 五黄 | 10/28 先勝 |
| 13 | 土 | 丁亥 四緑 | 10/29 友引 |
| 14 | 日 | 戊子 三碧 | 11/1 大安 |
| 15 | 月 | 己丑 二黒 | 11/2 赤口 |
| 16 | 火 | 庚寅 一白 | 11/3 先勝 |
| 17 | 水 | 辛卯 九紫 | 11/4 友引 |
| 18 | 木 | 壬辰 八白 | 11/5 先負 |
| 19 | 金 | 癸巳 七赤 | 11/6 仏滅 |
| 20 | 土 | 甲午 七赤 | 11/7 大安 |
| 21 | 日 | 乙未 八白 | 11/8 赤口 |
| 22 | 月 | 丙申 九紫 | 11/9 先勝 |
| 23 | 火 | 丁酉 一白 | 11/10 友引 |
| 24 | 水 | 戊戌 二黒 | 11/11 先負 |
| 25 | 木 | 己亥 三碧 | 11/12 仏滅 |
| 26 | 金 | 庚子 四緑 | 11/13 大安 |
| 27 | 土 | 辛丑 五黄 | 11/14 赤口 |
| 28 | 日 | 壬寅 六白 | 11/15 先勝 |
| 29 | 月 | 癸卯 七赤 | 11/16 友引 |
| 30 | 火 | 甲辰 八白 | 11/17 先負 |
| 31 | 水 | 乙巳 九紫 | 11/18 仏滅 |

**9 月**

9. 1［雑］二百十日
9. 8［節］白露
9.20［雑］彼岸
9.23［節］秋分
9.25［雑］社日

**10 月**

10. 8［節］寒露
10.20［雑］土用
10.23［節］霜降

**11 月**

11. 8［節］立冬
11.22［節］小雪

**12 月**

12. 7［節］大雪
12.22［節］冬至

# 2032

明治 165 年
大正 121 年
昭和 107 年
平成 44 年

壬子（みずのえね）
四緑木星

生誕・年忌など

1.18 上海事変 100 年
1.23 E. マネ生誕 200 年
1.24 徳川秀忠没後 400 年
1.27 ルイス・キャロル生誕 200 年
2. 6 F. トリュフォー生誕 100 年
2. 9 血盟団事件 100 年
2.22 G. ワシントン生誕 300 年
3. 1 満州建国 100 年
3. 5 団琢磨没後 100 年
3.22 J. ゲーテ没後 200 年
3.24 梶井基次郎没後 100 年
3.31 大島渚生誕 100 年
4.24 日本ダービー 100 年
5.13 G. キュビエ没後 200 年
5.15 五・一五事件 100 年
犬養毅没後 100 年
5.27 イブン・ハルドゥーン生誕 700 年
5.31 E. ガロア没後 200 年
6. 6 J. ベンサム没後 200 年
6. 8 A. マホメット没後 1400 年
8.19 鼠小僧次郎吉処刑 200 年
8.29 J. ロック生誕 400 年
9.23 サウジアラビア成立 100 年
9.25 G. グールド生誕 100 年
9.30 五木寛之生誕 100 年
10. 3 イラク独立 100 年
10.31 J. フェルメール生誕 400 年
11.24 B. スピノザ生誕 400 年
12.25 江藤淳生誕 100 年
この年 班固生誕 2000 年
L. フロイス生誕 500 年
享保の大飢饉 300 年

## 2032 年

### 1 月
（辛丑 九紫火星）

| | | | |
|---|---|---|---|
| 1 | 木 | 丙午 一白 | 11/19 大安 |
| 2 | 金 | 丁未 二黒 | 11/20 赤口 |
| 3 | 土 | 戊申 三碧 | 11/21 先勝 |
| 4 | 日 | 己酉 四緑 | 11/22 友引 |
| 5 | 月 | 庚戌 五黄 | 11/23 先負 |
| 6 | 火 | 辛亥 六白 | 11/24 仏滅 |
| 7 | 水 | 壬子 七赤 | 11/25 大安 |
| 8 | 木 | 癸丑 八白 | 11/26 赤口 |
| 9 | 金 | 甲寅 九紫 | 11/27 先勝 |
| 10 | 土 | 乙卯 一白 | 11/28 友引 |
| 11 | 日 | 丙辰 二黒 | 11/29 先負 |
| 12 | 月 | 丁巳 三碧 | 11/30 仏滅 |
| 13 | 火 | 戊午 四緑 | 12/1 赤口 |
| 14 | 水 | 己未 五黄 | 12/2 先勝 |
| 15 | 木 | 庚申 六白 | 12/3 友引 |
| 16 | 金 | 辛酉 七赤 | 12/4 先負 |
| 17 | 土 | 壬戌 八白 | 12/5 仏滅 |
| 18 | 日 | 癸亥 九紫 | 12/6 大安 |
| 19 | 月 | 甲子 一白 | 12/7 赤口 |
| 20 | 火 | 乙丑 二黒 | 12/8 先勝 |
| 21 | 水 | 丙寅 三碧 | 12/9 友引 |
| 22 | 木 | 丁卯 四緑 | 12/10 先負 |
| 23 | 金 | 戊辰 五黄 | 12/11 仏滅 |
| 24 | 土 | 己巳 六白 | 12/12 大安 |
| 25 | 日 | 庚午 七赤 | 12/13 赤口 |
| 26 | 月 | 辛未 八白 | 12/14 先勝 |
| 27 | 火 | 壬申 九紫 | 12/15 友引 |
| 28 | 水 | 癸酉 一白 | 12/16 先負 |
| 29 | 木 | 甲戌 二黒 | 12/17 仏滅 |
| 30 | 金 | 乙亥 三碧 | 12/18 大安 |
| 31 | 土 | 丙子 四緑 | 12/19 赤口 |

### 2 月
（壬寅 八白土星）

| | | | |
|---|---|---|---|
| 1 | 日 | 丁丑 五黄 | 12/20 先勝 |
| 2 | 月 | 戊寅 六白 | 12/21 友引 |
| 3 | 火 | 己卯 七赤 | 12/22 先負 |
| 4 | 水 | 庚辰 八白 | 12/23 仏滅 |
| 5 | 木 | 辛巳 九紫 | 12/24 大安 |
| 6 | 金 | 壬午 一白 | 12/25 赤口 |
| 7 | 土 | 癸未 二黒 | 12/26 先勝 |
| 8 | 日 | 甲申 三碧 | 12/27 友引 |
| 9 | 月 | 乙酉 四緑 | 12/28 先負 |
| 10 | 火 | 丙戌 五黄 | 12/29 仏滅 |
| 11 | 水 | 丁亥 六白 | 1/1 先勝 |
| 12 | 木 | 戊子 七赤 | 1/2 友引 |
| 13 | 金 | 己丑 八白 | 1/3 先負 |
| 14 | 土 | 庚寅 九紫 | 1/4 仏滅 |
| 15 | 日 | 辛卯 一白 | 1/5 大安 |
| 16 | 月 | 壬辰 二黒 | 1/6 赤口 |
| 17 | 火 | 癸巳 三碧 | 1/7 先勝 |
| 18 | 水 | 甲午 四緑 | 1/8 友引 |
| 19 | 木 | 乙未 五黄 | 1/9 先負 |
| 20 | 金 | 丙申 六白 | 1/10 仏滅 |
| 21 | 土 | 丁酉 七赤 | 1/11 大安 |
| 22 | 日 | 戊戌 八白 | 1/12 赤口 |
| 23 | 月 | 己亥 九紫 | 1/13 先勝 |
| 24 | 火 | 庚子 一白 | 1/14 友引 |
| 25 | 水 | 辛丑 二黒 | 1/15 先負 |
| 26 | 木 | 壬寅 三碧 | 1/16 仏滅 |
| 27 | 金 | 癸卯 四緑 | 1/17 大安 |
| 28 | 土 | 甲辰 五黄 | 1/18 赤口 |
| 29 | 日 | 乙巳 六白 | 1/19 先勝 |

### 3 月
（癸卯 七赤金星）

| | | | |
|---|---|---|---|
| 1 | 月 | 丙午 七赤 | 1/20 友引 |
| 2 | 火 | 丁未 八白 | 1/21 先負 |
| 3 | 水 | 戊申 九紫 | 1/22 仏滅 |
| 4 | 木 | 己酉 一白 | 1/23 大安 |
| 5 | 金 | 庚戌 二黒 | 1/24 赤口 |
| 6 | 土 | 辛亥 三碧 | 1/25 先勝 |
| 7 | 日 | 壬子 四緑 | 1/26 友引 |
| 8 | 月 | 癸丑 五黄 | 1/27 先負 |
| 9 | 火 | 甲寅 六白 | 1/28 仏滅 |
| 10 | 水 | 乙卯 七赤 | 1/29 大安 |
| 11 | 木 | 丙辰 八白 | 1/30 赤口 |
| 12 | 金 | 丁巳 九紫 | 2/1 友引 |
| 13 | 土 | 戊午 一白 | 2/2 先負 |
| 14 | 日 | 己未 二黒 | 2/3 仏滅 |
| 15 | 月 | 庚申 三碧 | 2/4 大安 |
| 16 | 火 | 辛酉 四緑 | 2/5 赤口 |
| 17 | 水 | 壬戌 五黄 | 2/6 先勝 |
| 18 | 木 | 癸亥 六白 | 2/7 友引 |
| 19 | 金 | 甲子 七赤 | 2/8 先負 |
| 20 | 土 | 乙丑 八白 | 2/9 仏滅 |
| 21 | 日 | 丙寅 九紫 | 2/10 大安 |
| 22 | 月 | 丁卯 一白 | 2/11 赤口 |
| 23 | 火 | 戊辰 二黒 | 2/12 先勝 |
| 24 | 水 | 己巳 三碧 | 2/13 友引 |
| 25 | 木 | 庚午 四緑 | 2/14 先負 |
| 26 | 金 | 辛未 五黄 | 2/15 仏滅 |
| 27 | 土 | 壬申 六白 | 2/16 大安 |
| 28 | 日 | 癸酉 七赤 | 2/17 赤口 |
| 29 | 月 | 甲戌 八白 | 2/18 先勝 |
| 30 | 火 | 乙亥 九紫 | 2/19 友引 |
| 31 | 水 | 丙子 一白 | 2/20 先負 |

### 4 月
（甲辰 六白金星）

| | | | |
|---|---|---|---|
| 1 | 木 | 丁丑 二黒 | 2/21 仏滅 |
| 2 | 金 | 戊寅 三碧 | 2/22 大安 |
| 3 | 土 | 己卯 四緑 | 2/23 赤口 |
| 4 | 日 | 庚辰 五黄 | 2/24 先勝 |
| 5 | 月 | 辛巳 六白 | 2/25 友引 |
| 6 | 火 | 壬午 七赤 | 2/26 先負 |
| 7 | 水 | 癸未 八白 | 2/27 仏滅 |
| 8 | 木 | 甲申 九紫 | 2/28 大安 |
| 9 | 金 | 乙酉 一白 | 2/29 赤口 |
| 10 | 土 | 丙戌 二黒 | 3/1 先負 |
| 11 | 日 | 丁亥 三碧 | 3/2 仏滅 |
| 12 | 月 | 戊子 四緑 | 3/3 大安 |
| 13 | 火 | 己丑 五黄 | 3/4 赤口 |
| 14 | 水 | 庚寅 六白 | 3/5 先勝 |
| 15 | 木 | 辛卯 七赤 | 3/6 友引 |
| 16 | 金 | 壬辰 八白 | 3/7 先負 |
| 17 | 土 | 癸巳 九紫 | 3/8 仏滅 |
| 18 | 日 | 甲午 一白 | 3/9 大安 |
| 19 | 月 | 乙未 二黒 | 3/10 赤口 |
| 20 | 火 | 丙申 三碧 | 3/11 先勝 |
| 21 | 水 | 丁酉 四緑 | 3/12 友引 |
| 22 | 木 | 戊戌 五黄 | 3/13 先負 |
| 23 | 金 | 己亥 六白 | 3/14 仏滅 |
| 24 | 土 | 庚子 七赤 | 3/15 大安 |
| 25 | 日 | 辛丑 八白 | 3/16 赤口 |
| 26 | 月 | 壬寅 九紫 | 3/17 先勝 |
| 27 | 火 | 癸卯 一白 | 3/18 友引 |
| 28 | 水 | 甲辰 二黒 | 3/19 先負 |
| 29 | 木 | 乙巳 三碧 | 3/20 仏滅 |
| 30 | 金 | 丙午 四緑 | 3/21 大安 |

**1 月**

1. 6［節］小寒
1.17［雑］土用
1.20［節］大寒

**2 月**

2. 3［雑］節分
2. 4［節］立春
2.19［節］雨水

**3 月**

3. 5［節］啓蟄
3.17［雑］彼岸
3.20［節］春分
3.23［雑］社日

**4 月**

4. 4［節］清明
4.16［雑］土用
4.19［節］穀雨

## 5月
（乙巳 五黄土星）

| | | | |
|---|---|---|---|
| 1 | 土 | 丁未 五黄 | 3/22 赤口 |
| 2 | 日 | 戊申 六白 | 3/23 先勝 |
| 3 | 月 | 己酉 七赤 | 3/24 友引 |
| 4 | 火 | 庚戌 八白 | 3/25 先負 |
| 5 | 水 | 辛亥 九紫 | 3/26 仏滅 |
| 6 | 木 | 壬子 一白 | 3/27 大安 |
| 7 | 金 | 癸丑 二黒 | 3/28 赤口 |
| 8 | 土 | 甲寅 三碧 | 3/29 先勝 |
| 9 | 日 | 乙卯 四緑 | 4/1 仏滅 |
| 10 | 月 | 丙辰 五黄 | 4/2 大安 |
| 11 | 火 | 丁巳 六白 | 4/3 赤口 |
| 12 | 水 | 戊午 七赤 | 4/4 先勝 |
| 13 | 木 | 己未 八白 | 4/5 友引 |
| 14 | 金 | 庚申 九紫 | 4/6 先負 |
| 15 | 土 | 辛酉 一白 | 4/7 仏滅 |
| 16 | 日 | 壬戌 二黒 | 4/8 大安 |
| 17 | 月 | 癸亥 三碧 | 4/9 赤口 |
| 18 | 火 | 甲子 四緑 | 4/10 先勝 |
| 19 | 水 | 乙丑 五黄 | 4/11 友引 |
| 20 | 木 | 丙寅 六白 | 4/12 先負 |
| 21 | 金 | 丁卯 七赤 | 4/13 仏滅 |
| 22 | 土 | 戊辰 八白 | 4/14 大安 |
| 23 | 日 | 己巳 九紫 | 4/15 赤口 |
| 24 | 月 | 庚午 一白 | 4/16 先勝 |
| 25 | 火 | 辛未 二黒 | 4/17 友引 |
| 26 | 水 | 壬申 三碧 | 4/18 先負 |
| 27 | 木 | 癸酉 四緑 | 4/19 仏滅 |
| 28 | 金 | 甲戌 五黄 | 4/20 大安 |
| 29 | 土 | 乙亥 六白 | 4/21 赤口 |
| 30 | 日 | 丙子 七赤 | 4/22 先勝 |
| 31 | 月 | 丁丑 八白 | 4/23 友引 |

## 6月
（丙午 四緑木星）

| | | | |
|---|---|---|---|
| 1 | 火 | 戊寅 九紫 | 4/24 先負 |
| 2 | 水 | 己卯 一白 | 4/25 仏滅 |
| 3 | 木 | 庚辰 二黒 | 4/26 大安 |
| 4 | 金 | 辛巳 三碧 | 4/27 赤口 |
| 5 | 土 | 壬午 四緑 | 4/28 先勝 |
| 6 | 日 | 癸未 五黄 | 4/29 友引 |
| 7 | 月 | 甲申 六白 | 4/30 先負 |
| 8 | 火 | 乙酉 七赤 | 5/1 大安 |
| 9 | 水 | 丙戌 八白 | 5/2 赤口 |
| 10 | 木 | 丁亥 九紫 | 5/3 先勝 |
| 11 | 金 | 戊子 一白 | 5/4 友引 |
| 12 | 土 | 己丑 二黒 | 5/5 先負 |
| 13 | 日 | 庚寅 三碧 | 5/6 仏滅 |
| 14 | 月 | 辛卯 四緑 | 5/7 大安 |
| 15 | 火 | 壬辰 五黄 | 5/8 赤口 |
| 16 | 水 | 癸巳 六白 | 5/9 先勝 |
| 17 | 木 | 甲午 七赤 | 5/10 友引 |
| 18 | 金 | 乙未 八白 | 5/11 先負 |
| 19 | 土 | 丙申 九紫 | 5/12 仏滅 |
| 20 | 日 | 丁酉 一白 | 5/13 大安 |
| 21 | 月 | 戊戌 二黒 | 5/14 赤口 |
| 22 | 火 | 己亥 三碧 | 5/15 先勝 |
| 23 | 水 | 庚子 四緑 | 5/16 友引 |
| 24 | 木 | 辛丑 五黄 | 5/17 先負 |
| 25 | 金 | 壬寅 六白 | 5/18 仏滅 |
| 26 | 土 | 癸卯 七赤 | 5/19 大安 |
| 27 | 日 | 甲辰 八白 | 5/20 赤口 |
| 28 | 月 | 乙巳 九紫 | 5/21 先勝 |
| 29 | 火 | 丙午 一白 | 5/22 友引 |
| 30 | 水 | 丁未 二黒 | 5/23 先負 |

## 7月
（丁未 三碧木星）

| | | | |
|---|---|---|---|
| 1 | 木 | 戊申 三碧 | 5/24 仏滅 |
| 2 | 金 | 己酉 四緑 | 5/25 大安 |
| 3 | 土 | 庚戌 五黄 | 5/26 赤口 |
| 4 | 日 | 辛亥 六白 | 5/27 先勝 |
| 5 | 月 | 壬子 七赤 | 5/28 友引 |
| 6 | 火 | 癸丑 八白 | 5/29 先負 |
| 7 | 水 | 甲寅 九紫 | 6/1 赤口 |
| 8 | 木 | 乙卯 一白 | 6/2 先勝 |
| 9 | 金 | 丙辰 二黒 | 6/3 友引 |
| 10 | 土 | 丁巳 三碧 | 6/4 先負 |
| 11 | 日 | 戊午 四緑 | 6/5 仏滅 |
| 12 | 月 | 己未 五黄 | 6/6 大安 |
| 13 | 火 | 庚申 六白 | 6/7 赤口 |
| 14 | 水 | 辛酉 七赤 | 6/8 先勝 |
| 15 | 木 | 壬戌 八白 | 6/9 友引 |
| 16 | 金 | 癸亥 九紫 | 6/10 先負 |
| 17 | 土 | 甲子 九紫 | 6/11 仏滅 |
| 18 | 日 | 乙丑 八白 | 6/12 大安 |
| 19 | 月 | 丙寅 七赤 | 6/13 赤口 |
| 20 | 火 | 丁卯 六白 | 6/14 先勝 |
| 21 | 水 | 戊辰 五黄 | 6/15 友引 |
| 22 | 木 | 己巳 四緑 | 6/16 先負 |
| 23 | 金 | 庚午 三碧 | 6/17 仏滅 |
| 24 | 土 | 辛未 二黒 | 6/18 大安 |
| 25 | 日 | 壬申 一白 | 6/19 赤口 |
| 26 | 月 | 癸酉 九紫 | 6/20 先勝 |
| 27 | 火 | 甲戌 八白 | 6/21 友引 |
| 28 | 水 | 乙亥 七赤 | 6/22 先負 |
| 29 | 木 | 丙子 六白 | 6/23 仏滅 |
| 30 | 金 | 丁丑 五黄 | 6/24 大安 |
| 31 | 土 | 戊寅 四緑 | 6/25 赤口 |

## 8月
（戊申 二黒土星）

| | | | |
|---|---|---|---|
| 1 | 日 | 己卯 三碧 | 6/26 先勝 |
| 2 | 月 | 庚辰 二黒 | 6/27 友引 |
| 3 | 火 | 辛巳 一白 | 6/28 先負 |
| 4 | 水 | 壬午 九紫 | 6/29 仏滅 |
| 5 | 木 | 癸未 八白 | 6/30 大安 |
| 6 | 金 | 甲申 七赤 | 7/1 先勝 |
| 7 | 土 | 乙酉 六白 | 7/2 友引 |
| 8 | 日 | 丙戌 五黄 | 7/3 先負 |
| 9 | 月 | 丁亥 四緑 | 7/4 仏滅 |
| 10 | 火 | 戊子 三碧 | 7/5 大安 |
| 11 | 水 | 己丑 二黒 | 7/6 赤口 |
| 12 | 木 | 庚寅 一白 | 7/7 先勝 |
| 13 | 金 | 辛卯 九紫 | 7/8 友引 |
| 14 | 土 | 壬辰 八白 | 7/9 先負 |
| 15 | 日 | 癸巳 七赤 | 7/10 仏滅 |
| 16 | 月 | 甲午 六白 | 7/11 大安 |
| 17 | 火 | 乙未 五黄 | 7/12 赤口 |
| 18 | 水 | 丙申 四緑 | 7/13 先勝 |
| 19 | 木 | 丁酉 三碧 | 7/14 友引 |
| 20 | 金 | 戊戌 二黒 | 7/15 先負 |
| 21 | 土 | 己亥 一白 | 7/16 仏滅 |
| 22 | 日 | 庚子 九紫 | 7/17 大安 |
| 23 | 月 | 辛丑 八白 | 7/18 赤口 |
| 24 | 火 | 壬寅 七赤 | 7/19 先勝 |
| 25 | 水 | 癸卯 六白 | 7/20 友引 |
| 26 | 木 | 甲辰 五黄 | 7/21 先負 |
| 27 | 金 | 乙巳 四緑 | 7/22 仏滅 |
| 28 | 土 | 丙午 三碧 | 7/23 大安 |
| 29 | 日 | 丁未 二黒 | 7/24 赤口 |
| 30 | 月 | 戊申 一白 | 7/25 先勝 |
| 31 | 火 | 己酉 九紫 | 7/26 友引 |

**5月**

5. 1［雑］八十八夜
5. 5［節］立夏
5.20［節］小満

**6月**

6. 5［節］芒種
6.10［雑］入梅
6.21［節］夏至

**7月**

7. 1［雑］半夏生
7. 6［節］小暑
7.19［雑］土用
7.22［節］大暑

**8月**

8. 7［節］立秋
8.22［節］処暑
8.31［雑］二百十日

## 2032 年

### 9 月
（己酉 一白水星）

| | | | |
|---|---|---|---|
| 1 | 水 | 庚戌 八白 | 7/27 先負 |
| 2 | 木 | 辛亥 七赤 | 7/28 仏滅 |
| 3 | 金 | 壬子 六白 | 7/29 大安 |
| 4 | 土 | 癸丑 五黄 | 7/30 赤口 |
| 5 | 日 | 甲寅 四緑 | 8/1 友引 |
| 6 | 月 | 乙卯 三碧 | 8/2 先負 |
| 7 | 火 | 丙辰 二黒 | 8/3 仏滅 |
| 8 | 水 | 丁巳 一白 | 8/4 大安 |
| 9 | 木 | 戊午 九紫 | 8/5 赤口 |
| 10 | 金 | 己未 八白 | 8/6 先勝 |
| 11 | 土 | 庚申 七赤 | 8/7 友引 |
| 12 | 日 | 辛酉 六白 | 8/8 先負 |
| 13 | 月 | 壬戌 五黄 | 8/9 仏滅 |
| 14 | 火 | 癸亥 四緑 | 8/10 大安 |
| 15 | 水 | 甲子 三碧 | 8/11 赤口 |
| 16 | 木 | 乙丑 二黒 | 8/12 先勝 |
| 17 | 金 | 丙寅 一白 | 8/13 友引 |
| 18 | 土 | 丁卯 九紫 | 8/14 先負 |
| 19 | 日 | 戊辰 八白 | 8/15 仏滅 |
| 20 | 月 | 己巳 七赤 | 8/16 大安 |
| 21 | 火 | 庚午 六白 | 8/17 赤口 |
| 22 | 水 | 辛未 五黄 | 8/18 先勝 |
| 23 | 木 | 壬申 四緑 | 8/19 友引 |
| 24 | 金 | 癸酉 三碧 | 8/20 先負 |
| 25 | 土 | 甲戌 二黒 | 8/21 仏滅 |
| 26 | 日 | 乙亥 一白 | 8/22 大安 |
| 27 | 月 | 丙子 九紫 | 8/23 赤口 |
| 28 | 火 | 丁丑 八白 | 8/24 先勝 |
| 29 | 水 | 戊寅 七赤 | 8/25 友引 |
| 30 | 木 | 己卯 六白 | 8/26 先負 |

### 10 月
（庚戌 九紫火星）

| | | | |
|---|---|---|---|
| 1 | 金 | 庚辰 五黄 | 8/27 仏滅 |
| 2 | 土 | 辛巳 四緑 | 8/28 大安 |
| 3 | 日 | 壬午 三碧 | 8/29 赤口 |
| 4 | 月 | 癸未 二黒 | 9/1 先負 |
| 5 | 火 | 甲申 一白 | 9/2 仏滅 |
| 6 | 水 | 乙酉 九紫 | 9/3 大安 |
| 7 | 木 | 丙戌 八白 | 9/4 赤口 |
| 8 | 金 | 丁亥 七赤 | 9/5 先勝 |
| 9 | 土 | 戊子 六白 | 9/6 友引 |
| 10 | 日 | 己丑 五黄 | 9/7 先負 |
| 11 | 月 | 庚寅 四緑 | 9/8 仏滅 |
| 12 | 火 | 辛卯 三碧 | 9/9 大安 |
| 13 | 水 | 壬辰 二黒 | 9/10 赤口 |
| 14 | 木 | 癸巳 一白 | 9/11 先勝 |
| 15 | 金 | 甲午 九紫 | 9/12 友引 |
| 16 | 土 | 乙未 八白 | 9/13 先負 |
| 17 | 日 | 丙申 七赤 | 9/14 仏滅 |
| 18 | 月 | 丁酉 六白 | 9/15 大安 |
| 19 | 火 | 戊戌 五黄 | 9/16 赤口 |
| 20 | 水 | 己亥 四緑 | 9/17 先勝 |
| 21 | 木 | 庚子 三碧 | 9/18 友引 |
| 22 | 金 | 辛丑 二黒 | 9/19 先負 |
| 23 | 土 | 壬寅 一白 | 9/20 仏滅 |
| 24 | 日 | 癸卯 九紫 | 9/21 大安 |
| 25 | 月 | 甲辰 八白 | 9/22 赤口 |
| 26 | 火 | 乙巳 七赤 | 9/23 先勝 |
| 27 | 水 | 丙午 六白 | 9/24 友引 |
| 28 | 木 | 丁未 五黄 | 9/25 先負 |
| 29 | 金 | 戊申 四緑 | 9/26 仏滅 |
| 30 | 土 | 己酉 三碧 | 9/27 大安 |
| 31 | 日 | 庚戌 二黒 | 9/28 赤口 |

### 11 月
（辛亥 八白土星）

| | | | |
|---|---|---|---|
| 1 | 月 | 辛亥 一白 | 9/29 先勝 |
| 2 | 火 | 壬子 九紫 | 9/30 友引 |
| 3 | 水 | 癸丑 八白 | 10/1 仏滅 |
| 4 | 木 | 甲寅 七赤 | 10/2 大安 |
| 5 | 金 | 乙卯 六白 | 10/3 赤口 |
| 6 | 土 | 丙辰 五黄 | 10/4 先勝 |
| 7 | 日 | 丁巳 四緑 | 10/5 友引 |
| 8 | 月 | 戊午 三碧 | 10/6 先負 |
| 9 | 火 | 己未 二黒 | 10/7 仏滅 |
| 10 | 水 | 庚申 一白 | 10/8 大安 |
| 11 | 木 | 辛酉 九紫 | 10/9 赤口 |
| 12 | 金 | 壬戌 八白 | 10/10 先勝 |
| 13 | 土 | 癸亥 七赤 | 10/11 友引 |
| 14 | 日 | 甲子 六白 | 10/12 先負 |
| 15 | 月 | 乙丑 五黄 | 10/13 仏滅 |
| 16 | 火 | 丙寅 四緑 | 10/14 大安 |
| 17 | 水 | 丁卯 三碧 | 10/15 赤口 |
| 18 | 木 | 戊辰 二黒 | 10/16 先勝 |
| 19 | 金 | 己巳 一白 | 10/17 友引 |
| 20 | 土 | 庚午 九紫 | 10/18 先負 |
| 21 | 日 | 辛未 八白 | 10/19 仏滅 |
| 22 | 月 | 壬申 七赤 | 10/20 大安 |
| 23 | 火 | 癸酉 六白 | 10/21 赤口 |
| 24 | 水 | 甲戌 五黄 | 10/22 先勝 |
| 25 | 木 | 乙亥 四緑 | 10/23 友引 |
| 26 | 金 | 丙子 三碧 | 10/24 先負 |
| 27 | 土 | 丁丑 二黒 | 10/25 仏滅 |
| 28 | 日 | 戊寅 一白 | 10/26 大安 |
| 29 | 月 | 己卯 九紫 | 10/27 赤口 |
| 30 | 火 | 庚辰 八白 | 10/28 先勝 |

### 12 月
（壬子 七赤金星）

| | | | |
|---|---|---|---|
| 1 | 水 | 辛巳 七赤 | 10/29 友引 |
| 2 | 木 | 壬午 六白 | 10/30 先負 |
| 3 | 金 | 癸未 五黄 | 11/1 大安 |
| 4 | 土 | 甲申 四緑 | 11/2 赤口 |
| 5 | 日 | 乙酉 三碧 | 11/3 先勝 |
| 6 | 月 | 丙戌 二黒 | 11/4 友引 |
| 7 | 火 | 丁亥 一白 | 11/5 先負 |
| 8 | 水 | 戊子 九紫 | 11/6 仏滅 |
| 9 | 木 | 己丑 八白 | 11/7 大安 |
| 10 | 金 | 庚寅 七赤 | 11/8 赤口 |
| 11 | 土 | 辛卯 六白 | 11/9 先勝 |
| 12 | 日 | 壬辰 五黄 | 11/10 友引 |
| 13 | 月 | 癸巳 四緑 | 11/11 先負 |
| 14 | 火 | 甲午 三碧 | 11/12 仏滅 |
| 15 | 水 | 乙未 二黒 | 11/13 大安 |
| 16 | 木 | 丙申 一白 | 11/14 赤口 |
| 17 | 金 | 丁酉 九紫 | 11/15 先勝 |
| 18 | 土 | 戊戌 八白 | 11/16 友引 |
| 19 | 日 | 己亥 七赤 | 11/17 先負 |
| 20 | 月 | 庚子 六白 | 11/18 仏滅 |
| 21 | 火 | 辛丑 五黄 | 11/19 大安 |
| 22 | 水 | 壬寅 四緑 | 11/20 赤口 |
| 23 | 木 | 癸卯 三碧 | 11/21 先勝 |
| 24 | 金 | 甲辰 二黒 | 11/22 友引 |
| 25 | 土 | 乙巳 一白 | 11/23 先負 |
| 26 | 日 | 丙午 九紫 | 11/24 仏滅 |
| 27 | 月 | 丁未 八白 | 11/25 大安 |
| 28 | 火 | 戊申 七赤 | 11/26 赤口 |
| 29 | 水 | 己酉 六白 | 11/27 先勝 |
| 30 | 木 | 庚戌 五黄 | 11/28 友引 |
| 31 | 金 | 辛亥 四緑 | 11/29 先負 |

**9 月**

9. 7 [節] 白露
9.19 [雑] 彼岸
9.19 [雑] 社日
9.22 [節] 秋分

**10 月**

10. 8 [節] 寒露
10.20 [雑] 土用
10.23 [節] 霜降

**11 月**

11. 7 [節] 立冬
11.22 [節] 小雪

**12 月**

12. 6 [節] 大雪
12.21 [節] 冬至

# 2033

明治 166 年
大正 122 年
昭和 108 年
平成 45 年

癸丑（みずのとうし）
三碧木星

生誕・年忌など

**1.23** 堺利彦没後 100 年
**1.30** ヒトラー首相就任 100 年
**1.31** J. ゴールズワージー没後 100 年
**2.18** 吉野作造没後 100 年
**2.20** 小林多喜二没後 100 年
**2.28** M. モンテーニュ生誕 500 年
**3. 3** 三陸地震・大津波 100 年
**3.27** 日本の国際連盟脱退 100 年
**5. 7** J. ブラームス生誕 200 年
**5.15** 伊丹十三生誕 100 年
**5.22** 鎌倉幕府滅亡 700 年
**5.26** 滝川事件 100 年
**6.22** ガリレオ宗教裁判 400 年
**6.24** インカ帝国滅亡 500 年
**6.26** 木戸孝允生誕 200 年
**9. 5** 巌谷小波没後 100 年
**9. 7** エリザベス 1 世生誕 500 年
**9.13** 杉田玄白生誕 300 年
**9.23** 宮沢賢治没後 100 年
**10.14** ドイツの国際連盟脱退 100 年
**10.15** 新渡戸稲造没後 100 年
**10.21** A. ノーベル生誕 200 年
**11. 5** 片山潜没後 100 年
**11.19** W. ディルタイ生誕 200 年
**12. 5** 米・禁酒法撤廃 100 年
**12. 8** 山本権兵衛没後 100 年
**12.23** 今上天皇生誕 100 年
この年 観阿弥生誕 700 年
天保の大飢饉開始 200 年

## 2033 年

### 1 月（癸丑 六白金星）

| | | | |
|---|---|---|---|
| 1 | 土 | 壬子 三碧 | 12/1 赤口 |
| 2 | 日 | 癸丑 二黒 | 12/2 先勝 |
| 3 | 月 | 甲寅 一白 | 12/3 友引 |
| 4 | 火 | 乙卯 九紫 | 12/4 先負 |
| 5 | 水 | 丙辰 八白 | 12/5 仏滅 |
| 6 | 木 | 丁巳 七赤 | 12/6 大安 |
| 7 | 金 | 戊午 六白 | 12/7 赤口 |
| 8 | 土 | 己未 五黄 | 12/8 先勝 |
| 9 | 日 | 庚申 四緑 | 12/9 友引 |
| 10 | 月 | 辛酉 三碧 | 12/10 先負 |
| 11 | 火 | 壬戌 二黒 | 12/11 仏滅 |
| 12 | 水 | 癸亥 一白 | 12/12 大安 |
| 13 | 木 | 甲子 一白 | 12/13 赤口 |
| 14 | 金 | 乙丑 二黒 | 12/14 先勝 |
| 15 | 土 | 丙寅 三碧 | 12/15 友引 |
| 16 | 日 | 丁卯 四緑 | 12/16 先負 |
| 17 | 月 | 戊辰 五黄 | 12/17 仏滅 |
| 18 | 火 | 己巳 六白 | 12/18 大安 |
| 19 | 水 | 庚午 七赤 | 12/19 赤口 |
| 20 | 木 | 辛未 八白 | 12/20 先勝 |
| 21 | 金 | 壬申 九紫 | 12/21 友引 |
| 22 | 土 | 癸酉 一白 | 12/22 先負 |
| 23 | 日 | 甲戌 二黒 | 12/23 仏滅 |
| 24 | 月 | 乙亥 三碧 | 12/24 大安 |
| 25 | 火 | 丙子 四緑 | 12/25 赤口 |
| 26 | 水 | 丁丑 五黄 | 12/26 先勝 |
| 27 | 木 | 戊寅 六白 | 12/27 友引 |
| 28 | 金 | 己卯 七赤 | 12/28 先負 |
| 29 | 土 | 庚辰 八白 | 12/29 仏滅 |
| 30 | 日 | 辛巳 九紫 | 12/30 大安 |
| 31 | 月 | 壬午 一白 | 1/1 先勝 |

### 2 月（甲寅 五黄土星）

| | | | |
|---|---|---|---|
| 1 | 火 | 癸未 二黒 | 1/2 友引 |
| 2 | 水 | 甲申 三碧 | 1/3 先負 |
| 3 | 木 | 乙酉 四緑 | 1/4 仏滅 |
| 4 | 金 | 丙戌 五黄 | 1/5 大安 |
| 5 | 土 | 丁亥 六白 | 1/6 赤口 |
| 6 | 日 | 戊子 七赤 | 1/7 先勝 |
| 7 | 月 | 己丑 八白 | 1/8 友引 |
| 8 | 火 | 庚寅 九紫 | 1/9 先負 |
| 9 | 水 | 辛卯 一白 | 1/10 仏滅 |
| 10 | 木 | 壬辰 二黒 | 1/11 大安 |
| 11 | 金 | 癸巳 三碧 | 1/12 赤口 |
| 12 | 土 | 甲午 四緑 | 1/13 先勝 |
| 13 | 日 | 乙未 五黄 | 1/14 友引 |
| 14 | 月 | 丙申 六白 | 1/15 先負 |
| 15 | 火 | 丁酉 七赤 | 1/16 仏滅 |
| 16 | 水 | 戊戌 八白 | 1/17 大安 |
| 17 | 木 | 己亥 九紫 | 1/18 赤口 |
| 18 | 金 | 庚子 一白 | 1/19 先勝 |
| 19 | 土 | 辛丑 二黒 | 1/20 友引 |
| 20 | 日 | 壬寅 三碧 | 1/21 先負 |
| 21 | 月 | 癸卯 四緑 | 1/22 仏滅 |
| 22 | 火 | 甲辰 五黄 | 1/23 大安 |
| 23 | 水 | 乙巳 六白 | 1/24 赤口 |
| 24 | 木 | 丙午 七赤 | 1/25 先勝 |
| 25 | 金 | 丁未 八白 | 1/26 友引 |
| 26 | 土 | 戊申 九紫 | 1/27 先負 |
| 27 | 日 | 己酉 一白 | 1/28 仏滅 |
| 28 | 月 | 庚戌 二黒 | 1/29 大安 |

### 3 月（乙卯 四緑木星）

| | | | |
|---|---|---|---|
| 1 | 火 | 辛亥 三碧 | 2/1 友引 |
| 2 | 水 | 壬子 四緑 | 2/2 先負 |
| 3 | 木 | 癸丑 五黄 | 2/3 仏滅 |
| 4 | 金 | 甲寅 六白 | 2/4 大安 |
| 5 | 土 | 乙卯 七赤 | 2/5 赤口 |
| 6 | 日 | 丙辰 八白 | 2/6 先勝 |
| 7 | 月 | 丁巳 九紫 | 2/7 友引 |
| 8 | 火 | 戊午 一白 | 2/8 先負 |
| 9 | 水 | 己未 二黒 | 2/9 仏滅 |
| 10 | 木 | 庚申 三碧 | 2/10 大安 |
| 11 | 金 | 辛酉 四緑 | 2/11 赤口 |
| 12 | 土 | 壬戌 五黄 | 2/12 先勝 |
| 13 | 日 | 癸亥 六白 | 2/13 友引 |
| 14 | 月 | 甲子 七赤 | 2/14 先負 |
| 15 | 火 | 乙丑 八白 | 2/15 仏滅 |
| 16 | 水 | 丙寅 九紫 | 2/16 大安 |
| 17 | 木 | 丁卯 一白 | 2/17 赤口 |
| 18 | 金 | 戊辰 二黒 | 2/18 先勝 |
| 19 | 土 | 己巳 三碧 | 2/19 友引 |
| 20 | 日 | 庚午 四緑 | 2/20 先負 |
| 21 | 月 | 辛未 五黄 | 2/21 仏滅 |
| 22 | 火 | 壬申 六白 | 2/22 大安 |
| 23 | 水 | 癸酉 七赤 | 2/23 赤口 |
| 24 | 木 | 甲戌 八白 | 2/24 先勝 |
| 25 | 金 | 乙亥 九紫 | 2/25 友引 |
| 26 | 土 | 丙子 一白 | 2/26 先負 |
| 27 | 日 | 丁丑 二黒 | 2/27 仏滅 |
| 28 | 月 | 戊寅 三碧 | 2/28 大安 |
| 29 | 火 | 己卯 四緑 | 2/29 赤口 |
| 30 | 水 | 庚辰 五黄 | 2/30 先勝 |
| 31 | 木 | 辛巳 六白 | 3/1 先負 |

### 4 月（丙辰 三碧木星）

| | | | |
|---|---|---|---|
| 1 | 金 | 壬午 七赤 | 3/2 仏滅 |
| 2 | 土 | 癸未 八白 | 3/3 大安 |
| 3 | 日 | 甲申 九紫 | 3/4 赤口 |
| 4 | 月 | 乙酉 一白 | 3/5 先勝 |
| 5 | 火 | 丙戌 二黒 | 3/6 友引 |
| 6 | 水 | 丁亥 三碧 | 3/7 先負 |
| 7 | 木 | 戊子 四緑 | 3/8 仏滅 |
| 8 | 金 | 己丑 五黄 | 3/9 大安 |
| 9 | 土 | 庚寅 六白 | 3/10 赤口 |
| 10 | 日 | 辛卯 七赤 | 3/11 先勝 |
| 11 | 月 | 壬辰 八白 | 3/12 友引 |
| 12 | 火 | 癸巳 九紫 | 3/13 先負 |
| 13 | 水 | 甲午 一白 | 3/14 仏滅 |
| 14 | 木 | 乙未 二黒 | 3/15 大安 |
| 15 | 金 | 丙申 三碧 | 3/16 赤口 |
| 16 | 土 | 丁酉 四緑 | 3/17 先勝 |
| 17 | 日 | 戊戌 五黄 | 3/18 友引 |
| 18 | 月 | 己亥 六白 | 3/19 先負 |
| 19 | 火 | 庚子 七赤 | 3/20 仏滅 |
| 20 | 水 | 辛丑 八白 | 3/21 大安 |
| 21 | 木 | 壬寅 九紫 | 3/22 赤口 |
| 22 | 金 | 癸卯 一白 | 3/23 先勝 |
| 23 | 土 | 甲辰 二黒 | 3/24 友引 |
| 24 | 日 | 乙巳 三碧 | 3/25 先負 |
| 25 | 月 | 丙午 四緑 | 3/26 仏滅 |
| 26 | 火 | 丁未 五黄 | 3/27 大安 |
| 27 | 水 | 戊申 六白 | 3/28 赤口 |
| 28 | 木 | 己酉 七赤 | 3/29 先勝 |
| 29 | 金 | 庚戌 八白 | 4/1 仏滅 |
| 30 | 土 | 辛亥 九紫 | 4/2 大安 |

**1 月**

1. 5［節］小寒
1.17［雑］土用
1.20［節］大寒

**2 月**

2. 2［雑］節分
2. 3［節］立春
2.18［節］雨水

**3 月**

3. 5［節］啓蟄
3.17［雑］彼岸
3.18［雑］社日
3.20［節］春分

**4 月**

4. 4［節］清明
4.17［雑］土用
4.20［節］穀雨

## 5 月
（丁巳 二黒土星）

| 日 | 曜 | 干支・九星 | 旧暦・六曜 |
|---|---|---|---|
| 1 | 日 | 壬子 一白 | 4/3 赤口 |
| 2 | 月 | 癸丑 二黒 | 4/4 先勝 |
| 3 | 火 | 甲寅 三碧 | 4/5 友引 |
| 4 | 水 | 乙卯 四緑 | 4/6 先負 |
| 5 | 木 | 丙辰 五黄 | 4/7 仏滅 |
| 6 | 金 | 丁巳 六白 | 4/8 大安 |
| 7 | 土 | 戊午 七赤 | 4/9 赤口 |
| 8 | 日 | 己未 八白 | 4/10 先勝 |
| 9 | 月 | 庚申 九紫 | 4/11 友引 |
| 10 | 火 | 辛酉 一白 | 4/12 先負 |
| 11 | 水 | 壬戌 二黒 | 4/13 仏滅 |
| 12 | 木 | 癸亥 三碧 | 4/14 大安 |
| 13 | 金 | 甲子 四緑 | 4/15 赤口 |
| 14 | 土 | 乙丑 五黄 | 4/16 先勝 |
| 15 | 日 | 丙寅 六白 | 4/17 友引 |
| 16 | 月 | 丁卯 七赤 | 4/18 先負 |
| 17 | 火 | 戊辰 八白 | 4/19 仏滅 |
| 18 | 水 | 己巳 九紫 | 4/20 大安 |
| 19 | 木 | 庚午 一白 | 4/21 赤口 |
| 20 | 金 | 辛未 二黒 | 4/22 先勝 |
| 21 | 土 | 壬申 三碧 | 4/23 友引 |
| 22 | 日 | 癸酉 四緑 | 4/24 先負 |
| 23 | 月 | 甲戌 五黄 | 4/25 仏滅 |
| 24 | 火 | 乙亥 六白 | 4/26 大安 |
| 25 | 水 | 丙子 七赤 | 4/27 赤口 |
| 26 | 木 | 丁丑 八白 | 4/28 先勝 |
| 27 | 金 | 戊寅 九紫 | 4/29 友引 |
| 28 | 土 | 己卯 一白 | 5/1 大安 |
| 29 | 日 | 庚辰 二黒 | 5/2 赤口 |
| 30 | 月 | 辛巳 三碧 | 5/3 先勝 |
| 31 | 火 | 壬午 四緑 | 5/4 友引 |

## 6 月
（戊午 一白水星）

| 日 | 曜 | 干支・九星 | 旧暦・六曜 |
|---|---|---|---|
| 1 | 水 | 癸未 五黄 | 5/5 先負 |
| 2 | 木 | 甲申 六白 | 5/6 仏滅 |
| 3 | 金 | 乙酉 七赤 | 5/7 大安 |
| 4 | 土 | 丙戌 八白 | 5/8 赤口 |
| 5 | 日 | 丁亥 九紫 | 5/9 先勝 |
| 6 | 月 | 戊子 一白 | 5/10 友引 |
| 7 | 火 | 己丑 二黒 | 5/11 先負 |
| 8 | 水 | 庚寅 三碧 | 5/12 仏滅 |
| 9 | 木 | 辛卯 四緑 | 5/13 大安 |
| 10 | 金 | 壬辰 五黄 | 5/14 赤口 |
| 11 | 土 | 癸巳 六白 | 5/15 先勝 |
| 12 | 日 | 甲午 七赤 | 5/16 友引 |
| 13 | 月 | 乙未 八白 | 5/17 先負 |
| 14 | 火 | 丙申 九紫 | 5/18 仏滅 |
| 15 | 水 | 丁酉 一白 | 5/19 大安 |
| 16 | 木 | 戊戌 二黒 | 5/20 赤口 |
| 17 | 金 | 己亥 三碧 | 5/21 先勝 |
| 18 | 土 | 庚子 四緑 | 5/22 友引 |
| 19 | 日 | 辛丑 五黄 | 5/23 先負 |
| 20 | 月 | 壬寅 六白 | 5/24 仏滅 |
| 21 | 火 | 癸卯 七赤 | 5/25 大安 |
| 22 | 水 | 甲辰 八白 | 5/26 赤口 |
| 23 | 木 | 乙巳 九紫 | 5/27 先勝 |
| 24 | 金 | 丙午 一白 | 5/28 友引 |
| 25 | 土 | 丁未 二黒 | 5/29 先負 |
| 26 | 日 | 戊申 三碧 | 5/30 仏滅 |
| 27 | 月 | 己酉 四緑 | 6/1 赤口 |
| 28 | 火 | 庚戌 五黄 | 6/2 先勝 |
| 29 | 水 | 辛亥 六白 | 6/3 友引 |
| 30 | 木 | 壬子 七赤 | 6/4 先負 |

## 7 月
（己未 九紫火星）

| 日 | 曜 | 干支・九星 | 旧暦・六曜 |
|---|---|---|---|
| 1 | 金 | 癸丑 八白 | 6/5 仏滅 |
| 2 | 土 | 甲寅 九紫 | 6/6 大安 |
| 3 | 日 | 乙卯 一白 | 6/7 赤口 |
| 4 | 月 | 丙辰 二黒 | 6/8 先勝 |
| 5 | 火 | 丁巳 三碧 | 6/9 友引 |
| 6 | 水 | 戊午 四緑 | 6/10 先負 |
| 7 | 木 | 己未 五黄 | 6/11 仏滅 |
| 8 | 金 | 庚申 六白 | 6/12 大安 |
| 9 | 土 | 辛酉 七赤 | 6/13 赤口 |
| 10 | 日 | 壬戌 八白 | 6/14 先勝 |
| 11 | 月 | 癸亥 九紫 | 6/15 友引 |
| 12 | 火 | 甲子 九紫 | 6/16 先負 |
| 13 | 水 | 乙丑 八白 | 6/17 仏滅 |
| 14 | 木 | 丙寅 七赤 | 6/18 大安 |
| 15 | 金 | 丁卯 六白 | 6/19 赤口 |
| 16 | 土 | 戊辰 五黄 | 6/20 先勝 |
| 17 | 日 | 己巳 四緑 | 6/21 友引 |
| 18 | 月 | 庚午 三碧 | 6/22 先負 |
| 19 | 火 | 辛未 二黒 | 6/23 仏滅 |
| 20 | 水 | 壬申 一白 | 6/24 大安 |
| 21 | 木 | 癸酉 九紫 | 6/25 赤口 |
| 22 | 金 | 甲戌 八白 | 6/26 先勝 |
| 23 | 土 | 乙亥 七赤 | 6/27 友引 |
| 24 | 日 | 丙子 六白 | 6/28 先負 |
| 25 | 月 | 丁丑 五黄 | 6/29 仏滅 |
| 26 | 火 | 戊寅 四緑 | 7/1 先勝 |
| 27 | 水 | 己卯 三碧 | 7/2 友引 |
| 28 | 木 | 庚辰 二黒 | 7/3 先負 |
| 29 | 金 | 辛巳 一白 | 7/4 仏滅 |
| 30 | 土 | 壬午 九紫 | 7/5 大安 |
| 31 | 日 | 癸未 八白 | 7/6 赤口 |

## 8 月
（庚申 八白土星）

| 日 | 曜 | 干支・九星 | 旧暦・六曜 |
|---|---|---|---|
| 1 | 月 | 甲申 七赤 | 7/7 先勝 |
| 2 | 火 | 乙酉 六白 | 7/8 友引 |
| 3 | 水 | 丙戌 五黄 | 7/9 先負 |
| 4 | 木 | 丁亥 四緑 | 7/10 仏滅 |
| 5 | 金 | 戊子 三碧 | 7/11 大安 |
| 6 | 土 | 己丑 二黒 | 7/12 赤口 |
| 7 | 日 | 庚寅 一白 | 7/13 先勝 |
| 8 | 月 | 辛卯 九紫 | 7/14 友引 |
| 9 | 火 | 壬辰 八白 | 7/15 先負 |
| 10 | 水 | 癸巳 七赤 | 7/16 仏滅 |
| 11 | 木 | 甲午 六白 | 7/17 大安 |
| 12 | 金 | 乙未 五黄 | 7/18 赤口 |
| 13 | 土 | 丙申 四緑 | 7/19 先勝 |
| 14 | 日 | 丁酉 三碧 | 7/20 友引 |
| 15 | 月 | 戊戌 二黒 | 7/21 先負 |
| 16 | 火 | 己亥 一白 | 7/22 仏滅 |
| 17 | 水 | 庚子 九紫 | 7/23 大安 |
| 18 | 木 | 辛丑 八白 | 7/24 赤口 |
| 19 | 金 | 壬寅 七赤 | 7/25 先勝 |
| 20 | 土 | 癸卯 六白 | 7/26 友引 |
| 21 | 日 | 甲辰 五黄 | 7/27 先負 |
| 22 | 月 | 乙巳 四緑 | 7/28 仏滅 |
| 23 | 火 | 丙午 三碧 | 7/29 大安 |
| 24 | 水 | 丁未 二黒 | 7/30 赤口 |
| 25 | 木 | 戊申 一白 | 8/1 友引 |
| 26 | 金 | 己酉 九紫 | 8/2 先負 |
| 27 | 土 | 庚戌 八白 | 8/3 仏滅 |
| 28 | 日 | 辛亥 七赤 | 8/4 大安 |
| 29 | 月 | 壬子 六白 | 8/5 赤口 |
| 30 | 火 | 癸丑 五黄 | 8/6 先勝 |
| 31 | 水 | 甲寅 四緑 | 8/7 友引 |

**5 月**

5. 1［雑］八十八夜
5. 5［節］立夏
5.21［節］小満

**6 月**

6. 5［節］芒種
6.10［雑］入梅
6.21［節］夏至

**7 月**

7. 1［雑］半夏生
7. 7［節］小暑
7.19［雑］土用
7.22［節］大暑

**8 月**

8. 7［節］立秋
8.23［節］処暑
8.31［雑］二百十日

## 9 月
（辛酉 七赤金星）

| | | | |
|---|---|---|---|
| 1 | 木 | 乙卯 三碧 | 8/8 先負 |
| 2 | 金 | 丙辰 二黒 | 8/9 仏滅 |
| 3 | 土 | 丁巳 一白 | 8/10 大安 |
| 4 | 日 | 戊午 九紫 | 8/11 赤口 |
| 5 | 月 | 己未 八白 | 8/12 先勝 |
| 6 | 火 | 庚申 七赤 | 8/13 友引 |
| 7 | 水 | 辛酉 六白 | 8/14 先負 |
| 8 | 木 | 壬戌 五黄 | 8/15 仏滅 |
| 9 | 金 | 癸亥 四緑 | 8/16 大安 |
| 10 | 土 | 甲子 三碧 | 8/17 赤口 |
| 11 | 日 | 乙丑 二黒 | 8/18 先勝 |
| 12 | 月 | 丙寅 一白 | 8/19 友引 |
| 13 | 火 | 丁卯 九紫 | 8/20 先負 |
| 14 | 水 | 戊辰 八白 | 8/21 仏滅 |
| 15 | 木 | 己巳 七赤 | 8/22 大安 |
| 16 | 金 | 庚午 六白 | 8/23 赤口 |
| 17 | 土 | 辛未 五黄 | 8/24 先勝 |
| 18 | 日 | 壬申 四緑 | 8/25 友引 |
| 19 | 月 | 癸酉 三碧 | 8/26 先負 |
| 20 | 火 | 甲戌 二黒 | 8/27 仏滅 |
| 21 | 水 | 乙亥 一白 | 8/28 大安 |
| 22 | 木 | 丙子 九紫 | 8/29 赤口 |
| 23 | 金 | 丁丑 八白 | 9/1 先負 |
| 24 | 土 | 戊寅 七赤 | 9/2 仏滅 |
| 25 | 日 | 己卯 六白 | 9/3 大安 |
| 26 | 月 | 庚辰 五黄 | 9/4 赤口 |
| 27 | 火 | 辛巳 四緑 | 9/5 先勝 |
| 28 | 水 | 壬午 三碧 | 9/6 友引 |
| 29 | 木 | 癸未 二黒 | 9/7 先負 |
| 30 | 金 | 甲申 一白 | 9/8 仏滅 |

## 10 月
（壬戌 六白金星）

| | | | |
|---|---|---|---|
| 1 | 土 | 乙酉 九紫 | 9/9 大安 |
| 2 | 日 | 丙戌 八白 | 9/10 赤口 |
| 3 | 月 | 丁亥 七赤 | 9/11 先勝 |
| 4 | 火 | 戊子 六白 | 9/12 友引 |
| 5 | 水 | 己丑 五黄 | 9/13 先負 |
| 6 | 木 | 庚寅 四緑 | 9/14 仏滅 |
| 7 | 金 | 辛卯 三碧 | 9/15 大安 |
| 8 | 土 | 壬辰 二黒 | 9/16 赤口 |
| 9 | 日 | 癸巳 一白 | 9/17 先勝 |
| 10 | 月 | 甲午 九紫 | 9/18 友引 |
| 11 | 火 | 乙未 八白 | 9/19 先負 |
| 12 | 水 | 丙申 七赤 | 9/20 仏滅 |
| 13 | 木 | 丁酉 六白 | 9/21 大安 |
| 14 | 金 | 戊戌 五黄 | 9/22 赤口 |
| 15 | 土 | 己亥 四緑 | 9/23 先勝 |
| 16 | 日 | 庚子 三碧 | 9/24 友引 |
| 17 | 月 | 辛丑 二黒 | 9/25 先負 |
| 18 | 火 | 壬寅 一白 | 9/26 仏滅 |
| 19 | 水 | 癸卯 九紫 | 9/27 大安 |
| 20 | 木 | 甲辰 八白 | 9/28 赤口 |
| 21 | 金 | 乙巳 七赤 | 9/29 先勝 |
| 22 | 土 | 丙午 六白 | 9/30 友引 |
| 23 | 日 | 丁未 五黄 | 10/1 仏滅 |
| 24 | 月 | 戊申 四緑 | 10/2 大安 |
| 25 | 火 | 己酉 三碧 | 10/3 赤口 |
| 26 | 水 | 庚戌 二黒 | 10/4 先勝 |
| 27 | 木 | 辛亥 一白 | 10/5 友引 |
| 28 | 金 | 壬子 九紫 | 10/6 先負 |
| 29 | 土 | 癸丑 八白 | 10/7 仏滅 |
| 30 | 日 | 甲寅 七赤 | 10/8 大安 |
| 31 | 月 | 乙卯 六白 | 10/9 赤口 |

## 11 月
（癸亥 五黄土星）

| | | | |
|---|---|---|---|
| 1 | 火 | 丙辰 五黄 | 10/10 先勝 |
| 2 | 水 | 丁巳 四緑 | 10/11 友引 |
| 3 | 木 | 戊午 三碧 | 10/12 先負 |
| 4 | 金 | 己未 二黒 | 10/13 仏滅 |
| 5 | 土 | 庚申 一白 | 10/14 大安 |
| 6 | 日 | 辛酉 九紫 | 10/15 赤口 |
| 7 | 月 | 壬戌 八白 | 10/16 先勝 |
| 8 | 火 | 癸亥 七赤 | 10/17 友引 |
| 9 | 水 | 甲子 六白 | 10/18 先負 |
| 10 | 木 | 乙丑 五黄 | 10/19 仏滅 |
| 11 | 金 | 丙寅 四緑 | 10/20 大安 |
| 12 | 土 | 丁卯 三碧 | 10/21 赤口 |
| 13 | 日 | 戊辰 二黒 | 10/22 先勝 |
| 14 | 月 | 己巳 一白 | 10/23 友引 |
| 15 | 火 | 庚午 九紫 | 10/24 先負 |
| 16 | 水 | 辛未 八白 | 10/25 仏滅 |
| 17 | 木 | 壬申 七赤 | 10/26 大安 |
| 18 | 金 | 癸酉 六白 | 10/27 赤口 |
| 19 | 土 | 甲戌 五黄 | 10/28 先勝 |
| 20 | 日 | 乙亥 四緑 | 10/29 友引 |
| 21 | 月 | 丙子 三碧 | 10/30 先負 |
| 22 | 火 | 丁丑 二黒 | 11/1 大安 |
| 23 | 水 | 戊寅 一白 | 11/2 赤口 |
| 24 | 木 | 己卯 九紫 | 11/3 先勝 |
| 25 | 金 | 庚辰 八白 | 11/4 友引 |
| 26 | 土 | 辛巳 七赤 | 11/5 先負 |
| 27 | 日 | 壬午 六白 | 11/6 仏滅 |
| 28 | 月 | 癸未 五黄 | 11/7 大安 |
| 29 | 火 | 甲申 四緑 | 11/8 赤口 |
| 30 | 水 | 乙酉 三碧 | 11/9 先勝 |

## 12 月
（甲子 四緑木星）

| | | | |
|---|---|---|---|
| 1 | 木 | 丙戌 二黒 | 11/10 友引 |
| 2 | 金 | 丁亥 一白 | 11/11 先負 |
| 3 | 土 | 戊子 九紫 | 11/12 仏滅 |
| 4 | 日 | 己丑 八白 | 11/13 大安 |
| 5 | 月 | 庚寅 七赤 | 11/14 赤口 |
| 6 | 火 | 辛卯 六白 | 11/15 先勝 |
| 7 | 水 | 壬辰 五黄 | 11/16 友引 |
| 8 | 木 | 癸巳 四緑 | 11/17 先負 |
| 9 | 金 | 甲午 三碧 | 11/18 仏滅 |
| 10 | 土 | 乙未 二黒 | 11/19 大安 |
| 11 | 日 | 丙申 一白 | 11/20 赤口 |
| 12 | 月 | 丁酉 九紫 | 11/21 先勝 |
| 13 | 火 | 戊戌 八白 | 11/22 友引 |
| 14 | 水 | 己亥 七赤 | 11/23 先負 |
| 15 | 木 | 庚子 六白 | 11/24 仏滅 |
| 16 | 金 | 辛丑 五黄 | 11/25 大安 |
| 17 | 土 | 壬寅 四緑 | 11/26 赤口 |
| 18 | 日 | 癸卯 三碧 | 11/27 先勝 |
| 19 | 月 | 甲辰 二黒 | 11/28 友引 |
| 20 | 火 | 乙巳 一白 | 11/29 先負 |
| 21 | 水 | 丙午 九紫 | 11/30 仏滅 |
| 22 | 木 | 丁未 八白 | 閏11/1 大安 |
| 23 | 金 | 戊申 七赤 | 閏11/2 赤口 |
| 24 | 土 | 己酉 六白 | 閏11/3 先勝 |
| 25 | 日 | 庚戌 五黄 | 閏11/4 友引 |
| 26 | 月 | 辛亥 四緑 | 閏11/5 先負 |
| 27 | 火 | 壬子 三碧 | 閏11/6 仏滅 |
| 28 | 水 | 癸丑 二黒 | 閏11/7 大安 |
| 29 | 木 | 甲寅 一白 | 閏11/8 赤口 |
| 30 | 金 | 乙卯 九紫 | 閏11/9 先勝 |
| 31 | 土 | 丙辰 八白 | 閏11/10 友引 |

**9 月**

9. 7 [節] 白露
9.20 [雑] 彼岸
9.23 [節] 秋分
9.24 [雑] 社日

**10 月**

10. 8 [節] 寒露
10.20 [雑] 土用
10.23 [節] 霜降

**11 月**

11. 7 [節] 立冬
11.22 [節] 小雪

**12 月**

12. 7 [節] 大雪
12.21 [節] 冬至

# 2034

明治 167 年
大正 123 年
昭和 109 年
平成 46 年

甲寅（きのえとら）
二黒土星

## 生誕・年忌など

**2.19** 野呂栄太郎没後 100 年
**2.23** 池田満寿夫生誕 100 年
E. エルガー没後 100 年
**2.24** 直木三十五没後 100 年
**3. 1** 溥儀の満州国皇帝即位 100 年
**3.11** 橋本左内生誕 200 年
**3.17** G. ダイムラー生誕 200 年
**3.24** W. モリス生誕 200 年
**4.21** 忠犬ハチ公の銅像完成 100 年
**5.25** G. ホルスト没後 100 年
**5.30** 東郷平八郎没後 100 年
**6.25** 上田秋成生誕 300 年
**7. 1** 三岸好太郎没後 100 年
**7. 4** マリー・キュリー没後 100 年
**7.19** H. ドガ生誕 200 年
**7.25** S. コールリッジ没後 200 年
**8.14** 室鳩巣没後 300 年
**8.15** イエズス会創設 500 年
**9. 1** 竹久夢二没後 100 年
**9.21** 室戸台風 100 年
**10. 9** 近藤勇生誕 200 年
**10.10** 高村光雲没後 100 年
**10.15** 中国共産党・長征開始 100 年
**11. 1** 満鉄あじあ号運行 100 年
**11. 7** 伊賀越えの仇討ち 400 年
**11.17** 井上ひさし生誕 100 年
**11. —** 英国国教会成立 500 年
**12.26** 大日本東京野球倶楽部設立 100 年
**12.28** 石原裕次郎生誕 100 年
**この年** 諸葛亮没後 1800 年
織田信長生誕 500 年

## 2034年

### 1月
（乙丑 三碧木星）

| 日 | 曜 | 干支・九星 | 旧暦・六曜 |
|---|---|---|---|
| 1 | 日 | 丁巳 七赤 | 閏11/11 先負 |
| 2 | 月 | 戊午 六白 | 閏11/12 仏滅 |
| 3 | 火 | 己未 五黄 | 閏11/13 大安 |
| 4 | 水 | 庚申 四緑 | 閏11/14 赤口 |
| 5 | 木 | 辛酉 三碧 | 閏11/15 先勝 |
| 6 | 金 | 壬戌 二黒 | 閏11/16 友引 |
| 7 | 土 | 癸亥 一白 | 閏11/17 先負 |
| 8 | 日 | 甲子 一白 | 閏11/18 仏滅 |
| 9 | 月 | 乙丑 二黒 | 閏11/19 大安 |
| 10 | 火 | 丙寅 三碧 | 閏11/20 赤口 |
| 11 | 水 | 丁卯 四緑 | 閏11/21 先勝 |
| 12 | 木 | 戊辰 五黄 | 閏11/22 友引 |
| 13 | 金 | 己巳 六白 | 閏11/23 先負 |
| 14 | 土 | 庚午 七赤 | 閏11/24 仏滅 |
| 15 | 日 | 辛未 八白 | 閏11/25 大安 |
| 16 | 月 | 壬申 九紫 | 閏11/26 赤口 |
| 17 | 火 | 癸酉 一白 | 閏11/27 先勝 |
| 18 | 水 | 甲戌 二黒 | 閏11/28 友引 |
| 19 | 木 | 乙亥 三碧 | 閏11/29 先負 |
| 20 | 金 | 丙子 四緑 | 12/1 赤口 |
| 21 | 土 | 丁丑 五黄 | 12/2 先勝 |
| 22 | 日 | 戊寅 六白 | 12/3 友引 |
| 23 | 月 | 己卯 七赤 | 12/4 先負 |
| 24 | 火 | 庚辰 八白 | 12/5 仏滅 |
| 25 | 水 | 辛巳 九紫 | 12/6 大安 |
| 26 | 木 | 壬午 一白 | 12/7 赤口 |
| 27 | 金 | 癸未 二黒 | 12/8 先勝 |
| 28 | 土 | 甲申 三碧 | 12/9 友引 |
| 29 | 日 | 乙酉 四緑 | 12/10 先負 |
| 30 | 月 | 丙戌 五黄 | 12/11 仏滅 |
| 31 | 火 | 丁亥 六白 | 12/12 大安 |

### 2月
（丙寅 二黒土星）

| 日 | 曜 | 干支・九星 | 旧暦・六曜 |
|---|---|---|---|
| 1 | 水 | 戊子 七赤 | 12/13 赤口 |
| 2 | 木 | 己丑 八白 | 12/14 先勝 |
| 3 | 金 | 庚寅 九紫 | 12/15 友引 |
| 4 | 土 | 辛卯 一白 | 12/16 先負 |
| 5 | 日 | 壬辰 二黒 | 12/17 仏滅 |
| 6 | 月 | 癸巳 三碧 | 12/18 大安 |
| 7 | 火 | 甲午 四緑 | 12/19 赤口 |
| 8 | 水 | 乙未 五黄 | 12/20 先勝 |
| 9 | 木 | 丙申 六白 | 12/21 友引 |
| 10 | 金 | 丁酉 七赤 | 12/22 先負 |
| 11 | 土 | 戊戌 八白 | 12/23 仏滅 |
| 12 | 日 | 己亥 九紫 | 12/24 大安 |
| 13 | 月 | 庚子 一白 | 12/25 赤口 |
| 14 | 火 | 辛丑 二黒 | 12/26 先勝 |
| 15 | 水 | 壬寅 三碧 | 12/27 友引 |
| 16 | 木 | 癸卯 四緑 | 12/28 先負 |
| 17 | 金 | 甲辰 五黄 | 12/29 仏滅 |
| 18 | 土 | 乙巳 六白 | 12/30 大安 |
| 19 | 日 | 丙午 七赤 | 1/1 先勝 |
| 20 | 月 | 丁未 八白 | 1/2 友引 |
| 21 | 火 | 戊申 九紫 | 1/3 先負 |
| 22 | 水 | 己酉 一白 | 1/4 仏滅 |
| 23 | 木 | 庚戌 二黒 | 1/5 大安 |
| 24 | 金 | 辛亥 三碧 | 1/6 赤口 |
| 25 | 土 | 壬子 四緑 | 1/7 先勝 |
| 26 | 日 | 癸丑 五黄 | 1/8 友引 |
| 27 | 月 | 甲寅 六白 | 1/9 先負 |
| 28 | 火 | 乙卯 七赤 | 1/10 仏滅 |

### 3月
（丁卯 一白水星）

| 日 | 曜 | 干支・九星 | 旧暦・六曜 |
|---|---|---|---|
| 1 | 水 | 丙辰 八白 | 1/11 大安 |
| 2 | 木 | 丁巳 九紫 | 1/12 赤口 |
| 3 | 金 | 戊午 一白 | 1/13 先勝 |
| 4 | 土 | 己未 二黒 | 1/14 友引 |
| 5 | 日 | 庚申 三碧 | 1/15 先負 |
| 6 | 月 | 辛酉 四緑 | 1/16 仏滅 |
| 7 | 火 | 壬戌 五黄 | 1/17 大安 |
| 8 | 水 | 癸亥 六白 | 1/18 赤口 |
| 9 | 木 | 甲子 七赤 | 1/19 先勝 |
| 10 | 金 | 乙丑 八白 | 1/20 友引 |
| 11 | 土 | 丙寅 九紫 | 1/21 先負 |
| 12 | 日 | 丁卯 一白 | 1/22 仏滅 |
| 13 | 月 | 戊辰 二黒 | 1/23 大安 |
| 14 | 火 | 己巳 三碧 | 1/24 赤口 |
| 15 | 水 | 庚午 四緑 | 1/25 先勝 |
| 16 | 木 | 辛未 五黄 | 1/26 友引 |
| 17 | 金 | 壬申 六白 | 1/27 先負 |
| 18 | 土 | 癸酉 七赤 | 1/28 仏滅 |
| 19 | 日 | 甲戌 八白 | 1/29 大安 |
| 20 | 月 | 乙亥 九紫 | 2/1 友引 |
| 21 | 火 | 丙子 一白 | 2/2 先負 |
| 22 | 水 | 丁丑 二黒 | 2/3 仏滅 |
| 23 | 木 | 戊寅 三碧 | 2/4 大安 |
| 24 | 金 | 己卯 四緑 | 2/5 赤口 |
| 25 | 土 | 庚辰 五黄 | 2/6 先勝 |
| 26 | 日 | 辛巳 六白 | 2/7 友引 |
| 27 | 月 | 壬午 七赤 | 2/8 先負 |
| 28 | 火 | 癸未 八白 | 2/9 仏滅 |
| 29 | 水 | 甲申 九紫 | 2/10 大安 |
| 30 | 木 | 乙酉 一白 | 2/11 赤口 |
| 31 | 金 | 丙戌 二黒 | 2/12 先勝 |

### 4月
（戊辰 九紫火星）

| 日 | 曜 | 干支・九星 | 旧暦・六曜 |
|---|---|---|---|
| 1 | 土 | 丁亥 三碧 | 2/13 友引 |
| 2 | 日 | 戊子 四緑 | 2/14 先負 |
| 3 | 月 | 己丑 五黄 | 2/15 仏滅 |
| 4 | 火 | 庚寅 六白 | 2/16 大安 |
| 5 | 水 | 辛卯 七赤 | 2/17 赤口 |
| 6 | 木 | 壬辰 八白 | 2/18 先勝 |
| 7 | 金 | 癸巳 九紫 | 2/19 友引 |
| 8 | 土 | 甲午 一白 | 2/20 先負 |
| 9 | 日 | 乙未 二黒 | 2/21 仏滅 |
| 10 | 月 | 丙申 三碧 | 2/22 大安 |
| 11 | 火 | 丁酉 四緑 | 2/23 赤口 |
| 12 | 水 | 戊戌 五黄 | 2/24 先勝 |
| 13 | 木 | 己亥 六白 | 2/25 友引 |
| 14 | 金 | 庚子 七赤 | 2/26 先負 |
| 15 | 土 | 辛丑 八白 | 2/27 仏滅 |
| 16 | 日 | 壬寅 九紫 | 2/28 大安 |
| 17 | 月 | 癸卯 一白 | 2/29 赤口 |
| 18 | 火 | 甲辰 二黒 | 2/30 先勝 |
| 19 | 水 | 乙巳 三碧 | 3/1 先負 |
| 20 | 木 | 丙午 四緑 | 3/2 仏滅 |
| 21 | 金 | 丁未 五黄 | 3/3 大安 |
| 22 | 土 | 戊申 六白 | 3/4 赤口 |
| 23 | 日 | 己酉 七赤 | 3/5 先勝 |
| 24 | 月 | 庚戌 八白 | 3/6 友引 |
| 25 | 火 | 辛亥 九紫 | 3/7 先負 |
| 26 | 水 | 壬子 一白 | 3/8 仏滅 |
| 27 | 木 | 癸丑 二黒 | 3/9 大安 |
| 28 | 金 | 甲寅 三碧 | 3/10 赤口 |
| 29 | 土 | 乙卯 四緑 | 3/11 先勝 |
| 30 | 日 | 丙辰 五黄 | 3/12 友引 |

**1月**

1. 5［節］小寒
1.17［雑］土用
1.20［節］大寒

**2月**

2. 3［雑］節分
2. 4［節］立春
2.18［節］雨水

**3月**

3. 5［節］啓蟄
3.17［雑］彼岸
3.20［節］春分
3.23［雑］社日

**4月**

4. 5［節］清明
4.17［雑］土用
4.20［節］穀雨

## 5 月
（己巳 八白土星）

| | | | |
|---|---|---|---|
| 1 | 月 | 丁巳 六白 | 3/13 先負 |
| 2 | 火 | 戊午 七赤 | 3/14 仏滅 |
| 3 | 水 | 己未 八白 | 3/15 大安 |
| 4 | 木 | 庚申 九紫 | 3/16 赤口 |
| 5 | 金 | 辛酉 一白 | 3/17 先勝 |
| 6 | 土 | 壬戌 二黒 | 3/18 友引 |
| 7 | 日 | 癸亥 三碧 | 3/19 先負 |
| 8 | 月 | 甲子 四緑 | 3/20 仏滅 |
| 9 | 火 | 乙丑 五黄 | 3/21 大安 |
| 10 | 水 | 丙寅 六白 | 3/22 赤口 |
| 11 | 木 | 丁卯 七赤 | 3/23 先勝 |
| 12 | 金 | 戊辰 八白 | 3/24 友引 |
| 13 | 土 | 己巳 九紫 | 3/25 先負 |
| 14 | 日 | 庚午 一白 | 3/26 仏滅 |
| 15 | 月 | 辛未 二黒 | 3/27 大安 |
| 16 | 火 | 壬申 三碧 | 3/28 赤口 |
| 17 | 水 | 癸酉 四緑 | 3/29 先勝 |
| 18 | 木 | 甲戌 五黄 | 4/1 仏滅 |
| 19 | 金 | 乙亥 六白 | 4/2 大安 |
| 20 | 土 | 丙子 七赤 | 4/3 赤口 |
| 21 | 日 | 丁丑 八白 | 4/4 先勝 |
| 22 | 月 | 戊寅 九紫 | 4/5 友引 |
| 23 | 火 | 己卯 一白 | 4/6 先負 |
| 24 | 水 | 庚辰 二黒 | 4/7 仏滅 |
| 25 | 木 | 辛巳 三碧 | 4/8 大安 |
| 26 | 金 | 壬午 四緑 | 4/9 赤口 |
| 27 | 土 | 癸未 五黄 | 4/10 先勝 |
| 28 | 日 | 甲申 六白 | 4/11 友引 |
| 29 | 月 | 乙酉 七赤 | 4/12 先負 |
| 30 | 火 | 丙戌 八白 | 4/13 仏滅 |
| 31 | 水 | 丁亥 九紫 | 4/14 大安 |

## 6 月
（庚午 七赤金星）

| | | | |
|---|---|---|---|
| 1 | 木 | 戊子 一白 | 4/15 赤口 |
| 2 | 金 | 己丑 二黒 | 4/16 先勝 |
| 3 | 土 | 庚寅 三碧 | 4/17 友引 |
| 4 | 日 | 辛卯 四緑 | 4/18 先負 |
| 5 | 月 | 壬辰 五黄 | 4/19 仏滅 |
| 6 | 火 | 癸巳 六白 | 4/20 大安 |
| 7 | 水 | 甲午 七赤 | 4/21 赤口 |
| 8 | 木 | 乙未 八白 | 4/22 先勝 |
| 9 | 金 | 丙申 九紫 | 4/23 友引 |
| 10 | 土 | 丁酉 一白 | 4/24 先負 |
| 11 | 日 | 戊戌 二黒 | 4/25 仏滅 |
| 12 | 月 | 己亥 三碧 | 4/26 大安 |
| 13 | 火 | 庚子 四緑 | 4/27 赤口 |
| 14 | 水 | 辛丑 五黄 | 4/28 先勝 |
| 15 | 木 | 壬寅 六白 | 4/29 友引 |
| 16 | 金 | 癸卯 七赤 | 5/1 大安 |
| 17 | 土 | 甲辰 八白 | 5/2 赤口 |
| 18 | 日 | 乙巳 九紫 | 5/3 先勝 |
| 19 | 月 | 丙午 一白 | 5/4 友引 |
| 20 | 火 | 丁未 二黒 | 5/5 先負 |
| 21 | 水 | 戊申 三碧 | 5/6 仏滅 |
| 22 | 木 | 己酉 四緑 | 5/7 大安 |
| 23 | 金 | 庚戌 五黄 | 5/8 赤口 |
| 24 | 土 | 辛亥 六白 | 5/9 先勝 |
| 25 | 日 | 壬子 七赤 | 5/10 友引 |
| 26 | 月 | 癸丑 八白 | 5/11 先負 |
| 27 | 火 | 甲寅 九紫 | 5/12 仏滅 |
| 28 | 水 | 乙卯 一白 | 5/13 大安 |
| 29 | 木 | 丙辰 二黒 | 5/14 赤口 |
| 30 | 金 | 丁巳 三碧 | 5/15 先勝 |

## 7 月
（辛未 六白金星）

| | | | |
|---|---|---|---|
| 1 | 土 | 戊午 四緑 | 5/16 友引 |
| 2 | 日 | 己未 五黄 | 5/17 先負 |
| 3 | 月 | 庚申 六白 | 5/18 仏滅 |
| 4 | 火 | 辛酉 七赤 | 5/19 大安 |
| 5 | 水 | 壬戌 八白 | 5/20 赤口 |
| 6 | 木 | 癸亥 九紫 | 5/21 先勝 |
| 7 | 金 | 甲子 九紫 | 5/22 友引 |
| 8 | 土 | 乙丑 八白 | 5/23 先負 |
| 9 | 日 | 丙寅 七赤 | 5/24 仏滅 |
| 10 | 月 | 丁卯 六白 | 5/25 大安 |
| 11 | 火 | 戊辰 五黄 | 5/26 赤口 |
| 12 | 水 | 己巳 四緑 | 5/27 先勝 |
| 13 | 木 | 庚午 三碧 | 5/28 友引 |
| 14 | 金 | 辛未 二黒 | 5/29 先負 |
| 15 | 土 | 壬申 一白 | 5/30 仏滅 |
| 16 | 日 | 癸酉 九紫 | 6/1 赤口 |
| 17 | 月 | 甲戌 八白 | 6/2 先勝 |
| 18 | 火 | 乙亥 七赤 | 6/3 友引 |
| 19 | 水 | 丙子 六白 | 6/4 先負 |
| 20 | 木 | 丁丑 五黄 | 6/5 仏滅 |
| 21 | 金 | 戊寅 四緑 | 6/6 大安 |
| 22 | 土 | 己卯 三碧 | 6/7 赤口 |
| 23 | 日 | 庚辰 二黒 | 6/8 先勝 |
| 24 | 月 | 辛巳 一白 | 6/9 友引 |
| 25 | 火 | 壬午 九紫 | 6/10 先負 |
| 26 | 水 | 癸未 八白 | 6/11 仏滅 |
| 27 | 木 | 甲申 七赤 | 6/12 大安 |
| 28 | 金 | 乙酉 六白 | 6/13 赤口 |
| 29 | 土 | 丙戌 五黄 | 6/14 先勝 |
| 30 | 日 | 丁亥 四緑 | 6/15 友引 |
| 31 | 月 | 戊子 三碧 | 6/16 先負 |

## 8 月
（壬申 五黄土星）

| | | | |
|---|---|---|---|
| 1 | 火 | 己丑 二黒 | 6/17 仏滅 |
| 2 | 水 | 庚寅 一白 | 6/18 大安 |
| 3 | 木 | 辛卯 九紫 | 6/19 赤口 |
| 4 | 金 | 壬辰 八白 | 6/20 先勝 |
| 5 | 土 | 癸巳 七赤 | 6/21 友引 |
| 6 | 日 | 甲午 六白 | 6/22 先負 |
| 7 | 月 | 乙未 五黄 | 6/23 仏滅 |
| 8 | 火 | 丙申 四緑 | 6/24 大安 |
| 9 | 水 | 丁酉 三碧 | 6/25 赤口 |
| 10 | 木 | 戊戌 二黒 | 6/26 先勝 |
| 11 | 金 | 己亥 一白 | 6/27 友引 |
| 12 | 土 | 庚子 九紫 | 6/28 先負 |
| 13 | 日 | 辛丑 八白 | 6/29 仏滅 |
| 14 | 月 | 壬寅 七赤 | 7/1 先勝 |
| 15 | 火 | 癸卯 六白 | 7/2 友引 |
| 16 | 水 | 甲辰 五黄 | 7/3 先負 |
| 17 | 木 | 乙巳 四緑 | 7/4 仏滅 |
| 18 | 金 | 丙午 三碧 | 7/5 大安 |
| 19 | 土 | 丁未 二黒 | 7/6 赤口 |
| 20 | 日 | 戊申 一白 | 7/7 先勝 |
| 21 | 月 | 己酉 九紫 | 7/8 友引 |
| 22 | 火 | 庚戌 八白 | 7/9 先負 |
| 23 | 水 | 辛亥 七赤 | 7/10 仏滅 |
| 24 | 木 | 壬子 六白 | 7/11 大安 |
| 25 | 金 | 癸丑 五黄 | 7/12 赤口 |
| 26 | 土 | 甲寅 四緑 | 7/13 先勝 |
| 27 | 日 | 乙卯 三碧 | 7/14 友引 |
| 28 | 月 | 丙辰 二黒 | 7/15 先負 |
| 29 | 火 | 丁巳 一白 | 7/16 仏滅 |
| 30 | 水 | 戊午 九紫 | 7/17 大安 |
| 31 | 木 | 己未 八白 | 7/18 赤口 |

### 5 月
5. 2 [雑] 八十八夜
5. 5 [節] 立夏
5.21 [節] 小満

### 6 月
6. 5 [節] 芒種
6.11 [雑] 入梅
6.21 [節] 夏至

### 7 月
7. 2 [雑] 半夏生
7. 7 [節] 小暑
7.19 [雑] 土用
7.23 [節] 大暑

### 8 月
8. 7 [節] 立秋
8.23 [節] 処暑

## 9月
（癸酉 四緑木星）

| | | | |
|---|---|---|---|
| 1 | 金 | 庚申 七赤 | 7/19 先勝 |
| 2 | 土 | 辛酉 六白 | 7/20 友引 |
| 3 | 日 | 壬戌 五黄 | 7/21 先負 |
| 4 | 月 | 癸亥 四緑 | 7/22 仏滅 |
| 5 | 火 | 甲子 三碧 | 7/23 大安 |
| 6 | 水 | 乙丑 二黒 | 7/24 赤口 |
| 7 | 木 | 丙寅 一白 | 7/25 先勝 |
| 8 | 金 | 丁卯 九紫 | 7/26 友引 |
| 9 | 土 | 戊辰 八白 | 7/27 先負 |
| 10 | 日 | 己巳 七赤 | 7/28 仏滅 |
| 11 | 月 | 庚午 六白 | 7/29 大安 |
| 12 | 火 | 辛未 五黄 | 7/30 赤口 |
| 13 | 水 | 壬申 四緑 | 8/1 友引 |
| 14 | 木 | 癸酉 三碧 | 8/2 先負 |
| 15 | 金 | 甲戌 二黒 | 8/3 仏滅 |
| 16 | 土 | 乙亥 一白 | 8/4 大安 |
| 17 | 日 | 丙子 九紫 | 8/5 赤口 |
| 18 | 月 | 丁丑 八白 | 8/6 先勝 |
| 19 | 火 | 戊寅 七赤 | 8/7 友引 |
| 20 | 水 | 己卯 六白 | 8/8 先負 |
| 21 | 木 | 庚辰 五黄 | 8/9 仏滅 |
| 22 | 金 | 辛巳 四緑 | 8/10 大安 |
| 23 | 土 | 壬午 三碧 | 8/11 赤口 |
| 24 | 日 | 癸未 二黒 | 8/12 先勝 |
| 25 | 月 | 甲申 一白 | 8/13 友引 |
| 26 | 火 | 乙酉 九紫 | 8/14 先負 |
| 27 | 水 | 丙戌 八白 | 8/15 仏滅 |
| 28 | 木 | 丁亥 七赤 | 8/16 大安 |
| 29 | 金 | 戊子 六白 | 8/17 赤口 |
| 30 | 土 | 己丑 五黄 | 8/18 先勝 |

## 10月
（甲戌 三碧木星）

| | | | |
|---|---|---|---|
| 1 | 日 | 庚寅 四緑 | 8/19 友引 |
| 2 | 月 | 辛卯 三碧 | 8/20 先負 |
| 3 | 火 | 壬辰 二黒 | 8/21 仏滅 |
| 4 | 水 | 癸巳 一白 | 8/22 大安 |
| 5 | 木 | 甲午 九紫 | 8/23 赤口 |
| 6 | 金 | 乙未 八白 | 8/24 先勝 |
| 7 | 土 | 丙申 七赤 | 8/25 友引 |
| 8 | 日 | 丁酉 六白 | 8/26 先負 |
| 9 | 月 | 戊戌 五黄 | 8/27 仏滅 |
| 10 | 火 | 己亥 四緑 | 8/28 大安 |
| 11 | 水 | 庚子 三碧 | 8/29 赤口 |
| 12 | 木 | 辛丑 二黒 | 9/1 先負 |
| 13 | 金 | 壬寅 一白 | 9/2 仏滅 |
| 14 | 土 | 癸卯 九紫 | 9/3 大安 |
| 15 | 日 | 甲辰 八白 | 9/4 赤口 |
| 16 | 月 | 乙巳 七赤 | 9/5 先勝 |
| 17 | 火 | 丙午 六白 | 9/6 友引 |
| 18 | 水 | 丁未 五黄 | 9/7 先負 |
| 19 | 木 | 戊申 四緑 | 9/8 仏滅 |
| 20 | 金 | 己酉 三碧 | 9/9 大安 |
| 21 | 土 | 庚戌 二黒 | 9/10 赤口 |
| 22 | 日 | 辛亥 一白 | 9/11 先勝 |
| 23 | 月 | 壬子 九紫 | 9/12 友引 |
| 24 | 火 | 癸丑 八白 | 9/13 先負 |
| 25 | 水 | 甲寅 七赤 | 9/14 仏滅 |
| 26 | 木 | 乙卯 六白 | 9/15 大安 |
| 27 | 金 | 丙辰 五黄 | 9/16 赤口 |
| 28 | 土 | 丁巳 四緑 | 9/17 先勝 |
| 29 | 日 | 戊午 三碧 | 9/18 友引 |
| 30 | 月 | 己未 二黒 | 9/19 先負 |
| 31 | 火 | 庚申 一白 | 9/20 仏滅 |

## 11月
（乙亥 二黒土星）

| | | | |
|---|---|---|---|
| 1 | 水 | 辛酉 九紫 | 9/21 大安 |
| 2 | 木 | 壬戌 八白 | 9/22 赤口 |
| 3 | 金 | 癸亥 七赤 | 9/23 先勝 |
| 4 | 土 | 甲子 六白 | 9/24 友引 |
| 5 | 日 | 乙丑 五黄 | 9/25 先負 |
| 6 | 月 | 丙寅 四緑 | 9/26 仏滅 |
| 7 | 火 | 丁卯 三碧 | 9/27 大安 |
| 8 | 水 | 戊辰 二黒 | 9/28 赤口 |
| 9 | 木 | 己巳 一白 | 9/29 先勝 |
| 10 | 金 | 庚午 九紫 | 9/30 友引 |
| 11 | 土 | 辛未 八白 | 10/1 仏滅 |
| 12 | 日 | 壬申 七赤 | 10/2 大安 |
| 13 | 月 | 癸酉 六白 | 10/3 赤口 |
| 14 | 火 | 甲戌 五黄 | 10/4 先勝 |
| 15 | 水 | 乙亥 四緑 | 10/5 友引 |
| 16 | 木 | 丙子 三碧 | 10/6 先負 |
| 17 | 金 | 丁丑 二黒 | 10/7 仏滅 |
| 18 | 土 | 戊寅 一白 | 10/8 大安 |
| 19 | 日 | 己卯 九紫 | 10/9 赤口 |
| 20 | 月 | 庚辰 八白 | 10/10 先勝 |
| 21 | 火 | 辛巳 七赤 | 10/11 友引 |
| 22 | 水 | 壬午 六白 | 10/12 先負 |
| 23 | 木 | 癸未 五黄 | 10/13 仏滅 |
| 24 | 金 | 甲申 四緑 | 10/14 大安 |
| 25 | 土 | 乙酉 三碧 | 10/15 赤口 |
| 26 | 日 | 丙戌 二黒 | 10/16 先勝 |
| 27 | 月 | 丁亥 一白 | 10/17 友引 |
| 28 | 火 | 戊子 九紫 | 10/18 先負 |
| 29 | 水 | 己丑 八白 | 10/19 仏滅 |
| 30 | 木 | 庚寅 七赤 | 10/20 大安 |

## 12月
（丙子 一白水星）

| | | | |
|---|---|---|---|
| 1 | 金 | 辛卯 六白 | 10/21 赤口 |
| 2 | 土 | 壬辰 五黄 | 10/22 先勝 |
| 3 | 日 | 癸巳 四緑 | 10/23 友引 |
| 4 | 月 | 甲午 三碧 | 10/24 先負 |
| 5 | 火 | 乙未 二黒 | 10/25 仏滅 |
| 6 | 水 | 丙申 一白 | 10/26 大安 |
| 7 | 木 | 丁酉 九紫 | 10/27 赤口 |
| 8 | 金 | 戊戌 八白 | 10/28 先勝 |
| 9 | 土 | 己亥 七赤 | 10/29 友引 |
| 10 | 日 | 庚子 六白 | 10/30 先負 |
| 11 | 月 | 辛丑 五黄 | 11/1 大安 |
| 12 | 火 | 壬寅 四緑 | 11/2 赤口 |
| 13 | 水 | 癸卯 三碧 | 11/3 先勝 |
| 14 | 木 | 甲辰 二黒 | 11/4 友引 |
| 15 | 金 | 乙巳 一白 | 11/5 先負 |
| 16 | 土 | 丙午 九紫 | 11/6 仏滅 |
| 17 | 日 | 丁未 八白 | 11/7 大安 |
| 18 | 月 | 戊申 七赤 | 11/8 赤口 |
| 19 | 火 | 己酉 六白 | 11/9 先勝 |
| 20 | 水 | 庚戌 五黄 | 11/10 友引 |
| 21 | 木 | 辛亥 四緑 | 11/11 先負 |
| 22 | 金 | 壬子 三碧 | 11/12 仏滅 |
| 23 | 土 | 癸丑 二黒 | 11/13 大安 |
| 24 | 日 | 甲寅 一白 | 11/14 赤口 |
| 25 | 月 | 乙卯 九紫 | 11/15 先勝 |
| 26 | 火 | 丙辰 八白 | 11/16 友引 |
| 27 | 水 | 丁巳 七赤 | 11/17 先負 |
| 28 | 木 | 戊午 六白 | 11/18 仏滅 |
| 29 | 金 | 己未 五黄 | 11/19 大安 |
| 30 | 土 | 庚申 四緑 | 11/20 赤口 |
| 31 | 日 | 辛酉 三碧 | 11/21 先勝 |

### 9月
**9. 1**［雑］二百十日
**9. 7**［節］白露
**9.19**［雑］社日
**9.20**［雑］彼岸
**9.23**［節］秋分

### 10月
**10. 8**［節］寒露
**10.20**［雑］土用
**10.23**［節］霜降

### 11月
**11. 7**［節］立冬
**11.22**［節］小雪

### 12月
**12. 7**［節］大雪
**12.22**［節］冬至

# 2035

明治 168 年
大正 124 年
昭和 110 年
平成 47 年

乙卯（きのとう）
一白水星

生誕・年忌など

**1. 7** 前島密生誕 200 年
**1. 8** E. プレスリー生誕 100 年
**1.31** 大江健三郎生誕 100 年
**2.18** 天皇機関説非難演説 100 年
**2.28** 坪内逍遙没後 100 年
**3.16** 独再軍備宣言 100 年
**3.20** 速水御舟没後 100 年
**3.21** 空海没後 1200 年
**3.26** 与謝野鉄幹没後 100 年
**5.19** T.E. ロレンス没後 100 年
**6.21** F. サガン生誕 100 年
**7. 6** トマス・モア没後 500 年
**7.12** A. ドレフュス没後 100 年
**7.14** 中先代の乱 700 年
**8.10** 芥川賞・直木賞制定 100 年
**9. 1** 小澤征爾生誕 100 年
**10. 2** 華岡青洲没後 200 年
**10. 3** 第 2 次イタリア・エチオピア戦争 100 年
**10. 9** サン・サーンス生誕 200 年
**11.14** 舎人親王没後 1300 年
**11.15** 坂本龍馬生誕 200 年
**11.25** A. カーネギー生誕 200 年
**11.30** マーク・トウェイン生誕 200 年
**12. 1** ウッディ・アレン生誕 100 年
**12.10** 寺山修司生誕 100 年
**12.11** 竹ノ下の戦い 700 年
**12.12** 福沢諭吉生誕 200 年
**12.24** A. ベルク没後 100 年
**12.31** 寺田寅彦没後 100 年
**この年** 平将門の乱開始 1100 年
西太后生誕 200 年

## 2035年

### 1月
（丁丑 九紫火星）

| | | | |
|---|---|---|---|
| 1 | 月 | 壬戌 二黒 | 11/22 友引 |
| 2 | 火 | 癸亥 一白 | 11/23 先負 |
| 3 | 水 | 甲子 一白 | 11/24 仏滅 |
| 4 | 木 | 乙丑 二黒 | 11/25 大安 |
| 5 | 金 | 丙寅 三碧 | 11/26 赤口 |
| 6 | 土 | 丁卯 四緑 | 11/27 先勝 |
| 7 | 日 | 戊辰 五黄 | 11/28 友引 |
| 8 | 月 | 己巳 六白 | 11/29 先負 |
| 9 | 火 | 庚午 七赤 | 11/30 仏滅 |
| 10 | 水 | 辛未 八白 | 12/1 赤口 |
| 11 | 木 | 壬申 九紫 | 12/2 先勝 |
| 12 | 金 | 癸酉 一白 | 12/3 友引 |
| 13 | 土 | 甲戌 二黒 | 12/4 先負 |
| 14 | 日 | 乙亥 三碧 | 12/5 仏滅 |
| 15 | 月 | 丙子 四緑 | 12/6 大安 |
| 16 | 火 | 丁丑 五黄 | 12/7 赤口 |
| 17 | 水 | 戊寅 六白 | 12/8 先勝 |
| 18 | 木 | 己卯 七赤 | 12/9 友引 |
| 19 | 金 | 庚辰 八白 | 12/10 先負 |
| 20 | 土 | 辛巳 九紫 | 12/11 仏滅 |
| 21 | 日 | 壬午 一白 | 12/12 大安 |
| 22 | 月 | 癸未 二黒 | 12/13 赤口 |
| 23 | 火 | 甲申 三碧 | 12/14 先勝 |
| 24 | 水 | 乙酉 四緑 | 12/15 友引 |
| 25 | 木 | 丙戌 五黄 | 12/16 先負 |
| 26 | 金 | 丁亥 六白 | 12/17 仏滅 |
| 27 | 土 | 戊子 七赤 | 12/18 大安 |
| 28 | 日 | 己丑 八白 | 12/19 赤口 |
| 29 | 月 | 庚寅 九紫 | 12/20 先勝 |
| 30 | 火 | 辛卯 一白 | 12/21 友引 |
| 31 | 水 | 壬辰 二黒 | 12/22 先負 |

### 2月
（戊寅 八白土星）

| | | | |
|---|---|---|---|
| 1 | 木 | 癸巳 三碧 | 12/23 仏滅 |
| 2 | 金 | 甲午 四緑 | 12/24 大安 |
| 3 | 土 | 乙未 五黄 | 12/25 赤口 |
| 4 | 日 | 丙申 六白 | 12/26 先勝 |
| 5 | 月 | 丁酉 七赤 | 12/27 友引 |
| 6 | 火 | 戊戌 八白 | 12/28 先負 |
| 7 | 水 | 己亥 九紫 | 12/29 仏滅 |
| 8 | 木 | 庚子 一白 | 1/1 先勝 |
| 9 | 金 | 辛丑 二黒 | 1/2 友引 |
| 10 | 土 | 壬寅 三碧 | 1/3 先負 |
| 11 | 日 | 癸卯 四緑 | 1/4 仏滅 |
| 12 | 月 | 甲辰 五黄 | 1/5 大安 |
| 13 | 火 | 乙巳 六白 | 1/6 赤口 |
| 14 | 水 | 丙午 七赤 | 1/7 先勝 |
| 15 | 木 | 丁未 八白 | 1/8 友引 |
| 16 | 金 | 戊申 九紫 | 1/9 先負 |
| 17 | 土 | 己酉 一白 | 1/10 仏滅 |
| 18 | 日 | 庚戌 二黒 | 1/11 大安 |
| 19 | 月 | 辛亥 三碧 | 1/12 赤口 |
| 20 | 火 | 壬子 四緑 | 1/13 先勝 |
| 21 | 水 | 癸丑 五黄 | 1/14 友引 |
| 22 | 木 | 甲寅 六白 | 1/15 先負 |
| 23 | 金 | 乙卯 七赤 | 1/16 仏滅 |
| 24 | 土 | 丙辰 八白 | 1/17 大安 |
| 25 | 日 | 丁巳 九紫 | 1/18 赤口 |
| 26 | 月 | 戊午 一白 | 1/19 先勝 |
| 27 | 火 | 己未 二黒 | 1/20 友引 |
| 28 | 水 | 庚申 三碧 | 1/21 先負 |

### 3月
（己卯 七赤金星）

| | | | |
|---|---|---|---|
| 1 | 木 | 辛酉 四緑 | 1/22 仏滅 |
| 2 | 金 | 壬戌 五黄 | 1/23 大安 |
| 3 | 土 | 癸亥 六白 | 1/24 赤口 |
| 4 | 日 | 甲子 七赤 | 1/25 先勝 |
| 5 | 月 | 乙丑 八白 | 1/26 友引 |
| 6 | 火 | 丙寅 九紫 | 1/27 先負 |
| 7 | 水 | 丁卯 一白 | 1/28 仏滅 |
| 8 | 木 | 戊辰 二黒 | 1/29 大安 |
| 9 | 金 | 己巳 三碧 | 1/30 赤口 |
| 10 | 土 | 庚午 四緑 | 2/1 友引 |
| 11 | 日 | 辛未 五黄 | 2/2 先負 |
| 12 | 月 | 壬申 六白 | 2/3 仏滅 |
| 13 | 火 | 癸酉 七赤 | 2/4 大安 |
| 14 | 水 | 甲戌 八白 | 2/5 赤口 |
| 15 | 木 | 乙亥 九紫 | 2/6 先勝 |
| 16 | 金 | 丙子 一白 | 2/7 友引 |
| 17 | 土 | 丁丑 二黒 | 2/8 先負 |
| 18 | 日 | 戊寅 三碧 | 2/9 仏滅 |
| 19 | 月 | 己卯 四緑 | 2/10 大安 |
| 20 | 火 | 庚辰 五黄 | 2/11 赤口 |
| 21 | 水 | 辛巳 六白 | 2/12 先勝 |
| 22 | 木 | 壬午 七赤 | 2/13 友引 |
| 23 | 金 | 癸未 八白 | 2/14 先負 |
| 24 | 土 | 甲申 九紫 | 2/15 仏滅 |
| 25 | 日 | 乙酉 一白 | 2/16 大安 |
| 26 | 月 | 丙戌 二黒 | 2/17 赤口 |
| 27 | 火 | 丁亥 三碧 | 2/18 先勝 |
| 28 | 水 | 戊子 四緑 | 2/19 友引 |
| 29 | 木 | 己丑 五黄 | 2/20 先負 |
| 30 | 金 | 庚寅 六白 | 2/21 仏滅 |
| 31 | 土 | 辛卯 七赤 | 2/22 大安 |

### 4月
（庚辰 六白金星）

| | | | |
|---|---|---|---|
| 1 | 日 | 壬辰 八白 | 2/23 赤口 |
| 2 | 月 | 癸巳 九紫 | 2/24 先勝 |
| 3 | 火 | 甲午 一白 | 2/25 友引 |
| 4 | 水 | 乙未 二黒 | 2/26 先負 |
| 5 | 木 | 丙申 三碧 | 2/27 仏滅 |
| 6 | 金 | 丁酉 四緑 | 2/28 大安 |
| 7 | 土 | 戊戌 五黄 | 2/29 赤口 |
| 8 | 日 | 己亥 六白 | 3/1 先負 |
| 9 | 月 | 庚子 七赤 | 3/2 仏滅 |
| 10 | 火 | 辛丑 八白 | 3/3 大安 |
| 11 | 水 | 壬寅 九紫 | 3/4 赤口 |
| 12 | 木 | 癸卯 一白 | 3/5 先勝 |
| 13 | 金 | 甲辰 二黒 | 3/6 友引 |
| 14 | 土 | 乙巳 三碧 | 3/7 先負 |
| 15 | 日 | 丙午 四緑 | 3/8 仏滅 |
| 16 | 月 | 丁未 五黄 | 3/9 大安 |
| 17 | 火 | 戊申 六白 | 3/10 赤口 |
| 18 | 水 | 己酉 七赤 | 3/11 先勝 |
| 19 | 木 | 庚戌 八白 | 3/12 友引 |
| 20 | 金 | 辛亥 九紫 | 3/13 先負 |
| 21 | 土 | 壬子 一白 | 3/14 仏滅 |
| 22 | 日 | 癸丑 二黒 | 3/15 大安 |
| 23 | 月 | 甲寅 三碧 | 3/16 赤口 |
| 24 | 火 | 乙卯 四緑 | 3/17 先勝 |
| 25 | 水 | 丙辰 五黄 | 3/18 友引 |
| 26 | 木 | 丁巳 六白 | 3/19 先負 |
| 27 | 金 | 戊午 七赤 | 3/20 仏滅 |
| 28 | 土 | 己未 八白 | 3/21 大安 |
| 29 | 日 | 庚申 九紫 | 3/22 赤口 |
| 30 | 月 | 辛酉 一白 | 3/23 先勝 |

**1月**

1. 5［節］小寒
1.17［雑］土用
1.20［節］大寒

**2月**

2. 3［雑］節分
2. 4［節］立春
2.19［節］雨水

**3月**

3. 6［節］啓蟄
3.18［雑］彼岸
3.18［雑］社日
3.21［節］春分

**4月**

4. 5［節］清明
4.17［雑］土用
4.20［節］穀雨

## 5 月
（辛巳 五黄土星）

| | | | | | |
|---|---|---|---|---|---|
| 1 | 火 | 壬戌 | 二黒 | 3/24 | 友引 |
| 2 | 水 | 癸亥 | 三碧 | 3/25 | 先負 |
| 3 | 木 | 甲子 | 四緑 | 3/26 | 仏滅 |
| 4 | 金 | 乙丑 | 五黄 | 3/27 | 大安 |
| 5 | 土 | 丙寅 | 六白 | 3/28 | 赤口 |
| 6 | 日 | 丁卯 | 七赤 | 3/29 | 先勝 |
| 7 | 月 | 戊辰 | 八白 | 3/30 | 友引 |
| 8 | 火 | 己巳 | 九紫 | 4/1 | 仏滅 |
| 9 | 水 | 庚午 | 一白 | 4/2 | 大安 |
| 10 | 木 | 辛未 | 二黒 | 4/3 | 赤口 |
| 11 | 金 | 壬申 | 三碧 | 4/4 | 先勝 |
| 12 | 土 | 癸酉 | 四緑 | 4/5 | 友引 |
| 13 | 日 | 甲戌 | 五黄 | 4/6 | 先負 |
| 14 | 月 | 乙亥 | 六白 | 4/7 | 仏滅 |
| 15 | 火 | 丙子 | 七赤 | 4/8 | 大安 |
| 16 | 水 | 丁丑 | 八白 | 4/9 | 赤口 |
| 17 | 木 | 戊寅 | 九紫 | 4/10 | 先勝 |
| 18 | 金 | 己卯 | 一白 | 4/11 | 友引 |
| 19 | 土 | 庚辰 | 二黒 | 4/12 | 先負 |
| 20 | 日 | 辛巳 | 三碧 | 4/13 | 仏滅 |
| 21 | 月 | 壬午 | 四緑 | 4/14 | 大安 |
| 22 | 火 | 癸未 | 五黄 | 4/15 | 赤口 |
| 23 | 水 | 甲申 | 六白 | 4/16 | 先勝 |
| 24 | 木 | 乙酉 | 七赤 | 4/17 | 友引 |
| 25 | 金 | 丙戌 | 八白 | 4/18 | 先負 |
| 26 | 土 | 丁亥 | 九紫 | 4/19 | 仏滅 |
| 27 | 日 | 戊子 | 一白 | 4/20 | 大安 |
| 28 | 月 | 己丑 | 二黒 | 4/21 | 赤口 |
| 29 | 火 | 庚寅 | 三碧 | 4/22 | 先勝 |
| 30 | 水 | 辛卯 | 四緑 | 4/23 | 友引 |
| 31 | 木 | 壬辰 | 五黄 | 4/24 | 先負 |

## 6 月
（壬午 四緑木星）

| | | | | | |
|---|---|---|---|---|---|
| 1 | 金 | 癸巳 | 六白 | 4/25 | 仏滅 |
| 2 | 土 | 甲午 | 七赤 | 4/26 | 大安 |
| 3 | 日 | 乙未 | 八白 | 4/27 | 赤口 |
| 4 | 月 | 丙申 | 九紫 | 4/28 | 先勝 |
| 5 | 火 | 丁酉 | 一白 | 4/29 | 友引 |
| 6 | 水 | 戊戌 | 二黒 | 5/1 | 大安 |
| 7 | 木 | 己亥 | 三碧 | 5/2 | 赤口 |
| 8 | 金 | 庚子 | 四緑 | 5/3 | 先勝 |
| 9 | 土 | 辛丑 | 五黄 | 5/4 | 友引 |
| 10 | 日 | 壬寅 | 六白 | 5/5 | 先負 |
| 11 | 月 | 癸卯 | 七赤 | 5/6 | 仏滅 |
| 12 | 火 | 甲辰 | 八白 | 5/7 | 大安 |
| 13 | 水 | 乙巳 | 九紫 | 5/8 | 赤口 |
| 14 | 木 | 丙午 | 一白 | 5/9 | 先勝 |
| 15 | 金 | 丁未 | 二黒 | 5/10 | 友引 |
| 16 | 土 | 戊申 | 三碧 | 5/11 | 先負 |
| 17 | 日 | 己酉 | 四緑 | 5/12 | 仏滅 |
| 18 | 月 | 庚戌 | 五黄 | 5/13 | 大安 |
| 19 | 火 | 辛亥 | 六白 | 5/14 | 赤口 |
| 20 | 水 | 壬子 | 七赤 | 5/15 | 先勝 |
| 21 | 木 | 癸丑 | 八白 | 5/16 | 友引 |
| 22 | 金 | 甲寅 | 九紫 | 5/17 | 先負 |
| 23 | 土 | 乙卯 | 一白 | 5/18 | 仏滅 |
| 24 | 日 | 丙辰 | 二黒 | 5/19 | 大安 |
| 25 | 月 | 丁巳 | 三碧 | 5/20 | 赤口 |
| 26 | 火 | 戊午 | 四緑 | 5/21 | 先勝 |
| 27 | 水 | 己未 | 五黄 | 5/22 | 友引 |
| 28 | 木 | 庚申 | 六白 | 5/23 | 先負 |
| 29 | 金 | 辛酉 | 七赤 | 5/24 | 仏滅 |
| 30 | 土 | 壬戌 | 八白 | 5/25 | 大安 |

## 7 月
（癸未 三碧木星）

| | | | | | |
|---|---|---|---|---|---|
| 1 | 日 | 癸亥 | 九紫 | 5/26 | 赤口 |
| 2 | 月 | 甲子 | 九紫 | 5/27 | 先勝 |
| 3 | 火 | 乙丑 | 八白 | 5/28 | 友引 |
| 4 | 水 | 丙寅 | 七赤 | 5/29 | 先負 |
| 5 | 木 | 丁卯 | 六白 | 6/1 | 赤口 |
| 6 | 金 | 戊辰 | 五黄 | 6/2 | 先勝 |
| 7 | 土 | 己巳 | 四緑 | 6/3 | 友引 |
| 8 | 日 | 庚午 | 三碧 | 6/4 | 先負 |
| 9 | 月 | 辛未 | 二黒 | 6/5 | 仏滅 |
| 10 | 火 | 壬申 | 一白 | 6/6 | 大安 |
| 11 | 水 | 癸酉 | 九紫 | 6/7 | 赤口 |
| 12 | 木 | 甲戌 | 八白 | 6/8 | 先勝 |
| 13 | 金 | 乙亥 | 七赤 | 6/9 | 友引 |
| 14 | 土 | 丙子 | 六白 | 6/10 | 先負 |
| 15 | 日 | 丁丑 | 五黄 | 6/11 | 仏滅 |
| 16 | 月 | 戊寅 | 四緑 | 6/12 | 大安 |
| 17 | 火 | 己卯 | 三碧 | 6/13 | 赤口 |
| 18 | 水 | 庚辰 | 二黒 | 6/14 | 先勝 |
| 19 | 木 | 辛巳 | 一白 | 6/15 | 友引 |
| 20 | 金 | 壬午 | 九紫 | 6/16 | 先負 |
| 21 | 土 | 癸未 | 八白 | 6/17 | 仏滅 |
| 22 | 日 | 甲申 | 七赤 | 6/18 | 大安 |
| 23 | 月 | 乙酉 | 六白 | 6/19 | 赤口 |
| 24 | 火 | 丙戌 | 五黄 | 6/20 | 先勝 |
| 25 | 水 | 丁亥 | 四緑 | 6/21 | 友引 |
| 26 | 木 | 戊子 | 三碧 | 6/22 | 先負 |
| 27 | 金 | 己丑 | 二黒 | 6/23 | 仏滅 |
| 28 | 土 | 庚寅 | 一白 | 6/24 | 大安 |
| 29 | 日 | 辛卯 | 九紫 | 6/25 | 赤口 |
| 30 | 月 | 壬辰 | 八白 | 6/26 | 先勝 |
| 31 | 火 | 癸巳 | 七赤 | 6/27 | 友引 |

## 8 月
（甲申 二黒土星）

| | | | | | |
|---|---|---|---|---|---|
| 1 | 水 | 甲午 | 六白 | 6/28 | 先負 |
| 2 | 木 | 乙未 | 五黄 | 6/29 | 仏滅 |
| 3 | 金 | 丙申 | 四緑 | 6/30 | 大安 |
| 4 | 土 | 丁酉 | 三碧 | 7/1 | 先勝 |
| 5 | 日 | 戊戌 | 二黒 | 7/2 | 友引 |
| 6 | 月 | 己亥 | 一白 | 7/3 | 先負 |
| 7 | 火 | 庚子 | 九紫 | 7/4 | 仏滅 |
| 8 | 水 | 辛丑 | 八白 | 7/5 | 大安 |
| 9 | 木 | 壬寅 | 七赤 | 7/6 | 赤口 |
| 10 | 金 | 癸卯 | 六白 | 7/7 | 先勝 |
| 11 | 土 | 甲辰 | 五黄 | 7/8 | 友引 |
| 12 | 日 | 乙巳 | 四緑 | 7/9 | 先負 |
| 13 | 月 | 丙午 | 三碧 | 7/10 | 仏滅 |
| 14 | 火 | 丁未 | 二黒 | 7/11 | 大安 |
| 15 | 水 | 戊申 | 一白 | 7/12 | 赤口 |
| 16 | 木 | 己酉 | 九紫 | 7/13 | 先勝 |
| 17 | 金 | 庚戌 | 八白 | 7/14 | 友引 |
| 18 | 土 | 辛亥 | 七赤 | 7/15 | 先負 |
| 19 | 日 | 壬子 | 六白 | 7/16 | 仏滅 |
| 20 | 月 | 癸丑 | 五黄 | 7/17 | 大安 |
| 21 | 火 | 甲寅 | 四緑 | 7/18 | 赤口 |
| 22 | 水 | 乙卯 | 三碧 | 7/19 | 先勝 |
| 23 | 木 | 丙辰 | 二黒 | 7/20 | 友引 |
| 24 | 金 | 丁巳 | 一白 | 7/21 | 先負 |
| 25 | 土 | 戊午 | 九紫 | 7/22 | 仏滅 |
| 26 | 日 | 己未 | 八白 | 7/23 | 大安 |
| 27 | 月 | 庚申 | 七赤 | 7/24 | 赤口 |
| 28 | 火 | 辛酉 | 六白 | 7/25 | 先勝 |
| 29 | 水 | 壬戌 | 五黄 | 7/26 | 友引 |
| 30 | 木 | 癸亥 | 四緑 | 7/27 | 先負 |
| 31 | 金 | 甲子 | 三碧 | 7/28 | 仏滅 |

**5 月**

5. 2［雑］八十八夜
5. 6［節］立夏
5.21［節］小満

**6 月**

6. 6［節］芒種
6.11［雑］入梅
6.21［節］夏至

**7 月**

7. 2［雑］半夏生
7. 7［節］小暑
7.20［雑］土用
7.23［節］大暑

**8 月**

8. 8［節］立秋
8.23［節］処暑

## 9 月
（乙酉 一白水星）

| | | | |
|---|---|---|---|
| 1 | 土 | 乙丑 二黒 | 7/29 大安 |
| 2 | 日 | 丙寅 一白 | 8/1 友引 |
| 3 | 月 | 丁卯 九紫 | 8/2 先負 |
| 4 | 火 | 戊辰 八白 | 8/3 仏滅 |
| 5 | 水 | 己巳 七赤 | 8/4 大安 |
| 6 | 木 | 庚午 六白 | 8/5 赤口 |
| 7 | 金 | 辛未 五黄 | 8/6 先勝 |
| 8 | 土 | 壬申 四緑 | 8/7 友引 |
| 9 | 日 | 癸酉 三碧 | 8/8 先負 |
| 10 | 月 | 甲戌 二黒 | 8/9 仏滅 |
| 11 | 火 | 乙亥 一白 | 8/10 大安 |
| 12 | 水 | 丙子 九紫 | 8/11 赤口 |
| 13 | 木 | 丁丑 八白 | 8/12 先勝 |
| 14 | 金 | 戊寅 七赤 | 8/13 友引 |
| 15 | 土 | 己卯 六白 | 8/14 先負 |
| 16 | 日 | 庚辰 五黄 | 8/15 仏滅 |
| 17 | 月 | 辛巳 四緑 | 8/16 大安 |
| 18 | 火 | 壬午 三碧 | 8/17 赤口 |
| 19 | 水 | 癸未 二黒 | 8/18 先勝 |
| 20 | 木 | 甲申 一白 | 8/19 友引 |
| 21 | 金 | 乙酉 九紫 | 8/20 先負 |
| 22 | 土 | 丙戌 八白 | 8/21 仏滅 |
| 23 | 日 | 丁亥 七赤 | 8/22 大安 |
| 24 | 月 | 戊子 六白 | 8/23 赤口 |
| 25 | 火 | 己丑 五黄 | 8/24 先勝 |
| 26 | 水 | 庚寅 四緑 | 8/25 友引 |
| 27 | 木 | 辛卯 三碧 | 8/26 先負 |
| 28 | 金 | 壬辰 二黒 | 8/27 仏滅 |
| 29 | 土 | 癸巳 一白 | 8/28 大安 |
| 30 | 日 | 甲午 九紫 | 8/29 赤口 |

## 10 月
（丙戌 九紫火星）

| | | | |
|---|---|---|---|
| 1 | 月 | 乙未 八白 | 9/1 先負 |
| 2 | 火 | 丙申 七赤 | 9/2 仏滅 |
| 3 | 水 | 丁酉 六白 | 9/3 大安 |
| 4 | 木 | 戊戌 五黄 | 9/4 赤口 |
| 5 | 金 | 己亥 四緑 | 9/5 先勝 |
| 6 | 土 | 庚子 三碧 | 9/6 友引 |
| 7 | 日 | 辛丑 二黒 | 9/7 先負 |
| 8 | 月 | 壬寅 一白 | 9/8 仏滅 |
| 9 | 火 | 癸卯 九紫 | 9/9 大安 |
| 10 | 水 | 甲辰 八白 | 9/10 赤口 |
| 11 | 木 | 乙巳 七赤 | 9/11 先勝 |
| 12 | 金 | 丙午 六白 | 9/12 友引 |
| 13 | 土 | 丁未 五黄 | 9/13 先負 |
| 14 | 日 | 戊申 四緑 | 9/14 仏滅 |
| 15 | 月 | 己酉 三碧 | 9/15 大安 |
| 16 | 火 | 庚戌 二黒 | 9/16 赤口 |
| 17 | 水 | 辛亥 一白 | 9/17 先勝 |
| 18 | 木 | 壬子 九紫 | 9/18 友引 |
| 19 | 金 | 癸丑 八白 | 9/19 先負 |
| 20 | 土 | 甲寅 七赤 | 9/20 仏滅 |
| 21 | 日 | 乙卯 六白 | 9/21 大安 |
| 22 | 月 | 丙辰 五黄 | 9/22 赤口 |
| 23 | 火 | 丁巳 四緑 | 9/23 先勝 |
| 24 | 水 | 戊午 三碧 | 9/24 友引 |
| 25 | 木 | 己未 二黒 | 9/25 先負 |
| 26 | 金 | 庚申 一白 | 9/26 仏滅 |
| 27 | 土 | 辛酉 九紫 | 9/27 大安 |
| 28 | 日 | 壬戌 八白 | 9/28 赤口 |
| 29 | 月 | 癸亥 七赤 | 9/29 先勝 |
| 30 | 火 | 甲子 六白 | 9/30 友引 |
| 31 | 水 | 乙丑 五黄 | 10/1 仏滅 |

## 11 月
（丁亥 八白土星）

| | | | |
|---|---|---|---|
| 1 | 木 | 丙寅 四緑 | 10/2 大安 |
| 2 | 金 | 丁卯 三碧 | 10/3 赤口 |
| 3 | 土 | 戊辰 二黒 | 10/4 先勝 |
| 4 | 日 | 己巳 一白 | 10/5 友引 |
| 5 | 月 | 庚午 九紫 | 10/6 先負 |
| 6 | 火 | 辛未 八白 | 10/7 仏滅 |
| 7 | 水 | 壬申 七赤 | 10/8 大安 |
| 8 | 木 | 癸酉 六白 | 10/9 赤口 |
| 9 | 金 | 甲戌 五黄 | 10/10 先勝 |
| 10 | 土 | 乙亥 四緑 | 10/11 友引 |
| 11 | 日 | 丙子 三碧 | 10/12 先負 |
| 12 | 月 | 丁丑 二黒 | 10/13 仏滅 |
| 13 | 火 | 戊寅 一白 | 10/14 大安 |
| 14 | 水 | 己卯 九紫 | 10/15 赤口 |
| 15 | 木 | 庚辰 八白 | 10/16 先勝 |
| 16 | 金 | 辛巳 七赤 | 10/17 友引 |
| 17 | 土 | 壬午 六白 | 10/18 先負 |
| 18 | 日 | 癸未 五黄 | 10/19 仏滅 |
| 19 | 月 | 甲申 四緑 | 10/20 大安 |
| 20 | 火 | 乙酉 三碧 | 10/21 赤口 |
| 21 | 水 | 丙戌 二黒 | 10/22 先勝 |
| 22 | 木 | 丁亥 一白 | 10/23 友引 |
| 23 | 金 | 戊子 九紫 | 10/24 先負 |
| 24 | 土 | 己丑 八白 | 10/25 仏滅 |
| 25 | 日 | 庚寅 七赤 | 10/26 大安 |
| 26 | 月 | 辛卯 六白 | 10/27 赤口 |
| 27 | 火 | 壬辰 五黄 | 10/28 先勝 |
| 28 | 水 | 癸巳 四緑 | 10/29 友引 |
| 29 | 木 | 甲午 三碧 | 10/30 先負 |
| 30 | 金 | 乙未 二黒 | 11/1 大安 |

## 12 月
（戊子 七赤金星）

| | | | |
|---|---|---|---|
| 1 | 土 | 丙申 一白 | 11/2 赤口 |
| 2 | 日 | 丁酉 九紫 | 11/3 先勝 |
| 3 | 月 | 戊戌 八白 | 11/4 友引 |
| 4 | 火 | 己亥 七赤 | 11/5 先負 |
| 5 | 水 | 庚子 六白 | 11/6 仏滅 |
| 6 | 木 | 辛丑 五黄 | 11/7 大安 |
| 7 | 金 | 壬寅 四緑 | 11/8 赤口 |
| 8 | 土 | 癸卯 三碧 | 11/9 先勝 |
| 9 | 日 | 甲辰 二黒 | 11/10 友引 |
| 10 | 月 | 乙巳 一白 | 11/11 先負 |
| 11 | 火 | 丙午 九紫 | 11/12 仏滅 |
| 12 | 水 | 丁未 八白 | 11/13 大安 |
| 13 | 木 | 戊申 七赤 | 11/14 赤口 |
| 14 | 金 | 己酉 六白 | 11/15 先勝 |
| 15 | 土 | 庚戌 五黄 | 11/16 友引 |
| 16 | 日 | 辛亥 四緑 | 11/17 先負 |
| 17 | 月 | 壬子 三碧 | 11/18 仏滅 |
| 18 | 火 | 癸丑 二黒 | 11/19 大安 |
| 19 | 水 | 甲寅 一白 | 11/20 赤口 |
| 20 | 木 | 乙卯 九紫 | 11/21 先勝 |
| 21 | 金 | 丙辰 八白 | 11/22 友引 |
| 22 | 土 | 丁巳 七赤 | 11/23 先負 |
| 23 | 日 | 戊午 六白 | 11/24 仏滅 |
| 24 | 月 | 己未 五黄 | 11/25 大安 |
| 25 | 火 | 庚申 四緑 | 11/26 赤口 |
| 26 | 水 | 辛酉 三碧 | 11/27 先勝 |
| 27 | 木 | 壬戌 二黒 | 11/28 友引 |
| 28 | 金 | 癸亥 一白 | 11/29 先負 |
| 29 | 土 | 甲子 一白 | 12/1 赤口 |
| 30 | 日 | 乙丑 二黒 | 12/2 先勝 |
| 31 | 月 | 丙寅 三碧 | 12/3 友引 |

**9 月**

9. 1 ［雑］二百十日
9. 8 ［節］白露
9.20 ［雑］彼岸
9.23 ［節］秋分
9.24 ［雑］社日

**10 月**

10. 8 ［節］寒露
10.20 ［雑］土用
10.23 ［節］霜降

**11 月**

11. 7 ［節］立冬
11.22 ［節］小雪

**12 月**

12. 7 ［節］大雪
12.22 ［節］冬至

# 2036

明治 **169** 年
大正 **125** 年
昭和 **111** 年
平成 **48** 年

丙辰（ひのえたつ）
九紫火星

生誕・年忌など

**1. 2** 足利義政生誕 600 年
**1.18** J. キプリング没後 100 年
**2. 5** 日本のプロ野球リーグ発足 100 年
**2.26** 二・二六事件 100 年
高橋是清没後 100 年
**2.27** I. パブロフ没後 100 年
**3. 2** 多々良浜の戦い 700 年
**3.11** 夢野久作没後 100 年
**3.28** バルガス・リョサ生誕 100 年
**4.18** O. レスピーギ没後 100 年
**5.18** 阿部定事件 100 年
**5.24** 伊達政宗没後 400 年
**5.25** 湊川の戦い 700 年
楠木正成没後 700 年
**6. 9** 柳田邦男生誕 100 年
**6.18** M. ゴーリキー没後 100 年
**6.27** 横尾忠則生誕 100 年
鈴木三重吉没後 100 年
**7.12** D. エラスムス没後 500 年
**7.17** スペイン内戦勃発 100 年
**8. 1** ベルリンオリンピック開幕 100 年
**8.19** ガルシア・ロルカ没後 100 年
**10. 8** 下田歌子没後 100 年
**10.19** 魯迅没後 100 年
**12.10** 英エドワード 8 世「王冠をかけた恋」による退位 100 年
**12.12** 西安事件 100 年
この年 清朝創始 400 年

2036 年

## 1 月
（己丑 六白金星）

| | | | |
|---|---|---|---|
| 1 | 火 | 丁卯 四緑 | 12/4 先負 |
| 2 | 水 | 戊辰 五黄 | 12/5 仏滅 |
| 3 | 木 | 己巳 六白 | 12/6 大安 |
| 4 | 金 | 庚午 七赤 | 12/7 赤口 |
| 5 | 土 | 辛未 八白 | 12/8 先勝 |
| 6 | 日 | 壬申 九紫 | 12/9 友引 |
| 7 | 月 | 癸酉 一白 | 12/10 先負 |
| 8 | 火 | 甲戌 二黒 | 12/11 仏滅 |
| 9 | 水 | 乙亥 三碧 | 12/12 大安 |
| 10 | 木 | 丙子 四緑 | 12/13 赤口 |
| 11 | 金 | 丁丑 五黄 | 12/14 先勝 |
| 12 | 土 | 戊寅 六白 | 12/15 友引 |
| 13 | 日 | 己卯 七赤 | 12/16 先負 |
| 14 | 月 | 庚辰 八白 | 12/17 仏滅 |
| 15 | 火 | 辛巳 九紫 | 12/18 大安 |
| 16 | 水 | 壬午 一白 | 12/19 赤口 |
| 17 | 木 | 癸未 二黒 | 12/20 先勝 |
| 18 | 金 | 甲申 三碧 | 12/21 友引 |
| 19 | 土 | 乙酉 四緑 | 12/22 先負 |
| 20 | 日 | 丙戌 五黄 | 12/23 仏滅 |
| 21 | 月 | 丁亥 六白 | 12/24 大安 |
| 22 | 火 | 戊子 七赤 | 12/25 赤口 |
| 23 | 水 | 己丑 八白 | 12/26 先勝 |
| 24 | 木 | 庚寅 九紫 | 12/27 友引 |
| 25 | 金 | 辛卯 一白 | 12/28 先負 |
| 26 | 土 | 壬辰 二黒 | 12/29 仏滅 |
| 27 | 日 | 癸巳 三碧 | 12/30 大安 |
| 28 | 月 | 甲午 四緑 | 1/1 先勝 |
| 29 | 火 | 乙未 五黄 | 1/2 友引 |
| 30 | 水 | 丙申 六白 | 1/3 先負 |
| 31 | 木 | 丁酉 七赤 | 1/4 仏滅 |

## 2 月
（庚寅 五黄土星）

| | | | |
|---|---|---|---|
| 1 | 金 | 戊戌 八白 | 1/5 大安 |
| 2 | 土 | 己亥 九紫 | 1/6 赤口 |
| 3 | 日 | 庚子 一白 | 1/7 先勝 |
| 4 | 月 | 辛丑 二黒 | 1/8 友引 |
| 5 | 火 | 壬寅 三碧 | 1/9 先負 |
| 6 | 水 | 癸卯 四緑 | 1/10 仏滅 |
| 7 | 木 | 甲辰 五黄 | 1/11 大安 |
| 8 | 金 | 乙巳 六白 | 1/12 赤口 |
| 9 | 土 | 丙午 七赤 | 1/13 先勝 |
| 10 | 日 | 丁未 八白 | 1/14 友引 |
| 11 | 月 | 戊申 九紫 | 1/15 先負 |
| 12 | 火 | 己酉 一白 | 1/16 仏滅 |
| 13 | 水 | 庚戌 二黒 | 1/17 大安 |
| 14 | 木 | 辛亥 三碧 | 1/18 赤口 |
| 15 | 金 | 壬子 四緑 | 1/19 先勝 |
| 16 | 土 | 癸丑 五黄 | 1/20 友引 |
| 17 | 日 | 甲寅 六白 | 1/21 先負 |
| 18 | 月 | 乙卯 七赤 | 1/22 仏滅 |
| 19 | 火 | 丙辰 八白 | 1/23 大安 |
| 20 | 水 | 丁巳 九紫 | 1/24 赤口 |
| 21 | 木 | 戊午 一白 | 1/25 先勝 |
| 22 | 金 | 己未 二黒 | 1/26 友引 |
| 23 | 土 | 庚申 三碧 | 1/27 先負 |
| 24 | 日 | 辛酉 四緑 | 1/28 仏滅 |
| 25 | 月 | 壬戌 五黄 | 1/29 大安 |
| 26 | 火 | 癸亥 六白 | 1/30 赤口 |
| 27 | 水 | 甲子 七赤 | 2/1 友引 |
| 28 | 木 | 乙丑 八白 | 2/2 先負 |
| 29 | 金 | 丙寅 九紫 | 2/3 仏滅 |

## 3 月
（辛卯 四緑木星）

| | | | |
|---|---|---|---|
| 1 | 土 | 丁卯 一白 | 2/4 大安 |
| 2 | 日 | 戊辰 二黒 | 2/5 赤口 |
| 3 | 月 | 己巳 三碧 | 2/6 先勝 |
| 4 | 火 | 庚午 四緑 | 2/7 友引 |
| 5 | 水 | 辛未 五黄 | 2/8 先負 |
| 6 | 木 | 壬申 六白 | 2/9 仏滅 |
| 7 | 金 | 癸酉 七赤 | 2/10 大安 |
| 8 | 土 | 甲戌 八白 | 2/11 赤口 |
| 9 | 日 | 乙亥 九紫 | 2/12 先勝 |
| 10 | 月 | 丙子 一白 | 2/13 友引 |
| 11 | 火 | 丁丑 二黒 | 2/14 先負 |
| 12 | 水 | 戊寅 三碧 | 2/15 仏滅 |
| 13 | 木 | 己卯 四緑 | 2/16 大安 |
| 14 | 金 | 庚辰 五黄 | 2/17 赤口 |
| 15 | 土 | 辛巳 六白 | 2/18 先勝 |
| 16 | 日 | 壬午 七赤 | 2/19 友引 |
| 17 | 月 | 癸未 八白 | 2/20 先負 |
| 18 | 火 | 甲申 九紫 | 2/21 仏滅 |
| 19 | 水 | 乙酉 一白 | 2/22 大安 |
| 20 | 木 | 丙戌 二黒 | 2/23 赤口 |
| 21 | 金 | 丁亥 三碧 | 2/24 先勝 |
| 22 | 土 | 戊子 四緑 | 2/25 友引 |
| 23 | 日 | 己丑 五黄 | 2/26 先負 |
| 24 | 月 | 庚寅 六白 | 2/27 仏滅 |
| 25 | 火 | 辛卯 七赤 | 2/28 大安 |
| 26 | 水 | 壬辰 八白 | 2/29 赤口 |
| 27 | 木 | 癸巳 九紫 | 2/30 先勝 |
| 28 | 金 | 甲午 一白 | 3/1 先負 |
| 29 | 土 | 乙未 二黒 | 3/2 仏滅 |
| 30 | 日 | 丙申 三碧 | 3/3 大安 |
| 31 | 月 | 丁酉 四緑 | 3/4 赤口 |

## 4 月
（壬辰 三碧木星）

| | | | |
|---|---|---|---|
| 1 | 火 | 戊戌 五黄 | 3/5 先勝 |
| 2 | 水 | 己亥 六白 | 3/6 友引 |
| 3 | 木 | 庚子 七赤 | 3/7 先負 |
| 4 | 金 | 辛丑 八白 | 3/8 仏滅 |
| 5 | 土 | 壬寅 九紫 | 3/9 大安 |
| 6 | 日 | 癸卯 一白 | 3/10 赤口 |
| 7 | 月 | 甲辰 二黒 | 3/11 先勝 |
| 8 | 火 | 乙巳 三碧 | 3/12 友引 |
| 9 | 水 | 丙午 四緑 | 3/13 先負 |
| 10 | 木 | 丁未 五黄 | 3/14 仏滅 |
| 11 | 金 | 戊申 六白 | 3/15 大安 |
| 12 | 土 | 己酉 七赤 | 3/16 赤口 |
| 13 | 日 | 庚戌 八白 | 3/17 先勝 |
| 14 | 月 | 辛亥 九紫 | 3/18 友引 |
| 15 | 火 | 壬子 一白 | 3/19 先負 |
| 16 | 水 | 癸丑 二黒 | 3/20 仏滅 |
| 17 | 木 | 甲寅 三碧 | 3/21 大安 |
| 18 | 金 | 乙卯 四緑 | 3/22 赤口 |
| 19 | 土 | 丙辰 五黄 | 3/23 先勝 |
| 20 | 日 | 丁巳 六白 | 3/24 友引 |
| 21 | 月 | 戊午 七赤 | 3/25 先負 |
| 22 | 火 | 己未 八白 | 3/26 仏滅 |
| 23 | 水 | 庚申 九紫 | 3/27 大安 |
| 24 | 木 | 辛酉 一白 | 3/28 赤口 |
| 25 | 金 | 壬戌 二黒 | 3/29 先勝 |
| 26 | 土 | 癸亥 三碧 | 4/1 仏滅 |
| 27 | 日 | 甲子 四緑 | 4/2 大安 |
| 28 | 月 | 乙丑 五黄 | 4/3 赤口 |
| 29 | 火 | 丙寅 六白 | 4/4 先勝 |
| 30 | 水 | 丁卯 七赤 | 4/5 友引 |

**1 月**

1. 6 [節] 小寒
1.17 [雑] 土用
1.20 [節] 大寒

**2 月**

2. 3 [雑] 節分
2. 4 [節] 立春
2.19 [節] 雨水

**3 月**

3. 5 [節] 啓蟄
3.17 [雑] 彼岸
3.20 [節] 春分
3.22 [雑] 社日

**4 月**

4. 4 [節] 清明
4.16 [雑] 土用
4.19 [節] 穀雨

## 5月
（癸巳 二黒土星）

| | | | |
|---|---|---|---|
| 1 | 木 | 戊辰 八白 | 4/6 先負 |
| 2 | 金 | 己巳 九紫 | 4/7 仏滅 |
| 3 | 土 | 庚午 一白 | 4/8 大安 |
| 4 | 日 | 辛未 二黒 | 4/9 赤口 |
| 5 | 月 | 壬申 三碧 | 4/10 先勝 |
| 6 | 火 | 癸酉 四緑 | 4/11 友引 |
| 7 | 水 | 甲戌 五黄 | 4/12 先負 |
| 8 | 木 | 乙亥 六白 | 4/13 仏滅 |
| 9 | 金 | 丙子 七赤 | 4/14 大安 |
| 10 | 土 | 丁丑 八白 | 4/15 赤口 |
| 11 | 日 | 戊寅 九紫 | 4/16 先勝 |
| 12 | 月 | 己卯 一白 | 4/17 友引 |
| 13 | 火 | 庚辰 二黒 | 4/18 先負 |
| 14 | 水 | 辛巳 三碧 | 4/19 仏滅 |
| 15 | 木 | 壬午 四緑 | 4/20 大安 |
| 16 | 金 | 癸未 五黄 | 4/21 赤口 |
| 17 | 土 | 甲申 六白 | 4/22 先勝 |
| 18 | 日 | 乙酉 七赤 | 4/23 友引 |
| 19 | 月 | 丙戌 八白 | 4/24 先負 |
| 20 | 火 | 丁亥 九紫 | 4/25 仏滅 |
| 21 | 水 | 戊子 一白 | 4/26 大安 |
| 22 | 木 | 己丑 二黒 | 4/27 赤口 |
| 23 | 金 | 庚寅 三碧 | 4/28 先勝 |
| 24 | 土 | 辛卯 四緑 | 4/29 友引 |
| 25 | 日 | 壬辰 五黄 | 4/30 先負 |
| 26 | 月 | 癸巳 六白 | 5/1 大安 |
| 27 | 火 | 甲午 七赤 | 5/2 赤口 |
| 28 | 水 | 乙未 八白 | 5/3 先勝 |
| 29 | 木 | 丙申 九紫 | 5/4 友引 |
| 30 | 金 | 丁酉 一白 | 5/5 先負 |
| 31 | 土 | 戊戌 二黒 | 5/6 仏滅 |

## 6月
（甲午 一白水星）

| | | | |
|---|---|---|---|
| 1 | 日 | 己亥 三碧 | 5/7 大安 |
| 2 | 月 | 庚子 四緑 | 5/8 赤口 |
| 3 | 火 | 辛丑 五黄 | 5/9 先勝 |
| 4 | 水 | 壬寅 六白 | 5/10 友引 |
| 5 | 木 | 癸卯 七赤 | 5/11 先負 |
| 6 | 金 | 甲辰 八白 | 5/12 仏滅 |
| 7 | 土 | 乙巳 九紫 | 5/13 大安 |
| 8 | 日 | 丙午 一白 | 5/14 赤口 |
| 9 | 月 | 丁未 二黒 | 5/15 先勝 |
| 10 | 火 | 戊申 三碧 | 5/16 友引 |
| 11 | 水 | 己酉 四緑 | 5/17 先負 |
| 12 | 木 | 庚戌 五黄 | 5/18 仏滅 |
| 13 | 金 | 辛亥 六白 | 5/19 大安 |
| 14 | 土 | 壬子 七赤 | 5/20 赤口 |
| 15 | 日 | 癸丑 八白 | 5/21 先勝 |
| 16 | 月 | 甲寅 九紫 | 5/22 友引 |
| 17 | 火 | 乙卯 一白 | 5/23 先負 |
| 18 | 水 | 丙辰 二黒 | 5/24 仏滅 |
| 19 | 木 | 丁巳 三碧 | 5/25 大安 |
| 20 | 金 | 戊午 四緑 | 5/26 赤口 |
| 21 | 土 | 己未 五黄 | 5/27 先勝 |
| 22 | 日 | 庚申 六白 | 5/28 友引 |
| 23 | 月 | 辛酉 七赤 | 5/29 先負 |
| 24 | 火 | 壬戌 八白 | 6/1 赤口 |
| 25 | 水 | 癸亥 九紫 | 6/2 先勝 |
| 26 | 木 | 甲子 九紫 | 6/3 友引 |
| 27 | 金 | 乙丑 八白 | 6/4 先負 |
| 28 | 土 | 丙寅 七赤 | 6/5 仏滅 |
| 29 | 日 | 丁卯 六白 | 6/6 大安 |
| 30 | 月 | 戊辰 五黄 | 6/7 赤口 |

## 7月
（乙未 九紫火星）

| | | | |
|---|---|---|---|
| 1 | 火 | 己巳 四緑 | 6/8 先勝 |
| 2 | 水 | 庚午 三碧 | 6/9 友引 |
| 3 | 木 | 辛未 二黒 | 6/10 先負 |
| 4 | 金 | 壬申 一白 | 6/11 仏滅 |
| 5 | 土 | 癸酉 九紫 | 6/12 大安 |
| 6 | 日 | 甲戌 八白 | 6/13 赤口 |
| 7 | 月 | 乙亥 七赤 | 6/14 先勝 |
| 8 | 火 | 丙子 六白 | 6/15 友引 |
| 9 | 水 | 丁丑 五黄 | 6/16 先負 |
| 10 | 木 | 戊寅 四緑 | 6/17 仏滅 |
| 11 | 金 | 己卯 三碧 | 6/18 大安 |
| 12 | 土 | 庚辰 二黒 | 6/19 赤口 |
| 13 | 日 | 辛巳 一白 | 6/20 先勝 |
| 14 | 月 | 壬午 九紫 | 6/21 友引 |
| 15 | 火 | 癸未 八白 | 6/22 先負 |
| 16 | 水 | 甲申 七赤 | 6/23 仏滅 |
| 17 | 木 | 乙酉 六白 | 6/24 大安 |
| 18 | 金 | 丙戌 五黄 | 6/25 赤口 |
| 19 | 土 | 丁亥 四緑 | 6/26 先勝 |
| 20 | 日 | 戊子 三碧 | 6/27 友引 |
| 21 | 月 | 己丑 二黒 | 6/28 先負 |
| 22 | 火 | 庚寅 一白 | 6/29 仏滅 |
| 23 | 水 | 辛卯 九紫 | 閏6/1 赤口 |
| 24 | 木 | 壬辰 八白 | 閏6/2 先勝 |
| 25 | 金 | 癸巳 七赤 | 閏6/3 友引 |
| 26 | 土 | 甲午 六白 | 閏6/4 先負 |
| 27 | 日 | 乙未 五黄 | 閏6/5 仏滅 |
| 28 | 月 | 丙申 四緑 | 閏6/6 大安 |
| 29 | 火 | 丁酉 三碧 | 閏6/7 赤口 |
| 30 | 水 | 戊戌 二黒 | 閏6/8 先勝 |
| 31 | 木 | 己亥 一白 | 閏6/9 友引 |

## 8月
（丙申 八白土星）

| | | | |
|---|---|---|---|
| 1 | 金 | 庚子 九紫 | 閏6/10 先負 |
| 2 | 土 | 辛丑 八白 | 閏6/11 仏滅 |
| 3 | 日 | 壬寅 七赤 | 閏6/12 大安 |
| 4 | 月 | 癸卯 六白 | 閏6/13 赤口 |
| 5 | 火 | 甲辰 五黄 | 閏6/14 先勝 |
| 6 | 水 | 乙巳 四緑 | 閏6/15 友引 |
| 7 | 木 | 丙午 三碧 | 閏6/16 先負 |
| 8 | 金 | 丁未 二黒 | 閏6/17 仏滅 |
| 9 | 土 | 戊申 一白 | 閏6/18 大安 |
| 10 | 日 | 己酉 九紫 | 閏6/19 赤口 |
| 11 | 月 | 庚戌 八白 | 閏6/20 先勝 |
| 12 | 火 | 辛亥 七赤 | 閏6/21 友引 |
| 13 | 水 | 壬子 六白 | 閏6/22 先負 |
| 14 | 木 | 癸丑 五黄 | 閏6/23 仏滅 |
| 15 | 金 | 甲寅 四緑 | 閏6/24 大安 |
| 16 | 土 | 乙卯 三碧 | 閏6/25 赤口 |
| 17 | 日 | 丙辰 二黒 | 閏6/26 先勝 |
| 18 | 月 | 丁巳 一白 | 閏6/27 友引 |
| 19 | 火 | 戊午 九紫 | 閏6/28 先負 |
| 20 | 水 | 己未 八白 | 閏6/29 仏滅 |
| 21 | 木 | 庚申 七赤 | 閏6/30 大安 |
| 22 | 金 | 辛酉 六白 | 7/1 先勝 |
| 23 | 土 | 壬戌 五黄 | 7/2 友引 |
| 24 | 日 | 癸亥 四緑 | 7/3 先負 |
| 25 | 月 | 甲子 三碧 | 7/4 仏滅 |
| 26 | 火 | 乙丑 二黒 | 7/5 大安 |
| 27 | 水 | 丙寅 一白 | 7/6 赤口 |
| 28 | 木 | 丁卯 九紫 | 7/7 先勝 |
| 29 | 金 | 戊辰 八白 | 7/8 友引 |
| 30 | 土 | 己巳 七赤 | 7/9 先負 |
| 31 | 日 | 庚午 六白 | 7/10 仏滅 |

**5月**

5. 1 [雑] 八十八夜
5. 5 [節] 立夏
5.20 [節] 小満

**6月**

6. 5 [節] 芒種
6.10 [雑] 入梅
6.21 [節] 夏至

**7月**

7. 1 [雑] 半夏生
7. 6 [節] 小暑
7.19 [雑] 土用
7.22 [節] 大暑

**8月**

8. 7 [節] 立秋
8.22 [節] 処暑
8.31 [雑] 二百十日

## 9月
（丁酉 七赤金星）

| | | | |
|---|---|---|---|
| 1 | 月 | 辛未 五黄 | 7/11 大安 |
| 2 | 火 | 壬申 四緑 | 7/12 赤口 |
| 3 | 水 | 癸酉 三碧 | 7/13 先勝 |
| 4 | 木 | 甲戌 二黒 | 7/14 友引 |
| 5 | 金 | 乙亥 一白 | 7/15 先負 |
| 6 | 土 | 丙子 九紫 | 7/16 仏滅 |
| 7 | 日 | 丁丑 八白 | 7/17 大安 |
| 8 | 月 | 戊寅 七赤 | 7/18 赤口 |
| 9 | 火 | 己卯 六白 | 7/19 先勝 |
| 10 | 水 | 庚辰 五黄 | 7/20 友引 |
| 11 | 木 | 辛巳 四緑 | 7/21 先負 |
| 12 | 金 | 壬午 三碧 | 7/22 仏滅 |
| 13 | 土 | 癸未 二黒 | 7/23 大安 |
| 14 | 日 | 甲申 一白 | 7/24 赤口 |
| 15 | 月 | 乙酉 九紫 | 7/25 先勝 |
| 16 | 火 | 丙戌 八白 | 7/26 友引 |
| 17 | 水 | 丁亥 七赤 | 7/27 先負 |
| 18 | 木 | 戊子 六白 | 7/28 仏滅 |
| 19 | 金 | 己丑 五黄 | 7/29 大安 |
| 20 | 土 | 庚寅 四緑 | 8/1 友引 |
| 21 | 日 | 辛卯 三碧 | 8/2 先負 |
| 22 | 月 | 壬辰 二黒 | 8/3 仏滅 |
| 23 | 火 | 癸巳 一白 | 8/4 大安 |
| 24 | 水 | 甲午 九紫 | 8/5 赤口 |
| 25 | 木 | 乙未 八白 | 8/6 先勝 |
| 26 | 金 | 丙申 七赤 | 8/7 友引 |
| 27 | 土 | 丁酉 六白 | 8/8 先負 |
| 28 | 日 | 戊戌 五黄 | 8/9 仏滅 |
| 29 | 月 | 己亥 四緑 | 8/10 大安 |
| 30 | 火 | 庚子 三碧 | 8/11 赤口 |

## 10月
（戊戌 六白金星）

| | | | |
|---|---|---|---|
| 1 | 水 | 辛丑 二黒 | 8/12 先勝 |
| 2 | 木 | 壬寅 一白 | 8/13 友引 |
| 3 | 金 | 癸卯 九紫 | 8/14 先負 |
| 4 | 土 | 甲辰 八白 | 8/15 仏滅 |
| 5 | 日 | 乙巳 七赤 | 8/16 大安 |
| 6 | 月 | 丙午 六白 | 8/17 赤口 |
| 7 | 火 | 丁未 五黄 | 8/18 先勝 |
| 8 | 水 | 戊申 四緑 | 8/19 友引 |
| 9 | 木 | 己酉 三碧 | 8/20 先負 |
| 10 | 金 | 庚戌 二黒 | 8/21 仏滅 |
| 11 | 土 | 辛亥 一白 | 8/22 大安 |
| 12 | 日 | 壬子 九紫 | 8/23 赤口 |
| 13 | 月 | 癸丑 八白 | 8/24 先勝 |
| 14 | 火 | 甲寅 七赤 | 8/25 友引 |
| 15 | 水 | 乙卯 六白 | 8/26 先負 |
| 16 | 木 | 丙辰 五黄 | 8/27 仏滅 |
| 17 | 金 | 丁巳 四緑 | 8/28 大安 |
| 18 | 土 | 戊午 三碧 | 8/29 赤口 |
| 19 | 日 | 己未 二黒 | 9/1 先負 |
| 20 | 月 | 庚申 一白 | 9/2 仏滅 |
| 21 | 火 | 辛酉 九紫 | 9/3 大安 |
| 22 | 水 | 壬戌 八白 | 9/4 赤口 |
| 23 | 木 | 癸亥 七赤 | 9/5 先勝 |
| 24 | 金 | 甲子 六白 | 9/6 友引 |
| 25 | 土 | 乙丑 五黄 | 9/7 先負 |
| 26 | 日 | 丙寅 四緑 | 9/8 仏滅 |
| 27 | 月 | 丁卯 三碧 | 9/9 大安 |
| 28 | 火 | 戊辰 二黒 | 9/10 赤口 |
| 29 | 水 | 己巳 一白 | 9/11 先勝 |
| 30 | 木 | 庚午 九紫 | 9/12 友引 |
| 31 | 金 | 辛未 八白 | 9/13 先負 |

## 11月
（己亥 五黄土星）

| | | | |
|---|---|---|---|
| 1 | 土 | 壬申 七赤 | 9/14 仏滅 |
| 2 | 日 | 癸酉 六白 | 9/15 大安 |
| 3 | 月 | 甲戌 五黄 | 9/16 赤口 |
| 4 | 火 | 乙亥 四緑 | 9/17 先勝 |
| 5 | 水 | 丙子 三碧 | 9/18 友引 |
| 6 | 木 | 丁丑 二黒 | 9/19 先負 |
| 7 | 金 | 戊寅 一白 | 9/20 仏滅 |
| 8 | 土 | 己卯 九紫 | 9/21 大安 |
| 9 | 日 | 庚辰 八白 | 9/22 赤口 |
| 10 | 月 | 辛巳 七赤 | 9/23 先勝 |
| 11 | 火 | 壬午 六白 | 9/24 友引 |
| 12 | 水 | 癸未 五黄 | 9/25 先負 |
| 13 | 木 | 甲申 四緑 | 9/26 仏滅 |
| 14 | 金 | 乙酉 三碧 | 9/27 大安 |
| 15 | 土 | 丙戌 二黒 | 9/28 赤口 |
| 16 | 日 | 丁亥 一白 | 9/29 先勝 |
| 17 | 月 | 戊子 九紫 | 9/30 友引 |
| 18 | 火 | 己丑 八白 | 10/1 仏滅 |
| 19 | 水 | 庚寅 七赤 | 10/2 大安 |
| 20 | 木 | 辛卯 六白 | 10/3 赤口 |
| 21 | 金 | 壬辰 五黄 | 10/4 先勝 |
| 22 | 土 | 癸巳 四緑 | 10/5 友引 |
| 23 | 日 | 甲午 三碧 | 10/6 先負 |
| 24 | 月 | 乙未 二黒 | 10/7 仏滅 |
| 25 | 火 | 丙申 一白 | 10/8 大安 |
| 26 | 水 | 丁酉 九紫 | 10/9 赤口 |
| 27 | 木 | 戊戌 八白 | 10/10 先勝 |
| 28 | 金 | 己亥 七赤 | 10/11 友引 |
| 29 | 土 | 庚子 六白 | 10/12 先負 |
| 30 | 日 | 辛丑 五黄 | 10/13 仏滅 |

## 12月
（庚子 四緑木星）

| | | | |
|---|---|---|---|
| 1 | 月 | 壬寅 四緑 | 10/14 大安 |
| 2 | 火 | 癸卯 三碧 | 10/15 赤口 |
| 3 | 水 | 甲辰 二黒 | 10/16 先勝 |
| 4 | 木 | 乙巳 一白 | 10/17 友引 |
| 5 | 金 | 丙午 九紫 | 10/18 先負 |
| 6 | 土 | 丁未 八白 | 10/19 仏滅 |
| 7 | 日 | 戊申 七赤 | 10/20 大安 |
| 8 | 月 | 己酉 六白 | 10/21 赤口 |
| 9 | 火 | 庚戌 五黄 | 10/22 先勝 |
| 10 | 水 | 辛亥 四緑 | 10/23 友引 |
| 11 | 木 | 壬子 三碧 | 10/24 先負 |
| 12 | 金 | 癸丑 二黒 | 10/25 仏滅 |
| 13 | 土 | 甲寅 一白 | 10/26 大安 |
| 14 | 日 | 乙卯 九紫 | 10/27 赤口 |
| 15 | 月 | 丙辰 八白 | 10/28 先勝 |
| 16 | 火 | 丁巳 七赤 | 10/29 友引 |
| 17 | 水 | 戊午 六白 | 10/30 先負 |
| 18 | 木 | 己未 五黄 | 11/1 大安 |
| 19 | 金 | 庚申 四緑 | 11/2 赤口 |
| 20 | 土 | 辛酉 三碧 | 11/3 先勝 |
| 21 | 日 | 壬戌 二黒 | 11/4 友引 |
| 22 | 月 | 癸亥 一白 | 11/5 先負 |
| 23 | 火 | 甲子 一白 | 11/6 仏滅 |
| 24 | 水 | 乙丑 二黒 | 11/7 大安 |
| 25 | 木 | 丙寅 三碧 | 11/8 赤口 |
| 26 | 金 | 丁卯 四緑 | 11/9 先勝 |
| 27 | 土 | 戊辰 五黄 | 11/10 友引 |
| 28 | 日 | 己巳 六白 | 11/11 先負 |
| 29 | 月 | 庚午 七赤 | 11/12 仏滅 |
| 30 | 火 | 辛未 八白 | 11/13 大安 |
| 31 | 水 | 壬申 九紫 | 11/14 赤口 |

**9月**

9. 7 [節] 白露
9.18 [雑] 社日
9.19 [雑] 彼岸
9.22 [節] 秋分

**10月**

10. 8 [節] 寒露
10.20 [雑] 土用
10.23 [節] 霜降

**11月**

11. 7 [節] 立冬
11.22 [節] 小雪

**12月**

12. 6 [節] 大雪
12.21 [節] 冬至

# 2037

明治 170 年
大正 126 年
昭和 112 年
平成 49 年

丁巳（ひのとみ）
八白土星

生誕・年忌など

**1.29** T. ペイン生誕 300 年
**2. 1** 河東碧梧桐没後 100 年
**2.10** A. プーシキン没後 200 年
**2.19** 大塩平八郎の乱 200 年
**3.27** 大塩平八郎没後 200 年
**4.17** 板垣退助生誕 200 年
**4.26** 独軍ゲルニカ空爆 100 年
**4.27** A. グラムシ没後 100 年
**5.23** J. ロックフェラー没後 100 年
**5.29** 美空ひばり生誕 100 年
**6. 1** 生田万の乱 200 年
**6.20** ヴィクトリア女王即位 200 年
**6.28** モリソン号事件 200 年
**6.—** イブン・シーナー没後 1000 年
**7. 7** 蘆溝橋事件・日中戦争開戦 100 年
**7.11** G. ガーシュイン没後 100 年
**8.19** 北一輝没後 100 年
**9. 2** P. クーベルタン没後 100 年
**9.29** 徳川慶喜生誕 200 年
**10.22** 中原中也没後 100 年
**10.—** 島原の乱勃発 400 年
**11. 5** 木下尚江没後 100 年
**12.13** 日本軍南京占領 (南京大虐殺始まる)100 年
**12.15** ネロ生誕 2000 年
**12.28** M. ラヴェル没後 100 年
**この年** 豊臣秀吉生誕 500 年
モールス電信実用化 200 年

## 2037 年

### 1 月
（辛丑 三碧木星）

| | | | |
|---|---|---|---|
| 1 | 木 | 癸酉 一白 | 11/15 先勝 |
| 2 | 金 | 甲戌 二黒 | 11/16 友引 |
| 3 | 土 | 乙亥 三碧 | 11/17 先負 |
| 4 | 日 | 丙子 四緑 | 11/18 仏滅 |
| 5 | 月 | 丁丑 五黄 | 11/19 大安 |
| 6 | 火 | 戊寅 六白 | 11/20 赤口 |
| 7 | 水 | 己卯 七赤 | 11/21 先勝 |
| 8 | 木 | 庚辰 八白 | 11/22 友引 |
| 9 | 金 | 辛巳 九紫 | 11/23 先負 |
| 10 | 土 | 壬午 一白 | 11/24 仏滅 |
| 11 | 日 | 癸未 二黒 | 11/25 大安 |
| 12 | 月 | 甲申 三碧 | 11/26 赤口 |
| 13 | 火 | 乙酉 四緑 | 11/27 先勝 |
| 14 | 水 | 丙戌 五黄 | 11/28 友引 |
| 15 | 木 | 丁亥 六白 | 11/29 先負 |
| 16 | 金 | 戊子 七赤 | 12/1 赤口 |
| 17 | 土 | 己丑 八白 | 12/2 先勝 |
| 18 | 日 | 庚寅 九紫 | 12/3 友引 |
| 19 | 月 | 辛卯 一白 | 12/4 先負 |
| 20 | 火 | 壬辰 二黒 | 12/5 仏滅 |
| 21 | 水 | 癸巳 三碧 | 12/6 大安 |
| 22 | 木 | 甲午 四緑 | 12/7 赤口 |
| 23 | 金 | 乙未 五黄 | 12/8 先勝 |
| 24 | 土 | 丙申 六白 | 12/9 友引 |
| 25 | 日 | 丁酉 七赤 | 12/10 先負 |
| 26 | 月 | 戊戌 八白 | 12/11 仏滅 |
| 27 | 火 | 己亥 九紫 | 12/12 大安 |
| 28 | 水 | 庚子 一白 | 12/13 赤口 |
| 29 | 木 | 辛丑 二黒 | 12/14 先勝 |
| 30 | 金 | 壬寅 三碧 | 12/15 友引 |
| 31 | 土 | 癸卯 四緑 | 12/16 先負 |

### 2 月
（壬寅 二黒土星）

| | | | |
|---|---|---|---|
| 1 | 日 | 甲辰 五黄 | 12/17 仏滅 |
| 2 | 月 | 乙巳 六白 | 12/18 大安 |
| 3 | 火 | 丙午 七赤 | 12/19 赤口 |
| 4 | 水 | 丁未 八白 | 12/20 先勝 |
| 5 | 木 | 戊申 九紫 | 12/21 友引 |
| 6 | 金 | 己酉 一白 | 12/22 先負 |
| 7 | 土 | 庚戌 二黒 | 12/23 仏滅 |
| 8 | 日 | 辛亥 三碧 | 12/24 大安 |
| 9 | 月 | 壬子 四緑 | 12/25 赤口 |
| 10 | 火 | 癸丑 五黄 | 12/26 先勝 |
| 11 | 水 | 甲寅 六白 | 12/27 友引 |
| 12 | 木 | 乙卯 七赤 | 12/28 先負 |
| 13 | 金 | 丙辰 八白 | 12/29 仏滅 |
| 14 | 土 | 丁巳 九紫 | 12/30 大安 |
| 15 | 日 | 戊午 一白 | 1/1 先勝 |
| 16 | 月 | 己未 二黒 | 1/2 友引 |
| 17 | 火 | 庚申 三碧 | 1/3 先負 |
| 18 | 水 | 辛酉 四緑 | 1/4 仏滅 |
| 19 | 木 | 壬戌 五黄 | 1/5 大安 |
| 20 | 金 | 癸亥 六白 | 1/6 赤口 |
| 21 | 土 | 甲子 七赤 | 1/7 先勝 |
| 22 | 日 | 乙丑 八白 | 1/8 友引 |
| 23 | 月 | 丙寅 九紫 | 1/9 先負 |
| 24 | 火 | 丁卯 一白 | 1/10 仏滅 |
| 25 | 水 | 戊辰 二黒 | 1/11 大安 |
| 26 | 木 | 己巳 三碧 | 1/12 赤口 |
| 27 | 金 | 庚午 四緑 | 1/13 先勝 |
| 28 | 土 | 辛未 五黄 | 1/14 友引 |

### 3 月
（癸卯 一白水星）

| | | | |
|---|---|---|---|
| 1 | 日 | 壬申 六白 | 1/15 先負 |
| 2 | 月 | 癸酉 七赤 | 1/16 仏滅 |
| 3 | 火 | 甲戌 八白 | 1/17 大安 |
| 4 | 水 | 乙亥 九紫 | 1/18 赤口 |
| 5 | 木 | 丙子 一白 | 1/19 先勝 |
| 6 | 金 | 丁丑 二黒 | 1/20 友引 |
| 7 | 土 | 戊寅 三碧 | 1/21 先負 |
| 8 | 日 | 己卯 四緑 | 1/22 仏滅 |
| 9 | 月 | 庚辰 五黄 | 1/23 大安 |
| 10 | 火 | 辛巳 六白 | 1/24 赤口 |
| 11 | 水 | 壬午 七赤 | 1/25 先勝 |
| 12 | 木 | 癸未 八白 | 1/26 友引 |
| 13 | 金 | 甲申 九紫 | 1/27 先負 |
| 14 | 土 | 乙酉 一白 | 1/28 仏滅 |
| 15 | 日 | 丙戌 二黒 | 1/29 大安 |
| 16 | 月 | 丁亥 三碧 | 1/30 赤口 |
| 17 | 火 | 戊子 四緑 | 2/1 友引 |
| 18 | 水 | 己丑 五黄 | 2/2 先負 |
| 19 | 木 | 庚寅 六白 | 2/3 仏滅 |
| 20 | 金 | 辛卯 七赤 | 2/4 大安 |
| 21 | 土 | 壬辰 八白 | 2/5 赤口 |
| 22 | 日 | 癸巳 九紫 | 2/6 先勝 |
| 23 | 月 | 甲午 一白 | 2/7 友引 |
| 24 | 火 | 乙未 二黒 | 2/8 先負 |
| 25 | 水 | 丙申 三碧 | 2/9 仏滅 |
| 26 | 木 | 丁酉 四緑 | 2/10 大安 |
| 27 | 金 | 戊戌 五黄 | 2/11 赤口 |
| 28 | 土 | 己亥 六白 | 2/12 先勝 |
| 29 | 日 | 庚子 七赤 | 2/13 友引 |
| 30 | 月 | 辛丑 八白 | 2/14 先負 |
| 31 | 火 | 壬寅 九紫 | 2/15 仏滅 |

### 4 月
（甲辰 九紫火星）

| | | | |
|---|---|---|---|
| 1 | 水 | 癸卯 一白 | 2/16 大安 |
| 2 | 木 | 甲辰 二黒 | 2/17 赤口 |
| 3 | 金 | 乙巳 三碧 | 2/18 先勝 |
| 4 | 土 | 丙午 四緑 | 2/19 友引 |
| 5 | 日 | 丁未 五黄 | 2/20 先負 |
| 6 | 月 | 戊申 六白 | 2/21 仏滅 |
| 7 | 火 | 己酉 七赤 | 2/22 大安 |
| 8 | 水 | 庚戌 八白 | 2/23 赤口 |
| 9 | 木 | 辛亥 九紫 | 2/24 先勝 |
| 10 | 金 | 壬子 一白 | 2/25 友引 |
| 11 | 土 | 癸丑 二黒 | 2/26 先負 |
| 12 | 日 | 甲寅 三碧 | 2/27 仏滅 |
| 13 | 月 | 乙卯 四緑 | 2/28 大安 |
| 14 | 火 | 丙辰 五黄 | 2/29 赤口 |
| 15 | 水 | 丁巳 六白 | 2/30 先勝 |
| 16 | 木 | 戊午 七赤 | 3/1 先負 |
| 17 | 金 | 己未 八白 | 3/2 仏滅 |
| 18 | 土 | 庚申 九紫 | 3/3 大安 |
| 19 | 日 | 辛酉 一白 | 3/4 赤口 |
| 20 | 月 | 壬戌 二黒 | 3/5 先勝 |
| 21 | 火 | 癸亥 三碧 | 3/6 友引 |
| 22 | 水 | 甲子 四緑 | 3/7 先負 |
| 23 | 木 | 乙丑 五黄 | 3/8 仏滅 |
| 24 | 金 | 丙寅 六白 | 3/9 大安 |
| 25 | 土 | 丁卯 七赤 | 3/10 赤口 |
| 26 | 日 | 戊辰 八白 | 3/11 先勝 |
| 27 | 月 | 己巳 九紫 | 3/12 友引 |
| 28 | 火 | 庚午 一白 | 3/13 先負 |
| 29 | 水 | 辛未 二黒 | 3/14 仏滅 |
| 30 | 木 | 壬申 三碧 | 3/15 大安 |

**1 月**

1. 5［節］小寒
1.17［雑］土用
1.20［節］大寒

**2 月**

2. 2［雑］節分
2. 3［節］立春
2.18［節］雨水

**3 月**

3. 5［節］啓蟄
3.17［雑］彼岸
3.17［雑］社日
3.20［節］春分

**4 月**

4. 4［節］清明
4.17［雑］土用
4.20［節］穀雨

## 5 月
（乙巳 八白土星）

| | | | | | |
|---|---|---|---|---|---|
| 1 | 金 | 癸酉 | 四緑 | 3/16 | 赤口 |
| 2 | 土 | 甲戌 | 五黄 | 3/17 | 先勝 |
| 3 | 日 | 乙亥 | 六白 | 3/18 | 友引 |
| 4 | 月 | 丙子 | 七赤 | 3/19 | 先負 |
| 5 | 火 | 丁丑 | 八白 | 3/20 | 仏滅 |
| 6 | 水 | 戊寅 | 九紫 | 3/21 | 大安 |
| 7 | 木 | 己卯 | 一白 | 3/22 | 赤口 |
| 8 | 金 | 庚辰 | 二黒 | 3/23 | 先勝 |
| 9 | 土 | 辛巳 | 三碧 | 3/24 | 友引 |
| 10 | 日 | 壬午 | 四緑 | 3/25 | 先負 |
| 11 | 月 | 癸未 | 五黄 | 3/26 | 仏滅 |
| 12 | 火 | 甲申 | 六白 | 3/27 | 大安 |
| 13 | 水 | 乙酉 | 七赤 | 3/28 | 赤口 |
| 14 | 木 | 丙戌 | 八白 | 3/29 | 先勝 |
| 15 | 金 | 丁亥 | 九紫 | 4/1 | 仏滅 |
| 16 | 土 | 戊子 | 一白 | 4/2 | 大安 |
| 17 | 日 | 己丑 | 二黒 | 4/3 | 赤口 |
| 18 | 月 | 庚寅 | 三碧 | 4/4 | 先勝 |
| 19 | 火 | 辛卯 | 四緑 | 4/5 | 友引 |
| 20 | 水 | 壬辰 | 五黄 | 4/6 | 先負 |
| 21 | 木 | 癸巳 | 六白 | 4/7 | 仏滅 |
| 22 | 金 | 甲午 | 七赤 | 4/8 | 大安 |
| 23 | 土 | 乙未 | 八白 | 4/9 | 赤口 |
| 24 | 日 | 丙申 | 九紫 | 4/10 | 先勝 |
| 25 | 月 | 丁酉 | 一白 | 4/11 | 友引 |
| 26 | 火 | 戊戌 | 二黒 | 4/12 | 先負 |
| 27 | 水 | 己亥 | 三碧 | 4/13 | 仏滅 |
| 28 | 木 | 庚子 | 四緑 | 4/14 | 大安 |
| 29 | 金 | 辛丑 | 五黄 | 4/15 | 赤口 |
| 30 | 土 | 壬寅 | 六白 | 4/16 | 先勝 |
| 31 | 日 | 癸卯 | 七赤 | 4/17 | 友引 |

## 6 月
（丙午 七赤金星）

| | | | | | |
|---|---|---|---|---|---|
| 1 | 月 | 甲辰 | 八白 | 4/18 | 先負 |
| 2 | 火 | 乙巳 | 九紫 | 4/19 | 仏滅 |
| 3 | 水 | 丙午 | 一白 | 4/20 | 大安 |
| 4 | 木 | 丁未 | 二黒 | 4/21 | 赤口 |
| 5 | 金 | 戊申 | 三碧 | 4/22 | 先勝 |
| 6 | 土 | 己酉 | 四緑 | 4/23 | 友引 |
| 7 | 日 | 庚戌 | 五黄 | 4/24 | 先負 |
| 8 | 月 | 辛亥 | 六白 | 4/25 | 仏滅 |
| 9 | 火 | 壬子 | 七赤 | 4/26 | 大安 |
| 10 | 水 | 癸丑 | 八白 | 4/27 | 赤口 |
| 11 | 木 | 甲寅 | 九紫 | 4/28 | 先勝 |
| 12 | 金 | 乙卯 | 一白 | 4/29 | 友引 |
| 13 | 土 | 丙辰 | 二黒 | 4/30 | 先負 |
| 14 | 日 | 丁巳 | 三碧 | 5/1 | 大安 |
| 15 | 月 | 戊午 | 四緑 | 5/2 | 赤口 |
| 16 | 火 | 己未 | 五黄 | 5/3 | 先勝 |
| 17 | 水 | 庚申 | 六白 | 5/4 | 友引 |
| 18 | 木 | 辛酉 | 七赤 | 5/5 | 先負 |
| 19 | 金 | 壬戌 | 八白 | 5/6 | 仏滅 |
| 20 | 土 | 癸亥 | 九紫 | 5/7 | 大安 |
| 21 | 日 | 甲子 | 九紫 | 5/8 | 赤口 |
| 22 | 月 | 乙丑 | 八白 | 5/9 | 先勝 |
| 23 | 火 | 丙寅 | 七赤 | 5/10 | 友引 |
| 24 | 水 | 丁卯 | 六白 | 5/11 | 先負 |
| 25 | 木 | 戊辰 | 五黄 | 5/12 | 仏滅 |
| 26 | 金 | 己巳 | 四緑 | 5/13 | 大安 |
| 27 | 土 | 庚午 | 三碧 | 5/14 | 赤口 |
| 28 | 日 | 辛未 | 二黒 | 5/15 | 先勝 |
| 29 | 月 | 壬申 | 一白 | 5/16 | 友引 |
| 30 | 火 | 癸酉 | 九紫 | 5/17 | 先負 |

## 7 月
（丁未 六白金星）

| | | | | | |
|---|---|---|---|---|---|
| 1 | 水 | 甲戌 | 八白 | 5/18 | 仏滅 |
| 2 | 木 | 乙亥 | 七赤 | 5/19 | 大安 |
| 3 | 金 | 丙子 | 六白 | 5/20 | 赤口 |
| 4 | 土 | 丁丑 | 五黄 | 5/21 | 先勝 |
| 5 | 日 | 戊寅 | 四緑 | 5/22 | 友引 |
| 6 | 月 | 己卯 | 三碧 | 5/23 | 先負 |
| 7 | 火 | 庚辰 | 二黒 | 5/24 | 仏滅 |
| 8 | 水 | 辛巳 | 一白 | 5/25 | 大安 |
| 9 | 木 | 壬午 | 九紫 | 5/26 | 赤口 |
| 10 | 金 | 癸未 | 八白 | 5/27 | 先勝 |
| 11 | 土 | 甲申 | 七赤 | 5/28 | 友引 |
| 12 | 日 | 乙酉 | 六白 | 5/29 | 先負 |
| 13 | 月 | 丙戌 | 五黄 | 6/1 | 赤口 |
| 14 | 火 | 丁亥 | 四緑 | 6/2 | 先勝 |
| 15 | 水 | 戊子 | 三碧 | 6/3 | 友引 |
| 16 | 木 | 己丑 | 二黒 | 6/4 | 先負 |
| 17 | 金 | 庚寅 | 一白 | 6/5 | 仏滅 |
| 18 | 土 | 辛卯 | 九紫 | 6/6 | 大安 |
| 19 | 日 | 壬辰 | 八白 | 6/7 | 赤口 |
| 20 | 月 | 癸巳 | 七赤 | 6/8 | 先勝 |
| 21 | 火 | 甲午 | 六白 | 6/9 | 友引 |
| 22 | 水 | 乙未 | 五黄 | 6/10 | 先負 |
| 23 | 木 | 丙申 | 四緑 | 6/11 | 仏滅 |
| 24 | 金 | 丁酉 | 三碧 | 6/12 | 大安 |
| 25 | 土 | 戊戌 | 二黒 | 6/13 | 赤口 |
| 26 | 日 | 己亥 | 白 | 6/14 | 先勝 |
| 27 | 月 | 庚子 | 九紫 | 6/15 | 友引 |
| 28 | 火 | 辛丑 | 八白 | 6/16 | 先負 |
| 29 | 水 | 壬寅 | 七赤 | 6/17 | 仏滅 |
| 30 | 木 | 癸卯 | 六白 | 6/18 | 大安 |
| 31 | 金 | 甲辰 | 五黄 | 6/19 | 赤口 |

## 8 月
（戊申 五黄土星）

| | | | | | |
|---|---|---|---|---|---|
| 1 | 土 | 乙巳 | 四緑 | 6/20 | 先勝 |
| 2 | 日 | 丙午 | 三碧 | 6/21 | 友引 |
| 3 | 月 | 丁未 | 二黒 | 6/22 | 先負 |
| 4 | 火 | 戊申 | 一白 | 6/23 | 仏滅 |
| 5 | 水 | 己酉 | 九紫 | 6/24 | 大安 |
| 6 | 木 | 庚戌 | 八白 | 6/25 | 赤口 |
| 7 | 金 | 辛亥 | 七赤 | 6/26 | 先勝 |
| 8 | 土 | 壬子 | 六白 | 6/27 | 友引 |
| 9 | 日 | 癸丑 | 五黄 | 6/28 | 先負 |
| 10 | 月 | 甲寅 | 四緑 | 6/29 | 仏滅 |
| 11 | 火 | 乙卯 | 三碧 | 7/1 | 先勝 |
| 12 | 水 | 丙辰 | 二黒 | 7/2 | 友引 |
| 13 | 木 | 丁巳 | 一白 | 7/3 | 先負 |
| 14 | 金 | 戊午 | 九紫 | 7/4 | 仏滅 |
| 15 | 土 | 己未 | 八白 | 7/5 | 大安 |
| 16 | 日 | 庚申 | 七赤 | 7/6 | 赤口 |
| 17 | 月 | 辛酉 | 六白 | 7/7 | 先勝 |
| 18 | 火 | 壬戌 | 五黄 | 7/8 | 友引 |
| 19 | 水 | 癸亥 | 四緑 | 7/9 | 先負 |
| 20 | 木 | 甲子 | 三碧 | 7/10 | 仏滅 |
| 21 | 金 | 乙丑 | 二黒 | 7/11 | 大安 |
| 22 | 土 | 丙寅 | 一白 | 7/12 | 赤口 |
| 23 | 日 | 丁卯 | 九紫 | 7/13 | 先勝 |
| 24 | 月 | 戊辰 | 八白 | 7/14 | 友引 |
| 25 | 火 | 己巳 | 七赤 | 7/15 | 先負 |
| 26 | 水 | 庚午 | 六白 | 7/16 | 仏滅 |
| 27 | 木 | 辛未 | 五黄 | 7/17 | 大安 |
| 28 | 金 | 壬申 | 四緑 | 7/18 | 赤口 |
| 29 | 土 | 癸酉 | 三碧 | 7/19 | 先勝 |
| 30 | 日 | 甲戌 | 二黒 | 7/20 | 友引 |
| 31 | 月 | 乙亥 | 一白 | 7/21 | 先負 |

**5 月**

5. 1 [雑] 八十八夜
5. 5 [節] 立夏
5.21 [節] 小満

**6 月**

6. 5 [節] 芒種
6.10 [雑] 入梅
6.21 [節] 夏至

**7 月**

7. 1 [雑] 半夏生
7. 7 [節] 小暑
7.19 [雑] 土用
7.22 [節] 大暑

**8 月**

8. 7 [節] 立秋
8.23 [節] 処暑
8.31 [雑] 二百十日

## 2037年

### 9月
（己酉 四緑木星）

| | | | |
|---|---|---|---|
| 1 | 火 | 丙子 九紫 | 7/22 仏滅 |
| 2 | 水 | 丁丑 八白 | 7/23 大安 |
| 3 | 木 | 戊寅 七赤 | 7/24 赤口 |
| 4 | 金 | 己卯 六白 | 7/25 先勝 |
| 5 | 土 | 庚辰 五黄 | 7/26 友引 |
| 6 | 日 | 辛巳 四緑 | 7/27 先負 |
| 7 | 月 | 壬午 三碧 | 7/28 仏滅 |
| 8 | 火 | 癸未 二黒 | 7/29 大安 |
| 9 | 水 | 甲申 一白 | 7/30 赤口 |
| 10 | 木 | 乙酉 九紫 | 8/1 友引 |
| 11 | 金 | 丙戌 八白 | 8/2 先負 |
| 12 | 土 | 丁亥 七赤 | 8/3 仏滅 |
| 13 | 日 | 戊子 六白 | 8/4 大安 |
| 14 | 月 | 己丑 五黄 | 8/5 赤口 |
| 15 | 火 | 庚寅 四緑 | 8/6 先勝 |
| 16 | 水 | 辛卯 三碧 | 8/7 友引 |
| 17 | 木 | 壬辰 二黒 | 8/8 先負 |
| 18 | 金 | 癸巳 一白 | 8/9 仏滅 |
| 19 | 土 | 甲午 九紫 | 8/10 大安 |
| 20 | 日 | 乙未 八白 | 8/11 赤口 |
| 21 | 月 | 丙申 七赤 | 8/12 先勝 |
| 22 | 火 | 丁酉 六白 | 8/13 友引 |
| 23 | 水 | 戊戌 五黄 | 8/14 先負 |
| 24 | 木 | 己亥 四緑 | 8/15 仏滅 |
| 25 | 金 | 庚子 三碧 | 8/16 大安 |
| 26 | 土 | 辛丑 二黒 | 8/17 赤口 |
| 27 | 日 | 壬寅 一白 | 8/18 先勝 |
| 28 | 月 | 癸卯 九紫 | 8/19 友引 |
| 29 | 火 | 甲辰 八白 | 8/20 先負 |
| 30 | 水 | 乙巳 七赤 | 8/21 仏滅 |

### 10月
（庚戌 三碧木星）

| | | | |
|---|---|---|---|
| 1 | 木 | 丙午 六白 | 8/22 大安 |
| 2 | 金 | 丁未 五黄 | 8/23 赤口 |
| 3 | 土 | 戊申 四緑 | 8/24 先勝 |
| 4 | 日 | 己酉 三碧 | 8/25 友引 |
| 5 | 月 | 庚戌 二黒 | 8/26 先負 |
| 6 | 火 | 辛亥 一白 | 8/27 仏滅 |
| 7 | 水 | 壬子 九紫 | 8/28 大安 |
| 8 | 木 | 癸丑 八白 | 8/29 赤口 |
| 9 | 金 | 甲寅 七赤 | 9/1 先負 |
| 10 | 土 | 乙卯 六白 | 9/2 仏滅 |
| 11 | 日 | 丙辰 五黄 | 9/3 大安 |
| 12 | 月 | 丁巳 四緑 | 9/4 赤口 |
| 13 | 火 | 戊午 三碧 | 9/5 先勝 |
| 14 | 水 | 己未 二黒 | 9/6 友引 |
| 15 | 木 | 庚申 一白 | 9/7 先負 |
| 16 | 金 | 辛酉 九紫 | 9/8 仏滅 |
| 17 | 土 | 壬戌 八白 | 9/9 大安 |
| 18 | 日 | 癸亥 七赤 | 9/10 赤口 |
| 19 | 月 | 甲子 六白 | 9/11 先勝 |
| 20 | 火 | 乙丑 五黄 | 9/12 友引 |
| 21 | 水 | 丙寅 四緑 | 9/13 先負 |
| 22 | 木 | 丁卯 三碧 | 9/14 仏滅 |
| 23 | 金 | 戊辰 二黒 | 9/15 大安 |
| 24 | 土 | 己巳 一白 | 9/16 赤口 |
| 25 | 日 | 庚午 九紫 | 9/17 先勝 |
| 26 | 月 | 辛未 八白 | 9/18 友引 |
| 27 | 火 | 壬申 七赤 | 9/19 先負 |
| 28 | 水 | 癸酉 六白 | 9/20 仏滅 |
| 29 | 木 | 甲戌 五黄 | 9/21 大安 |
| 30 | 金 | 乙亥 四緑 | 9/22 赤口 |
| 31 | 土 | 丙子 三碧 | 9/23 先勝 |

### 11月
（辛亥 二黒土星）

| | | | |
|---|---|---|---|
| 1 | 日 | 丁丑 二黒 | 9/24 友引 |
| 2 | 月 | 戊寅 一白 | 9/25 先負 |
| 3 | 火 | 己卯 九紫 | 9/26 仏滅 |
| 4 | 水 | 庚辰 八白 | 9/27 大安 |
| 5 | 木 | 辛巳 七赤 | 9/28 赤口 |
| 6 | 金 | 壬午 六白 | 9/29 先勝 |
| 7 | 土 | 癸未 五黄 | 10/1 仏滅 |
| 8 | 日 | 甲申 四緑 | 10/2 大安 |
| 9 | 月 | 乙酉 三碧 | 10/3 赤口 |
| 10 | 火 | 丙戌 二黒 | 10/4 先勝 |
| 11 | 水 | 丁亥 一白 | 10/5 友引 |
| 12 | 木 | 戊子 九紫 | 10/6 先負 |
| 13 | 金 | 己丑 八白 | 10/7 仏滅 |
| 14 | 土 | 庚寅 七赤 | 10/8 大安 |
| 15 | 日 | 辛卯 六白 | 10/9 赤口 |
| 16 | 月 | 壬辰 五黄 | 10/10 先勝 |
| 17 | 火 | 癸巳 四緑 | 10/11 友引 |
| 18 | 水 | 甲午 三碧 | 10/12 先負 |
| 19 | 木 | 乙未 二黒 | 10/13 仏滅 |
| 20 | 金 | 丙申 一白 | 10/14 大安 |
| 21 | 土 | 丁酉 九紫 | 10/15 赤口 |
| 22 | 日 | 戊戌 八白 | 10/16 先勝 |
| 23 | 月 | 己亥 七赤 | 10/17 友引 |
| 24 | 火 | 庚子 六白 | 10/18 先負 |
| 25 | 水 | 辛丑 五黄 | 10/19 仏滅 |
| 26 | 木 | 壬寅 四緑 | 10/20 大安 |
| 27 | 金 | 癸卯 三碧 | 10/21 赤口 |
| 28 | 土 | 甲辰 二黒 | 10/22 先勝 |
| 29 | 日 | 乙巳 一白 | 10/23 友引 |
| 30 | 月 | 丙午 九紫 | 10/24 先負 |

### 12月
（壬子 一白水星）

| | | | |
|---|---|---|---|
| 1 | 火 | 丁未 八白 | 10/25 仏滅 |
| 2 | 水 | 戊申 七赤 | 10/26 大安 |
| 3 | 木 | 己酉 六白 | 10/27 赤口 |
| 4 | 金 | 庚戌 五黄 | 10/28 先勝 |
| 5 | 土 | 辛亥 四緑 | 10/29 友引 |
| 6 | 日 | 壬子 三碧 | 10/30 先負 |
| 7 | 月 | 癸丑 二黒 | 11/1 大安 |
| 8 | 火 | 甲寅 一白 | 11/2 赤口 |
| 9 | 水 | 乙卯 九紫 | 11/3 先勝 |
| 10 | 木 | 丙辰 八白 | 11/4 友引 |
| 11 | 金 | 丁巳 七赤 | 11/5 先負 |
| 12 | 土 | 戊午 六白 | 11/6 仏滅 |
| 13 | 日 | 己未 五黄 | 11/7 大安 |
| 14 | 月 | 庚申 四緑 | 11/8 赤口 |
| 15 | 火 | 辛酉 三碧 | 11/9 先勝 |
| 16 | 水 | 壬戌 二黒 | 11/10 友引 |
| 17 | 木 | 癸亥 一白 | 11/11 先負 |
| 18 | 金 | 甲子 一白 | 11/12 仏滅 |
| 19 | 土 | 乙丑 二黒 | 11/13 大安 |
| 20 | 日 | 丙寅 三碧 | 11/14 赤口 |
| 21 | 月 | 丁卯 四緑 | 11/15 先勝 |
| 22 | 火 | 戊辰 五黄 | 11/16 友引 |
| 23 | 水 | 己巳 六白 | 11/17 先負 |
| 24 | 木 | 庚午 七赤 | 11/18 仏滅 |
| 25 | 金 | 辛未 八白 | 11/19 大安 |
| 26 | 土 | 壬申 九紫 | 11/20 赤口 |
| 27 | 日 | 癸酉 一白 | 11/21 先勝 |
| 28 | 月 | 甲戌 二黒 | 11/22 友引 |
| 29 | 火 | 乙亥 三碧 | 11/23 先負 |
| 30 | 水 | 丙子 四緑 | 11/24 仏滅 |
| 31 | 木 | 丁丑 五黄 | 11/25 大安 |

**9月**

9. 7［節］白露
9.20［雑］彼岸
9.23［節］秋分
9.23［雑］社日

**10月**

10. 8［節］寒露
10.20［雑］土用
10.23［節］霜降

**11月**

11. 7［節］立冬
11.22［節］小雪

**12月**

12. 7［節］大雪
12.21［節］冬至

# 2038

**明治 171 年**
**大正 127 年**
**昭和 113 年**
**平成 50 年**

戊午（つちのえうま）
七赤金星

生誕・年忌など

**1.25** 石ノ森章太郎生誕 100 年
**2.16** 大隈重信生誕 200 年
**2.18** E. マッハ生誕 200 年
**2.28** 島原の乱終結 400 年
**3. 1** G. ダヌンツィオ没後 100 年
**3.13** ドイツ・墺併合 100 年
**4. 1** 国家総動員法発令 100 年
**4.12** F. シャリアピン没後 100 年
**4.22** 山縣有朋生誕 200 年
**4.27** E. フッサール没後 100 年
**6.15** E. キルヒナー没後 100 年
**7. 2** 新田義貞没後 700 年
**7.11** 張鼓峰事件 100 年
**8. 7** K. スタニスラフスキー没後 100 年
**8.11** 室町幕府創立 (足利尊氏征夷大将軍叙任)700 年
**8.14** 永享の乱勃発 600 年
**9. 5** ルイ 14 世生誕 400 年
**9. 8** 堀江謙一生誕 100 年
**9.17** 村上鬼城没後 100 年
**9.23** G. アウグストゥス生誕 2100 年
**10. 8** 佐佐木幸綱生誕 100 年
**10.16** 野間清治没後 100 年
**10.25** G. ビゼー生誕 200 年
**11.22** 萩原恭次郎没後 100 年
**12.24** B. タウト没後 100 年
**12.25** K. チャペック没後 100 年
この年 日本・仏教伝来 1500 年
智顗生誕 1500 年
北条時政生誕 900 年

# 2038 年

## 1 月
（癸丑 九紫火星）

| 日 | 曜 | 干支 | 九星 | 旧暦 | 六曜 |
|---|---|---|---|---|---|
| 1 | 金 | 戊寅 | 六白 | 11/26 | 赤口 |
| 2 | 土 | 己卯 | 七赤 | 11/27 | 先勝 |
| 3 | 日 | 庚辰 | 八白 | 11/28 | 友引 |
| 4 | 月 | 辛巳 | 九紫 | 11/29 | 先負 |
| 5 | 火 | 壬午 | 一白 | 12/1 | 赤口 |
| 6 | 水 | 癸未 | 二黒 | 12/2 | 先勝 |
| 7 | 木 | 甲申 | 三碧 | 12/3 | 友引 |
| 8 | 金 | 乙酉 | 四緑 | 12/4 | 先負 |
| 9 | 土 | 丙戌 | 五黄 | 12/5 | 仏滅 |
| 10 | 日 | 丁亥 | 六白 | 12/6 | 大安 |
| 11 | 月 | 戊子 | 七赤 | 12/7 | 赤口 |
| 12 | 火 | 己丑 | 八白 | 12/8 | 先勝 |
| 13 | 水 | 庚寅 | 九紫 | 12/9 | 友引 |
| 14 | 木 | 辛卯 | 一白 | 12/10 | 先負 |
| 15 | 金 | 壬辰 | 二黒 | 12/11 | 仏滅 |
| 16 | 土 | 癸巳 | 三碧 | 12/12 | 大安 |
| 17 | 日 | 甲午 | 四緑 | 12/13 | 赤口 |
| 18 | 月 | 乙未 | 五黄 | 12/14 | 先勝 |
| 19 | 火 | 丙申 | 六白 | 12/15 | 友引 |
| 20 | 水 | 丁酉 | 七赤 | 12/16 | 先負 |
| 21 | 木 | 戊戌 | 八白 | 12/17 | 仏滅 |
| 22 | 金 | 己亥 | 九紫 | 12/18 | 大安 |
| 23 | 土 | 庚子 | 一白 | 12/19 | 赤口 |
| 24 | 日 | 辛丑 | 二黒 | 12/20 | 先勝 |
| 25 | 月 | 壬寅 | 三碧 | 12/21 | 友引 |
| 26 | 火 | 癸卯 | 四緑 | 12/22 | 先負 |
| 27 | 水 | 甲辰 | 五黄 | 12/23 | 仏滅 |
| 28 | 木 | 乙巳 | 六白 | 12/24 | 大安 |
| 29 | 金 | 丙午 | 七赤 | 12/25 | 赤口 |
| 30 | 土 | 丁未 | 八白 | 12/26 | 先勝 |
| 31 | 日 | 戊申 | 九紫 | 12/27 | 友引 |

## 2 月
（甲寅 八白土星）

| 日 | 曜 | 干支 | 九星 | 旧暦 | 六曜 |
|---|---|---|---|---|---|
| 1 | 月 | 己酉 | 一白 | 12/28 | 先負 |
| 2 | 火 | 庚戌 | 二黒 | 12/29 | 仏滅 |
| 3 | 水 | 辛亥 | 三碧 | 12/30 | 大安 |
| 4 | 木 | 壬子 | 四緑 | 1/1 | 先勝 |
| 5 | 金 | 癸丑 | 五黄 | 1/2 | 友引 |
| 6 | 土 | 甲寅 | 六白 | 1/3 | 先負 |
| 7 | 日 | 乙卯 | 七赤 | 1/4 | 仏滅 |
| 8 | 月 | 丙辰 | 八白 | 1/5 | 大安 |
| 9 | 火 | 丁巳 | 九紫 | 1/6 | 赤口 |
| 10 | 水 | 戊午 | 一白 | 1/7 | 先勝 |
| 11 | 木 | 己未 | 二黒 | 1/8 | 友引 |
| 12 | 金 | 庚申 | 三碧 | 1/9 | 先負 |
| 13 | 土 | 辛酉 | 四緑 | 1/10 | 仏滅 |
| 14 | 日 | 壬戌 | 五黄 | 1/11 | 大安 |
| 15 | 月 | 癸亥 | 六白 | 1/12 | 赤口 |
| 16 | 火 | 甲子 | 七赤 | 1/13 | 先勝 |
| 17 | 水 | 乙丑 | 八白 | 1/14 | 友引 |
| 18 | 木 | 丙寅 | 九紫 | 1/15 | 先負 |
| 19 | 金 | 丁卯 | 一白 | 1/16 | 仏滅 |
| 20 | 土 | 戊辰 | 二黒 | 1/17 | 大安 |
| 21 | 日 | 己巳 | 三碧 | 1/18 | 赤口 |
| 22 | 月 | 庚午 | 四緑 | 1/19 | 先勝 |
| 23 | 火 | 辛未 | 五黄 | 1/20 | 友引 |
| 24 | 水 | 壬申 | 六白 | 1/21 | 先負 |
| 25 | 木 | 癸酉 | 七赤 | 1/22 | 仏滅 |
| 26 | 金 | 甲戌 | 八白 | 1/23 | 大安 |
| 27 | 土 | 乙亥 | 九紫 | 1/24 | 赤口 |
| 28 | 日 | 丙子 | 一白 | 1/25 | 先勝 |

## 3 月
（乙卯 七赤金星）

| 日 | 曜 | 干支 | 九星 | 旧暦 | 六曜 |
|---|---|---|---|---|---|
| 1 | 月 | 丁丑 | 二黒 | 1/26 | 友引 |
| 2 | 火 | 戊寅 | 三碧 | 1/27 | 先負 |
| 3 | 水 | 己卯 | 四緑 | 1/28 | 仏滅 |
| 4 | 木 | 庚辰 | 五黄 | 1/29 | 大安 |
| 5 | 金 | 辛巳 | 六白 | 1/30 | 赤口 |
| 6 | 土 | 壬午 | 七赤 | 2/1 | 友引 |
| 7 | 日 | 癸未 | 八白 | 2/2 | 先負 |
| 8 | 月 | 甲申 | 九紫 | 2/3 | 仏滅 |
| 9 | 火 | 乙酉 | 一白 | 2/4 | 大安 |
| 10 | 水 | 丙戌 | 二黒 | 2/5 | 赤口 |
| 11 | 木 | 丁亥 | 三碧 | 2/6 | 先勝 |
| 12 | 金 | 戊子 | 四緑 | 2/7 | 友引 |
| 13 | 土 | 己丑 | 五黄 | 2/8 | 先負 |
| 14 | 日 | 庚寅 | 六白 | 2/9 | 仏滅 |
| 15 | 月 | 辛卯 | 七赤 | 2/10 | 大安 |
| 16 | 火 | 壬辰 | 八白 | 2/11 | 赤口 |
| 17 | 水 | 癸巳 | 九紫 | 2/12 | 先勝 |
| 18 | 木 | 甲午 | 一白 | 2/13 | 友引 |
| 19 | 金 | 乙未 | 二黒 | 2/14 | 先負 |
| 20 | 土 | 丙申 | 三碧 | 2/15 | 仏滅 |
| 21 | 日 | 丁酉 | 四緑 | 2/16 | 大安 |
| 22 | 月 | 戊戌 | 五黄 | 2/17 | 赤口 |
| 23 | 火 | 己亥 | 六白 | 2/18 | 先勝 |
| 24 | 水 | 庚子 | 七赤 | 2/19 | 友引 |
| 25 | 木 | 辛丑 | 八白 | 2/20 | 先負 |
| 26 | 金 | 壬寅 | 九紫 | 2/21 | 仏滅 |
| 27 | 土 | 癸卯 | 一白 | 2/22 | 大安 |
| 28 | 日 | 甲辰 | 二黒 | 2/23 | 赤口 |
| 29 | 月 | 乙巳 | 三碧 | 2/24 | 先勝 |
| 30 | 火 | 丙午 | 四緑 | 2/25 | 友引 |
| 31 | 水 | 丁未 | 五黄 | 2/26 | 先負 |

## 4 月
（丙辰 六白金星）

| 日 | 曜 | 干支 | 九星 | 旧暦 | 六曜 |
|---|---|---|---|---|---|
| 1 | 木 | 戊申 | 六白 | 2/27 | 仏滅 |
| 2 | 金 | 己酉 | 七赤 | 2/28 | 大安 |
| 3 | 土 | 庚戌 | 八白 | 2/29 | 赤口 |
| 4 | 日 | 辛亥 | 九紫 | 2/30 | 先勝 |
| 5 | 月 | 壬子 | 一白 | 3/1 | 先負 |
| 6 | 火 | 癸丑 | 二黒 | 3/2 | 仏滅 |
| 7 | 水 | 甲寅 | 三碧 | 3/3 | 大安 |
| 8 | 木 | 乙卯 | 四緑 | 3/4 | 赤口 |
| 9 | 金 | 丙辰 | 五黄 | 3/5 | 先勝 |
| 10 | 土 | 丁巳 | 六白 | 3/6 | 友引 |
| 11 | 日 | 戊午 | 七赤 | 3/7 | 先負 |
| 12 | 月 | 己未 | 八白 | 3/8 | 仏滅 |
| 13 | 火 | 庚申 | 九紫 | 3/9 | 大安 |
| 14 | 水 | 辛酉 | 一白 | 3/10 | 赤口 |
| 15 | 木 | 壬戌 | 二黒 | 3/11 | 先勝 |
| 16 | 金 | 癸亥 | 三碧 | 3/12 | 友引 |
| 17 | 土 | 甲子 | 四緑 | 3/13 | 先負 |
| 18 | 日 | 乙丑 | 五黄 | 3/14 | 仏滅 |
| 19 | 月 | 丙寅 | 六白 | 3/15 | 大安 |
| 20 | 火 | 丁卯 | 七赤 | 3/16 | 赤口 |
| 21 | 水 | 戊辰 | 八白 | 3/17 | 先勝 |
| 22 | 木 | 己巳 | 九紫 | 3/18 | 友引 |
| 23 | 金 | 庚午 | 一白 | 3/19 | 先負 |
| 24 | 土 | 辛未 | 二黒 | 3/20 | 仏滅 |
| 25 | 日 | 壬申 | 三碧 | 3/21 | 大安 |
| 26 | 月 | 癸酉 | 四緑 | 3/22 | 赤口 |
| 27 | 火 | 甲戌 | 五黄 | 3/23 | 先勝 |
| 28 | 水 | 乙亥 | 六白 | 3/24 | 友引 |
| 29 | 木 | 丙子 | 七赤 | 3/25 | 先負 |
| 30 | 金 | 丁丑 | 八白 | 3/26 | 仏滅 |

**1 月**

1. 5 [節] 小寒
1.17 [雑] 土用
1.20 [節] 大寒

**2 月**

2. 3 [雑] 節分
2. 4 [節] 立春
2.18 [節] 雨水

**3 月**

3. 5 [節] 啓蟄
3.17 [雑] 彼岸
3.20 [節] 春分
3.22 [雑] 社日

**4 月**

4. 5 [節] 清明
4.17 [雑] 土用
4.20 [節] 穀雨

## 5月
（丁巳 五黄土星）

| | | | |
|---|---|---|---|
| 1 | 土 | 戊寅 九紫 | 3/27 大安 |
| 2 | 日 | 己卯 一白 | 3/28 赤口 |
| 3 | 月 | 庚辰 二黒 | 3/29 先勝 |
| 4 | 火 | 辛巳 三碧 | 4/1 仏滅 |
| 5 | 水 | 壬午 四緑 | 4/2 大安 |
| 6 | 木 | 癸未 五黄 | 4/3 赤口 |
| 7 | 金 | 甲申 六白 | 4/4 先勝 |
| 8 | 土 | 乙酉 七赤 | 4/5 友引 |
| 9 | 日 | 丙戌 八白 | 4/6 先負 |
| 10 | 月 | 丁亥 九紫 | 4/7 仏滅 |
| 11 | 火 | 戊子 一白 | 4/8 大安 |
| 12 | 水 | 己丑 二黒 | 4/9 赤口 |
| 13 | 木 | 庚寅 三碧 | 4/10 先勝 |
| 14 | 金 | 辛卯 四緑 | 4/11 友引 |
| 15 | 土 | 壬辰 五黄 | 4/12 先負 |
| 16 | 日 | 癸巳 六白 | 4/13 仏滅 |
| 17 | 月 | 甲午 七赤 | 4/14 大安 |
| 18 | 火 | 乙未 八白 | 4/15 赤口 |
| 19 | 水 | 丙申 九紫 | 4/16 先勝 |
| 20 | 木 | 丁酉 一白 | 4/17 友引 |
| 21 | 金 | 戊戌 二黒 | 4/18 先負 |
| 22 | 土 | 己亥 三碧 | 4/19 仏滅 |
| 23 | 日 | 庚子 四緑 | 4/20 大安 |
| 24 | 月 | 辛丑 五黄 | 4/21 赤口 |
| 25 | 火 | 壬寅 六白 | 4/22 先勝 |
| 26 | 水 | 癸卯 七赤 | 4/23 友引 |
| 27 | 木 | 甲辰 八白 | 4/24 先負 |
| 28 | 金 | 乙巳 九紫 | 4/25 仏滅 |
| 29 | 土 | 丙午 一白 | 4/26 大安 |
| 30 | 日 | 丁未 二黒 | 4/27 赤口 |
| 31 | 月 | 戊申 三碧 | 4/28 先勝 |

## 6月
（戊午 四緑木星）

| | | | |
|---|---|---|---|
| 1 | 火 | 己酉 四緑 | 4/29 友引 |
| 2 | 水 | 庚戌 五黄 | 4/30 先負 |
| 3 | 木 | 辛亥 六白 | 5/1 大安 |
| 4 | 金 | 壬子 七赤 | 5/2 赤口 |
| 5 | 土 | 癸丑 八白 | 5/3 先勝 |
| 6 | 日 | 甲寅 九紫 | 5/4 友引 |
| 7 | 月 | 乙卯 一白 | 5/5 先負 |
| 8 | 火 | 丙辰 二黒 | 5/6 仏滅 |
| 9 | 水 | 丁巳 三碧 | 5/7 大安 |
| 10 | 木 | 戊午 四緑 | 5/8 赤口 |
| 11 | 金 | 己未 五黄 | 5/9 先勝 |
| 12 | 土 | 庚申 六白 | 5/10 友引 |
| 13 | 日 | 辛酉 七赤 | 5/11 先負 |
| 14 | 月 | 壬戌 八白 | 5/12 仏滅 |
| 15 | 火 | 癸亥 九紫 | 5/13 大安 |
| 16 | 水 | 甲子 九紫 | 5/14 赤口 |
| 17 | 木 | 乙丑 八白 | 5/15 先勝 |
| 18 | 金 | 丙寅 七赤 | 5/16 友引 |
| 19 | 土 | 丁卯 六白 | 5/17 先負 |
| 20 | 日 | 戊辰 五黄 | 5/18 仏滅 |
| 21 | 月 | 己巳 四緑 | 5/19 大安 |
| 22 | 火 | 庚午 三碧 | 5/20 赤口 |
| 23 | 水 | 辛未 二黒 | 5/21 先勝 |
| 24 | 木 | 壬申 一白 | 5/22 友引 |
| 25 | 金 | 癸酉 九紫 | 5/23 先負 |
| 26 | 土 | 甲戌 八白 | 5/24 仏滅 |
| 27 | 日 | 乙亥 七赤 | 5/25 大安 |
| 28 | 月 | 丙子 六白 | 5/26 赤口 |
| 29 | 火 | 丁丑 五黄 | 5/27 先勝 |
| 30 | 水 | 戊寅 四緑 | 5/28 友引 |

## 7月
（己未 三碧木星）

| | | | |
|---|---|---|---|
| 1 | 木 | 己卯 三碧 | 5/29 先負 |
| 2 | 金 | 庚辰 二黒 | 6/1 赤口 |
| 3 | 土 | 辛巳 一白 | 6/2 先勝 |
| 4 | 日 | 壬午 九紫 | 6/3 友引 |
| 5 | 月 | 癸未 八白 | 6/4 先負 |
| 6 | 火 | 甲申 七赤 | 6/5 仏滅 |
| 7 | 水 | 乙酉 六白 | 6/6 大安 |
| 8 | 木 | 丙戌 五黄 | 6/7 赤口 |
| 9 | 金 | 丁亥 四緑 | 6/8 先勝 |
| 10 | 土 | 戊子 三碧 | 6/9 友引 |
| 11 | 日 | 己丑 二黒 | 6/10 先負 |
| 12 | 月 | 庚寅 一白 | 6/11 仏滅 |
| 13 | 火 | 辛卯 九紫 | 6/12 大安 |
| 14 | 水 | 壬辰 八白 | 6/13 赤口 |
| 15 | 木 | 癸巳 七赤 | 6/14 先勝 |
| 16 | 金 | 甲午 六白 | 6/15 友引 |
| 17 | 土 | 乙未 五黄 | 6/16 先負 |
| 18 | 日 | 丙申 四緑 | 6/17 仏滅 |
| 19 | 月 | 丁酉 三碧 | 6/18 大安 |
| 20 | 火 | 戊戌 二黒 | 6/19 赤口 |
| 21 | 水 | 己亥 一白 | 6/20 先勝 |
| 22 | 木 | 庚子 九紫 | 6/21 友引 |
| 23 | 金 | 辛丑 八白 | 6/22 先負 |
| 24 | 土 | 壬寅 七赤 | 6/23 仏滅 |
| 25 | 日 | 癸卯 六白 | 6/24 大安 |
| 26 | 月 | 甲辰 五黄 | 6/25 赤口 |
| 27 | 火 | 乙巳 四緑 | 6/26 先勝 |
| 28 | 水 | 丙午 三碧 | 6/27 友引 |
| 29 | 木 | 丁未 二黒 | 6/28 先負 |
| 30 | 金 | 戊申 一白 | 6/29 仏滅 |
| 31 | 土 | 己酉 九紫 | 6/30 大安 |

## 8月
（庚申 二黒土星）

| | | | |
|---|---|---|---|
| 1 | 日 | 庚戌 八白 | 7/1 先勝 |
| 2 | 月 | 辛亥 七赤 | 7/2 友引 |
| 3 | 火 | 壬子 六白 | 7/3 先負 |
| 4 | 水 | 癸丑 五黄 | 7/4 仏滅 |
| 5 | 木 | 甲寅 四緑 | 7/5 大安 |
| 6 | 金 | 乙卯 三碧 | 7/6 赤口 |
| 7 | 土 | 丙辰 二黒 | 7/7 先勝 |
| 8 | 日 | 丁巳 一白 | 7/8 友引 |
| 9 | 月 | 戊午 九紫 | 7/9 先負 |
| 10 | 火 | 己未 八白 | 7/10 仏滅 |
| 11 | 水 | 庚申 七赤 | 7/11 大安 |
| 12 | 木 | 辛酉 六白 | 7/12 赤口 |
| 13 | 金 | 壬戌 五黄 | 7/13 先勝 |
| 14 | 土 | 癸亥 四緑 | 7/14 友引 |
| 15 | 日 | 甲子 三碧 | 7/15 先負 |
| 16 | 月 | 乙丑 二黒 | 7/16 仏滅 |
| 17 | 火 | 丙寅 一白 | 7/17 大安 |
| 18 | 水 | 丁卯 九紫 | 7/18 赤口 |
| 19 | 木 | 戊辰 八白 | 7/19 先勝 |
| 20 | 金 | 己巳 七赤 | 7/20 友引 |
| 21 | 土 | 庚午 六白 | 7/21 先負 |
| 22 | 日 | 辛未 五黄 | 7/22 仏滅 |
| 23 | 月 | 壬申 四緑 | 7/23 大安 |
| 24 | 火 | 癸酉 三碧 | 7/24 赤口 |
| 25 | 水 | 甲戌 二黒 | 7/25 先勝 |
| 26 | 木 | 乙亥 一白 | 7/26 友引 |
| 27 | 金 | 丙子 九紫 | 7/27 先負 |
| 28 | 土 | 丁丑 八白 | 7/28 仏滅 |
| 29 | 日 | 戊寅 七赤 | 7/29 大安 |
| 30 | 月 | 己卯 六白 | 8/1 友引 |
| 31 | 火 | 庚辰 五黄 | 8/2 先負 |

**5月**

5. 2［雑］八十八夜
5. 5［節］立夏
5.21［節］小満

**6月**

6. 5［節］芒種
6.11［雑］入梅
6.21［節］夏至

**7月**

7. 2［雑］半夏生
7. 7［節］小暑
7.19［雑］土用
7.23［節］大暑

**8月**

8. 7［節］立秋
8.23［節］処暑

## 2038年

### 9月（辛酉 一白水星）

| 日 | 曜 | 干支・九星 | 旧暦・六曜 |
|---|---|---|---|
| 1 | 水 | 辛巳 四緑 | 8/3 仏滅 |
| 2 | 木 | 壬午 三碧 | 8/4 大安 |
| 3 | 金 | 癸未 二黒 | 8/5 赤口 |
| 4 | 土 | 甲申 一白 | 8/6 先勝 |
| 5 | 日 | 乙酉 九紫 | 8/7 友引 |
| 6 | 月 | 丙戌 八白 | 8/8 先負 |
| 7 | 火 | 丁亥 七赤 | 8/9 仏滅 |
| 8 | 水 | 戊子 六白 | 8/10 大安 |
| 9 | 木 | 己丑 五黄 | 8/11 赤口 |
| 10 | 金 | 庚寅 四緑 | 8/12 先勝 |
| 11 | 土 | 辛卯 三碧 | 8/13 友引 |
| 12 | 日 | 壬辰 二黒 | 8/14 先負 |
| 13 | 月 | 癸巳 一白 | 8/15 仏滅 |
| 14 | 火 | 甲午 九紫 | 8/16 大安 |
| 15 | 水 | 乙未 八白 | 8/17 赤口 |
| 16 | 木 | 丙申 七赤 | 8/18 先勝 |
| 17 | 金 | 丁酉 六白 | 8/19 友引 |
| 18 | 土 | 戊戌 五黄 | 8/20 先負 |
| 19 | 日 | 己亥 四緑 | 8/21 仏滅 |
| 20 | 月 | 庚子 三碧 | 8/22 大安 |
| 21 | 火 | 辛丑 二黒 | 8/23 赤口 |
| 22 | 水 | 壬寅 一白 | 8/24 先勝 |
| 23 | 木 | 癸卯 九紫 | 8/25 友引 |
| 24 | 金 | 甲辰 八白 | 8/26 先負 |
| 25 | 土 | 乙巳 七赤 | 8/27 仏滅 |
| 26 | 日 | 丙午 六白 | 8/28 大安 |
| 27 | 月 | 丁未 五黄 | 8/29 赤口 |
| 28 | 火 | 戊申 四緑 | 8/30 先勝 |
| 29 | 水 | 己酉 三碧 | 9/1 先負 |
| 30 | 木 | 庚戌 二黒 | 9/2 仏滅 |

### 10月（壬戌 九紫火星）

| 日 | 曜 | 干支・九星 | 旧暦・六曜 |
|---|---|---|---|
| 1 | 金 | 辛亥 一白 | 9/3 大安 |
| 2 | 土 | 壬子 九紫 | 9/4 赤口 |
| 3 | 日 | 癸丑 八白 | 9/5 先勝 |
| 4 | 月 | 甲寅 七赤 | 9/6 友引 |
| 5 | 火 | 乙卯 六白 | 9/7 先負 |
| 6 | 水 | 丙辰 五黄 | 9/8 仏滅 |
| 7 | 木 | 丁巳 四緑 | 9/9 大安 |
| 8 | 金 | 戊午 三碧 | 9/10 赤口 |
| 9 | 土 | 己未 二黒 | 9/11 先勝 |
| 10 | 日 | 庚申 一白 | 9/12 友引 |
| 11 | 月 | 辛酉 九紫 | 9/13 先負 |
| 12 | 火 | 壬戌 八白 | 9/14 仏滅 |
| 13 | 水 | 癸亥 七赤 | 9/15 大安 |
| 14 | 木 | 甲子 六白 | 9/16 赤口 |
| 15 | 金 | 乙丑 五黄 | 9/17 先勝 |
| 16 | 土 | 丙寅 四緑 | 9/18 友引 |
| 17 | 日 | 丁卯 三碧 | 9/19 先負 |
| 18 | 月 | 戊辰 二黒 | 9/20 仏滅 |
| 19 | 火 | 己巳 一白 | 9/21 大安 |
| 20 | 水 | 庚午 九紫 | 9/22 赤口 |
| 21 | 木 | 辛未 八白 | 9/23 先勝 |
| 22 | 金 | 壬申 七赤 | 9/24 友引 |
| 23 | 土 | 癸酉 六白 | 9/25 先負 |
| 24 | 日 | 甲戌 五黄 | 9/26 仏滅 |
| 25 | 月 | 乙亥 四緑 | 9/27 大安 |
| 26 | 火 | 丙子 三碧 | 9/28 赤口 |
| 27 | 水 | 丁丑 二黒 | 9/29 先勝 |
| 28 | 木 | 戊寅 一白 | 10/1 仏滅 |
| 29 | 金 | 己卯 九紫 | 10/2 大安 |
| 30 | 土 | 庚辰 八白 | 10/3 赤口 |
| 31 | 日 | 辛巳 七赤 | 10/4 先勝 |

### 11月（癸亥 八白土星）

| 日 | 曜 | 干支・九星 | 旧暦・六曜 |
|---|---|---|---|
| 1 | 月 | 壬午 六白 | 10/5 友引 |
| 2 | 火 | 癸未 五黄 | 10/6 先負 |
| 3 | 水 | 甲申 四緑 | 10/7 仏滅 |
| 4 | 木 | 乙酉 三碧 | 10/8 大安 |
| 5 | 金 | 丙戌 二黒 | 10/9 赤口 |
| 6 | 土 | 丁亥 一白 | 10/10 先勝 |
| 7 | 日 | 戊子 九紫 | 10/11 友引 |
| 8 | 月 | 己丑 八白 | 10/12 先負 |
| 9 | 火 | 庚寅 七赤 | 10/13 仏滅 |
| 10 | 水 | 辛卯 六白 | 10/14 大安 |
| 11 | 木 | 壬辰 五黄 | 10/15 赤口 |
| 12 | 金 | 癸巳 四緑 | 10/16 先勝 |
| 13 | 土 | 甲午 三碧 | 10/17 友引 |
| 14 | 日 | 乙未 二黒 | 10/18 先負 |
| 15 | 月 | 丙申 一白 | 10/19 仏滅 |
| 16 | 火 | 丁酉 九紫 | 10/20 大安 |
| 17 | 水 | 戊戌 八白 | 10/21 赤口 |
| 18 | 木 | 己亥 七赤 | 10/22 先勝 |
| 19 | 金 | 庚子 六白 | 10/23 友引 |
| 20 | 土 | 辛丑 五黄 | 10/24 先負 |
| 21 | 日 | 壬寅 四緑 | 10/25 仏滅 |
| 22 | 月 | 癸卯 三碧 | 10/26 大安 |
| 23 | 火 | 甲辰 二黒 | 10/27 赤口 |
| 24 | 水 | 乙巳 一白 | 10/28 先勝 |
| 25 | 木 | 丙午 九紫 | 10/29 友引 |
| 26 | 金 | 丁未 八白 | 11/1 大安 |
| 27 | 土 | 戊申 七赤 | 11/2 赤口 |
| 28 | 日 | 己酉 六白 | 11/3 先勝 |
| 29 | 月 | 庚戌 五黄 | 11/4 友引 |
| 30 | 火 | 辛亥 四緑 | 11/5 先負 |

### 12月（甲子 七赤金星）

| 日 | 曜 | 干支・九星 | 旧暦・六曜 |
|---|---|---|---|
| 1 | 水 | 壬子 三碧 | 11/6 仏滅 |
| 2 | 木 | 癸丑 二黒 | 11/7 大安 |
| 3 | 金 | 甲寅 一白 | 11/8 赤口 |
| 4 | 土 | 乙卯 九紫 | 11/9 先勝 |
| 5 | 日 | 丙辰 八白 | 11/10 友引 |
| 6 | 月 | 丁巳 七赤 | 11/11 先負 |
| 7 | 火 | 戊午 六白 | 11/12 仏滅 |
| 8 | 水 | 己未 五黄 | 11/13 大安 |
| 9 | 木 | 庚申 四緑 | 11/14 赤口 |
| 10 | 金 | 辛酉 三碧 | 11/15 先勝 |
| 11 | 土 | 壬戌 二黒 | 11/16 友引 |
| 12 | 日 | 癸亥 一白 | 11/17 先負 |
| 13 | 月 | 甲子 一白 | 11/18 仏滅 |
| 14 | 火 | 乙丑 二黒 | 11/19 大安 |
| 15 | 水 | 丙寅 三碧 | 11/20 赤口 |
| 16 | 木 | 丁卯 四緑 | 11/21 先勝 |
| 17 | 金 | 戊辰 五黄 | 11/22 友引 |
| 18 | 土 | 己巳 六白 | 11/23 先負 |
| 19 | 日 | 庚午 七赤 | 11/24 仏滅 |
| 20 | 月 | 辛未 八白 | 11/25 大安 |
| 21 | 火 | 壬申 九紫 | 11/26 赤口 |
| 22 | 水 | 癸酉 一白 | 11/27 先勝 |
| 23 | 木 | 甲戌 二黒 | 11/28 友引 |
| 24 | 金 | 乙亥 三碧 | 11/29 先負 |
| 25 | 土 | 丙子 四緑 | 11/30 仏滅 |
| 26 | 日 | 丁丑 五黄 | 12/1 赤口 |
| 27 | 月 | 戊寅 六白 | 12/2 先勝 |
| 28 | 火 | 己卯 七赤 | 12/3 友引 |
| 29 | 水 | 庚辰 八白 | 12/4 先負 |
| 30 | 木 | 辛巳 九紫 | 12/5 仏滅 |
| 31 | 金 | 壬午 一白 | 12/6 大安 |

**9月**

9. 1［雑］二百十日
9. 7［節］白露
9.18［雑］社日
9.20［雑］彼岸
9.23［節］秋分

**10月**

10. 8［節］寒露
10.20［雑］土用
10.23［節］霜降

**11月**

11. 7［節］立冬
11.22［節］小雪

**12月**

12. 7［節］大雪
12.22［節］冬至

# 2039

明治 172 年
大正 128 年
昭和 114 年
平成 51 年

己未（つちのとひつじ）
六白金星

生誕・年忌など

1.14 双葉山 69 連勝達成 100 年
1.19 P. セザンヌ生誕 200 年
1.28 W. イェーツ没後 100 年
2.10 永享の乱終結 600 年
2.18 岡本かの子没後 100 年
2.22 後鳥羽天皇没後 800 年
3. 1 岡本綺堂没後 100 年
3.21 M. ムソルグスキー生誕 200 年
3.29 立原道造没後 100 年
4. 1 スペイン内戦終結 100 年
4. 7 F. コッポラ生誕 100 年
5.11 ノモンハン事件 100 年
5. — 蛮社の獄 200 年
7. 4 鎖国完成 400 年
7. 8 J. ロックフェラー生誕 200 年
8.16 後醍醐天皇没後 700 年
8.20 高杉晋作生誕 200 年
9. 1 独軍ポーランド侵攻・第二次世界大戦開戦 100 年
9. 7 泉鏡花没後 100 年
9.23 S. フロイト没後 100 年
12.22 J. ラシーヌ生誕 400 年
この年 卑弥呼の魏遣使 1800 年
陸象山生誕 900 年
百年戦争勃発 700 年

## 2039 年

### 1 月
（乙丑 六白金星）

| 日 | 曜 | 干支・九星 | 旧暦・六曜 |
|---|---|---|---|
| 1 | 土 | 癸未 二黒 | 12/7 赤口 |
| 2 | 日 | 甲申 三碧 | 12/8 先勝 |
| 3 | 月 | 乙酉 四緑 | 12/9 友引 |
| 4 | 火 | 丙戌 五黄 | 12/10 先負 |
| 5 | 水 | 丁亥 六白 | 12/11 仏滅 |
| 6 | 木 | 戊子 七赤 | 12/12 大安 |
| 7 | 金 | 己丑 八白 | 12/13 赤口 |
| 8 | 土 | 庚寅 九紫 | 12/14 先勝 |
| 9 | 日 | 辛卯 一白 | 12/15 友引 |
| 10 | 月 | 壬辰 二黒 | 12/16 先負 |
| 11 | 火 | 癸巳 三碧 | 12/17 仏滅 |
| 12 | 水 | 甲午 四緑 | 12/18 大安 |
| 13 | 木 | 乙未 五黄 | 12/19 赤口 |
| 14 | 金 | 丙申 六白 | 12/20 先勝 |
| 15 | 土 | 丁酉 七赤 | 12/21 友引 |
| 16 | 日 | 戊戌 八白 | 12/22 先負 |
| 17 | 月 | 己亥 九紫 | 12/23 仏滅 |
| 18 | 火 | 庚子 一白 | 12/24 大安 |
| 19 | 水 | 辛丑 二黒 | 12/25 赤口 |
| 20 | 木 | 壬寅 三碧 | 12/26 先勝 |
| 21 | 金 | 癸卯 四緑 | 12/27 友引 |
| 22 | 土 | 甲辰 五黄 | 12/28 先負 |
| 23 | 日 | 乙巳 六白 | 12/29 仏滅 |
| 24 | 月 | 丙午 七赤 | 1/1 先勝 |
| 25 | 火 | 丁未 八白 | 1/2 友引 |
| 26 | 水 | 戊申 九紫 | 1/3 先負 |
| 27 | 木 | 己酉 一白 | 1/4 仏滅 |
| 28 | 金 | 庚戌 二黒 | 1/5 大安 |
| 29 | 土 | 辛亥 三碧 | 1/6 赤口 |
| 30 | 日 | 壬子 四緑 | 1/7 先勝 |
| 31 | 月 | 癸丑 五黄 | 1/8 友引 |

### 2 月
（丙寅 五黄土星）

| 日 | 曜 | 干支・九星 | 旧暦・六曜 |
|---|---|---|---|
| 1 | 火 | 甲寅 六白 | 1/9 先負 |
| 2 | 水 | 乙卯 七赤 | 1/10 仏滅 |
| 3 | 木 | 丙辰 八白 | 1/11 大安 |
| 4 | 金 | 丁巳 九紫 | 1/12 赤口 |
| 5 | 土 | 戊午 一白 | 1/13 先勝 |
| 6 | 日 | 己未 二黒 | 1/14 友引 |
| 7 | 月 | 庚申 三碧 | 1/15 先負 |
| 8 | 火 | 辛酉 四緑 | 1/16 仏滅 |
| 9 | 水 | 壬戌 五黄 | 1/17 大安 |
| 10 | 木 | 癸亥 六白 | 1/18 赤口 |
| 11 | 金 | 甲子 七赤 | 1/19 先勝 |
| 12 | 土 | 乙丑 八白 | 1/20 友引 |
| 13 | 日 | 丙寅 九紫 | 1/21 先負 |
| 14 | 月 | 丁卯 一白 | 1/22 仏滅 |
| 15 | 火 | 戊辰 二黒 | 1/23 大安 |
| 16 | 水 | 己巳 三碧 | 1/24 赤口 |
| 17 | 木 | 庚午 四緑 | 1/25 先勝 |
| 18 | 金 | 辛未 五黄 | 1/26 友引 |
| 19 | 土 | 壬申 六白 | 1/27 先負 |
| 20 | 日 | 癸酉 七赤 | 1/28 仏滅 |
| 21 | 月 | 甲戌 八白 | 1/29 大安 |
| 22 | 火 | 乙亥 九紫 | 1/30 赤口 |
| 23 | 水 | 丙子 一白 | 2/1 友引 |
| 24 | 木 | 丁丑 二黒 | 2/2 先負 |
| 25 | 金 | 戊寅 三碧 | 2/3 仏滅 |
| 26 | 土 | 己卯 四緑 | 2/4 大安 |
| 27 | 日 | 庚辰 五黄 | 2/5 赤口 |
| 28 | 月 | 辛巳 六白 | 2/6 先勝 |

### 3 月
（丁卯 四緑木星）

| 日 | 曜 | 干支・九星 | 旧暦・六曜 |
|---|---|---|---|
| 1 | 火 | 壬午 七赤 | 2/7 友引 |
| 2 | 水 | 癸未 八白 | 2/8 先負 |
| 3 | 木 | 甲申 九紫 | 2/9 仏滅 |
| 4 | 金 | 乙酉 一白 | 2/10 大安 |
| 5 | 土 | 丙戌 二黒 | 2/11 赤口 |
| 6 | 日 | 丁亥 三碧 | 2/12 先勝 |
| 7 | 月 | 戊子 四緑 | 2/13 友引 |
| 8 | 火 | 己丑 五黄 | 2/14 先負 |
| 9 | 水 | 庚寅 六白 | 2/15 仏滅 |
| 10 | 木 | 辛卯 七赤 | 2/16 大安 |
| 11 | 金 | 壬辰 八白 | 2/17 赤口 |
| 12 | 土 | 癸巳 九紫 | 2/18 先勝 |
| 13 | 日 | 甲午 一白 | 2/19 友引 |
| 14 | 月 | 乙未 二黒 | 2/20 先負 |
| 15 | 火 | 丙申 三碧 | 2/21 仏滅 |
| 16 | 水 | 丁酉 四緑 | 2/22 大安 |
| 17 | 木 | 戊戌 五黄 | 2/23 赤口 |
| 18 | 金 | 己亥 六白 | 2/24 先勝 |
| 19 | 土 | 庚子 七赤 | 2/25 友引 |
| 20 | 日 | 辛丑 八白 | 2/26 先負 |
| 21 | 月 | 壬寅 九紫 | 2/27 仏滅 |
| 22 | 火 | 癸卯 一白 | 2/28 大安 |
| 23 | 水 | 甲辰 二黒 | 2/29 赤口 |
| 24 | 木 | 乙巳 三碧 | 2/30 先勝 |
| 25 | 金 | 丙午 四緑 | 3/1 先負 |
| 26 | 土 | 丁未 五黄 | 3/2 仏滅 |
| 27 | 日 | 戊申 六白 | 3/3 大安 |
| 28 | 月 | 己酉 七赤 | 3/4 赤口 |
| 29 | 火 | 庚戌 八白 | 3/5 先勝 |
| 30 | 水 | 辛亥 九紫 | 3/6 友引 |
| 31 | 木 | 壬子 一白 | 3/7 先負 |

### 4 月
（戊辰 三碧木星）

| 日 | 曜 | 干支・九星 | 旧暦・六曜 |
|---|---|---|---|
| 1 | 金 | 癸丑 二黒 | 3/8 仏滅 |
| 2 | 土 | 甲寅 三碧 | 3/9 大安 |
| 3 | 日 | 乙卯 四緑 | 3/10 赤口 |
| 4 | 月 | 丙辰 五黄 | 3/11 先勝 |
| 5 | 火 | 丁巳 六白 | 3/12 友引 |
| 6 | 水 | 戊午 七赤 | 3/13 先負 |
| 7 | 木 | 己未 八白 | 3/14 仏滅 |
| 8 | 金 | 庚申 九紫 | 3/15 大安 |
| 9 | 土 | 辛酉 一白 | 3/16 赤口 |
| 10 | 日 | 壬戌 二黒 | 3/17 先勝 |
| 11 | 月 | 癸亥 三碧 | 3/18 友引 |
| 12 | 火 | 甲子 四緑 | 3/19 先負 |
| 13 | 水 | 乙丑 五黄 | 3/20 仏滅 |
| 14 | 木 | 丙寅 六白 | 3/21 大安 |
| 15 | 金 | 丁卯 七赤 | 3/22 赤口 |
| 16 | 土 | 戊辰 八白 | 3/23 先勝 |
| 17 | 日 | 己巳 九紫 | 3/24 友引 |
| 18 | 月 | 庚午 一白 | 3/25 先負 |
| 19 | 火 | 辛未 二黒 | 3/26 仏滅 |
| 20 | 水 | 壬申 三碧 | 3/27 大安 |
| 21 | 木 | 癸酉 四緑 | 3/28 赤口 |
| 22 | 金 | 甲戌 五黄 | 3/29 先勝 |
| 23 | 土 | 乙亥 六白 | 4/1 仏滅 |
| 24 | 日 | 丙子 七赤 | 4/2 大安 |
| 25 | 月 | 丁丑 八白 | 4/3 赤口 |
| 26 | 火 | 戊寅 九紫 | 4/4 先勝 |
| 27 | 水 | 己卯 一白 | 4/5 友引 |
| 28 | 木 | 庚辰 二黒 | 4/6 先負 |
| 29 | 金 | 辛巳 三碧 | 4/7 仏滅 |
| 30 | 土 | 壬午 四緑 | 4/8 大安 |

**1 月**

1. 5［節］小寒
1.17［雑］土用
1.20［節］大寒

**2 月**

2. 3［雑］節分
2. 4［節］立春
2.19［節］雨水

**3 月**

3. 6［節］啓蟄
3.17［雑］社日
3.18［雑］彼岸
3.21［節］春分

**4 月**

4. 5［節］清明
4.17［雑］土用
4.20［節］穀雨

## 5月
（己巳 二黒土星）

| | | | |
|---|---|---|---|
| 1 | 日 | 癸未 五黄 | 4/9 赤口 |
| 2 | 月 | 甲申 六白 | 4/10 先勝 |
| 3 | 火 | 乙酉 七赤 | 4/11 友引 |
| 4 | 水 | 丙戌 八白 | 4/12 先負 |
| 5 | 木 | 丁亥 九紫 | 4/13 仏滅 |
| 6 | 金 | 戊子 一白 | 4/14 大安 |
| 7 | 土 | 己丑 二黒 | 4/15 赤口 |
| 8 | 日 | 庚寅 三碧 | 4/16 先勝 |
| 9 | 月 | 辛卯 四緑 | 4/17 友引 |
| 10 | 火 | 壬辰 五黄 | 4/18 先負 |
| 11 | 水 | 癸巳 六白 | 4/19 仏滅 |
| 12 | 木 | 甲午 七赤 | 4/20 大安 |
| 13 | 金 | 乙未 八白 | 4/21 赤口 |
| 14 | 土 | 丙申 九紫 | 4/22 先勝 |
| 15 | 日 | 丁酉 一白 | 4/23 友引 |
| 16 | 月 | 戊戌 二黒 | 4/24 先負 |
| 17 | 火 | 己亥 三碧 | 4/25 仏滅 |
| 18 | 水 | 庚子 四緑 | 4/26 大安 |
| 19 | 木 | 辛丑 五黄 | 4/27 赤口 |
| 20 | 金 | 壬寅 六白 | 4/28 先勝 |
| 21 | 土 | 癸卯 七赤 | 4/29 友引 |
| 22 | 日 | 甲辰 八白 | 4/30 先負 |
| 23 | 月 | 乙巳 九紫 | 5/1 大安 |
| 24 | 火 | 丙午 一白 | 5/2 赤口 |
| 25 | 水 | 丁未 二黒 | 5/3 先勝 |
| 26 | 木 | 戊申 三碧 | 5/4 友引 |
| 27 | 金 | 己酉 四緑 | 5/5 先負 |
| 28 | 土 | 庚戌 五黄 | 5/6 仏滅 |
| 29 | 日 | 辛亥 六白 | 5/7 大安 |
| 30 | 月 | 壬子 七赤 | 5/8 赤口 |
| 31 | 火 | 癸丑 八白 | 5/9 先勝 |

## 6月
（庚午 一白水星）

| | | | |
|---|---|---|---|
| 1 | 水 | 甲寅 九紫 | 5/10 友引 |
| 2 | 木 | 乙卯 一白 | 5/11 先負 |
| 3 | 金 | 丙辰 二黒 | 5/12 仏滅 |
| 4 | 土 | 丁巳 三碧 | 5/13 大安 |
| 5 | 日 | 戊午 四緑 | 5/14 赤口 |
| 6 | 月 | 己未 五黄 | 5/15 先勝 |
| 7 | 火 | 庚申 六白 | 5/16 友引 |
| 8 | 水 | 辛酉 七赤 | 5/17 先負 |
| 9 | 木 | 壬戌 八白 | 5/18 仏滅 |
| 10 | 金 | 癸亥 九紫 | 5/19 大安 |
| 11 | 土 | 甲子 九紫 | 5/20 赤口 |
| 12 | 日 | 乙丑 八白 | 5/21 先勝 |
| 13 | 月 | 丙寅 七赤 | 5/22 友引 |
| 14 | 火 | 丁卯 六白 | 5/23 先負 |
| 15 | 水 | 戊辰 五黄 | 5/24 仏滅 |
| 16 | 木 | 己巳 四緑 | 5/25 大安 |
| 17 | 金 | 庚午 三碧 | 5/26 赤口 |
| 18 | 土 | 辛未 二黒 | 5/27 先勝 |
| 19 | 日 | 壬申 一白 | 5/28 友引 |
| 20 | 月 | 癸酉 九紫 | 5/29 先負 |
| 21 | 火 | 甲戌 八白 | 5/30 仏滅 |
| 22 | 水 | 乙亥 七赤 | 閏5/1 大安 |
| 23 | 木 | 丙子 六白 | 閏5/2 赤口 |
| 24 | 金 | 丁丑 五黄 | 閏5/3 先勝 |
| 25 | 土 | 戊寅 四緑 | 閏5/4 友引 |
| 26 | 日 | 己卯 三碧 | 閏5/5 先負 |
| 27 | 月 | 庚辰 二黒 | 閏5/6 仏滅 |
| 28 | 火 | 辛巳 一白 | 閏5/7 大安 |
| 29 | 水 | 壬午 九紫 | 閏5/8 赤口 |
| 30 | 木 | 癸未 八白 | 閏5/9 先勝 |

## 7月
（辛未 九紫火星）

| | | | |
|---|---|---|---|
| 1 | 金 | 甲申 七赤 | 閏5/10 友引 |
| 2 | 土 | 乙酉 六白 | 閏5/11 先負 |
| 3 | 日 | 丙戌 五黄 | 閏5/12 仏滅 |
| 4 | 月 | 丁亥 四緑 | 閏5/13 大安 |
| 5 | 火 | 戊子 三碧 | 閏5/14 赤口 |
| 6 | 水 | 己丑 二黒 | 閏5/15 先勝 |
| 7 | 木 | 庚寅 一白 | 閏5/16 友引 |
| 8 | 金 | 辛卯 九紫 | 閏5/17 先負 |
| 9 | 土 | 壬辰 八白 | 閏5/18 仏滅 |
| 10 | 日 | 癸巳 七赤 | 閏5/19 大安 |
| 11 | 月 | 甲午 六白 | 閏5/20 赤口 |
| 12 | 火 | 乙未 五黄 | 閏5/21 先勝 |
| 13 | 水 | 丙申 四緑 | 閏5/22 友引 |
| 14 | 木 | 丁酉 三碧 | 閏5/23 先負 |
| 15 | 金 | 戊戌 二黒 | 閏5/24 仏滅 |
| 16 | 土 | 己亥 一白 | 閏5/25 大安 |
| 17 | 日 | 庚子 九紫 | 閏5/26 赤口 |
| 18 | 月 | 辛丑 八白 | 閏5/27 先勝 |
| 19 | 火 | 壬寅 七赤 | 閏5/28 友引 |
| 20 | 水 | 癸卯 六白 | 閏5/29 先負 |
| 21 | 木 | 甲辰 五黄 | 6/1 赤口 |
| 22 | 金 | 乙巳 四緑 | 6/2 先勝 |
| 23 | 土 | 丙午 三碧 | 6/3 友引 |
| 24 | 日 | 丁未 二黒 | 6/4 先負 |
| 25 | 月 | 戊申 一白 | 6/5 仏滅 |
| 26 | 火 | 己酉 九紫 | 6/6 大安 |
| 27 | 水 | 庚戌 八白 | 6/7 赤口 |
| 28 | 木 | 辛亥 七赤 | 6/8 先勝 |
| 29 | 金 | 壬子 六白 | 6/9 友引 |
| 30 | 土 | 癸丑 五黄 | 6/10 先負 |
| 31 | 日 | 甲寅 四緑 | 6/11 仏滅 |

## 8月
（壬申 八白土星）

| | | | |
|---|---|---|---|
| 1 | 月 | 乙卯 三碧 | 6/12 大安 |
| 2 | 火 | 丙辰 二黒 | 6/13 赤口 |
| 3 | 水 | 丁巳 一白 | 6/14 先勝 |
| 4 | 木 | 戊午 九紫 | 6/15 友引 |
| 5 | 金 | 己未 八白 | 6/16 先負 |
| 6 | 土 | 庚申 七赤 | 6/17 仏滅 |
| 7 | 日 | 辛酉 六白 | 6/18 大安 |
| 8 | 月 | 壬戌 五黄 | 6/19 赤口 |
| 9 | 火 | 癸亥 四緑 | 6/20 先勝 |
| 10 | 水 | 甲子 三碧 | 6/21 友引 |
| 11 | 木 | 乙丑 二黒 | 6/22 先負 |
| 12 | 金 | 丙寅 一白 | 6/23 仏滅 |
| 13 | 土 | 丁卯 九紫 | 6/24 大安 |
| 14 | 日 | 戊辰 八白 | 6/25 赤口 |
| 15 | 月 | 己巳 七赤 | 6/26 先勝 |
| 16 | 火 | 庚午 六白 | 6/27 友引 |
| 17 | 水 | 辛未 五黄 | 6/28 先負 |
| 18 | 木 | 壬申 四緑 | 6/29 仏滅 |
| 19 | 金 | 癸酉 三碧 | 6/30 大安 |
| 20 | 土 | 甲戌 二黒 | 7/1 先勝 |
| 21 | 日 | 乙亥 一白 | 7/2 友引 |
| 22 | 月 | 丙子 九紫 | 7/3 先負 |
| 23 | 火 | 丁丑 八白 | 7/4 仏滅 |
| 24 | 水 | 戊寅 七赤 | 7/5 大安 |
| 25 | 木 | 己卯 六白 | 7/6 赤口 |
| 26 | 金 | 庚辰 五黄 | 7/7 先勝 |
| 27 | 土 | 辛巳 四緑 | 7/8 友引 |
| 28 | 日 | 壬午 三碧 | 7/9 先負 |
| 29 | 月 | 癸未 二黒 | 7/10 仏滅 |
| 30 | 火 | 甲申 一白 | 7/11 大安 |
| 31 | 水 | 乙酉 九紫 | 7/12 赤口 |

**5月**

5. 2［雑］八十八夜
5. 6［節］立夏
5.21［節］小満

**6月**

6. 6［節］芒種
6.11［雑］入梅
6.21［節］夏至

**7月**

7. 2［雑］半夏生
7. 7［節］小暑
7.20［雑］土用
7.23［節］大暑

**8月**

8. 8［節］立秋
8.23［節］処暑

## 9月
（癸酉 七赤金星）

| | | | |
|---|---|---|---|
| 1 | 木 | 丙戌 八白 | 7/13 先勝 |
| 2 | 金 | 丁亥 七赤 | 7/14 友引 |
| 3 | 土 | 戊子 六白 | 7/15 先負 |
| 4 | 日 | 己丑 五黄 | 7/16 仏滅 |
| 5 | 月 | 庚寅 四緑 | 7/17 大安 |
| 6 | 火 | 辛卯 三碧 | 7/18 赤口 |
| 7 | 水 | 壬辰 二黒 | 7/19 先勝 |
| 8 | 木 | 癸巳 一白 | 7/20 友引 |
| 9 | 金 | 甲午 九紫 | 7/21 先負 |
| 10 | 土 | 乙未 八白 | 7/22 仏滅 |
| 11 | 日 | 丙申 七赤 | 7/23 大安 |
| 12 | 月 | 丁酉 六白 | 7/24 赤口 |
| 13 | 火 | 戊戌 五黄 | 7/25 先勝 |
| 14 | 水 | 己亥 四緑 | 7/26 友引 |
| 15 | 木 | 庚子 三碧 | 7/27 先負 |
| 16 | 金 | 辛丑 二黒 | 7/28 仏滅 |
| 17 | 土 | 壬寅 一白 | 7/29 大安 |
| 18 | 日 | 癸卯 九紫 | 8/1 友引 |
| 19 | 月 | 甲辰 八白 | 8/2 先負 |
| 20 | 火 | 乙巳 七赤 | 8/3 仏滅 |
| 21 | 水 | 丙午 六白 | 8/4 大安 |
| 22 | 木 | 丁未 五黄 | 8/5 赤口 |
| 23 | 金 | 戊申 四緑 | 8/6 先勝 |
| 24 | 土 | 己酉 三碧 | 8/7 友引 |
| 25 | 日 | 庚戌 二黒 | 8/8 先負 |
| 26 | 月 | 辛亥 一白 | 8/9 仏滅 |
| 27 | 火 | 壬子 九紫 | 8/10 大安 |
| 28 | 水 | 癸丑 八白 | 8/11 赤口 |
| 29 | 木 | 甲寅 七赤 | 8/12 先勝 |
| 30 | 金 | 乙卯 六白 | 8/13 友引 |

## 10月
（甲戌 六白金星）

| | | | |
|---|---|---|---|
| 1 | 土 | 丙辰 五黄 | 8/14 先負 |
| 2 | 日 | 丁巳 四緑 | 8/15 仏滅 |
| 3 | 月 | 戊午 三碧 | 8/16 大安 |
| 4 | 火 | 己未 二黒 | 8/17 赤口 |
| 5 | 水 | 庚申 一白 | 8/18 先勝 |
| 6 | 木 | 辛酉 九紫 | 8/19 友引 |
| 7 | 金 | 壬戌 八白 | 8/20 先負 |
| 8 | 土 | 癸亥 七赤 | 8/21 仏滅 |
| 9 | 日 | 甲子 六白 | 8/22 大安 |
| 10 | 月 | 乙丑 五黄 | 8/23 赤口 |
| 11 | 火 | 丙寅 四緑 | 8/24 先勝 |
| 12 | 水 | 丁卯 三碧 | 8/25 友引 |
| 13 | 木 | 戊辰 二黒 | 8/26 先負 |
| 14 | 金 | 己巳 一白 | 8/27 仏滅 |
| 15 | 土 | 庚午 九紫 | 8/28 大安 |
| 16 | 日 | 辛未 八白 | 8/29 赤口 |
| 17 | 月 | 壬申 七赤 | 8/30 先勝 |
| 18 | 火 | 癸酉 六白 | 9/1 先負 |
| 19 | 水 | 甲戌 五黄 | 9/2 仏滅 |
| 20 | 木 | 乙亥 四緑 | 9/3 大安 |
| 21 | 金 | 丙子 三碧 | 9/4 赤口 |
| 22 | 土 | 丁丑 二黒 | 9/5 先勝 |
| 23 | 日 | 戊寅 一白 | 9/6 友引 |
| 24 | 月 | 己卯 九紫 | 9/7 先負 |
| 25 | 火 | 庚辰 八白 | 9/8 仏滅 |
| 26 | 水 | 辛巳 七赤 | 9/9 大安 |
| 27 | 木 | 壬午 六白 | 9/10 赤口 |
| 28 | 金 | 癸未 五黄 | 9/11 先勝 |
| 29 | 土 | 甲申 四緑 | 9/12 友引 |
| 30 | 日 | 乙酉 三碧 | 9/13 先負 |
| 31 | 月 | 丙戌 二黒 | 9/14 仏滅 |

## 11月
（乙亥 五黄土星）

| | | | |
|---|---|---|---|
| 1 | 火 | 丁亥 一白 | 9/15 大安 |
| 2 | 水 | 戊子 九紫 | 9/16 赤口 |
| 3 | 木 | 己丑 八白 | 9/17 先勝 |
| 4 | 金 | 庚寅 七赤 | 9/18 友引 |
| 5 | 土 | 辛卯 六白 | 9/19 先負 |
| 6 | 日 | 壬辰 五黄 | 9/20 仏滅 |
| 7 | 月 | 癸巳 四緑 | 9/21 大安 |
| 8 | 火 | 甲午 三碧 | 9/22 赤口 |
| 9 | 水 | 乙未 二黒 | 9/23 先勝 |
| 10 | 木 | 丙申 一白 | 9/24 友引 |
| 11 | 金 | 丁酉 九紫 | 9/25 先負 |
| 12 | 土 | 戊戌 八白 | 9/26 仏滅 |
| 13 | 日 | 己亥 七赤 | 9/27 大安 |
| 14 | 月 | 庚子 六白 | 9/28 赤口 |
| 15 | 火 | 辛丑 五黄 | 9/29 先勝 |
| 16 | 水 | 壬寅 四緑 | 10/1 仏滅 |
| 17 | 木 | 癸卯 三碧 | 10/2 大安 |
| 18 | 金 | 甲辰 二黒 | 10/3 赤口 |
| 19 | 土 | 乙巳 一白 | 10/4 先勝 |
| 20 | 日 | 丙午 九紫 | 10/5 友引 |
| 21 | 月 | 丁未 八白 | 10/6 先負 |
| 22 | 火 | 戊申 七赤 | 10/7 仏滅 |
| 23 | 水 | 己酉 六白 | 10/8 大安 |
| 24 | 木 | 庚戌 五黄 | 10/9 赤口 |
| 25 | 金 | 辛亥 四緑 | 10/10 先勝 |
| 26 | 土 | 壬子 三碧 | 10/11 友引 |
| 27 | 日 | 癸丑 二黒 | 10/12 先負 |
| 28 | 月 | 甲寅 一白 | 10/13 仏滅 |
| 29 | 火 | 乙卯 九紫 | 10/14 大安 |
| 30 | 水 | 丙辰 八白 | 10/15 赤口 |

## 12月
（丙子 四緑木星）

| | | | |
|---|---|---|---|
| 1 | 木 | 丁巳 七赤 | 10/16 先勝 |
| 2 | 金 | 戊午 六白 | 10/17 友引 |
| 3 | 土 | 己未 五黄 | 10/18 先負 |
| 4 | 日 | 庚申 四緑 | 10/19 仏滅 |
| 5 | 月 | 辛酉 三碧 | 10/20 大安 |
| 6 | 火 | 壬戌 二黒 | 10/21 赤口 |
| 7 | 水 | 癸亥 一白 | 10/22 先勝 |
| 8 | 木 | 甲子 一白 | 10/23 友引 |
| 9 | 金 | 乙丑 二黒 | 10/24 先負 |
| 10 | 土 | 丙寅 三碧 | 10/25 仏滅 |
| 11 | 日 | 丁卯 四緑 | 10/26 大安 |
| 12 | 月 | 戊辰 五黄 | 10/27 赤口 |
| 13 | 火 | 己巳 六白 | 10/28 先勝 |
| 14 | 水 | 庚午 七赤 | 10/29 友引 |
| 15 | 木 | 辛未 八白 | 10/30 先負 |
| 16 | 金 | 壬申 九紫 | 11/1 大安 |
| 17 | 土 | 癸酉 一白 | 11/2 赤口 |
| 18 | 日 | 甲戌 二黒 | 11/3 先勝 |
| 19 | 月 | 乙亥 三碧 | 11/4 友引 |
| 20 | 火 | 丙子 四緑 | 11/5 先負 |
| 21 | 水 | 丁丑 五黄 | 11/6 仏滅 |
| 22 | 木 | 戊寅 六白 | 11/7 大安 |
| 23 | 金 | 己卯 七赤 | 11/8 赤口 |
| 24 | 土 | 庚辰 八白 | 11/9 先勝 |
| 25 | 日 | 辛巳 九紫 | 11/10 友引 |
| 26 | 月 | 壬午 一白 | 11/11 先負 |
| 27 | 火 | 癸未 二黒 | 11/12 仏滅 |
| 28 | 水 | 甲申 三碧 | 11/13 大安 |
| 29 | 木 | 乙酉 四緑 | 11/14 赤口 |
| 30 | 金 | 丙戌 五黄 | 11/15 先勝 |
| 31 | 土 | 丁亥 六白 | 11/16 友引 |

**9月**

9. 1 [雑] 二百十日
9. 8 [節] 白露
9.20 [雑] 彼岸
9.23 [節] 秋分
9.23 [雑] 社日

**10月**

10. 8 [節] 寒露
10.20 [雑] 土用
10.23 [節] 霜降

**11月**

11. 7 [節] 立冬
11.22 [節] 小雪

**12月**

12. 7 [節] 大雪
12.22 [節] 冬至

# 2040

明治 173 年
大正 129 年
昭和 115 年
平成 52 年

庚申（かのえさる）
五黄土星

## 生誕・年忌など

**2.11** 朝鮮総督府創氏改名強制 100 年
唐十郎生誕 100 年
**2.14** 平将門没後 1100 年
**3.13** 山室軍平没後 100 年
**4. 2** E. ゾラ生誕 200 年
**5. 1** 世界初の切手発行 200 年
**5. 7** P. チャイコフスキー生誕 200 年
**5.20** 王貞治生誕 100 年
**5.27** N. パガニーニ没後 200 年
**5.28** 立花隆生誕 100 年
**5.30** P. ルーベンス没後 400 年
**6. 2** M. サド生誕 300 年
T. ハーディ生誕 200 年
**6.14** 独軍パリ占領 100 年
**6.29** P. クレー没後 100 年
**7. 8** 吉行エイスケ没後 100 年
**8.21** L. トロツキー没後 100 年
**9.27** 日独伊三国同盟調印 100 年
**10. 9** J. レノン生誕 100 年
**10.11** 種田山頭火没後 100 年
**10.12** 大政翼賛会発足 100 年
**11. 9** A. チェンバレン没後 100 年
**11.12** A. ロダン生誕 200 年
**11.14** C. モネ生誕 200 年
**11.24** 西園寺公望没後 100 年
**12.21** S. フィッツジェラルド没後 100 年
**この年** 藤原広嗣の乱 1300 年
孟浩然没後 1300 年
天文の大飢饉 500 年
契沖生誕 400 年
オーストリア継承戦争勃発 300 年
アヘン戦争開戦 200 年
ハワイ王国成立 200 年

## 2040 年

### 1 月
（丁丑 三碧木星）

| | | | |
|---|---|---|---|
| 1 | 日 | 戊子 七赤 | 11/17 先負 |
| 2 | 月 | 己丑 八白 | 11/18 仏滅 |
| 3 | 火 | 庚寅 九紫 | 11/19 大安 |
| 4 | 水 | 辛卯 一白 | 11/20 赤口 |
| 5 | 木 | 壬辰 二黒 | 11/21 先勝 |
| 6 | 金 | 癸巳 三碧 | 11/22 友引 |
| 7 | 土 | 甲午 四緑 | 11/23 先負 |
| 8 | 日 | 乙未 五黄 | 11/24 仏滅 |
| 9 | 月 | 丙申 六白 | 11/25 大安 |
| 10 | 火 | 丁酉 七赤 | 11/26 赤口 |
| 11 | 水 | 戊戌 八白 | 11/27 先勝 |
| 12 | 木 | 己亥 九紫 | 11/28 友引 |
| 13 | 金 | 庚子 一白 | 11/29 先負 |
| 14 | 土 | 辛丑 二黒 | 12/1 赤口 |
| 15 | 日 | 壬寅 三碧 | 12/2 先勝 |
| 16 | 月 | 癸卯 四緑 | 12/3 友引 |
| 17 | 火 | 甲辰 五黄 | 12/4 先負 |
| 18 | 水 | 乙巳 六白 | 12/5 仏滅 |
| 19 | 木 | 丙午 七赤 | 12/6 大安 |
| 20 | 金 | 丁未 八白 | 12/7 赤口 |
| 21 | 土 | 戊申 九紫 | 12/8 先勝 |
| 22 | 日 | 己酉 一白 | 12/9 友引 |
| 23 | 月 | 庚戌 二黒 | 12/10 先負 |
| 24 | 火 | 辛亥 三碧 | 12/11 仏滅 |
| 25 | 水 | 壬子 四緑 | 12/12 大安 |
| 26 | 木 | 癸丑 五黄 | 12/13 赤口 |
| 27 | 金 | 甲寅 六白 | 12/14 先勝 |
| 28 | 土 | 乙卯 七赤 | 12/15 友引 |
| 29 | 日 | 丙辰 八白 | 12/16 先負 |
| 30 | 月 | 丁巳 九紫 | 12/17 仏滅 |
| 31 | 火 | 戊午 一白 | 12/18 大安 |

### 2 月
（戊寅 二黒土星）

| | | | |
|---|---|---|---|
| 1 | 水 | 己未 二黒 | 12/19 赤口 |
| 2 | 木 | 庚申 三碧 | 12/20 先勝 |
| 3 | 金 | 辛酉 四緑 | 12/21 友引 |
| 4 | 土 | 壬戌 五黄 | 12/22 先負 |
| 5 | 日 | 癸亥 六白 | 12/23 仏滅 |
| 6 | 月 | 甲子 七赤 | 12/24 大安 |
| 7 | 火 | 乙丑 八白 | 12/25 赤口 |
| 8 | 水 | 丙寅 九紫 | 12/26 先勝 |
| 9 | 木 | 丁卯 一白 | 12/27 友引 |
| 10 | 金 | 戊辰 二黒 | 12/28 先負 |
| 11 | 土 | 己巳 三碧 | 12/29 仏滅 |
| 12 | 日 | 庚午 四緑 | 1/1 先勝 |
| 13 | 月 | 辛未 五黄 | 1/2 友引 |
| 14 | 火 | 壬申 六白 | 1/3 先負 |
| 15 | 水 | 癸酉 七赤 | 1/4 仏滅 |
| 16 | 木 | 甲戌 八白 | 1/5 大安 |
| 17 | 金 | 乙亥 九紫 | 1/6 赤口 |
| 18 | 土 | 丙子 一白 | 1/7 先勝 |
| 19 | 日 | 丁丑 二黒 | 1/8 友引 |
| 20 | 月 | 戊寅 三碧 | 1/9 先負 |
| 21 | 火 | 己卯 四緑 | 1/10 仏滅 |
| 22 | 水 | 庚辰 五黄 | 1/11 大安 |
| 23 | 木 | 辛巳 六白 | 1/12 赤口 |
| 24 | 金 | 壬午 七赤 | 1/13 先勝 |
| 25 | 土 | 癸未 八白 | 1/14 友引 |
| 26 | 日 | 甲申 九紫 | 1/15 先負 |
| 27 | 月 | 乙酉 一白 | 1/16 仏滅 |
| 28 | 火 | 丙戌 二黒 | 1/17 大安 |
| 29 | 水 | 丁亥 三碧 | 1/18 赤口 |

### 3 月
（己卯 一白水星）

| | | | |
|---|---|---|---|
| 1 | 木 | 戊子 四緑 | 1/19 先勝 |
| 2 | 金 | 己丑 五黄 | 1/20 友引 |
| 3 | 土 | 庚寅 六白 | 1/21 先負 |
| 4 | 日 | 辛卯 七赤 | 1/22 仏滅 |
| 5 | 月 | 壬辰 八白 | 1/23 大安 |
| 6 | 火 | 癸巳 九紫 | 1/24 赤口 |
| 7 | 水 | 甲午 一白 | 1/25 先勝 |
| 8 | 木 | 乙未 二黒 | 1/26 友引 |
| 9 | 金 | 丙申 三碧 | 1/27 先負 |
| 10 | 土 | 丁酉 四緑 | 1/28 仏滅 |
| 11 | 日 | 戊戌 五黄 | 1/29 大安 |
| 12 | 月 | 己亥 六白 | 1/30 赤口 |
| 13 | 火 | 庚子 七赤 | 2/1 友引 |
| 14 | 水 | 辛丑 八白 | 2/2 先負 |
| 15 | 木 | 壬寅 九紫 | 2/3 仏滅 |
| 16 | 金 | 癸卯 一白 | 2/4 大安 |
| 17 | 土 | 甲辰 二黒 | 2/5 赤口 |
| 18 | 日 | 乙巳 三碧 | 2/6 先勝 |
| 19 | 月 | 丙午 四緑 | 2/7 友引 |
| 20 | 火 | 丁未 五黄 | 2/8 先負 |
| 21 | 水 | 戊申 六白 | 2/9 仏滅 |
| 22 | 木 | 己酉 七赤 | 2/10 大安 |
| 23 | 金 | 庚戌 八白 | 2/11 赤口 |
| 24 | 土 | 辛亥 九紫 | 2/12 先勝 |
| 25 | 日 | 壬子 一白 | 2/13 友引 |
| 26 | 月 | 癸丑 二黒 | 2/14 先負 |
| 27 | 火 | 甲寅 三碧 | 2/15 仏滅 |
| 28 | 水 | 乙卯 四緑 | 2/16 大安 |
| 29 | 木 | 丙辰 五黄 | 2/17 赤口 |
| 30 | 金 | 丁巳 六白 | 2/18 先勝 |
| 31 | 土 | 戊午 七赤 | 2/19 友引 |

### 4 月
（庚辰 九紫火星）

| | | | |
|---|---|---|---|
| 1 | 日 | 己未 八白 | 2/20 先負 |
| 2 | 月 | 庚申 九紫 | 2/21 仏滅 |
| 3 | 火 | 辛酉 一白 | 2/22 大安 |
| 4 | 水 | 壬戌 二黒 | 2/23 赤口 |
| 5 | 木 | 癸亥 三碧 | 2/24 先勝 |
| 6 | 金 | 甲子 四緑 | 2/25 友引 |
| 7 | 土 | 乙丑 五黄 | 2/26 先負 |
| 8 | 日 | 丙寅 六白 | 2/27 仏滅 |
| 9 | 月 | 丁卯 七赤 | 2/28 大安 |
| 10 | 火 | 戊辰 八白 | 2/29 赤口 |
| 11 | 水 | 己巳 九紫 | 3/1 先負 |
| 12 | 木 | 庚午 一白 | 3/2 仏滅 |
| 13 | 金 | 辛未 二黒 | 3/3 大安 |
| 14 | 土 | 壬申 三碧 | 3/4 赤口 |
| 15 | 日 | 癸酉 四緑 | 3/5 先勝 |
| 16 | 月 | 甲戌 五黄 | 3/6 友引 |
| 17 | 火 | 乙亥 六白 | 3/7 先負 |
| 18 | 水 | 丙子 七赤 | 3/8 仏滅 |
| 19 | 木 | 丁丑 八白 | 3/9 大安 |
| 20 | 金 | 戊寅 九紫 | 3/10 赤口 |
| 21 | 土 | 己卯 一白 | 3/11 先勝 |
| 22 | 日 | 庚辰 二黒 | 3/12 友引 |
| 23 | 月 | 辛巳 三碧 | 3/13 先負 |
| 24 | 火 | 壬午 四緑 | 3/14 仏滅 |
| 25 | 水 | 癸未 五黄 | 3/15 大安 |
| 26 | 木 | 甲申 六白 | 3/16 赤口 |
| 27 | 金 | 乙酉 七赤 | 3/17 先勝 |
| 28 | 土 | 丙戌 八白 | 3/18 友引 |
| 29 | 日 | 丁亥 九紫 | 3/19 先負 |
| 30 | 月 | 戊子 一白 | 3/20 仏滅 |

**1 月**

1. 6［節］小寒
1.17［雑］土用
1.20［節］大寒

**2 月**

2. 3［雑］節分
2. 4［節］立春
2.19［節］雨水

**3 月**

3. 5［節］啓蟄
3.17［雑］彼岸
3.20［節］春分
3.21［雑］社日

**4 月**

4. 4［節］清明
4.16［雑］土用
4.19［節］穀雨

## 5 月
（辛巳 八白土星）

| | | | |
|---|---|---|---|
| 1 | 火 | 己丑 二黒 | 3/21 大安 |
| 2 | 水 | 庚寅 三碧 | 3/22 赤口 |
| 3 | 木 | 辛卯 四緑 | 3/23 先勝 |
| 4 | 金 | 壬辰 五黄 | 3/24 友引 |
| 5 | 土 | 癸巳 六白 | 3/25 先負 |
| 6 | 日 | 甲午 七赤 | 3/26 仏滅 |
| 7 | 月 | 乙未 八白 | 3/27 大安 |
| 8 | 火 | 丙申 九紫 | 3/28 赤口 |
| 9 | 水 | 丁酉 一白 | 3/29 先勝 |
| 10 | 木 | 戊戌 二黒 | 3/30 友引 |
| 11 | 金 | 己亥 三碧 | 4/1 仏滅 |
| 12 | 土 | 庚子 四緑 | 4/2 大安 |
| 13 | 日 | 辛丑 五黄 | 4/3 赤口 |
| 14 | 月 | 壬寅 六白 | 4/4 先勝 |
| 15 | 火 | 癸卯 七赤 | 4/5 友引 |
| 16 | 水 | 甲辰 八白 | 4/6 先負 |
| 17 | 木 | 乙巳 九紫 | 4/7 仏滅 |
| 18 | 金 | 丙午 一白 | 4/8 大安 |
| 19 | 土 | 丁未 二黒 | 4/9 赤口 |
| 20 | 日 | 戊申 三碧 | 4/10 先勝 |
| 21 | 月 | 己酉 四緑 | 4/11 友引 |
| 22 | 火 | 庚戌 五黄 | 4/12 先負 |
| 23 | 水 | 辛亥 六白 | 4/13 仏滅 |
| 24 | 木 | 壬子 七赤 | 4/14 大安 |
| 25 | 金 | 癸丑 八白 | 4/15 赤口 |
| 26 | 土 | 甲寅 九紫 | 4/16 先勝 |
| 27 | 日 | 乙卯 一白 | 4/17 友引 |
| 28 | 月 | 丙辰 二黒 | 4/18 先負 |
| 29 | 火 | 丁巳 三碧 | 4/19 仏滅 |
| 30 | 水 | 戊午 四緑 | 4/20 大安 |
| 31 | 木 | 己未 五黄 | 4/21 赤口 |

## 6 月
（壬午 七赤金星）

| | | | |
|---|---|---|---|
| 1 | 金 | 庚申 六白 | 4/22 先勝 |
| 2 | 土 | 辛酉 七赤 | 4/23 友引 |
| 3 | 日 | 壬戌 八白 | 4/24 先負 |
| 4 | 月 | 癸亥 九紫 | 4/25 仏滅 |
| 5 | 火 | 甲子 九紫 | 4/26 大安 |
| 6 | 水 | 乙丑 八白 | 4/27 赤口 |
| 7 | 木 | 丙寅 七赤 | 4/28 先勝 |
| 8 | 金 | 丁卯 六白 | 4/29 友引 |
| 9 | 土 | 戊辰 五黄 | 4/30 先負 |
| 10 | 日 | 己巳 四緑 | 5/1 大安 |
| 11 | 月 | 庚午 三碧 | 5/2 赤口 |
| 12 | 火 | 辛未 二黒 | 5/3 先勝 |
| 13 | 水 | 壬申 一白 | 5/4 友引 |
| 14 | 木 | 癸酉 九紫 | 5/5 先負 |
| 15 | 金 | 甲戌 八白 | 5/6 仏滅 |
| 16 | 土 | 乙亥 七赤 | 5/7 大安 |
| 17 | 日 | 丙子 六白 | 5/8 赤口 |
| 18 | 月 | 丁丑 五黄 | 5/9 先勝 |
| 19 | 火 | 戊寅 四緑 | 5/10 友引 |
| 20 | 水 | 己卯 三碧 | 5/11 先負 |
| 21 | 木 | 庚辰 二黒 | 5/12 仏滅 |
| 22 | 金 | 辛巳 一白 | 5/13 大安 |
| 23 | 土 | 壬午 九紫 | 5/14 赤口 |
| 24 | 日 | 癸未 八白 | 5/15 先勝 |
| 25 | 月 | 甲申 七赤 | 5/16 友引 |
| 26 | 火 | 乙酉 六白 | 5/17 先負 |
| 27 | 水 | 丙戌 五黄 | 5/18 仏滅 |
| 28 | 木 | 丁亥 四緑 | 5/19 大安 |
| 29 | 金 | 戊子 三碧 | 5/20 赤口 |
| 30 | 土 | 己丑 二黒 | 5/21 先勝 |

## 7 月
（癸未 六白金星）

| | | | |
|---|---|---|---|
| 1 | 日 | 庚寅 一白 | 5/22 友引 |
| 2 | 月 | 辛卯 九紫 | 5/23 先負 |
| 3 | 火 | 壬辰 八白 | 5/24 仏滅 |
| 4 | 水 | 癸巳 七赤 | 5/25 大安 |
| 5 | 木 | 甲午 六白 | 5/26 赤口 |
| 6 | 金 | 乙未 五黄 | 5/27 先勝 |
| 7 | 土 | 丙申 四緑 | 5/28 友引 |
| 8 | 日 | 丁酉 三碧 | 5/29 先負 |
| 9 | 月 | 戊戌 二黒 | 6/1 赤口 |
| 10 | 火 | 己亥 一白 | 6/2 先勝 |
| 11 | 水 | 庚子 九紫 | 6/3 友引 |
| 12 | 木 | 辛丑 八白 | 6/4 先負 |
| 13 | 金 | 壬寅 七赤 | 6/5 仏滅 |
| 14 | 土 | 癸卯 六白 | 6/6 大安 |
| 15 | 日 | 甲辰 五黄 | 6/7 赤口 |
| 16 | 月 | 乙巳 四緑 | 6/8 先勝 |
| 17 | 火 | 丙午 三碧 | 6/9 友引 |
| 18 | 水 | 丁未 二黒 | 6/10 先負 |
| 19 | 木 | 戊申 一白 | 6/11 仏滅 |
| 20 | 金 | 己酉 九紫 | 6/12 大安 |
| 21 | 土 | 庚戌 八白 | 6/13 赤口 |
| 22 | 日 | 辛亥 七赤 | 6/14 先勝 |
| 23 | 月 | 壬子 六白 | 6/15 友引 |
| 24 | 火 | 癸丑 五黄 | 6/16 先負 |
| 25 | 水 | 甲寅 四緑 | 6/17 仏滅 |
| 26 | 木 | 乙卯 三碧 | 6/18 大安 |
| 27 | 金 | 丙辰 二黒 | 6/19 赤口 |
| 28 | 土 | 丁巳 一白 | 6/20 先勝 |
| 29 | 日 | 戊午 九紫 | 6/21 友引 |
| 30 | 月 | 己未 八白 | 6/22 先負 |
| 31 | 火 | 庚申 七赤 | 6/23 仏滅 |

## 8 月
（甲申 五黄土星）

| | | | |
|---|---|---|---|
| 1 | 水 | 辛酉 六白 | 6/24 大安 |
| 2 | 木 | 壬戌 五黄 | 6/25 赤口 |
| 3 | 金 | 癸亥 四緑 | 6/26 先勝 |
| 4 | 土 | 甲子 三碧 | 6/27 友引 |
| 5 | 日 | 乙丑 二黒 | 6/28 先負 |
| 6 | 月 | 丙寅 一白 | 6/29 仏滅 |
| 7 | 火 | 丁卯 九紫 | 6/30 大安 |
| 8 | 水 | 戊辰 八白 | 7/1 先勝 |
| 9 | 木 | 己巳 七赤 | 7/2 友引 |
| 10 | 金 | 庚午 六白 | 7/3 先負 |
| 11 | 土 | 辛未 五黄 | 7/4 仏滅 |
| 12 | 日 | 壬申 四緑 | 7/5 大安 |
| 13 | 月 | 癸酉 三碧 | 7/6 赤口 |
| 14 | 火 | 甲戌 二黒 | 7/7 先勝 |
| 15 | 水 | 乙亥 一白 | 7/8 友引 |
| 16 | 木 | 丙子 九紫 | 7/9 先負 |
| 17 | 金 | 丁丑 八白 | 7/10 仏滅 |
| 18 | 土 | 戊寅 七赤 | 7/11 大安 |
| 19 | 日 | 己卯 六白 | 7/12 赤口 |
| 20 | 月 | 庚辰 五黄 | 7/13 先勝 |
| 21 | 火 | 辛巳 四緑 | 7/14 友引 |
| 22 | 水 | 壬午 三碧 | 7/15 先負 |
| 23 | 木 | 癸未 二黒 | 7/16 仏滅 |
| 24 | 金 | 甲申 一白 | 7/17 大安 |
| 25 | 土 | 乙酉 九紫 | 7/18 赤口 |
| 26 | 日 | 丙戌 八白 | 7/19 先勝 |
| 27 | 月 | 丁亥 七赤 | 7/20 友引 |
| 28 | 火 | 戊子 六白 | 7/21 先負 |
| 29 | 水 | 己丑 五黄 | 7/22 仏滅 |
| 30 | 木 | 庚寅 四緑 | 7/23 大安 |
| 31 | 金 | 辛卯 三碧 | 7/24 赤口 |

**5 月**

5. 1［雑］八十八夜
5. 5［節］立夏
5.20［節］小満

**6 月**

6. 5［節］芒種
6.10［雑］入梅
6.21［節］夏至

**7 月**

7. 1［雑］半夏生
7. 6［節］小暑
7.19［雑］土用
7.22［節］大暑

**8 月**

8. 7［節］立秋
8.22［節］処暑
8.31［雑］二百十日

## 9月
（乙酉 四緑木星）

| | | | |
|---|---|---|---|
| 1 | 土 | 壬辰 二黒 | 7/25 先勝 |
| 2 | 日 | 癸巳 一白 | 7/26 友引 |
| 3 | 月 | 甲午 九紫 | 7/27 先負 |
| 4 | 火 | 乙未 八白 | 7/28 仏滅 |
| 5 | 水 | 丙申 七赤 | 7/29 大安 |
| 6 | 木 | 丁酉 六白 | 7/30 赤口 |
| 7 | 金 | 戊戌 五黄 | 8/1 友引 |
| 8 | 土 | 己亥 四緑 | 8/2 先負 |
| 9 | 日 | 庚子 三碧 | 8/3 仏滅 |
| 10 | 月 | 辛丑 二黒 | 8/4 大安 |
| 11 | 火 | 壬寅 一白 | 8/5 赤口 |
| 12 | 水 | 癸卯 九紫 | 8/6 先勝 |
| 13 | 木 | 甲辰 八白 | 8/7 友引 |
| 14 | 金 | 乙巳 七赤 | 8/8 先負 |
| 15 | 土 | 丙午 六白 | 8/9 仏滅 |
| 16 | 日 | 丁未 五黄 | 8/10 大安 |
| 17 | 月 | 戊申 四緑 | 8/11 赤口 |
| 18 | 火 | 己酉 三碧 | 8/12 先勝 |
| 19 | 水 | 庚戌 二黒 | 8/13 友引 |
| 20 | 木 | 辛亥 一白 | 8/14 先負 |
| 21 | 金 | 壬子 九紫 | 8/15 仏滅 |
| 22 | 土 | 癸丑 八白 | 8/16 大安 |
| 23 | 日 | 甲寅 七赤 | 8/17 赤口 |
| 24 | 月 | 乙卯 六白 | 8/18 先勝 |
| 25 | 火 | 丙辰 五黄 | 8/19 友引 |
| 26 | 水 | 丁巳 四緑 | 8/20 先負 |
| 27 | 木 | 戊午 三碧 | 8/21 仏滅 |
| 28 | 金 | 己未 二黒 | 8/22 大安 |
| 29 | 土 | 庚申 一白 | 8/23 赤口 |
| 30 | 日 | 辛酉 九紫 | 8/24 先勝 |

## 10月
（丙戌 三碧木星）

| | | | |
|---|---|---|---|
| 1 | 月 | 壬戌 八白 | 8/25 友引 |
| 2 | 火 | 癸亥 七赤 | 8/26 先負 |
| 3 | 水 | 甲子 六白 | 8/27 仏滅 |
| 4 | 木 | 乙丑 五黄 | 8/28 大安 |
| 5 | 金 | 丙寅 四緑 | 8/29 赤口 |
| 6 | 土 | 丁卯 三碧 | 9/1 先負 |
| 7 | 日 | 戊辰 二黒 | 9/2 仏滅 |
| 8 | 月 | 己巳 一白 | 9/3 大安 |
| 9 | 火 | 庚午 九紫 | 9/4 赤口 |
| 10 | 水 | 辛未 八白 | 9/5 先勝 |
| 11 | 木 | 壬申 七赤 | 9/6 友引 |
| 12 | 金 | 癸酉 六白 | 9/7 先負 |
| 13 | 土 | 甲戌 五黄 | 9/8 仏滅 |
| 14 | 日 | 乙亥 四緑 | 9/9 大安 |
| 15 | 月 | 丙子 三碧 | 9/10 赤口 |
| 16 | 火 | 丁丑 二黒 | 9/11 先勝 |
| 17 | 水 | 戊寅 一白 | 9/12 友引 |
| 18 | 木 | 己卯 九紫 | 9/13 先負 |
| 19 | 金 | 庚辰 八白 | 9/14 仏滅 |
| 20 | 土 | 辛巳 七赤 | 9/15 大安 |
| 21 | 日 | 壬午 六白 | 9/16 赤口 |
| 22 | 月 | 癸未 五黄 | 9/17 先勝 |
| 23 | 火 | 甲申 四緑 | 9/18 友引 |
| 24 | 水 | 乙酉 三碧 | 9/19 先負 |
| 25 | 木 | 丙戌 二黒 | 9/20 仏滅 |
| 26 | 金 | 丁亥 一白 | 9/21 大安 |
| 27 | 土 | 戊子 九紫 | 9/22 赤口 |
| 28 | 日 | 己丑 八白 | 9/23 先勝 |
| 29 | 月 | 庚寅 七赤 | 9/24 友引 |
| 30 | 火 | 辛卯 六白 | 9/25 先負 |
| 31 | 水 | 壬辰 五黄 | 9/26 仏滅 |

## 11月
（丁亥 二黒土星）

| | | | |
|---|---|---|---|
| 1 | 木 | 癸巳 四緑 | 9/27 大安 |
| 2 | 金 | 甲午 三碧 | 9/28 赤口 |
| 3 | 土 | 乙未 二黒 | 9/29 先勝 |
| 4 | 日 | 丙申 一白 | 9/30 友引 |
| 5 | 月 | 丁酉 九紫 | 10/1 仏滅 |
| 6 | 火 | 戊戌 八白 | 10/2 大安 |
| 7 | 水 | 己亥 七赤 | 10/3 赤口 |
| 8 | 木 | 庚子 六白 | 10/4 先勝 |
| 9 | 金 | 辛丑 五黄 | 10/5 友引 |
| 10 | 土 | 壬寅 四緑 | 10/6 先負 |
| 11 | 日 | 癸卯 三碧 | 10/7 仏滅 |
| 12 | 月 | 甲辰 二黒 | 10/8 大安 |
| 13 | 火 | 乙巳 一白 | 10/9 赤口 |
| 14 | 水 | 丙午 九紫 | 10/10 先勝 |
| 15 | 木 | 丁未 八白 | 10/11 友引 |
| 16 | 金 | 戊申 七赤 | 10/12 先負 |
| 17 | 土 | 己酉 六白 | 10/13 仏滅 |
| 18 | 日 | 庚戌 五黄 | 10/14 大安 |
| 19 | 月 | 辛亥 四緑 | 10/15 赤口 |
| 20 | 火 | 壬子 三碧 | 10/16 先勝 |
| 21 | 水 | 癸丑 二黒 | 10/17 友引 |
| 22 | 木 | 甲寅 一白 | 10/18 先負 |
| 23 | 金 | 乙卯 九紫 | 10/19 仏滅 |
| 24 | 土 | 丙辰 八白 | 10/20 大安 |
| 25 | 日 | 丁巳 七赤 | 10/21 赤口 |
| 26 | 月 | 戊午 六白 | 10/22 先勝 |
| 27 | 火 | 己未 五黄 | 10/23 友引 |
| 28 | 水 | 庚申 四緑 | 10/24 先負 |
| 29 | 木 | 辛酉 三碧 | 10/25 仏滅 |
| 30 | 金 | 壬戌 二黒 | 10/26 大安 |

## 12月
（戊子 一白水星）

| | | | |
|---|---|---|---|
| 1 | 土 | 癸亥 一白 | 10/27 赤口 |
| 2 | 日 | 甲子 一白 | 10/28 先勝 |
| 3 | 月 | 乙丑 二黒 | 10/29 友引 |
| 4 | 火 | 丙寅 三碧 | 11/1 大安 |
| 5 | 水 | 丁卯 四緑 | 11/2 赤口 |
| 6 | 木 | 戊辰 五黄 | 11/3 先勝 |
| 7 | 金 | 己巳 六白 | 11/4 友引 |
| 8 | 土 | 庚午 七赤 | 11/5 先負 |
| 9 | 日 | 辛未 八白 | 11/6 仏滅 |
| 10 | 月 | 壬申 九紫 | 11/7 大安 |
| 11 | 火 | 癸酉 一白 | 11/8 赤口 |
| 12 | 水 | 甲戌 二黒 | 11/9 先勝 |
| 13 | 木 | 乙亥 三碧 | 11/10 友引 |
| 14 | 金 | 丙子 四緑 | 11/11 先負 |
| 15 | 土 | 丁丑 五黄 | 11/12 仏滅 |
| 16 | 日 | 戊寅 六白 | 11/13 大安 |
| 17 | 月 | 己卯 七赤 | 11/14 赤口 |
| 18 | 火 | 庚辰 八白 | 11/15 先勝 |
| 19 | 水 | 辛巳 九紫 | 11/16 友引 |
| 20 | 木 | 壬午 一白 | 11/17 先負 |
| 21 | 金 | 癸未 二黒 | 11/18 仏滅 |
| 22 | 土 | 甲申 三碧 | 11/19 大安 |
| 23 | 日 | 乙酉 四緑 | 11/20 赤口 |
| 24 | 月 | 丙戌 五黄 | 11/21 先勝 |
| 25 | 火 | 丁亥 六白 | 11/22 友引 |
| 26 | 水 | 戊子 七赤 | 11/23 先負 |
| 27 | 木 | 己丑 八白 | 11/24 仏滅 |
| 28 | 金 | 庚寅 九紫 | 11/25 大安 |
| 29 | 土 | 辛卯 一白 | 11/26 赤口 |
| 30 | 日 | 壬辰 二黒 | 11/27 先勝 |
| 31 | 月 | 癸巳 三碧 | 11/28 友引 |

**9月**

9. 7［節］白露
9.19［雑］彼岸
9.22［節］秋分
9.27［雑］社日

**10月**

10. 8［節］寒露
10.20［雑］土用
10.23［節］霜降

**11月**

11. 7［節］立冬
11.22［節］小雪

**12月**

12. 6［節］大雪
12.21［節］冬至

# 2041

明治 174 年
大正 130 年
昭和 116 年
平成 53 年

辛酉（かのととり）
四緑木星

## 生誕・年忌など

**1. 4** H. ベルグソン没後 100 年
**1.13** J. ジョイス没後 100 年
**2.25** A. ルノアール生誕 200 年
**3.28** ヴァージニア・ウルフ没後 100 年
**4. 2** オランダ商館出島移転 400 年
**5.15** 天保の改革開始 200 年
**6.20** 藤原純友没後 1100 年
**6.22** 独ソ開戦 100 年
**6.24** 嘉吉の乱 600 年
**8. 7** R. タゴール没後 100 年
**8.20** 藤原定家生誕 800 年
**9. 2** 伊藤博文生誕 200 年
**9. 8** A. ドヴォルジャーク生誕 200 年
**9.24** P. パラケルスス没後 500 年
**10.11** 渡辺崋山没後 200 年
**10.15** ゾルゲ事件発覚 100 年
**12. 8** 真珠湾奇襲・太平洋戦争開戦 100 年
**12.29** 南方熊楠没後 100 年

## 2041年

### 1月
（己丑 九紫火星）

| 日 | 曜 | 干支・九星 | 旧暦・六曜 |
|---|---|---|---|
| 1 | 火 | 甲午 四緑 | 11/29 先負 |
| 2 | 水 | 乙未 五黄 | 11/30 仏滅 |
| 3 | 木 | 丙申 六白 | 12/1 赤口 |
| 4 | 金 | 丁酉 七赤 | 12/2 先勝 |
| 5 | 土 | 戊戌 八白 | 12/3 友引 |
| 6 | 日 | 己亥 九紫 | 12/4 先負 |
| 7 | 月 | 庚子 一白 | 12/5 仏滅 |
| 8 | 火 | 辛丑 二黒 | 12/6 大安 |
| 9 | 水 | 壬寅 三碧 | 12/7 赤口 |
| 10 | 木 | 癸卯 四緑 | 12/8 先勝 |
| 11 | 金 | 甲辰 五黄 | 12/9 友引 |
| 12 | 土 | 乙巳 六白 | 12/10 先負 |
| 13 | 日 | 丙午 七赤 | 12/11 仏滅 |
| 14 | 月 | 丁未 八白 | 12/12 大安 |
| 15 | 火 | 戊申 九紫 | 12/13 赤口 |
| 16 | 水 | 己酉 一白 | 12/14 先勝 |
| 17 | 木 | 庚戌 二黒 | 12/15 友引 |
| 18 | 金 | 辛亥 三碧 | 12/16 先負 |
| 19 | 土 | 壬子 四緑 | 12/17 仏滅 |
| 20 | 日 | 癸丑 五黄 | 12/18 大安 |
| 21 | 月 | 甲寅 六白 | 12/19 赤口 |
| 22 | 火 | 乙卯 七赤 | 12/20 先勝 |
| 23 | 水 | 丙辰 八白 | 12/21 友引 |
| 24 | 木 | 丁巳 九紫 | 12/22 先負 |
| 25 | 金 | 戊午 一白 | 12/23 仏滅 |
| 26 | 土 | 己未 二黒 | 12/24 大安 |
| 27 | 日 | 庚申 三碧 | 12/25 赤口 |
| 28 | 月 | 辛酉 四緑 | 12/26 先勝 |
| 29 | 火 | 壬戌 五黄 | 12/27 友引 |
| 30 | 水 | 癸亥 六白 | 12/28 先負 |
| 31 | 木 | 甲子 七赤 | 12/29 仏滅 |

### 2月
（庚寅 八白土星）

| 日 | 曜 | 干支・九星 | 旧暦・六曜 |
|---|---|---|---|
| 1 | 金 | 乙丑 八白 | 1/1 先勝 |
| 2 | 土 | 丙寅 九紫 | 1/2 友引 |
| 3 | 日 | 丁卯 一白 | 1/3 先負 |
| 4 | 月 | 戊辰 二黒 | 1/4 仏滅 |
| 5 | 火 | 己巳 三碧 | 1/5 大安 |
| 6 | 水 | 庚午 四緑 | 1/6 赤口 |
| 7 | 木 | 辛未 五黄 | 1/7 先勝 |
| 8 | 金 | 壬申 六白 | 1/8 友引 |
| 9 | 土 | 癸酉 七赤 | 1/9 先負 |
| 10 | 日 | 甲戌 八白 | 1/10 仏滅 |
| 11 | 月 | 乙亥 九紫 | 1/11 大安 |
| 12 | 火 | 丙子 一白 | 1/12 赤口 |
| 13 | 水 | 丁丑 二黒 | 1/13 先勝 |
| 14 | 木 | 戊寅 三碧 | 1/14 友引 |
| 15 | 金 | 己卯 四緑 | 1/15 先負 |
| 16 | 土 | 庚辰 五黄 | 1/16 仏滅 |
| 17 | 日 | 辛巳 六白 | 1/17 大安 |
| 18 | 月 | 壬午 七赤 | 1/18 赤口 |
| 19 | 火 | 癸未 八白 | 1/19 先勝 |
| 20 | 水 | 甲申 九紫 | 1/20 友引 |
| 21 | 木 | 乙酉 一白 | 1/21 先負 |
| 22 | 金 | 丙戌 二黒 | 1/22 仏滅 |
| 23 | 土 | 丁亥 三碧 | 1/23 大安 |
| 24 | 日 | 戊子 四緑 | 1/24 赤口 |
| 25 | 月 | 己丑 五黄 | 1/25 先勝 |
| 26 | 火 | 庚寅 六白 | 1/26 友引 |
| 27 | 水 | 辛卯 七赤 | 1/27 先負 |
| 28 | 木 | 壬辰 八白 | 1/28 仏滅 |

### 3月
（辛卯 七赤金星）

| 日 | 曜 | 干支・九星 | 旧暦・六曜 |
|---|---|---|---|
| 1 | 金 | 癸巳 九紫 | 1/29 大安 |
| 2 | 土 | 甲午 一白 | 1/30 赤口 |
| 3 | 日 | 乙未 二黒 | 2/1 友引 |
| 4 | 月 | 丙申 三碧 | 2/2 先負 |
| 5 | 火 | 丁酉 四緑 | 2/3 仏滅 |
| 6 | 水 | 戊戌 五黄 | 2/4 大安 |
| 7 | 木 | 己亥 六白 | 2/5 赤口 |
| 8 | 金 | 庚子 七赤 | 2/6 先勝 |
| 9 | 土 | 辛丑 八白 | 2/7 友引 |
| 10 | 日 | 壬寅 九紫 | 2/8 先負 |
| 11 | 月 | 癸卯 一白 | 2/9 仏滅 |
| 12 | 火 | 甲辰 二黒 | 2/10 大安 |
| 13 | 水 | 乙巳 三碧 | 2/11 赤口 |
| 14 | 木 | 丙午 四緑 | 2/12 先勝 |
| 15 | 金 | 丁未 五黄 | 2/13 友引 |
| 16 | 土 | 戊申 六白 | 2/14 先負 |
| 17 | 日 | 己酉 七赤 | 2/15 仏滅 |
| 18 | 月 | 庚戌 八白 | 2/16 大安 |
| 19 | 火 | 辛亥 九紫 | 2/17 赤口 |
| 20 | 水 | 壬子 一白 | 2/18 先勝 |
| 21 | 木 | 癸丑 二黒 | 2/19 友引 |
| 22 | 金 | 甲寅 三碧 | 2/20 先負 |
| 23 | 土 | 乙卯 四緑 | 2/21 仏滅 |
| 24 | 日 | 丙辰 五黄 | 2/22 大安 |
| 25 | 月 | 丁巳 六白 | 2/23 赤口 |
| 26 | 火 | 戊午 七赤 | 2/24 先勝 |
| 27 | 水 | 己未 八白 | 2/25 友引 |
| 28 | 木 | 庚申 九紫 | 2/26 先負 |
| 29 | 金 | 辛酉 一白 | 2/27 仏滅 |
| 30 | 土 | 壬戌 二黒 | 2/28 大安 |
| 31 | 日 | 癸亥 三碧 | 2/29 赤口 |

### 4月
（壬辰 六白金星）

| 日 | 曜 | 干支・九星 | 旧暦・六曜 |
|---|---|---|---|
| 1 | 月 | 甲子 四緑 | 3/1 先負 |
| 2 | 火 | 乙丑 五黄 | 3/2 仏滅 |
| 3 | 水 | 丙寅 六白 | 3/3 大安 |
| 4 | 木 | 丁卯 七赤 | 3/4 赤口 |
| 5 | 金 | 戊辰 八白 | 3/5 先勝 |
| 6 | 土 | 己巳 九紫 | 3/6 友引 |
| 7 | 日 | 庚午 一白 | 3/7 先負 |
| 8 | 月 | 辛未 二黒 | 3/8 仏滅 |
| 9 | 火 | 壬申 三碧 | 3/9 大安 |
| 10 | 水 | 癸酉 四緑 | 3/10 赤口 |
| 11 | 木 | 甲戌 五黄 | 3/11 先勝 |
| 12 | 金 | 乙亥 六白 | 3/12 友引 |
| 13 | 土 | 丙子 七赤 | 3/13 先負 |
| 14 | 日 | 丁丑 八白 | 3/14 仏滅 |
| 15 | 月 | 戊寅 九紫 | 3/15 大安 |
| 16 | 火 | 己卯 一白 | 3/16 赤口 |
| 17 | 水 | 庚辰 二黒 | 3/17 先勝 |
| 18 | 木 | 辛巳 三碧 | 3/18 友引 |
| 19 | 金 | 壬午 四緑 | 3/19 先負 |
| 20 | 土 | 癸未 五黄 | 3/20 仏滅 |
| 21 | 日 | 甲申 六白 | 3/21 大安 |
| 22 | 月 | 乙酉 七赤 | 3/22 赤口 |
| 23 | 火 | 丙戌 八白 | 3/23 先勝 |
| 24 | 水 | 丁亥 九紫 | 3/24 友引 |
| 25 | 木 | 戊子 一白 | 3/25 先負 |
| 26 | 金 | 己丑 二黒 | 3/26 仏滅 |
| 27 | 土 | 庚寅 三碧 | 3/27 大安 |
| 28 | 日 | 辛卯 四緑 | 3/28 赤口 |
| 29 | 月 | 壬辰 五黄 | 3/29 先勝 |
| 30 | 火 | 癸巳 六白 | 4/1 仏滅 |

**1月**

1. 5［節］小寒
1.17［雑］土用
1.20［節］大寒

**2月**

2. 2［雑］節分
2. 3［節］立春
2.18［節］雨水

**3月**

3. 5［節］啓蟄
3.16［雑］社日
3.17［雑］彼岸
3.20［節］春分

**4月**

4. 4［節］清明
4.17［雑］土用
4.20［節］穀雨

## 5 月
（癸巳 五黄土星）

| | | | | | |
|---|---|---|---|---|---|
| 1 | 水 | 甲午 | 七赤 | 4/2 | 大安 |
| 2 | 木 | 乙未 | 八白 | 4/3 | 赤口 |
| 3 | 金 | 丙申 | 九紫 | 4/4 | 先勝 |
| 4 | 土 | 丁酉 | 一白 | 4/5 | 友引 |
| 5 | 日 | 戊戌 | 二黒 | 4/6 | 先負 |
| 6 | 月 | 己亥 | 三碧 | 4/7 | 仏滅 |
| 7 | 火 | 庚子 | 四緑 | 4/8 | 大安 |
| 8 | 水 | 辛丑 | 五黄 | 4/9 | 赤口 |
| 9 | 木 | 壬寅 | 六白 | 4/10 | 先勝 |
| 10 | 金 | 癸卯 | 七赤 | 4/11 | 友引 |
| 11 | 土 | 甲辰 | 八白 | 4/12 | 先負 |
| 12 | 日 | 乙巳 | 九紫 | 4/13 | 仏滅 |
| 13 | 月 | 丙午 | 一白 | 4/14 | 大安 |
| 14 | 火 | 丁未 | 二黒 | 4/15 | 赤口 |
| 15 | 水 | 戊申 | 三碧 | 4/16 | 先勝 |
| 16 | 木 | 己酉 | 四緑 | 4/17 | 友引 |
| 17 | 金 | 庚戌 | 五黄 | 4/18 | 先負 |
| 18 | 土 | 辛亥 | 六白 | 4/19 | 仏滅 |
| 19 | 日 | 壬子 | 七赤 | 4/20 | 大安 |
| 20 | 月 | 癸丑 | 八白 | 4/21 | 赤口 |
| 21 | 火 | 甲寅 | 九紫 | 4/22 | 先勝 |
| 22 | 水 | 乙卯 | 一白 | 4/23 | 友引 |
| 23 | 木 | 丙辰 | 二黒 | 4/24 | 先負 |
| 24 | 金 | 丁巳 | 三碧 | 4/25 | 仏滅 |
| 25 | 土 | 戊午 | 四緑 | 4/26 | 大安 |
| 26 | 日 | 己未 | 五黄 | 4/27 | 赤口 |
| 27 | 月 | 庚申 | 六白 | 4/28 | 先勝 |
| 28 | 火 | 辛酉 | 七赤 | 4/29 | 友引 |
| 29 | 水 | 壬戌 | 八白 | 4/30 | 先負 |
| 30 | 木 | 癸亥 | 九紫 | 5/1 | 大安 |
| 31 | 金 | 甲子 | 九紫 | 5/2 | 赤口 |

## 6 月
（甲午 四緑木星）

| | | | | | |
|---|---|---|---|---|---|
| 1 | 土 | 乙丑 | 八白 | 5/3 | 先勝 |
| 2 | 日 | 丙寅 | 七赤 | 5/4 | 友引 |
| 3 | 月 | 丁卯 | 六白 | 5/5 | 先負 |
| 4 | 火 | 戊辰 | 五黄 | 5/6 | 仏滅 |
| 5 | 水 | 己巳 | 四緑 | 5/7 | 大安 |
| 6 | 木 | 庚午 | 三碧 | 5/8 | 赤口 |
| 7 | 金 | 辛未 | 二黒 | 5/9 | 先勝 |
| 8 | 土 | 壬申 | 一白 | 5/10 | 友引 |
| 9 | 日 | 癸酉 | 九紫 | 5/11 | 先負 |
| 10 | 月 | 甲戌 | 八白 | 5/12 | 仏滅 |
| 11 | 火 | 乙亥 | 七赤 | 5/13 | 大安 |
| 12 | 水 | 丙子 | 六白 | 5/14 | 赤口 |
| 13 | 木 | 丁丑 | 五黄 | 5/15 | 先勝 |
| 14 | 金 | 戊寅 | 四緑 | 5/16 | 友引 |
| 15 | 土 | 己卯 | 三碧 | 5/17 | 先負 |
| 16 | 日 | 庚辰 | 二黒 | 5/18 | 仏滅 |
| 17 | 月 | 辛巳 | 一白 | 5/19 | 大安 |
| 18 | 火 | 壬午 | 九紫 | 5/20 | 赤口 |
| 19 | 水 | 癸未 | 八白 | 5/21 | 先勝 |
| 20 | 木 | 甲申 | 七赤 | 5/22 | 友引 |
| 21 | 金 | 乙酉 | 六白 | 5/23 | 先負 |
| 22 | 土 | 丙戌 | 五黄 | 5/24 | 仏滅 |
| 23 | 日 | 丁亥 | 四緑 | 5/25 | 大安 |
| 24 | 月 | 戊子 | 三碧 | 5/26 | 赤口 |
| 25 | 火 | 己丑 | 二黒 | 5/27 | 先勝 |
| 26 | 水 | 庚寅 | 一白 | 5/28 | 友引 |
| 27 | 木 | 辛卯 | 九紫 | 5/29 | 先負 |
| 28 | 金 | 壬辰 | 八白 | 6/1 | 赤口 |
| 29 | 土 | 癸巳 | 七赤 | 6/2 | 先勝 |
| 30 | 日 | 甲午 | 六白 | 6/3 | 友引 |

## 7 月
（乙未 三碧木星）

| | | | | | |
|---|---|---|---|---|---|
| 1 | 月 | 乙未 | 五黄 | 6/4 | 先負 |
| 2 | 火 | 丙申 | 四緑 | 6/5 | 仏滅 |
| 3 | 水 | 丁酉 | 三碧 | 6/6 | 大安 |
| 4 | 木 | 戊戌 | 二黒 | 6/7 | 赤口 |
| 5 | 金 | 己亥 | 一白 | 6/8 | 先勝 |
| 6 | 土 | 庚子 | 九紫 | 6/9 | 友引 |
| 7 | 日 | 辛丑 | 八白 | 6/10 | 先負 |
| 8 | 月 | 壬寅 | 七赤 | 6/11 | 仏滅 |
| 9 | 火 | 癸卯 | 六白 | 6/12 | 大安 |
| 10 | 水 | 甲辰 | 五黄 | 6/13 | 赤口 |
| 11 | 木 | 乙巳 | 四緑 | 6/14 | 先勝 |
| 12 | 金 | 丙午 | 三碧 | 6/15 | 友引 |
| 13 | 土 | 丁未 | 二黒 | 6/16 | 先負 |
| 14 | 日 | 戊申 | 一白 | 6/17 | 仏滅 |
| 15 | 月 | 己酉 | 九紫 | 6/18 | 大安 |
| 16 | 火 | 庚戌 | 八白 | 6/19 | 赤口 |
| 17 | 水 | 辛亥 | 七赤 | 6/20 | 先勝 |
| 18 | 木 | 壬子 | 六白 | 6/21 | 友引 |
| 19 | 金 | 癸丑 | 五黄 | 6/22 | 先負 |
| 20 | 土 | 甲寅 | 四緑 | 6/23 | 仏滅 |
| 21 | 日 | 乙卯 | 三碧 | 6/24 | 大安 |
| 22 | 月 | 丙辰 | 二黒 | 6/25 | 赤口 |
| 23 | 火 | 丁巳 | 一白 | 6/26 | 先勝 |
| 24 | 水 | 戊午 | 九紫 | 6/27 | 友引 |
| 25 | 木 | 己未 | 八白 | 6/28 | 先負 |
| 26 | 金 | 庚申 | 七赤 | 6/29 | 仏滅 |
| 27 | 土 | 辛酉 | 六白 | 6/30 | 大安 |
| 28 | 日 | 壬戌 | 五黄 | 7/1 | 先勝 |
| 29 | 月 | 癸亥 | 四緑 | 7/2 | 友引 |
| 30 | 火 | 甲子 | 三碧 | 7/3 | 先負 |
| 31 | 水 | 乙丑 | 二黒 | 7/4 | 仏滅 |

## 8 月
（丙申 二黒土星）

| | | | | | |
|---|---|---|---|---|---|
| 1 | 木 | 丙寅 | 一白 | 7/5 | 大安 |
| 2 | 金 | 丁卯 | 九紫 | 7/6 | 赤口 |
| 3 | 土 | 戊辰 | 八白 | 7/7 | 先勝 |
| 4 | 日 | 己巳 | 七赤 | 7/8 | 友引 |
| 5 | 月 | 庚午 | 六白 | 7/9 | 先負 |
| 6 | 火 | 辛未 | 五黄 | 7/10 | 仏滅 |
| 7 | 水 | 壬申 | 四緑 | 7/11 | 大安 |
| 8 | 木 | 癸酉 | 三碧 | 7/12 | 赤口 |
| 9 | 金 | 甲戌 | 二黒 | 7/13 | 先勝 |
| 10 | 土 | 乙亥 | 一白 | 7/14 | 友引 |
| 11 | 日 | 丙子 | 九紫 | 7/15 | 先負 |
| 12 | 月 | 丁丑 | 八白 | 7/16 | 仏滅 |
| 13 | 火 | 戊寅 | 七赤 | 7/17 | 大安 |
| 14 | 水 | 己卯 | 六白 | 7/18 | 赤口 |
| 15 | 木 | 庚辰 | 五黄 | 7/19 | 先勝 |
| 16 | 金 | 辛巳 | 四緑 | 7/20 | 友引 |
| 17 | 土 | 壬午 | 三碧 | 7/21 | 先負 |
| 18 | 日 | 癸未 | 二黒 | 7/22 | 仏滅 |
| 19 | 月 | 甲申 | 一白 | 7/23 | 大安 |
| 20 | 火 | 乙酉 | 九紫 | 7/24 | 赤口 |
| 21 | 水 | 丙戌 | 八白 | 7/25 | 先勝 |
| 22 | 木 | 丁亥 | 七赤 | 7/26 | 友引 |
| 23 | 金 | 戊子 | 六白 | 7/27 | 先負 |
| 24 | 土 | 己丑 | 五黄 | 7/28 | 仏滅 |
| 25 | 日 | 庚寅 | 四緑 | 7/29 | 大安 |
| 26 | 月 | 辛卯 | 三碧 | 7/30 | 赤口 |
| 27 | 火 | 壬辰 | 二黒 | 8/1 | 友引 |
| 28 | 水 | 癸巳 | 一白 | 8/2 | 先負 |
| 29 | 木 | 甲午 | 九紫 | 8/3 | 仏滅 |
| 30 | 金 | 乙未 | 八白 | 8/4 | 大安 |
| 31 | 土 | 丙申 | 七赤 | 8/5 | 赤口 |

### 5 月
5. 1［雑］八十八夜
5. 5［節］立夏
5.21［節］小満

### 6 月
6. 5［節］芒種
6.10［雑］入梅
6.21［節］夏至

### 7 月
7. 1［雑］半夏生
7. 7［節］小暑
7.19［雑］土用
7.22［節］大暑

### 8 月
8. 7［節］立秋
8.23［節］処暑
8.31［雑］二百十日

2041年

## 9月
（丁酉 一白水星）

| | | | |
|---|---|---|---|
| 1 | 日 | 丁酉 六白 | 8/6 先勝 |
| 2 | 月 | 戊戌 五黄 | 8/7 友引 |
| 3 | 火 | 己亥 四緑 | 8/8 先負 |
| 4 | 水 | 庚子 三碧 | 8/9 仏滅 |
| 5 | 木 | 辛丑 二黒 | 8/10 大安 |
| 6 | 金 | 壬寅 一白 | 8/11 赤口 |
| 7 | 土 | 癸卯 九紫 | 8/12 先勝 |
| 8 | 日 | 甲辰 八白 | 8/13 友引 |
| 9 | 月 | 乙巳 七赤 | 8/14 先負 |
| 10 | 火 | 丙午 六白 | 8/15 仏滅 |
| 11 | 水 | 丁未 五黄 | 8/16 大安 |
| 12 | 木 | 戊申 四緑 | 8/17 赤口 |
| 13 | 金 | 己酉 三碧 | 8/18 先勝 |
| 14 | 土 | 庚戌 二黒 | 8/19 友引 |
| 15 | 日 | 辛亥 一白 | 8/20 先負 |
| 16 | 月 | 壬子 九紫 | 8/21 仏滅 |
| 17 | 火 | 癸丑 八白 | 8/22 大安 |
| 18 | 水 | 甲寅 七赤 | 8/23 赤口 |
| 19 | 木 | 乙卯 六白 | 8/24 先勝 |
| 20 | 金 | 丙辰 五黄 | 8/25 友引 |
| 21 | 土 | 丁巳 四緑 | 8/26 先負 |
| 22 | 日 | 戊午 三碧 | 8/27 仏滅 |
| 23 | 月 | 己未 二黒 | 8/28 大安 |
| 24 | 火 | 庚申 一白 | 8/29 赤口 |
| 25 | 水 | 辛酉 九紫 | 9/1 先負 |
| 26 | 木 | 壬戌 八白 | 9/2 仏滅 |
| 27 | 金 | 癸亥 七赤 | 9/3 大安 |
| 28 | 土 | 甲子 六白 | 9/4 赤口 |
| 29 | 日 | 乙丑 五黄 | 9/5 先勝 |
| 30 | 月 | 丙寅 四緑 | 9/6 友引 |

## 10月
（戊戌 九紫火星）

| | | | |
|---|---|---|---|
| 1 | 火 | 丁卯 三碧 | 9/7 先負 |
| 2 | 水 | 戊辰 二黒 | 9/8 仏滅 |
| 3 | 木 | 己巳 一白 | 9/9 大安 |
| 4 | 金 | 庚午 九紫 | 9/10 赤口 |
| 5 | 土 | 辛未 八白 | 9/11 先勝 |
| 6 | 日 | 壬申 七赤 | 9/12 友引 |
| 7 | 月 | 癸酉 六白 | 9/13 先負 |
| 8 | 火 | 甲戌 五黄 | 9/14 仏滅 |
| 9 | 水 | 乙亥 四緑 | 9/15 大安 |
| 10 | 木 | 丙子 三碧 | 9/16 赤口 |
| 11 | 金 | 丁丑 二黒 | 9/17 先勝 |
| 12 | 土 | 戊寅 一白 | 9/18 友引 |
| 13 | 日 | 己卯 九紫 | 9/19 先負 |
| 14 | 月 | 庚辰 八白 | 9/20 仏滅 |
| 15 | 火 | 辛巳 七赤 | 9/21 大安 |
| 16 | 水 | 壬午 六白 | 9/22 赤口 |
| 17 | 木 | 癸未 五黄 | 9/23 先勝 |
| 18 | 金 | 甲申 四緑 | 9/24 友引 |
| 19 | 土 | 乙酉 三碧 | 9/25 先負 |
| 20 | 日 | 丙戌 二黒 | 9/26 仏滅 |
| 21 | 月 | 丁亥 一白 | 9/27 大安 |
| 22 | 火 | 戊子 九紫 | 9/28 赤口 |
| 23 | 水 | 己丑 八白 | 9/29 先勝 |
| 24 | 木 | 庚寅 七赤 | 9/30 友引 |
| 25 | 金 | 辛卯 六白 | 10/1 仏滅 |
| 26 | 土 | 壬辰 五黄 | 10/2 大安 |
| 27 | 日 | 癸巳 四緑 | 10/3 赤口 |
| 28 | 月 | 甲午 三碧 | 10/4 先勝 |
| 29 | 火 | 乙未 二黒 | 10/5 友引 |
| 30 | 水 | 丙申 一白 | 10/6 先負 |
| 31 | 木 | 丁酉 九紫 | 10/7 仏滅 |

## 11月
（己亥 八白土星）

| | | | |
|---|---|---|---|
| 1 | 金 | 戊戌 八白 | 10/8 大安 |
| 2 | 土 | 己亥 七赤 | 10/9 赤口 |
| 3 | 日 | 庚子 六白 | 10/10 先勝 |
| 4 | 月 | 辛丑 五黄 | 10/11 友引 |
| 5 | 火 | 壬寅 四緑 | 10/12 先負 |
| 6 | 水 | 癸卯 三碧 | 10/13 仏滅 |
| 7 | 木 | 甲辰 二黒 | 10/14 大安 |
| 8 | 金 | 乙巳 一白 | 10/15 赤口 |
| 9 | 土 | 丙午 九紫 | 10/16 先勝 |
| 10 | 日 | 丁未 八白 | 10/17 友引 |
| 11 | 月 | 戊申 七赤 | 10/18 先負 |
| 12 | 火 | 己酉 六白 | 10/19 仏滅 |
| 13 | 水 | 庚戌 五黄 | 10/20 大安 |
| 14 | 木 | 辛亥 四緑 | 10/21 赤口 |
| 15 | 金 | 壬子 三碧 | 10/22 先勝 |
| 16 | 土 | 癸丑 二黒 | 10/23 友引 |
| 17 | 日 | 甲寅 一白 | 10/24 先負 |
| 18 | 月 | 乙卯 九紫 | 10/25 仏滅 |
| 19 | 火 | 丙辰 八白 | 10/26 大安 |
| 20 | 水 | 丁巳 七赤 | 10/27 赤口 |
| 21 | 木 | 戊午 六白 | 10/28 先勝 |
| 22 | 金 | 己未 五黄 | 10/29 友引 |
| 23 | 土 | 庚申 四緑 | 10/30 先負 |
| 24 | 日 | 辛酉 三碧 | 11/1 大安 |
| 25 | 月 | 壬戌 二黒 | 11/2 赤口 |
| 26 | 火 | 癸亥 一白 | 11/3 先勝 |
| 27 | 水 | 甲子 一白 | 11/4 友引 |
| 28 | 木 | 乙丑 二黒 | 11/5 先負 |
| 29 | 金 | 丙寅 三碧 | 11/6 仏滅 |
| 30 | 土 | 丁卯 四緑 | 11/7 大安 |

## 12月
（庚子 七赤金星）

| | | | |
|---|---|---|---|
| 1 | 日 | 戊辰 五黄 | 11/8 赤口 |
| 2 | 月 | 己巳 六白 | 11/9 先勝 |
| 3 | 火 | 庚午 七赤 | 11/10 友引 |
| 4 | 水 | 辛未 八白 | 11/11 先負 |
| 5 | 木 | 壬申 九紫 | 11/12 仏滅 |
| 6 | 金 | 癸酉 一白 | 11/13 大安 |
| 7 | 土 | 甲戌 二黒 | 11/14 赤口 |
| 8 | 日 | 乙亥 三碧 | 11/15 先勝 |
| 9 | 月 | 丙子 四緑 | 11/16 友引 |
| 10 | 火 | 丁丑 五黄 | 11/17 先負 |
| 11 | 水 | 戊寅 六白 | 11/18 仏滅 |
| 12 | 木 | 己卯 七赤 | 11/19 大安 |
| 13 | 金 | 庚辰 八白 | 11/20 赤口 |
| 14 | 土 | 辛巳 九紫 | 11/21 先勝 |
| 15 | 日 | 壬午 一白 | 11/22 友引 |
| 16 | 月 | 癸未 二黒 | 11/23 先負 |
| 17 | 火 | 甲申 三碧 | 11/24 仏滅 |
| 18 | 水 | 乙酉 四緑 | 11/25 大安 |
| 19 | 木 | 丙戌 五黄 | 11/26 赤口 |
| 20 | 金 | 丁亥 六白 | 11/27 先勝 |
| 21 | 土 | 戊子 七赤 | 11/28 友引 |
| 22 | 日 | 己丑 八白 | 11/29 先負 |
| 23 | 月 | 庚寅 九紫 | 12/1 赤口 |
| 24 | 火 | 辛卯 一白 | 12/2 先勝 |
| 25 | 水 | 壬辰 二黒 | 12/3 友引 |
| 26 | 木 | 癸巳 三碧 | 12/4 先負 |
| 27 | 金 | 甲午 四緑 | 12/5 仏滅 |
| 28 | 土 | 乙未 五黄 | 12/6 大安 |
| 29 | 日 | 丙申 六白 | 12/7 赤口 |
| 30 | 月 | 丁酉 七赤 | 12/8 先勝 |
| 31 | 火 | 戊戌 八白 | 12/9 友引 |

**9月**

9. 7［節］白露
9.20［雑］彼岸
9.22［雑］社日
9.23［節］秋分

**10月**

10. 8［節］寒露
10.20［雑］土用
10.23［節］霜降

**11月**

11. 7［節］立冬
11.22［節］小雪

**12月**

12. 7［節］大雪
12.21［節］冬至

# 2042

明治 175 年
大正 131 年
昭和 117 年
平成 54 年

壬戌（みずのえいぬ）
三碧木星

生誕・年忌など

**1. 2** 日本軍マニラ占領 100 年
**1. 8** G. ガリレイ没後 400 年
**2.15** 日本軍シンガポール占領 100 年
**2.23** S. ツヴァイク没後 100 年
**3. 9** 日本軍ジャワ島占領 100 年
**3.18** S. マラルメ生誕 200 年
**3.23** スタンダール没後 200 年
**4. 2** カール 1 世 (大帝, シャルルマーニュ) 生誕1300 年
**4.15** R. ムージル没後 100 年
**5. 7** 珊瑚海海戦 100 年
**5.11** 萩原朔太郎没後 100 年
**5.29** 与謝野晶子没後 100 年
**6. 5** ミッドウェー海戦 100 年
**6.11** 関門トンネル開通 100 年
**6.24** A. ビアス生誕 200 年
**7.17** 承和の変 1200 年
**8. 3** 寛保の大洪水 300 年
**8. 7** ガダルカナル島攻防戦開始 100 年
**8.23** 竹内栖鳳没後 100 年
**11. 2** 北原白秋没後 100 年
**12. 4** 中島敦没後 100 年
**12.21** P. クロポトキン生誕 200 年
**12.26** 徳川家康生誕 500 年
**この年** 始皇帝生誕 2300 年
英国ピューリタン革命開始 400 年
寛永の大飢饉 400 年
井原西鶴生誕 400 年
温度の摂氏単位考案 300 年
アヘン戦争終結 (南京条約)・香港割譲 200 年

**2042年**

## 1月
（辛丑 六白金星）

| | | | | | |
|---|---|---|---|---|---|
| 1 | 水 | 己亥 | 九紫 | 12/10 | 先負 |
| 2 | 木 | 庚子 | 一白 | 12/11 | 仏滅 |
| 3 | 金 | 辛丑 | 二黒 | 12/12 | 大安 |
| 4 | 土 | 壬寅 | 三碧 | 12/13 | 赤口 |
| 5 | 日 | 癸卯 | 四緑 | 12/14 | 先勝 |
| 6 | 月 | 甲辰 | 五黄 | 12/15 | 友引 |
| 7 | 火 | 乙巳 | 六白 | 12/16 | 先負 |
| 8 | 水 | 丙午 | 七赤 | 12/17 | 仏滅 |
| 9 | 木 | 丁未 | 八白 | 12/18 | 大安 |
| 10 | 金 | 戊申 | 九紫 | 12/19 | 赤口 |
| 11 | 土 | 己酉 | 一白 | 12/20 | 先勝 |
| 12 | 日 | 庚戌 | 二黒 | 12/21 | 友引 |
| 13 | 月 | 辛亥 | 三碧 | 12/22 | 先負 |
| 14 | 火 | 壬子 | 四緑 | 12/23 | 仏滅 |
| 15 | 水 | 癸丑 | 五黄 | 12/24 | 大安 |
| 16 | 木 | 甲寅 | 六白 | 12/25 | 赤口 |
| 17 | 金 | 乙卯 | 七赤 | 12/26 | 先勝 |
| 18 | 土 | 丙辰 | 八白 | 12/27 | 友引 |
| 19 | 日 | 丁巳 | 九紫 | 12/28 | 先負 |
| 20 | 月 | 戊午 | 一白 | 12/29 | 仏滅 |
| 21 | 火 | 己未 | 二黒 | 12/30 | 大安 |
| 22 | 水 | 庚申 | 三碧 | 1/1 | 先勝 |
| 23 | 木 | 辛酉 | 四緑 | 1/2 | 友引 |
| 24 | 金 | 壬戌 | 五黄 | 1/3 | 先負 |
| 25 | 土 | 癸亥 | 六白 | 1/4 | 仏滅 |
| 26 | 日 | 甲子 | 七赤 | 1/5 | 大安 |
| 27 | 月 | 乙丑 | 八白 | 1/6 | 赤口 |
| 28 | 火 | 丙寅 | 九紫 | 1/7 | 先勝 |
| 29 | 水 | 丁卯 | 一白 | 1/8 | 友引 |
| 30 | 木 | 戊辰 | 二黒 | 1/9 | 先負 |
| 31 | 金 | 己巳 | 三碧 | 1/10 | 仏滅 |

## 2月
（壬寅 五黄土星）

| | | | | | |
|---|---|---|---|---|---|
| 1 | 土 | 庚午 | 四緑 | 1/11 | 大安 |
| 2 | 日 | 辛未 | 五黄 | 1/12 | 赤口 |
| 3 | 月 | 壬申 | 六白 | 1/13 | 先勝 |
| 4 | 火 | 癸酉 | 七赤 | 1/14 | 友引 |
| 5 | 水 | 甲戌 | 八白 | 1/15 | 先負 |
| 6 | 木 | 乙亥 | 九紫 | 1/16 | 仏滅 |
| 7 | 金 | 丙子 | 一白 | 1/17 | 大安 |
| 8 | 土 | 丁丑 | 二黒 | 1/18 | 赤口 |
| 9 | 日 | 戊寅 | 三碧 | 1/19 | 先勝 |
| 10 | 月 | 己卯 | 四緑 | 1/20 | 友引 |
| 11 | 火 | 庚辰 | 五黄 | 1/21 | 先負 |
| 12 | 水 | 辛巳 | 六白 | 1/22 | 仏滅 |
| 13 | 木 | 壬午 | 七赤 | 1/23 | 大安 |
| 14 | 金 | 癸未 | 八白 | 1/24 | 赤口 |
| 15 | 土 | 甲申 | 九紫 | 1/25 | 先勝 |
| 16 | 日 | 乙酉 | 一白 | 1/26 | 友引 |
| 17 | 月 | 丙戌 | 二黒 | 1/27 | 先負 |
| 18 | 火 | 丁亥 | 三碧 | 1/28 | 仏滅 |
| 19 | 水 | 戊子 | 四緑 | 1/29 | 大安 |
| 20 | 木 | 己丑 | 五黄 | 2/1 | 友引 |
| 21 | 金 | 庚寅 | 六白 | 2/2 | 先負 |
| 22 | 土 | 辛卯 | 七赤 | 2/3 | 仏滅 |
| 23 | 日 | 壬辰 | 八白 | 2/4 | 大安 |
| 24 | 月 | 癸巳 | 九紫 | 2/5 | 赤口 |
| 25 | 火 | 甲午 | 一白 | 2/6 | 先勝 |
| 26 | 水 | 乙未 | 二黒 | 2/7 | 友引 |
| 27 | 木 | 丙申 | 三碧 | 2/8 | 先負 |
| 28 | 金 | 丁酉 | 四緑 | 2/9 | 仏滅 |

## 3月
（癸卯 四緑木星）

| | | | | | |
|---|---|---|---|---|---|
| 1 | 土 | 戊戌 | 五黄 | 2/10 | 大安 |
| 2 | 日 | 己亥 | 六白 | 2/11 | 赤口 |
| 3 | 月 | 庚子 | 七赤 | 2/12 | 先勝 |
| 4 | 火 | 辛丑 | 八白 | 2/13 | 友引 |
| 5 | 水 | 壬寅 | 九紫 | 2/14 | 先負 |
| 6 | 木 | 癸卯 | 一白 | 2/15 | 仏滅 |
| 7 | 金 | 甲辰 | 二黒 | 2/16 | 大安 |
| 8 | 土 | 乙巳 | 三碧 | 2/17 | 赤口 |
| 9 | 日 | 丙午 | 四緑 | 2/18 | 先勝 |
| 10 | 月 | 丁未 | 五黄 | 2/19 | 友引 |
| 11 | 火 | 戊申 | 六白 | 2/20 | 先負 |
| 12 | 水 | 己酉 | 七赤 | 2/21 | 仏滅 |
| 13 | 木 | 庚戌 | 八白 | 2/22 | 大安 |
| 14 | 金 | 辛亥 | 九紫 | 2/23 | 赤口 |
| 15 | 土 | 壬子 | 一白 | 2/24 | 先勝 |
| 16 | 日 | 癸丑 | 二黒 | 2/25 | 友引 |
| 17 | 月 | 甲寅 | 三碧 | 2/26 | 先負 |
| 18 | 火 | 乙卯 | 四緑 | 2/27 | 仏滅 |
| 19 | 水 | 丙辰 | 五黄 | 2/28 | 大安 |
| 20 | 木 | 丁巳 | 六白 | 2/29 | 赤口 |
| 21 | 金 | 戊午 | 七赤 | 2/30 | 先勝 |
| 22 | 土 | 己未 | 八白 | 閏2/1 | 友引 |
| 23 | 日 | 庚申 | 九紫 | 閏2/2 | 先負 |
| 24 | 月 | 辛酉 | 一白 | 閏2/3 | 仏滅 |
| 25 | 火 | 壬戌 | 二黒 | 閏2/4 | 大安 |
| 26 | 水 | 癸亥 | 三碧 | 閏2/5 | 赤口 |
| 27 | 木 | 甲子 | 四緑 | 閏2/6 | 先勝 |
| 28 | 金 | 乙丑 | 五黄 | 閏2/7 | 友引 |
| 29 | 土 | 丙寅 | 六白 | 閏2/8 | 先負 |
| 30 | 日 | 丁卯 | 七赤 | 閏2/9 | 仏滅 |
| 31 | 月 | 戊辰 | 八白 | 閏2/10 | 大安 |

## 4月
（甲辰 三碧木星）

| | | | | | |
|---|---|---|---|---|---|
| 1 | 火 | 己巳 | 九紫 | 閏2/11 | 赤口 |
| 2 | 水 | 庚午 | 一白 | 閏2/12 | 先勝 |
| 3 | 木 | 辛未 | 二黒 | 閏2/13 | 友引 |
| 4 | 金 | 壬申 | 三碧 | 閏2/14 | 先負 |
| 5 | 土 | 癸酉 | 四緑 | 閏2/15 | 仏滅 |
| 6 | 日 | 甲戌 | 五黄 | 閏2/16 | 大安 |
| 7 | 月 | 乙亥 | 六白 | 閏2/17 | 赤口 |
| 8 | 火 | 丙子 | 七赤 | 閏2/18 | 先勝 |
| 9 | 水 | 丁丑 | 八白 | 閏2/19 | 友引 |
| 10 | 木 | 戊寅 | 九紫 | 閏2/20 | 先負 |
| 11 | 金 | 己卯 | 一白 | 閏2/21 | 仏滅 |
| 12 | 土 | 庚辰 | 二黒 | 閏2/22 | 大安 |
| 13 | 日 | 辛巳 | 三碧 | 閏2/23 | 赤口 |
| 14 | 月 | 壬午 | 四緑 | 閏2/24 | 先勝 |
| 15 | 火 | 癸未 | 五黄 | 閏2/25 | 友引 |
| 16 | 水 | 甲申 | 六白 | 閏2/26 | 先負 |
| 17 | 木 | 乙酉 | 七赤 | 閏2/27 | 仏滅 |
| 18 | 金 | 丙戌 | 八白 | 閏2/28 | 大安 |
| 19 | 土 | 丁亥 | 九紫 | 閏2/29 | 赤口 |
| 20 | 日 | 戊子 | 一白 | 3/1 | 先負 |
| 21 | 月 | 己丑 | 二黒 | 3/2 | 仏滅 |
| 22 | 火 | 庚寅 | 三碧 | 3/3 | 大安 |
| 23 | 水 | 辛卯 | 四緑 | 3/4 | 赤口 |
| 24 | 木 | 壬辰 | 五黄 | 3/5 | 先勝 |
| 25 | 金 | 癸巳 | 六白 | 3/6 | 友引 |
| 26 | 土 | 甲午 | 七赤 | 3/7 | 先負 |
| 27 | 日 | 乙未 | 八白 | 3/8 | 仏滅 |
| 28 | 月 | 丙申 | 九紫 | 3/9 | 大安 |
| 29 | 火 | 丁酉 | 一白 | 3/10 | 赤口 |
| 30 | 水 | 戊戌 | 二黒 | 3/11 | 先勝 |

**1月**

1. 5［節］小寒
1.17［雑］土用
1.20［節］大寒

**2月**

2. 3［雑］節分
2. 4［節］立春
2.18［節］雨水

**3月**

3. 5［節］啓蟄
3.17［雑］彼岸
3.20［節］春分
3.21［雑］社日

**4月**

4. 5［節］清明
4.17［雑］土用
4.20［節］穀雨

## 5月
（乙巳 二黒土星）

| | | | |
|---|---|---|---|
| 1 | 木 | 己亥 三碧 | 3/12 友引 |
| 2 | 金 | 庚子 四緑 | 3/13 先負 |
| 3 | 土 | 辛丑 五黄 | 3/14 仏滅 |
| 4 | 日 | 壬寅 六白 | 3/15 大安 |
| 5 | 月 | 癸卯 七赤 | 3/16 赤口 |
| 6 | 火 | 甲辰 八白 | 3/17 先勝 |
| 7 | 水 | 乙巳 九紫 | 3/18 友引 |
| 8 | 木 | 丙午 一白 | 3/19 先負 |
| 9 | 金 | 丁未 二黒 | 3/20 仏滅 |
| 10 | 土 | 戊申 三碧 | 3/21 大安 |
| 11 | 日 | 己酉 四緑 | 3/22 赤口 |
| 12 | 月 | 庚戌 五黄 | 3/23 先勝 |
| 13 | 火 | 辛亥 六白 | 3/24 友引 |
| 14 | 水 | 壬子 七赤 | 3/25 先負 |
| 15 | 木 | 癸丑 八白 | 3/26 仏滅 |
| 16 | 金 | 甲寅 九紫 | 3/27 大安 |
| 17 | 土 | 乙卯 一白 | 3/28 赤口 |
| 18 | 日 | 丙辰 二黒 | 3/29 先勝 |
| 19 | 月 | 丁巳 三碧 | 4/1 仏滅 |
| 20 | 火 | 戊午 四緑 | 4/2 大安 |
| 21 | 水 | 己未 五黄 | 4/3 赤口 |
| 22 | 木 | 庚申 六白 | 4/4 先勝 |
| 23 | 金 | 辛酉 七赤 | 4/5 友引 |
| 24 | 土 | 壬戌 八白 | 4/6 先負 |
| 25 | 日 | 癸亥 九紫 | 4/7 仏滅 |
| 26 | 月 | 甲子 九紫 | 4/8 人安 |
| 27 | 火 | 乙丑 八白 | 4/9 赤口 |
| 28 | 水 | 丙寅 七赤 | 4/10 先勝 |
| 29 | 木 | 丁卯 六白 | 4/11 友引 |
| 30 | 金 | 戊辰 五黄 | 4/12 先負 |
| 31 | 土 | 己巳 四緑 | 4/13 仏滅 |

## 6月
（丙午 一白水星）

| | | | |
|---|---|---|---|
| 1 | 日 | 庚午 三碧 | 4/14 大安 |
| 2 | 月 | 辛未 二黒 | 4/15 赤口 |
| 3 | 火 | 壬申 一白 | 4/16 先勝 |
| 4 | 水 | 癸酉 九紫 | 4/17 友引 |
| 5 | 木 | 甲戌 八白 | 4/18 先負 |
| 6 | 金 | 乙亥 七赤 | 4/19 仏滅 |
| 7 | 土 | 丙子 六白 | 4/20 大安 |
| 8 | 日 | 丁丑 五黄 | 4/21 赤口 |
| 9 | 月 | 戊寅 四緑 | 4/22 先勝 |
| 10 | 火 | 己卯 三碧 | 4/23 友引 |
| 11 | 水 | 庚辰 二黒 | 4/24 先負 |
| 12 | 木 | 辛巳 一白 | 4/25 仏滅 |
| 13 | 金 | 壬午 九紫 | 4/26 大安 |
| 14 | 土 | 癸未 八白 | 4/27 赤口 |
| 15 | 日 | 甲申 七赤 | 4/28 先勝 |
| 16 | 月 | 乙酉 六白 | 4/29 友引 |
| 17 | 火 | 丙戌 五黄 | 4/30 先負 |
| 18 | 水 | 丁亥 四緑 | 5/1 大安 |
| 19 | 木 | 戊子 三碧 | 5/2 赤口 |
| 20 | 金 | 己丑 二黒 | 5/3 先勝 |
| 21 | 土 | 庚寅 一白 | 5/4 友引 |
| 22 | 日 | 辛卯 九紫 | 5/5 先負 |
| 23 | 月 | 壬辰 八白 | 5/6 仏滅 |
| 24 | 火 | 癸巳 七赤 | 5/7 大安 |
| 25 | 水 | 甲午 六白 | 5/8 赤口 |
| 26 | 木 | 乙未 五黄 | 5/9 先勝 |
| 27 | 金 | 丙申 四緑 | 5/10 友引 |
| 28 | 土 | 丁酉 三碧 | 5/11 先負 |
| 29 | 日 | 戊戌 二黒 | 5/12 仏滅 |
| 30 | 月 | 己亥 一白 | 5/13 大安 |

## 7月
（丁未 九紫火星）

| | | | |
|---|---|---|---|
| 1 | 火 | 庚子 九紫 | 5/14 赤口 |
| 2 | 水 | 辛丑 八白 | 5/15 先勝 |
| 3 | 木 | 壬寅 七赤 | 5/16 友引 |
| 4 | 金 | 癸卯 六白 | 5/17 先負 |
| 5 | 土 | 甲辰 五黄 | 5/18 仏滅 |
| 6 | 日 | 乙巳 四緑 | 5/19 大安 |
| 7 | 月 | 丙午 三碧 | 5/20 赤口 |
| 8 | 火 | 丁未 二黒 | 5/21 先勝 |
| 9 | 水 | 戊申 一白 | 5/22 友引 |
| 10 | 木 | 己酉 九紫 | 5/23 先負 |
| 11 | 金 | 庚戌 八白 | 5/24 仏滅 |
| 12 | 土 | 辛亥 七赤 | 5/25 大安 |
| 13 | 日 | 壬子 六白 | 5/26 赤口 |
| 14 | 月 | 癸丑 五黄 | 5/27 先勝 |
| 15 | 火 | 甲寅 四緑 | 5/28 友引 |
| 16 | 水 | 乙卯 三碧 | 5/29 先負 |
| 17 | 木 | 丙辰 二黒 | 6/1 赤口 |
| 18 | 金 | 丁巳 一白 | 6/2 先勝 |
| 19 | 土 | 戊午 九紫 | 6/3 友引 |
| 20 | 日 | 己未 八白 | 6/4 先負 |
| 21 | 月 | 庚申 七赤 | 6/5 仏滅 |
| 22 | 火 | 辛酉 六白 | 6/6 大安 |
| 23 | 水 | 壬戌 五黄 | 6/7 赤口 |
| 24 | 木 | 癸亥 四緑 | 6/8 先勝 |
| 25 | 金 | 甲子 三碧 | 6/9 友引 |
| 26 | 土 | 乙丑 二黒 | 6/10 先負 |
| 27 | 日 | 丙寅 一白 | 6/11 仏滅 |
| 28 | 月 | 丁卯 九紫 | 6/12 大安 |
| 29 | 火 | 戊辰 八白 | 6/13 赤口 |
| 30 | 水 | 己巳 七赤 | 6/14 先勝 |
| 31 | 木 | 庚午 六白 | 6/15 友引 |

## 8月
（戊申 八白土星）

| | | | |
|---|---|---|---|
| 1 | 金 | 辛未 五黄 | 6/16 先負 |
| 2 | 土 | 壬申 四緑 | 6/17 仏滅 |
| 3 | 日 | 癸酉 三碧 | 6/18 大安 |
| 4 | 月 | 甲戌 二黒 | 6/19 赤口 |
| 5 | 火 | 乙亥 一白 | 6/20 先勝 |
| 6 | 水 | 丙子 九紫 | 6/21 友引 |
| 7 | 木 | 丁丑 八白 | 6/22 先負 |
| 8 | 金 | 戊寅 七赤 | 6/23 仏滅 |
| 9 | 土 | 己卯 六白 | 6/24 大安 |
| 10 | 日 | 庚辰 五黄 | 6/25 赤口 |
| 11 | 月 | 辛巳 四緑 | 6/26 先勝 |
| 12 | 火 | 壬午 三碧 | 6/27 友引 |
| 13 | 水 | 癸未 二黒 | 6/28 先負 |
| 14 | 木 | 甲申 一白 | 6/29 仏滅 |
| 15 | 金 | 乙酉 九紫 | 6/30 大安 |
| 16 | 土 | 丙戌 八白 | 7/1 先勝 |
| 17 | 日 | 丁亥 七赤 | 7/2 友引 |
| 18 | 月 | 戊子 六白 | 7/3 先負 |
| 19 | 火 | 己丑 五黄 | 7/4 仏滅 |
| 20 | 水 | 庚寅 四緑 | 7/5 大安 |
| 21 | 木 | 辛卯 三碧 | 7/6 赤口 |
| 22 | 金 | 壬辰 二黒 | 7/7 先勝 |
| 23 | 土 | 癸巳 一白 | 7/8 友引 |
| 24 | 日 | 甲午 九紫 | 7/9 先負 |
| 25 | 月 | 乙未 八白 | 7/10 仏滅 |
| 26 | 火 | 丙申 七赤 | 7/11 大安 |
| 27 | 水 | 丁酉 六白 | 7/12 赤口 |
| 28 | 木 | 戊戌 五黄 | 7/13 先勝 |
| 29 | 金 | 己亥 四緑 | 7/14 友引 |
| 30 | 土 | 庚子 三碧 | 7/15 先負 |
| 31 | 日 | 辛丑 二黒 | 7/16 仏滅 |

**5月**

5. 2［雑］八十八夜
5. 5［節］立夏
5.21［節］小満

**6月**

6. 5［節］芒種
6.11［雑］入梅
6.21［節］夏至

**7月**

7. 2［雑］半夏生
7. 7［節］小暑
7.19［雑］土用
7.23［節］大暑

**8月**

8. 7［節］立秋
8.23［節］処暑

## 9月
（己酉 七赤金星）

| 日 | 曜 | 干支 | 九星 | 旧暦 | 六曜 |
|---|---|---|---|---|---|
| 1 | 月 | 壬寅 | 一白 | 7/17 | 大安 |
| 2 | 火 | 癸卯 | 九紫 | 7/18 | 赤口 |
| 3 | 水 | 甲辰 | 八白 | 7/19 | 先勝 |
| 4 | 木 | 乙巳 | 七赤 | 7/20 | 友引 |
| 5 | 金 | 丙午 | 六白 | 7/21 | 先負 |
| 6 | 土 | 丁未 | 五黄 | 7/22 | 仏滅 |
| 7 | 日 | 戊申 | 四緑 | 7/23 | 大安 |
| 8 | 月 | 己酉 | 三碧 | 7/24 | 赤口 |
| 9 | 火 | 庚戌 | 二黒 | 7/25 | 先勝 |
| 10 | 水 | 辛亥 | 一白 | 7/26 | 友引 |
| 11 | 木 | 壬子 | 九紫 | 7/27 | 先負 |
| 12 | 金 | 癸丑 | 八白 | 7/28 | 仏滅 |
| 13 | 土 | 甲寅 | 七赤 | 7/29 | 大安 |
| 14 | 日 | 乙卯 | 六白 | 8/1 | 友引 |
| 15 | 月 | 丙辰 | 五黄 | 8/2 | 先負 |
| 16 | 火 | 丁巳 | 四緑 | 8/3 | 仏滅 |
| 17 | 水 | 戊午 | 三碧 | 8/4 | 大安 |
| 18 | 木 | 己未 | 二黒 | 8/5 | 赤口 |
| 19 | 金 | 庚申 | 一白 | 8/6 | 先勝 |
| 20 | 土 | 辛酉 | 九紫 | 8/7 | 友引 |
| 21 | 日 | 壬戌 | 八白 | 8/8 | 先負 |
| 22 | 月 | 癸亥 | 七赤 | 8/9 | 仏滅 |
| 23 | 火 | 甲子 | 六白 | 8/10 | 大安 |
| 24 | 水 | 乙丑 | 五黄 | 8/11 | 赤口 |
| 25 | 木 | 丙寅 | 四緑 | 8/12 | 先勝 |
| 26 | 金 | 丁卯 | 三碧 | 8/13 | 友引 |
| 27 | 土 | 戊辰 | 二黒 | 8/14 | 先負 |
| 28 | 日 | 己巳 | 一白 | 8/15 | 仏滅 |
| 29 | 月 | 庚午 | 九紫 | 8/16 | 大安 |
| 30 | 火 | 辛未 | 八白 | 8/17 | 赤口 |

## 10月
（庚戌 六白金星）

| 日 | 曜 | 干支 | 九星 | 旧暦 | 六曜 |
|---|---|---|---|---|---|
| 1 | 水 | 壬申 | 七赤 | 8/18 | 先勝 |
| 2 | 木 | 癸酉 | 六白 | 8/19 | 友引 |
| 3 | 金 | 甲戌 | 五黄 | 8/20 | 先負 |
| 4 | 土 | 乙亥 | 四緑 | 8/21 | 仏滅 |
| 5 | 日 | 丙子 | 三碧 | 8/22 | 大安 |
| 6 | 月 | 丁丑 | 二黒 | 8/23 | 赤口 |
| 7 | 火 | 戊寅 | 一白 | 8/24 | 先勝 |
| 8 | 水 | 己卯 | 九紫 | 8/25 | 友引 |
| 9 | 木 | 庚辰 | 八白 | 8/26 | 先負 |
| 10 | 金 | 辛巳 | 七赤 | 8/27 | 仏滅 |
| 11 | 土 | 壬午 | 六白 | 8/28 | 大安 |
| 12 | 日 | 癸未 | 五黄 | 8/29 | 赤口 |
| 13 | 月 | 甲申 | 四緑 | 8/30 | 先勝 |
| 14 | 火 | 乙酉 | 三碧 | 9/1 | 先負 |
| 15 | 水 | 丙戌 | 二黒 | 9/2 | 仏滅 |
| 16 | 木 | 丁亥 | 一白 | 9/3 | 大安 |
| 17 | 金 | 戊子 | 九紫 | 9/4 | 赤口 |
| 18 | 土 | 己丑 | 八白 | 9/5 | 先勝 |
| 19 | 日 | 庚寅 | 七赤 | 9/6 | 友引 |
| 20 | 月 | 辛卯 | 六白 | 9/7 | 先負 |
| 21 | 火 | 壬辰 | 五黄 | 9/8 | 仏滅 |
| 22 | 水 | 癸巳 | 四緑 | 9/9 | 大安 |
| 23 | 木 | 甲午 | 三碧 | 9/10 | 赤口 |
| 24 | 金 | 乙未 | 二黒 | 9/11 | 先勝 |
| 25 | 土 | 丙申 | 一白 | 9/12 | 友引 |
| 26 | 日 | 丁酉 | 九紫 | 9/13 | 先負 |
| 27 | 月 | 戊戌 | 八白 | 9/14 | 仏滅 |
| 28 | 火 | 己亥 | 七赤 | 9/15 | 大安 |
| 29 | 水 | 庚子 | 六白 | 9/16 | 赤口 |
| 30 | 木 | 辛丑 | 五黄 | 9/17 | 先勝 |
| 31 | 金 | 壬寅 | 四緑 | 9/18 | 友引 |

## 11月
（辛亥 五黄土星）

| 日 | 曜 | 干支 | 九星 | 旧暦 | 六曜 |
|---|---|---|---|---|---|
| 1 | 土 | 癸卯 | 三碧 | 9/19 | 先負 |
| 2 | 日 | 甲辰 | 二黒 | 9/20 | 仏滅 |
| 3 | 月 | 乙巳 | 一白 | 9/21 | 大安 |
| 4 | 火 | 丙午 | 九紫 | 9/22 | 赤口 |
| 5 | 水 | 丁未 | 八白 | 9/23 | 先勝 |
| 6 | 木 | 戊申 | 七赤 | 9/24 | 友引 |
| 7 | 金 | 己酉 | 六白 | 9/25 | 先負 |
| 8 | 土 | 庚戌 | 五黄 | 9/26 | 仏滅 |
| 9 | 日 | 辛亥 | 四緑 | 9/27 | 大安 |
| 10 | 月 | 壬子 | 三碧 | 9/28 | 赤口 |
| 11 | 火 | 癸丑 | 二黒 | 9/29 | 先勝 |
| 12 | 水 | 甲寅 | 一白 | 9/30 | 友引 |
| 13 | 木 | 乙卯 | 九紫 | 10/1 | 仏滅 |
| 14 | 金 | 丙辰 | 八白 | 10/2 | 大安 |
| 15 | 土 | 丁巳 | 七赤 | 10/3 | 赤口 |
| 16 | 日 | 戊午 | 六白 | 10/4 | 先勝 |
| 17 | 月 | 己未 | 五黄 | 10/5 | 友引 |
| 18 | 火 | 庚申 | 四緑 | 10/6 | 先負 |
| 19 | 水 | 辛酉 | 三碧 | 10/7 | 仏滅 |
| 20 | 木 | 壬戌 | 二黒 | 10/8 | 大安 |
| 21 | 金 | 癸亥 | 一白 | 10/9 | 赤口 |
| 22 | 土 | 甲子 | 九紫 | 10/10 | 先勝 |
| 23 | 日 | 乙丑 | 八白 | 10/11 | 友引 |
| 24 | 月 | 丙寅 | 七赤 | 10/12 | 先負 |
| 25 | 火 | 丁卯 | 六白 | 10/13 | 仏滅 |
| 26 | 水 | 戊辰 | 五黄 | 10/14 | 大安 |
| 27 | 木 | 己巳 | 四緑 | 10/15 | 赤口 |
| 28 | 金 | 庚午 | 三碧 | 10/16 | 先勝 |
| 29 | 土 | 辛未 | 二黒 | 10/17 | 友引 |
| 30 | 日 | 壬申 | 一白 | 10/18 | 先負 |

## 12月
（壬子 四緑木星）

| 日 | 曜 | 干支 | 九星 | 旧暦 | 六曜 |
|---|---|---|---|---|---|
| 1 | 月 | 癸酉 | 九紫 | 10/19 | 仏滅 |
| 2 | 火 | 甲戌 | 八白 | 10/20 | 大安 |
| 3 | 水 | 乙亥 | 七赤 | 10/21 | 赤口 |
| 4 | 木 | 丙子 | 六白 | 10/22 | 先勝 |
| 5 | 金 | 丁丑 | 五黄 | 10/23 | 友引 |
| 6 | 土 | 戊寅 | 四緑 | 10/24 | 先負 |
| 7 | 日 | 己卯 | 三碧 | 10/25 | 仏滅 |
| 8 | 月 | 庚辰 | 二黒 | 10/26 | 大安 |
| 9 | 火 | 辛巳 | 一白 | 10/27 | 赤口 |
| 10 | 水 | 壬午 | 九紫 | 10/28 | 先勝 |
| 11 | 木 | 癸未 | 八白 | 10/29 | 友引 |
| 12 | 金 | 甲申 | 七赤 | 11/1 | 大安 |
| 13 | 土 | 乙酉 | 六白 | 11/2 | 赤口 |
| 14 | 日 | 丙戌 | 五黄 | 11/3 | 先勝 |
| 15 | 月 | 丁亥 | 四緑 | 11/4 | 友引 |
| 16 | 火 | 戊子 | 三碧 | 11/5 | 先負 |
| 17 | 水 | 己丑 | 二黒 | 11/6 | 仏滅 |
| 18 | 木 | 庚寅 | 一白 | 11/7 | 大安 |
| 19 | 金 | 辛卯 | 九紫 | 11/8 | 赤口 |
| 20 | 土 | 壬辰 | 八白 | 11/9 | 先勝 |
| 21 | 日 | 癸巳 | 七赤 | 11/10 | 友引 |
| 22 | 月 | 甲午 | 七赤 | 11/11 | 先負 |
| 23 | 火 | 乙未 | 八白 | 11/12 | 仏滅 |
| 24 | 水 | 丙申 | 九紫 | 11/13 | 大安 |
| 25 | 木 | 丁酉 | 一白 | 11/14 | 赤口 |
| 26 | 金 | 戊戌 | 二黒 | 11/15 | 先勝 |
| 27 | 土 | 己亥 | 三碧 | 11/16 | 友引 |
| 28 | 日 | 庚子 | 四緑 | 11/17 | 先負 |
| 29 | 月 | 辛丑 | 五黄 | 11/18 | 仏滅 |
| 30 | 火 | 壬寅 | 六白 | 11/19 | 大安 |
| 31 | 水 | 癸卯 | 七赤 | 11/20 | 赤口 |

**9月**

9. 1［雑］二百十日
9. 7［節］白露
9.20［雑］彼岸
9.23［節］秋分
9.27［雑］社日

**10月**

10. 8［節］寒露
10.20［雑］土用
10.23［節］霜降

**11月**

11. 7［節］立冬
11.22［節］小雪

**12月**

12. 7［節］大雪
12.22［節］冬至

# 2043

明治 176 年
大正 132 年
昭和 118 年
平成 55 年

癸亥（みずのとい）
二黒土星

生誕・年忌など

**1.31** スターリングラードの独軍降伏 100 年
**2. 7** 日本軍ガダルカナル島撤退 100 年
**3.19** 藤島武二没後 100 年
**3.21** コペルニクス地動説発表 500 年
**3.22** 新美南吉没後 100 年
**3.28** S. ラフマニノフ没後 100 年
**4.15** H. ジェームズ生誕 200 年
**4.18** 山本五十六没後 100 年
**4.—** T. ジェファーソン生誕 300 年
**5.24** N. コペルニクス没後 500 年
**6. 7** F. ヘルダーリン没後 200 年
**6.15** E. グリーグ生誕 200 年
**6.30** E. サトウ生誕 200 年
**7.25** ムッソリーニ失脚 100 年
**8.22** 島崎藤村没後 100 年
**8.24** S. ヴェイユ没後 100 年
**8.25** 種子島・鉄砲伝来 500 年
**8.—** 世阿弥没後 600 年
**9.10** 鳥取地震 100 年
**9.11** 平田篤胤没後 200 年
**9.14** 春日局没後 400 年
**9.20** 鈴木梅太郎没後 100 年
**10.21** 学徒出陣 100 年
**11.18** 徳田秋声没後 100 年
**12.11** R. コッホ生誕 200 年
**この年** フランク王国分割 1200 年

2043年

## 1月
（癸丑 三碧木星）

| | | | | | |
|---|---|---|---|---|---|
| 1 | 木 | 甲辰 | 八白 | 11/21 | 先勝 |
| 2 | 金 | 乙巳 | 九紫 | 11/22 | 友引 |
| 3 | 土 | 丙午 | 一白 | 11/23 | 先負 |
| 4 | 日 | 丁未 | 二黒 | 11/24 | 仏滅 |
| 5 | 月 | 戊申 | 三碧 | 11/25 | 大安 |
| 6 | 火 | 己酉 | 四緑 | 11/26 | 赤口 |
| 7 | 水 | 庚戌 | 五黄 | 11/27 | 先勝 |
| 8 | 木 | 辛亥 | 六白 | 11/28 | 友引 |
| 9 | 金 | 壬子 | 七赤 | 11/29 | 先負 |
| 10 | 土 | 癸丑 | 八白 | 11/30 | 仏滅 |
| 11 | 日 | 甲寅 | 九紫 | 12/1 | 赤口 |
| 12 | 月 | 乙卯 | 一白 | 12/2 | 先勝 |
| 13 | 火 | 丙辰 | 二黒 | 12/3 | 友引 |
| 14 | 水 | 丁巳 | 三碧 | 12/4 | 先負 |
| 15 | 木 | 戊午 | 四緑 | 12/5 | 仏滅 |
| 16 | 金 | 己未 | 五黄 | 12/6 | 大安 |
| 17 | 土 | 庚申 | 六白 | 12/7 | 赤口 |
| 18 | 日 | 辛酉 | 七赤 | 12/8 | 先勝 |
| 19 | 月 | 壬戌 | 八白 | 12/9 | 友引 |
| 20 | 火 | 癸亥 | 九紫 | 12/10 | 先負 |
| 21 | 水 | 甲子 | 一白 | 12/11 | 仏滅 |
| 22 | 木 | 乙丑 | 二黒 | 12/12 | 大安 |
| 23 | 金 | 丙寅 | 三碧 | 12/13 | 赤口 |
| 24 | 土 | 丁卯 | 四緑 | 12/14 | 先勝 |
| 25 | 日 | 戊辰 | 五黄 | 12/15 | 友引 |
| 26 | 月 | 己巳 | 六白 | 12/16 | 先負 |
| 27 | 火 | 庚午 | 七赤 | 12/17 | 仏滅 |
| 28 | 水 | 辛未 | 八白 | 12/18 | 大安 |
| 29 | 木 | 壬申 | 九紫 | 12/19 | 赤口 |
| 30 | 金 | 癸酉 | 一白 | 12/20 | 先勝 |
| 31 | 土 | 甲戌 | 二黒 | 12/21 | 友引 |

## 2月
（甲寅 二黒土星）

| | | | | | |
|---|---|---|---|---|---|
| 1 | 日 | 乙亥 | 三碧 | 12/22 | 先負 |
| 2 | 月 | 丙子 | 四緑 | 12/23 | 仏滅 |
| 3 | 火 | 丁丑 | 五黄 | 12/24 | 大安 |
| 4 | 水 | 戊寅 | 六白 | 12/25 | 赤口 |
| 5 | 木 | 己卯 | 七赤 | 12/26 | 先勝 |
| 6 | 金 | 庚辰 | 八白 | 12/27 | 友引 |
| 7 | 土 | 辛巳 | 九紫 | 12/28 | 先負 |
| 8 | 日 | 壬午 | 一白 | 12/29 | 仏滅 |
| 9 | 月 | 癸未 | 二黒 | 12/30 | 大安 |
| 10 | 火 | 甲申 | 三碧 | 1/1 | 先勝 |
| 11 | 水 | 乙酉 | 四緑 | 1/2 | 友引 |
| 12 | 木 | 丙戌 | 五黄 | 1/3 | 先負 |
| 13 | 金 | 丁亥 | 六白 | 1/4 | 仏滅 |
| 14 | 土 | 戊子 | 七赤 | 1/5 | 大安 |
| 15 | 日 | 己丑 | 八白 | 1/6 | 赤口 |
| 16 | 月 | 庚寅 | 九紫 | 1/7 | 先勝 |
| 17 | 火 | 辛卯 | 一白 | 1/8 | 友引 |
| 18 | 水 | 壬辰 | 二黒 | 1/9 | 先負 |
| 19 | 木 | 癸巳 | 三碧 | 1/10 | 仏滅 |
| 20 | 金 | 甲午 | 四緑 | 1/11 | 大安 |
| 21 | 土 | 乙未 | 五黄 | 1/12 | 赤口 |
| 22 | 日 | 丙申 | 六白 | 1/13 | 先勝 |
| 23 | 月 | 丁酉 | 七赤 | 1/14 | 友引 |
| 24 | 火 | 戊戌 | 八白 | 1/15 | 先負 |
| 25 | 水 | 己亥 | 九紫 | 1/16 | 仏滅 |
| 26 | 木 | 庚子 | 一白 | 1/17 | 大安 |
| 27 | 金 | 辛丑 | 二黒 | 1/18 | 赤口 |
| 28 | 土 | 壬寅 | 三碧 | 1/19 | 先勝 |

## 3月
（乙卯 一白水星）

| | | | | | |
|---|---|---|---|---|---|
| 1 | 日 | 癸卯 | 四緑 | 1/20 | 友引 |
| 2 | 月 | 甲辰 | 五黄 | 1/21 | 先負 |
| 3 | 火 | 乙巳 | 六白 | 1/22 | 仏滅 |
| 4 | 水 | 丙午 | 七赤 | 1/23 | 大安 |
| 5 | 木 | 丁未 | 八白 | 1/24 | 赤口 |
| 6 | 金 | 戊申 | 九紫 | 1/25 | 先勝 |
| 7 | 土 | 己酉 | 一白 | 1/26 | 友引 |
| 8 | 日 | 庚戌 | 二黒 | 1/27 | 先負 |
| 9 | 月 | 辛亥 | 三碧 | 1/28 | 仏滅 |
| 10 | 火 | 壬子 | 四緑 | 1/29 | 大安 |
| 11 | 水 | 癸丑 | 五黄 | 2/1 | 友引 |
| 12 | 木 | 甲寅 | 六白 | 2/2 | 先負 |
| 13 | 金 | 乙卯 | 七赤 | 2/3 | 仏滅 |
| 14 | 土 | 丙辰 | 八白 | 2/4 | 大安 |
| 15 | 日 | 丁巳 | 九紫 | 2/5 | 赤口 |
| 16 | 月 | 戊午 | 一白 | 2/6 | 先勝 |
| 17 | 火 | 己未 | 二黒 | 2/7 | 友引 |
| 18 | 水 | 庚申 | 三碧 | 2/8 | 先負 |
| 19 | 木 | 辛酉 | 四緑 | 2/9 | 仏滅 |
| 20 | 金 | 壬戌 | 五黄 | 2/10 | 大安 |
| 21 | 土 | 癸亥 | 六白 | 2/11 | 赤口 |
| 22 | 日 | 甲子 | 七赤 | 2/12 | 先勝 |
| 23 | 月 | 乙丑 | 八白 | 2/13 | 友引 |
| 24 | 火 | 丙寅 | 九紫 | 2/14 | 先負 |
| 25 | 水 | 丁卯 | 一白 | 2/15 | 仏滅 |
| 26 | 木 | 戊辰 | 二黒 | 2/16 | 大安 |
| 27 | 金 | 己巳 | 三碧 | 2/17 | 赤口 |
| 28 | 土 | 庚午 | 四緑 | 2/18 | 先勝 |
| 29 | 日 | 辛未 | 五黄 | 2/19 | 友引 |
| 30 | 月 | 壬申 | 六白 | 2/20 | 先負 |
| 31 | 火 | 癸酉 | 七赤 | 2/21 | 仏滅 |

## 4月
（丙辰 九紫火星）

| | | | | | |
|---|---|---|---|---|---|
| 1 | 水 | 甲戌 | 八白 | 2/22 | 大安 |
| 2 | 木 | 乙亥 | 九紫 | 2/23 | 赤口 |
| 3 | 金 | 丙子 | 一白 | 2/24 | 先勝 |
| 4 | 土 | 丁丑 | 二黒 | 2/25 | 友引 |
| 5 | 日 | 戊寅 | 三碧 | 2/26 | 先負 |
| 6 | 月 | 己卯 | 四緑 | 2/27 | 仏滅 |
| 7 | 火 | 庚辰 | 五黄 | 2/28 | 大安 |
| 8 | 水 | 辛巳 | 六白 | 2/29 | 赤口 |
| 9 | 木 | 壬午 | 七赤 | 2/30 | 先勝 |
| 10 | 金 | 癸未 | 八白 | 3/1 | 先負 |
| 11 | 土 | 甲申 | 九紫 | 3/2 | 仏滅 |
| 12 | 日 | 乙酉 | 一白 | 3/3 | 大安 |
| 13 | 月 | 丙戌 | 二黒 | 3/4 | 赤口 |
| 14 | 火 | 丁亥 | 三碧 | 3/5 | 先勝 |
| 15 | 水 | 戊子 | 四緑 | 3/6 | 友引 |
| 16 | 木 | 己丑 | 五黄 | 3/7 | 先負 |
| 17 | 金 | 庚寅 | 六白 | 3/8 | 仏滅 |
| 18 | 土 | 辛卯 | 七赤 | 3/9 | 大安 |
| 19 | 日 | 壬辰 | 八白 | 3/10 | 赤口 |
| 20 | 月 | 癸巳 | 九紫 | 3/11 | 先勝 |
| 21 | 火 | 甲午 | 一白 | 3/12 | 友引 |
| 22 | 水 | 乙未 | 二黒 | 3/13 | 先負 |
| 23 | 木 | 丙申 | 三碧 | 3/14 | 仏滅 |
| 24 | 金 | 丁酉 | 四緑 | 3/15 | 大安 |
| 25 | 土 | 戊戌 | 五黄 | 3/16 | 赤口 |
| 26 | 日 | 己亥 | 六白 | 3/17 | 先勝 |
| 27 | 月 | 庚子 | 七赤 | 3/18 | 友引 |
| 28 | 火 | 辛丑 | 八白 | 3/19 | 先負 |
| 29 | 水 | 壬寅 | 九紫 | 3/20 | 仏滅 |
| 30 | 木 | 癸卯 | 一白 | 3/21 | 大安 |

### 1月
1. 5［節］小寒
1.17［雑］土用
1.20［節］大寒

### 2月
2. 3［雑］節分
2. 4［節］立春
2.19［節］雨水

### 3月
3. 6［節］啓蟄
3.16［雑］社日
3.18［雑］彼岸
3.21［節］春分

### 4月
4. 5［節］清明
4.17［雑］土用
4.20［節］穀雨

## 5月
（丁巳 八白土星）

| 日 | 曜 | 干支 | 九星 | 旧暦 | 六曜 |
|---|---|---|---|---|---|
| 1 | 金 | 甲辰 | 二黒 | 3/22 | 赤口 |
| 2 | 土 | 乙巳 | 三碧 | 3/23 | 先勝 |
| 3 | 日 | 丙午 | 四緑 | 3/24 | 友引 |
| 4 | 月 | 丁未 | 五黄 | 3/25 | 先負 |
| 5 | 火 | 戊申 | 六白 | 3/26 | 仏滅 |
| 6 | 水 | 己酉 | 七赤 | 3/27 | 大安 |
| 7 | 木 | 庚戌 | 八白 | 3/28 | 赤口 |
| 8 | 金 | 辛亥 | 九紫 | 3/29 | 先勝 |
| 9 | 土 | 壬子 | 一白 | 4/1 | 仏滅 |
| 10 | 日 | 癸丑 | 二黒 | 4/2 | 大安 |
| 11 | 月 | 甲寅 | 三碧 | 4/3 | 赤口 |
| 12 | 火 | 乙卯 | 四緑 | 4/4 | 先勝 |
| 13 | 水 | 丙辰 | 五黄 | 4/5 | 友引 |
| 14 | 木 | 丁巳 | 六白 | 4/6 | 先負 |
| 15 | 金 | 戊午 | 七赤 | 4/7 | 仏滅 |
| 16 | 土 | 己未 | 八白 | 4/8 | 大安 |
| 17 | 日 | 庚申 | 九紫 | 4/9 | 赤口 |
| 18 | 月 | 辛酉 | 一白 | 4/10 | 先勝 |
| 19 | 火 | 壬戌 | 二黒 | 4/11 | 友引 |
| 20 | 水 | 癸亥 | 三碧 | 4/12 | 先負 |
| 21 | 木 | 甲子 | 四緑 | 4/13 | 仏滅 |
| 22 | 金 | 乙丑 | 五黄 | 4/14 | 大安 |
| 23 | 土 | 丙寅 | 六白 | 4/15 | 赤口 |
| 24 | 日 | 丁卯 | 七赤 | 4/16 | 先勝 |
| 25 | 月 | 戊辰 | 八白 | 4/17 | 友引 |
| 26 | 火 | 己巳 | 九紫 | 4/18 | 先負 |
| 27 | 水 | 庚午 | 一白 | 4/19 | 仏滅 |
| 28 | 木 | 辛未 | 二黒 | 4/20 | 大安 |
| 29 | 金 | 壬申 | 三碧 | 4/21 | 赤口 |
| 30 | 土 | 癸酉 | 四緑 | 4/22 | 先勝 |
| 31 | 日 | 甲戌 | 五黄 | 4/23 | 友引 |

## 6月
（戊午 七赤金星）

| 日 | 曜 | 干支 | 九星 | 旧暦 | 六曜 |
|---|---|---|---|---|---|
| 1 | 月 | 乙亥 | 六白 | 4/24 | 先負 |
| 2 | 火 | 丙子 | 七赤 | 4/25 | 仏滅 |
| 3 | 水 | 丁丑 | 八白 | 4/26 | 大安 |
| 4 | 木 | 戊寅 | 九紫 | 4/27 | 赤口 |
| 5 | 金 | 己卯 | 一白 | 4/28 | 先勝 |
| 6 | 土 | 庚辰 | 二黒 | 4/29 | 友引 |
| 7 | 日 | 辛巳 | 三碧 | 5/1 | 大安 |
| 8 | 月 | 壬午 | 四緑 | 5/2 | 赤口 |
| 9 | 火 | 癸未 | 五黄 | 5/3 | 先勝 |
| 10 | 水 | 甲申 | 六白 | 5/4 | 友引 |
| 11 | 木 | 乙酉 | 七赤 | 5/5 | 先負 |
| 12 | 金 | 丙戌 | 八白 | 5/6 | 仏滅 |
| 13 | 土 | 丁亥 | 九紫 | 5/7 | 大安 |
| 14 | 日 | 戊子 | 一白 | 5/8 | 赤口 |
| 15 | 月 | 己丑 | 二黒 | 5/9 | 先勝 |
| 16 | 火 | 庚寅 | 三碧 | 5/10 | 友引 |
| 17 | 水 | 辛卯 | 四緑 | 5/11 | 先負 |
| 18 | 木 | 壬辰 | 五黄 | 5/12 | 仏滅 |
| 19 | 金 | 癸巳 | 六白 | 5/13 | 大安 |
| 20 | 土 | 甲午 | 七赤 | 5/14 | 赤口 |
| 21 | 日 | 乙未 | 八白 | 5/15 | 先勝 |
| 22 | 月 | 丙申 | 九紫 | 5/16 | 友引 |
| 23 | 火 | 丁酉 | 一白 | 5/17 | 先負 |
| 24 | 水 | 戊戌 | 二黒 | 5/18 | 仏滅 |
| 25 | 木 | 己亥 | 三碧 | 5/19 | 大安 |
| 26 | 金 | 庚子 | 四緑 | 5/20 | 赤口 |
| 27 | 土 | 辛丑 | 五黄 | 5/21 | 先勝 |
| 28 | 日 | 壬寅 | 六白 | 5/22 | 友引 |
| 29 | 月 | 癸卯 | 七赤 | 5/23 | 先負 |
| 30 | 火 | 甲辰 | 八白 | 5/24 | 仏滅 |

## 7月
（己未 六白金星）

| 日 | 曜 | 干支 | 九星 | 旧暦 | 六曜 |
|---|---|---|---|---|---|
| 1 | 水 | 乙巳 | 九紫 | 5/25 | 大安 |
| 2 | 木 | 丙午 | 一白 | 5/26 | 赤口 |
| 3 | 金 | 丁未 | 二黒 | 5/27 | 先勝 |
| 4 | 土 | 戊申 | 三碧 | 5/28 | 友引 |
| 5 | 日 | 己酉 | 四緑 | 5/29 | 先負 |
| 6 | 月 | 庚戌 | 五黄 | 5/30 | 仏滅 |
| 7 | 火 | 辛亥 | 六白 | 6/1 | 赤口 |
| 8 | 水 | 壬子 | 七赤 | 6/2 | 先勝 |
| 9 | 木 | 癸丑 | 八白 | 6/3 | 友引 |
| 10 | 金 | 甲寅 | 九紫 | 6/4 | 先負 |
| 11 | 土 | 乙卯 | 一白 | 6/5 | 仏滅 |
| 12 | 日 | 丙辰 | 二黒 | 6/6 | 大安 |
| 13 | 月 | 丁巳 | 三碧 | 6/7 | 赤口 |
| 14 | 火 | 戊午 | 四緑 | 6/8 | 先勝 |
| 15 | 水 | 己未 | 五黄 | 6/9 | 友引 |
| 16 | 木 | 庚申 | 六白 | 6/10 | 先負 |
| 17 | 金 | 辛酉 | 七赤 | 6/11 | 仏滅 |
| 18 | 土 | 壬戌 | 八白 | 6/12 | 大安 |
| 19 | 日 | 癸亥 | 九紫 | 6/13 | 赤口 |
| 20 | 月 | 甲子 | 九紫 | 6/14 | 先勝 |
| 21 | 火 | 乙丑 | 八白 | 6/15 | 友引 |
| 22 | 水 | 丙寅 | 七赤 | 6/16 | 先負 |
| 23 | 木 | 丁卯 | 六白 | 6/17 | 仏滅 |
| 24 | 金 | 戊辰 | 五黄 | 6/18 | 大安 |
| 25 | 土 | 己巳 | 四緑 | 6/19 | 赤口 |
| 26 | 日 | 庚午 | 三碧 | 6/20 | 先勝 |
| 27 | 月 | 辛未 | 二黒 | 6/21 | 友引 |
| 28 | 火 | 壬申 | 一白 | 6/22 | 先負 |
| 29 | 水 | 癸酉 | 九紫 | 6/23 | 仏滅 |
| 30 | 木 | 甲戌 | 八白 | 6/24 | 大安 |
| 31 | 金 | 乙亥 | 七赤 | 6/25 | 赤口 |

## 8月
（庚申 五黄土星）

| 日 | 曜 | 干支 | 九星 | 旧暦 | 六曜 |
|---|---|---|---|---|---|
| 1 | 土 | 丙子 | 六白 | 6/26 | 先勝 |
| 2 | 日 | 丁丑 | 五黄 | 6/27 | 友引 |
| 3 | 月 | 戊寅 | 四緑 | 6/28 | 先負 |
| 4 | 火 | 己卯 | 三碧 | 6/29 | 仏滅 |
| 5 | 水 | 庚辰 | 二黒 | 7/1 | 先勝 |
| 6 | 木 | 辛巳 | 一白 | 7/2 | 友引 |
| 7 | 金 | 壬午 | 九紫 | 7/3 | 先負 |
| 8 | 土 | 癸未 | 八白 | 7/4 | 仏滅 |
| 9 | 日 | 甲申 | 七赤 | 7/5 | 大安 |
| 10 | 月 | 乙酉 | 六白 | 7/6 | 赤口 |
| 11 | 火 | 丙戌 | 五黄 | 7/7 | 先勝 |
| 12 | 水 | 丁亥 | 四緑 | 7/8 | 友引 |
| 13 | 木 | 戊子 | 三碧 | 7/9 | 先負 |
| 14 | 金 | 己丑 | 二黒 | 7/10 | 仏滅 |
| 15 | 土 | 庚寅 | 一白 | 7/11 | 大安 |
| 16 | 日 | 辛卯 | 九紫 | 7/12 | 赤口 |
| 17 | 月 | 壬辰 | 八白 | 7/13 | 先勝 |
| 18 | 火 | 癸巳 | 七赤 | 7/14 | 友引 |
| 19 | 水 | 甲午 | 六白 | 7/15 | 先負 |
| 20 | 木 | 乙未 | 五黄 | 7/16 | 仏滅 |
| 21 | 金 | 丙申 | 四緑 | 7/17 | 大安 |
| 22 | 土 | 丁酉 | 三碧 | 7/18 | 赤口 |
| 23 | 日 | 戊戌 | 二黒 | 7/19 | 先勝 |
| 24 | 月 | 己亥 | 一白 | 7/20 | 友引 |
| 25 | 火 | 庚子 | 九紫 | 7/21 | 先負 |
| 26 | 水 | 辛丑 | 八白 | 7/22 | 仏滅 |
| 27 | 木 | 壬寅 | 七赤 | 7/23 | 大安 |
| 28 | 金 | 癸卯 | 六白 | 7/24 | 赤口 |
| 29 | 土 | 甲辰 | 五黄 | 7/25 | 先勝 |
| 30 | 日 | 乙巳 | 四緑 | 7/26 | 友引 |
| 31 | 月 | 丙午 | 三碧 | 7/27 | 先負 |

**5月**

5. 2 [雑] 八十八夜
5. 5 [節] 立夏
5.21 [節] 小満

**6月**

6. 6 [節] 芒種
6.11 [雑] 入梅
6.21 [節] 夏至

**7月**

7. 2 [雑] 半夏生
7. 7 [節] 小暑
7.20 [雑] 土用
7.23 [節] 大暑

**8月**

8. 7 [節] 立秋
8.23 [節] 処暑

## 9月
（辛酉 四緑木星）

| | | | |
|---|---|---|---|
| 1 | 火 | 丁未 二黒 | 7/28 仏滅 |
| 2 | 水 | 戊申 一白 | 7/29 大安 |
| 3 | 木 | 己酉 九紫 | 8/1 友引 |
| 4 | 金 | 庚戌 八白 | 8/2 先負 |
| 5 | 土 | 辛亥 七赤 | 8/3 仏滅 |
| 6 | 日 | 壬子 六白 | 8/4 大安 |
| 7 | 月 | 癸丑 五黄 | 8/5 赤口 |
| 8 | 火 | 甲寅 四緑 | 8/6 先勝 |
| 9 | 水 | 乙卯 三碧 | 8/7 友引 |
| 10 | 木 | 丙辰 二黒 | 8/8 先負 |
| 11 | 金 | 丁巳 一白 | 8/9 仏滅 |
| 12 | 土 | 戊午 九紫 | 8/10 大安 |
| 13 | 日 | 己未 八白 | 8/11 赤口 |
| 14 | 月 | 庚申 七赤 | 8/12 先勝 |
| 15 | 火 | 辛酉 六白 | 8/13 友引 |
| 16 | 水 | 壬戌 五黄 | 8/14 先負 |
| 17 | 木 | 癸亥 四緑 | 8/15 仏滅 |
| 18 | 金 | 甲子 三碧 | 8/16 大安 |
| 19 | 土 | 乙丑 二黒 | 8/17 赤口 |
| 20 | 日 | 丙寅 一白 | 8/18 先勝 |
| 21 | 月 | 丁卯 九紫 | 8/19 友引 |
| 22 | 火 | 戊辰 八白 | 8/20 先負 |
| 23 | 水 | 己巳 七赤 | 8/21 仏滅 |
| 24 | 木 | 庚午 六白 | 8/22 大安 |
| 25 | 金 | 辛未 五黄 | 8/23 赤口 |
| 26 | 土 | 壬申 四緑 | 8/24 先勝 |
| 27 | 日 | 癸酉 三碧 | 8/25 友引 |
| 28 | 月 | 甲戌 二黒 | 8/26 先負 |
| 29 | 火 | 乙亥 一白 | 8/27 仏滅 |
| 30 | 水 | 丙子 九紫 | 8/28 大安 |

## 10月
（壬戌 三碧木星）

| | | | |
|---|---|---|---|
| 1 | 木 | 丁丑 八白 | 8/29 赤口 |
| 2 | 金 | 戊寅 七赤 | 8/30 先勝 |
| 3 | 土 | 己卯 六白 | 9/1 先負 |
| 4 | 日 | 庚辰 五黄 | 9/2 仏滅 |
| 5 | 月 | 辛巳 四緑 | 9/3 大安 |
| 6 | 火 | 壬午 三碧 | 9/4 赤口 |
| 7 | 水 | 癸未 二黒 | 9/5 先勝 |
| 8 | 木 | 甲申 一白 | 9/6 友引 |
| 9 | 金 | 乙酉 九紫 | 9/7 先負 |
| 10 | 土 | 丙戌 八白 | 9/8 仏滅 |
| 11 | 日 | 丁亥 七赤 | 9/9 大安 |
| 12 | 月 | 戊子 六白 | 9/10 赤口 |
| 13 | 火 | 己丑 五黄 | 9/11 先勝 |
| 14 | 水 | 庚寅 四緑 | 9/12 友引 |
| 15 | 木 | 辛卯 三碧 | 9/13 先負 |
| 16 | 金 | 壬辰 二黒 | 9/14 仏滅 |
| 17 | 土 | 癸巳 一白 | 9/15 大安 |
| 18 | 日 | 甲午 九紫 | 9/16 赤口 |
| 19 | 月 | 乙未 八白 | 9/17 先勝 |
| 20 | 火 | 丙申 七赤 | 9/18 友引 |
| 21 | 水 | 丁酉 六白 | 9/19 先負 |
| 22 | 木 | 戊戌 五黄 | 9/20 仏滅 |
| 23 | 金 | 己亥 四緑 | 9/21 大安 |
| 24 | 土 | 庚子 三碧 | 9/22 赤口 |
| 25 | 日 | 辛丑 二黒 | 9/23 先勝 |
| 26 | 月 | 壬寅 一白 | 9/24 友引 |
| 27 | 火 | 癸卯 九紫 | 9/25 先負 |
| 28 | 水 | 甲辰 八白 | 9/26 仏滅 |
| 29 | 木 | 乙巳 七赤 | 9/27 大安 |
| 30 | 金 | 丙午 六白 | 9/28 赤口 |
| 31 | 土 | 丁未 五黄 | 9/29 先勝 |

## 11月
（癸亥 二黒土星）

| | | | |
|---|---|---|---|
| 1 | 日 | 戊申 四緑 | 9/30 友引 |
| 2 | 月 | 己酉 三碧 | 10/1 仏滅 |
| 3 | 火 | 庚戌 二黒 | 10/2 大安 |
| 4 | 水 | 辛亥 一白 | 10/3 赤口 |
| 5 | 木 | 壬子 九紫 | 10/4 先勝 |
| 6 | 金 | 癸丑 八白 | 10/5 友引 |
| 7 | 土 | 甲寅 七赤 | 10/6 先負 |
| 8 | 日 | 乙卯 六白 | 10/7 仏滅 |
| 9 | 月 | 丙辰 五黄 | 10/8 大安 |
| 10 | 火 | 丁巳 四緑 | 10/9 赤口 |
| 11 | 水 | 戊午 三碧 | 10/10 先勝 |
| 12 | 木 | 己未 二黒 | 10/11 友引 |
| 13 | 金 | 庚申 一白 | 10/12 先負 |
| 14 | 土 | 辛酉 九紫 | 10/13 仏滅 |
| 15 | 日 | 壬戌 八白 | 10/14 大安 |
| 16 | 月 | 癸亥 七赤 | 10/15 赤口 |
| 17 | 火 | 甲子 六白 | 10/16 先勝 |
| 18 | 水 | 乙丑 五黄 | 10/17 友引 |
| 19 | 木 | 丙寅 四緑 | 10/18 先負 |
| 20 | 金 | 丁卯 三碧 | 10/19 仏滅 |
| 21 | 土 | 戊辰 二黒 | 10/20 大安 |
| 22 | 日 | 己巳 一白 | 10/21 赤口 |
| 23 | 月 | 庚午 九紫 | 10/22 先勝 |
| 24 | 火 | 辛未 八白 | 10/23 友引 |
| 25 | 水 | 壬申 七赤 | 10/24 先負 |
| 26 | 木 | 癸酉 六白 | 10/25 仏滅 |
| 27 | 金 | 甲戌 五黄 | 10/26 大安 |
| 28 | 土 | 乙亥 四緑 | 10/27 赤口 |
| 29 | 日 | 丙子 三碧 | 10/28 先勝 |
| 30 | 月 | 丁丑 二黒 | 10/29 友引 |

## 12月
（甲子 一白水星）

| | | | |
|---|---|---|---|
| 1 | 火 | 戊寅 一白 | 11/1 大安 |
| 2 | 水 | 己卯 九紫 | 11/2 赤口 |
| 3 | 木 | 庚辰 八白 | 11/3 先勝 |
| 4 | 金 | 辛巳 七赤 | 11/4 友引 |
| 5 | 土 | 壬午 六白 | 11/5 先負 |
| 6 | 日 | 癸未 五黄 | 11/6 仏滅 |
| 7 | 月 | 甲申 四緑 | 11/7 大安 |
| 8 | 火 | 乙酉 三碧 | 11/8 赤口 |
| 9 | 水 | 丙戌 二黒 | 11/9 先勝 |
| 10 | 木 | 丁亥 一白 | 11/10 友引 |
| 11 | 金 | 戊子 九紫 | 11/11 先負 |
| 12 | 土 | 己丑 八白 | 11/12 仏滅 |
| 13 | 日 | 庚寅 七赤 | 11/13 大安 |
| 14 | 月 | 辛卯 六白 | 11/14 赤口 |
| 15 | 火 | 壬辰 五黄 | 11/15 先勝 |
| 16 | 水 | 癸巳 四緑 | 11/16 友引 |
| 17 | 木 | 甲午 三碧 | 11/17 先負 |
| 18 | 金 | 乙未 二黒 | 11/18 仏滅 |
| 19 | 土 | 丙申 一白 | 11/19 大安 |
| 20 | 日 | 丁酉 九紫 | 11/20 赤口 |
| 21 | 月 | 戊戌 八白 | 11/21 先勝 |
| 22 | 火 | 己亥 七赤 | 11/22 友引 |
| 23 | 水 | 庚子 六白 | 11/23 先負 |
| 24 | 木 | 辛丑 五黄 | 11/24 仏滅 |
| 25 | 金 | 壬寅 四緑 | 11/25 大安 |
| 26 | 土 | 癸卯 三碧 | 11/26 赤口 |
| 27 | 日 | 甲辰 二黒 | 11/27 先勝 |
| 28 | 月 | 乙巳 一白 | 11/28 友引 |
| 29 | 火 | 丙午 九紫 | 11/29 先負 |
| 30 | 水 | 丁未 八白 | 11/30 仏滅 |
| 31 | 木 | 戊申 七赤 | 12/1 赤口 |

**9月**

9. 1 [雑] 二百十日
9. 8 [節] 白露
9.20 [雑] 彼岸
9.22 [雑] 社日
9.23 [節] 秋分

**10月**

10. 8 [節] 寒露
10.20 [雑] 土用
10.23 [節] 霜降

**11月**

11. 7 [節] 立冬
11.22 [節] 小雪

**12月**

12. 7 [節] 大雪
12.22 [節] 冬至

# 2044

明治 177 年
大正 133 年
昭和 119 年
平成 56 年

甲子（きのえね）
一白水星

生誕・年忌など

**1.23** E. ムンク没後 100 年
**1.29** 横浜事件 100 年
**2. 1** P. モンドリアン没後 100 年
**2. 7** 三上於菟吉没後 100 年
**2.26** 間宮林蔵没後 200 年
**3.30** P. ヴェルレーヌ生誕 200 年
**4.23** 近松秋江没後 100 年
**4.28** 中里介山没後 100 年
**5.21** アンリ・ルソー生誕 200 年
**6. 6** 連合軍ノルマンディー上陸 100 年
**7. 7** サイパン島玉砕 100 年
**7.31** サン・テグジュペリ没後 100 年
**8. 1** ワルシャワ蜂起 100 年
**8.22** 対馬丸事件 100 年
**8.25** パリ解放 100 年
**10.15** F. ニーチェ生誕 200 年
**10.25** レイテ沖海戦 100 年
**11.24** 辻潤没後 100 年
**12. 2** F. マリネッティ没後 100 年
沢村栄治没後 100 年
**12. 7** 東南海地震 100 年
**12.13** V. カンディンスキー没後 100 年
**12.15** グレン・ミラー没後 100 年
**12.21** YMCA 設立 200 年
**12.25** 片岡鉄兵没後 100 年
**12.30** ロマン・ロラン没後 100 年
この年 明滅亡・清中国征服 400 年
松尾芭蕉生誕 400 年
天保暦実施 200 年

**2044 年**

## 1 月
（乙丑 九紫火星）

| | | | |
|---|---|---|---|
| 1 | 金 | 己酉 六白 | 12/2 先勝 |
| 2 | 土 | 庚戌 五黄 | 12/3 友引 |
| 3 | 日 | 辛亥 四緑 | 12/4 先負 |
| 4 | 月 | 壬子 三碧 | 12/5 仏滅 |
| 5 | 火 | 癸丑 二黒 | 12/6 大安 |
| 6 | 水 | 甲寅 一白 | 12/7 赤口 |
| 7 | 木 | 乙卯 九紫 | 12/8 先勝 |
| 8 | 金 | 丙辰 八白 | 12/9 友引 |
| 9 | 土 | 丁巳 七赤 | 12/10 先負 |
| 10 | 日 | 戊午 六白 | 12/11 仏滅 |
| 11 | 月 | 己未 五黄 | 12/12 大安 |
| 12 | 火 | 庚申 四緑 | 12/13 赤口 |
| 13 | 水 | 辛酉 三碧 | 12/14 先勝 |
| 14 | 木 | 壬戌 二黒 | 12/15 友引 |
| 15 | 金 | 癸亥 一白 | 12/16 先負 |
| 16 | 土 | 甲子 一白 | 12/17 仏滅 |
| 17 | 日 | 乙丑 二黒 | 12/18 大安 |
| 18 | 月 | 丙寅 三碧 | 12/19 赤口 |
| 19 | 火 | 丁卯 四緑 | 12/20 先勝 |
| 20 | 水 | 戊辰 五黄 | 12/21 友引 |
| 21 | 木 | 己巳 六白 | 12/22 先負 |
| 22 | 金 | 庚午 七赤 | 12/23 仏滅 |
| 23 | 土 | 辛未 八白 | 12/24 大安 |
| 24 | 日 | 壬申 九紫 | 12/25 赤口 |
| 25 | 月 | 癸酉 一白 | 12/26 先勝 |
| 26 | 火 | 甲戌 二黒 | 12/27 友引 |
| 27 | 水 | 乙亥 三碧 | 12/28 先負 |
| 28 | 木 | 丙子 四緑 | 12/29 仏滅 |
| 29 | 金 | 丁丑 五黄 | 12/30 大安 |
| 30 | 土 | 戊寅 六白 | 1/1 先勝 |
| 31 | 日 | 己卯 七赤 | 1/2 友引 |

## 2 月
（丙寅 八白土星）

| | | | |
|---|---|---|---|
| 1 | 月 | 庚辰 八白 | 1/3 先負 |
| 2 | 火 | 辛巳 九紫 | 1/4 仏滅 |
| 3 | 水 | 壬午 一白 | 1/5 大安 |
| 4 | 木 | 癸未 二黒 | 1/6 赤口 |
| 5 | 金 | 甲申 三碧 | 1/7 先勝 |
| 6 | 土 | 乙酉 四緑 | 1/8 友引 |
| 7 | 日 | 丙戌 五黄 | 1/9 先負 |
| 8 | 月 | 丁亥 六白 | 1/10 仏滅 |
| 9 | 火 | 戊子 七赤 | 1/11 大安 |
| 10 | 水 | 己丑 八白 | 1/12 赤口 |
| 11 | 木 | 庚寅 九紫 | 1/13 先勝 |
| 12 | 金 | 辛卯 一白 | 1/14 友引 |
| 13 | 土 | 壬辰 二黒 | 1/15 先負 |
| 14 | 日 | 癸巳 三碧 | 1/16 仏滅 |
| 15 | 月 | 甲午 四緑 | 1/17 大安 |
| 16 | 火 | 乙未 五黄 | 1/18 赤口 |
| 17 | 水 | 丙申 六白 | 1/19 先勝 |
| 18 | 木 | 丁酉 七赤 | 1/20 友引 |
| 19 | 金 | 戊戌 八白 | 1/21 先負 |
| 20 | 土 | 己亥 九紫 | 1/22 仏滅 |
| 21 | 日 | 庚子 一白 | 1/23 大安 |
| 22 | 月 | 辛丑 二黒 | 1/24 赤口 |
| 23 | 火 | 壬寅 三碧 | 1/25 先勝 |
| 24 | 水 | 癸卯 四緑 | 1/26 友引 |
| 25 | 木 | 甲辰 五黄 | 1/27 先負 |
| 26 | 金 | 乙巳 六白 | 1/28 仏滅 |
| 27 | 土 | 丙午 七赤 | 1/29 大安 |
| 28 | 日 | 丁未 八白 | 1/30 赤口 |
| 29 | 月 | 戊申 九紫 | 2/1 友引 |

## 3 月
（丁卯 七赤金星）

| | | | |
|---|---|---|---|
| 1 | 火 | 己酉 一白 | 2/2 先負 |
| 2 | 水 | 庚戌 二黒 | 2/3 仏滅 |
| 3 | 木 | 辛亥 三碧 | 2/4 大安 |
| 4 | 金 | 壬子 四緑 | 2/5 赤口 |
| 5 | 土 | 癸丑 五黄 | 2/6 先勝 |
| 6 | 日 | 甲寅 六白 | 2/7 友引 |
| 7 | 月 | 乙卯 七赤 | 2/8 先負 |
| 8 | 火 | 丙辰 八白 | 2/9 仏滅 |
| 9 | 水 | 丁巳 九紫 | 2/10 大安 |
| 10 | 木 | 戊午 一白 | 2/11 赤口 |
| 11 | 金 | 己未 二黒 | 2/12 先勝 |
| 12 | 土 | 庚申 三碧 | 2/13 友引 |
| 13 | 日 | 辛酉 四緑 | 2/14 先負 |
| 14 | 月 | 壬戌 五黄 | 2/15 仏滅 |
| 15 | 火 | 癸亥 六白 | 2/16 大安 |
| 16 | 水 | 甲子 七赤 | 2/17 赤口 |
| 17 | 木 | 乙丑 八白 | 2/18 先勝 |
| 18 | 金 | 丙寅 九紫 | 2/19 友引 |
| 19 | 土 | 丁卯 一白 | 2/20 先負 |
| 20 | 日 | 戊辰 二黒 | 2/21 仏滅 |
| 21 | 月 | 己巳 三碧 | 2/22 大安 |
| 22 | 火 | 庚午 四緑 | 2/23 赤口 |
| 23 | 水 | 辛未 五黄 | 2/24 先勝 |
| 24 | 木 | 壬申 六白 | 2/25 友引 |
| 25 | 金 | 癸酉 七赤 | 2/26 先負 |
| 26 | 土 | 甲戌 八白 | 2/27 仏滅 |
| 27 | 日 | 乙亥 九紫 | 2/28 大安 |
| 28 | 月 | 丙子 一白 | 2/29 赤口 |
| 29 | 火 | 丁丑 二黒 | 3/1 先負 |
| 30 | 水 | 戊寅 三碧 | 3/2 仏滅 |
| 31 | 木 | 己卯 四緑 | 3/3 大安 |

## 4 月
（戊辰 六白金星）

| | | | |
|---|---|---|---|
| 1 | 金 | 庚辰 五黄 | 3/4 赤口 |
| 2 | 土 | 辛巳 六白 | 3/5 先勝 |
| 3 | 日 | 壬午 七赤 | 3/6 友引 |
| 4 | 月 | 癸未 八白 | 3/7 先負 |
| 5 | 火 | 甲申 九紫 | 3/8 仏滅 |
| 6 | 水 | 乙酉 一白 | 3/9 大安 |
| 7 | 木 | 丙戌 二黒 | 3/10 赤口 |
| 8 | 金 | 丁亥 三碧 | 3/11 先勝 |
| 9 | 土 | 戊子 四緑 | 3/12 友引 |
| 10 | 日 | 己丑 五黄 | 3/13 先負 |
| 11 | 月 | 庚寅 六白 | 3/14 仏滅 |
| 12 | 火 | 辛卯 七赤 | 3/15 大安 |
| 13 | 水 | 壬辰 八白 | 3/16 赤口 |
| 14 | 木 | 癸巳 九紫 | 3/17 先勝 |
| 15 | 金 | 甲午 一白 | 3/18 友引 |
| 16 | 土 | 乙未 二黒 | 3/19 先負 |
| 17 | 日 | 丙申 三碧 | 3/20 仏滅 |
| 18 | 月 | 丁酉 四緑 | 3/21 大安 |
| 19 | 火 | 戊戌 五黄 | 3/22 赤口 |
| 20 | 水 | 己亥 六白 | 3/23 先勝 |
| 21 | 木 | 庚子 七赤 | 3/24 友引 |
| 22 | 金 | 辛丑 八白 | 3/25 先負 |
| 23 | 土 | 壬寅 九紫 | 3/26 仏滅 |
| 24 | 日 | 癸卯 一白 | 3/27 大安 |
| 25 | 月 | 甲辰 二黒 | 3/28 赤口 |
| 26 | 火 | 乙巳 三碧 | 3/29 先勝 |
| 27 | 水 | 丙午 四緑 | 3/30 友引 |
| 28 | 木 | 丁未 五黄 | 4/1 仏滅 |
| 29 | 金 | 戊申 六白 | 4/2 大安 |
| 30 | 土 | 己酉 七赤 | 4/3 赤口 |

**1 月**

1. 6 [節] 小寒
1.17 [雑] 土用
1.20 [節] 大寒

**2 月**

2. 3 [雑] 節分
2. 4 [節] 立春
2.19 [節] 雨水

**3 月**

3. 5 [節] 啓蟄
3.17 [雑] 彼岸
3.20 [節] 春分
3.20 [雑] 社日

**4 月**

4. 4 [節] 清明
4.16 [雑] 土用
4.19 [節] 穀雨

## 5月
（己巳 五黄土星）

| 日 | 曜 | 干支 九星 | 旧暦 六曜 |
|---|---|---|---|
| 1 | 日 | 庚戌 八白 | 4/4 先勝 |
| 2 | 月 | 辛亥 九紫 | 4/5 友引 |
| 3 | 火 | 壬子 一白 | 4/6 先負 |
| 4 | 水 | 癸丑 二黒 | 4/7 仏滅 |
| 5 | 木 | 甲寅 三碧 | 4/8 大安 |
| 6 | 金 | 乙卯 四緑 | 4/9 赤口 |
| 7 | 土 | 丙辰 五黄 | 4/10 先勝 |
| 8 | 日 | 丁巳 六白 | 4/11 友引 |
| 9 | 月 | 戊午 七赤 | 4/12 先負 |
| 10 | 火 | 己未 八白 | 4/13 仏滅 |
| 11 | 水 | 庚申 九紫 | 4/14 大安 |
| 12 | 木 | 辛酉 一白 | 4/15 赤口 |
| 13 | 金 | 壬戌 二黒 | 4/16 先勝 |
| 14 | 土 | 癸亥 三碧 | 4/17 友引 |
| 15 | 日 | 甲子 四緑 | 4/18 先負 |
| 16 | 月 | 乙丑 五黄 | 4/19 仏滅 |
| 17 | 火 | 丙寅 六白 | 4/20 大安 |
| 18 | 水 | 丁卯 七赤 | 4/21 赤口 |
| 19 | 木 | 戊辰 八白 | 4/22 先勝 |
| 20 | 金 | 己巳 九紫 | 4/23 友引 |
| 21 | 土 | 庚午 一白 | 4/24 先負 |
| 22 | 日 | 辛未 二黒 | 4/25 仏滅 |
| 23 | 月 | 壬申 三碧 | 4/26 大安 |
| 24 | 火 | 癸酉 四緑 | 4/27 赤口 |
| 25 | 水 | 甲戌 五黄 | 4/28 先勝 |
| 26 | 木 | 乙亥 六白 | 4/29 友引 |
| 27 | 金 | 丙子 七赤 | 5/1 大安 |
| 28 | 土 | 丁丑 八白 | 5/2 赤口 |
| 29 | 日 | 戊寅 九紫 | 5/3 先勝 |
| 30 | 月 | 己卯 一白 | 5/4 友引 |
| 31 | 火 | 庚辰 二黒 | 5/5 先負 |

## 6月
（庚午 四緑木星）

| 日 | 曜 | 干支 九星 | 旧暦 六曜 |
|---|---|---|---|
| 1 | 水 | 辛巳 三碧 | 5/6 仏滅 |
| 2 | 木 | 壬午 四緑 | 5/7 大安 |
| 3 | 金 | 癸未 五黄 | 5/8 赤口 |
| 4 | 土 | 甲申 六白 | 5/9 先勝 |
| 5 | 日 | 乙酉 七赤 | 5/10 友引 |
| 6 | 月 | 丙戌 八白 | 5/11 先負 |
| 7 | 火 | 丁亥 九紫 | 5/12 仏滅 |
| 8 | 水 | 戊子 一白 | 5/13 大安 |
| 9 | 木 | 己丑 二黒 | 5/14 赤口 |
| 10 | 金 | 庚寅 三碧 | 5/15 先勝 |
| 11 | 土 | 辛卯 四緑 | 5/16 友引 |
| 12 | 日 | 壬辰 五黄 | 5/17 先負 |
| 13 | 月 | 癸巳 六白 | 5/18 仏滅 |
| 14 | 火 | 甲午 七赤 | 5/19 大安 |
| 15 | 水 | 乙未 八白 | 5/20 赤口 |
| 16 | 木 | 丙申 九紫 | 5/21 先勝 |
| 17 | 金 | 丁酉 一白 | 5/22 友引 |
| 18 | 土 | 戊戌 二黒 | 5/23 先負 |
| 19 | 日 | 己亥 三碧 | 5/24 仏滅 |
| 20 | 月 | 庚子 四緑 | 5/25 大安 |
| 21 | 火 | 辛丑 五黄 | 5/26 赤口 |
| 22 | 水 | 壬寅 六白 | 5/27 先勝 |
| 23 | 木 | 癸卯 七赤 | 5/28 友引 |
| 24 | 金 | 甲辰 八白 | 5/29 先負 |
| 25 | 土 | 乙巳 九紫 | 6/1 赤口 |
| 26 | 日 | 丙午 一白 | 6/2 先勝 |
| 27 | 月 | 丁未 二黒 | 6/3 友引 |
| 28 | 火 | 戊申 三碧 | 6/4 先負 |
| 29 | 水 | 己酉 四緑 | 6/5 仏滅 |
| 30 | 木 | 庚戌 五黄 | 6/6 大安 |

## 7月
（辛未 三碧木星）

| 日 | 曜 | 干支 九星 | 旧暦 六曜 |
|---|---|---|---|
| 1 | 金 | 辛亥 六白 | 6/7 赤口 |
| 2 | 土 | 壬子 七赤 | 6/8 先勝 |
| 3 | 日 | 癸丑 八白 | 6/9 友引 |
| 4 | 月 | 甲寅 九紫 | 6/10 先負 |
| 5 | 火 | 乙卯 一白 | 6/11 仏滅 |
| 6 | 水 | 丙辰 二黒 | 6/12 大安 |
| 7 | 木 | 丁巳 三碧 | 6/13 赤口 |
| 8 | 金 | 戊午 四緑 | 6/14 先勝 |
| 9 | 土 | 己未 五黄 | 6/15 友引 |
| 10 | 日 | 庚申 六白 | 6/16 先負 |
| 11 | 月 | 辛酉 七赤 | 6/17 仏滅 |
| 12 | 火 | 壬戌 八白 | 6/18 大安 |
| 13 | 水 | 癸亥 九紫 | 6/19 赤口 |
| 14 | 木 | 甲子 九紫 | 6/20 先勝 |
| 15 | 金 | 乙丑 八白 | 6/21 友引 |
| 16 | 土 | 丙寅 七赤 | 6/22 先負 |
| 17 | 日 | 丁卯 六白 | 6/23 仏滅 |
| 18 | 月 | 戊辰 五黄 | 6/24 大安 |
| 19 | 火 | 己巳 四緑 | 6/25 赤口 |
| 20 | 水 | 庚午 三碧 | 6/26 先勝 |
| 21 | 木 | 辛未 二黒 | 6/27 友引 |
| 22 | 金 | 壬申 一白 | 6/28 先負 |
| 23 | 土 | 癸酉 九紫 | 6/29 仏滅 |
| 24 | 日 | 甲戌 八白 | 6/30 大安 |
| 25 | 月 | 乙亥 七赤 | 7/1 先勝 |
| 26 | 火 | 丙子 六白 | 7/2 友引 |
| 27 | 水 | 丁丑 五黄 | 7/3 先負 |
| 28 | 木 | 戊寅 四緑 | 7/4 仏滅 |
| 29 | 金 | 己卯 三碧 | 7/5 大安 |
| 30 | 土 | 庚辰 二黒 | 7/6 赤口 |
| 31 | 日 | 辛巳 一白 | 7/7 先勝 |

## 8月
（壬申 二黒土星）

| 日 | 曜 | 干支 九星 | 旧暦 六曜 |
|---|---|---|---|
| 1 | 月 | 壬午 九紫 | 7/8 友引 |
| 2 | 火 | 癸未 八白 | 7/9 先負 |
| 3 | 水 | 甲申 七赤 | 7/10 仏滅 |
| 4 | 木 | 乙酉 六白 | 7/11 大安 |
| 5 | 金 | 丙戌 五黄 | 7/12 赤口 |
| 6 | 土 | 丁亥 四緑 | 7/13 先勝 |
| 7 | 日 | 戊子 三碧 | 7/14 友引 |
| 8 | 月 | 己丑 二黒 | 7/15 先負 |
| 9 | 火 | 庚寅 一白 | 7/16 仏滅 |
| 10 | 水 | 辛卯 九紫 | 7/17 大安 |
| 11 | 木 | 壬辰 八白 | 7/18 赤口 |
| 12 | 金 | 癸巳 七赤 | 7/19 先勝 |
| 13 | 土 | 甲午 六白 | 7/20 友引 |
| 14 | 日 | 乙未 五黄 | 7/21 先負 |
| 15 | 月 | 丙申 四緑 | 7/22 仏滅 |
| 16 | 火 | 丁酉 三碧 | 7/23 大安 |
| 17 | 水 | 戊戌 二黒 | 7/24 赤口 |
| 18 | 木 | 己亥 一白 | 7/25 先勝 |
| 19 | 金 | 庚子 九紫 | 7/26 友引 |
| 20 | 土 | 辛丑 八白 | 7/27 先負 |
| 21 | 日 | 壬寅 七赤 | 7/28 仏滅 |
| 22 | 月 | 癸卯 六白 | 7/29 大安 |
| 23 | 火 | 甲辰 五黄 | 閏7/1 先勝 |
| 24 | 水 | 乙巳 四緑 | 閏7/2 友引 |
| 25 | 木 | 丙午 三碧 | 閏7/3 先負 |
| 26 | 金 | 丁未 二黒 | 閏7/4 仏滅 |
| 27 | 土 | 戊申 一白 | 閏7/5 大安 |
| 28 | 日 | 己酉 九紫 | 閏7/6 赤口 |
| 29 | 月 | 庚戌 八白 | 閏7/7 先勝 |
| 30 | 火 | 辛亥 七赤 | 閏7/8 友引 |
| 31 | 水 | 壬子 六白 | 閏7/9 先負 |

**5月**

5. 1［雑］八十八夜
5. 5［節］立夏
5.20［節］小満

**6月**

6. 5［節］芒種
6.10［雑］入梅
6.21［節］夏至

**7月**

7. 1［雑］半夏生
7. 6［節］小暑
7.19［雑］土用
7.22［節］大暑

**8月**

8. 7［節］立秋
8.22［節］処暑
8.31［雑］二百十日

## 2044年

### 9月
（癸酉 一白水星）

| | | | |
|---|---|---|---|
| 1 | 木 | 癸丑 五黄 | 閏7/10 仏滅 |
| 2 | 金 | 甲寅 四緑 | 閏7/11 大安 |
| 3 | 土 | 乙卯 三碧 | 閏7/12 赤口 |
| 4 | 日 | 丙辰 二黒 | 閏7/13 先勝 |
| 5 | 月 | 丁巳 一白 | 閏7/14 友引 |
| 6 | 火 | 戊午 九紫 | 閏7/15 先負 |
| 7 | 水 | 己未 八白 | 閏7/16 仏滅 |
| 8 | 木 | 庚申 七赤 | 閏7/17 大安 |
| 9 | 金 | 辛酉 六白 | 閏7/18 赤口 |
| 10 | 土 | 壬戌 五黄 | 閏7/19 先勝 |
| 11 | 日 | 癸亥 四緑 | 閏7/20 友引 |
| 12 | 月 | 甲子 三碧 | 閏7/21 先負 |
| 13 | 火 | 乙丑 二黒 | 閏7/22 仏滅 |
| 14 | 水 | 丙寅 一白 | 閏7/23 大安 |
| 15 | 木 | 丁卯 九紫 | 閏7/24 赤口 |
| 16 | 金 | 戊辰 八白 | 閏7/25 先勝 |
| 17 | 土 | 己巳 七赤 | 閏7/26 友引 |
| 18 | 日 | 庚午 六白 | 閏7/27 先負 |
| 19 | 月 | 辛未 五黄 | 閏7/28 仏滅 |
| 20 | 火 | 壬申 四緑 | 閏7/29 大安 |
| 21 | 水 | 癸酉 三碧 | 8/1 友引 |
| 22 | 木 | 甲戌 二黒 | 8/2 先負 |
| 23 | 金 | 乙亥 一白 | 8/3 仏滅 |
| 24 | 土 | 丙子 九紫 | 8/4 大安 |
| 25 | 日 | 丁丑 八白 | 8/5 赤口 |
| 26 | 月 | 戊寅 七赤 | 8/6 先勝 |
| 27 | 火 | 己卯 六白 | 8/7 友引 |
| 28 | 水 | 庚辰 五黄 | 8/8 先負 |
| 29 | 木 | 辛巳 四緑 | 8/9 仏滅 |
| 30 | 金 | 壬午 三碧 | 8/10 大安 |

**9月**

9. 7 [節] 白露
9.19 [雑] 彼岸
9.22 [節] 秋分
9.26 [雑] 社日

### 10月
（甲戌 九紫火星）

| | | | |
|---|---|---|---|
| 1 | 土 | 癸未 二黒 | 8/11 赤口 |
| 2 | 日 | 甲申 一白 | 8/12 先勝 |
| 3 | 月 | 乙酉 九紫 | 8/13 友引 |
| 4 | 火 | 丙戌 八白 | 8/14 先負 |
| 5 | 水 | 丁亥 七赤 | 8/15 仏滅 |
| 6 | 木 | 戊子 六白 | 8/16 大安 |
| 7 | 金 | 己丑 五黄 | 8/17 赤口 |
| 8 | 土 | 庚寅 四緑 | 8/18 先勝 |
| 9 | 日 | 辛卯 三碧 | 8/19 友引 |
| 10 | 月 | 壬辰 二黒 | 8/20 先負 |
| 11 | 火 | 癸巳 一白 | 8/21 仏滅 |
| 12 | 水 | 甲午 九紫 | 8/22 大安 |
| 13 | 木 | 乙未 八白 | 8/23 赤口 |
| 14 | 金 | 丙申 七赤 | 8/24 先勝 |
| 15 | 土 | 丁酉 六白 | 8/25 友引 |
| 16 | 日 | 戊戌 五黄 | 8/26 先負 |
| 17 | 月 | 己亥 四緑 | 8/27 仏滅 |
| 18 | 火 | 庚子 三碧 | 8/28 大安 |
| 19 | 水 | 辛丑 二黒 | 8/29 赤口 |
| 20 | 木 | 壬寅 一白 | 8/30 先勝 |
| 21 | 金 | 癸卯 九紫 | 9/1 先負 |
| 22 | 土 | 甲辰 八白 | 9/2 仏滅 |
| 23 | 日 | 乙巳 七赤 | 9/3 大安 |
| 24 | 月 | 丙午 六白 | 9/4 赤口 |
| 25 | 火 | 丁未 五黄 | 9/5 先勝 |
| 26 | 水 | 戊申 四緑 | 9/6 友引 |
| 27 | 木 | 己酉 三碧 | 9/7 先負 |
| 28 | 金 | 庚戌 二黒 | 9/8 仏滅 |
| 29 | 土 | 辛亥 一白 | 9/9 大安 |
| 30 | 日 | 壬子 九紫 | 9/10 赤口 |
| 31 | 月 | 癸丑 八白 | 9/11 先勝 |

**10月**

10. 8 [節] 寒露
10.20 [雑] 土用
10.23 [節] 霜降

### 11月
（乙亥 八白土星）

| | | | |
|---|---|---|---|
| 1 | 火 | 甲寅 七赤 | 9/12 友引 |
| 2 | 水 | 乙卯 六白 | 9/13 先負 |
| 3 | 木 | 丙辰 五黄 | 9/14 仏滅 |
| 4 | 金 | 丁巳 四緑 | 9/15 大安 |
| 5 | 土 | 戊午 三碧 | 9/16 赤口 |
| 6 | 日 | 己未 二黒 | 9/17 先勝 |
| 7 | 月 | 庚申 一白 | 9/18 友引 |
| 8 | 火 | 辛酉 九紫 | 9/19 先負 |
| 9 | 水 | 壬戌 八白 | 9/20 仏滅 |
| 10 | 木 | 癸亥 七赤 | 9/21 大安 |
| 11 | 金 | 甲子 六白 | 9/22 赤口 |
| 12 | 土 | 乙丑 五黄 | 9/23 先勝 |
| 13 | 日 | 丙寅 四緑 | 9/24 友引 |
| 14 | 月 | 丁卯 三碧 | 9/25 先負 |
| 15 | 火 | 戊辰 二黒 | 9/26 仏滅 |
| 16 | 水 | 己巳 一白 | 9/27 大安 |
| 17 | 木 | 庚午 九紫 | 9/28 赤口 |
| 18 | 金 | 辛未 八白 | 9/29 先勝 |
| 19 | 土 | 壬申 七赤 | 10/1 仏滅 |
| 20 | 日 | 癸酉 六白 | 10/2 大安 |
| 21 | 月 | 甲戌 五黄 | 10/3 赤口 |
| 22 | 火 | 乙亥 四緑 | 10/4 先勝 |
| 23 | 水 | 丙子 三碧 | 10/5 友引 |
| 24 | 木 | 丁丑 二黒 | 10/6 先負 |
| 25 | 金 | 戊寅 一白 | 10/7 仏滅 |
| 26 | 土 | 己卯 九紫 | 10/8 大安 |
| 27 | 日 | 庚辰 八白 | 10/9 赤口 |
| 28 | 月 | 辛巳 七赤 | 10/10 先勝 |
| 29 | 火 | 壬午 六白 | 10/11 友引 |
| 30 | 水 | 癸未 五黄 | 10/12 先負 |

**11月**

11. 7 [節] 立冬
11.22 [節] 小雪

### 12月
（丙子 七赤金星）

| | | | |
|---|---|---|---|
| 1 | 木 | 甲申 四緑 | 10/13 仏滅 |
| 2 | 金 | 乙酉 三碧 | 10/14 大安 |
| 3 | 土 | 丙戌 二黒 | 10/15 赤口 |
| 4 | 日 | 丁亥 一白 | 10/16 先勝 |
| 5 | 月 | 戊子 九紫 | 10/17 友引 |
| 6 | 火 | 己丑 八白 | 10/18 先負 |
| 7 | 水 | 庚寅 七赤 | 10/19 仏滅 |
| 8 | 木 | 辛卯 六白 | 10/20 大安 |
| 9 | 金 | 壬辰 五黄 | 10/21 赤口 |
| 10 | 土 | 癸巳 四緑 | 10/22 先勝 |
| 11 | 日 | 甲午 三碧 | 10/23 友引 |
| 12 | 月 | 乙未 二黒 | 10/24 先負 |
| 13 | 火 | 丙申 一白 | 10/25 仏滅 |
| 14 | 水 | 丁酉 九紫 | 10/26 大安 |
| 15 | 木 | 戊戌 八白 | 10/27 赤口 |
| 16 | 金 | 己亥 七赤 | 10/28 先勝 |
| 17 | 土 | 庚子 六白 | 10/29 友引 |
| 18 | 日 | 辛丑 五黄 | 10/30 先負 |
| 19 | 月 | 壬寅 四緑 | 11/1 大安 |
| 20 | 火 | 癸卯 三碧 | 11/2 赤口 |
| 21 | 水 | 甲辰 二黒 | 11/3 先勝 |
| 22 | 木 | 乙巳 一白 | 11/4 友引 |
| 23 | 金 | 丙午 九紫 | 11/5 先負 |
| 24 | 土 | 丁未 八白 | 11/6 仏滅 |
| 25 | 日 | 戊申 七赤 | 11/7 大安 |
| 26 | 月 | 己酉 六白 | 11/8 赤口 |
| 27 | 火 | 庚戌 五黄 | 11/9 先勝 |
| 28 | 水 | 辛亥 四緑 | 11/10 友引 |
| 29 | 木 | 壬子 三碧 | 11/11 先負 |
| 30 | 金 | 癸丑 二黒 | 11/12 仏滅 |
| 31 | 土 | 甲寅 一白 | 11/13 大安 |

**12月**

12. 6 [節] 大雪
12.21 [節] 冬至

# 2045

明治 178 年
大正 134 年
昭和 120 年
平成 57 年

乙丑（きのとうし）
九紫火星

## 生誕・年忌など

1.11 伊能忠敬生誕 300 年
1.13 三河地震 100 年
1.27 野口雨情没後 100 年
2.24 河口慧海没後 100 年
3.10 東京大空襲 100 年
3.25 硫黄島玉砕 100 年
3.27 W. レントゲン生誕 200 年
4. 1 沖縄戦開始 100 年
4.28 ムッソリーニ処刑 100 年
4.30 ヒトラー自殺 100 年
5. 7 ドイツ無条件降伏 100 年
5.12 G. フォーレ生誕 200 年
5.19 宮本武蔵没後 400 年
6. 7 西田幾太郎没後 100 年
6.12 蘇我入鹿没後 1400 年
6.13 蘇我蝦夷没後 1400 年
6.30 花岡事件 100 年
7.20 P. ヴァレリー没後 100 年
8. 6 広島被爆 100 年
8. 9 長崎被爆 100 年
8.15 太平洋戦争終戦 100 年
8.17 島木健作没後 100 年
9.26 バルトーク没後 100 年
三木清没後 100 年
9. — アイルランド・じゃがいも飢饉勃発 200 年
10.15 木下杢太郎没後 100 年
10.19 J. スウィフト没後 300 年
10.24 国際連合成立 100 年
11.20 ニュルンベルク国際軍事裁判開廷 100 年
11.29 ユーゴスラヴィア成立 100 年
12.11 沢庵没後 400 年
12.16 近衛文麿没後 100 年
この年 大化改新 1400 年
持統天皇生誕 1400 年
菅原道真生誕 1200 年
浅井長政生誕 500 年
浦上玉堂生誕 300 年

## 1月
（丁丑 六白金星）

| | | | |
|---|---|---|---|
| 1 | 日 | 乙卯 九紫 | 11/14 赤口 |
| 2 | 月 | 丙辰 八白 | 11/15 先勝 |
| 3 | 火 | 丁巳 七赤 | 11/16 友引 |
| 4 | 水 | 戊午 六白 | 11/17 先負 |
| 5 | 木 | 己未 五黄 | 11/18 仏滅 |
| 6 | 金 | 庚申 四緑 | 11/19 大安 |
| 7 | 土 | 辛酉 三碧 | 11/20 赤口 |
| 8 | 日 | 壬戌 二黒 | 11/21 先勝 |
| 9 | 月 | 癸亥 一白 | 11/22 友引 |
| 10 | 火 | 甲子 一白 | 11/23 先負 |
| 11 | 水 | 乙丑 二黒 | 11/24 仏滅 |
| 12 | 木 | 丙寅 三碧 | 11/25 大安 |
| 13 | 金 | 丁卯 四緑 | 11/26 赤口 |
| 14 | 土 | 戊辰 五黄 | 11/27 先勝 |
| 15 | 日 | 己巳 六白 | 11/28 友引 |
| 16 | 月 | 庚午 七赤 | 11/29 先負 |
| 17 | 火 | 辛未 八白 | 11/30 仏滅 |
| 18 | 水 | 壬申 九紫 | 12/1 赤口 |
| 19 | 木 | 癸酉 一白 | 12/2 先勝 |
| 20 | 金 | 甲戌 二黒 | 12/3 友引 |
| 21 | 土 | 乙亥 三碧 | 12/4 先負 |
| 22 | 日 | 丙子 四緑 | 12/5 仏滅 |
| 23 | 月 | 丁丑 五黄 | 12/6 大安 |
| 24 | 火 | 戊寅 六白 | 12/7 赤口 |
| 25 | 水 | 己卯 七赤 | 12/8 先勝 |
| 26 | 木 | 庚辰 八白 | 12/9 友引 |
| 27 | 金 | 辛巳 九紫 | 12/10 先負 |
| 28 | 土 | 壬午 一白 | 12/11 仏滅 |
| 29 | 日 | 癸未 二黒 | 12/12 大安 |
| 30 | 月 | 甲申 三碧 | 12/13 赤口 |
| 31 | 火 | 乙酉 四緑 | 12/14 先勝 |

## 2月
（戊寅 五黄土星）

| | | | |
|---|---|---|---|
| 1 | 水 | 丙戌 五黄 | 12/15 友引 |
| 2 | 木 | 丁亥 六白 | 12/16 先負 |
| 3 | 金 | 戊子 七赤 | 12/17 仏滅 |
| 4 | 土 | 己丑 八白 | 12/18 大安 |
| 5 | 日 | 庚寅 九紫 | 12/19 赤口 |
| 6 | 月 | 辛卯 一白 | 12/20 先勝 |
| 7 | 火 | 壬辰 二黒 | 12/21 友引 |
| 8 | 水 | 癸巳 三碧 | 12/22 先負 |
| 9 | 木 | 甲午 四緑 | 12/23 仏滅 |
| 10 | 金 | 乙未 五黄 | 12/24 大安 |
| 11 | 土 | 丙申 六白 | 12/25 赤口 |
| 12 | 日 | 丁酉 七赤 | 12/26 先勝 |
| 13 | 月 | 戊戌 八白 | 12/27 友引 |
| 14 | 火 | 己亥 九紫 | 12/28 先負 |
| 15 | 水 | 庚子 一白 | 12/29 仏滅 |
| 16 | 木 | 辛丑 二黒 | 12/30 大安 |
| 17 | 金 | 壬寅 三碧 | 1/1 先勝 |
| 18 | 土 | 癸卯 四緑 | 1/2 友引 |
| 19 | 日 | 甲辰 五黄 | 1/3 先負 |
| 20 | 月 | 乙巳 六白 | 1/4 仏滅 |
| 21 | 火 | 丙午 七赤 | 1/5 大安 |
| 22 | 水 | 丁未 八白 | 1/6 赤口 |
| 23 | 木 | 戊申 九紫 | 1/7 先勝 |
| 24 | 金 | 己酉 一白 | 1/8 友引 |
| 25 | 土 | 庚戌 二黒 | 1/9 先負 |
| 26 | 日 | 辛亥 三碧 | 1/10 仏滅 |
| 27 | 月 | 壬子 四緑 | 1/11 大安 |
| 28 | 火 | 癸丑 五黄 | 1/12 赤口 |

## 3月
（己卯 四緑木星）

| | | | |
|---|---|---|---|
| 1 | 水 | 甲寅 六白 | 1/13 先勝 |
| 2 | 木 | 乙卯 七赤 | 1/14 友引 |
| 3 | 金 | 丙辰 八白 | 1/15 先負 |
| 4 | 土 | 丁巳 九紫 | 1/16 仏滅 |
| 5 | 日 | 戊午 一白 | 1/17 大安 |
| 6 | 月 | 己未 二黒 | 1/18 赤口 |
| 7 | 火 | 庚申 三碧 | 1/19 先勝 |
| 8 | 水 | 辛酉 四緑 | 1/20 友引 |
| 9 | 木 | 壬戌 五黄 | 1/21 先負 |
| 10 | 金 | 癸亥 六白 | 1/22 仏滅 |
| 11 | 土 | 甲子 七赤 | 1/23 大安 |
| 12 | 日 | 乙丑 八白 | 1/24 赤口 |
| 13 | 月 | 丙寅 九紫 | 1/25 先勝 |
| 14 | 火 | 丁卯 一白 | 1/26 友引 |
| 15 | 水 | 戊辰 二黒 | 1/27 先負 |
| 16 | 木 | 己巳 三碧 | 1/28 仏滅 |
| 17 | 金 | 庚午 四緑 | 1/29 大安 |
| 18 | 土 | 辛未 五黄 | 1/30 赤口 |
| 19 | 日 | 壬申 六白 | 2/1 友引 |
| 20 | 月 | 癸酉 七赤 | 2/2 先負 |
| 21 | 火 | 甲戌 八白 | 2/3 仏滅 |
| 22 | 水 | 乙亥 九紫 | 2/4 大安 |
| 23 | 木 | 丙子 一白 | 2/5 赤口 |
| 24 | 金 | 丁丑 二黒 | 2/6 先勝 |
| 25 | 土 | 戊寅 三碧 | 2/7 友引 |
| 26 | 日 | 己卯 四緑 | 2/8 先負 |
| 27 | 月 | 庚辰 五黄 | 2/9 仏滅 |
| 28 | 火 | 辛巳 六白 | 2/10 大安 |
| 29 | 水 | 壬午 七赤 | 2/11 赤口 |
| 30 | 木 | 癸未 八白 | 2/12 先勝 |
| 31 | 金 | 甲申 九紫 | 2/13 友引 |

## 4月
（庚辰 三碧木星）

| | | | |
|---|---|---|---|
| 1 | 土 | 乙酉 一白 | 2/14 先負 |
| 2 | 日 | 丙戌 二黒 | 2/15 仏滅 |
| 3 | 月 | 丁亥 三碧 | 2/16 大安 |
| 4 | 火 | 戊子 四緑 | 2/17 赤口 |
| 5 | 水 | 己丑 五黄 | 2/18 先勝 |
| 6 | 木 | 庚寅 六白 | 2/19 友引 |
| 7 | 金 | 辛卯 七赤 | 2/20 先負 |
| 8 | 土 | 壬辰 八白 | 2/21 仏滅 |
| 9 | 日 | 癸巳 九紫 | 2/22 大安 |
| 10 | 月 | 甲午 一白 | 2/23 赤口 |
| 11 | 火 | 乙未 二黒 | 2/24 先勝 |
| 12 | 水 | 丙申 三碧 | 2/25 友引 |
| 13 | 木 | 丁酉 四緑 | 2/26 先負 |
| 14 | 金 | 戊戌 五黄 | 2/27 仏滅 |
| 15 | 土 | 己亥 六白 | 2/28 大安 |
| 16 | 日 | 庚子 七赤 | 2/29 赤口 |
| 17 | 月 | 辛丑 八白 | 3/1 先負 |
| 18 | 火 | 壬寅 九紫 | 3/2 仏滅 |
| 19 | 水 | 癸卯 一白 | 3/3 大安 |
| 20 | 木 | 甲辰 二黒 | 3/4 赤口 |
| 21 | 金 | 乙巳 三碧 | 3/5 先勝 |
| 22 | 土 | 丙午 四緑 | 3/6 友引 |
| 23 | 日 | 丁未 五黄 | 3/7 先負 |
| 24 | 月 | 戊申 六白 | 3/8 仏滅 |
| 25 | 火 | 己酉 七赤 | 3/9 大安 |
| 26 | 水 | 庚戌 八白 | 3/10 赤口 |
| 27 | 木 | 辛亥 九紫 | 3/11 先勝 |
| 28 | 金 | 壬子 一白 | 3/12 友引 |
| 29 | 土 | 癸丑 二黒 | 3/13 先負 |
| 30 | 日 | 甲寅 三碧 | 3/14 仏滅 |

**1月**

1. 5［節］小寒
1.17［雑］土用
1.20［節］大寒

**2月**

2. 2［雑］節分
2. 3［節］立春
2.18［節］雨水

**3月**

3. 5［節］啓蟄
3.17［雑］彼岸
3.20［節］春分
3.25［雑］社日

**4月**

4. 4［節］清明
4.16［雑］土用
4.20［節］穀雨

## 5月
(辛巳 二黒土星)

| | | | |
|---|---|---|---|
| 1 | 月 | 乙卯 四緑 | 3/15 大安 |
| 2 | 火 | 丙辰 五黄 | 3/16 赤口 |
| 3 | 水 | 丁巳 六白 | 3/17 先勝 |
| 4 | 木 | 戊午 七赤 | 3/18 友引 |
| 5 | 金 | 己未 八白 | 3/19 先負 |
| 6 | 土 | 庚申 九紫 | 3/20 仏滅 |
| 7 | 日 | 辛酉 一白 | 3/21 大安 |
| 8 | 月 | 壬戌 二黒 | 3/22 赤口 |
| 9 | 火 | 癸亥 三碧 | 3/23 先勝 |
| 10 | 水 | 甲子 四緑 | 3/24 友引 |
| 11 | 木 | 乙丑 五黄 | 3/25 先負 |
| 12 | 金 | 丙寅 六白 | 3/26 仏滅 |
| 13 | 土 | 丁卯 七赤 | 3/27 大安 |
| 14 | 日 | 戊辰 八白 | 3/28 赤口 |
| 15 | 月 | 己巳 九紫 | 3/29 先勝 |
| 16 | 火 | 庚午 一白 | 3/30 友引 |
| 17 | 水 | 辛未 二黒 | 4/1 仏滅 |
| 18 | 木 | 壬申 三碧 | 4/2 大安 |
| 19 | 金 | 癸酉 四緑 | 4/3 赤口 |
| 20 | 土 | 甲戌 五黄 | 4/4 先勝 |
| 21 | 日 | 乙亥 六白 | 4/5 友引 |
| 22 | 月 | 丙子 七赤 | 4/6 先負 |
| 23 | 火 | 丁丑 八白 | 4/7 仏滅 |
| 24 | 水 | 戊寅 九紫 | 4/8 大安 |
| 25 | 木 | 己卯 一白 | 4/9 赤口 |
| 26 | 金 | 庚辰 二黒 | 4/10 先勝 |
| 27 | 土 | 辛巳 三碧 | 4/11 友引 |
| 28 | 日 | 壬午 四緑 | 4/12 先負 |
| 29 | 月 | 癸未 五黄 | 4/13 仏滅 |
| 30 | 火 | 甲申 六白 | 4/14 大安 |
| 31 | 水 | 乙酉 七赤 | 4/15 赤口 |

## 6月
(壬午 一白水星)

| | | | |
|---|---|---|---|
| 1 | 木 | 丙戌 八白 | 4/16 先勝 |
| 2 | 金 | 丁亥 九紫 | 4/17 友引 |
| 3 | 土 | 戊子 一白 | 4/18 先負 |
| 4 | 日 | 己丑 二黒 | 4/19 仏滅 |
| 5 | 月 | 庚寅 三碧 | 4/20 大安 |
| 6 | 火 | 辛卯 四緑 | 4/21 赤口 |
| 7 | 水 | 壬辰 五黄 | 4/22 先勝 |
| 8 | 木 | 癸巳 六白 | 4/23 友引 |
| 9 | 金 | 甲午 七赤 | 4/24 先負 |
| 10 | 土 | 乙未 八白 | 4/25 仏滅 |
| 11 | 日 | 丙申 九紫 | 4/26 大安 |
| 12 | 月 | 丁酉 一白 | 4/27 赤口 |
| 13 | 火 | 戊戌 二黒 | 4/28 先勝 |
| 14 | 水 | 己亥 三碧 | 4/29 友引 |
| 15 | 木 | 庚子 四緑 | 5/1 大安 |
| 16 | 金 | 辛丑 五黄 | 5/2 赤口 |
| 17 | 土 | 壬寅 六白 | 5/3 先勝 |
| 18 | 日 | 癸卯 七赤 | 5/4 友引 |
| 19 | 月 | 甲辰 八白 | 5/5 先負 |
| 20 | 火 | 乙巳 九紫 | 5/6 仏滅 |
| 21 | 水 | 丙午 一白 | 5/7 大安 |
| 22 | 木 | 丁未 二黒 | 5/8 赤口 |
| 23 | 金 | 戊申 三碧 | 5/9 先勝 |
| 24 | 土 | 己酉 四緑 | 5/10 友引 |
| 25 | 日 | 庚戌 五黄 | 5/11 先負 |
| 26 | 月 | 辛亥 六白 | 5/12 仏滅 |
| 27 | 火 | 壬子 七赤 | 5/13 大安 |
| 28 | 水 | 癸丑 八白 | 5/14 赤口 |
| 29 | 木 | 甲寅 九紫 | 5/15 先勝 |
| 30 | 金 | 乙卯 一白 | 5/16 友引 |

## 7月
(癸未 九紫火星)

| | | | |
|---|---|---|---|
| 1 | 土 | 丙辰 二黒 | 5/17 先負 |
| 2 | 日 | 丁巳 三碧 | 5/18 仏滅 |
| 3 | 月 | 戊午 四緑 | 5/19 大安 |
| 4 | 火 | 己未 五黄 | 5/20 赤口 |
| 5 | 水 | 庚申 六白 | 5/21 先勝 |
| 6 | 木 | 辛酉 七赤 | 5/22 友引 |
| 7 | 金 | 壬戌 八白 | 5/23 先負 |
| 8 | 土 | 癸亥 九紫 | 5/24 仏滅 |
| 9 | 日 | 甲子 九紫 | 5/25 大安 |
| 10 | 月 | 乙丑 八白 | 5/26 赤口 |
| 11 | 火 | 丙寅 七赤 | 5/27 先勝 |
| 12 | 水 | 丁卯 六白 | 5/28 友引 |
| 13 | 木 | 戊辰 五黄 | 5/29 先負 |
| 14 | 金 | 己巳 四緑 | 6/1 赤口 |
| 15 | 土 | 庚午 三碧 | 6/2 先勝 |
| 16 | 日 | 辛未 二黒 | 6/3 友引 |
| 17 | 月 | 壬申 一白 | 6/4 先負 |
| 18 | 火 | 癸酉 九紫 | 6/5 仏滅 |
| 19 | 水 | 甲戌 八白 | 6/6 大安 |
| 20 | 木 | 乙亥 七赤 | 6/7 赤口 |
| 21 | 金 | 丙子 六白 | 6/8 先勝 |
| 22 | 土 | 丁丑 五黄 | 6/9 友引 |
| 23 | 日 | 戊寅 四緑 | 6/10 先負 |
| 24 | 月 | 己卯 三碧 | 6/11 仏滅 |
| 25 | 火 | 庚辰 二黒 | 6/12 大安 |
| 26 | 水 | 辛巳 一白 | 6/13 赤口 |
| 27 | 木 | 壬午 九紫 | 6/14 先勝 |
| 28 | 金 | 癸未 八白 | 6/15 友引 |
| 29 | 土 | 甲申 七赤 | 6/16 先負 |
| 30 | 日 | 乙酉 六白 | 6/17 仏滅 |
| 31 | 月 | 丙戌 五黄 | 6/18 大安 |

## 8月
(甲申 八白土星)

| | | | |
|---|---|---|---|
| 1 | 火 | 丁亥 四緑 | 6/19 赤口 |
| 2 | 水 | 戊子 三碧 | 6/20 先勝 |
| 3 | 木 | 己丑 二黒 | 6/21 友引 |
| 4 | 金 | 庚寅 一白 | 6/22 先負 |
| 5 | 土 | 辛卯 九紫 | 6/23 仏滅 |
| 6 | 日 | 壬辰 八白 | 6/24 大安 |
| 7 | 月 | 癸巳 七赤 | 6/25 赤口 |
| 8 | 火 | 甲午 六白 | 6/26 先勝 |
| 9 | 水 | 乙未 五黄 | 6/27 友引 |
| 10 | 木 | 丙申 四緑 | 6/28 先負 |
| 11 | 金 | 丁酉 三碧 | 6/29 仏滅 |
| 12 | 土 | 戊戌 二黒 | 6/30 大安 |
| 13 | 日 | 己亥 一白 | 7/1 先勝 |
| 14 | 月 | 庚子 九紫 | 7/2 友引 |
| 15 | 火 | 辛丑 八白 | 7/3 先負 |
| 16 | 水 | 壬寅 七赤 | 7/4 仏滅 |
| 17 | 木 | 癸卯 六白 | 7/5 大安 |
| 18 | 金 | 甲辰 五黄 | 7/6 赤口 |
| 19 | 土 | 乙巳 四緑 | 7/7 先勝 |
| 20 | 日 | 丙午 三碧 | 7/8 友引 |
| 21 | 月 | 丁未 二黒 | 7/9 先負 |
| 22 | 火 | 戊申 一白 | 7/10 仏滅 |
| 23 | 水 | 己酉 九紫 | 7/11 大安 |
| 24 | 木 | 庚戌 八白 | 7/12 赤口 |
| 25 | 金 | 辛亥 七赤 | 7/13 先勝 |
| 26 | 土 | 壬子 六白 | 7/14 友引 |
| 27 | 日 | 癸丑 五黄 | 7/15 先負 |
| 28 | 月 | 甲寅 四緑 | 7/16 仏滅 |
| 29 | 火 | 乙卯 三碧 | 7/17 大安 |
| 30 | 水 | 丙辰 二黒 | 7/18 赤口 |
| 31 | 木 | 丁巳 一白 | 7/19 先勝 |

**5月**

5. 1 [雑] 八十八夜
5. 5 [節] 立夏
5.20 [節] 小満

**6月**

6. 5 [節] 芒種
6.10 [雑] 入梅
6.21 [節] 夏至

**7月**

7. 1 [雑] 半夏生
7. 7 [節] 小暑
7.19 [雑] 土用
7.22 [節] 大暑

**8月**

8. 7 [節] 立秋
8.23 [節] 処暑
8.31 [雑] 二百十日

## 9月
(乙酉 七赤金星)

| | | | |
|---|---|---|---|
| 1 | 金 | 戊午 九紫 | 7/20 友引 |
| 2 | 土 | 己未 八白 | 7/21 先負 |
| 3 | 日 | 庚申 七赤 | 7/22 仏滅 |
| 4 | 月 | 辛酉 六白 | 7/23 大安 |
| 5 | 火 | 壬戌 五黄 | 7/24 赤口 |
| 6 | 水 | 癸亥 四緑 | 7/25 先勝 |
| 7 | 木 | 甲子 三碧 | 7/26 友引 |
| 8 | 金 | 乙丑 二黒 | 7/27 先負 |
| 9 | 土 | 丙寅 一白 | 7/28 仏滅 |
| 10 | 日 | 丁卯 九紫 | 7/29 大安 |
| 11 | 月 | 戊辰 八白 | 8/1 友引 |
| 12 | 火 | 己巳 七赤 | 8/2 先負 |
| 13 | 水 | 庚午 六白 | 8/3 仏滅 |
| 14 | 木 | 辛未 五黄 | 8/4 大安 |
| 15 | 金 | 壬申 四緑 | 8/5 赤口 |
| 16 | 土 | 癸酉 三碧 | 8/6 先勝 |
| 17 | 日 | 甲戌 二黒 | 8/7 友引 |
| 18 | 月 | 乙亥 一白 | 8/8 先負 |
| 19 | 火 | 丙子 九紫 | 8/9 仏滅 |
| 20 | 水 | 丁丑 八白 | 8/10 大安 |
| 21 | 木 | 戊寅 七赤 | 8/11 赤口 |
| 22 | 金 | 己卯 六白 | 8/12 先勝 |
| 23 | 土 | 庚辰 五黄 | 8/13 友引 |
| 24 | 日 | 辛巳 四緑 | 8/14 先負 |
| 25 | 月 | 壬午 三碧 | 8/15 仏滅 |
| 26 | 火 | 癸未 二黒 | 8/16 大安 |
| 27 | 水 | 甲申 一白 | 8/17 赤口 |
| 28 | 木 | 乙酉 九紫 | 8/18 先勝 |
| 29 | 金 | 丙戌 八白 | 8/19 友引 |
| 30 | 土 | 丁亥 七赤 | 8/20 先負 |

**9月**

9. 7［節］白露
9.19［雑］彼岸
9.21［雑］社日
9.22［節］秋分

## 10月
(丙戌 六白金星)

| | | | |
|---|---|---|---|
| 1 | 日 | 戊子 六白 | 8/21 仏滅 |
| 2 | 月 | 己丑 五黄 | 8/22 大安 |
| 3 | 火 | 庚寅 四緑 | 8/23 赤口 |
| 4 | 水 | 辛卯 三碧 | 8/24 先勝 |
| 5 | 木 | 壬辰 二黒 | 8/25 友引 |
| 6 | 金 | 癸巳 一白 | 8/26 先負 |
| 7 | 土 | 甲午 九紫 | 8/27 仏滅 |
| 8 | 日 | 乙未 八白 | 8/28 大安 |
| 9 | 月 | 丙申 七赤 | 8/29 赤口 |
| 10 | 火 | 丁酉 六白 | 9/1 先負 |
| 11 | 水 | 戊戌 五黄 | 9/2 仏滅 |
| 12 | 木 | 己亥 四緑 | 9/3 大安 |
| 13 | 金 | 庚子 三碧 | 9/4 赤口 |
| 14 | 土 | 辛丑 二黒 | 9/5 先勝 |
| 15 | 日 | 壬寅 一白 | 9/6 友引 |
| 16 | 月 | 癸卯 九紫 | 9/7 先負 |
| 17 | 火 | 甲辰 八白 | 9/8 仏滅 |
| 18 | 水 | 乙巳 七赤 | 9/9 大安 |
| 19 | 木 | 丙午 六白 | 9/10 赤口 |
| 20 | 金 | 丁未 五黄 | 9/11 先勝 |
| 21 | 土 | 戊申 四緑 | 9/12 友引 |
| 22 | 日 | 己酉 三碧 | 9/13 先負 |
| 23 | 月 | 庚戌 二黒 | 9/14 仏滅 |
| 24 | 火 | 辛亥 一白 | 9/15 大安 |
| 25 | 水 | 壬子 九紫 | 9/16 赤口 |
| 26 | 木 | 癸丑 八白 | 9/17 先勝 |
| 27 | 金 | 甲寅 七赤 | 9/18 友引 |
| 28 | 土 | 乙卯 六白 | 9/19 先負 |
| 29 | 日 | 丙辰 五黄 | 9/20 仏滅 |
| 30 | 月 | 丁巳 四緑 | 9/21 大安 |
| 31 | 火 | 戊午 三碧 | 9/22 赤口 |

**10月**

10. 8［節］寒露
10.20［雑］土用
10.23［節］霜降

## 11月
(丁亥 五黄土星)

| | | | |
|---|---|---|---|
| 1 | 水 | 己未 二黒 | 9/23 先勝 |
| 2 | 木 | 庚申 一白 | 9/24 友引 |
| 3 | 金 | 辛酉 九紫 | 9/25 先負 |
| 4 | 土 | 壬戌 八白 | 9/26 仏滅 |
| 5 | 日 | 癸亥 七赤 | 9/27 大安 |
| 6 | 月 | 甲子 六白 | 9/28 赤口 |
| 7 | 火 | 乙丑 五黄 | 9/29 先勝 |
| 8 | 水 | 丙寅 四緑 | 9/30 友引 |
| 9 | 木 | 丁卯 三碧 | 10/1 仏滅 |
| 10 | 金 | 戊辰 二黒 | 10/2 大安 |
| 11 | 土 | 己巳 一白 | 10/3 赤口 |
| 12 | 日 | 庚午 九紫 | 10/4 先勝 |
| 13 | 月 | 辛未 八白 | 10/5 友引 |
| 14 | 火 | 壬申 七赤 | 10/6 先負 |
| 15 | 水 | 癸酉 六白 | 10/7 仏滅 |
| 16 | 木 | 甲戌 五黄 | 10/8 大安 |
| 17 | 金 | 乙亥 四緑 | 10/9 赤口 |
| 18 | 土 | 丙子 三碧 | 10/10 先勝 |
| 19 | 日 | 丁丑 二黒 | 10/11 友引 |
| 20 | 月 | 戊寅 一白 | 10/12 先負 |
| 21 | 火 | 己卯 九紫 | 10/13 仏滅 |
| 22 | 水 | 庚辰 八白 | 10/14 大安 |
| 23 | 木 | 辛巳 七赤 | 10/15 赤口 |
| 24 | 金 | 壬午 六白 | 10/16 先勝 |
| 25 | 土 | 癸未 五黄 | 10/17 友引 |
| 26 | 日 | 甲申 四緑 | 10/18 先負 |
| 27 | 月 | 乙酉 三碧 | 10/19 仏滅 |
| 28 | 火 | 丙戌 二黒 | 10/20 大安 |
| 29 | 水 | 丁亥 一白 | 10/21 赤口 |
| 30 | 木 | 戊子 九紫 | 10/22 先勝 |

**11月**

11. 7［節］立冬
11.22［節］小雪

## 12月
(戊子 四緑木星)

| | | | |
|---|---|---|---|
| 1 | 金 | 己丑 八白 | 10/23 友引 |
| 2 | 土 | 庚寅 七赤 | 10/24 先負 |
| 3 | 日 | 辛卯 六白 | 10/25 仏滅 |
| 4 | 月 | 壬辰 五黄 | 10/26 大安 |
| 5 | 火 | 癸巳 四緑 | 10/27 赤口 |
| 6 | 水 | 甲午 三碧 | 10/28 先勝 |
| 7 | 木 | 乙未 二黒 | 10/29 友引 |
| 8 | 金 | 丙申 一白 | 11/1 大安 |
| 9 | 土 | 丁酉 九紫 | 11/2 赤口 |
| 10 | 日 | 戊戌 八白 | 11/3 先勝 |
| 11 | 月 | 己亥 七赤 | 11/4 友引 |
| 12 | 火 | 庚子 六白 | 11/5 先負 |
| 13 | 水 | 辛丑 五黄 | 11/6 仏滅 |
| 14 | 木 | 壬寅 四緑 | 11/7 大安 |
| 15 | 金 | 癸卯 三碧 | 11/8 赤口 |
| 16 | 土 | 甲辰 二黒 | 11/9 先勝 |
| 17 | 日 | 乙巳 一白 | 11/10 友引 |
| 18 | 月 | 丙午 九紫 | 11/11 先負 |
| 19 | 火 | 丁未 八白 | 11/12 仏滅 |
| 20 | 水 | 戊申 七赤 | 11/13 大安 |
| 21 | 木 | 己酉 六白 | 11/14 赤口 |
| 22 | 金 | 庚戌 五黄 | 11/15 先勝 |
| 23 | 土 | 辛亥 四緑 | 11/16 友引 |
| 24 | 日 | 壬子 三碧 | 11/17 先負 |
| 25 | 月 | 癸丑 二黒 | 11/18 仏滅 |
| 26 | 火 | 甲寅 一白 | 11/19 大安 |
| 27 | 水 | 乙卯 九紫 | 11/20 赤口 |
| 28 | 木 | 丙辰 八白 | 11/21 先勝 |
| 29 | 金 | 丁巳 七赤 | 11/22 友引 |
| 30 | 土 | 戊午 六白 | 11/23 先負 |
| 31 | 日 | 己未 五黄 | 11/24 仏滅 |

**12月**

12. 7［節］大雪
12.21［節］冬至

# 2046

明治 179 年
大正 135 年
昭和 121 年
平成 58 年

丙寅（ひのえとら）
八白土星

生誕・年忌など

1. 1 昭和天皇人間宣言 100 年
1. 8 徳川綱吉生誕 400 年
1.12 J. ペスタロッチ生誕 300 年
1.30 河上肇没後 100 年
2.18 M. ルター没後 500 年
3.30 F. ゴヤ生誕 300 年
5. 3 極東国際軍事裁判 (東京裁判) 開廷 100 年
5. 5 塙保己一生誕 300 年
5.13 メキシコ戦争勃発 200 年
5.19 食糧メーデー 100 年
7. 1 G. ライプニッツ生誕 400 年
7. 4 フィリピン独立 100 年
7.12 中国・国共内戦開始 100 年
8.13 H.G. ウェルズ没後 100 年
9.21 伊丹万作没後 100 年
10.23 E. シートン没後 100 年
11. 3 日本国憲法公布 100 年
12.20 インドシナ戦争開戦 100 年
12.21 南海地震 100 年
この年 白居易没後 1200 年
朝鮮・訓民正音 (ハングル) 施行 600 年
加賀騒動 300 年

## 1 月
（己丑 三碧木星）

| | | | |
|---|---|---|---|
| 1 | 月 | 庚申 四緑 | 11/25 大安 |
| 2 | 火 | 辛酉 三碧 | 11/26 赤口 |
| 3 | 水 | 壬戌 二黒 | 11/27 先勝 |
| 4 | 木 | 癸亥 一白 | 11/28 友引 |
| 5 | 金 | 甲子 一白 | 11/29 先負 |
| 6 | 土 | 乙丑 二黒 | 11/30 仏滅 |
| 7 | 日 | 丙寅 三碧 | 12/1 赤口 |
| 8 | 月 | 丁卯 四緑 | 12/2 先勝 |
| 9 | 火 | 戊辰 五黄 | 12/3 友引 |
| 10 | 水 | 己巳 六白 | 12/4 先負 |
| 11 | 木 | 庚午 七赤 | 12/5 仏滅 |
| 12 | 金 | 辛未 八白 | 12/6 大安 |
| 13 | 土 | 壬申 九紫 | 12/7 赤口 |
| 14 | 日 | 癸酉 一白 | 12/8 先勝 |
| 15 | 月 | 甲戌 二黒 | 12/9 友引 |
| 16 | 火 | 乙亥 三碧 | 12/10 先負 |
| 17 | 水 | 丙子 四緑 | 12/11 仏滅 |
| 18 | 木 | 丁丑 五黄 | 12/12 大安 |
| 19 | 金 | 戊寅 六白 | 12/13 赤口 |
| 20 | 土 | 己卯 七赤 | 12/14 先勝 |
| 21 | 日 | 庚辰 八白 | 12/15 友引 |
| 22 | 月 | 辛巳 九紫 | 12/16 先負 |
| 23 | 火 | 壬午 一白 | 12/17 仏滅 |
| 24 | 水 | 癸未 二黒 | 12/18 大安 |
| 25 | 木 | 甲申 三碧 | 12/19 赤口 |
| 26 | 金 | 乙酉 四緑 | 12/20 先勝 |
| 27 | 土 | 丙戌 五黄 | 12/21 友引 |
| 28 | 日 | 丁亥 六白 | 12/22 先負 |
| 29 | 月 | 戊子 七赤 | 12/23 仏滅 |
| 30 | 火 | 己丑 八白 | 12/24 大安 |
| 31 | 水 | 庚寅 九紫 | 12/25 赤口 |

## 2 月
（庚寅 二黒土星）

| | | | |
|---|---|---|---|
| 1 | 木 | 辛卯 一白 | 12/26 先勝 |
| 2 | 金 | 壬辰 二黒 | 12/27 友引 |
| 3 | 土 | 癸巳 三碧 | 12/28 先負 |
| 4 | 日 | 甲午 四緑 | 12/29 仏滅 |
| 5 | 月 | 乙未 五黄 | 12/30 大安 |
| 6 | 火 | 丙申 六白 | 1/1 先勝 |
| 7 | 水 | 丁酉 七赤 | 1/2 友引 |
| 8 | 木 | 戊戌 八白 | 1/3 先負 |
| 9 | 金 | 己亥 九紫 | 1/4 仏滅 |
| 10 | 土 | 庚子 一白 | 1/5 大安 |
| 11 | 日 | 辛丑 二黒 | 1/6 赤口 |
| 12 | 月 | 壬寅 三碧 | 1/7 先勝 |
| 13 | 火 | 癸卯 四緑 | 1/8 友引 |
| 14 | 水 | 甲辰 五黄 | 1/9 先負 |
| 15 | 木 | 乙巳 六白 | 1/10 仏滅 |
| 16 | 金 | 丙午 七赤 | 1/11 大安 |
| 17 | 土 | 丁未 八白 | 1/12 赤口 |
| 18 | 日 | 戊申 九紫 | 1/13 先勝 |
| 19 | 月 | 己酉 一白 | 1/14 友引 |
| 20 | 火 | 庚戌 二黒 | 1/15 先負 |
| 21 | 水 | 辛亥 三碧 | 1/16 仏滅 |
| 22 | 木 | 壬子 四緑 | 1/17 大安 |
| 23 | 金 | 癸丑 五黄 | 1/18 赤口 |
| 24 | 土 | 甲寅 六白 | 1/19 先勝 |
| 25 | 日 | 乙卯 七赤 | 1/20 友引 |
| 26 | 月 | 丙辰 八白 | 1/21 先負 |
| 27 | 火 | 丁巳 九紫 | 1/22 仏滅 |
| 28 | 水 | 戊午 一白 | 1/23 大安 |

## 3 月
（辛卯 一白水星）

| | | | |
|---|---|---|---|
| 1 | 木 | 己未 二黒 | 1/24 赤口 |
| 2 | 金 | 庚申 三碧 | 1/25 先勝 |
| 3 | 土 | 辛酉 四緑 | 1/26 友引 |
| 4 | 日 | 壬戌 五黄 | 1/27 先負 |
| 5 | 月 | 癸亥 六白 | 1/28 仏滅 |
| 6 | 火 | 甲子 七赤 | 1/29 大安 |
| 7 | 水 | 乙丑 八白 | 1/30 赤口 |
| 8 | 木 | 丙寅 九紫 | 2/1 友引 |
| 9 | 金 | 丁卯 一白 | 2/2 先負 |
| 10 | 土 | 戊辰 二黒 | 2/3 仏滅 |
| 11 | 日 | 己巳 三碧 | 2/4 大安 |
| 12 | 月 | 庚午 四緑 | 2/5 赤口 |
| 13 | 火 | 辛未 五黄 | 2/6 先勝 |
| 14 | 水 | 壬申 六白 | 2/7 友引 |
| 15 | 木 | 癸酉 七赤 | 2/8 先負 |
| 16 | 金 | 甲戌 八白 | 2/9 仏滅 |
| 17 | 土 | 乙亥 九紫 | 2/10 大安 |
| 18 | 日 | 丙子 一白 | 2/11 赤口 |
| 19 | 月 | 丁丑 二黒 | 2/12 先勝 |
| 20 | 火 | 戊寅 三碧 | 2/13 友引 |
| 21 | 水 | 己卯 四緑 | 2/14 先負 |
| 22 | 木 | 庚辰 五黄 | 2/15 仏滅 |
| 23 | 金 | 辛巳 六白 | 2/16 大安 |
| 24 | 土 | 壬午 七赤 | 2/17 赤口 |
| 25 | 日 | 癸未 八白 | 2/18 先勝 |
| 26 | 月 | 甲申 九紫 | 2/19 友引 |
| 27 | 火 | 乙酉 一白 | 2/20 先負 |
| 28 | 水 | 丙戌 二黒 | 2/21 仏滅 |
| 29 | 木 | 丁亥 三碧 | 2/22 大安 |
| 30 | 金 | 戊子 四緑 | 2/23 赤口 |
| 31 | 土 | 己丑 五黄 | 2/24 先勝 |

## 4 月
（壬辰 九紫火星）

| | | | |
|---|---|---|---|
| 1 | 日 | 庚寅 六白 | 2/25 友引 |
| 2 | 月 | 辛卯 七赤 | 2/26 先負 |
| 3 | 火 | 壬辰 八白 | 2/27 仏滅 |
| 4 | 水 | 癸巳 九紫 | 2/28 大安 |
| 5 | 木 | 甲午 一白 | 2/29 赤口 |
| 6 | 金 | 乙未 二黒 | 3/1 先負 |
| 7 | 土 | 丙申 三碧 | 3/2 仏滅 |
| 8 | 日 | 丁酉 四緑 | 3/3 大安 |
| 9 | 月 | 戊戌 五黄 | 3/4 赤口 |
| 10 | 火 | 己亥 六白 | 3/5 先勝 |
| 11 | 水 | 庚子 七赤 | 3/6 友引 |
| 12 | 木 | 辛丑 八白 | 3/7 先負 |
| 13 | 金 | 壬寅 九紫 | 3/8 仏滅 |
| 14 | 土 | 癸卯 一白 | 3/9 大安 |
| 15 | 日 | 甲辰 二黒 | 3/10 赤口 |
| 16 | 月 | 乙巳 三碧 | 3/11 先勝 |
| 17 | 火 | 丙午 四緑 | 3/12 友引 |
| 18 | 水 | 丁未 五黄 | 3/13 先負 |
| 19 | 木 | 戊申 六白 | 3/14 仏滅 |
| 20 | 金 | 己酉 七赤 | 3/15 大安 |
| 21 | 土 | 庚戌 八白 | 3/16 赤口 |
| 22 | 日 | 辛亥 九紫 | 3/17 先勝 |
| 23 | 月 | 壬子 一白 | 3/18 友引 |
| 24 | 火 | 癸丑 二黒 | 3/19 先負 |
| 25 | 水 | 甲寅 三碧 | 3/20 仏滅 |
| 26 | 木 | 乙卯 四緑 | 3/21 大安 |
| 27 | 金 | 丙辰 五黄 | 3/22 赤口 |
| 28 | 土 | 丁巳 六白 | 3/23 先勝 |
| 29 | 日 | 戊午 七赤 | 3/24 友引 |
| 30 | 月 | 己未 八白 | 3/25 先負 |

**1 月**

1. 5 [節] 小寒
1.17 [雑] 土用
1.20 [節] 大寒

**2 月**

2. 3 [雑] 節分
2. 4 [節] 立春
2.18 [節] 雨水

**3 月**

3. 5 [節] 啓蟄
3.17 [雑] 彼岸
3.20 [節] 春分
3.20 [雑] 社日

**4 月**

4. 4 [節] 清明
4.17 [雑] 土用
4.20 [節] 穀雨

## 5月
（癸巳 八白土星）

| | | | | | |
|---|---|---|---|---|---|
| 1 | 火 | 庚申 | 九紫 | 3/26 | 仏滅 |
| 2 | 水 | 辛酉 | 一白 | 3/27 | 大安 |
| 3 | 木 | 壬戌 | 二黒 | 3/28 | 赤口 |
| 4 | 金 | 癸亥 | 三碧 | 3/29 | 先勝 |
| 5 | 土 | 甲子 | 四緑 | 3/30 | 友引 |
| 6 | 日 | 乙丑 | 五黄 | 4/1 | 仏滅 |
| 7 | 月 | 丙寅 | 六白 | 4/2 | 大安 |
| 8 | 火 | 丁卯 | 七赤 | 4/3 | 赤口 |
| 9 | 水 | 戊辰 | 八白 | 4/4 | 先勝 |
| 10 | 木 | 己巳 | 九紫 | 4/5 | 友引 |
| 11 | 金 | 庚午 | 一白 | 4/6 | 先負 |
| 12 | 土 | 辛未 | 二黒 | 4/7 | 仏滅 |
| 13 | 日 | 壬申 | 三碧 | 4/8 | 大安 |
| 14 | 月 | 癸酉 | 四緑 | 4/9 | 赤口 |
| 15 | 火 | 甲戌 | 五黄 | 4/10 | 先勝 |
| 16 | 水 | 乙亥 | 六白 | 4/11 | 友引 |
| 17 | 木 | 丙子 | 七赤 | 4/12 | 先負 |
| 18 | 金 | 丁丑 | 八白 | 4/13 | 仏滅 |
| 19 | 土 | 戊寅 | 九紫 | 4/14 | 大安 |
| 20 | 日 | 己卯 | 一白 | 4/15 | 赤口 |
| 21 | 月 | 庚辰 | 二黒 | 4/16 | 先勝 |
| 22 | 火 | 辛巳 | 三碧 | 4/17 | 友引 |
| 23 | 水 | 壬午 | 四緑 | 4/18 | 先負 |
| 24 | 木 | 癸未 | 五黄 | 4/19 | 仏滅 |
| 25 | 金 | 甲申 | 六白 | 4/20 | 大安 |
| 26 | 土 | 乙酉 | 七赤 | 4/21 | 赤口 |
| 27 | 日 | 丙戌 | 八白 | 4/22 | 先勝 |
| 28 | 月 | 丁亥 | 九紫 | 4/23 | 友引 |
| 29 | 火 | 戊子 | 一白 | 4/24 | 先負 |
| 30 | 水 | 己丑 | 二黒 | 4/25 | 仏滅 |
| 31 | 木 | 庚寅 | 三碧 | 4/26 | 大安 |

## 6月
（甲午 七赤金星）

| | | | | | |
|---|---|---|---|---|---|
| 1 | 金 | 辛卯 | 四緑 | 4/27 | 赤口 |
| 2 | 土 | 壬辰 | 五黄 | 4/28 | 先勝 |
| 3 | 日 | 癸巳 | 六白 | 4/29 | 友引 |
| 4 | 月 | 甲午 | 七赤 | 4/30 | 先負 |
| 5 | 火 | 乙未 | 八白 | 5/1 | 大安 |
| 6 | 水 | 丙申 | 九紫 | 5/2 | 赤口 |
| 7 | 木 | 丁酉 | 一白 | 5/3 | 先勝 |
| 8 | 金 | 戊戌 | 二黒 | 5/4 | 友引 |
| 9 | 土 | 己亥 | 三碧 | 5/5 | 先負 |
| 10 | 日 | 庚子 | 四緑 | 5/6 | 仏滅 |
| 11 | 月 | 辛丑 | 五黄 | 5/7 | 大安 |
| 12 | 火 | 壬寅 | 六白 | 5/8 | 赤口 |
| 13 | 水 | 癸卯 | 七赤 | 5/9 | 先勝 |
| 14 | 木 | 甲辰 | 八白 | 5/10 | 友引 |
| 15 | 金 | 乙巳 | 九紫 | 5/11 | 先負 |
| 16 | 土 | 丙午 | 一白 | 5/12 | 仏滅 |
| 17 | 日 | 丁未 | 二黒 | 5/13 | 大安 |
| 18 | 月 | 戊申 | 三碧 | 5/14 | 赤口 |
| 19 | 火 | 己酉 | 四緑 | 5/15 | 先勝 |
| 20 | 水 | 庚戌 | 五黄 | 5/16 | 友引 |
| 21 | 木 | 辛亥 | 六白 | 5/17 | 先負 |
| 22 | 金 | 壬子 | 七赤 | 5/18 | 仏滅 |
| 23 | 土 | 癸丑 | 八白 | 5/19 | 大安 |
| 24 | 日 | 甲寅 | 九紫 | 5/20 | 赤口 |
| 25 | 月 | 乙卯 | 一白 | 5/21 | 先勝 |
| 26 | 火 | 丙辰 | 二黒 | 5/22 | 友引 |
| 27 | 水 | 丁巳 | 三碧 | 5/23 | 先負 |
| 28 | 木 | 戊午 | 四緑 | 5/24 | 仏滅 |
| 29 | 金 | 己未 | 五黄 | 5/25 | 大安 |
| 30 | 土 | 庚申 | 六白 | 5/26 | 赤口 |

## 7月
（乙未 六白金星）

| | | | | | |
|---|---|---|---|---|---|
| 1 | 日 | 辛酉 | 七赤 | 5/27 | 先勝 |
| 2 | 月 | 壬戌 | 八白 | 5/28 | 友引 |
| 3 | 火 | 癸亥 | 九紫 | 5/29 | 先負 |
| 4 | 水 | 甲子 | 九紫 | 6/1 | 赤口 |
| 5 | 木 | 乙丑 | 八白 | 6/2 | 先勝 |
| 6 | 金 | 丙寅 | 七赤 | 6/3 | 友引 |
| 7 | 土 | 丁卯 | 六白 | 6/4 | 先負 |
| 8 | 日 | 戊辰 | 五黄 | 6/5 | 仏滅 |
| 9 | 月 | 己巳 | 四緑 | 6/6 | 大安 |
| 10 | 火 | 庚午 | 三碧 | 6/7 | 赤口 |
| 11 | 水 | 辛未 | 二黒 | 6/8 | 先勝 |
| 12 | 木 | 壬申 | 一白 | 6/9 | 友引 |
| 13 | 金 | 癸酉 | 九紫 | 6/10 | 先負 |
| 14 | 土 | 甲戌 | 八白 | 6/11 | 仏滅 |
| 15 | 日 | 乙亥 | 七赤 | 6/12 | 大安 |
| 16 | 月 | 丙子 | 六白 | 6/13 | 赤口 |
| 17 | 火 | 丁丑 | 五黄 | 6/14 | 先勝 |
| 18 | 水 | 戊寅 | 四緑 | 6/15 | 友引 |
| 19 | 木 | 己卯 | 三碧 | 6/16 | 先負 |
| 20 | 金 | 庚辰 | 二黒 | 6/17 | 仏滅 |
| 21 | 土 | 辛巳 | 一白 | 6/18 | 大安 |
| 22 | 日 | 壬午 | 九紫 | 6/19 | 赤口 |
| 23 | 月 | 癸未 | 八白 | 6/20 | 先勝 |
| 24 | 火 | 甲申 | 七赤 | 6/21 | 友引 |
| 25 | 水 | 乙酉 | 六白 | 6/22 | 先負 |
| 26 | 木 | 丙戌 | 五黄 | 6/23 | 仏滅 |
| 27 | 金 | 丁亥 | 四緑 | 6/24 | 大安 |
| 28 | 土 | 戊子 | 三碧 | 6/25 | 赤口 |
| 29 | 日 | 己丑 | 二黒 | 6/26 | 先勝 |
| 30 | 月 | 庚寅 | 一白 | 6/27 | 友引 |
| 31 | 火 | 辛卯 | 九紫 | 6/28 | 先負 |

## 8月
（丙申 五黄土星）

| | | | | | |
|---|---|---|---|---|---|
| 1 | 水 | 壬辰 | 八白 | 6/29 | 仏滅 |
| 2 | 木 | 癸巳 | 七赤 | 7/1 | 先勝 |
| 3 | 金 | 甲午 | 六白 | 7/2 | 友引 |
| 4 | 土 | 乙未 | 五黄 | 7/3 | 先負 |
| 5 | 日 | 丙申 | 四緑 | 7/4 | 仏滅 |
| 6 | 月 | 丁酉 | 三碧 | 7/5 | 大安 |
| 7 | 火 | 戊戌 | 二黒 | 7/6 | 赤口 |
| 8 | 水 | 己亥 | 一白 | 7/7 | 先勝 |
| 9 | 木 | 庚子 | 九紫 | 7/8 | 友引 |
| 10 | 金 | 辛丑 | 八白 | 7/9 | 先負 |
| 11 | 土 | 壬寅 | 七赤 | 7/10 | 仏滅 |
| 12 | 日 | 癸卯 | 六白 | 7/11 | 大安 |
| 13 | 月 | 甲辰 | 五黄 | 7/12 | 赤口 |
| 14 | 火 | 乙巳 | 四緑 | 7/13 | 先勝 |
| 15 | 水 | 丙午 | 三碧 | 7/14 | 友引 |
| 16 | 木 | 丁未 | 二黒 | 7/15 | 先負 |
| 17 | 金 | 戊申 | 一白 | 7/16 | 仏滅 |
| 18 | 土 | 己酉 | 九紫 | 7/17 | 大安 |
| 19 | 日 | 庚戌 | 八白 | 7/18 | 赤口 |
| 20 | 月 | 辛亥 | 七赤 | 7/19 | 先勝 |
| 21 | 火 | 壬子 | 六白 | 7/20 | 友引 |
| 22 | 水 | 癸丑 | 五黄 | 7/21 | 先負 |
| 23 | 木 | 甲寅 | 四緑 | 7/22 | 仏滅 |
| 24 | 金 | 乙卯 | 三碧 | 7/23 | 大安 |
| 25 | 土 | 丙辰 | 二黒 | 7/24 | 赤口 |
| 26 | 日 | 丁巳 | 一白 | 7/25 | 先勝 |
| 27 | 月 | 戊午 | 九紫 | 7/26 | 友引 |
| 28 | 火 | 己未 | 八白 | 7/27 | 先負 |
| 29 | 水 | 庚申 | 七赤 | 7/28 | 仏滅 |
| 30 | 木 | 辛酉 | 六白 | 7/29 | 大安 |
| 31 | 金 | 壬戌 | 五黄 | 7/30 | 赤口 |

**5月**

5. 2 [雑] 八十八夜
5. 5 [節] 立夏
5.21 [節] 小満

**6月**

6. 5 [節] 芒種
6.11 [雑] 入梅
6.21 [節] 夏至

**7月**

7. 2 [雑] 半夏生
7. 7 [節] 小暑
7.19 [雑] 土用
7.23 [節] 大暑

**8月**

8. 7 [節] 立秋
8.23 [節] 処暑

## 9 月
（丁酉 四緑木星）

| 日 | 曜 | 干支 | 九星 | 旧暦 | 六曜 |
|---|---|---|---|---|---|
| 1 | 土 | 癸亥 | 四緑 | 8/1 | 友引 |
| 2 | 日 | 甲子 | 三碧 | 8/2 | 先負 |
| 3 | 月 | 乙丑 | 二黒 | 8/3 | 仏滅 |
| 4 | 火 | 丙寅 | 一白 | 8/4 | 大安 |
| 5 | 水 | 丁卯 | 九紫 | 8/5 | 赤口 |
| 6 | 木 | 戊辰 | 八白 | 8/6 | 先勝 |
| 7 | 金 | 己巳 | 七赤 | 8/7 | 友引 |
| 8 | 土 | 庚午 | 六白 | 8/8 | 先負 |
| 9 | 日 | 辛未 | 五黄 | 8/9 | 仏滅 |
| 10 | 月 | 壬申 | 四緑 | 8/10 | 大安 |
| 11 | 火 | 癸酉 | 三碧 | 8/11 | 赤口 |
| 12 | 水 | 甲戌 | 二黒 | 8/12 | 先勝 |
| 13 | 木 | 乙亥 | 一白 | 8/13 | 友引 |
| 14 | 金 | 丙子 | 九紫 | 8/14 | 先負 |
| 15 | 土 | 丁丑 | 八白 | 8/15 | 仏滅 |
| 16 | 日 | 戊寅 | 七赤 | 8/16 | 大安 |
| 17 | 月 | 己卯 | 六白 | 8/17 | 赤口 |
| 18 | 火 | 庚辰 | 五黄 | 8/18 | 先勝 |
| 19 | 水 | 辛巳 | 四緑 | 8/19 | 友引 |
| 20 | 木 | 壬午 | 三碧 | 8/20 | 先負 |
| 21 | 金 | 癸未 | 二黒 | 8/21 | 仏滅 |
| 22 | 土 | 甲申 | 一白 | 8/22 | 大安 |
| 23 | 日 | 乙酉 | 九紫 | 8/23 | 赤口 |
| 24 | 月 | 丙戌 | 八白 | 8/24 | 先勝 |
| 25 | 火 | 丁亥 | 七赤 | 8/25 | 友引 |
| 26 | 水 | 戊子 | 六白 | 8/26 | 先負 |
| 27 | 木 | 己丑 | 五黄 | 8/27 | 仏滅 |
| 28 | 金 | 庚寅 | 四緑 | 8/28 | 大安 |
| 29 | 土 | 辛卯 | 三碧 | 8/29 | 赤口 |
| 30 | 日 | 壬辰 | 二黒 | 9/1 | 先負 |

## 10 月
（戊戌 三碧木星）

| 日 | 曜 | 干支 | 九星 | 旧暦 | 六曜 |
|---|---|---|---|---|---|
| 1 | 月 | 癸巳 | 一白 | 9/2 | 仏滅 |
| 2 | 火 | 甲午 | 九紫 | 9/3 | 大安 |
| 3 | 水 | 乙未 | 八白 | 9/4 | 赤口 |
| 4 | 木 | 丙申 | 七赤 | 9/5 | 先勝 |
| 5 | 金 | 丁酉 | 六白 | 9/6 | 友引 |
| 6 | 土 | 戊戌 | 五黄 | 9/7 | 先負 |
| 7 | 日 | 己亥 | 四緑 | 9/8 | 仏滅 |
| 8 | 月 | 庚子 | 三碧 | 9/9 | 大安 |
| 9 | 火 | 辛丑 | 二黒 | 9/10 | 赤口 |
| 10 | 水 | 壬寅 | 一白 | 9/11 | 先勝 |
| 11 | 木 | 癸卯 | 九紫 | 9/12 | 友引 |
| 12 | 金 | 甲辰 | 八白 | 9/13 | 先負 |
| 13 | 土 | 乙巳 | 七赤 | 9/14 | 仏滅 |
| 14 | 日 | 丙午 | 六白 | 9/15 | 大安 |
| 15 | 月 | 丁未 | 五黄 | 9/16 | 赤口 |
| 16 | 火 | 戊申 | 四緑 | 9/17 | 先勝 |
| 17 | 水 | 己酉 | 三碧 | 9/18 | 友引 |
| 18 | 木 | 庚戌 | 二黒 | 9/19 | 先負 |
| 19 | 金 | 辛亥 | 一白 | 9/20 | 仏滅 |
| 20 | 土 | 壬子 | 九紫 | 9/21 | 大安 |
| 21 | 日 | 癸丑 | 八白 | 9/22 | 赤口 |
| 22 | 月 | 甲寅 | 七赤 | 9/23 | 先勝 |
| 23 | 火 | 乙卯 | 六白 | 9/24 | 友引 |
| 24 | 水 | 丙辰 | 五黄 | 9/25 | 先負 |
| 25 | 木 | 丁巳 | 四緑 | 9/26 | 仏滅 |
| 26 | 金 | 戊午 | 三碧 | 9/27 | 大安 |
| 27 | 土 | 己未 | 二黒 | 9/28 | 赤口 |
| 28 | 日 | 庚申 | 一白 | 9/29 | 先勝 |
| 29 | 月 | 辛酉 | 九紫 | 10/1 | 仏滅 |
| 30 | 火 | 壬戌 | 八白 | 10/2 | 大安 |
| 31 | 水 | 癸亥 | 七赤 | 10/3 | 赤口 |

## 11 月
（己亥 二黒土星）

| 日 | 曜 | 干支 | 九星 | 旧暦 | 六曜 |
|---|---|---|---|---|---|
| 1 | 木 | 甲子 | 六白 | 10/4 | 先勝 |
| 2 | 金 | 乙丑 | 五黄 | 10/5 | 友引 |
| 3 | 土 | 丙寅 | 四緑 | 10/6 | 先負 |
| 4 | 日 | 丁卯 | 三碧 | 10/7 | 仏滅 |
| 5 | 月 | 戊辰 | 二黒 | 10/8 | 大安 |
| 6 | 火 | 己巳 | 一白 | 10/9 | 赤口 |
| 7 | 水 | 庚午 | 九紫 | 10/10 | 先勝 |
| 8 | 木 | 辛未 | 八白 | 10/11 | 友引 |
| 9 | 金 | 壬申 | 七赤 | 10/12 | 先負 |
| 10 | 土 | 癸酉 | 六白 | 10/13 | 仏滅 |
| 11 | 日 | 甲戌 | 五黄 | 10/14 | 大安 |
| 12 | 月 | 乙亥 | 四緑 | 10/15 | 赤口 |
| 13 | 火 | 丙子 | 三碧 | 10/16 | 先勝 |
| 14 | 水 | 丁丑 | 二黒 | 10/17 | 友引 |
| 15 | 木 | 戊寅 | 一白 | 10/18 | 先負 |
| 16 | 金 | 己卯 | 九紫 | 10/19 | 仏滅 |
| 17 | 土 | 庚辰 | 八白 | 10/20 | 大安 |
| 18 | 日 | 辛巳 | 七赤 | 10/21 | 赤口 |
| 19 | 月 | 壬午 | 六白 | 10/22 | 先勝 |
| 20 | 火 | 癸未 | 五黄 | 10/23 | 友引 |
| 21 | 水 | 甲申 | 四緑 | 10/24 | 先負 |
| 22 | 木 | 乙酉 | 三碧 | 10/25 | 仏滅 |
| 23 | 金 | 丙戌 | 二黒 | 10/26 | 大安 |
| 24 | 土 | 丁亥 | 一白 | 10/27 | 赤口 |
| 25 | 日 | 戊子 | 九紫 | 10/28 | 先勝 |
| 26 | 月 | 己丑 | 八白 | 10/29 | 友引 |
| 27 | 火 | 庚寅 | 七赤 | 10/30 | 先負 |
| 28 | 水 | 辛卯 | 六白 | 11/1 | 大安 |
| 29 | 木 | 壬辰 | 五黄 | 11/2 | 赤口 |
| 30 | 金 | 癸巳 | 四緑 | 11/3 | 先勝 |

## 12 月
（庚子 一白水星）

| 日 | 曜 | 干支 | 九星 | 旧暦 | 六曜 |
|---|---|---|---|---|---|
| 1 | 土 | 甲午 | 三碧 | 11/4 | 友引 |
| 2 | 日 | 乙未 | 二黒 | 11/5 | 先負 |
| 3 | 月 | 丙申 | 一白 | 11/6 | 仏滅 |
| 4 | 火 | 丁酉 | 九紫 | 11/7 | 大安 |
| 5 | 水 | 戊戌 | 八白 | 11/8 | 赤口 |
| 6 | 木 | 己亥 | 七赤 | 11/9 | 先勝 |
| 7 | 金 | 庚子 | 六白 | 11/10 | 友引 |
| 8 | 土 | 辛丑 | 五黄 | 11/11 | 先負 |
| 9 | 日 | 壬寅 | 四緑 | 11/12 | 仏滅 |
| 10 | 月 | 癸卯 | 三碧 | 11/13 | 大安 |
| 11 | 火 | 甲辰 | 二黒 | 11/14 | 赤口 |
| 12 | 水 | 乙巳 | 一白 | 11/15 | 先勝 |
| 13 | 木 | 丙午 | 九紫 | 11/16 | 友引 |
| 14 | 金 | 丁未 | 八白 | 11/17 | 先負 |
| 15 | 土 | 戊申 | 七赤 | 11/18 | 仏滅 |
| 16 | 日 | 己酉 | 六白 | 11/19 | 大安 |
| 17 | 月 | 庚戌 | 五黄 | 11/20 | 赤口 |
| 18 | 火 | 辛亥 | 四緑 | 11/21 | 先勝 |
| 19 | 水 | 壬子 | 三碧 | 11/22 | 友引 |
| 20 | 木 | 癸丑 | 二黒 | 11/23 | 先負 |
| 21 | 金 | 甲寅 | 一白 | 11/24 | 仏滅 |
| 22 | 土 | 乙卯 | 九紫 | 11/25 | 大安 |
| 23 | 日 | 丙辰 | 八白 | 11/26 | 赤口 |
| 24 | 月 | 丁巳 | 七赤 | 11/27 | 先勝 |
| 25 | 火 | 戊午 | 六白 | 11/28 | 友引 |
| 26 | 水 | 己未 | 五黄 | 11/29 | 先負 |
| 27 | 木 | 庚申 | 四緑 | 12/1 | 赤口 |
| 28 | 金 | 辛酉 | 三碧 | 12/2 | 先勝 |
| 29 | 土 | 壬戌 | 二黒 | 12/3 | 友引 |
| 30 | 日 | 癸亥 | 一白 | 12/4 | 先負 |
| 31 | 月 | 甲子 | 一白 | 12/5 | 仏滅 |

### 9 月

9\. 1［雑］二百十日
9\. 7［節］白露
9.20［雑］彼岸
9.23［節］秋分
9.26［雑］社日

### 10 月

10\. 8［節］寒露
10.20［雑］土用
10.23［節］霜降

### 11 月

11\. 7［節］立冬
11.22［節］小雪

### 12 月

12\. 7［節］大雪
12.22［節］冬至

# 2047

明治 180 年
大正 136 年
昭和 122 年
平成 59 年

丁卯（ひのとう）
七赤金星

生誕・年忌など

**1.10** 織田作之助没後 100 年
**1.16** イヴァン雷帝ツァーリ加冠 500 年
**1.25** アル・カポネ没後 100 年
**1.31** 2・1 ゼネスト中止指令 100 年
**2.10** パリ講和条約 100 年
**2.11** T. エジソン生誕 200 年
**2.25** 八高線事故 100 年
**2.28** 台湾二・二八事件 100 年
**3.24** 善光寺地震 200 年
**4. 1** 六・三・三・四制教育実施 100 年
**4. 7** H. フォード没後 100 年
**4.10** J. ピュリッツァー生誕 200 年
**5. 3** 日本国憲法施行 100 年
**6. 5** 宝治合戦 800 年
マーシャル・プラン発表 100 年
**7.30** 幸田露伴没後 100 年
**8.14** パキスタン独立 100 年
**8.15** インド独立 100 年
**10. 9** M. セルバンテス生誕 500 年
**11. 1** 中江兆民生誕 200 年
**11. 4** J. メンデルスゾーン没後 200 年
**11.29** 国連パレスチナ分割案採択 100 年
**12.30** 横光利一没後 100 年
**この年** 卑弥呼没後 1800 年
源頼朝生誕 900 年

**2047年**

## 1月
（辛丑 九紫火星）

| | | | |
|---|---|---|---|
| 1 | 火 | 乙丑 二黒 | 12/6 大安 |
| 2 | 水 | 丙寅 三碧 | 12/7 赤口 |
| 3 | 木 | 丁卯 四緑 | 12/8 先勝 |
| 4 | 金 | 戊辰 五黄 | 12/9 友引 |
| 5 | 土 | 己巳 六白 | 12/10 先負 |
| 6 | 日 | 庚午 七赤 | 12/11 仏滅 |
| 7 | 月 | 辛未 八白 | 12/12 大安 |
| 8 | 火 | 壬申 九紫 | 12/13 赤口 |
| 9 | 水 | 癸酉 一白 | 12/14 先勝 |
| 10 | 木 | 甲戌 二黒 | 12/15 友引 |
| 11 | 金 | 乙亥 三碧 | 12/16 先負 |
| 12 | 土 | 丙子 四緑 | 12/17 仏滅 |
| 13 | 日 | 丁丑 五黄 | 12/18 大安 |
| 14 | 月 | 戊寅 六白 | 12/19 赤口 |
| 15 | 火 | 己卯 七赤 | 12/20 先勝 |
| 16 | 水 | 庚辰 八白 | 12/21 友引 |
| 17 | 木 | 辛巳 九紫 | 12/22 先負 |
| 18 | 金 | 壬午 一白 | 12/23 仏滅 |
| 19 | 土 | 癸未 二黒 | 12/24 大安 |
| 20 | 日 | 甲申 三碧 | 12/25 赤口 |
| 21 | 月 | 乙酉 四緑 | 12/26 先勝 |
| 22 | 火 | 丙戌 五黄 | 12/27 友引 |
| 23 | 水 | 丁亥 六白 | 12/28 先負 |
| 24 | 木 | 戊子 七赤 | 12/29 仏滅 |
| 25 | 金 | 己丑 八白 | 12/30 大安 |
| 26 | 土 | 庚寅 九紫 | 1/1 先勝 |
| 27 | 日 | 辛卯 一白 | 1/2 友引 |
| 28 | 月 | 壬辰 二黒 | 1/3 先負 |
| 29 | 火 | 癸巳 三碧 | 1/4 仏滅 |
| 30 | 水 | 甲午 四緑 | 1/5 大安 |
| 31 | 木 | 乙未 五黄 | 1/6 赤口 |

## 2月
（壬寅 八白土星）

| | | | |
|---|---|---|---|
| 1 | 金 | 丙申 六白 | 1/7 先勝 |
| 2 | 土 | 丁酉 七赤 | 1/8 友引 |
| 3 | 日 | 戊戌 八白 | 1/9 先負 |
| 4 | 月 | 己亥 九紫 | 1/10 仏滅 |
| 5 | 火 | 庚子 一白 | 1/11 大安 |
| 6 | 水 | 辛丑 二黒 | 1/12 赤口 |
| 7 | 木 | 壬寅 三碧 | 1/13 先勝 |
| 8 | 金 | 癸卯 四緑 | 1/14 友引 |
| 9 | 土 | 甲辰 五黄 | 1/15 先負 |
| 10 | 日 | 乙巳 六白 | 1/16 仏滅 |
| 11 | 月 | 丙午 七赤 | 1/17 大安 |
| 12 | 火 | 丁未 八白 | 1/18 赤口 |
| 13 | 水 | 戊申 九紫 | 1/19 先勝 |
| 14 | 木 | 己酉 一白 | 1/20 友引 |
| 15 | 金 | 庚戌 二黒 | 1/21 先負 |
| 16 | 土 | 辛亥 三碧 | 1/22 仏滅 |
| 17 | 日 | 壬子 四緑 | 1/23 大安 |
| 18 | 月 | 癸丑 五黄 | 1/24 赤口 |
| 19 | 火 | 甲寅 六白 | 1/25 先勝 |
| 20 | 水 | 乙卯 七赤 | 1/26 友引 |
| 21 | 木 | 丙辰 八白 | 1/27 先負 |
| 22 | 金 | 丁巳 九紫 | 1/28 仏滅 |
| 23 | 土 | 戊午 一白 | 1/29 大安 |
| 24 | 日 | 己未 二黒 | 1/30 赤口 |
| 25 | 月 | 庚申 三碧 | 2/1 友引 |
| 26 | 火 | 辛酉 四緑 | 2/2 先負 |
| 27 | 水 | 壬戌 五黄 | 2/3 仏滅 |
| 28 | 木 | 癸亥 六白 | 2/4 大安 |

## 3月
（癸卯 七赤金星）

| | | | |
|---|---|---|---|
| 1 | 金 | 甲子 七赤 | 2/5 赤口 |
| 2 | 土 | 乙丑 八白 | 2/6 先勝 |
| 3 | 日 | 丙寅 九紫 | 2/7 友引 |
| 4 | 月 | 丁卯 一白 | 2/8 先負 |
| 5 | 火 | 戊辰 二黒 | 2/9 仏滅 |
| 6 | 水 | 己巳 三碧 | 2/10 大安 |
| 7 | 木 | 庚午 四緑 | 2/11 赤口 |
| 8 | 金 | 辛未 五黄 | 2/12 先勝 |
| 9 | 土 | 壬申 六白 | 2/13 友引 |
| 10 | 日 | 癸酉 七赤 | 2/14 先負 |
| 11 | 月 | 甲戌 八白 | 2/15 仏滅 |
| 12 | 火 | 乙亥 九紫 | 2/16 大安 |
| 13 | 水 | 丙子 一白 | 2/17 赤口 |
| 14 | 木 | 丁丑 二黒 | 2/18 先勝 |
| 15 | 金 | 戊寅 三碧 | 2/19 友引 |
| 16 | 土 | 己卯 四緑 | 2/20 先負 |
| 17 | 日 | 庚辰 五黄 | 2/21 仏滅 |
| 18 | 月 | 辛巳 六白 | 2/22 大安 |
| 19 | 火 | 壬午 七赤 | 2/23 赤口 |
| 20 | 水 | 癸未 八白 | 2/24 先勝 |
| 21 | 木 | 甲申 九紫 | 2/25 友引 |
| 22 | 金 | 乙酉 一白 | 2/26 先負 |
| 23 | 土 | 丙戌 二黒 | 2/27 仏滅 |
| 24 | 日 | 丁亥 三碧 | 2/28 大安 |
| 25 | 月 | 戊子 四緑 | 2/29 赤口 |
| 26 | 火 | 己丑 五黄 | 3/1 先負 |
| 27 | 水 | 庚寅 六白 | 3/2 仏滅 |
| 28 | 木 | 辛卯 七赤 | 3/3 大安 |
| 29 | 金 | 壬辰 八白 | 3/4 赤口 |
| 30 | 土 | 癸巳 九紫 | 3/5 先勝 |
| 31 | 日 | 甲午 一白 | 3/6 友引 |

## 4月
（甲辰 六白金星）

| | | | |
|---|---|---|---|
| 1 | 月 | 乙未 二黒 | 3/7 先負 |
| 2 | 火 | 丙申 三碧 | 3/8 仏滅 |
| 3 | 水 | 丁酉 四緑 | 3/9 大安 |
| 4 | 木 | 戊戌 五黄 | 3/10 赤口 |
| 5 | 金 | 己亥 六白 | 3/11 先勝 |
| 6 | 土 | 庚子 七赤 | 3/12 友引 |
| 7 | 日 | 辛丑 八白 | 3/13 先負 |
| 8 | 月 | 壬寅 九紫 | 3/14 仏滅 |
| 9 | 火 | 癸卯 一白 | 3/15 大安 |
| 10 | 水 | 甲辰 二黒 | 3/16 赤口 |
| 11 | 木 | 乙巳 三碧 | 3/17 先勝 |
| 12 | 金 | 丙午 四緑 | 3/18 友引 |
| 13 | 土 | 丁未 五黄 | 3/19 先負 |
| 14 | 日 | 戊申 六白 | 3/20 仏滅 |
| 15 | 月 | 己酉 七赤 | 3/21 大安 |
| 16 | 火 | 庚戌 八白 | 3/22 赤口 |
| 17 | 水 | 辛亥 九紫 | 3/23 先勝 |
| 18 | 木 | 壬子 一白 | 3/24 友引 |
| 19 | 金 | 癸丑 二黒 | 3/25 先負 |
| 20 | 土 | 甲寅 三碧 | 3/26 仏滅 |
| 21 | 日 | 乙卯 四緑 | 3/27 大安 |
| 22 | 月 | 丙辰 五黄 | 3/28 赤口 |
| 23 | 火 | 丁巳 六白 | 3/29 先勝 |
| 24 | 水 | 戊午 七赤 | 3/30 友引 |
| 25 | 木 | 己未 八白 | 4/1 仏滅 |
| 26 | 金 | 庚申 九紫 | 4/2 大安 |
| 27 | 土 | 辛酉 一白 | 4/3 赤口 |
| 28 | 日 | 壬戌 二黒 | 4/4 先勝 |
| 29 | 月 | 癸亥 三碧 | 4/5 友引 |
| 30 | 火 | 甲子 四緑 | 4/6 先負 |

**1月**

1. 5［節］小寒
1.17［雑］土用
1.20［節］大寒

**2月**

2. 3［雑］節分
2. 4［節］立春
2.19［節］雨水

**3月**

3. 6［節］啓蟄
3.18［雑］彼岸
3.21［節］春分
3.25［雑］社日

**4月**

4. 5［節］清明
4.17［雑］土用
4.20［節］穀雨

## 5 月
（乙巳 五黄土星）

| | | |
|---|---|---|
| 1 水 | 乙丑 五黄 | 4/7 仏滅 |
| 2 木 | 丙寅 六白 | 4/8 大安 |
| 3 金 | 丁卯 七赤 | 4/9 赤口 |
| 4 土 | 戊辰 八白 | 4/10 先勝 |
| 5 日 | 己巳 九紫 | 4/11 友引 |
| 6 月 | 庚午 一白 | 4/12 先負 |
| 7 火 | 辛未 二黒 | 4/13 仏滅 |
| 8 水 | 壬申 三碧 | 4/14 大安 |
| 9 木 | 癸酉 四緑 | 4/15 赤口 |
| 10 金 | 甲戌 五黄 | 4/16 先勝 |
| 11 土 | 乙亥 六白 | 4/17 友引 |
| 12 日 | 丙子 七赤 | 4/18 先負 |
| 13 月 | 丁丑 八白 | 4/19 仏滅 |
| 14 火 | 戊寅 九紫 | 4/20 大安 |
| 15 水 | 己卯 一白 | 4/21 赤口 |
| 16 木 | 庚辰 二黒 | 4/22 先勝 |
| 17 金 | 辛巳 三碧 | 4/23 友引 |
| 18 土 | 壬午 四緑 | 4/24 先負 |
| 19 日 | 癸未 五黄 | 4/25 仏滅 |
| 20 月 | 甲申 六白 | 4/26 大安 |
| 21 火 | 乙酉 七赤 | 4/27 赤口 |
| 22 水 | 丙戌 八白 | 4/28 先勝 |
| 23 木 | 丁亥 九紫 | 4/29 友引 |
| 24 金 | 戊子 一白 | 4/30 先負 |
| 25 土 | 己丑 二黒 | 5/1 大安 |
| 26 日 | 庚寅 三碧 | 5/2 赤口 |
| 27 月 | 辛卯 四緑 | 5/3 先勝 |
| 28 火 | 壬辰 五黄 | 5/4 友引 |
| 29 水 | 癸巳 六白 | 5/5 先負 |
| 30 木 | 甲午 七赤 | 5/6 仏滅 |
| 31 金 | 乙未 八白 | 5/7 大安 |

## 6 月
（丙午 四緑木星）

| | | |
|---|---|---|
| 1 土 | 丙申 九紫 | 5/8 赤口 |
| 2 日 | 丁酉 一白 | 5/9 先勝 |
| 3 月 | 戊戌 二黒 | 5/10 友引 |
| 4 火 | 己亥 三碧 | 5/11 先負 |
| 5 水 | 庚子 四緑 | 5/12 仏滅 |
| 6 木 | 辛丑 五黄 | 5/13 大安 |
| 7 金 | 壬寅 六白 | 5/14 赤口 |
| 8 土 | 癸卯 七赤 | 5/15 先勝 |
| 9 日 | 甲辰 八白 | 5/16 友引 |
| 10 月 | 乙巳 九紫 | 5/17 先負 |
| 11 火 | 丙午 一白 | 5/18 仏滅 |
| 12 水 | 丁未 二黒 | 5/19 大安 |
| 13 木 | 戊申 三碧 | 5/20 赤口 |
| 14 金 | 己酉 四緑 | 5/21 先勝 |
| 15 土 | 庚戌 五黄 | 5/22 友引 |
| 16 日 | 辛亥 六白 | 5/23 先負 |
| 17 月 | 壬子 七赤 | 5/24 仏滅 |
| 18 火 | 癸丑 八白 | 5/25 大安 |
| 19 水 | 甲寅 九紫 | 5/26 赤口 |
| 20 木 | 乙卯 一白 | 5/27 先勝 |
| 21 金 | 丙辰 二黒 | 5/28 友引 |
| 22 土 | 丁巳 三碧 | 5/29 先負 |
| 23 日 | 戊午 四緑 | 閏5/1 大安 |
| 24 月 | 己未 五黄 | 閏5/2 赤口 |
| 25 火 | 庚申 六白 | 閏5/3 先勝 |
| 26 水 | 辛酉 七赤 | 閏5/4 友引 |
| 27 木 | 壬戌 八白 | 閏5/5 先負 |
| 28 金 | 癸亥 九紫 | 閏5/6 仏滅 |
| 29 土 | 甲子 九紫 | 閏5/7 大安 |
| 30 日 | 乙丑 八白 | 閏5/8 赤口 |

## 7 月
（丁未 三碧木星）

| | | |
|---|---|---|
| 1 月 | 丙寅 七赤 | 閏5/9 先勝 |
| 2 火 | 丁卯 六白 | 閏5/10 友引 |
| 3 水 | 戊辰 五黄 | 閏5/11 先負 |
| 4 木 | 己巳 四緑 | 閏5/12 仏滅 |
| 5 金 | 庚午 三碧 | 閏5/13 大安 |
| 6 土 | 辛未 二黒 | 閏5/14 赤口 |
| 7 日 | 壬申 一白 | 閏5/15 先勝 |
| 8 月 | 癸酉 九紫 | 閏5/16 友引 |
| 9 火 | 甲戌 八白 | 閏5/17 先負 |
| 10 水 | 乙亥 七赤 | 閏5/18 仏滅 |
| 11 木 | 丙子 六白 | 閏5/19 大安 |
| 12 金 | 丁丑 五黄 | 閏5/20 赤口 |
| 13 土 | 戊寅 四緑 | 閏5/21 先勝 |
| 14 日 | 己卯 三碧 | 閏5/22 友引 |
| 15 月 | 庚辰 二黒 | 閏5/23 先負 |
| 16 火 | 辛巳 一白 | 閏5/24 仏滅 |
| 17 水 | 壬午 九紫 | 閏5/25 大安 |
| 18 木 | 癸未 八白 | 閏5/26 赤口 |
| 19 金 | 甲申 七赤 | 閏5/27 先勝 |
| 20 土 | 乙酉 六白 | 閏5/28 友引 |
| 21 日 | 丙戌 五黄 | 閏5/29 先負 |
| 22 月 | 丁亥 四緑 | 閏5/30 仏滅 |
| 23 火 | 戊子 三碧 | 6/1 赤口 |
| 24 水 | 己丑 二黒 | 6/2 先勝 |
| 25 木 | 庚寅 一白 | 6/3 友引 |
| 26 金 | 辛卯 九紫 | 6/4 先負 |
| 27 土 | 壬辰 八白 | 6/5 仏滅 |
| 28 日 | 癸巳 七赤 | 6/6 大安 |
| 29 月 | 甲午 六白 | 6/7 赤口 |
| 30 火 | 乙未 五黄 | 6/8 先勝 |
| 31 水 | 丙申 四緑 | 6/9 友引 |

## 8 月
（戊申 二黒土星）

| | | |
|---|---|---|
| 1 木 | 丁酉 三碧 | 6/10 先負 |
| 2 金 | 戊戌 二黒 | 6/11 仏滅 |
| 3 土 | 己亥 一白 | 6/12 大安 |
| 4 日 | 庚子 九紫 | 6/13 赤口 |
| 5 月 | 辛丑 八白 | 6/14 先勝 |
| 6 火 | 壬寅 七赤 | 6/15 友引 |
| 7 水 | 癸卯 六白 | 6/16 先負 |
| 8 木 | 甲辰 五黄 | 6/17 仏滅 |
| 9 金 | 乙巳 四緑 | 6/18 大安 |
| 10 土 | 丙午 三碧 | 6/19 赤口 |
| 11 日 | 丁未 二黒 | 6/20 先勝 |
| 12 月 | 戊申 一白 | 6/21 友引 |
| 13 火 | 己酉 九紫 | 6/22 先負 |
| 14 水 | 庚戌 八白 | 6/23 仏滅 |
| 15 木 | 辛亥 七赤 | 6/24 大安 |
| 16 金 | 壬子 六白 | 6/25 赤口 |
| 17 土 | 癸丑 五黄 | 6/26 先勝 |
| 18 日 | 甲寅 四緑 | 6/27 友引 |
| 19 月 | 乙卯 三碧 | 6/28 先負 |
| 20 火 | 丙辰 二黒 | 6/29 仏滅 |
| 21 水 | 丁巳 一白 | 7/1 先勝 |
| 22 木 | 戊午 九紫 | 7/2 友引 |
| 23 金 | 己未 八白 | 7/3 先負 |
| 24 土 | 庚申 七赤 | 7/4 仏滅 |
| 25 日 | 辛酉 六白 | 7/5 大安 |
| 26 月 | 壬戌 五黄 | 7/6 赤口 |
| 27 火 | 癸亥 四緑 | 7/7 先勝 |
| 28 水 | 甲子 三碧 | 7/8 友引 |
| 29 木 | 乙丑 二黒 | 7/9 先負 |
| 30 金 | 丙寅 一白 | 7/10 仏滅 |
| 31 土 | 丁卯 九紫 | 7/11 大安 |

**5 月**

5. 2 [雑] 八十八夜
5. 5 [節] 立夏
5.21 [節] 小満

**6 月**

6. 6 [節] 芒種
6.11 [雑] 入梅
6.21 [節] 夏至

**7 月**

7. 2 [雑] 半夏生
7. 7 [節] 小暑
7.20 [雑] 土用
7.23 [節] 大暑

**8 月**

8. 7 [節] 立秋
8.23 [節] 処暑

## 2047年

### 9月
（己酉 一白水星）

| 日 | 曜 | 干支 | 九星 | 旧暦 | 六曜 |
|---|---|---|---|---|---|
| 1 | 日 | 戊辰 | 八白 | 7/12 | 赤口 |
| 2 | 月 | 己巳 | 七赤 | 7/13 | 先勝 |
| 3 | 火 | 庚午 | 六白 | 7/14 | 友引 |
| 4 | 水 | 辛未 | 五黄 | 7/15 | 先負 |
| 5 | 木 | 壬申 | 四緑 | 7/16 | 仏滅 |
| 6 | 金 | 癸酉 | 三碧 | 7/17 | 大安 |
| 7 | 土 | 甲戌 | 二黒 | 7/18 | 赤口 |
| 8 | 日 | 乙亥 | 一白 | 7/19 | 先勝 |
| 9 | 月 | 丙子 | 九紫 | 7/20 | 友引 |
| 10 | 火 | 丁丑 | 八白 | 7/21 | 先負 |
| 11 | 水 | 戊寅 | 七赤 | 7/22 | 仏滅 |
| 12 | 木 | 己卯 | 六白 | 7/23 | 大安 |
| 13 | 金 | 庚辰 | 五黄 | 7/24 | 赤口 |
| 14 | 土 | 辛巳 | 四緑 | 7/25 | 先勝 |
| 15 | 日 | 壬午 | 三碧 | 7/26 | 友引 |
| 16 | 月 | 癸未 | 二黒 | 7/27 | 先負 |
| 17 | 火 | 甲申 | 一白 | 7/28 | 仏滅 |
| 18 | 水 | 乙酉 | 九紫 | 7/29 | 大安 |
| 19 | 木 | 丙戌 | 八白 | 7/30 | 赤口 |
| 20 | 金 | 丁亥 | 七赤 | 8/1 | 友引 |
| 21 | 土 | 戊子 | 六白 | 8/2 | 先負 |
| 22 | 日 | 己丑 | 五黄 | 8/3 | 仏滅 |
| 23 | 月 | 庚寅 | 四緑 | 8/4 | 大安 |
| 24 | 火 | 辛卯 | 三碧 | 8/5 | 赤口 |
| 25 | 水 | 壬辰 | 二黒 | 8/6 | 先勝 |
| 26 | 木 | 癸巳 | 一白 | 8/7 | 友引 |
| 27 | 金 | 甲午 | 九紫 | 8/8 | 先負 |
| 28 | 土 | 乙未 | 八白 | 8/9 | 仏滅 |
| 29 | 日 | 丙申 | 七赤 | 8/10 | 大安 |
| 30 | 月 | 丁酉 | 六白 | 8/11 | 赤口 |

### 10月
（庚戌 九紫火星）

| 日 | 曜 | 干支 | 九星 | 旧暦 | 六曜 |
|---|---|---|---|---|---|
| 1 | 火 | 戊戌 | 五黄 | 8/12 | 先勝 |
| 2 | 水 | 己亥 | 四緑 | 8/13 | 友引 |
| 3 | 木 | 庚子 | 三碧 | 8/14 | 先負 |
| 4 | 金 | 辛丑 | 二黒 | 8/15 | 仏滅 |
| 5 | 土 | 壬寅 | 一白 | 8/16 | 大安 |
| 6 | 日 | 癸卯 | 九紫 | 8/17 | 赤口 |
| 7 | 月 | 甲辰 | 八白 | 8/18 | 先勝 |
| 8 | 火 | 乙巳 | 七赤 | 8/19 | 友引 |
| 9 | 水 | 丙午 | 六白 | 8/20 | 先負 |
| 10 | 木 | 丁未 | 五黄 | 8/21 | 仏滅 |
| 11 | 金 | 戊申 | 四緑 | 8/22 | 大安 |
| 12 | 土 | 己酉 | 三碧 | 8/23 | 赤口 |
| 13 | 日 | 庚戌 | 二黒 | 8/24 | 先勝 |
| 14 | 月 | 辛亥 | 一白 | 8/25 | 友引 |
| 15 | 火 | 壬子 | 九紫 | 8/26 | 先負 |
| 16 | 水 | 癸丑 | 八白 | 8/27 | 仏滅 |
| 17 | 木 | 甲寅 | 七赤 | 8/28 | 大安 |
| 18 | 金 | 乙卯 | 六白 | 8/29 | 赤口 |
| 19 | 土 | 丙辰 | 五黄 | 9/1 | 先負 |
| 20 | 日 | 丁巳 | 四緑 | 9/2 | 仏滅 |
| 21 | 月 | 戊午 | 三碧 | 9/3 | 大安 |
| 22 | 火 | 己未 | 二黒 | 9/4 | 赤口 |
| 23 | 水 | 庚申 | 一白 | 9/5 | 先勝 |
| 24 | 木 | 辛酉 | 九紫 | 9/6 | 友引 |
| 25 | 金 | 壬戌 | 八白 | 9/7 | 先負 |
| 26 | 土 | 癸亥 | 七赤 | 9/8 | 仏滅 |
| 27 | 日 | 甲子 | 六白 | 9/9 | 大安 |
| 28 | 月 | 乙丑 | 五黄 | 9/10 | 赤口 |
| 29 | 火 | 丙寅 | 四緑 | 9/11 | 先勝 |
| 30 | 水 | 丁卯 | 三碧 | 9/12 | 友引 |
| 31 | 木 | 戊辰 | 二黒 | 9/13 | 先負 |

### 11月
（辛亥 八白土星）

| 日 | 曜 | 干支 | 九星 | 旧暦 | 六曜 |
|---|---|---|---|---|---|
| 1 | 金 | 己巳 | 一白 | 9/14 | 仏滅 |
| 2 | 土 | 庚午 | 九紫 | 9/15 | 大安 |
| 3 | 日 | 辛未 | 八白 | 9/16 | 赤口 |
| 4 | 月 | 壬申 | 七赤 | 9/17 | 先勝 |
| 5 | 火 | 癸酉 | 六白 | 9/18 | 友引 |
| 6 | 水 | 甲戌 | 五黄 | 9/19 | 先負 |
| 7 | 木 | 乙亥 | 四緑 | 9/20 | 仏滅 |
| 8 | 金 | 丙子 | 三碧 | 9/21 | 大安 |
| 9 | 土 | 丁丑 | 二黒 | 9/22 | 赤口 |
| 10 | 日 | 戊寅 | 一白 | 9/23 | 先勝 |
| 11 | 月 | 己卯 | 九紫 | 9/24 | 友引 |
| 12 | 火 | 庚辰 | 八白 | 9/25 | 先負 |
| 13 | 水 | 辛巳 | 七赤 | 9/26 | 仏滅 |
| 14 | 木 | 壬午 | 六白 | 9/27 | 大安 |
| 15 | 金 | 癸未 | 五黄 | 9/28 | 赤口 |
| 16 | 土 | 甲申 | 四緑 | 9/29 | 先勝 |
| 17 | 日 | 乙酉 | 三碧 | 10/1 | 仏滅 |
| 18 | 月 | 丙戌 | 二黒 | 10/2 | 大安 |
| 19 | 火 | 丁亥 | 一白 | 10/3 | 赤口 |
| 20 | 水 | 戊子 | 九紫 | 10/4 | 先勝 |
| 21 | 木 | 己丑 | 八白 | 10/5 | 友引 |
| 22 | 金 | 庚寅 | 七赤 | 10/6 | 先負 |
| 23 | 土 | 辛卯 | 六白 | 10/7 | 仏滅 |
| 24 | 日 | 壬辰 | 五黄 | 10/8 | 大安 |
| 25 | 月 | 癸巳 | 四緑 | 10/9 | 赤口 |
| 26 | 火 | 甲午 | 三碧 | 10/10 | 先勝 |
| 27 | 水 | 乙未 | 二黒 | 10/11 | 友引 |
| 28 | 木 | 丙申 | 一白 | 10/12 | 先負 |
| 29 | 金 | 丁酉 | 九紫 | 10/13 | 仏滅 |
| 30 | 土 | 戊戌 | 八白 | 10/14 | 大安 |

### 12月
（壬子 七赤金星）

| 日 | 曜 | 干支 | 九星 | 旧暦 | 六曜 |
|---|---|---|---|---|---|
| 1 | 日 | 己亥 | 七赤 | 10/15 | 赤口 |
| 2 | 月 | 庚子 | 六白 | 10/16 | 先勝 |
| 3 | 火 | 辛丑 | 五黄 | 10/17 | 友引 |
| 4 | 水 | 壬寅 | 四緑 | 10/18 | 先負 |
| 5 | 木 | 癸卯 | 三碧 | 10/19 | 仏滅 |
| 6 | 金 | 甲辰 | 二黒 | 10/20 | 大安 |
| 7 | 土 | 乙巳 | 一白 | 10/21 | 赤口 |
| 8 | 日 | 丙午 | 九紫 | 10/22 | 先勝 |
| 9 | 月 | 丁未 | 八白 | 10/23 | 友引 |
| 10 | 火 | 戊申 | 七赤 | 10/24 | 先負 |
| 11 | 水 | 己酉 | 六白 | 10/25 | 仏滅 |
| 12 | 木 | 庚戌 | 五黄 | 10/26 | 大安 |
| 13 | 金 | 辛亥 | 四緑 | 10/27 | 赤口 |
| 14 | 土 | 壬子 | 三碧 | 10/28 | 先勝 |
| 15 | 日 | 癸丑 | 二黒 | 10/29 | 友引 |
| 16 | 月 | 甲寅 | 一白 | 10/30 | 先負 |
| 17 | 火 | 乙卯 | 九紫 | 11/1 | 大安 |
| 18 | 水 | 丙辰 | 八白 | 11/2 | 赤口 |
| 19 | 木 | 丁巳 | 七赤 | 11/3 | 先勝 |
| 20 | 金 | 戊午 | 六白 | 11/4 | 友引 |
| 21 | 土 | 己未 | 五黄 | 11/5 | 先負 |
| 22 | 日 | 庚申 | 四緑 | 11/6 | 仏滅 |
| 23 | 月 | 辛酉 | 三碧 | 11/7 | 大安 |
| 24 | 火 | 壬戌 | 二黒 | 11/8 | 赤口 |
| 25 | 水 | 癸亥 | 一白 | 11/9 | 先勝 |
| 26 | 木 | 甲子 | 一白 | 11/10 | 友引 |
| 27 | 金 | 乙丑 | 二黒 | 11/11 | 先負 |
| 28 | 土 | 丙寅 | 三碧 | 11/12 | 仏滅 |
| 29 | 日 | 丁卯 | 四緑 | 11/13 | 大安 |
| 30 | 月 | 戊辰 | 五黄 | 11/14 | 赤口 |
| 31 | 火 | 己巳 | 六白 | 11/15 | 先勝 |

**9月**

9. 1［雑］二百十日
9. 8［節］白露
9.20［雑］彼岸
9.21［雑］社日
9.23［節］秋分

**10月**

10. 8［節］寒露
10.20［雑］土用
10.23［節］霜降

**11月**

11. 7［節］立冬
11.22［節］小雪

**12月**

12. 7［節］大雪
12.22［節］冬至

# 2048

明治 **181** 年
大正 **137** 年
昭和 **123** 年
平成 **60** 年

戊辰（つちのえたつ）
六白金星

**生誕・年忌など**

**1. 5** 四條畷の戦い 700 年

**1.26** 帝銀事件 100 年

**1.30** マハトマ・ガンジー没後 100 年

**2. 5** J. ユイスマンス生誕 200 年

**2.15** J. ベンサム生誕 300 年

**2.24** パリ二月革命 200 年

**2. —** マルクス・エンゲルス「共産党宣言」発表 200 年

**3. 6** 菊池寛没後 100 年

**3.13** ウィーン三月革命 200 年

**3.18** 「ミラノの 5 日間」蜂起 200 年
ベルリン三月革命 200 年

**4. —** 昭電疑獄発覚 100 年

**5.14** イスラエル建国 100 年

**5.15** パレスチナ戦争 (第一次中東戦争) 勃発 100 年

**5.23** 美濃部達吉没後 100 年

**6. 7** P. ゴーギャン生誕 200 年

**6.13** 太宰治没後 100 年

**6.24** ベルリン封鎖 100 年

**6.28** 福井地震 100 年

**8.15** 大韓民国成立 100 年

**8.16** ベーブ・ルース没後 100 年

**8.19** 東宝争議 100 年

**8.25** 中江藤樹没後 400 年

**9. 9** 朝鮮民主主義人民共和国成立 100 年

**11. 6** 滝沢馬琴没後 200 年

**11.12** 東京裁判判決 100 年

**12.10** 世界人権宣言採択 100 年

**12.19** E. ブロンテ没後 200 年

**12.23** 東条英機没後 100 年

**この年** ヨーロッパ・ペスト大流行 700 年
G. ブルーノ生誕 500 年

## 2048 年

### 1 月
（癸丑 六白金星）

| | | | |
|---|---|---|---|
| 1 | 水 | 庚午 七赤 | 11/16 友引 |
| 2 | 木 | 辛未 八白 | 11/17 先負 |
| 3 | 金 | 壬申 九紫 | 11/18 仏滅 |
| 4 | 土 | 癸酉 一白 | 11/19 大安 |
| 5 | 日 | 甲戌 二黒 | 11/20 赤口 |
| 6 | 月 | 乙亥 三碧 | 11/21 先勝 |
| 7 | 火 | 丙子 四緑 | 11/22 友引 |
| 8 | 水 | 丁丑 五黄 | 11/23 先負 |
| 9 | 木 | 戊寅 六白 | 11/24 仏滅 |
| 10 | 金 | 己卯 七赤 | 11/25 大安 |
| 11 | 土 | 庚辰 八白 | 11/26 赤口 |
| 12 | 日 | 辛巳 九紫 | 11/27 先勝 |
| 13 | 月 | 壬午 一白 | 11/28 友引 |
| 14 | 火 | 癸未 二黒 | 11/29 先負 |
| 15 | 水 | 甲申 三碧 | 12/1 赤口 |
| 16 | 木 | 乙酉 四緑 | 12/2 先勝 |
| 17 | 金 | 丙戌 五黄 | 12/3 友引 |
| 18 | 土 | 丁亥 六白 | 12/4 先負 |
| 19 | 日 | 戊子 七赤 | 12/5 仏滅 |
| 20 | 月 | 己丑 八白 | 12/6 大安 |
| 21 | 火 | 庚寅 九紫 | 12/7 赤口 |
| 22 | 水 | 辛卯 一白 | 12/8 先勝 |
| 23 | 木 | 壬辰 二黒 | 12/9 友引 |
| 24 | 金 | 癸巳 三碧 | 12/10 先負 |
| 25 | 土 | 甲午 四緑 | 12/11 仏滅 |
| 26 | 日 | 乙未 五黄 | 12/12 大安 |
| 27 | 月 | 丙申 六白 | 12/13 赤口 |
| 28 | 火 | 丁酉 七赤 | 12/14 先勝 |
| 29 | 水 | 戊戌 八白 | 12/15 友引 |
| 30 | 木 | 己亥 九紫 | 12/16 先負 |
| 31 | 金 | 庚子 一白 | 12/17 仏滅 |

### 2 月
（甲寅 五黄土星）

| | | | |
|---|---|---|---|
| 1 | 土 | 辛丑 二黒 | 12/18 大安 |
| 2 | 日 | 壬寅 三碧 | 12/19 赤口 |
| 3 | 月 | 癸卯 四緑 | 12/20 先勝 |
| 4 | 火 | 甲辰 五黄 | 12/21 友引 |
| 5 | 水 | 乙巳 六白 | 12/22 先負 |
| 6 | 木 | 丙午 七赤 | 12/23 仏滅 |
| 7 | 金 | 丁未 八白 | 12/24 大安 |
| 8 | 土 | 戊申 九紫 | 12/25 赤口 |
| 9 | 日 | 己酉 一白 | 12/26 先勝 |
| 10 | 月 | 庚戌 二黒 | 12/27 友引 |
| 11 | 火 | 辛亥 三碧 | 12/28 先負 |
| 12 | 水 | 壬子 四緑 | 12/29 仏滅 |
| 13 | 木 | 癸丑 五黄 | 12/30 大安 |
| 14 | 金 | 甲寅 六白 | 1/1 先勝 |
| 15 | 土 | 乙卯 七赤 | 1/2 友引 |
| 16 | 日 | 丙辰 八白 | 1/3 先負 |
| 17 | 月 | 丁巳 九紫 | 1/4 仏滅 |
| 18 | 火 | 戊午 一白 | 1/5 大安 |
| 19 | 水 | 己未 二黒 | 1/6 赤口 |
| 20 | 木 | 庚申 三碧 | 1/7 先勝 |
| 21 | 金 | 辛酉 四緑 | 1/8 友引 |
| 22 | 土 | 壬戌 五黄 | 1/9 先負 |
| 23 | 日 | 癸亥 六白 | 1/10 仏滅 |
| 24 | 月 | 甲子 七赤 | 1/11 大安 |
| 25 | 火 | 乙丑 八白 | 1/12 赤口 |
| 26 | 水 | 丙寅 九紫 | 1/13 先勝 |
| 27 | 木 | 丁卯 一白 | 1/14 友引 |
| 28 | 金 | 戊辰 二黒 | 1/15 先負 |
| 29 | 土 | 己巳 三碧 | 1/16 仏滅 |

### 3 月
（乙卯 四緑木星）

| | | | |
|---|---|---|---|
| 1 | 日 | 庚午 四緑 | 1/17 大安 |
| 2 | 月 | 辛未 五黄 | 1/18 赤口 |
| 3 | 火 | 壬申 六白 | 1/19 先勝 |
| 4 | 水 | 癸酉 七赤 | 1/20 友引 |
| 5 | 木 | 甲戌 八白 | 1/21 先負 |
| 6 | 金 | 乙亥 九紫 | 1/22 仏滅 |
| 7 | 土 | 丙子 一白 | 1/23 大安 |
| 8 | 日 | 丁丑 二黒 | 1/24 赤口 |
| 9 | 月 | 戊寅 三碧 | 1/25 先勝 |
| 10 | 火 | 己卯 四緑 | 1/26 友引 |
| 11 | 水 | 庚辰 五黄 | 1/27 先負 |
| 12 | 木 | 辛巳 六白 | 1/28 仏滅 |
| 13 | 金 | 壬午 七赤 | 1/29 大安 |
| 14 | 土 | 癸未 八白 | 2/1 友引 |
| 15 | 日 | 甲申 九紫 | 2/2 先負 |
| 16 | 月 | 乙酉 一白 | 2/3 仏滅 |
| 17 | 火 | 丙戌 二黒 | 2/4 大安 |
| 18 | 水 | 丁亥 三碧 | 2/5 赤口 |
| 19 | 木 | 戊子 四緑 | 2/6 先勝 |
| 20 | 金 | 己丑 五黄 | 2/7 友引 |
| 21 | 土 | 庚寅 六白 | 2/8 先負 |
| 22 | 日 | 辛卯 七赤 | 2/9 仏滅 |
| 23 | 月 | 壬辰 八白 | 2/10 大安 |
| 24 | 火 | 癸巳 九紫 | 2/11 赤口 |
| 25 | 水 | 甲午 一白 | 2/12 先勝 |
| 26 | 木 | 乙未 二黒 | 2/13 友引 |
| 27 | 金 | 丙申 三碧 | 2/14 先負 |
| 28 | 土 | 丁酉 四緑 | 2/15 仏滅 |
| 29 | 日 | 戊戌 五黄 | 2/16 大安 |
| 30 | 月 | 己亥 六白 | 2/17 赤口 |
| 31 | 火 | 庚子 七赤 | 2/18 先勝 |

### 4 月
（丙辰 三碧木星）

| | | | |
|---|---|---|---|
| 1 | 水 | 辛丑 八白 | 2/19 友引 |
| 2 | 木 | 壬寅 九紫 | 2/20 先負 |
| 3 | 金 | 癸卯 一白 | 2/21 仏滅 |
| 4 | 土 | 甲辰 二黒 | 2/22 大安 |
| 5 | 日 | 乙巳 三碧 | 2/23 赤口 |
| 6 | 月 | 丙午 四緑 | 2/24 先勝 |
| 7 | 火 | 丁未 五黄 | 2/25 友引 |
| 8 | 水 | 戊申 六白 | 2/26 先負 |
| 9 | 木 | 己酉 七赤 | 2/27 仏滅 |
| 10 | 金 | 庚戌 八白 | 2/28 大安 |
| 11 | 土 | 辛亥 九紫 | 2/29 赤口 |
| 12 | 日 | 壬子 一白 | 2/30 先勝 |
| 13 | 月 | 癸丑 二黒 | 3/1 先負 |
| 14 | 火 | 甲寅 三碧 | 3/2 仏滅 |
| 15 | 水 | 乙卯 四緑 | 3/3 大安 |
| 16 | 木 | 丙辰 五黄 | 3/4 赤口 |
| 17 | 金 | 丁巳 六白 | 3/5 先勝 |
| 18 | 土 | 戊午 七赤 | 3/6 友引 |
| 19 | 日 | 己未 八白 | 3/7 先負 |
| 20 | 月 | 庚申 九紫 | 3/8 仏滅 |
| 21 | 火 | 辛酉 一白 | 3/9 大安 |
| 22 | 水 | 壬戌 二黒 | 3/10 赤口 |
| 23 | 木 | 癸亥 三碧 | 3/11 先勝 |
| 24 | 金 | 甲子 四緑 | 3/12 友引 |
| 25 | 土 | 乙丑 五黄 | 3/13 先負 |
| 26 | 日 | 丙寅 六白 | 3/14 仏滅 |
| 27 | 月 | 丁卯 七赤 | 3/15 大安 |
| 28 | 火 | 戊辰 八白 | 3/16 赤口 |
| 29 | 水 | 己巳 九紫 | 3/17 先勝 |
| 30 | 木 | 庚午 一白 | 3/18 友引 |

**1 月**

1. 6 [節] 小寒
1.17 [雑] 土用
1.20 [節] 大寒

**2 月**

2. 3 [雑] 節分
2. 4 [節] 立春
2.19 [節] 雨水

**3 月**

3. 5 [節] 啓蟄
3.17 [雑] 彼岸
3.19 [雑] 社日
3.20 [節] 春分

**4 月**

4. 4 [節] 清明
4.16 [雑] 土用
4.19 [節] 穀雨

## 5月
（丁巳 二黒土星）

| 日 | 曜 | 干支 九星 | 旧暦 六曜 |
|---|---|---|---|
| 1 | 金 | 辛未 二黒 | 3/19 先負 |
| 2 | 土 | 壬申 三碧 | 3/20 仏滅 |
| 3 | 日 | 癸酉 四緑 | 3/21 大安 |
| 4 | 月 | 甲戌 五黄 | 3/22 赤口 |
| 5 | 火 | 乙亥 六白 | 3/23 先勝 |
| 6 | 水 | 丙子 七赤 | 3/24 友引 |
| 7 | 木 | 丁丑 八白 | 3/25 先負 |
| 8 | 金 | 戊寅 九紫 | 3/26 仏滅 |
| 9 | 土 | 己卯 一白 | 3/27 大安 |
| 10 | 日 | 庚辰 二黒 | 3/28 赤口 |
| 11 | 月 | 辛巳 三碧 | 3/29 先勝 |
| 12 | 火 | 壬午 四緑 | 3/30 友引 |
| 13 | 水 | 癸未 五黄 | 4/1 仏滅 |
| 14 | 木 | 甲申 六白 | 4/2 大安 |
| 15 | 金 | 乙酉 七赤 | 4/3 赤口 |
| 16 | 土 | 丙戌 八白 | 4/4 先勝 |
| 17 | 日 | 丁亥 九紫 | 4/5 友引 |
| 18 | 月 | 戊子 一白 | 4/6 先負 |
| 19 | 火 | 己丑 二黒 | 4/7 仏滅 |
| 20 | 水 | 庚寅 三碧 | 4/8 大安 |
| 21 | 木 | 辛卯 四緑 | 4/9 赤口 |
| 22 | 金 | 壬辰 五黄 | 4/10 先勝 |
| 23 | 土 | 癸巳 六白 | 4/11 友引 |
| 24 | 日 | 甲午 七赤 | 4/12 先負 |
| 25 | 月 | 乙未 八白 | 4/13 仏滅 |
| 26 | 火 | 丙申 九紫 | 4/14 大安 |
| 27 | 水 | 丁酉 一白 | 4/15 赤口 |
| 28 | 木 | 戊戌 二黒 | 4/16 先勝 |
| 29 | 金 | 己亥 三碧 | 4/17 友引 |
| 30 | 土 | 庚子 四緑 | 4/18 先負 |
| 31 | 日 | 辛丑 五黄 | 4/19 仏滅 |

## 6月
（戊午 一白水星）

| 日 | 曜 | 干支 九星 | 旧暦 六曜 |
|---|---|---|---|
| 1 | 月 | 壬寅 六白 | 4/20 大安 |
| 2 | 火 | 癸卯 七赤 | 4/21 赤口 |
| 3 | 水 | 甲辰 八白 | 4/22 先勝 |
| 4 | 木 | 乙巳 九紫 | 4/23 友引 |
| 5 | 金 | 丙午 一白 | 4/24 先負 |
| 6 | 土 | 丁未 二黒 | 4/25 仏滅 |
| 7 | 日 | 戊申 三碧 | 4/26 大安 |
| 8 | 月 | 己酉 四緑 | 4/27 赤口 |
| 9 | 火 | 庚戌 五黄 | 4/28 先勝 |
| 10 | 水 | 辛亥 六白 | 4/29 友引 |
| 11 | 木 | 壬子 七赤 | 5/1 大安 |
| 12 | 金 | 癸丑 八白 | 5/2 赤口 |
| 13 | 土 | 甲寅 九紫 | 5/3 先勝 |
| 14 | 日 | 乙卯 一白 | 5/4 友引 |
| 15 | 月 | 丙辰 二黒 | 5/5 先負 |
| 16 | 火 | 丁巳 三碧 | 5/6 仏滅 |
| 17 | 水 | 戊午 四緑 | 5/7 大安 |
| 18 | 木 | 己未 五黄 | 5/8 赤口 |
| 19 | 金 | 庚申 六白 | 5/9 先勝 |
| 20 | 土 | 辛酉 七赤 | 5/10 友引 |
| 21 | 日 | 壬戌 八白 | 5/11 先負 |
| 22 | 月 | 癸亥 九紫 | 5/12 仏滅 |
| 23 | 火 | 甲子 九紫 | 5/13 大安 |
| 24 | 水 | 乙丑 八白 | 5/14 赤口 |
| 25 | 木 | 丙寅 七赤 | 5/15 先勝 |
| 26 | 金 | 丁卯 六白 | 5/16 友引 |
| 27 | 土 | 戊辰 五黄 | 5/17 先負 |
| 28 | 日 | 己巳 四緑 | 5/18 仏滅 |
| 29 | 月 | 庚午 三碧 | 5/19 大安 |
| 30 | 火 | 辛未 二黒 | 5/20 赤口 |

## 7月
（己未 九紫火星）

| 日 | 曜 | 干支 九星 | 旧暦 六曜 |
|---|---|---|---|
| 1 | 水 | 壬申 一白 | 5/21 先勝 |
| 2 | 木 | 癸酉 九紫 | 5/22 友引 |
| 3 | 金 | 甲戌 八白 | 5/23 先負 |
| 4 | 土 | 乙亥 七赤 | 5/24 仏滅 |
| 5 | 日 | 丙子 六白 | 5/25 大安 |
| 6 | 月 | 丁丑 五黄 | 5/26 赤口 |
| 7 | 火 | 戊寅 四緑 | 5/27 先勝 |
| 8 | 水 | 己卯 三碧 | 5/28 友引 |
| 9 | 木 | 庚辰 二黒 | 5/29 先負 |
| 10 | 金 | 辛巳 一白 | 5/30 仏滅 |
| 11 | 土 | 壬午 九紫 | 6/1 赤口 |
| 12 | 日 | 癸未 八白 | 6/2 先勝 |
| 13 | 月 | 甲申 七赤 | 6/3 友引 |
| 14 | 火 | 乙酉 六白 | 6/4 先負 |
| 15 | 水 | 丙戌 五黄 | 6/5 仏滅 |
| 16 | 木 | 丁亥 四緑 | 6/6 大安 |
| 17 | 金 | 戊子 三碧 | 6/7 赤口 |
| 18 | 土 | 己丑 二黒 | 6/8 先勝 |
| 19 | 日 | 庚寅 一白 | 6/9 友引 |
| 20 | 月 | 辛卯 九紫 | 6/10 先負 |
| 21 | 火 | 壬辰 八白 | 6/11 仏滅 |
| 22 | 水 | 癸巳 七赤 | 6/12 大安 |
| 23 | 木 | 甲午 六白 | 6/13 赤口 |
| 24 | 金 | 乙未 五黄 | 6/14 先勝 |
| 25 | 土 | 丙申 四緑 | 6/15 友引 |
| 26 | 日 | 丁酉 三碧 | 6/16 先負 |
| 27 | 月 | 戊戌 二黒 | 6/17 仏滅 |
| 28 | 火 | 己亥 一白 | 6/18 大安 |
| 29 | 水 | 庚子 九紫 | 6/19 赤口 |
| 30 | 木 | 辛丑 八白 | 6/20 先勝 |
| 31 | 金 | 壬寅 七赤 | 6/21 友引 |

## 8月
（庚申 八白土星）

| 日 | 曜 | 干支 九星 | 旧暦 六曜 |
|---|---|---|---|
| 1 | 土 | 癸卯 六白 | 6/22 先負 |
| 2 | 日 | 甲辰 五黄 | 6/23 仏滅 |
| 3 | 月 | 乙巳 四緑 | 6/24 大安 |
| 4 | 火 | 丙午 三碧 | 6/25 赤口 |
| 5 | 水 | 丁未 二黒 | 6/26 先勝 |
| 6 | 木 | 戊申 一白 | 6/27 友引 |
| 7 | 金 | 己酉 九紫 | 6/28 先負 |
| 8 | 土 | 庚戌 八白 | 6/29 仏滅 |
| 9 | 日 | 辛亥 七赤 | 6/30 大安 |
| 10 | 月 | 壬子 六白 | 7/1 先勝 |
| 11 | 火 | 癸丑 五黄 | 7/2 友引 |
| 12 | 水 | 甲寅 四緑 | 7/3 先負 |
| 13 | 木 | 乙卯 三碧 | 7/4 仏滅 |
| 14 | 金 | 丙辰 二黒 | 7/5 大安 |
| 15 | 土 | 丁巳 一白 | 7/6 赤口 |
| 16 | 日 | 戊午 九紫 | 7/7 先勝 |
| 17 | 月 | 己未 八白 | 7/8 友引 |
| 18 | 火 | 庚申 七赤 | 7/9 先負 |
| 19 | 水 | 辛酉 六白 | 7/10 仏滅 |
| 20 | 木 | 壬戌 五黄 | 7/11 大安 |
| 21 | 金 | 癸亥 四緑 | 7/12 赤口 |
| 22 | 土 | 甲子 三碧 | 7/13 先勝 |
| 23 | 日 | 乙丑 二黒 | 7/14 友引 |
| 24 | 月 | 丙寅 一白 | 7/15 先負 |
| 25 | 火 | 丁卯 九紫 | 7/16 仏滅 |
| 20 | 水 | 戊辰 八白 | 7/17 大安 |
| 27 | 木 | 己巳 七赤 | 7/18 赤口 |
| 28 | 金 | 庚午 六白 | 7/19 先勝 |
| 29 | 土 | 辛未 五黄 | 7/20 友引 |
| 30 | 日 | 壬申 四緑 | 7/21 先負 |
| 31 | 月 | 癸酉 三碧 | 7/22 仏滅 |

### 5月
5. 1 [雑] 八十八夜
5. 5 [節] 立夏
5.20 [節] 小満

### 6月
6. 5 [節] 芒種
6.10 [雑] 入梅
6.21 [節] 夏至

### 7月
7. 1 [雑] 半夏生
7. 6 [節] 小暑
7.19 [雑] 土用
7.22 [節] 大暑

### 8月
8. 7 [節] 立秋
8.22 [節] 処暑
8.31 [雑] 二百十日

## 9 月
（辛酉 七赤金星）

| | | | | | |
|---|---|---|---|---|---|
| 1 | 火 | 甲戌 | 二黒 | 7/23 | 大安 |
| 2 | 水 | 乙亥 | 一白 | 7/24 | 赤口 |
| 3 | 木 | 丙子 | 九紫 | 7/25 | 先勝 |
| 4 | 金 | 丁丑 | 八白 | 7/26 | 友引 |
| 5 | 土 | 戊寅 | 七赤 | 7/27 | 先負 |
| 6 | 日 | 己卯 | 六白 | 7/28 | 仏滅 |
| 7 | 月 | 庚辰 | 五黄 | 7/29 | 大安 |
| 8 | 火 | 辛巳 | 四緑 | 8/1 | 友引 |
| 9 | 水 | 壬午 | 三碧 | 8/2 | 先負 |
| 10 | 木 | 癸未 | 二黒 | 8/3 | 仏滅 |
| 11 | 金 | 甲申 | 一白 | 8/4 | 大安 |
| 12 | 土 | 乙酉 | 九紫 | 8/5 | 赤口 |
| 13 | 日 | 丙戌 | 八白 | 8/6 | 先勝 |
| 14 | 月 | 丁亥 | 七赤 | 8/7 | 友引 |
| 15 | 火 | 戊子 | 六白 | 8/8 | 先負 |
| 16 | 水 | 己丑 | 五黄 | 8/9 | 仏滅 |
| 17 | 木 | 庚寅 | 四緑 | 8/10 | 大安 |
| 18 | 金 | 辛卯 | 三碧 | 8/11 | 赤口 |
| 19 | 土 | 壬辰 | 二黒 | 8/12 | 先勝 |
| 20 | 日 | 癸巳 | 一白 | 8/13 | 友引 |
| 21 | 月 | 甲午 | 九紫 | 8/14 | 先負 |
| 22 | 火 | 乙未 | 八白 | 8/15 | 仏滅 |
| 23 | 水 | 丙申 | 七赤 | 8/16 | 大安 |
| 24 | 木 | 丁酉 | 六白 | 8/17 | 赤口 |
| 25 | 金 | 戊戌 | 五黄 | 8/18 | 先勝 |
| 26 | 土 | 己亥 | 四緑 | 8/19 | 友引 |
| 27 | 日 | 庚子 | 三碧 | 8/20 | 先負 |
| 28 | 月 | 辛丑 | 二黒 | 8/21 | 仏滅 |
| 29 | 火 | 壬寅 | 一白 | 8/22 | 大安 |
| 30 | 水 | 癸卯 | 九紫 | 8/23 | 赤口 |

## 10 月
（壬戌 六白金星）

| | | | | | |
|---|---|---|---|---|---|
| 1 | 木 | 甲辰 | 八白 | 8/24 | 先勝 |
| 2 | 金 | 乙巳 | 七赤 | 8/25 | 友引 |
| 3 | 土 | 丙午 | 六白 | 8/26 | 先負 |
| 4 | 日 | 丁未 | 五黄 | 8/27 | 仏滅 |
| 5 | 月 | 戊申 | 四緑 | 8/28 | 大安 |
| 6 | 火 | 己酉 | 三碧 | 8/29 | 赤口 |
| 7 | 水 | 庚戌 | 二黒 | 8/30 | 先勝 |
| 8 | 木 | 辛亥 | 一白 | 9/1 | 先負 |
| 9 | 金 | 壬子 | 九紫 | 9/2 | 仏滅 |
| 10 | 土 | 癸丑 | 八白 | 9/3 | 大安 |
| 11 | 日 | 甲寅 | 七赤 | 9/4 | 赤口 |
| 12 | 月 | 乙卯 | 六白 | 9/5 | 先勝 |
| 13 | 火 | 丙辰 | 五黄 | 9/6 | 友引 |
| 14 | 水 | 丁巳 | 四緑 | 9/7 | 先負 |
| 15 | 木 | 戊午 | 三碧 | 9/8 | 仏滅 |
| 16 | 金 | 己未 | 二黒 | 9/9 | 大安 |
| 17 | 土 | 庚申 | 一白 | 9/10 | 赤口 |
| 18 | 日 | 辛酉 | 九紫 | 9/11 | 先勝 |
| 19 | 月 | 壬戌 | 八白 | 9/12 | 友引 |
| 20 | 火 | 癸亥 | 七赤 | 9/13 | 先負 |
| 21 | 水 | 甲子 | 六白 | 9/14 | 仏滅 |
| 22 | 木 | 乙丑 | 五黄 | 9/15 | 大安 |
| 23 | 金 | 丙寅 | 四緑 | 9/16 | 赤口 |
| 24 | 土 | 丁卯 | 三碧 | 9/17 | 先勝 |
| 25 | 日 | 戊辰 | 二黒 | 9/18 | 友引 |
| 26 | 月 | 己巳 | 一白 | 9/19 | 先負 |
| 27 | 火 | 庚午 | 九紫 | 9/20 | 仏滅 |
| 28 | 水 | 辛未 | 八白 | 9/21 | 大安 |
| 29 | 木 | 壬申 | 七赤 | 9/22 | 赤口 |
| 30 | 金 | 癸酉 | 六白 | 9/23 | 先勝 |
| 31 | 土 | 甲戌 | 五黄 | 9/24 | 友引 |

## 11 月
（癸亥 五黄土星）

| | | | | | |
|---|---|---|---|---|---|
| 1 | 日 | 乙亥 | 四緑 | 9/25 | 先負 |
| 2 | 月 | 丙子 | 三碧 | 9/26 | 仏滅 |
| 3 | 火 | 丁丑 | 二黒 | 9/27 | 大安 |
| 4 | 水 | 戊寅 | 一白 | 9/28 | 赤口 |
| 5 | 木 | 己卯 | 九紫 | 9/29 | 先勝 |
| 6 | 金 | 庚辰 | 八白 | 10/1 | 仏滅 |
| 7 | 土 | 辛巳 | 七赤 | 10/2 | 大安 |
| 8 | 日 | 壬午 | 六白 | 10/3 | 赤口 |
| 9 | 月 | 癸未 | 五黄 | 10/4 | 先勝 |
| 10 | 火 | 甲申 | 四緑 | 10/5 | 友引 |
| 11 | 水 | 乙酉 | 三碧 | 10/6 | 先負 |
| 12 | 木 | 丙戌 | 二黒 | 10/7 | 仏滅 |
| 13 | 金 | 丁亥 | 一白 | 10/8 | 大安 |
| 14 | 土 | 戊子 | 九紫 | 10/9 | 赤口 |
| 15 | 日 | 己丑 | 八白 | 10/10 | 先勝 |
| 16 | 月 | 庚寅 | 七赤 | 10/11 | 友引 |
| 17 | 火 | 辛卯 | 六白 | 10/12 | 先負 |
| 18 | 水 | 壬辰 | 五黄 | 10/13 | 仏滅 |
| 19 | 木 | 癸巳 | 四緑 | 10/14 | 大安 |
| 20 | 金 | 甲午 | 三碧 | 10/15 | 赤口 |
| 21 | 土 | 乙未 | 二黒 | 10/16 | 先勝 |
| 22 | 日 | 丙申 | 一白 | 10/17 | 友引 |
| 23 | 月 | 丁酉 | 九紫 | 10/18 | 先負 |
| 24 | 火 | 戊戌 | 八白 | 10/19 | 仏滅 |
| 25 | 水 | 己亥 | 七赤 | 10/20 | 大安 |
| 26 | 木 | 庚子 | 六白 | 10/21 | 赤口 |
| 27 | 金 | 辛丑 | 五黄 | 10/22 | 先勝 |
| 28 | 土 | 壬寅 | 四緑 | 10/23 | 友引 |
| 29 | 日 | 癸卯 | 三碧 | 10/24 | 先負 |
| 30 | 月 | 甲辰 | 二黒 | 10/25 | 仏滅 |

## 12 月
（甲子 四緑木星）

| | | | | | |
|---|---|---|---|---|---|
| 1 | 火 | 乙巳 | 一白 | 10/26 | 大安 |
| 2 | 水 | 丙午 | 九紫 | 10/27 | 赤口 |
| 3 | 木 | 丁未 | 八白 | 10/28 | 先勝 |
| 4 | 金 | 戊申 | 七赤 | 10/29 | 友引 |
| 5 | 土 | 己酉 | 六白 | 10/30 | 先負 |
| 6 | 日 | 庚戌 | 五黄 | 11/1 | 大安 |
| 7 | 月 | 辛亥 | 四緑 | 11/2 | 赤口 |
| 8 | 火 | 壬子 | 三碧 | 11/3 | 先勝 |
| 9 | 水 | 癸丑 | 二黒 | 11/4 | 友引 |
| 10 | 木 | 甲寅 | 一白 | 11/5 | 先負 |
| 11 | 金 | 乙卯 | 九紫 | 11/6 | 仏滅 |
| 12 | 土 | 丙辰 | 八白 | 11/7 | 大安 |
| 13 | 日 | 丁巳 | 七赤 | 11/8 | 赤口 |
| 14 | 月 | 戊午 | 六白 | 11/9 | 先勝 |
| 15 | 火 | 己未 | 五黄 | 11/10 | 友引 |
| 16 | 水 | 庚申 | 四緑 | 11/11 | 先負 |
| 17 | 木 | 辛酉 | 三碧 | 11/12 | 仏滅 |
| 18 | 金 | 壬戌 | 二黒 | 11/13 | 大安 |
| 19 | 土 | 癸亥 | 一白 | 11/14 | 赤口 |
| 20 | 日 | 甲子 | 一白 | 11/15 | 先勝 |
| 21 | 月 | 乙丑 | 二黒 | 11/16 | 友引 |
| 22 | 火 | 丙寅 | 三碧 | 11/17 | 先負 |
| 23 | 水 | 丁卯 | 四緑 | 11/18 | 仏滅 |
| 24 | 木 | 戊辰 | 五黄 | 11/19 | 大安 |
| 25 | 金 | 己巳 | 六白 | 11/20 | 赤口 |
| 26 | 土 | 庚午 | 七赤 | 11/21 | 先勝 |
| 27 | 日 | 辛未 | 八白 | 11/22 | 友引 |
| 28 | 月 | 壬申 | 九紫 | 11/23 | 先負 |
| 29 | 火 | 癸酉 | 一白 | 11/24 | 仏滅 |
| 30 | 水 | 甲戌 | 二黒 | 11/25 | 大安 |
| 31 | 木 | 乙亥 | 三碧 | 11/26 | 赤口 |

**9 月**

9. 7［節］白露
9.19［雑］彼岸
9.22［節］秋分
9.25［雑］社日

**10 月**

10. 7［節］寒露
10.20［雑］土用
10.23［節］霜降

**11 月**

11. 7［節］立冬
11.22［節］小雪

**12 月**

12. 6［節］大雪
12.21［節］冬至

# 2049

明治 182 年
大正 138 年
昭和 124 年
平成 61 年

己巳（つちのとみ）
五黄土星

生誕・年忌など

1.25 コメコン成立 100 年
2. 9 英国王チャールズ 1 世処刑 (クロムウェル独裁)400 年
4.18 アイルランド正式独立 100 年
5. 6 メーテルリンク没後 100 年
5.24 西ドイツ成立 100 年
6. 3 佐藤紅緑没後 100 年
7. 3 ザビエル来日 (キリスト教伝来)500 年
7. 5 下山事件 100 年
7.15 三鷹事件 100 年
8.16 マーガレット・ミッチェル没後 100 年
8.17 松川事件 100 年
8.24 北大西洋条約機構 (NATO) 発足 100 年
8.28 J. ゲーテ生誕 300 年
9. 8 R. シュトラウス没後 100 年
9.26 I. パブロフ生誕 200 年
10. 1 中華人民共和国成立 100 年
10. 7 E.A. ポー没後 200 年
東ドイツ成立 100 年
10.17 F. ショパン没後 200 年
11. 3 湯川秀樹のノーベル賞受賞 (日本人初)100 年
11.24 F. バーネット生誕 200 年
12. 7 国民政府による中華民国 (台湾) 成立 100 年
12.27 インドネシア独立 100 年
この年 アッバース朝創始 1300 年
リビングストン・ナイル上流探検 200 年
米国ゴールドラッシュ200 年

2049年

## 1月
（乙丑 三碧木星）

| | | | |
|---|---|---|---|
| 1 | 金 | 丙子 四緑 | 11/27 先勝 |
| 2 | 土 | 丁丑 五黄 | 11/28 友引 |
| 3 | 日 | 戊寅 六白 | 11/29 先負 |
| 4 | 月 | 己卯 七赤 | 12/1 赤口 |
| 5 | 火 | 庚辰 八白 | 12/2 先勝 |
| 6 | 水 | 辛巳 九紫 | 12/3 友引 |
| 7 | 木 | 壬午 一白 | 12/4 先負 |
| 8 | 金 | 癸未 二黒 | 12/5 仏滅 |
| 9 | 土 | 甲申 三碧 | 12/6 大安 |
| 10 | 日 | 乙酉 四緑 | 12/7 赤口 |
| 11 | 月 | 丙戌 五黄 | 12/8 先勝 |
| 12 | 火 | 丁亥 六白 | 12/9 友引 |
| 13 | 水 | 戊子 七赤 | 12/10 先負 |
| 14 | 木 | 己丑 八白 | 12/11 仏滅 |
| 15 | 金 | 庚寅 九紫 | 12/12 大安 |
| 16 | 土 | 辛卯 一白 | 12/13 赤口 |
| 17 | 日 | 壬辰 二黒 | 12/14 先勝 |
| 18 | 月 | 癸巳 三碧 | 12/15 友引 |
| 19 | 火 | 甲午 四緑 | 12/16 先負 |
| 20 | 水 | 乙未 五黄 | 12/17 仏滅 |
| 21 | 木 | 丙申 六白 | 12/18 大安 |
| 22 | 金 | 丁酉 七赤 | 12/19 赤口 |
| 23 | 土 | 戊戌 八白 | 12/20 先勝 |
| 24 | 日 | 己亥 九紫 | 12/21 友引 |
| 25 | 月 | 庚子 一白 | 12/22 先負 |
| 26 | 火 | 辛丑 二黒 | 12/23 仏滅 |
| 27 | 水 | 壬寅 三碧 | 12/24 大安 |
| 28 | 木 | 癸卯 四緑 | 12/25 赤口 |
| 29 | 金 | 甲辰 五黄 | 12/26 先勝 |
| 30 | 土 | 乙巳 六白 | 12/27 友引 |
| 31 | 日 | 丙午 七赤 | 12/28 先負 |

## 2月
（丙寅 二黒土星）

| | | | |
|---|---|---|---|
| 1 | 月 | 丁未 八白 | 12/29 仏滅 |
| 2 | 火 | 戊申 九紫 | 1/1 先勝 |
| 3 | 水 | 己酉 一白 | 1/2 友引 |
| 4 | 木 | 庚戌 二黒 | 1/3 先負 |
| 5 | 金 | 辛亥 三碧 | 1/4 仏滅 |
| 6 | 土 | 壬子 四緑 | 1/5 大安 |
| 7 | 日 | 癸丑 五黄 | 1/6 赤口 |
| 8 | 月 | 甲寅 六白 | 1/7 先勝 |
| 9 | 火 | 乙卯 七赤 | 1/8 友引 |
| 10 | 水 | 丙辰 八白 | 1/9 先負 |
| 11 | 木 | 丁巳 九紫 | 1/10 仏滅 |
| 12 | 金 | 戊午 一白 | 1/11 大安 |
| 13 | 土 | 己未 二黒 | 1/12 赤口 |
| 14 | 日 | 庚申 三碧 | 1/13 先勝 |
| 15 | 月 | 辛酉 四緑 | 1/14 友引 |
| 16 | 火 | 壬戌 五黄 | 1/15 先負 |
| 17 | 水 | 癸亥 六白 | 1/16 仏滅 |
| 18 | 木 | 甲子 七赤 | 1/17 大安 |
| 19 | 金 | 乙丑 八白 | 1/18 赤口 |
| 20 | 土 | 丙寅 九紫 | 1/19 先勝 |
| 21 | 日 | 丁卯 一白 | 1/20 友引 |
| 22 | 月 | 戊辰 二黒 | 1/21 先負 |
| 23 | 火 | 己巳 三碧 | 1/22 仏滅 |
| 24 | 水 | 庚午 四緑 | 1/23 大安 |
| 25 | 木 | 辛未 五黄 | 1/24 赤口 |
| 26 | 金 | 壬申 六白 | 1/25 先勝 |
| 27 | 土 | 癸酉 七赤 | 1/26 友引 |
| 28 | 日 | 甲戌 八白 | 1/27 先負 |

## 3月
（丁卯 一白水星）

| | | | |
|---|---|---|---|
| 1 | 月 | 乙亥 九紫 | 1/28 仏滅 |
| 2 | 火 | 丙子 一白 | 1/29 大安 |
| 3 | 水 | 丁丑 二黒 | 1/30 赤口 |
| 4 | 木 | 戊寅 三碧 | 2/1 友引 |
| 5 | 金 | 己卯 四緑 | 2/2 先負 |
| 6 | 土 | 庚辰 五黄 | 2/3 仏滅 |
| 7 | 日 | 辛巳 六白 | 2/4 大安 |
| 8 | 月 | 壬午 七赤 | 2/5 赤口 |
| 9 | 火 | 癸未 八白 | 2/6 先勝 |
| 10 | 水 | 甲申 九紫 | 2/7 友引 |
| 11 | 木 | 乙酉 一白 | 2/8 先負 |
| 12 | 金 | 丙戌 二黒 | 2/9 仏滅 |
| 13 | 土 | 丁亥 三碧 | 2/10 大安 |
| 14 | 日 | 戊子 四緑 | 2/11 赤口 |
| 15 | 月 | 己丑 五黄 | 2/12 先勝 |
| 16 | 火 | 庚寅 六白 | 2/13 友引 |
| 17 | 水 | 辛卯 七赤 | 2/14 先負 |
| 18 | 木 | 壬辰 八白 | 2/15 仏滅 |
| 19 | 金 | 癸巳 九紫 | 2/16 大安 |
| 20 | 土 | 甲午 一白 | 2/17 赤口 |
| 21 | 日 | 乙未 二黒 | 2/18 先勝 |
| 22 | 月 | 丙申 三碧 | 2/19 友引 |
| 23 | 火 | 丁酉 四緑 | 2/20 先負 |
| 24 | 水 | 戊戌 五黄 | 2/21 仏滅 |
| 25 | 木 | 己亥 六白 | 2/22 大安 |
| 26 | 金 | 庚子 七赤 | 2/23 赤口 |
| 27 | 土 | 辛丑 八白 | 2/24 先勝 |
| 28 | 日 | 壬寅 九紫 | 2/25 友引 |
| 29 | 月 | 癸卯 一白 | 2/26 先負 |
| 30 | 火 | 甲辰 二黒 | 2/27 仏滅 |
| 31 | 水 | 乙巳 三碧 | 2/28 大安 |

## 4月
（戊辰 九紫火星）

| | | | |
|---|---|---|---|
| 1 | 木 | 丙午 四緑 | 2/29 赤口 |
| 2 | 金 | 丁未 五黄 | 3/1 先負 |
| 3 | 土 | 戊申 六白 | 3/2 仏滅 |
| 4 | 日 | 己酉 七赤 | 3/3 大安 |
| 5 | 月 | 庚戌 八白 | 3/4 赤口 |
| 6 | 火 | 辛亥 九紫 | 3/5 先勝 |
| 7 | 水 | 壬子 一白 | 3/6 友引 |
| 8 | 木 | 癸丑 二黒 | 3/7 先負 |
| 9 | 金 | 甲寅 三碧 | 3/8 仏滅 |
| 10 | 土 | 乙卯 四緑 | 3/9 大安 |
| 11 | 日 | 丙辰 五黄 | 3/10 赤口 |
| 12 | 月 | 丁巳 六白 | 3/11 先勝 |
| 13 | 火 | 戊午 七赤 | 3/12 友引 |
| 14 | 水 | 己未 八白 | 3/13 先負 |
| 15 | 木 | 庚申 九紫 | 3/14 仏滅 |
| 16 | 金 | 辛酉 一白 | 3/15 大安 |
| 17 | 土 | 壬戌 二黒 | 3/16 赤口 |
| 18 | 日 | 癸亥 三碧 | 3/17 先勝 |
| 19 | 月 | 甲子 四緑 | 3/18 友引 |
| 20 | 火 | 乙丑 五黄 | 3/19 先負 |
| 21 | 水 | 丙寅 六白 | 3/20 仏滅 |
| 22 | 木 | 丁卯 七赤 | 3/21 大安 |
| 23 | 金 | 戊辰 八白 | 3/22 赤口 |
| 24 | 土 | 己巳 九紫 | 3/23 先勝 |
| 25 | 日 | 庚午 一白 | 3/24 友引 |
| 26 | 月 | 辛未 二黒 | 3/25 先負 |
| 27 | 火 | 壬申 三碧 | 3/26 仏滅 |
| 28 | 水 | 癸酉 四緑 | 3/27 大安 |
| 29 | 木 | 甲戌 五黄 | 3/28 赤口 |
| 30 | 金 | 乙亥 六白 | 3/29 先勝 |

**1月**

1. 5［節］小寒
1.17［雑］土用
1.20［節］大寒

**2月**

2. 2［雑］節分
2. 3［節］立春
2.18［節］雨水

**3月**

3. 5［節］啓蟄
3.17［雑］彼岸
3.20［節］春分
3.24［雑］社日

**4月**

4. 4［節］清明
4.16［雑］土用
4.20［節］穀雨

## 5月
（己巳 八白土星）

| 日 | 曜 | 干支 | 九星 | 旧暦 | 六曜 |
|---|---|---|---|---|---|
| 1 | 土 | 丙子 | 七赤 | 3/30 | 友引 |
| 2 | 日 | 丁丑 | 八白 | 4/1 | 仏滅 |
| 3 | 月 | 戊寅 | 九紫 | 4/2 | 大安 |
| 4 | 火 | 己卯 | 一白 | 4/3 | 赤口 |
| 5 | 水 | 庚辰 | 二黒 | 4/4 | 先勝 |
| 6 | 木 | 辛巳 | 三碧 | 4/5 | 友引 |
| 7 | 金 | 壬午 | 四緑 | 4/6 | 先負 |
| 8 | 土 | 癸未 | 五黄 | 4/7 | 仏滅 |
| 9 | 日 | 甲申 | 六白 | 4/8 | 大安 |
| 10 | 月 | 乙酉 | 七赤 | 4/9 | 赤口 |
| 11 | 火 | 丙戌 | 八白 | 4/10 | 先勝 |
| 12 | 水 | 丁亥 | 九紫 | 4/11 | 友引 |
| 13 | 木 | 戊子 | 一白 | 4/12 | 先負 |
| 14 | 金 | 己丑 | 二黒 | 4/13 | 仏滅 |
| 15 | 土 | 庚寅 | 三碧 | 4/14 | 大安 |
| 16 | 日 | 辛卯 | 四緑 | 4/15 | 赤口 |
| 17 | 月 | 壬辰 | 五黄 | 4/16 | 先勝 |
| 18 | 火 | 癸巳 | 六白 | 4/17 | 友引 |
| 19 | 水 | 甲午 | 七赤 | 4/18 | 先負 |
| 20 | 木 | 乙未 | 八白 | 4/19 | 仏滅 |
| 21 | 金 | 丙申 | 九紫 | 4/20 | 大安 |
| 22 | 土 | 丁酉 | 一白 | 4/21 | 赤口 |
| 23 | 日 | 戊戌 | 二黒 | 4/22 | 先勝 |
| 24 | 月 | 己亥 | 三碧 | 4/23 | 友引 |
| 25 | 火 | 庚子 | 四緑 | 4/24 | 先負 |
| 26 | 水 | 辛丑 | 五黄 | 4/25 | 仏滅 |
| 27 | 木 | 壬寅 | 六白 | 4/26 | 大安 |
| 28 | 金 | 癸卯 | 七赤 | 4/27 | 赤口 |
| 29 | 土 | 甲辰 | 八白 | 4/28 | 先勝 |
| 30 | 日 | 乙巳 | 九紫 | 4/29 | 友引 |
| 31 | 月 | 丙午 | 一白 | 5/1 | 大安 |

## 6月
（庚午 七赤金星）

| 日 | 曜 | 干支 | 九星 | 旧暦 | 六曜 |
|---|---|---|---|---|---|
| 1 | 火 | 丁未 | 二黒 | 5/2 | 赤口 |
| 2 | 水 | 戊申 | 三碧 | 5/3 | 先勝 |
| 3 | 木 | 己酉 | 四緑 | 5/4 | 友引 |
| 4 | 金 | 庚戌 | 五黄 | 5/5 | 先負 |
| 5 | 土 | 辛亥 | 六白 | 5/6 | 仏滅 |
| 6 | 日 | 壬子 | 七赤 | 5/7 | 大安 |
| 7 | 月 | 癸丑 | 八白 | 5/8 | 赤口 |
| 8 | 火 | 甲寅 | 九紫 | 5/9 | 先勝 |
| 9 | 水 | 乙卯 | 一白 | 5/10 | 友引 |
| 10 | 木 | 丙辰 | 二黒 | 5/11 | 先負 |
| 11 | 金 | 丁巳 | 三碧 | 5/12 | 仏滅 |
| 12 | 土 | 戊午 | 四緑 | 5/13 | 大安 |
| 13 | 日 | 己未 | 五黄 | 5/14 | 赤口 |
| 14 | 月 | 庚申 | 六白 | 5/15 | 先勝 |
| 15 | 火 | 辛酉 | 七赤 | 5/16 | 友引 |
| 16 | 水 | 壬戌 | 八白 | 5/17 | 先負 |
| 17 | 木 | 癸亥 | 九紫 | 5/18 | 仏滅 |
| 18 | 金 | 甲子 | 九紫 | 5/19 | 大安 |
| 19 | 土 | 乙丑 | 八白 | 5/20 | 赤口 |
| 20 | 日 | 丙寅 | 七赤 | 5/21 | 先勝 |
| 21 | 月 | 丁卯 | 六白 | 5/22 | 友引 |
| 22 | 火 | 戊辰 | 五黄 | 5/23 | 先負 |
| 23 | 水 | 己巳 | 四緑 | 5/24 | 仏滅 |
| 24 | 木 | 庚午 | 三碧 | 5/25 | 大安 |
| 25 | 金 | 辛未 | 二黒 | 5/26 | 赤口 |
| 26 | 土 | 壬申 | 一白 | 5/27 | 先勝 |
| 27 | 日 | 癸酉 | 九紫 | 5/28 | 友引 |
| 28 | 月 | 甲戌 | 八白 | 5/29 | 先負 |
| 29 | 火 | 乙亥 | 七赤 | 5/30 | 仏滅 |
| 30 | 水 | 丙子 | 六白 | 6/1 | 赤口 |

## 7月
（辛未 六白金星）

| 日 | 曜 | 干支 | 九星 | 旧暦 | 六曜 |
|---|---|---|---|---|---|
| 1 | 木 | 丁丑 | 五黄 | 6/2 | 先勝 |
| 2 | 金 | 戊寅 | 四緑 | 6/3 | 友引 |
| 3 | 土 | 己卯 | 三碧 | 6/4 | 先負 |
| 4 | 日 | 庚辰 | 二黒 | 6/5 | 仏滅 |
| 5 | 月 | 辛巳 | 一白 | 6/6 | 大安 |
| 6 | 火 | 壬午 | 九紫 | 6/7 | 赤口 |
| 7 | 水 | 癸未 | 八白 | 6/8 | 先勝 |
| 8 | 木 | 甲申 | 七赤 | 6/9 | 友引 |
| 9 | 金 | 乙酉 | 六白 | 6/10 | 先負 |
| 10 | 土 | 丙戌 | 五黄 | 6/11 | 仏滅 |
| 11 | 日 | 丁亥 | 四緑 | 6/12 | 大安 |
| 12 | 月 | 戊子 | 三碧 | 6/13 | 赤口 |
| 13 | 火 | 己丑 | 二黒 | 6/14 | 先勝 |
| 14 | 水 | 庚寅 | 一白 | 6/15 | 友引 |
| 15 | 木 | 辛卯 | 九紫 | 6/16 | 先負 |
| 16 | 金 | 壬辰 | 八白 | 6/17 | 仏滅 |
| 17 | 土 | 癸巳 | 七赤 | 6/18 | 大安 |
| 18 | 日 | 甲午 | 六白 | 6/19 | 赤口 |
| 19 | 月 | 乙未 | 五黄 | 6/20 | 先勝 |
| 20 | 火 | 丙申 | 四緑 | 6/21 | 友引 |
| 21 | 水 | 丁酉 | 三碧 | 6/22 | 先負 |
| 22 | 木 | 戊戌 | 二黒 | 6/23 | 仏滅 |
| 23 | 金 | 己亥 | 一白 | 6/24 | 大安 |
| 24 | 土 | 庚子 | 九紫 | 6/25 | 赤口 |
| 25 | 日 | 辛丑 | 八白 | 6/26 | 先勝 |
| 26 | 月 | 壬寅 | 七赤 | 6/27 | 友引 |
| 27 | 火 | 癸卯 | 六白 | 6/28 | 先負 |
| 28 | 水 | 甲辰 | 五黄 | 6/29 | 仏滅 |
| 29 | 木 | 乙巳 | 四緑 | 6/30 | 大安 |
| 30 | 金 | 丙午 | 三碧 | 7/1 | 先勝 |
| 31 | 土 | 丁未 | 二黒 | 7/2 | 友引 |

## 8月
（壬申 五黄土星）

| 日 | 曜 | 干支 | 九星 | 旧暦 | 六曜 |
|---|---|---|---|---|---|
| 1 | 日 | 戊申 | 一白 | 7/3 | 先負 |
| 2 | 月 | 己酉 | 九紫 | 7/4 | 仏滅 |
| 3 | 火 | 庚戌 | 八白 | 7/5 | 大安 |
| 4 | 水 | 辛亥 | 七赤 | 7/6 | 赤口 |
| 5 | 木 | 壬子 | 六白 | 7/7 | 先勝 |
| 6 | 金 | 癸丑 | 五黄 | 7/8 | 友引 |
| 7 | 土 | 甲寅 | 四緑 | 7/9 | 先負 |
| 8 | 日 | 乙卯 | 三碧 | 7/10 | 仏滅 |
| 9 | 月 | 丙辰 | 二黒 | 7/11 | 大安 |
| 10 | 火 | 丁巳 | 一白 | 7/12 | 赤口 |
| 11 | 水 | 戊午 | 九紫 | 7/13 | 先勝 |
| 12 | 木 | 己未 | 八白 | 7/14 | 友引 |
| 13 | 金 | 庚申 | 七赤 | 7/15 | 先負 |
| 14 | 土 | 辛酉 | 六白 | 7/16 | 仏滅 |
| 15 | 日 | 壬戌 | 五黄 | 7/17 | 大安 |
| 16 | 月 | 癸亥 | 四緑 | 7/18 | 赤口 |
| 17 | 火 | 甲子 | 三碧 | 7/19 | 先勝 |
| 18 | 水 | 乙丑 | 二黒 | 7/20 | 友引 |
| 19 | 木 | 丙寅 | 一白 | 7/21 | 先負 |
| 20 | 金 | 丁卯 | 九紫 | 7/22 | 仏滅 |
| 21 | 土 | 戊辰 | 八白 | 7/23 | 大安 |
| 22 | 日 | 己巳 | 七赤 | 7/24 | 赤口 |
| 23 | 月 | 庚午 | 六白 | 7/25 | 先勝 |
| 24 | 火 | 辛未 | 五黄 | 7/26 | 友引 |
| 25 | 水 | 壬申 | 四緑 | 7/27 | 先負 |
| 26 | 木 | 癸酉 | 三碧 | 7/28 | 仏滅 |
| 27 | 金 | 甲戌 | 二黒 | 7/29 | 大安 |
| 28 | 土 | 乙亥 | 一白 | 8/1 | 友引 |
| 29 | 日 | 丙子 | 九紫 | 8/2 | 先負 |
| 30 | 月 | 丁丑 | 八白 | 8/3 | 仏滅 |
| 31 | 火 | 戊寅 | 七赤 | 8/4 | 大安 |

**5月**

5. 1［雑］八十八夜
5. 5［節］立夏
5.20［節］小満

**6月**

6. 5［節］芒種
6.10［雑］入梅
6.21［節］夏至

**7月**

7. 1［雑］半夏生
7. 7［節］小暑
7.19［雑］土用
7.22［節］大暑

**8月**

8. 7［節］立秋
8.23［節］処暑
8.31［雑］二百十日

## 9月
（癸酉 四緑木星）

| | | | |
|---|---|---|---|
| 1 | 水 | 己卯 六白 | 8/5 赤口 |
| 2 | 木 | 庚辰 五黄 | 8/6 先勝 |
| 3 | 金 | 辛巳 四緑 | 8/7 友引 |
| 4 | 土 | 壬午 三碧 | 8/8 先負 |
| 5 | 日 | 癸未 二黒 | 8/9 仏滅 |
| 6 | 月 | 甲申 一白 | 8/10 大安 |
| 7 | 火 | 乙酉 九紫 | 8/11 赤口 |
| 8 | 水 | 丙戌 八白 | 8/12 先勝 |
| 9 | 木 | 丁亥 七赤 | 8/13 友引 |
| 10 | 金 | 戊子 六白 | 8/14 先負 |
| 11 | 土 | 己丑 五黄 | 8/15 仏滅 |
| 12 | 日 | 庚寅 四緑 | 8/16 大安 |
| 13 | 月 | 辛卯 三碧 | 8/17 赤口 |
| 14 | 火 | 壬辰 二黒 | 8/18 先勝 |
| 15 | 水 | 癸巳 一白 | 8/19 友引 |
| 16 | 木 | 甲午 九紫 | 8/20 先負 |
| 17 | 金 | 乙未 八白 | 8/21 仏滅 |
| 18 | 土 | 丙申 七赤 | 8/22 大安 |
| 19 | 日 | 丁酉 六白 | 8/23 赤口 |
| 20 | 月 | 戊戌 五黄 | 8/24 先勝 |
| 21 | 火 | 己亥 四緑 | 8/25 友引 |
| 22 | 水 | 庚子 三碧 | 8/26 先負 |
| 23 | 木 | 辛丑 二黒 | 8/27 仏滅 |
| 24 | 金 | 壬寅 一白 | 8/28 大安 |
| 25 | 土 | 癸卯 九紫 | 8/29 赤口 |
| 26 | 日 | 甲辰 八白 | 8/30 先勝 |
| 27 | 月 | 乙巳 七赤 | 9/1 先負 |
| 28 | 火 | 丙午 六白 | 9/2 仏滅 |
| 29 | 水 | 丁未 五黄 | 9/3 大安 |
| 30 | 木 | 戊申 四緑 | 9/4 赤口 |

## 10月
（甲戌 三碧木星）

| | | | |
|---|---|---|---|
| 1 | 金 | 己酉 三碧 | 9/5 先勝 |
| 2 | 土 | 庚戌 二黒 | 9/6 友引 |
| 3 | 日 | 辛亥 一白 | 9/7 先負 |
| 4 | 月 | 壬子 九紫 | 9/8 仏滅 |
| 5 | 火 | 癸丑 八白 | 9/9 大安 |
| 6 | 水 | 甲寅 七赤 | 9/10 赤口 |
| 7 | 木 | 乙卯 六白 | 9/11 先勝 |
| 8 | 金 | 丙辰 五黄 | 9/12 友引 |
| 9 | 土 | 丁巳 四緑 | 9/13 先負 |
| 10 | 日 | 戊午 三碧 | 9/14 仏滅 |
| 11 | 月 | 己未 二黒 | 9/15 大安 |
| 12 | 火 | 庚申 一白 | 9/16 赤口 |
| 13 | 水 | 辛酉 九紫 | 9/17 先勝 |
| 14 | 木 | 壬戌 八白 | 9/18 友引 |
| 15 | 金 | 癸亥 七赤 | 9/19 先負 |
| 16 | 土 | 甲子 六白 | 9/20 仏滅 |
| 17 | 日 | 乙丑 五黄 | 9/21 大安 |
| 18 | 月 | 丙寅 四緑 | 9/22 赤口 |
| 19 | 火 | 丁卯 三碧 | 9/23 先勝 |
| 20 | 水 | 戊辰 二黒 | 9/24 友引 |
| 21 | 木 | 己巳 一白 | 9/25 先負 |
| 22 | 金 | 庚午 九紫 | 9/26 仏滅 |
| 23 | 土 | 辛未 八白 | 9/27 大安 |
| 24 | 日 | 壬申 七赤 | 9/28 赤口 |
| 25 | 月 | 癸酉 六白 | 9/29 先勝 |
| 26 | 火 | 甲戌 五黄 | 9/30 友引 |
| 27 | 水 | 乙亥 四緑 | 10/1 仏滅 |
| 28 | 木 | 丙子 三碧 | 10/2 大安 |
| 29 | 金 | 丁丑 二黒 | 10/3 赤口 |
| 30 | 土 | 戊寅 一白 | 10/4 先勝 |
| 31 | 日 | 己卯 九紫 | 10/5 友引 |

## 11月
（乙亥 二黒土星）

| | | | |
|---|---|---|---|
| 1 | 月 | 庚辰 八白 | 10/6 先負 |
| 2 | 火 | 辛巳 七赤 | 10/7 仏滅 |
| 3 | 水 | 壬午 六白 | 10/8 大安 |
| 4 | 木 | 癸未 五黄 | 10/9 赤口 |
| 5 | 金 | 甲申 四緑 | 10/10 先勝 |
| 6 | 土 | 乙酉 三碧 | 10/11 友引 |
| 7 | 日 | 丙戌 二黒 | 10/12 先負 |
| 8 | 月 | 丁亥 一白 | 10/13 仏滅 |
| 9 | 火 | 戊子 九紫 | 10/14 大安 |
| 10 | 水 | 己丑 八白 | 10/15 赤口 |
| 11 | 木 | 庚寅 七赤 | 10/16 先勝 |
| 12 | 金 | 辛卯 六白 | 10/17 友引 |
| 13 | 土 | 壬辰 五黄 | 10/18 先負 |
| 14 | 日 | 癸巳 四緑 | 10/19 仏滅 |
| 15 | 月 | 甲午 三碧 | 10/20 大安 |
| 16 | 火 | 乙未 二黒 | 10/21 赤口 |
| 17 | 水 | 丙申 一白 | 10/22 先勝 |
| 18 | 木 | 丁酉 九紫 | 10/23 友引 |
| 19 | 金 | 戊戌 八白 | 10/24 先負 |
| 20 | 土 | 己亥 七赤 | 10/25 仏滅 |
| 21 | 日 | 庚子 六白 | 10/26 大安 |
| 22 | 月 | 辛丑 五黄 | 10/27 赤口 |
| 23 | 火 | 壬寅 四緑 | 10/28 先勝 |
| 24 | 水 | 癸卯 三碧 | 10/29 友引 |
| 25 | 木 | 甲辰 二黒 | 11/1 大安 |
| 26 | 金 | 乙巳 一白 | 11/2 赤口 |
| 27 | 土 | 丙午 九紫 | 11/3 先勝 |
| 28 | 日 | 丁未 八白 | 11/4 友引 |
| 29 | 月 | 戊申 七赤 | 11/5 先負 |
| 30 | 火 | 己酉 六白 | 11/6 仏滅 |

## 12月
（丙子 一白水星）

| | | | |
|---|---|---|---|
| 1 | 水 | 庚戌 五黄 | 11/7 大安 |
| 2 | 木 | 辛亥 四緑 | 11/8 赤口 |
| 3 | 金 | 壬子 三碧 | 11/9 先勝 |
| 4 | 土 | 癸丑 二黒 | 11/10 友引 |
| 5 | 日 | 甲寅 一白 | 11/11 先負 |
| 6 | 月 | 乙卯 九紫 | 11/12 仏滅 |
| 7 | 火 | 丙辰 八白 | 11/13 大安 |
| 8 | 水 | 丁巳 七赤 | 11/14 赤口 |
| 9 | 木 | 戊午 六白 | 11/15 先勝 |
| 10 | 金 | 己未 五黄 | 11/16 友引 |
| 11 | 土 | 庚申 四緑 | 11/17 先負 |
| 12 | 日 | 辛酉 三碧 | 11/18 仏滅 |
| 13 | 月 | 壬戌 二黒 | 11/19 大安 |
| 14 | 火 | 癸亥 一白 | 11/20 赤口 |
| 15 | 水 | 甲子 一白 | 11/21 先勝 |
| 16 | 木 | 乙丑 二黒 | 11/22 友引 |
| 17 | 金 | 丙寅 三碧 | 11/23 先負 |
| 18 | 土 | 丁卯 四緑 | 11/24 仏滅 |
| 19 | 日 | 戊辰 五黄 | 11/25 大安 |
| 20 | 月 | 己巳 六白 | 11/26 赤口 |
| 21 | 火 | 庚午 七赤 | 11/27 先勝 |
| 22 | 水 | 辛未 八白 | 11/28 友引 |
| 23 | 木 | 壬申 九紫 | 11/29 先負 |
| 24 | 金 | 癸酉 一白 | 11/30 仏滅 |
| 25 | 土 | 甲戌 二黒 | 12/1 赤口 |
| 26 | 日 | 乙亥 三碧 | 12/2 先勝 |
| 27 | 月 | 丙子 四緑 | 12/3 友引 |
| 28 | 火 | 丁丑 五黄 | 12/4 先負 |
| 29 | 水 | 戊寅 六白 | 12/5 仏滅 |
| 30 | 木 | 己卯 七赤 | 12/6 大安 |
| 31 | 金 | 庚辰 八白 | 12/7 赤口 |

**9月**

9. 7［節］白露
9.19［雑］彼岸
9.20［雑］社日
9.22［節］秋分

**10月**

10. 8［節］寒露
10.20［雑］土用
10.23［節］霜降

**11月**

11. 7［節］立冬
11.22［節］小雪

**12月**

12. 7［節］大雪
12.21［節］冬至

# 2050

明治 **183** 年
大正 **139** 年
昭和 **125** 年
平成 **62** 年

庚午（かのえうま）
四緑木星

生誕・年忌など

**1.21** G. オーウェル没後 100 年
**2.11** R. デカルト没後 400 年
**2.29** マッカージー反共赤狩り発言 100 年
**4. 8** V. ニジンスキー没後 100 年
**4.23** W. ワーズワース没後 200 年
**6.25** 朝鮮戦争勃発 100 年
**6.27** L. ハーン (小泉八雲) 生誕 200 年
**7.28** J.S. バッハ没後 300 年
**8. 5** H. モーパッサン生誕 200 年
**8.10** 警察予備隊設置 100 年
**8.18** H. バルザック没後 200 年
**10.24** 中国人民解放軍チベット制圧 100 年
**10.30** 高野長英没後 200 年
**11. 2** バーナード・ショー没後 100 年
**11.13** R. スティーブンソン生誕 200 年
**12.21** 国定忠治没後 200 年
この年 孔子生誕 2600 年
観応の擾乱 700 年
太平天国の乱勃発 200 年

# 2050年

## 1月
（丁丑 九紫火星）

| | | | |
|---|---|---|---|
| 1 | 土 | 辛巳 九紫 | 12/8 先勝 |
| 2 | 日 | 壬午 一白 | 12/9 友引 |
| 3 | 月 | 癸未 二黒 | 12/10 先負 |
| 4 | 火 | 甲申 三碧 | 12/11 仏滅 |
| 5 | 水 | 乙酉 四緑 | 12/12 大安 |
| 6 | 木 | 丙戌 五黄 | 12/13 赤口 |
| 7 | 金 | 丁亥 六白 | 12/14 先勝 |
| 8 | 土 | 戊子 七赤 | 12/15 友引 |
| 9 | 日 | 己丑 八白 | 12/16 先負 |
| 10 | 月 | 庚寅 九紫 | 12/17 仏滅 |
| 11 | 火 | 辛卯 一白 | 12/18 大安 |
| 12 | 水 | 壬辰 二黒 | 12/19 赤口 |
| 13 | 木 | 癸巳 三碧 | 12/20 先勝 |
| 14 | 金 | 甲午 四緑 | 12/21 友引 |
| 15 | 土 | 乙未 五黄 | 12/22 先負 |
| 16 | 日 | 丙申 六白 | 12/23 仏滅 |
| 17 | 月 | 丁酉 七赤 | 12/24 大安 |
| 18 | 火 | 戊戌 八白 | 12/25 赤口 |
| 19 | 水 | 己亥 九紫 | 12/26 先勝 |
| 20 | 木 | 庚子 一白 | 12/27 友引 |
| 21 | 金 | 辛丑 二黒 | 12/28 先負 |
| 22 | 土 | 壬寅 三碧 | 12/29 仏滅 |
| 23 | 日 | 癸卯 四緑 | 1/1 先勝 |
| 24 | 月 | 甲辰 五黄 | 1/2 友引 |
| 25 | 火 | 乙巳 六白 | 1/3 先負 |
| 26 | 水 | 丙午 七赤 | 1/4 仏滅 |
| 27 | 木 | 丁未 八白 | 1/5 大安 |
| 28 | 金 | 戊申 九紫 | 1/6 赤口 |
| 29 | 土 | 己酉 一白 | 1/7 先勝 |
| 30 | 日 | 庚戌 二黒 | 1/8 友引 |
| 31 | 月 | 辛亥 三碧 | 1/9 先負 |

## 2月
（戊寅 八白土星）

| | | | |
|---|---|---|---|
| 1 | 火 | 壬子 四緑 | 1/10 仏滅 |
| 2 | 水 | 癸丑 五黄 | 1/11 大安 |
| 3 | 木 | 甲寅 六白 | 1/12 赤口 |
| 4 | 金 | 乙卯 七赤 | 1/13 先勝 |
| 5 | 土 | 丙辰 八白 | 1/14 友引 |
| 6 | 日 | 丁巳 九紫 | 1/15 先負 |
| 7 | 月 | 戊午 一白 | 1/16 仏滅 |
| 8 | 火 | 己未 二黒 | 1/17 大安 |
| 9 | 水 | 庚申 三碧 | 1/18 赤口 |
| 10 | 木 | 辛酉 四緑 | 1/19 先勝 |
| 11 | 金 | 壬戌 五黄 | 1/20 友引 |
| 12 | 土 | 癸亥 六白 | 1/21 先負 |
| 13 | 日 | 甲子 七赤 | 1/22 仏滅 |
| 14 | 月 | 乙丑 八白 | 1/23 大安 |
| 15 | 火 | 丙寅 九紫 | 1/24 赤口 |
| 16 | 水 | 丁卯 一白 | 1/25 先勝 |
| 17 | 木 | 戊辰 二黒 | 1/26 友引 |
| 18 | 金 | 己巳 三碧 | 1/27 先負 |
| 19 | 土 | 庚午 四緑 | 1/28 仏滅 |
| 20 | 日 | 辛未 五黄 | 1/29 大安 |
| 21 | 月 | 壬申 六白 | 1/30 赤口 |
| 22 | 火 | 癸酉 七赤 | 2/1 友引 |
| 23 | 水 | 甲戌 八白 | 2/2 先負 |
| 24 | 木 | 乙亥 九紫 | 2/3 仏滅 |
| 25 | 金 | 丙子 一白 | 2/4 大安 |
| 26 | 土 | 丁丑 二黒 | 2/5 赤口 |
| 27 | 日 | 戊寅 三碧 | 2/6 先勝 |
| 28 | 月 | 己卯 四緑 | 2/7 友引 |

## 3月
（己卯 七赤金星）

| | | | |
|---|---|---|---|
| 1 | 火 | 庚辰 五黄 | 2/8 先負 |
| 2 | 水 | 辛巳 六白 | 2/9 仏滅 |
| 3 | 木 | 壬午 七赤 | 2/10 大安 |
| 4 | 金 | 癸未 八白 | 2/11 赤口 |
| 5 | 土 | 甲申 九紫 | 2/12 先勝 |
| 6 | 日 | 乙酉 一白 | 2/13 友引 |
| 7 | 月 | 丙戌 二黒 | 2/14 先負 |
| 8 | 火 | 丁亥 三碧 | 2/15 仏滅 |
| 9 | 水 | 戊子 四緑 | 2/16 大安 |
| 10 | 木 | 己丑 五黄 | 2/17 赤口 |
| 11 | 金 | 庚寅 六白 | 2/18 先勝 |
| 12 | 土 | 辛卯 七赤 | 2/19 友引 |
| 13 | 日 | 壬辰 八白 | 2/20 先負 |
| 14 | 月 | 癸巳 九紫 | 2/21 仏滅 |
| 15 | 火 | 甲午 一白 | 2/22 大安 |
| 16 | 水 | 乙未 二黒 | 2/23 赤口 |
| 17 | 木 | 丙申 三碧 | 2/24 先勝 |
| 18 | 金 | 丁酉 四緑 | 2/25 友引 |
| 19 | 土 | 戊戌 五黄 | 2/26 先負 |
| 20 | 日 | 己亥 六白 | 2/27 仏滅 |
| 21 | 月 | 庚子 七赤 | 2/28 大安 |
| 22 | 火 | 辛丑 八白 | 2/29 赤口 |
| 23 | 水 | 壬寅 九紫 | 3/1 先負 |
| 24 | 木 | 癸卯 一白 | 3/2 仏滅 |
| 25 | 金 | 甲辰 二黒 | 3/3 大安 |
| 26 | 土 | 乙巳 三碧 | 3/4 赤口 |
| 27 | 日 | 丙午 四緑 | 3/5 先勝 |
| 28 | 月 | 丁未 五黄 | 3/6 友引 |
| 29 | 火 | 戊申 六白 | 3/7 先負 |
| 30 | 水 | 己酉 七赤 | 3/8 仏滅 |
| 31 | 木 | 庚戌 八白 | 3/9 大安 |

## 4月
（庚辰 六白金星）

| | | | |
|---|---|---|---|
| 1 | 金 | 辛亥 九紫 | 3/10 赤口 |
| 2 | 土 | 壬子 一白 | 3/11 先勝 |
| 3 | 日 | 癸丑 二黒 | 3/12 友引 |
| 4 | 月 | 甲寅 三碧 | 3/13 先負 |
| 5 | 火 | 乙卯 四緑 | 3/14 仏滅 |
| 6 | 水 | 丙辰 五黄 | 3/15 大安 |
| 7 | 木 | 丁巳 六白 | 3/16 赤口 |
| 8 | 金 | 戊午 七赤 | 3/17 先勝 |
| 9 | 土 | 己未 八白 | 3/18 友引 |
| 10 | 日 | 庚申 九紫 | 3/19 先負 |
| 11 | 月 | 辛酉 一白 | 3/20 仏滅 |
| 12 | 火 | 壬戌 二黒 | 3/21 大安 |
| 13 | 水 | 癸亥 三碧 | 3/22 赤口 |
| 14 | 木 | 甲子 四緑 | 3/23 先勝 |
| 15 | 金 | 乙丑 五黄 | 3/24 友引 |
| 16 | 土 | 丙寅 六白 | 3/25 先負 |
| 17 | 日 | 丁卯 七赤 | 3/26 仏滅 |
| 18 | 月 | 戊辰 八白 | 3/27 大安 |
| 19 | 火 | 己巳 九紫 | 3/28 赤口 |
| 20 | 水 | 庚午 一白 | 3/29 先勝 |
| 21 | 木 | 辛未 二黒 | 閏3/1 先負 |
| 22 | 金 | 壬申 三碧 | 閏3/2 仏滅 |
| 23 | 土 | 癸酉 四緑 | 閏3/3 大安 |
| 24 | 日 | 甲戌 五黄 | 閏3/4 赤口 |
| 25 | 月 | 乙亥 六白 | 閏3/5 先勝 |
| 26 | 火 | 丙子 七赤 | 閏3/6 友引 |
| 27 | 水 | 丁丑 八白 | 閏3/7 先負 |
| 28 | 木 | 戊寅 九紫 | 閏3/8 仏滅 |
| 29 | 金 | 己卯 一白 | 閏3/9 大安 |
| 30 | 土 | 庚辰 二黒 | 閏3/10 赤口 |

**1月**

1. 5［節］小寒
1.17［雑］土用
1.20［節］大寒

**2月**

2. 3［雑］節分
2. 4［節］立春
2.18［節］雨水

**3月**

3. 5［節］啓蟄
3.17［雑］彼岸
3.19［雑］社日
3.20［節］春分

**4月**

4. 4［節］清明
4.17［雑］土用
4.20［節］穀雨

## 5 月
（辛巳 五黄土星）

| 日 | 曜 | 干支・九星 | 旧暦・六曜 |
|---|---|---|---|
| 1 | 日 | 辛巳 三碧 | 閏3/11 先勝 |
| 2 | 月 | 壬午 四緑 | 閏3/12 友引 |
| 3 | 火 | 癸未 五黄 | 閏3/13 先負 |
| 4 | 水 | 甲申 六白 | 閏3/14 仏滅 |
| 5 | 木 | 乙酉 七赤 | 閏3/15 大安 |
| 6 | 金 | 丙戌 八白 | 閏3/16 赤口 |
| 7 | 土 | 丁亥 九紫 | 閏3/17 先勝 |
| 8 | 日 | 戊子 一白 | 閏3/18 友引 |
| 9 | 月 | 己丑 二黒 | 閏3/19 先負 |
| 10 | 火 | 庚寅 三碧 | 閏3/20 仏滅 |
| 11 | 水 | 辛卯 四緑 | 閏3/21 大安 |
| 12 | 木 | 壬辰 五黄 | 閏3/22 赤口 |
| 13 | 金 | 癸巳 六白 | 閏3/23 先勝 |
| 14 | 土 | 甲午 七赤 | 閏3/24 友引 |
| 15 | 日 | 乙未 八白 | 閏3/25 先負 |
| 16 | 月 | 丙申 九紫 | 閏3/26 仏滅 |
| 17 | 火 | 丁酉 一白 | 閏3/27 大安 |
| 18 | 水 | 戊戌 二黒 | 閏3/28 赤口 |
| 19 | 木 | 己亥 三碧 | 閏3/29 先勝 |
| 20 | 金 | 庚子 四緑 | 閏3/30 友引 |
| 21 | 土 | 辛丑 五黄 | 4/1 仏滅 |
| 22 | 日 | 壬寅 六白 | 4/2 大安 |
| 23 | 月 | 癸卯 七赤 | 4/3 赤口 |
| 24 | 火 | 甲辰 八白 | 4/4 先勝 |
| 25 | 水 | 乙巳 九紫 | 4/5 友引 |
| 26 | 木 | 丙午 一白 | 4/6 先負 |
| 27 | 金 | 丁未 二黒 | 4/7 仏滅 |
| 28 | 土 | 戊申 三碧 | 4/8 大安 |
| 29 | 日 | 己酉 四緑 | 4/9 赤口 |
| 30 | 月 | 庚戌 五黄 | 4/10 先勝 |
| 31 | 火 | 辛亥 六白 | 4/11 友引 |

## 6 月
（壬午 四緑木星）

| 日 | 曜 | 干支・九星 | 旧暦・六曜 |
|---|---|---|---|
| 1 | 水 | 壬子 七赤 | 4/12 先負 |
| 2 | 木 | 癸丑 八白 | 4/13 仏滅 |
| 3 | 金 | 甲寅 九紫 | 4/14 大安 |
| 4 | 土 | 乙卯 一白 | 4/15 赤口 |
| 5 | 日 | 丙辰 二黒 | 4/16 先勝 |
| 6 | 月 | 丁巳 三碧 | 4/17 友引 |
| 7 | 火 | 戊午 四緑 | 4/18 先負 |
| 8 | 水 | 己未 五黄 | 4/19 仏滅 |
| 9 | 木 | 庚申 六白 | 4/20 大安 |
| 10 | 金 | 辛酉 七赤 | 4/21 赤口 |
| 11 | 土 | 壬戌 八白 | 4/22 先勝 |
| 12 | 日 | 癸亥 九紫 | 4/23 友引 |
| 13 | 月 | 甲子 九紫 | 4/24 先負 |
| 14 | 火 | 乙丑 八白 | 4/25 仏滅 |
| 15 | 水 | 丙寅 七赤 | 4/26 大安 |
| 16 | 木 | 丁卯 六白 | 4/27 赤口 |
| 17 | 金 | 戊辰 五黄 | 4/28 先勝 |
| 18 | 土 | 己巳 四緑 | 4/29 友引 |
| 19 | 日 | 庚午 三碧 | 5/1 大安 |
| 20 | 月 | 辛未 二黒 | 5/2 赤口 |
| 21 | 火 | 壬申 一白 | 5/3 先勝 |
| 22 | 水 | 癸酉 九紫 | 5/4 友引 |
| 23 | 木 | 甲戌 八白 | 5/5 先負 |
| 24 | 金 | 乙亥 七赤 | 5/6 仏滅 |
| 25 | 土 | 丙子 六白 | 5/7 大安 |
| 26 | 日 | 丁丑 五黄 | 5/8 赤口 |
| 27 | 月 | 戊寅 四緑 | 5/9 先勝 |
| 28 | 火 | 己卯 三碧 | 5/10 友引 |
| 29 | 水 | 庚辰 二黒 | 5/11 先負 |
| 30 | 木 | 辛巳 一白 | 5/12 仏滅 |

## 7 月
（癸未 三碧木星）

| 日 | 曜 | 干支・九星 | 旧暦・六曜 |
|---|---|---|---|
| 1 | 金 | 壬午 九紫 | 5/13 大安 |
| 2 | 土 | 癸未 八白 | 5/14 赤口 |
| 3 | 日 | 甲申 七赤 | 5/15 先勝 |
| 4 | 月 | 乙酉 六白 | 5/16 友引 |
| 5 | 火 | 丙戌 五黄 | 5/17 先負 |
| 6 | 水 | 丁亥 四緑 | 5/18 仏滅 |
| 7 | 木 | 戊子 三碧 | 5/19 大安 |
| 8 | 金 | 己丑 二黒 | 5/20 赤口 |
| 9 | 土 | 庚寅 一白 | 5/21 先勝 |
| 10 | 日 | 辛卯 九紫 | 5/22 友引 |
| 11 | 月 | 壬辰 八白 | 5/23 先負 |
| 12 | 火 | 癸巳 七赤 | 5/24 仏滅 |
| 13 | 水 | 甲午 六白 | 5/25 大安 |
| 14 | 木 | 乙未 五黄 | 5/26 赤口 |
| 15 | 金 | 丙申 四緑 | 5/27 先勝 |
| 16 | 土 | 丁酉 三碧 | 5/28 友引 |
| 17 | 日 | 戊戌 二黒 | 5/29 先負 |
| 18 | 月 | 己亥 一白 | 5/30 仏滅 |
| 19 | 火 | 庚子 九紫 | 6/1 赤口 |
| 20 | 水 | 辛丑 八白 | 6/2 先勝 |
| 21 | 木 | 壬寅 七赤 | 6/3 友引 |
| 22 | 金 | 癸卯 六白 | 6/4 先負 |
| 23 | 土 | 甲辰 五黄 | 6/5 仏滅 |
| 24 | 日 | 乙巳 四緑 | 6/6 大安 |
| 25 | 月 | 丙午 三碧 | 6/7 赤口 |
| 26 | 火 | 丁未 二黒 | 6/8 先勝 |
| 27 | 水 | 戊申 一白 | 6/9 友引 |
| 28 | 木 | 己酉 九紫 | 6/10 先負 |
| 29 | 金 | 庚戌 八白 | 6/11 仏滅 |
| 30 | 土 | 辛亥 七赤 | 6/12 大安 |
| 31 | 日 | 壬子 六白 | 6/13 赤口 |

## 8 月
（甲申 二黒土星）

| 日 | 曜 | 干支・九星 | 旧暦・六曜 |
|---|---|---|---|
| 1 | 月 | 癸丑 五黄 | 6/14 先勝 |
| 2 | 火 | 甲寅 四緑 | 6/15 友引 |
| 3 | 水 | 乙卯 三碧 | 6/16 先負 |
| 4 | 木 | 丙辰 二黒 | 6/17 仏滅 |
| 5 | 金 | 丁巳 一白 | 6/18 大安 |
| 6 | 土 | 戊午 九紫 | 6/19 赤口 |
| 7 | 日 | 己未 八白 | 6/20 先勝 |
| 8 | 月 | 庚申 七赤 | 6/21 友引 |
| 9 | 火 | 辛酉 六白 | 6/22 先負 |
| 10 | 水 | 壬戌 五黄 | 6/23 仏滅 |
| 11 | 木 | 癸亥 四緑 | 6/24 大安 |
| 12 | 金 | 甲子 三碧 | 6/25 赤口 |
| 13 | 土 | 乙丑 二黒 | 6/26 先勝 |
| 14 | 日 | 丙寅 一白 | 6/27 友引 |
| 15 | 月 | 丁卯 九紫 | 6/28 先負 |
| 16 | 火 | 戊辰 八白 | 6/29 仏滅 |
| 17 | 水 | 己巳 七赤 | 7/1 先勝 |
| 18 | 木 | 庚午 六白 | 7/2 友引 |
| 19 | 金 | 辛未 五黄 | 7/3 先負 |
| 20 | 土 | 壬申 四緑 | 7/4 仏滅 |
| 21 | 日 | 癸酉 三碧 | 7/5 大安 |
| 22 | 月 | 甲戌 二黒 | 7/6 赤口 |
| 23 | 火 | 乙亥 一白 | 7/7 先勝 |
| 24 | 水 | 丙子 九紫 | 7/8 友引 |
| 25 | 木 | 丁丑 八白 | 7/9 先負 |
| 26 | 金 | 戊寅 七赤 | 7/10 仏滅 |
| 27 | 土 | 己卯 六白 | 7/11 大安 |
| 28 | 日 | 庚辰 五黄 | 7/12 赤口 |
| 29 | 月 | 辛巳 四緑 | 7/13 先勝 |
| 30 | 火 | 壬午 三碧 | 7/14 友引 |
| 31 | 水 | 癸未 二黒 | 7/15 先負 |

**5 月**

5. 2 [雑] 八十八夜
5. 5 [節] 立夏
5.21 [節] 小満

**6 月**

6. 5 [節] 芒種
6.11 [雑] 入梅
6.21 [節] 夏至

**7 月**

7. 2 [雑] 半夏生
7. 7 [節] 小暑
7.19 [雑] 土用
7.22 [節] 大暑

**8 月**

8. 7 [節] 立秋
8.23 [節] 処暑

## 9 月
（乙酉 一白水星）

| | | | |
|---|---|---|---|
| 1 | 木 | 甲申 一白 | 7/16 仏滅 |
| 2 | 金 | 乙酉 九紫 | 7/17 大安 |
| 3 | 土 | 丙戌 八白 | 7/18 赤口 |
| 4 | 日 | 丁亥 七赤 | 7/19 先勝 |
| 5 | 月 | 戊子 六白 | 7/20 友引 |
| 6 | 火 | 己丑 五黄 | 7/21 先負 |
| 7 | 水 | 庚寅 四緑 | 7/22 仏滅 |
| 8 | 木 | 辛卯 三碧 | 7/23 大安 |
| 9 | 金 | 壬辰 二黒 | 7/24 赤口 |
| 10 | 土 | 癸巳 一白 | 7/25 先勝 |
| 11 | 日 | 甲午 九紫 | 7/26 友引 |
| 12 | 月 | 乙未 八白 | 7/27 先負 |
| 13 | 火 | 丙申 七赤 | 7/28 仏滅 |
| 14 | 水 | 丁酉 六白 | 7/29 大安 |
| 15 | 木 | 戊戌 五黄 | 7/30 赤口 |
| 16 | 金 | 己亥 四緑 | 8/1 友引 |
| 17 | 土 | 庚子 三碧 | 8/2 先負 |
| 18 | 日 | 辛丑 二黒 | 8/3 仏滅 |
| 19 | 月 | 壬寅 一白 | 8/4 大安 |
| 20 | 火 | 癸卯 九紫 | 8/5 赤口 |
| 21 | 水 | 甲辰 八白 | 8/6 先勝 |
| 22 | 木 | 乙巳 七赤 | 8/7 友引 |
| 23 | 金 | 丙午 六白 | 8/8 先負 |
| 24 | 土 | 丁未 五黄 | 8/9 仏滅 |
| 25 | 日 | 戊申 四緑 | 8/10 大安 |
| 26 | 月 | 己酉 三碧 | 8/11 赤口 |
| 27 | 火 | 庚戌 二黒 | 8/12 先勝 |
| 28 | 水 | 辛亥 一白 | 8/13 友引 |
| 29 | 木 | 壬子 九紫 | 8/14 先負 |
| 30 | 金 | 癸丑 八白 | 8/15 仏滅 |

## 10 月
（丙戌 九紫火星）

| | | | |
|---|---|---|---|
| 1 | 土 | 甲寅 七赤 | 8/16 大安 |
| 2 | 日 | 乙卯 六白 | 8/17 赤口 |
| 3 | 月 | 丙辰 五黄 | 8/18 先勝 |
| 4 | 火 | 丁巳 四緑 | 8/19 友引 |
| 5 | 水 | 戊午 三碧 | 8/20 先負 |
| 6 | 木 | 己未 二黒 | 8/21 仏滅 |
| 7 | 金 | 庚申 一白 | 8/22 大安 |
| 8 | 土 | 辛酉 九紫 | 8/23 赤口 |
| 9 | 日 | 壬戌 八白 | 8/24 先勝 |
| 10 | 月 | 癸亥 七赤 | 8/25 友引 |
| 11 | 火 | 甲子 六白 | 8/26 先負 |
| 12 | 水 | 乙丑 五黄 | 8/27 仏滅 |
| 13 | 木 | 丙寅 四緑 | 8/28 大安 |
| 14 | 金 | 丁卯 三碧 | 8/29 赤口 |
| 15 | 土 | 戊辰 二黒 | 8/30 先勝 |
| 16 | 日 | 己巳 一白 | 9/1 先負 |
| 17 | 月 | 庚午 九紫 | 9/2 仏滅 |
| 18 | 火 | 辛未 八白 | 9/3 大安 |
| 19 | 水 | 壬申 七赤 | 9/4 赤口 |
| 20 | 木 | 癸酉 六白 | 9/5 先勝 |
| 21 | 金 | 甲戌 五黄 | 9/6 友引 |
| 22 | 土 | 乙亥 四緑 | 9/7 先負 |
| 23 | 日 | 丙子 三碧 | 9/8 仏滅 |
| 24 | 月 | 丁丑 二黒 | 9/9 大安 |
| 25 | 火 | 戊寅 一白 | 9/10 赤口 |
| 26 | 水 | 己卯 九紫 | 9/11 先勝 |
| 27 | 木 | 庚辰 八白 | 9/12 友引 |
| 28 | 金 | 辛巳 七赤 | 9/13 先負 |
| 29 | 土 | 壬午 六白 | 9/14 仏滅 |
| 30 | 日 | 癸未 五黄 | 9/15 大安 |
| 31 | 月 | 甲申 四緑 | 9/16 赤口 |

## 11 月
（丁亥 八白土星）

| | | | |
|---|---|---|---|
| 1 | 火 | 乙酉 三碧 | 9/17 先勝 |
| 2 | 水 | 丙戌 二黒 | 9/18 友引 |
| 3 | 木 | 丁亥 一白 | 9/19 先負 |
| 4 | 金 | 戊子 九紫 | 9/20 仏滅 |
| 5 | 土 | 己丑 八白 | 9/21 大安 |
| 6 | 日 | 庚寅 七赤 | 9/22 赤口 |
| 7 | 月 | 辛卯 六白 | 9/23 先勝 |
| 8 | 火 | 壬辰 五黄 | 9/24 友引 |
| 9 | 水 | 癸巳 四緑 | 9/25 先負 |
| 10 | 木 | 甲午 三碧 | 9/26 仏滅 |
| 11 | 金 | 乙未 二黒 | 9/27 大安 |
| 12 | 土 | 丙申 一白 | 9/28 赤口 |
| 13 | 日 | 丁酉 九紫 | 9/29 先勝 |
| 14 | 月 | 戊戌 八白 | 10/1 仏滅 |
| 15 | 火 | 己亥 七赤 | 10/2 大安 |
| 16 | 水 | 庚子 六白 | 10/3 赤口 |
| 17 | 木 | 辛丑 五黄 | 10/4 先勝 |
| 18 | 金 | 壬寅 四緑 | 10/5 友引 |
| 19 | 土 | 癸卯 三碧 | 10/6 先負 |
| 20 | 日 | 甲辰 二黒 | 10/7 仏滅 |
| 21 | 月 | 乙巳 一白 | 10/8 大安 |
| 22 | 火 | 丙午 九紫 | 10/9 赤口 |
| 23 | 水 | 丁未 八白 | 10/10 先勝 |
| 24 | 木 | 戊申 七赤 | 10/11 友引 |
| 25 | 金 | 己酉 六白 | 10/12 先負 |
| 26 | 土 | 庚戌 五黄 | 10/13 仏滅 |
| 27 | 日 | 辛亥 四緑 | 10/14 大安 |
| 28 | 月 | 壬子 三碧 | 10/15 赤口 |
| 29 | 火 | 癸丑 二黒 | 10/16 先勝 |
| 30 | 水 | 甲寅 一白 | 10/17 友引 |

## 12 月
（戊子 七赤金星）

| | | | |
|---|---|---|---|
| 1 | 木 | 乙卯 九紫 | 10/18 先負 |
| 2 | 金 | 丙辰 八白 | 10/19 仏滅 |
| 3 | 土 | 丁巳 七赤 | 10/20 大安 |
| 4 | 日 | 戊午 六白 | 10/21 赤口 |
| 5 | 月 | 己未 五黄 | 10/22 先勝 |
| 6 | 火 | 庚申 四緑 | 10/23 友引 |
| 7 | 水 | 辛酉 三碧 | 10/24 先負 |
| 8 | 木 | 壬戌 二黒 | 10/25 仏滅 |
| 9 | 金 | 癸亥 一白 | 10/26 大安 |
| 10 | 土 | 甲子 一白 | 10/27 赤口 |
| 11 | 日 | 乙丑 二黒 | 10/28 先勝 |
| 12 | 月 | 丙寅 三碧 | 10/29 友引 |
| 13 | 火 | 丁卯 四緑 | 10/30 先負 |
| 14 | 水 | 戊辰 五黄 | 11/1 大安 |
| 15 | 木 | 己巳 六白 | 11/2 赤口 |
| 16 | 金 | 庚午 七赤 | 11/3 先勝 |
| 17 | 土 | 辛未 八白 | 11/4 友引 |
| 18 | 日 | 壬申 九紫 | 11/5 先負 |
| 19 | 月 | 癸酉 一白 | 11/6 仏滅 |
| 20 | 火 | 甲戌 二黒 | 11/7 大安 |
| 21 | 水 | 乙亥 三碧 | 11/8 赤口 |
| 22 | 木 | 丙子 四緑 | 11/9 先勝 |
| 23 | 金 | 丁丑 五黄 | 11/10 友引 |
| 24 | 土 | 戊寅 六白 | 11/11 先負 |
| 25 | 日 | 己卯 七赤 | 11/12 仏滅 |
| 26 | 月 | 庚辰 八白 | 11/13 大安 |
| 27 | 火 | 辛巳 九紫 | 11/14 赤口 |
| 28 | 水 | 壬午 一白 | 11/15 先勝 |
| 29 | 木 | 癸未 二黒 | 11/16 友引 |
| 30 | 金 | 甲申 三碧 | 11/17 先負 |
| 31 | 土 | 乙酉 四緑 | 11/18 仏滅 |

**9 月**

9. 1［雑］二百十日
9. 7［節］白露
9.20［雑］彼岸
9.23［節］秋分
9.25［雑］社日

**10 月**

10. 8［節］寒露
10.20［雑］土用
10.23［節］霜降

**11 月**

11. 7［節］立冬
11.22［節］小雪

**12 月**

12. 7［節］大雪
12.22［節］冬至

# 2051

明治 184 年
大正 140 年
昭和 126 年
平成 63 年

辛未（かのとひつじ）
三碧木星

生誕・年忌など

1.21 宮本百合子没後 100 年
2.10 水野忠邦没後 200 年
2.19 A. ジッド没後 100 年
3. 4 アジア競技大会 100 年
4.11 マッカーサー解任 100 年
4.20 徳川家光没後 400 年
4.24 桜木町事件 100 年
4.29 L. ヴィトゲンシュタイン没後 100 年
5. 1 ロンドン万国博覧会開幕 200 年
6.20 徳川吉宗没後 300 年
6.28 林芙美子没後 100 年
7.13 A. シェーンベルク没後 100 年
7. ― 由比正雪の乱 400 年
9. 1 周防大内氏滅亡 500 年
9. 8 サンフランシスコ講和条約 100 年
12.19 J. ターナー没後 200 年
この年 前九年の役勃発 1000 年
C. コロンブス生誕 600 年
向井去来生誕 400 年
大黒屋光太夫生誕 300 年

## 2051年

### 1月
（己丑 六白金星）

| | | | |
|---|---|---|---|
| 1 | 日 | 丙戌 五黄 | 11/19 大安 |
| 2 | 月 | 丁亥 六白 | 11/20 赤口 |
| 3 | 火 | 戊子 七赤 | 11/21 先勝 |
| 4 | 水 | 己丑 八白 | 11/22 友引 |
| 5 | 木 | 庚寅 九紫 | 11/23 先負 |
| 6 | 金 | 辛卯 一白 | 11/24 仏滅 |
| 7 | 土 | 壬辰 二黒 | 11/25 大安 |
| 8 | 日 | 癸巳 三碧 | 11/26 赤口 |
| 9 | 月 | 甲午 四緑 | 11/27 先勝 |
| 10 | 火 | 乙未 五黄 | 11/28 友引 |
| 11 | 水 | 丙申 六白 | 11/29 先負 |
| 12 | 木 | 丁酉 七赤 | 11/30 仏滅 |
| 13 | 金 | 戊戌 八白 | 12/1 赤口 |
| 14 | 土 | 己亥 九紫 | 12/2 先勝 |
| 15 | 日 | 庚子 一白 | 12/3 友引 |
| 16 | 月 | 辛丑 二黒 | 12/4 先負 |
| 17 | 火 | 壬寅 三碧 | 12/5 仏滅 |
| 18 | 水 | 癸卯 四緑 | 12/6 大安 |
| 19 | 木 | 甲辰 五黄 | 12/7 赤口 |
| 20 | 金 | 乙巳 六白 | 12/8 先勝 |
| 21 | 土 | 丙午 七赤 | 12/9 友引 |
| 22 | 日 | 丁未 八白 | 12/10 先負 |
| 23 | 月 | 戊申 九紫 | 12/11 仏滅 |
| 24 | 火 | 己酉 一白 | 12/12 大安 |
| 25 | 水 | 庚戌 二黒 | 12/13 赤口 |
| 26 | 木 | 辛亥 三碧 | 12/14 先勝 |
| 27 | 金 | 壬子 四緑 | 12/15 友引 |
| 28 | 土 | 癸丑 五黄 | 12/16 先負 |
| 29 | 日 | 甲寅 六白 | 12/17 仏滅 |
| 30 | 月 | 乙卯 七赤 | 12/18 大安 |
| 31 | 火 | 丙辰 八白 | 12/19 赤口 |

### 2月
（庚寅 五黄土星）

| | | | |
|---|---|---|---|
| 1 | 水 | 丁巳 九紫 | 12/20 先勝 |
| 2 | 木 | 戊午 一白 | 12/21 友引 |
| 3 | 金 | 己未 二黒 | 12/22 先負 |
| 4 | 土 | 庚申 三碧 | 12/23 仏滅 |
| 5 | 日 | 辛酉 四緑 | 12/24 大安 |
| 6 | 月 | 壬戌 五黄 | 12/25 赤口 |
| 7 | 火 | 癸亥 六白 | 12/26 先勝 |
| 8 | 水 | 甲子 七赤 | 12/27 友引 |
| 9 | 木 | 乙丑 八白 | 12/28 先負 |
| 10 | 金 | 丙寅 九紫 | 12/29 仏滅 |
| 11 | 土 | 丁卯 一白 | 1/1 先勝 |
| 12 | 日 | 戊辰 二黒 | 1/2 友引 |
| 13 | 月 | 己巳 三碧 | 1/3 先負 |
| 14 | 火 | 庚午 四緑 | 1/4 仏滅 |
| 15 | 水 | 辛未 五黄 | 1/5 大安 |
| 16 | 木 | 壬申 六白 | 1/6 赤口 |
| 17 | 金 | 癸酉 七赤 | 1/7 先勝 |
| 18 | 土 | 甲戌 八白 | 1/8 友引 |
| 19 | 日 | 乙亥 九紫 | 1/9 先負 |
| 20 | 月 | 丙子 一白 | 1/10 仏滅 |
| 21 | 火 | 丁丑 二黒 | 1/11 大安 |
| 22 | 水 | 戊寅 三碧 | 1/12 赤口 |
| 23 | 木 | 己卯 四緑 | 1/13 先勝 |
| 24 | 金 | 庚辰 五黄 | 1/14 友引 |
| 25 | 土 | 辛巳 六白 | 1/15 先負 |
| 26 | 日 | 壬午 七赤 | 1/16 仏滅 |
| 27 | 月 | 癸未 八白 | 1/17 大安 |
| 28 | 火 | 甲申 九紫 | 1/18 赤口 |

### 3月
（辛卯 四緑木星）

| | | | |
|---|---|---|---|
| 1 | 水 | 乙酉 一白 | 1/19 先勝 |
| 2 | 木 | 丙戌 二黒 | 1/20 友引 |
| 3 | 金 | 丁亥 三碧 | 1/21 先負 |
| 4 | 土 | 戊子 四緑 | 1/22 仏滅 |
| 5 | 日 | 己丑 五黄 | 1/23 大安 |
| 6 | 月 | 庚寅 六白 | 1/24 赤口 |
| 7 | 火 | 辛卯 七赤 | 1/25 先勝 |
| 8 | 水 | 壬辰 八白 | 1/26 友引 |
| 9 | 木 | 癸巳 九紫 | 1/27 先負 |
| 10 | 金 | 甲午 一白 | 1/28 仏滅 |
| 11 | 土 | 乙未 二黒 | 1/29 大安 |
| 12 | 日 | 丙申 三碧 | 1/30 赤口 |
| 13 | 月 | 丁酉 四緑 | 2/1 友引 |
| 14 | 火 | 戊戌 五黄 | 2/2 先負 |
| 15 | 水 | 己亥 六白 | 2/3 仏滅 |
| 16 | 木 | 庚子 七赤 | 2/4 大安 |
| 17 | 金 | 辛丑 八白 | 2/5 赤口 |
| 18 | 土 | 壬寅 九紫 | 2/6 先勝 |
| 19 | 日 | 癸卯 一白 | 2/7 友引 |
| 20 | 月 | 甲辰 二黒 | 2/8 先負 |
| 21 | 火 | 乙巳 三碧 | 2/9 仏滅 |
| 22 | 水 | 丙午 四緑 | 2/10 大安 |
| 23 | 木 | 丁未 五黄 | 2/11 赤口 |
| 24 | 金 | 戊申 六白 | 2/12 先勝 |
| 25 | 土 | 己酉 七赤 | 2/13 友引 |
| 26 | 日 | 庚戌 八白 | 2/14 先負 |
| 27 | 月 | 辛亥 九紫 | 2/15 仏滅 |
| 28 | 火 | 壬子 一白 | 2/16 大安 |
| 29 | 水 | 癸丑 二黒 | 2/17 赤口 |
| 30 | 木 | 甲寅 三碧 | 2/18 先勝 |
| 31 | 金 | 乙卯 四緑 | 2/19 友引 |

### 4月
（壬辰 三碧木星）

| | | | |
|---|---|---|---|
| 1 | 土 | 丙辰 五黄 | 2/20 先負 |
| 2 | 日 | 丁巳 六白 | 2/21 仏滅 |
| 3 | 月 | 戊午 七赤 | 2/22 大安 |
| 4 | 火 | 己未 八白 | 2/23 赤口 |
| 5 | 水 | 庚申 九紫 | 2/24 先勝 |
| 6 | 木 | 辛酉 一白 | 2/25 友引 |
| 7 | 金 | 壬戌 二黒 | 2/26 先負 |
| 8 | 土 | 癸亥 三碧 | 2/27 仏滅 |
| 9 | 日 | 甲子 四緑 | 2/28 大安 |
| 10 | 月 | 乙丑 五黄 | 2/29 赤口 |
| 11 | 火 | 丙寅 六白 | 3/1 先負 |
| 12 | 水 | 丁卯 七赤 | 3/2 仏滅 |
| 13 | 木 | 戊辰 八白 | 3/3 大安 |
| 14 | 金 | 己巳 九紫 | 3/4 赤口 |
| 15 | 土 | 庚午 一白 | 3/5 先勝 |
| 16 | 日 | 辛未 二黒 | 3/6 友引 |
| 17 | 月 | 壬申 三碧 | 3/7 先負 |
| 18 | 火 | 癸酉 四緑 | 3/8 仏滅 |
| 19 | 水 | 甲戌 五黄 | 3/9 大安 |
| 20 | 木 | 乙亥 六白 | 3/10 赤口 |
| 21 | 金 | 丙子 七赤 | 3/11 先勝 |
| 22 | 土 | 丁丑 八白 | 3/12 友引 |
| 23 | 日 | 戊寅 九紫 | 3/13 先負 |
| 24 | 月 | 己卯 一白 | 3/14 仏滅 |
| 25 | 火 | 庚辰 二黒 | 3/15 大安 |
| 26 | 水 | 辛巳 三碧 | 3/16 赤口 |
| 27 | 木 | 壬午 四緑 | 3/17 先勝 |
| 28 | 金 | 癸未 五黄 | 3/18 友引 |
| 29 | 土 | 甲申 六白 | 3/19 先負 |
| 30 | 日 | 乙酉 七赤 | 3/20 仏滅 |

**1月**

1. 5［節］小寒
1.17［雑］土用
1.20［節］大寒

**2月**

2. 3［雑］節分
2. 4［節］立春
2.19［節］雨水

**3月**

3. 6［節］啓蟄
3.18［雑］彼岸
3.21［節］春分
3.24［雑］社日

**4月**

4. 5［節］清明
4.17［雑］土用
4.20［節］穀雨

## 5 月
（癸巳 二黒土星）

| | | | |
|---|---|---|---|
| 1 | 月 | 丙戌 八白 | 3/21 大安 |
| 2 | 火 | 丁亥 九紫 | 3/22 赤口 |
| 3 | 水 | 戊子 一白 | 3/23 先勝 |
| 4 | 木 | 己丑 二黒 | 3/24 友引 |
| 5 | 金 | 庚寅 三碧 | 3/25 先負 |
| 6 | 土 | 辛卯 四緑 | 3/26 仏滅 |
| 7 | 日 | 壬辰 五黄 | 3/27 大安 |
| 8 | 月 | 癸巳 六白 | 3/28 赤口 |
| 9 | 火 | 甲午 七赤 | 3/29 先勝 |
| 10 | 水 | 乙未 八白 | 4/1 仏滅 |
| 11 | 木 | 丙申 九紫 | 4/2 大安 |
| 12 | 金 | 丁酉 一白 | 4/3 赤口 |
| 13 | 土 | 戊戌 二黒 | 4/4 先勝 |
| 14 | 日 | 己亥 三碧 | 4/5 友引 |
| 15 | 月 | 庚子 四緑 | 4/6 先負 |
| 16 | 火 | 辛丑 五黄 | 4/7 仏滅 |
| 17 | 水 | 壬寅 六白 | 4/8 大安 |
| 18 | 木 | 癸卯 七赤 | 4/9 赤口 |
| 19 | 金 | 甲辰 八白 | 4/10 先勝 |
| 20 | 土 | 乙巳 九紫 | 4/11 友引 |
| 21 | 日 | 丙午 一白 | 4/12 先負 |
| 22 | 月 | 丁未 二黒 | 4/13 仏滅 |
| 23 | 火 | 戊申 三碧 | 4/14 大安 |
| 24 | 水 | 己酉 四緑 | 4/15 赤口 |
| 25 | 木 | 庚戌 五黄 | 4/16 先勝 |
| 26 | 金 | 辛亥 六白 | 4/17 友引 |
| 27 | 土 | 壬子 七赤 | 4/18 先負 |
| 28 | 日 | 癸丑 八白 | 4/19 仏滅 |
| 29 | 月 | 甲寅 九紫 | 4/20 大安 |
| 30 | 火 | 乙卯 一白 | 4/21 赤口 |
| 31 | 水 | 丙辰 二黒 | 4/22 先勝 |

## 6 月
（甲午 一白水星）

| | | | |
|---|---|---|---|
| 1 | 木 | 丁巳 三碧 | 4/23 友引 |
| 2 | 金 | 戊午 四緑 | 4/24 先負 |
| 3 | 土 | 己未 五黄 | 4/25 仏滅 |
| 4 | 日 | 庚申 六白 | 4/26 大安 |
| 5 | 月 | 辛酉 七赤 | 4/27 赤口 |
| 6 | 火 | 壬戌 八白 | 4/28 先勝 |
| 7 | 水 | 癸亥 九紫 | 4/29 友引 |
| 8 | 木 | 甲子 九紫 | 4/30 先負 |
| 9 | 金 | 乙丑 八白 | 5/1 大安 |
| 10 | 土 | 丙寅 七赤 | 5/2 赤口 |
| 11 | 日 | 丁卯 六白 | 5/3 先勝 |
| 12 | 月 | 戊辰 五黄 | 5/4 友引 |
| 13 | 火 | 己巳 四緑 | 5/5 先負 |
| 14 | 水 | 庚午 三碧 | 5/6 仏滅 |
| 15 | 木 | 辛未 二黒 | 5/7 大安 |
| 16 | 金 | 壬申 一白 | 5/8 赤口 |
| 17 | 土 | 癸酉 九紫 | 5/9 先勝 |
| 18 | 日 | 甲戌 八白 | 5/10 友引 |
| 19 | 月 | 乙亥 七赤 | 5/11 先負 |
| 20 | 火 | 丙子 六白 | 5/12 仏滅 |
| 21 | 水 | 丁丑 五黄 | 5/13 大安 |
| 22 | 木 | 戊寅 四緑 | 5/14 赤口 |
| 23 | 金 | 己卯 三碧 | 5/15 先勝 |
| 24 | 土 | 庚辰 二黒 | 5/16 友引 |
| 25 | 日 | 辛巳 一白 | 5/17 先負 |
| 26 | 月 | 壬午 九紫 | 5/18 仏滅 |
| 27 | 火 | 癸未 八白 | 5/19 大安 |
| 28 | 水 | 甲申 七赤 | 5/20 赤口 |
| 29 | 木 | 乙酉 六白 | 5/21 先勝 |
| 30 | 金 | 丙戌 五黄 | 5/22 友引 |

## 7 月
（乙未 九紫火星）

| | | | |
|---|---|---|---|
| 1 | 土 | 丁亥 四緑 | 5/23 先負 |
| 2 | 日 | 戊子 三碧 | 5/24 仏滅 |
| 3 | 月 | 己丑 二黒 | 5/25 大安 |
| 4 | 火 | 庚寅 一白 | 5/26 赤口 |
| 5 | 水 | 辛卯 九紫 | 5/27 先勝 |
| 6 | 木 | 壬辰 八白 | 5/28 友引 |
| 7 | 金 | 癸巳 七赤 | 5/29 先負 |
| 8 | 土 | 甲午 六白 | 6/1 赤口 |
| 9 | 日 | 乙未 五黄 | 6/2 先勝 |
| 10 | 月 | 丙申 四緑 | 6/3 友引 |
| 11 | 火 | 丁酉 三碧 | 6/4 先負 |
| 12 | 水 | 戊戌 二黒 | 6/5 仏滅 |
| 13 | 木 | 己亥 一白 | 6/6 大安 |
| 14 | 金 | 庚子 九紫 | 6/7 赤口 |
| 15 | 土 | 辛丑 八白 | 6/8 先勝 |
| 16 | 日 | 壬寅 七赤 | 6/9 友引 |
| 17 | 月 | 癸卯 六白 | 6/10 先負 |
| 18 | 火 | 甲辰 五黄 | 6/11 仏滅 |
| 19 | 水 | 乙巳 四緑 | 6/12 大安 |
| 20 | 木 | 丙午 三碧 | 6/13 赤口 |
| 21 | 金 | 丁未 二黒 | 6/14 先勝 |
| 22 | 土 | 戊申 一白 | 6/15 友引 |
| 23 | 日 | 己酉 九紫 | 6/16 先負 |
| 24 | 月 | 庚戌 八白 | 6/17 仏滅 |
| 25 | 火 | 辛亥 七赤 | 6/18 大安 |
| 26 | 水 | 壬子 六白 | 6/19 赤口 |
| 27 | 木 | 癸丑 五黄 | 6/20 先勝 |
| 28 | 金 | 甲寅 四緑 | 6/21 友引 |
| 29 | 土 | 乙卯 三碧 | 6/22 先負 |
| 30 | 日 | 丙辰 二黒 | 6/23 仏滅 |
| 31 | 月 | 丁巳 一白 | 6/24 大安 |

## 8 月
（丙申 八白土星）

| | | | |
|---|---|---|---|
| 1 | 火 | 戊午 九紫 | 6/25 赤口 |
| 2 | 水 | 己未 八白 | 6/26 先勝 |
| 3 | 木 | 庚申 七赤 | 6/27 友引 |
| 4 | 金 | 辛酉 六白 | 6/28 先負 |
| 5 | 土 | 壬戌 五黄 | 6/29 仏滅 |
| 6 | 日 | 癸亥 四緑 | 6/30 大安 |
| 7 | 月 | 甲子 三碧 | 7/1 先勝 |
| 8 | 火 | 乙丑 二黒 | 7/2 友引 |
| 9 | 水 | 丙寅 一白 | 7/3 先負 |
| 10 | 木 | 丁卯 九紫 | 7/4 仏滅 |
| 11 | 金 | 戊辰 八白 | 7/5 大安 |
| 12 | 土 | 己巳 七赤 | 7/6 赤口 |
| 13 | 日 | 庚午 六白 | 7/7 先勝 |
| 14 | 月 | 辛未 五黄 | 7/8 友引 |
| 15 | 火 | 壬申 四緑 | 7/9 先負 |
| 16 | 水 | 癸酉 三碧 | 7/10 仏滅 |
| 17 | 木 | 甲戌 二黒 | 7/11 大安 |
| 18 | 金 | 乙亥 一白 | 7/12 赤口 |
| 19 | 土 | 丙子 九紫 | 7/13 先勝 |
| 20 | 日 | 丁丑 八白 | 7/14 友引 |
| 21 | 月 | 戊寅 七赤 | 7/15 先負 |
| 22 | 火 | 己卯 六白 | 7/16 仏滅 |
| 23 | 水 | 庚辰 五黄 | 7/17 大安 |
| 24 | 木 | 辛巳 四緑 | 7/18 赤口 |
| 25 | 金 | 壬午 三碧 | 7/19 先勝 |
| 26 | 土 | 癸未 二黒 | 7/20 友引 |
| 27 | 日 | 甲申 一白 | 7/21 先負 |
| 28 | 月 | 乙酉 九紫 | 7/22 仏滅 |
| 29 | 火 | 丙戌 八白 | 7/23 大安 |
| 30 | 水 | 丁亥 七赤 | 7/24 赤口 |
| 31 | 木 | 戊子 六白 | 7/25 先勝 |

**5 月**

5. 2 [雑] 八十八夜
5. 5 [節] 立夏
5.21 [節] 小満

**6 月**

6. 6 [節] 芒種
6.11 [雑] 入梅
6.21 [節] 夏至

**7 月**

7. 2 [雑] 半夏生
7. 7 [節] 小暑
7.20 [雑] 土用
7.23 [節] 大暑

**8 月**

8. 7 [節] 立秋
8.23 [節] 処暑

## 9 月
（丁酉 七赤金星）

| | | | |
|---|---|---|---|
| 1 | 金 | 己丑 五黄 | 7/26 友引 |
| 2 | 土 | 庚寅 四緑 | 7/27 先負 |
| 3 | 日 | 辛卯 三碧 | 7/28 仏滅 |
| 4 | 月 | 壬辰 二黒 | 7/29 大安 |
| 5 | 火 | 癸巳 一白 | 8/1 友引 |
| 6 | 水 | 甲午 九紫 | 8/2 先負 |
| 7 | 木 | 乙未 八白 | 8/3 仏滅 |
| 8 | 金 | 丙申 七赤 | 8/4 大安 |
| 9 | 土 | 丁酉 六白 | 8/5 赤口 |
| 10 | 日 | 戊戌 五黄 | 8/6 先勝 |
| 11 | 月 | 己亥 四緑 | 8/7 友引 |
| 12 | 火 | 庚子 三碧 | 8/8 先負 |
| 13 | 水 | 辛丑 二黒 | 8/9 仏滅 |
| 14 | 木 | 壬寅 一白 | 8/10 大安 |
| 15 | 金 | 癸卯 九紫 | 8/11 赤口 |
| 16 | 土 | 甲辰 八白 | 8/12 先勝 |
| 17 | 日 | 乙巳 七赤 | 8/13 友引 |
| 18 | 月 | 丙午 六白 | 8/14 先負 |
| 19 | 火 | 丁未 五黄 | 8/15 仏滅 |
| 20 | 水 | 戊申 四緑 | 8/16 大安 |
| 21 | 木 | 己酉 三碧 | 8/17 赤口 |
| 22 | 金 | 庚戌 二黒 | 8/18 先勝 |
| 23 | 土 | 辛亥 一白 | 8/19 友引 |
| 24 | 日 | 壬子 九紫 | 8/20 先負 |
| 25 | 月 | 癸丑 八白 | 8/21 仏滅 |
| 26 | 火 | 甲寅 七赤 | 8/22 大安 |
| 27 | 水 | 乙卯 六白 | 8/23 赤口 |
| 28 | 木 | 丙辰 五黄 | 8/24 先勝 |
| 29 | 金 | 丁巳 四緑 | 8/25 友引 |
| 30 | 土 | 戊午 三碧 | 8/26 先負 |

## 10 月
（戊戌 六白金星）

| | | | |
|---|---|---|---|
| 1 | 日 | 己未 二黒 | 8/27 仏滅 |
| 2 | 月 | 庚申 一白 | 8/28 大安 |
| 3 | 火 | 辛酉 九紫 | 8/29 赤口 |
| 4 | 水 | 壬戌 八白 | 8/30 先勝 |
| 5 | 木 | 癸亥 七赤 | 9/1 先負 |
| 6 | 金 | 甲子 六白 | 9/2 仏滅 |
| 7 | 土 | 乙丑 五黄 | 9/3 大安 |
| 8 | 日 | 丙寅 四緑 | 9/4 赤口 |
| 9 | 月 | 丁卯 三碧 | 9/5 先勝 |
| 10 | 火 | 戊辰 二黒 | 9/6 友引 |
| 11 | 水 | 己巳 一白 | 9/7 先負 |
| 12 | 木 | 庚午 九紫 | 9/8 仏滅 |
| 13 | 金 | 辛未 八白 | 9/9 大安 |
| 14 | 土 | 壬申 七赤 | 9/10 赤口 |
| 15 | 日 | 癸酉 六白 | 9/11 先勝 |
| 16 | 月 | 甲戌 五黄 | 9/12 友引 |
| 17 | 火 | 乙亥 四緑 | 9/13 先負 |
| 18 | 水 | 丙子 三碧 | 9/14 仏滅 |
| 19 | 木 | 丁丑 二黒 | 9/15 大安 |
| 20 | 金 | 戊寅 一白 | 9/16 赤口 |
| 21 | 土 | 己卯 九紫 | 9/17 先勝 |
| 22 | 日 | 庚辰 八白 | 9/18 友引 |
| 23 | 月 | 辛巳 七赤 | 9/19 先負 |
| 24 | 火 | 壬午 六白 | 9/20 仏滅 |
| 25 | 水 | 癸未 五黄 | 9/21 大安 |
| 26 | 木 | 甲申 四緑 | 9/22 赤口 |
| 27 | 金 | 乙酉 三碧 | 9/23 先勝 |
| 28 | 土 | 丙戌 二黒 | 9/24 友引 |
| 29 | 日 | 丁亥 一白 | 9/25 先負 |
| 30 | 月 | 戊子 九紫 | 9/26 仏滅 |
| 31 | 火 | 己丑 八白 | 9/27 大安 |

## 11 月
（己亥 五黄土星）

| | | | |
|---|---|---|---|
| 1 | 水 | 庚寅 七赤 | 9/28 赤口 |
| 2 | 木 | 辛卯 六白 | 9/29 先勝 |
| 3 | 金 | 壬辰 五黄 | 10/1 仏滅 |
| 4 | 土 | 癸巳 四緑 | 10/2 大安 |
| 5 | 日 | 甲午 三碧 | 10/3 赤口 |
| 6 | 月 | 乙未 二黒 | 10/4 先勝 |
| 7 | 火 | 丙申 一白 | 10/5 友引 |
| 8 | 水 | 丁酉 九紫 | 10/6 先負 |
| 9 | 木 | 戊戌 八白 | 10/7 仏滅 |
| 10 | 金 | 己亥 七赤 | 10/8 大安 |
| 11 | 土 | 庚子 六白 | 10/9 赤口 |
| 12 | 日 | 辛丑 五黄 | 10/10 先勝 |
| 13 | 月 | 壬寅 四緑 | 10/11 友引 |
| 14 | 火 | 癸卯 三碧 | 10/12 先負 |
| 15 | 水 | 甲辰 二黒 | 10/13 仏滅 |
| 16 | 木 | 乙巳 一白 | 10/14 大安 |
| 17 | 金 | 丙午 九紫 | 10/15 赤口 |
| 18 | 土 | 丁未 八白 | 10/16 先勝 |
| 19 | 日 | 戊申 七赤 | 10/17 友引 |
| 20 | 月 | 己酉 六白 | 10/18 先負 |
| 21 | 火 | 庚戌 五黄 | 10/19 仏滅 |
| 22 | 水 | 辛亥 四緑 | 10/20 大安 |
| 23 | 木 | 壬子 三碧 | 10/21 赤口 |
| 24 | 金 | 癸丑 二黒 | 10/22 先勝 |
| 25 | 土 | 甲寅 一白 | 10/23 友引 |
| 26 | 日 | 乙卯 九紫 | 10/24 先負 |
| 27 | 月 | 丙辰 八白 | 10/25 仏滅 |
| 28 | 火 | 丁巳 七赤 | 10/26 大安 |
| 29 | 水 | 戊午 六白 | 10/27 赤口 |
| 30 | 木 | 己未 五黄 | 10/28 先勝 |

## 12 月
（庚子 四緑木星）

| | | | |
|---|---|---|---|
| 1 | 金 | 庚申 四緑 | 10/29 友引 |
| 2 | 土 | 辛酉 三碧 | 10/30 先負 |
| 3 | 日 | 壬戌 二黒 | 11/1 大安 |
| 4 | 月 | 癸亥 一白 | 11/2 赤口 |
| 5 | 火 | 甲子 一白 | 11/3 先勝 |
| 6 | 水 | 乙丑 二黒 | 11/4 友引 |
| 7 | 木 | 丙寅 三碧 | 11/5 先負 |
| 8 | 金 | 丁卯 四緑 | 11/6 仏滅 |
| 9 | 土 | 戊辰 五黄 | 11/7 大安 |
| 10 | 日 | 己巳 六白 | 11/8 赤口 |
| 11 | 月 | 庚午 七赤 | 11/9 先勝 |
| 12 | 火 | 辛未 八白 | 11/10 友引 |
| 13 | 水 | 壬申 九紫 | 11/11 先負 |
| 14 | 木 | 癸酉 一白 | 11/12 仏滅 |
| 15 | 金 | 甲戌 二黒 | 11/13 大安 |
| 16 | 土 | 乙亥 三碧 | 11/14 赤口 |
| 17 | 日 | 丙子 四緑 | 11/15 先勝 |
| 18 | 月 | 丁丑 五黄 | 11/16 友引 |
| 19 | 火 | 戊寅 六白 | 11/17 先負 |
| 20 | 水 | 己卯 七赤 | 11/18 仏滅 |
| 21 | 木 | 庚辰 八白 | 11/19 大安 |
| 22 | 金 | 辛巳 九紫 | 11/20 赤口 |
| 23 | 土 | 壬午 一白 | 11/21 先勝 |
| 24 | 日 | 癸未 二黒 | 11/22 友引 |
| 25 | 月 | 甲申 三碧 | 11/23 先負 |
| 26 | 火 | 乙酉 四緑 | 11/24 仏滅 |
| 27 | 水 | 丙戌 五黄 | 11/25 大安 |
| 28 | 木 | 丁亥 六白 | 11/26 赤口 |
| 29 | 金 | 戊子 七赤 | 11/27 先勝 |
| 30 | 土 | 己丑 八白 | 11/28 友引 |
| 31 | 日 | 庚寅 九紫 | 11/29 先負 |

### 9 月

9. 1〔雑〕二百十日
9. 8〔節〕白露
9.20〔雑〕彼岸
9.20〔雑〕社日
9.23〔節〕秋分

### 10 月

10. 8〔節〕寒露
10.20〔雑〕土用
10.23〔節〕霜降

### 11 月

11. 7〔節〕立冬
11.22〔節〕小雪

### 12 月

12. 7〔節〕大雪
12.22〔節〕冬至

# 2052

明治 **185** 年
大正 **141** 年
昭和 **127** 年
平成 **64** 年

壬申（みずのえさる）
二黒土星

生誕・年忌など

**1.21** 白鳥事件 100 年
**2.18** 高村光雲生誕 200 年
**3. 1** 久米正雄没後 100 年
**3. 4** N. ゴーゴリ没後 200 年
十勝沖地震 100 年
**3.20** ストウ夫人「アンクル・トムの小屋」刊行 200 年
**4. 9** もく星号墜落事故 100 年
**4.10** 「君の名は」放送開始 100 年
**4.15** レオナルド・ダ・ヴィンチ生誕 600 年
**5. 1** 血のメーデー事件 100 年
**6. 1** J. デューイ没後 100 年
**6.21** F. フレーベル没後 200 年
**6.26** A. ガウディ生誕 200 年
**6. —** フランクリン雷実験 300 年
**7. 7** 大須事件 100 年
**7.23** エジプト革命 100 年
**9.21** G. サヴォナローラ生誕 600 年
**9.22** 明治天皇生誕 200 年
**10. 6** マテオ・リッチ生誕 500 年
**10.19** 土井晩翠没後 100 年
**12. 3** F. ザビエル没後 500 年
ナポレオン 3 世即位 200 年
この年 孫権没後 1800 年
東大寺大仏完成 1300 年

2052 年

## 1 月
（辛丑 三碧木星）

| 日 | 曜 | 干支・九星 | 旧暦・六曜 |
|---|---|---|---|
| 1 | 月 | 辛卯 一白 | 11/30 仏滅 |
| 2 | 火 | 壬辰 二黒 | 12/1 赤口 |
| 3 | 水 | 癸巳 三碧 | 12/2 先勝 |
| 4 | 木 | 甲午 四緑 | 12/3 友引 |
| 5 | 金 | 乙未 五黄 | 12/4 先負 |
| 6 | 土 | 丙申 六白 | 12/5 仏滅 |
| 7 | 日 | 丁酉 七赤 | 12/6 大安 |
| 8 | 月 | 戊戌 八白 | 12/7 赤口 |
| 9 | 火 | 己亥 九紫 | 12/8 先勝 |
| 10 | 水 | 庚子 一白 | 12/9 友引 |
| 11 | 木 | 辛丑 二黒 | 12/10 先負 |
| 12 | 金 | 壬寅 三碧 | 12/11 仏滅 |
| 13 | 土 | 癸卯 四緑 | 12/12 大安 |
| 14 | 日 | 甲辰 五黄 | 12/13 赤口 |
| 15 | 月 | 乙巳 六白 | 12/14 先勝 |
| 16 | 火 | 丙午 七赤 | 12/15 友引 |
| 17 | 水 | 丁未 八白 | 12/16 先負 |
| 18 | 木 | 戊申 九紫 | 12/17 仏滅 |
| 19 | 金 | 己酉 一白 | 12/18 大安 |
| 20 | 土 | 庚戌 二黒 | 12/19 赤口 |
| 21 | 日 | 辛亥 三碧 | 12/20 先勝 |
| 22 | 月 | 壬子 四緑 | 12/21 友引 |
| 23 | 火 | 癸丑 五黄 | 12/22 先負 |
| 24 | 水 | 甲寅 六白 | 12/23 仏滅 |
| 25 | 木 | 乙卯 七赤 | 12/24 大安 |
| 26 | 金 | 丙辰 八白 | 12/25 赤口 |
| 27 | 土 | 丁巳 九紫 | 12/26 先勝 |
| 28 | 日 | 戊午 一白 | 12/27 友引 |
| 29 | 月 | 己未 二黒 | 12/28 先負 |
| 30 | 火 | 庚申 三碧 | 12/29 仏滅 |
| 31 | 水 | 辛酉 四緑 | 12/30 大安 |

## 2 月
（壬寅 二黒土星）

| 日 | 曜 | 干支・九星 | 旧暦・六曜 |
|---|---|---|---|
| 1 | 木 | 壬戌 五黄 | 1/1 先勝 |
| 2 | 金 | 癸亥 六白 | 1/2 友引 |
| 3 | 土 | 甲子 七赤 | 1/3 先負 |
| 4 | 日 | 乙丑 八白 | 1/4 仏滅 |
| 5 | 月 | 丙寅 九紫 | 1/5 大安 |
| 6 | 火 | 丁卯 一白 | 1/6 赤口 |
| 7 | 水 | 戊辰 二黒 | 1/7 先勝 |
| 8 | 木 | 己巳 三碧 | 1/8 友引 |
| 9 | 金 | 庚午 四緑 | 1/9 先負 |
| 10 | 土 | 辛未 五黄 | 1/10 仏滅 |
| 11 | 日 | 壬申 六白 | 1/11 大安 |
| 12 | 月 | 癸酉 七赤 | 1/12 赤口 |
| 13 | 火 | 甲戌 八白 | 1/13 先勝 |
| 14 | 水 | 乙亥 九紫 | 1/14 友引 |
| 15 | 木 | 丙子 一白 | 1/15 先負 |
| 16 | 金 | 丁丑 二黒 | 1/16 仏滅 |
| 17 | 土 | 戊寅 三碧 | 1/17 大安 |
| 18 | 日 | 己卯 四緑 | 1/18 赤口 |
| 19 | 月 | 庚辰 五黄 | 1/19 先勝 |
| 20 | 火 | 辛巳 六白 | 1/20 友引 |
| 21 | 水 | 壬午 七赤 | 1/21 先負 |
| 22 | 木 | 癸未 八白 | 1/22 仏滅 |
| 23 | 金 | 甲申 九紫 | 1/23 大安 |
| 24 | 土 | 乙酉 一白 | 1/24 赤口 |
| 25 | 日 | 丙戌 二黒 | 1/25 先勝 |
| 26 | 月 | 丁亥 三碧 | 1/26 友引 |
| 27 | 火 | 戊子 四緑 | 1/27 先負 |
| 28 | 水 | 己丑 五黄 | 1/28 仏滅 |
| 29 | 木 | 庚寅 六白 | 1/29 大安 |

## 3 月
（癸卯 一白水星）

| 日 | 曜 | 干支・九星 | 旧暦・六曜 |
|---|---|---|---|
| 1 | 金 | 辛卯 七赤 | 2/1 友引 |
| 2 | 土 | 壬辰 八白 | 2/2 先負 |
| 3 | 日 | 癸巳 九紫 | 2/3 仏滅 |
| 4 | 月 | 甲午 一白 | 2/4 大安 |
| 5 | 火 | 乙未 二黒 | 2/5 赤口 |
| 6 | 水 | 丙申 三碧 | 2/6 先勝 |
| 7 | 木 | 丁酉 四緑 | 2/7 友引 |
| 8 | 金 | 戊戌 五黄 | 2/8 先負 |
| 9 | 土 | 己亥 六白 | 2/9 仏滅 |
| 10 | 日 | 庚子 七赤 | 2/10 大安 |
| 11 | 月 | 辛丑 八白 | 2/11 赤口 |
| 12 | 火 | 壬寅 九紫 | 2/12 先勝 |
| 13 | 水 | 癸卯 一白 | 2/13 友引 |
| 14 | 木 | 甲辰 二黒 | 2/14 先負 |
| 15 | 金 | 乙巳 三碧 | 2/15 仏滅 |
| 16 | 土 | 丙午 四緑 | 2/16 大安 |
| 17 | 日 | 丁未 五黄 | 2/17 赤口 |
| 18 | 月 | 戊申 六白 | 2/18 先勝 |
| 19 | 火 | 己酉 七赤 | 2/19 友引 |
| 20 | 水 | 庚戌 八白 | 2/20 先負 |
| 21 | 木 | 辛亥 九紫 | 2/21 仏滅 |
| 22 | 金 | 壬子 一白 | 2/22 大安 |
| 23 | 土 | 癸丑 二黒 | 2/23 赤口 |
| 24 | 日 | 甲寅 三碧 | 2/24 先勝 |
| 25 | 月 | 乙卯 四緑 | 2/25 友引 |
| 26 | 火 | 丙辰 五黄 | 2/26 先負 |
| 27 | 水 | 丁巳 六白 | 2/27 仏滅 |
| 28 | 木 | 戊午 七赤 | 2/28 大安 |
| 29 | 金 | 己未 八白 | 2/29 赤口 |
| 30 | 土 | 庚申 九紫 | 2/30 先勝 |
| 31 | 日 | 辛酉 一白 | 3/1 先負 |

## 4 月
（甲辰 九紫火星）

| 日 | 曜 | 干支・九星 | 旧暦・六曜 |
|---|---|---|---|
| 1 | 月 | 壬戌 二黒 | 3/2 仏滅 |
| 2 | 火 | 癸亥 三碧 | 3/3 大安 |
| 3 | 水 | 甲子 四緑 | 3/4 赤口 |
| 4 | 木 | 乙丑 五黄 | 3/5 先勝 |
| 5 | 金 | 丙寅 六白 | 3/6 友引 |
| 6 | 土 | 丁卯 七赤 | 3/7 先負 |
| 7 | 日 | 戊辰 八白 | 3/8 仏滅 |
| 8 | 月 | 己巳 九紫 | 3/9 大安 |
| 9 | 火 | 庚午 一白 | 3/10 赤口 |
| 10 | 水 | 辛未 二黒 | 3/11 先勝 |
| 11 | 木 | 壬申 三碧 | 3/12 友引 |
| 12 | 金 | 癸酉 四緑 | 3/13 先負 |
| 13 | 土 | 甲戌 五黄 | 3/14 仏滅 |
| 14 | 日 | 乙亥 六白 | 3/15 大安 |
| 15 | 月 | 丙子 七赤 | 3/16 赤口 |
| 16 | 火 | 丁丑 八白 | 3/17 先勝 |
| 17 | 水 | 戊寅 九紫 | 3/18 友引 |
| 18 | 木 | 己卯 一白 | 3/19 先負 |
| 19 | 金 | 庚辰 二黒 | 3/20 仏滅 |
| 20 | 土 | 辛巳 三碧 | 3/21 大安 |
| 21 | 日 | 壬午 四緑 | 3/22 赤口 |
| 22 | 月 | 癸未 五黄 | 3/23 先勝 |
| 23 | 火 | 甲申 六白 | 3/24 友引 |
| 24 | 水 | 乙酉 七赤 | 3/25 先負 |
| 25 | 木 | 丙戌 八白 | 3/26 仏滅 |
| 26 | 金 | 丁亥 九紫 | 3/27 大安 |
| 27 | 土 | 戊子 一白 | 3/28 赤口 |
| 28 | 日 | 己丑 二黒 | 3/29 先勝 |
| 29 | 月 | 庚寅 三碧 | 4/1 仏滅 |
| 30 | 火 | 辛卯 四緑 | 4/2 大安 |

**1 月**

1. 6 [節] 小寒
1.17 [雑] 土用
1.20 [節] 大寒

**2 月**

2. 3 [雑] 節分
2. 4 [節] 立春
2.19 [節] 雨水

**3 月**

3. 5 [節] 啓蟄
3.17 [雑] 彼岸
3.18 [雑] 社日
3.20 [節] 春分

**4 月**

4. 4 [節] 清明
4.16 [雑] 土用
4.19 [節] 穀雨

## 5月
（乙巳 八白土星）

| | | | |
|---|---|---|---|
| 1 | 水 | 壬辰 五黄 | 4/3 赤口 |
| 2 | 木 | 癸巳 六白 | 4/4 先勝 |
| 3 | 金 | 甲午 七赤 | 4/5 友引 |
| 4 | 土 | 乙未 八白 | 4/6 先負 |
| 5 | 日 | 丙申 九紫 | 4/7 仏滅 |
| 6 | 月 | 丁酉 一白 | 4/8 大安 |
| 7 | 火 | 戊戌 二黒 | 4/9 赤口 |
| 8 | 水 | 己亥 三碧 | 4/10 先勝 |
| 9 | 木 | 庚子 四緑 | 4/11 友引 |
| 10 | 金 | 辛丑 五黄 | 4/12 先負 |
| 11 | 土 | 壬寅 六白 | 4/13 仏滅 |
| 12 | 日 | 癸卯 七赤 | 4/14 大安 |
| 13 | 月 | 甲辰 八白 | 4/15 赤口 |
| 14 | 火 | 乙巳 九紫 | 4/16 先勝 |
| 15 | 水 | 丙午 一白 | 4/17 友引 |
| 16 | 木 | 丁未 二黒 | 4/18 先負 |
| 17 | 金 | 戊申 三碧 | 4/19 仏滅 |
| 18 | 土 | 己酉 四緑 | 4/20 大安 |
| 19 | 日 | 庚戌 五黄 | 4/21 赤口 |
| 20 | 月 | 辛亥 六白 | 4/22 先勝 |
| 21 | 火 | 壬子 七赤 | 4/23 友引 |
| 22 | 水 | 癸丑 八白 | 4/24 先負 |
| 23 | 木 | 甲寅 九紫 | 4/25 仏滅 |
| 24 | 金 | 乙卯 一白 | 4/26 大安 |
| 25 | 土 | 丙辰 二黒 | 4/27 赤口 |
| 26 | 日 | 丁巳 三碧 | 4/28 先勝 |
| 27 | 月 | 戊午 四緑 | 4/29 友引 |
| 28 | 火 | 己未 五黄 | 5/1 大安 |
| 29 | 水 | 庚申 六白 | 5/2 赤口 |
| 30 | 木 | 辛酉 七赤 | 5/3 先勝 |
| 31 | 金 | 壬戌 八白 | 5/4 友引 |

## 6月
（丙午 七赤金星）

| | | | |
|---|---|---|---|
| 1 | 土 | 癸亥 九紫 | 5/5 先負 |
| 2 | 日 | 甲子 九紫 | 5/6 仏滅 |
| 3 | 月 | 乙丑 八白 | 5/7 大安 |
| 4 | 火 | 丙寅 七赤 | 5/8 赤口 |
| 5 | 水 | 丁卯 六白 | 5/9 先勝 |
| 6 | 木 | 戊辰 五黄 | 5/10 友引 |
| 7 | 金 | 己巳 四緑 | 5/11 先負 |
| 8 | 土 | 庚午 三碧 | 5/12 仏滅 |
| 9 | 日 | 辛未 二黒 | 5/13 大安 |
| 10 | 月 | 壬申 一白 | 5/14 赤口 |
| 11 | 火 | 癸酉 九紫 | 5/15 先勝 |
| 12 | 水 | 甲戌 八白 | 5/16 友引 |
| 13 | 木 | 乙亥 七赤 | 5/17 先負 |
| 14 | 金 | 丙子 六白 | 5/18 仏滅 |
| 15 | 土 | 丁丑 五黄 | 5/19 大安 |
| 16 | 日 | 戊寅 四緑 | 5/20 赤口 |
| 17 | 月 | 己卯 三碧 | 5/21 先勝 |
| 18 | 火 | 庚辰 二黒 | 5/22 友引 |
| 19 | 水 | 辛巳 一白 | 5/23 先負 |
| 20 | 木 | 壬午 九紫 | 5/24 仏滅 |
| 21 | 金 | 癸未 八白 | 5/25 大安 |
| 22 | 土 | 甲申 七赤 | 5/26 赤口 |
| 23 | 日 | 乙酉 六白 | 5/27 先勝 |
| 24 | 月 | 丙戌 五黄 | 5/28 友引 |
| 25 | 火 | 丁亥 四緑 | 5/29 先負 |
| 26 | 水 | 戊子 三碧 | 5/30 仏滅 |
| 27 | 木 | 己丑 二黒 | 6/1 赤口 |
| 28 | 金 | 庚寅 一白 | 6/2 先勝 |
| 29 | 土 | 辛卯 九紫 | 6/3 友引 |
| 30 | 日 | 壬辰 八白 | 6/4 先負 |

## 7月
（丁未 六白金星）

| | | | |
|---|---|---|---|
| 1 | 月 | 癸巳 七赤 | 6/5 仏滅 |
| 2 | 火 | 甲午 六白 | 6/6 大安 |
| 3 | 水 | 乙未 五黄 | 6/7 赤口 |
| 4 | 木 | 丙申 四緑 | 6/8 先勝 |
| 5 | 金 | 丁酉 三碧 | 6/9 友引 |
| 6 | 土 | 戊戌 二黒 | 6/10 先負 |
| 7 | 日 | 己亥 一白 | 6/11 仏滅 |
| 8 | 月 | 庚子 九紫 | 6/12 大安 |
| 9 | 火 | 辛丑 八白 | 6/13 赤口 |
| 10 | 水 | 壬寅 七赤 | 6/14 先勝 |
| 11 | 木 | 癸卯 六白 | 6/15 友引 |
| 12 | 金 | 甲辰 五黄 | 6/16 先負 |
| 13 | 土 | 乙巳 四緑 | 6/17 仏滅 |
| 14 | 日 | 丙午 三碧 | 6/18 大安 |
| 15 | 月 | 丁未 二黒 | 6/19 赤口 |
| 16 | 火 | 戊申 一白 | 6/20 先勝 |
| 17 | 水 | 己酉 九紫 | 6/21 友引 |
| 18 | 木 | 庚戌 八白 | 6/22 先負 |
| 19 | 金 | 辛亥 七赤 | 6/23 仏滅 |
| 20 | 土 | 壬子 六白 | 6/24 大安 |
| 21 | 日 | 癸丑 五黄 | 6/25 赤口 |
| 22 | 月 | 甲寅 四緑 | 6/26 先勝 |
| 23 | 火 | 乙卯 三碧 | 6/27 友引 |
| 24 | 水 | 丙辰 二黒 | 6/28 先負 |
| 25 | 木 | 丁巳 一白 | 6/29 仏滅 |
| 26 | 金 | 戊午 九紫 | 7/1 先勝 |
| 27 | 土 | 己未 八白 | 7/2 友引 |
| 28 | 日 | 庚申 七赤 | 7/3 先負 |
| 29 | 月 | 辛酉 六白 | 7/4 仏滅 |
| 30 | 火 | 壬戌 五黄 | 7/5 大安 |
| 31 | 水 | 癸亥 四緑 | 7/6 赤口 |

## 8月
（戊申 五黄土星）

| | | | |
|---|---|---|---|
| 1 | 木 | 甲子 三碧 | 7/7 先勝 |
| 2 | 金 | 乙丑 二黒 | 7/8 友引 |
| 3 | 土 | 丙寅 一白 | 7/9 先負 |
| 4 | 日 | 丁卯 九紫 | 7/10 仏滅 |
| 5 | 月 | 戊辰 八白 | 7/11 大安 |
| 6 | 火 | 己巳 七赤 | 7/12 赤口 |
| 7 | 水 | 庚午 六白 | 7/13 先勝 |
| 8 | 木 | 辛未 五黄 | 7/14 友引 |
| 9 | 金 | 壬申 四緑 | 7/15 先負 |
| 10 | 土 | 癸酉 三碧 | 7/16 仏滅 |
| 11 | 日 | 甲戌 二黒 | 7/17 大安 |
| 12 | 月 | 乙亥 一白 | 7/18 赤口 |
| 13 | 火 | 丙子 九紫 | 7/19 先勝 |
| 14 | 水 | 丁丑 八白 | 7/20 友引 |
| 15 | 木 | 戊寅 七赤 | 7/21 先負 |
| 16 | 金 | 己卯 六白 | 7/22 仏滅 |
| 17 | 土 | 庚辰 五黄 | 7/23 大安 |
| 18 | 日 | 辛巳 四緑 | 7/24 赤口 |
| 19 | 月 | 壬午 三碧 | 7/25 先勝 |
| 20 | 火 | 癸未 二黒 | 7/26 友引 |
| 21 | 水 | 甲申 一白 | 7/27 先負 |
| 22 | 木 | 乙酉 九紫 | 7/28 仏滅 |
| 23 | 金 | 丙戌 八白 | 7/29 大安 |
| 24 | 土 | 丁亥 七赤 | 8/1 友引 |
| 25 | 日 | 戊子 六白 | 8/2 先負 |
| 26 | 月 | 己丑 五黄 | 8/3 仏滅 |
| 27 | 火 | 庚寅 四緑 | 8/4 大安 |
| 28 | 水 | 辛卯 三碧 | 8/5 赤口 |
| 29 | 木 | 壬辰 二黒 | 8/6 先勝 |
| 30 | 金 | 癸巳 一白 | 8/7 友引 |
| 31 | 土 | 甲午 九紫 | 8/8 先負 |

**5月**

5. 1［雑］八十八夜
5. 5［節］立夏
5.20［節］小満

**6月**

6. 5［節］芒種
6.10［雑］入梅
6.21［節］夏至

**7月**

7. 1［雑］半夏生
7. 6［節］小暑
7.19［雑］土用
7.22［節］大暑

**8月**

8. 7［節］立秋
8.22［節］処暑
8.31［雑］二百十日

## 2052 年

### 9 月
（己酉 四緑木星）

| | | | |
|---|---|---|---|
| 1 | 日 | 乙未 八白 | 8/9 仏滅 |
| 2 | 月 | 丙申 七赤 | 8/10 大安 |
| 3 | 火 | 丁酉 六白 | 8/11 赤口 |
| 4 | 水 | 戊戌 五黄 | 8/12 先勝 |
| 5 | 木 | 己亥 四緑 | 8/13 友引 |
| 6 | 金 | 庚子 三碧 | 8/14 先負 |
| 7 | 土 | 辛丑 二黒 | 8/15 仏滅 |
| 8 | 日 | 壬寅 一白 | 8/16 大安 |
| 9 | 月 | 癸卯 九紫 | 8/17 赤口 |
| 10 | 火 | 甲辰 八白 | 8/18 先勝 |
| 11 | 水 | 乙巳 七赤 | 8/19 友引 |
| 12 | 木 | 丙午 六白 | 8/20 先負 |
| 13 | 金 | 丁未 五黄 | 8/21 仏滅 |
| 14 | 土 | 戊申 四緑 | 8/22 大安 |
| 15 | 日 | 己酉 三碧 | 8/23 赤口 |
| 16 | 月 | 庚戌 二黒 | 8/24 先勝 |
| 17 | 火 | 辛亥 一白 | 8/25 友引 |
| 18 | 水 | 壬子 九紫 | 8/26 先負 |
| 19 | 木 | 癸丑 八白 | 8/27 仏滅 |
| 20 | 金 | 甲寅 七赤 | 8/28 大安 |
| 21 | 土 | 乙卯 六白 | 8/29 赤口 |
| 22 | 日 | 丙辰 五黄 | 8/30 先勝 |
| 23 | 月 | 丁巳 四緑 | 閏8/1 友引 |
| 24 | 火 | 戊午 三碧 | 閏8/2 先負 |
| 25 | 水 | 己未 二黒 | 閏8/3 仏滅 |
| 26 | 木 | 庚申 一白 | 閏8/4 大安 |
| 27 | 金 | 辛酉 九紫 | 閏8/5 赤口 |
| 28 | 土 | 壬戌 八白 | 閏8/6 先勝 |
| 29 | 日 | 癸亥 七赤 | 閏8/7 友引 |
| 30 | 月 | 甲子 六白 | 閏8/8 先負 |

### 10 月
（庚戌 三碧木星）

| | | | |
|---|---|---|---|
| 1 | 火 | 乙丑 五黄 | 閏8/9 仏滅 |
| 2 | 水 | 丙寅 四緑 | 閏8/10 大安 |
| 3 | 木 | 丁卯 三碧 | 閏8/11 赤口 |
| 4 | 金 | 戊辰 二黒 | 閏8/12 先勝 |
| 5 | 土 | 己巳 一白 | 閏8/13 友引 |
| 6 | 日 | 庚午 九紫 | 閏8/14 先負 |
| 7 | 月 | 辛未 八白 | 閏8/15 仏滅 |
| 8 | 火 | 壬申 七赤 | 閏8/16 大安 |
| 9 | 水 | 癸酉 六白 | 閏8/17 赤口 |
| 10 | 木 | 甲戌 五黄 | 閏8/18 先勝 |
| 11 | 金 | 乙亥 四緑 | 閏8/19 友引 |
| 12 | 土 | 丙子 三碧 | 閏8/20 先負 |
| 13 | 日 | 丁丑 二黒 | 閏8/21 仏滅 |
| 14 | 月 | 戊寅 一白 | 閏8/22 大安 |
| 15 | 火 | 己卯 九紫 | 閏8/23 赤口 |
| 16 | 水 | 庚辰 八白 | 閏8/24 先勝 |
| 17 | 木 | 辛巳 七赤 | 閏8/25 友引 |
| 18 | 金 | 壬午 六白 | 閏8/26 先負 |
| 19 | 土 | 癸未 五黄 | 閏8/27 仏滅 |
| 20 | 日 | 甲申 四緑 | 閏8/28 大安 |
| 21 | 月 | 乙酉 三碧 | 閏8/29 赤口 |
| 22 | 火 | 丙戌 二黒 | 閏8/30 先勝 |
| 23 | 水 | 丁亥 一白 | 9/1 先負 |
| 24 | 木 | 戊子 九紫 | 9/2 仏滅 |
| 25 | 金 | 己丑 八白 | 9/3 大安 |
| 26 | 土 | 庚寅 七赤 | 9/4 赤口 |
| 27 | 日 | 辛卯 六白 | 9/5 先勝 |
| 28 | 月 | 壬辰 五黄 | 9/6 友引 |
| 29 | 火 | 癸巳 四緑 | 9/7 先負 |
| 30 | 水 | 甲午 三碧 | 9/8 仏滅 |
| 31 | 木 | 乙未 二黒 | 9/9 大安 |

### 11 月
（辛亥 二黒土星）

| | | | |
|---|---|---|---|
| 1 | 金 | 丙申 一白 | 9/10 赤口 |
| 2 | 土 | 丁酉 九紫 | 9/11 先勝 |
| 3 | 日 | 戊戌 八白 | 9/12 友引 |
| 4 | 月 | 己亥 七赤 | 9/13 先負 |
| 5 | 火 | 庚子 六白 | 9/14 仏滅 |
| 6 | 水 | 辛丑 五黄 | 9/15 大安 |
| 7 | 木 | 壬寅 四緑 | 9/16 赤口 |
| 8 | 金 | 癸卯 三碧 | 9/17 先勝 |
| 9 | 土 | 甲辰 二黒 | 9/18 友引 |
| 10 | 日 | 乙巳 一白 | 9/19 先負 |
| 11 | 月 | 丙午 九紫 | 9/20 仏滅 |
| 12 | 火 | 丁未 八白 | 9/21 大安 |
| 13 | 水 | 戊申 七赤 | 9/22 赤口 |
| 14 | 木 | 己酉 六白 | 9/23 先勝 |
| 15 | 金 | 庚戌 五黄 | 9/24 友引 |
| 16 | 土 | 辛亥 四緑 | 9/25 先負 |
| 17 | 日 | 壬子 三碧 | 9/26 仏滅 |
| 18 | 月 | 癸丑 二黒 | 9/27 大安 |
| 19 | 火 | 甲寅 一白 | 9/28 赤口 |
| 20 | 水 | 乙卯 九紫 | 9/29 先勝 |
| 21 | 木 | 丙辰 八白 | 10/1 仏滅 |
| 22 | 金 | 丁巳 七赤 | 10/2 大安 |
| 23 | 土 | 戊午 六白 | 10/3 赤口 |
| 24 | 日 | 己未 五黄 | 10/4 先勝 |
| 25 | 月 | 庚申 四緑 | 10/5 友引 |
| 26 | 火 | 辛酉 三碧 | 10/6 先負 |
| 27 | 水 | 壬戌 二黒 | 10/7 仏滅 |
| 28 | 木 | 癸亥 一白 | 10/8 大安 |
| 29 | 金 | 甲子 一白 | 10/9 赤口 |
| 30 | 土 | 乙丑 二黒 | 10/10 先勝 |

### 12 月
（壬子 一白水星）

| | | | |
|---|---|---|---|
| 1 | 日 | 丙寅 三碧 | 10/11 友引 |
| 2 | 月 | 丁卯 四緑 | 10/12 先負 |
| 3 | 火 | 戊辰 五黄 | 10/13 仏滅 |
| 4 | 水 | 己巳 六白 | 10/14 大安 |
| 5 | 木 | 庚午 七赤 | 10/15 赤口 |
| 6 | 金 | 辛未 八白 | 10/16 先勝 |
| 7 | 土 | 壬申 九紫 | 10/17 友引 |
| 8 | 日 | 癸酉 一白 | 10/18 先負 |
| 9 | 月 | 甲戌 二黒 | 10/19 仏滅 |
| 10 | 火 | 乙亥 三碧 | 10/20 大安 |
| 11 | 水 | 丙子 四緑 | 10/21 赤口 |
| 12 | 木 | 丁丑 五黄 | 10/22 先勝 |
| 13 | 金 | 戊寅 六白 | 10/23 友引 |
| 14 | 土 | 己卯 七赤 | 10/24 先負 |
| 15 | 日 | 庚辰 八白 | 10/25 仏滅 |
| 16 | 月 | 辛巳 九紫 | 10/26 大安 |
| 17 | 火 | 壬午 一白 | 10/27 赤口 |
| 18 | 水 | 癸未 二黒 | 10/28 先勝 |
| 19 | 木 | 甲申 三碧 | 10/29 友引 |
| 20 | 金 | 乙酉 四緑 | 10/30 先負 |
| 21 | 土 | 丙戌 五黄 | 11/1 大安 |
| 22 | 日 | 丁亥 六白 | 11/2 赤口 |
| 23 | 月 | 戊子 七赤 | 11/3 先勝 |
| 24 | 火 | 己丑 八白 | 11/4 友引 |
| 25 | 水 | 庚寅 九紫 | 11/5 先負 |
| 26 | 木 | 辛卯 一白 | 11/6 仏滅 |
| 27 | 金 | 壬辰 二黒 | 11/7 大安 |
| 28 | 土 | 癸巳 三碧 | 11/8 赤口 |
| 29 | 日 | 甲午 四緑 | 11/9 先勝 |
| 30 | 月 | 乙未 五黄 | 11/10 友引 |
| 31 | 火 | 丙申 六白 | 11/11 先負 |

**9 月**

9. 7 [節] 白露
9.19 [雑] 彼岸
9.22 [節] 秋分
9.24 [雑] 社日

**10 月**

10. 7 [節] 寒露
10.20 [雑] 土用
10.23 [節] 霜降

**11 月**

11. 7 [節] 立冬
11.21 [節] 小雪

**12 月**

12. 6 [節] 大雪
12.21 [節] 冬至

# 2053

明治 186 年
大正 142 年
昭和 128 年
平成 65 年

癸酉（みずのととり）
一白水星

## 生誕・年忌など

**1. 4** 秩父宮雍仁没後 100 年
**2. 1** NHK テレビ本放送開始 100 年
**2.18** E. フェノロサ生誕 200 年
**2.25** 斉藤茂吉没後 100 年
**3. 5** I. スターリン没後 100 年
**3.30** V. ゴッホ生誕 200 年
**5.28** 堀辰雄没後 100 年
**5.29** ビザンチン帝国滅亡 600 年
エベレスト初登頂 (ヒラリーとテンジン)100 年
**6. 2** エリザベス 2 世戴冠式 100 年
**6. 3** 黒船 (ペリー) 来航 200 年
**7. 7** 坂東妻三郎没後 100 年
**7.27** 朝鮮戦争休戦 100 年
**8.28** 道元没後 800 年
民放テレビ本放送開始 100 年
**9. 3** 釈迢空 (折口信夫) 没後 100 年
**9.12** フルシチョフ、第一書記就任 100 年
**10.16** クリミア戦争勃発 200 年
**11.27** ユージン・オニール没後 100 年
**12.20** 北里柴三郎生誕 200 年
この年 アッティラ没後 1600 年
川中島の戦い (第 1 次)500 年
タージ・マハル廟完成 400 年
近松門左衛門生誕 400 年
喜多川歌麿生誕 300 年

## 2053年

### 1月
（癸丑 九紫火星）

| | | | |
|---|---|---|---|
| 1 | 水 | 丁酉 七赤 | 11/12 仏滅 |
| 2 | 木 | 戊戌 八白 | 11/13 大安 |
| 3 | 金 | 己亥 九紫 | 11/14 赤口 |
| 4 | 土 | 庚子 一白 | 11/15 先勝 |
| 5 | 日 | 辛丑 二黒 | 11/16 友引 |
| 6 | 月 | 壬寅 三碧 | 11/17 先負 |
| 7 | 火 | 癸卯 四緑 | 11/18 仏滅 |
| 8 | 水 | 甲辰 五黄 | 11/19 大安 |
| 9 | 木 | 乙巳 六白 | 11/20 赤口 |
| 10 | 金 | 丙午 七赤 | 11/21 先勝 |
| 11 | 土 | 丁未 八白 | 11/22 友引 |
| 12 | 日 | 戊申 九紫 | 11/23 先負 |
| 13 | 月 | 己酉 一白 | 11/24 仏滅 |
| 14 | 火 | 庚戌 二黒 | 11/25 大安 |
| 15 | 水 | 辛亥 三碧 | 11/26 赤口 |
| 16 | 木 | 壬子 四緑 | 11/27 先勝 |
| 17 | 金 | 癸丑 五黄 | 11/28 友引 |
| 18 | 土 | 甲寅 六白 | 11/29 先負 |
| 19 | 日 | 乙卯 七赤 | 11/30 仏滅 |
| 20 | 月 | 丙辰 八白 | 12/1 赤口 |
| 21 | 火 | 丁巳 九紫 | 12/2 先勝 |
| 22 | 水 | 戊午 一白 | 12/3 友引 |
| 23 | 木 | 己未 二黒 | 12/4 先負 |
| 24 | 金 | 庚申 三碧 | 12/5 仏滅 |
| 25 | 土 | 辛酉 四緑 | 12/6 大安 |
| 26 | 日 | 壬戌 五黄 | 12/7 赤口 |
| 27 | 月 | 癸亥 六白 | 12/8 先勝 |
| 28 | 火 | 甲子 七赤 | 12/9 友引 |
| 29 | 水 | 乙丑 八白 | 12/10 先負 |
| 30 | 木 | 丙寅 九紫 | 12/11 仏滅 |
| 31 | 金 | 丁卯 一白 | 12/12 大安 |

### 2月
（甲寅 八白土星）

| | | | |
|---|---|---|---|
| 1 | 土 | 戊辰 二黒 | 12/13 赤口 |
| 2 | 日 | 己巳 三碧 | 12/14 先勝 |
| 3 | 月 | 庚午 四緑 | 12/15 友引 |
| 4 | 火 | 辛未 五黄 | 12/16 先負 |
| 5 | 水 | 壬申 六白 | 12/17 仏滅 |
| 6 | 木 | 癸酉 七赤 | 12/18 大安 |
| 7 | 金 | 甲戌 八白 | 12/19 赤口 |
| 8 | 土 | 乙亥 九紫 | 12/20 先勝 |
| 9 | 日 | 丙子 一白 | 12/21 友引 |
| 10 | 月 | 丁丑 二黒 | 12/22 先負 |
| 11 | 火 | 戊寅 三碧 | 12/23 仏滅 |
| 12 | 水 | 己卯 四緑 | 12/24 大安 |
| 13 | 木 | 庚辰 五黄 | 12/25 赤口 |
| 14 | 金 | 辛巳 六白 | 12/26 先勝 |
| 15 | 土 | 壬午 七赤 | 12/27 友引 |
| 16 | 日 | 癸未 八白 | 12/28 先負 |
| 17 | 月 | 甲申 九紫 | 12/29 仏滅 |
| 18 | 火 | 乙酉 一白 | 12/30 大安 |
| 19 | 水 | 丙戌 二黒 | 1/1 先勝 |
| 20 | 木 | 丁亥 三碧 | 1/2 友引 |
| 21 | 金 | 戊子 四緑 | 1/3 先負 |
| 22 | 土 | 己丑 五黄 | 1/4 仏滅 |
| 23 | 日 | 庚寅 六白 | 1/5 大安 |
| 24 | 月 | 辛卯 七赤 | 1/6 赤口 |
| 25 | 火 | 壬辰 八白 | 1/7 先勝 |
| 26 | 水 | 癸巳 九紫 | 1/8 友引 |
| 27 | 木 | 甲午 一白 | 1/9 先負 |
| 28 | 金 | 乙未 二黒 | 1/10 仏滅 |

### 3月
（乙卯 七赤金星）

| | | | |
|---|---|---|---|
| 1 | 土 | 丙申 三碧 | 1/11 大安 |
| 2 | 日 | 丁酉 四緑 | 1/12 赤口 |
| 3 | 月 | 戊戌 五黄 | 1/13 先勝 |
| 4 | 火 | 己亥 六白 | 1/14 友引 |
| 5 | 水 | 庚子 七赤 | 1/15 先負 |
| 6 | 木 | 辛丑 八白 | 1/16 仏滅 |
| 7 | 金 | 壬寅 九紫 | 1/17 大安 |
| 8 | 土 | 癸卯 一白 | 1/18 赤口 |
| 9 | 日 | 甲辰 二黒 | 1/19 先勝 |
| 10 | 月 | 乙巳 三碧 | 1/20 友引 |
| 11 | 火 | 丙午 四緑 | 1/21 先負 |
| 12 | 水 | 丁未 五黄 | 1/22 仏滅 |
| 13 | 木 | 戊申 六白 | 1/23 大安 |
| 14 | 金 | 己酉 七赤 | 1/24 赤口 |
| 15 | 土 | 庚戌 八白 | 1/25 先勝 |
| 16 | 日 | 辛亥 九紫 | 1/26 友引 |
| 17 | 月 | 壬子 一白 | 1/27 先負 |
| 18 | 火 | 癸丑 二黒 | 1/28 仏滅 |
| 19 | 水 | 甲寅 三碧 | 1/29 大安 |
| 20 | 木 | 乙卯 四緑 | 2/1 友引 |
| 21 | 金 | 丙辰 五黄 | 2/2 先負 |
| 22 | 土 | 丁巳 六白 | 2/3 仏滅 |
| 23 | 日 | 戊午 七赤 | 2/4 大安 |
| 24 | 月 | 己未 八白 | 2/5 赤口 |
| 25 | 火 | 庚申 九紫 | 2/6 先勝 |
| 26 | 水 | 辛酉 一白 | 2/7 友引 |
| 27 | 木 | 壬戌 二黒 | 2/8 先負 |
| 28 | 金 | 癸亥 三碧 | 2/9 仏滅 |
| 29 | 土 | 甲子 四緑 | 2/10 大安 |
| 30 | 日 | 乙丑 五黄 | 2/11 赤口 |
| 31 | 月 | 丙寅 六白 | 2/12 先勝 |

### 4月
（丙辰 六白金星）

| | | | |
|---|---|---|---|
| 1 | 火 | 丁卯 七赤 | 2/13 友引 |
| 2 | 水 | 戊辰 八白 | 2/14 先負 |
| 3 | 木 | 己巳 九紫 | 2/15 仏滅 |
| 4 | 金 | 庚午 一白 | 2/16 大安 |
| 5 | 土 | 辛未 二黒 | 2/17 赤口 |
| 6 | 日 | 壬申 三碧 | 2/18 先勝 |
| 7 | 月 | 癸酉 四緑 | 2/19 友引 |
| 8 | 火 | 甲戌 五黄 | 2/20 先負 |
| 9 | 水 | 乙亥 六白 | 2/21 仏滅 |
| 10 | 木 | 丙子 七赤 | 2/22 大安 |
| 11 | 金 | 丁丑 八白 | 2/23 赤口 |
| 12 | 土 | 戊寅 九紫 | 2/24 先勝 |
| 13 | 日 | 己卯 一白 | 2/25 友引 |
| 14 | 月 | 庚辰 二黒 | 2/26 先負 |
| 15 | 火 | 辛巳 三碧 | 2/27 仏滅 |
| 16 | 水 | 壬午 四緑 | 2/28 大安 |
| 17 | 木 | 癸未 五黄 | 2/29 赤口 |
| 18 | 金 | 甲申 六白 | 2/30 先勝 |
| 19 | 土 | 乙酉 七赤 | 3/1 先負 |
| 20 | 日 | 丙戌 八白 | 3/2 仏滅 |
| 21 | 月 | 丁亥 九紫 | 3/3 大安 |
| 22 | 火 | 戊子 一白 | 3/4 赤口 |
| 23 | 水 | 己丑 二黒 | 3/5 先勝 |
| 24 | 木 | 庚寅 三碧 | 3/6 友引 |
| 25 | 金 | 辛卯 四緑 | 3/7 先負 |
| 26 | 土 | 壬辰 五黄 | 3/8 仏滅 |
| 27 | 日 | 癸巳 六白 | 3/9 大安 |
| 28 | 月 | 甲午 七赤 | 3/10 赤口 |
| 29 | 火 | 乙未 八白 | 3/11 先勝 |
| 30 | 水 | 丙申 九紫 | 3/12 友引 |

**1月**

1. 5 [節] 小寒
1.17 [雑] 土用
1.19 [節] 大寒

**2月**

2. 2 [雑] 節分
2. 3 [節] 立春
2.18 [節] 雨水

**3月**

3. 5 [節] 啓蟄
3.17 [雑] 彼岸
3.20 [節] 春分
3.23 [雑] 社日

**4月**

4. 4 [節] 清明
4.16 [雑] 土用
4.19 [節] 穀雨

## 5月
（丁巳 五黄土星）

| | | |
|---|---|---|
| 1 木 | 丁酉 一白 | 3/13 先負 |
| 2 金 | 戊戌 二黒 | 3/14 仏滅 |
| 3 土 | 己亥 三碧 | 3/15 大安 |
| 4 日 | 庚子 四緑 | 3/16 赤口 |
| 5 月 | 辛丑 五黄 | 3/17 先勝 |
| 6 火 | 壬寅 六白 | 3/18 友引 |
| 7 水 | 癸卯 七赤 | 3/19 先負 |
| 8 木 | 甲辰 八白 | 3/20 仏滅 |
| 9 金 | 乙巳 九紫 | 3/21 大安 |
| 10 土 | 丙午 一白 | 3/22 赤口 |
| 11 日 | 丁未 二黒 | 3/23 先勝 |
| 12 月 | 戊申 三碧 | 3/24 友引 |
| 13 火 | 己酉 四緑 | 3/25 先負 |
| 14 水 | 庚戌 五黄 | 3/26 仏滅 |
| 15 木 | 辛亥 六白 | 3/27 大安 |
| 16 金 | 壬子 七赤 | 3/28 赤口 |
| 17 土 | 癸丑 八白 | 3/29 先勝 |
| 18 日 | 甲寅 九紫 | 4/1 仏滅 |
| 19 月 | 乙卯 一白 | 4/2 大安 |
| 20 火 | 丙辰 二黒 | 4/3 赤口 |
| 21 水 | 丁巳 三碧 | 4/4 先勝 |
| 22 木 | 戊午 四緑 | 4/5 友引 |
| 23 金 | 己未 五黄 | 4/6 先負 |
| 24 土 | 庚申 六白 | 4/7 仏滅 |
| 25 日 | 辛酉 七赤 | 4/8 大安 |
| 26 月 | 壬戌 八白 | 4/9 赤口 |
| 27 火 | 癸亥 九紫 | 4/10 先勝 |
| 28 水 | 甲子 九紫 | 4/11 友引 |
| 29 木 | 乙丑 八白 | 4/12 先負 |
| 30 金 | 丙寅 七赤 | 4/13 仏滅 |
| 31 土 | 丁卯 六白 | 4/14 大安 |

## 6月
（戊午 四緑木星）

| | | |
|---|---|---|
| 1 日 | 戊辰 五黄 | 4/15 赤口 |
| 2 月 | 己巳 四緑 | 4/16 先勝 |
| 3 火 | 庚午 三碧 | 4/17 友引 |
| 4 水 | 辛未 二黒 | 4/18 先負 |
| 5 木 | 壬申 一白 | 4/19 仏滅 |
| 6 金 | 癸酉 九紫 | 4/20 大安 |
| 7 土 | 甲戌 八白 | 4/21 赤口 |
| 8 日 | 乙亥 七赤 | 4/22 先勝 |
| 9 月 | 丙子 六白 | 4/23 友引 |
| 10 火 | 丁丑 五黄 | 4/24 先負 |
| 11 水 | 戊寅 四緑 | 4/25 仏滅 |
| 12 木 | 己卯 三碧 | 4/26 大安 |
| 13 金 | 庚辰 二黒 | 4/27 赤口 |
| 14 土 | 辛巳 一白 | 4/28 先勝 |
| 15 日 | 壬午 九紫 | 4/29 友引 |
| 16 月 | 癸未 八白 | 5/1 大安 |
| 17 火 | 甲申 七赤 | 5/2 赤口 |
| 18 水 | 乙酉 六白 | 5/3 先勝 |
| 19 木 | 丙戌 五黄 | 5/4 友引 |
| 20 金 | 丁亥 四緑 | 5/5 先負 |
| 21 土 | 戊子 三碧 | 5/6 仏滅 |
| 22 日 | 己丑 二黒 | 5/7 大安 |
| 23 月 | 庚寅 一白 | 5/8 赤口 |
| 24 火 | 辛卯 九紫 | 5/9 先勝 |
| 25 水 | 壬辰 八白 | 5/10 友引 |
| 26 木 | 癸巳 七赤 | 5/11 先負 |
| 27 金 | 甲午 六白 | 5/12 仏滅 |
| 28 土 | 乙未 五黄 | 5/13 大安 |
| 29 日 | 丙申 四緑 | 5/14 赤口 |
| 30 月 | 丁酉 三碧 | 5/15 先勝 |

## 7月
（己未 三碧木星）

| | | |
|---|---|---|
| 1 火 | 戊戌 二黒 | 5/16 友引 |
| 2 水 | 己亥 一白 | 5/17 先負 |
| 3 木 | 庚子 九紫 | 5/18 仏滅 |
| 4 金 | 辛丑 八白 | 5/19 大安 |
| 5 土 | 壬寅 七赤 | 5/20 赤口 |
| 6 日 | 癸卯 六白 | 5/21 先勝 |
| 7 月 | 甲辰 五黄 | 5/22 友引 |
| 8 火 | 乙巳 四緑 | 5/23 先負 |
| 9 水 | 丙午 三碧 | 5/24 仏滅 |
| 10 木 | 丁未 二黒 | 5/25 大安 |
| 11 金 | 戊申 一白 | 5/26 赤口 |
| 12 土 | 己酉 九紫 | 5/27 先勝 |
| 13 日 | 庚戌 八白 | 5/28 友引 |
| 14 月 | 辛亥 七赤 | 5/29 先負 |
| 15 火 | 壬子 六白 | 5/30 仏滅 |
| 16 水 | 癸丑 五黄 | 6/1 赤口 |
| 17 木 | 甲寅 四緑 | 6/2 先勝 |
| 18 金 | 乙卯 三碧 | 6/3 友引 |
| 19 土 | 丙辰 二黒 | 6/4 先負 |
| 20 日 | 丁巳 一白 | 6/5 仏滅 |
| 21 月 | 戊午 九紫 | 6/6 大安 |
| 22 火 | 己未 八白 | 6/7 赤口 |
| 23 水 | 庚申 七赤 | 6/8 先勝 |
| 24 木 | 辛酉 六白 | 6/9 友引 |
| 25 金 | 壬戌 五黄 | 6/10 先負 |
| 26 土 | 癸亥 四緑 | 6/11 仏滅 |
| 27 日 | 甲子 三碧 | 6/12 大安 |
| 28 月 | 乙丑 二黒 | 6/13 赤口 |
| 29 火 | 丙寅 一白 | 6/14 先勝 |
| 30 水 | 丁卯 九紫 | 6/15 友引 |
| 31 木 | 戊辰 八白 | 6/16 先負 |

## 8月
（庚申 二黒土星）

| | | |
|---|---|---|
| 1 金 | 己巳 七赤 | 6/17 仏滅 |
| 2 土 | 庚午 六白 | 6/18 大安 |
| 3 日 | 辛未 五黄 | 6/19 赤口 |
| 4 月 | 壬申 四緑 | 6/20 先勝 |
| 5 火 | 癸酉 三碧 | 6/21 友引 |
| 6 水 | 甲戌 二黒 | 6/22 先負 |
| 7 木 | 乙亥 一白 | 6/23 仏滅 |
| 8 金 | 丙子 九紫 | 6/24 大安 |
| 9 土 | 丁丑 八白 | 6/25 赤口 |
| 10 日 | 戊寅 七赤 | 6/26 先勝 |
| 11 月 | 己卯 六白 | 6/27 友引 |
| 12 火 | 庚辰 五黄 | 6/28 先負 |
| 13 水 | 辛巳 四緑 | 6/29 仏滅 |
| 14 木 | 壬午 三碧 | 7/1 先勝 |
| 15 金 | 癸未 二黒 | 7/2 友引 |
| 16 土 | 甲申 一白 | 7/3 先負 |
| 17 日 | 乙酉 九紫 | 7/4 仏滅 |
| 18 月 | 丙戌 八白 | 7/5 大安 |
| 19 火 | 丁亥 七赤 | 7/6 赤口 |
| 20 水 | 戊子 六白 | 7/7 先勝 |
| 21 木 | 己丑 五黄 | 7/8 友引 |
| 22 金 | 庚寅 四緑 | 7/9 先負 |
| 23 土 | 辛卯 三碧 | 7/10 仏滅 |
| 24 日 | 壬辰 二黒 | 7/11 大安 |
| 25 月 | 癸巳 一白 | 7/12 赤口 |
| 26 火 | 甲午 九紫 | 7/13 先勝 |
| 27 水 | 乙未 八白 | 7/14 友引 |
| 28 木 | 丙申 七赤 | 7/15 先負 |
| 29 金 | 丁酉 六白 | 7/16 仏滅 |
| 30 土 | 戊戌 五黄 | 7/17 大安 |
| 31 日 | 己亥 四緑 | 7/18 赤口 |

**5月**

5. 1［雑］八十八夜
5. 5［節］立夏
5.20［節］小満

**6月**

6. 5［節］芒種
6.10［雑］入梅
6.21［節］夏至

**7月**

7. 1［雑］半夏生
7. 6［節］小暑
7.19［雑］土用
7.22［節］大暑

**8月**

8. 7［節］立秋
8.23［節］処暑
8.31［雑］二百十日

## 9 月
（辛酉 一白水星）

| | | | |
|---|---|---|---|
| 1 | 月 | 庚子 三碧 | 7/19 先勝 |
| 2 | 火 | 辛丑 二黒 | 7/20 友引 |
| 3 | 水 | 壬寅 一白 | 7/21 先負 |
| 4 | 木 | 癸卯 九紫 | 7/22 仏滅 |
| 5 | 金 | 甲辰 八白 | 7/23 大安 |
| 6 | 土 | 乙巳 七赤 | 7/24 赤口 |
| 7 | 日 | 丙午 六白 | 7/25 先勝 |
| 8 | 月 | 丁未 五黄 | 7/26 友引 |
| 9 | 火 | 戊申 四緑 | 7/27 先負 |
| 10 | 水 | 己酉 三碧 | 7/28 仏滅 |
| 11 | 木 | 庚戌 二黒 | 7/29 大安 |
| 12 | 金 | 辛亥 一白 | 8/1 友引 |
| 13 | 土 | 壬子 九紫 | 8/2 先負 |
| 14 | 日 | 癸丑 八白 | 8/3 仏滅 |
| 15 | 月 | 甲寅 七赤 | 8/4 大安 |
| 16 | 火 | 乙卯 六白 | 8/5 赤口 |
| 17 | 水 | 丙辰 五黄 | 8/6 先勝 |
| 18 | 木 | 丁巳 四緑 | 8/7 友引 |
| 19 | 金 | 戊午 三碧 | 8/8 先負 |
| 20 | 土 | 己未 二黒 | 8/9 仏滅 |
| 21 | 日 | 庚申 一白 | 8/10 大安 |
| 22 | 月 | 辛酉 九紫 | 8/11 赤口 |
| 23 | 火 | 壬戌 八白 | 8/12 先勝 |
| 24 | 水 | 癸亥 七赤 | 8/13 友引 |
| 25 | 木 | 甲子 六白 | 8/14 先負 |
| 26 | 金 | 乙丑 五黄 | 8/15 仏滅 |
| 27 | 土 | 丙寅 四緑 | 8/16 大安 |
| 28 | 日 | 丁卯 三碧 | 8/17 赤口 |
| 29 | 月 | 戊辰 二黒 | 8/18 先勝 |
| 30 | 火 | 己巳 一白 | 8/19 友引 |

9 月
9. 7［節］白露
9.19［雑］彼岸
9.19［雑］社日
9.22［節］秋分

## 10 月
（壬戌 九紫火星）

| | | | |
|---|---|---|---|
| 1 | 水 | 庚午 九紫 | 8/20 先負 |
| 2 | 木 | 辛未 八白 | 8/21 仏滅 |
| 3 | 金 | 壬申 七赤 | 8/22 大安 |
| 4 | 土 | 癸酉 六白 | 8/23 赤口 |
| 5 | 日 | 甲戌 五黄 | 8/24 先勝 |
| 6 | 月 | 乙亥 四緑 | 8/25 友引 |
| 7 | 火 | 丙子 三碧 | 8/26 先負 |
| 8 | 水 | 丁丑 二黒 | 8/27 仏滅 |
| 9 | 木 | 戊寅 一白 | 8/28 大安 |
| 10 | 金 | 己卯 九紫 | 8/29 赤口 |
| 11 | 土 | 庚辰 八白 | 8/30 先勝 |
| 12 | 日 | 辛巳 七赤 | 9/1 先負 |
| 13 | 月 | 壬午 六白 | 9/2 仏滅 |
| 14 | 火 | 癸未 五黄 | 9/3 大安 |
| 15 | 水 | 甲申 四緑 | 9/4 赤口 |
| 16 | 木 | 乙酉 三碧 | 9/5 先勝 |
| 17 | 金 | 丙戌 二黒 | 9/6 友引 |
| 18 | 土 | 丁亥 一白 | 9/7 先負 |
| 19 | 日 | 戊子 九紫 | 9/8 仏滅 |
| 20 | 月 | 己丑 八白 | 9/9 大安 |
| 21 | 火 | 庚寅 七赤 | 9/10 赤口 |
| 22 | 水 | 辛卯 六白 | 9/11 先勝 |
| 23 | 木 | 壬辰 五黄 | 9/12 友引 |
| 24 | 金 | 癸巳 四緑 | 9/13 先負 |
| 25 | 土 | 甲午 三碧 | 9/14 仏滅 |
| 26 | 日 | 乙未 二黒 | 9/15 大安 |
| 27 | 月 | 丙申 一白 | 9/16 赤口 |
| 28 | 火 | 丁酉 九紫 | 9/17 先勝 |
| 29 | 水 | 戊戌 八白 | 9/18 友引 |
| 30 | 木 | 己亥 七赤 | 9/19 先負 |
| 31 | 金 | 庚子 六白 | 9/20 仏滅 |

10 月
10. 8［節］寒露
10.20［雑］土用
10.23［節］霜降

## 11 月
（癸亥 八白土星）

| | | | |
|---|---|---|---|
| 1 | 土 | 辛丑 五黄 | 9/21 大安 |
| 2 | 日 | 壬寅 四緑 | 9/22 赤口 |
| 3 | 月 | 癸卯 三碧 | 9/23 先勝 |
| 4 | 火 | 甲辰 二黒 | 9/24 友引 |
| 5 | 水 | 乙巳 一白 | 9/25 先負 |
| 6 | 木 | 丙午 九紫 | 9/26 仏滅 |
| 7 | 金 | 丁未 八白 | 9/27 大安 |
| 8 | 土 | 戊申 七赤 | 9/28 赤口 |
| 9 | 日 | 己酉 六白 | 9/29 先勝 |
| 10 | 月 | 庚戌 五黄 | 10/1 仏滅 |
| 11 | 火 | 辛亥 四緑 | 10/2 大安 |
| 12 | 水 | 壬子 三碧 | 10/3 赤口 |
| 13 | 木 | 癸丑 二黒 | 10/4 先勝 |
| 14 | 金 | 甲寅 一白 | 10/5 友引 |
| 15 | 土 | 乙卯 九紫 | 10/6 先負 |
| 16 | 日 | 丙辰 八白 | 10/7 仏滅 |
| 17 | 月 | 丁巳 七赤 | 10/8 大安 |
| 18 | 火 | 戊午 六白 | 10/9 赤口 |
| 19 | 水 | 己未 五黄 | 10/10 先勝 |
| 20 | 木 | 庚申 四緑 | 10/11 友引 |
| 21 | 金 | 辛酉 三碧 | 10/12 先負 |
| 22 | 土 | 壬戌 二黒 | 10/13 仏滅 |
| 23 | 日 | 癸亥 一白 | 10/14 大安 |
| 24 | 月 | 甲子 一白 | 10/15 赤口 |
| 25 | 火 | 乙丑 二黒 | 10/16 先勝 |
| 26 | 水 | 丙寅 三碧 | 10/17 友引 |
| 27 | 木 | 丁卯 四緑 | 10/18 先負 |
| 28 | 金 | 戊辰 五黄 | 10/19 仏滅 |
| 29 | 土 | 己巳 六白 | 10/20 大安 |
| 30 | 日 | 庚午 七赤 | 10/21 赤口 |

11 月
11. 7［節］立冬
11.22［節］小雪

## 12 月
（甲子 七赤金星）

| | | | |
|---|---|---|---|
| 1 | 月 | 辛未 八白 | 10/22 先勝 |
| 2 | 火 | 壬申 九紫 | 10/23 友引 |
| 3 | 水 | 癸酉 一白 | 10/24 先負 |
| 4 | 木 | 甲戌 二黒 | 10/25 仏滅 |
| 5 | 金 | 乙亥 三碧 | 10/26 大安 |
| 6 | 土 | 丙子 四緑 | 10/27 赤口 |
| 7 | 日 | 丁丑 五黄 | 10/28 先勝 |
| 8 | 月 | 戊寅 六白 | 10/29 友引 |
| 9 | 火 | 己卯 七赤 | 10/30 先負 |
| 10 | 水 | 庚辰 八白 | 11/1 大安 |
| 11 | 木 | 辛巳 九紫 | 11/2 赤口 |
| 12 | 金 | 壬午 一白 | 11/3 先勝 |
| 13 | 土 | 癸未 二黒 | 11/4 友引 |
| 14 | 日 | 甲申 三碧 | 11/5 先負 |
| 15 | 月 | 乙酉 四緑 | 11/6 仏滅 |
| 16 | 火 | 丙戌 五黄 | 11/7 大安 |
| 17 | 水 | 丁亥 六白 | 11/8 赤口 |
| 18 | 木 | 戊子 七赤 | 11/9 先勝 |
| 19 | 金 | 己丑 八白 | 11/10 友引 |
| 20 | 土 | 庚寅 九紫 | 11/11 先負 |
| 21 | 日 | 辛卯 一白 | 11/12 仏滅 |
| 22 | 月 | 壬辰 二黒 | 11/13 大安 |
| 23 | 火 | 癸巳 三碧 | 11/14 赤口 |
| 24 | 水 | 甲午 四緑 | 11/15 先勝 |
| 25 | 木 | 乙未 五黄 | 11/16 友引 |
| 26 | 金 | 丙申 六白 | 11/17 先負 |
| 27 | 土 | 丁酉 七赤 | 11/18 仏滅 |
| 28 | 日 | 戊戌 八白 | 11/19 大安 |
| 29 | 月 | 己亥 九紫 | 11/20 赤口 |
| 30 | 火 | 庚子 一白 | 11/21 先勝 |
| 31 | 水 | 辛丑 二黒 | 11/22 友引 |

12 月
12. 7［節］大雪
12.21［節］冬至

# 2054

明治 187 年
大正 143 年
昭和 129 年
平成 66 年

甲戌（きのえいぬ）
九紫火星

生誕・年忌など

**3. 1** 第五福竜丸被ばく事件 100 年
**3. 3** 日米和親条約調印 (開国)200 年
**3. 5** 岸田国士没後 100 年
**4. 7** 伊東忠太没後 100 年
**4.18** アジア・アフリカ会議開催 100 年
**4.21** 造船疑獄での指揮権発動 100 年
**5.24** R. キャパ没後 100 年
**7. 1** 自衛隊発足 100 年
**7.21** 第一次インドシナ戦争休戦 100 年
**7.27** 高橋是清生誕 200 年
**8.10** 郡上一揆勃発 300 年
**9.21** 御木本幸吉没後 100 年
**9.26** 青函連絡船洞爺丸遭難事故 100 年
**10.20** A. ランボー生誕 200 年
**11. 3** H. マチス没後 100 年
**11. 4** 安政の東海地震 200 年
**11. 5** 安政の南海地震 200 年
**11.13** アウグスティヌス生誕 1700 年
この年 プラトン没後 2400 年
推古天皇生誕 1500 年
鑑真来日 1300 年
マルコ・ポーロ生誕 800 年

2054年

## 1月
（乙丑 六白金星）

| | | | |
|---|---|---|---|
| 1 | 木 | 壬寅 三碧 | 11/23 先負 |
| 2 | 金 | 癸卯 四緑 | 11/24 仏滅 |
| 3 | 土 | 甲辰 五黄 | 11/25 大安 |
| 4 | 日 | 乙巳 六白 | 11/26 赤口 |
| 5 | 月 | 丙午 七赤 | 11/27 先勝 |
| 6 | 火 | 丁未 八白 | 11/28 友引 |
| 7 | 水 | 戊申 九紫 | 11/29 先負 |
| 8 | 木 | 己酉 一白 | 11/30 仏滅 |
| 9 | 金 | 庚戌 二黒 | 12/1 赤口 |
| 10 | 土 | 辛亥 三碧 | 12/2 先勝 |
| 11 | 日 | 壬子 四緑 | 12/3 友引 |
| 12 | 月 | 癸丑 五黄 | 12/4 先負 |
| 13 | 火 | 甲寅 六白 | 12/5 仏滅 |
| 14 | 水 | 乙卯 七赤 | 12/6 大安 |
| 15 | 木 | 丙辰 八白 | 12/7 赤口 |
| 16 | 金 | 丁巳 九紫 | 12/8 先勝 |
| 17 | 土 | 戊午 一白 | 12/9 友引 |
| 18 | 日 | 己未 二黒 | 12/10 先負 |
| 19 | 月 | 庚申 三碧 | 12/11 仏滅 |
| 20 | 火 | 辛酉 四緑 | 12/12 大安 |
| 21 | 水 | 壬戌 五黄 | 12/13 赤口 |
| 22 | 木 | 癸亥 六白 | 12/14 先勝 |
| 23 | 金 | 甲子 七赤 | 12/15 友引 |
| 24 | 土 | 乙丑 八白 | 12/16 先負 |
| 25 | 日 | 丙寅 九紫 | 12/17 仏滅 |
| 26 | 月 | 丁卯 一白 | 12/18 大安 |
| 27 | 火 | 戊辰 二黒 | 12/19 赤口 |
| 28 | 水 | 己巳 三碧 | 12/20 先勝 |
| 29 | 木 | 庚午 四緑 | 12/21 友引 |
| 30 | 金 | 辛未 五黄 | 12/22 先負 |
| 31 | 土 | 壬申 六白 | 12/23 仏滅 |

## 2月
（丙寅 五黄土星）

| | | | |
|---|---|---|---|
| 1 | 日 | 癸酉 七赤 | 12/24 大安 |
| 2 | 月 | 甲戌 八白 | 12/25 赤口 |
| 3 | 火 | 乙亥 九紫 | 12/26 先勝 |
| 4 | 水 | 丙子 一白 | 12/27 友引 |
| 5 | 木 | 丁丑 二黒 | 12/28 先負 |
| 6 | 金 | 戊寅 三碧 | 12/29 仏滅 |
| 7 | 土 | 己卯 四緑 | 12/30 大安 |
| 8 | 日 | 庚辰 五黄 | 1/1 先勝 |
| 9 | 月 | 辛巳 六白 | 1/2 友引 |
| 10 | 火 | 壬午 七赤 | 1/3 先負 |
| 11 | 水 | 癸未 八白 | 1/4 仏滅 |
| 12 | 木 | 甲申 九紫 | 1/5 大安 |
| 13 | 金 | 乙酉 一白 | 1/6 赤口 |
| 14 | 土 | 丙戌 二黒 | 1/7 先勝 |
| 15 | 日 | 丁亥 三碧 | 1/8 友引 |
| 16 | 月 | 戊子 四緑 | 1/9 先負 |
| 17 | 火 | 己丑 五黄 | 1/10 仏滅 |
| 18 | 水 | 庚寅 六白 | 1/11 大安 |
| 19 | 木 | 辛卯 七赤 | 1/12 赤口 |
| 20 | 金 | 壬辰 八白 | 1/13 先勝 |
| 21 | 土 | 癸巳 九紫 | 1/14 友引 |
| 22 | 日 | 甲午 一白 | 1/15 先負 |
| 23 | 月 | 乙未 二黒 | 1/16 仏滅 |
| 24 | 火 | 丙申 三碧 | 1/17 大安 |
| 25 | 水 | 丁酉 四緑 | 1/18 赤口 |
| 26 | 木 | 戊戌 五黄 | 1/19 先勝 |
| 27 | 金 | 己亥 六白 | 1/20 友引 |
| 28 | 土 | 庚子 七赤 | 1/21 先負 |

## 3月
（丁卯 四緑木星）

| | | | |
|---|---|---|---|
| 1 | 日 | 辛丑 八白 | 1/22 仏滅 |
| 2 | 月 | 壬寅 九紫 | 1/23 大安 |
| 3 | 火 | 癸卯 一白 | 1/24 赤口 |
| 4 | 水 | 甲辰 二黒 | 1/25 先勝 |
| 5 | 木 | 乙巳 三碧 | 1/26 友引 |
| 6 | 金 | 丙午 四緑 | 1/27 先負 |
| 7 | 土 | 丁未 五黄 | 1/28 仏滅 |
| 8 | 日 | 戊申 六白 | 1/29 大安 |
| 9 | 月 | 己酉 七赤 | 2/1 友引 |
| 10 | 火 | 庚戌 八白 | 2/2 先負 |
| 11 | 水 | 辛亥 九紫 | 2/3 仏滅 |
| 12 | 木 | 壬子 一白 | 2/4 大安 |
| 13 | 金 | 癸丑 二黒 | 2/5 赤口 |
| 14 | 土 | 甲寅 三碧 | 2/6 先勝 |
| 15 | 日 | 乙卯 四緑 | 2/7 友引 |
| 16 | 月 | 丙辰 五黄 | 2/8 先負 |
| 17 | 火 | 丁巳 六白 | 2/9 仏滅 |
| 18 | 水 | 戊午 七赤 | 2/10 大安 |
| 19 | 木 | 己未 八白 | 2/11 赤口 |
| 20 | 金 | 庚申 九紫 | 2/12 先勝 |
| 21 | 土 | 辛酉 一白 | 2/13 友引 |
| 22 | 日 | 壬戌 二黒 | 2/14 先負 |
| 23 | 月 | 癸亥 三碧 | 2/15 仏滅 |
| 24 | 火 | 甲子 四緑 | 2/16 大安 |
| 25 | 水 | 乙丑 五黄 | 2/17 赤口 |
| 26 | 木 | 丙寅 六白 | 2/18 先勝 |
| 27 | 金 | 丁卯 七赤 | 2/19 友引 |
| 28 | 土 | 戊辰 八白 | 2/20 先負 |
| 29 | 日 | 己巳 九紫 | 2/21 仏滅 |
| 30 | 月 | 庚午 一白 | 2/22 大安 |
| 31 | 火 | 辛未 二黒 | 2/23 赤口 |

## 4月
（戊辰 三碧木星）

| | | | |
|---|---|---|---|
| 1 | 水 | 壬申 三碧 | 2/24 先勝 |
| 2 | 木 | 癸酉 四緑 | 2/25 友引 |
| 3 | 金 | 甲戌 五黄 | 2/26 先負 |
| 4 | 土 | 乙亥 六白 | 2/27 仏滅 |
| 5 | 日 | 丙子 七赤 | 2/28 大安 |
| 6 | 月 | 丁丑 八白 | 2/29 赤口 |
| 7 | 火 | 戊寅 九紫 | 2/30 先勝 |
| 8 | 水 | 己卯 一白 | 3/1 先負 |
| 9 | 木 | 庚辰 二黒 | 3/2 仏滅 |
| 10 | 金 | 辛巳 三碧 | 3/3 大安 |
| 11 | 土 | 壬午 四緑 | 3/4 赤口 |
| 12 | 日 | 癸未 五黄 | 3/5 先勝 |
| 13 | 月 | 甲申 六白 | 3/6 友引 |
| 14 | 火 | 乙酉 七赤 | 3/7 先負 |
| 15 | 水 | 丙戌 八白 | 3/8 仏滅 |
| 16 | 木 | 丁亥 九紫 | 3/9 大安 |
| 17 | 金 | 戊子 一白 | 3/10 赤口 |
| 18 | 土 | 己丑 二黒 | 3/11 先勝 |
| 19 | 日 | 庚寅 三碧 | 3/12 友引 |
| 20 | 月 | 辛卯 四緑 | 3/13 先負 |
| 21 | 火 | 壬辰 五黄 | 3/14 仏滅 |
| 22 | 水 | 癸巳 六白 | 3/15 大安 |
| 23 | 木 | 甲午 七赤 | 3/16 赤口 |
| 24 | 金 | 乙未 八白 | 3/17 先勝 |
| 25 | 土 | 丙申 九紫 | 3/18 友引 |
| 26 | 日 | 丁酉 一白 | 3/19 先負 |
| 27 | 月 | 戊戌 二黒 | 3/20 仏滅 |
| 28 | 火 | 己亥 三碧 | 3/21 大安 |
| 29 | 水 | 庚子 四緑 | 3/22 赤口 |
| 30 | 木 | 辛丑 五黄 | 3/23 先勝 |

1月

1. 5［節］小寒
1.17［雑］土用
1.20［節］大寒

2月

2. 3［雑］節分
2. 4［節］立春
2.18［節］雨水

3月

3. 5［節］啓蟄
3.17［雑］彼岸
3.18［雑］社日
3.20［節］春分

4月

4. 4［節］清明
4.17［雑］土用
4.20［節］穀雨

## 5月
（己巳 二黒土星）

| | | | |
|---|---|---|---|
| 1 | 金 | 壬寅 六白 | 3/24 友引 |
| 2 | 土 | 癸卯 七赤 | 3/25 先負 |
| 3 | 日 | 甲辰 八白 | 3/26 仏滅 |
| 4 | 月 | 乙巳 九紫 | 3/27 大安 |
| 5 | 火 | 丙午 一白 | 3/28 赤口 |
| 6 | 水 | 丁未 二黒 | 3/29 先勝 |
| 7 | 木 | 戊申 三碧 | 3/30 友引 |
| 8 | 金 | 己酉 四緑 | 4/1 仏滅 |
| 9 | 土 | 庚戌 五黄 | 4/2 大安 |
| 10 | 日 | 辛亥 六白 | 4/3 赤口 |
| 11 | 月 | 壬子 七赤 | 4/4 先勝 |
| 12 | 火 | 癸丑 八白 | 4/5 友引 |
| 13 | 水 | 甲寅 九紫 | 4/6 先負 |
| 14 | 木 | 乙卯 一白 | 4/7 仏滅 |
| 15 | 金 | 丙辰 二黒 | 4/8 大安 |
| 16 | 土 | 丁巳 三碧 | 4/9 赤口 |
| 17 | 日 | 戊午 四緑 | 4/10 先勝 |
| 18 | 月 | 己未 五黄 | 4/11 友引 |
| 19 | 火 | 庚申 六白 | 4/12 先負 |
| 20 | 水 | 辛酉 七赤 | 4/13 仏滅 |
| 21 | 木 | 壬戌 八白 | 4/14 大安 |
| 22 | 金 | 癸亥 九紫 | 4/15 赤口 |
| 23 | 土 | 甲子 一白 | 4/16 先勝 |
| 24 | 日 | 乙丑 二黒 | 4/17 友引 |
| 25 | 月 | 丙寅 三碧 | 4/18 先負 |
| 26 | 火 | 丁卯 四緑 | 4/19 仏滅 |
| 27 | 水 | 戊辰 五黄 | 4/20 大安 |
| 28 | 木 | 己巳 六白 | 4/21 赤口 |
| 29 | 金 | 庚午 七赤 | 4/22 先勝 |
| 30 | 土 | 辛未 八白 | 4/23 友引 |
| 31 | 日 | 壬申 九紫 | 4/24 先負 |

## 6月
（庚午 一白水星）

| | | | |
|---|---|---|---|
| 1 | 月 | 癸酉 一白 | 4/25 仏滅 |
| 2 | 火 | 甲戌 二黒 | 4/26 大安 |
| 3 | 水 | 乙亥 三碧 | 4/27 赤口 |
| 4 | 木 | 丙子 四緑 | 4/28 先勝 |
| 5 | 金 | 丁丑 五黄 | 4/29 友引 |
| 6 | 土 | 戊寅 六白 | 5/1 大安 |
| 7 | 日 | 己卯 七赤 | 5/2 赤口 |
| 8 | 月 | 庚辰 八白 | 5/3 先勝 |
| 9 | 火 | 辛巳 九紫 | 5/4 友引 |
| 10 | 水 | 壬午 一白 | 5/5 先負 |
| 11 | 木 | 癸未 二黒 | 5/6 仏滅 |
| 12 | 金 | 甲申 三碧 | 5/7 大安 |
| 13 | 土 | 乙酉 四緑 | 5/8 赤口 |
| 14 | 日 | 丙戌 五黄 | 5/9 先勝 |
| 15 | 月 | 丁亥 六白 | 5/10 友引 |
| 16 | 火 | 戊子 七赤 | 5/11 先負 |
| 17 | 水 | 己丑 八白 | 5/12 仏滅 |
| 18 | 木 | 庚寅 九紫 | 5/13 大安 |
| 19 | 金 | 辛卯 一白 | 5/14 赤口 |
| 20 | 土 | 壬辰 二黒 | 5/15 先勝 |
| 21 | 日 | 癸巳 三碧 | 5/16 友引 |
| 22 | 月 | 甲午 三碧 | 5/17 先負 |
| 23 | 火 | 乙未 二黒 | 5/18 仏滅 |
| 24 | 水 | 丙申 一白 | 5/19 大安 |
| 25 | 木 | 丁酉 九紫 | 5/20 赤口 |
| 26 | 金 | 戊戌 八白 | 5/21 先勝 |
| 27 | 土 | 己亥 七赤 | 5/22 友引 |
| 28 | 日 | 庚子 六白 | 5/23 先負 |
| 29 | 月 | 辛丑 五黄 | 5/24 仏滅 |
| 30 | 火 | 壬寅 四緑 | 5/25 大安 |

## 7月
（辛未 九紫火星）

| | | | |
|---|---|---|---|
| 1 | 水 | 癸卯 三碧 | 5/26 赤口 |
| 2 | 木 | 甲辰 二黒 | 5/27 先勝 |
| 3 | 金 | 乙巳 一白 | 5/28 友引 |
| 4 | 土 | 丙午 九紫 | 5/29 先負 |
| 5 | 日 | 丁未 八白 | 6/1 赤口 |
| 6 | 月 | 戊申 七赤 | 6/2 先勝 |
| 7 | 火 | 己酉 六白 | 6/3 友引 |
| 8 | 水 | 庚戌 五黄 | 6/4 先負 |
| 9 | 木 | 辛亥 四緑 | 6/5 仏滅 |
| 10 | 金 | 壬子 三碧 | 6/6 大安 |
| 11 | 土 | 癸丑 二黒 | 6/7 赤口 |
| 12 | 日 | 甲寅 一白 | 6/8 先勝 |
| 13 | 月 | 乙卯 九紫 | 6/9 友引 |
| 14 | 火 | 丙辰 八白 | 6/10 先負 |
| 15 | 水 | 丁巳 七赤 | 6/11 仏滅 |
| 16 | 木 | 戊午 六白 | 6/12 大安 |
| 17 | 金 | 己未 五黄 | 6/13 赤口 |
| 18 | 土 | 庚申 四緑 | 6/14 先勝 |
| 19 | 日 | 辛酉 三碧 | 6/15 友引 |
| 20 | 月 | 壬戌 二黒 | 6/16 先負 |
| 21 | 火 | 癸亥 一白 | 6/17 仏滅 |
| 22 | 水 | 甲子 九紫 | 6/18 大安 |
| 23 | 木 | 乙丑 八白 | 6/19 赤口 |
| 24 | 金 | 丙寅 七赤 | 6/20 先勝 |
| 25 | 土 | 丁卯 六白 | 6/21 友引 |
| 26 | 日 | 戊辰 五黄 | 6/22 先負 |
| 27 | 月 | 己巳 四緑 | 6/23 仏滅 |
| 28 | 火 | 庚午 三碧 | 6/24 大安 |
| 29 | 水 | 辛未 二黒 | 6/25 赤口 |
| 30 | 木 | 壬申 一白 | 6/26 先勝 |
| 31 | 金 | 癸酉 九紫 | 6/27 友引 |

## 8月
（壬申 八白土星）

| | | | |
|---|---|---|---|
| 1 | 土 | 甲戌 八白 | 6/28 先負 |
| 2 | 日 | 乙亥 七赤 | 6/29 仏滅 |
| 3 | 月 | 丙子 六白 | 6/30 大安 |
| 4 | 火 | 丁丑 五黄 | 7/1 先勝 |
| 5 | 水 | 戊寅 四緑 | 7/2 友引 |
| 6 | 木 | 己卯 三碧 | 7/3 先負 |
| 7 | 金 | 庚辰 二黒 | 7/4 仏滅 |
| 8 | 土 | 辛巳 一白 | 7/5 大安 |
| 9 | 日 | 壬午 九紫 | 7/6 赤口 |
| 10 | 月 | 癸未 八白 | 7/7 先勝 |
| 11 | 火 | 甲申 七赤 | 7/8 友引 |
| 12 | 水 | 乙酉 六白 | 7/9 先負 |
| 13 | 木 | 丙戌 五黄 | 7/10 仏滅 |
| 14 | 金 | 丁亥 四緑 | 7/11 大安 |
| 15 | 土 | 戊子 三碧 | 7/12 赤口 |
| 16 | 日 | 己丑 二黒 | 7/13 先勝 |
| 17 | 月 | 庚寅 一白 | 7/14 友引 |
| 18 | 火 | 辛卯 九紫 | 7/15 先負 |
| 19 | 水 | 壬辰 八白 | 7/16 仏滅 |
| 20 | 木 | 癸巳 七赤 | 7/17 大安 |
| 21 | 金 | 甲午 六白 | 7/18 赤口 |
| 22 | 土 | 乙未 五黄 | 7/19 先勝 |
| 23 | 日 | 丙申 四緑 | 7/20 友引 |
| 24 | 月 | 丁酉 三碧 | 7/21 先負 |
| 25 | 火 | 戊戌 二黒 | 7/22 仏滅 |
| 26 | 水 | 己亥 一白 | 7/23 大安 |
| 27 | 木 | 庚子 九紫 | 7/24 赤口 |
| 28 | 金 | 辛丑 八白 | 7/25 先勝 |
| 29 | 土 | 壬寅 七赤 | 7/26 友引 |
| 30 | 日 | 癸卯 六白 | 7/27 先負 |
| 31 | 月 | 甲辰 五黄 | 7/28 仏滅 |

**5月**

5. 2［雑］八十八夜
5. 5［節］立夏
5.21［節］小満

**6月**

6. 5［節］芒種
6.11［雑］入梅
6.21［節］夏至

**7月**

7. 1［雑］半夏生
7. 7［節］小暑
7.19［雑］土用
7.22［節］大暑

**8月**

8. 7［節］立秋
8.23［節］処暑

## 2054年

### 9月
（癸酉 七赤金星）

| | | | |
|---|---|---|---|
| 1 | 火 | 乙巳 四緑 | 7/29 大安 |
| 2 | 水 | 丙午 三碧 | 8/1 友引 |
| 3 | 木 | 丁未 二黒 | 8/2 先負 |
| 4 | 金 | 戊申 一白 | 8/3 仏滅 |
| 5 | 土 | 己酉 九紫 | 8/4 大安 |
| 6 | 日 | 庚戌 八白 | 8/5 赤口 |
| 7 | 月 | 辛亥 七赤 | 8/6 先勝 |
| 8 | 火 | 壬子 六白 | 8/7 友引 |
| 9 | 水 | 癸丑 五黄 | 8/8 先負 |
| 10 | 木 | 甲寅 四緑 | 8/9 仏滅 |
| 11 | 金 | 乙卯 三碧 | 8/10 大安 |
| 12 | 土 | 丙辰 二黒 | 8/11 赤口 |
| 13 | 日 | 丁巳 一白 | 8/12 先勝 |
| 14 | 月 | 戊午 九紫 | 8/13 友引 |
| 15 | 火 | 己未 八白 | 8/14 先負 |
| 16 | 水 | 庚申 七赤 | 8/15 仏滅 |
| 17 | 木 | 辛酉 六白 | 8/16 大安 |
| 18 | 金 | 壬戌 五黄 | 8/17 赤口 |
| 19 | 土 | 癸亥 四緑 | 8/18 先勝 |
| 20 | 日 | 甲子 三碧 | 8/19 友引 |
| 21 | 月 | 乙丑 二黒 | 8/20 先負 |
| 22 | 火 | 丙寅 一白 | 8/21 仏滅 |
| 23 | 水 | 丁卯 九紫 | 8/22 大安 |
| 24 | 木 | 戊辰 八白 | 8/23 赤口 |
| 25 | 金 | 己巳 七赤 | 8/24 先勝 |
| 26 | 土 | 庚午 六白 | 8/25 友引 |
| 27 | 日 | 辛未 五黄 | 8/26 先負 |
| 28 | 月 | 壬申 四緑 | 8/27 仏滅 |
| 29 | 火 | 癸酉 三碧 | 8/28 大安 |
| 30 | 水 | 甲戌 二黒 | 8/29 赤口 |

### 10月
（甲戌 六白金星）

| | | | |
|---|---|---|---|
| 1 | 木 | 乙亥 一白 | 9/1 先負 |
| 2 | 金 | 丙子 九紫 | 9/2 仏滅 |
| 3 | 土 | 丁丑 八白 | 9/3 大安 |
| 4 | 日 | 戊寅 七赤 | 9/4 赤口 |
| 5 | 月 | 己卯 六白 | 9/5 先勝 |
| 6 | 火 | 庚辰 五黄 | 9/6 友引 |
| 7 | 水 | 辛巳 四緑 | 9/7 先負 |
| 8 | 木 | 壬午 三碧 | 9/8 仏滅 |
| 9 | 金 | 癸未 二黒 | 9/9 大安 |
| 10 | 土 | 甲申 一白 | 9/10 赤口 |
| 11 | 日 | 乙酉 九紫 | 9/11 先勝 |
| 12 | 月 | 丙戌 八白 | 9/12 友引 |
| 13 | 火 | 丁亥 七赤 | 9/13 先負 |
| 14 | 水 | 戊子 六白 | 9/14 仏滅 |
| 15 | 木 | 己丑 五黄 | 9/15 大安 |
| 16 | 金 | 庚寅 四緑 | 9/16 赤口 |
| 17 | 土 | 辛卯 三碧 | 9/17 先勝 |
| 18 | 日 | 壬辰 二黒 | 9/18 友引 |
| 19 | 月 | 癸巳 一白 | 9/19 先負 |
| 20 | 火 | 甲午 九紫 | 9/20 仏滅 |
| 21 | 水 | 乙未 八白 | 9/21 大安 |
| 22 | 木 | 丙申 七赤 | 9/22 赤口 |
| 23 | 金 | 丁酉 六白 | 9/23 先勝 |
| 24 | 土 | 戊戌 五黄 | 9/24 友引 |
| 25 | 日 | 己亥 四緑 | 9/25 先負 |
| 26 | 月 | 庚子 三碧 | 9/26 仏滅 |
| 27 | 火 | 辛丑 二黒 | 9/27 大安 |
| 28 | 水 | 壬寅 一白 | 9/28 赤口 |
| 29 | 木 | 癸卯 九紫 | 9/29 先勝 |
| 30 | 金 | 甲辰 八白 | 9/30 友引 |
| 31 | 土 | 乙巳 七赤 | 10/1 仏滅 |

### 11月
（乙亥 五黄土星）

| | | | |
|---|---|---|---|
| 1 | 日 | 丙午 六白 | 10/2 大安 |
| 2 | 月 | 丁未 五黄 | 10/3 赤口 |
| 3 | 火 | 戊申 四緑 | 10/4 先勝 |
| 4 | 水 | 己酉 三碧 | 10/5 友引 |
| 5 | 木 | 庚戌 二黒 | 10/6 先負 |
| 6 | 金 | 辛亥 一白 | 10/7 仏滅 |
| 7 | 土 | 壬子 九紫 | 10/8 大安 |
| 8 | 日 | 癸丑 八白 | 10/9 赤口 |
| 9 | 月 | 甲寅 七赤 | 10/10 先勝 |
| 10 | 火 | 乙卯 六白 | 10/11 友引 |
| 11 | 水 | 丙辰 五黄 | 10/12 先負 |
| 12 | 木 | 丁巳 四緑 | 10/13 仏滅 |
| 13 | 金 | 戊午 三碧 | 10/14 大安 |
| 14 | 土 | 己未 二黒 | 10/15 赤口 |
| 15 | 日 | 庚申 一白 | 10/16 先勝 |
| 16 | 月 | 辛酉 九紫 | 10/17 友引 |
| 17 | 火 | 壬戌 八白 | 10/18 先負 |
| 18 | 水 | 癸亥 七赤 | 10/19 仏滅 |
| 19 | 木 | 甲子 六白 | 10/20 大安 |
| 20 | 金 | 乙丑 五黄 | 10/21 赤口 |
| 21 | 土 | 丙寅 四緑 | 10/22 先勝 |
| 22 | 日 | 丁卯 三碧 | 10/23 友引 |
| 23 | 月 | 戊辰 二黒 | 10/24 先負 |
| 24 | 火 | 己巳 一白 | 10/25 仏滅 |
| 25 | 水 | 庚午 九紫 | 10/26 大安 |
| 26 | 木 | 辛未 八白 | 10/27 赤口 |
| 27 | 金 | 壬申 七赤 | 10/28 先勝 |
| 28 | 土 | 癸酉 六白 | 10/29 友引 |
| 29 | 日 | 甲戌 五黄 | 11/1 大安 |
| 30 | 月 | 乙亥 四緑 | 11/2 赤口 |

### 12月
（丙子 四緑木星）

| | | | |
|---|---|---|---|
| 1 | 火 | 丙子 三碧 | 11/3 先勝 |
| 2 | 水 | 丁丑 二黒 | 11/4 友引 |
| 3 | 木 | 戊寅 一白 | 11/5 先負 |
| 4 | 金 | 己卯 九紫 | 11/6 仏滅 |
| 5 | 土 | 庚辰 八白 | 11/7 大安 |
| 6 | 日 | 辛巳 七赤 | 11/8 赤口 |
| 7 | 月 | 壬午 六白 | 11/9 先勝 |
| 8 | 火 | 癸未 五黄 | 11/10 友引 |
| 9 | 水 | 甲申 四緑 | 11/11 先負 |
| 10 | 木 | 乙酉 三碧 | 11/12 仏滅 |
| 11 | 金 | 丙戌 二黒 | 11/13 大安 |
| 12 | 土 | 丁亥 一白 | 11/14 赤口 |
| 13 | 日 | 戊子 九紫 | 11/15 先勝 |
| 14 | 月 | 己丑 八白 | 11/16 友引 |
| 15 | 火 | 庚寅 七赤 | 11/17 先負 |
| 16 | 水 | 辛卯 六白 | 11/18 仏滅 |
| 17 | 木 | 壬辰 五黄 | 11/19 大安 |
| 18 | 金 | 癸巳 四緑 | 11/20 赤口 |
| 19 | 土 | 甲午 三碧 | 11/21 先勝 |
| 20 | 日 | 乙未 二黒 | 11/22 友引 |
| 21 | 月 | 丙申 一白 | 11/23 先負 |
| 22 | 火 | 丁酉 九紫 | 11/24 仏滅 |
| 23 | 水 | 戊戌 八白 | 11/25 大安 |
| 24 | 木 | 己亥 七赤 | 11/26 赤口 |
| 25 | 金 | 庚子 六白 | 11/27 先勝 |
| 26 | 土 | 辛丑 五黄 | 11/28 友引 |
| 27 | 日 | 壬寅 四緑 | 11/29 先負 |
| 28 | 月 | 癸卯 三碧 | 11/30 仏滅 |
| 29 | 火 | 甲辰 二黒 | 12/1 赤口 |
| 30 | 水 | 乙巳 一白 | 12/2 先勝 |
| 31 | 木 | 丙午 九紫 | 12/3 友引 |

**9月**

**9. 1** [雑] 二百十日
**9. 7** [節] 白露
**9.20** [雑] 彼岸
**9.23** [節] 秋分
**9.24** [雑] 社日

**10月**

**10. 8** [節] 寒露
**10.20** [雑] 土用
**10.23** [節] 霜降

**11月**

**11. 7** [節] 立冬
**11.22** [節] 小雪

**12月**

**12. 7** [節] 大雪
**12.22** [節] 冬至

# 2055

明治 188 年
大正 144 年
昭和 130 年
平成 67 年

乙亥（きのとい）
八白土星

生誕・年忌など

**1.26** G. ネルヴァル没後 200 年
**2.10** C. モンテスキュー没後 300 年
**2.17** 坂口安吾没後 100 年
**2.23** C. ガウス没後 200 年
**3.11** A. フレミング没後 100 年
**4.18** A. アインシュタイン没後 100 年
**4.20** 犬養毅生誕 200 年
**5.14** ワルシャワ条約機構成立 100 年
**5.22** イングランド・ばら戦争 600 年
**8. 6** 原水爆禁止世界大会 100 年
**8.12** トーマス・マン没後 100 年
**8. —** 森永ヒ素ミルク事件 100 年
**9.13** 第一次砂川闘争 100 年
**9.30** J. ディーン没後 100 年
**10. 1** 厳島の戦い 500 年
**10. 2** 安政の江戸地震 200 年
**10.26** ベトナム共和国(南ベトナム)成立 100 年
**11. 2** マリー・アントワネット生誕 300 年
**11.11** S. キルケゴール没後 200 年
**この年** 曹操生誕 1900 年
鴨長明生誕 900 年
フラ・アンジェリコ没後 600 年
宝暦の大飢饉 300 年
宝暦暦実施 300 年
鶴屋南北生誕 300 年

**2055年**

## 1月
（丁丑 三碧木星）

| | | | |
|---|---|---|---|
| 1 | 金 | 丁未 八白 | 12/4 先負 |
| 2 | 土 | 戊申 七赤 | 12/5 仏滅 |
| 3 | 日 | 己酉 六白 | 12/6 大安 |
| 4 | 月 | 庚戌 五黄 | 12/7 赤口 |
| 5 | 火 | 辛亥 四緑 | 12/8 先勝 |
| 6 | 水 | 壬子 三碧 | 12/9 友引 |
| 7 | 木 | 癸丑 二黒 | 12/10 先負 |
| 8 | 金 | 甲寅 一白 | 12/11 仏滅 |
| 9 | 土 | 乙卯 九紫 | 12/12 大安 |
| 10 | 日 | 丙辰 八白 | 12/13 赤口 |
| 11 | 月 | 丁巳 七赤 | 12/14 先勝 |
| 12 | 火 | 戊午 六白 | 12/15 友引 |
| 13 | 水 | 己未 五黄 | 12/16 先負 |
| 14 | 木 | 庚申 四緑 | 12/17 仏滅 |
| 15 | 金 | 辛酉 三碧 | 12/18 大安 |
| 16 | 土 | 壬戌 二黒 | 12/19 赤口 |
| 17 | 日 | 癸亥 一白 | 12/20 先勝 |
| 18 | 月 | 甲子 一白 | 12/21 友引 |
| 19 | 火 | 乙丑 二黒 | 12/22 先負 |
| 20 | 水 | 丙寅 三碧 | 12/23 仏滅 |
| 21 | 木 | 丁卯 四緑 | 12/24 大安 |
| 22 | 金 | 戊辰 五黄 | 12/25 赤口 |
| 23 | 土 | 己巳 六白 | 12/26 先勝 |
| 24 | 日 | 庚午 七赤 | 12/27 友引 |
| 25 | 月 | 辛未 八白 | 12/28 先負 |
| 26 | 火 | 壬申 九紫 | 12/29 仏滅 |
| 27 | 水 | 癸酉 一白 | 12/30 大安 |
| 28 | 木 | 甲戌 二黒 | 1/1 先勝 |
| 29 | 金 | 乙亥 三碧 | 1/2 友引 |
| 30 | 土 | 丙子 四緑 | 1/3 先負 |
| 31 | 日 | 丁丑 五黄 | 1/4 仏滅 |

**1月**

1. 5［節］小寒
1.17［雑］土用
1.20［節］大寒

## 2月
（戊寅 二黒土星）

| | | | |
|---|---|---|---|
| 1 | 月 | 戊寅 六白 | 1/5 大安 |
| 2 | 火 | 己卯 七赤 | 1/6 赤口 |
| 3 | 水 | 庚辰 八白 | 1/7 先勝 |
| 4 | 木 | 辛巳 九紫 | 1/8 友引 |
| 5 | 金 | 壬午 一白 | 1/9 先負 |
| 6 | 土 | 癸未 二黒 | 1/10 仏滅 |
| 7 | 日 | 甲申 三碧 | 1/11 大安 |
| 8 | 月 | 乙酉 四緑 | 1/12 赤口 |
| 9 | 火 | 丙戌 五黄 | 1/13 先勝 |
| 10 | 水 | 丁亥 六白 | 1/14 友引 |
| 11 | 木 | 戊子 七赤 | 1/15 先負 |
| 12 | 金 | 己丑 八白 | 1/16 仏滅 |
| 13 | 土 | 庚寅 九紫 | 1/17 大安 |
| 14 | 日 | 辛卯 一白 | 1/18 赤口 |
| 15 | 月 | 壬辰 二黒 | 1/19 先勝 |
| 16 | 火 | 癸巳 三碧 | 1/20 友引 |
| 17 | 水 | 甲午 四緑 | 1/21 先負 |
| 18 | 木 | 乙未 五黄 | 1/22 仏滅 |
| 19 | 金 | 丙申 六白 | 1/23 大安 |
| 20 | 土 | 丁酉 七赤 | 1/24 赤口 |
| 21 | 日 | 戊戌 八白 | 1/25 先勝 |
| 22 | 月 | 己亥 九紫 | 1/26 友引 |
| 23 | 火 | 庚子 一白 | 1/27 先負 |
| 24 | 水 | 辛丑 二黒 | 1/28 仏滅 |
| 25 | 木 | 壬寅 三碧 | 1/29 大安 |
| 26 | 金 | 癸卯 四緑 | 2/1 友引 |
| 27 | 土 | 甲辰 五黄 | 2/2 先負 |
| 28 | 日 | 乙巳 六白 | 2/3 仏滅 |

**2月**

2. 3［雑］節分
2. 4［節］立春
2.19［節］雨水

## 3月
（己卯 一白水星）

| | | | |
|---|---|---|---|
| 1 | 月 | 丙午 七赤 | 2/4 大安 |
| 2 | 火 | 丁未 八白 | 2/5 赤口 |
| 3 | 水 | 戊申 九紫 | 2/6 先勝 |
| 4 | 木 | 己酉 一白 | 2/7 友引 |
| 5 | 金 | 庚戌 二黒 | 2/8 先負 |
| 6 | 土 | 辛亥 三碧 | 2/9 仏滅 |
| 7 | 日 | 壬子 四緑 | 2/10 大安 |
| 8 | 月 | 癸丑 五黄 | 2/11 赤口 |
| 9 | 火 | 甲寅 六白 | 2/12 先勝 |
| 10 | 水 | 乙卯 七赤 | 2/13 友引 |
| 11 | 木 | 丙辰 八白 | 2/14 先負 |
| 12 | 金 | 丁巳 九紫 | 2/15 仏滅 |
| 13 | 土 | 戊午 一白 | 2/16 大安 |
| 14 | 日 | 己未 二黒 | 2/17 赤口 |
| 15 | 月 | 庚申 三碧 | 2/18 先勝 |
| 16 | 火 | 辛酉 四緑 | 2/19 友引 |
| 17 | 水 | 壬戌 五黄 | 2/20 先負 |
| 18 | 木 | 癸亥 六白 | 2/21 仏滅 |
| 19 | 金 | 甲子 七赤 | 2/22 大安 |
| 20 | 土 | 乙丑 八白 | 2/23 赤口 |
| 21 | 日 | 丙寅 九紫 | 2/24 先勝 |
| 22 | 月 | 丁卯 一白 | 2/25 友引 |
| 23 | 火 | 戊辰 二黒 | 2/26 先負 |
| 24 | 水 | 己巳 三碧 | 2/27 仏滅 |
| 25 | 木 | 庚午 四緑 | 2/28 大安 |
| 26 | 金 | 辛未 五黄 | 2/29 赤口 |
| 27 | 土 | 壬申 六白 | 2/30 先勝 |
| 28 | 日 | 癸酉 七赤 | 3/1 先負 |
| 29 | 月 | 甲戌 八白 | 3/2 仏滅 |
| 30 | 火 | 乙亥 九紫 | 3/3 大安 |
| 31 | 水 | 丙子 一白 | 3/4 赤口 |

**3月**

3. 5［節］啓蟄
3.18［雑］彼岸
3.21［節］春分
3.23［雑］社日

## 4月
（庚辰 九紫火星）

| | | | |
|---|---|---|---|
| 1 | 木 | 丁丑 二黒 | 3/5 先勝 |
| 2 | 金 | 戊寅 三碧 | 3/6 友引 |
| 3 | 土 | 己卯 四緑 | 3/7 先負 |
| 4 | 日 | 庚辰 五黄 | 3/8 仏滅 |
| 5 | 月 | 辛巳 六白 | 3/9 大安 |
| 6 | 火 | 壬午 七赤 | 3/10 赤口 |
| 7 | 水 | 癸未 八白 | 3/11 先勝 |
| 8 | 木 | 甲申 九紫 | 3/12 友引 |
| 9 | 金 | 乙酉 一白 | 3/13 先負 |
| 10 | 土 | 丙戌 二黒 | 3/14 仏滅 |
| 11 | 日 | 丁亥 三碧 | 3/15 大安 |
| 12 | 月 | 戊子 四緑 | 3/16 赤口 |
| 13 | 火 | 己丑 五黄 | 3/17 先勝 |
| 14 | 水 | 庚寅 六白 | 3/18 友引 |
| 15 | 木 | 辛卯 七赤 | 3/19 先負 |
| 16 | 金 | 壬辰 八白 | 3/20 仏滅 |
| 17 | 土 | 癸巳 九紫 | 3/21 大安 |
| 18 | 日 | 甲午 一白 | 3/22 赤口 |
| 19 | 月 | 乙未 二黒 | 3/23 先勝 |
| 20 | 火 | 丙申 三碧 | 3/24 友引 |
| 21 | 水 | 丁酉 四緑 | 3/25 先負 |
| 22 | 木 | 戊戌 五黄 | 3/26 仏滅 |
| 23 | 金 | 己亥 六白 | 3/27 大安 |
| 24 | 土 | 庚子 七赤 | 3/28 赤口 |
| 25 | 日 | 辛丑 八白 | 3/29 先勝 |
| 26 | 月 | 壬寅 九紫 | 3/30 友引 |
| 27 | 火 | 癸卯 一白 | 4/1 仏滅 |
| 28 | 水 | 甲辰 二黒 | 4/2 大安 |
| 29 | 木 | 乙巳 三碧 | 4/3 赤口 |
| 30 | 金 | 丙午 四緑 | 4/4 先勝 |

**4月**

4. 5［節］清明
4.17［雑］土用
4.20［節］穀雨

## 5月
（辛巳 八白土星）

| | | | |
|---|---|---|---|
| 1 | 土 | 丁未 五黄 | 4/5 友引 |
| 2 | 日 | 戊申 六白 | 4/6 先負 |
| 3 | 月 | 己酉 七赤 | 4/7 仏滅 |
| 4 | 火 | 庚戌 八白 | 4/8 大安 |
| 5 | 水 | 辛亥 九紫 | 4/9 赤口 |
| 6 | 木 | 壬子 一白 | 4/10 先勝 |
| 7 | 金 | 癸丑 二黒 | 4/11 友引 |
| 8 | 土 | 甲寅 三碧 | 4/12 先負 |
| 9 | 日 | 乙卯 四緑 | 4/13 仏滅 |
| 10 | 月 | 丙辰 五黄 | 4/14 大安 |
| 11 | 火 | 丁巳 六白 | 4/15 赤口 |
| 12 | 水 | 戊午 七赤 | 4/16 先勝 |
| 13 | 木 | 己未 八白 | 4/17 友引 |
| 14 | 金 | 庚申 九紫 | 4/18 先負 |
| 15 | 土 | 辛酉 一白 | 4/19 仏滅 |
| 16 | 日 | 壬戌 二黒 | 4/20 大安 |
| 17 | 月 | 癸亥 三碧 | 4/21 赤口 |
| 18 | 火 | 甲子 四緑 | 4/22 先勝 |
| 19 | 水 | 乙丑 五黄 | 4/23 友引 |
| 20 | 木 | 丙寅 六白 | 4/24 先負 |
| 21 | 金 | 丁卯 七赤 | 4/25 仏滅 |
| 22 | 土 | 戊辰 八白 | 4/26 大安 |
| 23 | 日 | 己巳 九紫 | 4/27 赤口 |
| 24 | 月 | 庚午 一白 | 4/28 先勝 |
| 25 | 火 | 辛未 二黒 | 4/29 友引 |
| 26 | 水 | 壬申 三碧 | 5/1 大安 |
| 27 | 木 | 癸酉 四緑 | 5/2 赤口 |
| 28 | 金 | 甲戌 五黄 | 5/3 先勝 |
| 29 | 土 | 乙亥 六白 | 5/4 友引 |
| 30 | 日 | 丙子 七赤 | 5/5 先負 |
| 31 | 月 | 丁丑 八白 | 5/6 仏滅 |

## 6月
（壬午 七赤金星）

| | | | |
|---|---|---|---|
| 1 | 火 | 戊寅 九紫 | 5/7 大安 |
| 2 | 水 | 己卯 一白 | 5/8 赤口 |
| 3 | 木 | 庚辰 二黒 | 5/9 先勝 |
| 4 | 金 | 辛巳 三碧 | 5/10 友引 |
| 5 | 土 | 壬午 四緑 | 5/11 先負 |
| 6 | 日 | 癸未 五黄 | 5/12 仏滅 |
| 7 | 月 | 甲申 六白 | 5/13 大安 |
| 8 | 火 | 乙酉 七赤 | 5/14 赤口 |
| 9 | 水 | 丙戌 八白 | 5/15 先勝 |
| 10 | 木 | 丁亥 九紫 | 5/16 友引 |
| 11 | 金 | 戊子 一白 | 5/17 先負 |
| 12 | 土 | 己丑 二黒 | 5/18 仏滅 |
| 13 | 日 | 庚寅 三碧 | 5/19 大安 |
| 14 | 月 | 辛卯 四緑 | 5/20 赤口 |
| 15 | 火 | 壬辰 五黄 | 5/21 先勝 |
| 16 | 水 | 癸巳 六白 | 5/22 友引 |
| 17 | 木 | 甲午 七赤 | 5/23 先負 |
| 18 | 金 | 乙未 八白 | 5/24 仏滅 |
| 19 | 土 | 丙申 九紫 | 5/25 大安 |
| 20 | 日 | 丁酉 一白 | 5/26 赤口 |
| 21 | 月 | 戊戌 二黒 | 5/27 先勝 |
| 22 | 火 | 己亥 三碧 | 5/28 友引 |
| 23 | 水 | 庚子 四緑 | 5/29 先負 |
| 24 | 木 | 辛丑 五黄 | 5/30 仏滅 |
| 25 | 金 | 壬寅 六白 | 6/1 赤口 |
| 26 | 土 | 癸卯 七赤 | 6/2 先勝 |
| 27 | 日 | 甲辰 八白 | 6/3 友引 |
| 28 | 月 | 乙巳 九紫 | 6/4 先負 |
| 29 | 火 | 丙午 一白 | 6/5 仏滅 |
| 30 | 水 | 丁未 二黒 | 6/6 大安 |

## 7月
（癸未 六白金星）

| | | | |
|---|---|---|---|
| 1 | 木 | 戊申 三碧 | 6/7 赤口 |
| 2 | 金 | 己酉 四緑 | 6/8 先勝 |
| 3 | 土 | 庚戌 五黄 | 6/9 友引 |
| 4 | 日 | 辛亥 六白 | 6/10 先負 |
| 5 | 月 | 壬子 七赤 | 6/11 仏滅 |
| 6 | 火 | 癸丑 八白 | 6/12 大安 |
| 7 | 水 | 甲寅 九紫 | 6/13 赤口 |
| 8 | 木 | 乙卯 一白 | 6/14 先勝 |
| 9 | 金 | 丙辰 二黒 | 6/15 友引 |
| 10 | 土 | 丁巳 三碧 | 6/16 先負 |
| 11 | 日 | 戊午 四緑 | 6/17 仏滅 |
| 12 | 月 | 己未 五黄 | 6/18 大安 |
| 13 | 火 | 庚申 六白 | 6/19 赤口 |
| 14 | 水 | 辛酉 七赤 | 6/20 先勝 |
| 15 | 木 | 壬戌 八白 | 6/21 友引 |
| 16 | 金 | 癸亥 九紫 | 6/22 先負 |
| 17 | 土 | 甲子 九紫 | 6/23 仏滅 |
| 18 | 日 | 乙丑 八白 | 6/24 大安 |
| 19 | 月 | 丙寅 七赤 | 6/25 赤口 |
| 20 | 火 | 丁卯 六白 | 6/26 先勝 |
| 21 | 水 | 戊辰 五黄 | 6/27 友引 |
| 22 | 木 | 己巳 四緑 | 6/28 先負 |
| 23 | 金 | 庚午 三碧 | 6/29 仏滅 |
| 24 | 土 | 辛未 二黒 | 閏6/1 赤口 |
| 25 | 日 | 壬申 一白 | 閏6/2 先勝 |
| 26 | 月 | 癸酉 九紫 | 閏6/3 友引 |
| 27 | 火 | 甲戌 八白 | 閏6/4 先負 |
| 28 | 水 | 乙亥 七赤 | 閏6/5 仏滅 |
| 29 | 木 | 丙子 六白 | 閏6/6 大安 |
| 30 | 金 | 丁丑 五黄 | 閏6/7 赤口 |
| 31 | 土 | 戊寅 四緑 | 閏6/8 先勝 |

## 8月
（甲申 五黄土星）

| | | | |
|---|---|---|---|
| 1 | 日 | 己卯 三碧 | 閏6/9 友引 |
| 2 | 月 | 庚辰 二黒 | 閏6/10 先負 |
| 3 | 火 | 辛巳 一白 | 閏6/11 仏滅 |
| 4 | 水 | 壬午 九紫 | 閏6/12 大安 |
| 5 | 木 | 癸未 八白 | 閏6/13 赤口 |
| 6 | 金 | 甲申 七赤 | 閏6/14 先勝 |
| 7 | 土 | 乙酉 六白 | 閏6/15 友引 |
| 8 | 日 | 丙戌 五黄 | 閏6/16 先負 |
| 9 | 月 | 丁亥 四緑 | 閏6/17 仏滅 |
| 10 | 火 | 戊子 三碧 | 閏6/18 大安 |
| 11 | 水 | 己丑 二黒 | 閏6/19 赤口 |
| 12 | 木 | 庚寅 一白 | 閏6/20 先勝 |
| 13 | 金 | 辛卯 九紫 | 閏6/21 友引 |
| 14 | 土 | 壬辰 八白 | 閏6/22 先負 |
| 15 | 日 | 癸巳 七赤 | 閏6/23 仏滅 |
| 16 | 月 | 甲午 六白 | 閏6/24 大安 |
| 17 | 火 | 乙未 五黄 | 閏6/25 赤口 |
| 18 | 水 | 丙申 四緑 | 閏6/26 先勝 |
| 19 | 木 | 丁酉 三碧 | 閏6/27 友引 |
| 20 | 金 | 戊戌 二黒 | 閏6/28 先負 |
| 21 | 土 | 己亥 一白 | 閏6/29 仏滅 |
| 22 | 日 | 庚子 九紫 | 閏6/30 大安 |
| 23 | 月 | 辛丑 八白 | 7/1 先勝 |
| 24 | 火 | 壬寅 七赤 | 7/2 友引 |
| 25 | 水 | 癸卯 六白 | 7/3 先負 |
| 26 | 木 | 甲辰 五黄 | 7/4 仏滅 |
| 27 | 金 | 乙巳 四緑 | 7/5 大安 |
| 28 | 土 | 丙午 三碧 | 7/6 赤口 |
| 29 | 日 | 丁未 二黒 | 7/7 先勝 |
| 30 | 月 | 戊申 一白 | 7/8 友引 |
| 31 | 火 | 己酉 九紫 | 7/9 先負 |

**5月**

5. 2 [雑] 八十八夜
5. 5 [節] 立夏
5.21 [節] 小満

**6月**

6. 6 [節] 芒種
6.11 [雑] 入梅
6.21 [節] 夏至

**7月**

7. 2 [雑] 半夏生
7. 7 [節] 小暑
7.20 [雑] 土用
7.23 [節] 大暑

**8月**

8. 7 [節] 立秋
8.23 [節] 処暑

2055年

## 9月
（乙酉 四緑木星）

| | | | |
|---|---|---|---|
| 1 | 水 | 庚戌 八白 | 7/10 仏滅 |
| 2 | 木 | 辛亥 七赤 | 7/11 大安 |
| 3 | 金 | 壬子 六白 | 7/12 赤口 |
| 4 | 土 | 癸丑 五黄 | 7/13 先勝 |
| 5 | 日 | 甲寅 四緑 | 7/14 友引 |
| 6 | 月 | 乙卯 三碧 | 7/15 先負 |
| 7 | 火 | 丙辰 二黒 | 7/16 仏滅 |
| 8 | 水 | 丁巳 一白 | 7/17 大安 |
| 9 | 木 | 戊午 九紫 | 7/18 赤口 |
| 10 | 金 | 己未 八白 | 7/19 先勝 |
| 11 | 土 | 庚申 七赤 | 7/20 友引 |
| 12 | 日 | 辛酉 六白 | 7/21 先負 |
| 13 | 月 | 壬戌 五黄 | 7/22 仏滅 |
| 14 | 火 | 癸亥 四緑 | 7/23 大安 |
| 15 | 水 | 甲子 三碧 | 7/24 赤口 |
| 16 | 木 | 乙丑 二黒 | 7/25 先勝 |
| 17 | 金 | 丙寅 一白 | 7/26 友引 |
| 18 | 土 | 丁卯 九紫 | 7/27 先負 |
| 19 | 日 | 戊辰 八白 | 7/28 仏滅 |
| 20 | 月 | 己巳 七赤 | 7/29 大安 |
| 21 | 火 | 庚午 六白 | 8/1 友引 |
| 22 | 水 | 辛未 五黄 | 8/2 先負 |
| 23 | 木 | 壬申 四緑 | 8/3 仏滅 |
| 24 | 金 | 癸酉 三碧 | 8/4 大安 |
| 25 | 土 | 甲戌 二黒 | 8/5 赤口 |
| 26 | 日 | 乙亥 一白 | 8/6 先勝 |
| 27 | 月 | 丙子 九紫 | 8/7 友引 |
| 28 | 火 | 丁丑 八白 | 8/8 先負 |
| 29 | 水 | 戊寅 七赤 | 8/9 仏滅 |
| 30 | 木 | 己卯 六白 | 8/10 大安 |

## 10月
（丙戌 三碧木星）

| | | | |
|---|---|---|---|
| 1 | 金 | 庚辰 五黄 | 8/11 赤口 |
| 2 | 土 | 辛巳 四緑 | 8/12 先勝 |
| 3 | 日 | 壬午 三碧 | 8/13 友引 |
| 4 | 月 | 癸未 二黒 | 8/14 先負 |
| 5 | 火 | 甲申 一白 | 8/15 仏滅 |
| 6 | 水 | 乙酉 九紫 | 8/16 大安 |
| 7 | 木 | 丙戌 八白 | 8/17 赤口 |
| 8 | 金 | 丁亥 七赤 | 8/18 先勝 |
| 9 | 土 | 戊子 六白 | 8/19 友引 |
| 10 | 日 | 己丑 五黄 | 8/20 先負 |
| 11 | 月 | 庚寅 四緑 | 8/21 仏滅 |
| 12 | 火 | 辛卯 三碧 | 8/22 大安 |
| 13 | 水 | 壬辰 二黒 | 8/23 赤口 |
| 14 | 木 | 癸巳 一白 | 8/24 先勝 |
| 15 | 金 | 甲午 九紫 | 8/25 友引 |
| 16 | 土 | 乙未 八白 | 8/26 先負 |
| 17 | 日 | 丙申 七赤 | 8/27 仏滅 |
| 18 | 月 | 丁酉 六白 | 8/28 大安 |
| 19 | 火 | 戊戌 五黄 | 8/29 赤口 |
| 20 | 水 | 己亥 四緑 | 9/1 先負 |
| 21 | 木 | 庚子 三碧 | 9/2 仏滅 |
| 22 | 金 | 辛丑 二黒 | 9/3 大安 |
| 23 | 土 | 壬寅 一白 | 9/4 赤口 |
| 24 | 日 | 癸卯 九紫 | 9/5 先勝 |
| 25 | 月 | 甲辰 八白 | 9/6 友引 |
| 26 | 火 | 乙巳 七赤 | 9/7 先負 |
| 27 | 水 | 丙午 六白 | 9/8 仏滅 |
| 28 | 木 | 丁未 五黄 | 9/9 大安 |
| 29 | 金 | 戊申 四緑 | 9/10 赤口 |
| 30 | 土 | 己酉 三碧 | 9/11 先勝 |
| 31 | 日 | 庚戌 二黒 | 9/12 友引 |

## 11月
（丁亥 二黒土星）

| | | | |
|---|---|---|---|
| 1 | 月 | 辛亥 一白 | 9/13 先負 |
| 2 | 火 | 壬子 九紫 | 9/14 仏滅 |
| 3 | 水 | 癸丑 八白 | 9/15 大安 |
| 4 | 木 | 甲寅 七赤 | 9/16 赤口 |
| 5 | 金 | 乙卯 六白 | 9/17 先勝 |
| 6 | 土 | 丙辰 五黄 | 9/18 友引 |
| 7 | 日 | 丁巳 四緑 | 9/19 先負 |
| 8 | 月 | 戊午 三碧 | 9/20 仏滅 |
| 9 | 火 | 己未 二黒 | 9/21 大安 |
| 10 | 水 | 庚申 一白 | 9/22 赤口 |
| 11 | 木 | 辛酉 九紫 | 9/23 先勝 |
| 12 | 金 | 壬戌 八白 | 9/24 友引 |
| 13 | 土 | 癸亥 七赤 | 9/25 先負 |
| 14 | 日 | 甲子 六白 | 9/26 仏滅 |
| 15 | 月 | 乙丑 五黄 | 9/27 大安 |
| 16 | 火 | 丙寅 四緑 | 9/28 赤口 |
| 17 | 水 | 丁卯 三碧 | 9/29 先勝 |
| 18 | 木 | 戊辰 二黒 | 9/30 友引 |
| 19 | 金 | 己巳 一白 | 10/1 仏滅 |
| 20 | 土 | 庚午 九紫 | 10/2 大安 |
| 21 | 日 | 辛未 八白 | 10/3 赤口 |
| 22 | 月 | 壬申 七赤 | 10/4 先勝 |
| 23 | 火 | 癸酉 六白 | 10/5 友引 |
| 24 | 水 | 甲戌 五黄 | 10/6 先負 |
| 25 | 木 | 乙亥 四緑 | 10/7 仏滅 |
| 26 | 金 | 丙子 三碧 | 10/8 大安 |
| 27 | 土 | 丁丑 二黒 | 10/9 赤口 |
| 28 | 日 | 戊寅 一白 | 10/10 先勝 |
| 29 | 月 | 己卯 九紫 | 10/11 友引 |
| 30 | 火 | 庚辰 八白 | 10/12 先負 |

## 12月
（戊子 一白水星）

| | | | |
|---|---|---|---|
| 1 | 水 | 辛巳 七赤 | 10/13 仏滅 |
| 2 | 木 | 壬午 六白 | 10/14 大安 |
| 3 | 金 | 癸未 五黄 | 10/15 赤口 |
| 4 | 土 | 甲申 四緑 | 10/16 先勝 |
| 5 | 日 | 乙酉 三碧 | 10/17 友引 |
| 6 | 月 | 丙戌 二黒 | 10/18 先負 |
| 7 | 火 | 丁亥 一白 | 10/19 仏滅 |
| 8 | 水 | 戊子 九紫 | 10/20 大安 |
| 9 | 木 | 己丑 八白 | 10/21 赤口 |
| 10 | 金 | 庚寅 七赤 | 10/22 先勝 |
| 11 | 土 | 辛卯 六白 | 10/23 友引 |
| 12 | 日 | 壬辰 五黄 | 10/24 先負 |
| 13 | 月 | 癸巳 四緑 | 10/25 仏滅 |
| 14 | 火 | 甲午 三碧 | 10/26 大安 |
| 15 | 水 | 乙未 二黒 | 10/27 赤口 |
| 16 | 木 | 丙申 一白 | 10/28 先勝 |
| 17 | 金 | 丁酉 九紫 | 10/29 友引 |
| 18 | 土 | 戊戌 八白 | 11/1 大安 |
| 19 | 日 | 己亥 七赤 | 11/2 赤口 |
| 20 | 月 | 庚子 六白 | 11/3 先勝 |
| 21 | 火 | 辛丑 五黄 | 11/4 友引 |
| 22 | 水 | 壬寅 四緑 | 11/5 先負 |
| 23 | 木 | 癸卯 三碧 | 11/6 仏滅 |
| 24 | 金 | 甲辰 二黒 | 11/7 大安 |
| 25 | 土 | 乙巳 一白 | 11/8 赤口 |
| 26 | 日 | 丙午 九紫 | 11/9 先勝 |
| 27 | 月 | 丁未 八白 | 11/10 友引 |
| 28 | 火 | 戊申 七赤 | 11/11 先負 |
| 29 | 水 | 己酉 六白 | 11/12 仏滅 |
| 30 | 木 | 庚戌 五黄 | 11/13 大安 |
| 31 | 金 | 辛亥 四緑 | 11/14 赤口 |

**9月**

9. 1［雑］二百十日
9. 8［節］白露
9.19［雑］社日
9.20［雑］彼岸
9.23［節］秋分

**10月**

10. 8［節］寒露
10.20［雑］土用
10.23［節］霜降

**11月**

11. 7［節］立冬
11.22［節］小雪

**12月**

12. 7［節］大雪
12.22［節］冬至

# 2056

明治 189 年
大正 145 年
昭和 131 年
平成 68 年

丙子（ひのえね）
七赤金星

生誕・年忌など

**1.27** W. モーツァルト生誕 300 年
**1.31** A.A. ミルン没後 100 年
**2. 9** 原敬生誕 200 年
**2.17** H. ハイネ没後 200 年
**2.25** フルシチョフのスターリン批判 100 年
**3.16** イレーヌ・ジョリオ・キュリー没後 100 年
**3.30** クリミア戦争終結 200 年
**4. 2** 高村光太郎没後 100 年
**5. 6** S. フロイト生誕 200 年
**6.16** 楊貴妃没後 1300 年
**7.11** 保元の乱 900 年
**7.26** バーナード・ショー生誕 200 年
**7.29** R. シューマン没後 200 年
**7.31** イグナティウス・デ・ロヨラ没後 500 年
**8.24** 溝口健二没後 100 年
**8.29** 七年戦争勃発 300 年
**9. —** 吉田松陰「松下村塾」創設 200 年
**10. 8** アロー号事件 200 年
**10.13** 第二次砂川闘争 100 年
**10.19** 日ソ共同宣言 100 年
**10.20** 二宮尊徳没後 200 年
**10.23** ハンガリー動乱勃発 100 年
**10.29** スエズ動乱 (第二次中東戦争) 勃発 100 年
**12.18** 日本の国連加盟 100 年
この年 司馬遷生誕 2200 年
安史の乱 1300 年
生田検校生誕 400 年
水俣病発見 100 年

## 2056年

### 1月
（己丑 九紫火星）

| | | | |
|---|---|---|---|
| 1 | 土 | 壬子 三碧 | 11/15 先勝 |
| 2 | 日 | 癸丑 二黒 | 11/16 友引 |
| 3 | 月 | 甲寅 一白 | 11/17 先負 |
| 4 | 火 | 乙卯 九紫 | 11/18 仏滅 |
| 5 | 水 | 丙辰 八白 | 11/19 大安 |
| 6 | 木 | 丁巳 七赤 | 11/20 赤口 |
| 7 | 金 | 戊午 六白 | 11/21 先勝 |
| 8 | 土 | 己未 五黄 | 11/22 友引 |
| 9 | 日 | 庚申 四緑 | 11/23 先負 |
| 10 | 月 | 辛酉 三碧 | 11/24 仏滅 |
| 11 | 火 | 壬戌 二黒 | 11/25 大安 |
| 12 | 水 | 癸亥 一白 | 11/26 赤口 |
| 13 | 木 | 甲子 一白 | 11/27 先勝 |
| 14 | 金 | 乙丑 二黒 | 11/28 友引 |
| 15 | 土 | 丙寅 三碧 | 11/29 先負 |
| 16 | 日 | 丁卯 四緑 | 11/30 仏滅 |
| 17 | 月 | 戊辰 五黄 | 12/1 赤口 |
| 18 | 火 | 己巳 六白 | 12/2 先勝 |
| 19 | 水 | 庚午 七赤 | 12/3 友引 |
| 20 | 木 | 辛未 八白 | 12/4 先負 |
| 21 | 金 | 壬申 九紫 | 12/5 仏滅 |
| 22 | 土 | 癸酉 一白 | 12/6 大安 |
| 23 | 日 | 甲戌 二黒 | 12/7 赤口 |
| 24 | 月 | 乙亥 三碧 | 12/8 先勝 |
| 25 | 火 | 丙子 四緑 | 12/9 友引 |
| 26 | 水 | 丁丑 五黄 | 12/10 先負 |
| 27 | 木 | 戊寅 六白 | 12/11 仏滅 |
| 28 | 金 | 己卯 七赤 | 12/12 大安 |
| 29 | 土 | 庚辰 八白 | 12/13 赤口 |
| 30 | 日 | 辛巳 九紫 | 12/14 先勝 |
| 31 | 月 | 壬午 一白 | 12/15 友引 |

### 2月
（庚寅 八白土星）

| | | | |
|---|---|---|---|
| 1 | 火 | 癸未 二黒 | 12/16 先負 |
| 2 | 水 | 甲申 三碧 | 12/17 仏滅 |
| 3 | 木 | 乙酉 四緑 | 12/18 大安 |
| 4 | 金 | 丙戌 五黄 | 12/19 赤口 |
| 5 | 土 | 丁亥 六白 | 12/20 先勝 |
| 6 | 日 | 戊子 七赤 | 12/21 友引 |
| 7 | 月 | 己丑 八白 | 12/22 先負 |
| 8 | 火 | 庚寅 九紫 | 12/23 仏滅 |
| 9 | 水 | 辛卯 一白 | 12/24 大安 |
| 10 | 木 | 壬辰 二黒 | 12/25 赤口 |
| 11 | 金 | 癸巳 三碧 | 12/26 先勝 |
| 12 | 土 | 甲午 四緑 | 12/27 友引 |
| 13 | 日 | 乙未 五黄 | 12/28 先負 |
| 14 | 月 | 丙申 六白 | 12/29 仏滅 |
| 15 | 火 | 丁酉 七赤 | 1/1 先勝 |
| 16 | 水 | 戊戌 八白 | 1/2 友引 |
| 17 | 木 | 己亥 九紫 | 1/3 先負 |
| 18 | 金 | 庚子 一白 | 1/4 仏滅 |
| 19 | 土 | 辛丑 二黒 | 1/5 大安 |
| 20 | 日 | 壬寅 三碧 | 1/6 赤口 |
| 21 | 月 | 癸卯 四緑 | 1/7 先勝 |
| 22 | 火 | 甲辰 五黄 | 1/8 友引 |
| 23 | 水 | 乙巳 六白 | 1/9 先負 |
| 24 | 木 | 丙午 七赤 | 1/10 仏滅 |
| 25 | 金 | 丁未 八白 | 1/11 大安 |
| 26 | 土 | 戊申 九紫 | 1/12 赤口 |
| 27 | 日 | 己酉 一白 | 1/13 先勝 |
| 28 | 月 | 庚戌 二黒 | 1/14 友引 |
| 29 | 火 | 辛亥 三碧 | 1/15 先負 |

### 3月
（辛卯 七赤金星）

| | | | |
|---|---|---|---|
| 1 | 水 | 壬子 四緑 | 1/16 仏滅 |
| 2 | 木 | 癸丑 五黄 | 1/17 大安 |
| 3 | 金 | 甲寅 六白 | 1/18 赤口 |
| 4 | 土 | 乙卯 七赤 | 1/19 先勝 |
| 5 | 日 | 丙辰 八白 | 1/20 友引 |
| 6 | 月 | 丁巳 九紫 | 1/21 先負 |
| 7 | 火 | 戊午 一白 | 1/22 仏滅 |
| 8 | 水 | 己未 二黒 | 1/23 大安 |
| 9 | 木 | 庚申 三碧 | 1/24 赤口 |
| 10 | 金 | 辛酉 四緑 | 1/25 先勝 |
| 11 | 土 | 壬戌 五黄 | 1/26 友引 |
| 12 | 日 | 癸亥 六白 | 1/27 先負 |
| 13 | 月 | 甲子 七赤 | 1/28 仏滅 |
| 14 | 火 | 乙丑 八白 | 1/29 大安 |
| 15 | 水 | 丙寅 九紫 | 1/30 赤口 |
| 16 | 木 | 丁卯 一白 | 2/1 友引 |
| 17 | 金 | 戊辰 二黒 | 2/2 先負 |
| 18 | 土 | 己巳 三碧 | 2/3 仏滅 |
| 19 | 日 | 庚午 四緑 | 2/4 大安 |
| 20 | 月 | 辛未 五黄 | 2/5 赤口 |
| 21 | 火 | 壬申 六白 | 2/6 先勝 |
| 22 | 水 | 癸酉 七赤 | 2/7 友引 |
| 23 | 木 | 甲戌 八白 | 2/8 先負 |
| 24 | 金 | 乙亥 九紫 | 2/9 仏滅 |
| 25 | 土 | 丙子 一白 | 2/10 大安 |
| 26 | 日 | 丁丑 二黒 | 2/11 赤口 |
| 27 | 月 | 戊寅 三碧 | 2/12 先勝 |
| 28 | 火 | 己卯 四緑 | 2/13 友引 |
| 29 | 水 | 庚辰 五黄 | 2/14 先負 |
| 30 | 木 | 辛巳 六白 | 2/15 仏滅 |
| 31 | 金 | 壬午 七赤 | 2/16 大安 |

### 4月
（壬辰 六白金星）

| | | | |
|---|---|---|---|
| 1 | 土 | 癸未 八白 | 2/17 赤口 |
| 2 | 日 | 甲申 九紫 | 2/18 先勝 |
| 3 | 月 | 乙酉 一白 | 2/19 友引 |
| 4 | 火 | 丙戌 二黒 | 2/20 先負 |
| 5 | 水 | 丁亥 三碧 | 2/21 仏滅 |
| 6 | 木 | 戊子 四緑 | 2/22 大安 |
| 7 | 金 | 己丑 五黄 | 2/23 赤口 |
| 8 | 土 | 庚寅 六白 | 2/24 先勝 |
| 9 | 日 | 辛卯 七赤 | 2/25 友引 |
| 10 | 月 | 壬辰 八白 | 2/26 先負 |
| 11 | 火 | 癸巳 九紫 | 2/27 仏滅 |
| 12 | 水 | 甲午 一白 | 2/28 大安 |
| 13 | 木 | 乙未 二黒 | 2/29 赤口 |
| 14 | 金 | 丙申 三碧 | 2/30 先勝 |
| 15 | 土 | 丁酉 四緑 | 3/1 先負 |
| 16 | 日 | 戊戌 五黄 | 3/2 仏滅 |
| 17 | 月 | 己亥 六白 | 3/3 大安 |
| 18 | 火 | 庚子 七赤 | 3/4 赤口 |
| 19 | 水 | 辛丑 八白 | 3/5 先勝 |
| 20 | 木 | 壬寅 九紫 | 3/6 友引 |
| 21 | 金 | 癸卯 一白 | 3/7 先負 |
| 22 | 土 | 甲辰 二黒 | 3/8 仏滅 |
| 23 | 日 | 乙巳 三碧 | 3/9 大安 |
| 24 | 月 | 丙午 四緑 | 3/10 赤口 |
| 25 | 火 | 丁未 五黄 | 3/11 先勝 |
| 26 | 水 | 戊申 六白 | 3/12 友引 |
| 27 | 木 | 己酉 七赤 | 3/13 先負 |
| 28 | 金 | 庚戌 八白 | 3/14 仏滅 |
| 29 | 土 | 辛亥 九紫 | 3/15 大安 |
| 30 | 日 | 壬子 一白 | 3/16 赤口 |

**1月**

1. 6［節］小寒
1.17［雑］土用
1.20［節］大寒

**2月**

2. 3［雑］節分
2. 4［節］立春
2.19［節］雨水

**3月**

3. 5［節］啓蟄
3.17［雑］彼岸
3.17［雑］社日
3.20［節］春分

**4月**

4. 4［節］清明
4.16［雑］土用
4.19［節］穀雨

## 5月
（癸巳 五黄土星）

| | | | |
|---|---|---|---|
| 1 | 月 | 癸丑 二黒 | 3/17 先勝 |
| 2 | 火 | 甲寅 三碧 | 3/18 友引 |
| 3 | 水 | 乙卯 四緑 | 3/19 先負 |
| 4 | 木 | 丙辰 五黄 | 3/20 仏滅 |
| 5 | 金 | 丁巳 六白 | 3/21 大安 |
| 6 | 土 | 戊午 七赤 | 3/22 赤口 |
| 7 | 日 | 己未 八白 | 3/23 先勝 |
| 8 | 月 | 庚申 九紫 | 3/24 友引 |
| 9 | 火 | 辛酉 一白 | 3/25 先負 |
| 10 | 水 | 壬戌 二黒 | 3/26 仏滅 |
| 11 | 木 | 癸亥 三碧 | 3/27 大安 |
| 12 | 金 | 甲子 四緑 | 3/28 赤口 |
| 13 | 土 | 乙丑 五黄 | 3/29 先勝 |
| 14 | 日 | 丙寅 六白 | 3/30 友引 |
| 15 | 月 | 丁卯 七赤 | 4/1 仏滅 |
| 16 | 火 | 戊辰 八白 | 4/2 大安 |
| 17 | 水 | 己巳 九紫 | 4/3 赤口 |
| 18 | 木 | 庚午 一白 | 4/4 先勝 |
| 19 | 金 | 辛未 二黒 | 4/5 友引 |
| 20 | 土 | 壬申 三碧 | 4/6 先負 |
| 21 | 日 | 癸酉 四緑 | 4/7 仏滅 |
| 22 | 月 | 甲戌 五黄 | 4/8 大安 |
| 23 | 火 | 乙亥 六白 | 4/9 赤口 |
| 24 | 水 | 丙子 七赤 | 4/10 先勝 |
| 25 | 木 | 丁丑 八白 | 4/11 友引 |
| 26 | 金 | 戊寅 九紫 | 4/12 先負 |
| 27 | 土 | 己卯 一白 | 4/13 仏滅 |
| 28 | 日 | 庚辰 二黒 | 4/14 大安 |
| 29 | 月 | 辛巳 三碧 | 4/15 赤口 |
| 30 | 火 | 壬午 四緑 | 4/16 先勝 |
| 31 | 水 | 癸未 五黄 | 4/17 友引 |

**5月**

5. 1［雑］八十八夜
5. 5［節］立夏
5.20［節］小満

## 6月
（甲午 四緑木星）

| | | | |
|---|---|---|---|
| 1 | 木 | 甲申 六白 | 4/18 先負 |
| 2 | 金 | 乙酉 七赤 | 4/19 仏滅 |
| 3 | 土 | 丙戌 八白 | 4/20 大安 |
| 4 | 日 | 丁亥 九紫 | 4/21 赤口 |
| 5 | 月 | 戊子 一白 | 4/22 先勝 |
| 6 | 火 | 己丑 二黒 | 4/23 友引 |
| 7 | 水 | 庚寅 三碧 | 4/24 先負 |
| 8 | 木 | 辛卯 四緑 | 4/25 仏滅 |
| 9 | 金 | 壬辰 五黄 | 4/26 大安 |
| 10 | 土 | 癸巳 六白 | 4/27 赤口 |
| 11 | 日 | 甲午 七赤 | 4/28 先勝 |
| 12 | 月 | 乙未 八白 | 4/29 友引 |
| 13 | 火 | 丙申 九紫 | 5/1 大安 |
| 14 | 水 | 丁酉 一白 | 5/2 赤口 |
| 15 | 木 | 戊戌 二黒 | 5/3 先勝 |
| 16 | 金 | 己亥 三碧 | 5/4 友引 |
| 17 | 土 | 庚子 四緑 | 5/5 先負 |
| 18 | 日 | 辛丑 五黄 | 5/6 仏滅 |
| 19 | 月 | 壬寅 六白 | 5/7 大安 |
| 20 | 火 | 癸卯 七赤 | 5/8 赤口 |
| 21 | 水 | 甲辰 八白 | 5/9 先勝 |
| 22 | 木 | 乙巳 九紫 | 5/10 友引 |
| 23 | 金 | 丙午 一白 | 5/11 先負 |
| 24 | 土 | 丁未 二黒 | 5/12 仏滅 |
| 25 | 日 | 戊申 三碧 | 5/13 大安 |
| 26 | 月 | 己酉 四緑 | 5/14 赤口 |
| 27 | 火 | 庚戌 五黄 | 5/15 先勝 |
| 28 | 水 | 辛亥 六白 | 5/16 友引 |
| 29 | 木 | 壬子 七赤 | 5/17 先負 |
| 30 | 金 | 癸丑 八白 | 5/18 仏滅 |

**6月**

6. 5［節］芒種
6.10［雑］入梅
6.20［節］夏至

## 7月
（乙未 三碧木星）

| | | | |
|---|---|---|---|
| 1 | 土 | 甲寅 九紫 | 5/19 大安 |
| 2 | 日 | 乙卯 一白 | 5/20 赤口 |
| 3 | 月 | 丙辰 二黒 | 5/21 先勝 |
| 4 | 火 | 丁巳 三碧 | 5/22 友引 |
| 5 | 水 | 戊午 四緑 | 5/23 先負 |
| 6 | 木 | 己未 五黄 | 5/24 仏滅 |
| 7 | 金 | 庚申 六白 | 5/25 大安 |
| 8 | 土 | 辛酉 七赤 | 5/26 赤口 |
| 9 | 日 | 壬戌 八白 | 5/27 先勝 |
| 10 | 月 | 癸亥 九紫 | 5/28 友引 |
| 11 | 火 | 甲子 九紫 | 5/29 先負 |
| 12 | 水 | 乙丑 八白 | 5/30 仏滅 |
| 13 | 木 | 丙寅 七赤 | 6/1 赤口 |
| 14 | 金 | 丁卯 六白 | 6/2 先勝 |
| 15 | 土 | 戊辰 五黄 | 6/3 友引 |
| 16 | 日 | 己巳 四緑 | 6/4 先負 |
| 17 | 月 | 庚午 三碧 | 6/5 仏滅 |
| 18 | 火 | 辛未 二黒 | 6/6 大安 |
| 19 | 水 | 壬申 一白 | 6/7 赤口 |
| 20 | 木 | 癸酉 九紫 | 6/8 先勝 |
| 21 | 金 | 甲戌 八白 | 6/9 友引 |
| 22 | 土 | 乙亥 七赤 | 6/10 先負 |
| 23 | 日 | 丙子 六白 | 6/11 仏滅 |
| 24 | 月 | 丁丑 五黄 | 6/12 大安 |
| 25 | 火 | 戊寅 四緑 | 6/13 赤口 |
| 26 | 水 | 己卯 三碧 | 6/14 先勝 |
| 27 | 木 | 庚辰 二黒 | 6/15 友引 |
| 28 | 金 | 辛巳 一白 | 6/16 先負 |
| 29 | 土 | 壬午 九紫 | 6/17 仏滅 |
| 30 | 日 | 癸未 八白 | 6/18 大安 |
| 31 | 月 | 甲申 七赤 | 6/19 赤口 |

**7月**

7. 1［雑］半夏生
7. 6［節］小暑
7.19［雑］土用
7.22［節］大暑

## 8月
（丙申 二黒土星）

| | | | |
|---|---|---|---|
| 1 | 火 | 乙酉 六白 | 6/20 先勝 |
| 2 | 水 | 丙戌 五黄 | 6/21 友引 |
| 3 | 木 | 丁亥 四緑 | 6/22 先負 |
| 4 | 金 | 戊子 三碧 | 6/23 仏滅 |
| 5 | 土 | 己丑 二黒 | 6/24 大安 |
| 6 | 日 | 庚寅 一白 | 6/25 赤口 |
| 7 | 月 | 辛卯 九紫 | 6/26 先勝 |
| 8 | 火 | 壬辰 八白 | 6/27 友引 |
| 9 | 水 | 癸巳 七赤 | 6/28 先負 |
| 10 | 木 | 甲午 六白 | 6/29 仏滅 |
| 11 | 金 | 乙未 五黄 | 7/1 先勝 |
| 12 | 土 | 丙申 四緑 | 7/2 友引 |
| 13 | 日 | 丁酉 三碧 | 7/3 先負 |
| 14 | 月 | 戊戌 二黒 | 7/4 仏滅 |
| 15 | 火 | 己亥 一白 | 7/5 大安 |
| 16 | 水 | 庚子 九紫 | 7/6 赤口 |
| 17 | 木 | 辛丑 八白 | 7/7 先勝 |
| 18 | 金 | 壬寅 七赤 | 7/8 友引 |
| 19 | 土 | 癸卯 六白 | 7/9 先負 |
| 20 | 日 | 甲辰 五黄 | 7/10 仏滅 |
| 21 | 月 | 乙巳 四緑 | 7/11 大安 |
| 22 | 火 | 丙午 三碧 | 7/12 赤口 |
| 23 | 水 | 丁未 二黒 | 7/13 先勝 |
| 24 | 木 | 戊申 一白 | 7/14 友引 |
| 25 | 金 | 己酉 九紫 | 7/15 先負 |
| 26 | 土 | 庚戌 八白 | 7/16 仏滅 |
| 27 | 日 | 辛亥 七赤 | 7/17 大安 |
| 28 | 月 | 壬子 六白 | 7/18 赤口 |
| 29 | 火 | 癸丑 五黄 | 7/19 先勝 |
| 30 | 水 | 甲寅 四緑 | 7/20 友引 |
| 31 | 木 | 乙卯 三碧 | 7/21 先負 |

**8月**

8. 7［節］立秋
8.22［節］処暑
8.31［雑］二百十日

## 9 月
（丁酉 一白水星）

| | |
|---|---|
| 1 金 | 丙辰 二黒 7/22 仏滅 |
| 2 土 | 丁巳 一白 7/23 大安 |
| 3 日 | 戊午 九紫 7/24 赤口 |
| 4 月 | 己未 八白 7/25 先勝 |
| 5 火 | 庚申 七赤 7/26 友引 |
| 6 水 | 辛酉 六白 7/27 先負 |
| 7 木 | 壬戌 五黄 7/28 仏滅 |
| 8 金 | 癸亥 四緑 7/29 大安 |
| 9 土 | 甲子 三碧 7/30 赤口 |
| 10 日 | 乙丑 二黒 8/1 友引 |
| 11 月 | 丙寅 一白 8/2 先負 |
| 12 火 | 丁卯 九紫 8/3 仏滅 |
| 13 水 | 戊辰 八白 8/4 大安 |
| 14 木 | 己巳 七赤 8/5 赤口 |
| 15 金 | 庚午 六白 8/6 先勝 |
| 16 土 | 辛未 五黄 8/7 友引 |
| 17 日 | 壬申 四緑 8/8 先負 |
| 18 月 | 癸酉 三碧 8/9 仏滅 |
| 19 火 | 甲戌 二黒 8/10 大安 |
| 20 水 | 乙亥 一白 8/11 赤口 |
| 21 木 | 丙子 九紫 8/12 先勝 |
| 22 金 | 丁丑 八白 8/13 友引 |
| 23 土 | 戊寅 七赤 8/14 先負 |
| 24 日 | 己卯 六白 8/15 仏滅 |
| 25 月 | 庚辰 五黄 8/16 大安 |
| 26 火 | 辛巳 四緑 8/17 赤口 |
| 27 水 | 壬午 三碧 8/18 先勝 |
| 28 木 | 癸未 二黒 8/19 友引 |
| 29 金 | 甲申 一白 8/20 先負 |
| 30 土 | 乙酉 九紫 8/21 仏滅 |

## 10 月
（戊戌 九紫火星）

| | |
|---|---|
| 1 日 | 丙戌 八白 8/22 大安 |
| 2 月 | 丁亥 七赤 8/23 赤口 |
| 3 火 | 戊子 六白 8/24 先勝 |
| 4 水 | 己丑 五黄 8/25 友引 |
| 5 木 | 庚寅 四緑 8/26 先負 |
| 6 金 | 辛卯 三碧 8/27 仏滅 |
| 7 土 | 壬辰 二黒 8/28 大安 |
| 8 日 | 癸巳 一白 8/29 赤口 |
| 9 月 | 甲午 九紫 9/1 先負 |
| 10 火 | 乙未 八白 9/2 仏滅 |
| 11 水 | 丙申 七赤 9/3 大安 |
| 12 木 | 丁酉 六白 9/4 赤口 |
| 13 金 | 戊戌 五黄 9/5 先勝 |
| 14 土 | 己亥 四緑 9/6 友引 |
| 15 日 | 庚子 三碧 9/7 先負 |
| 16 月 | 辛丑 二黒 9/8 仏滅 |
| 17 火 | 壬寅 一白 9/9 大安 |
| 18 水 | 癸卯 九紫 9/10 赤口 |
| 19 木 | 甲辰 八白 9/11 先勝 |
| 20 金 | 乙巳 七赤 9/12 友引 |
| 21 土 | 丙午 六白 9/13 先負 |
| 22 日 | 丁未 五黄 9/14 仏滅 |
| 23 月 | 戊申 四緑 9/15 大安 |
| 24 火 | 己酉 三碧 9/16 赤口 |
| 25 水 | 庚戌 二黒 9/17 先勝 |
| 26 木 | 辛亥 一白 9/18 友引 |
| 27 金 | 壬子 九紫 9/19 先負 |
| 28 土 | 癸丑 八白 9/20 仏滅 |
| 29 日 | 甲寅 七赤 9/21 大安 |
| 30 月 | 乙卯 六白 9/22 赤口 |
| 31 火 | 丙辰 五黄 9/23 先勝 |

## 11 月
（己亥 八白土星）

| | |
|---|---|
| 1 水 | 丁巳 四緑 9/24 友引 |
| 2 木 | 戊午 三碧 9/25 先負 |
| 3 金 | 己未 二黒 9/26 仏滅 |
| 4 土 | 庚申 一白 9/27 大安 |
| 5 日 | 辛酉 九紫 9/28 赤口 |
| 6 月 | 壬戌 八白 9/29 先勝 |
| 7 火 | 癸亥 七赤 10/1 仏滅 |
| 8 水 | 甲子 六白 10/2 大安 |
| 9 木 | 乙丑 五黄 10/3 赤口 |
| 10 金 | 丙寅 四緑 10/4 先勝 |
| 11 土 | 丁卯 三碧 10/5 友引 |
| 12 日 | 戊辰 二黒 10/6 先負 |
| 13 月 | 己巳 一白 10/7 仏滅 |
| 14 火 | 庚午 九紫 10/8 大安 |
| 15 水 | 辛未 八白 10/9 赤口 |
| 16 木 | 壬申 七赤 10/10 先勝 |
| 17 金 | 癸酉 六白 10/11 友引 |
| 18 土 | 甲戌 五黄 10/12 先負 |
| 19 日 | 乙亥 四緑 10/13 仏滅 |
| 20 月 | 丙子 三碧 10/14 大安 |
| 21 火 | 丁丑 二黒 10/15 赤口 |
| 22 水 | 戊寅 一白 10/16 先勝 |
| 23 木 | 己卯 九紫 10/17 友引 |
| 24 金 | 庚辰 八白 10/18 先負 |
| 25 土 | 辛巳 七赤 10/19 仏滅 |
| 26 日 | 壬午 六白 10/20 大安 |
| 27 月 | 癸未 五黄 10/21 赤口 |
| 28 火 | 甲申 四緑 10/22 先勝 |
| 29 水 | 乙酉 三碧 10/23 友引 |
| 30 木 | 丙戌 二黒 10/24 先負 |

## 12 月
（庚子 七赤金星）

| | |
|---|---|
| 1 金 | 丁亥 一白 10/25 仏滅 |
| 2 土 | 戊子 九紫 10/26 大安 |
| 3 日 | 己丑 八白 10/27 赤口 |
| 4 月 | 庚寅 七赤 10/28 先勝 |
| 5 火 | 辛卯 六白 10/29 友引 |
| 6 水 | 壬辰 五黄 10/30 先負 |
| 7 木 | 癸巳 四緑 11/1 大安 |
| 8 金 | 甲午 三碧 11/2 赤口 |
| 9 土 | 乙未 二黒 11/3 先勝 |
| 10 日 | 丙申 一白 11/4 友引 |
| 11 月 | 丁酉 九紫 11/5 先負 |
| 12 火 | 戊戌 八白 11/6 仏滅 |
| 13 水 | 己亥 七赤 11/7 大安 |
| 14 木 | 庚子 六白 11/8 赤口 |
| 15 金 | 辛丑 五黄 11/9 先勝 |
| 16 土 | 壬寅 四緑 11/10 友引 |
| 17 日 | 癸卯 三碧 11/11 先負 |
| 18 月 | 甲辰 二黒 11/12 仏滅 |
| 19 火 | 乙巳 一白 11/13 大安 |
| 20 水 | 丙午 九紫 11/14 赤口 |
| 21 木 | 丁未 八白 11/15 先勝 |
| 22 金 | 戊申 七赤 11/16 友引 |
| 23 土 | 己酉 六白 11/17 先負 |
| 24 日 | 庚戌 五黄 11/18 仏滅 |
| 25 月 | 辛亥 四緑 11/19 大安 |
| 26 火 | 壬子 三碧 11/20 赤口 |
| 27 水 | 癸丑 二黒 11/21 先勝 |
| 28 木 | 甲寅 一白 11/22 友引 |
| 29 金 | 乙卯 九紫 11/23 先負 |
| 30 土 | 丙辰 八白 11/24 仏滅 |
| 31 日 | 丁巳 七赤 11/25 大安 |

**9 月**

9. 7［節］白露
9.19［雑］彼岸
9.22［節］秋分
9.23［雑］社日

**10 月**

10. 7［節］寒露
10.20［雑］土用
10.23［節］霜降

**11 月**

11. 7［節］立冬
11.21［節］小雪

**12 月**

12. 6［節］大雪
12.21［節］冬至

# 2057

明治 **190** 年
大正 **146** 年
昭和 **132** 年
平成 **69** 年

丁丑（ひのとうし）
六白金星

生誕・年忌など

**1.14** ハンフリー・ボガート没後 100 年
**1.18** 明暦の大火 (振袖火事)400 年
牧野富太郎没後 100 年
**1.23** 林羅山没後 400 年
**1.25** 志賀潔没後 100 年
**2.10** 新井白石生誕 400 年
**3.15** カエサル暗殺 2100 年
**4.28** 山田検校生誕 300 年
**5.10** セポイの反乱 200 年
**5.—** コシャマインの乱 600 年
**6. 2** E. エルガー生誕 200 年
**7.—** 橘奈良麻呂の乱 1300 年
**8.27** 東海村での臨界実験成功 100 年
**9.20** J. シベリウス没後 100 年
**10. 4** スプートニク 1 号打ち上げ成功 100 年
**10.24** C. ディオール没後 100 年
**11.22** G. ギッシング生誕 200 年
**11.26** F. ソシュール生誕 200 年
**11.28** W. ブレーク生誕 300 年
**12. 3** J. コンラッド生誕 200 年
この年 光武帝 (後漢) 没後 2000 年
北条政子生誕 900 年

## 2057年

### 1月
（辛丑 六白金星）

| | | | |
|---|---|---|---|
| 1 | 月 | 戊午 六白 | 11/26 赤口 |
| 2 | 火 | 己未 五黄 | 11/27 先勝 |
| 3 | 水 | 庚申 四緑 | 11/28 友引 |
| 4 | 木 | 辛酉 三碧 | 11/29 先負 |
| 5 | 金 | 壬戌 二黒 | 12/1 赤口 |
| 6 | 土 | 癸亥 一白 | 12/2 先勝 |
| 7 | 日 | 甲子 一白 | 12/3 友引 |
| 8 | 月 | 乙丑 二黒 | 12/4 先負 |
| 9 | 火 | 丙寅 三碧 | 12/5 仏滅 |
| 10 | 水 | 丁卯 四緑 | 12/6 大安 |
| 11 | 木 | 戊辰 五黄 | 12/7 赤口 |
| 12 | 金 | 己巳 六白 | 12/8 先勝 |
| 13 | 土 | 庚午 七赤 | 12/9 友引 |
| 14 | 日 | 辛未 八白 | 12/10 先負 |
| 15 | 月 | 壬申 九紫 | 12/11 仏滅 |
| 16 | 火 | 癸酉 一白 | 12/12 大安 |
| 17 | 水 | 甲戌 二黒 | 12/13 赤口 |
| 18 | 木 | 乙亥 三碧 | 12/14 先勝 |
| 19 | 金 | 丙子 四緑 | 12/15 友引 |
| 20 | 土 | 丁丑 五黄 | 12/16 先負 |
| 21 | 日 | 戊寅 六白 | 12/17 仏滅 |
| 22 | 月 | 己卯 七赤 | 12/18 大安 |
| 23 | 火 | 庚辰 八白 | 12/19 赤口 |
| 24 | 水 | 辛巳 九紫 | 12/20 先勝 |
| 25 | 木 | 壬午 一白 | 12/21 友引 |
| 26 | 金 | 癸未 二黒 | 12/22 先負 |
| 27 | 土 | 甲申 三碧 | 12/23 仏滅 |
| 28 | 日 | 乙酉 四緑 | 12/24 大安 |
| 29 | 月 | 丙戌 五黄 | 12/25 赤口 |
| 30 | 火 | 丁亥 六白 | 12/26 先勝 |
| 31 | 水 | 戊子 七赤 | 12/27 友引 |

### 2月
（壬寅 五黄土星）

| | | | |
|---|---|---|---|
| 1 | 木 | 己丑 八白 | 12/28 先負 |
| 2 | 金 | 庚寅 九紫 | 12/29 仏滅 |
| 3 | 土 | 辛卯 一白 | 12/30 大安 |
| 4 | 日 | 壬辰 二黒 | 1/1 先勝 |
| 5 | 月 | 癸巳 三碧 | 1/2 友引 |
| 6 | 火 | 甲午 四緑 | 1/3 先負 |
| 7 | 水 | 乙未 五黄 | 1/4 仏滅 |
| 8 | 木 | 丙申 六白 | 1/5 大安 |
| 9 | 金 | 丁酉 七赤 | 1/6 赤口 |
| 10 | 土 | 戊戌 八白 | 1/7 先勝 |
| 11 | 日 | 己亥 九紫 | 1/8 友引 |
| 12 | 月 | 庚子 一白 | 1/9 先負 |
| 13 | 火 | 辛丑 二黒 | 1/10 仏滅 |
| 14 | 水 | 壬寅 三碧 | 1/11 大安 |
| 15 | 木 | 癸卯 四緑 | 1/12 赤口 |
| 16 | 金 | 甲辰 五黄 | 1/13 先勝 |
| 17 | 土 | 乙巳 六白 | 1/14 友引 |
| 18 | 日 | 丙午 七赤 | 1/15 先負 |
| 19 | 月 | 丁未 八白 | 1/16 仏滅 |
| 20 | 火 | 戊申 九紫 | 1/17 大安 |
| 21 | 水 | 己酉 一白 | 1/18 赤口 |
| 22 | 木 | 庚戌 二黒 | 1/19 先勝 |
| 23 | 金 | 辛亥 三碧 | 1/20 友引 |
| 24 | 土 | 壬子 四緑 | 1/21 先負 |
| 25 | 日 | 癸丑 五黄 | 1/22 仏滅 |
| 26 | 月 | 甲寅 六白 | 1/23 大安 |
| 27 | 火 | 乙卯 七赤 | 1/24 赤口 |
| 28 | 水 | 丙辰 八白 | 1/25 先勝 |

### 3月
（癸卯 四緑木星）

| | | | |
|---|---|---|---|
| 1 | 木 | 丁巳 九紫 | 1/26 友引 |
| 2 | 金 | 戊午 一白 | 1/27 先負 |
| 3 | 土 | 己未 二黒 | 1/28 仏滅 |
| 4 | 日 | 庚申 三碧 | 1/29 大安 |
| 5 | 月 | 辛酉 四緑 | 2/1 友引 |
| 6 | 火 | 壬戌 五黄 | 2/2 先負 |
| 7 | 水 | 癸亥 六白 | 2/3 仏滅 |
| 8 | 木 | 甲子 七赤 | 2/4 大安 |
| 9 | 金 | 乙丑 八白 | 2/5 赤口 |
| 10 | 土 | 丙寅 九紫 | 2/6 先勝 |
| 11 | 日 | 丁卯 一白 | 2/7 友引 |
| 12 | 月 | 戊辰 二黒 | 2/8 先負 |
| 13 | 火 | 己巳 三碧 | 2/9 仏滅 |
| 14 | 水 | 庚午 四緑 | 2/10 大安 |
| 15 | 木 | 辛未 五黄 | 2/11 赤口 |
| 16 | 金 | 壬申 六白 | 2/12 先勝 |
| 17 | 土 | 癸酉 七赤 | 2/13 友引 |
| 18 | 日 | 甲戌 八白 | 2/14 先負 |
| 19 | 月 | 乙亥 九紫 | 2/15 仏滅 |
| 20 | 火 | 丙子 一白 | 2/16 大安 |
| 21 | 水 | 丁丑 二黒 | 2/17 赤口 |
| 22 | 木 | 戊寅 三碧 | 2/18 先勝 |
| 23 | 金 | 己卯 四緑 | 2/19 友引 |
| 24 | 土 | 庚辰 五黄 | 2/20 先負 |
| 25 | 日 | 辛巳 六白 | 2/21 仏滅 |
| 26 | 月 | 壬午 七赤 | 2/22 大安 |
| 27 | 火 | 癸未 八白 | 2/23 赤口 |
| 28 | 水 | 甲申 九紫 | 2/24 先勝 |
| 29 | 木 | 乙酉 一白 | 2/25 友引 |
| 30 | 金 | 丙戌 二黒 | 2/26 先負 |
| 31 | 土 | 丁亥 三碧 | 2/27 仏滅 |

### 4月
（甲辰 三碧木星）

| | | | |
|---|---|---|---|
| 1 | 日 | 戊子 四緑 | 2/28 大安 |
| 2 | 月 | 己丑 五黄 | 2/29 赤口 |
| 3 | 火 | 庚寅 六白 | 2/30 先勝 |
| 4 | 水 | 辛卯 七赤 | 3/1 先負 |
| 5 | 木 | 壬辰 八白 | 3/2 仏滅 |
| 6 | 金 | 癸巳 九紫 | 3/3 大安 |
| 7 | 土 | 甲午 一白 | 3/4 赤口 |
| 8 | 日 | 乙未 二黒 | 3/5 先勝 |
| 9 | 月 | 丙申 三碧 | 3/6 友引 |
| 10 | 火 | 丁酉 四緑 | 3/7 先負 |
| 11 | 水 | 戊戌 五黄 | 3/8 仏滅 |
| 12 | 木 | 己亥 六白 | 3/9 大安 |
| 13 | 金 | 庚子 七赤 | 3/10 赤口 |
| 14 | 土 | 辛丑 八白 | 3/11 先勝 |
| 15 | 日 | 壬寅 九紫 | 3/12 友引 |
| 16 | 月 | 癸卯 一白 | 3/13 先負 |
| 17 | 火 | 甲辰 二黒 | 3/14 仏滅 |
| 18 | 水 | 乙巳 三碧 | 3/15 大安 |
| 19 | 木 | 丙午 四緑 | 3/16 赤口 |
| 20 | 金 | 丁未 五黄 | 3/17 先勝 |
| 21 | 土 | 戊申 六白 | 3/18 友引 |
| 22 | 日 | 己酉 七赤 | 3/19 先負 |
| 23 | 月 | 庚戌 八白 | 3/20 仏滅 |
| 24 | 火 | 辛亥 九紫 | 3/21 大安 |
| 25 | 水 | 壬子 一白 | 3/22 赤口 |
| 26 | 木 | 癸丑 二黒 | 3/23 先勝 |
| 27 | 金 | 甲寅 三碧 | 3/24 友引 |
| 28 | 土 | 乙卯 四緑 | 3/25 先負 |
| 29 | 日 | 丙辰 五黄 | 3/26 仏滅 |
| 30 | 月 | 丁巳 六白 | 3/27 大安 |

**1月**

1. 5［節］小寒
1.17［雑］土用
1.19［節］大寒

**2月**

2. 2［雑］節分
2. 3［節］立春
2.18［節］雨水

**3月**

3. 5［節］啓蟄
3.17［雑］彼岸
3.20［節］春分
3.22［雑］社日

**4月**

4. 4［節］清明
4.16［雑］土用
4.19［節］穀雨

## 5月
（乙巳 二黒土星）

| 日 | 曜 | 干支 九星 | 旧暦 六曜 |
|---|---|---|---|
| 1 | 火 | 戊午 七赤 | 3/28 赤口 |
| 2 | 水 | 己未 八白 | 3/29 先勝 |
| 3 | 木 | 庚申 九紫 | 3/30 友引 |
| 4 | 金 | 辛酉 一白 | 4/1 仏滅 |
| 5 | 土 | 壬戌 二黒 | 4/2 大安 |
| 6 | 日 | 癸亥 三碧 | 4/3 赤口 |
| 7 | 月 | 甲子 四緑 | 4/4 先勝 |
| 8 | 火 | 乙丑 五黄 | 4/5 友引 |
| 9 | 水 | 丙寅 六白 | 4/6 先負 |
| 10 | 木 | 丁卯 七赤 | 4/7 仏滅 |
| 11 | 金 | 戊辰 八白 | 4/8 大安 |
| 12 | 土 | 己巳 九紫 | 4/9 赤口 |
| 13 | 日 | 庚午 一白 | 4/10 先勝 |
| 14 | 月 | 辛未 二黒 | 4/11 友引 |
| 15 | 火 | 壬申 三碧 | 4/12 先負 |
| 16 | 水 | 癸酉 四緑 | 4/13 仏滅 |
| 17 | 木 | 甲戌 五黄 | 4/14 大安 |
| 18 | 金 | 乙亥 六白 | 4/15 赤口 |
| 19 | 土 | 丙子 七赤 | 4/16 先勝 |
| 20 | 日 | 丁丑 八白 | 4/17 友引 |
| 21 | 月 | 戊寅 九紫 | 4/18 先負 |
| 22 | 火 | 己卯 一白 | 4/19 仏滅 |
| 23 | 水 | 庚辰 二黒 | 4/20 大安 |
| 24 | 木 | 辛巳 三碧 | 4/21 赤口 |
| 25 | 金 | 壬午 四緑 | 4/22 先勝 |
| 26 | 土 | 癸未 五黄 | 4/23 友引 |
| 27 | 日 | 甲申 六白 | 4/24 先負 |
| 28 | 月 | 乙酉 七赤 | 4/25 仏滅 |
| 29 | 火 | 丙戌 八白 | 4/26 大安 |
| 30 | 水 | 丁亥 九紫 | 4/27 赤口 |
| 31 | 木 | 戊子 一白 | 4/28 先勝 |

## 6月
（丙午 一白水星）

| 日 | 曜 | 干支 九星 | 旧暦 六曜 |
|---|---|---|---|
| 1 | 金 | 己丑 二黒 | 4/29 友引 |
| 2 | 土 | 庚寅 三碧 | 5/1 大安 |
| 3 | 日 | 辛卯 四緑 | 5/2 赤口 |
| 4 | 月 | 壬辰 五黄 | 5/3 先勝 |
| 5 | 火 | 癸巳 六白 | 5/4 友引 |
| 6 | 水 | 甲午 七赤 | 5/5 先負 |
| 7 | 木 | 乙未 八白 | 5/6 仏滅 |
| 8 | 金 | 丙申 九紫 | 5/7 大安 |
| 9 | 土 | 丁酉 一白 | 5/8 赤口 |
| 10 | 日 | 戊戌 二黒 | 5/9 先勝 |
| 11 | 月 | 己亥 三碧 | 5/10 友引 |
| 12 | 火 | 庚子 四緑 | 5/11 先負 |
| 13 | 水 | 辛丑 五黄 | 5/12 仏滅 |
| 14 | 木 | 壬寅 六白 | 5/13 大安 |
| 15 | 金 | 癸卯 七赤 | 5/14 赤口 |
| 16 | 土 | 甲辰 八白 | 5/15 先勝 |
| 17 | 日 | 乙巳 九紫 | 5/16 友引 |
| 18 | 月 | 丙午 一白 | 5/17 先負 |
| 19 | 火 | 丁未 二黒 | 5/18 仏滅 |
| 20 | 水 | 戊申 三碧 | 5/19 大安 |
| 21 | 木 | 己酉 四緑 | 5/20 赤口 |
| 22 | 金 | 庚戌 五黄 | 5/21 先勝 |
| 23 | 土 | 辛亥 六白 | 5/22 友引 |
| 24 | 日 | 壬子 七赤 | 5/23 先負 |
| 25 | 月 | 癸丑 八白 | 5/24 仏滅 |
| 26 | 火 | 甲寅 九紫 | 5/25 大安 |
| 27 | 水 | 乙卯 一白 | 5/26 赤口 |
| 28 | 木 | 丙辰 二黒 | 5/27 先勝 |
| 29 | 金 | 丁巳 三碧 | 5/28 友引 |
| 30 | 土 | 戊午 四緑 | 5/29 先負 |

## 7月
（丁未 九紫火星）

| 日 | 曜 | 干支 九星 | 旧暦 六曜 |
|---|---|---|---|
| 1 | 日 | 己未 五黄 | 5/30 仏滅 |
| 2 | 月 | 庚申 六白 | 6/1 赤口 |
| 3 | 火 | 辛酉 七赤 | 6/2 先勝 |
| 4 | 水 | 壬戌 八白 | 6/3 友引 |
| 5 | 木 | 癸亥 九紫 | 6/4 先負 |
| 6 | 金 | 甲子 九紫 | 6/5 仏滅 |
| 7 | 土 | 乙丑 八白 | 6/6 大安 |
| 8 | 日 | 丙寅 七赤 | 6/7 赤口 |
| 9 | 月 | 丁卯 六白 | 6/8 先勝 |
| 10 | 火 | 戊辰 五黄 | 6/9 友引 |
| 11 | 水 | 己巳 四緑 | 6/10 先負 |
| 12 | 木 | 庚午 三碧 | 6/11 仏滅 |
| 13 | 金 | 辛未 二黒 | 6/12 大安 |
| 14 | 土 | 壬申 一白 | 6/13 赤口 |
| 15 | 日 | 癸酉 九紫 | 6/14 先勝 |
| 16 | 月 | 甲戌 八白 | 6/15 友引 |
| 17 | 火 | 乙亥 七赤 | 6/16 先負 |
| 18 | 水 | 丙子 六白 | 6/17 仏滅 |
| 19 | 木 | 丁丑 五黄 | 6/18 大安 |
| 20 | 金 | 戊寅 四緑 | 6/19 赤口 |
| 21 | 土 | 己卯 三碧 | 6/20 先勝 |
| 22 | 日 | 庚辰 二黒 | 6/21 友引 |
| 23 | 月 | 辛巳 一白 | 6/22 先負 |
| 24 | 火 | 壬午 九紫 | 6/23 仏滅 |
| 25 | 水 | 癸未 八白 | 6/24 大安 |
| 26 | 木 | 甲申 七赤 | 6/25 赤口 |
| 27 | 金 | 乙酉 六白 | 6/26 先勝 |
| 28 | 土 | 丙戌 五黄 | 6/27 友引 |
| 29 | 日 | 丁亥 四緑 | 6/28 先負 |
| 30 | 月 | 戊子 三碧 | 6/29 仏滅 |
| 31 | 火 | 己丑 二黒 | 7/1 先勝 |

## 8月
（戊申 八白土星）

| 日 | 曜 | 干支 九星 | 旧暦 六曜 |
|---|---|---|---|
| 1 | 水 | 庚寅 一白 | 7/2 友引 |
| 2 | 木 | 辛卯 九紫 | 7/3 先負 |
| 3 | 金 | 壬辰 八白 | 7/4 仏滅 |
| 4 | 土 | 癸巳 七赤 | 7/5 大安 |
| 5 | 日 | 甲午 六白 | 7/6 赤口 |
| 6 | 月 | 乙未 五黄 | 7/7 先勝 |
| 7 | 火 | 丙申 四緑 | 7/8 友引 |
| 8 | 水 | 丁酉 三碧 | 7/9 先負 |
| 9 | 木 | 戊戌 二黒 | 7/10 仏滅 |
| 10 | 金 | 己亥 一白 | 7/11 大安 |
| 11 | 土 | 庚子 九紫 | 7/12 赤口 |
| 12 | 日 | 辛丑 八白 | 7/13 先勝 |
| 13 | 月 | 壬寅 七赤 | 7/14 友引 |
| 14 | 火 | 癸卯 六白 | 7/15 先負 |
| 15 | 水 | 甲辰 五黄 | 7/16 仏滅 |
| 16 | 木 | 乙巳 四緑 | 7/17 大安 |
| 17 | 金 | 丙午 三碧 | 7/18 赤口 |
| 18 | 土 | 丁未 二黒 | 7/19 先勝 |
| 19 | 日 | 戊申 一白 | 7/20 友引 |
| 20 | 月 | 己酉 九紫 | 7/21 先負 |
| 21 | 火 | 庚戌 八白 | 7/22 仏滅 |
| 22 | 水 | 辛亥 七赤 | 7/23 大安 |
| 23 | 木 | 壬子 六白 | 7/24 赤口 |
| 24 | 金 | 癸丑 五黄 | 7/25 先勝 |
| 25 | 土 | 甲寅 四緑 | 7/26 友引 |
| 26 | 日 | 乙卯 三碧 | 7/27 先負 |
| 27 | 月 | 丙辰 二黒 | 7/28 仏滅 |
| 28 | 火 | 丁巳 一白 | 7/29 大安 |
| 29 | 水 | 戊午 九紫 | 7/30 赤口 |
| 30 | 木 | 己未 八白 | 8/1 友引 |
| 31 | 金 | 庚申 七赤 | 8/2 先負 |

**5月**

5. 1［雑］八十八夜
5. 5［節］立夏
5.20［節］小満

**6月**

6. 5［節］芒種
6.10［雑］入梅
6.21［節］夏至

**7月**

7. 1［雑］半夏生
7. 6［節］小暑
7.19［雑］土用
7.22［節］大暑

**8月**

8. 7［節］立秋
8.22［節］処暑
8.31［雑］二百十日

## 9月
（己酉 七赤金星）

| | | | |
|---|---|---|---|
| 1 | 土 | 辛酉 六白 | 8/3 仏滅 |
| 2 | 日 | 壬戌 五黄 | 8/4 大安 |
| 3 | 月 | 癸亥 四緑 | 8/5 赤口 |
| 4 | 火 | 甲子 三碧 | 8/6 先勝 |
| 5 | 水 | 乙丑 二黒 | 8/7 友引 |
| 6 | 木 | 丙寅 一白 | 8/8 先負 |
| 7 | 金 | 丁卯 九紫 | 8/9 仏滅 |
| 8 | 土 | 戊辰 八白 | 8/10 大安 |
| 9 | 日 | 己巳 七赤 | 8/11 赤口 |
| 10 | 月 | 庚午 六白 | 8/12 先勝 |
| 11 | 火 | 辛未 五黄 | 8/13 友引 |
| 12 | 水 | 壬申 四緑 | 8/14 先負 |
| 13 | 木 | 癸酉 三碧 | 8/15 仏滅 |
| 14 | 金 | 甲戌 二黒 | 8/16 大安 |
| 15 | 土 | 乙亥 一白 | 8/17 赤口 |
| 16 | 日 | 丙子 九紫 | 8/18 先勝 |
| 17 | 月 | 丁丑 八白 | 8/19 友引 |
| 18 | 火 | 戊寅 七赤 | 8/20 先負 |
| 19 | 水 | 己卯 六白 | 8/21 仏滅 |
| 20 | 木 | 庚辰 五黄 | 8/22 大安 |
| 21 | 金 | 辛巳 四緑 | 8/23 赤口 |
| 22 | 土 | 壬午 三碧 | 8/24 先勝 |
| 23 | 日 | 癸未 二黒 | 8/25 友引 |
| 24 | 月 | 甲申 一白 | 8/26 先負 |
| 25 | 火 | 乙酉 九紫 | 8/27 仏滅 |
| 26 | 水 | 丙戌 八白 | 8/28 大安 |
| 27 | 木 | 丁亥 七赤 | 8/29 赤口 |
| 28 | 金 | 戊子 六白 | 8/30 先勝 |
| 29 | 土 | 己丑 五黄 | 9/1 先負 |
| 30 | 日 | 庚寅 四緑 | 9/2 仏滅 |

## 10月
（庚戌 六白金星）

| | | | |
|---|---|---|---|
| 1 | 月 | 辛卯 三碧 | 9/3 大安 |
| 2 | 火 | 壬辰 二黒 | 9/4 赤口 |
| 3 | 水 | 癸巳 一白 | 9/5 先勝 |
| 4 | 木 | 甲午 九紫 | 9/6 友引 |
| 5 | 金 | 乙未 八白 | 9/7 先負 |
| 6 | 土 | 丙申 七赤 | 9/8 仏滅 |
| 7 | 日 | 丁酉 六白 | 9/9 大安 |
| 8 | 月 | 戊戌 五黄 | 9/10 赤口 |
| 9 | 火 | 己亥 四緑 | 9/11 先勝 |
| 10 | 水 | 庚子 三碧 | 9/12 友引 |
| 11 | 木 | 辛丑 二黒 | 9/13 先負 |
| 12 | 金 | 壬寅 一白 | 9/14 仏滅 |
| 13 | 土 | 癸卯 九紫 | 9/15 大安 |
| 14 | 日 | 甲辰 八白 | 9/16 赤口 |
| 15 | 月 | 乙巳 七赤 | 9/17 先勝 |
| 16 | 火 | 丙午 六白 | 9/18 友引 |
| 17 | 水 | 丁未 五黄 | 9/19 先負 |
| 18 | 木 | 戊申 四緑 | 9/20 仏滅 |
| 19 | 金 | 己酉 三碧 | 9/21 大安 |
| 20 | 土 | 庚戌 二黒 | 9/22 赤口 |
| 21 | 日 | 辛亥 一白 | 9/23 先勝 |
| 22 | 月 | 壬子 九紫 | 9/24 友引 |
| 23 | 火 | 癸丑 八白 | 9/25 先負 |
| 24 | 水 | 甲寅 七赤 | 9/26 仏滅 |
| 25 | 木 | 乙卯 六白 | 9/27 大安 |
| 26 | 金 | 丙辰 五黄 | 9/28 赤口 |
| 27 | 土 | 丁巳 四緑 | 9/29 先勝 |
| 28 | 日 | 戊午 三碧 | 10/1 仏滅 |
| 29 | 月 | 己未 二黒 | 10/2 大安 |
| 30 | 火 | 庚申 一白 | 10/3 赤口 |
| 31 | 水 | 辛酉 九紫 | 10/4 先勝 |

## 11月
（辛亥 五黄土星）

| | | | |
|---|---|---|---|
| 1 | 木 | 壬戌 八白 | 10/5 友引 |
| 2 | 金 | 癸亥 七赤 | 10/6 先負 |
| 3 | 土 | 甲子 六白 | 10/7 仏滅 |
| 4 | 日 | 乙丑 五黄 | 10/8 大安 |
| 5 | 月 | 丙寅 四緑 | 10/9 赤口 |
| 6 | 火 | 丁卯 三碧 | 10/10 先勝 |
| 7 | 水 | 戊辰 二黒 | 10/11 友引 |
| 8 | 木 | 己巳 一白 | 10/12 先負 |
| 9 | 金 | 庚午 九紫 | 10/13 仏滅 |
| 10 | 土 | 辛未 八白 | 10/14 大安 |
| 11 | 日 | 壬申 七赤 | 10/15 赤口 |
| 12 | 月 | 癸酉 六白 | 10/16 先勝 |
| 13 | 火 | 甲戌 五黄 | 10/17 友引 |
| 14 | 水 | 乙亥 四緑 | 10/18 先負 |
| 15 | 木 | 丙子 三碧 | 10/19 仏滅 |
| 16 | 金 | 丁丑 二黒 | 10/20 大安 |
| 17 | 土 | 戊寅 一白 | 10/21 赤口 |
| 18 | 日 | 己卯 九紫 | 10/22 先勝 |
| 19 | 月 | 庚辰 八白 | 10/23 友引 |
| 20 | 火 | 辛巳 七赤 | 10/24 先負 |
| 21 | 水 | 壬午 六白 | 10/25 仏滅 |
| 22 | 木 | 癸未 五黄 | 10/26 大安 |
| 23 | 金 | 甲申 四緑 | 10/27 赤口 |
| 24 | 土 | 乙酉 三碧 | 10/28 先勝 |
| 25 | 日 | 丙戌 二黒 | 10/29 友引 |
| 26 | 月 | 丁亥 一白 | 11/1 大安 |
| 27 | 火 | 戊子 九紫 | 11/2 赤口 |
| 28 | 水 | 己丑 八白 | 11/3 先勝 |
| 29 | 木 | 庚寅 七赤 | 11/4 友引 |
| 30 | 金 | 辛卯 六白 | 11/5 先負 |

## 12月
（壬子 四緑木星）

| | | | |
|---|---|---|---|
| 1 | 土 | 壬辰 五黄 | 11/6 仏滅 |
| 2 | 日 | 癸巳 四緑 | 11/7 大安 |
| 3 | 月 | 甲午 三碧 | 11/8 赤口 |
| 4 | 火 | 乙未 二黒 | 11/9 先勝 |
| 5 | 水 | 丙申 一白 | 11/10 友引 |
| 6 | 木 | 丁酉 九紫 | 11/11 先負 |
| 7 | 金 | 戊戌 八白 | 11/12 仏滅 |
| 8 | 土 | 己亥 七赤 | 11/13 大安 |
| 9 | 日 | 庚子 六白 | 11/14 赤口 |
| 10 | 月 | 辛丑 五黄 | 11/15 先勝 |
| 11 | 火 | 壬寅 四緑 | 11/16 友引 |
| 12 | 水 | 癸卯 三碧 | 11/17 先負 |
| 13 | 木 | 甲辰 二黒 | 11/18 仏滅 |
| 14 | 金 | 乙巳 一白 | 11/19 大安 |
| 15 | 土 | 丙午 九紫 | 11/20 赤口 |
| 16 | 日 | 丁未 八白 | 11/21 先勝 |
| 17 | 月 | 戊申 七赤 | 11/22 友引 |
| 18 | 火 | 己酉 六白 | 11/23 先負 |
| 19 | 水 | 庚戌 五黄 | 11/24 仏滅 |
| 20 | 木 | 辛亥 四緑 | 11/25 大安 |
| 21 | 金 | 壬子 三碧 | 11/26 赤口 |
| 22 | 土 | 癸丑 二黒 | 11/27 先勝 |
| 23 | 日 | 甲寅 一白 | 11/28 友引 |
| 24 | 月 | 乙卯 九紫 | 11/29 先負 |
| 25 | 火 | 丙辰 八白 | 11/30 仏滅 |
| 26 | 水 | 丁巳 七赤 | 12/1 赤口 |
| 27 | 木 | 戊午 六白 | 12/2 先勝 |
| 28 | 金 | 己未 五黄 | 12/3 友引 |
| 29 | 土 | 庚申 四緑 | 12/4 先負 |
| 30 | 日 | 辛酉 三碧 | 12/5 仏滅 |
| 31 | 月 | 壬戌 二黒 | 12/6 大安 |

**9月**

9. 7 [節] 白露
9.18 [雑] 社日
9.19 [雑] 彼岸
9.22 [節] 秋分

**10月**

10. 8 [節] 寒露
10.20 [雑] 土用
10.23 [節] 霜降

**11月**

11. 7 [節] 立冬
11.22 [節] 小雪

**12月**

12. 7 [節] 大雪
12.21 [節] 冬至

# 2058

明治 **191** 年
大正 **147** 年
昭和 **133** 年
平成 **70** 年

戊寅（つちのえとら）
五黄土星

## 生誕・年忌など

- **1. 1** ヨーロッパ経済共同体 (EEC) 発足 100 年
- **2.13** G. ルオー没後 100 年
- **2.15** 徳永直没後 100 年
- **2.26** 室鳩巣生誕 400 年
  横山大観没後 100 年
- **3. 4** M. ペリー没後 200 年
- **3.19** 康有為生誕 200 年
- **4. 1** 売春防止法施行 100 年
- **4.15** E. デュルケム生誕 200 年
- **4.30** 足利尊氏没後 700 年
- **5. 6** M. ロベスピエール生誕 300 年
- **6.19** 日米修好通商条約調印 200 年
- **7.22** 宝暦事件 300 年
- **8.14** フレデリック・ジョリオ・キュリー没後 100 年
- **8.22** 足利義満生誕 700 年
- **9. 3** O. クロムウェル没後 400 年
- **9. 6** 歌川広重没後 200 年
- **9.27** 狩野川台風 100 年
- **10.29** パステルナーク・ノーベル賞辞退 100 年
- **11. 1** ムガル帝国滅亡 200 年
- **12. 7** M. キケロ没後 2100 年
- **12.27** 松平定信生誕 300 年
- **この年** 正嘉の大飢饉 800 年
  尾形光琳生誕 400 年
  安政の大獄開始 200 年

## 1月
（癸丑 三碧木星）

| | | | |
|---|---|---|---|
| 1 | 火 | 癸亥 一白 | 12/7 赤口 |
| 2 | 水 | 甲子 一白 | 12/8 先勝 |
| 3 | 木 | 乙丑 二黒 | 12/9 友引 |
| 4 | 金 | 丙寅 三碧 | 12/10 先負 |
| 5 | 土 | 丁卯 四緑 | 12/11 仏滅 |
| 6 | 日 | 戊辰 五黄 | 12/12 大安 |
| 7 | 月 | 己巳 六白 | 12/13 赤口 |
| 8 | 火 | 庚午 七赤 | 12/14 先勝 |
| 9 | 水 | 辛未 八白 | 12/15 友引 |
| 10 | 木 | 壬申 九紫 | 12/16 先負 |
| 11 | 金 | 癸酉 一白 | 12/17 仏滅 |
| 12 | 土 | 甲戌 二黒 | 12/18 大安 |
| 13 | 日 | 乙亥 三碧 | 12/19 赤口 |
| 14 | 月 | 丙子 四緑 | 12/20 先勝 |
| 15 | 火 | 丁丑 五黄 | 12/21 友引 |
| 16 | 水 | 戊寅 六白 | 12/22 先負 |
| 17 | 木 | 己卯 七赤 | 12/23 仏滅 |
| 18 | 金 | 庚辰 八白 | 12/24 大安 |
| 19 | 土 | 辛巳 九紫 | 12/25 赤口 |
| 20 | 日 | 壬午 一白 | 12/26 先勝 |
| 21 | 月 | 癸未 二黒 | 12/27 友引 |
| 22 | 火 | 甲申 三碧 | 12/28 先負 |
| 23 | 水 | 乙酉 四緑 | 12/29 仏滅 |
| 24 | 木 | 丙戌 五黄 | 1/1 先勝 |
| 25 | 金 | 丁亥 六白 | 1/2 友引 |
| 26 | 土 | 戊子 七赤 | 1/3 先負 |
| 27 | 日 | 己丑 八白 | 1/4 仏滅 |
| 28 | 月 | 庚寅 九紫 | 1/5 大安 |
| 29 | 火 | 辛卯 一白 | 1/6 赤口 |
| 30 | 水 | 壬辰 二黒 | 1/7 先勝 |
| 31 | 木 | 癸巳 三碧 | 1/8 友引 |

## 2月
（甲寅 二黒土星）

| | | | |
|---|---|---|---|
| 1 | 金 | 甲午 四緑 | 1/9 先負 |
| 2 | 土 | 乙未 五黄 | 1/10 仏滅 |
| 3 | 日 | 丙申 六白 | 1/11 大安 |
| 4 | 月 | 丁酉 七赤 | 1/12 赤口 |
| 5 | 火 | 戊戌 八白 | 1/13 先勝 |
| 6 | 水 | 己亥 九紫 | 1/14 友引 |
| 7 | 木 | 庚子 一白 | 1/15 先負 |
| 8 | 金 | 辛丑 二黒 | 1/16 仏滅 |
| 9 | 土 | 壬寅 三碧 | 1/17 大安 |
| 10 | 日 | 癸卯 四緑 | 1/18 赤口 |
| 11 | 月 | 甲辰 五黄 | 1/19 先勝 |
| 12 | 火 | 乙巳 六白 | 1/20 友引 |
| 13 | 水 | 丙午 七赤 | 1/21 先負 |
| 14 | 木 | 丁未 八白 | 1/22 仏滅 |
| 15 | 金 | 戊申 九紫 | 1/23 大安 |
| 16 | 土 | 己酉 一白 | 1/24 赤口 |
| 17 | 日 | 庚戌 二黒 | 1/25 先勝 |
| 18 | 月 | 辛亥 三碧 | 1/26 友引 |
| 19 | 火 | 壬子 四緑 | 1/27 先負 |
| 20 | 水 | 癸丑 五黄 | 1/28 仏滅 |
| 21 | 木 | 甲寅 六白 | 1/29 大安 |
| 22 | 金 | 乙卯 七赤 | 1/30 赤口 |
| 23 | 土 | 丙辰 八白 | 2/1 友引 |
| 24 | 日 | 丁巳 九紫 | 2/2 先負 |
| 25 | 月 | 戊午 一白 | 2/3 仏滅 |
| 26 | 火 | 己未 二黒 | 2/4 大安 |
| 27 | 水 | 庚申 三碧 | 2/5 赤口 |
| 28 | 木 | 辛酉 四緑 | 2/6 先勝 |

## 3月
（乙卯 一白水星）

| | | | |
|---|---|---|---|
| 1 | 金 | 壬戌 五黄 | 2/7 友引 |
| 2 | 土 | 癸亥 六白 | 2/8 先負 |
| 3 | 日 | 甲子 七赤 | 2/9 仏滅 |
| 4 | 月 | 乙丑 八白 | 2/10 大安 |
| 5 | 火 | 丙寅 九紫 | 2/11 赤口 |
| 6 | 水 | 丁卯 一白 | 2/12 先勝 |
| 7 | 木 | 戊辰 二黒 | 2/13 友引 |
| 8 | 金 | 己巳 三碧 | 2/14 先負 |
| 9 | 土 | 庚午 四緑 | 2/15 仏滅 |
| 10 | 日 | 辛未 五黄 | 2/16 大安 |
| 11 | 月 | 壬申 六白 | 2/17 赤口 |
| 12 | 火 | 癸酉 七赤 | 2/18 先勝 |
| 13 | 水 | 甲戌 八白 | 2/19 友引 |
| 14 | 木 | 乙亥 九紫 | 2/20 先負 |
| 15 | 金 | 丙子 一白 | 2/21 仏滅 |
| 16 | 土 | 丁丑 二黒 | 2/22 大安 |
| 17 | 日 | 戊寅 三碧 | 2/23 赤口 |
| 18 | 月 | 己卯 四緑 | 2/24 先勝 |
| 19 | 火 | 庚辰 五黄 | 2/25 友引 |
| 20 | 水 | 辛巳 六白 | 2/26 先負 |
| 21 | 木 | 壬午 七赤 | 2/27 仏滅 |
| 22 | 金 | 癸未 八白 | 2/28 大安 |
| 23 | 土 | 甲申 九紫 | 2/29 赤口 |
| 24 | 日 | 乙酉 一白 | 3/1 先負 |
| 25 | 月 | 丙戌 二黒 | 3/2 仏滅 |
| 26 | 火 | 丁亥 三碧 | 3/3 大安 |
| 27 | 水 | 戊子 四緑 | 3/4 赤口 |
| 28 | 木 | 己丑 五黄 | 3/5 先勝 |
| 29 | 金 | 庚寅 六白 | 3/6 友引 |
| 30 | 土 | 辛卯 七赤 | 3/7 先負 |
| 31 | 日 | 壬辰 八白 | 3/8 仏滅 |

## 4月
（丙辰 九紫火星）

| | | | |
|---|---|---|---|
| 1 | 月 | 癸巳 九紫 | 3/9 大安 |
| 2 | 火 | 甲午 一白 | 3/10 赤口 |
| 3 | 水 | 乙未 二黒 | 3/11 先勝 |
| 4 | 木 | 丙申 三碧 | 3/12 友引 |
| 5 | 金 | 丁酉 四緑 | 3/13 先負 |
| 6 | 土 | 戊戌 五黄 | 3/14 仏滅 |
| 7 | 日 | 己亥 六白 | 3/15 大安 |
| 8 | 月 | 庚子 七赤 | 3/16 赤口 |
| 9 | 火 | 辛丑 八白 | 3/17 先勝 |
| 10 | 水 | 壬寅 九紫 | 3/18 友引 |
| 11 | 木 | 癸卯 一白 | 3/19 先負 |
| 12 | 金 | 甲辰 二黒 | 3/20 仏滅 |
| 13 | 土 | 乙巳 三碧 | 3/21 大安 |
| 14 | 日 | 丙午 四緑 | 3/22 赤口 |
| 15 | 月 | 丁未 五黄 | 3/23 先勝 |
| 16 | 火 | 戊申 六白 | 3/24 友引 |
| 17 | 水 | 己酉 七赤 | 3/25 先負 |
| 18 | 木 | 庚戌 八白 | 3/26 仏滅 |
| 19 | 金 | 辛亥 九紫 | 3/27 大安 |
| 20 | 土 | 壬子 一白 | 3/28 赤口 |
| 21 | 日 | 癸丑 二黒 | 3/29 先勝 |
| 22 | 月 | 甲寅 三碧 | 3/30 友引 |
| 23 | 火 | 乙卯 四緑 | 4/1 仏滅 |
| 24 | 水 | 丙辰 五黄 | 4/2 大安 |
| 25 | 木 | 丁巳 六白 | 4/3 赤口 |
| 26 | 金 | 戊午 七赤 | 4/4 先勝 |
| 27 | 土 | 己未 八白 | 4/5 友引 |
| 28 | 日 | 庚申 九紫 | 4/6 先負 |
| 29 | 月 | 辛酉 一白 | 4/7 仏滅 |
| 30 | 火 | 壬戌 二黒 | 4/8 大安 |

**1月**

1. 5 [節] 小寒
1.17 [雑] 土用
1.20 [節] 大寒

**2月**

2. 2 [雑] 節分
2. 3 [節] 立春
2.18 [節] 雨水

**3月**

3. 5 [節] 啓蟄
3.17 [雑] 彼岸
3.17 [雑] 社日
3.20 [節] 春分

**4月**

4. 4 [節] 清明
4.17 [雑] 土用
4.20 [節] 穀雨

## 5月
（丁巳 八白土星）

| | | | |
|---|---|---|---|
| 1 | 水 | 癸亥 三碧 | 4/9 赤口 |
| 2 | 木 | 甲子 四緑 | 4/10 先勝 |
| 3 | 金 | 乙丑 五黄 | 4/11 友引 |
| 4 | 土 | 丙寅 六白 | 4/12 先負 |
| 5 | 日 | 丁卯 七赤 | 4/13 仏滅 |
| 6 | 月 | 戊辰 八白 | 4/14 大安 |
| 7 | 火 | 己巳 九紫 | 4/15 赤口 |
| 8 | 水 | 庚午 一白 | 4/16 先勝 |
| 9 | 木 | 辛未 二黒 | 4/17 友引 |
| 10 | 金 | 壬申 三碧 | 4/18 先負 |
| 11 | 土 | 癸酉 四緑 | 4/19 仏滅 |
| 12 | 日 | 甲戌 五黄 | 4/20 大安 |
| 13 | 月 | 乙亥 六白 | 4/21 赤口 |
| 14 | 火 | 丙子 七赤 | 4/22 先勝 |
| 15 | 水 | 丁丑 八白 | 4/23 友引 |
| 16 | 木 | 戊寅 九紫 | 4/24 先負 |
| 17 | 金 | 己卯 一白 | 4/25 仏滅 |
| 18 | 土 | 庚辰 二黒 | 4/26 大安 |
| 19 | 日 | 辛巳 三碧 | 4/27 赤口 |
| 20 | 月 | 壬午 四緑 | 4/28 先勝 |
| 21 | 火 | 癸未 五黄 | 4/29 友引 |
| 22 | 水 | 甲申 六白 | 閏4/1 仏滅 |
| 23 | 木 | 乙酉 七赤 | 閏4/2 大安 |
| 24 | 金 | 丙戌 八白 | 閏4/3 赤口 |
| 25 | 土 | 丁亥 九紫 | 閏4/4 先勝 |
| 26 | 日 | 戊子 一白 | 閏4/5 友引 |
| 27 | 月 | 己丑 二黒 | 閏4/6 先負 |
| 28 | 火 | 庚寅 三碧 | 閏4/7 仏滅 |
| 29 | 水 | 辛卯 四緑 | 閏4/8 大安 |
| 30 | 木 | 壬辰 五黄 | 閏4/9 赤口 |
| 31 | 金 | 癸巳 六白 | 閏4/10 先勝 |

## 6月
（戊午 七赤金星）

| | | | |
|---|---|---|---|
| 1 | 土 | 甲午 七赤 | 閏4/11 友引 |
| 2 | 日 | 乙未 八白 | 閏4/12 先負 |
| 3 | 月 | 丙申 九紫 | 閏4/13 仏滅 |
| 4 | 火 | 丁酉 一白 | 閏4/14 大安 |
| 5 | 水 | 戊戌 二黒 | 閏4/15 赤口 |
| 6 | 木 | 己亥 三碧 | 閏4/16 先勝 |
| 7 | 金 | 庚子 四緑 | 閏4/17 友引 |
| 8 | 土 | 辛丑 五黄 | 閏4/18 先負 |
| 9 | 日 | 壬寅 六白 | 閏4/19 仏滅 |
| 10 | 月 | 癸卯 七赤 | 閏4/20 大安 |
| 11 | 火 | 甲辰 八白 | 閏4/21 赤口 |
| 12 | 水 | 乙巳 九紫 | 閏4/22 先勝 |
| 13 | 木 | 丙午 一白 | 閏4/23 友引 |
| 14 | 金 | 丁未 二黒 | 閏4/24 先負 |
| 15 | 土 | 戊申 三碧 | 閏4/25 仏滅 |
| 16 | 日 | 己酉 四緑 | 閏4/26 大安 |
| 17 | 月 | 庚戌 五黄 | 閏4/27 赤口 |
| 18 | 火 | 辛亥 六白 | 閏4/28 先勝 |
| 19 | 水 | 壬子 七赤 | 閏4/29 友引 |
| 20 | 木 | 癸丑 八白 | 閏4/30 先負 |
| 21 | 金 | 甲寅 九紫 | 5/1 大安 |
| 22 | 土 | 乙卯 一白 | 5/2 赤口 |
| 23 | 日 | 丙辰 二黒 | 5/3 先勝 |
| 24 | 月 | 丁巳 三碧 | 5/4 友引 |
| 25 | 火 | 戊午 四緑 | 5/5 先負 |
| 26 | 水 | 己未 五黄 | 5/6 仏滅 |
| 27 | 木 | 庚申 六白 | 5/7 大安 |
| 28 | 金 | 辛酉 七赤 | 5/8 赤口 |
| 29 | 土 | 壬戌 八白 | 5/9 先勝 |
| 30 | 日 | 癸亥 九紫 | 5/10 友引 |

## 7月
（己未 六白金星）

| | | | |
|---|---|---|---|
| 1 | 月 | 甲子 九紫 | 5/11 先負 |
| 2 | 火 | 乙丑 八白 | 5/12 仏滅 |
| 3 | 水 | 丙寅 七赤 | 5/13 大安 |
| 4 | 木 | 丁卯 六白 | 5/14 赤口 |
| 5 | 金 | 戊辰 五黄 | 5/15 先勝 |
| 6 | 土 | 己巳 四緑 | 5/16 友引 |
| 7 | 日 | 庚午 三碧 | 5/17 先負 |
| 8 | 月 | 辛未 二黒 | 5/18 仏滅 |
| 9 | 火 | 壬申 一白 | 5/19 大安 |
| 10 | 水 | 癸酉 九紫 | 5/20 赤口 |
| 11 | 木 | 甲戌 八白 | 5/21 先勝 |
| 12 | 金 | 乙亥 七赤 | 5/22 友引 |
| 13 | 土 | 丙子 六白 | 5/23 先負 |
| 14 | 日 | 丁丑 五黄 | 5/24 仏滅 |
| 15 | 月 | 戊寅 四緑 | 5/25 大安 |
| 16 | 火 | 己卯 三碧 | 5/26 赤口 |
| 17 | 水 | 庚辰 二黒 | 5/27 先勝 |
| 18 | 木 | 辛巳 一白 | 5/28 友引 |
| 19 | 金 | 壬午 九紫 | 5/29 先負 |
| 20 | 土 | 癸未 八白 | 5/30 仏滅 |
| 21 | 日 | 甲申 七赤 | 6/1 赤口 |
| 22 | 月 | 乙酉 六白 | 6/2 先勝 |
| 23 | 火 | 丙戌 五黄 | 6/3 友引 |
| 24 | 水 | 丁亥 四緑 | 6/4 先負 |
| 25 | 木 | 戊子 三碧 | 6/5 仏滅 |
| 26 | 金 | 己丑 二黒 | 6/6 大安 |
| 27 | 土 | 庚寅 一白 | 6/7 赤口 |
| 28 | 日 | 辛卯 九紫 | 6/8 先勝 |
| 29 | 月 | 壬辰 八白 | 6/9 友引 |
| 30 | 火 | 癸巳 七赤 | 6/10 先負 |
| 31 | 水 | 甲午 六白 | 6/11 仏滅 |

## 8月
（庚申 五黄土星）

| | | | |
|---|---|---|---|
| 1 | 木 | 乙未 五黄 | 6/12 大安 |
| 2 | 金 | 丙申 四緑 | 6/13 赤口 |
| 3 | 土 | 丁酉 三碧 | 6/14 先勝 |
| 4 | 日 | 戊戌 二黒 | 6/15 友引 |
| 5 | 月 | 己亥 一白 | 6/16 先負 |
| 6 | 火 | 庚子 九紫 | 6/17 仏滅 |
| 7 | 水 | 辛丑 八白 | 6/18 大安 |
| 8 | 木 | 壬寅 七赤 | 6/19 赤口 |
| 9 | 金 | 癸卯 六白 | 6/20 先勝 |
| 10 | 土 | 甲辰 五黄 | 6/21 友引 |
| 11 | 日 | 乙巳 四緑 | 6/22 先負 |
| 12 | 月 | 丙午 三碧 | 6/23 仏滅 |
| 13 | 火 | 丁未 二黒 | 6/24 大安 |
| 14 | 水 | 戊申 一白 | 6/25 赤口 |
| 15 | 木 | 己酉 九紫 | 6/26 先勝 |
| 16 | 金 | 庚戌 八白 | 6/27 友引 |
| 17 | 土 | 辛亥 七赤 | 6/28 先負 |
| 18 | 日 | 壬子 六白 | 6/29 仏滅 |
| 19 | 月 | 癸丑 五黄 | 7/1 先勝 |
| 20 | 火 | 甲寅 四緑 | 7/2 友引 |
| 21 | 水 | 乙卯 三碧 | 7/3 先負 |
| 22 | 木 | 丙辰 二黒 | 7/4 仏滅 |
| 23 | 金 | 丁巳 一白 | 7/5 大安 |
| 24 | 土 | 戊午 九紫 | 7/6 赤口 |
| 25 | 日 | 己未 八白 | 7/7 先勝 |
| 26 | 月 | 庚申 七赤 | 7/8 友引 |
| 27 | 火 | 辛酉 六白 | 7/9 先負 |
| 28 | 水 | 壬戌 五黄 | 7/10 仏滅 |
| 29 | 木 | 癸亥 四緑 | 7/11 大安 |
| 30 | 金 | 甲子 三碧 | 7/12 赤口 |
| 31 | 土 | 乙丑 二黒 | 7/13 先勝 |

**5月**

5. 1 [雑] 八十八夜
5. 5 [節] 立夏
5.21 [節] 小満

**6月**

6. 5 [節] 芒種
6.10 [雑] 入梅
6.21 [節] 夏至

**7月**

7. 1 [雑] 半夏生
7. 7 [節] 小暑
7.19 [雑] 土用
7.22 [節] 大暑

**8月**

8. 7 [節] 立秋
8.23 [節] 処暑
8.31 [雑] 二百十日

## 9 月
（辛酉 四緑木星）

| | | | |
|---|---|---|---|
| 1 | 日 | 丙寅 一白 | 7/14 友引 |
| 2 | 月 | 丁卯 九紫 | 7/15 先負 |
| 3 | 火 | 戊辰 八白 | 7/16 仏滅 |
| 4 | 水 | 己巳 七赤 | 7/17 大安 |
| 5 | 木 | 庚午 六白 | 7/18 赤口 |
| 6 | 金 | 辛未 五黄 | 7/19 先勝 |
| 7 | 土 | 壬申 四緑 | 7/20 友引 |
| 8 | 日 | 癸酉 三碧 | 7/21 先負 |
| 9 | 月 | 甲戌 二黒 | 7/22 仏滅 |
| 10 | 火 | 乙亥 一白 | 7/23 大安 |
| 11 | 水 | 丙子 九紫 | 7/24 赤口 |
| 12 | 木 | 丁丑 八白 | 7/25 先勝 |
| 13 | 金 | 戊寅 七赤 | 7/26 友引 |
| 14 | 土 | 己卯 六白 | 7/27 先負 |
| 15 | 日 | 庚辰 五黄 | 7/28 仏滅 |
| 16 | 月 | 辛巳 四緑 | 7/29 大安 |
| 17 | 火 | 壬午 三碧 | 7/30 赤口 |
| 18 | 水 | 癸未 二黒 | 8/1 友引 |
| 19 | 木 | 甲申 一白 | 8/2 先負 |
| 20 | 金 | 乙酉 九紫 | 8/3 仏滅 |
| 21 | 土 | 丙戌 八白 | 8/4 大安 |
| 22 | 日 | 丁亥 七赤 | 8/5 赤口 |
| 23 | 月 | 戊子 六白 | 8/6 先勝 |
| 24 | 火 | 己丑 五黄 | 8/7 友引 |
| 25 | 水 | 庚寅 四緑 | 8/8 先負 |
| 26 | 木 | 辛卯 三碧 | 8/9 仏滅 |
| 27 | 金 | 壬辰 二黒 | 8/10 大安 |
| 28 | 土 | 癸巳 一白 | 8/11 赤口 |
| 29 | 日 | 甲午 九紫 | 8/12 先勝 |
| 30 | 月 | 乙未 八白 | 8/13 友引 |

## 10 月
（壬戌 三碧木星）

| | | | |
|---|---|---|---|
| 1 | 火 | 丙申 七赤 | 8/14 先負 |
| 2 | 水 | 丁酉 六白 | 8/15 仏滅 |
| 3 | 木 | 戊戌 五黄 | 8/16 大安 |
| 4 | 金 | 己亥 四緑 | 8/17 赤口 |
| 5 | 土 | 庚子 三碧 | 8/18 先勝 |
| 6 | 日 | 辛丑 二黒 | 8/19 友引 |
| 7 | 月 | 壬寅 一白 | 8/20 先負 |
| 8 | 火 | 癸卯 九紫 | 8/21 仏滅 |
| 9 | 水 | 甲辰 八白 | 8/22 大安 |
| 10 | 木 | 乙巳 七赤 | 8/23 赤口 |
| 11 | 金 | 丙午 六白 | 8/24 先勝 |
| 12 | 土 | 丁未 五黄 | 8/25 友引 |
| 13 | 日 | 戊申 四緑 | 8/26 先負 |
| 14 | 月 | 己酉 三碧 | 8/27 仏滅 |
| 15 | 火 | 庚戌 二黒 | 8/28 大安 |
| 16 | 水 | 辛亥 一白 | 8/29 赤口 |
| 17 | 木 | 壬子 九紫 | 9/1 先負 |
| 18 | 金 | 癸丑 八白 | 9/2 仏滅 |
| 19 | 土 | 甲寅 七赤 | 9/3 大安 |
| 20 | 日 | 乙卯 六白 | 9/4 赤口 |
| 21 | 月 | 内辰 五黄 | 9/5 先勝 |
| 22 | 火 | 丁巳 四緑 | 9/6 友引 |
| 23 | 水 | 戊午 三碧 | 9/7 先負 |
| 24 | 木 | 己未 二黒 | 9/8 仏滅 |
| 25 | 金 | 庚申 一白 | 9/9 大安 |
| 26 | 土 | 辛酉 九紫 | 9/10 赤口 |
| 27 | 日 | 壬戌 八白 | 9/11 先勝 |
| 28 | 月 | 癸亥 七赤 | 9/12 友引 |
| 29 | 火 | 甲子 六白 | 9/13 先負 |
| 30 | 水 | 乙丑 五黄 | 9/14 仏滅 |
| 31 | 木 | 丙寅 四緑 | 9/15 大安 |

## 11 月
（癸亥 二黒土星）

| | | | |
|---|---|---|---|
| 1 | 金 | 丁卯 三碧 | 9/16 赤口 |
| 2 | 土 | 戊辰 二黒 | 9/17 先勝 |
| 3 | 日 | 己巳 一白 | 9/18 友引 |
| 4 | 月 | 庚午 九紫 | 9/19 先負 |
| 5 | 火 | 辛未 八白 | 9/20 仏滅 |
| 6 | 水 | 壬申 七赤 | 9/21 大安 |
| 7 | 木 | 癸酉 六白 | 9/22 赤口 |
| 8 | 金 | 甲戌 五黄 | 9/23 先勝 |
| 9 | 土 | 乙亥 四緑 | 9/24 友引 |
| 10 | 日 | 丙子 三碧 | 9/25 先負 |
| 11 | 月 | 丁丑 二黒 | 9/26 仏滅 |
| 12 | 火 | 戊寅 一白 | 9/27 大安 |
| 13 | 水 | 己卯 九紫 | 9/28 赤口 |
| 14 | 木 | 庚辰 八白 | 9/29 先勝 |
| 15 | 金 | 辛巳 七赤 | 9/30 友引 |
| 16 | 土 | 壬午 六白 | 10/1 仏滅 |
| 17 | 日 | 癸未 五黄 | 10/2 大安 |
| 18 | 月 | 甲申 四緑 | 10/3 赤口 |
| 19 | 火 | 乙酉 三碧 | 10/4 先勝 |
| 20 | 水 | 丙戌 二黒 | 10/5 友引 |
| 21 | 木 | 丁亥 一白 | 10/6 先負 |
| 22 | 金 | 戊子 九紫 | 10/7 仏滅 |
| 23 | 土 | 己丑 八白 | 10/8 大安 |
| 24 | 日 | 庚寅 七赤 | 10/9 赤口 |
| 25 | 月 | 辛卯 六白 | 10/10 先勝 |
| 26 | 火 | 壬辰 五黄 | 10/11 友引 |
| 27 | 水 | 癸巳 四緑 | 10/12 先負 |
| 28 | 木 | 甲午 三碧 | 10/13 仏滅 |
| 29 | 金 | 乙未 二黒 | 10/14 大安 |
| 30 | 土 | 丙申 一白 | 10/15 赤口 |

## 12 月
（甲子 一白水星）

| | | | |
|---|---|---|---|
| 1 | 日 | 丁酉 九紫 | 10/16 先勝 |
| 2 | 月 | 戊戌 八白 | 10/17 友引 |
| 3 | 火 | 己亥 七赤 | 10/18 先負 |
| 4 | 水 | 庚子 六白 | 10/19 仏滅 |
| 5 | 木 | 辛丑 五黄 | 10/20 大安 |
| 6 | 金 | 壬寅 四緑 | 10/21 赤口 |
| 7 | 土 | 癸卯 三碧 | 10/22 先勝 |
| 8 | 日 | 甲辰 二黒 | 10/23 友引 |
| 9 | 月 | 乙巳 一白 | 10/24 先負 |
| 10 | 火 | 丙午 九紫 | 10/25 仏滅 |
| 11 | 水 | 丁未 八白 | 10/26 大安 |
| 12 | 木 | 戊申 七赤 | 10/27 赤口 |
| 13 | 金 | 己酉 六白 | 10/28 先勝 |
| 14 | 土 | 庚戌 五黄 | 10/29 友引 |
| 15 | 日 | 辛亥 四緑 | 10/30 先負 |
| 16 | 月 | 壬子 三碧 | 11/1 大安 |
| 17 | 火 | 癸丑 二黒 | 11/2 赤口 |
| 18 | 水 | 甲寅 一白 | 11/3 先勝 |
| 19 | 木 | 乙卯 九紫 | 11/4 友引 |
| 20 | 金 | 丙辰 八白 | 11/5 先負 |
| 21 | 土 | 丁巳 七赤 | 11/6 仏滅 |
| 22 | 日 | 戊午 六白 | 11/7 大安 |
| 23 | 月 | 己未 五黄 | 11/8 赤口 |
| 24 | 火 | 庚申 四緑 | 11/9 先勝 |
| 25 | 水 | 辛酉 三碧 | 11/10 友引 |
| 26 | 木 | 壬戌 二黒 | 11/11 先負 |
| 27 | 金 | 癸亥 一白 | 11/12 仏滅 |
| 28 | 土 | 甲子 一白 | 11/13 大安 |
| 29 | 日 | 乙丑 二黒 | 11/14 赤口 |
| 30 | 月 | 丙寅 三碧 | 11/15 先勝 |
| 31 | 火 | 丁卯 四緑 | 11/16 友引 |

**9 月**

9. 7 [節] 白露
9.20 [雑] 彼岸
9.23 [節] 秋分
9.23 [雑] 社日

**10 月**

10. 8 [節] 寒露
10.20 [雑] 土用
10.23 [節] 霜降

**11 月**

11. 7 [節] 立冬
11.22 [節] 小雪

**12 月**

12. 7 [節] 大雪
12.22 [節] 冬至

# 2059

明治 192 年
大正 148 年
昭和 134 年
平成 71 年

己卯（つちのとう）
四緑木星

生誕・年忌など

**1. 1** キューバ革命 100 年
日本メートル法実施 100 年
**3.26** レイモンド・チャンドラー没後 100 年
**4. 8** E. フッサール生誕 200 年
高浜虚子没後 100 年
**4.10** 皇太子明仁親王・美智子妃結婚 100 年
**4.14** G. ヘンデル没後 300 年
**4.16** C. トックビル没後 200 年
**4.30** 永井荷風没後 100 年
**5.22** A.C. ドイル生誕 200 年
坪内消遙生誕 200 年
**9.26** 伊勢湾台風 100 年
**10. 7** 橋本左内没後 200 年
**10.18** H. ベルクソン生誕 200 年
**10.27** 吉田松陰没後 200 年
**11.10** F. シラー生誕 300 年
**11.30** ダーウィン「種の起原」刊行 200 年
**12.25** 平治の乱 900 年

# 2059年

## 1月
（乙丑 九紫火星）

| | | | |
|---|---|---|---|
| 1 | 水 | 戊辰 五黄 | 11/17 先負 |
| 2 | 木 | 己巳 六白 | 11/18 仏滅 |
| 3 | 金 | 庚午 七赤 | 11/19 大安 |
| 4 | 土 | 辛未 八白 | 11/20 赤口 |
| 5 | 日 | 壬申 九紫 | 11/21 先勝 |
| 6 | 月 | 癸酉 一白 | 11/22 友引 |
| 7 | 火 | 甲戌 二黒 | 11/23 先負 |
| 8 | 水 | 乙亥 三碧 | 11/24 仏滅 |
| 9 | 木 | 丙子 四緑 | 11/25 大安 |
| 10 | 金 | 丁丑 五黄 | 11/26 赤口 |
| 11 | 土 | 戊寅 六白 | 11/27 先勝 |
| 12 | 日 | 己卯 七赤 | 11/28 友引 |
| 13 | 月 | 庚辰 八白 | 11/29 先負 |
| 14 | 火 | 辛巳 九紫 | 12/1 赤口 |
| 15 | 水 | 壬午 一白 | 12/2 先勝 |
| 16 | 木 | 癸未 二黒 | 12/3 友引 |
| 17 | 金 | 甲申 三碧 | 12/4 先負 |
| 18 | 土 | 乙酉 四緑 | 12/5 仏滅 |
| 19 | 日 | 丙戌 五黄 | 12/6 大安 |
| 20 | 月 | 丁亥 六白 | 12/7 赤口 |
| 21 | 火 | 戊子 七赤 | 12/8 先勝 |
| 22 | 水 | 己丑 八白 | 12/9 友引 |
| 23 | 木 | 庚寅 九紫 | 12/10 先負 |
| 24 | 金 | 辛卯 一白 | 12/11 仏滅 |
| 25 | 土 | 壬辰 二黒 | 12/12 大安 |
| 26 | 日 | 癸巳 三碧 | 12/13 赤口 |
| 27 | 月 | 甲午 四緑 | 12/14 先勝 |
| 28 | 火 | 乙未 五黄 | 12/15 友引 |
| 29 | 水 | 丙申 六白 | 12/16 先負 |
| 30 | 木 | 丁酉 七赤 | 12/17 仏滅 |
| 31 | 金 | 戊戌 八白 | 12/18 大安 |

## 2月
（丙寅 八白土星）

| | | | |
|---|---|---|---|
| 1 | 土 | 己亥 九紫 | 12/19 赤口 |
| 2 | 日 | 庚子 一白 | 12/20 先勝 |
| 3 | 月 | 辛丑 二黒 | 12/21 友引 |
| 4 | 火 | 壬寅 三碧 | 12/22 先負 |
| 5 | 水 | 癸卯 四緑 | 12/23 仏滅 |
| 6 | 木 | 甲辰 五黄 | 12/24 大安 |
| 7 | 金 | 乙巳 六白 | 12/25 赤口 |
| 8 | 土 | 丙午 七赤 | 12/26 先勝 |
| 9 | 日 | 丁未 八白 | 12/27 友引 |
| 10 | 月 | 戊申 九紫 | 12/28 先負 |
| 11 | 火 | 己酉 一白 | 12/29 仏滅 |
| 12 | 水 | 庚戌 二黒 | 1/1 先勝 |
| 13 | 木 | 辛亥 三碧 | 1/2 友引 |
| 14 | 金 | 壬子 四緑 | 1/3 先負 |
| 15 | 土 | 癸丑 五黄 | 1/4 仏滅 |
| 16 | 日 | 甲寅 六白 | 1/5 大安 |
| 17 | 月 | 乙卯 七赤 | 1/6 赤口 |
| 18 | 火 | 丙辰 八白 | 1/7 先勝 |
| 19 | 水 | 丁巳 九紫 | 1/8 友引 |
| 20 | 木 | 戊午 一白 | 1/9 先負 |
| 21 | 金 | 己未 二黒 | 1/10 仏滅 |
| 22 | 土 | 庚申 三碧 | 1/11 大安 |
| 23 | 日 | 辛酉 四緑 | 1/12 赤口 |
| 24 | 月 | 壬戌 五黄 | 1/13 先勝 |
| 25 | 火 | 癸亥 六白 | 1/14 友引 |
| 26 | 水 | 甲子 七赤 | 1/15 先負 |
| 27 | 木 | 乙丑 八白 | 1/16 仏滅 |
| 28 | 金 | 丙寅 九紫 | 1/17 大安 |

## 3月
（丁卯 七赤金星）

| | | | |
|---|---|---|---|
| 1 | 土 | 丁卯 一白 | 1/18 赤口 |
| 2 | 日 | 戊辰 二黒 | 1/19 先勝 |
| 3 | 月 | 己巳 三碧 | 1/20 友引 |
| 4 | 火 | 庚午 四緑 | 1/21 先負 |
| 5 | 水 | 辛未 五黄 | 1/22 仏滅 |
| 6 | 木 | 壬申 六白 | 1/23 大安 |
| 7 | 金 | 癸酉 七赤 | 1/24 赤口 |
| 8 | 土 | 甲戌 八白 | 1/25 先勝 |
| 9 | 日 | 乙亥 九紫 | 1/26 友引 |
| 10 | 月 | 丙子 一白 | 1/27 先負 |
| 11 | 火 | 丁丑 二黒 | 1/28 仏滅 |
| 12 | 水 | 戊寅 三碧 | 1/29 大安 |
| 13 | 木 | 己卯 四緑 | 1/30 赤口 |
| 14 | 金 | 庚辰 五黄 | 2/1 友引 |
| 15 | 土 | 辛巳 六白 | 2/2 先負 |
| 16 | 日 | 壬午 七赤 | 2/3 仏滅 |
| 17 | 月 | 癸未 八白 | 2/4 大安 |
| 18 | 火 | 甲申 九紫 | 2/5 赤口 |
| 19 | 水 | 乙酉 一白 | 2/6 先勝 |
| 20 | 木 | 丙戌 二黒 | 2/7 友引 |
| 21 | 金 | 丁亥 三碧 | 2/8 先負 |
| 22 | 土 | 戊子 四緑 | 2/9 仏滅 |
| 23 | 日 | 己丑 五黄 | 2/10 大安 |
| 24 | 月 | 庚寅 六白 | 2/11 赤口 |
| 25 | 火 | 辛卯 七赤 | 2/12 先勝 |
| 26 | 水 | 壬辰 八白 | 2/13 友引 |
| 27 | 木 | 癸巳 九紫 | 2/14 先負 |
| 28 | 金 | 甲午 一白 | 2/15 仏滅 |
| 29 | 土 | 乙未 二黒 | 2/16 大安 |
| 30 | 日 | 丙申 三碧 | 2/17 赤口 |
| 31 | 月 | 丁酉 四緑 | 2/18 先勝 |

## 4月
（戊辰 六白金星）

| | | | |
|---|---|---|---|
| 1 | 火 | 戊戌 五黄 | 2/19 友引 |
| 2 | 水 | 己亥 六白 | 2/20 先負 |
| 3 | 木 | 庚子 七赤 | 2/21 仏滅 |
| 4 | 金 | 辛丑 八白 | 2/22 大安 |
| 5 | 土 | 壬寅 九紫 | 2/23 赤口 |
| 6 | 日 | 癸卯 一白 | 2/24 先勝 |
| 7 | 月 | 甲辰 二黒 | 2/25 友引 |
| 8 | 火 | 乙巳 三碧 | 2/26 先負 |
| 9 | 水 | 丙午 四緑 | 2/27 仏滅 |
| 10 | 木 | 丁未 五黄 | 2/28 大安 |
| 11 | 金 | 戊申 六白 | 2/29 赤口 |
| 12 | 土 | 己酉 七赤 | 3/1 先負 |
| 13 | 日 | 庚戌 八白 | 3/2 仏滅 |
| 14 | 月 | 辛亥 九紫 | 3/3 大安 |
| 15 | 火 | 壬子 一白 | 3/4 赤口 |
| 16 | 水 | 癸丑 二黒 | 3/5 先勝 |
| 17 | 木 | 甲寅 三碧 | 3/6 友引 |
| 18 | 金 | 乙卯 四緑 | 3/7 先負 |
| 19 | 土 | 丙辰 五黄 | 3/8 仏滅 |
| 20 | 日 | 丁巳 六白 | 3/9 大安 |
| 21 | 月 | 戊午 七赤 | 3/10 赤口 |
| 22 | 火 | 己未 八白 | 3/11 先勝 |
| 23 | 水 | 庚申 九紫 | 3/12 友引 |
| 24 | 木 | 辛酉 一白 | 3/13 先負 |
| 25 | 金 | 壬戌 二黒 | 3/14 仏滅 |
| 26 | 土 | 癸亥 三碧 | 3/15 大安 |
| 27 | 日 | 甲子 四緑 | 3/16 赤口 |
| 28 | 月 | 乙丑 五黄 | 3/17 先勝 |
| 29 | 火 | 丙寅 六白 | 3/18 友引 |
| 30 | 水 | 丁卯 七赤 | 3/19 先負 |

**1月**

1. 5〔節〕小寒
1.17〔雑〕土用
1.20〔節〕大寒

**2月**

2. 3〔雑〕節分
2. 4〔節〕立春
2.19〔節〕雨水

**3月**

3. 5〔節〕啓蟄
3.17〔雑〕彼岸
3.20〔節〕春分
3.22〔雑〕社日

**4月**

4. 5〔節〕清明
4.17〔雑〕土用
4.20〔節〕穀雨

## 5月
（己巳 五黄土星）

| | | | |
|---|---|---|---|
| 1 | 木 | 戊辰 八白 | 3/20 仏滅 |
| 2 | 金 | 己巳 九紫 | 3/21 大安 |
| 3 | 土 | 庚午 一白 | 3/22 赤口 |
| 4 | 日 | 辛未 二黒 | 3/23 先勝 |
| 5 | 月 | 壬申 三碧 | 3/24 友引 |
| 6 | 火 | 癸酉 四緑 | 3/25 先負 |
| 7 | 水 | 甲戌 五黄 | 3/26 仏滅 |
| 8 | 木 | 乙亥 六白 | 3/27 大安 |
| 9 | 金 | 丙子 七赤 | 3/28 赤口 |
| 10 | 土 | 丁丑 八白 | 3/29 先勝 |
| 11 | 日 | 戊寅 九紫 | 3/30 友引 |
| 12 | 月 | 己卯 一白 | 4/1 仏滅 |
| 13 | 火 | 庚辰 二黒 | 4/2 大安 |
| 14 | 水 | 辛巳 三碧 | 4/3 赤口 |
| 15 | 木 | 壬午 四緑 | 4/4 先勝 |
| 16 | 金 | 癸未 五黄 | 4/5 友引 |
| 17 | 土 | 甲申 六白 | 4/6 先負 |
| 18 | 日 | 乙酉 七赤 | 4/7 仏滅 |
| 19 | 月 | 丙戌 八白 | 4/8 大安 |
| 20 | 火 | 丁亥 九紫 | 4/9 赤口 |
| 21 | 水 | 戊子 一白 | 4/10 先勝 |
| 22 | 木 | 己丑 二黒 | 4/11 友引 |
| 23 | 金 | 庚寅 三碧 | 4/12 先負 |
| 24 | 土 | 辛卯 四緑 | 4/13 仏滅 |
| 25 | 日 | 壬辰 五黄 | 4/14 大安 |
| 26 | 月 | 癸巳 六白 | 4/15 赤口 |
| 27 | 火 | 甲午 七赤 | 4/16 先勝 |
| 28 | 水 | 乙未 八白 | 4/17 友引 |
| 29 | 木 | 丙申 九紫 | 4/18 先負 |
| 30 | 金 | 丁酉 一白 | 4/19 仏滅 |
| 31 | 土 | 戊戌 二黒 | 4/20 大安 |

## 6月
（庚午 四緑木星）

| | | | |
|---|---|---|---|
| 1 | 日 | 己亥 三碧 | 4/21 赤口 |
| 2 | 月 | 庚子 四緑 | 4/22 先勝 |
| 3 | 火 | 辛丑 五黄 | 4/23 友引 |
| 4 | 水 | 壬寅 六白 | 4/24 先負 |
| 5 | 木 | 癸卯 七赤 | 4/25 仏滅 |
| 6 | 金 | 甲辰 八白 | 4/26 大安 |
| 7 | 土 | 乙巳 九紫 | 4/27 赤口 |
| 8 | 日 | 丙午 一白 | 4/28 先勝 |
| 9 | 月 | 丁未 二黒 | 4/29 友引 |
| 10 | 火 | 戊申 三碧 | 5/1 大安 |
| 11 | 水 | 己酉 四緑 | 5/2 赤口 |
| 12 | 木 | 庚戌 五黄 | 5/3 先勝 |
| 13 | 金 | 辛亥 六白 | 5/4 友引 |
| 14 | 土 | 壬子 七赤 | 5/5 先負 |
| 15 | 日 | 癸丑 八白 | 5/6 仏滅 |
| 16 | 月 | 甲寅 九紫 | 5/7 大安 |
| 17 | 火 | 乙卯 一白 | 5/8 赤口 |
| 18 | 水 | 丙辰 二黒 | 5/9 先勝 |
| 19 | 木 | 丁巳 三碧 | 5/10 友引 |
| 20 | 金 | 戊午 四緑 | 5/11 先負 |
| 21 | 土 | 己未 五黄 | 5/12 仏滅 |
| 22 | 日 | 庚申 六白 | 5/13 大安 |
| 23 | 月 | 辛酉 七赤 | 5/14 赤口 |
| 24 | 火 | 壬戌 八白 | 5/15 先勝 |
| 25 | 水 | 癸亥 九紫 | 5/16 友引 |
| 26 | 木 | 甲子 九紫 | 5/17 先負 |
| 27 | 金 | 乙丑 八白 | 5/18 仏滅 |
| 28 | 土 | 丙寅 七赤 | 5/19 大安 |
| 29 | 日 | 丁卯 六白 | 5/20 赤口 |
| 30 | 月 | 戊辰 五黄 | 5/21 先勝 |

## 7月
（辛未 三碧木星）

| | | | |
|---|---|---|---|
| 1 | 火 | 己巳 四緑 | 5/22 友引 |
| 2 | 水 | 庚午 三碧 | 5/23 先負 |
| 3 | 木 | 辛未 二黒 | 5/24 仏滅 |
| 4 | 金 | 壬申 一白 | 5/25 大安 |
| 5 | 土 | 癸酉 九紫 | 5/26 赤口 |
| 6 | 日 | 甲戌 八白 | 5/27 先勝 |
| 7 | 月 | 乙亥 七赤 | 5/28 友引 |
| 8 | 火 | 丙子 六白 | 5/29 先負 |
| 9 | 水 | 丁丑 五黄 | 5/30 仏滅 |
| 10 | 木 | 戊寅 四緑 | 6/1 赤口 |
| 11 | 金 | 己卯 三碧 | 6/2 先勝 |
| 12 | 土 | 庚辰 二黒 | 6/3 友引 |
| 13 | 日 | 辛巳 一白 | 6/4 先負 |
| 14 | 月 | 壬午 九紫 | 6/5 仏滅 |
| 15 | 火 | 癸未 八白 | 6/6 大安 |
| 16 | 水 | 甲申 七赤 | 6/7 赤口 |
| 17 | 木 | 乙酉 六白 | 6/8 先勝 |
| 18 | 金 | 丙戌 五黄 | 6/9 友引 |
| 19 | 土 | 丁亥 四緑 | 6/10 先負 |
| 20 | 日 | 戊子 三碧 | 6/11 仏滅 |
| 21 | 月 | 己丑 二黒 | 6/12 大安 |
| 22 | 火 | 庚寅 一白 | 6/13 赤口 |
| 23 | 水 | 辛卯 九紫 | 6/14 先勝 |
| 24 | 木 | 壬辰 八白 | 6/15 友引 |
| 25 | 金 | 癸巳 七赤 | 6/16 先負 |
| 26 | 土 | 甲午 六白 | 6/17 仏滅 |
| 27 | 日 | 乙未 五黄 | 6/18 大安 |
| 28 | 月 | 丙申 四緑 | 6/19 赤口 |
| 29 | 火 | 丁酉 三碧 | 6/20 先勝 |
| 30 | 水 | 戊戌 二黒 | 6/21 友引 |
| 31 | 木 | 己亥 一白 | 6/22 先負 |

## 8月
（壬申 二黒土星）

| | | | |
|---|---|---|---|
| 1 | 金 | 庚子 九紫 | 6/23 仏滅 |
| 2 | 土 | 辛丑 八白 | 6/24 大安 |
| 3 | 日 | 壬寅 七赤 | 6/25 赤口 |
| 4 | 月 | 癸卯 六白 | 6/26 先勝 |
| 5 | 火 | 甲辰 五黄 | 6/27 友引 |
| 6 | 水 | 乙巳 四緑 | 6/28 先負 |
| 7 | 木 | 丙午 三碧 | 6/29 仏滅 |
| 8 | 金 | 丁未 二黒 | 7/1 先勝 |
| 9 | 土 | 戊申 一白 | 7/2 友引 |
| 10 | 日 | 己酉 九紫 | 7/3 先負 |
| 11 | 月 | 庚戌 八白 | 7/4 仏滅 |
| 12 | 火 | 辛亥 七赤 | 7/5 大安 |
| 13 | 水 | 壬子 六白 | 7/6 赤口 |
| 14 | 木 | 癸丑 五黄 | 7/7 先勝 |
| 15 | 金 | 甲寅 四緑 | 7/8 友引 |
| 16 | 土 | 乙卯 三碧 | 7/9 先負 |
| 17 | 日 | 丙辰 二黒 | 7/10 仏滅 |
| 18 | 月 | 丁巳 一白 | 7/11 大安 |
| 19 | 火 | 戊午 九紫 | 7/12 赤口 |
| 20 | 水 | 己未 八白 | 7/13 先勝 |
| 21 | 木 | 庚申 七赤 | 7/14 友引 |
| 22 | 金 | 辛酉 六白 | 7/15 先負 |
| 23 | 土 | 壬戌 五黄 | 7/16 仏滅 |
| 24 | 日 | 癸亥 四緑 | 7/17 大安 |
| 25 | 月 | 甲子 三碧 | 7/18 赤口 |
| 26 | 火 | 乙丑 二黒 | 7/19 先勝 |
| 27 | 水 | 丙寅 一白 | 7/20 友引 |
| 28 | 木 | 丁卯 九紫 | 7/21 先負 |
| 29 | 金 | 戊辰 八白 | 7/22 仏滅 |
| 30 | 土 | 己巳 七赤 | 7/23 大安 |
| 31 | 日 | 庚午 六白 | 7/24 赤口 |

**5月**

5. 2 [雑] 八十八夜
5. 5 [節] 立夏
5.21 [節] 小満

**6月**

6. 6 [節] 芒種
6.11 [雑] 入梅
6.21 [節] 夏至

**7月**

7. 2 [雑] 半夏生
7. 7 [節] 小暑
7.20 [雑] 土用
7.23 [節] 大暑

**8月**

8. 7 [節] 立秋
8.23 [節] 処暑

## 9 月
（癸酉 一白水星）

| | | | |
|---|---|---|---|
| 1 | 月 | 辛未 五黄 | 7/25 先勝 |
| 2 | 火 | 壬申 四緑 | 7/26 友引 |
| 3 | 水 | 癸酉 三碧 | 7/27 先負 |
| 4 | 木 | 甲戌 二黒 | 7/28 仏滅 |
| 5 | 金 | 乙亥 一白 | 7/29 大安 |
| 6 | 土 | 丙子 九紫 | 7/30 赤口 |
| 7 | 日 | 丁丑 八白 | 8/1 友引 |
| 8 | 月 | 戊寅 七赤 | 8/2 先負 |
| 9 | 火 | 己卯 六白 | 8/3 仏滅 |
| 10 | 水 | 庚辰 五黄 | 8/4 大安 |
| 11 | 木 | 辛巳 四緑 | 8/5 赤口 |
| 12 | 金 | 壬午 三碧 | 8/6 先勝 |
| 13 | 土 | 癸未 二黒 | 8/7 友引 |
| 14 | 日 | 甲申 一白 | 8/8 先負 |
| 15 | 月 | 乙酉 九紫 | 8/9 仏滅 |
| 16 | 火 | 丙戌 八白 | 8/10 大安 |
| 17 | 水 | 丁亥 七赤 | 8/11 赤口 |
| 18 | 木 | 戊子 六白 | 8/12 先勝 |
| 19 | 金 | 己丑 五黄 | 8/13 友引 |
| 20 | 土 | 庚寅 四緑 | 8/14 先負 |
| 21 | 日 | 辛卯 三碧 | 8/15 仏滅 |
| 22 | 月 | 壬辰 二黒 | 8/16 大安 |
| 23 | 火 | 癸巳 一白 | 8/17 赤口 |
| 24 | 水 | 甲午 九紫 | 8/18 先勝 |
| 25 | 木 | 乙未 八白 | 8/19 友引 |
| 26 | 金 | 丙申 七赤 | 8/20 先負 |
| 27 | 土 | 丁酉 六白 | 8/21 仏滅 |
| 28 | 日 | 戊戌 五黄 | 8/22 大安 |
| 29 | 月 | 己亥 四緑 | 8/23 赤口 |
| 30 | 火 | 庚子 三碧 | 8/24 先勝 |

## 10 月
（甲戌 九紫火星）

| | | | |
|---|---|---|---|
| 1 | 水 | 辛丑 二黒 | 8/25 友引 |
| 2 | 木 | 壬寅 一白 | 8/26 先負 |
| 3 | 金 | 癸卯 九紫 | 8/27 仏滅 |
| 4 | 土 | 甲辰 八白 | 8/28 大安 |
| 5 | 日 | 乙巳 七赤 | 8/29 赤口 |
| 6 | 月 | 丙午 六白 | 8/30 先勝 |
| 7 | 火 | 丁未 五黄 | 9/1 先負 |
| 8 | 水 | 戊申 四緑 | 9/2 仏滅 |
| 9 | 木 | 己酉 三碧 | 9/3 大安 |
| 10 | 金 | 庚戌 二黒 | 9/4 赤口 |
| 11 | 土 | 辛亥 一白 | 9/5 先勝 |
| 12 | 日 | 壬子 九紫 | 9/6 友引 |
| 13 | 月 | 癸丑 八白 | 9/7 先負 |
| 14 | 火 | 甲寅 七赤 | 9/8 仏滅 |
| 15 | 水 | 乙卯 六白 | 9/9 大安 |
| 16 | 木 | 丙辰 五黄 | 9/10 赤口 |
| 17 | 金 | 丁巳 四緑 | 9/11 先勝 |
| 18 | 土 | 戊午 三碧 | 9/12 友引 |
| 19 | 日 | 己未 二黒 | 9/13 先負 |
| 20 | 月 | 庚申 一白 | 9/14 仏滅 |
| 21 | 火 | 辛酉 九紫 | 9/15 大安 |
| 22 | 水 | 壬戌 八白 | 9/16 赤口 |
| 23 | 木 | 癸亥 七赤 | 9/17 先勝 |
| 24 | 金 | 甲子 六白 | 9/18 友引 |
| 25 | 土 | 乙丑 五黄 | 9/19 先負 |
| 26 | 日 | 丙寅 四緑 | 9/20 仏滅 |
| 27 | 月 | 丁卯 三碧 | 9/21 大安 |
| 28 | 火 | 戊辰 二黒 | 9/22 赤口 |
| 29 | 水 | 己巳 一白 | 9/23 先勝 |
| 30 | 木 | 庚午 九紫 | 9/24 友引 |
| 31 | 金 | 辛未 八白 | 9/25 先負 |

## 11 月
（乙亥 八白土星）

| | | | |
|---|---|---|---|
| 1 | 土 | 壬申 七赤 | 9/26 仏滅 |
| 2 | 日 | 癸酉 六白 | 9/27 大安 |
| 3 | 月 | 甲戌 五黄 | 9/28 赤口 |
| 4 | 火 | 乙亥 四緑 | 9/29 先勝 |
| 5 | 水 | 丙子 三碧 | 10/1 仏滅 |
| 6 | 木 | 丁丑 二黒 | 10/2 大安 |
| 7 | 金 | 戊寅 一白 | 10/3 赤口 |
| 8 | 土 | 己卯 九紫 | 10/4 先勝 |
| 9 | 日 | 庚辰 八白 | 10/5 友引 |
| 10 | 月 | 辛巳 七赤 | 10/6 先負 |
| 11 | 火 | 壬午 六白 | 10/7 仏滅 |
| 12 | 水 | 癸未 五黄 | 10/8 大安 |
| 13 | 木 | 甲申 四緑 | 10/9 赤口 |
| 14 | 金 | 乙酉 三碧 | 10/10 先勝 |
| 15 | 土 | 丙戌 二黒 | 10/11 友引 |
| 16 | 日 | 丁亥 一白 | 10/12 先負 |
| 17 | 月 | 戊子 九紫 | 10/13 仏滅 |
| 18 | 火 | 己丑 八白 | 10/14 大安 |
| 19 | 水 | 庚寅 七赤 | 10/15 赤口 |
| 20 | 木 | 辛卯 六白 | 10/16 先勝 |
| 21 | 金 | 壬辰 五黄 | 10/17 友引 |
| 22 | 土 | 癸巳 四緑 | 10/18 先負 |
| 23 | 日 | 甲午 三碧 | 10/19 仏滅 |
| 24 | 月 | 乙未 二黒 | 10/20 大安 |
| 25 | 火 | 丙申 一白 | 10/21 赤口 |
| 26 | 水 | 丁酉 九紫 | 10/22 先勝 |
| 27 | 木 | 戊戌 八白 | 10/23 友引 |
| 28 | 金 | 己亥 七赤 | 10/24 先負 |
| 29 | 土 | 庚子 六白 | 10/25 仏滅 |
| 30 | 日 | 辛丑 五黄 | 10/26 大安 |

## 12 月
（丙子 七赤金星）

| | | | |
|---|---|---|---|
| 1 | 月 | 壬寅 四緑 | 10/27 赤口 |
| 2 | 火 | 癸卯 三碧 | 10/28 先勝 |
| 3 | 水 | 甲辰 二黒 | 10/29 友引 |
| 4 | 木 | 乙巳 一白 | 10/30 先負 |
| 5 | 金 | 丙午 九紫 | 11/1 大安 |
| 6 | 土 | 丁未 八白 | 11/2 赤口 |
| 7 | 日 | 戊申 七赤 | 11/3 先勝 |
| 8 | 月 | 己酉 六白 | 11/4 友引 |
| 9 | 火 | 庚戌 五黄 | 11/5 先負 |
| 10 | 水 | 辛亥 四緑 | 11/6 仏滅 |
| 11 | 木 | 壬子 三碧 | 11/7 大安 |
| 12 | 金 | 癸丑 二黒 | 11/8 赤口 |
| 13 | 土 | 甲寅 一白 | 11/9 先勝 |
| 14 | 日 | 乙卯 九紫 | 11/10 友引 |
| 15 | 月 | 丙辰 八白 | 11/11 先負 |
| 16 | 火 | 丁巳 七赤 | 11/12 仏滅 |
| 17 | 水 | 戊午 六白 | 11/13 大安 |
| 18 | 木 | 己未 五黄 | 11/14 赤口 |
| 19 | 金 | 庚申 四緑 | 11/15 先勝 |
| 20 | 土 | 辛酉 三碧 | 11/16 友引 |
| 21 | 日 | 壬戌 二黒 | 11/17 先負 |
| 22 | 月 | 癸亥 一白 | 11/18 仏滅 |
| 23 | 火 | 甲子 一白 | 11/19 大安 |
| 24 | 水 | 乙丑 二黒 | 11/20 赤口 |
| 25 | 木 | 丙寅 三碧 | 11/21 先勝 |
| 26 | 金 | 丁卯 四緑 | 11/22 友引 |
| 27 | 土 | 戊辰 五黄 | 11/23 先負 |
| 28 | 日 | 己巳 六白 | 11/24 仏滅 |
| 29 | 月 | 庚午 七赤 | 11/25 大安 |
| 30 | 火 | 辛未 八白 | 11/26 赤口 |
| 31 | 水 | 壬申 九紫 | 11/27 先勝 |

**9 月**

**9. 1**［雑］二百十日
**9. 7**［節］白露
**9.18**［雑］社日
**9.20**［雑］彼岸
**9.23**［節］秋分

**10 月**

**10. 8**［節］寒露
**10.20**［雑］土用
**10.23**［節］霜降

**11 月**

**11. 7**［節］立冬
**11.22**［節］小雪

**12 月**

**12. 7**［節］大雪
**12.22**［節］冬至

# 2060

明治 **193** 年
大正 **149** 年
昭和 **135** 年
平成 **72** 年

庚辰（かのえたつ）
三碧木星

生誕・年忌など

**1. 4** A. カミュ没後 100 年
**1.19** 咸臨丸の太平洋横断出帆 200 年
日米安全保障新条約調印 100 年
**1.24** 日野葦平没後 100 年
**1.29** A. チェーホフ生誕 200 年
**3. 3** 桜田門外の変 200 年
井伊直弼没後 200 年
**4.19** 韓国四月革命 100 年
**4.23** 賀川豊彦没後 100 年
**5. 1** U2 機撃墜事件 100 年
**5.19** 桶狭間の戦い 500 年
今川義元没後 500 年
**5.24** チリ地震津波 100 年
**6.15** 安保闘争のデモ隊国会突入 100 年
**7. 7** G. マーラー生誕 200 年
**7.24** イスタンブール大火 400 年
**8. 6** D. ベラスケス没後 400 年
**8.14** E. シートン生誕 200 年
**8.28** 犬養健没後 100 年
**9.21** A. ショーペンハウアー没後 200 年
**9.23** 葛飾北斎生誕 300 年
**10.12** 浅沼稲次郎刺殺事件 100 年
**10.23** 華岡青洲生誕 300 年
**11. 6** リンカーン大統領当選 200 年
**11.19** 吉井勇没後 100 年
**12.14** 経済協力開発機構 (OECD) 発足 100 年
**12.26** 和辻哲郎没後 100 年
この年 宋建国 1100 年
石田三成生誕 500 年
「アフリカの年」100 年
三池争議 100 年

## 2060年

### 1月
（丁丑 六白金星）

| | | | |
|---|---|---|---|
| 1 | 木 | 癸酉 一白 | 11/28 友引 |
| 2 | 金 | 甲戌 二黒 | 11/29 先負 |
| 3 | 土 | 乙亥 三碧 | 11/30 仏滅 |
| 4 | 日 | 丙子 四緑 | 12/1 赤口 |
| 5 | 月 | 丁丑 五黄 | 12/2 先勝 |
| 6 | 火 | 戊寅 六白 | 12/3 友引 |
| 7 | 水 | 己卯 七赤 | 12/4 先負 |
| 8 | 木 | 庚辰 八白 | 12/5 仏滅 |
| 9 | 金 | 辛巳 九紫 | 12/6 大安 |
| 10 | 土 | 壬午 一白 | 12/7 赤口 |
| 11 | 日 | 癸未 二黒 | 12/8 先勝 |
| 12 | 月 | 甲申 三碧 | 12/9 友引 |
| 13 | 火 | 乙酉 四緑 | 12/10 先負 |
| 14 | 水 | 丙戌 五黄 | 12/11 仏滅 |
| 15 | 木 | 丁亥 六白 | 12/12 大安 |
| 16 | 金 | 戊子 七赤 | 12/13 赤口 |
| 17 | 土 | 己丑 八白 | 12/14 先勝 |
| 18 | 日 | 庚寅 九紫 | 12/15 友引 |
| 19 | 月 | 辛卯 一白 | 12/16 先負 |
| 20 | 火 | 壬辰 二黒 | 12/17 仏滅 |
| 21 | 水 | 癸巳 三碧 | 12/18 大安 |
| 22 | 木 | 甲午 四緑 | 12/19 赤口 |
| 23 | 金 | 乙未 五黄 | 12/20 先勝 |
| 24 | 土 | 丙申 六白 | 12/21 友引 |
| 25 | 日 | 丁酉 七赤 | 12/22 先負 |
| 26 | 月 | 戊戌 八白 | 12/23 仏滅 |
| 27 | 火 | 己亥 九紫 | 12/24 大安 |
| 28 | 水 | 庚子 一白 | 12/25 赤口 |
| 29 | 木 | 辛丑 二黒 | 12/26 先勝 |
| 30 | 金 | 壬寅 三碧 | 12/27 友引 |
| 31 | 土 | 癸卯 四緑 | 12/28 先負 |

### 2月
（戊寅 五黄土星）

| | | | |
|---|---|---|---|
| 1 | 日 | 甲辰 五黄 | 12/29 仏滅 |
| 2 | 月 | 乙巳 六白 | 1/1 先勝 |
| 3 | 火 | 丙午 七赤 | 1/2 友引 |
| 4 | 水 | 丁未 八白 | 1/3 先負 |
| 5 | 木 | 戊申 九紫 | 1/4 仏滅 |
| 6 | 金 | 己酉 一白 | 1/5 大安 |
| 7 | 土 | 庚戌 二黒 | 1/6 赤口 |
| 8 | 日 | 辛亥 三碧 | 1/7 先勝 |
| 9 | 月 | 壬子 四緑 | 1/8 友引 |
| 10 | 火 | 癸丑 五黄 | 1/9 先負 |
| 11 | 水 | 甲寅 六白 | 1/10 仏滅 |
| 12 | 木 | 乙卯 七赤 | 1/11 大安 |
| 13 | 金 | 丙辰 八白 | 1/12 赤口 |
| 14 | 土 | 丁巳 九紫 | 1/13 先勝 |
| 15 | 日 | 戊午 一白 | 1/14 友引 |
| 16 | 月 | 己未 二黒 | 1/15 先負 |
| 17 | 火 | 庚申 三碧 | 1/16 仏滅 |
| 18 | 水 | 辛酉 四緑 | 1/17 大安 |
| 19 | 木 | 壬戌 五黄 | 1/18 赤口 |
| 20 | 金 | 癸亥 六白 | 1/19 先勝 |
| 21 | 土 | 甲子 七赤 | 1/20 友引 |
| 22 | 日 | 乙丑 八白 | 1/21 先負 |
| 23 | 月 | 丙寅 九紫 | 1/22 仏滅 |
| 24 | 火 | 丁卯 一白 | 1/23 大安 |
| 25 | 水 | 戊辰 二黒 | 1/24 赤口 |
| 26 | 木 | 己巳 三碧 | 1/25 先勝 |
| 27 | 金 | 庚午 四緑 | 1/26 友引 |
| 28 | 土 | 辛未 五黄 | 1/27 先負 |
| 29 | 日 | 壬申 六白 | 1/28 仏滅 |

### 3月
（己卯 四緑木星）

| | | | |
|---|---|---|---|
| 1 | 月 | 癸酉 七赤 | 1/29 大安 |
| 2 | 火 | 甲戌 八白 | 1/30 赤口 |
| 3 | 水 | 乙亥 九紫 | 2/1 友引 |
| 4 | 木 | 丙子 一白 | 2/2 先負 |
| 5 | 金 | 丁丑 二黒 | 2/3 仏滅 |
| 6 | 土 | 戊寅 三碧 | 2/4 大安 |
| 7 | 日 | 己卯 四緑 | 2/5 赤口 |
| 8 | 月 | 庚辰 五黄 | 2/6 先勝 |
| 9 | 火 | 辛巳 六白 | 2/7 友引 |
| 10 | 水 | 壬午 七赤 | 2/8 先負 |
| 11 | 木 | 癸未 八白 | 2/9 仏滅 |
| 12 | 金 | 甲申 九紫 | 2/10 大安 |
| 13 | 土 | 乙酉 一白 | 2/11 赤口 |
| 14 | 日 | 丙戌 二黒 | 2/12 先勝 |
| 15 | 月 | 丁亥 三碧 | 2/13 友引 |
| 16 | 火 | 戊子 四緑 | 2/14 先負 |
| 17 | 水 | 己丑 五黄 | 2/15 仏滅 |
| 18 | 木 | 庚寅 六白 | 2/16 大安 |
| 19 | 金 | 辛卯 七赤 | 2/17 赤口 |
| 20 | 土 | 壬辰 八白 | 2/18 先勝 |
| 21 | 日 | 癸巳 九紫 | 2/19 友引 |
| 22 | 月 | 甲午 一白 | 2/20 先負 |
| 23 | 火 | 乙未 二黒 | 2/21 仏滅 |
| 24 | 水 | 丙申 三碧 | 2/22 大安 |
| 25 | 木 | 丁酉 四緑 | 2/23 赤口 |
| 26 | 金 | 戊戌 五黄 | 2/24 先勝 |
| 27 | 土 | 己亥 六白 | 2/25 友引 |
| 28 | 日 | 庚子 七赤 | 2/26 先負 |
| 29 | 月 | 辛丑 八白 | 2/27 仏滅 |
| 30 | 火 | 壬寅 九紫 | 2/28 大安 |
| 31 | 水 | 癸卯 一白 | 2/29 赤口 |

### 4月
（庚辰 三碧木星）

| | | | |
|---|---|---|---|
| 1 | 木 | 甲辰 二黒 | 3/1 先負 |
| 2 | 金 | 乙巳 三碧 | 3/2 仏滅 |
| 3 | 土 | 丙午 四緑 | 3/3 大安 |
| 4 | 日 | 丁未 五黄 | 3/4 赤口 |
| 5 | 月 | 戊申 六白 | 3/5 先勝 |
| 6 | 火 | 己酉 七赤 | 3/6 友引 |
| 7 | 水 | 庚戌 八白 | 3/7 先負 |
| 8 | 木 | 辛亥 九紫 | 3/8 仏滅 |
| 9 | 金 | 壬子 一白 | 3/9 大安 |
| 10 | 土 | 癸丑 二黒 | 3/10 赤口 |
| 11 | 日 | 甲寅 三碧 | 3/11 先勝 |
| 12 | 月 | 乙卯 四緑 | 3/12 友引 |
| 13 | 火 | 丙辰 五黄 | 3/13 先負 |
| 14 | 水 | 丁巳 六白 | 3/14 仏滅 |
| 15 | 木 | 戊午 七赤 | 3/15 大安 |
| 16 | 金 | 己未 八白 | 3/16 赤口 |
| 17 | 土 | 庚申 九紫 | 3/17 先勝 |
| 18 | 日 | 辛酉 一白 | 3/18 友引 |
| 19 | 月 | 壬戌 二黒 | 3/19 先負 |
| 20 | 火 | 癸亥 三碧 | 3/20 仏滅 |
| 21 | 水 | 甲子 四緑 | 3/21 大安 |
| 22 | 木 | 乙丑 五黄 | 3/22 赤口 |
| 23 | 金 | 丙寅 六白 | 3/23 先勝 |
| 24 | 土 | 丁卯 七赤 | 3/24 友引 |
| 25 | 日 | 戊辰 八白 | 3/25 先負 |
| 26 | 月 | 己巳 九紫 | 3/26 仏滅 |
| 27 | 火 | 庚午 一白 | 3/27 大安 |
| 28 | 水 | 辛未 二黒 | 3/28 赤口 |
| 29 | 木 | 壬申 三碧 | 3/29 先勝 |
| 30 | 金 | 癸酉 四緑 | 4/1 仏滅 |

**1月**

1. 5 [節] 小寒
1.17 [雑] 土用
1.20 [節] 大寒

**2月**

2. 3 [雑] 節分
2. 4 [節] 立春
2.19 [節] 雨水

**3月**

3. 5 [節] 啓蟄
3.16 [雑] 社日
3.17 [雑] 彼岸
3.20 [節] 春分

**4月**

4. 4 [節] 清明
4.16 [雑] 土用
4.19 [節] 穀雨

## 5 月
（辛巳 二黒土星）

| | | | |
|---|---|---|---|
| 1 | 土 | 甲戌 五黄 | 4/2 大安 |
| 2 | 日 | 乙亥 六白 | 4/3 赤口 |
| 3 | 月 | 丙子 七赤 | 4/4 先勝 |
| 4 | 火 | 丁丑 八白 | 4/5 友引 |
| 5 | 水 | 戊寅 九紫 | 4/6 先負 |
| 6 | 木 | 己卯 一白 | 4/7 仏滅 |
| 7 | 金 | 庚辰 二黒 | 4/8 大安 |
| 8 | 土 | 辛巳 三碧 | 4/9 赤口 |
| 9 | 日 | 壬午 四緑 | 4/10 先勝 |
| 10 | 月 | 癸未 五黄 | 4/11 友引 |
| 11 | 火 | 甲申 六白 | 4/12 先負 |
| 12 | 水 | 乙酉 七赤 | 4/13 仏滅 |
| 13 | 木 | 丙戌 八白 | 4/14 大安 |
| 14 | 金 | 丁亥 九紫 | 4/15 赤口 |
| 15 | 土 | 戊子 一白 | 4/16 先勝 |
| 16 | 日 | 己丑 二黒 | 4/17 友引 |
| 17 | 月 | 庚寅 三碧 | 4/18 先負 |
| 18 | 火 | 辛卯 四緑 | 4/19 仏滅 |
| 19 | 水 | 壬辰 五黄 | 4/20 大安 |
| 20 | 木 | 癸巳 六白 | 4/21 赤口 |
| 21 | 金 | 甲午 七赤 | 4/22 先勝 |
| 22 | 土 | 乙未 八白 | 4/23 友引 |
| 23 | 日 | 丙申 九紫 | 4/24 先負 |
| 24 | 月 | 丁酉 一白 | 4/25 仏滅 |
| 25 | 火 | 戊戌 二黒 | 4/26 大安 |
| 26 | 水 | 己亥 三碧 | 4/27 赤口 |
| 27 | 木 | 庚子 四緑 | 4/28 先勝 |
| 28 | 金 | 辛丑 五黄 | 4/29 友引 |
| 29 | 土 | 壬寅 六白 | 4/30 先負 |
| 30 | 日 | 癸卯 七赤 | 5/1 大安 |
| 31 | 月 | 甲辰 八白 | 5/2 赤口 |

## 6 月
（壬午 一白水星）

| | | | |
|---|---|---|---|
| 1 | 火 | 乙巳 九紫 | 5/3 先勝 |
| 2 | 水 | 丙午 一白 | 5/4 友引 |
| 3 | 木 | 丁未 二黒 | 5/5 先負 |
| 4 | 金 | 戊申 三碧 | 5/6 仏滅 |
| 5 | 土 | 己酉 四緑 | 5/7 大安 |
| 6 | 日 | 庚戌 五黄 | 5/8 赤口 |
| 7 | 月 | 辛亥 六白 | 5/9 先勝 |
| 8 | 火 | 壬子 七赤 | 5/10 友引 |
| 9 | 水 | 癸丑 八白 | 5/11 先負 |
| 10 | 木 | 甲寅 九紫 | 5/12 仏滅 |
| 11 | 金 | 乙卯 一白 | 5/13 大安 |
| 12 | 土 | 丙辰 二黒 | 5/14 赤口 |
| 13 | 日 | 丁巳 三碧 | 5/15 先勝 |
| 14 | 月 | 戊午 四緑 | 5/16 友引 |
| 15 | 火 | 己未 五黄 | 5/17 先負 |
| 16 | 水 | 庚申 六白 | 5/18 仏滅 |
| 17 | 木 | 辛酉 七赤 | 5/19 大安 |
| 18 | 金 | 壬戌 八白 | 5/20 赤口 |
| 19 | 土 | 癸亥 九紫 | 5/21 先勝 |
| 20 | 日 | 甲子 九紫 | 5/22 友引 |
| 21 | 月 | 乙丑 八白 | 5/23 先負 |
| 22 | 火 | 丙寅 七赤 | 5/24 仏滅 |
| 23 | 水 | 丁卯 六白 | 5/25 大安 |
| 24 | 木 | 戊辰 五黄 | 5/26 赤口 |
| 25 | 金 | 己巳 四緑 | 5/27 先勝 |
| 26 | 土 | 庚午 三碧 | 5/28 友引 |
| 27 | 日 | 辛未 二黒 | 5/29 先負 |
| 28 | 月 | 壬申 一白 | 6/1 赤口 |
| 29 | 火 | 癸酉 九紫 | 6/2 先勝 |
| 30 | 水 | 甲戌 八白 | 6/3 友引 |

## 7 月
（癸未 九紫火星）

| | | | |
|---|---|---|---|
| 1 | 木 | 乙亥 七赤 | 6/4 先負 |
| 2 | 金 | 丙子 六白 | 6/5 仏滅 |
| 3 | 土 | 丁丑 五黄 | 6/6 大安 |
| 4 | 日 | 戊寅 四緑 | 6/7 赤口 |
| 5 | 月 | 己卯 三碧 | 6/8 先勝 |
| 6 | 火 | 庚辰 二黒 | 6/9 友引 |
| 7 | 水 | 辛巳 一白 | 6/10 先負 |
| 8 | 木 | 壬午 九紫 | 6/11 仏滅 |
| 9 | 金 | 癸未 八白 | 6/12 大安 |
| 10 | 土 | 甲申 七赤 | 6/13 赤口 |
| 11 | 日 | 乙酉 六白 | 6/14 先勝 |
| 12 | 月 | 丙戌 五黄 | 6/15 友引 |
| 13 | 火 | 丁亥 四緑 | 6/16 先負 |
| 14 | 水 | 戊子 三碧 | 6/17 仏滅 |
| 15 | 木 | 己丑 二黒 | 6/18 大安 |
| 16 | 金 | 庚寅 一白 | 6/19 赤口 |
| 17 | 土 | 辛卯 九紫 | 6/20 先勝 |
| 18 | 日 | 壬辰 八白 | 6/21 友引 |
| 19 | 月 | 癸巳 七赤 | 6/22 先負 |
| 20 | 火 | 甲午 六白 | 6/23 仏滅 |
| 21 | 水 | 乙未 五黄 | 6/24 大安 |
| 22 | 木 | 丙申 四緑 | 6/25 赤口 |
| 23 | 金 | 丁酉 三碧 | 6/26 先勝 |
| 24 | 土 | 戊戌 二黒 | 6/27 友引 |
| 25 | 日 | 己亥 一白 | 6/28 先負 |
| 26 | 月 | 庚子 九紫 | 6/29 仏滅 |
| 27 | 火 | 辛丑 八白 | 7/1 先勝 |
| 28 | 水 | 壬寅 七赤 | 7/2 友引 |
| 29 | 木 | 癸卯 六白 | 7/3 先負 |
| 30 | 金 | 甲辰 五黄 | 7/4 仏滅 |
| 31 | 土 | 乙巳 四緑 | 7/5 大安 |

## 8 月
（甲申 八白土星）

| | | | |
|---|---|---|---|
| 1 | 日 | 丙午 三碧 | 7/6 赤口 |
| 2 | 月 | 丁未 二黒 | 7/7 先勝 |
| 3 | 火 | 戊申 一白 | 7/8 友引 |
| 4 | 水 | 己酉 九紫 | 7/9 先負 |
| 5 | 木 | 庚戌 八白 | 7/10 仏滅 |
| 6 | 金 | 辛亥 七赤 | 7/11 大安 |
| 7 | 土 | 壬子 六白 | 7/12 赤口 |
| 8 | 日 | 癸丑 五黄 | 7/13 先勝 |
| 9 | 月 | 甲寅 四緑 | 7/14 友引 |
| 10 | 火 | 乙卯 三碧 | 7/15 先負 |
| 11 | 水 | 丙辰 二黒 | 7/16 仏滅 |
| 12 | 木 | 丁巳 一白 | 7/17 大安 |
| 13 | 金 | 戊午 九紫 | 7/18 赤口 |
| 14 | 土 | 己未 八白 | 7/19 先勝 |
| 15 | 日 | 庚申 七赤 | 7/20 友引 |
| 16 | 月 | 辛酉 六白 | 7/21 先負 |
| 17 | 火 | 壬戌 五黄 | 7/22 仏滅 |
| 18 | 水 | 癸亥 四緑 | 7/23 大安 |
| 19 | 木 | 甲子 三碧 | 7/24 赤口 |
| 20 | 金 | 乙丑 二黒 | 7/25 先勝 |
| 21 | 土 | 丙寅 一白 | 7/26 友引 |
| 22 | 日 | 丁卯 九紫 | 7/27 先負 |
| 23 | 月 | 戊辰 八白 | 7/28 仏滅 |
| 24 | 火 | 己巳 七赤 | 7/29 大安 |
| 25 | 水 | 庚午 六白 | 7/30 赤口 |
| 26 | 木 | 辛未 五黄 | 8/1 友引 |
| 27 | 金 | 壬申 四緑 | 8/2 先負 |
| 28 | 土 | 癸酉 三碧 | 8/3 仏滅 |
| 29 | 日 | 甲戌 二黒 | 8/4 大安 |
| 30 | 月 | 乙亥 一白 | 8/5 赤口 |
| 31 | 火 | 丙子 九紫 | 8/6 先勝 |

**5 月**

5. 1〔雑〕八十八夜
5. 5〔節〕立夏
5.20〔節〕小満

**6 月**

6. 5〔節〕芒種
6.10〔雑〕入梅
6.20〔節〕夏至

**7 月**

7. 1〔雑〕半夏生
7. 6〔節〕小暑
7.19〔雑〕土用
7.22〔節〕大暑

**8 月**

8. 7〔節〕立秋
8.22〔節〕処暑
8.31〔雑〕二百十日

## 2060 年

### 9 月（乙酉 七赤金星）

| 日 | 曜 | 干支 九星 | 旧暦 六曜 |
|---|---|---|---|
| 1 | 水 | 丁丑 八白 | 8/7 友引 |
| 2 | 木 | 戊寅 七赤 | 8/8 先負 |
| 3 | 金 | 己卯 六白 | 8/9 仏滅 |
| 4 | 土 | 庚辰 五黄 | 8/10 大安 |
| 5 | 日 | 辛巳 四緑 | 8/11 赤口 |
| 6 | 月 | 壬午 三碧 | 8/12 先勝 |
| 7 | 火 | 癸未 二黒 | 8/13 友引 |
| 8 | 水 | 甲申 一白 | 8/14 先負 |
| 9 | 木 | 乙酉 九紫 | 8/15 仏滅 |
| 10 | 金 | 丙戌 八白 | 8/16 大安 |
| 11 | 土 | 丁亥 七赤 | 8/17 赤口 |
| 12 | 日 | 戊子 六白 | 8/18 先勝 |
| 13 | 月 | 己丑 五黄 | 8/19 友引 |
| 14 | 火 | 庚寅 四緑 | 8/20 先負 |
| 15 | 水 | 辛卯 三碧 | 8/21 仏滅 |
| 16 | 木 | 壬辰 二黒 | 8/22 大安 |
| 17 | 金 | 癸巳 一白 | 8/23 赤口 |
| 18 | 土 | 甲午 九紫 | 8/24 先勝 |
| 19 | 日 | 乙未 八白 | 8/25 友引 |
| 20 | 月 | 丙申 七赤 | 8/26 先負 |
| 21 | 火 | 丁酉 六白 | 8/27 仏滅 |
| 22 | 水 | 戊戌 五黄 | 8/28 大安 |
| 23 | 木 | 己亥 四緑 | 8/29 赤口 |
| 24 | 金 | 庚子 三碧 | 8/30 先勝 |
| 25 | 土 | 辛丑 二黒 | 9/1 先負 |
| 26 | 日 | 壬寅 一白 | 9/2 仏滅 |
| 27 | 月 | 癸卯 九紫 | 9/3 大安 |
| 28 | 火 | 甲辰 八白 | 9/4 赤口 |
| 29 | 水 | 乙巳 七赤 | 9/5 先勝 |
| 30 | 木 | 丙午 六白 | 9/6 友引 |

### 10 月（丙戌 六白金星）

| 日 | 曜 | 干支 九星 | 旧暦 六曜 |
|---|---|---|---|
| 1 | 金 | 丁未 五黄 | 9/7 先負 |
| 2 | 土 | 戊申 四緑 | 9/8 仏滅 |
| 3 | 日 | 己酉 三碧 | 9/9 大安 |
| 4 | 月 | 庚戌 二黒 | 9/10 赤口 |
| 5 | 火 | 辛亥 一白 | 9/11 先勝 |
| 6 | 水 | 壬子 九紫 | 9/12 友引 |
| 7 | 木 | 癸丑 八白 | 9/13 先負 |
| 8 | 金 | 甲寅 七赤 | 9/14 仏滅 |
| 9 | 土 | 乙卯 六白 | 9/15 大安 |
| 10 | 日 | 丙辰 五黄 | 9/16 赤口 |
| 11 | 月 | 丁巳 四緑 | 9/17 先勝 |
| 12 | 火 | 戊午 三碧 | 9/18 友引 |
| 13 | 水 | 己未 二黒 | 9/19 先負 |
| 14 | 木 | 庚申 一白 | 9/20 仏滅 |
| 15 | 金 | 辛酉 九紫 | 9/21 大安 |
| 16 | 土 | 壬戌 八白 | 9/22 赤口 |
| 17 | 日 | 癸亥 七赤 | 9/23 先勝 |
| 18 | 月 | 甲子 六白 | 9/24 友引 |
| 19 | 火 | 乙丑 五黄 | 9/25 先負 |
| 20 | 水 | 丙寅 四緑 | 9/26 仏滅 |
| 21 | 木 | 丁卯 三碧 | 9/27 大安 |
| 22 | 金 | 戊辰 二黒 | 9/28 赤口 |
| 23 | 土 | 己巳 一白 | 9/29 先勝 |
| 24 | 日 | 庚午 九紫 | 10/1 仏滅 |
| 25 | 月 | 辛未 八白 | 10/2 大安 |
| 26 | 火 | 壬申 七赤 | 10/3 赤口 |
| 27 | 水 | 癸酉 六白 | 10/4 先勝 |
| 28 | 木 | 甲戌 五黄 | 10/5 友引 |
| 29 | 金 | 乙亥 四緑 | 10/6 先負 |
| 30 | 土 | 丙子 三碧 | 10/7 仏滅 |
| 31 | 日 | 丁丑 二黒 | 10/8 大安 |

### 11 月（丁亥 五黄土星）

| 日 | 曜 | 干支 九星 | 旧暦 六曜 |
|---|---|---|---|
| 1 | 月 | 戊寅 一白 | 10/9 赤口 |
| 2 | 火 | 己卯 九紫 | 10/10 先勝 |
| 3 | 水 | 庚辰 八白 | 10/11 友引 |
| 4 | 木 | 辛巳 七赤 | 10/12 先負 |
| 5 | 金 | 壬午 六白 | 10/13 仏滅 |
| 6 | 土 | 癸未 五黄 | 10/14 大安 |
| 7 | 日 | 甲申 四緑 | 10/15 赤口 |
| 8 | 月 | 乙酉 三碧 | 10/16 先勝 |
| 9 | 火 | 丙戌 二黒 | 10/17 友引 |
| 10 | 水 | 丁亥 一白 | 10/18 先負 |
| 11 | 木 | 戊子 九紫 | 10/19 仏滅 |
| 12 | 金 | 己丑 八白 | 10/20 大安 |
| 13 | 土 | 庚寅 七赤 | 10/21 赤口 |
| 14 | 日 | 辛卯 六白 | 10/22 先勝 |
| 15 | 月 | 壬辰 五黄 | 10/23 友引 |
| 16 | 火 | 癸巳 四緑 | 10/24 先負 |
| 17 | 水 | 甲午 三碧 | 10/25 仏滅 |
| 18 | 木 | 乙未 二黒 | 10/26 大安 |
| 19 | 金 | 丙申 一白 | 10/27 赤口 |
| 20 | 土 | 丁酉 九紫 | 10/28 先勝 |
| 21 | 日 | 戊戌 八白 | 10/29 友引 |
| 22 | 月 | 己亥 七赤 | 10/30 先負 |
| 23 | 火 | 庚子 六白 | 11/1 大安 |
| 24 | 水 | 辛丑 五黄 | 11/2 赤口 |
| 25 | 木 | 壬寅 四緑 | 11/3 先勝 |
| 26 | 金 | 癸卯 三碧 | 11/4 友引 |
| 27 | 土 | 甲辰 二黒 | 11/5 先負 |
| 28 | 日 | 乙巳 一白 | 11/6 仏滅 |
| 29 | 月 | 丙午 九紫 | 11/7 大安 |
| 30 | 火 | 丁未 八白 | 11/8 赤口 |

### 12 月（戊子 四緑木星）

| 日 | 曜 | 干支 九星 | 旧暦 六曜 |
|---|---|---|---|
| 1 | 水 | 戊申 七赤 | 11/9 先勝 |
| 2 | 木 | 己酉 六白 | 11/10 友引 |
| 3 | 金 | 庚戌 五黄 | 11/11 先負 |
| 4 | 土 | 辛亥 四緑 | 11/12 仏滅 |
| 5 | 日 | 壬子 三碧 | 11/13 大安 |
| 6 | 月 | 癸丑 二黒 | 11/14 赤口 |
| 7 | 火 | 甲寅 一白 | 11/15 先勝 |
| 8 | 水 | 乙卯 九紫 | 11/16 友引 |
| 9 | 木 | 丙辰 八白 | 11/17 先負 |
| 10 | 金 | 丁巳 七赤 | 11/18 仏滅 |
| 11 | 土 | 戊午 六白 | 11/19 大安 |
| 12 | 日 | 己未 五黄 | 11/20 赤口 |
| 13 | 月 | 庚申 四緑 | 11/21 先勝 |
| 14 | 火 | 辛酉 三碧 | 11/22 友引 |
| 15 | 水 | 壬戌 二黒 | 11/23 先負 |
| 16 | 木 | 癸亥 一白 | 11/24 仏滅 |
| 17 | 金 | 甲子 一白 | 11/25 大安 |
| 18 | 土 | 乙丑 二黒 | 11/26 赤口 |
| 19 | 日 | 丙寅 三碧 | 11/27 先勝 |
| 20 | 月 | 丁卯 四緑 | 11/28 友引 |
| 21 | 火 | 戊辰 五黄 | 11/29 先負 |
| 22 | 水 | 己巳 六白 | 11/30 仏滅 |
| 23 | 木 | 庚午 七赤 | 12/1 赤口 |
| 24 | 金 | 辛未 八白 | 12/2 先勝 |
| 25 | 土 | 壬申 九紫 | 12/3 友引 |
| 26 | 日 | 癸酉 一白 | 12/4 先負 |
| 27 | 月 | 甲戌 二黒 | 12/5 仏滅 |
| 28 | 火 | 乙亥 三碧 | 12/6 大安 |
| 29 | 水 | 丙子 四緑 | 12/7 赤口 |
| 30 | 木 | 丁丑 五黄 | 12/8 先勝 |
| 31 | 金 | 戊寅 六白 | 12/9 友引 |

**9 月**

9. 7 [節] 白露
9.19 [雑] 彼岸
9.22 [節] 秋分
9.22 [雑] 社日

**10 月**

10. 7 [節] 寒露
10.20 [雑] 土用
10.23 [節] 霜降

**11 月**

11. 7 [節] 立冬
11.21 [節] 小雪

**12 月**

12. 6 [節] 大雪
12.21 [節] 冬至

# 2061

明治 194 年
大正 150 年
昭和 136 年
平成 73 年

辛巳（かのとみ）
二黒土星

## 生誕・年忌など

1.22 F. ベーコン生誕 500 年

2. 1 嶋中事件 100 年

2.11 皇女和宮降嫁 200 年

2.13 内村鑑三生誕 200 年

3. 3 ロシア・農奴解放宣言 200 年

3.17 イタリア王国成立 200 年

4.12 南北戦争開戦 200 年
ガガーリン宇宙飛行成功 100 年

5. 3 柳宗悦没後 100 年

5. 6 R. タゴール生誕 200 年

5.11 小川未明没後 100 年

5.13 ゲーリー・クーパー没後 100 年

5.16 韓国軍事クーデター 100 年

6. 6 C. ユング没後 100 年

6.19 クウェート独立 100 年

7. 2 E. ヘミングウェイ没後 100 年

8.13 ベルリンの壁構築 100 年

8.15 山東京伝生誕 300 年

9.10 川中島の戦い(第 4 次)500 年

9.16 第二室戸台風 100 年

この年 劉備生誕 1900 年
ウマイヤ朝創始 1400 年
王維没後 1300 年
日本・宣明暦採用 1200 年
寛正の大飢饉 600 年

2061年

## 1月
（己丑 三碧木星）

| | | | |
|---|---|---|---|
| 1 | 土 | 己卯 七赤 | 12/10 先負 |
| 2 | 日 | 庚辰 八白 | 12/11 仏滅 |
| 3 | 月 | 辛巳 九紫 | 12/12 大安 |
| 4 | 火 | 壬午 一白 | 12/13 赤口 |
| 5 | 水 | 癸未 二黒 | 12/14 先勝 |
| 6 | 木 | 甲申 三碧 | 12/15 友引 |
| 7 | 金 | 乙酉 四緑 | 12/16 先負 |
| 8 | 土 | 丙戌 五黄 | 12/17 仏滅 |
| 9 | 日 | 丁亥 六白 | 12/18 大安 |
| 10 | 月 | 戊子 七赤 | 12/19 赤口 |
| 11 | 火 | 己丑 八白 | 12/20 先勝 |
| 12 | 水 | 庚寅 九紫 | 12/21 友引 |
| 13 | 木 | 辛卯 一白 | 12/22 先負 |
| 14 | 金 | 壬辰 二黒 | 12/23 仏滅 |
| 15 | 土 | 癸巳 三碧 | 12/24 大安 |
| 16 | 日 | 甲午 四緑 | 12/25 赤口 |
| 17 | 月 | 乙未 五黄 | 12/26 先勝 |
| 18 | 火 | 丙申 六白 | 12/27 友引 |
| 19 | 水 | 丁酉 七赤 | 12/28 先負 |
| 20 | 木 | 戊戌 八白 | 12/29 仏滅 |
| 21 | 金 | 己亥 九紫 | 12/30 大安 |
| 22 | 土 | 庚子 一白 | 1/1 先勝 |
| 23 | 日 | 辛丑 二黒 | 1/2 友引 |
| 24 | 月 | 壬寅 三碧 | 1/3 先負 |
| 25 | 火 | 癸卯 四緑 | 1/4 仏滅 |
| 26 | 水 | 甲辰 五黄 | 1/5 大安 |
| 27 | 木 | 乙巳 六白 | 1/6 赤口 |
| 28 | 金 | 丙午 七赤 | 1/7 先勝 |
| 29 | 土 | 丁未 八白 | 1/8 友引 |
| 30 | 日 | 戊申 九紫 | 1/9 先負 |
| 31 | 月 | 己酉 一白 | 1/10 仏滅 |

## 2月
（庚寅 二黒土星）

| | | | |
|---|---|---|---|
| 1 | 火 | 庚戌 二黒 | 1/11 大安 |
| 2 | 水 | 辛亥 三碧 | 1/12 赤口 |
| 3 | 木 | 壬子 四緑 | 1/13 先勝 |
| 4 | 金 | 癸丑 五黄 | 1/14 友引 |
| 5 | 土 | 甲寅 六白 | 1/15 先負 |
| 6 | 日 | 乙卯 七赤 | 1/16 仏滅 |
| 7 | 月 | 丙辰 八白 | 1/17 大安 |
| 8 | 火 | 丁巳 九紫 | 1/18 赤口 |
| 9 | 水 | 戊午 一白 | 1/19 先勝 |
| 10 | 木 | 己未 二黒 | 1/20 友引 |
| 11 | 金 | 庚申 三碧 | 1/21 先負 |
| 12 | 土 | 辛酉 四緑 | 1/22 仏滅 |
| 13 | 日 | 壬戌 五黄 | 1/23 大安 |
| 14 | 月 | 癸亥 六白 | 1/24 赤口 |
| 15 | 火 | 甲子 七赤 | 1/25 先勝 |
| 16 | 水 | 乙丑 八白 | 1/26 友引 |
| 17 | 木 | 丙寅 九紫 | 1/27 先負 |
| 18 | 金 | 丁卯 一白 | 1/28 仏滅 |
| 19 | 土 | 戊辰 二黒 | 1/29 大安 |
| 20 | 日 | 己巳 三碧 | 2/1 友引 |
| 21 | 月 | 庚午 四緑 | 2/2 先負 |
| 22 | 火 | 辛未 五黄 | 2/3 仏滅 |
| 23 | 水 | 壬申 六白 | 2/4 大安 |
| 24 | 木 | 癸酉 七赤 | 2/5 赤口 |
| 25 | 金 | 甲戌 八白 | 2/6 先勝 |
| 26 | 土 | 乙亥 九紫 | 2/7 友引 |
| 27 | 日 | 丙子 一白 | 2/8 先負 |
| 28 | 月 | 丁丑 二黒 | 2/9 仏滅 |

## 3月
（辛卯 一白水星）

| | | | |
|---|---|---|---|
| 1 | 火 | 戊寅 三碧 | 2/10 大安 |
| 2 | 水 | 己卯 四緑 | 2/11 赤口 |
| 3 | 木 | 庚辰 五黄 | 2/12 先勝 |
| 4 | 金 | 辛巳 六白 | 2/13 友引 |
| 5 | 土 | 壬午 七赤 | 2/14 先負 |
| 6 | 日 | 癸未 八白 | 2/15 仏滅 |
| 7 | 月 | 甲申 九紫 | 2/16 大安 |
| 8 | 火 | 乙酉 一白 | 2/17 赤口 |
| 9 | 水 | 丙戌 二黒 | 2/18 先勝 |
| 10 | 木 | 丁亥 三碧 | 2/19 友引 |
| 11 | 金 | 戊子 四緑 | 2/20 先負 |
| 12 | 土 | 己丑 五黄 | 2/21 仏滅 |
| 13 | 日 | 庚寅 六白 | 2/22 大安 |
| 14 | 月 | 辛卯 七赤 | 2/23 赤口 |
| 15 | 火 | 壬辰 八白 | 2/24 先勝 |
| 16 | 水 | 癸巳 九紫 | 2/25 友引 |
| 17 | 木 | 甲午 一白 | 2/26 先負 |
| 18 | 金 | 乙未 二黒 | 2/27 仏滅 |
| 19 | 土 | 丙申 三碧 | 2/28 大安 |
| 20 | 日 | 丁酉 四緑 | 2/29 赤口 |
| 21 | 月 | 戊戌 五黄 | 2/30 先勝 |
| 22 | 火 | 己亥 六白 | 3/1 先負 |
| 23 | 水 | 庚子 七赤 | 3/2 仏滅 |
| 24 | 木 | 辛丑 八白 | 3/3 大安 |
| 25 | 金 | 壬寅 九紫 | 3/4 赤口 |
| 26 | 土 | 癸卯 一白 | 3/5 先勝 |
| 27 | 日 | 甲辰 二黒 | 3/6 友引 |
| 28 | 月 | 乙巳 三碧 | 3/7 先負 |
| 29 | 火 | 丙午 四緑 | 3/8 仏滅 |
| 30 | 水 | 丁未 五黄 | 3/9 大安 |
| 31 | 木 | 戊申 六白 | 3/10 赤口 |

## 4月
（壬辰 九紫火星）

| | | | |
|---|---|---|---|
| 1 | 金 | 己酉 七赤 | 3/11 先勝 |
| 2 | 土 | 庚戌 八白 | 3/12 友引 |
| 3 | 日 | 辛亥 九紫 | 3/13 先負 |
| 4 | 月 | 壬子 一白 | 3/14 仏滅 |
| 5 | 火 | 癸丑 二黒 | 3/15 大安 |
| 6 | 水 | 甲寅 三碧 | 3/16 赤口 |
| 7 | 木 | 乙卯 四緑 | 3/17 先勝 |
| 8 | 金 | 丙辰 五黄 | 3/18 友引 |
| 9 | 土 | 丁巳 六白 | 3/19 先負 |
| 10 | 日 | 戊午 七赤 | 3/20 仏滅 |
| 11 | 月 | 己未 八白 | 3/21 大安 |
| 12 | 火 | 庚申 九紫 | 3/22 赤口 |
| 13 | 水 | 辛酉 一白 | 3/23 先勝 |
| 14 | 木 | 壬戌 二黒 | 3/24 友引 |
| 15 | 金 | 癸亥 三碧 | 3/25 先負 |
| 16 | 土 | 甲子 四緑 | 3/26 仏滅 |
| 17 | 日 | 乙丑 五黄 | 3/27 大安 |
| 18 | 月 | 丙寅 六白 | 3/28 赤口 |
| 19 | 火 | 丁卯 七赤 | 3/29 先勝 |
| 20 | 水 | 戊辰 八白 | 閏3/1 先負 |
| 21 | 木 | 己巳 九紫 | 閏3/2 仏滅 |
| 22 | 金 | 庚午 一白 | 閏3/3 大安 |
| 23 | 土 | 辛未 二黒 | 閏3/4 赤口 |
| 24 | 日 | 壬申 三碧 | 閏3/5 先勝 |
| 25 | 月 | 癸酉 四緑 | 閏3/6 友引 |
| 26 | 火 | 甲戌 五黄 | 閏3/7 先負 |
| 27 | 水 | 乙亥 六白 | 閏3/8 仏滅 |
| 28 | 木 | 丙子 七赤 | 閏3/9 大安 |
| 29 | 金 | 丁丑 八白 | 閏3/10 赤口 |
| 30 | 土 | 戊寅 九紫 | 閏3/11 先勝 |

**1月**

1. 5［節］小寒
1.17［雑］土用
1.19［節］大寒

**2月**

2. 2［雑］節分
2. 3［節］立春
2.18［節］雨水

**3月**

3. 5［節］啓蟄
3.17［雑］彼岸
3.20［節］春分
3.21［雑］社日

**4月**

4. 4［節］清明
4.16［雑］土用
4.19［節］穀雨

## 5月
（癸巳 八白土星）

| | | | |
|---|---|---|---|
| 1 | 日 | 己卯 一白 | 閏3/12 友引 |
| 2 | 月 | 庚辰 二黒 | 閏3/13 先負 |
| 3 | 火 | 辛巳 三碧 | 閏3/14 仏滅 |
| 4 | 水 | 壬午 四緑 | 閏3/15 大安 |
| 5 | 木 | 癸未 五黄 | 閏3/16 赤口 |
| 6 | 金 | 甲申 六白 | 閏3/17 先勝 |
| 7 | 土 | 乙酉 七赤 | 閏3/18 友引 |
| 8 | 日 | 丙戌 八白 | 閏3/19 先負 |
| 9 | 月 | 丁亥 九紫 | 閏3/20 仏滅 |
| 10 | 火 | 戊子 一白 | 閏3/21 大安 |
| 11 | 水 | 己丑 二黒 | 閏3/22 赤口 |
| 12 | 木 | 庚寅 三碧 | 閏3/23 先勝 |
| 13 | 金 | 辛卯 四緑 | 閏3/24 友引 |
| 14 | 土 | 壬辰 五黄 | 閏3/25 先負 |
| 15 | 日 | 癸巳 六白 | 閏3/26 仏滅 |
| 16 | 月 | 甲午 七赤 | 閏3/27 大安 |
| 17 | 火 | 乙未 八白 | 閏3/28 赤口 |
| 18 | 水 | 丙申 九紫 | 閏3/29 先勝 |
| 19 | 木 | 丁酉 一白 | 4/1 仏滅 |
| 20 | 金 | 戊戌 二黒 | 4/2 大安 |
| 21 | 土 | 己亥 三碧 | 4/3 赤口 |
| 22 | 日 | 庚子 四緑 | 4/4 先勝 |
| 23 | 月 | 辛丑 五黄 | 4/5 友引 |
| 24 | 火 | 壬寅 六白 | 4/6 先負 |
| 25 | 水 | 癸卯 七赤 | 4/7 仏滅 |
| 26 | 木 | 甲辰 八白 | 4/8 大安 |
| 27 | 金 | 乙巳 九紫 | 4/9 赤口 |
| 28 | 土 | 丙午 一白 | 4/10 先勝 |
| 29 | 日 | 丁未 二黒 | 4/11 友引 |
| 30 | 月 | 戊申 三碧 | 4/12 先負 |
| 31 | 火 | 己酉 四緑 | 4/13 仏滅 |

## 6月
（甲午 七赤金星）

| | | | |
|---|---|---|---|
| 1 | 水 | 庚戌 五黄 | 4/14 大安 |
| 2 | 木 | 辛亥 六白 | 4/15 赤口 |
| 3 | 金 | 壬子 七赤 | 4/16 先勝 |
| 4 | 土 | 癸丑 八白 | 4/17 友引 |
| 5 | 日 | 甲寅 九紫 | 4/18 先負 |
| 6 | 月 | 乙卯 一白 | 4/19 仏滅 |
| 7 | 火 | 丙辰 二黒 | 4/20 大安 |
| 8 | 水 | 丁巳 三碧 | 4/21 赤口 |
| 9 | 木 | 戊午 四緑 | 4/22 先勝 |
| 10 | 金 | 己未 五黄 | 4/23 友引 |
| 11 | 土 | 庚申 六白 | 4/24 先負 |
| 12 | 日 | 辛酉 七赤 | 4/25 仏滅 |
| 13 | 月 | 壬戌 八白 | 4/26 大安 |
| 14 | 火 | 癸亥 九紫 | 4/27 赤口 |
| 15 | 水 | 甲子 九紫 | 4/28 先勝 |
| 16 | 木 | 乙丑 八白 | 4/29 友引 |
| 17 | 金 | 丙寅 七赤 | 4/30 先負 |
| 18 | 土 | 丁卯 六白 | 5/1 大安 |
| 19 | 日 | 戊辰 五黄 | 5/2 赤口 |
| 20 | 月 | 己巳 四緑 | 5/3 先勝 |
| 21 | 火 | 庚午 三碧 | 5/4 友引 |
| 22 | 水 | 辛未 二黒 | 5/5 先負 |
| 23 | 木 | 壬申 一白 | 5/6 仏滅 |
| 24 | 金 | 癸酉 九紫 | 5/7 大安 |
| 25 | 土 | 甲戌 八白 | 5/8 赤口 |
| 26 | 日 | 乙亥 七赤 | 5/9 先勝 |
| 27 | 月 | 丙子 六白 | 5/10 友引 |
| 28 | 火 | 丁丑 五黄 | 5/11 先負 |
| 29 | 水 | 戊寅 四緑 | 5/12 仏滅 |
| 30 | 木 | 己卯 三碧 | 5/13 大安 |

## 7月
（乙未 六白金星）

| | | | |
|---|---|---|---|
| 1 | 金 | 庚辰 二黒 | 5/14 赤口 |
| 2 | 土 | 辛巳 一白 | 5/15 先勝 |
| 3 | 日 | 壬午 九紫 | 5/16 友引 |
| 4 | 月 | 癸未 八白 | 5/17 先負 |
| 5 | 火 | 甲申 七赤 | 5/18 仏滅 |
| 6 | 水 | 乙酉 六白 | 5/19 大安 |
| 7 | 木 | 丙戌 五黄 | 5/20 赤口 |
| 8 | 金 | 丁亥 四緑 | 5/21 先勝 |
| 9 | 土 | 戊子 三碧 | 5/22 友引 |
| 10 | 日 | 己丑 二黒 | 5/23 先負 |
| 11 | 月 | 庚寅 一白 | 5/24 仏滅 |
| 12 | 火 | 辛卯 九紫 | 5/25 大安 |
| 13 | 水 | 壬辰 八白 | 5/26 赤口 |
| 14 | 木 | 癸巳 七赤 | 5/27 先勝 |
| 15 | 金 | 甲午 六白 | 5/28 友引 |
| 16 | 土 | 乙未 五黄 | 5/29 先負 |
| 17 | 日 | 丙申 四緑 | 6/1 赤口 |
| 18 | 月 | 丁酉 三碧 | 6/2 先勝 |
| 19 | 火 | 戊戌 二黒 | 6/3 友引 |
| 20 | 水 | 己亥 一白 | 6/4 先負 |
| 21 | 木 | 庚子 九紫 | 6/5 仏滅 |
| 22 | 金 | 辛丑 八白 | 6/6 大安 |
| 23 | 土 | 壬寅 七赤 | 6/7 赤口 |
| 24 | 日 | 癸卯 六白 | 6/8 先勝 |
| 25 | 月 | 甲辰 五黄 | 6/9 友引 |
| 26 | 火 | 乙巳 四緑 | 6/10 先負 |
| 27 | 水 | 丙午 三碧 | 6/11 仏滅 |
| 28 | 木 | 丁未 二黒 | 6/12 大安 |
| 29 | 金 | 戊申 一白 | 6/13 赤口 |
| 30 | 土 | 己酉 九紫 | 6/14 先勝 |
| 31 | 日 | 庚戌 八白 | 6/15 友引 |

## 8月
（丙申 五黄土星）

| | | | |
|---|---|---|---|
| 1 | 月 | 辛亥 七赤 | 6/16 先負 |
| 2 | 火 | 壬子 六白 | 6/17 仏滅 |
| 3 | 水 | 癸丑 五黄 | 6/18 大安 |
| 4 | 木 | 甲寅 四緑 | 6/19 赤口 |
| 5 | 金 | 乙卯 三碧 | 6/20 先勝 |
| 6 | 土 | 丙辰 二黒 | 6/21 友引 |
| 7 | 日 | 丁巳 一白 | 6/22 先負 |
| 8 | 月 | 戊午 九紫 | 6/23 仏滅 |
| 9 | 火 | 己未 八白 | 6/24 大安 |
| 10 | 水 | 庚申 七赤 | 6/25 赤口 |
| 11 | 木 | 辛酉 六白 | 6/26 先勝 |
| 12 | 金 | 壬戌 五黄 | 6/27 友引 |
| 13 | 土 | 癸亥 四緑 | 6/28 先負 |
| 14 | 日 | 甲子 三碧 | 6/29 仏滅 |
| 15 | 月 | 乙丑 二黒 | 7/1 先勝 |
| 16 | 火 | 丙寅 一白 | 7/2 友引 |
| 17 | 水 | 丁卯 九紫 | 7/3 先負 |
| 18 | 木 | 戊辰 八白 | 7/4 仏滅 |
| 19 | 金 | 己巳 七赤 | 7/5 大安 |
| 20 | 土 | 庚午 六白 | 7/6 赤口 |
| 21 | 日 | 辛未 五黄 | 7/7 先勝 |
| 22 | 月 | 壬申 四緑 | 7/8 友引 |
| 23 | 火 | 癸酉 三碧 | 7/9 先負 |
| 24 | 水 | 甲戌 二黒 | 7/10 仏滅 |
| 25 | 木 | 乙亥 一白 | 7/11 大安 |
| 26 | 金 | 丙子 九紫 | 7/12 赤口 |
| 27 | 土 | 丁丑 八白 | 7/13 先勝 |
| 28 | 日 | 戊寅 七赤 | 7/14 友引 |
| 29 | 月 | 己卯 六白 | 7/15 先負 |
| 30 | 火 | 庚辰 五黄 | 7/16 仏滅 |
| 31 | 水 | 辛巳 四緑 | 7/17 大安 |

**5月**

5. 1 [雑] 八十八夜
5. 5 [節] 立夏
5.20 [節] 小満

**6月**

6. 5 [節] 芒種
6.10 [雑] 入梅
6.21 [節] 夏至

**7月**

7. 1 [雑] 半夏生
7. 6 [節] 小暑
7.19 [雑] 土用
7.22 [節] 大暑

**8月**

8. 7 [節] 立秋
8.22 [節] 処暑
8.31 [雑] 二百十日

## 9月
（丁酉 四緑木星）

| | | | | | |
|---|---|---|---|---|---|
| 1 | 木 | 壬午 | 三碧 | 7/18 | 赤口 |
| 2 | 金 | 癸未 | 二黒 | 7/19 | 先勝 |
| 3 | 土 | 甲申 | 一白 | 7/20 | 友引 |
| 4 | 日 | 乙酉 | 九紫 | 7/21 | 先負 |
| 5 | 月 | 丙戌 | 八白 | 7/22 | 仏滅 |
| 6 | 火 | 丁亥 | 七赤 | 7/23 | 大安 |
| 7 | 水 | 戊子 | 六白 | 7/24 | 赤口 |
| 8 | 木 | 己丑 | 五黄 | 7/25 | 先勝 |
| 9 | 金 | 庚寅 | 四緑 | 7/26 | 友引 |
| 10 | 土 | 辛卯 | 三碧 | 7/27 | 先負 |
| 11 | 日 | 壬辰 | 二黒 | 7/28 | 仏滅 |
| 12 | 月 | 癸巳 | 一白 | 7/29 | 大安 |
| 13 | 火 | 甲午 | 九紫 | 7/30 | 赤口 |
| 14 | 水 | 乙未 | 八白 | 8/1 | 友引 |
| 15 | 木 | 丙申 | 七赤 | 8/2 | 先負 |
| 16 | 金 | 丁酉 | 六白 | 8/3 | 仏滅 |
| 17 | 土 | 戊戌 | 五黄 | 8/4 | 大安 |
| 18 | 日 | 己亥 | 四緑 | 8/5 | 赤口 |
| 19 | 月 | 庚子 | 三碧 | 8/6 | 先勝 |
| 20 | 火 | 辛丑 | 二黒 | 8/7 | 友引 |
| 21 | 水 | 壬寅 | 一白 | 8/8 | 先負 |
| 22 | 木 | 癸卯 | 九紫 | 8/9 | 仏滅 |
| 23 | 金 | 甲辰 | 八白 | 8/10 | 大安 |
| 24 | 土 | 乙巳 | 七赤 | 8/11 | 赤口 |
| 25 | 日 | 丙午 | 六白 | 8/12 | 先勝 |
| 26 | 月 | 丁未 | 五黄 | 8/13 | 友引 |
| 27 | 火 | 戊申 | 四緑 | 8/14 | 先負 |
| 28 | 水 | 己酉 | 三碧 | 8/15 | 仏滅 |
| 29 | 木 | 庚戌 | 二黒 | 8/16 | 大安 |
| 30 | 金 | 辛亥 | 一白 | 8/17 | 赤口 |

## 10月
（戊戌 三碧木星）

| | | | | | |
|---|---|---|---|---|---|
| 1 | 土 | 壬子 | 九紫 | 8/18 | 先勝 |
| 2 | 日 | 癸丑 | 八白 | 8/19 | 友引 |
| 3 | 月 | 甲寅 | 七赤 | 8/20 | 先負 |
| 4 | 火 | 乙卯 | 六白 | 8/21 | 仏滅 |
| 5 | 水 | 丙辰 | 五黄 | 8/22 | 大安 |
| 6 | 木 | 丁巳 | 四緑 | 8/23 | 赤口 |
| 7 | 金 | 戊午 | 三碧 | 8/24 | 先勝 |
| 8 | 土 | 己未 | 二黒 | 8/25 | 友引 |
| 9 | 日 | 庚申 | 一白 | 8/26 | 先負 |
| 10 | 月 | 辛酉 | 九紫 | 8/27 | 仏滅 |
| 11 | 火 | 壬戌 | 八白 | 8/28 | 大安 |
| 12 | 水 | 癸亥 | 七赤 | 8/29 | 赤口 |
| 13 | 木 | 甲子 | 六白 | 9/1 | 先負 |
| 14 | 金 | 乙丑 | 五黄 | 9/2 | 仏滅 |
| 15 | 土 | 丙寅 | 四緑 | 9/3 | 大安 |
| 16 | 日 | 丁卯 | 三碧 | 9/4 | 赤口 |
| 17 | 月 | 戊辰 | 二黒 | 9/5 | 先勝 |
| 18 | 火 | 己巳 | 一白 | 9/6 | 友引 |
| 19 | 水 | 庚午 | 九紫 | 9/7 | 先負 |
| 20 | 木 | 辛未 | 八白 | 9/8 | 仏滅 |
| 21 | 金 | 壬申 | 七赤 | 9/9 | 大安 |
| 22 | 土 | 癸酉 | 六白 | 9/10 | 赤口 |
| 23 | 日 | 甲戌 | 五黄 | 9/11 | 先勝 |
| 24 | 月 | 乙亥 | 四緑 | 9/12 | 友引 |
| 25 | 火 | 丙子 | 三碧 | 9/13 | 先負 |
| 26 | 水 | 丁丑 | 二黒 | 9/14 | 仏滅 |
| 27 | 木 | 戊寅 | 一白 | 9/15 | 大安 |
| 28 | 金 | 己卯 | 九紫 | 9/16 | 赤口 |
| 29 | 土 | 庚辰 | 八白 | 9/17 | 先勝 |
| 30 | 日 | 辛巳 | 七赤 | 9/18 | 友引 |
| 31 | 月 | 壬午 | 六白 | 9/19 | 先負 |

## 11月
（己亥 二黒土星）

| | | | | | |
|---|---|---|---|---|---|
| 1 | 火 | 癸未 | 五黄 | 9/20 | 仏滅 |
| 2 | 水 | 甲申 | 四緑 | 9/21 | 大安 |
| 3 | 木 | 乙酉 | 三碧 | 9/22 | 赤口 |
| 4 | 金 | 丙戌 | 二黒 | 9/23 | 先勝 |
| 5 | 土 | 丁亥 | 一白 | 9/24 | 友引 |
| 6 | 日 | 戊子 | 九紫 | 9/25 | 先負 |
| 7 | 月 | 己丑 | 八白 | 9/26 | 仏滅 |
| 8 | 火 | 庚寅 | 七赤 | 9/27 | 大安 |
| 9 | 水 | 辛卯 | 六白 | 9/28 | 赤口 |
| 10 | 木 | 壬辰 | 五黄 | 9/29 | 先勝 |
| 11 | 金 | 癸巳 | 四緑 | 9/30 | 友引 |
| 12 | 土 | 甲午 | 三碧 | 10/1 | 仏滅 |
| 13 | 日 | 乙未 | 二黒 | 10/2 | 大安 |
| 14 | 月 | 丙申 | 一白 | 10/3 | 赤口 |
| 15 | 火 | 丁酉 | 九紫 | 10/4 | 先勝 |
| 16 | 水 | 戊戌 | 八白 | 10/5 | 友引 |
| 17 | 木 | 己亥 | 七赤 | 10/6 | 先負 |
| 18 | 金 | 庚子 | 六白 | 10/7 | 仏滅 |
| 19 | 土 | 辛丑 | 五黄 | 10/8 | 大安 |
| 20 | 日 | 壬寅 | 四緑 | 10/9 | 赤口 |
| 21 | 月 | 癸卯 | 三碧 | 10/10 | 先勝 |
| 22 | 火 | 甲辰 | 二黒 | 10/11 | 友引 |
| 23 | 水 | 乙巳 | 一白 | 10/12 | 先負 |
| 24 | 木 | 丙午 | 九紫 | 10/13 | 仏滅 |
| 25 | 金 | 丁未 | 八白 | 10/14 | 大安 |
| 26 | 土 | 戊申 | 七赤 | 10/15 | 赤口 |
| 27 | 日 | 己酉 | 六白 | 10/16 | 先勝 |
| 28 | 月 | 庚戌 | 五黄 | 10/17 | 友引 |
| 29 | 火 | 辛亥 | 四緑 | 10/18 | 先負 |
| 30 | 水 | 壬子 | 三碧 | 10/19 | 仏滅 |

## 12月
（庚子 一白水星）

| | | | | | |
|---|---|---|---|---|---|
| 1 | 木 | 癸丑 | 二黒 | 10/20 | 大安 |
| 2 | 金 | 甲寅 | 一白 | 10/21 | 赤口 |
| 3 | 土 | 乙卯 | 九紫 | 10/22 | 先勝 |
| 4 | 日 | 丙辰 | 八白 | 10/23 | 友引 |
| 5 | 月 | 丁巳 | 七赤 | 10/24 | 先負 |
| 6 | 火 | 戊午 | 六白 | 10/25 | 仏滅 |
| 7 | 水 | 己未 | 五黄 | 10/26 | 大安 |
| 8 | 木 | 庚申 | 四緑 | 10/27 | 赤口 |
| 9 | 金 | 辛酉 | 三碧 | 10/28 | 先勝 |
| 10 | 土 | 壬戌 | 二黒 | 10/29 | 友引 |
| 11 | 日 | 癸亥 | 一白 | 10/30 | 先負 |
| 12 | 月 | 甲子 | 一白 | 11/1 | 大安 |
| 13 | 火 | 乙丑 | 二黒 | 11/2 | 赤口 |
| 14 | 水 | 丙寅 | 三碧 | 11/3 | 先勝 |
| 15 | 木 | 丁卯 | 四緑 | 11/4 | 友引 |
| 16 | 金 | 戊辰 | 五黄 | 11/5 | 先負 |
| 17 | 土 | 己巳 | 六白 | 11/6 | 仏滅 |
| 18 | 日 | 庚午 | 七赤 | 11/7 | 大安 |
| 19 | 月 | 辛未 | 八白 | 11/8 | 赤口 |
| 20 | 火 | 壬申 | 九紫 | 11/9 | 先勝 |
| 21 | 水 | 癸酉 | 一白 | 11/10 | 友引 |
| 22 | 木 | 甲戌 | 二黒 | 11/11 | 先負 |
| 23 | 金 | 乙亥 | 三碧 | 11/12 | 仏滅 |
| 24 | 土 | 丙子 | 四緑 | 11/13 | 大安 |
| 25 | 日 | 丁丑 | 五黄 | 11/14 | 赤口 |
| 26 | 月 | 戊寅 | 六白 | 11/15 | 先勝 |
| 27 | 火 | 己卯 | 七赤 | 11/16 | 友引 |
| 28 | 水 | 庚辰 | 八白 | 11/17 | 先負 |
| 29 | 木 | 辛巳 | 九紫 | 11/18 | 仏滅 |
| 30 | 金 | 壬午 | 一白 | 11/19 | 大安 |
| 31 | 土 | 癸未 | 二黒 | 11/20 | 赤口 |

**9月**

9. 7［節］白露
9.19［雑］彼岸
9.22［節］秋分
9.27［雑］社日

**10月**

10. 8［節］寒露
10.20［雑］土用
10.23［節］霜降

**11月**

11. 7［節］立冬
11.22［節］小雪

**12月**

12. 6［節］大雪
12.21［節］冬至

# 2062

明治 195 年
大正 151 年
昭和 137 年
平成 74 年

壬午（みずのえうま）
一白水星

生誕・年忌など

1.15 坂下門外の変 200 年
1.19 森鴎外生誕 200 年
2. 2 神聖ローマ帝国成立 1100 年
3. 1 ユグノー戦争勃発 500 年
3.26 室生犀星没後 100 年
4. 5 玄宗 (唐) 没後 1300 年
5. 3 三河島事故 100 年
5. 6 H. ソロー没後 200 年
5. 8 鄭成功没後 400 年
5.15 A. シュニッツラー生誕 200 年
5.19 J. フィヒテ生誕 300 年
7. 3 アルジェリア独立 100 年
7. 6 W. フォークナー没後 100 年
8. 3 新渡戸稲造生誕 200 年
8. 5 マリリン・モンロー没後 100 年
8. 8 柳田國男没後 100 年
8. 9 ヘルマン・ヘッセ没後 100 年
8.12 堀江謙一太平洋単独横断 100 年
8.19 B. パスカル没後 400 年
8.21 生麦事件 200 年
8.22 ドビュッシー生誕 200 年
8.29 M. メーテルリンク生誕 200 年
9.11 オー・ヘンリー生誕 200 年
9.17 前九年の役終結 1000 年
10.22 キューバ危機勃発 100 年
10.28 正宗白鳥没後 100 年
11.15 G. ハウプトマン生誕 200 年
11.18 ニールス・ボーア没後 100 年
11. — 李白没後 1300 年
12.26 岡倉天心生誕 200 年
この年 藤原定家生誕 900 年

2062年

## 1月
（辛丑 九紫火星）

| | | | |
|---|---|---|---|
| 1 | 日 | 甲申 三碧 | 11/21 先勝 |
| 2 | 月 | 乙酉 四緑 | 11/22 友引 |
| 3 | 火 | 丙戌 五黄 | 11/23 先負 |
| 4 | 水 | 丁亥 六白 | 11/24 仏滅 |
| 5 | 木 | 戊子 七赤 | 11/25 大安 |
| 6 | 金 | 己丑 八白 | 11/26 赤口 |
| 7 | 土 | 庚寅 九紫 | 11/27 先勝 |
| 8 | 日 | 辛卯 一白 | 11/28 友引 |
| 9 | 月 | 壬辰 二黒 | 11/29 先負 |
| 10 | 火 | 癸巳 三碧 | 11/30 仏滅 |
| 11 | 水 | 甲午 四緑 | 12/1 赤口 |
| 12 | 木 | 乙未 五黄 | 12/2 先勝 |
| 13 | 金 | 丙申 六白 | 12/3 友引 |
| 14 | 土 | 丁酉 七赤 | 12/4 先負 |
| 15 | 日 | 戊戌 八白 | 12/5 仏滅 |
| 16 | 月 | 己亥 九紫 | 12/6 大安 |
| 17 | 火 | 庚子 一白 | 12/7 赤口 |
| 18 | 水 | 辛丑 二黒 | 12/8 先勝 |
| 19 | 木 | 壬寅 三碧 | 12/9 友引 |
| 20 | 金 | 癸卯 四緑 | 12/10 先負 |
| 21 | 土 | 甲辰 五黄 | 12/11 仏滅 |
| 22 | 日 | 乙巳 六白 | 12/12 大安 |
| 23 | 月 | 丙午 七赤 | 12/13 赤口 |
| 24 | 火 | 丁未 八白 | 12/14 先勝 |
| 25 | 水 | 戊申 九紫 | 12/15 友引 |
| 26 | 木 | 己酉 一白 | 12/16 先負 |
| 27 | 金 | 庚戌 二黒 | 12/17 仏滅 |
| 28 | 土 | 辛亥 三碧 | 12/18 大安 |
| 29 | 日 | 壬子 四緑 | 12/19 赤口 |
| 30 | 月 | 癸丑 五黄 | 12/20 先勝 |
| 31 | 火 | 甲寅 六白 | 12/21 友引 |

## 2月
（壬寅 八白土星）

| | | | |
|---|---|---|---|
| 1 | 水 | 乙卯 七赤 | 12/22 先負 |
| 2 | 木 | 丙辰 八白 | 12/23 仏滅 |
| 3 | 金 | 丁巳 九紫 | 12/24 大安 |
| 4 | 土 | 戊午 一白 | 12/25 赤口 |
| 5 | 日 | 己未 二黒 | 12/26 先勝 |
| 6 | 月 | 庚申 三碧 | 12/27 友引 |
| 7 | 火 | 辛酉 四緑 | 12/28 先負 |
| 8 | 水 | 壬戌 五黄 | 12/29 仏滅 |
| 9 | 木 | 癸亥 六白 | 1/1 先勝 |
| 10 | 金 | 甲子 七赤 | 1/2 友引 |
| 11 | 土 | 乙丑 八白 | 1/3 先負 |
| 12 | 日 | 丙寅 九紫 | 1/4 仏滅 |
| 13 | 月 | 丁卯 一白 | 1/5 大安 |
| 14 | 火 | 戊辰 二黒 | 1/6 赤口 |
| 15 | 水 | 己巳 三碧 | 1/7 先勝 |
| 16 | 木 | 庚午 四緑 | 1/8 友引 |
| 17 | 金 | 辛未 五黄 | 1/9 先負 |
| 18 | 土 | 壬申 六白 | 1/10 仏滅 |
| 19 | 日 | 癸酉 七赤 | 1/11 大安 |
| 20 | 月 | 甲戌 八白 | 1/12 赤口 |
| 21 | 火 | 乙亥 九紫 | 1/13 先勝 |
| 22 | 水 | 丙子 一白 | 1/14 友引 |
| 23 | 木 | 丁丑 二黒 | 1/15 先負 |
| 24 | 金 | 戊寅 三碧 | 1/16 仏滅 |
| 25 | 土 | 己卯 四緑 | 1/17 大安 |
| 26 | 日 | 庚辰 五黄 | 1/18 赤口 |
| 27 | 月 | 辛巳 六白 | 1/19 先勝 |
| 28 | 火 | 壬午 七赤 | 1/20 友引 |

## 3月
（癸卯 七赤金星）

| | | | |
|---|---|---|---|
| 1 | 水 | 癸未 八白 | 1/21 先負 |
| 2 | 木 | 甲申 九紫 | 1/22 仏滅 |
| 3 | 金 | 乙酉 一白 | 1/23 大安 |
| 4 | 土 | 丙戌 二黒 | 1/24 赤口 |
| 5 | 日 | 丁亥 三碧 | 1/25 先勝 |
| 6 | 月 | 戊子 四緑 | 1/26 友引 |
| 7 | 火 | 己丑 五黄 | 1/27 先負 |
| 8 | 水 | 庚寅 六白 | 1/28 仏滅 |
| 9 | 木 | 辛卯 七赤 | 1/29 大安 |
| 10 | 金 | 壬辰 八白 | 1/30 赤口 |
| 11 | 土 | 癸巳 九紫 | 2/1 友引 |
| 12 | 日 | 甲午 一白 | 2/2 先負 |
| 13 | 月 | 乙未 二黒 | 2/3 仏滅 |
| 14 | 火 | 丙申 三碧 | 2/4 大安 |
| 15 | 水 | 丁酉 四緑 | 2/5 赤口 |
| 16 | 木 | 戊戌 五黄 | 2/6 先勝 |
| 17 | 金 | 己亥 六白 | 2/7 友引 |
| 18 | 土 | 庚子 七赤 | 2/8 先負 |
| 19 | 日 | 辛丑 八白 | 2/9 仏滅 |
| 20 | 月 | 壬寅 九紫 | 2/10 大安 |
| 21 | 火 | 癸卯 一白 | 2/11 赤口 |
| 22 | 水 | 甲辰 二黒 | 2/12 先勝 |
| 23 | 木 | 乙巳 三碧 | 2/13 友引 |
| 24 | 金 | 丙午 四緑 | 2/14 先負 |
| 25 | 土 | 丁未 五黄 | 2/15 仏滅 |
| 26 | 日 | 戊申 六白 | 2/16 大安 |
| 27 | 月 | 己酉 七赤 | 2/17 赤口 |
| 28 | 火 | 庚戌 八白 | 2/18 先勝 |
| 29 | 水 | 辛亥 九紫 | 2/19 友引 |
| 30 | 木 | 壬子 一白 | 2/20 先負 |
| 31 | 金 | 癸丑 二黒 | 2/21 仏滅 |

## 4月
（甲辰 六白金星）

| | | | |
|---|---|---|---|
| 1 | 土 | 甲寅 三碧 | 2/22 大安 |
| 2 | 日 | 乙卯 四緑 | 2/23 赤口 |
| 3 | 月 | 丙辰 五黄 | 2/24 先勝 |
| 4 | 火 | 丁巳 六白 | 2/25 友引 |
| 5 | 水 | 戊午 七赤 | 2/26 先負 |
| 6 | 木 | 己未 八白 | 2/27 仏滅 |
| 7 | 金 | 庚申 九紫 | 2/28 大安 |
| 8 | 土 | 辛酉 一白 | 2/29 赤口 |
| 9 | 日 | 壬戌 二黒 | 2/30 先勝 |
| 10 | 月 | 癸亥 三碧 | 3/1 先負 |
| 11 | 火 | 甲子 四緑 | 3/2 仏滅 |
| 12 | 水 | 乙丑 五黄 | 3/3 大安 |
| 13 | 木 | 丙寅 六白 | 3/4 赤口 |
| 14 | 金 | 丁卯 七赤 | 3/5 先勝 |
| 15 | 土 | 戊辰 八白 | 3/6 友引 |
| 16 | 日 | 己巳 九紫 | 3/7 先負 |
| 17 | 月 | 庚午 一白 | 3/8 仏滅 |
| 18 | 火 | 辛未 二黒 | 3/9 大安 |
| 19 | 水 | 壬申 三碧 | 3/10 赤口 |
| 20 | 木 | 癸酉 四緑 | 3/11 先勝 |
| 21 | 金 | 甲戌 五黄 | 3/12 友引 |
| 22 | 土 | 乙亥 六白 | 3/13 先負 |
| 23 | 日 | 丙子 七赤 | 3/14 仏滅 |
| 24 | 月 | 丁丑 八白 | 3/15 大安 |
| 25 | 火 | 戊寅 九紫 | 3/16 赤口 |
| 26 | 水 | 己卯 一白 | 3/17 先勝 |
| 27 | 木 | 庚辰 二黒 | 3/18 友引 |
| 28 | 金 | 辛巳 三碧 | 3/19 先負 |
| 29 | 土 | 壬午 四緑 | 3/20 仏滅 |
| 30 | 日 | 癸未 五黄 | 3/21 大安 |

**1月**

1. 5［節］小寒
1.17［雑］土用
1.20［節］大寒

**2月**

2. 2［雑］節分
2. 3［節］立春
2.18［節］雨水

**3月**

3. 5［節］啓蟄
3.16［雑］社日
3.17［雑］彼岸
3.20［節］春分

**4月**

4. 4［節］清明
4.17［雑］土用
4.20［節］穀雨

## 5 月
（乙巳 五黄土星）

| | | | |
|---|---|---|---|
| 1 | 月 | 甲申 六白 | 3/22 赤口 |
| 2 | 火 | 乙酉 七赤 | 3/23 先勝 |
| 3 | 水 | 丙戌 八白 | 3/24 友引 |
| 4 | 木 | 丁亥 九紫 | 3/25 先負 |
| 5 | 金 | 戊子 一白 | 3/26 仏滅 |
| 6 | 土 | 己丑 二黒 | 3/27 大安 |
| 7 | 日 | 庚寅 三碧 | 3/28 赤口 |
| 8 | 月 | 辛卯 四緑 | 3/29 先勝 |
| 9 | 火 | 壬辰 五黄 | 4/1 仏滅 |
| 10 | 水 | 癸巳 六白 | 4/2 大安 |
| 11 | 木 | 甲午 七赤 | 4/3 赤口 |
| 12 | 金 | 乙未 八白 | 4/4 先勝 |
| 13 | 土 | 丙申 九紫 | 4/5 友引 |
| 14 | 日 | 丁酉 一白 | 4/6 先負 |
| 15 | 月 | 戊戌 二黒 | 4/7 仏滅 |
| 16 | 火 | 己亥 三碧 | 4/8 大安 |
| 17 | 水 | 庚子 四緑 | 4/9 赤口 |
| 18 | 木 | 辛丑 五黄 | 4/10 先勝 |
| 19 | 金 | 壬寅 六白 | 4/11 友引 |
| 20 | 土 | 癸卯 七赤 | 4/12 先負 |
| 21 | 日 | 甲辰 八白 | 4/13 仏滅 |
| 22 | 月 | 乙巳 九紫 | 4/14 大安 |
| 23 | 火 | 丙午 一白 | 4/15 赤口 |
| 24 | 水 | 丁未 二黒 | 4/16 先勝 |
| 25 | 木 | 戊申 三碧 | 4/17 友引 |
| 26 | 金 | 己酉 四緑 | 4/18 先負 |
| 27 | 土 | 庚戌 五黄 | 4/19 仏滅 |
| 28 | 日 | 辛亥 六白 | 4/20 大安 |
| 29 | 月 | 壬子 七赤 | 4/21 赤口 |
| 30 | 火 | 癸丑 八白 | 4/22 先勝 |
| 31 | 水 | 甲寅 九紫 | 4/23 友引 |

## 6 月
（丙午 四緑木星）

| | | | |
|---|---|---|---|
| 1 | 木 | 乙卯 一白 | 4/24 先負 |
| 2 | 金 | 丙辰 二黒 | 4/25 仏滅 |
| 3 | 土 | 丁巳 三碧 | 4/26 大安 |
| 4 | 日 | 戊午 四緑 | 4/27 赤口 |
| 5 | 月 | 己未 五黄 | 4/28 先勝 |
| 6 | 火 | 庚申 六白 | 4/29 友引 |
| 7 | 水 | 辛酉 七赤 | 5/1 大安 |
| 8 | 木 | 壬戌 八白 | 5/2 赤口 |
| 9 | 金 | 癸亥 九紫 | 5/3 先勝 |
| 10 | 土 | 甲子 九紫 | 5/4 友引 |
| 11 | 日 | 乙丑 八白 | 5/5 先負 |
| 12 | 月 | 丙寅 七赤 | 5/6 仏滅 |
| 13 | 火 | 丁卯 六白 | 5/7 大安 |
| 14 | 水 | 戊辰 五黄 | 5/8 赤口 |
| 15 | 木 | 己巳 四緑 | 5/9 先勝 |
| 16 | 金 | 庚午 三碧 | 5/10 友引 |
| 17 | 土 | 辛未 二黒 | 5/11 先負 |
| 18 | 日 | 壬申 一白 | 5/12 仏滅 |
| 19 | 月 | 癸酉 九紫 | 5/13 大安 |
| 20 | 火 | 甲戌 八白 | 5/14 赤口 |
| 21 | 水 | 乙亥 七赤 | 5/15 先勝 |
| 22 | 木 | 丙子 六白 | 5/16 友引 |
| 23 | 金 | 丁丑 五黄 | 5/17 先負 |
| 24 | 土 | 戊寅 四緑 | 5/18 仏滅 |
| 25 | 日 | 己卯 三碧 | 5/19 大安 |
| 26 | 月 | 庚辰 二黒 | 5/20 赤口 |
| 27 | 火 | 辛巳 一白 | 5/21 先勝 |
| 28 | 水 | 壬午 九紫 | 5/22 友引 |
| 29 | 木 | 癸未 八白 | 5/23 先負 |
| 30 | 金 | 甲申 七赤 | 5/24 仏滅 |

## 7 月
（丁未 三碧木星）

| | | | |
|---|---|---|---|
| 1 | 土 | 乙酉 六白 | 5/25 大安 |
| 2 | 日 | 丙戌 五黄 | 5/26 赤口 |
| 3 | 月 | 丁亥 四緑 | 5/27 先勝 |
| 4 | 火 | 戊子 三碧 | 5/28 友引 |
| 5 | 水 | 己丑 二黒 | 5/29 先負 |
| 6 | 木 | 庚寅 一白 | 5/30 仏滅 |
| 7 | 金 | 辛卯 九紫 | 6/1 赤口 |
| 8 | 土 | 壬辰 八白 | 6/2 先勝 |
| 9 | 日 | 癸巳 七赤 | 6/3 友引 |
| 10 | 月 | 甲午 六白 | 6/4 先負 |
| 11 | 火 | 乙未 五黄 | 6/5 仏滅 |
| 12 | 水 | 丙申 四緑 | 6/6 大安 |
| 13 | 木 | 丁酉 三碧 | 6/7 赤口 |
| 14 | 金 | 戊戌 二黒 | 6/8 先勝 |
| 15 | 土 | 己亥 一白 | 6/9 友引 |
| 16 | 日 | 庚子 九紫 | 6/10 先負 |
| 17 | 月 | 辛丑 八白 | 6/11 仏滅 |
| 18 | 火 | 壬寅 七赤 | 6/12 大安 |
| 19 | 水 | 癸卯 六白 | 6/13 赤口 |
| 20 | 木 | 甲辰 五黄 | 6/14 先勝 |
| 21 | 金 | 乙巳 四緑 | 6/15 友引 |
| 22 | 土 | 丙午 三碧 | 6/16 先負 |
| 23 | 日 | 丁未 二黒 | 6/17 仏滅 |
| 24 | 月 | 戊申 一白 | 6/18 大安 |
| 25 | 火 | 己酉 九紫 | 6/19 赤口 |
| 26 | 水 | 庚戌 八白 | 6/20 先勝 |
| 27 | 木 | 辛亥 七赤 | 6/21 友引 |
| 28 | 金 | 壬子 六白 | 6/22 先負 |
| 29 | 土 | 癸丑 五黄 | 6/23 仏滅 |
| 30 | 日 | 甲寅 四緑 | 6/24 大安 |
| 31 | 月 | 乙卯 三碧 | 6/25 赤口 |

## 8 月
（戊申 二黒土星）

| | | | |
|---|---|---|---|
| 1 | 火 | 丙辰 二黒 | 6/26 先勝 |
| 2 | 水 | 丁巳 一白 | 6/27 友引 |
| 3 | 木 | 戊午 九紫 | 6/28 先負 |
| 4 | 金 | 己未 八白 | 6/29 仏滅 |
| 5 | 土 | 庚申 七赤 | 7/1 先勝 |
| 6 | 日 | 辛酉 六白 | 7/2 友引 |
| 7 | 月 | 壬戌 五黄 | 7/3 先負 |
| 8 | 火 | 癸亥 四緑 | 7/4 仏滅 |
| 9 | 水 | 甲子 三碧 | 7/5 大安 |
| 10 | 木 | 乙丑 二黒 | 7/6 赤口 |
| 11 | 金 | 丙寅 一白 | 7/7 先勝 |
| 12 | 土 | 丁卯 九紫 | 7/8 友引 |
| 13 | 日 | 戊辰 八白 | 7/9 先負 |
| 14 | 月 | 己巳 七赤 | 7/10 仏滅 |
| 15 | 火 | 庚午 六白 | 7/11 大安 |
| 16 | 水 | 辛未 五黄 | 7/12 赤口 |
| 17 | 木 | 壬申 四緑 | 7/13 先勝 |
| 18 | 金 | 癸酉 三碧 | 7/14 友引 |
| 19 | 土 | 甲戌 二黒 | 7/15 先負 |
| 20 | 日 | 乙亥 一白 | 7/16 仏滅 |
| 21 | 月 | 丙子 九紫 | 7/17 大安 |
| 22 | 火 | 丁丑 八白 | 7/18 赤口 |
| 23 | 水 | 戊寅 七赤 | 7/19 先勝 |
| 24 | 木 | 己卯 六白 | 7/20 友引 |
| 25 | 金 | 庚辰 五黄 | 7/21 先負 |
| 26 | 土 | 辛巳 四緑 | 7/22 仏滅 |
| 27 | 日 | 壬午 三碧 | 7/23 大安 |
| 28 | 月 | 癸未 二黒 | 7/24 赤口 |
| 29 | 火 | 甲申 一白 | 7/25 先勝 |
| 30 | 水 | 乙酉 九紫 | 7/26 友引 |
| 31 | 木 | 丙戌 八白 | 7/27 先負 |

**5 月**

5. 1［雑］八十八夜
5. 5［節］立夏
5.21［節］小満

**6 月**

6. 5［節］芒種
6.10［雑］入梅
6.21［節］夏至

**7 月**

7. 1［雑］半夏生
7. 7［節］小暑
7.19［雑］土用
7.22［節］大暑

**8 月**

8. 7［節］立秋
8.23［節］処暑
8.31［雑］二百十日

## 9 月
（己酉 一白水星）

| | | | |
|---|---|---|---|
| 1 | 金 | 丁亥 七赤 | 7/28 仏滅 |
| 2 | 土 | 戊子 六白 | 7/29 大安 |
| 3 | 日 | 己丑 五黄 | 8/1 友引 |
| 4 | 月 | 庚寅 四緑 | 8/2 先負 |
| 5 | 火 | 辛卯 三碧 | 8/3 仏滅 |
| 6 | 水 | 壬辰 二黒 | 8/4 大安 |
| 7 | 木 | 癸巳 一白 | 8/5 赤口 |
| 8 | 金 | 甲午 九紫 | 8/6 先勝 |
| 9 | 土 | 乙未 八白 | 8/7 友引 |
| 10 | 日 | 丙申 七赤 | 8/8 先負 |
| 11 | 月 | 丁酉 六白 | 8/9 仏滅 |
| 12 | 火 | 戊戌 五黄 | 8/10 大安 |
| 13 | 水 | 己亥 四緑 | 8/11 赤口 |
| 14 | 木 | 庚子 三碧 | 8/12 先勝 |
| 15 | 金 | 辛丑 二黒 | 8/13 友引 |
| 16 | 土 | 壬寅 一白 | 8/14 先負 |
| 17 | 日 | 癸卯 九紫 | 8/15 仏滅 |
| 18 | 月 | 甲辰 八白 | 8/16 大安 |
| 19 | 火 | 乙巳 七赤 | 8/17 赤口 |
| 20 | 水 | 丙午 六白 | 8/18 先勝 |
| 21 | 木 | 丁未 五黄 | 8/19 友引 |
| 22 | 金 | 戊申 四緑 | 8/20 先負 |
| 23 | 土 | 己酉 三碧 | 8/21 仏滅 |
| 24 | 日 | 庚戌 二黒 | 8/22 大安 |
| 25 | 月 | 辛亥 一白 | 8/23 赤口 |
| 26 | 火 | 壬子 九紫 | 8/24 先勝 |
| 27 | 水 | 癸丑 八白 | 8/25 友引 |
| 28 | 木 | 甲寅 七赤 | 8/26 先負 |
| 29 | 金 | 乙卯 六白 | 8/27 仏滅 |
| 30 | 土 | 丙辰 五黄 | 8/28 大安 |

## 10 月
（庚戌 九紫火星）

| | | | |
|---|---|---|---|
| 1 | 日 | 丁巳 四緑 | 8/29 赤口 |
| 2 | 月 | 戊午 三碧 | 8/30 先勝 |
| 3 | 火 | 己未 二黒 | 9/1 先負 |
| 4 | 水 | 庚申 一白 | 9/2 仏滅 |
| 5 | 木 | 辛酉 九紫 | 9/3 大安 |
| 6 | 金 | 壬戌 八白 | 9/4 赤口 |
| 7 | 土 | 癸亥 七赤 | 9/5 先勝 |
| 8 | 日 | 甲子 六白 | 9/6 友引 |
| 9 | 月 | 乙丑 五黄 | 9/7 先負 |
| 10 | 火 | 丙寅 四緑 | 9/8 仏滅 |
| 11 | 水 | 丁卯 三碧 | 9/9 大安 |
| 12 | 木 | 戊辰 二黒 | 9/10 赤口 |
| 13 | 金 | 己巳 一白 | 9/11 先勝 |
| 14 | 土 | 庚午 九紫 | 9/12 友引 |
| 15 | 日 | 辛未 八白 | 9/13 先負 |
| 16 | 月 | 壬申 七赤 | 9/14 仏滅 |
| 17 | 火 | 癸酉 六白 | 9/15 大安 |
| 18 | 水 | 甲戌 五黄 | 9/16 赤口 |
| 19 | 木 | 乙亥 四緑 | 9/17 先勝 |
| 20 | 金 | 丙子 三碧 | 9/18 友引 |
| 21 | 土 | 丁丑 二黒 | 9/19 先負 |
| 22 | 日 | 戊寅 一白 | 9/20 仏滅 |
| 23 | 月 | 己卯 九紫 | 9/21 大安 |
| 24 | 火 | 庚辰 八白 | 9/22 赤口 |
| 25 | 水 | 辛巳 七赤 | 9/23 先勝 |
| 26 | 木 | 壬午 六白 | 9/24 友引 |
| 27 | 金 | 癸未 五黄 | 9/25 先負 |
| 28 | 土 | 甲申 四緑 | 9/26 仏滅 |
| 29 | 日 | 乙酉 三碧 | 9/27 大安 |
| 30 | 月 | 丙戌 二黒 | 9/28 赤口 |
| 31 | 火 | 丁亥 一白 | 9/29 先勝 |

## 11 月
（辛亥 八白土星）

| | | | |
|---|---|---|---|
| 1 | 水 | 戊子 九紫 | 10/1 仏滅 |
| 2 | 木 | 己丑 八白 | 10/2 大安 |
| 3 | 金 | 庚寅 七赤 | 10/3 赤口 |
| 4 | 土 | 辛卯 六白 | 10/4 先勝 |
| 5 | 日 | 壬辰 五黄 | 10/5 友引 |
| 6 | 月 | 癸巳 四緑 | 10/6 先負 |
| 7 | 火 | 甲午 三碧 | 10/7 仏滅 |
| 8 | 水 | 乙未 二黒 | 10/8 大安 |
| 9 | 木 | 丙申 一白 | 10/9 赤口 |
| 10 | 金 | 丁酉 九紫 | 10/10 先勝 |
| 11 | 土 | 戊戌 八白 | 10/11 友引 |
| 12 | 日 | 己亥 七赤 | 10/12 先負 |
| 13 | 月 | 庚子 六白 | 10/13 仏滅 |
| 14 | 火 | 辛丑 五黄 | 10/14 大安 |
| 15 | 水 | 壬寅 四緑 | 10/15 赤口 |
| 16 | 木 | 癸卯 三碧 | 10/16 先勝 |
| 17 | 金 | 甲辰 二黒 | 10/17 友引 |
| 18 | 土 | 乙巳 一白 | 10/18 先負 |
| 19 | 日 | 丙午 九紫 | 10/19 仏滅 |
| 20 | 月 | 丁未 八白 | 10/20 大安 |
| 21 | 火 | 戊申 七赤 | 10/21 赤口 |
| 22 | 水 | 己酉 六白 | 10/22 先勝 |
| 23 | 木 | 庚戌 五黄 | 10/23 友引 |
| 24 | 金 | 辛亥 四緑 | 10/24 先負 |
| 25 | 土 | 壬子 三碧 | 10/25 仏滅 |
| 26 | 日 | 癸丑 二黒 | 10/26 大安 |
| 27 | 月 | 甲寅 一白 | 10/27 赤口 |
| 28 | 火 | 乙卯 九紫 | 10/28 先勝 |
| 29 | 水 | 丙辰 八白 | 10/29 友引 |
| 30 | 木 | 丁巳 七赤 | 10/30 先負 |

## 12 月
（壬子 七赤金星）

| | | | |
|---|---|---|---|
| 1 | 金 | 戊午 六白 | 11/1 大安 |
| 2 | 土 | 己未 五黄 | 11/2 赤口 |
| 3 | 日 | 庚申 四緑 | 11/3 先勝 |
| 4 | 月 | 辛酉 三碧 | 11/4 友引 |
| 5 | 火 | 壬戌 二黒 | 11/5 先負 |
| 6 | 水 | 癸亥 一白 | 11/6 仏滅 |
| 7 | 木 | 甲子 一白 | 11/7 大安 |
| 8 | 金 | 乙丑 二黒 | 11/8 赤口 |
| 9 | 土 | 丙寅 三碧 | 11/9 先勝 |
| 10 | 日 | 丁卯 四緑 | 11/10 友引 |
| 11 | 月 | 戊辰 五黄 | 11/11 先負 |
| 12 | 火 | 己巳 六白 | 11/12 仏滅 |
| 13 | 水 | 庚午 七赤 | 11/13 大安 |
| 14 | 木 | 辛未 八白 | 11/14 赤口 |
| 15 | 金 | 壬申 九紫 | 11/15 先勝 |
| 16 | 土 | 癸酉 一白 | 11/16 友引 |
| 17 | 日 | 甲戌 二黒 | 11/17 先負 |
| 18 | 月 | 乙亥 三碧 | 11/18 仏滅 |
| 19 | 火 | 丙子 四緑 | 11/19 大安 |
| 20 | 水 | 丁丑 五黄 | 11/20 赤口 |
| 21 | 木 | 戊寅 六白 | 11/21 先勝 |
| 22 | 金 | 己卯 七赤 | 11/22 友引 |
| 23 | 土 | 庚辰 八白 | 11/23 先負 |
| 24 | 日 | 辛巳 九紫 | 11/24 仏滅 |
| 25 | 月 | 壬午 一白 | 11/25 大安 |
| 26 | 火 | 癸未 二黒 | 11/26 赤口 |
| 27 | 水 | 甲申 三碧 | 11/27 先勝 |
| 28 | 木 | 乙酉 四緑 | 11/28 友引 |
| 29 | 金 | 丙戌 五黄 | 11/29 先負 |
| 30 | 土 | 丁亥 六白 | 11/30 仏滅 |
| 31 | 日 | 戊子 七赤 | 12/1 赤口 |

**9 月**

9. 7［節］白露
9.20［雑］彼岸
9.22［雑］社日
9.23［節］秋分

**10 月**

10. 8［節］寒露
10.20［雑］土用
10.23［節］霜降

**11 月**

11. 7［節］立冬
11.22［節］小雪

**12 月**

12. 7［節］大雪
12.21［節］冬至

# 2063

明治 196 年
大正 152 年
昭和 138 年
平成 75 年

癸未（みずのとひつじ）
九紫火星

生誕・年忌など

**1. 1** 米国・奴隷解放宣言 200 年
「鉄腕アトム」放映開始 100 年
**1.10** ロンドン・地下鉄開通 200 年
**1.17** K. スタニスラフスキー生誕 200 年
**1.22** 仏独協力条約調印 100 年
**2.24** G. ピコ・デラ・ミランドラ生誕 600 年
**3.12** G. ダヌンツィオ生誕 200 年
**3.13** 新撰組創設 200 年
**3.31** 吉展ちゃん誘拐事件 100 年
**5. 4** 狭山事件 100 年
**5. 5** 小林一茶生誕 300 年
**5. 6** 鑑真没後 1300 年
**5.25** アフリカ統一機構設立 100 年
**6. 5** 黒四ダム完工 100 年
**7. 2** 薩英戦争 200 年
**7. 3** 南北戦争ゲティスバーグの戦い 200 年
**7.30** H. フォード生誕 200 年
**8.13** E. ドラクロワ没後 200 年
**8.17** 天誅組の乱 200 年
**8.18** 八月十八日の政変 200 年
**8.28** 白村江の戦 1400 年
**10.11** J. コクトー没後 100 年
エディット・ピアフ没後 100 年
**10.12** 生野の乱 200 年
**11. 9** 三井三川鉱炭塵爆発事故 100 年
鶴見事故 100 年
**11.22** ケネディ米大統領暗殺 100 年
C.S. ルイス没後 100 年
**12. 2** 佐佐木信綱没後 100 年
**12.12** E. ムンク生誕 200 年
小津安二郎没後 100 年
**12.15** 力道山没後 100 年
**この年** パルテノン神殿完成 2500 年
世阿弥生誕 700 年

# 2063年

## 1月
（癸丑 六白金星）

| | | | |
|---|---|---|---|
| 1 | 月 | 己丑 八白 | 12/2 先勝 |
| 2 | 火 | 庚寅 九紫 | 12/3 友引 |
| 3 | 水 | 辛卯 一白 | 12/4 先負 |
| 4 | 木 | 壬辰 二黒 | 12/5 仏滅 |
| 5 | 金 | 癸巳 三碧 | 12/6 大安 |
| 6 | 土 | 甲午 四緑 | 12/7 赤口 |
| 7 | 日 | 乙未 五黄 | 12/8 先勝 |
| 8 | 月 | 丙申 六白 | 12/9 友引 |
| 9 | 火 | 丁酉 七赤 | 12/10 先負 |
| 10 | 水 | 戊戌 八白 | 12/11 仏滅 |
| 11 | 木 | 己亥 九紫 | 12/12 大安 |
| 12 | 金 | 庚子 一白 | 12/13 赤口 |
| 13 | 土 | 辛丑 二黒 | 12/14 先勝 |
| 14 | 日 | 壬寅 三碧 | 12/15 友引 |
| 15 | 月 | 癸卯 四緑 | 12/16 先負 |
| 16 | 火 | 甲辰 五黄 | 12/17 仏滅 |
| 17 | 水 | 乙巳 六白 | 12/18 大安 |
| 18 | 木 | 丙午 七赤 | 12/19 赤口 |
| 19 | 金 | 丁未 八白 | 12/20 先勝 |
| 20 | 土 | 戊申 九紫 | 12/21 友引 |
| 21 | 日 | 己酉 一白 | 12/22 先負 |
| 22 | 月 | 庚戌 二黒 | 12/23 仏滅 |
| 23 | 火 | 辛亥 三碧 | 12/24 大安 |
| 24 | 水 | 壬子 四緑 | 12/25 赤口 |
| 25 | 木 | 癸丑 五黄 | 12/26 先勝 |
| 26 | 金 | 甲寅 六白 | 12/27 友引 |
| 27 | 土 | 乙卯 七赤 | 12/28 先負 |
| 28 | 日 | 丙辰 八白 | 12/29 仏滅 |
| 29 | 月 | 丁巳 九紫 | 1/1 先勝 |
| 30 | 火 | 戊午 一白 | 1/2 友引 |
| 31 | 水 | 己未 二黒 | 1/3 先負 |

## 2月
（甲寅 五黄土星）

| | | | |
|---|---|---|---|
| 1 | 木 | 庚申 三碧 | 1/4 仏滅 |
| 2 | 金 | 辛酉 四緑 | 1/5 大安 |
| 3 | 土 | 壬戌 五黄 | 1/6 赤口 |
| 4 | 日 | 癸亥 六白 | 1/7 先勝 |
| 5 | 月 | 甲子 七赤 | 1/8 友引 |
| 6 | 火 | 乙丑 八白 | 1/9 先負 |
| 7 | 水 | 丙寅 九紫 | 1/10 仏滅 |
| 8 | 木 | 丁卯 一白 | 1/11 大安 |
| 9 | 金 | 戊辰 二黒 | 1/12 赤口 |
| 10 | 土 | 己巳 三碧 | 1/13 先勝 |
| 11 | 日 | 庚午 四緑 | 1/14 友引 |
| 12 | 月 | 辛未 五黄 | 1/15 先負 |
| 13 | 火 | 壬申 六白 | 1/16 仏滅 |
| 14 | 水 | 癸酉 七赤 | 1/17 大安 |
| 15 | 木 | 甲戌 八白 | 1/18 赤口 |
| 16 | 金 | 乙亥 九紫 | 1/19 先勝 |
| 17 | 土 | 丙子 一白 | 1/20 友引 |
| 18 | 日 | 丁丑 二黒 | 1/21 先負 |
| 19 | 月 | 戊寅 三碧 | 1/22 仏滅 |
| 20 | 火 | 己卯 四緑 | 1/23 大安 |
| 21 | 水 | 庚辰 五黄 | 1/24 赤口 |
| 22 | 木 | 辛巳 六白 | 1/25 先勝 |
| 23 | 金 | 壬午 七赤 | 1/26 友引 |
| 24 | 土 | 癸未 八白 | 1/27 先負 |
| 25 | 日 | 甲申 九紫 | 1/28 仏滅 |
| 26 | 月 | 乙酉 一白 | 1/29 大安 |
| 27 | 火 | 丙戌 二黒 | 1/30 赤口 |
| 28 | 水 | 丁亥 三碧 | 2/1 友引 |

## 3月
（乙卯 四緑木星）

| | | | |
|---|---|---|---|
| 1 | 木 | 戊子 四緑 | 2/2 先負 |
| 2 | 金 | 己丑 五黄 | 2/3 仏滅 |
| 3 | 土 | 庚寅 六白 | 2/4 大安 |
| 4 | 日 | 辛卯 七赤 | 2/5 赤口 |
| 5 | 月 | 壬辰 八白 | 2/6 先勝 |
| 6 | 火 | 癸巳 九紫 | 2/7 友引 |
| 7 | 水 | 甲午 一白 | 2/8 先負 |
| 8 | 木 | 乙未 二黒 | 2/9 仏滅 |
| 9 | 金 | 丙申 三碧 | 2/10 大安 |
| 10 | 土 | 丁酉 四緑 | 2/11 赤口 |
| 11 | 日 | 戊戌 五黄 | 2/12 先勝 |
| 12 | 月 | 己亥 六白 | 2/13 友引 |
| 13 | 火 | 庚子 七赤 | 2/14 先負 |
| 14 | 水 | 辛丑 八白 | 2/15 仏滅 |
| 15 | 木 | 壬寅 九紫 | 2/16 大安 |
| 16 | 金 | 癸卯 一白 | 2/17 赤口 |
| 17 | 土 | 甲辰 二黒 | 2/18 先勝 |
| 18 | 日 | 乙巳 三碧 | 2/19 友引 |
| 19 | 月 | 丙午 四緑 | 2/20 先負 |
| 20 | 火 | 丁未 五黄 | 2/21 仏滅 |
| 21 | 水 | 戊申 六白 | 2/22 大安 |
| 22 | 木 | 己酉 七赤 | 2/23 赤口 |
| 23 | 金 | 庚戌 八白 | 2/24 先勝 |
| 24 | 土 | 辛亥 九紫 | 2/25 友引 |
| 25 | 日 | 壬子 一白 | 2/26 先負 |
| 26 | 月 | 癸丑 二黒 | 2/27 仏滅 |
| 27 | 火 | 甲寅 三碧 | 2/28 大安 |
| 28 | 水 | 乙卯 四緑 | 2/29 赤口 |
| 29 | 木 | 丙辰 五黄 | 2/30 先勝 |
| 30 | 金 | 丁巳 六白 | 3/1 先負 |
| 31 | 土 | 戊午 七赤 | 3/2 仏滅 |

## 4月
（丙辰 三碧木星）

| | | | |
|---|---|---|---|
| 1 | 日 | 己未 八白 | 3/3 大安 |
| 2 | 月 | 庚申 九紫 | 3/4 赤口 |
| 3 | 火 | 辛酉 一白 | 3/5 先勝 |
| 4 | 水 | 壬戌 二黒 | 3/6 友引 |
| 5 | 木 | 癸亥 三碧 | 3/7 先負 |
| 6 | 金 | 甲子 四緑 | 3/8 仏滅 |
| 7 | 土 | 乙丑 五黄 | 3/9 大安 |
| 8 | 日 | 丙寅 六白 | 3/10 赤口 |
| 9 | 月 | 丁卯 七赤 | 3/11 先勝 |
| 10 | 火 | 戊辰 八白 | 3/12 友引 |
| 11 | 水 | 己巳 九紫 | 3/13 先負 |
| 12 | 木 | 庚午 一白 | 3/14 仏滅 |
| 13 | 金 | 辛未 二黒 | 3/15 大安 |
| 14 | 土 | 壬申 三碧 | 3/16 赤口 |
| 15 | 日 | 癸酉 四緑 | 3/17 先勝 |
| 16 | 月 | 甲戌 五黄 | 3/18 友引 |
| 17 | 火 | 乙亥 六白 | 3/19 先負 |
| 18 | 水 | 丙子 七赤 | 3/20 仏滅 |
| 19 | 木 | 丁丑 八白 | 3/21 大安 |
| 20 | 金 | 戊寅 九紫 | 3/22 赤口 |
| 21 | 土 | 己卯 一白 | 3/23 先勝 |
| 22 | 日 | 庚辰 二黒 | 3/24 友引 |
| 23 | 月 | 辛巳 三碧 | 3/25 先負 |
| 24 | 火 | 壬午 四緑 | 3/26 仏滅 |
| 25 | 水 | 癸未 五黄 | 3/27 大安 |
| 26 | 木 | 甲申 六白 | 3/28 赤口 |
| 27 | 金 | 乙酉 七赤 | 3/29 先勝 |
| 28 | 土 | 丙戌 八白 | 4/1 仏滅 |
| 29 | 日 | 丁亥 九紫 | 4/2 大安 |
| 30 | 月 | 戊子 一白 | 4/3 赤口 |

**1月**

1. 5［節］小寒
1.17［雑］土用
1.20［節］大寒

**2月**

2. 3［雑］節分
2. 4［節］立春
2.19［節］雨水

**3月**

3. 5［節］啓蟄
3.17［雑］彼岸
3.20［節］春分
3.21［雑］社日

**4月**

4. 5［節］清明
4.17［雑］土用
4.20［節］穀雨

## 5 月
（丁巳 二黒土星）

| | | | |
|---|---|---|---|
| 1 | 火 | 己丑 二黒 | 4/4 先勝 |
| 2 | 水 | 庚寅 三碧 | 4/5 友引 |
| 3 | 木 | 辛卯 四緑 | 4/6 先負 |
| 4 | 金 | 壬辰 五黄 | 4/7 仏滅 |
| 5 | 土 | 癸巳 六白 | 4/8 大安 |
| 6 | 日 | 甲午 七赤 | 4/9 赤口 |
| 7 | 月 | 乙未 八白 | 4/10 先勝 |
| 8 | 火 | 丙申 九紫 | 4/11 友引 |
| 9 | 水 | 丁酉 一白 | 4/12 先負 |
| 10 | 木 | 戊戌 二黒 | 4/13 仏滅 |
| 11 | 金 | 己亥 三碧 | 4/14 大安 |
| 12 | 土 | 庚子 四緑 | 4/15 赤口 |
| 13 | 日 | 辛丑 五黄 | 4/16 先勝 |
| 14 | 月 | 壬寅 六白 | 4/17 友引 |
| 15 | 火 | 癸卯 七赤 | 4/18 先負 |
| 16 | 水 | 甲辰 八白 | 4/19 仏滅 |
| 17 | 木 | 乙巳 九紫 | 4/20 大安 |
| 18 | 金 | 丙午 一白 | 4/21 赤口 |
| 19 | 土 | 丁未 二黒 | 4/22 先勝 |
| 20 | 日 | 戊申 三碧 | 4/23 友引 |
| 21 | 月 | 己酉 四緑 | 4/24 先負 |
| 22 | 火 | 庚戌 五黄 | 4/25 仏滅 |
| 23 | 水 | 辛亥 六白 | 4/26 大安 |
| 24 | 木 | 壬子 七赤 | 4/27 赤口 |
| 25 | 金 | 癸丑 八白 | 4/28 先勝 |
| 26 | 土 | 甲寅 九紫 | 4/29 友引 |
| 27 | 日 | 乙卯 一白 | 4/30 先負 |
| 28 | 月 | 丙辰 二黒 | 5/1 大安 |
| 29 | 火 | 丁巳 三碧 | 5/2 赤口 |
| 30 | 水 | 戊午 四緑 | 5/3 先勝 |
| 31 | 木 | 己未 五黄 | 5/4 友引 |

## 6 月
（戊午 一白水星）

| | | | |
|---|---|---|---|
| 1 | 金 | 庚申 六白 | 5/5 先負 |
| 2 | 土 | 辛酉 七赤 | 5/6 仏滅 |
| 3 | 日 | 壬戌 八白 | 5/7 大安 |
| 4 | 月 | 癸亥 九紫 | 5/8 赤口 |
| 5 | 火 | 甲子 九紫 | 5/9 先勝 |
| 6 | 水 | 乙丑 八白 | 5/10 友引 |
| 7 | 木 | 丙寅 七赤 | 5/11 先負 |
| 8 | 金 | 丁卯 六白 | 5/12 仏滅 |
| 9 | 土 | 戊辰 五黄 | 5/13 大安 |
| 10 | 日 | 己巳 四緑 | 5/14 赤口 |
| 11 | 月 | 庚午 三碧 | 5/15 先勝 |
| 12 | 火 | 辛未 二黒 | 5/16 友引 |
| 13 | 水 | 壬申 一白 | 5/17 先負 |
| 14 | 木 | 癸酉 九紫 | 5/18 仏滅 |
| 15 | 金 | 甲戌 八白 | 5/19 大安 |
| 16 | 土 | 乙亥 七赤 | 5/20 赤口 |
| 17 | 日 | 丙子 六白 | 5/21 先勝 |
| 18 | 月 | 丁丑 五黄 | 5/22 友引 |
| 19 | 火 | 戊寅 四緑 | 5/23 先負 |
| 20 | 水 | 己卯 三碧 | 5/24 仏滅 |
| 21 | 木 | 庚辰 二黒 | 5/25 大安 |
| 22 | 金 | 辛巳 一白 | 5/26 赤口 |
| 23 | 土 | 壬午 九紫 | 5/27 先勝 |
| 24 | 日 | 癸未 八白 | 5/28 友引 |
| 25 | 月 | 甲申 七赤 | 5/29 先負 |
| 26 | 火 | 乙酉 六白 | 6/1 赤口 |
| 27 | 水 | 丙戌 五黄 | 6/2 先勝 |
| 28 | 木 | 丁亥 四緑 | 6/3 友引 |
| 29 | 金 | 戊子 三碧 | 6/4 先負 |
| 30 | 土 | 己丑 二黒 | 6/5 仏滅 |

## 7 月
（己未 九紫火星）

| | | | |
|---|---|---|---|
| 1 | 日 | 庚寅 一白 | 6/6 大安 |
| 2 | 月 | 辛卯 九紫 | 6/7 赤口 |
| 3 | 火 | 壬辰 八白 | 6/8 先勝 |
| 4 | 水 | 癸巳 七赤 | 6/9 友引 |
| 5 | 木 | 甲午 六白 | 6/10 先負 |
| 6 | 金 | 乙未 五黄 | 6/11 仏滅 |
| 7 | 土 | 丙申 四緑 | 6/12 大安 |
| 8 | 日 | 丁酉 三碧 | 6/13 赤口 |
| 9 | 月 | 戊戌 二黒 | 6/14 先勝 |
| 10 | 火 | 己亥 一白 | 6/15 友引 |
| 11 | 水 | 庚子 九紫 | 6/16 先負 |
| 12 | 木 | 辛丑 八白 | 6/17 仏滅 |
| 13 | 金 | 壬寅 七赤 | 6/18 大安 |
| 14 | 土 | 癸卯 六白 | 6/19 赤口 |
| 15 | 日 | 甲辰 五黄 | 6/20 先勝 |
| 16 | 月 | 乙巳 四緑 | 6/21 友引 |
| 17 | 火 | 丙午 三碧 | 6/22 先負 |
| 18 | 水 | 丁未 二黒 | 6/23 仏滅 |
| 19 | 木 | 戊申 一白 | 6/24 大安 |
| 20 | 金 | 己酉 九紫 | 6/25 赤口 |
| 21 | 土 | 庚戌 八白 | 6/26 先勝 |
| 22 | 日 | 辛亥 七赤 | 6/27 友引 |
| 23 | 月 | 壬子 六白 | 6/28 先負 |
| 24 | 火 | 癸丑 五黄 | 6/29 仏滅 |
| 25 | 水 | 甲寅 四緑 | 6/30 大安 |
| 26 | 木 | 乙卯 三碧 | 7/1 先勝 |
| 27 | 金 | 丙辰 二黒 | 7/2 友引 |
| 28 | 土 | 丁巳 一白 | 7/3 先負 |
| 29 | 日 | 戊午 九紫 | 7/4 仏滅 |
| 30 | 月 | 己未 八白 | 7/5 大安 |
| 31 | 火 | 庚申 七赤 | 7/6 赤口 |

## 8 月
（庚申 八白土星）

| | | | |
|---|---|---|---|
| 1 | 水 | 辛酉 六白 | 7/7 先勝 |
| 2 | 木 | 壬戌 五黄 | 7/8 友引 |
| 3 | 金 | 癸亥 四緑 | 7/9 先負 |
| 4 | 土 | 甲子 三碧 | 7/10 仏滅 |
| 5 | 日 | 乙丑 二黒 | 7/11 大安 |
| 6 | 月 | 丙寅 一白 | 7/12 赤口 |
| 7 | 火 | 丁卯 九紫 | 7/13 先勝 |
| 8 | 水 | 戊辰 八白 | 7/14 友引 |
| 9 | 木 | 己巳 七赤 | 7/15 先負 |
| 10 | 金 | 庚午 六白 | 7/16 仏滅 |
| 11 | 土 | 辛未 五黄 | 7/17 大安 |
| 12 | 日 | 壬申 四緑 | 7/18 赤口 |
| 13 | 月 | 癸酉 三碧 | 7/19 先勝 |
| 14 | 火 | 甲戌 二黒 | 7/20 友引 |
| 15 | 水 | 乙亥 一白 | 7/21 先負 |
| 16 | 木 | 丙子 九紫 | 7/22 仏滅 |
| 17 | 金 | 丁丑 八白 | 7/23 大安 |
| 18 | 土 | 戊寅 七赤 | 7/24 赤口 |
| 19 | 日 | 己卯 六白 | 7/25 先勝 |
| 20 | 月 | 庚辰 五黄 | 7/26 友引 |
| 21 | 火 | 辛巳 四緑 | 7/27 先負 |
| 22 | 水 | 壬午 三碧 | 7/28 仏滅 |
| 23 | 木 | 癸未 二黒 | 7/29 大安 |
| 24 | 金 | 甲申 一白 | 閏7/1 先勝 |
| 25 | 土 | 乙酉 九紫 | 閏7/2 友引 |
| 26 | 日 | 丙戌 八白 | 閏7/3 先負 |
| 27 | 月 | 丁亥 七赤 | 閏7/4 仏滅 |
| 28 | 火 | 戊子 六白 | 閏7/5 大安 |
| 29 | 水 | 己丑 五黄 | 閏7/6 赤口 |
| 30 | 木 | 庚寅 四緑 | 閏7/7 先勝 |
| 31 | 金 | 辛卯 三碧 | 閏7/8 友引 |

**5 月**

5. 2 [雑] 八十八夜
5. 5 [節] 立夏
5.21 [節] 小満

**6 月**

6. 5 [節] 芒種
6.11 [雑] 入梅
6.21 [節] 夏至

**7 月**

7. 2 [雑] 半夏生
7. 7 [節] 小暑
7.19 [雑] 土用
7.23 [節] 大暑

**8 月**

8. 7 [節] 立秋
8.23 [節] 処暑

## 9 月
（辛酉 七赤金星）

| | | | |
|---|---|---|---|
| 1 | 土 | 壬辰 二黒 | 閏7/9 先負 |
| 2 | 日 | 癸巳 一白 | 閏7/10 仏滅 |
| 3 | 月 | 甲午 九紫 | 閏7/11 大安 |
| 4 | 火 | 乙未 八白 | 閏7/12 赤口 |
| 5 | 水 | 丙申 七赤 | 閏7/13 先勝 |
| 6 | 木 | 丁酉 六白 | 閏7/14 友引 |
| 7 | 金 | 戊戌 五黄 | 閏7/15 先負 |
| 8 | 土 | 己亥 四緑 | 閏7/16 仏滅 |
| 9 | 日 | 庚子 三碧 | 閏7/17 大安 |
| 10 | 月 | 辛丑 二黒 | 閏7/18 赤口 |
| 11 | 火 | 壬寅 一白 | 閏7/19 先勝 |
| 12 | 水 | 癸卯 九紫 | 閏7/20 友引 |
| 13 | 木 | 甲辰 八白 | 閏7/21 先負 |
| 14 | 金 | 乙巳 七赤 | 閏7/22 仏滅 |
| 15 | 土 | 丙午 六白 | 閏7/23 大安 |
| 16 | 日 | 丁未 五黄 | 閏7/24 赤口 |
| 17 | 月 | 戊申 四緑 | 閏7/25 先勝 |
| 18 | 火 | 己酉 三碧 | 閏7/26 友引 |
| 19 | 水 | 庚戌 二黒 | 閏7/27 先負 |
| 20 | 木 | 辛亥 一白 | 閏7/28 仏滅 |
| 21 | 金 | 壬子 九紫 | 閏7/29 大安 |
| 22 | 土 | 癸丑 八白 | 8/1 友引 |
| 23 | 日 | 甲寅 七赤 | 8/2 先負 |
| 24 | 月 | 乙卯 六白 | 8/3 仏滅 |
| 25 | 火 | 丙辰 五黄 | 8/4 大安 |
| 26 | 水 | 丁巳 四緑 | 8/5 赤口 |
| 27 | 木 | 戊午 三碧 | 8/6 先勝 |
| 28 | 金 | 己未 二黒 | 8/7 友引 |
| 29 | 土 | 庚申 一白 | 8/8 先負 |
| 30 | 日 | 辛酉 九紫 | 8/9 仏滅 |

## 10 月
（壬戌 六白金星）

| | | | |
|---|---|---|---|
| 1 | 月 | 壬戌 八白 | 8/10 大安 |
| 2 | 火 | 癸亥 七赤 | 8/11 赤口 |
| 3 | 水 | 甲子 六白 | 8/12 先勝 |
| 4 | 木 | 乙丑 五黄 | 8/13 友引 |
| 5 | 金 | 丙寅 四緑 | 8/14 先負 |
| 6 | 土 | 丁卯 三碧 | 8/15 仏滅 |
| 7 | 日 | 戊辰 二黒 | 8/16 大安 |
| 8 | 月 | 己巳 一白 | 8/17 赤口 |
| 9 | 火 | 庚午 九紫 | 8/18 先勝 |
| 10 | 水 | 辛未 八白 | 8/19 友引 |
| 11 | 木 | 壬申 七赤 | 8/20 先負 |
| 12 | 金 | 癸酉 六白 | 8/21 仏滅 |
| 13 | 土 | 甲戌 五黄 | 8/22 大安 |
| 14 | 日 | 乙亥 四緑 | 8/23 赤口 |
| 15 | 月 | 丙子 三碧 | 8/24 先勝 |
| 16 | 火 | 丁丑 二黒 | 8/25 友引 |
| 17 | 水 | 戊寅 一白 | 8/26 先負 |
| 18 | 木 | 己卯 九紫 | 8/27 仏滅 |
| 19 | 金 | 庚辰 八白 | 8/28 大安 |
| 20 | 土 | 辛巳 七赤 | 8/29 赤口 |
| 21 | 日 | 壬午 六白 | 8/30 先勝 |
| 22 | 月 | 癸未 五黄 | 9/1 先負 |
| 23 | 火 | 甲申 四緑 | 9/2 仏滅 |
| 24 | 水 | 乙酉 三碧 | 9/3 大安 |
| 25 | 木 | 丙戌 二黒 | 9/4 赤口 |
| 26 | 金 | 丁亥 一白 | 9/5 先勝 |
| 27 | 土 | 戊子 九紫 | 9/6 友引 |
| 28 | 日 | 己丑 八白 | 9/7 先負 |
| 29 | 月 | 庚寅 七赤 | 9/8 仏滅 |
| 30 | 火 | 辛卯 六白 | 9/9 大安 |
| 31 | 水 | 壬辰 五黄 | 9/10 赤口 |

## 11 月
（癸亥 五黄土星）

| | | | |
|---|---|---|---|
| 1 | 木 | 癸巳 四緑 | 9/11 先勝 |
| 2 | 金 | 甲午 三碧 | 9/12 友引 |
| 3 | 土 | 乙未 二黒 | 9/13 先負 |
| 4 | 日 | 丙申 一白 | 9/14 仏滅 |
| 5 | 月 | 丁酉 九紫 | 9/15 大安 |
| 6 | 火 | 戊戌 八白 | 9/16 赤口 |
| 7 | 水 | 己亥 七赤 | 9/17 先勝 |
| 8 | 木 | 庚子 六白 | 9/18 友引 |
| 9 | 金 | 辛丑 五黄 | 9/19 先負 |
| 10 | 土 | 壬寅 四緑 | 9/20 仏滅 |
| 11 | 日 | 癸卯 三碧 | 9/21 大安 |
| 12 | 月 | 甲辰 二黒 | 9/22 赤口 |
| 13 | 火 | 乙巳 一白 | 9/23 先勝 |
| 14 | 水 | 丙午 九紫 | 9/24 友引 |
| 15 | 木 | 丁未 八白 | 9/25 先負 |
| 16 | 金 | 戊申 七赤 | 9/26 仏滅 |
| 17 | 土 | 己酉 六白 | 9/27 大安 |
| 18 | 日 | 庚戌 五黄 | 9/28 赤口 |
| 19 | 月 | 辛亥 四緑 | 9/29 先勝 |
| 20 | 火 | 壬子 三碧 | 10/1 仏滅 |
| 21 | 水 | 癸丑 二黒 | 10/2 大安 |
| 22 | 木 | 甲寅 一白 | 10/3 赤口 |
| 23 | 金 | 乙卯 九紫 | 10/4 先勝 |
| 24 | 土 | 丙辰 八白 | 10/5 友引 |
| 25 | 日 | 丁巳 七赤 | 10/6 先負 |
| 26 | 月 | 戊午 六白 | 10/7 仏滅 |
| 27 | 火 | 己未 五黄 | 10/8 大安 |
| 28 | 水 | 庚申 四緑 | 10/9 赤口 |
| 29 | 木 | 辛酉 三碧 | 10/10 先勝 |
| 30 | 金 | 壬戌 二黒 | 10/11 友引 |

## 12 月
（甲子 四緑木星）

| | | | |
|---|---|---|---|
| 1 | 土 | 癸亥 一白 | 10/12 先負 |
| 2 | 日 | 甲子 一白 | 10/13 仏滅 |
| 3 | 月 | 乙丑 二黒 | 10/14 大安 |
| 4 | 火 | 丙寅 三碧 | 10/15 赤口 |
| 5 | 水 | 丁卯 四緑 | 10/16 先勝 |
| 6 | 木 | 戊辰 五黄 | 10/17 友引 |
| 7 | 金 | 己巳 六白 | 10/18 先負 |
| 8 | 土 | 庚午 七赤 | 10/19 仏滅 |
| 9 | 日 | 辛未 八白 | 10/20 大安 |
| 10 | 月 | 壬申 九紫 | 10/21 赤口 |
| 11 | 火 | 癸酉 一白 | 10/22 先勝 |
| 12 | 水 | 甲戌 二黒 | 10/23 友引 |
| 13 | 木 | 乙亥 三碧 | 10/24 先負 |
| 14 | 金 | 丙子 四緑 | 10/25 仏滅 |
| 15 | 土 | 丁丑 五黄 | 10/26 大安 |
| 16 | 日 | 戊寅 六白 | 10/27 赤口 |
| 17 | 月 | 己卯 七赤 | 10/28 先勝 |
| 18 | 火 | 庚辰 八白 | 10/29 友引 |
| 19 | 水 | 辛巳 九紫 | 10/30 先負 |
| 20 | 木 | 壬午 一白 | 11/1 大安 |
| 21 | 金 | 癸未 二黒 | 11/2 赤口 |
| 22 | 土 | 甲申 三碧 | 11/3 先勝 |
| 23 | 日 | 乙酉 四緑 | 11/4 友引 |
| 24 | 月 | 丙戌 五黄 | 11/5 先負 |
| 25 | 火 | 丁亥 六白 | 11/6 仏滅 |
| 26 | 水 | 戊子 七赤 | 11/7 大安 |
| 27 | 木 | 己丑 八白 | 11/8 赤口 |
| 28 | 金 | 庚寅 九紫 | 11/9 先勝 |
| 29 | 土 | 辛卯 一白 | 11/10 友引 |
| 30 | 日 | 壬辰 二黒 | 11/11 先負 |
| 31 | 月 | 癸巳 三碧 | 11/12 仏滅 |

**9 月**

9. 1 [雑] 二百十日
9. 7 [節] 白露
9.20 [雑] 彼岸
9.23 [節] 秋分
9.27 [雑] 社日

**10 月**

10. 8 [節] 寒露
10.20 [雑] 土用
10.23 [節] 霜降

**11 月**

11. 7 [節] 立冬
11.22 [節] 小雪

**12 月**

12. 7 [節] 大雪
12.22 [節] 冬至

# 2064

明治 197 年
大正 153 年
昭和 139 年
平成 76 年

甲申（きのえさる）
八白土星

## 生誕・年忌など

**1.13** S. フォスター没後 200 年
**2. 5** 玄奘没後 1400 年
**2.15** G. ガリレイ生誕 500 年
**2.18** ミケランジェロ没後 500 年
**2.28** 二葉亭四迷生誕 200 年
**3.27** 天狗党の乱勃発 200 年
**4. 1** 日本の IMF8 条国移行 100 年
日本の海外旅行自由化 100 年
**4. 5** D. マッカーサー没後 100 年
三好達治没後 100 年
**4.21** M. ウェーバー生誕 200 年
**4.26** W. シェイクスピア生誕 500 年
**4.28** 日本の OECD 加盟 100 年
**5. 6** 佐藤春夫没後 100 年
**5.18** N. ホーソーン没後 200 年
**5.27** J. カルヴァン没後 500 年
ジャワハルラル・ネルー没後 100 年
**5.28** パレスチナ解放機構 (PLO) 設立 100 年
**6. 5** 池田屋事件 200 年
**6.11** R. シュトラウス生誕 200 年
**6.16** 新潟地震 100 年
**7.19** 禁門の変 (蛤御門の変)200 年
**7.24** 第一次長州征伐開始 200 年
**8. 2** トンキン湾事件 100 年
**8. 5** 四国連合艦隊下関砲撃事件 200 年
**8.11** ニコラウス・クザーヌス没後 600 年
**8.18** 伊藤左千夫生誕 200 年
**8.22** 国際赤十字社発足 200 年
**9. —** 恵美押勝の乱 1300 年
**10. 1** 東海道新幹線開業 100 年
**10. 5** L. リュミエール生誕 200 年
**10.10** 東京オリンピック開幕 100 年
**10.14** フルシチョフ解任 100 年
**11.15** シンザン 3 冠制覇 100 年
**11.24** ロートレック生誕 200 年
**12. 3** 津田梅子生誕 200 年
**12.29** 三木露風没後 100 年
**この年** ニューヨーク改称 400 年

# 2064年

## 1月
（乙丑 三碧木星）

| | | | |
|---|---|---|---|
| 1 | 火 | 甲午 四緑 | 11/13 大安 |
| 2 | 水 | 乙未 五黄 | 11/14 赤口 |
| 3 | 木 | 丙申 六白 | 11/15 先勝 |
| 4 | 金 | 丁酉 七赤 | 11/16 友引 |
| 5 | 土 | 戊戌 八白 | 11/17 先負 |
| 6 | 日 | 己亥 九紫 | 11/18 仏滅 |
| 7 | 月 | 庚子 一白 | 11/19 大安 |
| 8 | 火 | 辛丑 二黒 | 11/20 赤口 |
| 9 | 水 | 壬寅 三碧 | 11/21 先勝 |
| 10 | 木 | 癸卯 四緑 | 11/22 友引 |
| 11 | 金 | 甲辰 五黄 | 11/23 先負 |
| 12 | 土 | 乙巳 六白 | 11/24 仏滅 |
| 13 | 日 | 丙午 七赤 | 11/25 大安 |
| 14 | 月 | 丁未 八白 | 11/26 赤口 |
| 15 | 火 | 戊申 九紫 | 11/27 先勝 |
| 16 | 水 | 己酉 一白 | 11/28 友引 |
| 17 | 木 | 庚戌 二黒 | 11/29 先負 |
| 18 | 金 | 辛亥 三碧 | 12/1 赤口 |
| 19 | 土 | 壬子 四緑 | 12/2 先勝 |
| 20 | 日 | 癸丑 五黄 | 12/3 友引 |
| 21 | 月 | 甲寅 六白 | 12/4 先負 |
| 22 | 火 | 乙卯 七赤 | 12/5 仏滅 |
| 23 | 水 | 丙辰 八白 | 12/6 大安 |
| 24 | 木 | 丁巳 九紫 | 12/7 赤口 |
| 25 | 金 | 戊午 一白 | 12/8 先勝 |
| 26 | 土 | 己未 二黒 | 12/9 友引 |
| 27 | 日 | 庚申 三碧 | 12/10 先負 |
| 28 | 月 | 辛酉 四緑 | 12/11 仏滅 |
| 29 | 火 | 壬戌 五黄 | 12/12 大安 |
| 30 | 水 | 癸亥 六白 | 12/13 赤口 |
| 31 | 木 | 甲子 七赤 | 12/14 先勝 |

1月
- 1. 5［節］小寒
- 1.17［雑］土用
- 1.20［節］大寒

## 2月
（丙寅 二黒土星）

| | | | |
|---|---|---|---|
| 1 | 金 | 乙丑 八白 | 12/15 友引 |
| 2 | 土 | 丙寅 九紫 | 12/16 先負 |
| 3 | 日 | 丁卯 一白 | 12/17 仏滅 |
| 4 | 月 | 戊辰 二黒 | 12/18 大安 |
| 5 | 火 | 己巳 三碧 | 12/19 赤口 |
| 6 | 水 | 庚午 四緑 | 12/20 先勝 |
| 7 | 木 | 辛未 五黄 | 12/21 友引 |
| 8 | 金 | 壬申 六白 | 12/22 先負 |
| 9 | 土 | 癸酉 七赤 | 12/23 仏滅 |
| 10 | 日 | 甲戌 八白 | 12/24 大安 |
| 11 | 月 | 乙亥 九紫 | 12/25 赤口 |
| 12 | 火 | 丙子 一白 | 12/26 先勝 |
| 13 | 水 | 丁丑 二黒 | 12/27 友引 |
| 14 | 木 | 戊寅 三碧 | 12/28 先負 |
| 15 | 金 | 己卯 四緑 | 12/29 仏滅 |
| 16 | 土 | 庚辰 五黄 | 12/30 大安 |
| 17 | 日 | 辛巳 六白 | 1/1 先勝 |
| 18 | 月 | 壬午 七赤 | 1/2 友引 |
| 19 | 火 | 癸未 八白 | 1/3 先負 |
| 20 | 水 | 甲申 九紫 | 1/4 仏滅 |
| 21 | 木 | 乙酉 一白 | 1/5 大安 |
| 22 | 金 | 丙戌 二黒 | 1/6 赤口 |
| 23 | 土 | 丁亥 三碧 | 1/7 先勝 |
| 24 | 日 | 戊子 四緑 | 1/8 友引 |
| 25 | 月 | 己丑 五黄 | 1/9 先負 |
| 26 | 火 | 庚寅 六白 | 1/10 仏滅 |
| 27 | 水 | 辛卯 七赤 | 1/11 大安 |
| 28 | 木 | 壬辰 八白 | 1/12 赤口 |
| 29 | 金 | 癸巳 九紫 | 1/13 先勝 |

2月
- 2. 3［雑］節分
- 2. 4［節］立春
- 2.19［節］雨水

## 3月
（丁卯 一白水星）

| | | | |
|---|---|---|---|
| 1 | 土 | 甲午 一白 | 1/14 友引 |
| 2 | 日 | 乙未 二黒 | 1/15 先負 |
| 3 | 月 | 丙申 三碧 | 1/16 仏滅 |
| 4 | 火 | 丁酉 四緑 | 1/17 大安 |
| 5 | 水 | 戊戌 五黄 | 1/18 赤口 |
| 6 | 木 | 己亥 六白 | 1/19 先勝 |
| 7 | 金 | 庚子 七赤 | 1/20 友引 |
| 8 | 土 | 辛丑 八白 | 1/21 先負 |
| 9 | 日 | 壬寅 九紫 | 1/22 仏滅 |
| 10 | 月 | 癸卯 一白 | 1/23 大安 |
| 11 | 火 | 甲辰 二黒 | 1/24 赤口 |
| 12 | 水 | 乙巳 三碧 | 1/25 先勝 |
| 13 | 木 | 丙午 四緑 | 1/26 友引 |
| 14 | 金 | 丁未 五黄 | 1/27 先負 |
| 15 | 土 | 戊申 六白 | 1/28 仏滅 |
| 16 | 日 | 己酉 七赤 | 1/29 大安 |
| 17 | 月 | 庚戌 八白 | 1/30 赤口 |
| 18 | 火 | 辛亥 九紫 | 2/1 友引 |
| 19 | 水 | 壬子 一白 | 2/2 先負 |
| 20 | 木 | 癸丑 二黒 | 2/3 仏滅 |
| 21 | 金 | 甲寅 三碧 | 2/4 大安 |
| 22 | 土 | 乙卯 四緑 | 2/5 赤口 |
| 23 | 日 | 丙辰 五黄 | 2/6 先勝 |
| 24 | 月 | 丁巳 六白 | 2/7 友引 |
| 25 | 火 | 戊午 七赤 | 2/8 先負 |
| 26 | 水 | 己未 八白 | 2/9 仏滅 |
| 27 | 木 | 庚申 九紫 | 2/10 大安 |
| 28 | 金 | 辛酉 一白 | 2/11 赤口 |
| 29 | 土 | 壬戌 二黒 | 2/12 先勝 |
| 30 | 日 | 癸亥 三碧 | 2/13 友引 |
| 31 | 月 | 甲子 四緑 | 2/14 先負 |

3月
- 3. 5［節］啓蟄
- 3.15［雑］社日
- 3.17［雑］彼岸
- 3.20［節］春分

## 4月
（戊辰 九紫火星）

| | | | |
|---|---|---|---|
| 1 | 火 | 乙丑 五黄 | 2/15 仏滅 |
| 2 | 水 | 丙寅 六白 | 2/16 大安 |
| 3 | 木 | 丁卯 七赤 | 2/17 赤口 |
| 4 | 金 | 戊辰 八白 | 2/18 先勝 |
| 5 | 土 | 己巳 九紫 | 2/19 友引 |
| 6 | 日 | 庚午 一白 | 2/20 先負 |
| 7 | 月 | 辛未 二黒 | 2/21 仏滅 |
| 8 | 火 | 壬申 三碧 | 2/22 大安 |
| 9 | 水 | 癸酉 四緑 | 2/23 赤口 |
| 10 | 木 | 甲戌 五黄 | 2/24 先勝 |
| 11 | 金 | 乙亥 六白 | 2/25 友引 |
| 12 | 土 | 丙子 七赤 | 2/26 先負 |
| 13 | 日 | 丁丑 八白 | 2/27 仏滅 |
| 14 | 月 | 戊寅 九紫 | 2/28 大安 |
| 15 | 火 | 己卯 一白 | 2/29 赤口 |
| 16 | 水 | 庚辰 二黒 | 2/30 先勝 |
| 17 | 木 | 辛巳 三碧 | 3/1 先負 |
| 18 | 金 | 壬午 四緑 | 3/2 仏滅 |
| 19 | 土 | 癸未 五黄 | 3/3 大安 |
| 20 | 日 | 甲申 六白 | 3/4 赤口 |
| 21 | 月 | 乙酉 七赤 | 3/5 先勝 |
| 22 | 火 | 丙戌 八白 | 3/6 友引 |
| 23 | 水 | 丁亥 九紫 | 3/7 先負 |
| 24 | 木 | 戊子 一白 | 3/8 仏滅 |
| 25 | 金 | 己丑 二黒 | 3/9 大安 |
| 26 | 土 | 庚寅 三碧 | 3/10 赤口 |
| 27 | 日 | 辛卯 四緑 | 3/11 先勝 |
| 28 | 月 | 壬辰 五黄 | 3/12 友引 |
| 29 | 火 | 癸巳 六白 | 3/13 先負 |
| 30 | 水 | 甲午 七赤 | 3/14 仏滅 |

4月
- 4. 4［節］清明
- 4.16［雑］土用
- 4.19［節］穀雨

## 5月
（己巳 八白土星）

| | | | |
|---|---|---|---|
| 1 | 木 | 乙未 八白 | 3/15 大安 |
| 2 | 金 | 丙申 九紫 | 3/16 赤口 |
| 3 | 土 | 丁酉 一白 | 3/17 先勝 |
| 4 | 日 | 戊戌 二黒 | 3/18 友引 |
| 5 | 月 | 己亥 三碧 | 3/19 先負 |
| 6 | 火 | 庚子 四緑 | 3/20 仏滅 |
| 7 | 水 | 辛丑 五黄 | 3/21 大安 |
| 8 | 木 | 壬寅 六白 | 3/22 赤口 |
| 9 | 金 | 癸卯 七赤 | 3/23 先勝 |
| 10 | 土 | 甲辰 八白 | 3/24 友引 |
| 11 | 日 | 乙巳 九紫 | 3/25 先負 |
| 12 | 月 | 丙午 一白 | 3/26 仏滅 |
| 13 | 火 | 丁未 二黒 | 3/27 大安 |
| 14 | 水 | 戊申 三碧 | 3/28 赤口 |
| 15 | 木 | 己酉 四緑 | 3/29 先勝 |
| 16 | 金 | 庚戌 五黄 | 4/1 仏滅 |
| 17 | 土 | 辛亥 六白 | 4/2 大安 |
| 18 | 日 | 壬子 七赤 | 4/3 赤口 |
| 19 | 月 | 癸丑 八白 | 4/4 先勝 |
| 20 | 火 | 甲寅 九紫 | 4/5 友引 |
| 21 | 水 | 乙卯 一白 | 4/6 先負 |
| 22 | 木 | 丙辰 二黒 | 4/7 仏滅 |
| 23 | 金 | 丁巳 三碧 | 4/8 大安 |
| 24 | 土 | 戊午 四緑 | 4/9 赤口 |
| 25 | 日 | 己未 五黄 | 4/10 先勝 |
| 26 | 月 | 庚申 六白 | 4/11 友引 |
| 27 | 火 | 辛酉 七赤 | 4/12 先負 |
| 28 | 水 | 壬戌 八白 | 4/13 仏滅 |
| 29 | 木 | 癸亥 九紫 | 4/14 大安 |
| 30 | 金 | 甲子 九紫 | 4/15 赤口 |
| 31 | 土 | 乙丑 八白 | 4/16 先勝 |

## 6月
（庚午 七赤金星）

| | | | |
|---|---|---|---|
| 1 | 日 | 丙寅 七赤 | 4/17 友引 |
| 2 | 月 | 丁卯 六白 | 4/18 先負 |
| 3 | 火 | 戊辰 五黄 | 4/19 仏滅 |
| 4 | 水 | 己巳 四緑 | 4/20 大安 |
| 5 | 木 | 庚午 三碧 | 4/21 赤口 |
| 6 | 金 | 辛未 二黒 | 4/22 先勝 |
| 7 | 土 | 壬申 一白 | 4/23 友引 |
| 8 | 日 | 癸酉 九紫 | 4/24 先負 |
| 9 | 月 | 甲戌 八白 | 4/25 仏滅 |
| 10 | 火 | 乙亥 七赤 | 4/26 大安 |
| 11 | 水 | 丙子 六白 | 4/27 赤口 |
| 12 | 木 | 丁丑 五黄 | 4/28 先勝 |
| 13 | 金 | 戊寅 四緑 | 4/29 友引 |
| 14 | 土 | 己卯 三碧 | 4/30 先負 |
| 15 | 日 | 庚辰 二黒 | 5/1 大安 |
| 16 | 月 | 辛巳 一白 | 5/2 赤口 |
| 17 | 火 | 壬午 九紫 | 5/3 先勝 |
| 18 | 水 | 癸未 八白 | 5/4 友引 |
| 19 | 木 | 甲申 七赤 | 5/5 先負 |
| 20 | 金 | 乙酉 六白 | 5/6 仏滅 |
| 21 | 土 | 丙戌 五黄 | 5/7 大安 |
| 22 | 日 | 丁亥 四緑 | 5/8 赤口 |
| 23 | 月 | 戊子 三碧 | 5/9 先勝 |
| 24 | 火 | 己丑 二黒 | 5/10 友引 |
| 25 | 水 | 庚寅 一白 | 5/11 先負 |
| 26 | 木 | 辛卯 九紫 | 5/12 仏滅 |
| 27 | 金 | 壬辰 八白 | 5/13 大安 |
| 28 | 土 | 癸巳 七赤 | 5/14 赤口 |
| 29 | 日 | 甲午 六白 | 5/15 先勝 |
| 30 | 月 | 乙未 五黄 | 5/16 友引 |

## 7月
（辛未 六白金星）

| | | | |
|---|---|---|---|
| 1 | 火 | 丙申 四緑 | 5/17 先負 |
| 2 | 水 | 丁酉 三碧 | 5/18 仏滅 |
| 3 | 木 | 戊戌 二黒 | 5/19 大安 |
| 4 | 金 | 己亥 一白 | 5/20 赤口 |
| 5 | 土 | 庚子 九紫 | 5/21 先勝 |
| 6 | 日 | 辛丑 八白 | 5/22 友引 |
| 7 | 月 | 壬寅 七赤 | 5/23 先負 |
| 8 | 火 | 癸卯 六白 | 5/24 仏滅 |
| 9 | 水 | 甲辰 五黄 | 5/25 大安 |
| 10 | 木 | 乙巳 四緑 | 5/26 赤口 |
| 11 | 金 | 丙午 三碧 | 5/27 先勝 |
| 12 | 土 | 丁未 二黒 | 5/28 友引 |
| 13 | 日 | 戊申 一白 | 5/29 先負 |
| 14 | 月 | 己酉 九紫 | 6/1 赤口 |
| 15 | 火 | 庚戌 八白 | 6/2 先勝 |
| 16 | 水 | 辛亥 七赤 | 6/3 友引 |
| 17 | 木 | 壬子 六白 | 6/4 先負 |
| 18 | 金 | 癸丑 五黄 | 6/5 仏滅 |
| 19 | 土 | 甲寅 四緑 | 6/6 大安 |
| 20 | 日 | 乙卯 三碧 | 6/7 赤口 |
| 21 | 月 | 丙辰 二黒 | 6/8 先勝 |
| 22 | 火 | 丁巳 一白 | 6/9 友引 |
| 23 | 水 | 戊午 九紫 | 6/10 先負 |
| 24 | 木 | 己未 八白 | 6/11 仏滅 |
| 25 | 金 | 庚申 七赤 | 6/12 大安 |
| 26 | 土 | 辛酉 六白 | 6/13 赤口 |
| 27 | 日 | 壬戌 五黄 | 6/14 先勝 |
| 28 | 月 | 癸亥 四緑 | 6/15 友引 |
| 29 | 火 | 甲子 三碧 | 6/16 先負 |
| 30 | 水 | 乙丑 二黒 | 6/17 仏滅 |
| 31 | 木 | 丙寅 一白 | 6/18 大安 |

## 8月
（壬申 五黄土星）

| | | | |
|---|---|---|---|
| 1 | 金 | 丁卯 九紫 | 6/19 赤口 |
| 2 | 土 | 戊辰 八白 | 6/20 先勝 |
| 3 | 日 | 己巳 七赤 | 6/21 友引 |
| 4 | 月 | 庚午 六白 | 6/22 先負 |
| 5 | 火 | 辛未 五黄 | 6/23 仏滅 |
| 6 | 水 | 壬申 四緑 | 6/24 大安 |
| 7 | 木 | 癸酉 三碧 | 6/25 赤口 |
| 8 | 金 | 甲戌 二黒 | 6/26 先勝 |
| 9 | 土 | 乙亥 一白 | 6/27 友引 |
| 10 | 日 | 丙子 九紫 | 6/28 先負 |
| 11 | 月 | 丁丑 八白 | 6/29 仏滅 |
| 12 | 火 | 戊寅 七赤 | 6/30 大安 |
| 13 | 水 | 己卯 六白 | 7/1 先勝 |
| 14 | 木 | 庚辰 五黄 | 7/2 友引 |
| 15 | 金 | 辛巳 四緑 | 7/3 先負 |
| 16 | 土 | 壬午 三碧 | 7/4 仏滅 |
| 17 | 日 | 癸未 二黒 | 7/5 大安 |
| 18 | 月 | 甲申 一白 | 7/6 赤口 |
| 19 | 火 | 乙酉 九紫 | 7/7 先勝 |
| 20 | 水 | 丙戌 八白 | 7/8 友引 |
| 21 | 木 | 丁亥 七赤 | 7/9 先負 |
| 22 | 金 | 戊子 六白 | 7/10 仏滅 |
| 23 | 土 | 己丑 五黄 | 7/11 大安 |
| 24 | 日 | 庚寅 四緑 | 7/12 赤口 |
| 25 | 月 | 辛卯 三碧 | 7/13 先勝 |
| 26 | 火 | 壬辰 二黒 | 7/14 友引 |
| 27 | 水 | 癸巳 一白 | 7/15 先負 |
| 28 | 木 | 甲午 九紫 | 7/16 仏滅 |
| 29 | 金 | 乙未 八白 | 7/17 大安 |
| 30 | 土 | 丙申 七赤 | 7/18 赤口 |
| 31 | 日 | 丁酉 六白 | 7/19 先勝 |

### 5月
5. 1［雑］八十八夜
5. 5［節］立夏
5.20［節］小満

### 6月
6. 5［節］芒種
6.10［雑］入梅
6.20［節］夏至

### 7月
7. 1［雑］半夏生
7. 6［節］小暑
7.19［雑］土用
7.22［節］大暑

### 8月
8. 7［節］立秋
8.22［節］処暑
8.31［雑］二百十日

**2064 年**

## 9 月
（癸酉 四緑木星）

| | | | | | |
|---|---|---|---|---|---|
| 1 | 月 | 戊戌 | 五黄 | 7/20 | 友引 |
| 2 | 火 | 己亥 | 四緑 | 7/21 | 先負 |
| 3 | 水 | 庚子 | 三碧 | 7/22 | 仏滅 |
| 4 | 木 | 辛丑 | 二黒 | 7/23 | 大安 |
| 5 | 金 | 壬寅 | 一白 | 7/24 | 赤口 |
| 6 | 土 | 癸卯 | 九紫 | 7/25 | 先勝 |
| 7 | 日 | 甲辰 | 八白 | 7/26 | 友引 |
| 8 | 月 | 乙巳 | 七赤 | 7/27 | 先負 |
| 9 | 火 | 丙午 | 六白 | 7/28 | 仏滅 |
| 10 | 水 | 丁未 | 五黄 | 7/29 | 大安 |
| 11 | 木 | 戊申 | 四緑 | 8/1 | 友引 |
| 12 | 金 | 己酉 | 三碧 | 8/2 | 先負 |
| 13 | 土 | 庚戌 | 二黒 | 8/3 | 仏滅 |
| 14 | 日 | 辛亥 | 一白 | 8/4 | 大安 |
| 15 | 月 | 壬子 | 九紫 | 8/5 | 赤口 |
| 16 | 火 | 癸丑 | 八白 | 8/6 | 先勝 |
| 17 | 水 | 甲寅 | 七赤 | 8/7 | 友引 |
| 18 | 木 | 乙卯 | 六白 | 8/8 | 先負 |
| 19 | 金 | 丙辰 | 五黄 | 8/9 | 仏滅 |
| 20 | 土 | 丁巳 | 四緑 | 8/10 | 大安 |
| 21 | 日 | 戊午 | 三碧 | 8/11 | 赤口 |
| 22 | 月 | 己未 | 二黒 | 8/12 | 先勝 |
| 23 | 火 | 庚申 | 一白 | 8/13 | 友引 |
| 24 | 水 | 辛酉 | 九紫 | 8/14 | 先負 |
| 25 | 木 | 壬戌 | 八白 | 8/15 | 仏滅 |
| 26 | 金 | 癸亥 | 七赤 | 8/16 | 大安 |
| 27 | 土 | 甲子 | 六白 | 8/17 | 赤口 |
| 28 | 日 | 乙丑 | 五黄 | 8/18 | 先勝 |
| 29 | 月 | 丙寅 | 四緑 | 8/19 | 友引 |
| 30 | 火 | 丁卯 | 三碧 | 8/20 | 先負 |

## 10 月
（甲戌 三碧木星）

| | | | | | |
|---|---|---|---|---|---|
| 1 | 水 | 戊辰 | 二黒 | 8/21 | 仏滅 |
| 2 | 木 | 己巳 | 一白 | 8/22 | 大安 |
| 3 | 金 | 庚午 | 九紫 | 8/23 | 赤口 |
| 4 | 土 | 辛未 | 八白 | 8/24 | 先勝 |
| 5 | 日 | 壬申 | 七赤 | 8/25 | 友引 |
| 6 | 月 | 癸酉 | 六白 | 8/26 | 先負 |
| 7 | 火 | 甲戌 | 五黄 | 8/27 | 仏滅 |
| 8 | 水 | 乙亥 | 四緑 | 8/28 | 大安 |
| 9 | 木 | 丙子 | 三碧 | 8/29 | 赤口 |
| 10 | 金 | 丁丑 | 二黒 | 9/1 | 先負 |
| 11 | 土 | 戊寅 | 一白 | 9/2 | 仏滅 |
| 12 | 日 | 己卯 | 九紫 | 9/3 | 大安 |
| 13 | 月 | 庚辰 | 八白 | 9/4 | 赤口 |
| 14 | 火 | 辛巳 | 七赤 | 9/5 | 先勝 |
| 15 | 水 | 壬午 | 六白 | 9/6 | 友引 |
| 16 | 木 | 癸未 | 五黄 | 9/7 | 先負 |
| 17 | 金 | 甲申 | 四緑 | 9/8 | 仏滅 |
| 18 | 土 | 乙酉 | 三碧 | 9/9 | 大安 |
| 19 | 日 | 丙戌 | 二黒 | 9/10 | 赤口 |
| 20 | 月 | 丁亥 | 一白 | 9/11 | 先勝 |
| 21 | 火 | 戊子 | 九紫 | 9/12 | 友引 |
| 22 | 水 | 己丑 | 八白 | 9/13 | 先負 |
| 23 | 木 | 庚寅 | 七赤 | 9/14 | 仏滅 |
| 24 | 金 | 辛卯 | 六白 | 9/15 | 大安 |
| 25 | 土 | 壬辰 | 五黄 | 9/16 | 赤口 |
| 26 | 日 | 癸巳 | 四緑 | 9/17 | 先勝 |
| 27 | 月 | 甲午 | 三碧 | 9/18 | 友引 |
| 28 | 火 | 乙未 | 二黒 | 9/19 | 先負 |
| 29 | 水 | 丙申 | 一白 | 9/20 | 仏滅 |
| 30 | 木 | 丁酉 | 九紫 | 9/21 | 大安 |
| 31 | 金 | 戊戌 | 八白 | 9/22 | 赤口 |

## 11 月
（乙亥 二黒土星）

| | | | | | |
|---|---|---|---|---|---|
| 1 | 土 | 己亥 | 七赤 | 9/23 | 先勝 |
| 2 | 日 | 庚子 | 六白 | 9/24 | 友引 |
| 3 | 月 | 辛丑 | 五黄 | 9/25 | 先負 |
| 4 | 火 | 壬寅 | 四緑 | 9/26 | 仏滅 |
| 5 | 水 | 癸卯 | 三碧 | 9/27 | 大安 |
| 6 | 木 | 甲辰 | 二黒 | 9/28 | 赤口 |
| 7 | 金 | 乙巳 | 一白 | 9/29 | 先勝 |
| 8 | 土 | 丙午 | 九紫 | 9/30 | 友引 |
| 9 | 日 | 丁未 | 八白 | 10/1 | 仏滅 |
| 10 | 月 | 戊申 | 七赤 | 10/2 | 大安 |
| 11 | 火 | 己酉 | 六白 | 10/3 | 赤口 |
| 12 | 水 | 庚戌 | 五黄 | 10/4 | 先勝 |
| 13 | 木 | 辛亥 | 四緑 | 10/5 | 友引 |
| 14 | 金 | 壬子 | 三碧 | 10/6 | 先負 |
| 15 | 土 | 癸丑 | 二黒 | 10/7 | 仏滅 |
| 16 | 日 | 甲寅 | 一白 | 10/8 | 大安 |
| 17 | 月 | 乙卯 | 九紫 | 10/9 | 赤口 |
| 18 | 火 | 丙辰 | 八白 | 10/10 | 先勝 |
| 19 | 水 | 丁巳 | 七赤 | 10/11 | 友引 |
| 20 | 木 | 戊午 | 六白 | 10/12 | 先負 |
| 21 | 金 | 己未 | 五黄 | 10/13 | 仏滅 |
| 22 | 土 | 庚申 | 四緑 | 10/14 | 大安 |
| 23 | 日 | 辛酉 | 三碧 | 10/15 | 赤口 |
| 24 | 月 | 壬戌 | 二黒 | 10/16 | 先勝 |
| 25 | 火 | 癸亥 | 一白 | 10/17 | 友引 |
| 26 | 水 | 甲子 | 一白 | 10/18 | 先負 |
| 27 | 木 | 乙丑 | 二黒 | 10/19 | 仏滅 |
| 28 | 金 | 丙寅 | 三碧 | 10/20 | 大安 |
| 29 | 土 | 丁卯 | 四緑 | 10/21 | 赤口 |
| 30 | 日 | 戊辰 | 五黄 | 10/22 | 先勝 |

## 12 月
（丙子 一白水星）

| | | | | | |
|---|---|---|---|---|---|
| 1 | 月 | 己巳 | 六白 | 10/23 | 友引 |
| 2 | 火 | 庚午 | 七赤 | 10/24 | 先負 |
| 3 | 水 | 辛未 | 八白 | 10/25 | 仏滅 |
| 4 | 木 | 壬申 | 九紫 | 10/26 | 大安 |
| 5 | 金 | 癸酉 | 一白 | 10/27 | 赤口 |
| 6 | 土 | 甲戌 | 二黒 | 10/28 | 先勝 |
| 7 | 日 | 乙亥 | 三碧 | 10/29 | 友引 |
| 8 | 月 | 丙子 | 四緑 | 11/1 | 大安 |
| 9 | 火 | 丁丑 | 五黄 | 11/2 | 赤口 |
| 10 | 水 | 戊寅 | 六白 | 11/3 | 先勝 |
| 11 | 木 | 己卯 | 七赤 | 11/4 | 友引 |
| 12 | 金 | 庚辰 | 八白 | 11/5 | 先負 |
| 13 | 土 | 辛巳 | 九紫 | 11/6 | 仏滅 |
| 14 | 日 | 壬午 | 一白 | 11/7 | 大安 |
| 15 | 月 | 癸未 | 二黒 | 11/8 | 赤口 |
| 16 | 火 | 甲申 | 三碧 | 11/9 | 先勝 |
| 17 | 水 | 乙酉 | 四緑 | 11/10 | 友引 |
| 18 | 木 | 丙戌 | 五黄 | 11/11 | 先負 |
| 19 | 金 | 丁亥 | 六白 | 11/12 | 仏滅 |
| 20 | 土 | 戊子 | 七赤 | 11/13 | 大安 |
| 21 | 日 | 己丑 | 八白 | 11/14 | 赤口 |
| 22 | 月 | 庚寅 | 九紫 | 11/15 | 先勝 |
| 23 | 火 | 辛卯 | 一白 | 11/16 | 友引 |
| 24 | 水 | 壬辰 | 二黒 | 11/17 | 先負 |
| 25 | 木 | 癸巳 | 三碧 | 11/18 | 仏滅 |
| 26 | 金 | 甲午 | 四緑 | 11/19 | 大安 |
| 27 | 土 | 乙未 | 五黄 | 11/20 | 赤口 |
| 28 | 日 | 丙申 | 六白 | 11/21 | 先勝 |
| 29 | 月 | 丁酉 | 七赤 | 11/22 | 友引 |
| 30 | 火 | 戊戌 | 八白 | 11/23 | 先負 |
| 31 | 水 | 己亥 | 九紫 | 11/24 | 仏滅 |

**9 月**

9. 7［節］白露
9.19［雑］彼岸
9.21［雑］社日
9.22［節］秋分

**10 月**

10. 7［節］寒露
10.19［雑］土用
10.22［節］霜降

**11 月**

11. 7［節］立冬
11.21［節］小雪

**12 月**

12. 6［節］大雪
12.21［節］冬至

# 2065

明治 198 年
大正 154 年
昭和 140 年
平成 77 年

乙酉（きのととり）
七赤金星

生誕・年忌など

1. 4 T.S. エリオット没後 100 年
1.24 W. チャーチル没後 100 年
1.— P. プルードン没後 200 年
2. 7 米軍の北爆開始 100 年
2.15 ナット・キング・コール没後 100 年
2.21 米・マルコム X 射殺 100 年
3.14 イリオモテヤマネコ発見 100 年
4. 9 南北戦争終結 200 年
4.15 リンカーン米大統領暗殺 200 年
6.13 W. イェーツ生誕 200 年
7.14 マッターホルン初登頂 200 年
7.28 江戸川乱歩没後 100 年
7.30 谷崎潤一郎没後 100 年
8. 9 シンガポール独立 100 年
8.13 池田勇人没後 100 年
8.17 高見順没後 100 年
9. 1 第 2 次印パ戦争勃発 100 年
9. 4 A. シュヴァイツァー没後 100 年
12. 8 J. シベリウス生誕 200 年
12.11 日韓基本条約可決 100 年
12.16 S. モーム没後 100 年
12.29 山田耕筰没後 100 年
この年 L. セネカ没後 2000 年
陶淵明生誕 1700 年
A. ダンテ生誕 800 年
十返舎一九生誕 300 年
松代群発地震 100 年

**2065 年**

## 1 月
（丁丑 九紫火星）

| | | | |
|---|---|---|---|
| 1 | 木 | 庚子 一白 | 11/25 大安 |
| 2 | 金 | 辛丑 二黒 | 11/26 赤口 |
| 3 | 土 | 壬寅 三碧 | 11/27 先勝 |
| 4 | 日 | 癸卯 四緑 | 11/28 友引 |
| 5 | 月 | 甲辰 五黄 | 11/29 先負 |
| 6 | 火 | 乙巳 六白 | 11/30 仏滅 |
| 7 | 水 | 丙午 七赤 | 12/1 赤口 |
| 8 | 木 | 丁未 八白 | 12/2 先勝 |
| 9 | 金 | 戊申 九紫 | 12/3 友引 |
| 10 | 土 | 己酉 一白 | 12/4 先負 |
| 11 | 日 | 庚戌 二黒 | 12/5 仏滅 |
| 12 | 月 | 辛亥 三碧 | 12/6 大安 |
| 13 | 火 | 壬子 四緑 | 12/7 赤口 |
| 14 | 水 | 癸丑 五黄 | 12/8 先勝 |
| 15 | 木 | 甲寅 六白 | 12/9 友引 |
| 16 | 金 | 乙卯 七赤 | 12/10 先負 |
| 17 | 土 | 丙辰 八白 | 12/11 仏滅 |
| 18 | 日 | 丁巳 九紫 | 12/12 大安 |
| 19 | 月 | 戊午 一白 | 12/13 赤口 |
| 20 | 火 | 己未 二黒 | 12/14 先勝 |
| 21 | 水 | 庚申 三碧 | 12/15 友引 |
| 22 | 木 | 辛酉 四緑 | 12/16 先負 |
| 23 | 金 | 壬戌 五黄 | 12/17 仏滅 |
| 24 | 土 | 癸亥 六白 | 12/18 大安 |
| 25 | 日 | 甲子 七赤 | 12/19 赤口 |
| 26 | 月 | 乙丑 八白 | 12/20 先勝 |
| 27 | 火 | 丙寅 九紫 | 12/21 友引 |
| 28 | 水 | 丁卯 一白 | 12/22 先負 |
| 29 | 木 | 戊辰 二黒 | 12/23 仏滅 |
| 30 | 金 | 己巳 三碧 | 12/24 大安 |
| 31 | 土 | 庚午 四緑 | 12/25 赤口 |

## 2 月
（戊寅 八白土星）

| | | | |
|---|---|---|---|
| 1 | 日 | 辛未 五黄 | 12/26 先勝 |
| 2 | 月 | 壬申 六白 | 12/27 友引 |
| 3 | 火 | 癸酉 七赤 | 12/28 先負 |
| 4 | 水 | 甲戌 八白 | 12/29 仏滅 |
| 5 | 木 | 乙亥 九紫 | 1/1 先勝 |
| 6 | 金 | 丙子 一白 | 1/2 友引 |
| 7 | 土 | 丁丑 二黒 | 1/3 先負 |
| 8 | 日 | 戊寅 三碧 | 1/4 仏滅 |
| 9 | 月 | 己卯 四緑 | 1/5 大安 |
| 10 | 火 | 庚辰 五黄 | 1/6 赤口 |
| 11 | 水 | 辛巳 六白 | 1/7 先勝 |
| 12 | 木 | 壬午 七赤 | 1/8 友引 |
| 13 | 金 | 癸未 八白 | 1/9 先負 |
| 14 | 土 | 甲申 九紫 | 1/10 仏滅 |
| 15 | 日 | 乙酉 一白 | 1/11 大安 |
| 16 | 月 | 丙戌 二黒 | 1/12 赤口 |
| 17 | 火 | 丁亥 三碧 | 1/13 先勝 |
| 18 | 水 | 戊子 四緑 | 1/14 友引 |
| 19 | 木 | 己丑 五黄 | 1/15 先負 |
| 20 | 金 | 庚寅 六白 | 1/16 仏滅 |
| 21 | 土 | 辛卯 七赤 | 1/17 大安 |
| 22 | 日 | 壬辰 八白 | 1/18 赤口 |
| 23 | 月 | 癸巳 九紫 | 1/19 先勝 |
| 24 | 火 | 甲午 一白 | 1/20 友引 |
| 25 | 水 | 乙未 二黒 | 1/21 先負 |
| 26 | 木 | 丙申 三碧 | 1/22 仏滅 |
| 27 | 金 | 丁酉 四緑 | 1/23 大安 |
| 28 | 土 | 戊戌 五黄 | 1/24 赤口 |

## 3 月
（己卯 七赤金星）

| | | | |
|---|---|---|---|
| 1 | 日 | 己亥 六白 | 1/25 先勝 |
| 2 | 月 | 庚子 七赤 | 1/26 友引 |
| 3 | 火 | 辛丑 八白 | 1/27 先負 |
| 4 | 水 | 壬寅 九紫 | 1/28 仏滅 |
| 5 | 木 | 癸卯 一白 | 1/29 大安 |
| 6 | 金 | 甲辰 二黒 | 1/30 赤口 |
| 7 | 土 | 乙巳 三碧 | 2/1 友引 |
| 8 | 日 | 丙午 四緑 | 2/2 先負 |
| 9 | 月 | 丁未 五黄 | 2/3 仏滅 |
| 10 | 火 | 戊申 六白 | 2/4 大安 |
| 11 | 水 | 己酉 七赤 | 2/5 赤口 |
| 12 | 木 | 庚戌 八白 | 2/6 先勝 |
| 13 | 金 | 辛亥 九紫 | 2/7 友引 |
| 14 | 土 | 壬子 一白 | 2/8 先負 |
| 15 | 日 | 癸丑 二黒 | 2/9 仏滅 |
| 16 | 月 | 甲寅 三碧 | 2/10 大安 |
| 17 | 火 | 乙卯 四緑 | 2/11 赤口 |
| 18 | 水 | 丙辰 五黄 | 2/12 先勝 |
| 19 | 木 | 丁巳 六白 | 2/13 友引 |
| 20 | 金 | 戊午 七赤 | 2/14 先負 |
| 21 | 土 | 己未 八白 | 2/15 仏滅 |
| 22 | 日 | 庚申 九紫 | 2/16 大安 |
| 23 | 月 | 辛酉 一白 | 2/17 赤口 |
| 24 | 火 | 壬戌 二黒 | 2/18 先勝 |
| 25 | 水 | 癸亥 三碧 | 2/19 友引 |
| 26 | 木 | 甲子 四緑 | 2/20 先負 |
| 27 | 金 | 乙丑 五黄 | 2/21 仏滅 |
| 28 | 土 | 丙寅 六白 | 2/22 大安 |
| 29 | 日 | 丁卯 七赤 | 2/23 赤口 |
| 30 | 月 | 戊辰 八白 | 2/24 先勝 |
| 31 | 火 | 己巳 九紫 | 2/25 友引 |

## 4 月
（庚辰 六白金星）

| | | | |
|---|---|---|---|
| 1 | 水 | 庚午 一白 | 2/26 先負 |
| 2 | 木 | 辛未 二黒 | 2/27 仏滅 |
| 3 | 金 | 壬申 三碧 | 2/28 大安 |
| 4 | 土 | 癸酉 四緑 | 2/29 赤口 |
| 5 | 日 | 甲戌 五黄 | 2/30 先勝 |
| 6 | 月 | 乙亥 六白 | 3/1 先負 |
| 7 | 火 | 丙子 七赤 | 3/2 仏滅 |
| 8 | 水 | 丁丑 八白 | 3/3 大安 |
| 9 | 木 | 戊寅 九紫 | 3/4 赤口 |
| 10 | 金 | 己卯 一白 | 3/5 先勝 |
| 11 | 土 | 庚辰 二黒 | 3/6 友引 |
| 12 | 日 | 辛巳 三碧 | 3/7 先負 |
| 13 | 月 | 壬午 四緑 | 3/8 仏滅 |
| 14 | 火 | 癸未 五黄 | 3/9 大安 |
| 15 | 水 | 甲申 六白 | 3/10 赤口 |
| 16 | 木 | 乙酉 七赤 | 3/11 先勝 |
| 17 | 金 | 丙戌 八白 | 3/12 友引 |
| 18 | 土 | 丁亥 九紫 | 3/13 先負 |
| 19 | 日 | 戊子 一白 | 3/14 仏滅 |
| 20 | 月 | 己丑 二黒 | 3/15 大安 |
| 21 | 火 | 庚寅 三碧 | 3/16 赤口 |
| 22 | 水 | 辛卯 四緑 | 3/17 先勝 |
| 23 | 木 | 壬辰 五黄 | 3/18 友引 |
| 24 | 金 | 癸巳 六白 | 3/19 先負 |
| 25 | 土 | 甲午 七赤 | 3/20 仏滅 |
| 26 | 日 | 乙未 八白 | 3/21 大安 |
| 27 | 月 | 丙申 九紫 | 3/22 赤口 |
| 28 | 火 | 丁酉 一白 | 3/23 先勝 |
| 29 | 水 | 戊戌 二黒 | 3/24 友引 |
| 30 | 木 | 己亥 三碧 | 3/25 先負 |

**1 月**

1. 5［節］小寒
1.16［雑］土用
1.19［節］大寒

**2 月**

2. 2［雑］節分
2. 3［節］立春
2.18［節］雨水

**3 月**

3. 5［節］啓蟄
3.17［雑］彼岸
3.20［節］春分
3.20［雑］社日

**4 月**

4. 4［節］清明
4.16［雑］土用
4.19［節］穀雨

## 5月
(辛巳 五黄土星)

| 日 | 曜 | 干支 | 九星 | 旧暦 | 六曜 |
|---|---|---|---|---|---|
| 1 | 金 | 庚子 | 四緑 | 3/26 | 仏滅 |
| 2 | 土 | 辛丑 | 五黄 | 3/27 | 大安 |
| 3 | 日 | 壬寅 | 六白 | 3/28 | 赤口 |
| 4 | 月 | 癸卯 | 七赤 | 3/29 | 先勝 |
| 5 | 火 | 甲辰 | 八白 | 4/1 | 仏滅 |
| 6 | 水 | 乙巳 | 九紫 | 4/2 | 大安 |
| 7 | 木 | 丙午 | 一白 | 4/3 | 赤口 |
| 8 | 金 | 丁未 | 二黒 | 4/4 | 先勝 |
| 9 | 土 | 戊申 | 三碧 | 4/5 | 友引 |
| 10 | 日 | 己酉 | 四緑 | 4/6 | 先負 |
| 11 | 月 | 庚戌 | 五黄 | 4/7 | 仏滅 |
| 12 | 火 | 辛亥 | 六白 | 4/8 | 大安 |
| 13 | 水 | 壬子 | 七赤 | 4/9 | 赤口 |
| 14 | 木 | 癸丑 | 八白 | 4/10 | 先勝 |
| 15 | 金 | 甲寅 | 九紫 | 4/11 | 友引 |
| 16 | 土 | 乙卯 | 一白 | 4/12 | 先負 |
| 17 | 日 | 丙辰 | 二黒 | 4/13 | 仏滅 |
| 18 | 月 | 丁巳 | 三碧 | 4/14 | 大安 |
| 19 | 火 | 戊午 | 四緑 | 4/15 | 赤口 |
| 20 | 水 | 己未 | 五黄 | 4/16 | 先勝 |
| 21 | 木 | 庚申 | 六白 | 4/17 | 友引 |
| 22 | 金 | 辛酉 | 七赤 | 4/18 | 先負 |
| 23 | 土 | 壬戌 | 八白 | 4/19 | 仏滅 |
| 24 | 日 | 癸亥 | 九紫 | 4/20 | 大安 |
| 25 | 月 | 甲子 | 九紫 | 4/21 | 赤口 |
| 26 | 火 | 乙丑 | 八白 | 4/22 | 先勝 |
| 27 | 水 | 丙寅 | 七赤 | 4/23 | 友引 |
| 28 | 木 | 丁卯 | 六白 | 4/24 | 先負 |
| 29 | 金 | 戊辰 | 五黄 | 4/25 | 仏滅 |
| 30 | 土 | 己巳 | 四緑 | 4/26 | 大安 |
| 31 | 日 | 庚午 | 三碧 | 4/27 | 赤口 |

## 6月
(壬午 四緑木星)

| 日 | 曜 | 干支 | 九星 | 旧暦 | 六曜 |
|---|---|---|---|---|---|
| 1 | 月 | 辛未 | 二黒 | 4/28 | 先勝 |
| 2 | 火 | 壬申 | 一白 | 4/29 | 友引 |
| 3 | 水 | 癸酉 | 九紫 | 4/30 | 先負 |
| 4 | 木 | 甲戌 | 八白 | 5/1 | 大安 |
| 5 | 金 | 乙亥 | 七赤 | 5/2 | 赤口 |
| 6 | 土 | 丙子 | 六白 | 5/3 | 先勝 |
| 7 | 日 | 丁丑 | 五黄 | 5/4 | 友引 |
| 8 | 月 | 戊寅 | 四緑 | 5/5 | 先負 |
| 9 | 火 | 己卯 | 三碧 | 5/6 | 仏滅 |
| 10 | 水 | 庚辰 | 二黒 | 5/7 | 大安 |
| 11 | 木 | 辛巳 | 一白 | 5/8 | 赤口 |
| 12 | 金 | 壬午 | 九紫 | 5/9 | 先勝 |
| 13 | 土 | 癸未 | 八白 | 5/10 | 友引 |
| 14 | 日 | 甲申 | 七赤 | 5/11 | 先負 |
| 15 | 月 | 乙酉 | 六白 | 5/12 | 仏滅 |
| 16 | 火 | 丙戌 | 五黄 | 5/13 | 大安 |
| 17 | 水 | 丁亥 | 四緑 | 5/14 | 赤口 |
| 18 | 木 | 戊子 | 三碧 | 5/15 | 先勝 |
| 19 | 金 | 己丑 | 二黒 | 5/16 | 友引 |
| 20 | 土 | 庚寅 | 一白 | 5/17 | 先負 |
| 21 | 日 | 辛卯 | 九紫 | 5/18 | 仏滅 |
| 22 | 月 | 壬辰 | 八白 | 5/19 | 大安 |
| 23 | 火 | 癸巳 | 七赤 | 5/20 | 赤口 |
| 24 | 水 | 甲午 | 六白 | 5/21 | 先勝 |
| 25 | 木 | 乙未 | 五黄 | 5/22 | 友引 |
| 26 | 金 | 丙申 | 四緑 | 5/23 | 先負 |
| 27 | 土 | 丁酉 | 三碧 | 5/24 | 仏滅 |
| 28 | 日 | 戊戌 | 二黒 | 5/25 | 大安 |
| 29 | 月 | 己亥 | 一白 | 5/26 | 赤口 |
| 30 | 火 | 庚子 | 九紫 | 5/27 | 先勝 |

## 7月
(癸未 三碧木星)

| 日 | 曜 | 干支 | 九星 | 旧暦 | 六曜 |
|---|---|---|---|---|---|
| 1 | 水 | 辛丑 | 八白 | 5/28 | 友引 |
| 2 | 木 | 壬寅 | 七赤 | 5/29 | 先負 |
| 3 | 金 | 癸卯 | 六白 | 5/30 | 仏滅 |
| 4 | 土 | 甲辰 | 五黄 | 6/1 | 赤口 |
| 5 | 日 | 乙巳 | 四緑 | 6/2 | 先勝 |
| 6 | 月 | 丙午 | 三碧 | 6/3 | 友引 |
| 7 | 火 | 丁未 | 二黒 | 6/4 | 先負 |
| 8 | 水 | 戊申 | 一白 | 6/5 | 仏滅 |
| 9 | 木 | 己酉 | 九紫 | 6/6 | 大安 |
| 10 | 金 | 庚戌 | 八白 | 6/7 | 赤口 |
| 11 | 土 | 辛亥 | 七赤 | 6/8 | 先勝 |
| 12 | 日 | 壬子 | 六白 | 6/9 | 友引 |
| 13 | 月 | 癸丑 | 五黄 | 6/10 | 先負 |
| 14 | 火 | 甲寅 | 四緑 | 6/11 | 仏滅 |
| 15 | 水 | 乙卯 | 三碧 | 6/12 | 大安 |
| 16 | 木 | 丙辰 | 二黒 | 6/13 | 赤口 |
| 17 | 金 | 丁巳 | 一白 | 6/14 | 先勝 |
| 18 | 土 | 戊午 | 九紫 | 6/15 | 友引 |
| 19 | 日 | 己未 | 八白 | 6/16 | 先負 |
| 20 | 月 | 庚申 | 七赤 | 6/17 | 仏滅 |
| 21 | 火 | 辛酉 | 六白 | 6/18 | 大安 |
| 22 | 水 | 壬戌 | 五黄 | 6/19 | 赤口 |
| 23 | 木 | 癸亥 | 四緑 | 6/20 | 先勝 |
| 24 | 金 | 甲子 | 三碧 | 6/21 | 友引 |
| 25 | 土 | 乙丑 | 二黒 | 6/22 | 先負 |
| 26 | 日 | 丙寅 | 一白 | 6/23 | 仏滅 |
| 27 | 月 | 丁卯 | 九紫 | 6/24 | 大安 |
| 28 | 火 | 戊辰 | 八白 | 6/25 | 赤口 |
| 29 | 水 | 己巳 | 七赤 | 6/26 | 先勝 |
| 30 | 木 | 庚午 | 六白 | 6/27 | 友引 |
| 31 | 金 | 辛未 | 五黄 | 6/28 | 先負 |

## 8月
(甲申 二黒土星)

| 日 | 曜 | 干支 | 九星 | 旧暦 | 六曜 |
|---|---|---|---|---|---|
| 1 | 土 | 壬申 | 四緑 | 6/29 | 仏滅 |
| 2 | 日 | 癸酉 | 三碧 | 7/1 | 先勝 |
| 3 | 月 | 甲戌 | 二黒 | 7/2 | 友引 |
| 4 | 火 | 乙亥 | 一白 | 7/3 | 先負 |
| 5 | 水 | 丙子 | 九紫 | 7/4 | 仏滅 |
| 6 | 木 | 丁丑 | 八白 | 7/5 | 大安 |
| 7 | 金 | 戊寅 | 七赤 | 7/6 | 赤口 |
| 8 | 土 | 己卯 | 六白 | 7/7 | 先勝 |
| 9 | 日 | 庚辰 | 五黄 | 7/8 | 友引 |
| 10 | 月 | 辛巳 | 四緑 | 7/9 | 先負 |
| 11 | 火 | 壬午 | 三碧 | 7/10 | 仏滅 |
| 12 | 水 | 癸未 | 二黒 | 7/11 | 大安 |
| 13 | 木 | 甲申 | 一白 | 7/12 | 赤口 |
| 14 | 金 | 乙酉 | 九紫 | 7/13 | 先勝 |
| 15 | 土 | 丙戌 | 八白 | 7/14 | 友引 |
| 16 | 日 | 丁亥 | 七赤 | 7/15 | 先負 |
| 17 | 月 | 戊子 | 六白 | 7/16 | 仏滅 |
| 18 | 火 | 己丑 | 五黄 | 7/17 | 大安 |
| 19 | 水 | 庚寅 | 四緑 | 7/18 | 赤口 |
| 20 | 木 | 辛卯 | 三碧 | 7/19 | 先勝 |
| 21 | 金 | 壬辰 | 二黒 | 7/20 | 友引 |
| 22 | 土 | 癸巳 | 一白 | 7/21 | 先負 |
| 23 | 日 | 甲午 | 九紫 | 7/22 | 仏滅 |
| 24 | 月 | 乙未 | 八白 | 7/23 | 大安 |
| 25 | 火 | 丙申 | 七赤 | 7/24 | 赤口 |
| 26 | 水 | 丁酉 | 六白 | 7/25 | 先勝 |
| 27 | 木 | 戊戌 | 五黄 | 7/26 | 友引 |
| 28 | 金 | 己亥 | 四緑 | 7/27 | 先負 |
| 29 | 土 | 庚子 | 三碧 | 7/28 | 仏滅 |
| 30 | 日 | 辛丑 | 二黒 | 7/29 | 大安 |
| 31 | 月 | 壬寅 | 一白 | 7/30 | 赤口 |

### 5月
5. 1［雑］八十八夜
5. 5［節］立夏
5.20［節］小満

### 6月
6. 5［節］芒種
6.10［雑］入梅
6.21［節］夏至

### 7月
7. 1［雑］半夏生
7. 6［節］小暑
7.19［雑］土用
7.22［節］大暑

### 8月
8. 7［節］立秋
8.22［節］処暑
8.31［雑］二百十日

## 9 月
（乙酉 一白水星）

| | | | | | |
|---|---|---|---|---|---|
| 1 | 火 | 癸卯 | 九紫 | 8/1 | 友引 |
| 2 | 水 | 甲辰 | 八白 | 8/2 | 先負 |
| 3 | 木 | 乙巳 | 七赤 | 8/3 | 仏滅 |
| 4 | 金 | 丙午 | 六白 | 8/4 | 大安 |
| 5 | 土 | 丁未 | 五黄 | 8/5 | 赤口 |
| 6 | 日 | 戊申 | 四緑 | 8/6 | 先勝 |
| 7 | 月 | 己酉 | 三碧 | 8/7 | 友引 |
| 8 | 火 | 庚戌 | 二黒 | 8/8 | 先負 |
| 9 | 水 | 辛亥 | 一白 | 8/9 | 仏滅 |
| 10 | 木 | 壬子 | 九紫 | 8/10 | 大安 |
| 11 | 金 | 癸丑 | 八白 | 8/11 | 赤口 |
| 12 | 土 | 甲寅 | 七赤 | 8/12 | 先勝 |
| 13 | 日 | 乙卯 | 六白 | 8/13 | 友引 |
| 14 | 月 | 丙辰 | 五黄 | 8/14 | 先負 |
| 15 | 火 | 丁巳 | 四緑 | 8/15 | 仏滅 |
| 16 | 水 | 戊午 | 三碧 | 8/16 | 大安 |
| 17 | 木 | 己未 | 二黒 | 8/17 | 赤口 |
| 18 | 金 | 庚申 | 一白 | 8/18 | 先勝 |
| 19 | 土 | 辛酉 | 九紫 | 8/19 | 友引 |
| 20 | 日 | 壬戌 | 八白 | 8/20 | 先負 |
| 21 | 月 | 癸亥 | 七赤 | 8/21 | 仏滅 |
| 22 | 火 | 甲子 | 六白 | 8/22 | 大安 |
| 23 | 水 | 乙丑 | 五黄 | 8/23 | 赤口 |
| 24 | 木 | 丙寅 | 四緑 | 8/24 | 先勝 |
| 25 | 金 | 丁卯 | 三碧 | 8/25 | 友引 |
| 26 | 土 | 戊辰 | 二黒 | 8/26 | 先負 |
| 27 | 日 | 己巳 | 一白 | 8/27 | 仏滅 |
| 28 | 月 | 庚午 | 九紫 | 8/28 | 大安 |
| 29 | 火 | 辛未 | 八白 | 8/29 | 赤口 |
| 30 | 水 | 壬申 | 七赤 | 9/1 | 先負 |

## 10 月
（丙戌 九紫火星）

| | | | | | |
|---|---|---|---|---|---|
| 1 | 木 | 癸酉 | 六白 | 9/2 | 仏滅 |
| 2 | 金 | 甲戌 | 五黄 | 9/3 | 大安 |
| 3 | 土 | 乙亥 | 四緑 | 9/4 | 赤口 |
| 4 | 日 | 丙子 | 三碧 | 9/5 | 先勝 |
| 5 | 月 | 丁丑 | 二黒 | 9/6 | 友引 |
| 6 | 火 | 戊寅 | 一白 | 9/7 | 先負 |
| 7 | 水 | 己卯 | 九紫 | 9/8 | 仏滅 |
| 8 | 木 | 庚辰 | 八白 | 9/9 | 大安 |
| 9 | 金 | 辛巳 | 七赤 | 9/10 | 赤口 |
| 10 | 土 | 壬午 | 六白 | 9/11 | 先勝 |
| 11 | 日 | 癸未 | 五黄 | 9/12 | 友引 |
| 12 | 月 | 甲申 | 四緑 | 9/13 | 先負 |
| 13 | 火 | 乙酉 | 三碧 | 9/14 | 仏滅 |
| 14 | 水 | 丙戌 | 二黒 | 9/15 | 大安 |
| 15 | 木 | 丁亥 | 一白 | 9/16 | 赤口 |
| 16 | 金 | 戊子 | 九紫 | 9/17 | 先勝 |
| 17 | 土 | 己丑 | 八白 | 9/18 | 友引 |
| 18 | 日 | 庚寅 | 七赤 | 9/19 | 先負 |
| 19 | 月 | 辛卯 | 六白 | 9/20 | 仏滅 |
| 20 | 火 | 壬辰 | 五黄 | 9/21 | 大安 |
| 21 | 水 | 癸巳 | 四緑 | 9/22 | 赤口 |
| 22 | 木 | 甲午 | 三碧 | 9/23 | 先勝 |
| 23 | 金 | 乙未 | 二黒 | 9/24 | 友引 |
| 24 | 土 | 丙申 | 一白 | 9/25 | 先負 |
| 25 | 日 | 丁酉 | 九紫 | 9/26 | 仏滅 |
| 26 | 月 | 戊戌 | 八白 | 9/27 | 大安 |
| 27 | 火 | 己亥 | 七赤 | 9/28 | 赤口 |
| 28 | 水 | 庚子 | 六白 | 9/29 | 先勝 |
| 29 | 木 | 辛丑 | 五黄 | 10/1 | 仏滅 |
| 30 | 金 | 壬寅 | 四緑 | 10/2 | 大安 |
| 31 | 土 | 癸卯 | 三碧 | 10/3 | 赤口 |

## 11 月
（丁亥 八白土星）

| | | | | | |
|---|---|---|---|---|---|
| 1 | 日 | 甲辰 | 二黒 | 10/4 | 先勝 |
| 2 | 月 | 乙巳 | 一白 | 10/5 | 友引 |
| 3 | 火 | 丙午 | 九紫 | 10/6 | 先負 |
| 4 | 水 | 丁未 | 八白 | 10/7 | 仏滅 |
| 5 | 木 | 戊申 | 七赤 | 10/8 | 大安 |
| 6 | 金 | 己酉 | 六白 | 10/9 | 赤口 |
| 7 | 土 | 庚戌 | 五黄 | 10/10 | 先勝 |
| 8 | 日 | 辛亥 | 四緑 | 10/11 | 友引 |
| 9 | 月 | 壬子 | 三碧 | 10/12 | 先負 |
| 10 | 火 | 癸丑 | 二黒 | 10/13 | 仏滅 |
| 11 | 水 | 甲寅 | 一白 | 10/14 | 大安 |
| 12 | 木 | 乙卯 | 九紫 | 10/15 | 赤口 |
| 13 | 金 | 丙辰 | 八白 | 10/16 | 先勝 |
| 14 | 土 | 丁巳 | 七赤 | 10/17 | 友引 |
| 15 | 日 | 戊午 | 六白 | 10/18 | 先負 |
| 16 | 月 | 己未 | 五黄 | 10/19 | 仏滅 |
| 17 | 火 | 庚申 | 四緑 | 10/20 | 大安 |
| 18 | 水 | 辛酉 | 三碧 | 10/21 | 赤口 |
| 19 | 木 | 壬戌 | 二黒 | 10/22 | 先勝 |
| 20 | 金 | 癸亥 | 一白 | 10/23 | 友引 |
| 21 | 土 | 甲子 | 九紫 | 10/24 | 先負 |
| 22 | 日 | 乙丑 | 八白 | 10/25 | 仏滅 |
| 23 | 月 | 丙寅 | 七赤 | 10/26 | 大安 |
| 24 | 火 | 丁卯 | 六白 | 10/27 | 赤口 |
| 25 | 水 | 戊辰 | 五黄 | 10/28 | 先勝 |
| 26 | 木 | 己巳 | 四緑 | 10/29 | 友引 |
| 27 | 金 | 庚午 | 三碧 | 10/30 | 先負 |
| 28 | 土 | 辛未 | 二黒 | 11/1 | 大安 |
| 29 | 日 | 壬申 | 一白 | 11/2 | 赤口 |
| 30 | 月 | 癸酉 | 九紫 | 11/3 | 先勝 |

## 12 月
（戊子 七赤金星）

| | | | | | |
|---|---|---|---|---|---|
| 1 | 火 | 甲戌 | 八白 | 11/4 | 友引 |
| 2 | 水 | 乙亥 | 七赤 | 11/5 | 先負 |
| 3 | 木 | 丙子 | 六白 | 11/6 | 仏滅 |
| 4 | 金 | 丁丑 | 五黄 | 11/7 | 大安 |
| 5 | 土 | 戊寅 | 四緑 | 11/8 | 赤口 |
| 6 | 日 | 己卯 | 三碧 | 11/9 | 先勝 |
| 7 | 月 | 庚辰 | 二黒 | 11/10 | 友引 |
| 8 | 火 | 辛巳 | 一白 | 11/11 | 先負 |
| 9 | 水 | 壬午 | 九紫 | 11/12 | 仏滅 |
| 10 | 木 | 癸未 | 八白 | 11/13 | 大安 |
| 11 | 金 | 甲申 | 七赤 | 11/14 | 赤口 |
| 12 | 土 | 乙酉 | 六白 | 11/15 | 先勝 |
| 13 | 日 | 丙戌 | 五黄 | 11/16 | 友引 |
| 14 | 月 | 丁亥 | 四緑 | 11/17 | 先負 |
| 15 | 火 | 戊子 | 三碧 | 11/18 | 仏滅 |
| 16 | 水 | 己丑 | 二黒 | 11/19 | 大安 |
| 17 | 木 | 庚寅 | 一白 | 11/20 | 赤口 |
| 18 | 金 | 辛卯 | 九紫 | 11/21 | 先勝 |
| 19 | 土 | 壬辰 | 八白 | 11/22 | 友引 |
| 20 | 日 | 癸巳 | 七赤 | 11/23 | 先負 |
| 21 | 月 | 甲午 | 七赤 | 11/24 | 仏滅 |
| 22 | 火 | 乙未 | 八白 | 11/25 | 大安 |
| 23 | 水 | 丙申 | 九紫 | 11/26 | 赤口 |
| 24 | 木 | 丁酉 | 一白 | 11/27 | 先勝 |
| 25 | 金 | 戊戌 | 二黒 | 11/28 | 友引 |
| 26 | 土 | 己亥 | 三碧 | 11/29 | 先負 |
| 27 | 日 | 庚子 | 四緑 | 12/1 | 赤口 |
| 28 | 月 | 辛丑 | 五黄 | 12/2 | 先勝 |
| 29 | 火 | 壬寅 | 六白 | 12/3 | 友引 |
| 30 | 水 | 癸卯 | 七赤 | 12/4 | 先負 |
| 31 | 木 | 甲辰 | 八白 | 12/5 | 仏滅 |

**9 月**

9. 7 [節] 白露
9.19 [雑] 彼岸
9.22 [節] 秋分
9.26 [雑] 社日

**10 月**

10. 8 [節] 寒露
10.20 [雑] 土用
10.23 [節] 霜降

**11 月**

11. 7 [節] 立冬
11.22 [節] 小雪

**12 月**

12. 6 [節] 大雪
12.21 [節] 冬至

# 2066

明治 199 年
大正 155 年
昭和 141 年
平成 78 年

丙戌（ひのえいぬ）
六白金星

生誕・年忌など

1.11 A. ジャコメッティ没後 100 年
1.21 薩長秘密同盟締結 200 年
2. 1 バスター・キートン没後 100 年
2. 4 全日空機羽田沖墜落事故 100 年
2.16 荻生徂徠生誕 400 年
3. 4 カナダ太平洋航空機炎上事故 100 年
3. 5 英国海外航空機富士山墜落事故 100 年
3.10 応天門炎上 1200 年
3.28 タイ・アユタヤ朝滅亡 300 年
4. 4 「おはなはん」放映開始 100 年
4.10 川端龍子没後 100 年
5.16 中国文化大革命開始 100 年
5.17 E. サティ生誕 200 年
6. 7 第二次長州征伐開戦 200 年
6.16 普墺戦争勃発 200 年
6.29 黒田清輝生誕 200 年
ビートルズ来日 100 年
7.23 モンゴメリー・クリフト没後 100 年
8.22 明和事件 300 年
9.12 ロンドン大火 400 年
9.21 H.G. ウェルズ生誕 200 年
9.22 応天門の変 1200 年
10. 6 孫文生誕 200 年
11.19 尼子氏が毛利氏に降伏 500 年
12.13 ドナテロ没後 600 年
V. カンディンスキー生誕 200 年
12.15 W. ディズニー没後 100 年
この年 藤原公任生誕 1100 年
藤原道長生誕 1100 年
ノルマン人イングランド征服 1000 年

## 2066年

### 1月
（己丑 六白金星）

| | | | |
|---|---|---|---|
| 1 | 金 | 乙巳 九紫 | 12/6 大安 |
| 2 | 土 | 丙午 一白 | 12/7 赤口 |
| 3 | 日 | 丁未 二黒 | 12/8 先勝 |
| 4 | 月 | 戊申 三碧 | 12/9 友引 |
| 5 | 火 | 己酉 四緑 | 12/10 先負 |
| 6 | 水 | 庚戌 五黄 | 12/11 仏滅 |
| 7 | 木 | 辛亥 六白 | 12/12 大安 |
| 8 | 金 | 壬子 七赤 | 12/13 赤口 |
| 9 | 土 | 癸丑 八白 | 12/14 先勝 |
| 10 | 日 | 甲寅 九紫 | 12/15 友引 |
| 11 | 月 | 乙卯 一白 | 12/16 先負 |
| 12 | 火 | 丙辰 二黒 | 12/17 仏滅 |
| 13 | 水 | 丁巳 三碧 | 12/18 大安 |
| 14 | 木 | 戊午 四緑 | 12/19 赤口 |
| 15 | 金 | 己未 五黄 | 12/20 先勝 |
| 16 | 土 | 庚申 六白 | 12/21 友引 |
| 17 | 日 | 辛酉 七赤 | 12/22 先負 |
| 18 | 月 | 壬戌 八白 | 12/23 仏滅 |
| 19 | 火 | 癸亥 九紫 | 12/24 大安 |
| 20 | 水 | 甲子 一白 | 12/25 赤口 |
| 21 | 木 | 乙丑 二黒 | 12/26 先勝 |
| 22 | 金 | 丙寅 三碧 | 12/27 友引 |
| 23 | 土 | 丁卯 四緑 | 12/28 先負 |
| 24 | 日 | 戊辰 五黄 | 12/29 仏滅 |
| 25 | 月 | 己巳 六白 | 12/30 大安 |
| 26 | 火 | 庚午 七赤 | 1/1 先勝 |
| 27 | 水 | 辛未 八白 | 1/2 友引 |
| 28 | 木 | 壬申 九紫 | 1/3 先負 |
| 29 | 金 | 癸酉 一白 | 1/4 仏滅 |
| 30 | 土 | 甲戌 二黒 | 1/5 大安 |
| 31 | 日 | 乙亥 三碧 | 1/6 赤口 |

### 2月
（庚寅 五黄土星）

| | | | |
|---|---|---|---|
| 1 | 月 | 丙子 四緑 | 1/7 先勝 |
| 2 | 火 | 丁丑 五黄 | 1/8 友引 |
| 3 | 水 | 戊寅 六白 | 1/9 先負 |
| 4 | 木 | 己卯 七赤 | 1/10 仏滅 |
| 5 | 金 | 庚辰 八白 | 1/11 大安 |
| 6 | 土 | 辛巳 九紫 | 1/12 赤口 |
| 7 | 日 | 壬午 一白 | 1/13 先勝 |
| 8 | 月 | 癸未 二黒 | 1/14 友引 |
| 9 | 火 | 甲申 三碧 | 1/15 先負 |
| 10 | 水 | 乙酉 四緑 | 1/16 仏滅 |
| 11 | 木 | 丙戌 五黄 | 1/17 大安 |
| 12 | 金 | 丁亥 六白 | 1/18 赤口 |
| 13 | 土 | 戊子 七赤 | 1/19 先勝 |
| 14 | 日 | 己丑 八白 | 1/20 友引 |
| 15 | 月 | 庚寅 九紫 | 1/21 先負 |
| 16 | 火 | 辛卯 一白 | 1/22 仏滅 |
| 17 | 水 | 壬辰 二黒 | 1/23 大安 |
| 18 | 木 | 癸巳 三碧 | 1/24 赤口 |
| 19 | 金 | 甲午 四緑 | 1/25 先勝 |
| 20 | 土 | 乙未 五黄 | 1/26 友引 |
| 21 | 日 | 丙申 六白 | 1/27 先負 |
| 22 | 月 | 丁酉 七赤 | 1/28 仏滅 |
| 23 | 火 | 戊戌 八白 | 1/29 大安 |
| 24 | 水 | 己亥 九紫 | 2/1 友引 |
| 25 | 木 | 庚子 一白 | 2/2 先負 |
| 26 | 金 | 辛丑 二黒 | 2/3 仏滅 |
| 27 | 土 | 壬寅 三碧 | 2/4 大安 |
| 28 | 日 | 癸卯 四緑 | 2/5 赤口 |

### 3月
（辛卯 四緑木星）

| | | | |
|---|---|---|---|
| 1 | 月 | 甲辰 五黄 | 2/6 先勝 |
| 2 | 火 | 乙巳 六白 | 2/7 友引 |
| 3 | 水 | 丙午 七赤 | 2/8 先負 |
| 4 | 木 | 丁未 八白 | 2/9 仏滅 |
| 5 | 金 | 戊申 九紫 | 2/10 大安 |
| 6 | 土 | 己酉 一白 | 2/11 赤口 |
| 7 | 日 | 庚戌 二黒 | 2/12 先勝 |
| 8 | 月 | 辛亥 三碧 | 2/13 友引 |
| 9 | 火 | 壬子 四緑 | 2/14 先負 |
| 10 | 水 | 癸丑 五黄 | 2/15 仏滅 |
| 11 | 木 | 甲寅 六白 | 2/16 大安 |
| 12 | 金 | 乙卯 七赤 | 2/17 赤口 |
| 13 | 土 | 丙辰 八白 | 2/18 先勝 |
| 14 | 日 | 丁巳 九紫 | 2/19 友引 |
| 15 | 月 | 戊午 一白 | 2/20 先負 |
| 16 | 火 | 己未 二黒 | 2/21 仏滅 |
| 17 | 水 | 庚申 三碧 | 2/22 大安 |
| 18 | 木 | 辛酉 四緑 | 2/23 赤口 |
| 19 | 金 | 壬戌 五黄 | 2/24 先勝 |
| 20 | 土 | 癸亥 六白 | 2/25 友引 |
| 21 | 日 | 甲子 七赤 | 2/26 先負 |
| 22 | 月 | 乙丑 八白 | 2/27 仏滅 |
| 23 | 火 | 丙寅 九紫 | 2/28 大安 |
| 24 | 水 | 丁卯 一白 | 2/29 赤口 |
| 25 | 木 | 戊辰 二黒 | 2/30 先勝 |
| 26 | 金 | 己巳 三碧 | 3/1 先負 |
| 27 | 土 | 庚午 四緑 | 3/2 仏滅 |
| 28 | 日 | 辛未 五黄 | 3/3 大安 |
| 29 | 月 | 壬申 六白 | 3/4 赤口 |
| 30 | 火 | 癸酉 七赤 | 3/5 先勝 |
| 31 | 水 | 甲戌 八白 | 3/6 友引 |

### 4月
（壬辰 三碧木星）

| | | | |
|---|---|---|---|
| 1 | 木 | 乙亥 九紫 | 3/7 先負 |
| 2 | 金 | 丙子 一白 | 3/8 仏滅 |
| 3 | 土 | 丁丑 二黒 | 3/9 大安 |
| 4 | 日 | 戊寅 三碧 | 3/10 赤口 |
| 5 | 月 | 己卯 四緑 | 3/11 先勝 |
| 6 | 火 | 庚辰 五黄 | 3/12 友引 |
| 7 | 水 | 辛巳 六白 | 3/13 先負 |
| 8 | 木 | 壬午 七赤 | 3/14 仏滅 |
| 9 | 金 | 癸未 八白 | 3/15 大安 |
| 10 | 土 | 甲申 九紫 | 3/16 赤口 |
| 11 | 日 | 乙酉 一白 | 3/17 先勝 |
| 12 | 月 | 丙戌 二黒 | 3/18 友引 |
| 13 | 火 | 丁亥 三碧 | 3/19 先負 |
| 14 | 水 | 戊子 四緑 | 3/20 仏滅 |
| 15 | 木 | 己丑 五黄 | 3/21 大安 |
| 16 | 金 | 庚寅 六白 | 3/22 赤口 |
| 17 | 土 | 辛卯 七赤 | 3/23 先勝 |
| 18 | 日 | 壬辰 八白 | 3/24 友引 |
| 19 | 月 | 癸巳 九紫 | 3/25 先負 |
| 20 | 火 | 甲午 一白 | 3/26 仏滅 |
| 21 | 水 | 乙未 二黒 | 3/27 大安 |
| 22 | 木 | 丙申 三碧 | 3/28 赤口 |
| 23 | 金 | 丁酉 四緑 | 3/29 先勝 |
| 24 | 土 | 戊戌 五黄 | 4/1 仏滅 |
| 25 | 日 | 己亥 六白 | 4/2 大安 |
| 26 | 月 | 庚子 七赤 | 4/3 赤口 |
| 27 | 火 | 辛丑 八白 | 4/4 先勝 |
| 28 | 水 | 壬寅 九紫 | 4/5 友引 |
| 29 | 木 | 癸卯 一白 | 4/6 先負 |
| 30 | 金 | 甲辰 二黒 | 4/7 仏滅 |

**1月**

1. 5［節］小寒
1.17［雑］土用
1.20［節］大寒

**2月**

2. 2［雑］節分
2. 3［節］立春
2.18［節］雨水

**3月**

3. 5［節］啓蟄
3.17［雑］彼岸
3.20［節］春分
3.25［雑］社日

**4月**

4. 4［節］清明
4.17［雑］土用
4.20［節］穀雨

## 5月
（癸巳 二黒土星）

| | | | |
|---|---|---|---|
| 1 | 土 | 乙巳 三碧 | 4/8 大安 |
| 2 | 日 | 丙午 四緑 | 4/9 赤口 |
| 3 | 月 | 丁未 五黄 | 4/10 先勝 |
| 4 | 火 | 戊申 六白 | 4/11 友引 |
| 5 | 水 | 己酉 七赤 | 4/12 先負 |
| 6 | 木 | 庚戌 八白 | 4/13 仏滅 |
| 7 | 金 | 辛亥 九紫 | 4/14 大安 |
| 8 | 土 | 壬子 一白 | 4/15 赤口 |
| 9 | 日 | 癸丑 二黒 | 4/16 先勝 |
| 10 | 月 | 甲寅 三碧 | 4/17 友引 |
| 11 | 火 | 乙卯 四緑 | 4/18 先負 |
| 12 | 水 | 丙辰 五黄 | 4/19 仏滅 |
| 13 | 木 | 丁巳 六白 | 4/20 大安 |
| 14 | 金 | 戊午 七赤 | 4/21 赤口 |
| 15 | 土 | 己未 八白 | 4/22 先勝 |
| 16 | 日 | 庚申 九紫 | 4/23 友引 |
| 17 | 月 | 辛酉 一白 | 4/24 先負 |
| 18 | 火 | 壬戌 二黒 | 4/25 仏滅 |
| 19 | 水 | 癸亥 三碧 | 4/26 大安 |
| 20 | 木 | 甲子 四緑 | 4/27 赤口 |
| 21 | 金 | 乙丑 五黄 | 4/28 先勝 |
| 22 | 土 | 丙寅 六白 | 4/29 友引 |
| 23 | 日 | 丁卯 七赤 | 4/30 先負 |
| 24 | 月 | 戊辰 八白 | 5/1 大安 |
| 25 | 火 | 己巳 九紫 | 5/2 赤口 |
| 26 | 水 | 庚午 一白 | 5/3 先勝 |
| 27 | 木 | 辛未 二黒 | 5/4 友引 |
| 28 | 金 | 壬申 三碧 | 5/5 先負 |
| 29 | 土 | 癸酉 四緑 | 5/6 仏滅 |
| 30 | 日 | 甲戌 五黄 | 5/7 大安 |
| 31 | 月 | 乙亥 六白 | 5/8 赤口 |

## 6月
（甲午 一白水星）

| | | | |
|---|---|---|---|
| 1 | 火 | 丙子 七赤 | 5/9 先勝 |
| 2 | 水 | 丁丑 八白 | 5/10 友引 |
| 3 | 木 | 戊寅 九紫 | 5/11 先負 |
| 4 | 金 | 己卯 一白 | 5/12 仏滅 |
| 5 | 土 | 庚辰 二黒 | 5/13 大安 |
| 6 | 日 | 辛巳 三碧 | 5/14 赤口 |
| 7 | 月 | 壬午 四緑 | 5/15 先勝 |
| 8 | 火 | 癸未 五黄 | 5/16 友引 |
| 9 | 水 | 甲申 六白 | 5/17 先負 |
| 10 | 木 | 乙酉 七赤 | 5/18 仏滅 |
| 11 | 金 | 丙戌 八白 | 5/19 大安 |
| 12 | 土 | 丁亥 九紫 | 5/20 赤口 |
| 13 | 日 | 戊子 一白 | 5/21 先勝 |
| 14 | 月 | 己丑 二黒 | 5/22 友引 |
| 15 | 火 | 庚寅 三碧 | 5/23 先負 |
| 16 | 水 | 辛卯 四緑 | 5/24 仏滅 |
| 17 | 木 | 壬辰 五黄 | 5/25 大安 |
| 18 | 金 | 癸巳 六白 | 5/26 赤口 |
| 19 | 土 | 甲午 七赤 | 5/27 先勝 |
| 20 | 日 | 乙未 八白 | 5/28 友引 |
| 21 | 月 | 丙申 九紫 | 5/29 先負 |
| 22 | 火 | 丁酉 一白 | 5/30 仏滅 |
| 23 | 水 | 戊戌 二黒 | 閏5/1 大安 |
| 24 | 木 | 己亥 三碧 | 閏5/2 赤口 |
| 25 | 金 | 庚子 四緑 | 閏5/3 先勝 |
| 26 | 土 | 辛丑 五黄 | 閏5/4 友引 |
| 27 | 日 | 壬寅 六白 | 閏5/5 先負 |
| 28 | 月 | 癸卯 七赤 | 閏5/6 仏滅 |
| 29 | 火 | 甲辰 八白 | 閏5/7 大安 |
| 30 | 水 | 乙巳 九紫 | 閏5/8 赤口 |

## 7月
（乙未 九紫火星）

| | | | |
|---|---|---|---|
| 1 | 木 | 丙午 一白 | 閏5/9 先勝 |
| 2 | 金 | 丁未 二黒 | 閏5/10 友引 |
| 3 | 土 | 戊申 三碧 | 閏5/11 先負 |
| 4 | 日 | 己酉 四緑 | 閏5/12 仏滅 |
| 5 | 月 | 庚戌 五黄 | 閏5/13 大安 |
| 6 | 火 | 辛亥 六白 | 閏5/14 赤口 |
| 7 | 水 | 壬子 七赤 | 閏5/15 先勝 |
| 8 | 木 | 癸丑 八白 | 閏5/16 友引 |
| 9 | 金 | 甲寅 九紫 | 閏5/17 先負 |
| 10 | 土 | 乙卯 一白 | 閏5/18 仏滅 |
| 11 | 日 | 丙辰 二黒 | 閏5/19 大安 |
| 12 | 月 | 丁巳 三碧 | 閏5/20 赤口 |
| 13 | 火 | 戊午 四緑 | 閏5/21 先勝 |
| 14 | 水 | 己未 五黄 | 閏5/22 友引 |
| 15 | 木 | 庚申 六白 | 閏5/23 先負 |
| 16 | 金 | 辛酉 七赤 | 閏5/24 仏滅 |
| 17 | 土 | 壬戌 八白 | 閏5/25 大安 |
| 18 | 日 | 癸亥 九紫 | 閏5/26 赤口 |
| 19 | 月 | 甲子 九紫 | 閏5/27 先勝 |
| 20 | 火 | 乙丑 八白 | 閏5/28 友引 |
| 21 | 水 | 丙寅 七赤 | 閏5/29 先負 |
| 22 | 木 | 丁卯 六白 | 6/1 赤口 |
| 23 | 金 | 戊辰 五黄 | 6/2 先勝 |
| 24 | 土 | 己巳 四緑 | 6/3 友引 |
| 25 | 日 | 庚午 三碧 | 6/4 先負 |
| 26 | 月 | 辛未 二黒 | 6/5 仏滅 |
| 27 | 火 | 壬申 一白 | 6/6 大安 |
| 28 | 水 | 癸酉 九紫 | 6/7 赤口 |
| 29 | 木 | 甲戌 八白 | 6/8 先勝 |
| 30 | 金 | 乙亥 七赤 | 6/9 友引 |
| 31 | 土 | 丙子 六白 | 6/10 先負 |

## 8月
（丙申 八白土星）

| | | | |
|---|---|---|---|
| 1 | 日 | 丁丑 五黄 | 6/11 仏滅 |
| 2 | 月 | 戊寅 四緑 | 6/12 大安 |
| 3 | 火 | 己卯 三碧 | 6/13 赤口 |
| 4 | 水 | 庚辰 二黒 | 6/14 先勝 |
| 5 | 木 | 辛巳 一白 | 6/15 友引 |
| 6 | 金 | 壬午 九紫 | 6/16 先負 |
| 7 | 土 | 癸未 八白 | 6/17 仏滅 |
| 8 | 日 | 甲申 七赤 | 6/18 大安 |
| 9 | 月 | 乙酉 六白 | 6/19 赤口 |
| 10 | 火 | 丙戌 五黄 | 6/20 先勝 |
| 11 | 水 | 丁亥 四緑 | 6/21 友引 |
| 12 | 木 | 戊子 三碧 | 6/22 先負 |
| 13 | 金 | 己丑 二黒 | 6/23 仏滅 |
| 14 | 土 | 庚寅 一白 | 6/24 大安 |
| 15 | 日 | 辛卯 九紫 | 6/25 赤口 |
| 16 | 月 | 壬辰 八白 | 6/26 先勝 |
| 17 | 火 | 癸巳 七赤 | 6/27 友引 |
| 18 | 水 | 甲午 六白 | 6/28 先負 |
| 19 | 木 | 乙未 五黄 | 6/29 仏滅 |
| 20 | 金 | 丙申 四緑 | 6/30 大安 |
| 21 | 土 | 丁酉 三碧 | 7/1 先勝 |
| 22 | 日 | 戊戌 二黒 | 7/2 友引 |
| 23 | 月 | 己亥 一白 | 7/3 先負 |
| 24 | 火 | 庚子 九紫 | 7/4 仏滅 |
| 25 | 水 | 辛丑 八白 | 7/5 大安 |
| 26 | 木 | 壬寅 七赤 | 7/6 赤口 |
| 27 | 金 | 癸卯 六白 | 7/7 先勝 |
| 28 | 土 | 甲辰 五黄 | 7/8 友引 |
| 29 | 日 | 乙巳 四緑 | 7/9 先負 |
| 30 | 月 | 丙午 三碧 | 7/10 仏滅 |
| 31 | 火 | 丁未 二黒 | 7/11 大安 |

**5月**

- 5. 1 [雑] 八十八夜
- 5. 5 [節] 立夏
- 5.21 [節] 小満

**6月**

- 6. 5 [節] 芒種
- 6.10 [雑] 入梅
- 6.21 [節] 夏至

**7月**

- 7. 1 [雑] 半夏生
- 7. 7 [節] 小暑
- 7.19 [雑] 土用
- 7.22 [節] 大暑

**8月**

- 8. 7 [節] 立秋
- 8.23 [節] 処暑
- 8.31 [雑] 二百十日

**2066 年**

## 9 月
（丁酉 七赤金星）

| | | | |
|---|---|---|---|
| 1 | 水 | 戊申 一白 | 7/12 赤口 |
| 2 | 木 | 己酉 九紫 | 7/13 先勝 |
| 3 | 金 | 庚戌 八白 | 7/14 友引 |
| 4 | 土 | 辛亥 七赤 | 7/15 先負 |
| 5 | 日 | 壬子 六白 | 7/16 仏滅 |
| 6 | 月 | 癸丑 五黄 | 7/17 大安 |
| 7 | 火 | 甲寅 四緑 | 7/18 赤口 |
| 8 | 水 | 乙卯 三碧 | 7/19 先勝 |
| 9 | 木 | 丙辰 二黒 | 7/20 友引 |
| 10 | 金 | 丁巳 一白 | 7/21 先負 |
| 11 | 土 | 戊午 九紫 | 7/22 仏滅 |
| 12 | 日 | 己未 八白 | 7/23 大安 |
| 13 | 月 | 庚申 七赤 | 7/24 赤口 |
| 14 | 火 | 辛酉 六白 | 7/25 先勝 |
| 15 | 水 | 壬戌 五黄 | 7/26 友引 |
| 16 | 木 | 癸亥 四緑 | 7/27 先負 |
| 17 | 金 | 甲子 三碧 | 7/28 仏滅 |
| 18 | 土 | 乙丑 二黒 | 7/29 大安 |
| 19 | 日 | 丙寅 一白 | 8/1 友引 |
| 20 | 月 | 丁卯 九紫 | 8/2 先負 |
| 21 | 火 | 戊辰 八白 | 8/3 仏滅 |
| 22 | 水 | 己巳 七赤 | 8/4 大安 |
| 23 | 木 | 庚午 六白 | 8/5 赤口 |
| 24 | 金 | 辛未 五黄 | 8/6 先勝 |
| 25 | 土 | 壬申 四緑 | 8/7 友引 |
| 26 | 日 | 癸酉 三碧 | 8/8 先負 |
| 27 | 月 | 甲戌 二黒 | 8/9 仏滅 |
| 28 | 火 | 乙亥 一白 | 8/10 大安 |
| 29 | 水 | 丙子 九紫 | 8/11 赤口 |
| 30 | 木 | 丁丑 八白 | 8/12 先勝 |

## 10 月
（戊戌 六白金星）

| | | | |
|---|---|---|---|
| 1 | 金 | 戊寅 七赤 | 8/13 友引 |
| 2 | 土 | 己卯 六白 | 8/14 先負 |
| 3 | 日 | 庚辰 五黄 | 8/15 仏滅 |
| 4 | 月 | 辛巳 四緑 | 8/16 大安 |
| 5 | 火 | 壬午 三碧 | 8/17 赤口 |
| 6 | 水 | 癸未 二黒 | 8/18 先勝 |
| 7 | 木 | 甲申 一白 | 8/19 友引 |
| 8 | 金 | 乙酉 九紫 | 8/20 先負 |
| 9 | 土 | 丙戌 八白 | 8/21 仏滅 |
| 10 | 日 | 丁亥 七赤 | 8/22 大安 |
| 11 | 月 | 戊子 六白 | 8/23 赤口 |
| 12 | 火 | 己丑 五黄 | 8/24 先勝 |
| 13 | 水 | 庚寅 四緑 | 8/25 友引 |
| 14 | 木 | 辛卯 三碧 | 8/26 先負 |
| 15 | 金 | 壬辰 二黒 | 8/27 仏滅 |
| 16 | 土 | 癸巳 一白 | 8/28 大安 |
| 17 | 日 | 甲午 九紫 | 8/29 赤口 |
| 18 | 月 | 乙未 八白 | 8/30 先勝 |
| 19 | 火 | 丙申 七赤 | 9/1 先負 |
| 20 | 水 | 丁酉 六白 | 9/2 仏滅 |
| 21 | 木 | 戊戌 五黄 | 9/3 大安 |
| 22 | 金 | 己亥 四緑 | 9/4 赤口 |
| 23 | 土 | 庚子 三碧 | 9/5 先勝 |
| 24 | 日 | 辛丑 二黒 | 9/6 友引 |
| 25 | 月 | 壬寅 一白 | 9/7 先負 |
| 26 | 火 | 癸卯 九紫 | 9/8 仏滅 |
| 27 | 水 | 甲辰 八白 | 9/9 大安 |
| 28 | 木 | 乙巳 七赤 | 9/10 赤口 |
| 29 | 金 | 丙午 六白 | 9/11 先勝 |
| 30 | 土 | 丁未 五黄 | 9/12 友引 |
| 31 | 日 | 戊申 四緑 | 9/13 先負 |

## 11 月
（己亥 五黄土星）

| | | | |
|---|---|---|---|
| 1 | 月 | 己酉 三碧 | 9/14 仏滅 |
| 2 | 火 | 庚戌 二黒 | 9/15 大安 |
| 3 | 水 | 辛亥 一白 | 9/16 赤口 |
| 4 | 木 | 壬子 九紫 | 9/17 先勝 |
| 5 | 金 | 癸丑 八白 | 9/18 友引 |
| 6 | 土 | 甲寅 七赤 | 9/19 先負 |
| 7 | 日 | 乙卯 六白 | 9/20 仏滅 |
| 8 | 月 | 丙辰 五黄 | 9/21 大安 |
| 9 | 火 | 丁巳 四緑 | 9/22 赤口 |
| 10 | 水 | 戊午 三碧 | 9/23 先勝 |
| 11 | 木 | 己未 二黒 | 9/24 友引 |
| 12 | 金 | 庚申 一白 | 9/25 先負 |
| 13 | 土 | 辛酉 九紫 | 9/26 仏滅 |
| 14 | 日 | 壬戌 八白 | 9/27 大安 |
| 15 | 月 | 癸亥 七赤 | 9/28 赤口 |
| 16 | 火 | 甲子 六白 | 9/29 先勝 |
| 17 | 水 | 乙丑 五黄 | 10/1 仏滅 |
| 18 | 木 | 丙寅 四緑 | 10/2 大安 |
| 19 | 金 | 丁卯 三碧 | 10/3 赤口 |
| 20 | 土 | 戊辰 二黒 | 10/4 先勝 |
| 21 | 日 | 己巳 一白 | 10/5 友引 |
| 22 | 月 | 庚午 九紫 | 10/6 先負 |
| 23 | 火 | 辛未 八白 | 10/7 仏滅 |
| 24 | 水 | 壬申 七赤 | 10/8 大安 |
| 25 | 木 | 癸酉 六白 | 10/9 赤口 |
| 26 | 金 | 甲戌 五黄 | 10/10 先勝 |
| 27 | 土 | 乙亥 四緑 | 10/11 友引 |
| 28 | 日 | 丙子 三碧 | 10/12 先負 |
| 29 | 月 | 丁丑 二黒 | 10/13 仏滅 |
| 30 | 火 | 戊寅 一白 | 10/14 大安 |

## 12 月
（庚子 四緑木星）

| | | | |
|---|---|---|---|
| 1 | 水 | 己卯 九紫 | 10/15 赤口 |
| 2 | 木 | 庚辰 八白 | 10/16 先勝 |
| 3 | 金 | 辛巳 七赤 | 10/17 友引 |
| 4 | 土 | 壬午 六白 | 10/18 先負 |
| 5 | 日 | 癸未 五黄 | 10/19 仏滅 |
| 6 | 月 | 甲申 四緑 | 10/20 大安 |
| 7 | 火 | 乙酉 三碧 | 10/21 赤口 |
| 8 | 水 | 丙戌 二黒 | 10/22 先勝 |
| 9 | 木 | 丁亥 一白 | 10/23 友引 |
| 10 | 金 | 戊子 九紫 | 10/24 先負 |
| 11 | 土 | 己丑 八白 | 10/25 仏滅 |
| 12 | 日 | 庚寅 七赤 | 10/26 大安 |
| 13 | 月 | 辛卯 六白 | 10/27 赤口 |
| 14 | 火 | 壬辰 五黄 | 10/28 先勝 |
| 15 | 水 | 癸巳 四緑 | 10/29 友引 |
| 16 | 木 | 甲午 三碧 | 10/30 先負 |
| 17 | 金 | 乙未 二黒 | 11/1 大安 |
| 18 | 土 | 丙申 一白 | 11/2 赤口 |
| 19 | 日 | 丁酉 九紫 | 11/3 先勝 |
| 20 | 月 | 戊戌 八白 | 11/4 友引 |
| 21 | 火 | 己亥 七赤 | 11/5 先負 |
| 22 | 水 | 庚子 六白 | 11/6 仏滅 |
| 23 | 木 | 辛丑 五黄 | 11/7 大安 |
| 24 | 金 | 壬寅 四緑 | 11/8 赤口 |
| 25 | 土 | 癸卯 三碧 | 11/9 先勝 |
| 26 | 日 | 甲辰 二黒 | 11/10 友引 |
| 27 | 月 | 乙巳 一白 | 11/11 先負 |
| 28 | 火 | 丙午 九紫 | 11/12 仏滅 |
| 29 | 水 | 丁未 八白 | 11/13 大安 |
| 30 | 木 | 戊申 七赤 | 11/14 赤口 |
| 31 | 金 | 己酉 六白 | 11/15 先勝 |

**9 月**

9. 7［節］白露
9.20［雑］彼岸
9.21［雑］社日
9.23［節］秋分

**10 月**

10. 8［節］寒露
10.20［雑］土用
10.23［節］霜降

**11 月**

11. 7［節］立冬
11.22［節］小雪

**12 月**

12. 7［節］大雪
12.21［節］冬至

# 2067

明治 200 年
大正 156 年
昭和 142 年
平成 79 年

丁亥（ひのとい）
五黄土星

## 生誕・年忌など

**1. 5** 夏目漱石生誕 200 年
**1.18** 応仁・文明の乱勃発 600 年
**2.11** 平清盛太政大臣就任 900 年
「建国記念の日」100 年
**2.14** 山本周五郎没後 100 年
**2.18** R. オッペンハイマー没後 100 年
**3.15** オーストリア・ハンガリー二重帝国成立 200 年
**3.25** A. トスカニーニ生誕 200 年
**4. 1** パリ万国博覧会開催 200 年
**4.12** 窪田空穂没後 100 年
**4.14** 高杉晋作没後 200 年
**4.19** K. アデナウアー没後 100 年
**6. 5** 第三次中東戦争 (六日戦争) 勃発 100 年
**6. 9** 滝沢馬琴生誕 300 年
**6.17** 愛新覚羅溥儀没後 100 年
**6.23** 壺井栄没後 100 年
**7. 1** ヨーロッパ共同体 (EC) 発足 100 年
**7. 6** ビアフラ内戦勃発 100 年
**7. 8** ヴィヴィアン・リー没後 100 年
**7.17** ジョン・コルトレーン没後 100 年
**7.23** 幸田露伴生誕 200 年
**8. 3** 伊達政宗生誕 500 年
**8. 8** 東南アジア諸国連合 (ASEAN) 発足 100 年
**8.15** R. マグリット没後 100 年
**8.18** 最澄生誕 1300 年
**8.25** M. ファラデー没後 200 年
**8.31** C. ボードレール没後 200 年
**8. —** 羽越大水害 100 年
**9.17** 正岡子規生誕 200 年
**10. 8** 羽田事件 100 年
**10. 9** チェ・ゲバラ没後 100 年
**10.14** 大政奉還 200 年
**10.20** 吉田茂没後 100 年
**11. 7** マリー・キュリー生誕 200 年
**11.15** 坂本龍馬没後 200 年
**11.30** J. スウィフト生誕 400 年
**12.16** 尾崎紅葉生誕 200 年
**12.24** 鈴木貫太郎生誕 200 年
**この年** アレクサンドロス大王東征開始 2400 年
臨済没後 1200 年
真田幸村生誕 500 年
ええじゃないか騒動 200 年

2067 年

## 1 月
（辛丑 三碧木星）

| | | | |
|---|---|---|---|
| 1 | 土 | 庚戌 五黄 | 11/16 友引 |
| 2 | 日 | 辛亥 四緑 | 11/17 先負 |
| 3 | 月 | 壬子 三碧 | 11/18 仏滅 |
| 4 | 火 | 癸丑 二黒 | 11/19 大安 |
| 5 | 水 | 甲寅 一白 | 11/20 赤口 |
| 6 | 木 | 乙卯 九紫 | 11/21 先勝 |
| 7 | 金 | 丙辰 八白 | 11/22 友引 |
| 8 | 土 | 丁巳 七赤 | 11/23 先負 |
| 9 | 日 | 戊午 六白 | 11/24 仏滅 |
| 10 | 月 | 己未 五黄 | 11/25 大安 |
| 11 | 火 | 庚申 四緑 | 11/26 赤口 |
| 12 | 水 | 辛酉 三碧 | 11/27 先勝 |
| 13 | 木 | 壬戌 二黒 | 11/28 友引 |
| 14 | 金 | 癸亥 一白 | 11/29 先負 |
| 15 | 土 | 甲子 一白 | 12/1 赤口 |
| 16 | 日 | 乙丑 二黒 | 12/2 先勝 |
| 17 | 月 | 丙寅 三碧 | 12/3 友引 |
| 18 | 火 | 丁卯 四緑 | 12/4 先負 |
| 19 | 水 | 戊辰 五黄 | 12/5 仏滅 |
| 20 | 木 | 己巳 六白 | 12/6 大安 |
| 21 | 金 | 庚午 七赤 | 12/7 赤口 |
| 22 | 土 | 辛未 八白 | 12/8 先勝 |
| 23 | 日 | 壬申 九紫 | 12/9 友引 |
| 24 | 月 | 癸酉 一白 | 12/10 先負 |
| 25 | 火 | 甲戌 二黒 | 12/11 仏滅 |
| 26 | 水 | 乙亥 三碧 | 12/12 大安 |
| 27 | 木 | 丙子 四緑 | 12/13 赤口 |
| 28 | 金 | 丁丑 五黄 | 12/14 先勝 |
| 29 | 土 | 戊寅 六白 | 12/15 友引 |
| 30 | 日 | 己卯 七赤 | 12/16 先負 |
| 31 | 月 | 庚辰 八白 | 12/17 仏滅 |

## 2 月
（壬寅 二黒土星）

| | | | |
|---|---|---|---|
| 1 | 火 | 辛巳 九紫 | 12/18 大安 |
| 2 | 水 | 壬午 一白 | 12/19 赤口 |
| 3 | 木 | 癸未 二黒 | 12/20 先勝 |
| 4 | 金 | 甲申 三碧 | 12/21 友引 |
| 5 | 土 | 乙酉 四緑 | 12/22 先負 |
| 6 | 日 | 丙戌 五黄 | 12/23 仏滅 |
| 7 | 月 | 丁亥 六白 | 12/24 大安 |
| 8 | 火 | 戊子 七赤 | 12/25 赤口 |
| 9 | 水 | 己丑 八白 | 12/26 先勝 |
| 10 | 木 | 庚寅 九紫 | 12/27 友引 |
| 11 | 金 | 辛卯 一白 | 12/28 先負 |
| 12 | 土 | 壬辰 二黒 | 12/29 仏滅 |
| 13 | 日 | 癸巳 三碧 | 12/30 大安 |
| 14 | 月 | 甲午 四緑 | 1/1 先勝 |
| 15 | 火 | 乙未 五黄 | 1/2 友引 |
| 16 | 水 | 丙申 六白 | 1/3 先負 |
| 17 | 木 | 丁酉 七赤 | 1/4 仏滅 |
| 18 | 金 | 戊戌 八白 | 1/5 大安 |
| 19 | 土 | 己亥 九紫 | 1/6 赤口 |
| 20 | 日 | 庚子 一白 | 1/7 先勝 |
| 21 | 月 | 辛丑 二黒 | 1/8 友引 |
| 22 | 火 | 壬寅 三碧 | 1/9 先負 |
| 23 | 水 | 癸卯 四緑 | 1/10 仏滅 |
| 24 | 木 | 甲辰 五黄 | 1/11 大安 |
| 25 | 金 | 乙巳 六白 | 1/12 赤口 |
| 26 | 土 | 丙午 七赤 | 1/13 先勝 |
| 27 | 日 | 丁未 八白 | 1/14 友引 |
| 28 | 月 | 戊申 九紫 | 1/15 先負 |

## 3 月
（癸卯 一白水星）

| | | | |
|---|---|---|---|
| 1 | 火 | 己酉 一白 | 1/16 仏滅 |
| 2 | 水 | 庚戌 二黒 | 1/17 大安 |
| 3 | 木 | 辛亥 三碧 | 1/18 赤口 |
| 4 | 金 | 壬子 四緑 | 1/19 先勝 |
| 5 | 土 | 癸丑 五黄 | 1/20 友引 |
| 6 | 日 | 甲寅 六白 | 1/21 先負 |
| 7 | 月 | 乙卯 七赤 | 1/22 仏滅 |
| 8 | 火 | 丙辰 八白 | 1/23 大安 |
| 9 | 水 | 丁巳 九紫 | 1/24 赤口 |
| 10 | 木 | 戊午 一白 | 1/25 先勝 |
| 11 | 金 | 己未 二黒 | 1/26 友引 |
| 12 | 土 | 庚申 三碧 | 1/27 先負 |
| 13 | 日 | 辛酉 四緑 | 1/28 仏滅 |
| 14 | 月 | 壬戌 五黄 | 1/29 大安 |
| 15 | 火 | 癸亥 六白 | 2/1 友引 |
| 16 | 水 | 甲子 七赤 | 2/2 先負 |
| 17 | 木 | 乙丑 八白 | 2/3 仏滅 |
| 18 | 金 | 丙寅 九紫 | 2/4 大安 |
| 19 | 土 | 丁卯 一白 | 2/5 赤口 |
| 20 | 日 | 戊辰 二黒 | 2/6 先勝 |
| 21 | 月 | 己巳 三碧 | 2/7 友引 |
| 22 | 火 | 庚午 四緑 | 2/8 先負 |
| 23 | 水 | 辛未 五黄 | 2/9 仏滅 |
| 24 | 木 | 壬申 六白 | 2/10 大安 |
| 25 | 金 | 癸酉 七赤 | 2/11 赤口 |
| 26 | 土 | 甲戌 八白 | 2/12 先勝 |
| 27 | 日 | 乙亥 九紫 | 2/13 友引 |
| 28 | 月 | 丙子 一白 | 2/14 先負 |
| 29 | 火 | 丁丑 二黒 | 2/15 仏滅 |
| 30 | 水 | 戊寅 三碧 | 2/16 大安 |
| 31 | 木 | 己卯 四緑 | 2/17 赤口 |

## 4 月
（甲辰 九紫火星）

| | | | |
|---|---|---|---|
| 1 | 金 | 庚辰 五黄 | 2/18 先勝 |
| 2 | 土 | 辛巳 六白 | 2/19 友引 |
| 3 | 日 | 壬午 七赤 | 2/20 先負 |
| 4 | 月 | 癸未 八白 | 2/21 仏滅 |
| 5 | 火 | 甲申 九紫 | 2/22 大安 |
| 6 | 水 | 乙酉 一白 | 2/23 赤口 |
| 7 | 木 | 丙戌 二黒 | 2/24 先勝 |
| 8 | 金 | 丁亥 三碧 | 2/25 友引 |
| 9 | 土 | 戊子 四緑 | 2/26 先負 |
| 10 | 日 | 己丑 五黄 | 2/27 仏滅 |
| 11 | 月 | 庚寅 六白 | 2/28 大安 |
| 12 | 火 | 辛卯 七赤 | 2/29 赤口 |
| 13 | 水 | 壬辰 八白 | 2/30 先勝 |
| 14 | 木 | 癸巳 九紫 | 3/1 先負 |
| 15 | 金 | 甲午 一白 | 3/2 仏滅 |
| 16 | 土 | 乙未 二黒 | 3/3 大安 |
| 17 | 日 | 丙申 三碧 | 3/4 赤口 |
| 18 | 月 | 丁酉 四緑 | 3/5 先勝 |
| 19 | 火 | 戊戌 五黄 | 3/6 友引 |
| 20 | 水 | 己亥 六白 | 3/7 先負 |
| 21 | 木 | 庚子 七赤 | 3/8 仏滅 |
| 22 | 金 | 辛丑 八白 | 3/9 大安 |
| 23 | 土 | 壬寅 九紫 | 3/10 赤口 |
| 24 | 日 | 癸卯 一白 | 3/11 先勝 |
| 25 | 月 | 甲辰 二黒 | 3/12 友引 |
| 26 | 火 | 乙巳 三碧 | 3/13 先負 |
| 27 | 水 | 丙午 四緑 | 3/14 仏滅 |
| 28 | 木 | 丁未 五黄 | 3/15 大安 |
| 29 | 金 | 戊申 六白 | 3/16 赤口 |
| 30 | 土 | 己酉 七赤 | 3/17 先勝 |

**1 月**

1. 5 〔節〕小寒
1.17 〔雑〕土用
1.20 〔節〕大寒

**2 月**

2. 3 〔雑〕節分
2. 4 〔節〕立春
2.18 〔節〕雨水

**3 月**

3. 5 〔節〕啓蟄
3.17 〔雑〕彼岸
3.20 〔節〕春分
3.20 〔雑〕社日

**4 月**

4. 5 〔節〕清明
4.17 〔雑〕土用
4.20 〔節〕穀雨

## 5月
（乙巳 八白土星）

| 日 | 曜 | 干支 | 九星 | 旧暦 | 六曜 |
|---|---|---|---|---|---|
| 1 | 日 | 庚戌 | 八白 | 3/18 | 友引 |
| 2 | 月 | 辛亥 | 九紫 | 3/19 | 先負 |
| 3 | 火 | 壬子 | 一白 | 3/20 | 仏滅 |
| 4 | 水 | 癸丑 | 二黒 | 3/21 | 大安 |
| 5 | 木 | 甲寅 | 三碧 | 3/22 | 赤口 |
| 6 | 金 | 乙卯 | 四緑 | 3/23 | 先勝 |
| 7 | 土 | 丙辰 | 五黄 | 3/24 | 友引 |
| 8 | 日 | 丁巳 | 六白 | 3/25 | 先負 |
| 9 | 月 | 戊午 | 七赤 | 3/26 | 仏滅 |
| 10 | 火 | 己未 | 八白 | 3/27 | 大安 |
| 11 | 水 | 庚申 | 九紫 | 3/28 | 赤口 |
| 12 | 木 | 辛酉 | 一白 | 3/29 | 先勝 |
| 13 | 金 | 壬戌 | 二黒 | 4/1 | 仏滅 |
| 14 | 土 | 癸亥 | 三碧 | 4/2 | 大安 |
| 15 | 日 | 甲子 | 四緑 | 4/3 | 赤口 |
| 16 | 月 | 乙丑 | 五黄 | 4/4 | 先勝 |
| 17 | 火 | 丙寅 | 六白 | 4/5 | 友引 |
| 18 | 水 | 丁卯 | 七赤 | 4/6 | 先負 |
| 19 | 木 | 戊辰 | 八白 | 4/7 | 仏滅 |
| 20 | 金 | 己巳 | 九紫 | 4/8 | 大安 |
| 21 | 土 | 庚午 | 一白 | 4/9 | 赤口 |
| 22 | 日 | 辛未 | 二黒 | 4/10 | 先勝 |
| 23 | 月 | 壬申 | 三碧 | 4/11 | 友引 |
| 24 | 火 | 癸酉 | 四緑 | 4/12 | 先負 |
| 25 | 水 | 甲戌 | 五黄 | 4/13 | 仏滅 |
| 26 | 木 | 乙亥 | 六白 | 4/14 | 大安 |
| 27 | 金 | 丙子 | 七赤 | 4/15 | 赤口 |
| 28 | 土 | 丁丑 | 八白 | 4/16 | 先勝 |
| 29 | 日 | 戊寅 | 九紫 | 4/17 | 友引 |
| 30 | 月 | 己卯 | 一白 | 4/18 | 先負 |
| 31 | 火 | 庚辰 | 二黒 | 4/19 | 仏滅 |

## 6月
（丙午 七赤金星）

| 日 | 曜 | 干支 | 九星 | 旧暦 | 六曜 |
|---|---|---|---|---|---|
| 1 | 水 | 辛巳 | 三碧 | 4/20 | 大安 |
| 2 | 木 | 壬午 | 四緑 | 4/21 | 赤口 |
| 3 | 金 | 癸未 | 五黄 | 4/22 | 先勝 |
| 4 | 土 | 甲申 | 六白 | 4/23 | 友引 |
| 5 | 日 | 乙酉 | 七赤 | 4/24 | 先負 |
| 6 | 月 | 丙戌 | 八白 | 4/25 | 仏滅 |
| 7 | 火 | 丁亥 | 九紫 | 4/26 | 大安 |
| 8 | 水 | 戊子 | 一白 | 4/27 | 赤口 |
| 9 | 木 | 己丑 | 二黒 | 4/28 | 先勝 |
| 10 | 金 | 庚寅 | 三碧 | 4/29 | 友引 |
| 11 | 土 | 辛卯 | 四緑 | 4/30 | 先負 |
| 12 | 日 | 壬辰 | 五黄 | 5/1 | 大安 |
| 13 | 月 | 癸巳 | 六白 | 5/2 | 赤口 |
| 14 | 火 | 甲午 | 七赤 | 5/3 | 先勝 |
| 15 | 水 | 乙未 | 八白 | 5/4 | 友引 |
| 16 | 木 | 丙申 | 九紫 | 5/5 | 先負 |
| 17 | 金 | 丁酉 | 一白 | 5/6 | 仏滅 |
| 18 | 土 | 戊戌 | 二黒 | 5/7 | 大安 |
| 19 | 日 | 己亥 | 三碧 | 5/8 | 赤口 |
| 20 | 月 | 庚子 | 四緑 | 5/9 | 先勝 |
| 21 | 火 | 辛丑 | 五黄 | 5/10 | 友引 |
| 22 | 水 | 壬寅 | 六白 | 5/11 | 先負 |
| 23 | 木 | 癸卯 | 七赤 | 5/12 | 仏滅 |
| 24 | 金 | 甲辰 | 八白 | 5/13 | 大安 |
| 25 | 土 | 乙巳 | 九紫 | 5/14 | 赤口 |
| 26 | 日 | 丙午 | 一白 | 5/15 | 先勝 |
| 27 | 月 | 丁未 | 二黒 | 5/16 | 友引 |
| 28 | 火 | 戊申 | 三碧 | 5/17 | 先負 |
| 29 | 水 | 己酉 | 四緑 | 5/18 | 仏滅 |
| 30 | 木 | 庚戌 | 五黄 | 5/19 | 大安 |

## 7月
（丁未 六白金星）

| 日 | 曜 | 干支 | 九星 | 旧暦 | 六曜 |
|---|---|---|---|---|---|
| 1 | 金 | 辛亥 | 六白 | 5/20 | 赤口 |
| 2 | 土 | 壬子 | 七赤 | 5/21 | 先勝 |
| 3 | 日 | 癸丑 | 八白 | 5/22 | 友引 |
| 4 | 月 | 甲寅 | 九紫 | 5/23 | 先負 |
| 5 | 火 | 乙卯 | 一白 | 5/24 | 仏滅 |
| 6 | 水 | 丙辰 | 二黒 | 5/25 | 大安 |
| 7 | 木 | 丁巳 | 三碧 | 5/26 | 赤口 |
| 8 | 金 | 戊午 | 四緑 | 5/27 | 先勝 |
| 9 | 土 | 己未 | 五黄 | 5/28 | 友引 |
| 10 | 日 | 庚申 | 六白 | 5/29 | 先負 |
| 11 | 月 | 辛酉 | 七赤 | 6/1 | 赤口 |
| 12 | 火 | 壬戌 | 八白 | 6/2 | 先勝 |
| 13 | 水 | 癸亥 | 九紫 | 6/3 | 友引 |
| 14 | 木 | 甲子 | 九紫 | 6/4 | 先負 |
| 15 | 金 | 乙丑 | 八白 | 6/5 | 仏滅 |
| 16 | 土 | 丙寅 | 七赤 | 6/6 | 大安 |
| 17 | 日 | 丁卯 | 六白 | 6/7 | 赤口 |
| 18 | 月 | 戊辰 | 五黄 | 6/8 | 先勝 |
| 19 | 火 | 己巳 | 四緑 | 6/9 | 友引 |
| 20 | 水 | 庚午 | 三碧 | 6/10 | 先負 |
| 21 | 木 | 辛未 | 二黒 | 6/11 | 仏滅 |
| 22 | 金 | 壬申 | 一白 | 6/12 | 大安 |
| 23 | 土 | 癸酉 | 九紫 | 6/13 | 赤口 |
| 24 | 日 | 甲戌 | 八白 | 6/14 | 先勝 |
| 25 | 月 | 乙亥 | 七赤 | 6/15 | 友引 |
| 26 | 火 | 丙子 | 六白 | 6/16 | 先負 |
| 27 | 水 | 丁丑 | 五黄 | 6/17 | 仏滅 |
| 28 | 木 | 戊寅 | 四緑 | 6/18 | 大安 |
| 29 | 金 | 己卯 | 三碧 | 6/19 | 赤口 |
| 30 | 土 | 庚辰 | 二黒 | 6/20 | 先勝 |
| 31 | 日 | 辛巳 | 一白 | 6/21 | 友引 |

## 8月
（戊申 五黄土星）

| 日 | 曜 | 干支 | 九星 | 旧暦 | 六曜 |
|---|---|---|---|---|---|
| 1 | 月 | 壬午 | 九紫 | 6/22 | 先負 |
| 2 | 火 | 癸未 | 八白 | 6/23 | 仏滅 |
| 3 | 水 | 甲申 | 七赤 | 6/24 | 大安 |
| 4 | 木 | 乙酉 | 六白 | 6/25 | 赤口 |
| 5 | 金 | 丙戌 | 五黄 | 6/26 | 先勝 |
| 6 | 土 | 丁亥 | 四緑 | 6/27 | 友引 |
| 7 | 日 | 戊子 | 三碧 | 6/28 | 先負 |
| 8 | 月 | 己丑 | 二黒 | 6/29 | 仏滅 |
| 9 | 火 | 庚寅 | 一白 | 6/30 | 大安 |
| 10 | 水 | 辛卯 | 九紫 | 7/1 | 先勝 |
| 11 | 木 | 壬辰 | 八白 | 7/2 | 友引 |
| 12 | 金 | 癸巳 | 七赤 | 7/3 | 先負 |
| 13 | 土 | 甲午 | 六白 | 7/4 | 仏滅 |
| 14 | 日 | 乙未 | 五黄 | 7/5 | 大安 |
| 15 | 月 | 丙申 | 四緑 | 7/6 | 赤口 |
| 16 | 火 | 丁酉 | 三碧 | 7/7 | 先勝 |
| 17 | 水 | 戊戌 | 二黒 | 7/8 | 友引 |
| 18 | 木 | 己亥 | 一白 | 7/9 | 先負 |
| 19 | 金 | 庚子 | 九紫 | 7/10 | 仏滅 |
| 20 | 土 | 辛丑 | 八白 | 7/11 | 大安 |
| 21 | 日 | 壬寅 | 七赤 | 7/12 | 赤口 |
| 22 | 月 | 癸卯 | 六白 | 7/13 | 先勝 |
| 23 | 火 | 甲辰 | 五黄 | 7/14 | 友引 |
| 24 | 水 | 乙巳 | 四緑 | 7/15 | 先負 |
| 25 | 木 | 丙午 | 三碧 | 7/16 | 仏滅 |
| 26 | 金 | 丁未 | 二黒 | 7/17 | 大安 |
| 27 | 土 | 戊申 | 一白 | 7/18 | 赤口 |
| 28 | 日 | 己酉 | 九紫 | 7/19 | 先勝 |
| 29 | 月 | 庚戌 | 八白 | 7/20 | 友引 |
| 30 | 火 | 辛亥 | 七赤 | 7/21 | 先負 |
| 31 | 水 | 壬子 | 六白 | 7/22 | 仏滅 |

**5月**

5. 2［雑］八十八夜
5. 5［節］立夏
5.21［節］小満

**6月**

6. 5［節］芒種
6.11［雑］入梅
6.21［節］夏至

**7月**

7. 2［雑］半夏生
7. 7［節］小暑
7.19［雑］土用
7.23［節］大暑

**8月**

8. 7［節］立秋
8.23［節］処暑

## 2067 年

### 9 月
（己酉 四緑木星）

| 日 | 曜 | 干支 | 九星 | 旧暦 | 六曜 |
|---|---|---|---|---|---|
| 1 | 木 | 癸丑 | 五黄 | 7/23 | 大安 |
| 2 | 金 | 甲寅 | 四緑 | 7/24 | 赤口 |
| 3 | 土 | 乙卯 | 三碧 | 7/25 | 先勝 |
| 4 | 日 | 丙辰 | 二黒 | 7/26 | 友引 |
| 5 | 月 | 丁巳 | 一白 | 7/27 | 先負 |
| 6 | 火 | 戊午 | 九紫 | 7/28 | 仏滅 |
| 7 | 水 | 己未 | 八白 | 7/29 | 大安 |
| 8 | 木 | 庚申 | 七赤 | 7/30 | 赤口 |
| 9 | 金 | 辛酉 | 六白 | 8/1 | 友引 |
| 10 | 土 | 壬戌 | 五黄 | 8/2 | 先負 |
| 11 | 日 | 癸亥 | 四緑 | 8/3 | 仏滅 |
| 12 | 月 | 甲子 | 三碧 | 8/4 | 大安 |
| 13 | 火 | 乙丑 | 二黒 | 8/5 | 赤口 |
| 14 | 水 | 丙寅 | 一白 | 8/6 | 先勝 |
| 15 | 木 | 丁卯 | 九紫 | 8/7 | 友引 |
| 16 | 金 | 戊辰 | 八白 | 8/8 | 先負 |
| 17 | 土 | 己巳 | 七赤 | 8/9 | 仏滅 |
| 18 | 日 | 庚午 | 六白 | 8/10 | 大安 |
| 19 | 月 | 辛未 | 五黄 | 8/11 | 赤口 |
| 20 | 火 | 壬申 | 四緑 | 8/12 | 先勝 |
| 21 | 水 | 癸酉 | 三碧 | 8/13 | 友引 |
| 22 | 木 | 甲戌 | 二黒 | 8/14 | 先負 |
| 23 | 金 | 乙亥 | 一白 | 8/15 | 仏滅 |
| 24 | 土 | 丙子 | 九紫 | 8/16 | 大安 |
| 25 | 日 | 丁丑 | 八白 | 8/17 | 赤口 |
| 26 | 月 | 戊寅 | 七赤 | 8/18 | 先勝 |
| 27 | 火 | 己卯 | 六白 | 8/19 | 友引 |
| 28 | 水 | 庚辰 | 五黄 | 8/20 | 先負 |
| 29 | 木 | 辛巳 | 四緑 | 8/21 | 仏滅 |
| 30 | 金 | 壬午 | 三碧 | 8/22 | 大安 |

### 10 月
（庚戌 三碧木星）

| 日 | 曜 | 干支 | 九星 | 旧暦 | 六曜 |
|---|---|---|---|---|---|
| 1 | 土 | 癸未 | 二黒 | 8/23 | 赤口 |
| 2 | 日 | 甲申 | 一白 | 8/24 | 先勝 |
| 3 | 月 | 乙酉 | 九紫 | 8/25 | 友引 |
| 4 | 火 | 丙戌 | 八白 | 8/26 | 先負 |
| 5 | 水 | 丁亥 | 七赤 | 8/27 | 仏滅 |
| 6 | 木 | 戊子 | 六白 | 8/28 | 大安 |
| 7 | 金 | 己丑 | 五黄 | 8/29 | 赤口 |
| 8 | 土 | 庚寅 | 四緑 | 9/1 | 先負 |
| 9 | 日 | 辛卯 | 三碧 | 9/2 | 仏滅 |
| 10 | 月 | 壬辰 | 二黒 | 9/3 | 大安 |
| 11 | 火 | 癸巳 | 一白 | 9/4 | 赤口 |
| 12 | 水 | 甲午 | 九紫 | 9/5 | 先勝 |
| 13 | 木 | 乙未 | 八白 | 9/6 | 友引 |
| 14 | 金 | 丙申 | 七赤 | 9/7 | 先負 |
| 15 | 土 | 丁酉 | 六白 | 9/8 | 仏滅 |
| 16 | 日 | 戊戌 | 五黄 | 9/9 | 大安 |
| 17 | 月 | 己亥 | 四緑 | 9/10 | 赤口 |
| 18 | 火 | 庚子 | 三碧 | 9/11 | 先勝 |
| 19 | 水 | 辛丑 | 二黒 | 9/12 | 友引 |
| 20 | 木 | 壬寅 | 一白 | 9/13 | 先負 |
| 21 | 金 | 癸卯 | 九紫 | 9/14 | 仏滅 |
| 22 | 土 | 甲辰 | 八白 | 9/15 | 大安 |
| 23 | 日 | 乙巳 | 七赤 | 9/16 | 赤口 |
| 24 | 月 | 丙午 | 六白 | 9/17 | 先勝 |
| 25 | 火 | 丁未 | 五黄 | 9/18 | 友引 |
| 26 | 水 | 戊申 | 四緑 | 9/19 | 先負 |
| 27 | 木 | 己酉 | 三碧 | 9/20 | 仏滅 |
| 28 | 金 | 庚戌 | 二黒 | 9/21 | 大安 |
| 29 | 土 | 辛亥 | 一白 | 9/22 | 赤口 |
| 30 | 日 | 壬子 | 九紫 | 9/23 | 先勝 |
| 31 | 月 | 癸丑 | 八白 | 9/24 | 友引 |

### 11 月
（辛亥 二黒土星）

| 日 | 曜 | 干支 | 九星 | 旧暦 | 六曜 |
|---|---|---|---|---|---|
| 1 | 火 | 甲寅 | 七赤 | 9/25 | 先負 |
| 2 | 水 | 乙卯 | 六白 | 9/26 | 仏滅 |
| 3 | 木 | 丙辰 | 五黄 | 9/27 | 大安 |
| 4 | 金 | 丁巳 | 四緑 | 9/28 | 赤口 |
| 5 | 土 | 戊午 | 三碧 | 9/29 | 先勝 |
| 6 | 日 | 己未 | 二黒 | 9/30 | 友引 |
| 7 | 月 | 庚申 | 一白 | 10/1 | 仏滅 |
| 8 | 火 | 辛酉 | 九紫 | 10/2 | 大安 |
| 9 | 水 | 壬戌 | 八白 | 10/3 | 赤口 |
| 10 | 木 | 癸亥 | 七赤 | 10/4 | 先勝 |
| 11 | 金 | 甲子 | 六白 | 10/5 | 友引 |
| 12 | 土 | 乙丑 | 五黄 | 10/6 | 先負 |
| 13 | 日 | 丙寅 | 四緑 | 10/7 | 仏滅 |
| 14 | 月 | 丁卯 | 三碧 | 10/8 | 大安 |
| 15 | 火 | 戊辰 | 二黒 | 10/9 | 赤口 |
| 16 | 水 | 己巳 | 一白 | 10/10 | 先勝 |
| 17 | 木 | 庚午 | 九紫 | 10/11 | 友引 |
| 18 | 金 | 辛未 | 八白 | 10/12 | 先負 |
| 19 | 土 | 壬申 | 七赤 | 10/13 | 仏滅 |
| 20 | 日 | 癸酉 | 六白 | 10/14 | 大安 |
| 21 | 月 | 甲戌 | 五黄 | 10/15 | 赤口 |
| 22 | 火 | 乙亥 | 四緑 | 10/16 | 先勝 |
| 23 | 水 | 丙子 | 三碧 | 10/17 | 友引 |
| 24 | 木 | 丁丑 | 二黒 | 10/18 | 先負 |
| 25 | 金 | 戊寅 | 一白 | 10/19 | 仏滅 |
| 26 | 土 | 己卯 | 九紫 | 10/20 | 大安 |
| 27 | 日 | 庚辰 | 八白 | 10/21 | 赤口 |
| 28 | 月 | 辛巳 | 七赤 | 10/22 | 先勝 |
| 29 | 火 | 壬午 | 六白 | 10/23 | 友引 |
| 30 | 水 | 癸未 | 五黄 | 10/24 | 先負 |

### 12 月
（壬子 一白水星）

| 日 | 曜 | 干支 | 九星 | 旧暦 | 六曜 |
|---|---|---|---|---|---|
| 1 | 木 | 甲申 | 四緑 | 10/25 | 仏滅 |
| 2 | 金 | 乙酉 | 三碧 | 10/26 | 大安 |
| 3 | 土 | 丙戌 | 二黒 | 10/27 | 赤口 |
| 4 | 日 | 丁亥 | 一白 | 10/28 | 先勝 |
| 5 | 月 | 戊子 | 九紫 | 10/29 | 友引 |
| 6 | 火 | 己丑 | 八白 | 11/1 | 大安 |
| 7 | 水 | 庚寅 | 七赤 | 11/2 | 赤口 |
| 8 | 木 | 辛卯 | 六白 | 11/3 | 先勝 |
| 9 | 金 | 壬辰 | 五黄 | 11/4 | 友引 |
| 10 | 土 | 癸巳 | 四緑 | 11/5 | 先負 |
| 11 | 日 | 甲午 | 三碧 | 11/6 | 仏滅 |
| 12 | 月 | 乙未 | 二黒 | 11/7 | 大安 |
| 13 | 火 | 丙申 | 一白 | 11/8 | 赤口 |
| 14 | 水 | 丁酉 | 九紫 | 11/9 | 先勝 |
| 15 | 木 | 戊戌 | 八白 | 11/10 | 友引 |
| 16 | 金 | 己亥 | 七赤 | 11/11 | 先負 |
| 17 | 土 | 庚子 | 六白 | 11/12 | 仏滅 |
| 18 | 日 | 辛丑 | 五黄 | 11/13 | 大安 |
| 19 | 月 | 壬寅 | 四緑 | 11/14 | 赤口 |
| 20 | 火 | 癸卯 | 三碧 | 11/15 | 先勝 |
| 21 | 水 | 甲辰 | 二黒 | 11/16 | 友引 |
| 22 | 木 | 乙巳 | 一白 | 11/17 | 先負 |
| 23 | 金 | 丙午 | 九紫 | 11/18 | 仏滅 |
| 24 | 土 | 丁未 | 八白 | 11/19 | 大安 |
| 25 | 日 | 戊申 | 七赤 | 11/20 | 赤口 |
| 26 | 月 | 己酉 | 六白 | 11/21 | 先勝 |
| 27 | 火 | 庚戌 | 五黄 | 11/22 | 友引 |
| 28 | 水 | 辛亥 | 四緑 | 11/23 | 先負 |
| 29 | 木 | 壬子 | 三碧 | 11/24 | 仏滅 |
| 30 | 金 | 癸丑 | 二黒 | 11/25 | 大安 |
| 31 | 土 | 甲寅 | 一白 | 11/26 | 赤口 |

**9 月**

9. 1 [雑] 二百十日
9. 7 [節] 白露
9.20 [雑] 彼岸
9.23 [節] 秋分
9.26 [雑] 社日

**10 月**

10. 8 [節] 寒露
10.20 [雑] 土用
10.23 [節] 霜降

**11 月**

11. 7 [節] 立冬
11.22 [節] 小雪

**12 月**

12. 7 [節] 大雪
12.22 [節] 冬至

# 2068

明治 201 年
大正 157 年
昭和 143 年
平成 80 年

戊子（つちのえね）
四緑木星

生誕・年忌など

1. 3 鳥羽・伏見の戦い 200 年
1. 9 OAPEC 設立 100 年
1.28 A. シュティフター没後 200 年
1.30 ベトナム・テト攻勢開始 100 年
2. 3 J. グーテンベルク没後 600 年
2.20 金嬉老事件発生 100 年
3.16 ソンミ村虐殺事件 100 年
3.28 M. ゴーリキー生誕 200 年
4. 4 キング牧師暗殺 100 年
4. 5 小笠原諸島返還 100 年
4.11 江戸無血開城 200 年
4.25 近藤勇没後 200 年
万城目正没後 100 年
5. 3 パリ五月革命開始 100 年
5.15 上野戦争 200 年
5.16 十勝沖地震 100 年
5.30 沖田総司没後 200 年
5. — 北越戦争開始 200 年
6. 1 ヘレン・ケラー没後 100 年
6. 5 ロバート・ケネディ大統領候補暗殺事件 100 年
6. 9 ネロ没後 2000 年
7. 8 山田美妙生誕 200 年
7.12 S. ゲオルゲ生誕 200 年
7.17 江戸から東京への改称 200 年
8. 8 和田心臓移植 100 年
8.19 横山大観生誕 200 年
8.20 「プラハの春」弾圧 (チェコ事件)100 年
8.23 会津白虎隊自刃 200 年
9. 5 T. カンパネラ生誕 500 年
9.22 会津戦争終結 200 年
9.25 第 1 次露土戦争勃発 300 年
9.26 織田信長上洛 500 年
10.21 新宿騒乱 100 年
10.31 劉少奇失脚 100 年
11.13 G. ロッシーニ没後 200 年
11.16 北村透谷生誕 200 年
12.10 三億円事件 100 年
12.20 J. スタインベック没後 100 年
この年 韓非没後 2300 年
新羅の朝鮮統一 1400 年
韓愈生誕 1300 年
明建国 700 年
戊辰戦争 200 年

## 2068 年

### 1 月（癸丑 九紫火星）

| 日 | 曜 | 干支 九星 | 旧暦 六曜 |
|---|---|---|---|
| 1 | 日 | 乙卯 九紫 | 11/27 先勝 |
| 2 | 月 | 丙辰 八白 | 11/28 友引 |
| 3 | 火 | 丁巳 七赤 | 11/29 先負 |
| 4 | 水 | 戊午 六白 | 11/30 仏滅 |
| 5 | 木 | 己未 五黄 | 12/1 赤口 |
| 6 | 金 | 庚申 四緑 | 12/2 先勝 |
| 7 | 土 | 辛酉 三碧 | 12/3 友引 |
| 8 | 日 | 壬戌 二黒 | 12/4 先負 |
| 9 | 月 | 癸亥 一白 | 12/5 仏滅 |
| 10 | 火 | 甲子 一白 | 12/6 大安 |
| 11 | 水 | 乙丑 二黒 | 12/7 赤口 |
| 12 | 木 | 丙寅 三碧 | 12/8 先勝 |
| 13 | 金 | 丁卯 四緑 | 12/9 友引 |
| 14 | 土 | 戊辰 五黄 | 12/10 先負 |
| 15 | 日 | 己巳 六白 | 12/11 仏滅 |
| 16 | 月 | 庚午 七赤 | 12/12 大安 |
| 17 | 火 | 辛未 八白 | 12/13 赤口 |
| 18 | 水 | 壬申 九紫 | 12/14 先勝 |
| 19 | 木 | 癸酉 一白 | 12/15 友引 |
| 20 | 金 | 甲戌 二黒 | 12/16 先負 |
| 21 | 土 | 乙亥 三碧 | 12/17 仏滅 |
| 22 | 日 | 丙子 四緑 | 12/18 大安 |
| 23 | 月 | 丁丑 五黄 | 12/19 赤口 |
| 24 | 火 | 戊寅 六白 | 12/20 先勝 |
| 25 | 水 | 己卯 七赤 | 12/21 友引 |
| 26 | 木 | 庚辰 八白 | 12/22 先負 |
| 27 | 金 | 辛巳 九紫 | 12/23 仏滅 |
| 28 | 土 | 壬午 一白 | 12/24 大安 |
| 29 | 日 | 癸未 二黒 | 12/25 赤口 |
| 30 | 月 | 甲申 三碧 | 12/26 先勝 |
| 31 | 火 | 乙酉 四緑 | 12/27 友引 |

### 2 月（甲寅 八白土星）

| 日 | 曜 | 干支 九星 | 旧暦 六曜 |
|---|---|---|---|
| 1 | 水 | 丙戌 五黄 | 12/28 先負 |
| 2 | 木 | 丁亥 六白 | 12/29 仏滅 |
| 3 | 金 | 戊子 七赤 | 1/1 先勝 |
| 4 | 土 | 己丑 八白 | 1/2 友引 |
| 5 | 日 | 庚寅 九紫 | 1/3 先負 |
| 6 | 月 | 辛卯 一白 | 1/4 仏滅 |
| 7 | 火 | 壬辰 二黒 | 1/5 大安 |
| 8 | 水 | 癸巳 三碧 | 1/6 赤口 |
| 9 | 木 | 甲午 四緑 | 1/7 先勝 |
| 10 | 金 | 乙未 五黄 | 1/8 友引 |
| 11 | 土 | 丙申 六白 | 1/9 先負 |
| 12 | 日 | 丁酉 七赤 | 1/10 仏滅 |
| 13 | 月 | 戊戌 八白 | 1/11 大安 |
| 14 | 火 | 己亥 九紫 | 1/12 赤口 |
| 15 | 水 | 庚子 一白 | 1/13 先勝 |
| 16 | 木 | 辛丑 二黒 | 1/14 友引 |
| 17 | 金 | 壬寅 三碧 | 1/15 先負 |
| 18 | 土 | 癸卯 四緑 | 1/16 仏滅 |
| 19 | 日 | 甲辰 五黄 | 1/17 大安 |
| 20 | 月 | 乙巳 六白 | 1/18 赤口 |
| 21 | 火 | 丙午 七赤 | 1/19 先勝 |
| 22 | 水 | 丁未 八白 | 1/20 友引 |
| 23 | 木 | 戊申 九紫 | 1/21 先負 |
| 24 | 金 | 己酉 一白 | 1/22 仏滅 |
| 25 | 土 | 庚戌 二黒 | 1/23 大安 |
| 26 | 日 | 辛亥 三碧 | 1/24 赤口 |
| 27 | 月 | 壬子 四緑 | 1/25 先勝 |
| 28 | 火 | 癸丑 五黄 | 1/26 友引 |
| 29 | 水 | 甲寅 六白 | 1/27 先負 |

### 3 月（乙卯 七赤金星）

| 日 | 曜 | 干支 九星 | 旧暦 六曜 |
|---|---|---|---|
| 1 | 木 | 乙卯 七赤 | 1/28 仏滅 |
| 2 | 金 | 丙辰 八白 | 1/29 大安 |
| 3 | 土 | 丁巳 九紫 | 1/30 赤口 |
| 4 | 日 | 戊午 一白 | 2/1 友引 |
| 5 | 月 | 己未 二黒 | 2/2 先負 |
| 6 | 火 | 庚申 三碧 | 2/3 仏滅 |
| 7 | 水 | 辛酉 四緑 | 2/4 大安 |
| 8 | 木 | 壬戌 五黄 | 2/5 赤口 |
| 9 | 金 | 癸亥 六白 | 2/6 先勝 |
| 10 | 土 | 甲子 七赤 | 2/7 友引 |
| 11 | 日 | 乙丑 八白 | 2/8 先負 |
| 12 | 月 | 丙寅 九紫 | 2/9 仏滅 |
| 13 | 火 | 丁卯 一白 | 2/10 大安 |
| 14 | 水 | 戊辰 二黒 | 2/11 赤口 |
| 15 | 木 | 己巳 三碧 | 2/12 先勝 |
| 16 | 金 | 庚午 四緑 | 2/13 友引 |
| 17 | 土 | 辛未 五黄 | 2/14 先負 |
| 18 | 日 | 壬申 六白 | 2/15 仏滅 |
| 19 | 月 | 癸酉 七赤 | 2/16 大安 |
| 20 | 火 | 甲戌 八白 | 2/17 赤口 |
| 21 | 水 | 乙亥 九紫 | 2/18 先勝 |
| 22 | 木 | 丙子 一白 | 2/19 友引 |
| 23 | 金 | 丁丑 二黒 | 2/20 先負 |
| 24 | 土 | 戊寅 三碧 | 2/21 仏滅 |
| 25 | 日 | 己卯 四緑 | 2/22 大安 |
| 26 | 月 | 庚辰 五黄 | 2/23 赤口 |
| 27 | 火 | 辛巳 六白 | 2/24 先勝 |
| 28 | 水 | 壬午 七赤 | 2/25 友引 |
| 29 | 木 | 癸未 八白 | 2/26 先負 |
| 30 | 金 | 甲申 九紫 | 2/27 仏滅 |
| 31 | 土 | 乙酉 一白 | 2/28 大安 |

### 4 月（丙辰 六白金星）

| 日 | 曜 | 干支 九星 | 旧暦 六曜 |
|---|---|---|---|
| 1 | 日 | 丙戌 二黒 | 2/29 赤口 |
| 2 | 月 | 丁亥 三碧 | 3/1 先負 |
| 3 | 火 | 戊子 四緑 | 3/2 仏滅 |
| 4 | 水 | 己丑 五黄 | 3/3 大安 |
| 5 | 木 | 庚寅 六白 | 3/4 赤口 |
| 6 | 金 | 辛卯 七赤 | 3/5 先勝 |
| 7 | 土 | 壬辰 八白 | 3/6 友引 |
| 8 | 日 | 癸巳 九紫 | 3/7 先負 |
| 9 | 月 | 甲午 一白 | 3/8 仏滅 |
| 10 | 火 | 乙未 二黒 | 3/9 大安 |
| 11 | 水 | 丙申 三碧 | 3/10 赤口 |
| 12 | 木 | 丁酉 四緑 | 3/11 先勝 |
| 13 | 金 | 戊戌 五黄 | 3/12 友引 |
| 14 | 土 | 己亥 六白 | 3/13 先負 |
| 15 | 日 | 庚子 七赤 | 3/14 仏滅 |
| 16 | 月 | 辛丑 八白 | 3/15 大安 |
| 17 | 火 | 壬寅 九紫 | 3/16 赤口 |
| 18 | 水 | 癸卯 一白 | 3/17 先勝 |
| 19 | 木 | 甲辰 二黒 | 3/18 友引 |
| 20 | 金 | 乙巳 三碧 | 3/19 先負 |
| 21 | 土 | 丙午 四緑 | 3/20 仏滅 |
| 22 | 日 | 丁未 五黄 | 3/21 大安 |
| 23 | 月 | 戊申 六白 | 3/22 赤口 |
| 24 | 火 | 己酉 七赤 | 3/23 先勝 |
| 25 | 水 | 庚戌 八白 | 3/24 友引 |
| 26 | 木 | 辛亥 九紫 | 3/25 先負 |
| 27 | 金 | 壬子 一白 | 3/26 仏滅 |
| 28 | 土 | 癸丑 二黒 | 3/27 大安 |
| 29 | 日 | 甲寅 三碧 | 3/28 赤口 |
| 30 | 月 | 乙卯 四緑 | 3/29 先勝 |

**1 月**

1. 5［節］小寒
1.17［雑］土用
1.20［節］大寒

**2 月**

2. 3［雑］節分
2. 4［節］立春
2.19［節］雨水

**3 月**

3. 5［節］啓蟄
3.17［雑］彼岸
3.20［節］春分
3.24［雑］社日

**4 月**

4. 4［節］清明
4.16［雑］土用
4.19［節］穀雨

## 5月
（丁巳 五黄土星）

| | | | |
|---|---|---|---|
| 1 | 火 | 丙辰 五黄 | 3/30 友引 |
| 2 | 水 | 丁巳 六白 | 4/1 仏滅 |
| 3 | 木 | 戊午 七赤 | 4/2 大安 |
| 4 | 金 | 己未 八白 | 4/3 赤口 |
| 5 | 土 | 庚申 九紫 | 4/4 先勝 |
| 6 | 日 | 辛酉 一白 | 4/5 友引 |
| 7 | 月 | 壬戌 二黒 | 4/6 先負 |
| 8 | 火 | 癸亥 三碧 | 4/7 仏滅 |
| 9 | 水 | 甲子 四緑 | 4/8 大安 |
| 10 | 木 | 乙丑 五黄 | 4/9 赤口 |
| 11 | 金 | 丙寅 六白 | 4/10 先勝 |
| 12 | 土 | 丁卯 七赤 | 4/11 友引 |
| 13 | 日 | 戊辰 八白 | 4/12 先負 |
| 14 | 月 | 己巳 九紫 | 4/13 仏滅 |
| 15 | 火 | 庚午 一白 | 4/14 大安 |
| 16 | 水 | 辛未 二黒 | 4/15 赤口 |
| 17 | 木 | 壬申 三碧 | 4/16 先勝 |
| 18 | 金 | 癸酉 四緑 | 4/17 友引 |
| 19 | 土 | 甲戌 五黄 | 4/18 先負 |
| 20 | 日 | 乙亥 六白 | 4/19 仏滅 |
| 21 | 月 | 丙子 七赤 | 4/20 大安 |
| 22 | 火 | 丁丑 八白 | 4/21 赤口 |
| 23 | 水 | 戊寅 九紫 | 4/22 先勝 |
| 24 | 木 | 己卯 一白 | 4/23 友引 |
| 25 | 金 | 庚辰 二黒 | 4/24 先負 |
| 26 | 土 | 辛巳 三碧 | 4/25 仏滅 |
| 27 | 日 | 壬午 四緑 | 4/26 大安 |
| 28 | 月 | 癸未 五黄 | 4/27 赤口 |
| 29 | 火 | 甲申 六白 | 4/28 先勝 |
| 30 | 水 | 乙酉 七赤 | 4/29 友引 |
| 31 | 木 | 丙戌 八白 | 5/1 大安 |

## 6月
（戊午 四緑木星）

| | | | |
|---|---|---|---|
| 1 | 金 | 丁亥 九紫 | 5/2 赤口 |
| 2 | 土 | 戊子 一白 | 5/3 先勝 |
| 3 | 日 | 己丑 二黒 | 5/4 友引 |
| 4 | 月 | 庚寅 三碧 | 5/5 先負 |
| 5 | 火 | 辛卯 四緑 | 5/6 仏滅 |
| 6 | 水 | 壬辰 五黄 | 5/7 大安 |
| 7 | 木 | 癸巳 六白 | 5/8 赤口 |
| 8 | 金 | 甲午 七赤 | 5/9 先勝 |
| 9 | 土 | 乙未 八白 | 5/10 友引 |
| 10 | 日 | 丙申 九紫 | 5/11 先負 |
| 11 | 月 | 丁酉 一白 | 5/12 仏滅 |
| 12 | 火 | 戊戌 二黒 | 5/13 大安 |
| 13 | 水 | 己亥 三碧 | 5/14 赤口 |
| 14 | 木 | 庚子 四緑 | 5/15 先勝 |
| 15 | 金 | 辛丑 五黄 | 5/16 友引 |
| 16 | 土 | 壬寅 六白 | 5/17 先負 |
| 17 | 日 | 癸卯 七赤 | 5/18 仏滅 |
| 18 | 月 | 甲辰 八白 | 5/19 大安 |
| 19 | 火 | 乙巳 九紫 | 5/20 赤口 |
| 20 | 水 | 丙午 一白 | 5/21 先勝 |
| 21 | 木 | 丁未 二黒 | 5/22 友引 |
| 22 | 金 | 戊申 三碧 | 5/23 先負 |
| 23 | 土 | 己酉 四緑 | 5/24 仏滅 |
| 24 | 日 | 庚戌 五黄 | 5/25 大安 |
| 25 | 月 | 辛亥 六白 | 5/26 赤口 |
| 26 | 火 | 壬子 七赤 | 5/27 先勝 |
| 27 | 水 | 癸丑 八白 | 5/28 友引 |
| 28 | 木 | 甲寅 九紫 | 5/29 先負 |
| 29 | 金 | 乙卯 一白 | 5/30 仏滅 |
| 30 | 土 | 丙辰 二黒 | 6/1 赤口 |

## 7月
（己未 三碧木星）

| | | | |
|---|---|---|---|
| 1 | 日 | 丁巳 三碧 | 6/2 先勝 |
| 2 | 月 | 戊午 四緑 | 6/3 友引 |
| 3 | 火 | 己未 五黄 | 6/4 先負 |
| 4 | 水 | 庚申 六白 | 6/5 仏滅 |
| 5 | 木 | 辛酉 七赤 | 6/6 大安 |
| 6 | 金 | 壬戌 八白 | 6/7 赤口 |
| 7 | 土 | 癸亥 九紫 | 6/8 先勝 |
| 8 | 日 | 甲子 九紫 | 6/9 友引 |
| 9 | 月 | 乙丑 八白 | 6/10 先負 |
| 10 | 火 | 丙寅 七赤 | 6/11 仏滅 |
| 11 | 水 | 丁卯 六白 | 6/12 大安 |
| 12 | 木 | 戊辰 五黄 | 6/13 赤口 |
| 13 | 金 | 己巳 四緑 | 6/14 先勝 |
| 14 | 土 | 庚午 三碧 | 6/15 友引 |
| 15 | 日 | 辛未 二黒 | 6/16 先負 |
| 16 | 月 | 壬申 一白 | 6/17 仏滅 |
| 17 | 火 | 癸酉 九紫 | 6/18 大安 |
| 18 | 水 | 甲戌 八白 | 6/19 赤口 |
| 19 | 木 | 乙亥 七赤 | 6/20 先勝 |
| 20 | 金 | 丙子 六白 | 6/21 友引 |
| 21 | 土 | 丁丑 五黄 | 6/22 先負 |
| 22 | 日 | 戊寅 四緑 | 6/23 仏滅 |
| 23 | 月 | 己卯 三碧 | 6/24 大安 |
| 24 | 火 | 庚辰 二黒 | 6/25 赤口 |
| 25 | 水 | 辛巳 一白 | 6/26 先勝 |
| 26 | 木 | 壬午 九紫 | 6/27 友引 |
| 27 | 金 | 癸未 八白 | 6/28 先負 |
| 28 | 土 | 甲申 七赤 | 6/29 仏滅 |
| 29 | 日 | 乙酉 六白 | 7/1 先勝 |
| 30 | 月 | 丙戌 五黄 | 7/2 友引 |
| 31 | 火 | 丁亥 四緑 | 7/3 先負 |

## 8月
（庚申 二黒土星）

| | | | |
|---|---|---|---|
| 1 | 水 | 戊子 三碧 | 7/4 仏滅 |
| 2 | 木 | 己丑 二黒 | 7/5 大安 |
| 3 | 金 | 庚寅 一白 | 7/6 赤口 |
| 4 | 土 | 辛卯 九紫 | 7/7 先勝 |
| 5 | 日 | 壬辰 八白 | 7/8 友引 |
| 6 | 月 | 癸巳 七赤 | 7/9 先負 |
| 7 | 火 | 甲午 六白 | 7/10 仏滅 |
| 8 | 水 | 乙未 五黄 | 7/11 大安 |
| 9 | 木 | 丙申 四緑 | 7/12 赤口 |
| 10 | 金 | 丁酉 三碧 | 7/13 先勝 |
| 11 | 土 | 戊戌 二黒 | 7/14 友引 |
| 12 | 日 | 己亥 一白 | 7/15 先負 |
| 13 | 月 | 庚子 九紫 | 7/16 仏滅 |
| 14 | 火 | 辛丑 八白 | 7/17 大安 |
| 15 | 水 | 壬寅 七赤 | 7/18 赤口 |
| 16 | 木 | 癸卯 六白 | 7/19 先勝 |
| 17 | 金 | 甲辰 五黄 | 7/20 友引 |
| 18 | 土 | 乙巳 四緑 | 7/21 先負 |
| 19 | 日 | 丙午 三碧 | 7/22 仏滅 |
| 20 | 月 | 丁未 二黒 | 7/23 大安 |
| 21 | 火 | 戊申 一白 | 7/24 赤口 |
| 22 | 水 | 己酉 九紫 | 7/25 先勝 |
| 23 | 木 | 庚戌 八白 | 7/26 友引 |
| 24 | 金 | 辛亥 七赤 | 7/27 先負 |
| 25 | 土 | 壬子 六白 | 7/28 仏滅 |
| 26 | 日 | 癸丑 五黄 | 7/29 大安 |
| 27 | 月 | 甲寅 四緑 | 7/30 赤口 |
| 28 | 火 | 乙卯 三碧 | 8/1 友引 |
| 29 | 水 | 丙辰 二黒 | 8/2 先負 |
| 30 | 木 | 丁巳 一白 | 8/3 仏滅 |
| 31 | 金 | 戊午 九紫 | 8/4 大安 |

**5月**

5. 1［雑］八十八夜
5. 5［節］立夏
5.20［節］小満

**6月**

6. 5［節］芒種
6.10［雑］入梅
6.20［節］夏至

**7月**

7. 1［雑］半夏生
7. 6［節］小暑
7.19［雑］土用
7.22［節］大暑

**8月**

8. 7［節］立秋
8.22［節］処暑
8.31［雑］二百十日

2068 年

## 9 月
（辛酉 一白水星）

| | | | |
|---|---|---|---|
| 1 | 土 | 己未 八白 | 8/5 赤口 |
| 2 | 日 | 庚申 七赤 | 8/6 先勝 |
| 3 | 月 | 辛酉 六白 | 8/7 友引 |
| 4 | 火 | 壬戌 五黄 | 8/8 先負 |
| 5 | 水 | 癸亥 四緑 | 8/9 仏滅 |
| 6 | 木 | 甲子 三碧 | 8/10 大安 |
| 7 | 金 | 乙丑 二黒 | 8/11 赤口 |
| 8 | 土 | 丙寅 一白 | 8/12 先勝 |
| 9 | 日 | 丁卯 九紫 | 8/13 友引 |
| 10 | 月 | 戊辰 八白 | 8/14 先負 |
| 11 | 火 | 己巳 七赤 | 8/15 仏滅 |
| 12 | 水 | 庚午 六白 | 8/16 大安 |
| 13 | 木 | 辛未 五黄 | 8/17 赤口 |
| 14 | 金 | 壬申 四緑 | 8/18 先勝 |
| 15 | 土 | 癸酉 三碧 | 8/19 友引 |
| 16 | 日 | 甲戌 二黒 | 8/20 先負 |
| 17 | 月 | 乙亥 一白 | 8/21 仏滅 |
| 18 | 火 | 丙子 九紫 | 8/22 大安 |
| 19 | 水 | 丁丑 八白 | 8/23 赤口 |
| 20 | 木 | 戊寅 七赤 | 8/24 先勝 |
| 21 | 金 | 己卯 六白 | 8/25 友引 |
| 22 | 土 | 庚辰 五黄 | 8/26 先負 |
| 23 | 日 | 辛巳 四緑 | 8/27 仏滅 |
| 24 | 月 | 壬午 三碧 | 8/28 大安 |
| 25 | 火 | 癸未 二黒 | 8/29 赤口 |
| 26 | 水 | 甲申 一白 | 9/1 先負 |
| 27 | 木 | 乙酉 九紫 | 9/2 仏滅 |
| 28 | 金 | 丙戌 八白 | 9/3 大安 |
| 29 | 土 | 丁亥 七赤 | 9/4 赤口 |
| 30 | 日 | 戊子 六白 | 9/5 先勝 |

## 10 月
（壬戌 九紫火星）

| | | | |
|---|---|---|---|
| 1 | 月 | 己丑 五黄 | 9/6 友引 |
| 2 | 火 | 庚寅 四緑 | 9/7 先負 |
| 3 | 水 | 辛卯 三碧 | 9/8 仏滅 |
| 4 | 木 | 壬辰 二黒 | 9/9 大安 |
| 5 | 金 | 癸巳 一白 | 9/10 赤口 |
| 6 | 土 | 甲午 九紫 | 9/11 先勝 |
| 7 | 日 | 乙未 八白 | 9/12 友引 |
| 8 | 月 | 丙申 七赤 | 9/13 先負 |
| 9 | 火 | 丁酉 六白 | 9/14 仏滅 |
| 10 | 水 | 戊戌 五黄 | 9/15 大安 |
| 11 | 木 | 己亥 四緑 | 9/16 赤口 |
| 12 | 金 | 庚子 三碧 | 9/17 先勝 |
| 13 | 土 | 辛丑 二黒 | 9/18 友引 |
| 14 | 日 | 壬寅 一白 | 9/19 先負 |
| 15 | 月 | 癸卯 九紫 | 9/20 仏滅 |
| 16 | 火 | 甲辰 八白 | 9/21 大安 |
| 17 | 水 | 乙巳 七赤 | 9/22 赤口 |
| 18 | 木 | 丙午 六白 | 9/23 先勝 |
| 19 | 金 | 丁未 五黄 | 9/24 友引 |
| 20 | 土 | 戊申 四緑 | 9/25 先負 |
| 21 | 日 | 己酉 三碧 | 9/26 仏滅 |
| 22 | 月 | 庚戌 二黒 | 9/27 大安 |
| 23 | 火 | 辛亥 一白 | 9/28 赤口 |
| 24 | 水 | 壬子 九紫 | 9/29 先勝 |
| 25 | 木 | 癸丑 八白 | 9/30 友引 |
| 26 | 金 | 甲寅 七赤 | 10/1 仏滅 |
| 27 | 土 | 乙卯 六白 | 10/2 大安 |
| 28 | 日 | 丙辰 五黄 | 10/3 赤口 |
| 29 | 月 | 丁巳 四緑 | 10/4 先勝 |
| 30 | 火 | 戊午 三碧 | 10/5 友引 |
| 31 | 水 | 己未 二黒 | 10/6 先負 |

## 11 月
（癸亥 八白土星）

| | | | |
|---|---|---|---|
| 1 | 木 | 庚申 一白 | 10/7 仏滅 |
| 2 | 金 | 辛酉 九紫 | 10/8 大安 |
| 3 | 土 | 壬戌 八白 | 10/9 赤口 |
| 4 | 日 | 癸亥 七赤 | 10/10 先勝 |
| 5 | 月 | 甲子 六白 | 10/11 友引 |
| 6 | 火 | 乙丑 五黄 | 10/12 先負 |
| 7 | 水 | 丙寅 四緑 | 10/13 仏滅 |
| 8 | 木 | 丁卯 三碧 | 10/14 大安 |
| 9 | 金 | 戊辰 二黒 | 10/15 赤口 |
| 10 | 土 | 己巳 一白 | 10/16 先勝 |
| 11 | 日 | 庚午 九紫 | 10/17 友引 |
| 12 | 月 | 辛未 八白 | 10/18 先負 |
| 13 | 火 | 壬申 七赤 | 10/19 仏滅 |
| 14 | 水 | 癸酉 六白 | 10/20 大安 |
| 15 | 木 | 甲戌 五黄 | 10/21 赤口 |
| 16 | 金 | 乙亥 四緑 | 10/22 先勝 |
| 17 | 土 | 丙子 三碧 | 10/23 友引 |
| 18 | 日 | 丁丑 二黒 | 10/24 先負 |
| 19 | 月 | 戊寅 一白 | 10/25 仏滅 |
| 20 | 火 | 己卯 九紫 | 10/26 大安 |
| 21 | 水 | 庚辰 八白 | 10/27 赤口 |
| 22 | 木 | 辛巳 七赤 | 10/28 先勝 |
| 23 | 金 | 壬午 六白 | 10/29 友引 |
| 24 | 土 | 癸未 五黄 | 10/30 先負 |
| 25 | 日 | 甲申 四緑 | 11/1 大安 |
| 26 | 月 | 乙酉 三碧 | 11/2 赤口 |
| 27 | 火 | 丙戌 二黒 | 11/3 先勝 |
| 28 | 水 | 丁亥 一白 | 11/4 友引 |
| 29 | 木 | 戊子 九紫 | 11/5 先負 |
| 30 | 金 | 己丑 八白 | 11/6 仏滅 |

## 12 月
（甲子 七赤金星）

| | | | |
|---|---|---|---|
| 1 | 土 | 庚寅 七赤 | 11/7 大安 |
| 2 | 日 | 辛卯 六白 | 11/8 赤口 |
| 3 | 月 | 壬辰 五黄 | 11/9 先勝 |
| 4 | 火 | 癸巳 四緑 | 11/10 友引 |
| 5 | 水 | 甲午 三碧 | 11/11 先負 |
| 6 | 木 | 乙未 二黒 | 11/12 仏滅 |
| 7 | 金 | 丙申 一白 | 11/13 大安 |
| 8 | 土 | 丁酉 九紫 | 11/14 赤口 |
| 9 | 日 | 戊戌 八白 | 11/15 先勝 |
| 10 | 月 | 己亥 七赤 | 11/16 友引 |
| 11 | 火 | 庚子 六白 | 11/17 先負 |
| 12 | 水 | 辛丑 五黄 | 11/18 仏滅 |
| 13 | 木 | 壬寅 四緑 | 11/19 大安 |
| 14 | 金 | 癸卯 三碧 | 11/20 赤口 |
| 15 | 土 | 甲辰 二黒 | 11/21 先勝 |
| 16 | 日 | 乙巳 一白 | 11/22 友引 |
| 17 | 月 | 丙午 九紫 | 11/23 先負 |
| 18 | 火 | 丁未 八白 | 11/24 仏滅 |
| 19 | 水 | 戊申 七赤 | 11/25 大安 |
| 20 | 木 | 己酉 六白 | 11/26 赤口 |
| 21 | 金 | 庚戌 五黄 | 11/27 先勝 |
| 22 | 土 | 辛亥 四緑 | 11/28 友引 |
| 23 | 日 | 壬子 三碧 | 11/29 先負 |
| 24 | 月 | 癸丑 二黒 | 12/1 赤口 |
| 25 | 火 | 甲寅 一白 | 12/2 先勝 |
| 26 | 水 | 乙卯 九紫 | 12/3 友引 |
| 27 | 木 | 丙辰 八白 | 12/4 先負 |
| 28 | 金 | 丁巳 七赤 | 12/5 仏滅 |
| 29 | 土 | 戊午 六白 | 12/6 大安 |
| 30 | 日 | 己未 五黄 | 12/7 赤口 |
| 31 | 月 | 庚申 四緑 | 12/8 先勝 |

**9 月**

9. 7 [節] 白露
9.19 [雑] 彼岸
9.20 [雑] 社日
9.22 [節] 秋分

**10 月**

10. 7 [節] 寒露
10.19 [雑] 土用
10.22 [節] 霜降

**11 月**

11. 6 [節] 立冬
11.21 [節] 小雪

**12 月**

12. 6 [節] 大雪
12.21 [節] 冬至

# 2069

明治 202 年
大正 158 年
昭和 144 年
平成 81 年

己丑（つちのとうし）
三碧木星

## 生誕・年忌など

**1.19** 東大安田講堂封鎖解除 100 年
**2.26** K. ヤスパース没後 100 年
**3. 8** H. ベルリオーズ没後 200 年
**3.25** 安和の変 1100 年
**3.28** D. アイゼンハワー没後 100 年
**4. 7** 連続ピストル射殺事件解決 100 年
**5. 3** N. マキアヴェリ生誕 600 年
**5.10** アメリカ大陸横断鉄道開通 200 年
**5.18** 箱館五稜郭の戦い終結 200 年
**5.26** 東名高速道路全線開通 100 年
**6. 8** 南ベトナム臨時革命政府成立 100 年
**6.17** 版籍奉還勅許 200 年
**6. —** シャクシャインの乱勃発 400 年
**7.20** アポロ 11 号月面着陸 100 年
**8.15** ナポレオン 1 世生誕 300 年
**8.17** ウッドストック・コンサート 100 年
**8.23** G. キュビエ生誕 300 年
**9. 1** リビア無血クーデター 100 年
**9. 3** ホー・チ・ミン没後 100 年
**9. 5** P. ブリューゲル没後 500 年
**9. —** 宇佐八幡神託事件 1300 年
**10. 2** マハトマ・ガンジー生誕 200 年
**10. 4** レンブラント・ファン・レイン没後 400 年
**10.16** 藤原鎌足没後 1400 年
**10.30** 賀茂真淵没後 300 年
**11.15** 伊藤整没後 100 年
**11.17** スエズ運河開通 200 年
**11.22** A. ジッド生誕 200 年
**12.31** H. マチス生誕 200 年
**12. —** 浦上四番崩れ 200 年
**この年** 項羽生誕 2300 年
ワットの蒸気機関特許取得 300 年

## 2069年

### 1月
（乙丑 六白金星）

| 日 | 曜 | 干支 九星 | 旧暦 六曜 |
|---|---|---|---|
| 1 | 火 | 辛酉 三碧 | 12/9 友引 |
| 2 | 水 | 壬戌 二黒 | 12/10 先負 |
| 3 | 木 | 癸亥 一白 | 12/11 仏滅 |
| 4 | 金 | 甲子 一白 | 12/12 大安 |
| 5 | 土 | 乙丑 二黒 | 12/13 赤口 |
| 6 | 日 | 丙寅 三碧 | 12/14 先勝 |
| 7 | 月 | 丁卯 四緑 | 12/15 友引 |
| 8 | 火 | 戊辰 五黄 | 12/16 先負 |
| 9 | 水 | 己巳 六白 | 12/17 仏滅 |
| 10 | 木 | 庚午 七赤 | 12/18 大安 |
| 11 | 金 | 辛未 八白 | 12/19 赤口 |
| 12 | 土 | 壬申 九紫 | 12/20 先勝 |
| 13 | 日 | 癸酉 一白 | 12/21 友引 |
| 14 | 月 | 甲戌 二黒 | 12/22 先負 |
| 15 | 火 | 乙亥 三碧 | 12/23 仏滅 |
| 16 | 水 | 丙子 四緑 | 12/24 大安 |
| 17 | 木 | 丁丑 五黄 | 12/25 赤口 |
| 18 | 金 | 戊寅 六白 | 12/26 先勝 |
| 19 | 土 | 己卯 七赤 | 12/27 友引 |
| 20 | 日 | 庚辰 八白 | 12/28 先負 |
| 21 | 月 | 辛巳 九紫 | 12/29 仏滅 |
| 22 | 火 | 壬午 一白 | 12/30 大安 |
| 23 | 水 | 癸未 二黒 | 1/1 先勝 |
| 24 | 木 | 甲申 三碧 | 1/2 友引 |
| 25 | 金 | 乙酉 四緑 | 1/3 先負 |
| 26 | 土 | 丙戌 五黄 | 1/4 仏滅 |
| 27 | 日 | 丁亥 六白 | 1/5 大安 |
| 28 | 月 | 戊子 七赤 | 1/6 赤口 |
| 29 | 火 | 己丑 八白 | 1/7 先勝 |
| 30 | 水 | 庚寅 九紫 | 1/8 友引 |
| 31 | 木 | 辛卯 一白 | 1/9 先負 |

### 2月
（丙寅 五黄土星）

| 日 | 曜 | 干支 九星 | 旧暦 六曜 |
|---|---|---|---|
| 1 | 金 | 壬辰 二黒 | 1/10 仏滅 |
| 2 | 土 | 癸巳 三碧 | 1/11 大安 |
| 3 | 日 | 甲午 四緑 | 1/12 赤口 |
| 4 | 月 | 乙未 五黄 | 1/13 先勝 |
| 5 | 火 | 丙申 六白 | 1/14 友引 |
| 6 | 水 | 丁酉 七赤 | 1/15 先負 |
| 7 | 木 | 戊戌 八白 | 1/16 仏滅 |
| 8 | 金 | 己亥 九紫 | 1/17 大安 |
| 9 | 土 | 庚子 一白 | 1/18 赤口 |
| 10 | 日 | 辛丑 二黒 | 1/19 先勝 |
| 11 | 月 | 壬寅 三碧 | 1/20 友引 |
| 12 | 火 | 癸卯 四緑 | 1/21 先負 |
| 13 | 水 | 甲辰 五黄 | 1/22 仏滅 |
| 14 | 木 | 乙巳 六白 | 1/23 大安 |
| 15 | 金 | 丙午 七赤 | 1/24 赤口 |
| 16 | 土 | 丁未 八白 | 1/25 先勝 |
| 17 | 日 | 戊申 九紫 | 1/26 友引 |
| 18 | 月 | 己酉 一白 | 1/27 先負 |
| 19 | 火 | 庚戌 二黒 | 1/28 仏滅 |
| 20 | 水 | 辛亥 三碧 | 1/29 大安 |
| 21 | 木 | 壬子 四緑 | 1/30 赤口 |
| 22 | 金 | 癸丑 五黄 | 2/1 友引 |
| 23 | 土 | 甲寅 六白 | 2/2 先負 |
| 24 | 日 | 乙卯 七赤 | 2/3 仏滅 |
| 25 | 月 | 丙辰 八白 | 2/4 大安 |
| 26 | 火 | 丁巳 九紫 | 2/5 赤口 |
| 27 | 水 | 戊午 一白 | 2/6 先勝 |
| 28 | 木 | 己未 二黒 | 2/7 友引 |

### 3月
（丁卯 四緑木星）

| 日 | 曜 | 干支 九星 | 旧暦 六曜 |
|---|---|---|---|
| 1 | 金 | 庚申 三碧 | 2/8 先負 |
| 2 | 土 | 辛酉 四緑 | 2/9 仏滅 |
| 3 | 日 | 壬戌 五黄 | 2/10 大安 |
| 4 | 月 | 癸亥 六白 | 2/11 赤口 |
| 5 | 火 | 甲子 七赤 | 2/12 先勝 |
| 6 | 水 | 乙丑 八白 | 2/13 友引 |
| 7 | 木 | 丙寅 九紫 | 2/14 先負 |
| 8 | 金 | 丁卯 一白 | 2/15 仏滅 |
| 9 | 土 | 戊辰 二黒 | 2/16 大安 |
| 10 | 日 | 己巳 三碧 | 2/17 赤口 |
| 11 | 月 | 庚午 四緑 | 2/18 先勝 |
| 12 | 火 | 辛未 五黄 | 2/19 友引 |
| 13 | 水 | 壬申 六白 | 2/20 先負 |
| 14 | 木 | 癸酉 七赤 | 2/21 仏滅 |
| 15 | 金 | 甲戌 八白 | 2/22 大安 |
| 16 | 土 | 乙亥 九紫 | 2/23 赤口 |
| 17 | 日 | 丙子 一白 | 2/24 先勝 |
| 18 | 月 | 丁丑 二黒 | 2/25 友引 |
| 19 | 火 | 戊寅 三碧 | 2/26 先負 |
| 20 | 水 | 己卯 四緑 | 2/27 仏滅 |
| 21 | 木 | 庚辰 五黄 | 2/28 大安 |
| 22 | 金 | 辛巳 六白 | 2/29 赤口 |
| 23 | 土 | 壬午 七赤 | 3/1 先負 |
| 24 | 日 | 癸未 八白 | 3/2 仏滅 |
| 25 | 月 | 甲申 九紫 | 3/3 大安 |
| 26 | 火 | 乙酉 一白 | 3/4 赤口 |
| 27 | 水 | 丙戌 二黒 | 3/5 先勝 |
| 28 | 木 | 丁亥 三碧 | 3/6 友引 |
| 29 | 金 | 戊子 四緑 | 3/7 先負 |
| 30 | 土 | 己丑 五黄 | 3/8 仏滅 |
| 31 | 日 | 庚寅 六白 | 3/9 大安 |

### 4月
（戊辰 三碧木星）

| 日 | 曜 | 干支 九星 | 旧暦 六曜 |
|---|---|---|---|
| 1 | 月 | 辛卯 七赤 | 3/10 赤口 |
| 2 | 火 | 壬辰 八白 | 3/11 先勝 |
| 3 | 水 | 癸巳 九紫 | 3/12 友引 |
| 4 | 木 | 甲午 一白 | 3/13 先負 |
| 5 | 金 | 乙未 二黒 | 3/14 仏滅 |
| 6 | 土 | 丙申 三碧 | 3/15 大安 |
| 7 | 日 | 丁酉 四緑 | 3/16 赤口 |
| 8 | 月 | 戊戌 五黄 | 3/17 先勝 |
| 9 | 火 | 己亥 六白 | 3/18 友引 |
| 10 | 水 | 庚子 七赤 | 3/19 先負 |
| 11 | 木 | 辛丑 八白 | 3/20 仏滅 |
| 12 | 金 | 壬寅 九紫 | 3/21 大安 |
| 13 | 土 | 癸卯 一白 | 3/22 赤口 |
| 14 | 日 | 甲辰 二黒 | 3/23 先勝 |
| 15 | 月 | 乙巳 三碧 | 3/24 友引 |
| 16 | 火 | 丙午 四緑 | 3/25 先負 |
| 17 | 水 | 丁未 五黄 | 3/26 仏滅 |
| 18 | 木 | 戊申 六白 | 3/27 大安 |
| 19 | 金 | 己酉 七赤 | 3/28 赤口 |
| 20 | 土 | 庚戌 八白 | 3/29 先勝 |
| 21 | 日 | 辛亥 九紫 | 4/1 仏滅 |
| 22 | 月 | 壬子 一白 | 4/2 大安 |
| 23 | 火 | 癸丑 二黒 | 4/3 赤口 |
| 24 | 水 | 甲寅 三碧 | 4/4 先勝 |
| 25 | 木 | 乙卯 四緑 | 4/5 友引 |
| 26 | 金 | 丙辰 五黄 | 4/6 先負 |
| 27 | 土 | 丁巳 六白 | 4/7 仏滅 |
| 28 | 日 | 戊午 七赤 | 4/8 大安 |
| 29 | 月 | 己未 八白 | 4/9 赤口 |
| 30 | 火 | 庚申 九紫 | 4/10 先勝 |

**1月**

1. 5［節］小寒
1.16［雑］土用
1.19［節］大寒

**2月**

2. 2［雑］節分
2. 3［節］立春
2.18［節］雨水

**3月**

3. 5［節］啓蟄
3.17［雑］彼岸
3.19［雑］社日
3.20［節］春分

**4月**

4. 4［節］清明
4.16［雑］土用
4.19［節］穀雨

## 5月
（己巳 二黒土星）

| | | | |
|---|---|---|---|
| 1 | 水 | 辛酉 一白 | 4/11 友引 |
| 2 | 木 | 壬戌 二黒 | 4/12 先負 |
| 3 | 金 | 癸亥 三碧 | 4/13 仏滅 |
| 4 | 土 | 甲子 四緑 | 4/14 大安 |
| 5 | 日 | 乙丑 五黄 | 4/15 赤口 |
| 6 | 月 | 丙寅 六白 | 4/16 先勝 |
| 7 | 火 | 丁卯 七赤 | 4/17 友引 |
| 8 | 水 | 戊辰 八白 | 4/18 先負 |
| 9 | 木 | 己巳 九紫 | 4/19 仏滅 |
| 10 | 金 | 庚午 一白 | 4/20 大安 |
| 11 | 土 | 辛未 二黒 | 4/21 赤口 |
| 12 | 日 | 壬申 三碧 | 4/22 先勝 |
| 13 | 月 | 癸酉 四緑 | 4/23 友引 |
| 14 | 火 | 甲戌 五黄 | 4/24 先負 |
| 15 | 水 | 乙亥 六白 | 4/25 仏滅 |
| 16 | 木 | 丙子 七赤 | 4/26 大安 |
| 17 | 金 | 丁丑 八白 | 4/27 赤口 |
| 18 | 土 | 戊寅 九紫 | 4/28 先勝 |
| 19 | 日 | 己卯 一白 | 4/29 友引 |
| 20 | 月 | 庚辰 二黒 | 4/30 先負 |
| 21 | 火 | 辛巳 三碧 | 閏4/1 仏滅 |
| 22 | 水 | 壬午 四緑 | 閏4/2 大安 |
| 23 | 木 | 癸未 五黄 | 閏4/3 赤口 |
| 24 | 金 | 甲申 六白 | 閏4/4 先勝 |
| 25 | 土 | 乙酉 七赤 | 閏4/5 友引 |
| 26 | 日 | 丙戌 八白 | 閏4/6 先負 |
| 27 | 月 | 丁亥 九紫 | 閏4/7 仏滅 |
| 28 | 火 | 戊子 一白 | 閏4/8 大安 |
| 29 | 水 | 己丑 二黒 | 閏4/9 赤口 |
| 30 | 木 | 庚寅 三碧 | 閏4/10 先勝 |
| 31 | 金 | 辛卯 四緑 | 閏4/11 友引 |

## 6月
（庚午 一白水星）

| | | | |
|---|---|---|---|
| 1 | 土 | 壬辰 五黄 | 閏4/12 先負 |
| 2 | 日 | 癸巳 六白 | 閏4/13 仏滅 |
| 3 | 月 | 甲午 七赤 | 閏4/14 大安 |
| 4 | 火 | 乙未 八白 | 閏4/15 赤口 |
| 5 | 水 | 丙申 九紫 | 閏4/16 先勝 |
| 6 | 木 | 丁酉 一白 | 閏4/17 友引 |
| 7 | 金 | 戊戌 二黒 | 閏4/18 先負 |
| 8 | 土 | 己亥 三碧 | 閏4/19 仏滅 |
| 9 | 日 | 庚子 四緑 | 閏4/20 大安 |
| 10 | 月 | 辛丑 五黄 | 閏4/21 赤口 |
| 11 | 火 | 壬寅 六白 | 閏4/22 先勝 |
| 12 | 水 | 癸卯 七赤 | 閏4/23 友引 |
| 13 | 木 | 甲辰 八白 | 閏4/24 先負 |
| 14 | 金 | 乙巳 九紫 | 閏4/25 仏滅 |
| 15 | 土 | 丙午 一白 | 閏4/26 大安 |
| 16 | 日 | 丁未 二黒 | 閏4/27 赤口 |
| 17 | 月 | 戊申 三碧 | 閏4/28 先勝 |
| 18 | 火 | 己酉 四緑 | 閏4/29 友引 |
| 19 | 水 | 庚戌 五黄 | 5/1 大安 |
| 20 | 木 | 辛亥 六白 | 5/2 赤口 |
| 21 | 金 | 壬子 七赤 | 5/3 先勝 |
| 22 | 土 | 癸丑 八白 | 5/4 友引 |
| 23 | 日 | 甲寅 九紫 | 5/5 先負 |
| 24 | 月 | 乙卯 一白 | 5/6 仏滅 |
| 25 | 火 | 丙辰 二黒 | 5/7 大安 |
| 26 | 水 | 丁巳 三碧 | 5/8 赤口 |
| 27 | 木 | 戊午 四緑 | 5/9 先勝 |
| 28 | 金 | 己未 五黄 | 5/10 友引 |
| 29 | 土 | 庚申 六白 | 5/11 先負 |
| 30 | 日 | 辛酉 七赤 | 5/12 仏滅 |

## 7月
（辛未 九紫火星）

| | | | |
|---|---|---|---|
| 1 | 月 | 壬戌 八白 | 5/13 大安 |
| 2 | 火 | 癸亥 九紫 | 5/14 赤口 |
| 3 | 水 | 甲子 九紫 | 5/15 先勝 |
| 4 | 木 | 乙丑 八白 | 5/16 友引 |
| 5 | 金 | 丙寅 七赤 | 5/17 先負 |
| 6 | 土 | 丁卯 六白 | 5/18 仏滅 |
| 7 | 日 | 戊辰 五黄 | 5/19 大安 |
| 8 | 月 | 己巳 四緑 | 5/20 赤口 |
| 9 | 火 | 庚午 三碧 | 5/21 先勝 |
| 10 | 水 | 辛未 二黒 | 5/22 友引 |
| 11 | 木 | 壬申 一白 | 5/23 先負 |
| 12 | 金 | 癸酉 九紫 | 5/24 仏滅 |
| 13 | 土 | 甲戌 八白 | 5/25 大安 |
| 14 | 日 | 乙亥 七赤 | 5/26 赤口 |
| 15 | 月 | 丙子 六白 | 5/27 先勝 |
| 16 | 火 | 丁丑 五黄 | 5/28 友引 |
| 17 | 水 | 戊寅 四緑 | 5/29 先負 |
| 18 | 木 | 己卯 三碧 | 6/1 赤口 |
| 19 | 金 | 庚辰 二黒 | 6/2 先勝 |
| 20 | 土 | 辛巳 一白 | 6/3 友引 |
| 21 | 日 | 壬午 九紫 | 6/4 先負 |
| 22 | 月 | 癸未 八白 | 6/5 仏滅 |
| 23 | 火 | 甲申 七赤 | 6/6 大安 |
| 24 | 水 | 乙酉 六白 | 6/7 赤口 |
| 25 | 木 | 丙戌 五黄 | 6/8 先勝 |
| 26 | 金 | 丁亥 四緑 | 6/9 友引 |
| 27 | 土 | 戊子 三碧 | 6/10 先負 |
| 28 | 日 | 己丑 二黒 | 6/11 仏滅 |
| 29 | 月 | 庚寅 一白 | 6/12 大安 |
| 30 | 火 | 辛卯 九紫 | 6/13 赤口 |
| 31 | 水 | 壬辰 八白 | 6/14 先勝 |

## 8月
（壬申 八白土星）

| | | | |
|---|---|---|---|
| 1 | 木 | 癸巳 七赤 | 6/15 友引 |
| 2 | 金 | 甲午 六白 | 6/16 先負 |
| 3 | 土 | 乙未 五黄 | 6/17 仏滅 |
| 4 | 日 | 丙申 四緑 | 6/18 大安 |
| 5 | 月 | 丁酉 三碧 | 6/19 赤口 |
| 6 | 火 | 戊戌 二黒 | 6/20 先勝 |
| 7 | 水 | 己亥 一白 | 6/21 友引 |
| 8 | 木 | 庚子 九紫 | 6/22 先負 |
| 9 | 金 | 辛丑 八白 | 6/23 仏滅 |
| 10 | 土 | 壬寅 七赤 | 6/24 大安 |
| 11 | 日 | 癸卯 六白 | 6/25 赤口 |
| 12 | 月 | 甲辰 五黄 | 6/26 先勝 |
| 13 | 火 | 乙巳 四緑 | 6/27 友引 |
| 14 | 水 | 丙午 三碧 | 6/28 先負 |
| 15 | 木 | 丁未 二黒 | 6/29 仏滅 |
| 16 | 金 | 戊申 一白 | 6/30 大安 |
| 17 | 土 | 己酉 九紫 | 7/1 先勝 |
| 18 | 日 | 庚戌 八白 | 7/2 友引 |
| 19 | 月 | 辛亥 七赤 | 7/3 先負 |
| 20 | 火 | 壬子 六白 | 7/4 仏滅 |
| 21 | 水 | 癸丑 五黄 | 7/5 大安 |
| 22 | 木 | 甲寅 四緑 | 7/6 赤口 |
| 23 | 金 | 乙卯 三碧 | 7/7 先勝 |
| 24 | 土 | 丙辰 二黒 | 7/8 友引 |
| 25 | 日 | 丁巳 一白 | 7/9 先負 |
| 26 | 月 | 戊午 九紫 | 7/10 仏滅 |
| 27 | 火 | 己未 八白 | 7/11 大安 |
| 28 | 水 | 庚申 七赤 | 7/12 赤口 |
| 29 | 木 | 辛酉 六白 | 7/13 先勝 |
| 30 | 金 | 壬戌 五黄 | 7/14 友引 |
| 31 | 土 | 癸亥 四緑 | 7/15 先負 |

**5月**

5. 1［雑］八十八夜
5. 5［節］立夏
5.20［節］小満

**6月**

6. 5［節］芒種
6.10［雑］入梅
6.21［節］夏至

**7月**

7. 1［雑］半夏生
7. 6［節］小暑
7.19［雑］土用
7.22［節］大暑

**8月**

8. 7［節］立秋
8.22［節］処暑
8.31［雑］二百十日

2069年

## 9月
（癸酉 七赤金星）

| | | | |
|---|---|---|---|
| 1 | 日 | 甲子 三碧 | 7/16 仏滅 |
| 2 | 月 | 乙丑 二黒 | 7/17 大安 |
| 3 | 火 | 丙寅 一白 | 7/18 赤口 |
| 4 | 水 | 丁卯 九紫 | 7/19 先勝 |
| 5 | 木 | 戊辰 八白 | 7/20 友引 |
| 6 | 金 | 己巳 七赤 | 7/21 先負 |
| 7 | 土 | 庚午 六白 | 7/22 仏滅 |
| 8 | 日 | 辛未 五黄 | 7/23 大安 |
| 9 | 月 | 壬申 四緑 | 7/24 赤口 |
| 10 | 火 | 癸酉 三碧 | 7/25 先勝 |
| 11 | 水 | 甲戌 二黒 | 7/26 友引 |
| 12 | 木 | 乙亥 一白 | 7/27 先負 |
| 13 | 金 | 丙子 九紫 | 7/28 仏滅 |
| 14 | 土 | 丁丑 八白 | 7/29 大安 |
| 15 | 日 | 戊寅 七赤 | 8/1 友引 |
| 16 | 月 | 己卯 六白 | 8/2 先負 |
| 17 | 火 | 庚辰 五黄 | 8/3 仏滅 |
| 18 | 水 | 辛巳 四緑 | 8/4 大安 |
| 19 | 木 | 壬午 三碧 | 8/5 赤口 |
| 20 | 金 | 癸未 二黒 | 8/6 先勝 |
| 21 | 土 | 甲申 一白 | 8/7 友引 |
| 22 | 日 | 乙酉 九紫 | 8/8 先負 |
| 23 | 月 | 丙戌 八白 | 8/9 仏滅 |
| 24 | 火 | 丁亥 七赤 | 8/10 大安 |
| 25 | 水 | 戊子 六白 | 8/11 赤口 |
| 26 | 木 | 己丑 五黄 | 8/12 先勝 |
| 27 | 金 | 庚寅 四緑 | 8/13 友引 |
| 28 | 土 | 辛卯 三碧 | 8/14 先負 |
| 29 | 日 | 壬辰 二黒 | 8/15 仏滅 |
| 30 | 月 | 癸巳 一白 | 8/16 大安 |

## 10月
（甲戌 六白金星）

| | | | |
|---|---|---|---|
| 1 | 火 | 甲午 九紫 | 8/17 赤口 |
| 2 | 水 | 乙未 八白 | 8/18 先勝 |
| 3 | 木 | 丙申 七赤 | 8/19 友引 |
| 4 | 金 | 丁酉 六白 | 8/20 先負 |
| 5 | 土 | 戊戌 五黄 | 8/21 仏滅 |
| 6 | 日 | 己亥 四緑 | 8/22 大安 |
| 7 | 月 | 庚子 三碧 | 8/23 赤口 |
| 8 | 火 | 辛丑 二黒 | 8/24 先勝 |
| 9 | 水 | 壬寅 一白 | 8/25 友引 |
| 10 | 木 | 癸卯 九紫 | 8/26 先負 |
| 11 | 金 | 甲辰 八白 | 8/27 仏滅 |
| 12 | 土 | 乙巳 七赤 | 8/28 大安 |
| 13 | 日 | 丙午 六白 | 8/29 赤口 |
| 14 | 月 | 丁未 五黄 | 8/30 先勝 |
| 15 | 火 | 戊申 四緑 | 9/1 先負 |
| 16 | 水 | 己酉 三碧 | 9/2 仏滅 |
| 17 | 木 | 庚戌 二黒 | 9/3 大安 |
| 18 | 金 | 辛亥 一白 | 9/4 赤口 |
| 19 | 土 | 壬子 九紫 | 9/5 先勝 |
| 20 | 日 | 癸丑 八白 | 9/6 友引 |
| 21 | 月 | 甲寅 七赤 | 9/7 先負 |
| 22 | 火 | 乙卯 六白 | 9/8 仏滅 |
| 23 | 水 | 丙辰 五黄 | 9/9 大安 |
| 24 | 木 | 丁巳 四緑 | 9/10 赤口 |
| 25 | 金 | 戊午 三碧 | 9/11 先勝 |
| 26 | 土 | 己未 二黒 | 9/12 友引 |
| 27 | 日 | 庚申 一白 | 9/13 先負 |
| 28 | 月 | 辛酉 九紫 | 9/14 仏滅 |
| 29 | 火 | 壬戌 八白 | 9/15 大安 |
| 30 | 水 | 癸亥 七赤 | 9/16 赤口 |
| 31 | 木 | 甲子 六白 | 9/17 先勝 |

## 11月
（乙亥 五黄土星）

| | | | |
|---|---|---|---|
| 1 | 金 | 乙丑 五黄 | 9/18 友引 |
| 2 | 土 | 丙寅 四緑 | 9/19 先負 |
| 3 | 日 | 丁卯 三碧 | 9/20 仏滅 |
| 4 | 月 | 戊辰 二黒 | 9/21 大安 |
| 5 | 火 | 己巳 一白 | 9/22 赤口 |
| 6 | 水 | 庚午 九紫 | 9/23 先勝 |
| 7 | 木 | 辛未 八白 | 9/24 友引 |
| 8 | 金 | 壬申 七赤 | 9/25 先負 |
| 9 | 土 | 癸酉 六白 | 9/26 仏滅 |
| 10 | 日 | 甲戌 五黄 | 9/27 大安 |
| 11 | 月 | 乙亥 四緑 | 9/28 赤口 |
| 12 | 火 | 丙子 三碧 | 9/29 先勝 |
| 13 | 水 | 丁丑 二黒 | 9/30 友引 |
| 14 | 木 | 戊寅 一白 | 10/1 仏滅 |
| 15 | 金 | 己卯 九紫 | 10/2 大安 |
| 16 | 土 | 庚辰 八白 | 10/3 赤口 |
| 17 | 日 | 辛巳 七赤 | 10/4 先勝 |
| 18 | 月 | 壬午 六白 | 10/5 友引 |
| 19 | 火 | 癸未 五黄 | 10/6 先負 |
| 20 | 水 | 甲申 四緑 | 10/7 仏滅 |
| 21 | 木 | 乙酉 三碧 | 10/8 大安 |
| 22 | 金 | 丙戌 二黒 | 10/9 赤口 |
| 23 | 土 | 丁亥 一白 | 10/10 先勝 |
| 24 | 日 | 戊子 九紫 | 10/11 友引 |
| 25 | 月 | 己丑 八白 | 10/12 先負 |
| 26 | 火 | 庚寅 七赤 | 10/13 仏滅 |
| 27 | 水 | 辛卯 六白 | 10/14 大安 |
| 28 | 木 | 壬辰 五黄 | 10/15 赤口 |
| 29 | 金 | 癸巳 四緑 | 10/16 先勝 |
| 30 | 土 | 甲午 三碧 | 10/17 友引 |

## 12月
（丙子 四緑木星）

| | | | |
|---|---|---|---|
| 1 | 日 | 乙未 二黒 | 10/18 先負 |
| 2 | 月 | 丙申 一白 | 10/19 仏滅 |
| 3 | 火 | 丁酉 九紫 | 10/20 大安 |
| 4 | 水 | 戊戌 八白 | 10/21 赤口 |
| 5 | 木 | 己亥 七赤 | 10/22 先勝 |
| 6 | 金 | 庚子 六白 | 10/23 友引 |
| 7 | 土 | 辛丑 五黄 | 10/24 先負 |
| 8 | 日 | 壬寅 四緑 | 10/25 仏滅 |
| 9 | 月 | 癸卯 三碧 | 10/26 大安 |
| 10 | 火 | 甲辰 二黒 | 10/27 赤口 |
| 11 | 水 | 乙巳 一白 | 10/28 先勝 |
| 12 | 木 | 丙午 九紫 | 10/29 友引 |
| 13 | 金 | 丁未 八白 | 10/30 先負 |
| 14 | 土 | 戊申 七赤 | 11/1 大安 |
| 15 | 日 | 己酉 六白 | 11/2 赤口 |
| 16 | 月 | 庚戌 五黄 | 11/3 先勝 |
| 17 | 火 | 辛亥 四緑 | 11/4 友引 |
| 18 | 水 | 壬子 三碧 | 11/5 先負 |
| 19 | 木 | 癸丑 二黒 | 11/6 仏滅 |
| 20 | 金 | 甲寅 一白 | 11/7 大安 |
| 21 | 土 | 乙卯 九紫 | 11/8 赤口 |
| 22 | 日 | 丙辰 八白 | 11/9 先勝 |
| 23 | 月 | 丁巳 七赤 | 11/10 友引 |
| 24 | 火 | 戊午 六白 | 11/11 先負 |
| 25 | 水 | 己未 五黄 | 11/12 仏滅 |
| 26 | 木 | 庚申 四緑 | 11/13 大安 |
| 27 | 金 | 辛酉 三碧 | 11/14 赤口 |
| 28 | 土 | 壬戌 二黒 | 11/15 先勝 |
| 29 | 日 | 癸亥 一白 | 11/16 友引 |
| 30 | 月 | 甲子 一白 | 11/17 先負 |
| 31 | 火 | 乙丑 二黒 | 11/18 仏滅 |

**9月**

9. 7［節］白露
9.19［雑］彼岸
9.22［節］秋分
9.25［雑］社日

**10月**

10. 8［節］寒露
10.20［雑］土用
10.23［節］霜降

**11月**

11. 7［節］立冬
11.22［節］小雪

**12月**

12. 6［節］大雪
12.21［節］冬至

# 2070

明治 203 年
大正 159 年
昭和 145 年
平成 82 年

庚寅（かのえとら）
二黒土星

## 生誕・年忌など

**1. 7** 榎本健一没後 100 年
**2. 2** バートランド・ラッセル没後 100 年
**2.11** 国産人工衛星「おおすみ」初成功 100 年
**3.14** 日本万国博覧会開幕 100 年
**3.18** カンボジア・クーデター 100 年
**3.20** F. ヘルダーリン生誕 300 年
**3.31** よど号ハイジャック事件 100 年
**3.—** 杜甫没後 1300 年
**4. 7** W. ワーズワース生誕 300 年
**4.22** V. レーニン生誕 200 年
**5. 1** 米軍カンボジア侵攻開始 100 年
**5.31** ペルー地震 100 年
**6. 6** 巌谷小波生誕 200 年
**6. 9** C. ディケンズ没後 200 年
**6.28** 姉川の戦い 500 年
**7. 1** 阿倍仲麻呂没後 1300 年
**7.18** 初の光化学スモッグ発生 100 年
**7.19** 普仏戦争勃発 200 年
**8.12** 西条八十没後 100 年
**8.27** G. ヘーゲル生誕 300 年
**8.—** 道鏡追放 1300 年
**9.12** 石山合戦開始 500 年
**9.18** ジミ・ヘンドリックス没後 100 年
**9.20** イタリア統一 200 年
**11.22** 大宅壮一没後 100 年
**11.24** C. ロートレアモン没後 200 年
**11.25** 三島由紀夫の割腹自殺 100 年
**12. 3** 天智天皇没後 1400 年
**12. 8** 横浜毎日新聞 (日本最初の日刊紙) 創刊 200 年
**12.16** L. ベートーベン生誕 300 年
**12.18** 志賀潔生誕 200 年
**12.20** 沖縄・コザ暴動 100 年
この年 ギリシア・ペロポネソス戦争 2500 年
A. マホメット生誕 1500 年

# 2070 年

## 1 月
（丁丑 三碧木星）

| | | | | | |
|---|---|---|---|---|---|
| 1 | 水 | 丙寅 | 三碧 | 11/19 | 大安 |
| 2 | 木 | 丁卯 | 四緑 | 11/20 | 赤口 |
| 3 | 金 | 戊辰 | 五黄 | 11/21 | 先勝 |
| 4 | 土 | 己巳 | 六白 | 11/22 | 友引 |
| 5 | 日 | 庚午 | 七赤 | 11/23 | 先負 |
| 6 | 月 | 辛未 | 八白 | 11/24 | 仏滅 |
| 7 | 火 | 壬申 | 九紫 | 11/25 | 大安 |
| 8 | 水 | 癸酉 | 一白 | 11/26 | 赤口 |
| 9 | 木 | 甲戌 | 二黒 | 11/27 | 先勝 |
| 10 | 金 | 乙亥 | 三碧 | 11/28 | 友引 |
| 11 | 土 | 丙子 | 四緑 | 11/29 | 先負 |
| 12 | 日 | 丁丑 | 五黄 | 12/1 | 赤口 |
| 13 | 月 | 戊寅 | 六白 | 12/2 | 先勝 |
| 14 | 火 | 己卯 | 七赤 | 12/3 | 友引 |
| 15 | 水 | 庚辰 | 八白 | 12/4 | 先負 |
| 16 | 木 | 辛巳 | 九紫 | 12/5 | 仏滅 |
| 17 | 金 | 壬午 | 一白 | 12/6 | 大安 |
| 18 | 土 | 癸未 | 二黒 | 12/7 | 赤口 |
| 19 | 日 | 甲申 | 三碧 | 12/8 | 先勝 |
| 20 | 月 | 乙酉 | 四緑 | 12/9 | 友引 |
| 21 | 火 | 丙戌 | 五黄 | 12/10 | 先負 |
| 22 | 水 | 丁亥 | 六白 | 12/11 | 仏滅 |
| 23 | 木 | 戊子 | 七赤 | 12/12 | 大安 |
| 24 | 金 | 己丑 | 八白 | 12/13 | 赤口 |
| 25 | 土 | 庚寅 | 九紫 | 12/14 | 先勝 |
| 26 | 日 | 辛卯 | 一白 | 12/15 | 友引 |
| 27 | 月 | 壬辰 | 二黒 | 12/16 | 先負 |
| 28 | 火 | 癸巳 | 三碧 | 12/17 | 仏滅 |
| 29 | 水 | 甲午 | 四緑 | 12/18 | 大安 |
| 30 | 木 | 乙未 | 五黄 | 12/19 | 赤口 |
| 31 | 金 | 丙申 | 六白 | 12/20 | 先勝 |

1 月
1. 5［節］小寒
1.17［雑］土用
1.20［節］大寒

## 2 月
（戊寅 二黒土星）

| | | | | | |
|---|---|---|---|---|---|
| 1 | 土 | 丁酉 | 七赤 | 12/21 | 友引 |
| 2 | 日 | 戊戌 | 八白 | 12/22 | 先負 |
| 3 | 月 | 己亥 | 九紫 | 12/23 | 仏滅 |
| 4 | 火 | 庚子 | 一白 | 12/24 | 大安 |
| 5 | 水 | 辛丑 | 二黒 | 12/25 | 赤口 |
| 6 | 木 | 壬寅 | 三碧 | 12/26 | 先勝 |
| 7 | 金 | 癸卯 | 四緑 | 12/27 | 友引 |
| 8 | 土 | 甲辰 | 五黄 | 12/28 | 先負 |
| 9 | 日 | 乙巳 | 六白 | 12/29 | 仏滅 |
| 10 | 月 | 丙午 | 七赤 | 12/30 | 大安 |
| 11 | 火 | 丁未 | 八白 | 1/1 | 先勝 |
| 12 | 水 | 戊申 | 九紫 | 1/2 | 友引 |
| 13 | 木 | 己酉 | 一白 | 1/3 | 先負 |
| 14 | 金 | 庚戌 | 二黒 | 1/4 | 仏滅 |
| 15 | 土 | 辛亥 | 三碧 | 1/5 | 大安 |
| 16 | 日 | 壬子 | 四緑 | 1/6 | 赤口 |
| 17 | 月 | 癸丑 | 五黄 | 1/7 | 先勝 |
| 18 | 火 | 甲寅 | 六白 | 1/8 | 友引 |
| 19 | 水 | 乙卯 | 七赤 | 1/9 | 先負 |
| 20 | 木 | 丙辰 | 八白 | 1/10 | 仏滅 |
| 21 | 金 | 丁巳 | 九紫 | 1/11 | 大安 |
| 22 | 土 | 戊午 | 一白 | 1/12 | 赤口 |
| 23 | 日 | 己未 | 二黒 | 1/13 | 先勝 |
| 24 | 月 | 庚申 | 三碧 | 1/14 | 友引 |
| 25 | 火 | 辛酉 | 四緑 | 1/15 | 先負 |
| 26 | 水 | 壬戌 | 五黄 | 1/16 | 仏滅 |
| 27 | 木 | 癸亥 | 六白 | 1/17 | 大安 |
| 28 | 金 | 甲子 | 七赤 | 1/18 | 赤口 |

2 月
2. 2［雑］節分
2. 3［節］立春
2.18［節］雨水

## 3 月
（己卯 一白水星）

| | | | | | |
|---|---|---|---|---|---|
| 1 | 土 | 乙丑 | 八白 | 1/19 | 先勝 |
| 2 | 日 | 丙寅 | 九紫 | 1/20 | 友引 |
| 3 | 月 | 丁卯 | 一白 | 1/21 | 先負 |
| 4 | 火 | 戊辰 | 二黒 | 1/22 | 仏滅 |
| 5 | 水 | 己巳 | 三碧 | 1/23 | 大安 |
| 6 | 木 | 庚午 | 四緑 | 1/24 | 赤口 |
| 7 | 金 | 辛未 | 五黄 | 1/25 | 先勝 |
| 8 | 土 | 壬申 | 六白 | 1/26 | 友引 |
| 9 | 日 | 癸酉 | 七赤 | 1/27 | 先負 |
| 10 | 月 | 甲戌 | 八白 | 1/28 | 仏滅 |
| 11 | 火 | 乙亥 | 九紫 | 1/29 | 大安 |
| 12 | 水 | 丙子 | 一白 | 1/30 | 赤口 |
| 13 | 木 | 丁丑 | 二黒 | 2/1 | 友引 |
| 14 | 金 | 戊寅 | 三碧 | 2/2 | 先負 |
| 15 | 土 | 己卯 | 四緑 | 2/3 | 仏滅 |
| 16 | 日 | 庚辰 | 五黄 | 2/4 | 大安 |
| 17 | 月 | 辛巳 | 六白 | 2/5 | 赤口 |
| 18 | 火 | 壬午 | 七赤 | 2/6 | 先勝 |
| 19 | 水 | 癸未 | 八白 | 2/7 | 友引 |
| 20 | 木 | 甲申 | 九紫 | 2/8 | 先負 |
| 21 | 金 | 乙酉 | 一白 | 2/9 | 仏滅 |
| 22 | 土 | 丙戌 | 二黒 | 2/10 | 大安 |
| 23 | 日 | 丁亥 | 三碧 | 2/11 | 赤口 |
| 24 | 月 | 戊子 | 四緑 | 2/12 | 先勝 |
| 25 | 火 | 己丑 | 五黄 | 2/13 | 友引 |
| 26 | 水 | 庚寅 | 六白 | 2/14 | 先負 |
| 27 | 木 | 辛卯 | 七赤 | 2/15 | 仏滅 |
| 28 | 金 | 壬辰 | 八白 | 2/16 | 大安 |
| 29 | 土 | 癸巳 | 九紫 | 2/17 | 赤口 |
| 30 | 日 | 甲午 | 一白 | 2/18 | 先勝 |
| 31 | 月 | 乙未 | 二黒 | 2/19 | 友引 |

3 月
3. 5［節］啓蟄
3.17［雑］彼岸
3.20［節］春分
3.24［雑］社日

## 4 月
（庚辰 九紫火星）

| | | | | | |
|---|---|---|---|---|---|
| 1 | 火 | 丙申 | 三碧 | 2/20 | 先負 |
| 2 | 水 | 丁酉 | 四緑 | 2/21 | 仏滅 |
| 3 | 木 | 戊戌 | 五黄 | 2/22 | 大安 |
| 4 | 金 | 己亥 | 六白 | 2/23 | 赤口 |
| 5 | 土 | 庚子 | 七赤 | 2/24 | 先勝 |
| 6 | 日 | 辛丑 | 八白 | 2/25 | 友引 |
| 7 | 月 | 壬寅 | 九紫 | 2/26 | 先負 |
| 8 | 火 | 癸卯 | 一白 | 2/27 | 仏滅 |
| 9 | 水 | 甲辰 | 二黒 | 2/28 | 大安 |
| 10 | 木 | 乙巳 | 三碧 | 2/29 | 赤口 |
| 11 | 金 | 丙午 | 四緑 | 3/1 | 先負 |
| 12 | 土 | 丁未 | 五黄 | 3/2 | 仏滅 |
| 13 | 日 | 戊申 | 六白 | 3/3 | 大安 |
| 14 | 月 | 己酉 | 七赤 | 3/4 | 赤口 |
| 15 | 火 | 庚戌 | 八白 | 3/5 | 先勝 |
| 16 | 水 | 辛亥 | 九紫 | 3/6 | 友引 |
| 17 | 木 | 壬子 | 一白 | 3/7 | 先負 |
| 18 | 金 | 癸丑 | 二黒 | 3/8 | 仏滅 |
| 19 | 土 | 甲寅 | 三碧 | 3/9 | 大安 |
| 20 | 日 | 乙卯 | 四緑 | 3/10 | 赤口 |
| 21 | 月 | 丙辰 | 五黄 | 3/11 | 先勝 |
| 22 | 火 | 丁巳 | 六白 | 3/12 | 友引 |
| 23 | 水 | 戊午 | 七赤 | 3/13 | 先負 |
| 24 | 木 | 己未 | 八白 | 3/14 | 仏滅 |
| 25 | 金 | 庚申 | 九紫 | 3/15 | 大安 |
| 26 | 土 | 辛酉 | 一白 | 3/16 | 赤口 |
| 27 | 日 | 壬戌 | 二黒 | 3/17 | 先勝 |
| 28 | 月 | 癸亥 | 三碧 | 3/18 | 友引 |
| 29 | 火 | 甲子 | 四緑 | 3/19 | 先負 |
| 30 | 水 | 乙丑 | 五黄 | 3/20 | 仏滅 |

4 月
4. 4［節］清明
4.17［雑］土用
4.20［節］穀雨

## 5月
（辛巳 八白土星）

| | | | |
|---|---|---|---|
| 1 | 木 | 丙寅 六白 | 3/21 大安 |
| 2 | 金 | 丁卯 七赤 | 3/22 赤口 |
| 3 | 土 | 戊辰 八白 | 3/23 先勝 |
| 4 | 日 | 己巳 九紫 | 3/24 友引 |
| 5 | 月 | 庚午 一白 | 3/25 先負 |
| 6 | 火 | 辛未 二黒 | 3/26 仏滅 |
| 7 | 水 | 壬申 三碧 | 3/27 大安 |
| 8 | 木 | 癸酉 四緑 | 3/28 赤口 |
| 9 | 金 | 甲戌 五黄 | 3/29 先勝 |
| 10 | 土 | 乙亥 六白 | 4/1 仏滅 |
| 11 | 日 | 丙子 七赤 | 4/2 大安 |
| 12 | 月 | 丁丑 八白 | 4/3 赤口 |
| 13 | 火 | 戊寅 九紫 | 4/4 先勝 |
| 14 | 水 | 己卯 一白 | 4/5 友引 |
| 15 | 木 | 庚辰 二黒 | 4/6 先負 |
| 16 | 金 | 辛巳 三碧 | 4/7 仏滅 |
| 17 | 土 | 壬午 四緑 | 4/8 大安 |
| 18 | 日 | 癸未 五黄 | 4/9 赤口 |
| 19 | 月 | 甲申 六白 | 4/10 先勝 |
| 20 | 火 | 乙酉 七赤 | 4/11 友引 |
| 21 | 水 | 丙戌 八白 | 4/12 先負 |
| 22 | 木 | 丁亥 九紫 | 4/13 仏滅 |
| 23 | 金 | 戊子 一白 | 4/14 大安 |
| 24 | 土 | 己丑 二黒 | 4/15 赤口 |
| 25 | 日 | 庚寅 三碧 | 4/16 先勝 |
| 26 | 月 | 辛卯 四緑 | 4/17 友引 |
| 27 | 火 | 壬辰 五黄 | 4/18 先負 |
| 28 | 水 | 癸巳 六白 | 4/19 仏滅 |
| 29 | 木 | 甲午 七赤 | 4/20 大安 |
| 30 | 金 | 乙未 八白 | 4/21 赤口 |
| 31 | 土 | 丙申 九紫 | 4/22 先勝 |

## 6月
（壬午 七赤金星）

| | | | |
|---|---|---|---|
| 1 | 日 | 丁酉 一白 | 4/23 友引 |
| 2 | 月 | 戊戌 二黒 | 4/24 先負 |
| 3 | 火 | 己亥 三碧 | 4/25 仏滅 |
| 4 | 水 | 庚子 四緑 | 4/26 大安 |
| 5 | 木 | 辛丑 五黄 | 4/27 赤口 |
| 6 | 金 | 壬寅 六白 | 4/28 先勝 |
| 7 | 土 | 癸卯 七赤 | 4/29 友引 |
| 8 | 日 | 甲辰 八白 | 4/30 先負 |
| 9 | 月 | 乙巳 九紫 | 5/1 大安 |
| 10 | 火 | 丙午 一白 | 5/2 赤口 |
| 11 | 水 | 丁未 二黒 | 5/3 先勝 |
| 12 | 木 | 戊申 三碧 | 5/4 友引 |
| 13 | 金 | 己酉 四緑 | 5/5 先負 |
| 14 | 土 | 庚戌 五黄 | 5/6 仏滅 |
| 15 | 日 | 辛亥 六白 | 5/7 大安 |
| 16 | 月 | 壬子 七赤 | 5/8 赤口 |
| 17 | 火 | 癸丑 八白 | 5/9 先勝 |
| 18 | 水 | 甲寅 九紫 | 5/10 友引 |
| 19 | 木 | 乙卯 一白 | 5/11 先負 |
| 20 | 金 | 丙辰 二黒 | 5/12 仏滅 |
| 21 | 土 | 丁巳 三碧 | 5/13 大安 |
| 22 | 日 | 戊午 四緑 | 5/14 赤口 |
| 23 | 月 | 己未 五黄 | 5/15 先勝 |
| 24 | 火 | 庚申 六白 | 5/16 友引 |
| 25 | 水 | 辛酉 七赤 | 5/17 先負 |
| 26 | 木 | 壬戌 八白 | 5/18 仏滅 |
| 27 | 金 | 癸亥 九紫 | 5/19 大安 |
| 28 | 土 | 甲子 九紫 | 5/20 赤口 |
| 29 | 日 | 乙丑 八白 | 5/21 先勝 |
| 30 | 月 | 丙寅 七赤 | 5/22 友引 |

## 7月
（癸未 六白金星）

| | | | |
|---|---|---|---|
| 1 | 火 | 丁卯 六白 | 5/23 先負 |
| 2 | 水 | 戊辰 五黄 | 5/24 仏滅 |
| 3 | 木 | 己巳 四緑 | 5/25 大安 |
| 4 | 金 | 庚午 三碧 | 5/26 赤口 |
| 5 | 土 | 辛未 二黒 | 5/27 先勝 |
| 6 | 日 | 壬申 一白 | 5/28 友引 |
| 7 | 月 | 癸酉 九紫 | 5/29 先負 |
| 8 | 火 | 甲戌 八白 | 6/1 赤口 |
| 9 | 水 | 乙亥 七赤 | 6/2 先勝 |
| 10 | 木 | 丙子 六白 | 6/3 友引 |
| 11 | 金 | 丁丑 五黄 | 6/4 先負 |
| 12 | 土 | 戊寅 四緑 | 6/5 仏滅 |
| 13 | 日 | 己卯 三碧 | 6/6 大安 |
| 14 | 月 | 庚辰 二黒 | 6/7 赤口 |
| 15 | 火 | 辛巳 一白 | 6/8 先勝 |
| 16 | 水 | 壬午 九紫 | 6/9 友引 |
| 17 | 木 | 癸未 八白 | 6/10 先負 |
| 18 | 金 | 甲申 七赤 | 6/11 仏滅 |
| 19 | 土 | 乙酉 六白 | 6/12 大安 |
| 20 | 日 | 丙戌 五黄 | 6/13 赤口 |
| 21 | 月 | 丁亥 四緑 | 6/14 先勝 |
| 22 | 火 | 戊子 三碧 | 6/15 友引 |
| 23 | 水 | 己丑 二黒 | 6/16 先負 |
| 24 | 木 | 庚寅 一白 | 6/17 仏滅 |
| 25 | 金 | 辛卯 九紫 | 6/18 大安 |
| 26 | 土 | 壬辰 八白 | 6/19 赤口 |
| 27 | 日 | 癸巳 七赤 | 6/20 先勝 |
| 28 | 月 | 甲午 六白 | 6/21 友引 |
| 29 | 火 | 乙未 五黄 | 6/22 先負 |
| 30 | 水 | 丙申 四緑 | 6/23 仏滅 |
| 31 | 木 | 丁酉 三碧 | 6/24 大安 |

## 8月
（甲申 五黄土星）

| | | | |
|---|---|---|---|
| 1 | 金 | 戊戌 二黒 | 6/25 赤口 |
| 2 | 土 | 己亥 一白 | 6/26 先勝 |
| 3 | 日 | 庚子 九紫 | 6/27 友引 |
| 4 | 月 | 辛丑 八白 | 6/28 先負 |
| 5 | 火 | 壬寅 七赤 | 6/29 仏滅 |
| 6 | 水 | 癸卯 六白 | 7/1 先勝 |
| 7 | 木 | 甲辰 五黄 | 7/2 友引 |
| 8 | 金 | 乙巳 四緑 | 7/3 先負 |
| 9 | 土 | 丙午 三碧 | 7/4 仏滅 |
| 10 | 日 | 丁未 二黒 | 7/5 大安 |
| 11 | 月 | 戊申 一白 | 7/6 赤口 |
| 12 | 火 | 己酉 九紫 | 7/7 先勝 |
| 13 | 水 | 庚戌 八白 | 7/8 友引 |
| 14 | 木 | 辛亥 七赤 | 7/9 先負 |
| 15 | 金 | 壬子 六白 | 7/10 仏滅 |
| 16 | 土 | 癸丑 五黄 | 7/11 大安 |
| 17 | 日 | 甲寅 四緑 | 7/12 赤口 |
| 18 | 月 | 乙卯 三碧 | 7/13 先勝 |
| 19 | 火 | 丙辰 二黒 | 7/14 友引 |
| 20 | 水 | 丁巳 一白 | 7/15 先負 |
| 21 | 木 | 戊午 九紫 | 7/16 仏滅 |
| 22 | 金 | 己未 八白 | 7/17 大安 |
| 23 | 土 | 庚申 七赤 | 7/18 赤口 |
| 24 | 日 | 辛酉 六白 | 7/19 先勝 |
| 25 | 月 | 壬戌 五黄 | 7/20 友引 |
| 26 | 火 | 癸亥 四緑 | 7/21 先負 |
| 27 | 水 | 甲子 三碧 | 7/22 仏滅 |
| 28 | 木 | 乙丑 二黒 | 7/23 大安 |
| 29 | 金 | 丙寅 一白 | 7/24 赤口 |
| 30 | 土 | 丁卯 九紫 | 7/25 先勝 |
| 31 | 日 | 戊辰 八白 | 7/26 友引 |

### 5月
5. 1［雑］八十八夜
5. 5［節］立夏
5.21［節］小満

### 6月
6. 5［節］芒種
6.10［雑］入梅
6.21［節］夏至

### 7月
7. 1［雑］半夏生
7. 7［節］小暑
7.19［雑］土用
7.22［節］大暑

### 8月
8. 7［節］立秋
8.23［節］処暑
8.31［雑］二百十日

## 9月
（乙酉 四緑木星）

| | | | |
|---|---|---|---|
| 1 | 月 | 己巳 七赤 | 7/27 先負 |
| 2 | 火 | 庚午 六白 | 7/28 仏滅 |
| 3 | 水 | 辛未 五黄 | 7/29 大安 |
| 4 | 木 | 壬申 四緑 | 7/30 赤口 |
| 5 | 金 | 癸酉 三碧 | 8/1 友引 |
| 6 | 土 | 甲戌 二黒 | 8/2 先負 |
| 7 | 日 | 乙亥 一白 | 8/3 仏滅 |
| 8 | 月 | 丙子 九紫 | 8/4 大安 |
| 9 | 火 | 丁丑 八白 | 8/5 赤口 |
| 10 | 水 | 戊寅 七赤 | 8/6 先勝 |
| 11 | 木 | 己卯 六白 | 8/7 友引 |
| 12 | 金 | 庚辰 五黄 | 8/8 先負 |
| 13 | 土 | 辛巳 四緑 | 8/9 仏滅 |
| 14 | 日 | 壬午 三碧 | 8/10 大安 |
| 15 | 月 | 癸未 二黒 | 8/11 赤口 |
| 16 | 火 | 甲申 一白 | 8/12 先勝 |
| 17 | 水 | 乙酉 九紫 | 8/13 友引 |
| 18 | 木 | 丙戌 八白 | 8/14 先負 |
| 19 | 金 | 丁亥 七赤 | 8/15 仏滅 |
| 20 | 土 | 戊子 六白 | 8/16 大安 |
| 21 | 日 | 己丑 五黄 | 8/17 赤口 |
| 22 | 月 | 庚寅 四緑 | 8/18 先勝 |
| 23 | 火 | 辛卯 三碧 | 8/19 友引 |
| 24 | 水 | 壬辰 二黒 | 8/20 先負 |
| 25 | 木 | 癸巳 一白 | 8/21 仏滅 |
| 26 | 金 | 甲午 九紫 | 8/22 大安 |
| 27 | 土 | 乙未 八白 | 8/23 赤口 |
| 28 | 日 | 丙申 七赤 | 8/24 先勝 |
| 29 | 月 | 丁酉 六白 | 8/25 友引 |
| 30 | 火 | 戊戌 五黄 | 8/26 先負 |

## 10月
（丙戌 三碧木星）

| | | | |
|---|---|---|---|
| 1 | 水 | 己亥 四緑 | 8/27 仏滅 |
| 2 | 木 | 庚子 三碧 | 8/28 大安 |
| 3 | 金 | 辛丑 二黒 | 8/29 赤口 |
| 4 | 土 | 壬寅 一白 | 9/1 先負 |
| 5 | 日 | 癸卯 九紫 | 9/2 仏滅 |
| 6 | 月 | 甲辰 八白 | 9/3 大安 |
| 7 | 火 | 乙巳 七赤 | 9/4 赤口 |
| 8 | 水 | 丙午 六白 | 9/5 先勝 |
| 9 | 木 | 丁未 五黄 | 9/6 友引 |
| 10 | 金 | 戊申 四緑 | 9/7 先負 |
| 11 | 土 | 己酉 三碧 | 9/8 仏滅 |
| 12 | 日 | 庚戌 二黒 | 9/9 大安 |
| 13 | 月 | 辛亥 一白 | 9/10 赤口 |
| 14 | 火 | 壬子 九紫 | 9/11 先勝 |
| 15 | 水 | 癸丑 八白 | 9/12 友引 |
| 16 | 木 | 甲寅 七赤 | 9/13 先負 |
| 17 | 金 | 乙卯 六白 | 9/14 仏滅 |
| 18 | 土 | 丙辰 五黄 | 9/15 大安 |
| 19 | 日 | 丁巳 四緑 | 9/16 赤口 |
| 20 | 月 | 戊午 三碧 | 9/17 先勝 |
| 21 | 火 | 己未 二黒 | 9/18 友引 |
| 22 | 水 | 庚申 一白 | 9/19 先負 |
| 23 | 木 | 辛酉 九紫 | 9/20 仏滅 |
| 24 | 金 | 壬戌 八白 | 9/21 大安 |
| 25 | 土 | 癸亥 七赤 | 9/22 赤口 |
| 26 | 日 | 甲子 六白 | 9/23 先勝 |
| 27 | 月 | 乙丑 五黄 | 9/24 友引 |
| 28 | 火 | 丙寅 四緑 | 9/25 先負 |
| 29 | 水 | 丁卯 三碧 | 9/26 仏滅 |
| 30 | 木 | 戊辰 二黒 | 9/27 大安 |
| 31 | 金 | 己巳 一白 | 9/28 赤口 |

## 11月
（丁亥 二黒土星）

| | | | |
|---|---|---|---|
| 1 | 土 | 庚午 九紫 | 9/29 先勝 |
| 2 | 日 | 辛未 八白 | 9/30 友引 |
| 3 | 月 | 壬申 七赤 | 10/1 仏滅 |
| 4 | 火 | 癸酉 六白 | 10/2 大安 |
| 5 | 水 | 甲戌 五黄 | 10/3 赤口 |
| 6 | 木 | 乙亥 四緑 | 10/4 先勝 |
| 7 | 金 | 丙子 三碧 | 10/5 友引 |
| 8 | 土 | 丁丑 二黒 | 10/6 先負 |
| 9 | 日 | 戊寅 一白 | 10/7 仏滅 |
| 10 | 月 | 己卯 九紫 | 10/8 大安 |
| 11 | 火 | 庚辰 八白 | 10/9 赤口 |
| 12 | 水 | 辛巳 七赤 | 10/10 先勝 |
| 13 | 木 | 壬午 六白 | 10/11 友引 |
| 14 | 金 | 癸未 五黄 | 10/12 先負 |
| 15 | 土 | 甲申 四緑 | 10/13 仏滅 |
| 16 | 日 | 乙酉 三碧 | 10/14 大安 |
| 17 | 月 | 丙戌 二黒 | 10/15 赤口 |
| 18 | 火 | 丁亥 一白 | 10/16 先勝 |
| 19 | 水 | 戊子 九紫 | 10/17 友引 |
| 20 | 木 | 己丑 八白 | 10/18 先負 |
| 21 | 金 | 庚寅 七赤 | 10/19 仏滅 |
| 22 | 土 | 辛卯 六白 | 10/20 大安 |
| 23 | 日 | 壬辰 五黄 | 10/21 赤口 |
| 24 | 月 | 癸巳 四緑 | 10/22 先勝 |
| 25 | 火 | 甲午 三碧 | 10/23 友引 |
| 26 | 水 | 乙未 二黒 | 10/24 先負 |
| 27 | 木 | 丙申 一白 | 10/25 仏滅 |
| 28 | 金 | 丁酉 九紫 | 10/26 大安 |
| 29 | 土 | 戊戌 八白 | 10/27 赤口 |
| 30 | 日 | 己亥 七赤 | 10/28 先勝 |

## 12月
（戊子 一白水星）

| | | | |
|---|---|---|---|
| 1 | 月 | 庚子 六白 | 10/29 友引 |
| 2 | 火 | 辛丑 五黄 | 10/30 先負 |
| 3 | 水 | 壬寅 四緑 | 11/1 大安 |
| 4 | 木 | 癸卯 三碧 | 11/2 赤口 |
| 5 | 金 | 甲辰 二黒 | 11/3 先勝 |
| 6 | 土 | 乙巳 一白 | 11/4 友引 |
| 7 | 日 | 丙午 九紫 | 11/5 先負 |
| 8 | 月 | 丁未 八白 | 11/6 仏滅 |
| 9 | 火 | 戊申 七赤 | 11/7 大安 |
| 10 | 水 | 己酉 六白 | 11/8 赤口 |
| 11 | 木 | 庚戌 五黄 | 11/9 先勝 |
| 12 | 金 | 辛亥 四緑 | 11/10 友引 |
| 13 | 土 | 壬子 三碧 | 11/11 先負 |
| 14 | 日 | 癸丑 二黒 | 11/12 仏滅 |
| 15 | 月 | 甲寅 一白 | 11/13 大安 |
| 16 | 火 | 乙卯 九紫 | 11/14 赤口 |
| 17 | 水 | 丙辰 八白 | 11/15 先勝 |
| 18 | 木 | 丁巳 七赤 | 11/16 友引 |
| 19 | 金 | 戊午 六白 | 11/17 先負 |
| 20 | 土 | 己未 五黄 | 11/18 仏滅 |
| 21 | 日 | 庚申 四緑 | 11/19 大安 |
| 22 | 月 | 辛酉 三碧 | 11/20 赤口 |
| 23 | 火 | 壬戌 二黒 | 11/21 先勝 |
| 24 | 水 | 癸亥 一白 | 11/22 友引 |
| 25 | 木 | 甲子 一白 | 11/23 先負 |
| 26 | 金 | 乙丑 二黒 | 11/24 仏滅 |
| 27 | 土 | 丙寅 三碧 | 11/25 大安 |
| 28 | 日 | 丁卯 四緑 | 11/26 赤口 |
| 29 | 月 | 戊辰 五黄 | 11/27 先勝 |
| 30 | 火 | 己巳 六白 | 11/28 友引 |
| 31 | 水 | 庚午 七赤 | 11/29 先負 |

**9月**

9. 7［節］白露
9.20［雑］彼岸
9.20［雑］社日
9.23［節］秋分

**10月**

10. 8［節］寒露
10.20［雑］土用
10.23［節］霜降

**11月**

11. 7［節］立冬
11.22［節］小雪

**12月**

12. 7［節］大雪
12.21［節］冬至

# 2071

明治 **204** 年
大正 **160** 年
昭和 **146** 年
平成 **83** 年

辛卯（かのとう）
一白水星

生誕・年忌など

**1.10** 高山樗牛生誕 200 年
島村抱月生誕 200 年
ココ・シャネル没後 100 年
**1.15** アスワン・ハイ・ダム完成 100 年
**3. 1** 日本・郵便制度施行 200 年
**3. 8** ハロルド・ロイド没後 100 年
**3.10** 八重山地震 300 年
**3.27** 伊達騒動での刃傷 400 年
**3.28** パリ・コミューン成立 200 年
**4. 6** I. ストラヴィンスキー没後 100 年
**4.20** 内田百閒没後 100 年
**5.10** 新貨条例 (円銭厘単位法) 制定 200 年
**5.21** A. デューラー生誕 600 年
**5.24** 平塚らいてう没後 100 年
**5.27** G. ルオー生誕 200 年
**7. 4** ばんだい号墜落事故 100 年
**7. 6** ルイ・アームストロング没後 100 年
**7.10** M. プルースト生誕 200 年
**7.12** 山下清没後 100 年
**7.14** 廃藩置県 200 年
**7.15** 国木田独歩生誕 200 年
**7.20** マクドナルド 1 号店開店 100 年
**7.29** 日清修好条規 200 年
**7.30** 雫石空中衝突事故 100 年
**8.15** ニクソン・ショック 100 年
**9.12** 叡山焼き打ち 500 年
**9.13** 林彪事件 100 年
**9.18** カップ・ヌードル発売 100 年
**9.23** 幸徳秋水生誕 200 年
**10. 7** レパント沖海戦 500 年
**10.10** NHK 総合テレビ完全カラー化 100 年
**10.21** 志賀直哉没後 100 年
**10.30** P. ヴァレリー生誕 200 年
**11.12** 岩倉使節団出発 200 年
**11.14** 金田一京助没後 100 年
**12. 3** 第 3 次印パ戦争勃発 100 年
**12.13** 田山花袋生誕 200 年
**12.23** 徳田秋声生誕 200 年
**12.27** J. ケプラー生誕 500 年
この年 クレオパトラ没後 2100 年
元朝創始 800 年

# 2071 年

## 1 月
（己丑 九紫火星）

| | | | |
|---|---|---|---|
| 1 | 木 | 辛未 八白 | 12/1 赤口 |
| 2 | 金 | 壬申 九紫 | 12/2 先勝 |
| 3 | 土 | 癸酉 一白 | 12/3 友引 |
| 4 | 日 | 甲戌 二黒 | 12/4 先負 |
| 5 | 月 | 乙亥 三碧 | 12/5 仏滅 |
| 6 | 火 | 丙子 四緑 | 12/6 大安 |
| 7 | 水 | 丁丑 五黄 | 12/7 赤口 |
| 8 | 木 | 戊寅 六白 | 12/8 先勝 |
| 9 | 金 | 己卯 七赤 | 12/9 友引 |
| 10 | 土 | 庚辰 八白 | 12/10 先負 |
| 11 | 日 | 辛巳 九紫 | 12/11 仏滅 |
| 12 | 月 | 壬午 一白 | 12/12 大安 |
| 13 | 火 | 癸未 二黒 | 12/13 赤口 |
| 14 | 水 | 甲申 三碧 | 12/14 先勝 |
| 15 | 木 | 乙酉 四緑 | 12/15 友引 |
| 16 | 金 | 丙戌 五黄 | 12/16 先負 |
| 17 | 土 | 丁亥 六白 | 12/17 仏滅 |
| 18 | 日 | 戊子 七赤 | 12/18 大安 |
| 19 | 月 | 己丑 八白 | 12/19 赤口 |
| 20 | 火 | 庚寅 九紫 | 12/20 先勝 |
| 21 | 水 | 辛卯 一白 | 12/21 友引 |
| 22 | 木 | 壬辰 二黒 | 12/22 先負 |
| 23 | 金 | 癸巳 三碧 | 12/23 仏滅 |
| 24 | 土 | 甲午 四緑 | 12/24 大安 |
| 25 | 日 | 乙未 五黄 | 12/25 赤口 |
| 26 | 月 | 丙申 六白 | 12/26 先勝 |
| 27 | 火 | 丁酉 七赤 | 12/27 友引 |
| 28 | 水 | 戊戌 八白 | 12/28 先負 |
| 29 | 木 | 己亥 九紫 | 12/29 仏滅 |
| 30 | 金 | 庚子 一白 | 12/30 大安 |
| 31 | 土 | 辛丑 二黒 | 1/1 先勝 |

## 2 月
（庚寅 八白土星）

| | | | |
|---|---|---|---|
| 1 | 日 | 壬寅 三碧 | 1/2 友引 |
| 2 | 月 | 癸卯 四緑 | 1/3 先負 |
| 3 | 火 | 甲辰 五黄 | 1/4 仏滅 |
| 4 | 水 | 乙巳 六白 | 1/5 大安 |
| 5 | 木 | 丙午 七赤 | 1/6 赤口 |
| 6 | 金 | 丁未 八白 | 1/7 先勝 |
| 7 | 土 | 戊申 九紫 | 1/8 友引 |
| 8 | 日 | 己酉 一白 | 1/9 先負 |
| 9 | 月 | 庚戌 二黒 | 1/10 仏滅 |
| 10 | 火 | 辛亥 三碧 | 1/11 大安 |
| 11 | 水 | 壬子 四緑 | 1/12 赤口 |
| 12 | 木 | 癸丑 五黄 | 1/13 先勝 |
| 13 | 金 | 甲寅 六白 | 1/14 友引 |
| 14 | 土 | 乙卯 七赤 | 1/15 先負 |
| 15 | 日 | 丙辰 八白 | 1/16 仏滅 |
| 16 | 月 | 丁巳 九紫 | 1/17 大安 |
| 17 | 火 | 戊午 一白 | 1/18 赤口 |
| 18 | 水 | 己未 二黒 | 1/19 先勝 |
| 19 | 木 | 庚申 三碧 | 1/20 友引 |
| 20 | 金 | 辛酉 四緑 | 1/21 先負 |
| 21 | 土 | 壬戌 五黄 | 1/22 仏滅 |
| 22 | 日 | 癸亥 六白 | 1/23 大安 |
| 23 | 月 | 甲子 七赤 | 1/24 赤口 |
| 24 | 火 | 乙丑 八白 | 1/25 先勝 |
| 25 | 水 | 丙寅 九紫 | 1/26 友引 |
| 26 | 木 | 丁卯 一白 | 1/27 先負 |
| 27 | 金 | 戊辰 二黒 | 1/28 仏滅 |
| 28 | 土 | 己巳 三碧 | 1/29 大安 |

## 3 月
（辛卯 七赤金星）

| | | | |
|---|---|---|---|
| 1 | 日 | 庚午 四緑 | 1/30 赤口 |
| 2 | 月 | 辛未 五黄 | 2/1 友引 |
| 3 | 火 | 壬申 六白 | 2/2 先負 |
| 4 | 水 | 癸酉 七赤 | 2/3 仏滅 |
| 5 | 木 | 甲戌 八白 | 2/4 大安 |
| 6 | 金 | 乙亥 九紫 | 2/5 赤口 |
| 7 | 土 | 丙子 一白 | 2/6 先勝 |
| 8 | 日 | 丁丑 二黒 | 2/7 友引 |
| 9 | 月 | 戊寅 三碧 | 2/8 先負 |
| 10 | 火 | 己卯 四緑 | 2/9 仏滅 |
| 11 | 水 | 庚辰 五黄 | 2/10 大安 |
| 12 | 木 | 辛巳 六白 | 2/11 赤口 |
| 13 | 金 | 壬午 七赤 | 2/12 先勝 |
| 14 | 土 | 癸未 八白 | 2/13 友引 |
| 15 | 日 | 甲申 九紫 | 2/14 先負 |
| 16 | 月 | 乙酉 一白 | 2/15 仏滅 |
| 17 | 火 | 丙戌 二黒 | 2/16 大安 |
| 18 | 水 | 丁亥 三碧 | 2/17 赤口 |
| 19 | 木 | 戊子 四緑 | 2/18 先勝 |
| 20 | 金 | 己丑 五黄 | 2/19 友引 |
| 21 | 土 | 庚寅 六白 | 2/20 先負 |
| 22 | 日 | 辛卯 七赤 | 2/21 仏滅 |
| 23 | 月 | 壬辰 八白 | 2/22 大安 |
| 24 | 火 | 癸巳 九紫 | 2/23 赤口 |
| 25 | 水 | 甲午 一白 | 2/24 先勝 |
| 26 | 木 | 乙未 二黒 | 2/25 友引 |
| 27 | 金 | 丙申 三碧 | 2/26 先負 |
| 28 | 土 | 丁酉 四緑 | 2/27 仏滅 |
| 29 | 日 | 戊戌 五黄 | 2/28 大安 |
| 30 | 月 | 己亥 六白 | 2/29 赤口 |
| 31 | 火 | 庚子 七赤 | 2/30 先勝 |

## 4 月
（壬辰 六白金星）

| | | | |
|---|---|---|---|
| 1 | 水 | 辛丑 八白 | 3/1 先負 |
| 2 | 木 | 壬寅 九紫 | 3/2 仏滅 |
| 3 | 金 | 癸卯 一白 | 3/3 大安 |
| 4 | 土 | 甲辰 二黒 | 3/4 赤口 |
| 5 | 日 | 乙巳 三碧 | 3/5 先勝 |
| 6 | 月 | 丙午 四緑 | 3/6 友引 |
| 7 | 火 | 丁未 五黄 | 3/7 先負 |
| 8 | 水 | 戊申 六白 | 3/8 仏滅 |
| 9 | 木 | 己酉 七赤 | 3/9 大安 |
| 10 | 金 | 庚戌 八白 | 3/10 赤口 |
| 11 | 土 | 辛亥 九紫 | 3/11 先勝 |
| 12 | 日 | 壬子 一白 | 3/12 友引 |
| 13 | 月 | 癸丑 二黒 | 3/13 先負 |
| 14 | 火 | 甲寅 三碧 | 3/14 仏滅 |
| 15 | 水 | 乙卯 四緑 | 3/15 大安 |
| 16 | 木 | 丙辰 五黄 | 3/16 赤口 |
| 17 | 金 | 丁巳 六白 | 3/17 先勝 |
| 18 | 土 | 戊午 七赤 | 3/18 友引 |
| 19 | 日 | 己未 八白 | 3/19 先負 |
| 20 | 月 | 庚申 九紫 | 3/20 仏滅 |
| 21 | 火 | 辛酉 一白 | 3/21 大安 |
| 22 | 水 | 壬戌 二黒 | 3/22 赤口 |
| 23 | 木 | 癸亥 三碧 | 3/23 先勝 |
| 24 | 金 | 甲子 四緑 | 3/24 友引 |
| 25 | 土 | 乙丑 五黄 | 3/25 先負 |
| 26 | 日 | 丙寅 六白 | 3/26 仏滅 |
| 27 | 月 | 丁卯 七赤 | 3/27 大安 |
| 28 | 火 | 戊辰 八白 | 3/28 赤口 |
| 29 | 水 | 己巳 九紫 | 3/29 先勝 |
| 30 | 木 | 庚午 一白 | 4/1 仏滅 |

### 1 月
1. 5 [節] 小寒
1.17 [雑] 土用
1.20 [節] 大寒

### 2 月
2. 3 [雑] 節分
2. 4 [節] 立春
2.18 [節] 雨水

### 3 月
3. 5 [節] 啓蟄
3.17 [雑] 彼岸
3.19 [雑] 社日
3.20 [節] 春分

### 4 月
4. 5 [節] 清明
4.17 [雑] 土用
4.20 [節] 穀雨

## 5月
（癸巳 五黄土星）

| | | | |
|---|---|---|---|
| 1 | 金 | 辛未 二黒 | 4/2 大安 |
| 2 | 土 | 壬申 三碧 | 4/3 赤口 |
| 3 | 日 | 癸酉 四緑 | 4/4 先勝 |
| 4 | 月 | 甲戌 五黄 | 4/5 友引 |
| 5 | 火 | 乙亥 六白 | 4/6 先負 |
| 6 | 水 | 丙子 七赤 | 4/7 仏滅 |
| 7 | 木 | 丁丑 八白 | 4/8 大安 |
| 8 | 金 | 戊寅 九紫 | 4/9 赤口 |
| 9 | 土 | 己卯 一白 | 4/10 先勝 |
| 10 | 日 | 庚辰 二黒 | 4/11 友引 |
| 11 | 月 | 辛巳 三碧 | 4/12 先負 |
| 12 | 火 | 壬午 四緑 | 4/13 仏滅 |
| 13 | 水 | 癸未 五黄 | 4/14 大安 |
| 14 | 木 | 甲申 六白 | 4/15 赤口 |
| 15 | 金 | 乙酉 七赤 | 4/16 先勝 |
| 16 | 土 | 丙戌 八白 | 4/17 友引 |
| 17 | 日 | 丁亥 九紫 | 4/18 先負 |
| 18 | 月 | 戊子 一白 | 4/19 仏滅 |
| 19 | 火 | 己丑 二黒 | 4/20 大安 |
| 20 | 水 | 庚寅 三碧 | 4/21 赤口 |
| 21 | 木 | 辛卯 四緑 | 4/22 先勝 |
| 22 | 金 | 壬辰 五黄 | 4/23 友引 |
| 23 | 土 | 癸巳 六白 | 4/24 先負 |
| 24 | 日 | 甲午 七赤 | 4/25 仏滅 |
| 25 | 月 | 乙未 八白 | 4/26 大安 |
| 26 | 火 | 丙申 九紫 | 4/27 赤口 |
| 27 | 水 | 丁酉 一白 | 4/28 先勝 |
| 28 | 木 | 戊戌 二黒 | 4/29 友引 |
| 29 | 金 | 己亥 三碧 | 5/1 大安 |
| 30 | 土 | 庚子 四緑 | 5/2 赤口 |
| 31 | 日 | 辛丑 五黄 | 5/3 先勝 |

## 6月
（甲午 四緑木星）

| | | | |
|---|---|---|---|
| 1 | 月 | 壬寅 六白 | 5/4 友引 |
| 2 | 火 | 癸卯 七赤 | 5/5 先負 |
| 3 | 水 | 甲辰 八白 | 5/6 仏滅 |
| 4 | 木 | 乙巳 九紫 | 5/7 大安 |
| 5 | 金 | 丙午 一白 | 5/8 赤口 |
| 6 | 土 | 丁未 二黒 | 5/9 先勝 |
| 7 | 日 | 戊申 三碧 | 5/10 友引 |
| 8 | 月 | 己酉 四緑 | 5/11 先負 |
| 9 | 火 | 庚戌 五黄 | 5/12 仏滅 |
| 10 | 水 | 辛亥 六白 | 5/13 大安 |
| 11 | 木 | 壬子 七赤 | 5/14 赤口 |
| 12 | 金 | 癸丑 八白 | 5/15 先勝 |
| 13 | 土 | 甲寅 九紫 | 5/16 友引 |
| 14 | 日 | 乙卯 一白 | 5/17 先負 |
| 15 | 月 | 丙辰 二黒 | 5/18 仏滅 |
| 16 | 火 | 丁巳 三碧 | 5/19 大安 |
| 17 | 水 | 戊午 四緑 | 5/20 赤口 |
| 18 | 木 | 己未 五黄 | 5/21 先勝 |
| 19 | 金 | 庚申 六白 | 5/22 友引 |
| 20 | 土 | 辛酉 七赤 | 5/23 先負 |
| 21 | 日 | 壬戌 八白 | 5/24 仏滅 |
| 22 | 月 | 癸亥 九紫 | 5/25 大安 |
| 23 | 火 | 甲子 九紫 | 5/26 赤口 |
| 24 | 水 | 乙丑 八白 | 5/27 先勝 |
| 25 | 木 | 丙寅 七赤 | 5/28 友引 |
| 26 | 金 | 丁卯 六白 | 5/29 先負 |
| 27 | 土 | 戊辰 五黄 | 5/30 仏滅 |
| 28 | 日 | 己巳 四緑 | 6/1 赤口 |
| 29 | 月 | 庚午 三碧 | 6/2 先勝 |
| 30 | 火 | 辛未 二黒 | 6/3 友引 |

## 7月
（乙未 三碧木星）

| | | | |
|---|---|---|---|
| 1 | 水 | 壬申 一白 | 6/4 先負 |
| 2 | 木 | 癸酉 九紫 | 6/5 仏滅 |
| 3 | 金 | 甲戌 八白 | 6/6 大安 |
| 4 | 土 | 乙亥 七赤 | 6/7 赤口 |
| 5 | 日 | 丙子 六白 | 6/8 先勝 |
| 6 | 月 | 丁丑 五黄 | 6/9 友引 |
| 7 | 火 | 戊寅 四緑 | 6/10 先負 |
| 8 | 水 | 己卯 三碧 | 6/11 仏滅 |
| 9 | 木 | 庚辰 二黒 | 6/12 大安 |
| 10 | 金 | 辛巳 一白 | 6/13 赤口 |
| 11 | 土 | 壬午 九紫 | 6/14 先勝 |
| 12 | 日 | 癸未 八白 | 6/15 友引 |
| 13 | 月 | 甲申 七赤 | 6/16 先負 |
| 14 | 火 | 乙酉 六白 | 6/17 仏滅 |
| 15 | 水 | 丙戌 五黄 | 6/18 大安 |
| 16 | 木 | 丁亥 四緑 | 6/19 赤口 |
| 17 | 金 | 戊子 三碧 | 6/20 先勝 |
| 18 | 土 | 己丑 二黒 | 6/21 友引 |
| 19 | 日 | 庚寅 一白 | 6/22 先負 |
| 20 | 月 | 辛卯 九紫 | 6/23 仏滅 |
| 21 | 火 | 壬辰 八白 | 6/24 大安 |
| 22 | 水 | 癸巳 七赤 | 6/25 赤口 |
| 23 | 木 | 甲午 六白 | 6/26 先勝 |
| 24 | 金 | 乙未 五黄 | 6/27 友引 |
| 25 | 土 | 丙申 四緑 | 6/28 先負 |
| 26 | 日 | 丁酉 三碧 | 6/29 仏滅 |
| 27 | 月 | 戊戌 二黒 | 7/1 先勝 |
| 28 | 火 | 己亥 一白 | 7/2 友引 |
| 29 | 水 | 庚子 九紫 | 7/3 先負 |
| 30 | 木 | 辛丑 八白 | 7/4 仏滅 |
| 31 | 金 | 壬寅 七赤 | 7/5 大安 |

## 8月
（丙申 二黒土星）

| | | | |
|---|---|---|---|
| 1 | 土 | 癸卯 六白 | 7/6 赤口 |
| 2 | 日 | 甲辰 五黄 | 7/7 先勝 |
| 3 | 月 | 乙巳 四緑 | 7/8 友引 |
| 4 | 火 | 丙午 三碧 | 7/9 先負 |
| 5 | 水 | 丁未 二黒 | 7/10 仏滅 |
| 6 | 木 | 戊申 一白 | 7/11 大安 |
| 7 | 金 | 己酉 九紫 | 7/12 赤口 |
| 8 | 土 | 庚戌 八白 | 7/13 先勝 |
| 9 | 日 | 辛亥 七赤 | 7/14 友引 |
| 10 | 月 | 壬子 六白 | 7/15 先負 |
| 11 | 火 | 癸丑 五黄 | 7/16 仏滅 |
| 12 | 水 | 甲寅 四緑 | 7/17 大安 |
| 13 | 木 | 乙卯 三碧 | 7/18 赤口 |
| 14 | 金 | 丙辰 二黒 | 7/19 先勝 |
| 15 | 土 | 丁巳 一白 | 7/20 友引 |
| 16 | 日 | 戊午 九紫 | 7/21 先負 |
| 17 | 月 | 己未 八白 | 7/22 仏滅 |
| 18 | 火 | 庚申 七赤 | 7/23 大安 |
| 19 | 水 | 辛酉 六白 | 7/24 赤口 |
| 20 | 木 | 壬戌 五黄 | 7/25 先勝 |
| 21 | 金 | 癸亥 四緑 | 7/26 友引 |
| 22 | 土 | 甲子 三碧 | 7/27 先負 |
| 23 | 日 | 乙丑 二黒 | 7/28 仏滅 |
| 24 | 月 | 丙寅 一白 | 7/29 大安 |
| 25 | 火 | 丁卯 九紫 | 8/1 友引 |
| 26 | 水 | 戊辰 八白 | 8/2 先負 |
| 27 | 木 | 己巳 七赤 | 8/3 仏滅 |
| 28 | 金 | 庚午 六白 | 8/4 大安 |
| 29 | 土 | 辛未 五黄 | 8/5 赤口 |
| 30 | 日 | 壬申 四緑 | 8/6 先勝 |
| 31 | 月 | 癸酉 三碧 | 8/7 友引 |

**5月**

5. 2［雑］八十八夜
5. 5［節］立夏
5.21［節］小満

**6月**

6. 5［節］芒種
6.11［雑］入梅
6.21［節］夏至

**7月**

7. 2［雑］半夏生
7. 7［節］小暑
7.19［雑］土用
7.23［節］大暑

**8月**

8. 7［節］立秋
8.23［節］処暑

## 9 月
（丁酉 一白水星）

| | | | |
|---|---|---|---|
| 1 | 火 | 甲戌 二黒 | 8/8 先負 |
| 2 | 水 | 乙亥 一白 | 8/9 仏滅 |
| 3 | 木 | 丙子 九紫 | 8/10 大安 |
| 4 | 金 | 丁丑 八白 | 8/11 赤口 |
| 5 | 土 | 戊寅 七赤 | 8/12 先勝 |
| 6 | 日 | 己卯 六白 | 8/13 友引 |
| 7 | 月 | 庚辰 五黄 | 8/14 先負 |
| 8 | 火 | 辛巳 四緑 | 8/15 仏滅 |
| 9 | 水 | 壬午 三碧 | 8/16 大安 |
| 10 | 木 | 癸未 二黒 | 8/17 赤口 |
| 11 | 金 | 甲申 一白 | 8/18 先勝 |
| 12 | 土 | 乙酉 九紫 | 8/19 友引 |
| 13 | 日 | 丙戌 八白 | 8/20 先負 |
| 14 | 月 | 丁亥 七赤 | 8/21 仏滅 |
| 15 | 火 | 戊子 六白 | 8/22 大安 |
| 16 | 水 | 己丑 五黄 | 8/23 赤口 |
| 17 | 木 | 庚寅 四緑 | 8/24 先勝 |
| 18 | 金 | 辛卯 三碧 | 8/25 友引 |
| 19 | 土 | 壬辰 二黒 | 8/26 先負 |
| 20 | 日 | 癸巳 一白 | 8/27 仏滅 |
| 21 | 月 | 甲午 九紫 | 8/28 大安 |
| 22 | 火 | 乙未 八白 | 8/29 赤口 |
| 23 | 水 | 丙申 七赤 | 8/30 先勝 |
| 24 | 木 | 丁酉 六白 | 閏8/1 友引 |
| 25 | 金 | 戊戌 五黄 | 閏8/2 先負 |
| 26 | 土 | 己亥 四緑 | 閏8/3 仏滅 |
| 27 | 日 | 庚子 三碧 | 閏8/4 大安 |
| 28 | 月 | 辛丑 二黒 | 閏8/5 赤口 |
| 29 | 火 | 壬寅 一白 | 閏8/6 先勝 |
| 30 | 水 | 癸卯 九紫 | 閏8/7 友引 |

## 10 月
（戊戌 九紫火星）

| | | | |
|---|---|---|---|
| 1 | 木 | 甲辰 八白 | 閏8/8 先負 |
| 2 | 金 | 乙巳 七赤 | 閏8/9 仏滅 |
| 3 | 土 | 丙午 六白 | 閏8/10 大安 |
| 4 | 日 | 丁未 五黄 | 閏8/11 赤口 |
| 5 | 月 | 戊申 四緑 | 閏8/12 先勝 |
| 6 | 火 | 己酉 三碧 | 閏8/13 友引 |
| 7 | 水 | 庚戌 二黒 | 閏8/14 先負 |
| 8 | 木 | 辛亥 一白 | 閏8/15 仏滅 |
| 9 | 金 | 壬子 九紫 | 閏8/16 大安 |
| 10 | 土 | 癸丑 八白 | 閏8/17 赤口 |
| 11 | 日 | 甲寅 七赤 | 閏8/18 先勝 |
| 12 | 月 | 乙卯 六白 | 閏8/19 友引 |
| 13 | 火 | 丙辰 五黄 | 閏8/20 先負 |
| 14 | 水 | 丁巳 四緑 | 閏8/21 仏滅 |
| 15 | 木 | 戊午 三碧 | 閏8/22 大安 |
| 16 | 金 | 己未 二黒 | 閏8/23 赤口 |
| 17 | 土 | 庚申 一白 | 閏8/24 先勝 |
| 18 | 日 | 辛酉 九紫 | 閏8/25 友引 |
| 19 | 月 | 壬戌 八白 | 閏8/26 先負 |
| 20 | 火 | 癸亥 七赤 | 閏8/27 仏滅 |
| 21 | 水 | 甲子 六白 | 閏8/28 大安 |
| 22 | 木 | 乙丑 五黄 | 閏8/29 赤口 |
| 23 | 金 | 丙寅 四緑 | 9/1 先負 |
| 24 | 土 | 丁卯 三碧 | 9/2 仏滅 |
| 25 | 日 | 戊辰 二黒 | 9/3 大安 |
| 26 | 月 | 己巳 一白 | 9/4 赤口 |
| 27 | 火 | 庚午 九紫 | 9/5 先勝 |
| 28 | 水 | 辛未 八白 | 9/6 友引 |
| 29 | 木 | 壬申 七赤 | 9/7 先負 |
| 30 | 金 | 癸酉 六白 | 9/8 仏滅 |
| 31 | 土 | 甲戌 五黄 | 9/9 大安 |

## 11 月
（己亥 八白土星）

| | | | |
|---|---|---|---|
| 1 | 日 | 乙亥 四緑 | 9/10 赤口 |
| 2 | 月 | 丙子 三碧 | 9/11 先勝 |
| 3 | 火 | 丁丑 二黒 | 9/12 友引 |
| 4 | 水 | 戊寅 一白 | 9/13 先負 |
| 5 | 木 | 己卯 九紫 | 9/14 仏滅 |
| 6 | 金 | 庚辰 八白 | 9/15 大安 |
| 7 | 土 | 辛巳 七赤 | 9/16 赤口 |
| 8 | 日 | 壬午 六白 | 9/17 先勝 |
| 9 | 月 | 癸未 五黄 | 9/18 友引 |
| 10 | 火 | 甲申 四緑 | 9/19 先負 |
| 11 | 水 | 乙酉 三碧 | 9/20 仏滅 |
| 12 | 木 | 丙戌 二黒 | 9/21 大安 |
| 13 | 金 | 丁亥 一白 | 9/22 赤口 |
| 14 | 土 | 戊子 九紫 | 9/23 先勝 |
| 15 | 日 | 己丑 八白 | 9/24 友引 |
| 16 | 月 | 庚寅 七赤 | 9/25 先負 |
| 17 | 火 | 辛卯 六白 | 9/26 仏滅 |
| 18 | 水 | 壬辰 五黄 | 9/27 大安 |
| 19 | 木 | 癸巳 四緑 | 9/28 赤口 |
| 20 | 金 | 甲午 三碧 | 9/29 先勝 |
| 21 | 土 | 乙未 二黒 | 9/30 友引 |
| 22 | 日 | 丙申 一白 | 10/1 仏滅 |
| 23 | 月 | 丁酉 九紫 | 10/2 大安 |
| 24 | 火 | 戊戌 八白 | 10/3 赤口 |
| 25 | 水 | 己亥 七赤 | 10/4 先勝 |
| 26 | 木 | 庚子 六白 | 10/5 友引 |
| 27 | 金 | 辛丑 五黄 | 10/6 先負 |
| 28 | 土 | 壬寅 四緑 | 10/7 仏滅 |
| 29 | 日 | 癸卯 三碧 | 10/8 大安 |
| 30 | 月 | 甲辰 二黒 | 10/9 赤口 |

## 12 月
（庚子 七赤金星）

| | | | |
|---|---|---|---|
| 1 | 火 | 乙巳 一白 | 10/10 先勝 |
| 2 | 水 | 丙午 九紫 | 10/11 友引 |
| 3 | 木 | 丁未 八白 | 10/12 先負 |
| 4 | 金 | 戊申 七赤 | 10/13 仏滅 |
| 5 | 土 | 己酉 六白 | 10/14 大安 |
| 6 | 日 | 庚戌 五黄 | 10/15 赤口 |
| 7 | 月 | 辛亥 四緑 | 10/16 先勝 |
| 8 | 火 | 壬子 三碧 | 10/17 友引 |
| 9 | 水 | 癸丑 二黒 | 10/18 先負 |
| 10 | 木 | 甲寅 一白 | 10/19 仏滅 |
| 11 | 金 | 乙卯 九紫 | 10/20 大安 |
| 12 | 土 | 丙辰 八白 | 10/21 赤口 |
| 13 | 日 | 丁巳 七赤 | 10/22 先勝 |
| 14 | 月 | 戊午 六白 | 10/23 友引 |
| 15 | 火 | 己未 五黄 | 10/24 先負 |
| 16 | 水 | 庚申 四緑 | 10/25 仏滅 |
| 17 | 木 | 辛酉 三碧 | 10/26 大安 |
| 18 | 金 | 壬戌 二黒 | 10/27 赤口 |
| 19 | 土 | 癸亥 一白 | 10/28 先勝 |
| 20 | 日 | 甲子 一白 | 10/29 友引 |
| 21 | 月 | 乙丑 二黒 | 11/1 大安 |
| 22 | 火 | 丙寅 三碧 | 11/2 赤口 |
| 23 | 水 | 丁卯 四緑 | 11/3 先勝 |
| 24 | 木 | 戊辰 五黄 | 11/4 友引 |
| 25 | 金 | 己巳 六白 | 11/5 先負 |
| 26 | 土 | 庚午 七赤 | 11/6 仏滅 |
| 27 | 日 | 辛未 八白 | 11/7 大安 |
| 28 | 月 | 壬申 九紫 | 11/8 赤口 |
| 29 | 火 | 癸酉 一白 | 11/9 先勝 |
| 30 | 水 | 甲戌 二黒 | 11/10 友引 |
| 31 | 木 | 乙亥 三碧 | 11/11 先負 |

**9 月**

9. 1 [雑] 二百十日
9. 7 [節] 白露
9.20 [雑] 彼岸
9.23 [節] 秋分
9.25 [雑] 社日

**10 月**

10. 8 [節] 寒露
10.20 [雑] 土用
10.23 [節] 霜降

**11 月**

11. 7 [節] 立冬
11.22 [節] 小雪

**12 月**

12. 7 [節] 大雪
12.22 [節] 冬至

# 2072

明治 205 年
大正 161 年
昭和 147 年
平成 84 年

壬辰（みずのえたつ）
九紫火星

生誕・年忌など

**1. 6** A. スクリャービン生誕 200 年
**1.15** 田沼意次老中就任 300 年
**1.24** 横井庄一元軍曹グアム島から帰還 100 年
**2. 3** 札幌オリンピック開幕 100 年
**2.17** 島崎藤村生誕 200 年
平林たい子没後 100 年
**2.21** ニクソン訪中・米中関係正常化 100 年
**2.28** 連合赤軍「あさま山荘事件」解決 100 年
**2.29** 明和の大火 (目黒行人坂の火事)300 年
**2.—** 「学問のすゝめ」刊行 200 年
**3. 7** P. モンドリアン生誕 200 年
**3.19** S. ディアギレフ生誕 200 年
**3.25** 樋口一葉生誕 200 年
**4.16** 川端康成没後 100 年
**5. 2** ノヴァーリス生誕 300 年
**5.13** 千日前デパート火災 100 年
**5.15** 沖縄返還 100 年
**5.18** バートランド・ラッセル生誕 200 年
**5.30** テルアビブ空港乱射事件 100 年
**6.17** ウォーターゲート事件発生 100 年
**8. 3** 学制頒布 200 年
**8.21** A. ビアズリー生誕 200 年
**8.24** サン・バルテルミの虐殺 500 年
**9. 5** ミュンヘン五輪選手村襲撃事件 100 年
**9.12** 鉄道 (新橋・横浜間) 開通 200 年
**9.29** 田中首相訪中・日中国交正常化 100 年
**10. 4** 東海林太郎没後 100 年
**10.21** S. コールリッジ生誕 300 年
**11. 5** 上野動物園パンダ公開 100 年
**12.22** 三方ヶ原の戦い 500 年
**この年** 壬申の乱 1400 年
白居易生誕 1300 年
欧陽修没後 1000 年
王陽明生誕 600 年

2072 年

## 1 月
（辛丑 六白金星）

| | | | |
|---|---|---|---|
| 1 | 金 | 丙子 四緑 | 11/12 仏滅 |
| 2 | 土 | 丁丑 五黄 | 11/13 大安 |
| 3 | 日 | 戊寅 六白 | 11/14 赤口 |
| 4 | 月 | 己卯 七赤 | 11/15 先勝 |
| 5 | 火 | 庚辰 八白 | 11/16 友引 |
| 6 | 水 | 辛巳 九紫 | 11/17 先負 |
| 7 | 木 | 壬午 一白 | 11/18 仏滅 |
| 8 | 金 | 癸未 二黒 | 11/19 大安 |
| 9 | 土 | 甲申 三碧 | 11/20 赤口 |
| 10 | 日 | 乙酉 四緑 | 11/21 先勝 |
| 11 | 月 | 丙戌 五黄 | 11/22 友引 |
| 12 | 火 | 丁亥 六白 | 11/23 先負 |
| 13 | 水 | 戊子 七赤 | 11/24 仏滅 |
| 14 | 木 | 己丑 八白 | 11/25 大安 |
| 15 | 金 | 庚寅 九紫 | 11/26 赤口 |
| 16 | 土 | 辛卯 一白 | 11/27 先勝 |
| 17 | 日 | 壬辰 二黒 | 11/28 友引 |
| 18 | 月 | 癸巳 三碧 | 11/29 先負 |
| 19 | 火 | 甲午 四緑 | 11/30 仏滅 |
| 20 | 水 | 乙未 五黄 | 12/1 赤口 |
| 21 | 木 | 丙申 六白 | 12/2 先勝 |
| 22 | 金 | 丁酉 七赤 | 12/3 友引 |
| 23 | 土 | 戊戌 八白 | 12/4 先負 |
| 24 | 日 | 己亥 九紫 | 12/5 仏滅 |
| 25 | 月 | 庚子 一白 | 12/6 大安 |
| 26 | 火 | 辛丑 二黒 | 12/7 赤口 |
| 27 | 水 | 壬寅 三碧 | 12/8 先勝 |
| 28 | 木 | 癸卯 四緑 | 12/9 友引 |
| 29 | 金 | 甲辰 五黄 | 12/10 先負 |
| 30 | 土 | 乙巳 六白 | 12/11 仏滅 |
| 31 | 日 | 丙午 七赤 | 12/12 大安 |

## 2 月
（壬寅 五黄土星）

| | | | |
|---|---|---|---|
| 1 | 月 | 丁未 八白 | 12/13 赤口 |
| 2 | 火 | 戊申 九紫 | 12/14 先勝 |
| 3 | 水 | 己酉 一白 | 12/15 友引 |
| 4 | 木 | 庚戌 二黒 | 12/16 先負 |
| 5 | 金 | 辛亥 三碧 | 12/17 仏滅 |
| 6 | 土 | 壬子 四緑 | 12/18 大安 |
| 7 | 日 | 癸丑 五黄 | 12/19 赤口 |
| 8 | 月 | 甲寅 六白 | 12/20 先勝 |
| 9 | 火 | 乙卯 七赤 | 12/21 友引 |
| 10 | 水 | 丙辰 八白 | 12/22 先負 |
| 11 | 木 | 丁巳 九紫 | 12/23 仏滅 |
| 12 | 金 | 戊午 一白 | 12/24 大安 |
| 13 | 土 | 己未 二黒 | 12/25 赤口 |
| 14 | 日 | 庚申 三碧 | 12/26 先勝 |
| 15 | 月 | 辛酉 四緑 | 12/27 友引 |
| 16 | 火 | 壬戌 五黄 | 12/28 先負 |
| 17 | 水 | 癸亥 六白 | 12/29 仏滅 |
| 18 | 木 | 甲子 七赤 | 12/30 大安 |
| 19 | 金 | 乙丑 八白 | 1/1 先勝 |
| 20 | 土 | 丙寅 九紫 | 1/2 友引 |
| 21 | 日 | 丁卯 一白 | 1/3 先負 |
| 22 | 月 | 戊辰 二黒 | 1/4 仏滅 |
| 23 | 火 | 己巳 三碧 | 1/5 大安 |
| 24 | 水 | 庚午 四緑 | 1/6 赤口 |
| 25 | 木 | 辛未 五黄 | 1/7 先勝 |
| 26 | 金 | 壬申 六白 | 1/8 友引 |
| 27 | 土 | 癸酉 七赤 | 1/9 先負 |
| 28 | 日 | 甲戌 八白 | 1/10 仏滅 |
| 29 | 月 | 乙亥 九紫 | 1/11 大安 |

## 3 月
（癸卯 四緑木星）

| | | | |
|---|---|---|---|
| 1 | 火 | 丙子 一白 | 1/12 赤口 |
| 2 | 水 | 丁丑 二黒 | 1/13 先勝 |
| 3 | 木 | 戊寅 三碧 | 1/14 友引 |
| 4 | 金 | 己卯 四緑 | 1/15 先負 |
| 5 | 土 | 庚辰 五黄 | 1/16 仏滅 |
| 6 | 日 | 辛巳 六白 | 1/17 大安 |
| 7 | 月 | 壬午 七赤 | 1/18 赤口 |
| 8 | 火 | 癸未 八白 | 1/19 先勝 |
| 9 | 水 | 甲申 九紫 | 1/20 友引 |
| 10 | 木 | 乙酉 一白 | 1/21 先負 |
| 11 | 金 | 丙戌 二黒 | 1/22 仏滅 |
| 12 | 土 | 丁亥 三碧 | 1/23 大安 |
| 13 | 日 | 戊子 四緑 | 1/24 赤口 |
| 14 | 月 | 己丑 五黄 | 1/25 先勝 |
| 15 | 火 | 庚寅 六白 | 1/26 友引 |
| 16 | 水 | 辛卯 七赤 | 1/27 先負 |
| 17 | 木 | 壬辰 八白 | 1/28 仏滅 |
| 18 | 金 | 癸巳 九紫 | 1/29 大安 |
| 19 | 土 | 甲午 一白 | 1/30 赤口 |
| 20 | 日 | 乙未 二黒 | 2/1 友引 |
| 21 | 月 | 丙申 三碧 | 2/2 先負 |
| 22 | 火 | 丁酉 四緑 | 2/3 仏滅 |
| 23 | 水 | 戊戌 五黄 | 2/4 大安 |
| 24 | 木 | 己亥 六白 | 2/5 赤口 |
| 25 | 金 | 庚子 七赤 | 2/6 先勝 |
| 26 | 土 | 辛丑 八白 | 2/7 友引 |
| 27 | 日 | 壬寅 九紫 | 2/8 先負 |
| 28 | 月 | 癸卯 一白 | 2/9 仏滅 |
| 29 | 火 | 甲辰 二黒 | 2/10 大安 |
| 30 | 水 | 乙巳 三碧 | 2/11 赤口 |
| 31 | 木 | 丙午 四緑 | 2/12 先勝 |

## 4 月
（甲辰 三碧木星）

| | | | |
|---|---|---|---|
| 1 | 金 | 丁未 五黄 | 2/13 友引 |
| 2 | 土 | 戊申 六白 | 2/14 先負 |
| 3 | 日 | 己酉 七赤 | 2/15 仏滅 |
| 4 | 月 | 庚戌 八白 | 2/16 大安 |
| 5 | 火 | 辛亥 九紫 | 2/17 赤口 |
| 6 | 水 | 壬子 一白 | 2/18 先勝 |
| 7 | 木 | 癸丑 二黒 | 2/19 友引 |
| 8 | 金 | 甲寅 三碧 | 2/20 先負 |
| 9 | 土 | 乙卯 四緑 | 2/21 仏滅 |
| 10 | 日 | 丙辰 五黄 | 2/22 大安 |
| 11 | 月 | 丁巳 六白 | 2/23 赤口 |
| 12 | 火 | 戊午 七赤 | 2/24 先勝 |
| 13 | 水 | 己未 八白 | 2/25 友引 |
| 14 | 木 | 庚申 九紫 | 2/26 先負 |
| 15 | 金 | 辛酉 一白 | 2/27 仏滅 |
| 16 | 土 | 壬戌 二黒 | 2/28 大安 |
| 17 | 日 | 癸亥 三碧 | 2/29 赤口 |
| 18 | 月 | 甲子 四緑 | 3/1 先負 |
| 19 | 火 | 乙丑 五黄 | 3/2 仏滅 |
| 20 | 水 | 丙寅 六白 | 3/3 大安 |
| 21 | 木 | 丁卯 七赤 | 3/4 赤口 |
| 22 | 金 | 戊辰 八白 | 3/5 先勝 |
| 23 | 土 | 己巳 九紫 | 3/6 友引 |
| 24 | 日 | 庚午 一白 | 3/7 先負 |
| 25 | 月 | 辛未 二黒 | 3/8 仏滅 |
| 26 | 火 | 壬申 三碧 | 3/9 大安 |
| 27 | 水 | 癸酉 四緑 | 3/10 赤口 |
| 28 | 木 | 甲戌 五黄 | 3/11 先勝 |
| 29 | 金 | 乙亥 六白 | 3/12 友引 |
| 30 | 土 | 丙子 七赤 | 3/13 先負 |

**1月**

1. 5［節］小寒
1.17［雑］土用
1.20［節］大寒

**2月**

2. 3［雑］節分
2. 4［節］立春
2.19［節］雨水

**3月**

3. 5［節］啓蟄
3.17［雑］彼岸
3.20［節］春分
3.23［雑］社日

**4月**

4. 4［節］清明
4.16［雑］土用
4.19［節］穀雨

## 5月
（乙巳 二黒土星）

| | | | |
|---|---|---|---|
| 1 | 日 | 丁丑 八白 | 3/14 仏滅 |
| 2 | 月 | 戊寅 九紫 | 3/15 大安 |
| 3 | 火 | 己卯 一白 | 3/16 赤口 |
| 4 | 水 | 庚辰 二黒 | 3/17 先勝 |
| 5 | 木 | 辛巳 三碧 | 3/18 友引 |
| 6 | 金 | 壬午 四緑 | 3/19 先負 |
| 7 | 土 | 癸未 五黄 | 3/20 仏滅 |
| 8 | 日 | 甲申 六白 | 3/21 大安 |
| 9 | 月 | 乙酉 七赤 | 3/22 赤口 |
| 10 | 火 | 丙戌 八白 | 3/23 先勝 |
| 11 | 水 | 丁亥 九紫 | 3/24 友引 |
| 12 | 木 | 戊子 一白 | 3/25 先負 |
| 13 | 金 | 己丑 二黒 | 3/26 仏滅 |
| 14 | 土 | 庚寅 三碧 | 3/27 大安 |
| 15 | 日 | 辛卯 四緑 | 3/28 赤口 |
| 16 | 月 | 壬辰 五黄 | 3/29 先勝 |
| 17 | 火 | 癸巳 六白 | 3/30 友引 |
| 18 | 水 | 甲午 七赤 | 4/1 仏滅 |
| 19 | 木 | 乙未 八白 | 4/2 大安 |
| 20 | 金 | 丙申 九紫 | 4/3 赤口 |
| 21 | 土 | 丁酉 一白 | 4/4 先勝 |
| 22 | 日 | 戊戌 二黒 | 4/5 友引 |
| 23 | 月 | 己亥 三碧 | 4/6 先負 |
| 24 | 火 | 庚子 四緑 | 4/7 仏滅 |
| 25 | 水 | 辛丑 五黄 | 4/8 大安 |
| 26 | 木 | 壬寅 六白 | 4/9 赤口 |
| 27 | 金 | 癸卯 七赤 | 4/10 先勝 |
| 28 | 土 | 甲辰 八白 | 4/11 友引 |
| 29 | 日 | 乙巳 九紫 | 4/12 先負 |
| 30 | 月 | 丙午 一白 | 4/13 仏滅 |
| 31 | 火 | 丁未 二黒 | 4/14 大安 |

## 6月
（丙午 一白水星）

| | | | |
|---|---|---|---|
| 1 | 水 | 戊申 三碧 | 4/15 赤口 |
| 2 | 木 | 己酉 四緑 | 4/16 先勝 |
| 3 | 金 | 庚戌 五黄 | 4/17 友引 |
| 4 | 土 | 辛亥 六白 | 4/18 先負 |
| 5 | 日 | 壬子 七赤 | 4/19 仏滅 |
| 6 | 月 | 癸丑 八白 | 4/20 大安 |
| 7 | 火 | 甲寅 九紫 | 4/21 赤口 |
| 8 | 水 | 乙卯 一白 | 4/22 先勝 |
| 9 | 木 | 丙辰 二黒 | 4/23 友引 |
| 10 | 金 | 丁巳 三碧 | 4/24 先負 |
| 11 | 土 | 戊午 四緑 | 4/25 仏滅 |
| 12 | 日 | 己未 五黄 | 4/26 大安 |
| 13 | 月 | 庚申 六白 | 4/27 赤口 |
| 14 | 火 | 辛酉 七赤 | 4/28 先勝 |
| 15 | 水 | 壬戌 八白 | 4/29 友引 |
| 16 | 木 | 癸亥 九紫 | 5/1 大安 |
| 17 | 金 | 甲子 九紫 | 5/2 赤口 |
| 18 | 土 | 乙丑 八白 | 5/3 先勝 |
| 19 | 日 | 丙寅 七赤 | 5/4 友引 |
| 20 | 月 | 丁卯 六白 | 5/5 先負 |
| 21 | 火 | 戊辰 五黄 | 5/6 仏滅 |
| 22 | 水 | 己巳 四緑 | 5/7 大安 |
| 23 | 木 | 庚午 三碧 | 5/8 赤口 |
| 24 | 金 | 辛未 二黒 | 5/9 先勝 |
| 25 | 土 | 壬申 一白 | 5/10 友引 |
| 26 | 日 | 癸酉 九紫 | 5/11 先負 |
| 27 | 月 | 甲戌 八白 | 5/12 仏滅 |
| 28 | 火 | 乙亥 七赤 | 5/13 大安 |
| 29 | 水 | 丙子 六白 | 5/14 赤口 |
| 30 | 木 | 丁丑 五黄 | 5/15 先勝 |

## 7月
（丁未 九紫火星）

| | | | |
|---|---|---|---|
| 1 | 金 | 戊寅 四緑 | 5/16 友引 |
| 2 | 土 | 己卯 三碧 | 5/17 先負 |
| 3 | 日 | 庚辰 二黒 | 5/18 仏滅 |
| 4 | 月 | 辛巳 一白 | 5/19 大安 |
| 5 | 火 | 壬午 九紫 | 5/20 赤口 |
| 6 | 水 | 癸未 八白 | 5/21 先勝 |
| 7 | 木 | 甲申 七赤 | 5/22 友引 |
| 8 | 金 | 乙酉 六白 | 5/23 先負 |
| 9 | 土 | 丙戌 五黄 | 5/24 仏滅 |
| 10 | 日 | 丁亥 四緑 | 5/25 大安 |
| 11 | 月 | 戊子 三碧 | 5/26 赤口 |
| 12 | 火 | 己丑 二黒 | 5/27 先勝 |
| 13 | 水 | 庚寅 一白 | 5/28 友引 |
| 14 | 木 | 辛卯 九紫 | 5/29 先負 |
| 15 | 金 | 壬辰 八白 | 5/30 仏滅 |
| 16 | 土 | 癸巳 七赤 | 6/1 赤口 |
| 17 | 日 | 甲午 六白 | 6/2 先勝 |
| 18 | 月 | 乙未 五黄 | 6/3 友引 |
| 19 | 火 | 丙申 四緑 | 6/4 先負 |
| 20 | 水 | 丁酉 三碧 | 6/5 仏滅 |
| 21 | 木 | 戊戌 二黒 | 6/6 大安 |
| 22 | 金 | 己亥 一白 | 6/7 赤口 |
| 23 | 土 | 庚子 九紫 | 6/8 先勝 |
| 24 | 日 | 辛丑 八白 | 6/9 友引 |
| 25 | 月 | 壬寅 七赤 | 6/10 先負 |
| 26 | 火 | 癸卯 六白 | 6/11 仏滅 |
| 27 | 水 | 甲辰 五黄 | 6/12 大安 |
| 28 | 木 | 乙巳 四緑 | 6/13 赤口 |
| 29 | 金 | 丙午 三碧 | 6/14 先勝 |
| 30 | 土 | 丁未 二黒 | 6/15 友引 |
| 31 | 日 | 戊申 一白 | 6/16 先負 |

## 8月
（戊申 八白土星）

| | | | |
|---|---|---|---|
| 1 | 月 | 己酉 九紫 | 6/17 仏滅 |
| 2 | 火 | 庚戌 八白 | 6/18 大安 |
| 3 | 水 | 辛亥 七赤 | 6/19 赤口 |
| 4 | 木 | 壬子 六白 | 6/20 先勝 |
| 5 | 金 | 癸丑 五黄 | 6/21 友引 |
| 6 | 土 | 甲寅 四緑 | 6/22 先負 |
| 7 | 日 | 乙卯 三碧 | 6/23 仏滅 |
| 8 | 月 | 丙辰 二黒 | 6/24 大安 |
| 9 | 火 | 丁巳 一白 | 6/25 赤口 |
| 10 | 水 | 戊午 九紫 | 6/26 先勝 |
| 11 | 木 | 己未 八白 | 6/27 友引 |
| 12 | 金 | 庚申 七赤 | 6/28 先負 |
| 13 | 土 | 辛酉 六白 | 6/29 仏滅 |
| 14 | 日 | 壬戌 五黄 | 7/1 先勝 |
| 15 | 月 | 癸亥 四緑 | 7/2 友引 |
| 16 | 火 | 甲子 三碧 | 7/3 先負 |
| 17 | 水 | 乙丑 二黒 | 7/4 仏滅 |
| 18 | 木 | 丙寅 一白 | 7/5 大安 |
| 19 | 金 | 丁卯 九紫 | 7/6 赤口 |
| 20 | 土 | 戊辰 八白 | 7/7 先勝 |
| 21 | 日 | 己巳 七赤 | 7/8 友引 |
| 22 | 月 | 庚午 六白 | 7/9 先負 |
| 23 | 火 | 辛未 五黄 | 7/10 仏滅 |
| 24 | 水 | 壬申 四緑 | 7/11 大安 |
| 25 | 木 | 癸酉 三碧 | 7/12 赤口 |
| 26 | 金 | 甲戌 二黒 | 7/13 先勝 |
| 27 | 土 | 乙亥 一白 | 7/14 友引 |
| 28 | 日 | 丙子 九紫 | 7/15 先負 |
| 29 | 月 | 丁丑 八白 | 7/16 仏滅 |
| 30 | 火 | 戊寅 七赤 | 7/17 大安 |
| 31 | 水 | 己卯 六白 | 7/18 赤口 |

**5月**

**5. 1** [雑] 八十八夜
**5. 4** [節] 立夏
**5.20** [節] 小満

**6月**

**6. 5** [節] 芒種
**6.10** [雑] 入梅
**6.20** [節] 夏至

**7月**

**7. 1** [雑] 半夏生
**7. 6** [節] 小暑
**7.19** [雑] 土用
**7.22** [節] 大暑

**8月**

**8. 6** [節] 立秋
**8.22** [節] 処暑
**8.31** [雑] 二百十日

## 9月
（己酉 七赤金星）

| | | | |
|---|---|---|---|
| 1 | 木 | 庚辰 五黄 | 7/19 先勝 |
| 2 | 金 | 辛巳 四緑 | 7/20 友引 |
| 3 | 土 | 壬午 三碧 | 7/21 先負 |
| 4 | 日 | 癸未 二黒 | 7/22 仏滅 |
| 5 | 月 | 甲申 一白 | 7/23 大安 |
| 6 | 火 | 乙酉 九紫 | 7/24 赤口 |
| 7 | 水 | 丙戌 八白 | 7/25 先勝 |
| 8 | 木 | 丁亥 七赤 | 7/26 友引 |
| 9 | 金 | 戊子 六白 | 7/27 先負 |
| 10 | 土 | 己丑 五黄 | 7/28 仏滅 |
| 11 | 日 | 庚寅 四緑 | 7/29 大安 |
| 12 | 月 | 辛卯 三碧 | 8/1 友引 |
| 13 | 火 | 壬辰 二黒 | 8/2 先負 |
| 14 | 水 | 癸巳 一白 | 8/3 仏滅 |
| 15 | 木 | 甲午 九紫 | 8/4 大安 |
| 16 | 金 | 乙未 八白 | 8/5 赤口 |
| 17 | 土 | 丙申 七赤 | 8/6 先勝 |
| 18 | 日 | 丁酉 六白 | 8/7 友引 |
| 19 | 月 | 戊戌 五黄 | 8/8 先負 |
| 20 | 火 | 己亥 四緑 | 8/9 仏滅 |
| 21 | 水 | 庚子 三碧 | 8/10 大安 |
| 22 | 木 | 辛丑 二黒 | 8/11 赤口 |
| 23 | 金 | 壬寅 一白 | 8/12 先勝 |
| 24 | 土 | 癸卯 九紫 | 8/13 友引 |
| 25 | 日 | 甲辰 八白 | 8/14 先負 |
| 26 | 月 | 乙巳 七赤 | 8/15 仏滅 |
| 27 | 火 | 丙午 六白 | 8/16 大安 |
| 28 | 水 | 丁未 五黄 | 8/17 赤口 |
| 29 | 木 | 戊申 四緑 | 8/18 先勝 |
| 30 | 金 | 己酉 三碧 | 8/19 友引 |

## 10月
（庚戌 六白金星）

| | | | |
|---|---|---|---|
| 1 | 土 | 庚戌 二黒 | 8/20 先負 |
| 2 | 日 | 辛亥 一白 | 8/21 仏滅 |
| 3 | 月 | 壬子 九紫 | 8/22 大安 |
| 4 | 火 | 癸丑 八白 | 8/23 赤口 |
| 5 | 水 | 甲寅 七赤 | 8/24 先勝 |
| 6 | 木 | 乙卯 六白 | 8/25 友引 |
| 7 | 金 | 丙辰 五黄 | 8/26 先負 |
| 8 | 土 | 丁巳 四緑 | 8/27 仏滅 |
| 9 | 日 | 戊午 三碧 | 8/28 大安 |
| 10 | 月 | 己未 二黒 | 8/29 赤口 |
| 11 | 火 | 庚申 一白 | 8/30 先勝 |
| 12 | 水 | 辛酉 九紫 | 9/1 先負 |
| 13 | 木 | 壬戌 八白 | 9/2 仏滅 |
| 14 | 金 | 癸亥 七赤 | 9/3 大安 |
| 15 | 土 | 甲子 六白 | 9/4 赤口 |
| 16 | 日 | 乙丑 五黄 | 9/5 先勝 |
| 17 | 月 | 丙寅 四緑 | 9/6 友引 |
| 18 | 火 | 丁卯 三碧 | 9/7 先負 |
| 19 | 水 | 戊辰 二黒 | 9/8 仏滅 |
| 20 | 木 | 己巳 一白 | 9/9 大安 |
| 21 | 金 | 庚午 九紫 | 9/10 赤口 |
| 22 | 土 | 辛未 八白 | 9/11 先勝 |
| 23 | 日 | 壬申 七赤 | 9/12 友引 |
| 24 | 月 | 癸酉 六白 | 9/13 先負 |
| 25 | 火 | 甲戌 五黄 | 9/14 仏滅 |
| 26 | 水 | 乙亥 四緑 | 9/15 大安 |
| 27 | 木 | 丙子 三碧 | 9/16 赤口 |
| 28 | 金 | 丁丑 二黒 | 9/17 先勝 |
| 29 | 土 | 戊寅 一白 | 9/18 友引 |
| 30 | 日 | 己卯 九紫 | 9/19 先負 |
| 31 | 月 | 庚辰 八白 | 9/20 仏滅 |

## 11月
（辛亥 五黄土星）

| | | | |
|---|---|---|---|
| 1 | 火 | 辛巳 七赤 | 9/21 大安 |
| 2 | 水 | 壬午 六白 | 9/22 赤口 |
| 3 | 木 | 癸未 五黄 | 9/23 先勝 |
| 4 | 金 | 甲申 四緑 | 9/24 友引 |
| 5 | 土 | 乙酉 三碧 | 9/25 先負 |
| 6 | 日 | 丙戌 二黒 | 9/26 仏滅 |
| 7 | 月 | 丁亥 一白 | 9/27 大安 |
| 8 | 火 | 戊子 九紫 | 9/28 赤口 |
| 9 | 水 | 己丑 八白 | 9/29 先勝 |
| 10 | 木 | 庚寅 七赤 | 10/1 仏滅 |
| 11 | 金 | 辛卯 六白 | 10/2 大安 |
| 12 | 土 | 壬辰 五黄 | 10/3 赤口 |
| 13 | 日 | 癸巳 四緑 | 10/4 先勝 |
| 14 | 月 | 甲午 三碧 | 10/5 友引 |
| 15 | 火 | 乙未 二黒 | 10/6 先負 |
| 16 | 水 | 丙申 一白 | 10/7 仏滅 |
| 17 | 木 | 丁酉 九紫 | 10/8 大安 |
| 18 | 金 | 戊戌 八白 | 10/9 赤口 |
| 19 | 土 | 己亥 七赤 | 10/10 先勝 |
| 20 | 日 | 庚子 六白 | 10/11 友引 |
| 21 | 月 | 辛丑 五黄 | 10/12 先負 |
| 22 | 火 | 壬寅 四緑 | 10/13 仏滅 |
| 23 | 水 | 癸卯 三碧 | 10/14 大安 |
| 24 | 木 | 甲辰 二黒 | 10/15 赤口 |
| 25 | 金 | 乙巳 一白 | 10/16 先勝 |
| 26 | 土 | 丙午 九紫 | 10/17 友引 |
| 27 | 日 | 丁未 八白 | 10/18 先負 |
| 28 | 月 | 戊申 七赤 | 10/19 仏滅 |
| 29 | 火 | 己酉 六白 | 10/20 大安 |
| 30 | 水 | 庚戌 五黄 | 10/21 赤口 |

## 12月
（壬子 四緑木星）

| | | | |
|---|---|---|---|
| 1 | 木 | 辛亥 四緑 | 10/22 先勝 |
| 2 | 金 | 壬子 三碧 | 10/23 友引 |
| 3 | 土 | 癸丑 二黒 | 10/24 先負 |
| 4 | 日 | 甲寅 一白 | 10/25 仏滅 |
| 5 | 月 | 乙卯 九紫 | 10/26 大安 |
| 6 | 火 | 丙辰 八白 | 10/27 赤口 |
| 7 | 水 | 丁巳 七赤 | 10/28 先勝 |
| 8 | 木 | 戊午 六白 | 10/29 友引 |
| 9 | 金 | 己未 五黄 | 10/30 先負 |
| 10 | 土 | 庚申 四緑 | 11/1 大安 |
| 11 | 日 | 辛酉 三碧 | 11/2 赤口 |
| 12 | 月 | 壬戌 二黒 | 11/3 先勝 |
| 13 | 火 | 癸亥 一白 | 11/4 友引 |
| 14 | 水 | 甲子 一白 | 11/5 先負 |
| 15 | 木 | 乙丑 二黒 | 11/6 仏滅 |
| 16 | 金 | 丙寅 三碧 | 11/7 大安 |
| 17 | 土 | 丁卯 四緑 | 11/8 赤口 |
| 18 | 日 | 戊辰 五黄 | 11/9 先勝 |
| 19 | 月 | 己巳 六白 | 11/10 友引 |
| 20 | 火 | 庚午 七赤 | 11/11 先負 |
| 21 | 水 | 辛未 八白 | 11/12 仏滅 |
| 22 | 木 | 壬申 九紫 | 11/13 大安 |
| 23 | 金 | 癸酉 一白 | 11/14 赤口 |
| 24 | 土 | 甲戌 二黒 | 11/15 先勝 |
| 25 | 日 | 乙亥 三碧 | 11/16 友引 |
| 26 | 月 | 丙子 四緑 | 11/17 先負 |
| 27 | 火 | 丁丑 五黄 | 11/18 仏滅 |
| 28 | 水 | 戊寅 六白 | 11/19 大安 |
| 29 | 木 | 己卯 七赤 | 11/20 赤口 |
| 30 | 金 | 庚辰 八白 | 11/21 先勝 |
| 31 | 土 | 辛巳 九紫 | 11/22 友引 |

**9月**

9. 7 [節] 白露
9.19 [雑] 彼岸
9.19 [雑] 社日
9.22 [節] 秋分

**10月**

10. 7 [節] 寒露
10.19 [雑] 土用
10.22 [節] 霜降

**11月**

11. 6 [節] 立冬
11.21 [節] 小雪

**12月**

12. 6 [節] 大雪
12.21 [節] 冬至

# 2073

明治 206 年
大正 162 年
昭和 148 年
平成 85 年

癸巳（みずのとみ）
八白土星

生誕・年忌など

1. 1 日本・太陽暦採用 200 年
1. 9 ナポレオン 3 世没後 200 年
1.10 明治徴兵令公布 200 年
1.27 ベトナム和平協定調印 100 年
2.14 円の変動相場制移行 100 年
2.17 モリエール没後 400 年
2.19 N. コペルニクス生誕 600 年
2.26 河東碧梧桐生誕 200 年
与謝野鉄幹生誕 200 年
3. 6 パール・バック没後 100 年
3.28 椎名麟三没後 100 年
3.29 ベトナム駐留米軍撤退 100 年
4. 1 S. ラフマニノフ生誕 200 年
4. 8 P. ピカソ没後 100 年
4.12 武田信玄没後 500 年
4.30 大佛次郎没後 100 年
5. 1 D. リビングストン没後 200 年
5. 8 J.S. ミル没後 200 年
7.18 室町幕府滅亡 500 年
7.28 地租改正 200 年
8. 8 金大中事件 100 年
8.20 越前朝倉氏滅亡 500 年
8.28 近江浅井氏滅亡 500 年
8.31 ジョン・フォード没後 100 年
9. 2 J.R.R. トールキン没後 100 年
9.11 チリ軍事クーデター 100 年
9.21 古今亭志ん生没後 100 年
10. 6 第四次中東戦争勃発 100 年
10.23 石油危機開始 100 年
10.24 明治六年の政変 200 年
11. 4 泉鏡花生誕 200 年
11.13 サトウハチロー没後 100 年
12.16 ボストン茶会事件 300 年
この年 柳宗元生誕 1300 年

## 2073 年

### 1 月
（癸丑 三碧木星）

| | | | |
|---|---|---|---|
| 1 | 日 | 壬午 一白 | 11/23 先負 |
| 2 | 月 | 癸未 二黒 | 11/24 仏滅 |
| 3 | 火 | 甲申 三碧 | 11/25 大安 |
| 4 | 水 | 乙酉 四緑 | 11/26 赤口 |
| 5 | 木 | 丙戌 五黄 | 11/27 先勝 |
| 6 | 金 | 丁亥 六白 | 11/28 友引 |
| 7 | 土 | 戊子 七赤 | 11/29 先負 |
| 8 | 日 | 己丑 八白 | 12/1 赤口 |
| 9 | 月 | 庚寅 九紫 | 12/2 先勝 |
| 10 | 火 | 辛卯 一白 | 12/3 友引 |
| 11 | 水 | 壬辰 二黒 | 12/4 先負 |
| 12 | 木 | 癸巳 三碧 | 12/5 仏滅 |
| 13 | 金 | 甲午 四緑 | 12/6 大安 |
| 14 | 土 | 乙未 五黄 | 12/7 赤口 |
| 15 | 日 | 丙申 六白 | 12/8 先勝 |
| 16 | 月 | 丁酉 七赤 | 12/9 友引 |
| 17 | 火 | 戊戌 八白 | 12/10 先負 |
| 18 | 水 | 己亥 九紫 | 12/11 仏滅 |
| 19 | 木 | 庚子 一白 | 12/12 大安 |
| 20 | 金 | 辛丑 二黒 | 12/13 赤口 |
| 21 | 土 | 壬寅 三碧 | 12/14 先勝 |
| 22 | 日 | 癸卯 四緑 | 12/15 友引 |
| 23 | 月 | 甲辰 五黄 | 12/16 先負 |
| 24 | 火 | 乙巳 六白 | 12/17 仏滅 |
| 25 | 水 | 丙午 七赤 | 12/18 大安 |
| 26 | 木 | 丁未 八白 | 12/19 赤口 |
| 27 | 金 | 戊申 九紫 | 12/20 先勝 |
| 28 | 土 | 己酉 一白 | 12/21 友引 |
| 29 | 日 | 庚戌 二黒 | 12/22 先負 |
| 30 | 月 | 辛亥 三碧 | 12/23 仏滅 |
| 31 | 火 | 壬子 四緑 | 12/24 大安 |

### 2 月
（甲寅 二黒土星）

| | | | |
|---|---|---|---|
| 1 | 水 | 癸丑 五黄 | 12/25 赤口 |
| 2 | 木 | 甲寅 六白 | 12/26 先勝 |
| 3 | 金 | 乙卯 七赤 | 12/27 友引 |
| 4 | 土 | 丙辰 八白 | 12/28 先負 |
| 5 | 日 | 丁巳 九紫 | 12/29 仏滅 |
| 6 | 月 | 戊午 一白 | 12/30 大安 |
| 7 | 火 | 己未 二黒 | 1/1 先勝 |
| 8 | 水 | 庚申 三碧 | 1/2 友引 |
| 9 | 木 | 辛酉 四緑 | 1/3 先負 |
| 10 | 金 | 壬戌 五黄 | 1/4 仏滅 |
| 11 | 土 | 癸亥 六白 | 1/5 大安 |
| 12 | 日 | 甲子 七赤 | 1/6 赤口 |
| 13 | 月 | 乙丑 八白 | 1/7 先勝 |
| 14 | 火 | 丙寅 九紫 | 1/8 友引 |
| 15 | 水 | 丁卯 一白 | 1/9 先負 |
| 16 | 木 | 戊辰 二黒 | 1/10 仏滅 |
| 17 | 金 | 己巳 三碧 | 1/11 大安 |
| 18 | 土 | 庚午 四緑 | 1/12 赤口 |
| 19 | 日 | 辛未 五黄 | 1/13 先勝 |
| 20 | 月 | 壬申 六白 | 1/14 友引 |
| 21 | 火 | 癸酉 七赤 | 1/15 先負 |
| 22 | 水 | 甲戌 八白 | 1/16 仏滅 |
| 23 | 木 | 乙亥 九紫 | 1/17 大安 |
| 24 | 金 | 丙子 一白 | 1/18 赤口 |
| 25 | 土 | 丁丑 二黒 | 1/19 先勝 |
| 26 | 日 | 戊寅 三碧 | 1/20 友引 |
| 27 | 月 | 己卯 四緑 | 1/21 先負 |
| 28 | 火 | 庚辰 五黄 | 1/22 仏滅 |

### 3 月
（乙卯 一白水星）

| | | | |
|---|---|---|---|
| 1 | 水 | 辛巳 六白 | 1/23 大安 |
| 2 | 木 | 壬午 七赤 | 1/24 赤口 |
| 3 | 金 | 癸未 八白 | 1/25 先勝 |
| 4 | 土 | 甲申 九紫 | 1/26 友引 |
| 5 | 日 | 乙酉 一白 | 1/27 先負 |
| 6 | 月 | 丙戌 二黒 | 1/28 仏滅 |
| 7 | 火 | 丁亥 三碧 | 1/29 大安 |
| 8 | 水 | 戊子 四緑 | 1/30 赤口 |
| 9 | 木 | 己丑 五黄 | 2/1 友引 |
| 10 | 金 | 庚寅 六白 | 2/2 先負 |
| 11 | 土 | 辛卯 七赤 | 2/3 仏滅 |
| 12 | 日 | 壬辰 八白 | 2/4 大安 |
| 13 | 月 | 癸巳 九紫 | 2/5 赤口 |
| 14 | 火 | 甲午 一白 | 2/6 先勝 |
| 15 | 水 | 乙未 二黒 | 2/7 友引 |
| 16 | 木 | 丙申 三碧 | 2/8 先負 |
| 17 | 金 | 丁酉 四緑 | 2/9 仏滅 |
| 18 | 土 | 戊戌 五黄 | 2/10 大安 |
| 19 | 日 | 己亥 六白 | 2/11 赤口 |
| 20 | 月 | 庚子 七赤 | 2/12 先勝 |
| 21 | 火 | 辛丑 八白 | 2/13 友引 |
| 22 | 水 | 壬寅 九紫 | 2/14 先負 |
| 23 | 木 | 癸卯 一白 | 2/15 仏滅 |
| 24 | 金 | 甲辰 二黒 | 2/16 大安 |
| 25 | 土 | 乙巳 三碧 | 2/17 赤口 |
| 26 | 日 | 丙午 四緑 | 2/18 先勝 |
| 27 | 月 | 丁未 五黄 | 2/19 友引 |
| 28 | 火 | 戊申 六白 | 2/20 先負 |
| 29 | 水 | 己酉 七赤 | 2/21 仏滅 |
| 30 | 木 | 庚戌 八白 | 2/22 大安 |
| 31 | 金 | 辛亥 九紫 | 2/23 赤口 |

### 4 月
（丙辰 九紫火星）

| | | | |
|---|---|---|---|
| 1 | 土 | 壬子 一白 | 2/24 先勝 |
| 2 | 日 | 癸丑 二黒 | 2/25 友引 |
| 3 | 月 | 甲寅 三碧 | 2/26 先負 |
| 4 | 火 | 乙卯 四緑 | 2/27 仏滅 |
| 5 | 水 | 丙辰 五黄 | 2/28 大安 |
| 6 | 木 | 丁巳 六白 | 2/29 赤口 |
| 7 | 金 | 戊午 七赤 | 3/1 先負 |
| 8 | 土 | 己未 八白 | 3/2 仏滅 |
| 9 | 日 | 庚申 九紫 | 3/3 大安 |
| 10 | 月 | 辛酉 一白 | 3/4 赤口 |
| 11 | 火 | 壬戌 二黒 | 3/5 先勝 |
| 12 | 水 | 癸亥 三碧 | 3/6 友引 |
| 13 | 木 | 甲子 四緑 | 3/7 先負 |
| 14 | 金 | 乙丑 五黄 | 3/8 仏滅 |
| 15 | 土 | 丙寅 六白 | 3/9 大安 |
| 16 | 日 | 丁卯 七赤 | 3/10 赤口 |
| 17 | 月 | 戊辰 八白 | 3/11 先勝 |
| 18 | 火 | 己巳 九紫 | 3/12 友引 |
| 19 | 水 | 庚午 一白 | 3/13 先負 |
| 20 | 木 | 辛未 二黒 | 3/14 仏滅 |
| 21 | 金 | 壬申 三碧 | 3/15 大安 |
| 22 | 土 | 癸酉 四緑 | 3/16 赤口 |
| 23 | 日 | 甲戌 五黄 | 3/17 先勝 |
| 24 | 月 | 乙亥 六白 | 3/18 友引 |
| 25 | 火 | 丙子 七赤 | 3/19 先負 |
| 26 | 水 | 丁丑 八白 | 3/20 仏滅 |
| 27 | 木 | 戊寅 九紫 | 3/21 大安 |
| 28 | 金 | 己卯 一白 | 3/22 赤口 |
| 29 | 土 | 庚辰 二黒 | 3/23 先勝 |
| 30 | 日 | 辛巳 三碧 | 3/24 友引 |

**1 月**

1. 5 [節] 小寒
1.16 [雑] 土用
1.19 [節] 大寒

**2 月**

2. 2 [雑] 節分
2. 3 [節] 立春
2.18 [節] 雨水

**3 月**

3. 5 [節] 啓蟄
3.17 [雑] 彼岸
3.18 [雑] 社日
3.20 [節] 春分

**4 月**

4. 4 [節] 清明
4.16 [雑] 土用
4.19 [節] 穀雨

## 5月
（丁巳 八白土星）

| | | | |
|---|---|---|---|
| 1 | 月 | 壬午 四緑 | 3/25 先負 |
| 2 | 火 | 癸未 五黄 | 3/26 仏滅 |
| 3 | 水 | 甲申 六白 | 3/27 大安 |
| 4 | 木 | 乙酉 七赤 | 3/28 赤口 |
| 5 | 金 | 丙戌 八白 | 3/29 先勝 |
| 6 | 土 | 丁亥 九紫 | 3/30 友引 |
| 7 | 日 | 戊子 一白 | 4/1 仏滅 |
| 8 | 月 | 己丑 二黒 | 4/2 大安 |
| 9 | 火 | 庚寅 三碧 | 4/3 赤口 |
| 10 | 水 | 辛卯 四緑 | 4/4 先勝 |
| 11 | 木 | 壬辰 五黄 | 4/5 友引 |
| 12 | 金 | 癸巳 六白 | 4/6 先負 |
| 13 | 土 | 甲午 七赤 | 4/7 仏滅 |
| 14 | 日 | 乙未 八白 | 4/8 大安 |
| 15 | 月 | 丙申 九紫 | 4/9 赤口 |
| 16 | 火 | 丁酉 一白 | 4/10 先勝 |
| 17 | 水 | 戊戌 二黒 | 4/11 友引 |
| 18 | 木 | 己亥 三碧 | 4/12 先負 |
| 19 | 金 | 庚子 四緑 | 4/13 仏滅 |
| 20 | 土 | 辛丑 五黄 | 4/14 大安 |
| 21 | 日 | 壬寅 六白 | 4/15 赤口 |
| 22 | 月 | 癸卯 七赤 | 4/16 先勝 |
| 23 | 火 | 甲辰 八白 | 4/17 友引 |
| 24 | 水 | 乙巳 九紫 | 4/18 先負 |
| 25 | 木 | 丙午 一白 | 4/19 仏滅 |
| 26 | 金 | 丁未 二黒 | 4/20 大安 |
| 27 | 土 | 戊申 三碧 | 4/21 赤口 |
| 28 | 日 | 己酉 四緑 | 4/22 先勝 |
| 29 | 月 | 庚戌 五黄 | 4/23 友引 |
| 30 | 火 | 辛亥 六白 | 4/24 先負 |
| 31 | 水 | 壬子 七赤 | 4/25 仏滅 |

## 6月
（戊午 七赤金星）

| | | | |
|---|---|---|---|
| 1 | 木 | 癸丑 八白 | 4/26 大安 |
| 2 | 金 | 甲寅 九紫 | 4/27 赤口 |
| 3 | 土 | 乙卯 一白 | 4/28 先勝 |
| 4 | 日 | 丙辰 二黒 | 4/29 友引 |
| 5 | 月 | 丁巳 三碧 | 4/30 先負 |
| 6 | 火 | 戊午 四緑 | 5/1 大安 |
| 7 | 水 | 己未 五黄 | 5/2 赤口 |
| 8 | 木 | 庚申 六白 | 5/3 先勝 |
| 9 | 金 | 辛酉 七赤 | 5/4 友引 |
| 10 | 土 | 壬戌 八白 | 5/5 先負 |
| 11 | 日 | 癸亥 九紫 | 5/6 仏滅 |
| 12 | 月 | 甲子 九紫 | 5/7 大安 |
| 13 | 火 | 乙丑 八白 | 5/8 赤口 |
| 14 | 水 | 丙寅 七赤 | 5/9 先勝 |
| 15 | 木 | 丁卯 六白 | 5/10 友引 |
| 16 | 金 | 戊辰 五黄 | 5/11 先負 |
| 17 | 土 | 己巳 四緑 | 5/12 仏滅 |
| 18 | 日 | 庚午 三碧 | 5/13 大安 |
| 19 | 月 | 辛未 二黒 | 5/14 赤口 |
| 20 | 火 | 壬申 一白 | 5/15 先勝 |
| 21 | 水 | 癸酉 九紫 | 5/16 友引 |
| 22 | 木 | 甲戌 八白 | 5/17 先負 |
| 23 | 金 | 乙亥 七赤 | 5/18 仏滅 |
| 24 | 土 | 丙子 六白 | 5/19 大安 |
| 25 | 日 | 丁丑 五黄 | 5/20 赤口 |
| 26 | 月 | 戊寅 四緑 | 5/21 先勝 |
| 27 | 火 | 己卯 三碧 | 5/22 友引 |
| 28 | 水 | 庚辰 二黒 | 5/23 先負 |
| 29 | 木 | 辛巳 一白 | 5/24 仏滅 |
| 30 | 金 | 壬午 九紫 | 5/25 大安 |

## 7月
（己未 六白金星）

| | | | |
|---|---|---|---|
| 1 | 土 | 癸未 八白 | 5/26 赤口 |
| 2 | 日 | 甲申 七赤 | 5/27 先勝 |
| 3 | 月 | 乙酉 六白 | 5/28 友引 |
| 4 | 火 | 丙戌 五黄 | 5/29 先負 |
| 5 | 水 | 丁亥 四緑 | 6/1 赤口 |
| 6 | 木 | 戊子 三碧 | 6/2 先勝 |
| 7 | 金 | 己丑 二黒 | 6/3 友引 |
| 8 | 土 | 庚寅 一白 | 6/4 先負 |
| 9 | 日 | 辛卯 九紫 | 6/5 仏滅 |
| 10 | 月 | 壬辰 八白 | 6/6 大安 |
| 11 | 火 | 癸巳 七赤 | 6/7 赤口 |
| 12 | 水 | 甲午 六白 | 6/8 先勝 |
| 13 | 木 | 乙未 五黄 | 6/9 友引 |
| 14 | 金 | 丙申 四緑 | 6/10 先負 |
| 15 | 土 | 丁酉 三碧 | 6/11 仏滅 |
| 16 | 日 | 戊戌 二黒 | 6/12 大安 |
| 17 | 月 | 己亥 一白 | 6/13 赤口 |
| 18 | 火 | 庚子 九紫 | 6/14 先勝 |
| 19 | 水 | 辛丑 八白 | 6/15 友引 |
| 20 | 木 | 壬寅 七赤 | 6/16 先負 |
| 21 | 金 | 癸卯 六白 | 6/17 仏滅 |
| 22 | 土 | 甲辰 五黄 | 6/18 大安 |
| 23 | 日 | 乙巳 四緑 | 6/19 赤口 |
| 24 | 月 | 丙午 三碧 | 6/20 先勝 |
| 25 | 火 | 丁未 二黒 | 6/21 友引 |
| 26 | 水 | 戊申 一白 | 6/22 先負 |
| 27 | 木 | 己酉 九紫 | 6/23 仏滅 |
| 28 | 金 | 庚戌 八白 | 6/24 大安 |
| 29 | 土 | 辛亥 七赤 | 6/25 赤口 |
| 30 | 日 | 壬子 六白 | 6/26 先勝 |
| 31 | 月 | 癸丑 五黄 | 6/27 友引 |

## 8月
（庚申 五黄土星）

| | | | |
|---|---|---|---|
| 1 | 火 | 甲寅 四緑 | 6/28 先負 |
| 2 | 水 | 乙卯 三碧 | 6/29 仏滅 |
| 3 | 木 | 丙辰 二黒 | 6/30 大安 |
| 4 | 金 | 丁巳 一白 | 7/1 先勝 |
| 5 | 土 | 戊午 九紫 | 7/2 友引 |
| 6 | 日 | 己未 八白 | 7/3 先負 |
| 7 | 月 | 庚申 七赤 | 7/4 仏滅 |
| 8 | 火 | 辛酉 六白 | 7/5 大安 |
| 9 | 水 | 壬戌 五黄 | 7/6 赤口 |
| 10 | 木 | 癸亥 四緑 | 7/7 先勝 |
| 11 | 金 | 甲子 三碧 | 7/8 友引 |
| 12 | 土 | 乙丑 二黒 | 7/9 先負 |
| 13 | 日 | 丙寅 一白 | 7/10 仏滅 |
| 14 | 月 | 丁卯 九紫 | 7/11 大安 |
| 15 | 火 | 戊辰 八白 | 7/12 赤口 |
| 16 | 水 | 己巳 七赤 | 7/13 先勝 |
| 17 | 木 | 庚午 六白 | 7/14 友引 |
| 18 | 金 | 辛未 五黄 | 7/15 先負 |
| 19 | 土 | 壬申 四緑 | 7/16 仏滅 |
| 20 | 日 | 癸酉 三碧 | 7/17 大安 |
| 21 | 月 | 甲戌 二黒 | 7/18 赤口 |
| 22 | 火 | 乙亥 一白 | 7/19 先勝 |
| 23 | 水 | 丙子 九紫 | 7/20 友引 |
| 24 | 木 | 丁丑 八白 | 7/21 先負 |
| 25 | 金 | 戊寅 七赤 | 7/22 仏滅 |
| 26 | 土 | 己卯 六白 | 7/23 大安 |
| 27 | 日 | 庚辰 五黄 | 7/24 赤口 |
| 28 | 月 | 辛巳 四緑 | 7/25 先勝 |
| 29 | 火 | 壬午 三碧 | 7/26 友引 |
| 30 | 水 | 癸未 二黒 | 7/27 先負 |
| 31 | 木 | 甲申 一白 | 7/28 仏滅 |

**5月**

5. 1［雑］八十八夜
5. 5［節］立夏
5.20［節］小満

**6月**

6. 5［節］芒種
6.10［雑］入梅
6.21［節］夏至

**7月**

7. 1［雑］半夏生
7. 6［節］小暑
7.19［雑］土用
7.22［節］大暑

**8月**

8. 7［節］立秋
8.22［節］処暑
8.31［雑］二百十日

## 9月
（辛酉 四緑木星）

| | | | |
|---|---|---|---|
| 1 | 金 | 乙酉 九紫 | 7/29 大安 |
| 2 | 土 | 丙戌 八白 | 8/1 友引 |
| 3 | 日 | 丁亥 七赤 | 8/2 先負 |
| 4 | 月 | 戊子 六白 | 8/3 仏滅 |
| 5 | 火 | 己丑 五黄 | 8/4 大安 |
| 6 | 水 | 庚寅 四緑 | 8/5 赤口 |
| 7 | 木 | 辛卯 三碧 | 8/6 先勝 |
| 8 | 金 | 壬辰 二黒 | 8/7 友引 |
| 9 | 土 | 癸巳 一白 | 8/8 先負 |
| 10 | 日 | 甲午 九紫 | 8/9 仏滅 |
| 11 | 月 | 乙未 八白 | 8/10 大安 |
| 12 | 火 | 丙申 七赤 | 8/11 赤口 |
| 13 | 水 | 丁酉 六白 | 8/12 先勝 |
| 14 | 木 | 戊戌 五黄 | 8/13 友引 |
| 15 | 金 | 己亥 四緑 | 8/14 先負 |
| 16 | 土 | 庚子 三碧 | 8/15 仏滅 |
| 17 | 日 | 辛丑 二黒 | 8/16 大安 |
| 18 | 月 | 壬寅 一白 | 8/17 赤口 |
| 19 | 火 | 癸卯 九紫 | 8/18 先勝 |
| 20 | 水 | 甲辰 八白 | 8/19 友引 |
| 21 | 木 | 乙巳 七赤 | 8/20 先負 |
| 22 | 金 | 丙午 六白 | 8/21 仏滅 |
| 23 | 土 | 丁未 五黄 | 8/22 大安 |
| 24 | 日 | 戊申 四緑 | 8/23 赤口 |
| 25 | 月 | 己酉 三碧 | 8/24 先勝 |
| 26 | 火 | 庚戌 二黒 | 8/25 友引 |
| 27 | 水 | 辛亥 一白 | 8/26 先負 |
| 28 | 木 | 壬子 九紫 | 8/27 仏滅 |
| 29 | 金 | 癸丑 八白 | 8/28 大安 |
| 30 | 土 | 甲寅 七赤 | 8/29 赤口 |

## 10月
（壬戌 三碧木星）

| | | | |
|---|---|---|---|
| 1 | 日 | 乙卯 六白 | 9/1 先負 |
| 2 | 月 | 丙辰 五黄 | 9/2 仏滅 |
| 3 | 火 | 丁巳 四緑 | 9/3 大安 |
| 4 | 水 | 戊午 三碧 | 9/4 赤口 |
| 5 | 木 | 己未 二黒 | 9/5 先勝 |
| 6 | 金 | 庚申 一白 | 9/6 友引 |
| 7 | 土 | 辛酉 九紫 | 9/7 先負 |
| 8 | 日 | 壬戌 八白 | 9/8 仏滅 |
| 9 | 月 | 癸亥 七赤 | 9/9 大安 |
| 10 | 火 | 甲子 六白 | 9/10 赤口 |
| 11 | 水 | 乙丑 五黄 | 9/11 先勝 |
| 12 | 木 | 丙寅 四緑 | 9/12 友引 |
| 13 | 金 | 丁卯 三碧 | 9/13 先負 |
| 14 | 土 | 戊辰 二黒 | 9/14 仏滅 |
| 15 | 日 | 己巳 一白 | 9/15 大安 |
| 16 | 月 | 庚午 九紫 | 9/16 赤口 |
| 17 | 火 | 辛未 八白 | 9/17 先勝 |
| 18 | 水 | 壬申 七赤 | 9/18 友引 |
| 19 | 木 | 癸酉 六白 | 9/19 先負 |
| 20 | 金 | 甲戌 五黄 | 9/20 仏滅 |
| 21 | 土 | 乙亥 四緑 | 9/21 大安 |
| 22 | 日 | 丙子 三碧 | 9/22 赤口 |
| 23 | 月 | 丁丑 二黒 | 9/23 先勝 |
| 24 | 火 | 戊寅 一白 | 9/24 友引 |
| 25 | 水 | 己卯 九紫 | 9/25 先負 |
| 26 | 木 | 庚辰 八白 | 9/26 仏滅 |
| 27 | 金 | 辛巳 七赤 | 9/27 大安 |
| 28 | 土 | 壬午 六白 | 9/28 赤口 |
| 29 | 日 | 癸未 五黄 | 9/29 先勝 |
| 30 | 月 | 甲申 四緑 | 9/30 友引 |
| 31 | 火 | 乙酉 三碧 | 10/1 仏滅 |

## 11月
（癸亥 二黒土星）

| | | | |
|---|---|---|---|
| 1 | 水 | 丙戌 二黒 | 10/2 大安 |
| 2 | 木 | 丁亥 一白 | 10/3 赤口 |
| 3 | 金 | 戊子 九紫 | 10/4 先勝 |
| 4 | 土 | 己丑 八白 | 10/5 友引 |
| 5 | 日 | 庚寅 七赤 | 10/6 先負 |
| 6 | 月 | 辛卯 六白 | 10/7 仏滅 |
| 7 | 火 | 壬辰 五黄 | 10/8 大安 |
| 8 | 水 | 癸巳 四緑 | 10/9 赤口 |
| 9 | 木 | 甲午 三碧 | 10/10 先勝 |
| 10 | 金 | 乙未 二黒 | 10/11 友引 |
| 11 | 土 | 丙申 一白 | 10/12 先負 |
| 12 | 日 | 丁酉 九紫 | 10/13 仏滅 |
| 13 | 月 | 戊戌 八白 | 10/14 大安 |
| 14 | 火 | 己亥 七赤 | 10/15 赤口 |
| 15 | 水 | 庚子 六白 | 10/16 先勝 |
| 16 | 木 | 辛丑 五黄 | 10/17 友引 |
| 17 | 金 | 壬寅 四緑 | 10/18 先負 |
| 18 | 土 | 癸卯 三碧 | 10/19 仏滅 |
| 19 | 日 | 甲辰 二黒 | 10/20 大安 |
| 20 | 月 | 乙巳 一白 | 10/21 赤口 |
| 21 | 火 | 丙午 九紫 | 10/22 先勝 |
| 22 | 水 | 丁未 八白 | 10/23 友引 |
| 23 | 木 | 戊申 七赤 | 10/24 先負 |
| 24 | 金 | 己酉 六白 | 10/25 仏滅 |
| 25 | 土 | 庚戌 五黄 | 10/26 大安 |
| 26 | 日 | 辛亥 四緑 | 10/27 赤口 |
| 27 | 月 | 壬子 三碧 | 10/28 先勝 |
| 28 | 火 | 癸丑 二黒 | 10/29 友引 |
| 29 | 水 | 甲寅 一白 | 11/1 大安 |
| 30 | 木 | 乙卯 九紫 | 11/2 赤口 |

## 12月
（甲子 一白水星）

| | | | |
|---|---|---|---|
| 1 | 金 | 丙辰 八白 | 11/3 先勝 |
| 2 | 土 | 丁巳 七赤 | 11/4 友引 |
| 3 | 日 | 戊午 六白 | 11/5 先負 |
| 4 | 月 | 己未 五黄 | 11/6 仏滅 |
| 5 | 火 | 庚申 四緑 | 11/7 大安 |
| 6 | 水 | 辛酉 三碧 | 11/8 赤口 |
| 7 | 木 | 壬戌 二黒 | 11/9 先勝 |
| 8 | 金 | 癸亥 一白 | 11/10 友引 |
| 9 | 土 | 甲子 一白 | 11/11 先負 |
| 10 | 日 | 乙丑 二黒 | 11/12 仏滅 |
| 11 | 月 | 丙寅 三碧 | 11/13 大安 |
| 12 | 火 | 丁卯 四緑 | 11/14 赤口 |
| 13 | 水 | 戊辰 五黄 | 11/15 先勝 |
| 14 | 木 | 己巳 六白 | 11/16 友引 |
| 15 | 金 | 庚午 七赤 | 11/17 先負 |
| 16 | 土 | 辛未 八白 | 11/18 仏滅 |
| 17 | 日 | 壬申 九紫 | 11/19 大安 |
| 18 | 月 | 癸酉 一白 | 11/20 赤口 |
| 19 | 火 | 甲戌 二黒 | 11/21 先勝 |
| 20 | 水 | 乙亥 三碧 | 11/22 友引 |
| 21 | 木 | 丙子 四緑 | 11/23 先負 |
| 22 | 金 | 丁丑 五黄 | 11/24 仏滅 |
| 23 | 土 | 戊寅 六白 | 11/25 大安 |
| 24 | 日 | 己卯 七赤 | 11/26 赤口 |
| 25 | 月 | 庚辰 八白 | 11/27 先勝 |
| 26 | 火 | 辛巳 九紫 | 11/28 友引 |
| 27 | 水 | 壬午 一白 | 11/29 先負 |
| 28 | 木 | 癸未 二黒 | 11/30 仏滅 |
| 29 | 金 | 甲申 三碧 | 12/1 赤口 |
| 30 | 土 | 乙酉 四緑 | 12/2 先勝 |
| 31 | 日 | 丙戌 五黄 | 12/3 友引 |

**9月**

9. 7［節］白露
9.19［雑］彼岸
9.22［節］秋分
9.24［雑］社日

**10月**

10. 8［節］寒露
10.20［雑］土用
10.23［節］霜降

**11月**

11. 7［節］立冬
11.22［節］小雪

**12月**

12. 6［節］大雪
12.21［節］冬至

# 2074

明治 207 年
大正 163 年
昭和 149 年
平成 86 年

甲午（きのえうま）
七赤金星

## 生誕・年忌など

1.11 山本有三没後 100 年
1.25 S. モーム生誕 200 年
2. 1 佐賀の乱 200 年
H. ホフマンスタール生誕 200 年
2.22 高浜虚子生誕 200 年
3. 3 トルコ航空機墜落事故 100 年
3. 7 トマス・アクィナス没後 800 年
3.10 小野田寛郎元少尉ルバング島から帰還 100 年
4.25 ポルトガル無血革命 100 年
5. 9 伊豆半島沖地震 100 年
5.11 足尾鉱毒事件和解 100 年
5.15 初のコンビニエンス・ストア開店 100 年
5. — 台湾出兵 200 年
6.15 空海生誕 1300 年
8. 8 ニクソン米大統領辞任 (ウォーターゲート事件)100 年
いわさきちひろ没後 100 年
8.26 C. リンドバーグ没後 100 年
8. — 杉田玄白「解体新書」刊行 300 年
9.12 エチオピア革命 100 年
9.13 A. シェーンベルク生誕 200 年
9.29 伊勢長島一揆虐殺 500 年
10. 7 狩野探幽没後 400 年
10. 9 万国郵便連合条約調印 200 年
10.30 上田敏生誕 200 年
10. — 文永の役 (元寇)800 年
11. 8 J. ミルトン没後 400 年
11.30 W. チャーチル生誕 200 年
この年 聖徳太子生誕 1500 年
連続企業爆破事件 100 年

**2074年**

## 1月
（乙丑 九紫火星）

| | | | |
|---|---|---|---|
| 1 | 月 | 丁亥 六白 | 12/4 先負 |
| 2 | 火 | 戊子 七赤 | 12/5 仏滅 |
| 3 | 水 | 己丑 八白 | 12/6 大安 |
| 4 | 木 | 庚寅 九紫 | 12/7 赤口 |
| 5 | 金 | 辛卯 一白 | 12/8 先勝 |
| 6 | 土 | 壬辰 二黒 | 12/9 友引 |
| 7 | 日 | 癸巳 三碧 | 12/10 先負 |
| 8 | 月 | 甲午 四緑 | 12/11 仏滅 |
| 9 | 火 | 乙未 五黄 | 12/12 大安 |
| 10 | 水 | 丙申 六白 | 12/13 赤口 |
| 11 | 木 | 丁酉 七赤 | 12/14 先勝 |
| 12 | 金 | 戊戌 八白 | 12/15 友引 |
| 13 | 土 | 己亥 九紫 | 12/16 先負 |
| 14 | 日 | 庚子 一白 | 12/17 仏滅 |
| 15 | 月 | 辛丑 二黒 | 12/18 大安 |
| 16 | 火 | 壬寅 三碧 | 12/19 赤口 |
| 17 | 水 | 癸卯 四緑 | 12/20 先勝 |
| 18 | 木 | 甲辰 五黄 | 12/21 友引 |
| 19 | 金 | 乙巳 六白 | 12/22 先負 |
| 20 | 土 | 丙午 七赤 | 12/23 仏滅 |
| 21 | 日 | 丁未 八白 | 12/24 大安 |
| 22 | 月 | 戊申 九紫 | 12/25 赤口 |
| 23 | 火 | 己酉 一白 | 12/26 先勝 |
| 24 | 水 | 庚戌 二黒 | 12/27 友引 |
| 25 | 木 | 辛亥 三碧 | 12/28 先負 |
| 26 | 金 | 壬子 四緑 | 12/29 仏滅 |
| 27 | 土 | 癸丑 五黄 | 1/1 先勝 |
| 28 | 日 | 甲寅 六白 | 1/2 友引 |
| 29 | 月 | 乙卯 七赤 | 1/3 先負 |
| 30 | 火 | 丙辰 八白 | 1/4 仏滅 |
| 31 | 水 | 丁巳 九紫 | 1/5 大安 |

## 2月
（丙寅 八白土星）

| | | | |
|---|---|---|---|
| 1 | 木 | 戊午 一白 | 1/6 赤口 |
| 2 | 金 | 己未 二黒 | 1/7 先勝 |
| 3 | 土 | 庚申 三碧 | 1/8 友引 |
| 4 | 日 | 辛酉 四緑 | 1/9 先負 |
| 5 | 月 | 壬戌 五黄 | 1/10 仏滅 |
| 6 | 火 | 癸亥 六白 | 1/11 大安 |
| 7 | 水 | 甲子 七赤 | 1/12 赤口 |
| 8 | 木 | 乙丑 八白 | 1/13 先勝 |
| 9 | 金 | 丙寅 九紫 | 1/14 友引 |
| 10 | 土 | 丁卯 一白 | 1/15 先負 |
| 11 | 日 | 戊辰 二黒 | 1/16 仏滅 |
| 12 | 月 | 己巳 三碧 | 1/17 大安 |
| 13 | 火 | 庚午 四緑 | 1/18 赤口 |
| 14 | 水 | 辛未 五黄 | 1/19 先勝 |
| 15 | 木 | 壬申 六白 | 1/20 友引 |
| 16 | 金 | 癸酉 七赤 | 1/21 先負 |
| 17 | 土 | 甲戌 八白 | 1/22 仏滅 |
| 18 | 日 | 乙亥 九紫 | 1/23 大安 |
| 19 | 月 | 丙子 一白 | 1/24 赤口 |
| 20 | 火 | 丁丑 二黒 | 1/25 先勝 |
| 21 | 水 | 戊寅 三碧 | 1/26 友引 |
| 22 | 木 | 己卯 四緑 | 1/27 先負 |
| 23 | 金 | 庚辰 五黄 | 1/28 仏滅 |
| 24 | 土 | 辛巳 六白 | 1/29 大安 |
| 25 | 日 | 壬午 七赤 | 1/30 赤口 |
| 26 | 月 | 癸未 八白 | 2/1 友引 |
| 27 | 火 | 甲申 九紫 | 2/2 先負 |
| 28 | 水 | 乙酉 一白 | 2/3 仏滅 |

## 3月
（丁卯 七赤金星）

| | | | |
|---|---|---|---|
| 1 | 木 | 丙戌 二黒 | 2/4 大安 |
| 2 | 金 | 丁亥 三碧 | 2/5 赤口 |
| 3 | 土 | 戊子 四緑 | 2/6 先勝 |
| 4 | 日 | 己丑 五黄 | 2/7 友引 |
| 5 | 月 | 庚寅 六白 | 2/8 先負 |
| 6 | 火 | 辛卯 七赤 | 2/9 仏滅 |
| 7 | 水 | 壬辰 八白 | 2/10 大安 |
| 8 | 木 | 癸巳 九紫 | 2/11 赤口 |
| 9 | 金 | 甲午 一白 | 2/12 先勝 |
| 10 | 土 | 乙未 二黒 | 2/13 友引 |
| 11 | 日 | 丙申 三碧 | 2/14 先負 |
| 12 | 月 | 丁酉 四緑 | 2/15 仏滅 |
| 13 | 火 | 戊戌 五黄 | 2/16 大安 |
| 14 | 水 | 己亥 六白 | 2/17 赤口 |
| 15 | 木 | 庚子 七赤 | 2/18 先勝 |
| 16 | 金 | 辛丑 八白 | 2/19 友引 |
| 17 | 土 | 壬寅 九紫 | 2/20 先負 |
| 18 | 日 | 癸卯 一白 | 2/21 仏滅 |
| 19 | 月 | 甲辰 二黒 | 2/22 大安 |
| 20 | 火 | 乙巳 三碧 | 2/23 赤口 |
| 21 | 水 | 丙午 四緑 | 2/24 先勝 |
| 22 | 木 | 丁未 五黄 | 2/25 友引 |
| 23 | 金 | 戊申 六白 | 2/26 先負 |
| 24 | 土 | 己酉 七赤 | 2/27 仏滅 |
| 25 | 日 | 庚戌 八白 | 2/28 大安 |
| 26 | 月 | 辛亥 九紫 | 2/29 赤口 |
| 27 | 火 | 壬子 一白 | 3/1 先負 |
| 28 | 水 | 癸丑 二黒 | 3/2 仏滅 |
| 29 | 木 | 甲寅 三碧 | 3/3 大安 |
| 30 | 金 | 乙卯 四緑 | 3/4 赤口 |
| 31 | 土 | 丙辰 五黄 | 3/5 先勝 |

## 4月
（戊辰 六白金星）

| | | | |
|---|---|---|---|
| 1 | 日 | 丁巳 六白 | 3/6 友引 |
| 2 | 月 | 戊午 七赤 | 3/7 先負 |
| 3 | 火 | 己未 八白 | 3/8 仏滅 |
| 4 | 水 | 庚申 九紫 | 3/9 大安 |
| 5 | 木 | 辛酉 一白 | 3/10 赤口 |
| 6 | 金 | 壬戌 二黒 | 3/11 先勝 |
| 7 | 土 | 癸亥 三碧 | 3/12 友引 |
| 8 | 日 | 甲子 四緑 | 3/13 先負 |
| 9 | 月 | 乙丑 五黄 | 3/14 仏滅 |
| 10 | 火 | 丙寅 六白 | 3/15 大安 |
| 11 | 水 | 丁卯 七赤 | 3/16 赤口 |
| 12 | 木 | 戊辰 八白 | 3/17 先勝 |
| 13 | 金 | 己巳 九紫 | 3/18 友引 |
| 14 | 土 | 庚午 一白 | 3/19 先負 |
| 15 | 日 | 辛未 二黒 | 3/20 仏滅 |
| 16 | 月 | 壬申 三碧 | 3/21 大安 |
| 17 | 火 | 癸酉 四緑 | 3/22 赤口 |
| 18 | 水 | 甲戌 五黄 | 3/23 先勝 |
| 19 | 木 | 乙亥 六白 | 3/24 友引 |
| 20 | 金 | 丙子 七赤 | 3/25 先負 |
| 21 | 土 | 丁丑 八白 | 3/26 仏滅 |
| 22 | 日 | 戊寅 九紫 | 3/27 大安 |
| 23 | 月 | 己卯 一白 | 3/28 赤口 |
| 24 | 火 | 庚辰 二黒 | 3/29 先勝 |
| 25 | 水 | 辛巳 三碧 | 3/30 友引 |
| 26 | 木 | 壬午 四緑 | 4/1 仏滅 |
| 27 | 金 | 癸未 五黄 | 4/2 大安 |
| 28 | 土 | 甲申 六白 | 4/3 赤口 |
| 29 | 日 | 乙酉 七赤 | 4/4 先勝 |
| 30 | 月 | 丙戌 八白 | 4/5 友引 |

**1月**

1. 5［節］小寒
1.17［雑］土用
1.20［節］大寒

**2月**

2. 2［雑］節分
2. 3［節］立春
2.18［節］雨水

**3月**

3. 5［節］啓蟄
3.17［雑］彼岸
3.20［節］春分
3.23［雑］社日

**4月**

4. 4［節］清明
4.17［雑］土用
4.20［節］穀雨

## 5月
（己巳 五黄土星）

| | | | |
|---|---|---|---|
| 1 | 火 | 丁亥 九紫 | 4/6 先負 |
| 2 | 水 | 戊子 一白 | 4/7 仏滅 |
| 3 | 木 | 己丑 二黒 | 4/8 大安 |
| 4 | 金 | 庚寅 三碧 | 4/9 赤口 |
| 5 | 土 | 辛卯 四緑 | 4/10 先勝 |
| 6 | 日 | 壬辰 五黄 | 4/11 友引 |
| 7 | 月 | 癸巳 六白 | 4/12 先負 |
| 8 | 火 | 甲午 七赤 | 4/13 仏滅 |
| 9 | 水 | 乙未 八白 | 4/14 大安 |
| 10 | 木 | 丙申 九紫 | 4/15 赤口 |
| 11 | 金 | 丁酉 一白 | 4/16 先勝 |
| 12 | 土 | 戊戌 二黒 | 4/17 友引 |
| 13 | 日 | 己亥 三碧 | 4/18 先負 |
| 14 | 月 | 庚子 四緑 | 4/19 仏滅 |
| 15 | 火 | 辛丑 五黄 | 4/20 大安 |
| 16 | 水 | 壬寅 六白 | 4/21 赤口 |
| 17 | 木 | 癸卯 七赤 | 4/22 先勝 |
| 18 | 金 | 甲辰 八白 | 4/23 友引 |
| 19 | 土 | 乙巳 九紫 | 4/24 先負 |
| 20 | 日 | 丙午 一白 | 4/25 仏滅 |
| 21 | 月 | 丁未 二黒 | 4/26 大安 |
| 22 | 火 | 戊申 三碧 | 4/27 赤口 |
| 23 | 水 | 己酉 四緑 | 4/28 先勝 |
| 24 | 木 | 庚戌 五黄 | 4/29 友引 |
| 25 | 金 | 辛亥 六白 | 4/30 先負 |
| 26 | 土 | 壬子 七赤 | 5/1 大安 |
| 27 | 日 | 癸丑 八白 | 5/2 赤口 |
| 28 | 月 | 甲寅 九紫 | 5/3 先勝 |
| 29 | 火 | 乙卯 一白 | 5/4 友引 |
| 30 | 水 | 丙辰 二黒 | 5/5 先負 |
| 31 | 木 | 丁巳 三碧 | 5/6 仏滅 |

## 6月
（庚午 四緑木星）

| | | | |
|---|---|---|---|
| 1 | 金 | 戊午 四緑 | 5/7 大安 |
| 2 | 土 | 己未 五黄 | 5/8 赤口 |
| 3 | 日 | 庚申 六白 | 5/9 先勝 |
| 4 | 月 | 辛酉 七赤 | 5/10 友引 |
| 5 | 火 | 壬戌 八白 | 5/11 先負 |
| 6 | 水 | 癸亥 九紫 | 5/12 仏滅 |
| 7 | 木 | 甲子 九紫 | 5/13 大安 |
| 8 | 金 | 乙丑 八白 | 5/14 赤口 |
| 9 | 土 | 丙寅 七赤 | 5/15 先勝 |
| 10 | 日 | 丁卯 六白 | 5/16 友引 |
| 11 | 月 | 戊辰 五黄 | 5/17 先負 |
| 12 | 火 | 己巳 四緑 | 5/18 仏滅 |
| 13 | 水 | 庚午 三碧 | 5/19 大安 |
| 14 | 木 | 辛未 二黒 | 5/20 赤口 |
| 15 | 金 | 壬申 一白 | 5/21 先勝 |
| 16 | 土 | 癸酉 九紫 | 5/22 友引 |
| 17 | 日 | 甲戌 八白 | 5/23 先負 |
| 18 | 月 | 乙亥 七赤 | 5/24 仏滅 |
| 19 | 火 | 丙子 六白 | 5/25 大安 |
| 20 | 水 | 丁丑 五黄 | 5/26 赤口 |
| 21 | 木 | 戊寅 四緑 | 5/27 先勝 |
| 22 | 金 | 己卯 三碧 | 5/28 友引 |
| 23 | 土 | 庚辰 二黒 | 5/29 先負 |
| 24 | 日 | 辛巳 一白 | 6/1 赤口 |
| 25 | 月 | 壬午 九紫 | 6/2 先勝 |
| 26 | 火 | 癸未 八白 | 6/3 友引 |
| 27 | 水 | 甲申 七赤 | 6/4 先負 |
| 28 | 木 | 乙酉 六白 | 6/5 仏滅 |
| 29 | 金 | 丙戌 五黄 | 6/6 大安 |
| 30 | 土 | 丁亥 四緑 | 6/7 赤口 |

## 7月
（辛未 三碧木星）

| | | | |
|---|---|---|---|
| 1 | 日 | 戊子 三碧 | 6/8 先勝 |
| 2 | 月 | 己丑 二黒 | 6/9 友引 |
| 3 | 火 | 庚寅 一白 | 6/10 先負 |
| 4 | 水 | 辛卯 九紫 | 6/11 仏滅 |
| 5 | 木 | 壬辰 八白 | 6/12 大安 |
| 6 | 金 | 癸巳 七赤 | 6/13 赤口 |
| 7 | 土 | 甲午 六白 | 6/14 先勝 |
| 8 | 日 | 乙未 五黄 | 6/15 友引 |
| 9 | 月 | 丙申 四緑 | 6/16 先負 |
| 10 | 火 | 丁酉 三碧 | 6/17 仏滅 |
| 11 | 水 | 戊戌 二黒 | 6/18 大安 |
| 12 | 木 | 己亥 一白 | 6/19 赤口 |
| 13 | 金 | 庚子 九紫 | 6/20 先勝 |
| 14 | 土 | 辛丑 八白 | 6/21 友引 |
| 15 | 日 | 壬寅 七赤 | 6/22 先負 |
| 16 | 月 | 癸卯 六白 | 6/23 仏滅 |
| 17 | 火 | 甲辰 五黄 | 6/24 大安 |
| 18 | 水 | 乙巳 四緑 | 6/25 赤口 |
| 19 | 木 | 丙午 三碧 | 6/26 先勝 |
| 20 | 金 | 丁未 二黒 | 6/27 友引 |
| 21 | 土 | 戊申 一白 | 6/28 先負 |
| 22 | 日 | 己酉 九紫 | 6/29 仏滅 |
| 23 | 月 | 庚戌 八白 | 6/30 大安 |
| 24 | 火 | 辛亥 七赤 | 閏6/1 赤口 |
| 25 | 水 | 壬子 六白 | 閏6/2 先勝 |
| 26 | 木 | 癸丑 五黄 | 閏6/3 友引 |
| 27 | 金 | 甲寅 四緑 | 閏6/4 先負 |
| 28 | 土 | 乙卯 三碧 | 閏6/5 仏滅 |
| 29 | 日 | 丙辰 二黒 | 閏6/6 大安 |
| 30 | 月 | 丁巳 一白 | 閏6/7 赤口 |
| 31 | 火 | 戊午 九紫 | 閏6/8 先勝 |

## 8月
（壬申 二黒土星）

| | | | |
|---|---|---|---|
| 1 | 水 | 己未 八白 | 閏6/9 友引 |
| 2 | 木 | 庚申 七赤 | 閏6/10 先負 |
| 3 | 金 | 辛酉 六白 | 閏6/11 仏滅 |
| 4 | 土 | 壬戌 五黄 | 閏6/12 大安 |
| 5 | 日 | 癸亥 四緑 | 閏6/13 赤口 |
| 6 | 月 | 甲子 三碧 | 閏6/14 先勝 |
| 7 | 火 | 乙丑 二黒 | 閏6/15 友引 |
| 8 | 水 | 丙寅 一白 | 閏6/16 先負 |
| 9 | 木 | 丁卯 九紫 | 閏6/17 仏滅 |
| 10 | 金 | 戊辰 八白 | 閏6/18 大安 |
| 11 | 土 | 己巳 七赤 | 閏6/19 赤口 |
| 12 | 日 | 庚午 六白 | 閏6/20 先勝 |
| 13 | 月 | 辛未 五黄 | 閏6/21 友引 |
| 14 | 火 | 壬申 四緑 | 閏6/22 先負 |
| 15 | 水 | 癸酉 三碧 | 閏6/23 仏滅 |
| 16 | 木 | 甲戌 二黒 | 閏6/24 大安 |
| 17 | 金 | 乙亥 一白 | 閏6/25 赤口 |
| 18 | 土 | 丙子 九紫 | 閏6/26 先勝 |
| 19 | 日 | 丁丑 八白 | 閏6/27 友引 |
| 20 | 月 | 戊寅 七赤 | 閏6/28 先負 |
| 21 | 火 | 己卯 六白 | 閏6/29 仏滅 |
| 22 | 水 | 庚辰 五黄 | 7/1 先勝 |
| 23 | 木 | 辛巳 四緑 | 7/2 友引 |
| 24 | 金 | 壬午 三碧 | 7/3 先負 |
| 25 | 土 | 癸未 二黒 | 7/4 仏滅 |
| 26 | 日 | 甲申 一白 | 7/5 大安 |
| 27 | 月 | 乙酉 九紫 | 7/6 赤口 |
| 28 | 火 | 丙戌 八白 | 7/7 先勝 |
| 29 | 水 | 丁亥 七赤 | 7/8 友引 |
| 30 | 木 | 戊子 六白 | 7/9 先負 |
| 31 | 金 | 己丑 五黄 | 7/10 仏滅 |

**5月**

5. 1［雑］八十八夜
5. 5［節］立夏
5.21［節］小満

**6月**

6. 5［節］芒種
6.10［雑］入梅
6.21［節］夏至

**7月**

7. 1［雑］半夏生
7. 7［節］小暑
7.19［雑］土用
7.22［節］大暑

**8月**

8. 7［節］立秋
8.23［節］処暑
8.31［雑］二百十日

## 9月
（癸酉 一白水星）

| 日 | 曜 | 干支・九星 | 旧暦・六曜 |
|---|---|---|---|
| 1 | 土 | 庚寅 四緑 | 7/11 大安 |
| 2 | 日 | 辛卯 三碧 | 7/12 赤口 |
| 3 | 月 | 壬辰 二黒 | 7/13 先勝 |
| 4 | 火 | 癸巳 一白 | 7/14 友引 |
| 5 | 水 | 甲午 九紫 | 7/15 先負 |
| 6 | 木 | 乙未 八白 | 7/16 仏滅 |
| 7 | 金 | 丙申 七赤 | 7/17 大安 |
| 8 | 土 | 丁酉 六白 | 7/18 赤口 |
| 9 | 日 | 戊戌 五黄 | 7/19 先勝 |
| 10 | 月 | 己亥 四緑 | 7/20 友引 |
| 11 | 火 | 庚子 三碧 | 7/21 先負 |
| 12 | 水 | 辛丑 二黒 | 7/22 仏滅 |
| 13 | 木 | 壬寅 一白 | 7/23 大安 |
| 14 | 金 | 癸卯 九紫 | 7/24 赤口 |
| 15 | 土 | 甲辰 八白 | 7/25 先勝 |
| 16 | 日 | 乙巳 七赤 | 7/26 友引 |
| 17 | 月 | 丙午 六白 | 7/27 先負 |
| 18 | 火 | 丁未 五黄 | 7/28 仏滅 |
| 19 | 水 | 戊申 四緑 | 7/29 大安 |
| 20 | 木 | 己酉 三碧 | 7/30 赤口 |
| 21 | 金 | 庚戌 二黒 | 8/1 友引 |
| 22 | 土 | 辛亥 一白 | 8/2 先負 |
| 23 | 日 | 壬子 九紫 | 8/3 仏滅 |
| 24 | 月 | 癸丑 八白 | 8/4 大安 |
| 25 | 火 | 甲寅 七赤 | 8/5 赤口 |
| 26 | 水 | 乙卯 六白 | 8/6 先勝 |
| 27 | 木 | 丙辰 五黄 | 8/7 友引 |
| 28 | 金 | 丁巳 四緑 | 8/8 先負 |
| 29 | 土 | 戊午 三碧 | 8/9 仏滅 |
| 30 | 日 | 己未 二黒 | 8/10 大安 |

## 10月
（甲戌 九紫火星）

| 日 | 曜 | 干支・九星 | 旧暦・六曜 |
|---|---|---|---|
| 1 | 月 | 庚申 一白 | 8/11 赤口 |
| 2 | 火 | 辛酉 九紫 | 8/12 先勝 |
| 3 | 水 | 壬戌 八白 | 8/13 友引 |
| 4 | 木 | 癸亥 七赤 | 8/14 先負 |
| 5 | 金 | 甲子 六白 | 8/15 仏滅 |
| 6 | 土 | 乙丑 五黄 | 8/16 大安 |
| 7 | 日 | 丙寅 四緑 | 8/17 赤口 |
| 8 | 月 | 丁卯 三碧 | 8/18 先勝 |
| 9 | 火 | 戊辰 二黒 | 8/19 友引 |
| 10 | 水 | 己巳 一白 | 8/20 先負 |
| 11 | 木 | 庚午 九紫 | 8/21 仏滅 |
| 12 | 金 | 辛未 八白 | 8/22 大安 |
| 13 | 土 | 壬申 七赤 | 8/23 赤口 |
| 14 | 日 | 癸酉 六白 | 8/24 先勝 |
| 15 | 月 | 甲戌 五黄 | 8/25 友引 |
| 16 | 火 | 乙亥 四緑 | 8/26 先負 |
| 17 | 水 | 丙子 三碧 | 8/27 仏滅 |
| 18 | 木 | 丁丑 二黒 | 8/28 大安 |
| 19 | 金 | 戊寅 一白 | 8/29 赤口 |
| 20 | 土 | 己卯 九紫 | 9/1 先負 |
| 21 | 日 | 庚辰 八白 | 9/2 仏滅 |
| 22 | 月 | 辛巳 七赤 | 9/3 大安 |
| 23 | 火 | 壬午 六白 | 9/4 赤口 |
| 24 | 水 | 癸未 五黄 | 9/5 先勝 |
| 25 | 木 | 甲申 四緑 | 9/6 友引 |
| 26 | 金 | 乙酉 三碧 | 9/7 先負 |
| 27 | 土 | 丙戌 二黒 | 9/8 仏滅 |
| 28 | 日 | 丁亥 一白 | 9/9 大安 |
| 29 | 月 | 戊子 九紫 | 9/10 赤口 |
| 30 | 火 | 己丑 八白 | 9/11 先勝 |
| 31 | 水 | 庚寅 七赤 | 9/12 友引 |

## 11月
（乙亥 八白土星）

| 日 | 曜 | 干支・九星 | 旧暦・六曜 |
|---|---|---|---|
| 1 | 木 | 辛卯 六白 | 9/13 先負 |
| 2 | 金 | 壬辰 五黄 | 9/14 仏滅 |
| 3 | 土 | 癸巳 四緑 | 9/15 大安 |
| 4 | 日 | 甲午 三碧 | 9/16 赤口 |
| 5 | 月 | 乙未 二黒 | 9/17 先勝 |
| 6 | 火 | 丙申 一白 | 9/18 友引 |
| 7 | 水 | 丁酉 九紫 | 9/19 先負 |
| 8 | 木 | 戊戌 八白 | 9/20 仏滅 |
| 9 | 金 | 己亥 七赤 | 9/21 大安 |
| 10 | 土 | 庚子 六白 | 9/22 赤口 |
| 11 | 日 | 辛丑 五黄 | 9/23 先勝 |
| 12 | 月 | 壬寅 四緑 | 9/24 友引 |
| 13 | 火 | 癸卯 三碧 | 9/25 先負 |
| 14 | 水 | 甲辰 二黒 | 9/26 仏滅 |
| 15 | 木 | 乙巳 一白 | 9/27 大安 |
| 16 | 金 | 丙午 九紫 | 9/28 赤口 |
| 17 | 土 | 丁未 八白 | 9/29 先勝 |
| 18 | 日 | 戊申 七赤 | 9/30 友引 |
| 19 | 月 | 己酉 六白 | 10/1 仏滅 |
| 20 | 火 | 庚戌 五黄 | 10/2 大安 |
| 21 | 水 | 辛亥 四緑 | 10/3 赤口 |
| 22 | 木 | 壬子 三碧 | 10/4 先勝 |
| 23 | 金 | 癸丑 二黒 | 10/5 友引 |
| 24 | 土 | 甲寅 一白 | 10/6 先負 |
| 25 | 日 | 乙卯 九紫 | 10/7 仏滅 |
| 26 | 月 | 丙辰 八白 | 10/8 大安 |
| 27 | 火 | 丁巳 七赤 | 10/9 赤口 |
| 28 | 水 | 戊午 六白 | 10/10 先勝 |
| 29 | 木 | 己未 五黄 | 10/11 友引 |
| 30 | 金 | 庚申 四緑 | 10/12 先負 |

## 12月
（丙子 七赤金星）

| 日 | 曜 | 干支・九星 | 旧暦・六曜 |
|---|---|---|---|
| 1 | 土 | 辛酉 三碧 | 10/13 仏滅 |
| 2 | 日 | 壬戌 二黒 | 10/14 大安 |
| 3 | 月 | 癸亥 一白 | 10/15 赤口 |
| 4 | 火 | 甲子 一白 | 10/16 先勝 |
| 5 | 水 | 乙丑 二黒 | 10/17 友引 |
| 6 | 木 | 丙寅 三碧 | 10/18 先負 |
| 7 | 金 | 丁卯 四緑 | 10/19 仏滅 |
| 8 | 土 | 戊辰 五黄 | 10/20 大安 |
| 9 | 日 | 己巳 六白 | 10/21 赤口 |
| 10 | 月 | 庚午 七赤 | 10/22 先勝 |
| 11 | 火 | 辛未 八白 | 10/23 友引 |
| 12 | 水 | 壬申 九紫 | 10/24 先負 |
| 13 | 木 | 癸酉 一白 | 10/25 仏滅 |
| 14 | 金 | 甲戌 二黒 | 10/26 大安 |
| 15 | 土 | 乙亥 三碧 | 10/27 赤口 |
| 16 | 日 | 丙子 四緑 | 10/28 先勝 |
| 17 | 月 | 丁丑 五黄 | 10/29 友引 |
| 18 | 火 | 戊寅 六白 | 11/1 大安 |
| 19 | 水 | 己卯 七赤 | 11/2 赤口 |
| 20 | 木 | 庚辰 八白 | 11/3 先勝 |
| 21 | 金 | 辛巳 九紫 | 11/4 友引 |
| 22 | 土 | 壬午 一白 | 11/5 先負 |
| 23 | 日 | 癸未 二黒 | 11/6 仏滅 |
| 24 | 月 | 甲申 三碧 | 11/7 大安 |
| 25 | 火 | 乙酉 四緑 | 11/8 赤口 |
| 26 | 水 | 丙戌 五黄 | 11/9 先勝 |
| 27 | 木 | 丁亥 六白 | 11/10 友引 |
| 28 | 金 | 戊子 七赤 | 11/11 先負 |
| 29 | 土 | 己丑 八白 | 11/12 仏滅 |
| 30 | 日 | 庚寅 九紫 | 11/13 大安 |
| 31 | 月 | 辛卯 一白 | 11/14 赤口 |

**9月**

9. 7［節］白露
9.19［雑］社日
9.20［雑］彼岸
9.23［節］秋分

**10月**

10. 8［節］寒露
10.20［雑］土用
10.23［節］霜降

**11月**

11. 7［節］立冬
11.22［節］小雪

**12月**

12. 7［節］大雪
12.21［節］冬至

# 2075

明治 208 年
大正 164 年
昭和 150 年
平成 87 年

乙未（きのとひつじ）
六白金星

生誕・年忌など

**1.14** A. シュヴァイツァー生誕 200 年
**1.20** J. ミレー没後 200 年
**2.22** C. コロー没後 200 年
**3. 6** ミケランジェロ生誕 600 年
**3. 7** M. ラヴェル生誕 200 年
**3.15** A. オナシス没後 100 年
**3.25** ファイサル国王没後 100 年
**4. 5** 蒋介石没後 100 年
**4.17** カンボジア内戦終結 (ポル・ポト全権掌握)100 年
**4.19** アメリカ独立戦争勃発 300 年
**4.23** J. ターナー生誕 300 年
**4.30** ベトナム戦争終結 100 年
**5. 7** 樺太・千島交換条約調印 200 年
**5.21** 長篠の戦い 500 年
**5. —** 北海道・屯田兵入植 200 年
**6. 3** G. ビゼー没後 200 年
佐藤栄作没後 100 年
**6. 6** トーマス・マン生誕 200 年
**7.26** C. ユング生誕 200 年
**7.31** 柳田國男生誕 200 年
**8. 4** H. アンデルセン没後 200 年
クアラルンプールでの日本赤軍大使館占拠事件 100 年
**8. 9** D. ショスタコーヴィチ没後 100 年
**9. 5** レバノン内戦勃発 100 年
**9.20** 江華島事件 200 年
**11.15** 先進国首脳会議 (サミット) 開催 100 年
**11.22** スペイン王政復古 100 年
**11.26** スト権スト開始 100 年
**12. 4** R. リルケ生誕 200 年
**12.15** J. フェルメール没後 400 年
**12.16** J. オースティン生誕 300 年
**12.19** 木谷実没後 100 年
**この年** 間宮林蔵生誕 300 年

## 2075 年

### 1 月
（丁丑 六白金星）

| | | | | | |
|---|---|---|---|---|---|
| 1 | 火 | 壬辰 | 二黒 | 11/15 | 先勝 |
| 2 | 水 | 癸巳 | 三碧 | 11/16 | 友引 |
| 3 | 木 | 甲午 | 四緑 | 11/17 | 先負 |
| 4 | 金 | 乙未 | 五黄 | 11/18 | 仏滅 |
| 5 | 土 | 丙申 | 六白 | 11/19 | 大安 |
| 6 | 日 | 丁酉 | 七赤 | 11/20 | 赤口 |
| 7 | 月 | 戊戌 | 八白 | 11/21 | 先勝 |
| 8 | 火 | 己亥 | 九紫 | 11/22 | 友引 |
| 9 | 水 | 庚子 | 一白 | 11/23 | 先負 |
| 10 | 木 | 辛丑 | 二黒 | 11/24 | 仏滅 |
| 11 | 金 | 壬寅 | 三碧 | 11/25 | 大安 |
| 12 | 土 | 癸卯 | 四緑 | 11/26 | 赤口 |
| 13 | 日 | 甲辰 | 五黄 | 11/27 | 先勝 |
| 14 | 月 | 乙巳 | 六白 | 11/28 | 友引 |
| 15 | 火 | 丙午 | 七赤 | 11/29 | 先負 |
| 16 | 水 | 丁未 | 八白 | 11/30 | 仏滅 |
| 17 | 木 | 戊申 | 九紫 | 12/1 | 赤口 |
| 18 | 金 | 己酉 | 一白 | 12/2 | 先勝 |
| 19 | 土 | 庚戌 | 二黒 | 12/3 | 友引 |
| 20 | 日 | 辛亥 | 三碧 | 12/4 | 先負 |
| 21 | 月 | 壬子 | 四緑 | 12/5 | 仏滅 |
| 22 | 火 | 癸丑 | 五黄 | 12/6 | 大安 |
| 23 | 水 | 甲寅 | 六白 | 12/7 | 赤口 |
| 24 | 木 | 乙卯 | 七赤 | 12/8 | 先勝 |
| 25 | 金 | 丙辰 | 八白 | 12/9 | 友引 |
| 26 | 土 | 丁巳 | 九紫 | 12/10 | 先負 |
| 27 | 日 | 戊午 | 一白 | 12/11 | 仏滅 |
| 28 | 月 | 己未 | 二黒 | 12/12 | 大安 |
| 29 | 火 | 庚申 | 三碧 | 12/13 | 赤口 |
| 30 | 水 | 辛酉 | 四緑 | 12/14 | 先勝 |
| 31 | 木 | 壬戌 | 五黄 | 12/15 | 友引 |

### 2 月
（戊寅 五黄土星）

| | | | | | |
|---|---|---|---|---|---|
| 1 | 金 | 癸亥 | 六白 | 12/16 | 先負 |
| 2 | 土 | 甲子 | 七赤 | 12/17 | 仏滅 |
| 3 | 日 | 乙丑 | 八白 | 12/18 | 大安 |
| 4 | 月 | 丙寅 | 九紫 | 12/19 | 赤口 |
| 5 | 火 | 丁卯 | 一白 | 12/20 | 先勝 |
| 6 | 水 | 戊辰 | 二黒 | 12/21 | 友引 |
| 7 | 木 | 己巳 | 三碧 | 12/22 | 先負 |
| 8 | 金 | 庚午 | 四緑 | 12/23 | 仏滅 |
| 9 | 土 | 辛未 | 五黄 | 12/24 | 大安 |
| 10 | 日 | 壬申 | 六白 | 12/25 | 赤口 |
| 11 | 月 | 癸酉 | 七赤 | 12/26 | 先勝 |
| 12 | 火 | 甲戌 | 八白 | 12/27 | 友引 |
| 13 | 水 | 乙亥 | 九紫 | 12/28 | 先負 |
| 14 | 木 | 丙子 | 一白 | 12/29 | 仏滅 |
| 15 | 金 | 丁丑 | 二黒 | 1/1 | 先勝 |
| 16 | 土 | 戊寅 | 三碧 | 1/2 | 友引 |
| 17 | 日 | 己卯 | 四緑 | 1/3 | 先負 |
| 18 | 月 | 庚辰 | 五黄 | 1/4 | 仏滅 |
| 19 | 火 | 辛巳 | 六白 | 1/5 | 大安 |
| 20 | 水 | 壬午 | 七赤 | 1/6 | 赤口 |
| 21 | 木 | 癸未 | 八白 | 1/7 | 先勝 |
| 22 | 金 | 甲申 | 九紫 | 1/8 | 友引 |
| 23 | 土 | 乙酉 | 一白 | 1/9 | 先負 |
| 24 | 日 | 丙戌 | 二黒 | 1/10 | 仏滅 |
| 25 | 月 | 丁亥 | 三碧 | 1/11 | 大安 |
| 26 | 火 | 戊子 | 四緑 | 1/12 | 赤口 |
| 27 | 水 | 己丑 | 五黄 | 1/13 | 先勝 |
| 28 | 木 | 庚寅 | 六白 | 1/14 | 友引 |

### 3 月
（己卯 四緑木星）

| | | | | | |
|---|---|---|---|---|---|
| 1 | 金 | 辛卯 | 七赤 | 1/15 | 先負 |
| 2 | 土 | 壬辰 | 八白 | 1/16 | 仏滅 |
| 3 | 日 | 癸巳 | 九紫 | 1/17 | 大安 |
| 4 | 月 | 甲午 | 一白 | 1/18 | 赤口 |
| 5 | 火 | 乙未 | 二黒 | 1/19 | 先勝 |
| 6 | 水 | 丙申 | 三碧 | 1/20 | 友引 |
| 7 | 木 | 丁酉 | 四緑 | 1/21 | 先負 |
| 8 | 金 | 戊戌 | 五黄 | 1/22 | 仏滅 |
| 9 | 土 | 己亥 | 六白 | 1/23 | 大安 |
| 10 | 日 | 庚子 | 七赤 | 1/24 | 赤口 |
| 11 | 月 | 辛丑 | 八白 | 1/25 | 先勝 |
| 12 | 火 | 壬寅 | 九紫 | 1/26 | 友引 |
| 13 | 水 | 癸卯 | 一白 | 1/27 | 先負 |
| 14 | 木 | 甲辰 | 二黒 | 1/28 | 仏滅 |
| 15 | 金 | 乙巳 | 三碧 | 1/29 | 大安 |
| 16 | 土 | 丙午 | 四緑 | 1/30 | 赤口 |
| 17 | 日 | 丁未 | 五黄 | 2/1 | 友引 |
| 18 | 月 | 戊申 | 六白 | 2/2 | 先負 |
| 19 | 火 | 己酉 | 七赤 | 2/3 | 仏滅 |
| 20 | 水 | 庚戌 | 八白 | 2/4 | 大安 |
| 21 | 木 | 辛亥 | 九紫 | 2/5 | 赤口 |
| 22 | 金 | 壬子 | 一白 | 2/6 | 先勝 |
| 23 | 土 | 癸丑 | 二黒 | 2/7 | 友引 |
| 24 | 日 | 甲寅 | 三碧 | 2/8 | 先負 |
| 25 | 月 | 乙卯 | 四緑 | 2/9 | 仏滅 |
| 26 | 火 | 丙辰 | 五黄 | 2/10 | 大安 |
| 27 | 水 | 丁巳 | 六白 | 2/11 | 赤口 |
| 28 | 木 | 戊午 | 七赤 | 2/12 | 先勝 |
| 29 | 金 | 己未 | 八白 | 2/13 | 友引 |
| 30 | 土 | 庚申 | 九紫 | 2/14 | 先負 |
| 31 | 日 | 辛酉 | 一白 | 2/15 | 仏滅 |

### 4 月
（庚辰 三碧木星）

| | | | | | |
|---|---|---|---|---|---|
| 1 | 月 | 壬戌 | 二黒 | 2/16 | 大安 |
| 2 | 火 | 癸亥 | 三碧 | 2/17 | 赤口 |
| 3 | 水 | 甲子 | 四緑 | 2/18 | 先勝 |
| 4 | 木 | 乙丑 | 五黄 | 2/19 | 友引 |
| 5 | 金 | 丙寅 | 六白 | 2/20 | 先負 |
| 6 | 土 | 丁卯 | 七赤 | 2/21 | 仏滅 |
| 7 | 日 | 戊辰 | 八白 | 2/22 | 大安 |
| 8 | 月 | 己巳 | 九紫 | 2/23 | 赤口 |
| 9 | 火 | 庚午 | 一白 | 2/24 | 先勝 |
| 10 | 水 | 辛未 | 二黒 | 2/25 | 友引 |
| 11 | 木 | 壬申 | 三碧 | 2/26 | 先負 |
| 12 | 金 | 癸酉 | 四緑 | 2/27 | 仏滅 |
| 13 | 土 | 甲戌 | 五黄 | 2/28 | 大安 |
| 14 | 日 | 乙亥 | 六白 | 2/29 | 赤口 |
| 15 | 月 | 丙子 | 七赤 | 3/1 | 先負 |
| 16 | 火 | 丁丑 | 八白 | 3/2 | 仏滅 |
| 17 | 水 | 戊寅 | 九紫 | 3/3 | 大安 |
| 18 | 木 | 己卯 | 一白 | 3/4 | 赤口 |
| 19 | 金 | 庚辰 | 二黒 | 3/5 | 先勝 |
| 20 | 土 | 辛巳 | 三碧 | 3/6 | 友引 |
| 21 | 日 | 壬午 | 四緑 | 3/7 | 先負 |
| 22 | 月 | 癸未 | 五黄 | 3/8 | 仏滅 |
| 23 | 火 | 甲申 | 六白 | 3/9 | 大安 |
| 24 | 水 | 乙酉 | 七赤 | 3/10 | 赤口 |
| 25 | 木 | 丙戌 | 八白 | 3/11 | 先勝 |
| 26 | 金 | 丁亥 | 九紫 | 3/12 | 友引 |
| 27 | 土 | 戊子 | 一白 | 3/13 | 先負 |
| 28 | 日 | 己丑 | 二黒 | 3/14 | 仏滅 |
| 29 | 月 | 庚寅 | 三碧 | 3/15 | 大安 |
| 30 | 火 | 辛卯 | 四緑 | 3/16 | 赤口 |

**1 月**

1. 5〔節〕小寒
1.17〔雑〕土用
1.20〔節〕大寒

**2 月**

2. 3〔雑〕節分
2. 4〔節〕立春
2.18〔節〕雨水

**3 月**

3. 5〔節〕啓蟄
3.17〔雑〕彼岸
3.18〔雑〕社日
3.20〔節〕春分

**4 月**

4. 5〔節〕清明
4.17〔雑〕土用
4.20〔節〕穀雨

## 5月
（辛巳 二黒土星）

| 日 | 曜 | 干支 | 九星 | 旧暦 | 六曜 |
|---|---|---|---|---|---|
| 1 | 水 | 壬辰 | 五黄 | 3/17 | 先勝 |
| 2 | 木 | 癸巳 | 六白 | 3/18 | 友引 |
| 3 | 金 | 甲午 | 七赤 | 3/19 | 先負 |
| 4 | 土 | 乙未 | 八白 | 3/20 | 仏滅 |
| 5 | 日 | 丙申 | 九紫 | 3/21 | 大安 |
| 6 | 月 | 丁酉 | 一白 | 3/22 | 赤口 |
| 7 | 火 | 戊戌 | 二黒 | 3/23 | 先勝 |
| 8 | 水 | 己亥 | 三碧 | 3/24 | 友引 |
| 9 | 木 | 庚子 | 四緑 | 3/25 | 先負 |
| 10 | 金 | 辛丑 | 五黄 | 3/26 | 仏滅 |
| 11 | 土 | 壬寅 | 六白 | 3/27 | 大安 |
| 12 | 日 | 癸卯 | 七赤 | 3/28 | 赤口 |
| 13 | 月 | 甲辰 | 八白 | 3/29 | 先勝 |
| 14 | 火 | 乙巳 | 九紫 | 3/30 | 友引 |
| 15 | 水 | 丙午 | 一白 | 4/1 | 仏滅 |
| 16 | 木 | 丁未 | 二黒 | 4/2 | 大安 |
| 17 | 金 | 戊申 | 三碧 | 4/3 | 赤口 |
| 18 | 土 | 己酉 | 四緑 | 4/4 | 先勝 |
| 19 | 日 | 庚戌 | 五黄 | 4/5 | 友引 |
| 20 | 月 | 辛亥 | 六白 | 4/6 | 先負 |
| 21 | 火 | 壬子 | 七赤 | 4/7 | 仏滅 |
| 22 | 水 | 癸丑 | 八白 | 4/8 | 大安 |
| 23 | 木 | 甲寅 | 九紫 | 4/9 | 赤口 |
| 24 | 金 | 乙卯 | 一白 | 4/10 | 先勝 |
| 25 | 土 | 丙辰 | 二黒 | 4/11 | 友引 |
| 26 | 日 | 丁巳 | 三碧 | 4/12 | 先負 |
| 27 | 月 | 戊午 | 四緑 | 4/13 | 仏滅 |
| 28 | 火 | 己未 | 五黄 | 4/14 | 大安 |
| 29 | 水 | 庚申 | 六白 | 4/15 | 赤口 |
| 30 | 木 | 辛酉 | 七赤 | 4/16 | 先勝 |
| 31 | 金 | 壬戌 | 八白 | 4/17 | 友引 |

## 6月
（壬午 一白水星）

| 日 | 曜 | 干支 | 九星 | 旧暦 | 六曜 |
|---|---|---|---|---|---|
| 1 | 土 | 癸亥 | 九紫 | 4/18 | 先負 |
| 2 | 日 | 甲子 | 九紫 | 4/19 | 仏滅 |
| 3 | 月 | 乙丑 | 八白 | 4/20 | 大安 |
| 4 | 火 | 丙寅 | 七赤 | 4/21 | 赤口 |
| 5 | 水 | 丁卯 | 六白 | 4/22 | 先勝 |
| 6 | 木 | 戊辰 | 五黄 | 4/23 | 友引 |
| 7 | 金 | 己巳 | 四緑 | 4/24 | 先負 |
| 8 | 土 | 庚午 | 三碧 | 4/25 | 仏滅 |
| 9 | 日 | 辛未 | 二黒 | 4/26 | 大安 |
| 10 | 月 | 壬申 | 一白 | 4/27 | 赤口 |
| 11 | 火 | 癸酉 | 九紫 | 4/28 | 先勝 |
| 12 | 水 | 甲戌 | 八白 | 4/29 | 友引 |
| 13 | 木 | 乙亥 | 七赤 | 5/1 | 大安 |
| 14 | 金 | 丙子 | 六白 | 5/2 | 赤口 |
| 15 | 土 | 丁丑 | 五黄 | 5/3 | 先勝 |
| 16 | 日 | 戊寅 | 四緑 | 5/4 | 友引 |
| 17 | 月 | 己卯 | 三碧 | 5/5 | 先負 |
| 18 | 火 | 庚辰 | 二黒 | 5/6 | 仏滅 |
| 19 | 水 | 辛巳 | 一白 | 5/7 | 大安 |
| 20 | 木 | 壬午 | 九紫 | 5/8 | 赤口 |
| 21 | 金 | 癸未 | 八白 | 5/9 | 先勝 |
| 22 | 土 | 甲申 | 七赤 | 5/10 | 友引 |
| 23 | 日 | 乙酉 | 六白 | 5/11 | 先負 |
| 24 | 月 | 丙戌 | 五黄 | 5/12 | 仏滅 |
| 25 | 火 | 丁亥 | 四緑 | 5/13 | 大安 |
| 26 | 水 | 戊子 | 三碧 | 5/14 | 赤口 |
| 27 | 木 | 己丑 | 二黒 | 5/15 | 先勝 |
| 28 | 金 | 庚寅 | 一白 | 5/16 | 友引 |
| 29 | 土 | 辛卯 | 九紫 | 5/17 | 先負 |
| 30 | 日 | 壬辰 | 八白 | 5/18 | 仏滅 |

## 7月
（癸未 九紫火星）

| 日 | 曜 | 干支 | 九星 | 旧暦 | 六曜 |
|---|---|---|---|---|---|
| 1 | 月 | 癸巳 | 七赤 | 5/19 | 大安 |
| 2 | 火 | 甲午 | 六白 | 5/20 | 赤口 |
| 3 | 水 | 乙未 | 五黄 | 5/21 | 先勝 |
| 4 | 木 | 丙申 | 四緑 | 5/22 | 友引 |
| 5 | 金 | 丁酉 | 三碧 | 5/23 | 先負 |
| 6 | 土 | 戊戌 | 二黒 | 5/24 | 仏滅 |
| 7 | 日 | 己亥 | 一白 | 5/25 | 大安 |
| 8 | 月 | 庚子 | 九紫 | 5/26 | 赤口 |
| 9 | 火 | 辛丑 | 八白 | 5/27 | 先勝 |
| 10 | 水 | 壬寅 | 七赤 | 5/28 | 友引 |
| 11 | 木 | 癸卯 | 六白 | 5/29 | 先負 |
| 12 | 金 | 甲辰 | 五黄 | 5/30 | 仏滅 |
| 13 | 土 | 乙巳 | 四緑 | 6/1 | 赤口 |
| 14 | 日 | 丙午 | 三碧 | 6/2 | 先勝 |
| 15 | 月 | 丁未 | 二黒 | 6/3 | 友引 |
| 16 | 火 | 戊申 | 一白 | 6/4 | 先負 |
| 17 | 水 | 己酉 | 九紫 | 6/5 | 仏滅 |
| 18 | 木 | 庚戌 | 八白 | 6/6 | 大安 |
| 19 | 金 | 辛亥 | 七赤 | 6/7 | 赤口 |
| 20 | 土 | 壬子 | 六白 | 6/8 | 先勝 |
| 21 | 日 | 癸丑 | 五黄 | 6/9 | 友引 |
| 22 | 月 | 甲寅 | 四緑 | 6/10 | 先負 |
| 23 | 火 | 乙卯 | 三碧 | 6/11 | 仏滅 |
| 24 | 水 | 丙辰 | 二黒 | 6/12 | 大安 |
| 25 | 木 | 丁巳 | 一白 | 6/13 | 赤口 |
| 26 | 金 | 戊午 | 九紫 | 6/14 | 先勝 |
| 27 | 土 | 己未 | 八白 | 6/15 | 友引 |
| 28 | 日 | 庚申 | 七赤 | 6/16 | 先負 |
| 29 | 月 | 辛酉 | 六白 | 6/17 | 仏滅 |
| 30 | 火 | 壬戌 | 五黄 | 6/18 | 大安 |
| 31 | 水 | 癸亥 | 四緑 | 6/19 | 赤口 |

## 8月
（甲申 八白土星）

| 日 | 曜 | 干支 | 九星 | 旧暦 | 六曜 |
|---|---|---|---|---|---|
| 1 | 木 | 甲子 | 三碧 | 6/20 | 先勝 |
| 2 | 金 | 乙丑 | 二黒 | 6/21 | 友引 |
| 3 | 土 | 丙寅 | 一白 | 6/22 | 先負 |
| 4 | 日 | 丁卯 | 九紫 | 6/23 | 仏滅 |
| 5 | 月 | 戊辰 | 八白 | 6/24 | 大安 |
| 6 | 火 | 己巳 | 七赤 | 6/25 | 赤口 |
| 7 | 水 | 庚午 | 六白 | 6/26 | 先勝 |
| 8 | 木 | 辛未 | 五黄 | 6/27 | 友引 |
| 9 | 金 | 壬申 | 四緑 | 6/28 | 先負 |
| 10 | 土 | 癸酉 | 三碧 | 6/29 | 仏滅 |
| 11 | 日 | 甲戌 | 二黒 | 6/30 | 大安 |
| 12 | 月 | 乙亥 | 一白 | 7/1 | 先勝 |
| 13 | 火 | 丙子 | 九紫 | 7/2 | 友引 |
| 14 | 水 | 丁丑 | 八白 | 7/3 | 先負 |
| 15 | 木 | 戊寅 | 七赤 | 7/4 | 仏滅 |
| 16 | 金 | 己卯 | 六白 | 7/5 | 大安 |
| 17 | 土 | 庚辰 | 五黄 | 7/6 | 赤口 |
| 18 | 日 | 辛巳 | 四緑 | 7/7 | 先勝 |
| 19 | 月 | 壬午 | 三碧 | 7/8 | 友引 |
| 20 | 火 | 癸未 | 二黒 | 7/9 | 先負 |
| 21 | 水 | 甲申 | 一白 | 7/10 | 仏滅 |
| 22 | 木 | 乙酉 | 九紫 | 7/11 | 大安 |
| 23 | 金 | 丙戌 | 八白 | 7/12 | 赤口 |
| 24 | 土 | 丁亥 | 七赤 | 7/13 | 先勝 |
| 25 | 日 | 戊子 | 六白 | 7/14 | 友引 |
| 26 | 月 | 己丑 | 五黄 | 7/15 | 先負 |
| 27 | 火 | 庚寅 | 四緑 | 7/16 | 仏滅 |
| 28 | 水 | 辛卯 | 三碧 | 7/17 | 大安 |
| 29 | 木 | 壬辰 | 二黒 | 7/18 | 赤口 |
| 30 | 金 | 癸巳 | 一白 | 7/19 | 先勝 |
| 31 | 土 | 甲午 | 九紫 | 7/20 | 友引 |

**5月**

5. 2［雑］八十八夜
5. 5［節］立夏
5.21［節］小満

**6月**

6. 5［節］芒種
6.11［雑］入梅
6.21［節］夏至

**7月**

7. 2［雑］半夏生
7. 7［節］小暑
7.19［雑］土用
7.23［節］大暑

**8月**

8. 7［節］立秋
8.23［節］処暑

## 9 月
（乙酉 七赤金星）

| | | | |
|---|---|---|---|
| 1 | 日 | 乙未 八白 | 7/21 先負 |
| 2 | 月 | 丙申 七赤 | 7/22 仏滅 |
| 3 | 火 | 丁酉 六白 | 7/23 大安 |
| 4 | 水 | 戊戌 五黄 | 7/24 赤口 |
| 5 | 木 | 己亥 四緑 | 7/25 先勝 |
| 6 | 金 | 庚子 三碧 | 7/26 友引 |
| 7 | 土 | 辛丑 二黒 | 7/27 先負 |
| 8 | 日 | 壬寅 一白 | 7/28 仏滅 |
| 9 | 月 | 癸卯 九紫 | 7/29 大安 |
| 10 | 火 | 甲辰 八白 | 8/1 友引 |
| 11 | 水 | 乙巳 七赤 | 8/2 先負 |
| 12 | 木 | 丙午 六白 | 8/3 仏滅 |
| 13 | 金 | 丁未 五黄 | 8/4 大安 |
| 14 | 土 | 戊申 四緑 | 8/5 赤口 |
| 15 | 日 | 己酉 三碧 | 8/6 先勝 |
| 16 | 月 | 庚戌 二黒 | 8/7 友引 |
| 17 | 火 | 辛亥 一白 | 8/8 先負 |
| 18 | 水 | 壬子 九紫 | 8/9 仏滅 |
| 19 | 木 | 癸丑 八白 | 8/10 大安 |
| 20 | 金 | 甲寅 七赤 | 8/11 赤口 |
| 21 | 土 | 乙卯 六白 | 8/12 先勝 |
| 22 | 日 | 丙辰 五黄 | 8/13 友引 |
| 23 | 月 | 丁巳 四緑 | 8/14 先負 |
| 24 | 火 | 戊午 三碧 | 8/15 仏滅 |
| 25 | 水 | 己未 二黒 | 8/16 大安 |
| 26 | 木 | 庚申 一白 | 8/17 赤口 |
| 27 | 金 | 辛酉 九紫 | 8/18 先勝 |
| 28 | 土 | 壬戌 八白 | 8/19 友引 |
| 29 | 日 | 癸亥 七赤 | 8/20 先負 |
| 30 | 月 | 甲子 六白 | 8/21 仏滅 |

## 10 月
（丙戌 六白金星）

| | | | |
|---|---|---|---|
| 1 | 火 | 乙丑 五黄 | 8/22 大安 |
| 2 | 水 | 丙寅 四緑 | 8/23 赤口 |
| 3 | 木 | 丁卯 三碧 | 8/24 先勝 |
| 4 | 金 | 戊辰 二黒 | 8/25 友引 |
| 5 | 土 | 己巳 一白 | 8/26 先負 |
| 6 | 日 | 庚午 九紫 | 8/27 仏滅 |
| 7 | 月 | 辛未 八白 | 8/28 大安 |
| 8 | 火 | 壬申 七赤 | 8/29 赤口 |
| 9 | 水 | 癸酉 六白 | 8/30 先勝 |
| 10 | 木 | 甲戌 五黄 | 9/1 先負 |
| 11 | 金 | 乙亥 四緑 | 9/2 仏滅 |
| 12 | 土 | 丙子 三碧 | 9/3 大安 |
| 13 | 日 | 丁丑 二黒 | 9/4 赤口 |
| 14 | 月 | 戊寅 一白 | 9/5 先勝 |
| 15 | 火 | 己卯 九紫 | 9/6 友引 |
| 16 | 水 | 庚辰 八白 | 9/7 先負 |
| 17 | 木 | 辛巳 七赤 | 9/8 仏滅 |
| 18 | 金 | 壬午 六白 | 9/9 大安 |
| 19 | 土 | 癸未 五黄 | 9/10 赤口 |
| 20 | 日 | 甲申 四緑 | 9/11 先勝 |
| 21 | 月 | 乙酉 三碧 | 9/12 友引 |
| 22 | 火 | 丙戌 二黒 | 9/13 先負 |
| 23 | 水 | 丁亥 一白 | 9/14 仏滅 |
| 24 | 木 | 戊子 九紫 | 9/15 大安 |
| 25 | 金 | 己丑 八白 | 9/16 赤口 |
| 26 | 土 | 庚寅 七赤 | 9/17 先勝 |
| 27 | 日 | 辛卯 六白 | 9/18 友引 |
| 28 | 月 | 壬辰 五黄 | 9/19 先負 |
| 29 | 火 | 癸巳 四緑 | 9/20 仏滅 |
| 30 | 水 | 甲午 三碧 | 9/21 大安 |
| 31 | 木 | 乙未 二黒 | 9/22 赤口 |

## 11 月
（丁亥 五黄土星）

| | | | |
|---|---|---|---|
| 1 | 金 | 丙申 一白 | 9/23 先勝 |
| 2 | 土 | 丁酉 九紫 | 9/24 友引 |
| 3 | 日 | 戊戌 八白 | 9/25 先負 |
| 4 | 月 | 己亥 七赤 | 9/26 仏滅 |
| 5 | 火 | 庚子 六白 | 9/27 大安 |
| 6 | 水 | 辛丑 五黄 | 9/28 赤口 |
| 7 | 木 | 壬寅 四緑 | 9/29 先勝 |
| 8 | 金 | 癸卯 三碧 | 10/1 仏滅 |
| 9 | 土 | 甲辰 二黒 | 10/2 大安 |
| 10 | 日 | 乙巳 一白 | 10/3 赤口 |
| 11 | 月 | 丙午 九紫 | 10/4 先勝 |
| 12 | 火 | 丁未 八白 | 10/5 友引 |
| 13 | 水 | 戊申 七赤 | 10/6 先負 |
| 14 | 木 | 己酉 六白 | 10/7 仏滅 |
| 15 | 金 | 庚戌 五黄 | 10/8 大安 |
| 16 | 土 | 辛亥 四緑 | 10/9 赤口 |
| 17 | 日 | 壬子 三碧 | 10/10 先勝 |
| 18 | 月 | 癸丑 二黒 | 10/11 友引 |
| 19 | 火 | 甲寅 一白 | 10/12 先負 |
| 20 | 水 | 乙卯 九紫 | 10/13 仏滅 |
| 21 | 木 | 丙辰 八白 | 10/14 大安 |
| 22 | 金 | 丁巳 七赤 | 10/15 赤口 |
| 23 | 土 | 戊午 六白 | 10/16 先勝 |
| 24 | 日 | 己未 五黄 | 10/17 友引 |
| 25 | 月 | 庚申 四緑 | 10/18 先負 |
| 26 | 火 | 辛酉 三碧 | 10/19 仏滅 |
| 27 | 水 | 壬戌 二黒 | 10/20 大安 |
| 28 | 木 | 癸亥 一白 | 10/21 赤口 |
| 29 | 金 | 甲子 一白 | 10/22 先勝 |
| 30 | 土 | 乙丑 二黒 | 10/23 友引 |

## 12 月
（戊子 四緑木星）

| | | | |
|---|---|---|---|
| 1 | 日 | 丙寅 三碧 | 10/24 先負 |
| 2 | 月 | 丁卯 四緑 | 10/25 仏滅 |
| 3 | 火 | 戊辰 五黄 | 10/26 大安 |
| 4 | 水 | 己巳 六白 | 10/27 赤口 |
| 5 | 木 | 庚午 七赤 | 10/28 先勝 |
| 6 | 金 | 辛未 八白 | 10/29 友引 |
| 7 | 土 | 壬申 九紫 | 10/30 先負 |
| 8 | 日 | 癸酉 一白 | 11/1 大安 |
| 9 | 月 | 甲戌 二黒 | 11/2 赤口 |
| 10 | 火 | 乙亥 三碧 | 11/3 先勝 |
| 11 | 水 | 丙子 四緑 | 11/4 友引 |
| 12 | 木 | 丁丑 五黄 | 11/5 先負 |
| 13 | 金 | 戊寅 六白 | 11/6 仏滅 |
| 14 | 土 | 己卯 七赤 | 11/7 大安 |
| 15 | 日 | 庚辰 八白 | 11/8 赤口 |
| 16 | 月 | 辛巳 九紫 | 11/9 先勝 |
| 17 | 火 | 壬午 一白 | 11/10 友引 |
| 18 | 水 | 癸未 二黒 | 11/11 先負 |
| 19 | 木 | 甲申 三碧 | 11/12 仏滅 |
| 20 | 金 | 乙酉 四緑 | 11/13 大安 |
| 21 | 土 | 丙戌 五黄 | 11/14 赤口 |
| 22 | 日 | 丁亥 六白 | 11/15 先勝 |
| 23 | 月 | 戊子 七赤 | 11/16 友引 |
| 24 | 火 | 己丑 八白 | 11/17 先負 |
| 25 | 水 | 庚寅 九紫 | 11/18 仏滅 |
| 26 | 木 | 辛卯 一白 | 11/19 大安 |
| 27 | 金 | 壬辰 二黒 | 11/20 赤口 |
| 28 | 土 | 癸巳 三碧 | 11/21 先勝 |
| 29 | 日 | 甲午 四緑 | 11/22 友引 |
| 30 | 月 | 乙未 五黄 | 11/23 先負 |
| 31 | 火 | 丙申 六白 | 11/24 仏滅 |

**9 月**

9. 1 [雑] 二百十日
9. 7 [節] 白露
9.20 [雑] 彼岸
9.23 [節] 秋分
9.24 [雑] 社日

**10 月**

10. 8 [節] 寒露
10.20 [雑] 土用
10.23 [節] 霜降

**11 月**

11. 7 [節] 立冬
11.22 [節] 小雪

**12 月**

12. 7 [節] 大雪
12.22 [節] 冬至

# 2076

明治 209 年
大正 165 年
昭和 151 年
平成 88 年

丙申（ひのえさる）
五黄土星

## 生誕・年忌など

1. 2 壇一雄没後 100 年

1.12 J. ロンドン生誕 200 年
A. クリスティ没後 100 年

1.24 E. ホフマン生誕 300 年

2. 1 W. ハイゼンベルク没後 100 年

2. 4 ロッキード事件発覚 100 年

2.14 ベルの電話機発明 200 年

2.26 日朝修好条規締結 200 年

3.12 日本・日曜休日土曜半休導入 200 年

3.28 廃刀令公布 200 年

4. 5 天安門事件 100 年

4. 9 武者小路実篤没後 100 年

5.14 インド・パキスタン国交回復 100 年

5.26 M. ハイデッガー没後 100 年

7. 1 M. バクーニン没後 200 年

7. 4 アメリカ合衆国独立 300 年

7.27 田中角栄前首相逮捕 100 年

7.28 中国・唐山大地震 100 年

8.24 平田篤胤生誕 300 年

8.25 D. ヒューム没後 300 年

8.27 ティツィアーノ没後 500 年

10. 5 武田泰淳没後 100 年

10. 6 江青ら「四人組」失脚 100 年

10.24 神風連の乱 200 年

10.27 秋月の乱 200 年

11. 9 野口英世生誕 200 年

11.15 ジャン・ギャバン没後 100 年

12.17 島木赤彦生誕 200 年

12.29 P. カザルス生誕 200 年

この年 西ローマ帝国滅亡 1600 年
舎人親王生誕 1400 年
アダム・スミス「国富論」刊行 300 年
式亭三馬生誕 300 年

## 2076年

### 1月
（己丑 三碧木星）

| | | | |
|---|---|---|---|
| 1 | 水 | 丁酉 七赤 | 11/25 大安 |
| 2 | 木 | 戊戌 八白 | 11/26 赤口 |
| 3 | 金 | 己亥 九紫 | 11/27 先勝 |
| 4 | 土 | 庚子 一白 | 11/28 友引 |
| 5 | 日 | 辛丑 二黒 | 11/29 先負 |
| 6 | 月 | 壬寅 三碧 | 12/1 赤口 |
| 7 | 火 | 癸卯 四緑 | 12/2 先勝 |
| 8 | 水 | 甲辰 五黄 | 12/3 友引 |
| 9 | 木 | 乙巳 六白 | 12/4 先負 |
| 10 | 金 | 丙午 七赤 | 12/5 仏滅 |
| 11 | 土 | 丁未 八白 | 12/6 大安 |
| 12 | 日 | 戊申 九紫 | 12/7 赤口 |
| 13 | 月 | 己酉 一白 | 12/8 先勝 |
| 14 | 火 | 庚戌 二黒 | 12/9 友引 |
| 15 | 水 | 辛亥 三碧 | 12/10 先負 |
| 16 | 木 | 壬子 四緑 | 12/11 仏滅 |
| 17 | 金 | 癸丑 五黄 | 12/12 大安 |
| 18 | 土 | 甲寅 六白 | 12/13 赤口 |
| 19 | 日 | 乙卯 七赤 | 12/14 先勝 |
| 20 | 月 | 丙辰 八白 | 12/15 友引 |
| 21 | 火 | 丁巳 九紫 | 12/16 先負 |
| 22 | 水 | 戊午 一白 | 12/17 仏滅 |
| 23 | 木 | 己未 二黒 | 12/18 大安 |
| 24 | 金 | 庚申 三碧 | 12/19 赤口 |
| 25 | 土 | 辛酉 四緑 | 12/20 先勝 |
| 26 | 日 | 壬戌 五黄 | 12/21 友引 |
| 27 | 月 | 癸亥 六白 | 12/22 先負 |
| 28 | 火 | 甲子 七赤 | 12/23 仏滅 |
| 29 | 水 | 乙丑 八白 | 12/24 大安 |
| 30 | 木 | 丙寅 九紫 | 12/25 赤口 |
| 31 | 金 | 丁卯 一白 | 12/26 先勝 |

### 2月
（庚寅 二黒土星）

| | | | |
|---|---|---|---|
| 1 | 土 | 戊辰 二黒 | 12/27 友引 |
| 2 | 日 | 己巳 三碧 | 12/28 先負 |
| 3 | 月 | 庚午 四緑 | 12/29 仏滅 |
| 4 | 火 | 辛未 五黄 | 12/30 大安 |
| 5 | 水 | 壬申 六白 | 1/1 先勝 |
| 6 | 木 | 癸酉 七赤 | 1/2 友引 |
| 7 | 金 | 甲戌 八白 | 1/3 先負 |
| 8 | 土 | 乙亥 九紫 | 1/4 仏滅 |
| 9 | 日 | 丙子 一白 | 1/5 大安 |
| 10 | 月 | 丁丑 二黒 | 1/6 赤口 |
| 11 | 火 | 戊寅 三碧 | 1/7 先勝 |
| 12 | 水 | 己卯 四緑 | 1/8 友引 |
| 13 | 木 | 庚辰 五黄 | 1/9 先負 |
| 14 | 金 | 辛巳 六白 | 1/10 仏滅 |
| 15 | 土 | 壬午 七赤 | 1/11 大安 |
| 16 | 日 | 癸未 八白 | 1/12 赤口 |
| 17 | 月 | 甲申 九紫 | 1/13 先勝 |
| 18 | 火 | 乙酉 一白 | 1/14 友引 |
| 19 | 水 | 丙戌 二黒 | 1/15 先負 |
| 20 | 木 | 丁亥 三碧 | 1/16 仏滅 |
| 21 | 金 | 戊子 四緑 | 1/17 大安 |
| 22 | 土 | 己丑 五黄 | 1/18 赤口 |
| 23 | 日 | 庚寅 六白 | 1/19 先勝 |
| 24 | 月 | 辛卯 七赤 | 1/20 友引 |
| 25 | 火 | 壬辰 八白 | 1/21 先負 |
| 26 | 水 | 癸巳 九紫 | 1/22 仏滅 |
| 27 | 木 | 甲午 一白 | 1/23 大安 |
| 28 | 金 | 乙未 二黒 | 1/24 赤口 |
| 29 | 土 | 丙申 三碧 | 1/25 先勝 |

### 3月
（辛卯 一白水星）

| | | | |
|---|---|---|---|
| 1 | 日 | 丁酉 四緑 | 1/26 友引 |
| 2 | 月 | 戊戌 五黄 | 1/27 先負 |
| 3 | 火 | 己亥 六白 | 1/28 仏滅 |
| 4 | 水 | 庚子 七赤 | 1/29 大安 |
| 5 | 木 | 辛丑 八白 | 2/1 友引 |
| 6 | 金 | 壬寅 九紫 | 2/2 先負 |
| 7 | 土 | 癸卯 一白 | 2/3 仏滅 |
| 8 | 日 | 甲辰 二黒 | 2/4 大安 |
| 9 | 月 | 乙巳 三碧 | 2/5 赤口 |
| 10 | 火 | 丙午 四緑 | 2/6 先勝 |
| 11 | 水 | 丁未 五黄 | 2/7 友引 |
| 12 | 木 | 戊申 六白 | 2/8 先負 |
| 13 | 金 | 己酉 七赤 | 2/9 仏滅 |
| 14 | 土 | 庚戌 八白 | 2/10 大安 |
| 15 | 日 | 辛亥 九紫 | 2/11 赤口 |
| 16 | 月 | 壬子 一白 | 2/12 先勝 |
| 17 | 火 | 癸丑 二黒 | 2/13 友引 |
| 18 | 水 | 甲寅 三碧 | 2/14 先負 |
| 19 | 木 | 乙卯 四緑 | 2/15 仏滅 |
| 20 | 金 | 丙辰 五黄 | 2/16 大安 |
| 21 | 土 | 丁巳 六白 | 2/17 赤口 |
| 22 | 日 | 戊午 七赤 | 2/18 先勝 |
| 23 | 月 | 己未 八白 | 2/19 友引 |
| 24 | 火 | 庚申 九紫 | 2/20 先負 |
| 25 | 水 | 辛酉 一白 | 2/21 仏滅 |
| 26 | 木 | 壬戌 二黒 | 2/22 大安 |
| 27 | 金 | 癸亥 三碧 | 2/23 赤口 |
| 28 | 土 | 甲子 四緑 | 2/24 先勝 |
| 29 | 日 | 乙丑 五黄 | 2/25 友引 |
| 30 | 月 | 丙寅 六白 | 2/26 先負 |
| 31 | 火 | 丁卯 七赤 | 2/27 仏滅 |

### 4月
（壬辰 九紫火星）

| | | | |
|---|---|---|---|
| 1 | 水 | 戊辰 八白 | 2/28 大安 |
| 2 | 木 | 己巳 九紫 | 2/29 赤口 |
| 3 | 金 | 庚午 一白 | 2/30 先勝 |
| 4 | 土 | 辛未 二黒 | 3/1 先負 |
| 5 | 日 | 壬申 三碧 | 3/2 仏滅 |
| 6 | 月 | 癸酉 四緑 | 3/3 大安 |
| 7 | 火 | 甲戌 五黄 | 3/4 赤口 |
| 8 | 水 | 乙亥 六白 | 3/5 先勝 |
| 9 | 木 | 丙子 七赤 | 3/6 友引 |
| 10 | 金 | 丁丑 八白 | 3/7 先負 |
| 11 | 土 | 戊寅 九紫 | 3/8 仏滅 |
| 12 | 日 | 己卯 一白 | 3/9 大安 |
| 13 | 月 | 庚辰 二黒 | 3/10 赤口 |
| 14 | 火 | 辛巳 三碧 | 3/11 先勝 |
| 15 | 水 | 壬午 四緑 | 3/12 友引 |
| 16 | 木 | 癸未 五黄 | 3/13 先負 |
| 17 | 金 | 甲申 六白 | 3/14 仏滅 |
| 18 | 土 | 乙酉 七赤 | 3/15 大安 |
| 19 | 日 | 丙戌 八白 | 3/16 赤口 |
| 20 | 月 | 丁亥 九紫 | 3/17 先勝 |
| 21 | 火 | 戊子 一白 | 3/18 友引 |
| 22 | 水 | 己丑 二黒 | 3/19 先負 |
| 23 | 木 | 庚寅 三碧 | 3/20 仏滅 |
| 24 | 金 | 辛卯 四緑 | 3/21 大安 |
| 25 | 土 | 壬辰 五黄 | 3/22 赤口 |
| 26 | 日 | 癸巳 六白 | 3/23 先勝 |
| 27 | 月 | 甲午 七赤 | 3/24 友引 |
| 28 | 火 | 乙未 八白 | 3/25 先負 |
| 29 | 水 | 丙申 九紫 | 3/26 仏滅 |
| 30 | 木 | 丁酉 一白 | 3/27 大安 |

**1月**

1. 5 [節] 小寒
1.17 [雑] 土用
1.20 [節] 大寒

**2月**

2. 3 [雑] 節分
2. 4 [節] 立春
2.19 [節] 雨水

**3月**

3. 5 [節] 啓蟄
3.17 [雑] 彼岸
3.20 [節] 春分
3.22 [雑] 社日

**4月**

4. 4 [節] 清明
4.16 [雑] 土用
4.19 [節] 穀雨

## 5月
（癸巳 八白土星）

| | | | |
|---|---|---|---|
| 1 | 金 | 戊戌 二黒 | 3/28 赤口 |
| 2 | 土 | 己亥 三碧 | 3/29 先勝 |
| 3 | 日 | 庚子 四緑 | 4/1 仏滅 |
| 4 | 月 | 辛丑 五黄 | 4/2 大安 |
| 5 | 火 | 壬寅 六白 | 4/3 赤口 |
| 6 | 水 | 癸卯 七赤 | 4/4 先勝 |
| 7 | 木 | 甲辰 八白 | 4/5 友引 |
| 8 | 金 | 乙巳 九紫 | 4/6 先負 |
| 9 | 土 | 丙午 一白 | 4/7 仏滅 |
| 10 | 日 | 丁未 二黒 | 4/8 大安 |
| 11 | 月 | 戊申 三碧 | 4/9 赤口 |
| 12 | 火 | 己酉 四緑 | 4/10 先勝 |
| 13 | 水 | 庚戌 五黄 | 4/11 友引 |
| 14 | 木 | 辛亥 六白 | 4/12 先負 |
| 15 | 金 | 壬子 七赤 | 4/13 仏滅 |
| 16 | 土 | 癸丑 八白 | 4/14 大安 |
| 17 | 日 | 甲寅 九紫 | 4/15 赤口 |
| 18 | 月 | 乙卯 一白 | 4/16 先勝 |
| 19 | 火 | 丙辰 二黒 | 4/17 友引 |
| 20 | 水 | 丁巳 三碧 | 4/18 先負 |
| 21 | 木 | 戊午 四緑 | 4/19 仏滅 |
| 22 | 金 | 己未 五黄 | 4/20 大安 |
| 23 | 土 | 庚申 六白 | 4/21 赤口 |
| 24 | 日 | 辛酉 七赤 | 4/22 先勝 |
| 25 | 月 | 壬戌 八白 | 4/23 友引 |
| 26 | 火 | 癸亥 九紫 | 4/24 先負 |
| 27 | 水 | 甲子 九紫 | 4/25 仏滅 |
| 28 | 木 | 乙丑 八白 | 4/26 大安 |
| 29 | 金 | 丙寅 七赤 | 4/27 赤口 |
| 30 | 土 | 丁卯 六白 | 4/28 先勝 |
| 31 | 日 | 戊辰 五黄 | 4/29 友引 |

## 6月
（甲午 七赤金星）

| | | | |
|---|---|---|---|
| 1 | 月 | 己巳 四緑 | 4/30 先負 |
| 2 | 火 | 庚午 三碧 | 5/1 大安 |
| 3 | 水 | 辛未 二黒 | 5/2 赤口 |
| 4 | 木 | 壬申 一白 | 5/3 先勝 |
| 5 | 金 | 癸酉 九紫 | 5/4 友引 |
| 6 | 土 | 甲戌 八白 | 5/5 先負 |
| 7 | 日 | 乙亥 七赤 | 5/6 仏滅 |
| 8 | 月 | 丙子 六白 | 5/7 大安 |
| 9 | 火 | 丁丑 五黄 | 5/8 赤口 |
| 10 | 水 | 戊寅 四緑 | 5/9 先勝 |
| 11 | 木 | 己卯 三碧 | 5/10 友引 |
| 12 | 金 | 庚辰 二黒 | 5/11 先負 |
| 13 | 土 | 辛巳 一白 | 5/12 仏滅 |
| 14 | 日 | 壬午 九紫 | 5/13 大安 |
| 15 | 月 | 癸未 八白 | 5/14 赤口 |
| 16 | 火 | 甲申 七赤 | 5/15 先勝 |
| 17 | 水 | 乙酉 六白 | 5/16 友引 |
| 18 | 木 | 丙戌 五黄 | 5/17 先負 |
| 19 | 金 | 丁亥 四緑 | 5/18 仏滅 |
| 20 | 土 | 戊子 三碧 | 5/19 大安 |
| 21 | 日 | 己丑 二黒 | 5/20 赤口 |
| 22 | 月 | 庚寅 一白 | 5/21 先勝 |
| 23 | 火 | 辛卯 九紫 | 5/22 友引 |
| 24 | 水 | 壬辰 八白 | 5/23 先負 |
| 25 | 木 | 癸巳 七赤 | 5/24 仏滅 |
| 26 | 金 | 甲午 六白 | 5/25 大安 |
| 27 | 土 | 乙未 五黄 | 5/26 赤口 |
| 28 | 日 | 丙申 四緑 | 5/27 先勝 |
| 29 | 月 | 丁酉 三碧 | 5/28 友引 |
| 30 | 火 | 戊戌 二黒 | 5/29 先負 |

## 7月
（乙未 六白金星）

| | | | |
|---|---|---|---|
| 1 | 水 | 己亥 一白 | 6/1 赤口 |
| 2 | 木 | 庚子 九紫 | 6/2 先勝 |
| 3 | 金 | 辛丑 八白 | 6/3 友引 |
| 4 | 土 | 壬寅 七赤 | 6/4 先負 |
| 5 | 日 | 癸卯 六白 | 6/5 仏滅 |
| 6 | 月 | 甲辰 五黄 | 6/6 大安 |
| 7 | 火 | 乙巳 四緑 | 6/7 赤口 |
| 8 | 水 | 丙午 三碧 | 6/8 先勝 |
| 9 | 木 | 丁未 二黒 | 6/9 友引 |
| 10 | 金 | 戊申 一白 | 6/10 先負 |
| 11 | 土 | 己酉 九紫 | 6/11 仏滅 |
| 12 | 日 | 庚戌 八白 | 6/12 大安 |
| 13 | 月 | 辛亥 七赤 | 6/13 赤口 |
| 14 | 火 | 壬子 六白 | 6/14 先勝 |
| 15 | 水 | 癸丑 五黄 | 6/15 友引 |
| 16 | 木 | 甲寅 四緑 | 6/16 先負 |
| 17 | 金 | 乙卯 三碧 | 6/17 仏滅 |
| 18 | 土 | 丙辰 二黒 | 6/18 大安 |
| 19 | 日 | 丁巳 一白 | 6/19 赤口 |
| 20 | 月 | 戊午 九紫 | 6/20 先勝 |
| 21 | 火 | 己未 八白 | 6/21 友引 |
| 22 | 水 | 庚申 七赤 | 6/22 先負 |
| 23 | 木 | 辛酉 六白 | 6/23 仏滅 |
| 24 | 金 | 壬戌 五黄 | 6/24 大安 |
| 25 | 土 | 癸亥 四緑 | 6/25 赤口 |
| 26 | 日 | 甲子 三碧 | 6/26 先勝 |
| 27 | 月 | 乙丑 二黒 | 6/27 友引 |
| 28 | 火 | 丙寅 一白 | 6/28 先負 |
| 29 | 水 | 丁卯 九紫 | 6/29 仏滅 |
| 30 | 木 | 戊辰 八白 | 6/30 大安 |
| 31 | 金 | 己巳 七赤 | 7/1 先勝 |

## 8月
（丙申 五黄土星）

| | | | |
|---|---|---|---|
| 1 | 土 | 庚午 六白 | 7/2 友引 |
| 2 | 日 | 辛未 五黄 | 7/3 先負 |
| 3 | 月 | 壬申 四緑 | 7/4 仏滅 |
| 4 | 火 | 癸酉 三碧 | 7/5 大安 |
| 5 | 水 | 甲戌 二黒 | 7/6 赤口 |
| 6 | 木 | 乙亥 一白 | 7/7 先勝 |
| 7 | 金 | 丙子 九紫 | 7/8 友引 |
| 8 | 土 | 丁丑 八白 | 7/9 先負 |
| 9 | 日 | 戊寅 七赤 | 7/10 仏滅 |
| 10 | 月 | 己卯 六白 | 7/11 大安 |
| 11 | 火 | 庚辰 五黄 | 7/12 赤口 |
| 12 | 水 | 辛巳 四緑 | 7/13 先勝 |
| 13 | 木 | 壬午 三碧 | 7/14 友引 |
| 14 | 金 | 癸未 二黒 | 7/15 先負 |
| 15 | 土 | 甲申 一白 | 7/16 仏滅 |
| 16 | 日 | 乙酉 九紫 | 7/17 大安 |
| 17 | 月 | 丙戌 八白 | 7/18 赤口 |
| 18 | 火 | 丁亥 七赤 | 7/19 先勝 |
| 19 | 水 | 戊子 六白 | 7/20 友引 |
| 20 | 木 | 己丑 五黄 | 7/21 先負 |
| 21 | 金 | 庚寅 四緑 | 7/22 仏滅 |
| 22 | 土 | 辛卯 三碧 | 7/23 大安 |
| 23 | 日 | 壬辰 二黒 | 7/24 赤口 |
| 24 | 月 | 癸巳 一白 | 7/25 先勝 |
| 25 | 火 | 甲午 九紫 | 7/26 友引 |
| 26 | 水 | 乙未 八白 | 7/27 先負 |
| 27 | 木 | 丙申 七赤 | 7/28 仏滅 |
| 28 | 金 | 丁酉 六白 | 7/29 大安 |
| 29 | 土 | 戊戌 五黄 | 8/1 友引 |
| 30 | 日 | 己亥 四緑 | 8/2 先負 |
| 31 | 月 | 庚子 三碧 | 8/3 仏滅 |

### 5月
5. 1［雑］八十八夜
5. 4［節］立夏
5.20［節］小満

### 6月
6. 5［節］芒種
6.10［雑］入梅
6.20［節］夏至

### 7月
7. 1［雑］半夏生
7. 6［節］小暑
7.19［雑］土用
7.22［節］大暑

### 8月
8. 6［節］立秋
8.22［節］処暑
8.31［雑］二百｜日

## 9 月
（丁酉 四緑木星）

| | | | | | |
|---|---|---|---|---|---|
| 1 | 火 | 辛丑 | 二黒 | 8/4 | 大安 |
| 2 | 水 | 壬寅 | 一白 | 8/5 | 赤口 |
| 3 | 木 | 癸卯 | 九紫 | 8/6 | 先勝 |
| 4 | 金 | 甲辰 | 八白 | 8/7 | 友引 |
| 5 | 土 | 乙巳 | 七赤 | 8/8 | 先負 |
| 6 | 日 | 丙午 | 六白 | 8/9 | 仏滅 |
| 7 | 月 | 丁未 | 五黄 | 8/10 | 大安 |
| 8 | 火 | 戊申 | 四緑 | 8/11 | 赤口 |
| 9 | 水 | 己酉 | 三碧 | 8/12 | 先勝 |
| 10 | 木 | 庚戌 | 二黒 | 8/13 | 友引 |
| 11 | 金 | 辛亥 | 一白 | 8/14 | 先負 |
| 12 | 土 | 壬子 | 九紫 | 8/15 | 仏滅 |
| 13 | 日 | 癸丑 | 八白 | 8/16 | 大安 |
| 14 | 月 | 甲寅 | 七赤 | 8/17 | 赤口 |
| 15 | 火 | 乙卯 | 六白 | 8/18 | 先勝 |
| 16 | 水 | 丙辰 | 五黄 | 8/19 | 友引 |
| 17 | 木 | 丁巳 | 四緑 | 8/20 | 先負 |
| 18 | 金 | 戊午 | 三碧 | 8/21 | 仏滅 |
| 19 | 土 | 己未 | 二黒 | 8/22 | 大安 |
| 20 | 日 | 庚申 | 一白 | 8/23 | 赤口 |
| 21 | 月 | 辛酉 | 九紫 | 8/24 | 先勝 |
| 22 | 火 | 壬戌 | 八白 | 8/25 | 友引 |
| 23 | 水 | 癸亥 | 七赤 | 8/26 | 先負 |
| 24 | 木 | 甲子 | 六白 | 8/27 | 仏滅 |
| 25 | 金 | 乙丑 | 五黄 | 8/28 | 大安 |
| 26 | 土 | 丙寅 | 四緑 | 8/29 | 赤口 |
| 27 | 日 | 丁卯 | 三碧 | 8/30 | 先勝 |
| 28 | 月 | 戊辰 | 二黒 | 9/1 | 先負 |
| 29 | 火 | 己巳 | 一白 | 9/2 | 仏滅 |
| 30 | 水 | 庚午 | 九紫 | 9/3 | 大安 |

## 10 月
（戊戌 三碧木星）

| | | | | | |
|---|---|---|---|---|---|
| 1 | 木 | 辛未 | 八白 | 9/4 | 赤口 |
| 2 | 金 | 壬申 | 七赤 | 9/5 | 先勝 |
| 3 | 土 | 癸酉 | 六白 | 9/6 | 友引 |
| 4 | 日 | 甲戌 | 五黄 | 9/7 | 先負 |
| 5 | 月 | 乙亥 | 四緑 | 9/8 | 仏滅 |
| 6 | 火 | 丙子 | 三碧 | 9/9 | 大安 |
| 7 | 水 | 丁丑 | 二黒 | 9/10 | 赤口 |
| 8 | 木 | 戊寅 | 一白 | 9/11 | 先勝 |
| 9 | 金 | 己卯 | 九紫 | 9/12 | 友引 |
| 10 | 土 | 庚辰 | 八白 | 9/13 | 先負 |
| 11 | 日 | 辛巳 | 七赤 | 9/14 | 仏滅 |
| 12 | 月 | 壬午 | 六白 | 9/15 | 大安 |
| 13 | 火 | 癸未 | 五黄 | 9/16 | 赤口 |
| 14 | 水 | 甲申 | 四緑 | 9/17 | 先勝 |
| 15 | 木 | 乙酉 | 三碧 | 9/18 | 友引 |
| 16 | 金 | 丙戌 | 二黒 | 9/19 | 先負 |
| 17 | 土 | 丁亥 | 一白 | 9/20 | 仏滅 |
| 18 | 日 | 戊子 | 九紫 | 9/21 | 大安 |
| 19 | 月 | 己丑 | 八白 | 9/22 | 赤口 |
| 20 | 火 | 庚寅 | 七赤 | 9/23 | 先勝 |
| 21 | 水 | 辛卯 | 六白 | 9/24 | 友引 |
| 22 | 木 | 壬辰 | 五黄 | 9/25 | 先負 |
| 23 | 金 | 癸巳 | 四緑 | 9/26 | 仏滅 |
| 24 | 土 | 甲午 | 三碧 | 9/27 | 大安 |
| 25 | 日 | 乙未 | 二黒 | 9/28 | 赤口 |
| 26 | 月 | 丙申 | 一白 | 9/29 | 先勝 |
| 27 | 火 | 丁酉 | 九紫 | 9/30 | 友引 |
| 28 | 水 | 戊戌 | 八白 | 10/1 | 仏滅 |
| 29 | 木 | 己亥 | 七赤 | 10/2 | 大安 |
| 30 | 金 | 庚子 | 六白 | 10/3 | 赤口 |
| 31 | 土 | 辛丑 | 五黄 | 10/4 | 先勝 |

## 11 月
（己亥 二黒土星）

| | | | | | |
|---|---|---|---|---|---|
| 1 | 日 | 壬寅 | 四緑 | 10/5 | 友引 |
| 2 | 月 | 癸卯 | 三碧 | 10/6 | 先負 |
| 3 | 火 | 甲辰 | 二黒 | 10/7 | 仏滅 |
| 4 | 水 | 乙巳 | 一白 | 10/8 | 大安 |
| 5 | 木 | 丙午 | 九紫 | 10/9 | 赤口 |
| 6 | 金 | 丁未 | 八白 | 10/10 | 先勝 |
| 7 | 土 | 戊申 | 七赤 | 10/11 | 友引 |
| 8 | 日 | 己酉 | 六白 | 10/12 | 先負 |
| 9 | 月 | 庚戌 | 五黄 | 10/13 | 仏滅 |
| 10 | 火 | 辛亥 | 四緑 | 10/14 | 大安 |
| 11 | 水 | 壬子 | 三碧 | 10/15 | 赤口 |
| 12 | 木 | 癸丑 | 二黒 | 10/16 | 先勝 |
| 13 | 金 | 甲寅 | 一白 | 10/17 | 友引 |
| 14 | 土 | 乙卯 | 九紫 | 10/18 | 先負 |
| 15 | 日 | 丙辰 | 八白 | 10/19 | 仏滅 |
| 16 | 月 | 丁巳 | 七赤 | 10/20 | 大安 |
| 17 | 火 | 戊午 | 六白 | 10/21 | 赤口 |
| 18 | 水 | 己未 | 五黄 | 10/22 | 先勝 |
| 19 | 木 | 庚申 | 四緑 | 10/23 | 友引 |
| 20 | 金 | 辛酉 | 三碧 | 10/24 | 先負 |
| 21 | 土 | 壬戌 | 二黒 | 10/25 | 仏滅 |
| 22 | 日 | 癸亥 | 一白 | 10/26 | 大安 |
| 23 | 月 | 甲子 | 一白 | 10/27 | 赤口 |
| 24 | 火 | 乙丑 | 二黒 | 10/28 | 先勝 |
| 25 | 水 | 丙寅 | 三碧 | 10/29 | 友引 |
| 26 | 木 | 丁卯 | 四緑 | 11/1 | 大安 |
| 27 | 金 | 戊辰 | 五黄 | 11/2 | 赤口 |
| 28 | 土 | 己巳 | 六白 | 11/3 | 先勝 |
| 29 | 日 | 庚午 | 七赤 | 11/4 | 友引 |
| 30 | 月 | 辛未 | 八白 | 11/5 | 先負 |

## 12 月
（庚子 一白水星）

| | | | | | |
|---|---|---|---|---|---|
| 1 | 火 | 壬申 | 九紫 | 11/6 | 仏滅 |
| 2 | 水 | 癸酉 | 一白 | 11/7 | 大安 |
| 3 | 木 | 甲戌 | 二黒 | 11/8 | 赤口 |
| 4 | 金 | 乙亥 | 三碧 | 11/9 | 先勝 |
| 5 | 土 | 丙子 | 四緑 | 11/10 | 友引 |
| 6 | 日 | 丁丑 | 五黄 | 11/11 | 先負 |
| 7 | 月 | 戊寅 | 六白 | 11/12 | 仏滅 |
| 8 | 火 | 己卯 | 七赤 | 11/13 | 大安 |
| 9 | 水 | 庚辰 | 八白 | 11/14 | 赤口 |
| 10 | 木 | 辛巳 | 九紫 | 11/15 | 先勝 |
| 11 | 金 | 壬午 | 一白 | 11/16 | 友引 |
| 12 | 土 | 癸未 | 二黒 | 11/17 | 先負 |
| 13 | 日 | 甲申 | 三碧 | 11/18 | 仏滅 |
| 14 | 月 | 乙酉 | 四緑 | 11/19 | 大安 |
| 15 | 火 | 丙戌 | 五黄 | 11/20 | 赤口 |
| 16 | 水 | 丁亥 | 六白 | 11/21 | 先勝 |
| 17 | 木 | 戊子 | 七赤 | 11/22 | 友引 |
| 18 | 金 | 己丑 | 八白 | 11/23 | 先負 |
| 19 | 土 | 庚寅 | 九紫 | 11/24 | 仏滅 |
| 20 | 日 | 辛卯 | 一白 | 11/25 | 大安 |
| 21 | 月 | 壬辰 | 二黒 | 11/26 | 赤口 |
| 22 | 火 | 癸巳 | 三碧 | 11/27 | 先勝 |
| 23 | 水 | 甲午 | 四緑 | 11/28 | 友引 |
| 24 | 木 | 乙未 | 五黄 | 11/29 | 先負 |
| 25 | 金 | 丙申 | 六白 | 11/30 | 仏滅 |
| 26 | 土 | 丁酉 | 七赤 | 12/1 | 赤口 |
| 27 | 日 | 戊戌 | 八白 | 12/2 | 先勝 |
| 28 | 月 | 己亥 | 九紫 | 12/3 | 友引 |
| 29 | 火 | 庚子 | 一白 | 12/4 | 先負 |
| 30 | 水 | 辛丑 | 二黒 | 12/5 | 仏滅 |
| 31 | 木 | 壬寅 | 三碧 | 12/6 | 大安 |

**9 月**

9. 7［節］白露
9.18［雑］社日
9.19［雑］彼岸
9.22［節］秋分

**10 月**

10. 7［節］寒露
10.19［雑］土用
10.22［節］霜降

**11 月**

11. 6［節］立冬
11.21［節］小雪

**12 月**

12. 6［節］大雪
12.21［節］冬至

# 2077

明治 210 年
大正 166 年
昭和 152 年
平成 89 年

丁酉（ひのととり）
四緑木星

生誕・年忌など

**1.27** カノッサの屈辱 1000 年
**2.15** 西南戦争勃発 200 年
**2.20** B. スピノザ没後 400 年
**3. 4** バレエ「白鳥の湖」初演 200 年
**3.21** 田中絹代没後 100 年
**3.27** カナリア諸島・ジャンボ機衝突事故 100 年
**4.12** 東京大学創立 200 年
**4.24** 第 4 次露土戦争勃発 200 年
**4.30** C. ガウス生誕 300 年
**5.26** 木戸孝允没後 200 年
**6. 1** 鹿ヶ谷事件 900 年
**6.28** P. ルーベンス生誕 500 年
**7. 2** H. ヘッセ生誕 200 年
V. ナボコフ没後 100 年
**8.12** 中国文化大革命終結宣言 100 年
**8.16** E. プレスリー没後 100 年
**9. 5** 王貞治選手国民栄誉賞 100 年
**9.24** 西南戦争終結 200 年
**9.28** 日本赤軍のダッカ・ハイジャック事件 100 年
**12.25** C. チャップリン没後 100 年

2077年

## 1月
（辛丑 九紫火星）

| | | | |
|---|---|---|---|
| 1 | 金 | 癸卯 四緑 | 12/7 赤口 |
| 2 | 土 | 甲辰 五黄 | 12/8 先勝 |
| 3 | 日 | 乙巳 六白 | 12/9 友引 |
| 4 | 月 | 丙午 七赤 | 12/10 先負 |
| 5 | 火 | 丁未 八白 | 12/11 仏滅 |
| 6 | 水 | 戊申 九紫 | 12/12 大安 |
| 7 | 木 | 己酉 一白 | 12/13 赤口 |
| 8 | 金 | 庚戌 二黒 | 12/14 先勝 |
| 9 | 土 | 辛亥 三碧 | 12/15 友引 |
| 10 | 日 | 壬子 四緑 | 12/16 先負 |
| 11 | 月 | 癸丑 五黄 | 12/17 仏滅 |
| 12 | 火 | 甲寅 六白 | 12/18 大安 |
| 13 | 水 | 乙卯 七赤 | 12/19 赤口 |
| 14 | 木 | 丙辰 八白 | 12/20 先勝 |
| 15 | 金 | 丁巳 九紫 | 12/21 友引 |
| 16 | 土 | 戊午 一白 | 12/22 先負 |
| 17 | 日 | 己未 二黒 | 12/23 仏滅 |
| 18 | 月 | 庚申 三碧 | 12/24 大安 |
| 19 | 火 | 辛酉 四緑 | 12/25 赤口 |
| 20 | 水 | 壬戌 五黄 | 12/26 先勝 |
| 21 | 木 | 癸亥 六白 | 12/27 友引 |
| 22 | 金 | 甲子 七赤 | 12/28 先負 |
| 23 | 土 | 乙丑 八白 | 12/29 仏滅 |
| 24 | 日 | 丙寅 九紫 | 1/1 先勝 |
| 25 | 月 | 丁卯 一白 | 1/2 友引 |
| 26 | 火 | 戊辰 二黒 | 1/3 先負 |
| 27 | 水 | 己巳 三碧 | 1/4 仏滅 |
| 28 | 木 | 庚午 四緑 | 1/5 大安 |
| 29 | 金 | 辛未 五黄 | 1/6 赤口 |
| 30 | 土 | 壬申 六白 | 1/7 先勝 |
| 31 | 日 | 癸酉 七赤 | 1/8 友引 |

## 2月
（壬寅 八白土星）

| | | | |
|---|---|---|---|
| 1 | 月 | 甲戌 八白 | 1/9 先負 |
| 2 | 火 | 乙亥 九紫 | 1/10 仏滅 |
| 3 | 水 | 丙子 一白 | 1/11 大安 |
| 4 | 木 | 丁丑 二黒 | 1/12 赤口 |
| 5 | 金 | 戊寅 三碧 | 1/13 先勝 |
| 6 | 土 | 己卯 四緑 | 1/14 友引 |
| 7 | 日 | 庚辰 五黄 | 1/15 先負 |
| 8 | 月 | 辛巳 六白 | 1/16 仏滅 |
| 9 | 火 | 壬午 七赤 | 1/17 大安 |
| 10 | 水 | 癸未 八白 | 1/18 赤口 |
| 11 | 木 | 甲申 九紫 | 1/19 先勝 |
| 12 | 金 | 乙酉 一白 | 1/20 友引 |
| 13 | 土 | 丙戌 二黒 | 1/21 先負 |
| 14 | 日 | 丁亥 三碧 | 1/22 仏滅 |
| 15 | 月 | 戊子 四緑 | 1/23 大安 |
| 16 | 火 | 己丑 五黄 | 1/24 赤口 |
| 17 | 水 | 庚寅 六白 | 1/25 先勝 |
| 18 | 木 | 辛卯 七赤 | 1/26 友引 |
| 19 | 金 | 壬辰 八白 | 1/27 先負 |
| 20 | 土 | 癸巳 九紫 | 1/28 仏滅 |
| 21 | 日 | 甲午 一白 | 1/29 大安 |
| 22 | 月 | 乙未 二黒 | 1/30 赤口 |
| 23 | 火 | 丙申 三碧 | 2/1 友引 |
| 24 | 水 | 丁酉 四緑 | 2/2 先負 |
| 25 | 木 | 戊戌 五黄 | 2/3 仏滅 |
| 26 | 金 | 己亥 六白 | 2/4 大安 |
| 27 | 土 | 庚子 七赤 | 2/5 赤口 |
| 28 | 日 | 辛丑 八白 | 2/6 先勝 |

## 3月
（癸卯 七赤金星）

| | | | |
|---|---|---|---|
| 1 | 月 | 壬寅 九紫 | 2/7 友引 |
| 2 | 火 | 癸卯 一白 | 2/8 先負 |
| 3 | 水 | 甲辰 二黒 | 2/9 仏滅 |
| 4 | 木 | 乙巳 三碧 | 2/10 大安 |
| 5 | 金 | 丙午 四緑 | 2/11 赤口 |
| 6 | 土 | 丁未 五黄 | 2/12 先勝 |
| 7 | 日 | 戊申 六白 | 2/13 友引 |
| 8 | 月 | 己酉 七赤 | 2/14 先負 |
| 9 | 火 | 庚戌 八白 | 2/15 仏滅 |
| 10 | 水 | 辛亥 九紫 | 2/16 大安 |
| 11 | 木 | 壬子 一白 | 2/17 赤口 |
| 12 | 金 | 癸丑 二黒 | 2/18 先勝 |
| 13 | 土 | 甲寅 三碧 | 2/19 友引 |
| 14 | 日 | 乙卯 四緑 | 2/20 先負 |
| 15 | 月 | 丙辰 五黄 | 2/21 仏滅 |
| 16 | 火 | 丁巳 六白 | 2/22 大安 |
| 17 | 水 | 戊午 七赤 | 2/23 赤口 |
| 18 | 木 | 己未 八白 | 2/24 先勝 |
| 19 | 金 | 庚申 九紫 | 2/25 友引 |
| 20 | 土 | 辛酉 一白 | 2/26 先負 |
| 21 | 日 | 壬戌 二黒 | 2/27 仏滅 |
| 22 | 月 | 癸亥 三碧 | 2/28 大安 |
| 23 | 火 | 甲子 四緑 | 2/29 赤口 |
| 24 | 水 | 乙丑 五黄 | 3/1 先負 |
| 25 | 木 | 丙寅 六白 | 3/2 仏滅 |
| 26 | 金 | 丁卯 七赤 | 3/3 大安 |
| 27 | 土 | 戊辰 八白 | 3/4 赤口 |
| 28 | 日 | 己巳 九紫 | 3/5 先勝 |
| 29 | 月 | 庚午 一白 | 3/6 友引 |
| 30 | 火 | 辛未 二黒 | 3/7 先負 |
| 31 | 水 | 壬申 三碧 | 3/8 仏滅 |

## 4月
（甲辰 六白金星）

| | | | |
|---|---|---|---|
| 1 | 木 | 癸酉 四緑 | 3/9 大安 |
| 2 | 金 | 甲戌 五黄 | 3/10 赤口 |
| 3 | 土 | 乙亥 六白 | 3/11 先勝 |
| 4 | 日 | 丙子 七赤 | 3/12 友引 |
| 5 | 月 | 丁丑 八白 | 3/13 先負 |
| 6 | 火 | 戊寅 九紫 | 3/14 仏滅 |
| 7 | 水 | 己卯 一白 | 3/15 大安 |
| 8 | 木 | 庚辰 二黒 | 3/16 赤口 |
| 9 | 金 | 辛巳 三碧 | 3/17 先勝 |
| 10 | 土 | 壬午 四緑 | 3/18 友引 |
| 11 | 日 | 癸未 五黄 | 3/19 先負 |
| 12 | 月 | 甲申 六白 | 3/20 仏滅 |
| 13 | 火 | 乙酉 七赤 | 3/21 大安 |
| 14 | 水 | 丙戌 八白 | 3/22 赤口 |
| 15 | 木 | 丁亥 九紫 | 3/23 先勝 |
| 16 | 金 | 戊子 一白 | 3/24 友引 |
| 17 | 土 | 己丑 二黒 | 3/25 先負 |
| 18 | 日 | 庚寅 三碧 | 3/26 仏滅 |
| 19 | 月 | 辛卯 四緑 | 3/27 大安 |
| 20 | 火 | 壬辰 五黄 | 3/28 赤口 |
| 21 | 水 | 癸巳 六白 | 3/29 先勝 |
| 22 | 木 | 甲午 七赤 | 3/30 友引 |
| 23 | 金 | 乙未 八白 | 4/1 仏滅 |
| 24 | 土 | 丙申 九紫 | 4/2 大安 |
| 25 | 日 | 丁酉 一白 | 4/3 赤口 |
| 26 | 月 | 戊戌 二黒 | 4/4 先勝 |
| 27 | 火 | 己亥 三碧 | 4/5 友引 |
| 28 | 水 | 庚子 四緑 | 4/6 先負 |
| 29 | 木 | 辛丑 五黄 | 4/7 仏滅 |
| 30 | 金 | 壬寅 六白 | 4/8 大安 |

**1月**

1. 5［節］小寒
1.16［雑］土用
1.19［節］大寒

**2月**

2. 2［雑］節分
2. 3［節］立春
2.18［節］雨水

**3月**

3. 5［節］啓蟄
3.17［雑］彼岸
3.17［雑］社日
3.20［節］春分

**4月**

4. 4［節］清明
4.16［雑］土用
4.19［節］穀雨

## 5月
（乙巳 五黄土星）

| | | | |
|---|---|---|---|
| 1 | 土 | 癸卯 七赤 | 4/9 赤口 |
| 2 | 日 | 甲辰 八白 | 4/10 先勝 |
| 3 | 月 | 乙巳 九紫 | 4/11 友引 |
| 4 | 火 | 丙午 一白 | 4/12 先負 |
| 5 | 水 | 丁未 二黒 | 4/13 仏滅 |
| 6 | 木 | 戊申 三碧 | 4/14 大安 |
| 7 | 金 | 己酉 四緑 | 4/15 赤口 |
| 8 | 土 | 庚戌 五黄 | 4/16 先勝 |
| 9 | 日 | 辛亥 六白 | 4/17 友引 |
| 10 | 月 | 壬子 七赤 | 4/18 先負 |
| 11 | 火 | 癸丑 八白 | 4/19 仏滅 |
| 12 | 水 | 甲寅 九紫 | 4/20 大安 |
| 13 | 木 | 乙卯 一白 | 4/21 赤口 |
| 14 | 金 | 丙辰 二黒 | 4/22 先勝 |
| 15 | 土 | 丁巳 三碧 | 4/23 友引 |
| 16 | 日 | 戊午 四緑 | 4/24 先負 |
| 17 | 月 | 己未 五黄 | 4/25 仏滅 |
| 18 | 火 | 庚申 六白 | 4/26 大安 |
| 19 | 水 | 辛酉 七赤 | 4/27 赤口 |
| 20 | 木 | 壬戌 八白 | 4/28 先勝 |
| 21 | 金 | 癸亥 九紫 | 4/29 友引 |
| 22 | 土 | 甲子 一白 | 閏4/1 仏滅 |
| 23 | 日 | 乙丑 二黒 | 閏4/2 大安 |
| 24 | 月 | 丙寅 三碧 | 閏4/3 赤口 |
| 25 | 火 | 丁卯 四緑 | 閏4/4 先勝 |
| 26 | 水 | 戊辰 五黄 | 閏4/5 友引 |
| 27 | 木 | 己巳 六白 | 閏4/6 先負 |
| 28 | 金 | 庚午 七赤 | 閏4/7 仏滅 |
| 29 | 土 | 辛未 八白 | 閏4/8 大安 |
| 30 | 日 | 壬申 九紫 | 閏4/9 赤口 |
| 31 | 月 | 癸酉 一白 | 閏4/10 先勝 |

## 6月
（丙午 四緑木星）

| | | | |
|---|---|---|---|
| 1 | 火 | 甲戌 二黒 | 閏4/11 友引 |
| 2 | 水 | 乙亥 三碧 | 閏4/12 先負 |
| 3 | 木 | 丙子 四緑 | 閏4/13 仏滅 |
| 4 | 金 | 丁丑 五黄 | 閏4/14 大安 |
| 5 | 土 | 戊寅 六白 | 閏4/15 赤口 |
| 6 | 日 | 己卯 七赤 | 閏4/16 先勝 |
| 7 | 月 | 庚辰 八白 | 閏4/17 友引 |
| 8 | 火 | 辛巳 九紫 | 閏4/18 先負 |
| 9 | 水 | 壬午 一白 | 閏4/19 仏滅 |
| 10 | 木 | 癸未 二黒 | 閏4/20 大安 |
| 11 | 金 | 甲申 三碧 | 閏4/21 赤口 |
| 12 | 土 | 乙酉 四緑 | 閏4/22 先勝 |
| 13 | 日 | 丙戌 五黄 | 閏4/23 友引 |
| 14 | 月 | 丁亥 六白 | 閏4/24 先負 |
| 15 | 火 | 戊子 七赤 | 閏4/25 仏滅 |
| 16 | 水 | 己丑 八白 | 閏4/26 大安 |
| 17 | 木 | 庚寅 九紫 | 閏4/27 赤口 |
| 18 | 金 | 辛卯 一白 | 閏4/28 先勝 |
| 19 | 土 | 壬辰 二黒 | 閏4/29 友引 |
| 20 | 日 | 癸巳 三碧 | 5/1 大安 |
| 21 | 月 | 甲午 三碧 | 5/2 赤口 |
| 22 | 火 | 乙未 二黒 | 5/3 先勝 |
| 23 | 水 | 丙申 一白 | 5/4 友引 |
| 24 | 木 | 丁酉 九紫 | 5/5 先負 |
| 25 | 金 | 戊戌 八白 | 5/6 仏滅 |
| 26 | 土 | 己亥 七赤 | 5/7 大安 |
| 27 | 日 | 庚子 六白 | 5/8 赤口 |
| 28 | 月 | 辛丑 五黄 | 5/9 先勝 |
| 29 | 火 | 壬寅 四緑 | 5/10 友引 |
| 30 | 水 | 癸卯 三碧 | 5/11 先負 |

## 7月
（丁未 三碧木星）

| | | | |
|---|---|---|---|
| 1 | 木 | 甲辰 二黒 | 5/12 仏滅 |
| 2 | 金 | 乙巳 一白 | 5/13 大安 |
| 3 | 土 | 丙午 九紫 | 5/14 赤口 |
| 4 | 日 | 丁未 八白 | 5/15 先勝 |
| 5 | 月 | 戊申 七赤 | 5/16 友引 |
| 6 | 火 | 己酉 六白 | 5/17 先負 |
| 7 | 水 | 庚戌 五黄 | 5/18 仏滅 |
| 8 | 木 | 辛亥 四緑 | 5/19 大安 |
| 9 | 金 | 壬子 三碧 | 5/20 赤口 |
| 10 | 土 | 癸丑 二黒 | 5/21 先勝 |
| 11 | 日 | 甲寅 一白 | 5/22 友引 |
| 12 | 月 | 乙卯 九紫 | 5/23 先負 |
| 13 | 火 | 丙辰 八白 | 5/24 仏滅 |
| 14 | 水 | 丁巳 七赤 | 5/25 大安 |
| 15 | 木 | 戊午 六白 | 5/26 赤口 |
| 16 | 金 | 己未 五黄 | 5/27 先勝 |
| 17 | 土 | 庚申 四緑 | 5/28 友引 |
| 18 | 日 | 辛酉 三碧 | 5/29 先負 |
| 19 | 月 | 壬戌 二黒 | 5/30 仏滅 |
| 20 | 火 | 癸亥 一白 | 6/1 赤口 |
| 21 | 水 | 甲子 九紫 | 6/2 先勝 |
| 22 | 木 | 乙丑 八白 | 6/3 友引 |
| 23 | 金 | 丙寅 七赤 | 6/4 先負 |
| 24 | 土 | 丁卯 六白 | 6/5 仏滅 |
| 25 | 日 | 戊辰 五黄 | 6/6 大安 |
| 26 | 月 | 己巳 四緑 | 6/7 赤口 |
| 27 | 火 | 庚午 三碧 | 6/8 先勝 |
| 28 | 水 | 辛未 二黒 | 6/9 友引 |
| 29 | 木 | 壬申 一白 | 6/10 先負 |
| 30 | 金 | 癸酉 九紫 | 6/11 仏滅 |
| 31 | 土 | 甲戌 八白 | 6/12 大安 |

## 8月
（戊申 二黒土星）

| | | | |
|---|---|---|---|
| 1 | 日 | 乙亥 七赤 | 6/13 赤口 |
| 2 | 月 | 丙子 六白 | 6/14 先勝 |
| 3 | 火 | 丁丑 五黄 | 6/15 友引 |
| 4 | 水 | 戊寅 四緑 | 6/16 先負 |
| 5 | 木 | 己卯 三碧 | 6/17 仏滅 |
| 6 | 金 | 庚辰 二黒 | 6/18 大安 |
| 7 | 土 | 辛巳 一白 | 6/19 赤口 |
| 8 | 日 | 壬午 九紫 | 6/20 先勝 |
| 9 | 月 | 癸未 八白 | 6/21 友引 |
| 10 | 火 | 甲申 七赤 | 6/22 先負 |
| 11 | 水 | 乙酉 六白 | 6/23 仏滅 |
| 12 | 木 | 丙戌 五黄 | 6/24 大安 |
| 13 | 金 | 丁亥 四緑 | 6/25 赤口 |
| 14 | 土 | 戊子 三碧 | 6/26 先勝 |
| 15 | 日 | 己丑 二黒 | 6/27 友引 |
| 16 | 月 | 庚寅 一白 | 6/28 先負 |
| 17 | 火 | 辛卯 九紫 | 6/29 仏滅 |
| 18 | 水 | 壬辰 八白 | 7/1 先勝 |
| 19 | 木 | 癸巳 七赤 | 7/2 友引 |
| 20 | 金 | 甲午 六白 | 7/3 先負 |
| 21 | 土 | 乙未 五黄 | 7/4 仏滅 |
| 22 | 日 | 丙申 四緑 | 7/5 大安 |
| 23 | 月 | 丁酉 三碧 | 7/6 赤口 |
| 24 | 火 | 戊戌 二黒 | 7/7 先勝 |
| 25 | 水 | 己亥 一白 | 7/8 友引 |
| 26 | 木 | 庚子 九紫 | 7/9 先負 |
| 27 | 金 | 辛丑 八白 | 7/10 仏滅 |
| 28 | 土 | 壬寅 七赤 | 7/11 大安 |
| 29 | 日 | 癸卯 六白 | 7/12 赤口 |
| 30 | 月 | 甲辰 五黄 | 7/13 先勝 |
| 31 | 火 | 乙巳 四緑 | 7/14 友引 |

**5月**

5. 1［雑］八十八夜
5. 5［節］立夏
5.20［節］小満

**6月**

6. 5［節］芒種
6.10［雑］入梅
6.21［節］夏至

**7月**

7. 1［雑］半夏生
7. 6［節］小暑
7.19［雑］土用
7.22［節］大暑

**8月**

8. 7［節］立秋
8.22［節］処暑
8.31［雑］二百十日

## 9月
（己酉 一白水星）

| | | | |
|---|---|---|---|
| 1 | 水 | 丙午 三碧 | 7/15 先負 |
| 2 | 木 | 丁未 二黒 | 7/16 仏滅 |
| 3 | 金 | 戊申 一白 | 7/17 大安 |
| 4 | 土 | 己酉 九紫 | 7/18 赤口 |
| 5 | 日 | 庚戌 八白 | 7/19 先勝 |
| 6 | 月 | 辛亥 七赤 | 7/20 友引 |
| 7 | 火 | 壬子 六白 | 7/21 先負 |
| 8 | 水 | 癸丑 五黄 | 7/22 仏滅 |
| 9 | 木 | 甲寅 四緑 | 7/23 大安 |
| 10 | 金 | 乙卯 三碧 | 7/24 赤口 |
| 11 | 土 | 丙辰 二黒 | 7/25 先勝 |
| 12 | 日 | 丁巳 一白 | 7/26 友引 |
| 13 | 月 | 戊午 九紫 | 7/27 先負 |
| 14 | 火 | 己未 八白 | 7/28 仏滅 |
| 15 | 水 | 庚申 七赤 | 7/29 大安 |
| 16 | 木 | 辛酉 六白 | 7/30 赤口 |
| 17 | 金 | 壬戌 五黄 | 8/1 友引 |
| 18 | 土 | 癸亥 四緑 | 8/2 先負 |
| 19 | 日 | 甲子 三碧 | 8/3 仏滅 |
| 20 | 月 | 乙丑 二黒 | 8/4 大安 |
| 21 | 火 | 丙寅 一白 | 8/5 赤口 |
| 22 | 水 | 丁卯 九紫 | 8/6 先勝 |
| 23 | 木 | 戊辰 八白 | 8/7 友引 |
| 24 | 金 | 己巳 七赤 | 8/8 先負 |
| 25 | 土 | 庚午 六白 | 8/9 仏滅 |
| 26 | 日 | 辛未 五黄 | 8/10 大安 |
| 27 | 月 | 壬申 四緑 | 8/11 赤口 |
| 28 | 火 | 癸酉 三碧 | 8/12 先勝 |
| 29 | 水 | 甲戌 二黒 | 8/13 友引 |
| 30 | 木 | 乙亥 一白 | 8/14 先負 |

## 10月
（庚戌 九紫火星）

| | | | |
|---|---|---|---|
| 1 | 金 | 丙子 九紫 | 8/15 仏滅 |
| 2 | 土 | 丁丑 八白 | 8/16 大安 |
| 3 | 日 | 戊寅 七赤 | 8/17 赤口 |
| 4 | 月 | 己卯 六白 | 8/18 先勝 |
| 5 | 火 | 庚辰 五黄 | 8/19 友引 |
| 6 | 水 | 辛巳 四緑 | 8/20 先負 |
| 7 | 木 | 壬午 三碧 | 8/21 仏滅 |
| 8 | 金 | 癸未 二黒 | 8/22 大安 |
| 9 | 土 | 甲申 一白 | 8/23 赤口 |
| 10 | 日 | 乙酉 九紫 | 8/24 先勝 |
| 11 | 月 | 丙戌 八白 | 8/25 友引 |
| 12 | 火 | 丁亥 七赤 | 8/26 先負 |
| 13 | 水 | 戊子 六白 | 8/27 仏滅 |
| 14 | 木 | 己丑 五黄 | 8/28 大安 |
| 15 | 金 | 庚寅 四緑 | 8/29 赤口 |
| 16 | 土 | 辛卯 三碧 | 8/30 先勝 |
| 17 | 日 | 壬辰 二黒 | 9/1 先負 |
| 18 | 月 | 癸巳 一白 | 9/2 仏滅 |
| 19 | 火 | 甲午 九紫 | 9/3 大安 |
| 20 | 水 | 乙未 八白 | 9/4 赤口 |
| 21 | 木 | 丙申 七赤 | 9/5 先勝 |
| 22 | 金 | 丁酉 六白 | 9/6 友引 |
| 23 | 土 | 戊戌 五黄 | 9/7 先負 |
| 24 | 日 | 己亥 四緑 | 9/8 仏滅 |
| 25 | 月 | 庚子 三碧 | 9/9 大安 |
| 26 | 火 | 辛丑 二黒 | 9/10 赤口 |
| 27 | 水 | 壬寅 一白 | 9/11 先勝 |
| 28 | 木 | 癸卯 九紫 | 9/12 友引 |
| 29 | 金 | 甲辰 八白 | 9/13 先負 |
| 30 | 土 | 乙巳 七赤 | 9/14 仏滅 |
| 31 | 日 | 丙午 六白 | 9/15 大安 |

## 11月
（辛亥 八白土星）

| | | | |
|---|---|---|---|
| 1 | 月 | 丁未 五黄 | 9/16 赤口 |
| 2 | 火 | 戊申 四緑 | 9/17 先勝 |
| 3 | 水 | 己酉 三碧 | 9/18 友引 |
| 4 | 木 | 庚戌 二黒 | 9/19 先負 |
| 5 | 金 | 辛亥 一白 | 9/20 仏滅 |
| 6 | 土 | 壬子 九紫 | 9/21 大安 |
| 7 | 日 | 癸丑 八白 | 9/22 赤口 |
| 8 | 月 | 甲寅 七赤 | 9/23 先勝 |
| 9 | 火 | 乙卯 六白 | 9/24 友引 |
| 10 | 水 | 丙辰 五黄 | 9/25 先負 |
| 11 | 木 | 丁巳 四緑 | 9/26 仏滅 |
| 12 | 金 | 戊午 三碧 | 9/27 大安 |
| 13 | 土 | 己未 二黒 | 9/28 赤口 |
| 14 | 日 | 庚申 一白 | 9/29 先勝 |
| 15 | 月 | 辛酉 九紫 | 9/30 友引 |
| 16 | 火 | 壬戌 八白 | 10/1 仏滅 |
| 17 | 水 | 癸亥 七赤 | 10/2 大安 |
| 18 | 木 | 甲子 六白 | 10/3 赤口 |
| 19 | 金 | 乙丑 五黄 | 10/4 先勝 |
| 20 | 土 | 丙寅 四緑 | 10/5 友引 |
| 21 | 日 | 丁卯 三碧 | 10/6 先負 |
| 22 | 月 | 戊辰 二黒 | 10/7 仏滅 |
| 23 | 火 | 己巳 一白 | 10/8 大安 |
| 24 | 水 | 庚午 九紫 | 10/9 赤口 |
| 25 | 木 | 辛未 八白 | 10/10 先勝 |
| 26 | 金 | 壬申 七赤 | 10/11 友引 |
| 27 | 土 | 癸酉 六白 | 10/12 先負 |
| 28 | 日 | 甲戌 五黄 | 10/13 仏滅 |
| 29 | 月 | 乙亥 四緑 | 10/14 大安 |
| 30 | 火 | 丙子 三碧 | 10/15 赤口 |

## 12月
（壬子 七赤金星）

| | | | |
|---|---|---|---|
| 1 | 水 | 丁丑 二黒 | 10/16 先勝 |
| 2 | 木 | 戊寅 一白 | 10/17 友引 |
| 3 | 金 | 己卯 九紫 | 10/18 先負 |
| 4 | 土 | 庚辰 八白 | 10/19 仏滅 |
| 5 | 日 | 辛巳 七赤 | 10/20 大安 |
| 6 | 月 | 壬午 六白 | 10/21 赤口 |
| 7 | 火 | 癸未 五黄 | 10/22 先勝 |
| 8 | 水 | 甲申 四緑 | 10/23 友引 |
| 9 | 木 | 乙酉 三碧 | 10/24 先負 |
| 10 | 金 | 丙戌 二黒 | 10/25 仏滅 |
| 11 | 土 | 丁亥 一白 | 10/26 大安 |
| 12 | 日 | 戊子 九紫 | 10/27 赤口 |
| 13 | 月 | 己丑 八白 | 10/28 先勝 |
| 14 | 火 | 庚寅 七赤 | 10/29 友引 |
| 15 | 水 | 辛卯 六白 | 11/1 大安 |
| 16 | 木 | 壬辰 五黄 | 11/2 赤口 |
| 17 | 金 | 癸巳 四緑 | 11/3 先勝 |
| 18 | 土 | 甲午 三碧 | 11/4 友引 |
| 19 | 日 | 乙未 二黒 | 11/5 先負 |
| 20 | 月 | 丙申 一白 | 11/6 仏滅 |
| 21 | 火 | 丁酉 九紫 | 11/7 大安 |
| 22 | 水 | 戊戌 八白 | 11/8 赤口 |
| 23 | 木 | 己亥 七赤 | 11/9 先勝 |
| 24 | 金 | 庚子 六白 | 11/10 友引 |
| 25 | 土 | 辛丑 五黄 | 11/11 先負 |
| 26 | 日 | 壬寅 四緑 | 11/12 仏滅 |
| 27 | 月 | 癸卯 三碧 | 11/13 大安 |
| 28 | 火 | 甲辰 二黒 | 11/14 赤口 |
| 29 | 水 | 乙巳 一白 | 11/15 先勝 |
| 30 | 木 | 丙午 九紫 | 11/16 友引 |
| 31 | 金 | 丁未 八白 | 11/17 先負 |

**9月**

9. 7 [節] 白露
9.19 [雑] 彼岸
9.22 [節] 秋分
9.23 [雑] 社日

**10月**

10. 8 [節] 寒露
10.20 [雑] 土用
10.23 [節] 霜降

**11月**

11. 7 [節] 立冬
11.22 [節] 小雪

**12月**

12. 6 [節] 大雪
12.21 [節] 冬至

# 2078

明治 211 年
大正 167 年
昭和 153 年
平成 90 年

戊戌（つちのえいぬ）
三碧木星

生誕・年忌など

1.14 伊豆大島近海地震 100 年
2. 6 トマス・モア生誕 600 年
3. 4 有島武郎生誕 200 年
3.13 上杉謙信没後 500 年
3.15 元慶の乱勃発 1200 年
4. 3 平野謙没後 100 年
4.25 東郷青児没後 100 年
5. 2 A. ハチャトゥリアン没後 100 年
5.14 大久保利通暗殺事件 (紀尾井坂の変)200 年
5.20 新東京国際空港 (成田空港) 開港 100 年
5.27 イサドラ・ダンカン生誕 200 年
5.30 ヴォルテール没後 300 年
6.12 宮城県沖地震 100 年
7. 2 ジャン・ジャック・ルソー没後 300 年
7.25 世界初の試験管ベビー誕生 100 年
古賀政男没後 100 年
8.12 日中平和友好条約調印 100 年
8.23 竹橋事件 200 年
9.22 吉田茂生誕 200 年
11.18 ガイアナ人民寺院事件 100 年
12. 7 与謝野晶子生誕 200 年
12.15 H. カロッサ生誕 200 年

## 2078 年

### 1 月
（癸丑 六白金星）

| | | | |
|---|---|---|---|
| 1 | 土 | 戊申 七赤 | 11/18 仏滅 |
| 2 | 日 | 己酉 六白 | 11/19 大安 |
| 3 | 月 | 庚戌 五黄 | 11/20 赤口 |
| 4 | 火 | 辛亥 四緑 | 11/21 先勝 |
| 5 | 水 | 壬子 三碧 | 11/22 友引 |
| 6 | 木 | 癸丑 二黒 | 11/23 先負 |
| 7 | 金 | 甲寅 一白 | 11/24 仏滅 |
| 8 | 土 | 乙卯 九紫 | 11/25 大安 |
| 9 | 日 | 丙辰 八白 | 11/26 赤口 |
| 10 | 月 | 丁巳 七赤 | 11/27 先勝 |
| 11 | 火 | 戊午 六白 | 11/28 友引 |
| 12 | 水 | 己未 五黄 | 11/29 先負 |
| 13 | 木 | 庚申 四緑 | 11/30 仏滅 |
| 14 | 金 | 辛酉 三碧 | 12/1 赤口 |
| 15 | 土 | 壬戌 二黒 | 12/2 先勝 |
| 16 | 日 | 癸亥 一白 | 12/3 友引 |
| 17 | 月 | 甲子 一白 | 12/4 先負 |
| 18 | 火 | 乙丑 二黒 | 12/5 仏滅 |
| 19 | 水 | 丙寅 三碧 | 12/6 大安 |
| 20 | 木 | 丁卯 四緑 | 12/7 赤口 |
| 21 | 金 | 戊辰 五黄 | 12/8 先勝 |
| 22 | 土 | 己巳 六白 | 12/9 友引 |
| 23 | 日 | 庚午 七赤 | 12/10 先負 |
| 24 | 月 | 辛未 八白 | 12/11 仏滅 |
| 25 | 火 | 壬申 九紫 | 12/12 大安 |
| 26 | 水 | 癸酉 一白 | 12/13 赤口 |
| 27 | 木 | 甲戌 二黒 | 12/14 先勝 |
| 28 | 金 | 乙亥 三碧 | 12/15 友引 |
| 29 | 土 | 丙子 四緑 | 12/16 先負 |
| 30 | 日 | 丁丑 五黄 | 12/17 仏滅 |
| 31 | 月 | 戊寅 六白 | 12/18 大安 |

### 2 月
（甲寅 五黄土星）

| | | | |
|---|---|---|---|
| 1 | 火 | 己卯 七赤 | 12/19 赤口 |
| 2 | 水 | 庚辰 八白 | 12/20 先勝 |
| 3 | 木 | 辛巳 九紫 | 12/21 友引 |
| 4 | 金 | 壬午 一白 | 12/22 先負 |
| 5 | 土 | 癸未 二黒 | 12/23 仏滅 |
| 6 | 日 | 甲申 三碧 | 12/24 大安 |
| 7 | 月 | 乙酉 四緑 | 12/25 赤口 |
| 8 | 火 | 丙戌 五黄 | 12/26 先勝 |
| 9 | 水 | 丁亥 六白 | 12/27 友引 |
| 10 | 木 | 戊子 七赤 | 12/28 先負 |
| 11 | 金 | 己丑 八白 | 12/29 仏滅 |
| 12 | 土 | 庚寅 九紫 | 1/1 先勝 |
| 13 | 日 | 辛卯 一白 | 1/2 友引 |
| 14 | 月 | 壬辰 二黒 | 1/3 先負 |
| 15 | 火 | 癸巳 三碧 | 1/4 仏滅 |
| 16 | 水 | 甲午 四緑 | 1/5 大安 |
| 17 | 木 | 乙未 五黄 | 1/6 赤口 |
| 18 | 金 | 丙申 六白 | 1/7 先勝 |
| 19 | 土 | 丁酉 七赤 | 1/8 友引 |
| 20 | 日 | 戊戌 八白 | 1/9 先負 |
| 21 | 月 | 己亥 九紫 | 1/10 仏滅 |
| 22 | 火 | 庚子 一白 | 1/11 大安 |
| 23 | 水 | 辛丑 二黒 | 1/12 赤口 |
| 24 | 木 | 壬寅 三碧 | 1/13 先勝 |
| 25 | 金 | 癸卯 四緑 | 1/14 友引 |
| 26 | 土 | 甲辰 五黄 | 1/15 先負 |
| 27 | 日 | 乙巳 六白 | 1/16 仏滅 |
| 28 | 月 | 丙午 七赤 | 1/17 大安 |

### 3 月
（乙卯 四緑木星）

| | | | |
|---|---|---|---|
| 1 | 火 | 丁未 八白 | 1/18 赤口 |
| 2 | 水 | 戊申 九紫 | 1/19 先勝 |
| 3 | 木 | 己酉 一白 | 1/20 友引 |
| 4 | 金 | 庚戌 二黒 | 1/21 先負 |
| 5 | 土 | 辛亥 三碧 | 1/22 仏滅 |
| 6 | 日 | 壬子 四緑 | 1/23 大安 |
| 7 | 月 | 癸丑 五黄 | 1/24 赤口 |
| 8 | 火 | 甲寅 六白 | 1/25 先勝 |
| 9 | 水 | 乙卯 七赤 | 1/26 友引 |
| 10 | 木 | 丙辰 八白 | 1/27 先負 |
| 11 | 金 | 丁巳 九紫 | 1/28 仏滅 |
| 12 | 土 | 戊午 一白 | 1/29 大安 |
| 13 | 日 | 己未 二黒 | 1/30 赤口 |
| 14 | 月 | 庚申 三碧 | 2/1 友引 |
| 15 | 火 | 辛酉 四緑 | 2/2 先負 |
| 16 | 水 | 壬戌 五黄 | 2/3 仏滅 |
| 17 | 木 | 癸亥 六白 | 2/4 大安 |
| 18 | 金 | 甲子 七赤 | 2/5 赤口 |
| 19 | 土 | 乙丑 八白 | 2/6 先勝 |
| 20 | 日 | 丙寅 九紫 | 2/7 友引 |
| 21 | 月 | 丁卯 一白 | 2/8 先負 |
| 22 | 火 | 戊辰 二黒 | 2/9 仏滅 |
| 23 | 水 | 己巳 三碧 | 2/10 大安 |
| 24 | 木 | 庚午 四緑 | 2/11 赤口 |
| 25 | 金 | 辛未 五黄 | 2/12 先勝 |
| 26 | 土 | 壬申 六白 | 2/13 友引 |
| 27 | 日 | 癸酉 七赤 | 2/14 先負 |
| 28 | 月 | 甲戌 八白 | 2/15 仏滅 |
| 29 | 火 | 乙亥 九紫 | 2/16 大安 |
| 30 | 水 | 丙子 一白 | 2/17 赤口 |
| 31 | 木 | 丁丑 二黒 | 2/18 先勝 |

### 4 月
（丙辰 三碧木星）

| | | | |
|---|---|---|---|
| 1 | 金 | 戊寅 三碧 | 2/19 友引 |
| 2 | 土 | 己卯 四緑 | 2/20 先負 |
| 3 | 日 | 庚辰 五黄 | 2/21 仏滅 |
| 4 | 月 | 辛巳 六白 | 2/22 大安 |
| 5 | 火 | 壬午 七赤 | 2/23 赤口 |
| 6 | 水 | 癸未 八白 | 2/24 先勝 |
| 7 | 木 | 甲申 九紫 | 2/25 友引 |
| 8 | 金 | 乙酉 一白 | 2/26 先負 |
| 9 | 土 | 丙戌 二黒 | 2/27 仏滅 |
| 10 | 日 | 丁亥 三碧 | 2/28 大安 |
| 11 | 月 | 戊子 四緑 | 2/29 赤口 |
| 12 | 火 | 己丑 五黄 | 3/1 先負 |
| 13 | 水 | 庚寅 六白 | 3/2 仏滅 |
| 14 | 木 | 辛卯 七赤 | 3/3 大安 |
| 15 | 金 | 壬辰 八白 | 3/4 赤口 |
| 16 | 土 | 癸巳 九紫 | 3/5 先勝 |
| 17 | 日 | 甲午 一白 | 3/6 友引 |
| 18 | 月 | 乙未 二黒 | 3/7 先負 |
| 19 | 火 | 丙申 三碧 | 3/8 仏滅 |
| 20 | 水 | 丁酉 四緑 | 3/9 大安 |
| 21 | 木 | 戊戌 五黄 | 3/10 赤口 |
| 22 | 金 | 己亥 六白 | 3/11 先勝 |
| 23 | 土 | 庚子 七赤 | 3/12 友引 |
| 24 | 日 | 辛丑 八白 | 3/13 先負 |
| 25 | 月 | 壬寅 九紫 | 3/14 仏滅 |
| 26 | 火 | 癸卯 一白 | 3/15 大安 |
| 27 | 水 | 甲辰 二黒 | 3/16 赤口 |
| 28 | 木 | 乙巳 三碧 | 3/17 先勝 |
| 29 | 金 | 丙午 四緑 | 3/18 友引 |
| 30 | 土 | 丁未 五黄 | 3/19 先負 |

**1 月**

1. 5 [節] 小寒
1.17 [雑] 土用
1.20 [節] 大寒

**2 月**

2. 2 [雑] 節分
2. 3 [節] 立春
2.18 [節] 雨水

**3 月**

3. 5 [節] 啓蟄
3.17 [雑] 彼岸
3.20 [節] 春分
3.22 [雑] 社日

**4 月**

4. 4 [節] 清明
4.16 [雑] 土用
4.20 [節] 穀雨

## 5月
（丁巳 二黒土星）

| | | | |
|---|---|---|---|
| 1 | 日 | 戊申 六白 | 3/20 仏滅 |
| 2 | 月 | 己酉 七赤 | 3/21 大安 |
| 3 | 火 | 庚戌 八白 | 3/22 赤口 |
| 4 | 水 | 辛亥 九紫 | 3/23 先勝 |
| 5 | 木 | 壬子 一白 | 3/24 友引 |
| 6 | 金 | 癸丑 二黒 | 3/25 先負 |
| 7 | 土 | 甲寅 三碧 | 3/26 仏滅 |
| 8 | 日 | 乙卯 四緑 | 3/27 大安 |
| 9 | 月 | 丙辰 五黄 | 3/28 赤口 |
| 10 | 火 | 丁巳 六白 | 3/29 先勝 |
| 11 | 水 | 戊午 七赤 | 3/30 友引 |
| 12 | 木 | 己未 八白 | 4/1 仏滅 |
| 13 | 金 | 庚申 九紫 | 4/2 大安 |
| 14 | 土 | 辛酉 一白 | 4/3 赤口 |
| 15 | 日 | 壬戌 二黒 | 4/4 先勝 |
| 16 | 月 | 癸亥 三碧 | 4/5 友引 |
| 17 | 火 | 甲子 四緑 | 4/6 先負 |
| 18 | 水 | 乙丑 五黄 | 4/7 仏滅 |
| 19 | 木 | 丙寅 六白 | 4/8 大安 |
| 20 | 金 | 丁卯 七赤 | 4/9 赤口 |
| 21 | 土 | 戊辰 八白 | 4/10 先勝 |
| 22 | 日 | 己巳 九紫 | 4/11 友引 |
| 23 | 月 | 庚午 一白 | 4/12 先負 |
| 24 | 火 | 辛未 二黒 | 4/13 仏滅 |
| 25 | 水 | 壬申 三碧 | 4/14 大安 |
| 26 | 木 | 癸酉 四緑 | 4/15 赤口 |
| 27 | 金 | 甲戌 五黄 | 4/16 先勝 |
| 28 | 土 | 乙亥 六白 | 4/17 友引 |
| 29 | 日 | 丙子 七赤 | 4/18 先負 |
| 30 | 月 | 丁丑 八白 | 4/19 仏滅 |
| 31 | 火 | 戊寅 九紫 | 4/20 大安 |

## 6月
（戊午 一白水星）

| | | | |
|---|---|---|---|
| 1 | 水 | 己卯 一白 | 4/21 赤口 |
| 2 | 木 | 庚辰 二黒 | 4/22 先勝 |
| 3 | 金 | 辛巳 三碧 | 4/23 友引 |
| 4 | 土 | 壬午 四緑 | 4/24 先負 |
| 5 | 日 | 癸未 五黄 | 4/25 仏滅 |
| 6 | 月 | 甲申 六白 | 4/26 大安 |
| 7 | 火 | 乙酉 七赤 | 4/27 赤口 |
| 8 | 水 | 丙戌 八白 | 4/28 先勝 |
| 9 | 木 | 丁亥 九紫 | 4/29 友引 |
| 10 | 金 | 戊子 一白 | 5/1 大安 |
| 11 | 土 | 己丑 二黒 | 5/2 赤口 |
| 12 | 日 | 庚寅 三碧 | 5/3 先勝 |
| 13 | 月 | 辛卯 四緑 | 5/4 友引 |
| 14 | 火 | 壬辰 五黄 | 5/5 先負 |
| 15 | 水 | 癸巳 六白 | 5/6 仏滅 |
| 16 | 木 | 甲午 七赤 | 5/7 大安 |
| 17 | 金 | 乙未 八白 | 5/8 赤口 |
| 18 | 土 | 丙申 九紫 | 5/9 先勝 |
| 19 | 日 | 丁酉 一白 | 5/10 友引 |
| 20 | 月 | 戊戌 二黒 | 5/11 先負 |
| 21 | 火 | 己亥 三碧 | 5/12 仏滅 |
| 22 | 水 | 庚子 四緑 | 5/13 大安 |
| 23 | 木 | 辛丑 五黄 | 5/14 赤口 |
| 24 | 金 | 壬寅 六白 | 5/15 先勝 |
| 25 | 土 | 癸卯 七赤 | 5/16 友引 |
| 26 | 日 | 甲辰 八白 | 5/17 先負 |
| 27 | 月 | 乙巳 九紫 | 5/18 仏滅 |
| 28 | 火 | 丙午 一白 | 5/19 大安 |
| 29 | 水 | 丁未 二黒 | 5/20 赤口 |
| 30 | 木 | 戊申 三碧 | 5/21 先勝 |

## 7月
（己未 九紫火星）

| | | | |
|---|---|---|---|
| 1 | 金 | 己酉 四緑 | 5/22 友引 |
| 2 | 土 | 庚戌 五黄 | 5/23 先負 |
| 3 | 日 | 辛亥 六白 | 5/24 仏滅 |
| 4 | 月 | 壬子 七赤 | 5/25 大安 |
| 5 | 火 | 癸丑 八白 | 5/26 赤口 |
| 6 | 水 | 甲寅 九紫 | 5/27 先勝 |
| 7 | 木 | 乙卯 一白 | 5/28 友引 |
| 8 | 金 | 丙辰 二黒 | 5/29 先負 |
| 9 | 土 | 丁巳 三碧 | 6/1 赤口 |
| 10 | 日 | 戊午 四緑 | 6/2 先勝 |
| 11 | 月 | 己未 五黄 | 6/3 友引 |
| 12 | 火 | 庚申 六白 | 6/4 先負 |
| 13 | 水 | 辛酉 七赤 | 6/5 仏滅 |
| 14 | 木 | 壬戌 八白 | 6/6 大安 |
| 15 | 金 | 癸亥 九紫 | 6/7 赤口 |
| 16 | 土 | 甲子 九紫 | 6/8 先勝 |
| 17 | 日 | 乙丑 八白 | 6/9 友引 |
| 18 | 月 | 丙寅 七赤 | 6/10 先負 |
| 19 | 火 | 丁卯 六白 | 6/11 仏滅 |
| 20 | 水 | 戊辰 五黄 | 6/12 大安 |
| 21 | 木 | 己巳 四緑 | 6/13 赤口 |
| 22 | 金 | 庚午 三碧 | 6/14 先勝 |
| 23 | 土 | 辛未 二黒 | 6/15 友引 |
| 24 | 日 | 壬申 一白 | 6/16 先負 |
| 25 | 月 | 癸酉 九紫 | 6/17 仏滅 |
| 26 | 火 | 甲戌 八白 | 6/18 大安 |
| 27 | 水 | 乙亥 七赤 | 6/19 赤口 |
| 28 | 木 | 丙子 六白 | 6/20 先勝 |
| 29 | 金 | 丁丑 五黄 | 6/21 友引 |
| 30 | 土 | 戊寅 四緑 | 6/22 先負 |
| 31 | 日 | 己卯 三碧 | 6/23 仏滅 |

## 8月
（庚申 八白土星）

| | | | |
|---|---|---|---|
| 1 | 月 | 庚辰 二黒 | 6/24 大安 |
| 2 | 火 | 辛巳 一白 | 6/25 赤口 |
| 3 | 水 | 壬午 九紫 | 6/26 先勝 |
| 4 | 木 | 癸未 八白 | 6/27 友引 |
| 5 | 金 | 甲申 七赤 | 6/28 先負 |
| 6 | 土 | 乙酉 六白 | 6/29 仏滅 |
| 7 | 日 | 丙戌 五黄 | 6/30 大安 |
| 8 | 月 | 丁亥 四緑 | 7/1 先勝 |
| 9 | 火 | 戊子 三碧 | 7/2 友引 |
| 10 | 水 | 己丑 二黒 | 7/3 先負 |
| 11 | 木 | 庚寅 一白 | 7/4 仏滅 |
| 12 | 金 | 辛卯 九紫 | 7/5 大安 |
| 13 | 土 | 壬辰 八白 | 7/6 赤口 |
| 14 | 日 | 癸巳 七赤 | 7/7 先勝 |
| 15 | 月 | 甲午 六白 | 7/8 友引 |
| 16 | 火 | 乙未 五黄 | 7/9 先負 |
| 17 | 水 | 丙申 四緑 | 7/10 仏滅 |
| 18 | 木 | 丁酉 三碧 | 7/11 大安 |
| 19 | 金 | 戊戌 二黒 | 7/12 赤口 |
| 20 | 土 | 己亥 一白 | 7/13 先勝 |
| 21 | 日 | 庚子 九紫 | 7/14 友引 |
| 22 | 月 | 辛丑 八白 | 7/15 先負 |
| 23 | 火 | 壬寅 七赤 | 7/16 仏滅 |
| 24 | 水 | 癸卯 六白 | 7/17 大安 |
| 25 | 木 | 甲辰 五黄 | 7/18 赤口 |
| 26 | 金 | 乙巳 四緑 | 7/19 先勝 |
| 27 | 土 | 丙午 三碧 | 7/20 友引 |
| 28 | 日 | 丁未 二黒 | 7/21 先負 |
| 29 | 月 | 戊申 一白 | 7/22 仏滅 |
| 30 | 火 | 己酉 九紫 | 7/23 大安 |
| 31 | 水 | 庚戌 八白 | 7/24 赤口 |

**5月**

5. 1［雑］八十八夜
5. 5［節］立夏
5.20［節］小満

**6月**

6. 5［節］芒種
6.10［雑］入梅
6.21［節］夏至

**7月**

7. 1［雑］半夏生
7. 7［節］小暑
7.19［雑］土用
7.22［節］大暑

**8月**

8. 7［節］立秋
8.23［節］処暑
8.31［雑］二百十日

## 9 月
（辛酉 七赤金星）

| | | | |
|---|---|---|---|
| 1 | 木 | 辛亥 七赤 | 7/25 先勝 |
| 2 | 金 | 壬子 六白 | 7/26 友引 |
| 3 | 土 | 癸丑 五黄 | 7/27 先負 |
| 4 | 日 | 甲寅 四緑 | 7/28 仏滅 |
| 5 | 月 | 乙卯 三碧 | 7/29 大安 |
| 6 | 火 | 丙辰 二黒 | 8/1 友引 |
| 7 | 水 | 丁巳 一白 | 8/2 先負 |
| 8 | 木 | 戊午 九紫 | 8/3 仏滅 |
| 9 | 金 | 己未 八白 | 8/4 大安 |
| 10 | 土 | 庚申 七赤 | 8/5 赤口 |
| 11 | 日 | 辛酉 六白 | 8/6 先勝 |
| 12 | 月 | 壬戌 五黄 | 8/7 友引 |
| 13 | 火 | 癸亥 四緑 | 8/8 先負 |
| 14 | 水 | 甲子 三碧 | 8/9 仏滅 |
| 15 | 木 | 乙丑 二黒 | 8/10 大安 |
| 16 | 金 | 丙寅 一白 | 8/11 赤口 |
| 17 | 土 | 丁卯 九紫 | 8/12 先勝 |
| 18 | 日 | 戊辰 八白 | 8/13 友引 |
| 19 | 月 | 己巳 七赤 | 8/14 先負 |
| 20 | 火 | 庚午 六白 | 8/15 仏滅 |
| 21 | 水 | 辛未 五黄 | 8/16 大安 |
| 22 | 木 | 壬申 四緑 | 8/17 赤口 |
| 23 | 金 | 癸酉 三碧 | 8/18 先勝 |
| 24 | 土 | 甲戌 二黒 | 8/19 友引 |
| 25 | 日 | 乙亥 一白 | 8/20 先負 |
| 26 | 月 | 丙子 九紫 | 8/21 仏滅 |
| 27 | 火 | 丁丑 八白 | 8/22 大安 |
| 28 | 水 | 戊寅 七赤 | 8/23 赤口 |
| 29 | 木 | 己卯 六白 | 8/24 先勝 |
| 30 | 金 | 庚辰 五黄 | 8/25 友引 |

## 10 月
（壬戌 六白金星）

| | | | |
|---|---|---|---|
| 1 | 土 | 辛巳 四緑 | 8/26 先負 |
| 2 | 日 | 壬午 三碧 | 8/27 仏滅 |
| 3 | 月 | 癸未 二黒 | 8/28 大安 |
| 4 | 火 | 甲申 一白 | 8/29 赤口 |
| 5 | 水 | 乙酉 九紫 | 8/30 先勝 |
| 6 | 木 | 丙戌 八白 | 9/1 先負 |
| 7 | 金 | 丁亥 七赤 | 9/2 仏滅 |
| 8 | 土 | 戊子 六白 | 9/3 大安 |
| 9 | 日 | 己丑 五黄 | 9/4 赤口 |
| 10 | 月 | 庚寅 四緑 | 9/5 先勝 |
| 11 | 火 | 辛卯 三碧 | 9/6 友引 |
| 12 | 水 | 壬辰 二黒 | 9/7 先負 |
| 13 | 木 | 癸巳 一白 | 9/8 仏滅 |
| 14 | 金 | 甲午 九紫 | 9/9 大安 |
| 15 | 土 | 乙未 八白 | 9/10 赤口 |
| 16 | 日 | 丙申 七赤 | 9/11 先勝 |
| 17 | 月 | 丁酉 六白 | 9/12 友引 |
| 18 | 火 | 戊戌 五黄 | 9/13 先負 |
| 19 | 水 | 己亥 四緑 | 9/14 仏滅 |
| 20 | 木 | 庚子 三碧 | 9/15 大安 |
| 21 | 金 | 辛丑 二黒 | 9/16 赤口 |
| 22 | 土 | 壬寅 一白 | 9/17 先勝 |
| 23 | 日 | 癸卯 九紫 | 9/18 友引 |
| 24 | 月 | 甲辰 八白 | 9/19 先負 |
| 25 | 火 | 乙巳 七赤 | 9/20 仏滅 |
| 26 | 水 | 丙午 六白 | 9/21 大安 |
| 27 | 木 | 丁未 五黄 | 9/22 赤口 |
| 28 | 金 | 戊申 四緑 | 9/23 先勝 |
| 29 | 土 | 己酉 三碧 | 9/24 友引 |
| 30 | 日 | 庚戌 二黒 | 9/25 先負 |
| 31 | 月 | 辛亥 一白 | 9/26 仏滅 |

## 11 月
（癸亥 五黄土星）

| | | | |
|---|---|---|---|
| 1 | 火 | 壬子 九紫 | 9/27 大安 |
| 2 | 水 | 癸丑 八白 | 9/28 赤口 |
| 3 | 木 | 甲寅 七赤 | 9/29 先勝 |
| 4 | 金 | 乙卯 六白 | 9/30 友引 |
| 5 | 土 | 丙辰 五黄 | 10/1 仏滅 |
| 6 | 日 | 丁巳 四緑 | 10/2 大安 |
| 7 | 月 | 戊午 三碧 | 10/3 赤口 |
| 8 | 火 | 己未 二黒 | 10/4 先勝 |
| 9 | 水 | 庚申 一白 | 10/5 友引 |
| 10 | 木 | 辛酉 九紫 | 10/6 先負 |
| 11 | 金 | 壬戌 八白 | 10/7 仏滅 |
| 12 | 土 | 癸亥 七赤 | 10/8 大安 |
| 13 | 日 | 甲子 六白 | 10/9 赤口 |
| 14 | 月 | 乙丑 五黄 | 10/10 先勝 |
| 15 | 火 | 丙寅 四緑 | 10/11 友引 |
| 16 | 水 | 丁卯 三碧 | 10/12 先負 |
| 17 | 木 | 戊辰 二黒 | 10/13 仏滅 |
| 18 | 金 | 己巳 一白 | 10/14 大安 |
| 19 | 土 | 庚午 九紫 | 10/15 赤口 |
| 20 | 日 | 辛未 八白 | 10/16 先勝 |
| 21 | 月 | 壬申 七赤 | 10/17 友引 |
| 22 | 火 | 癸酉 六白 | 10/18 先負 |
| 23 | 水 | 甲戌 五黄 | 10/19 仏滅 |
| 24 | 木 | 乙亥 四緑 | 10/20 大安 |
| 25 | 金 | 丙子 三碧 | 10/21 赤口 |
| 26 | 土 | 丁丑 二黒 | 10/22 先勝 |
| 27 | 日 | 戊寅 一白 | 10/23 友引 |
| 28 | 月 | 己卯 九紫 | 10/24 先負 |
| 29 | 火 | 庚辰 八白 | 10/25 仏滅 |
| 30 | 水 | 辛巳 七赤 | 10/26 大安 |

## 12 月
（甲子 四緑木星）

| | | | |
|---|---|---|---|
| 1 | 木 | 壬午 六白 | 10/27 赤口 |
| 2 | 金 | 癸未 五黄 | 10/28 先勝 |
| 3 | 土 | 甲申 四緑 | 10/29 友引 |
| 4 | 日 | 乙酉 三碧 | 11/1 大安 |
| 5 | 月 | 丙戌 二黒 | 11/2 赤口 |
| 6 | 火 | 丁亥 一白 | 11/3 先勝 |
| 7 | 水 | 戊子 九紫 | 11/4 友引 |
| 8 | 木 | 己丑 八白 | 11/5 先負 |
| 9 | 金 | 庚寅 七赤 | 11/6 仏滅 |
| 10 | 土 | 辛卯 六白 | 11/7 大安 |
| 11 | 日 | 壬辰 五黄 | 11/8 赤口 |
| 12 | 月 | 癸巳 四緑 | 11/9 先勝 |
| 13 | 火 | 甲午 三碧 | 11/10 友引 |
| 14 | 水 | 乙未 二黒 | 11/11 先負 |
| 15 | 木 | 丙申 一白 | 11/12 仏滅 |
| 16 | 金 | 丁酉 九紫 | 11/13 大安 |
| 17 | 土 | 戊戌 八白 | 11/14 赤口 |
| 18 | 日 | 己亥 七赤 | 11/15 先勝 |
| 19 | 月 | 庚子 六白 | 11/16 友引 |
| 20 | 火 | 辛丑 五黄 | 11/17 先負 |
| 21 | 水 | 壬寅 四緑 | 11/18 仏滅 |
| 22 | 木 | 癸卯 三碧 | 11/19 大安 |
| 23 | 金 | 甲辰 二黒 | 11/20 赤口 |
| 24 | 土 | 乙巳 一白 | 11/21 先勝 |
| 25 | 日 | 丙午 九紫 | 11/22 友引 |
| 26 | 月 | 丁未 八白 | 11/23 先負 |
| 27 | 火 | 戊申 七赤 | 11/24 仏滅 |
| 28 | 水 | 己酉 六白 | 11/25 大安 |
| 29 | 木 | 庚戌 五黄 | 11/26 赤口 |
| 30 | 金 | 辛亥 四緑 | 11/27 先勝 |
| 31 | 土 | 壬子 三碧 | 11/28 友引 |

**9 月**

9. 7［節］白露
9.18［雑］社日
9.19［雑］彼岸
9.22［節］秋分

**10 月**

10. 8［節］寒露
10.20［雑］土用
10.23［節］霜降

**11 月**

11. 7［節］立冬
11.22［節］小雪

**12 月**

12. 7［節］大雪
12.21［節］冬至

# 2079

明治 212 年
大正 168 年
昭和 154 年
平成 91 年

己亥（つちのとい）
二黒土星

生誕・年忌など

**1. 1** E. フォースター生誕 200 年
米中正式国交樹立 100 年
**1.13** 国公立大学共通一次試験実施 100 年
**1.16** イラン革命 100 年
**2.10** H. ドーミエ没後 200 年
**2.14** J. クック没後 300 年
**2.17** 中越戦争勃発 100 年
**3. 3** 正宗白鳥生誕 200 年
**3.14** A. アインシュタイン生誕 200 年
**3.28** スリーマイル島原発事故 100 年
**4. 4** 琉球の沖縄県移行 200 年
**4. 7** 徳川秀忠生誕 500 年
**5. 3** 英国初の女性首相サッチャー内閣成立 100 年
**5.11** 安土城天守閣完成 500 年
**6.28** 東京サミット初開催 100 年
**7. 1** ソニー「ウォークマン」発売 100 年
**7. 8** 朝永振一郎没後 100 年
**7.17** ニカラグア革命 100 年
**8.24** 滝廉太郎生誕 200 年
中野重治没後 100 年
**8.31** 大正天皇生誕 200 年
**10. 1** 桜島大噴火 300 年
**10.20** 河上肇生誕 200 年
**10.26** 韓国朴大統領射殺事件 100 年
**11. 4** テヘラン米大使館人質事件 100 年
**12. 3** 永井荷風生誕 200 年
**12. 4** T. ホッブズ没後 400 年
**12.18** 平賀源内没後 300 年
P. クレー生誕 200 年
**12.27** ソ連軍アフガニスタン侵攻 100 年
**この年** アリストテレス没後 2400 年
ヴェスヴィオス火山噴火(ポンペイ埋没)2000 年
プリニウス (大プリニウス) 没後 2000 年
和泉式部生誕 1100 年
南宋滅亡 800 年
イプセン「人形の家」初演 200 年
ファーブル「昆虫記」刊行 200 年

2079年

## 1月
（乙丑 三碧木星）

| | | | |
|---|---|---|---|
| 1 | 日 | 癸丑 二黒 | 11/29 先負 |
| 2 | 月 | 甲寅 一白 | 11/30 仏滅 |
| 3 | 火 | 乙卯 九紫 | 12/1 赤口 |
| 4 | 水 | 丙辰 八白 | 12/2 先勝 |
| 5 | 木 | 丁巳 七赤 | 12/3 友引 |
| 6 | 金 | 戊午 六白 | 12/4 先負 |
| 7 | 土 | 己未 五黄 | 12/5 仏滅 |
| 8 | 日 | 庚申 四緑 | 12/6 大安 |
| 9 | 月 | 辛酉 三碧 | 12/7 赤口 |
| 10 | 火 | 壬戌 二黒 | 12/8 先勝 |
| 11 | 水 | 癸亥 一白 | 12/9 友引 |
| 12 | 木 | 甲子 一白 | 12/10 先負 |
| 13 | 金 | 乙丑 二黒 | 12/11 仏滅 |
| 14 | 土 | 丙寅 三碧 | 12/12 大安 |
| 15 | 日 | 丁卯 四緑 | 12/13 赤口 |
| 16 | 月 | 戊辰 五黄 | 12/14 先勝 |
| 17 | 火 | 己巳 六白 | 12/15 友引 |
| 18 | 水 | 庚午 七赤 | 12/16 先負 |
| 19 | 木 | 辛未 八白 | 12/17 仏滅 |
| 20 | 金 | 壬申 九紫 | 12/18 大安 |
| 21 | 土 | 癸酉 一白 | 12/19 赤口 |
| 22 | 日 | 甲戌 二黒 | 12/20 先勝 |
| 23 | 月 | 乙亥 三碧 | 12/21 友引 |
| 24 | 火 | 丙子 四緑 | 12/22 先負 |
| 25 | 水 | 丁丑 五黄 | 12/23 仏滅 |
| 26 | 木 | 戊寅 六白 | 12/24 大安 |
| 27 | 金 | 己卯 七赤 | 12/25 赤口 |
| 28 | 土 | 庚辰 八白 | 12/26 先勝 |
| 29 | 日 | 辛巳 九紫 | 12/27 友引 |
| 30 | 月 | 壬午 一白 | 12/28 先負 |
| 31 | 火 | 癸未 二黒 | 12/29 仏滅 |

## 2月
（丙寅 二黒土星）

| | | | |
|---|---|---|---|
| 1 | 水 | 甲申 三碧 | 12/30 大安 |
| 2 | 木 | 乙酉 四緑 | 1/1 先勝 |
| 3 | 金 | 丙戌 五黄 | 1/2 友引 |
| 4 | 土 | 丁亥 六白 | 1/3 先負 |
| 5 | 日 | 戊子 七赤 | 1/4 仏滅 |
| 6 | 月 | 己丑 八白 | 1/5 大安 |
| 7 | 火 | 庚寅 九紫 | 1/6 赤口 |
| 8 | 水 | 辛卯 一白 | 1/7 先勝 |
| 9 | 木 | 壬辰 二黒 | 1/8 友引 |
| 10 | 金 | 癸巳 三碧 | 1/9 先負 |
| 11 | 土 | 甲午 四緑 | 1/10 仏滅 |
| 12 | 日 | 乙未 五黄 | 1/11 大安 |
| 13 | 月 | 丙申 六白 | 1/12 赤口 |
| 14 | 火 | 丁酉 七赤 | 1/13 先勝 |
| 15 | 水 | 戊戌 八白 | 1/14 友引 |
| 16 | 木 | 己亥 九紫 | 1/15 先負 |
| 17 | 金 | 庚子 一白 | 1/16 仏滅 |
| 18 | 土 | 辛丑 二黒 | 1/17 大安 |
| 19 | 日 | 壬寅 三碧 | 1/18 赤口 |
| 20 | 月 | 癸卯 四緑 | 1/19 先勝 |
| 21 | 火 | 甲辰 五黄 | 1/20 友引 |
| 22 | 水 | 乙巳 六白 | 1/21 先負 |
| 23 | 木 | 丙午 七赤 | 1/22 仏滅 |
| 24 | 金 | 丁未 八白 | 1/23 大安 |
| 25 | 土 | 戊申 九紫 | 1/24 赤口 |
| 26 | 日 | 己酉 一白 | 1/25 先勝 |
| 27 | 月 | 庚戌 二黒 | 1/26 友引 |
| 28 | 火 | 辛亥 三碧 | 1/27 先負 |

## 3月
（丁卯 一白水星）

| | | | |
|---|---|---|---|
| 1 | 水 | 壬子 四緑 | 1/28 仏滅 |
| 2 | 木 | 癸丑 五黄 | 1/29 大安 |
| 3 | 金 | 甲寅 六白 | 2/1 友引 |
| 4 | 土 | 乙卯 七赤 | 2/2 先負 |
| 5 | 日 | 丙辰 八白 | 2/3 仏滅 |
| 6 | 月 | 丁巳 九紫 | 2/4 大安 |
| 7 | 火 | 戊午 一白 | 2/5 赤口 |
| 8 | 水 | 己未 二黒 | 2/6 先勝 |
| 9 | 木 | 庚申 三碧 | 2/7 友引 |
| 10 | 金 | 辛酉 四緑 | 2/8 先負 |
| 11 | 土 | 壬戌 五黄 | 2/9 仏滅 |
| 12 | 日 | 癸亥 六白 | 2/10 大安 |
| 13 | 月 | 甲子 七赤 | 2/11 赤口 |
| 14 | 火 | 乙丑 八白 | 2/12 先勝 |
| 15 | 水 | 丙寅 九紫 | 2/13 友引 |
| 16 | 木 | 丁卯 一白 | 2/14 先負 |
| 17 | 金 | 戊辰 二黒 | 2/15 仏滅 |
| 18 | 土 | 己巳 三碧 | 2/16 大安 |
| 19 | 日 | 庚午 四緑 | 2/17 赤口 |
| 20 | 月 | 辛未 五黄 | 2/18 先勝 |
| 21 | 火 | 壬申 六白 | 2/19 友引 |
| 22 | 水 | 癸酉 七赤 | 2/20 先負 |
| 23 | 木 | 甲戌 八白 | 2/21 仏滅 |
| 24 | 金 | 乙亥 九紫 | 2/22 大安 |
| 25 | 土 | 丙子 一白 | 2/23 赤口 |
| 26 | 日 | 丁丑 二黒 | 2/24 先勝 |
| 27 | 月 | 戊寅 三碧 | 2/25 友引 |
| 28 | 火 | 己卯 四緑 | 2/26 先負 |
| 29 | 水 | 庚辰 五黄 | 2/27 仏滅 |
| 30 | 木 | 辛巳 六白 | 2/28 大安 |
| 31 | 金 | 壬午 七赤 | 2/29 赤口 |

## 4月
（戊辰 九紫火星）

| | | | |
|---|---|---|---|
| 1 | 土 | 癸未 八白 | 2/30 先勝 |
| 2 | 日 | 甲申 九紫 | 3/1 先負 |
| 3 | 月 | 乙酉 一白 | 3/2 仏滅 |
| 4 | 火 | 丙戌 二黒 | 3/3 大安 |
| 5 | 水 | 丁亥 三碧 | 3/4 赤口 |
| 6 | 木 | 戊子 四緑 | 3/5 先勝 |
| 7 | 金 | 己丑 五黄 | 3/6 友引 |
| 8 | 土 | 庚寅 六白 | 3/7 先負 |
| 9 | 日 | 辛卯 七赤 | 3/8 仏滅 |
| 10 | 月 | 壬辰 八白 | 3/9 大安 |
| 11 | 火 | 癸巳 九紫 | 3/10 赤口 |
| 12 | 水 | 甲午 一白 | 3/11 先勝 |
| 13 | 木 | 乙未 二黒 | 3/12 友引 |
| 14 | 金 | 丙申 三碧 | 3/13 先負 |
| 15 | 土 | 丁酉 四緑 | 3/14 仏滅 |
| 16 | 日 | 戊戌 五黄 | 3/15 大安 |
| 17 | 月 | 己亥 六白 | 3/16 赤口 |
| 18 | 火 | 庚子 七赤 | 3/17 先勝 |
| 19 | 水 | 辛丑 八白 | 3/18 友引 |
| 20 | 木 | 壬寅 九紫 | 3/19 先負 |
| 21 | 金 | 癸卯 一白 | 3/20 仏滅 |
| 22 | 土 | 甲辰 二黒 | 3/21 大安 |
| 23 | 日 | 乙巳 三碧 | 3/22 赤口 |
| 24 | 月 | 丙午 四緑 | 3/23 先勝 |
| 25 | 火 | 丁未 五黄 | 3/24 友引 |
| 26 | 水 | 戊申 六白 | 3/25 先負 |
| 27 | 木 | 己酉 七赤 | 3/26 仏滅 |
| 28 | 金 | 庚戌 八白 | 3/27 大安 |
| 29 | 土 | 辛亥 九紫 | 3/28 赤口 |
| 30 | 日 | 壬子 一白 | 3/29 先勝 |

**1月**

1. 5［節］小寒
1.17［雑］土用
1.20［節］大寒

**2月**

2. 3［雑］節分
2. 4［節］立春
2.18［節］雨水

**3月**

3. 5［節］啓蟄
3.17［雑］彼岸
3.17［雑］社日
3.20［節］春分

**4月**

4. 4［節］清明
4.17［雑］土用
4.20［節］穀雨

## 5月
（己巳 八白土星）

| | | | |
|---|---|---|---|
| 1 | 月 | 癸丑 二黒 | 4/1 仏滅 |
| 2 | 火 | 甲寅 三碧 | 4/2 大安 |
| 3 | 水 | 乙卯 四緑 | 4/3 赤口 |
| 4 | 木 | 丙辰 五黄 | 4/4 先勝 |
| 5 | 金 | 丁巳 六白 | 4/5 友引 |
| 6 | 土 | 戊午 七赤 | 4/6 先負 |
| 7 | 日 | 己未 八白 | 4/7 仏滅 |
| 8 | 月 | 庚申 九紫 | 4/8 大安 |
| 9 | 火 | 辛酉 一白 | 4/9 赤口 |
| 10 | 水 | 壬戌 二黒 | 4/10 先勝 |
| 11 | 木 | 癸亥 三碧 | 4/11 友引 |
| 12 | 金 | 甲子 四緑 | 4/12 先負 |
| 13 | 土 | 乙丑 五黄 | 4/13 仏滅 |
| 14 | 日 | 丙寅 六白 | 4/14 大安 |
| 15 | 月 | 丁卯 七赤 | 4/15 赤口 |
| 16 | 火 | 戊辰 八白 | 4/16 先勝 |
| 17 | 水 | 己巳 九紫 | 4/17 友引 |
| 18 | 木 | 庚午 一白 | 4/18 先負 |
| 19 | 金 | 辛未 二黒 | 4/19 仏滅 |
| 20 | 土 | 壬申 三碧 | 4/20 大安 |
| 21 | 日 | 癸酉 四緑 | 4/21 赤口 |
| 22 | 月 | 甲戌 五黄 | 4/22 先勝 |
| 23 | 火 | 乙亥 六白 | 4/23 友引 |
| 24 | 水 | 丙子 七赤 | 4/24 先負 |
| 25 | 木 | 丁丑 八白 | 4/25 仏滅 |
| 26 | 金 | 戊寅 九紫 | 4/26 大安 |
| 27 | 土 | 己卯 一白 | 4/27 赤口 |
| 28 | 日 | 庚辰 二黒 | 4/28 先勝 |
| 29 | 月 | 辛巳 三碧 | 4/29 友引 |
| 30 | 火 | 壬午 四緑 | 4/30 先負 |
| 31 | 水 | 癸未 五黄 | 5/1 大安 |

## 6月
（庚午 七赤金星）

| | | | |
|---|---|---|---|
| 1 | 木 | 甲申 六白 | 5/2 赤口 |
| 2 | 金 | 乙酉 七赤 | 5/3 先勝 |
| 3 | 土 | 丙戌 八白 | 5/4 友引 |
| 4 | 日 | 丁亥 九紫 | 5/5 先負 |
| 5 | 月 | 戊子 一白 | 5/6 仏滅 |
| 6 | 火 | 己丑 二黒 | 5/7 大安 |
| 7 | 水 | 庚寅 三碧 | 5/8 赤口 |
| 8 | 木 | 辛卯 四緑 | 5/9 先勝 |
| 9 | 金 | 壬辰 五黄 | 5/10 友引 |
| 10 | 土 | 癸巳 六白 | 5/11 先負 |
| 11 | 日 | 甲午 七赤 | 5/12 仏滅 |
| 12 | 月 | 乙未 八白 | 5/13 大安 |
| 13 | 火 | 丙申 九紫 | 5/14 赤口 |
| 14 | 水 | 丁酉 一白 | 5/15 先勝 |
| 15 | 木 | 戊戌 二黒 | 5/16 友引 |
| 16 | 金 | 己亥 三碧 | 5/17 先負 |
| 17 | 土 | 庚子 四緑 | 5/18 仏滅 |
| 18 | 日 | 辛丑 五黄 | 5/19 大安 |
| 19 | 月 | 壬寅 六白 | 5/20 赤口 |
| 20 | 火 | 癸卯 七赤 | 5/21 先勝 |
| 21 | 水 | 甲辰 八白 | 5/22 友引 |
| 22 | 木 | 乙巳 九紫 | 5/23 先負 |
| 23 | 金 | 丙午 一白 | 5/24 仏滅 |
| 24 | 土 | 丁未 二黒 | 5/25 大安 |
| 25 | 日 | 戊申 三碧 | 5/26 赤口 |
| 26 | 月 | 己酉 四緑 | 5/27 先勝 |
| 27 | 火 | 庚戌 五黄 | 5/28 友引 |
| 28 | 水 | 辛亥 六白 | 5/29 先負 |
| 29 | 木 | 壬子 七赤 | 6/1 赤口 |
| 30 | 金 | 癸丑 八白 | 6/2 先勝 |

## 7月
（辛未 六白金星）

| | | | |
|---|---|---|---|
| 1 | 土 | 甲寅 九紫 | 6/3 友引 |
| 2 | 日 | 乙卯 一白 | 6/4 先負 |
| 3 | 月 | 丙辰 二黒 | 6/5 仏滅 |
| 4 | 火 | 丁巳 三碧 | 6/6 大安 |
| 5 | 水 | 戊午 四緑 | 6/7 赤口 |
| 6 | 木 | 己未 五黄 | 6/8 先勝 |
| 7 | 金 | 庚申 六白 | 6/9 友引 |
| 8 | 土 | 辛酉 七赤 | 6/10 先負 |
| 9 | 日 | 壬戌 八白 | 6/11 仏滅 |
| 10 | 月 | 癸亥 九紫 | 6/12 大安 |
| 11 | 火 | 甲子 九紫 | 6/13 赤口 |
| 12 | 水 | 乙丑 八白 | 6/14 先勝 |
| 13 | 木 | 丙寅 七赤 | 6/15 友引 |
| 14 | 金 | 丁卯 六白 | 6/16 先負 |
| 15 | 土 | 戊辰 五黄 | 6/17 仏滅 |
| 16 | 日 | 己巳 四緑 | 6/18 大安 |
| 17 | 月 | 庚午 三碧 | 6/19 赤口 |
| 18 | 火 | 辛未 二黒 | 6/20 先勝 |
| 19 | 水 | 壬申 一白 | 6/21 友引 |
| 20 | 木 | 癸酉 九紫 | 6/22 先負 |
| 21 | 金 | 甲戌 八白 | 6/23 仏滅 |
| 22 | 土 | 乙亥 七赤 | 6/24 大安 |
| 23 | 日 | 丙子 六白 | 6/25 赤口 |
| 24 | 月 | 丁丑 五黄 | 6/26 先勝 |
| 25 | 火 | 戊寅 四緑 | 6/27 友引 |
| 26 | 水 | 己卯 三碧 | 6/28 先負 |
| 27 | 木 | 庚辰 二黒 | 6/29 仏滅 |
| 28 | 金 | 辛巳 一白 | 7/1 先勝 |
| 29 | 土 | 壬午 九紫 | 7/2 友引 |
| 30 | 日 | 癸未 八白 | 7/3 先負 |
| 31 | 月 | 甲申 七赤 | 7/4 仏滅 |

## 8月
（壬申 五黄土星）

| | | | |
|---|---|---|---|
| 1 | 火 | 乙酉 六白 | 7/5 大安 |
| 2 | 水 | 丙戌 五黄 | 7/6 赤口 |
| 3 | 木 | 丁亥 四緑 | 7/7 先勝 |
| 4 | 金 | 戊子 三碧 | 7/8 友引 |
| 5 | 土 | 己丑 二黒 | 7/9 先負 |
| 6 | 日 | 庚寅 一白 | 7/10 仏滅 |
| 7 | 月 | 辛卯 九紫 | 7/11 大安 |
| 8 | 火 | 壬辰 八白 | 7/12 赤口 |
| 9 | 水 | 癸巳 七赤 | 7/13 先勝 |
| 10 | 木 | 甲午 六白 | 7/14 友引 |
| 11 | 金 | 乙未 五黄 | 7/15 先負 |
| 12 | 土 | 丙申 四緑 | 7/16 仏滅 |
| 13 | 日 | 丁酉 三碧 | 7/17 大安 |
| 14 | 月 | 戊戌 二黒 | 7/18 赤口 |
| 15 | 火 | 己亥 一白 | 7/19 先勝 |
| 16 | 水 | 庚子 九紫 | 7/20 友引 |
| 17 | 木 | 辛丑 八白 | 7/21 先負 |
| 18 | 金 | 壬寅 七赤 | 7/22 仏滅 |
| 19 | 土 | 癸卯 六白 | 7/23 大安 |
| 20 | 日 | 甲辰 五黄 | 7/24 赤口 |
| 21 | 月 | 乙巳 四緑 | 7/25 先勝 |
| 22 | 火 | 丙午 三碧 | 7/26 友引 |
| 23 | 水 | 丁未 二黒 | 7/27 先負 |
| 24 | 木 | 戊申 一白 | 7/28 仏滅 |
| 25 | 金 | 己酉 九紫 | 7/29 大安 |
| 26 | 土 | 庚戌 八白 | 7/30 赤口 |
| 27 | 日 | 辛亥 七赤 | 8/1 友引 |
| 28 | 月 | 壬子 六白 | 8/2 先負 |
| 29 | 火 | 癸丑 五黄 | 8/3 仏滅 |
| 30 | 水 | 甲寅 四緑 | 8/4 大安 |
| 31 | 木 | 乙卯 三碧 | 8/5 赤口 |

**5月**

5. 2 [雑] 八十八夜
5. 5 [節] 立夏
5.21 [節] 小満

**6月**

6. 5 [節] 芒種
6.11 [雑] 入梅
6.21 [節] 夏至

**7月**

7. 2 [雑] 半夏生
7. 7 [節] 小暑
7.19 [雑] 土用
7.22 [節] 大暑

**8月**

8. 7 [節] 立秋
8.23 [節] 処暑

**2079年**

## 9月
（癸酉 四緑木星）

| | | | |
|---|---|---|---|
| 1 | 金 | 丙辰 二黒 | 8/6 先勝 |
| 2 | 土 | 丁巳 一白 | 8/7 友引 |
| 3 | 日 | 戊午 九紫 | 8/8 先負 |
| 4 | 月 | 己未 八白 | 8/9 仏滅 |
| 5 | 火 | 庚申 七赤 | 8/10 大安 |
| 6 | 水 | 辛酉 六白 | 8/11 赤口 |
| 7 | 木 | 壬戌 五黄 | 8/12 先勝 |
| 8 | 金 | 癸亥 四緑 | 8/13 友引 |
| 9 | 土 | 甲子 三碧 | 8/14 先負 |
| 10 | 日 | 乙丑 二黒 | 8/15 仏滅 |
| 11 | 月 | 丙寅 一白 | 8/16 大安 |
| 12 | 火 | 丁卯 九紫 | 8/17 赤口 |
| 13 | 水 | 戊辰 八白 | 8/18 先勝 |
| 14 | 木 | 己巳 七赤 | 8/19 友引 |
| 15 | 金 | 庚午 六白 | 8/20 先負 |
| 16 | 土 | 辛未 五黄 | 8/21 仏滅 |
| 17 | 日 | 壬申 四緑 | 8/22 大安 |
| 18 | 月 | 癸酉 三碧 | 8/23 赤口 |
| 19 | 火 | 甲戌 二黒 | 8/24 先勝 |
| 20 | 水 | 乙亥 一白 | 8/25 友引 |
| 21 | 木 | 丙子 九紫 | 8/26 先負 |
| 22 | 金 | 丁丑 八白 | 8/27 仏滅 |
| 23 | 土 | 戊寅 七赤 | 8/28 大安 |
| 24 | 日 | 己卯 六白 | 8/29 赤口 |
| 25 | 月 | 庚辰 五黄 | 9/1 先負 |
| 26 | 火 | 辛巳 四緑 | 9/2 仏滅 |
| 27 | 水 | 壬午 三碧 | 9/3 大安 |
| 28 | 木 | 癸未 二黒 | 9/4 赤口 |
| 29 | 金 | 甲申 一白 | 9/5 先勝 |
| 30 | 土 | 乙酉 九紫 | 9/6 友引 |

## 10月
（甲戌 三碧木星）

| | | | |
|---|---|---|---|
| 1 | 日 | 丙戌 八白 | 9/7 先負 |
| 2 | 月 | 丁亥 七赤 | 9/8 仏滅 |
| 3 | 火 | 戊子 六白 | 9/9 大安 |
| 4 | 水 | 己丑 五黄 | 9/10 赤口 |
| 5 | 木 | 庚寅 四緑 | 9/11 先勝 |
| 6 | 金 | 辛卯 三碧 | 9/12 友引 |
| 7 | 土 | 壬辰 二黒 | 9/13 先負 |
| 8 | 日 | 癸巳 一白 | 9/14 仏滅 |
| 9 | 月 | 甲午 九紫 | 9/15 大安 |
| 10 | 火 | 乙未 八白 | 9/16 赤口 |
| 11 | 水 | 丙申 七赤 | 9/17 先勝 |
| 12 | 木 | 丁酉 六白 | 9/18 友引 |
| 13 | 金 | 戊戌 五黄 | 9/19 先負 |
| 14 | 土 | 己亥 四緑 | 9/20 仏滅 |
| 15 | 日 | 庚子 三碧 | 9/21 大安 |
| 16 | 月 | 辛丑 二黒 | 9/22 赤口 |
| 17 | 火 | 壬寅 一白 | 9/23 先勝 |
| 18 | 水 | 癸卯 九紫 | 9/24 友引 |
| 19 | 木 | 甲辰 八白 | 9/25 先負 |
| 20 | 金 | 乙巳 七赤 | 9/26 仏滅 |
| 21 | 土 | 丙午 六白 | 9/27 大安 |
| 22 | 日 | 丁未 五黄 | 9/28 赤口 |
| 23 | 月 | 戊申 四緑 | 9/29 先勝 |
| 24 | 火 | 己酉 三碧 | 9/30 友引 |
| 25 | 水 | 庚戌 二黒 | 10/1 仏滅 |
| 26 | 木 | 辛亥 一白 | 10/2 大安 |
| 27 | 金 | 壬子 九紫 | 10/3 赤口 |
| 28 | 土 | 癸丑 八白 | 10/4 先勝 |
| 29 | 日 | 甲寅 七赤 | 10/5 友引 |
| 30 | 月 | 乙卯 六白 | 10/6 先負 |
| 31 | 火 | 丙辰 五黄 | 10/7 仏滅 |

## 11月
（乙亥 二黒土星）

| | | | |
|---|---|---|---|
| 1 | 水 | 丁巳 四緑 | 10/8 大安 |
| 2 | 木 | 戊午 三碧 | 10/9 赤口 |
| 3 | 金 | 己未 二黒 | 10/10 先勝 |
| 4 | 土 | 庚申 一白 | 10/11 友引 |
| 5 | 日 | 辛酉 九紫 | 10/12 先負 |
| 6 | 月 | 壬戌 八白 | 10/13 仏滅 |
| 7 | 火 | 癸亥 七赤 | 10/14 大安 |
| 8 | 水 | 甲子 六白 | 10/15 赤口 |
| 9 | 木 | 乙丑 五黄 | 10/16 先勝 |
| 10 | 金 | 丙寅 四緑 | 10/17 友引 |
| 11 | 土 | 丁卯 三碧 | 10/18 先負 |
| 12 | 日 | 戊辰 二黒 | 10/19 仏滅 |
| 13 | 月 | 己巳 一白 | 10/20 大安 |
| 14 | 火 | 庚午 九紫 | 10/21 赤口 |
| 15 | 水 | 辛未 八白 | 10/22 先勝 |
| 16 | 木 | 壬申 七赤 | 10/23 友引 |
| 17 | 金 | 癸酉 六白 | 10/24 先負 |
| 18 | 土 | 甲戌 五黄 | 10/25 仏滅 |
| 19 | 日 | 乙亥 四緑 | 10/26 大安 |
| 20 | 月 | 丙子 三碧 | 10/27 赤口 |
| 21 | 火 | 丁丑 二黒 | 10/28 先勝 |
| 22 | 水 | 戊寅 一白 | 10/29 友引 |
| 23 | 木 | 己卯 九紫 | 11/1 大安 |
| 24 | 金 | 庚辰 八白 | 11/2 赤口 |
| 25 | 土 | 辛巳 七赤 | 11/3 先勝 |
| 26 | 日 | 壬午 六白 | 11/4 友引 |
| 27 | 月 | 癸未 五黄 | 11/5 先負 |
| 28 | 火 | 甲申 四緑 | 11/6 仏滅 |
| 29 | 水 | 乙酉 三碧 | 11/7 大安 |
| 30 | 木 | 丙戌 二黒 | 11/8 赤口 |

## 12月
（丙子 一白水星）

| | | | |
|---|---|---|---|
| 1 | 金 | 丁亥 一白 | 11/9 先勝 |
| 2 | 土 | 戊子 九紫 | 11/10 友引 |
| 3 | 日 | 己丑 八白 | 11/11 先負 |
| 4 | 月 | 庚寅 七赤 | 11/12 仏滅 |
| 5 | 火 | 辛卯 六白 | 11/13 大安 |
| 6 | 水 | 壬辰 五黄 | 11/14 赤口 |
| 7 | 木 | 癸巳 四緑 | 11/15 先勝 |
| 8 | 金 | 甲午 三碧 | 11/16 友引 |
| 9 | 土 | 乙未 二黒 | 11/17 先負 |
| 10 | 日 | 丙申 一白 | 11/18 仏滅 |
| 11 | 月 | 丁酉 九紫 | 11/19 大安 |
| 12 | 火 | 戊戌 八白 | 11/20 赤口 |
| 13 | 水 | 己亥 七赤 | 11/21 先勝 |
| 14 | 木 | 庚子 六白 | 11/22 友引 |
| 15 | 金 | 辛丑 五黄 | 11/23 先負 |
| 16 | 土 | 壬寅 四緑 | 11/24 仏滅 |
| 17 | 日 | 癸卯 三碧 | 11/25 大安 |
| 18 | 月 | 甲辰 二黒 | 11/26 赤口 |
| 19 | 火 | 乙巳 一白 | 11/27 先勝 |
| 20 | 水 | 丙午 九紫 | 11/28 友引 |
| 21 | 木 | 丁未 八白 | 11/29 先負 |
| 22 | 金 | 戊申 七赤 | 11/30 仏滅 |
| 23 | 土 | 己酉 六白 | 12/1 赤口 |
| 24 | 日 | 庚戌 五黄 | 12/2 先勝 |
| 25 | 月 | 辛亥 四緑 | 12/3 友引 |
| 26 | 火 | 壬子 三碧 | 12/4 先負 |
| 27 | 水 | 癸丑 二黒 | 12/5 仏滅 |
| 28 | 木 | 甲寅 一白 | 12/6 大安 |
| 29 | 金 | 乙卯 九紫 | 12/7 赤口 |
| 30 | 土 | 丙辰 八白 | 12/8 先勝 |
| 31 | 日 | 丁巳 七赤 | 12/9 友引 |

**9月**

9. 1［雑］二百十日
9. 7［節］白露
9.20［雑］彼岸
9.23［節］秋分
9.23［雑］社日

**10月**

10. 8［節］寒露
10.20［雑］土用
10.23［節］霜降

**11月**

11. 7［節］立冬
11.22［節］小雪

**12月**

12. 7［節］大雪
12.22［節］冬至

# 2080

明治 213 年
大正 169 年
昭和 155 年
平成 92 年

庚子（かのえね）
一白水星

## 生誕・年忌など

1. 8 黒田三郎没後 100 年
1.13 西独「緑の党」創立 100 年
1.26 D. マッカーサー生誕 200 年
エジプトとイスラエルの国交樹立 100 年
2.15 新田次郎没後 100 年
3.13 英・ダービー開催 300 年
4.15 J.P. サルトル没後 100 年
4.29 A. ヒッチコック没後 100 年
5. 4 B. タウト生誕 200 年
5. 8 G. フローベール没後 200 年
5.18 韓国光州事件 100 年
米・セントヘレンズ山大噴火 100 年
5.26 宇治平等院の戦い 900 年
5.28 在原業平没後 1200 年
6. 1 K. クラウゼヴィッツ生誕 300 年
6. 7 ヘンリー・ミラー没後 100 年
7.14 後鳥羽天皇生誕 900 年
8.12 立原正秋没後 100 年
8.24 石橋山の戦い 900 年
8.26 G. アポリネール生誕 200 年
9.17 ポーランド「連帯」発足 100 年
9.22 イラン・イラク戦争勃発 100 年
10.20 富士川の戦い 900 年
11. 6 R. ムージル生誕 200 年
11. 7 越路吹雪没後 100 年
11.29 マリア・テレジア没後 300 年
12. 8 元ビートルズのジョン・レノン暗殺 100 年
12.16 第 1 次ボーア戦争勃発 200 年
12.28 南都焼き打ち 900 年
この年 秦の始皇帝・中国統一 2300 年
F. マゼラン生誕 600 年

# 2080 年

## 1 月
（丁丑 九紫火星）

| 日 | 曜 | 干支 九星 | 旧暦 六曜 |
|---|---|---|---|
| 1 | 月 | 戊午 六白 | 12/10 先負 |
| 2 | 火 | 己未 五黄 | 12/11 仏滅 |
| 3 | 水 | 庚申 四緑 | 12/12 大安 |
| 4 | 木 | 辛酉 三碧 | 12/13 赤口 |
| 5 | 金 | 壬戌 二黒 | 12/14 先勝 |
| 6 | 土 | 癸亥 一白 | 12/15 友引 |
| 7 | 日 | 甲子 一白 | 12/16 先負 |
| 8 | 月 | 乙丑 二黒 | 12/17 仏滅 |
| 9 | 火 | 丙寅 三碧 | 12/18 大安 |
| 10 | 水 | 丁卯 四緑 | 12/19 赤口 |
| 11 | 木 | 戊辰 五黄 | 12/20 先勝 |
| 12 | 金 | 己巳 六白 | 12/21 友引 |
| 13 | 土 | 庚午 七赤 | 12/22 先負 |
| 14 | 日 | 辛未 八白 | 12/23 仏滅 |
| 15 | 月 | 壬申 九紫 | 12/24 大安 |
| 16 | 火 | 癸酉 一白 | 12/25 赤口 |
| 17 | 水 | 甲戌 二黒 | 12/26 先勝 |
| 18 | 木 | 乙亥 三碧 | 12/27 友引 |
| 19 | 金 | 丙子 四緑 | 12/28 先負 |
| 20 | 土 | 丁丑 五黄 | 12/29 仏滅 |
| 21 | 日 | 戊寅 六白 | 12/30 大安 |
| 22 | 月 | 己卯 七赤 | 1/1 先勝 |
| 23 | 火 | 庚辰 八白 | 1/2 友引 |
| 24 | 水 | 辛巳 九紫 | 1/3 先負 |
| 25 | 木 | 壬午 一白 | 1/4 仏滅 |
| 26 | 金 | 癸未 二黒 | 1/5 大安 |
| 27 | 土 | 甲申 三碧 | 1/6 赤口 |
| 28 | 日 | 乙酉 四緑 | 1/7 先勝 |
| 29 | 月 | 丙戌 五黄 | 1/8 友引 |
| 30 | 火 | 丁亥 六白 | 1/9 先負 |
| 31 | 水 | 戊子 七赤 | 1/10 仏滅 |

## 2 月
（戊寅 八白土星）

| 日 | 曜 | 干支 九星 | 旧暦 六曜 |
|---|---|---|---|
| 1 | 木 | 己丑 八白 | 1/11 大安 |
| 2 | 金 | 庚寅 九紫 | 1/12 赤口 |
| 3 | 土 | 辛卯 一白 | 1/13 先勝 |
| 4 | 日 | 壬辰 二黒 | 1/14 友引 |
| 5 | 月 | 癸巳 三碧 | 1/15 先負 |
| 6 | 火 | 甲午 四緑 | 1/16 仏滅 |
| 7 | 水 | 乙未 五黄 | 1/17 大安 |
| 8 | 木 | 丙申 六白 | 1/18 赤口 |
| 9 | 金 | 丁酉 七赤 | 1/19 先勝 |
| 10 | 土 | 戊戌 八白 | 1/20 友引 |
| 11 | 日 | 己亥 九紫 | 1/21 先負 |
| 12 | 月 | 庚子 一白 | 1/22 仏滅 |
| 13 | 火 | 辛丑 二黒 | 1/23 大安 |
| 14 | 水 | 壬寅 三碧 | 1/24 赤口 |
| 15 | 木 | 癸卯 四緑 | 1/25 先勝 |
| 16 | 金 | 甲辰 五黄 | 1/26 友引 |
| 17 | 土 | 乙巳 六白 | 1/27 先負 |
| 18 | 日 | 丙午 七赤 | 1/28 仏滅 |
| 19 | 月 | 丁未 八白 | 1/29 大安 |
| 20 | 火 | 戊申 九紫 | 1/30 赤口 |
| 21 | 水 | 己酉 一白 | 2/1 友引 |
| 22 | 木 | 庚戌 二黒 | 2/2 先負 |
| 23 | 金 | 辛亥 三碧 | 2/3 仏滅 |
| 24 | 土 | 壬子 四緑 | 2/4 大安 |
| 25 | 日 | 癸丑 五黄 | 2/5 赤口 |
| 26 | 月 | 甲寅 六白 | 2/6 先勝 |
| 27 | 火 | 乙卯 七赤 | 2/7 友引 |
| 28 | 水 | 丙辰 八白 | 2/8 先負 |
| 29 | 木 | 丁巳 九紫 | 2/9 仏滅 |

## 3 月
（己卯 七赤金星）

| 日 | 曜 | 干支 九星 | 旧暦 六曜 |
|---|---|---|---|
| 1 | 金 | 戊午 一白 | 2/10 大安 |
| 2 | 土 | 己未 二黒 | 2/11 赤口 |
| 3 | 日 | 庚申 三碧 | 2/12 先勝 |
| 4 | 月 | 辛酉 四緑 | 2/13 友引 |
| 5 | 火 | 壬戌 五黄 | 2/14 先負 |
| 6 | 水 | 癸亥 六白 | 2/15 仏滅 |
| 7 | 木 | 甲子 七赤 | 2/16 大安 |
| 8 | 金 | 乙丑 八白 | 2/17 赤口 |
| 9 | 土 | 丙寅 九紫 | 2/18 先勝 |
| 10 | 日 | 丁卯 一白 | 2/19 友引 |
| 11 | 月 | 戊辰 二黒 | 2/20 先負 |
| 12 | 火 | 己巳 三碧 | 2/21 仏滅 |
| 13 | 水 | 庚午 四緑 | 2/22 大安 |
| 14 | 木 | 辛未 五黄 | 2/23 赤口 |
| 15 | 金 | 壬申 六白 | 2/24 先勝 |
| 16 | 土 | 癸酉 七赤 | 2/25 友引 |
| 17 | 日 | 甲戌 八白 | 2/26 先負 |
| 18 | 月 | 乙亥 九紫 | 2/27 仏滅 |
| 19 | 火 | 丙子 一白 | 2/28 大安 |
| 20 | 水 | 丁丑 二黒 | 2/29 赤口 |
| 21 | 木 | 戊寅 三碧 | 3/1 先負 |
| 22 | 金 | 己卯 四緑 | 3/2 仏滅 |
| 23 | 土 | 庚辰 五黄 | 3/3 大安 |
| 24 | 日 | 辛巳 六白 | 3/4 赤口 |
| 25 | 月 | 壬午 七赤 | 3/5 先勝 |
| 26 | 火 | 癸未 八白 | 3/6 友引 |
| 27 | 水 | 甲申 九紫 | 3/7 先負 |
| 28 | 木 | 乙酉 一白 | 3/8 仏滅 |
| 29 | 金 | 丙戌 二黒 | 3/9 大安 |
| 30 | 土 | 丁亥 三碧 | 3/10 赤口 |
| 31 | 日 | 戊子 四緑 | 3/11 先勝 |

## 4 月
（庚辰 六白金星）

| 日 | 曜 | 干支 九星 | 旧暦 六曜 |
|---|---|---|---|
| 1 | 月 | 己丑 五黄 | 3/12 友引 |
| 2 | 火 | 庚寅 六白 | 3/13 先負 |
| 3 | 水 | 辛卯 七赤 | 3/14 仏滅 |
| 4 | 木 | 壬辰 八白 | 3/15 大安 |
| 5 | 金 | 癸巳 九紫 | 3/16 赤口 |
| 6 | 土 | 甲午 一白 | 3/17 先勝 |
| 7 | 日 | 乙未 二黒 | 3/18 友引 |
| 8 | 月 | 丙申 三碧 | 3/19 先負 |
| 9 | 火 | 丁酉 四緑 | 3/20 仏滅 |
| 10 | 水 | 戊戌 五黄 | 3/21 大安 |
| 11 | 木 | 己亥 六白 | 3/22 赤口 |
| 12 | 金 | 庚子 七赤 | 3/23 先勝 |
| 13 | 土 | 辛丑 八白 | 3/24 友引 |
| 14 | 日 | 壬寅 九紫 | 3/25 先負 |
| 15 | 月 | 癸卯 一白 | 3/26 仏滅 |
| 16 | 火 | 甲辰 二黒 | 3/27 大安 |
| 17 | 水 | 乙巳 三碧 | 3/28 赤口 |
| 18 | 木 | 丙午 四緑 | 3/29 先勝 |
| 19 | 金 | 丁未 五黄 | 3/30 友引 |
| 20 | 土 | 戊申 六白 | 閏3/1 先負 |
| 21 | 日 | 己酉 七赤 | 閏3/2 仏滅 |
| 22 | 月 | 庚戌 八白 | 閏3/3 大安 |
| 23 | 火 | 辛亥 九紫 | 閏3/4 赤口 |
| 24 | 水 | 壬子 一白 | 閏3/5 先勝 |
| 25 | 木 | 癸丑 二黒 | 閏3/6 友引 |
| 26 | 金 | 甲寅 三碧 | 閏3/7 先負 |
| 27 | 土 | 乙卯 四緑 | 閏3/8 仏滅 |
| 28 | 日 | 丙辰 五黄 | 閏3/9 大安 |
| 29 | 月 | 丁巳 六白 | 閏3/10 赤口 |
| 30 | 火 | 戊午 七赤 | 閏3/11 先勝 |

### 1 月
1. 5 [節] 小寒
1.17 [雑] 土用
1.20 [節] 大寒

### 2 月
2. 3 [雑] 節分
2. 4 [節] 立春
2.19 [節] 雨水

### 3 月
3. 5 [節] 啓蟄
3.17 [雑] 彼岸
3.20 [節] 春分
3.21 [雑] 社日

### 4 月
4. 4 [節] 清明
4.16 [雑] 土用
4.19 [節] 穀雨

## 5月
（辛巳 五黄土星）

| | | | |
|---|---|---|---|
| 1 | 水 | 己未 八白 | 閏3/12 友引 |
| 2 | 木 | 庚申 九紫 | 閏3/13 先負 |
| 3 | 金 | 辛酉 一白 | 閏3/14 仏滅 |
| 4 | 土 | 壬戌 二黒 | 閏3/15 大安 |
| 5 | 日 | 癸亥 三碧 | 閏3/16 赤口 |
| 6 | 月 | 甲子 四緑 | 閏3/17 先勝 |
| 7 | 火 | 乙丑 五黄 | 閏3/18 友引 |
| 8 | 水 | 丙寅 六白 | 閏3/19 先負 |
| 9 | 木 | 丁卯 七赤 | 閏3/20 仏滅 |
| 10 | 金 | 戊辰 八白 | 閏3/21 大安 |
| 11 | 土 | 己巳 九紫 | 閏3/22 赤口 |
| 12 | 日 | 庚午 一白 | 閏3/23 先勝 |
| 13 | 月 | 辛未 二黒 | 閏3/24 友引 |
| 14 | 火 | 壬申 三碧 | 閏3/25 先負 |
| 15 | 水 | 癸酉 四緑 | 閏3/26 仏滅 |
| 16 | 木 | 甲戌 五黄 | 閏3/27 大安 |
| 17 | 金 | 乙亥 六白 | 閏3/28 赤口 |
| 18 | 土 | 丙子 七赤 | 閏3/29 先勝 |
| 19 | 日 | 丁丑 八白 | 4/1 仏滅 |
| 20 | 月 | 戊寅 九紫 | 4/2 大安 |
| 21 | 火 | 己卯 一白 | 4/3 赤口 |
| 22 | 水 | 庚辰 二黒 | 4/4 先勝 |
| 23 | 木 | 辛巳 三碧 | 4/5 友引 |
| 24 | 金 | 壬午 四緑 | 4/6 先負 |
| 25 | 土 | 癸未 五黄 | 4/7 仏滅 |
| 26 | 日 | 甲申 六白 | 4/8 大安 |
| 27 | 月 | 乙酉 七赤 | 4/9 赤口 |
| 28 | 火 | 丙戌 八白 | 4/10 先勝 |
| 29 | 水 | 丁亥 九紫 | 4/11 友引 |
| 30 | 木 | 戊子 一白 | 4/12 先負 |
| 31 | 金 | 己丑 二黒 | 4/13 仏滅 |

## 6月
（壬午 四緑木星）

| | | | |
|---|---|---|---|
| 1 | 土 | 庚寅 三碧 | 4/14 大安 |
| 2 | 日 | 辛卯 四緑 | 4/15 赤口 |
| 3 | 月 | 壬辰 五黄 | 4/16 先勝 |
| 4 | 火 | 癸巳 六白 | 4/17 友引 |
| 5 | 水 | 甲午 七赤 | 4/18 先負 |
| 6 | 木 | 乙未 八白 | 4/19 仏滅 |
| 7 | 金 | 丙申 九紫 | 4/20 大安 |
| 8 | 土 | 丁酉 一白 | 4/21 赤口 |
| 9 | 日 | 戊戌 二黒 | 4/22 先勝 |
| 10 | 月 | 己亥 三碧 | 4/23 友引 |
| 11 | 火 | 庚子 四緑 | 4/24 先負 |
| 12 | 水 | 辛丑 五黄 | 4/25 仏滅 |
| 13 | 木 | 壬寅 六白 | 4/26 大安 |
| 14 | 金 | 癸卯 七赤 | 4/27 赤口 |
| 15 | 土 | 甲辰 八白 | 4/28 先勝 |
| 16 | 日 | 乙巳 九紫 | 4/29 友引 |
| 17 | 月 | 丙午 一白 | 4/30 先負 |
| 18 | 火 | 丁未 二黒 | 5/1 大安 |
| 19 | 水 | 戊申 三碧 | 5/2 赤口 |
| 20 | 木 | 己酉 四緑 | 5/3 先勝 |
| 21 | 金 | 庚戌 五黄 | 5/4 友引 |
| 22 | 土 | 辛亥 六白 | 5/5 先負 |
| 23 | 日 | 壬子 七赤 | 5/6 仏滅 |
| 24 | 月 | 癸丑 八白 | 5/7 大安 |
| 25 | 火 | 甲寅 九紫 | 5/8 赤口 |
| 26 | 水 | 乙卯 一白 | 5/9 先勝 |
| 27 | 木 | 丙辰 二黒 | 5/10 友引 |
| 28 | 金 | 丁巳 三碧 | 5/11 先負 |
| 29 | 土 | 戊午 四緑 | 5/12 仏滅 |
| 30 | 日 | 己未 五黄 | 5/13 大安 |

## 7月
（癸未 三碧木星）

| | | | |
|---|---|---|---|
| 1 | 月 | 庚申 六白 | 5/14 赤口 |
| 2 | 火 | 辛酉 七赤 | 5/15 先勝 |
| 3 | 水 | 壬戌 八白 | 5/16 友引 |
| 4 | 木 | 癸亥 九紫 | 5/17 先負 |
| 5 | 金 | 甲子 九紫 | 5/18 仏滅 |
| 6 | 土 | 乙丑 八白 | 5/19 大安 |
| 7 | 日 | 丙寅 七赤 | 5/20 赤口 |
| 8 | 月 | 丁卯 六白 | 5/21 先勝 |
| 9 | 火 | 戊辰 五黄 | 5/22 友引 |
| 10 | 水 | 己巳 四緑 | 5/23 先負 |
| 11 | 木 | 庚午 三碧 | 5/24 仏滅 |
| 12 | 金 | 辛未 二黒 | 5/25 大安 |
| 13 | 土 | 壬申 一白 | 5/26 赤口 |
| 14 | 日 | 癸酉 九紫 | 5/27 先勝 |
| 15 | 月 | 甲戌 八白 | 5/28 友引 |
| 16 | 火 | 乙亥 七赤 | 5/29 先負 |
| 17 | 水 | 丙子 六白 | 6/1 赤口 |
| 18 | 木 | 丁丑 五黄 | 6/2 先勝 |
| 19 | 金 | 戊寅 四緑 | 6/3 友引 |
| 20 | 土 | 己卯 三碧 | 6/4 先負 |
| 21 | 日 | 庚辰 二黒 | 6/5 仏滅 |
| 22 | 月 | 辛巳 一白 | 6/6 大安 |
| 23 | 火 | 壬午 九紫 | 6/7 赤口 |
| 24 | 水 | 癸未 八白 | 6/8 先勝 |
| 25 | 木 | 甲申 七赤 | 6/9 友引 |
| 26 | 金 | 乙酉 六白 | 6/10 先負 |
| 27 | 土 | 丙戌 五黄 | 6/11 仏滅 |
| 28 | 日 | 丁亥 四緑 | 6/12 大安 |
| 29 | 月 | 戊子 三碧 | 6/13 赤口 |
| 30 | 火 | 己丑 二黒 | 6/14 先勝 |
| 31 | 水 | 庚寅 一白 | 6/15 友引 |

## 8月
（甲申 二黒土星）

| | | | |
|---|---|---|---|
| 1 | 木 | 辛卯 九紫 | 6/16 先負 |
| 2 | 金 | 壬辰 八白 | 6/17 仏滅 |
| 3 | 土 | 癸巳 七赤 | 6/18 大安 |
| 4 | 日 | 甲午 六白 | 6/19 赤口 |
| 5 | 月 | 乙未 五黄 | 6/20 先勝 |
| 6 | 火 | 丙申 四緑 | 6/21 友引 |
| 7 | 水 | 丁酉 三碧 | 6/22 先負 |
| 8 | 木 | 戊戌 二黒 | 6/23 仏滅 |
| 9 | 金 | 己亥 一白 | 6/24 大安 |
| 10 | 土 | 庚子 九紫 | 6/25 赤口 |
| 11 | 日 | 辛丑 八白 | 6/26 先勝 |
| 12 | 月 | 壬寅 七赤 | 6/27 友引 |
| 13 | 火 | 癸卯 六白 | 6/28 先負 |
| 14 | 水 | 甲辰 五黄 | 6/29 仏滅 |
| 15 | 木 | 乙巳 四緑 | 7/1 先勝 |
| 16 | 金 | 丙午 三碧 | 7/2 友引 |
| 17 | 土 | 丁未 二黒 | 7/3 先負 |
| 18 | 日 | 戊申 一白 | 7/4 仏滅 |
| 19 | 月 | 己酉 九紫 | 7/5 大安 |
| 20 | 火 | 庚戌 八白 | 7/6 赤口 |
| 21 | 水 | 辛亥 七赤 | 7/7 先勝 |
| 22 | 木 | 壬子 六白 | 7/8 友引 |
| 23 | 金 | 癸丑 五黄 | 7/9 先負 |
| 24 | 土 | 甲寅 四緑 | 7/10 仏滅 |
| 25 | 日 | 乙卯 三碧 | 7/11 大安 |
| 26 | 月 | 丙辰 二黒 | 7/12 赤口 |
| 27 | 火 | 丁巳 一白 | 7/13 先勝 |
| 28 | 水 | 戊午 九紫 | 7/14 友引 |
| 29 | 木 | 己未 八白 | 7/15 先負 |
| 30 | 金 | 庚申 七赤 | 7/16 仏滅 |
| 31 | 土 | 辛酉 六白 | 7/17 大安 |

**5月**

5. 1［雑］八十八夜
5. 4［節］立夏
5.20［節］小満

**6月**

6. 5［節］芒種
6.10［雑］入梅
6.20［節］夏至

**7月**

7. 1［雑］半夏生
7. 6［節］小暑
7.19［雑］土用
7.22［節］大暑

**8月**

8. 6［節］立秋
8.22［節］処暑
8.31［雑］二百十日

## 9 月
（乙酉 一白水星）

| | | | |
|---|---|---|---|
| 1 | 日 | 壬戌 五黄 | 7/18 赤口 |
| 2 | 月 | 癸亥 四緑 | 7/19 先勝 |
| 3 | 火 | 甲子 三碧 | 7/20 友引 |
| 4 | 水 | 乙丑 二黒 | 7/21 先負 |
| 5 | 木 | 丙寅 一白 | 7/22 仏滅 |
| 6 | 金 | 丁卯 九紫 | 7/23 大安 |
| 7 | 土 | 戊辰 八白 | 7/24 赤口 |
| 8 | 日 | 己巳 七赤 | 7/25 先勝 |
| 9 | 月 | 庚午 六白 | 7/26 友引 |
| 10 | 火 | 辛未 五黄 | 7/27 先負 |
| 11 | 水 | 壬申 四緑 | 7/28 仏滅 |
| 12 | 木 | 癸酉 三碧 | 7/29 大安 |
| 13 | 金 | 甲戌 二黒 | 7/30 赤口 |
| 14 | 土 | 乙亥 一白 | 8/1 友引 |
| 15 | 日 | 丙子 九紫 | 8/2 先負 |
| 16 | 月 | 丁丑 八白 | 8/3 仏滅 |
| 17 | 火 | 戊寅 七赤 | 8/4 大安 |
| 18 | 水 | 己卯 六白 | 8/5 赤口 |
| 19 | 木 | 庚辰 五黄 | 8/6 先勝 |
| 20 | 金 | 辛巳 四緑 | 8/7 友引 |
| 21 | 土 | 壬午 三碧 | 8/8 先負 |
| 22 | 日 | 癸未 二黒 | 8/9 仏滅 |
| 23 | 月 | 甲申 一白 | 8/10 大安 |
| 24 | 火 | 乙酉 九紫 | 8/11 赤口 |
| 25 | 水 | 丙戌 八白 | 8/12 先勝 |
| 26 | 木 | 丁亥 七赤 | 8/13 友引 |
| 27 | 金 | 戊子 六白 | 8/14 先負 |
| 28 | 土 | 己丑 五黄 | 8/15 仏滅 |
| 29 | 日 | 庚寅 四緑 | 8/16 大安 |
| 30 | 月 | 辛卯 三碧 | 8/17 赤口 |

## 10 月
（丙戌 九紫火星）

| | | | |
|---|---|---|---|
| 1 | 火 | 壬辰 二黒 | 8/18 先勝 |
| 2 | 水 | 癸巳 一白 | 8/19 友引 |
| 3 | 木 | 甲午 九紫 | 8/20 先負 |
| 4 | 金 | 乙未 八白 | 8/21 仏滅 |
| 5 | 土 | 丙申 七赤 | 8/22 大安 |
| 6 | 日 | 丁酉 六白 | 8/23 赤口 |
| 7 | 月 | 戊戌 五黄 | 8/24 先勝 |
| 8 | 火 | 己亥 四緑 | 8/25 友引 |
| 9 | 水 | 庚子 三碧 | 8/26 先負 |
| 10 | 木 | 辛丑 二黒 | 8/27 仏滅 |
| 11 | 金 | 壬寅 一白 | 8/28 大安 |
| 12 | 土 | 癸卯 九紫 | 8/29 赤口 |
| 13 | 日 | 甲辰 八白 | 9/1 先負 |
| 14 | 月 | 乙巳 七赤 | 9/2 仏滅 |
| 15 | 火 | 丙午 六白 | 9/3 大安 |
| 16 | 水 | 丁未 五黄 | 9/4 赤口 |
| 17 | 木 | 戊申 四緑 | 9/5 先勝 |
| 18 | 金 | 己酉 三碧 | 9/6 友引 |
| 19 | 土 | 庚戌 二黒 | 9/7 先負 |
| 20 | 日 | 辛亥 一白 | 9/8 仏滅 |
| 21 | 月 | 壬子 九紫 | 9/9 大安 |
| 22 | 火 | 癸丑 八白 | 9/10 赤口 |
| 23 | 水 | 甲寅 七赤 | 9/11 先勝 |
| 24 | 木 | 乙卯 六白 | 9/12 友引 |
| 25 | 金 | 丙辰 五黄 | 9/13 先負 |
| 26 | 土 | 丁巳 四緑 | 9/14 仏滅 |
| 27 | 日 | 戊午 三碧 | 9/15 大安 |
| 28 | 月 | 己未 二黒 | 9/16 赤口 |
| 29 | 火 | 庚申 一白 | 9/17 先勝 |
| 30 | 水 | 辛酉 九紫 | 9/18 友引 |
| 31 | 木 | 壬戌 八白 | 9/19 先負 |

## 11 月
（丁亥 八白土星）

| | | | |
|---|---|---|---|
| 1 | 金 | 癸亥 七赤 | 9/20 仏滅 |
| 2 | 土 | 甲子 六白 | 9/21 大安 |
| 3 | 日 | 乙丑 五黄 | 9/22 赤口 |
| 4 | 月 | 丙寅 四緑 | 9/23 先勝 |
| 5 | 火 | 丁卯 三碧 | 9/24 友引 |
| 6 | 水 | 戊辰 二黒 | 9/25 先負 |
| 7 | 木 | 己巳 一白 | 9/26 仏滅 |
| 8 | 金 | 庚午 九紫 | 9/27 大安 |
| 9 | 土 | 辛未 八白 | 9/28 赤口 |
| 10 | 日 | 壬申 七赤 | 9/29 先勝 |
| 11 | 月 | 癸酉 六白 | 9/30 友引 |
| 12 | 火 | 甲戌 五黄 | 10/1 仏滅 |
| 13 | 水 | 乙亥 四緑 | 10/2 大安 |
| 14 | 木 | 丙子 三碧 | 10/3 赤口 |
| 15 | 金 | 丁丑 二黒 | 10/4 先勝 |
| 16 | 土 | 戊寅 一白 | 10/5 友引 |
| 17 | 日 | 己卯 九紫 | 10/6 先負 |
| 18 | 月 | 庚辰 八白 | 10/7 仏滅 |
| 19 | 火 | 辛巳 七赤 | 10/8 大安 |
| 20 | 水 | 壬午 六白 | 10/9 赤口 |
| 21 | 木 | 癸未 五黄 | 10/10 先勝 |
| 22 | 金 | 甲申 四緑 | 10/11 友引 |
| 23 | 土 | 乙酉 三碧 | 10/12 先負 |
| 24 | 日 | 丙戌 二黒 | 10/13 仏滅 |
| 25 | 月 | 丁亥 一白 | 10/14 大安 |
| 26 | 火 | 戊子 九紫 | 10/15 赤口 |
| 27 | 水 | 己丑 八白 | 10/16 先勝 |
| 28 | 木 | 庚寅 七赤 | 10/17 友引 |
| 29 | 金 | 辛卯 六白 | 10/18 先負 |
| 30 | 土 | 壬辰 五黄 | 10/19 仏滅 |

## 12 月
（戊子 七赤金星）

| | | | |
|---|---|---|---|
| 1 | 日 | 癸巳 四緑 | 10/20 大安 |
| 2 | 月 | 甲午 三碧 | 10/21 赤口 |
| 3 | 火 | 乙未 二黒 | 10/22 先勝 |
| 4 | 水 | 丙申 一白 | 10/23 友引 |
| 5 | 木 | 丁酉 九紫 | 10/24 先負 |
| 6 | 金 | 戊戌 八白 | 10/25 仏滅 |
| 7 | 土 | 己亥 七赤 | 10/26 大安 |
| 8 | 日 | 庚子 六白 | 10/27 赤口 |
| 9 | 月 | 辛丑 五黄 | 10/28 先勝 |
| 10 | 火 | 壬寅 四緑 | 10/29 友引 |
| 11 | 水 | 癸卯 三碧 | 11/1 大安 |
| 12 | 木 | 甲辰 二黒 | 11/2 赤口 |
| 13 | 金 | 乙巳 一白 | 11/3 先勝 |
| 14 | 土 | 丙午 九紫 | 11/4 友引 |
| 15 | 日 | 丁未 八白 | 11/5 先負 |
| 16 | 月 | 戊申 七赤 | 11/6 仏滅 |
| 17 | 火 | 己酉 六白 | 11/7 大安 |
| 18 | 水 | 庚戌 五黄 | 11/8 赤口 |
| 19 | 木 | 辛亥 四緑 | 11/9 先勝 |
| 20 | 金 | 壬子 三碧 | 11/10 友引 |
| 21 | 土 | 癸丑 二黒 | 11/11 先負 |
| 22 | 日 | 甲寅 一白 | 11/12 仏滅 |
| 23 | 月 | 乙卯 九紫 | 11/13 大安 |
| 24 | 火 | 丙辰 八白 | 11/14 赤口 |
| 25 | 水 | 丁巳 七赤 | 11/15 先勝 |
| 26 | 木 | 戊午 六白 | 11/16 友引 |
| 27 | 金 | 己未 五黄 | 11/17 先負 |
| 28 | 土 | 庚申 四緑 | 11/18 仏滅 |
| 29 | 日 | 辛酉 三碧 | 11/19 大安 |
| 30 | 月 | 壬戌 二黒 | 11/20 赤口 |
| 31 | 火 | 癸亥 一白 | 11/21 先勝 |

**9 月**

9. 7 〔節〕白露
9.17 〔雑〕社日
9.19 〔雑〕彼岸
9.22 〔節〕秋分

**10 月**

10. 7 〔節〕寒露
10.19 〔雑〕土用
10.22 〔節〕霜降

**11 月**

11. 6 〔節〕立冬
11.21 〔節〕小雪

**12 月**

12. 6 〔節〕大雪
12.21 〔節〕冬至

# 2081

明治 **214** 年
大正 **170** 年
昭和 **156** 年
平成 **93** 年

辛丑（かのとうし）
九紫火星

生誕・年忌など

**1.18** 福原麟太郎没後 100 年
**1.30** 宮本常一没後 100 年
**2. 4** 平清盛没後 900 年
**2. 9** F. ドストエフスキー没後 200 年
**2.11** 市川房枝没後 100 年
**2.15** G. レッシング没後 300 年
**3. 2** 中国残留孤児の初来日 100 年
**3. 6** 荒畑寒村没後 100 年
**3.13** 天王星発見 300 年
ロシア皇帝アレクサンドル 2 世暗殺 200 年
**3.15** 堀口大学没後 100 年
**3.25** バルトーク生誕 200 年
**3.28** ムソルグスキー没後 200 年
**4.14** スペースシャトル「コロンビア」成功 100 年
**7.17** 水原秋桜子没後 100 年
**7.26** オランダ独立宣言 500 年
**7.29** 英国チャールズ皇太子・ダイアナ妃結婚 100 年
**7. —** 弘安の役 (元寇)800 年
**8. 3** 魯迅生誕 200 年
**8.22** 向田邦子没後 100 年
**9. 8** 湯川秀樹没後 100 年
**10.11** 明治十四年の政変 200 年
**10.25** P. ピカソ生誕 200 年
**10.28** 芥川比呂志没後 100 年
**11.28** S. ツヴァイク生誕 200 年
**12.13** ポーランド戒厳令 100 年
**12.28** 横溝正史没後 100 年
この年 諸葛亮生誕 1900 年
隋建国 1500 年
善導没後 1400 年
パストゥール・狂犬病菌発見 200 年

# 2081年

## 1月
（己丑 六白金星）

| | | | |
|---|---|---|---|
| 1 | 水 | 甲子 一白 | 11/22 友引 |
| 2 | 木 | 乙丑 二黒 | 11/23 先負 |
| 3 | 金 | 丙寅 三碧 | 11/24 仏滅 |
| 4 | 土 | 丁卯 四緑 | 11/25 大安 |
| 5 | 日 | 戊辰 五黄 | 11/26 赤口 |
| 6 | 月 | 己巳 六白 | 11/27 先勝 |
| 7 | 火 | 庚午 七赤 | 11/28 友引 |
| 8 | 水 | 辛未 八白 | 11/29 先負 |
| 9 | 木 | 壬申 九紫 | 11/30 仏滅 |
| 10 | 金 | 癸酉 一白 | 12/1 赤口 |
| 11 | 土 | 甲戌 二黒 | 12/2 先勝 |
| 12 | 日 | 乙亥 三碧 | 12/3 友引 |
| 13 | 月 | 丙子 四緑 | 12/4 先負 |
| 14 | 火 | 丁丑 五黄 | 12/5 仏滅 |
| 15 | 水 | 戊寅 六白 | 12/6 大安 |
| 16 | 木 | 己卯 七赤 | 12/7 赤口 |
| 17 | 金 | 庚辰 八白 | 12/8 先勝 |
| 18 | 土 | 辛巳 九紫 | 12/9 友引 |
| 19 | 日 | 壬午 一白 | 12/10 先負 |
| 20 | 月 | 癸未 二黒 | 12/11 仏滅 |
| 21 | 火 | 甲申 三碧 | 12/12 大安 |
| 22 | 水 | 乙酉 四緑 | 12/13 赤口 |
| 23 | 木 | 丙戌 五黄 | 12/14 先勝 |
| 24 | 金 | 丁亥 六白 | 12/15 友引 |
| 25 | 土 | 戊子 七赤 | 12/16 先負 |
| 26 | 日 | 己丑 八白 | 12/17 仏滅 |
| 27 | 月 | 庚寅 九紫 | 12/18 大安 |
| 28 | 火 | 辛卯 一白 | 12/19 赤口 |
| 29 | 水 | 壬辰 二黒 | 12/20 先勝 |
| 30 | 木 | 癸巳 三碧 | 12/21 友引 |
| 31 | 金 | 甲午 四緑 | 12/22 先負 |

## 2月
（庚寅 五黄土星）

| | | | |
|---|---|---|---|
| 1 | 土 | 乙未 五黄 | 12/23 仏滅 |
| 2 | 日 | 丙申 六白 | 12/24 大安 |
| 3 | 月 | 丁酉 七赤 | 12/25 赤口 |
| 4 | 火 | 戊戌 八白 | 12/26 先勝 |
| 5 | 水 | 己亥 九紫 | 12/27 友引 |
| 6 | 木 | 庚子 一白 | 12/28 先負 |
| 7 | 金 | 辛丑 二黒 | 12/29 仏滅 |
| 8 | 土 | 壬寅 三碧 | 12/30 大安 |
| 9 | 日 | 癸卯 四緑 | 1/1 先勝 |
| 10 | 月 | 甲辰 五黄 | 1/2 友引 |
| 11 | 火 | 乙巳 六白 | 1/3 先負 |
| 12 | 水 | 丙午 七赤 | 1/4 仏滅 |
| 13 | 木 | 丁未 八白 | 1/5 大安 |
| 14 | 金 | 戊申 九紫 | 1/6 赤口 |
| 15 | 土 | 己酉 一白 | 1/7 先勝 |
| 16 | 日 | 庚戌 二黒 | 1/8 友引 |
| 17 | 月 | 辛亥 三碧 | 1/9 先負 |
| 18 | 火 | 壬子 四緑 | 1/10 仏滅 |
| 19 | 水 | 癸丑 五黄 | 1/11 大安 |
| 20 | 木 | 甲寅 六白 | 1/12 赤口 |
| 21 | 金 | 乙卯 七赤 | 1/13 先勝 |
| 22 | 土 | 丙辰 八白 | 1/14 友引 |
| 23 | 日 | 丁巳 九紫 | 1/15 先負 |
| 24 | 月 | 戊午 一白 | 1/16 仏滅 |
| 25 | 火 | 己未 二黒 | 1/17 大安 |
| 26 | 水 | 庚申 三碧 | 1/18 赤口 |
| 27 | 木 | 辛酉 四緑 | 1/19 先勝 |
| 28 | 金 | 壬戌 五黄 | 1/20 友引 |

## 3月
（辛卯 四緑木星）

| | | | |
|---|---|---|---|
| 1 | 土 | 癸亥 六白 | 1/21 先負 |
| 2 | 日 | 甲子 七赤 | 1/22 仏滅 |
| 3 | 月 | 乙丑 八白 | 1/23 大安 |
| 4 | 火 | 丙寅 九紫 | 1/24 赤口 |
| 5 | 水 | 丁卯 一白 | 1/25 先勝 |
| 6 | 木 | 戊辰 二黒 | 1/26 友引 |
| 7 | 金 | 己巳 三碧 | 1/27 先負 |
| 8 | 土 | 庚午 四緑 | 1/28 仏滅 |
| 9 | 日 | 辛未 五黄 | 1/29 大安 |
| 10 | 月 | 壬申 六白 | 1/30 赤口 |
| 11 | 火 | 癸酉 七赤 | 2/1 友引 |
| 12 | 水 | 甲戌 八白 | 2/2 先負 |
| 13 | 木 | 乙亥 九紫 | 2/3 仏滅 |
| 14 | 金 | 丙子 一白 | 2/4 大安 |
| 15 | 土 | 丁丑 二黒 | 2/5 赤口 |
| 16 | 日 | 戊寅 三碧 | 2/6 先勝 |
| 17 | 月 | 己卯 四緑 | 2/7 友引 |
| 18 | 火 | 庚辰 五黄 | 2/8 先負 |
| 19 | 水 | 辛巳 六白 | 2/9 仏滅 |
| 20 | 木 | 壬午 七赤 | 2/10 大安 |
| 21 | 金 | 癸未 八白 | 2/11 赤口 |
| 22 | 土 | 甲申 九紫 | 2/12 先勝 |
| 23 | 日 | 乙酉 一白 | 2/13 友引 |
| 24 | 月 | 丙戌 二黒 | 2/14 先負 |
| 25 | 火 | 丁亥 三碧 | 2/15 仏滅 |
| 26 | 水 | 戊子 四緑 | 2/16 大安 |
| 27 | 木 | 己丑 五黄 | 2/17 赤口 |
| 28 | 金 | 庚寅 六白 | 2/18 先勝 |
| 29 | 土 | 辛卯 七赤 | 2/19 友引 |
| 30 | 日 | 壬辰 八白 | 2/20 先負 |
| 31 | 月 | 癸巳 九紫 | 2/21 仏滅 |

## 4月
（壬辰 三碧木星）

| | | | |
|---|---|---|---|
| 1 | 火 | 甲午 一白 | 2/22 大安 |
| 2 | 水 | 乙未 二黒 | 2/23 赤口 |
| 3 | 木 | 丙申 三碧 | 2/24 先勝 |
| 4 | 金 | 丁酉 四緑 | 2/25 友引 |
| 5 | 土 | 戊戌 五黄 | 2/26 先負 |
| 6 | 日 | 己亥 六白 | 2/27 仏滅 |
| 7 | 月 | 庚子 七赤 | 2/28 大安 |
| 8 | 火 | 辛丑 八白 | 2/29 赤口 |
| 9 | 水 | 壬寅 九紫 | 3/1 先負 |
| 10 | 木 | 癸卯 一白 | 3/2 仏滅 |
| 11 | 金 | 甲辰 二黒 | 3/3 大安 |
| 12 | 土 | 乙巳 三碧 | 3/4 赤口 |
| 13 | 日 | 丙午 四緑 | 3/5 先勝 |
| 14 | 月 | 丁未 五黄 | 3/6 友引 |
| 15 | 火 | 戊申 六白 | 3/7 先負 |
| 16 | 水 | 己酉 七赤 | 3/8 仏滅 |
| 17 | 木 | 庚戌 八白 | 3/9 大安 |
| 18 | 金 | 辛亥 九紫 | 3/10 赤口 |
| 19 | 土 | 壬子 一白 | 3/11 先勝 |
| 20 | 日 | 癸丑 二黒 | 3/12 友引 |
| 21 | 月 | 甲寅 三碧 | 3/13 先負 |
| 22 | 火 | 乙卯 四緑 | 3/14 仏滅 |
| 23 | 水 | 丙辰 五黄 | 3/15 大安 |
| 24 | 木 | 丁巳 六白 | 3/16 赤口 |
| 25 | 金 | 戊午 七赤 | 3/17 先勝 |
| 26 | 土 | 己未 八白 | 3/18 友引 |
| 27 | 日 | 庚申 九紫 | 3/19 先負 |
| 28 | 月 | 辛酉 一白 | 3/20 仏滅 |
| 29 | 火 | 壬戌 二黒 | 3/21 大安 |
| 30 | 水 | 癸亥 三碧 | 3/22 赤口 |

**1月**

1. 5［節］小寒
1.16［雑］土用
1.19［節］大寒

**2月**

2. 2［雑］節分
2. 3［節］立春
2.18［節］雨水

**3月**

3. 5［節］啓蟄
3.16［雑］社日
3.17［雑］彼岸
3.20［節］春分

**4月**

4. 4［節］清明
4.16［雑］土用
4.19［節］穀雨

## 5月
（癸巳 二黒土星）

| | | | |
|---|---|---|---|
| 1 | 木 | 甲子 四緑 | 3/23 先勝 |
| 2 | 金 | 乙丑 五黄 | 3/24 友引 |
| 3 | 土 | 丙寅 六白 | 3/25 先負 |
| 4 | 日 | 丁卯 七赤 | 3/26 仏滅 |
| 5 | 月 | 戊辰 八白 | 3/27 大安 |
| 6 | 火 | 己巳 九紫 | 3/28 赤口 |
| 7 | 水 | 庚午 一白 | 3/29 先勝 |
| 8 | 木 | 辛未 二黒 | 3/30 友引 |
| 9 | 金 | 壬申 三碧 | 4/1 仏滅 |
| 10 | 土 | 癸酉 四緑 | 4/2 大安 |
| 11 | 日 | 甲戌 五黄 | 4/3 赤口 |
| 12 | 月 | 乙亥 六白 | 4/4 先勝 |
| 13 | 火 | 丙子 七赤 | 4/5 友引 |
| 14 | 水 | 丁丑 八白 | 4/6 先負 |
| 15 | 木 | 戊寅 九紫 | 4/7 仏滅 |
| 16 | 金 | 己卯 一白 | 4/8 大安 |
| 17 | 土 | 庚辰 二黒 | 4/9 赤口 |
| 18 | 日 | 辛巳 三碧 | 4/10 先勝 |
| 19 | 月 | 壬午 四緑 | 4/11 友引 |
| 20 | 火 | 癸未 五黄 | 4/12 先負 |
| 21 | 水 | 甲申 六白 | 4/13 仏滅 |
| 22 | 木 | 乙酉 七赤 | 4/14 大安 |
| 23 | 金 | 丙戌 八白 | 4/15 赤口 |
| 24 | 土 | 丁亥 九紫 | 4/16 先勝 |
| 25 | 日 | 戊子 一白 | 4/17 友引 |
| 26 | 月 | 己丑 二黒 | 4/18 先負 |
| 27 | 火 | 庚寅 三碧 | 4/19 仏滅 |
| 28 | 水 | 辛卯 四緑 | 4/20 大安 |
| 29 | 木 | 壬辰 五黄 | 4/21 赤口 |
| 30 | 金 | 癸巳 六白 | 4/22 先勝 |
| 31 | 土 | 甲午 七赤 | 4/23 友引 |

## 6月
（甲午 一白水星）

| | | | |
|---|---|---|---|
| 1 | 日 | 乙未 八白 | 4/24 先負 |
| 2 | 月 | 丙申 九紫 | 4/25 仏滅 |
| 3 | 火 | 丁酉 一白 | 4/26 大安 |
| 4 | 水 | 戊戌 二黒 | 4/27 赤口 |
| 5 | 木 | 己亥 三碧 | 4/28 先勝 |
| 6 | 金 | 庚子 四緑 | 4/29 友引 |
| 7 | 土 | 辛丑 五黄 | 5/1 大安 |
| 8 | 日 | 壬寅 六白 | 5/2 赤口 |
| 9 | 月 | 癸卯 七赤 | 5/3 先勝 |
| 10 | 火 | 甲辰 八白 | 5/4 友引 |
| 11 | 水 | 乙巳 九紫 | 5/5 先負 |
| 12 | 木 | 丙午 一白 | 5/6 仏滅 |
| 13 | 金 | 丁未 二黒 | 5/7 大安 |
| 14 | 土 | 戊申 三碧 | 5/8 赤口 |
| 15 | 日 | 己酉 四緑 | 5/9 先勝 |
| 16 | 月 | 庚戌 五黄 | 5/10 友引 |
| 17 | 火 | 辛亥 六白 | 5/11 先負 |
| 18 | 水 | 壬子 七赤 | 5/12 仏滅 |
| 19 | 木 | 癸丑 八白 | 5/13 大安 |
| 20 | 金 | 甲寅 九紫 | 5/14 赤口 |
| 21 | 土 | 乙卯 一白 | 5/15 先勝 |
| 22 | 日 | 丙辰 二黒 | 5/16 友引 |
| 23 | 月 | 丁巳 三碧 | 5/17 先負 |
| 24 | 火 | 戊午 四緑 | 5/18 仏滅 |
| 25 | 水 | 己未 五黄 | 5/19 大安 |
| 26 | 木 | 庚申 六白 | 5/20 赤口 |
| 27 | 金 | 辛酉 七赤 | 5/21 先勝 |
| 28 | 土 | 壬戌 八白 | 5/22 友引 |
| 29 | 日 | 癸亥 九紫 | 5/23 先負 |
| 30 | 月 | 甲子 九紫 | 5/24 仏滅 |

## 7月
（乙未 九紫火星）

| | | | |
|---|---|---|---|
| 1 | 火 | 乙丑 八白 | 5/25 大安 |
| 2 | 水 | 丙寅 七赤 | 5/26 赤口 |
| 3 | 木 | 丁卯 六白 | 5/27 先勝 |
| 4 | 金 | 戊辰 五黄 | 5/28 友引 |
| 5 | 土 | 己巳 四緑 | 5/29 先負 |
| 6 | 日 | 庚午 三碧 | 5/30 仏滅 |
| 7 | 月 | 辛未 二黒 | 6/1 赤口 |
| 8 | 火 | 壬申 一白 | 6/2 先勝 |
| 9 | 水 | 癸酉 九紫 | 6/3 友引 |
| 10 | 木 | 甲戌 八白 | 6/4 先負 |
| 11 | 金 | 乙亥 七赤 | 6/5 仏滅 |
| 12 | 土 | 丙子 六白 | 6/6 大安 |
| 13 | 日 | 丁丑 五黄 | 6/7 赤口 |
| 14 | 月 | 戊寅 四緑 | 6/8 先勝 |
| 15 | 火 | 己卯 三碧 | 6/9 友引 |
| 16 | 水 | 庚辰 二黒 | 6/10 先負 |
| 17 | 木 | 辛巳 一白 | 6/11 仏滅 |
| 18 | 金 | 壬午 九紫 | 6/12 大安 |
| 19 | 土 | 癸未 八白 | 6/13 赤口 |
| 20 | 日 | 甲申 七赤 | 6/14 先勝 |
| 21 | 月 | 乙酉 六白 | 6/15 友引 |
| 22 | 火 | 丙戌 五黄 | 6/16 先負 |
| 23 | 水 | 丁亥 四緑 | 6/17 仏滅 |
| 24 | 木 | 戊子 三碧 | 6/18 大安 |
| 25 | 金 | 己丑 二黒 | 6/19 赤口 |
| 26 | 土 | 庚寅 一白 | 6/20 先勝 |
| 27 | 日 | 辛卯 九紫 | 6/21 友引 |
| 28 | 月 | 壬辰 八白 | 6/22 先負 |
| 29 | 火 | 癸巳 七赤 | 6/23 仏滅 |
| 30 | 水 | 甲午 六白 | 6/24 大安 |
| 31 | 木 | 乙未 五黄 | 6/25 赤口 |

## 8月
（丙申 八白土星）

| | | | |
|---|---|---|---|
| 1 | 金 | 丙申 四緑 | 6/26 先勝 |
| 2 | 土 | 丁酉 三碧 | 6/27 友引 |
| 3 | 日 | 戊戌 二黒 | 6/28 先負 |
| 4 | 月 | 己亥 一白 | 6/29 仏滅 |
| 5 | 火 | 庚子 九紫 | 7/1 先勝 |
| 6 | 水 | 辛丑 八白 | 7/2 友引 |
| 7 | 木 | 壬寅 七赤 | 7/3 先負 |
| 8 | 金 | 癸卯 六白 | 7/4 仏滅 |
| 9 | 土 | 甲辰 五黄 | 7/5 大安 |
| 10 | 日 | 乙巳 四緑 | 7/6 赤口 |
| 11 | 月 | 丙午 三碧 | 7/7 先勝 |
| 12 | 火 | 丁未 二黒 | 7/8 友引 |
| 13 | 水 | 戊申 一白 | 7/9 先負 |
| 14 | 木 | 己酉 九紫 | 7/10 仏滅 |
| 15 | 金 | 庚戌 八白 | 7/11 大安 |
| 16 | 土 | 辛亥 七赤 | 7/12 赤口 |
| 17 | 日 | 壬子 六白 | 7/13 先勝 |
| 18 | 月 | 癸丑 五黄 | 7/14 友引 |
| 19 | 火 | 甲寅 四緑 | 7/15 先負 |
| 20 | 水 | 乙卯 三碧 | 7/16 仏滅 |
| 21 | 木 | 丙辰 二黒 | 7/17 大安 |
| 22 | 金 | 丁巳 一白 | 7/18 赤口 |
| 23 | 土 | 戊午 九紫 | 7/19 先勝 |
| 24 | 日 | 己未 八白 | 7/20 友引 |
| 25 | 月 | 庚申 七赤 | 7/21 先負 |
| 26 | 火 | 辛酉 六白 | 7/22 仏滅 |
| 27 | 水 | 壬戌 五黄 | 7/23 大安 |
| 28 | 木 | 癸亥 四緑 | 7/24 赤口 |
| 29 | 金 | 甲子 三碧 | 7/25 先勝 |
| 30 | 土 | 乙丑 二黒 | 7/26 友引 |
| 31 | 日 | 丙寅 一白 | 7/27 先負 |

**5月**

5. 1［雑］八十八夜
5. 5［節］立夏
5.20［節］小満

**6月**

6. 5［節］芒種
6.10［雑］入梅
6.21［節］夏至

**7月**

7. 1［雑］半夏生
7. 6［節］小暑
7.19［雑］土用
7.22［節］大暑

**8月**

8. 7［節］立秋
8.22［節］処暑
8.31［雑］二百十日

2081 年

## 9 月
（丁酉 七赤金星）

| | | | |
|---|---|---|---|
| 1 | 月 | 丁卯 九紫 | 7/28 仏滅 |
| 2 | 火 | 戊辰 八白 | 7/29 大安 |
| 3 | 水 | 己巳 七赤 | 8/1 友引 |
| 4 | 木 | 庚午 六白 | 8/2 先負 |
| 5 | 金 | 辛未 五黄 | 8/3 仏滅 |
| 6 | 土 | 壬申 四緑 | 8/4 大安 |
| 7 | 日 | 癸酉 三碧 | 8/5 赤口 |
| 8 | 月 | 甲戌 二黒 | 8/6 先勝 |
| 9 | 火 | 乙亥 一白 | 8/7 友引 |
| 10 | 水 | 丙子 九紫 | 8/8 先負 |
| 11 | 木 | 丁丑 八白 | 8/9 仏滅 |
| 12 | 金 | 戊寅 七赤 | 8/10 大安 |
| 13 | 土 | 己卯 六白 | 8/11 赤口 |
| 14 | 日 | 庚辰 五黄 | 8/12 先勝 |
| 15 | 月 | 辛巳 四緑 | 8/13 友引 |
| 16 | 火 | 壬午 三碧 | 8/14 先負 |
| 17 | 水 | 癸未 二黒 | 8/15 仏滅 |
| 18 | 木 | 甲申 一白 | 8/16 大安 |
| 19 | 金 | 乙酉 九紫 | 8/17 赤口 |
| 20 | 土 | 丙戌 八白 | 8/18 先勝 |
| 21 | 日 | 丁亥 七赤 | 8/19 友引 |
| 22 | 月 | 戊子 六白 | 8/20 先負 |
| 23 | 火 | 己丑 五黄 | 8/21 仏滅 |
| 24 | 水 | 庚寅 四緑 | 8/22 大安 |
| 25 | 木 | 辛卯 三碧 | 8/23 赤口 |
| 26 | 金 | 壬辰 二黒 | 8/24 先勝 |
| 27 | 土 | 癸巳 一白 | 8/25 友引 |
| 28 | 日 | 甲午 九紫 | 8/26 先負 |
| 29 | 月 | 乙未 八白 | 8/27 仏滅 |
| 30 | 火 | 丙申 七赤 | 8/28 大安 |

## 10 月
（戊戌 六白金星）

| | | | |
|---|---|---|---|
| 1 | 水 | 丁酉 六白 | 8/29 赤口 |
| 2 | 木 | 戊戌 五黄 | 8/30 先勝 |
| 3 | 金 | 己亥 四緑 | 9/1 先負 |
| 4 | 土 | 庚子 三碧 | 9/2 仏滅 |
| 5 | 日 | 辛丑 二黒 | 9/3 大安 |
| 6 | 月 | 壬寅 一白 | 9/4 赤口 |
| 7 | 火 | 癸卯 九紫 | 9/5 先勝 |
| 8 | 水 | 甲辰 八白 | 9/6 友引 |
| 9 | 木 | 乙巳 七赤 | 9/7 先負 |
| 10 | 金 | 丙午 六白 | 9/8 仏滅 |
| 11 | 土 | 丁未 五黄 | 9/9 大安 |
| 12 | 日 | 戊申 四緑 | 9/10 赤口 |
| 13 | 月 | 己酉 三碧 | 9/11 先勝 |
| 14 | 火 | 庚戌 二黒 | 9/12 友引 |
| 15 | 水 | 辛亥 一白 | 9/13 先負 |
| 16 | 木 | 壬子 九紫 | 9/14 仏滅 |
| 17 | 金 | 癸丑 八白 | 9/15 大安 |
| 18 | 土 | 甲寅 七赤 | 9/16 赤口 |
| 19 | 日 | 乙卯 六白 | 9/17 先勝 |
| 20 | 月 | 丙辰 五黄 | 9/18 友引 |
| 21 | 火 | 丁巳 四緑 | 9/19 先負 |
| 22 | 水 | 戊午 三碧 | 9/20 仏滅 |
| 23 | 木 | 己未 二黒 | 9/21 大安 |
| 24 | 金 | 庚申 一白 | 9/22 赤口 |
| 25 | 土 | 辛酉 九紫 | 9/23 先勝 |
| 26 | 日 | 壬戌 八白 | 9/24 友引 |
| 27 | 月 | 癸亥 七赤 | 9/25 先負 |
| 28 | 火 | 甲子 六白 | 9/26 仏滅 |
| 29 | 水 | 乙丑 五黄 | 9/27 大安 |
| 30 | 木 | 丙寅 四緑 | 9/28 赤口 |
| 31 | 金 | 丁卯 三碧 | 9/29 先勝 |

## 11 月
（己亥 五黄土星）

| | | | |
|---|---|---|---|
| 1 | 土 | 戊辰 二黒 | 10/1 仏滅 |
| 2 | 日 | 己巳 一白 | 10/2 大安 |
| 3 | 月 | 庚午 九紫 | 10/3 赤口 |
| 4 | 火 | 辛未 八白 | 10/4 先勝 |
| 5 | 水 | 壬申 七赤 | 10/5 友引 |
| 6 | 木 | 癸酉 六白 | 10/6 先負 |
| 7 | 金 | 甲戌 五黄 | 10/7 仏滅 |
| 8 | 土 | 乙亥 四緑 | 10/8 大安 |
| 9 | 日 | 丙子 三碧 | 10/9 赤口 |
| 10 | 月 | 丁丑 二黒 | 10/10 先勝 |
| 11 | 火 | 戊寅 一白 | 10/11 友引 |
| 12 | 水 | 己卯 九紫 | 10/12 先負 |
| 13 | 木 | 庚辰 八白 | 10/13 仏滅 |
| 14 | 金 | 辛巳 七赤 | 10/14 大安 |
| 15 | 土 | 壬午 六白 | 10/15 赤口 |
| 16 | 日 | 癸未 五黄 | 10/16 先勝 |
| 17 | 月 | 甲申 四緑 | 10/17 友引 |
| 18 | 火 | 乙酉 三碧 | 10/18 先負 |
| 19 | 水 | 丙戌 二黒 | 10/19 仏滅 |
| 20 | 木 | 丁亥 一白 | 10/20 大安 |
| 21 | 金 | 戊子 九紫 | 10/21 赤口 |
| 22 | 土 | 己丑 八白 | 10/22 先勝 |
| 23 | 日 | 庚寅 七赤 | 10/23 友引 |
| 24 | 月 | 辛卯 六白 | 10/24 先負 |
| 25 | 火 | 壬辰 五黄 | 10/25 仏滅 |
| 26 | 水 | 癸巳 四緑 | 10/26 大安 |
| 27 | 木 | 甲午 三碧 | 10/27 赤口 |
| 28 | 金 | 乙未 二黒 | 10/28 先勝 |
| 29 | 土 | 丙申 一白 | 10/29 友引 |
| 30 | 日 | 丁酉 九紫 | 11/1 大安 |

## 12 月
（庚子 四緑木星）

| | | | |
|---|---|---|---|
| 1 | 月 | 戊戌 八白 | 11/2 赤口 |
| 2 | 火 | 己亥 七赤 | 11/3 先勝 |
| 3 | 水 | 庚子 六白 | 11/4 友引 |
| 4 | 木 | 辛丑 五黄 | 11/5 先負 |
| 5 | 金 | 壬寅 四緑 | 11/6 仏滅 |
| 6 | 土 | 癸卯 三碧 | 11/7 大安 |
| 7 | 日 | 甲辰 二黒 | 11/8 赤口 |
| 8 | 月 | 乙巳 一白 | 11/9 先勝 |
| 9 | 火 | 丙午 九紫 | 11/10 友引 |
| 10 | 水 | 丁未 八白 | 11/11 先負 |
| 11 | 木 | 戊申 七赤 | 11/12 仏滅 |
| 12 | 金 | 己酉 六白 | 11/13 大安 |
| 13 | 土 | 庚戌 五黄 | 11/14 赤口 |
| 14 | 日 | 辛亥 四緑 | 11/15 先勝 |
| 15 | 月 | 壬子 三碧 | 11/16 友引 |
| 16 | 火 | 癸丑 二黒 | 11/17 先負 |
| 17 | 水 | 甲寅 一白 | 11/18 仏滅 |
| 18 | 木 | 乙卯 九紫 | 11/19 大安 |
| 19 | 金 | 丙辰 八白 | 11/20 赤口 |
| 20 | 土 | 丁巳 七赤 | 11/21 先勝 |
| 21 | 日 | 戊午 六白 | 11/22 友引 |
| 22 | 月 | 己未 五黄 | 11/23 先負 |
| 23 | 火 | 庚申 四緑 | 11/24 仏滅 |
| 24 | 水 | 辛酉 三碧 | 11/25 大安 |
| 25 | 木 | 壬戌 二黒 | 11/26 赤口 |
| 26 | 金 | 癸亥 一白 | 11/27 先勝 |
| 27 | 土 | 甲子 一白 | 11/28 友引 |
| 28 | 日 | 乙丑 二黒 | 11/29 先負 |
| 29 | 月 | 丙寅 三碧 | 11/30 仏滅 |
| 30 | 火 | 丁卯 四緑 | 12/1 赤口 |
| 31 | 水 | 戊辰 五黄 | 12/2 先勝 |

**9 月**

9. 7［節］白露
9.19［雑］彼岸
9.22［節］秋分
9.22［雑］社日

**10 月**

10. 7［節］寒露
10.20［雑］土用
10.23［節］霜降

**11 月**

11. 7［節］立冬
11.22［節］小雪

**12 月**

12. 6［節］大雪
12.21［節］冬至

# 2082

明治 215 年
大正 171 年
昭和 157 年
平成 94 年

壬寅（みずのえとら）
八白土星

## 生誕・年忌など

**1. 9** 顧炎武没後 400 年
**1.28** 天正少年使節のローマ派遣 500 年
**2. 2** J. ジョイス生誕 200 年
**2. 8** ホテル・ニュージャパン火災 100 年
**2. 9** 日航機羽田 (逆噴射) 墜落事故 100 年
**3.11** 甲斐武田氏滅亡 500 年
**3.21** 浦河沖地震 100 年
**3.24** コッホ結核菌発見公表 200 年
**4. 2** フォークランド紛争 100 年
**4. 9** D. G. ロセッティ没後 200 年
**4.19** C. ダーウィン没後 200 年
**4.21** F. フレーベル生誕 300 年
**4.27** R. エマーソン没後 200 年
**5. 5** 金田一京助生誕 200 年
**5.14** 斉藤茂吉生誕 200 年
**6. 2** 本能寺の変 500 年
織田信長没後 500 年
森蘭丸没後 500 年
**6. 4** 黒田辰秋没後 100 年
**6. 5** 西脇順三郎没後 100 年
**6. 6** イスラエル軍レバノン侵攻 100 年
**6.13** 明智光秀没後 500 年
**6.17** I. ストラヴィンスキー生誕 200 年
**6.23** 東北新幹線開業 100 年
**7.23** 壬午事変 200 年
**7. —** 七月豪雨 (昭和 57 年)100 年
**8.29** イングリッド・バーグマン没後 100 年
**9.14** グレース・ケリー没後 100 年
**9.21** P. ヴェルギリウス没後 2100 年
**10.10** 日本銀行開設 200 年
**10.13** 日蓮没後 800 年
**10.15** グレゴリオ暦実施 500 年
**10.27** N. パガニーニ生誕 300 年
**11.28** 福島事件 200 年
**12. 3** 種田山頭火生誕 200 年
**12.24** ルイ・アラゴン没後 100 年
**12.28** 天和の大火 (お七火事)400 年
**この年** 養和の大飢饉 900 年
タイ・ラタナコーシン朝 300 年
天明の大飢饉開始 300 年

2082年

## 1月
（辛丑 三碧木星）

| | | | |
|---|---|---|---|
| 1 | 木 | 己巳 六白 | 12/3 友引 |
| 2 | 金 | 庚午 七赤 | 12/4 先負 |
| 3 | 土 | 辛未 八白 | 12/5 仏滅 |
| 4 | 日 | 壬申 九紫 | 12/6 大安 |
| 5 | 月 | 癸酉 一白 | 12/7 赤口 |
| 6 | 火 | 甲戌 二黒 | 12/8 先勝 |
| 7 | 水 | 乙亥 三碧 | 12/9 友引 |
| 8 | 木 | 丙子 四緑 | 12/10 先負 |
| 9 | 金 | 丁丑 五黄 | 12/11 仏滅 |
| 10 | 土 | 戊寅 六白 | 12/12 大安 |
| 11 | 日 | 己卯 七赤 | 12/13 赤口 |
| 12 | 月 | 庚辰 八白 | 12/14 先勝 |
| 13 | 火 | 辛巳 九紫 | 12/15 友引 |
| 14 | 水 | 壬午 一白 | 12/16 先負 |
| 15 | 木 | 癸未 二黒 | 12/17 仏滅 |
| 16 | 金 | 甲申 三碧 | 12/18 大安 |
| 17 | 土 | 乙酉 四緑 | 12/19 赤口 |
| 18 | 日 | 丙戌 五黄 | 12/20 先勝 |
| 19 | 月 | 丁亥 六白 | 12/21 友引 |
| 20 | 火 | 戊子 七赤 | 12/22 先負 |
| 21 | 水 | 己丑 八白 | 12/23 仏滅 |
| 22 | 木 | 庚寅 九紫 | 12/24 大安 |
| 23 | 金 | 辛卯 一白 | 12/25 赤口 |
| 24 | 土 | 壬辰 二黒 | 12/26 先勝 |
| 25 | 日 | 癸巳 三碧 | 12/27 友引 |
| 26 | 月 | 甲午 四緑 | 12/28 先負 |
| 27 | 火 | 乙未 五黄 | 12/29 仏滅 |
| 28 | 水 | 丙申 六白 | 12/30 大安 |
| 29 | 木 | 丁酉 七赤 | 1/1 先勝 |
| 30 | 金 | 戊戌 八白 | 1/2 友引 |
| 31 | 土 | 己亥 九紫 | 1/3 先負 |

1月
- 1. 5 [節] 小寒
- 1.17 [雑] 土用
- 1.20 [節] 大寒

## 2月
（壬寅 二黒土星）

| | | | |
|---|---|---|---|
| 1 | 日 | 庚子 一白 | 1/4 仏滅 |
| 2 | 月 | 辛丑 二黒 | 1/5 大安 |
| 3 | 火 | 壬寅 三碧 | 1/6 赤口 |
| 4 | 水 | 癸卯 四緑 | 1/7 先勝 |
| 5 | 木 | 甲辰 五黄 | 1/8 友引 |
| 6 | 金 | 乙巳 六白 | 1/9 先負 |
| 7 | 土 | 丙午 七赤 | 1/10 仏滅 |
| 8 | 日 | 丁未 八白 | 1/11 大安 |
| 9 | 月 | 戊申 九紫 | 1/12 赤口 |
| 10 | 火 | 己酉 一白 | 1/13 先勝 |
| 11 | 水 | 庚戌 二黒 | 1/14 友引 |
| 12 | 木 | 辛亥 三碧 | 1/15 先負 |
| 13 | 金 | 壬子 四緑 | 1/16 仏滅 |
| 14 | 土 | 癸丑 五黄 | 1/17 大安 |
| 15 | 日 | 甲寅 六白 | 1/18 赤口 |
| 16 | 月 | 乙卯 七赤 | 1/19 先勝 |
| 17 | 火 | 丙辰 八白 | 1/20 友引 |
| 18 | 水 | 丁巳 九紫 | 1/21 先負 |
| 19 | 木 | 戊午 一白 | 1/22 仏滅 |
| 20 | 金 | 己未 二黒 | 1/23 大安 |
| 21 | 土 | 庚申 三碧 | 1/24 赤口 |
| 22 | 日 | 辛酉 四緑 | 1/25 先勝 |
| 23 | 月 | 壬戌 五黄 | 1/26 友引 |
| 24 | 火 | 癸亥 六白 | 1/27 先負 |
| 25 | 水 | 甲子 七赤 | 1/28 仏滅 |
| 26 | 木 | 乙丑 八白 | 1/29 大安 |
| 27 | 金 | 丙寅 九紫 | 2/1 友引 |
| 28 | 土 | 丁卯 一白 | 2/2 先負 |

2月
- 2. 2 [雑] 節分
- 2. 3 [節] 立春
- 2.18 [節] 雨水

## 3月
（癸卯 一白水星）

| | | | |
|---|---|---|---|
| 1 | 日 | 戊辰 二黒 | 2/3 仏滅 |
| 2 | 月 | 己巳 三碧 | 2/4 大安 |
| 3 | 火 | 庚午 四緑 | 2/5 赤口 |
| 4 | 水 | 辛未 五黄 | 2/6 先勝 |
| 5 | 木 | 壬申 六白 | 2/7 友引 |
| 6 | 金 | 癸酉 七赤 | 2/8 先負 |
| 7 | 土 | 甲戌 八白 | 2/9 仏滅 |
| 8 | 日 | 乙亥 九紫 | 2/10 大安 |
| 9 | 月 | 丙子 一白 | 2/11 赤口 |
| 10 | 火 | 丁丑 二黒 | 2/12 先勝 |
| 11 | 水 | 戊寅 三碧 | 2/13 友引 |
| 12 | 木 | 己卯 四緑 | 2/14 先負 |
| 13 | 金 | 庚辰 五黄 | 2/15 仏滅 |
| 14 | 土 | 辛巳 六白 | 2/16 大安 |
| 15 | 日 | 壬午 七赤 | 2/17 赤口 |
| 16 | 月 | 癸未 八白 | 2/18 先勝 |
| 17 | 火 | 甲申 九紫 | 2/19 友引 |
| 18 | 水 | 乙酉 一白 | 2/20 先負 |
| 19 | 木 | 丙戌 二黒 | 2/21 仏滅 |
| 20 | 金 | 丁亥 三碧 | 2/22 大安 |
| 21 | 土 | 戊子 四緑 | 2/23 赤口 |
| 22 | 日 | 己丑 五黄 | 2/24 先勝 |
| 23 | 月 | 庚寅 六白 | 2/25 友引 |
| 24 | 火 | 辛卯 七赤 | 2/26 先負 |
| 25 | 水 | 壬辰 八白 | 2/27 仏滅 |
| 26 | 木 | 癸巳 九紫 | 2/28 大安 |
| 27 | 金 | 甲午 一白 | 2/29 赤口 |
| 28 | 土 | 乙未 二黒 | 2/30 先勝 |
| 29 | 日 | 丙申 三碧 | 3/1 先負 |
| 30 | 月 | 丁酉 四緑 | 3/2 仏滅 |
| 31 | 火 | 戊戌 五黄 | 3/3 大安 |

3月
- 3. 5 [節] 啓蟄
- 3.17 [雑] 彼岸
- 3.20 [節] 春分
- 3.21 [雑] 社日

## 4月
（甲辰 九紫火星）

| | | | |
|---|---|---|---|
| 1 | 水 | 己亥 六白 | 3/4 赤口 |
| 2 | 木 | 庚子 七赤 | 3/5 先勝 |
| 3 | 金 | 辛丑 八白 | 3/6 友引 |
| 4 | 土 | 壬寅 九紫 | 3/7 先負 |
| 5 | 日 | 癸卯 一白 | 3/8 仏滅 |
| 6 | 月 | 甲辰 二黒 | 3/9 大安 |
| 7 | 火 | 乙巳 三碧 | 3/10 赤口 |
| 8 | 水 | 丙午 四緑 | 3/11 先勝 |
| 9 | 木 | 丁未 五黄 | 3/12 友引 |
| 10 | 金 | 戊申 六白 | 3/13 先負 |
| 11 | 土 | 己酉 七赤 | 3/14 仏滅 |
| 12 | 日 | 庚戌 八白 | 3/15 大安 |
| 13 | 月 | 辛亥 九紫 | 3/16 赤口 |
| 14 | 火 | 壬子 一白 | 3/17 先勝 |
| 15 | 水 | 癸丑 二黒 | 3/18 友引 |
| 16 | 木 | 甲寅 三碧 | 3/19 先負 |
| 17 | 金 | 乙卯 四緑 | 3/20 仏滅 |
| 18 | 土 | 丙辰 五黄 | 3/21 大安 |
| 19 | 日 | 丁巳 六白 | 3/22 赤口 |
| 20 | 月 | 戊午 七赤 | 3/23 先勝 |
| 21 | 火 | 己未 八白 | 3/24 友引 |
| 22 | 水 | 庚申 九紫 | 3/25 先負 |
| 23 | 木 | 辛酉 一白 | 3/26 仏滅 |
| 24 | 金 | 壬戌 二黒 | 3/27 大安 |
| 25 | 土 | 癸亥 三碧 | 3/28 赤口 |
| 26 | 日 | 甲子 四緑 | 3/29 先勝 |
| 27 | 月 | 乙丑 五黄 | 3/30 友引 |
| 28 | 火 | 丙寅 六白 | 4/1 仏滅 |
| 29 | 水 | 丁卯 七赤 | 4/2 大安 |
| 30 | 木 | 戊辰 八白 | 4/3 赤口 |

4月
- 4. 4 [節] 清明
- 4.16 [雑] 土用
- 4.19 [節] 穀雨

## 5月
（乙巳 八白土星）

| | | | |
|---|---|---|---|
| 1 | 金 | 己巳 九紫 | 4/4 先勝 |
| 2 | 土 | 庚午 一白 | 4/5 友引 |
| 3 | 日 | 辛未 二黒 | 4/6 先負 |
| 4 | 月 | 壬申 三碧 | 4/7 仏滅 |
| 5 | 火 | 癸酉 四緑 | 4/8 大安 |
| 6 | 水 | 甲戌 五黄 | 4/9 赤口 |
| 7 | 木 | 乙亥 六白 | 4/10 先勝 |
| 8 | 金 | 丙子 七赤 | 4/11 友引 |
| 9 | 土 | 丁丑 八白 | 4/12 先負 |
| 10 | 日 | 戊寅 九紫 | 4/13 仏滅 |
| 11 | 月 | 己卯 一白 | 4/14 大安 |
| 12 | 火 | 庚辰 二黒 | 4/15 赤口 |
| 13 | 水 | 辛巳 三碧 | 4/16 先勝 |
| 14 | 木 | 壬午 四緑 | 4/17 友引 |
| 15 | 金 | 癸未 五黄 | 4/18 先負 |
| 16 | 土 | 甲申 六白 | 4/19 仏滅 |
| 17 | 日 | 乙酉 七赤 | 4/20 大安 |
| 18 | 月 | 丙戌 八白 | 4/21 赤口 |
| 19 | 火 | 丁亥 九紫 | 4/22 先勝 |
| 20 | 水 | 戊子 一白 | 4/23 友引 |
| 21 | 木 | 己丑 二黒 | 4/24 先負 |
| 22 | 金 | 庚寅 三碧 | 4/25 仏滅 |
| 23 | 土 | 辛卯 四緑 | 4/26 大安 |
| 24 | 日 | 壬辰 五黄 | 4/27 赤口 |
| 25 | 月 | 癸巳 六白 | 4/28 先勝 |
| 26 | 火 | 甲午 七赤 | 4/29 友引 |
| 27 | 水 | 乙未 八白 | 4/30 先負 |
| 28 | 木 | 丙申 九紫 | 5/1 大安 |
| 29 | 金 | 丁酉 一白 | 5/2 赤口 |
| 30 | 土 | 戊戌 二黒 | 5/3 先勝 |
| 31 | 日 | 己亥 三碧 | 5/4 友引 |

## 6月
（丙午 七赤金星）

| | | | |
|---|---|---|---|
| 1 | 月 | 庚子 四緑 | 5/5 先負 |
| 2 | 火 | 辛丑 五黄 | 5/6 仏滅 |
| 3 | 水 | 壬寅 六白 | 5/7 大安 |
| 4 | 木 | 癸卯 七赤 | 5/8 赤口 |
| 5 | 金 | 甲辰 八白 | 5/9 先勝 |
| 6 | 土 | 乙巳 九紫 | 5/10 友引 |
| 7 | 日 | 丙午 一白 | 5/11 先負 |
| 8 | 月 | 丁未 二黒 | 5/12 仏滅 |
| 9 | 火 | 戊申 三碧 | 5/13 大安 |
| 10 | 水 | 己酉 四緑 | 5/14 赤口 |
| 11 | 木 | 庚戌 五黄 | 5/15 先勝 |
| 12 | 金 | 辛亥 六白 | 5/16 友引 |
| 13 | 土 | 壬子 七赤 | 5/17 先負 |
| 14 | 日 | 癸丑 八白 | 5/18 仏滅 |
| 15 | 月 | 甲寅 九紫 | 5/19 大安 |
| 16 | 火 | 乙卯 一白 | 5/20 赤口 |
| 17 | 水 | 丙辰 二黒 | 5/21 先勝 |
| 18 | 木 | 丁巳 三碧 | 5/22 友引 |
| 19 | 金 | 戊午 四緑 | 5/23 先負 |
| 20 | 土 | 己未 五黄 | 5/24 仏滅 |
| 21 | 日 | 庚申 六白 | 5/25 大安 |
| 22 | 月 | 辛酉 七赤 | 5/26 赤口 |
| 23 | 火 | 壬戌 八白 | 5/27 先勝 |
| 24 | 水 | 癸亥 九紫 | 5/28 友引 |
| 25 | 木 | 甲子 九紫 | 5/29 先負 |
| 26 | 金 | 乙丑 八白 | 6/1 赤口 |
| 27 | 土 | 丙寅 七赤 | 6/2 先勝 |
| 28 | 日 | 丁卯 六白 | 6/3 友引 |
| 29 | 月 | 戊辰 五黄 | 6/4 先負 |
| 30 | 火 | 己巳 四緑 | 6/5 仏滅 |

## 7月
（丁未 六白金星）

| | | | |
|---|---|---|---|
| 1 | 水 | 庚午 三碧 | 6/6 大安 |
| 2 | 木 | 辛未 二黒 | 6/7 赤口 |
| 3 | 金 | 壬申 一白 | 6/8 先勝 |
| 4 | 土 | 癸酉 九紫 | 6/9 友引 |
| 5 | 日 | 甲戌 八白 | 6/10 先負 |
| 6 | 月 | 乙亥 七赤 | 6/11 仏滅 |
| 7 | 火 | 丙子 六白 | 6/12 大安 |
| 8 | 水 | 丁丑 五黄 | 6/13 赤口 |
| 9 | 木 | 戊寅 四緑 | 6/14 先勝 |
| 10 | 金 | 己卯 三碧 | 6/15 友引 |
| 11 | 土 | 庚辰 二黒 | 6/16 先負 |
| 12 | 日 | 辛巳 一白 | 6/17 仏滅 |
| 13 | 月 | 壬午 九紫 | 6/18 大安 |
| 14 | 火 | 癸未 八白 | 6/19 赤口 |
| 15 | 水 | 甲申 七赤 | 6/20 先勝 |
| 16 | 木 | 乙酉 六白 | 6/21 友引 |
| 17 | 金 | 丙戌 五黄 | 6/22 先負 |
| 18 | 土 | 丁亥 四緑 | 6/23 仏滅 |
| 19 | 日 | 戊子 三碧 | 6/24 大安 |
| 20 | 月 | 己丑 二黒 | 6/25 赤口 |
| 21 | 火 | 庚寅 一白 | 6/26 先勝 |
| 22 | 水 | 辛卯 九紫 | 6/27 友引 |
| 23 | 木 | 壬辰 八白 | 6/28 先負 |
| 24 | 金 | 癸巳 七赤 | 6/29 仏滅 |
| 25 | 土 | 甲午 六白 | 6/30 大安 |
| 26 | 日 | 乙未 五黄 | 7/1 先勝 |
| 27 | 月 | 丙申 四緑 | 7/2 友引 |
| 28 | 火 | 丁酉 三碧 | 7/3 先負 |
| 29 | 水 | 戊戌 二黒 | 7/4 仏滅 |
| 30 | 木 | 己亥 一白 | 7/5 大安 |
| 31 | 金 | 庚子 九紫 | 7/6 赤口 |

## 8月
（戊申 五黄土星）

| | | | |
|---|---|---|---|
| 1 | 土 | 辛丑 八白 | 7/7 先勝 |
| 2 | 日 | 壬寅 七赤 | 7/8 友引 |
| 3 | 月 | 癸卯 六白 | 7/9 先負 |
| 4 | 火 | 甲辰 五黄 | 7/10 仏滅 |
| 5 | 水 | 乙巳 四緑 | 7/11 大安 |
| 6 | 木 | 丙午 三碧 | 7/12 赤口 |
| 7 | 金 | 丁未 二黒 | 7/13 先勝 |
| 8 | 土 | 戊申 一白 | 7/14 友引 |
| 9 | 日 | 己酉 九紫 | 7/15 先負 |
| 10 | 月 | 庚戌 八白 | 7/16 仏滅 |
| 11 | 火 | 辛亥 七赤 | 7/17 大安 |
| 12 | 水 | 壬子 六白 | 7/18 赤口 |
| 13 | 木 | 癸丑 五黄 | 7/19 先勝 |
| 14 | 金 | 甲寅 四緑 | 7/20 友引 |
| 15 | 土 | 乙卯 三碧 | 7/21 先負 |
| 16 | 日 | 丙辰 二黒 | 7/22 仏滅 |
| 17 | 月 | 丁巳 一白 | 7/23 大安 |
| 18 | 火 | 戊午 九紫 | 7/24 赤口 |
| 19 | 水 | 己未 八白 | 7/25 先勝 |
| 20 | 木 | 庚申 七赤 | 7/26 友引 |
| 21 | 金 | 辛酉 六白 | 7/27 先負 |
| 22 | 土 | 壬戌 五黄 | 7/28 仏滅 |
| 23 | 日 | 癸亥 四緑 | 7/29 大安 |
| 24 | 月 | 甲子 三碧 | 閏7/1 先勝 |
| 25 | 火 | 乙丑 二黒 | 閏7/2 友引 |
| 26 | 水 | 丙寅 一白 | 閏7/3 先負 |
| 27 | 木 | 丁卯 九紫 | 閏7/4 仏滅 |
| 28 | 金 | 戊辰 八白 | 閏7/5 大安 |
| 29 | 土 | 己巳 七赤 | 閏7/6 赤口 |
| 30 | 日 | 庚午 六白 | 閏7/7 先勝 |
| 31 | 月 | 辛未 五黄 | 閏7/8 友引 |

**5月**

5. 1［雑］八十八夜
5. 5［節］立夏
5.20［節］小満

**6月**

6. 5［節］芒種
6.10［雑］入梅
6.21［節］夏至

**7月**

7. 1［雑］半夏生
7. 6［節］小暑
7.19［雑］土用
7.22［節］大暑

**8月**

8. 7［節］立秋
8.23［節］処暑
8.31［雑］二百十日

## 9月
（己酉 四緑木星）

| | | | |
|---|---|---|---|
| 1 | 火 | 壬申 四緑 | 閏7/9 先負 |
| 2 | 水 | 癸酉 三碧 | 閏7/10 仏滅 |
| 3 | 木 | 甲戌 二黒 | 閏7/11 大安 |
| 4 | 金 | 乙亥 一白 | 閏7/12 赤口 |
| 5 | 土 | 丙子 九紫 | 閏7/13 先勝 |
| 6 | 日 | 丁丑 八白 | 閏7/14 友引 |
| 7 | 月 | 戊寅 七赤 | 閏7/15 先負 |
| 8 | 火 | 己卯 六白 | 閏7/16 仏滅 |
| 9 | 水 | 庚辰 五黄 | 閏7/17 大安 |
| 10 | 木 | 辛巳 四緑 | 閏7/18 赤口 |
| 11 | 金 | 壬午 三碧 | 閏7/19 先勝 |
| 12 | 土 | 癸未 二黒 | 閏7/20 友引 |
| 13 | 日 | 甲申 一白 | 閏7/21 先負 |
| 14 | 月 | 乙酉 九紫 | 閏7/22 仏滅 |
| 15 | 火 | 丙戌 八白 | 閏7/23 大安 |
| 16 | 水 | 丁亥 七赤 | 閏7/24 赤口 |
| 17 | 木 | 戊子 六白 | 閏7/25 先勝 |
| 18 | 金 | 己丑 五黄 | 閏7/26 友引 |
| 19 | 土 | 庚寅 四緑 | 閏7/27 先負 |
| 20 | 日 | 辛卯 三碧 | 閏7/28 仏滅 |
| 21 | 月 | 壬辰 二黒 | 閏7/29 大安 |
| 22 | 火 | 癸巳 一白 | 8/1 友引 |
| 23 | 水 | 甲午 九紫 | 8/2 先負 |
| 24 | 木 | 乙未 八白 | 8/3 仏滅 |
| 25 | 金 | 丙申 七赤 | 8/4 大安 |
| 26 | 土 | 丁酉 六白 | 8/5 赤口 |
| 27 | 日 | 戊戌 五黄 | 8/6 先勝 |
| 28 | 月 | 己亥 四緑 | 8/7 友引 |
| 29 | 火 | 庚子 三碧 | 8/8 先負 |
| 30 | 水 | 辛丑 二黒 | 8/9 仏滅 |

## 10月
（庚戌 三碧木星）

| | | | |
|---|---|---|---|
| 1 | 木 | 壬寅 一白 | 8/10 大安 |
| 2 | 金 | 癸卯 九紫 | 8/11 赤口 |
| 3 | 土 | 甲辰 八白 | 8/12 先勝 |
| 4 | 日 | 乙巳 七赤 | 8/13 友引 |
| 5 | 月 | 丙午 六白 | 8/14 先負 |
| 6 | 火 | 丁未 五黄 | 8/15 仏滅 |
| 7 | 水 | 戊申 四緑 | 8/16 大安 |
| 8 | 木 | 己酉 三碧 | 8/17 赤口 |
| 9 | 金 | 庚戌 二黒 | 8/18 先勝 |
| 10 | 土 | 辛亥 一白 | 8/19 友引 |
| 11 | 日 | 壬子 九紫 | 8/20 先負 |
| 12 | 月 | 癸丑 八白 | 8/21 仏滅 |
| 13 | 火 | 甲寅 七赤 | 8/22 大安 |
| 14 | 水 | 乙卯 六白 | 8/23 赤口 |
| 15 | 木 | 丙辰 五黄 | 8/24 先勝 |
| 16 | 金 | 丁巳 四緑 | 8/25 友引 |
| 17 | 土 | 戊午 三碧 | 8/26 先負 |
| 18 | 日 | 己未 二黒 | 8/27 仏滅 |
| 19 | 月 | 庚申 一白 | 8/28 大安 |
| 20 | 火 | 辛酉 九紫 | 8/29 赤口 |
| 21 | 水 | 壬戌 八白 | 8/30 先勝 |
| 22 | 木 | 癸亥 七赤 | 9/1 先負 |
| 23 | 金 | 甲子 六白 | 9/2 仏滅 |
| 24 | 土 | 乙丑 五黄 | 9/3 大安 |
| 25 | 日 | 丙寅 四緑 | 9/4 赤口 |
| 26 | 月 | 丁卯 三碧 | 9/5 先勝 |
| 27 | 火 | 戊辰 二黒 | 9/6 友引 |
| 28 | 水 | 己巳 一白 | 9/7 先負 |
| 29 | 木 | 庚午 九紫 | 9/8 仏滅 |
| 30 | 金 | 辛未 八白 | 9/9 大安 |
| 31 | 土 | 壬申 七赤 | 9/10 赤口 |

## 11月
（辛亥 二黒土星）

| | | | |
|---|---|---|---|
| 1 | 日 | 癸酉 六白 | 9/11 先勝 |
| 2 | 月 | 甲戌 五黄 | 9/12 友引 |
| 3 | 火 | 乙亥 四緑 | 9/13 先負 |
| 4 | 水 | 丙子 三碧 | 9/14 仏滅 |
| 5 | 木 | 丁丑 二黒 | 9/15 大安 |
| 6 | 金 | 戊寅 一白 | 9/16 赤口 |
| 7 | 土 | 己卯 九紫 | 9/17 先勝 |
| 8 | 日 | 庚辰 八白 | 9/18 友引 |
| 9 | 月 | 辛巳 七赤 | 9/19 先負 |
| 10 | 火 | 壬午 六白 | 9/20 仏滅 |
| 11 | 水 | 癸未 五黄 | 9/21 大安 |
| 12 | 木 | 甲申 四緑 | 9/22 赤口 |
| 13 | 金 | 乙酉 三碧 | 9/23 先勝 |
| 14 | 土 | 丙戌 二黒 | 9/24 友引 |
| 15 | 日 | 丁亥 一白 | 9/25 先負 |
| 16 | 月 | 戊子 九紫 | 9/26 仏滅 |
| 17 | 火 | 己丑 八白 | 9/27 大安 |
| 18 | 水 | 庚寅 七赤 | 9/28 赤口 |
| 19 | 木 | 辛卯 六白 | 9/29 先勝 |
| 20 | 金 | 壬辰 五黄 | 10/1 仏滅 |
| 21 | 土 | 癸巳 四緑 | 10/2 大安 |
| 22 | 日 | 甲午 三碧 | 10/3 赤口 |
| 23 | 月 | 乙未 二黒 | 10/4 先勝 |
| 24 | 火 | 丙申 一白 | 10/5 友引 |
| 25 | 水 | 丁酉 九紫 | 10/6 先負 |
| 26 | 木 | 戊戌 八白 | 10/7 仏滅 |
| 27 | 金 | 己亥 七赤 | 10/8 大安 |
| 28 | 土 | 庚子 六白 | 10/9 赤口 |
| 29 | 日 | 辛丑 五黄 | 10/10 先勝 |
| 30 | 月 | 壬寅 四緑 | 10/11 友引 |

## 12月
（壬子 一白水星）

| | | | |
|---|---|---|---|
| 1 | 火 | 癸卯 三碧 | 10/12 先負 |
| 2 | 水 | 甲辰 二黒 | 10/13 仏滅 |
| 3 | 木 | 乙巳 一白 | 10/14 大安 |
| 4 | 金 | 丙午 九紫 | 10/15 赤口 |
| 5 | 土 | 丁未 八白 | 10/16 先勝 |
| 6 | 日 | 戊申 七赤 | 10/17 友引 |
| 7 | 月 | 己酉 六白 | 10/18 先負 |
| 8 | 火 | 庚戌 五黄 | 10/19 仏滅 |
| 9 | 水 | 辛亥 四緑 | 10/20 大安 |
| 10 | 木 | 壬子 三碧 | 10/21 赤口 |
| 11 | 金 | 癸丑 二黒 | 10/22 先勝 |
| 12 | 土 | 甲寅 一白 | 10/23 友引 |
| 13 | 日 | 乙卯 九紫 | 10/24 先負 |
| 14 | 月 | 丙辰 八白 | 10/25 仏滅 |
| 15 | 火 | 丁巳 七赤 | 10/26 大安 |
| 16 | 水 | 戊午 六白 | 10/27 赤口 |
| 17 | 木 | 己未 五黄 | 10/28 先勝 |
| 18 | 金 | 庚申 四緑 | 10/29 友引 |
| 19 | 土 | 辛酉 三碧 | 10/30 先負 |
| 20 | 日 | 壬戌 二黒 | 11/1 大安 |
| 21 | 月 | 癸亥 一白 | 11/2 赤口 |
| 22 | 火 | 甲子 一白 | 11/3 先勝 |
| 23 | 水 | 乙丑 二黒 | 11/4 友引 |
| 24 | 木 | 丙寅 三碧 | 11/5 先負 |
| 25 | 金 | 丁卯 四緑 | 11/6 仏滅 |
| 26 | 土 | 戊辰 五黄 | 11/7 大安 |
| 27 | 日 | 己巳 六白 | 11/8 赤口 |
| 28 | 月 | 庚午 七赤 | 11/9 先勝 |
| 29 | 火 | 辛未 八白 | 11/10 友引 |
| 30 | 水 | 壬申 九紫 | 11/11 先負 |
| 31 | 木 | 癸酉 一白 | 11/12 仏滅 |

**9月**

9. 7［節］白露
9.19［雑］彼岸
9.22［節］秋分
9.27［雑］社日

**10月**

10. 8［節］寒露
10.20［雑］土用
10.23［節］霜降

**11月**

11. 7［節］立冬
11.22［節］小雪

**12月**

12. 7［節］大雪
12.21［節］冬至

# 2083

明治 216 年
大正 172 年
昭和 158 年
平成 95 年

癸卯（みずのとう）
七赤金星

生誕・年忌など

1.21 里見弴没後 100 年
1.23 スタンダール生誕 300 年
2.13 R. ワーグナー没後 200 年
2.20 志賀直哉生誕 200 年
2.23 K. ヤスパース生誕 200 年
2.25 テネシー・ウィリアムズ没後 100 年
3. 1 小林秀雄没後 100 年
3.13 高村光太郎生誕 200 年
3.14 K. マルクス没後 200 年
4. 4 「おしん」放映開始 100 年
4. 6 ラファエロ生誕 600 年
4. 8 阿仏尼没後 800 年
4.10 グロティウス生誕 500 年
4.21 賤ヶ岳の戦い 500 年
4.30 E. マネ没後 200 年
5. 4 寺山修司没後 100 年
5.11 倶利伽羅峠の戦い 900 年
5.26 日本海中部地震 100 年
6. 5 J. ケインズ生誕 200 年
7. 2 日本・官報創刊 200 年
7. 3 F. カフカ生誕 200 年
7. 8 浅間山大噴火 300 年
7.19 大黒屋光太夫ロシア領漂着 300 年
7.29 B. ムッソリーニ生誕 200 年
8. 5 中村草田男没後 100 年
8.21 フィリピン・アキノ氏暗殺 100 年
8.26 インドネシア・クラカタウ島大噴火 200 年
8. — 林羅山生誕 500 年
9. 1 大韓航空機撃墜事件 100 年
9. 3 I. ツルゲーネフ没後 200 年
9.19 モンゴルフィエ熱気球飛行実験成功 300 年
9. — 後三年の役開戦 1000 年
10. 4 オリエント急行営業運行開始 200 年
10. 9 ラングーン爆弾テロ事件 100 年
10.29 J. ダランベール没後 300 年
11. 2 田村泰次郎没後 100 年
11.10 M. ルター生誕 600 年
11.16 福本和夫没後 100 年
11.28 鹿鳴館開館 200 年
12.25 与謝蕪村没後 300 年
M. ユトリロ生誕 200 年
この年 オスマン・トルコ軍第 2 次ウィーン包囲 400 年

## 2083年

### 1月
（癸丑 九紫火星）

| 日 | 曜 | 干支・九星 | 旧暦・六曜 |
|---|---|---|---|
| 1 | 金 | 甲戌 二黒 | 11/13 大安 |
| 2 | 土 | 乙亥 三碧 | 11/14 赤口 |
| 3 | 日 | 丙子 四緑 | 11/15 先勝 |
| 4 | 月 | 丁丑 五黄 | 11/16 友引 |
| 5 | 火 | 戊寅 六白 | 11/17 先負 |
| 6 | 水 | 己卯 七赤 | 11/18 仏滅 |
| 7 | 木 | 庚辰 八白 | 11/19 大安 |
| 8 | 金 | 辛巳 九紫 | 11/20 赤口 |
| 9 | 土 | 壬午 一白 | 11/21 先勝 |
| 10 | 日 | 癸未 二黒 | 11/22 友引 |
| 11 | 月 | 甲申 三碧 | 11/23 先負 |
| 12 | 火 | 乙酉 四緑 | 11/24 仏滅 |
| 13 | 水 | 丙戌 五黄 | 11/25 大安 |
| 14 | 木 | 丁亥 六白 | 11/26 赤口 |
| 15 | 金 | 戊子 七赤 | 11/27 先勝 |
| 16 | 土 | 己丑 八白 | 11/28 友引 |
| 17 | 日 | 庚寅 九紫 | 11/29 先負 |
| 18 | 月 | 辛卯 一白 | 12/1 赤口 |
| 19 | 火 | 壬辰 二黒 | 12/2 先勝 |
| 20 | 水 | 癸巳 三碧 | 12/3 友引 |
| 21 | 木 | 甲午 四緑 | 12/4 先負 |
| 22 | 金 | 乙未 五黄 | 12/5 仏滅 |
| 23 | 土 | 丙申 六白 | 12/6 大安 |
| 24 | 日 | 丁酉 七赤 | 12/7 赤口 |
| 25 | 月 | 戊戌 八白 | 12/8 先勝 |
| 26 | 火 | 己亥 九紫 | 12/9 友引 |
| 27 | 水 | 庚子 一白 | 12/10 先負 |
| 28 | 木 | 辛丑 二黒 | 12/11 仏滅 |
| 29 | 金 | 壬寅 三碧 | 12/12 大安 |
| 30 | 土 | 癸卯 四緑 | 12/13 赤口 |
| 31 | 日 | 甲辰 五黄 | 12/14 先勝 |

### 2月
（甲寅 八白土星）

| 日 | 曜 | 干支・九星 | 旧暦・六曜 |
|---|---|---|---|
| 1 | 月 | 乙巳 六白 | 12/15 友引 |
| 2 | 火 | 丙午 七赤 | 12/16 先負 |
| 3 | 水 | 丁未 八白 | 12/17 仏滅 |
| 4 | 木 | 戊申 九紫 | 12/18 大安 |
| 5 | 金 | 己酉 一白 | 12/19 赤口 |
| 6 | 土 | 庚戌 二黒 | 12/20 先勝 |
| 7 | 日 | 辛亥 三碧 | 12/21 友引 |
| 8 | 月 | 壬子 四緑 | 12/22 先負 |
| 9 | 火 | 癸丑 五黄 | 12/23 仏滅 |
| 10 | 水 | 甲寅 六白 | 12/24 大安 |
| 11 | 木 | 乙卯 七赤 | 12/25 赤口 |
| 12 | 金 | 丙辰 八白 | 12/26 先勝 |
| 13 | 土 | 丁巳 九紫 | 12/27 友引 |
| 14 | 日 | 戊午 一白 | 12/28 先負 |
| 15 | 月 | 己未 二黒 | 12/29 仏滅 |
| 16 | 火 | 庚申 三碧 | 12/30 大安 |
| 17 | 水 | 辛酉 四緑 | 1/1 先勝 |
| 18 | 木 | 壬戌 五黄 | 1/2 友引 |
| 19 | 金 | 癸亥 六白 | 1/3 先負 |
| 20 | 土 | 甲子 七赤 | 1/4 仏滅 |
| 21 | 日 | 乙丑 八白 | 1/5 大安 |
| 22 | 月 | 丙寅 九紫 | 1/6 赤口 |
| 23 | 火 | 丁卯 一白 | 1/7 先勝 |
| 24 | 水 | 戊辰 二黒 | 1/8 友引 |
| 25 | 木 | 己巳 三碧 | 1/9 先負 |
| 26 | 金 | 庚午 四緑 | 1/10 仏滅 |
| 27 | 土 | 辛未 五黄 | 1/11 大安 |
| 28 | 日 | 壬申 六白 | 1/12 赤口 |

### 3月
（乙卯 七赤金星）

| 日 | 曜 | 干支・九星 | 旧暦・六曜 |
|---|---|---|---|
| 1 | 月 | 癸酉 七赤 | 1/13 先勝 |
| 2 | 火 | 甲戌 八白 | 1/14 友引 |
| 3 | 水 | 乙亥 九紫 | 1/15 先負 |
| 4 | 木 | 丙子 一白 | 1/16 仏滅 |
| 5 | 金 | 丁丑 二黒 | 1/17 大安 |
| 6 | 土 | 戊寅 三碧 | 1/18 赤口 |
| 7 | 日 | 己卯 四緑 | 1/19 先勝 |
| 8 | 月 | 庚辰 五黄 | 1/20 友引 |
| 9 | 火 | 辛巳 六白 | 1/21 先負 |
| 10 | 水 | 壬午 七赤 | 1/22 仏滅 |
| 11 | 木 | 癸未 八白 | 1/23 大安 |
| 12 | 金 | 甲申 九紫 | 1/24 赤口 |
| 13 | 土 | 乙酉 一白 | 1/25 先勝 |
| 14 | 日 | 丙戌 二黒 | 1/26 友引 |
| 15 | 月 | 丁亥 三碧 | 1/27 先負 |
| 16 | 火 | 戊子 四緑 | 1/28 仏滅 |
| 17 | 水 | 己丑 五黄 | 1/29 大安 |
| 18 | 木 | 庚寅 六白 | 2/1 友引 |
| 19 | 金 | 辛卯 七赤 | 2/2 先負 |
| 20 | 土 | 壬辰 八白 | 2/3 仏滅 |
| 21 | 日 | 癸巳 九紫 | 2/4 大安 |
| 22 | 月 | 甲午 一白 | 2/5 赤口 |
| 23 | 火 | 乙未 二黒 | 2/6 先勝 |
| 24 | 水 | 丙申 三碧 | 2/7 友引 |
| 25 | 木 | 丁酉 四緑 | 2/8 先負 |
| 26 | 金 | 戊戌 五黄 | 2/9 仏滅 |
| 27 | 土 | 己亥 六白 | 2/10 大安 |
| 28 | 日 | 庚子 七赤 | 2/11 赤口 |
| 29 | 月 | 辛丑 八白 | 2/12 先勝 |
| 30 | 火 | 壬寅 九紫 | 2/13 友引 |
| 31 | 水 | 癸卯 一白 | 2/14 先負 |

### 4月
（丙辰 六白金星）

| 日 | 曜 | 干支・九星 | 旧暦・六曜 |
|---|---|---|---|
| 1 | 木 | 甲辰 二黒 | 2/15 仏滅 |
| 2 | 金 | 乙巳 三碧 | 2/16 大安 |
| 3 | 土 | 丙午 四緑 | 2/17 赤口 |
| 4 | 日 | 丁未 五黄 | 2/18 先勝 |
| 5 | 月 | 戊申 六白 | 2/19 友引 |
| 6 | 火 | 己酉 七赤 | 2/20 先負 |
| 7 | 水 | 庚戌 八白 | 2/21 仏滅 |
| 8 | 木 | 辛亥 九紫 | 2/22 大安 |
| 9 | 金 | 壬子 一白 | 2/23 赤口 |
| 10 | 土 | 癸丑 二黒 | 2/24 先勝 |
| 11 | 日 | 甲寅 三碧 | 2/25 友引 |
| 12 | 月 | 乙卯 四緑 | 2/26 先負 |
| 13 | 火 | 丙辰 五黄 | 2/27 仏滅 |
| 14 | 水 | 丁巳 六白 | 2/28 大安 |
| 15 | 木 | 戊午 七赤 | 2/29 赤口 |
| 16 | 金 | 己未 八白 | 2/30 先勝 |
| 17 | 土 | 庚申 九紫 | 3/1 先負 |
| 18 | 日 | 辛酉 一白 | 3/2 仏滅 |
| 19 | 月 | 壬戌 二黒 | 3/3 大安 |
| 20 | 火 | 癸亥 三碧 | 3/4 赤口 |
| 21 | 水 | 甲子 四緑 | 3/5 先勝 |
| 22 | 木 | 乙丑 五黄 | 3/6 友引 |
| 23 | 金 | 丙寅 六白 | 3/7 先負 |
| 24 | 土 | 丁卯 七赤 | 3/8 仏滅 |
| 25 | 日 | 戊辰 八白 | 3/9 大安 |
| 26 | 月 | 己巳 九紫 | 3/10 赤口 |
| 27 | 火 | 庚午 一白 | 3/11 先勝 |
| 28 | 水 | 辛未 二黒 | 3/12 友引 |
| 29 | 木 | 壬申 三碧 | 3/13 先負 |
| 30 | 金 | 癸酉 四緑 | 3/14 仏滅 |

**1月**

1. 5［節］小寒
1.17［雑］土用
1.20［節］大寒

**2月**

2. 3［雑］節分
2. 4［節］立春
2.18［節］雨水

**3月**

3. 5［節］啓蟄
3.16［雑］社日
3.17［雑］彼岸
3.20［節］春分

**4月**

4. 4［節］清明
4.17［雑］土用
4.20［節］穀雨

## 5 月
（丁巳 五黄土星）

| | | | | | |
|---|---|---|---|---|---|
| 1 | 土 | 甲戌 | 五黄 | 3/15 | 大安 |
| 2 | 日 | 乙亥 | 六白 | 3/16 | 赤口 |
| 3 | 月 | 丙子 | 七赤 | 3/17 | 先勝 |
| 4 | 火 | 丁丑 | 八白 | 3/18 | 友引 |
| 5 | 水 | 戊寅 | 九紫 | 3/19 | 先負 |
| 6 | 木 | 己卯 | 一白 | 3/20 | 仏滅 |
| 7 | 金 | 庚辰 | 二黒 | 3/21 | 大安 |
| 8 | 土 | 辛巳 | 三碧 | 3/22 | 赤口 |
| 9 | 日 | 壬午 | 四緑 | 3/23 | 先勝 |
| 10 | 月 | 癸未 | 五黄 | 3/24 | 友引 |
| 11 | 火 | 甲申 | 六白 | 3/25 | 先負 |
| 12 | 水 | 乙酉 | 七赤 | 3/26 | 仏滅 |
| 13 | 木 | 丙戌 | 八白 | 3/27 | 大安 |
| 14 | 金 | 丁亥 | 九紫 | 3/28 | 赤口 |
| 15 | 土 | 戊子 | 一白 | 3/29 | 先勝 |
| 16 | 日 | 己丑 | 二黒 | 3/30 | 友引 |
| 17 | 月 | 庚寅 | 三碧 | 4/1 | 仏滅 |
| 18 | 火 | 辛卯 | 四緑 | 4/2 | 大安 |
| 19 | 水 | 壬辰 | 五黄 | 4/3 | 赤口 |
| 20 | 木 | 癸巳 | 六白 | 4/4 | 先勝 |
| 21 | 金 | 甲午 | 七赤 | 4/5 | 友引 |
| 22 | 土 | 乙未 | 八白 | 4/6 | 先負 |
| 23 | 日 | 丙申 | 九紫 | 4/7 | 仏滅 |
| 24 | 月 | 丁酉 | 一白 | 4/8 | 大安 |
| 25 | 火 | 戊戌 | 二黒 | 4/9 | 赤口 |
| 26 | 水 | 己亥 | 三碧 | 4/10 | 先勝 |
| 27 | 木 | 庚子 | 四緑 | 4/11 | 友引 |
| 28 | 金 | 辛丑 | 五黄 | 4/12 | 先負 |
| 29 | 土 | 壬寅 | 六白 | 4/13 | 仏滅 |
| 30 | 日 | 癸卯 | 七赤 | 4/14 | 大安 |
| 31 | 月 | 甲辰 | 八白 | 4/15 | 赤口 |

## 6 月
（戊午 四緑木星）

| | | | | | |
|---|---|---|---|---|---|
| 1 | 火 | 乙巳 | 九紫 | 4/16 | 先勝 |
| 2 | 水 | 丙午 | 一白 | 4/17 | 友引 |
| 3 | 木 | 丁未 | 二黒 | 4/18 | 先負 |
| 4 | 金 | 戊申 | 三碧 | 4/19 | 仏滅 |
| 5 | 土 | 己酉 | 四緑 | 4/20 | 大安 |
| 6 | 日 | 庚戌 | 五黄 | 4/21 | 赤口 |
| 7 | 月 | 辛亥 | 六白 | 4/22 | 先勝 |
| 8 | 火 | 壬子 | 七赤 | 4/23 | 友引 |
| 9 | 水 | 癸丑 | 八白 | 4/24 | 先負 |
| 10 | 木 | 甲寅 | 九紫 | 4/25 | 仏滅 |
| 11 | 金 | 乙卯 | 一白 | 4/26 | 大安 |
| 12 | 土 | 丙辰 | 二黒 | 4/27 | 赤口 |
| 13 | 日 | 丁巳 | 三碧 | 4/28 | 先勝 |
| 14 | 月 | 戊午 | 四緑 | 4/29 | 友引 |
| 15 | 火 | 己未 | 五黄 | 5/1 | 大安 |
| 16 | 水 | 庚申 | 六白 | 5/2 | 赤口 |
| 17 | 木 | 辛酉 | 七赤 | 5/3 | 先勝 |
| 18 | 金 | 壬戌 | 八白 | 5/4 | 友引 |
| 19 | 土 | 癸亥 | 九紫 | 5/5 | 先負 |
| 20 | 日 | 甲子 | 九紫 | 5/6 | 仏滅 |
| 21 | 月 | 乙丑 | 八白 | 5/7 | 大安 |
| 22 | 火 | 丙寅 | 七赤 | 5/8 | 赤口 |
| 23 | 水 | 丁卯 | 六白 | 5/9 | 先勝 |
| 24 | 木 | 戊辰 | 五黄 | 5/10 | 友引 |
| 25 | 金 | 己巳 | 四緑 | 5/11 | 先負 |
| 26 | 土 | 庚午 | 三碧 | 5/12 | 仏滅 |
| 27 | 日 | 辛未 | 二黒 | 5/13 | 大安 |
| 28 | 月 | 壬申 | 一白 | 5/14 | 赤口 |
| 29 | 火 | 癸酉 | 九紫 | 5/15 | 先勝 |
| 30 | 水 | 甲戌 | 八白 | 5/16 | 友引 |

## 7 月
（己未 三碧木星）

| | | | | | |
|---|---|---|---|---|---|
| 1 | 木 | 乙亥 | 七赤 | 5/17 | 先負 |
| 2 | 金 | 丙子 | 六白 | 5/18 | 仏滅 |
| 3 | 土 | 丁丑 | 五黄 | 5/19 | 大安 |
| 4 | 日 | 戊寅 | 四緑 | 5/20 | 赤口 |
| 5 | 月 | 己卯 | 三碧 | 5/21 | 先勝 |
| 6 | 火 | 庚辰 | 二黒 | 5/22 | 友引 |
| 7 | 水 | 辛巳 | 一白 | 5/23 | 先負 |
| 8 | 木 | 壬午 | 九紫 | 5/24 | 仏滅 |
| 9 | 金 | 癸未 | 八白 | 5/25 | 大安 |
| 10 | 土 | 甲申 | 七赤 | 5/26 | 赤口 |
| 11 | 日 | 乙酉 | 六白 | 5/27 | 先勝 |
| 12 | 月 | 丙戌 | 五黄 | 5/28 | 友引 |
| 13 | 火 | 丁亥 | 四緑 | 5/29 | 先負 |
| 14 | 水 | 戊子 | 三碧 | 5/30 | 仏滅 |
| 15 | 木 | 己丑 | 二黒 | 6/1 | 赤口 |
| 16 | 金 | 庚寅 | 一白 | 6/2 | 先勝 |
| 17 | 土 | 辛卯 | 九紫 | 6/3 | 友引 |
| 18 | 日 | 壬辰 | 八白 | 6/4 | 先負 |
| 19 | 月 | 癸巳 | 七赤 | 6/5 | 仏滅 |
| 20 | 火 | 甲午 | 六白 | 6/6 | 大安 |
| 21 | 水 | 乙未 | 五黄 | 6/7 | 赤口 |
| 22 | 木 | 丙申 | 四緑 | 6/8 | 先勝 |
| 23 | 金 | 丁酉 | 三碧 | 6/9 | 友引 |
| 24 | 土 | 戊戌 | 二黒 | 6/10 | 先負 |
| 25 | 日 | 己亥 | 一白 | 6/11 | 仏滅 |
| 26 | 月 | 庚子 | 九紫 | 6/12 | 大安 |
| 27 | 火 | 辛丑 | 八白 | 6/13 | 赤口 |
| 28 | 水 | 壬寅 | 七赤 | 6/14 | 先勝 |
| 29 | 木 | 癸卯 | 六白 | 6/15 | 友引 |
| 30 | 金 | 甲辰 | 五黄 | 6/16 | 先負 |
| 31 | 土 | 乙巳 | 四緑 | 6/17 | 仏滅 |

## 8 月
（庚申 二黒土星）

| | | | | | |
|---|---|---|---|---|---|
| 1 | 日 | 丙午 | 三碧 | 6/18 | 大安 |
| 2 | 月 | 丁未 | 二黒 | 6/19 | 赤口 |
| 3 | 火 | 戊申 | 一白 | 6/20 | 先勝 |
| 4 | 水 | 己酉 | 九紫 | 6/21 | 友引 |
| 5 | 木 | 庚戌 | 八白 | 6/22 | 先負 |
| 6 | 金 | 辛亥 | 七赤 | 6/23 | 仏滅 |
| 7 | 土 | 壬子 | 六白 | 6/24 | 大安 |
| 8 | 日 | 癸丑 | 五黄 | 6/25 | 赤口 |
| 9 | 月 | 甲寅 | 四緑 | 6/26 | 先勝 |
| 10 | 火 | 乙卯 | 三碧 | 6/27 | 友引 |
| 11 | 水 | 丙辰 | 二黒 | 6/28 | 先負 |
| 12 | 木 | 丁巳 | 一白 | 6/29 | 仏滅 |
| 13 | 金 | 戊午 | 九紫 | 7/1 | 先勝 |
| 14 | 土 | 己未 | 八白 | 7/2 | 友引 |
| 15 | 日 | 庚申 | 七赤 | 7/3 | 先負 |
| 16 | 月 | 辛酉 | 六白 | 7/4 | 仏滅 |
| 17 | 火 | 壬戌 | 五黄 | 7/5 | 大安 |
| 18 | 水 | 癸亥 | 四緑 | 7/6 | 赤口 |
| 19 | 木 | 甲子 | 三碧 | 7/7 | 先勝 |
| 20 | 金 | 乙丑 | 二黒 | 7/8 | 友引 |
| 21 | 土 | 丙寅 | 一白 | 7/9 | 先負 |
| 22 | 日 | 丁卯 | 九紫 | 7/10 | 仏滅 |
| 23 | 月 | 戊辰 | 八白 | 7/11 | 大安 |
| 24 | 火 | 己巳 | 七赤 | 7/12 | 赤口 |
| 25 | 水 | 庚午 | 六白 | 7/13 | 先勝 |
| 26 | 木 | 辛未 | 五黄 | 7/14 | 友引 |
| 27 | 金 | 壬申 | 四緑 | 7/15 | 先負 |
| 28 | 土 | 癸酉 | 三碧 | 7/16 | 仏滅 |
| 29 | 日 | 甲戌 | 二黒 | 7/17 | 大安 |
| 30 | 月 | 乙亥 | 一白 | 7/18 | 赤口 |
| 31 | 火 | 丙子 | 九紫 | 7/19 | 先勝 |

**5 月**

5. 2［雑］八十八夜
5. 5［節］立夏
5.21［節］小満

**6 月**

6. 5［節］芒種
6.11［雑］入梅
6.21［節］夏至

**7 月**

7. 1［雑］半夏生
7. 7［節］小暑
7.19［雑］土用
7.22［節］大暑

**8 月**

8. 7［節］立秋
8.23［節］処暑

2083 年

## 9 月
（辛酉 一白水星）

| | | | |
|---|---|---|---|
| 1 | 水 | 丁丑 八白 | 7/20 友引 |
| 2 | 木 | 戊寅 七赤 | 7/21 先負 |
| 3 | 金 | 己卯 六白 | 7/22 仏滅 |
| 4 | 土 | 庚辰 五黄 | 7/23 大安 |
| 5 | 日 | 辛巳 四緑 | 7/24 赤口 |
| 6 | 月 | 壬午 三碧 | 7/25 先勝 |
| 7 | 火 | 癸未 二黒 | 7/26 友引 |
| 8 | 水 | 甲申 一白 | 7/27 先負 |
| 9 | 木 | 乙酉 九紫 | 7/28 仏滅 |
| 10 | 金 | 丙戌 八白 | 7/29 大安 |
| 11 | 土 | 丁亥 七赤 | 7/30 赤口 |
| 12 | 日 | 戊子 六白 | 8/1 友引 |
| 13 | 月 | 己丑 五黄 | 8/2 先負 |
| 14 | 火 | 庚寅 四緑 | 8/3 仏滅 |
| 15 | 水 | 辛卯 三碧 | 8/4 大安 |
| 16 | 木 | 壬辰 二黒 | 8/5 赤口 |
| 17 | 金 | 癸巳 一白 | 8/6 先勝 |
| 18 | 土 | 甲午 九紫 | 8/7 友引 |
| 19 | 日 | 乙未 八白 | 8/8 先負 |
| 20 | 月 | 丙申 七赤 | 8/9 仏滅 |
| 21 | 火 | 丁酉 六白 | 8/10 大安 |
| 22 | 水 | 戊戌 五黄 | 8/11 赤口 |
| 23 | 木 | 己亥 四緑 | 8/12 先勝 |
| 24 | 金 | 庚子 三碧 | 8/13 友引 |
| 25 | 土 | 辛丑 二黒 | 8/14 先負 |
| 26 | 日 | 壬寅 一白 | 8/15 仏滅 |
| 27 | 月 | 癸卯 九紫 | 8/16 大安 |
| 28 | 火 | 甲辰 八白 | 8/17 赤口 |
| 29 | 水 | 乙巳 七赤 | 8/18 先勝 |
| 30 | 木 | 丙午 六白 | 8/19 友引 |

## 10 月
（壬戌 九紫火星）

| | | | |
|---|---|---|---|
| 1 | 金 | 丁未 五黄 | 8/20 先負 |
| 2 | 土 | 戊申 四緑 | 8/21 仏滅 |
| 3 | 日 | 己酉 三碧 | 8/22 大安 |
| 4 | 月 | 庚戌 二黒 | 8/23 赤口 |
| 5 | 火 | 辛亥 一白 | 8/24 先勝 |
| 6 | 水 | 壬子 九紫 | 8/25 友引 |
| 7 | 木 | 癸丑 八白 | 8/26 先負 |
| 8 | 金 | 甲寅 七赤 | 8/27 仏滅 |
| 9 | 土 | 乙卯 六白 | 8/28 大安 |
| 10 | 日 | 丙辰 五黄 | 8/29 赤口 |
| 11 | 月 | 丁巳 四緑 | 9/1 先負 |
| 12 | 火 | 戊午 三碧 | 9/2 仏滅 |
| 13 | 水 | 己未 二黒 | 9/3 大安 |
| 14 | 木 | 庚申 一白 | 9/4 赤口 |
| 15 | 金 | 辛酉 九紫 | 9/5 先勝 |
| 16 | 土 | 壬戌 八白 | 9/6 友引 |
| 17 | 日 | 癸亥 七赤 | 9/7 先負 |
| 18 | 月 | 甲子 六白 | 9/8 仏滅 |
| 19 | 火 | 乙丑 五黄 | 9/9 大安 |
| 20 | 水 | 丙寅 四緑 | 9/10 赤口 |
| 21 | 木 | 丁卯 三碧 | 9/11 先勝 |
| 22 | 金 | 戊辰 二黒 | 9/12 友引 |
| 23 | 土 | 己巳 一白 | 9/13 先負 |
| 24 | 日 | 庚午 九紫 | 9/14 仏滅 |
| 25 | 月 | 辛未 八白 | 9/15 大安 |
| 26 | 火 | 壬申 七赤 | 9/16 赤口 |
| 27 | 水 | 癸酉 六白 | 9/17 先勝 |
| 28 | 木 | 甲戌 五黄 | 9/18 友引 |
| 29 | 金 | 乙亥 四緑 | 9/19 先負 |
| 30 | 土 | 丙子 三碧 | 9/20 仏滅 |
| 31 | 日 | 丁丑 二黒 | 9/21 大安 |

## 11 月
（癸亥 八白土星）

| | | | |
|---|---|---|---|
| 1 | 月 | 戊寅 一白 | 9/22 赤口 |
| 2 | 火 | 己卯 九紫 | 9/23 先勝 |
| 3 | 水 | 庚辰 八白 | 9/24 友引 |
| 4 | 木 | 辛巳 七赤 | 9/25 先負 |
| 5 | 金 | 壬午 六白 | 9/26 仏滅 |
| 6 | 土 | 癸未 五黄 | 9/27 大安 |
| 7 | 日 | 甲申 四緑 | 9/28 赤口 |
| 8 | 月 | 乙酉 三碧 | 9/29 先勝 |
| 9 | 火 | 丙戌 二黒 | 9/30 友引 |
| 10 | 水 | 丁亥 一白 | 10/1 仏滅 |
| 11 | 木 | 戊子 九紫 | 10/2 大安 |
| 12 | 金 | 己丑 八白 | 10/3 赤口 |
| 13 | 土 | 庚寅 七赤 | 10/4 先勝 |
| 14 | 日 | 辛卯 六白 | 10/5 友引 |
| 15 | 月 | 壬辰 五黄 | 10/6 先負 |
| 16 | 火 | 癸巳 四緑 | 10/7 仏滅 |
| 17 | 水 | 甲午 三碧 | 10/8 大安 |
| 18 | 木 | 乙未 二黒 | 10/9 赤口 |
| 19 | 金 | 丙申 一白 | 10/10 先勝 |
| 20 | 土 | 丁酉 九紫 | 10/11 友引 |
| 21 | 日 | 戊戌 八白 | 10/12 先負 |
| 22 | 月 | 己亥 七赤 | 10/13 仏滅 |
| 23 | 火 | 庚子 六白 | 10/14 大安 |
| 24 | 水 | 辛丑 五黄 | 10/15 赤口 |
| 25 | 木 | 壬寅 四緑 | 10/16 先勝 |
| 26 | 金 | 癸卯 三碧 | 10/17 友引 |
| 27 | 土 | 甲辰 二黒 | 10/18 先負 |
| 28 | 日 | 乙巳 一白 | 10/19 仏滅 |
| 29 | 月 | 丙午 九紫 | 10/20 大安 |
| 30 | 火 | 丁未 八白 | 10/21 赤口 |

## 12 月
（甲子 七赤金星）

| | | | |
|---|---|---|---|
| 1 | 水 | 戊申 七赤 | 10/22 先勝 |
| 2 | 木 | 己酉 六白 | 10/23 友引 |
| 3 | 金 | 庚戌 五黄 | 10/24 先負 |
| 4 | 土 | 辛亥 四緑 | 10/25 仏滅 |
| 5 | 日 | 壬子 三碧 | 10/26 大安 |
| 6 | 月 | 癸丑 二黒 | 10/27 赤口 |
| 7 | 火 | 甲寅 一白 | 10/28 先勝 |
| 8 | 水 | 乙卯 九紫 | 10/29 友引 |
| 9 | 木 | 丙辰 八白 | 11/1 大安 |
| 10 | 金 | 丁巳 七赤 | 11/2 赤口 |
| 11 | 土 | 戊午 六白 | 11/3 先勝 |
| 12 | 日 | 己未 五黄 | 11/4 友引 |
| 13 | 月 | 庚申 四緑 | 11/5 先負 |
| 14 | 火 | 辛酉 三碧 | 11/6 仏滅 |
| 15 | 水 | 壬戌 二黒 | 11/7 大安 |
| 16 | 木 | 癸亥 一白 | 11/8 赤口 |
| 17 | 金 | 甲子 一白 | 11/9 先勝 |
| 18 | 土 | 乙丑 二黒 | 11/10 友引 |
| 19 | 日 | 丙寅 三碧 | 11/11 先負 |
| 20 | 月 | 丁卯 四緑 | 11/12 仏滅 |
| 21 | 火 | 戊辰 五黄 | 11/13 大安 |
| 22 | 水 | 己巳 六白 | 11/14 赤口 |
| 23 | 木 | 庚午 七赤 | 11/15 先勝 |
| 24 | 金 | 辛未 八白 | 11/16 友引 |
| 25 | 土 | 壬申 九紫 | 11/17 先負 |
| 26 | 日 | 癸酉 一白 | 11/18 仏滅 |
| 27 | 月 | 甲戌 二黒 | 11/19 大安 |
| 28 | 火 | 乙亥 三碧 | 11/20 赤口 |
| 29 | 水 | 丙子 四緑 | 11/21 先勝 |
| 30 | 木 | 丁丑 五黄 | 11/22 友引 |
| 31 | 金 | 戊寅 六白 | 11/23 先負 |

**9 月**

9. 1 [雑] 二百十日
9. 7 [節] 白露
9.20 [雑] 彼岸
9.22 [雑] 社日
9.23 [節] 秋分

**10 月**

10. 8 [節] 寒露
10.20 [雑] 土用
10.23 [節] 霜降

**11 月**

11. 7 [節] 立冬
11.22 [節] 小雪

**12 月**

12. 7 [節] 大雪
12.22 [節] 冬至

# 2084

明治 217 年
大正 173 年
昭和 159 年
平成 96 年

甲辰（きのえたつ）
六白金星

生誕・年忌など

1.20 宇治川の戦い 900 年
2. 7 一ノ谷の戦い 900 年
2.13 植村直己没後 100 年
2.21 M. ショーロホフ没後 100 年
3.16 「漢委奴国王」金印発見 300 年
3.18 グリコ森永事件発生 100 年
3.24 田沼意知刃傷事件 300 年
4. 4 山本五十六生誕 200 年
4.25 林達夫没後 100 年
5.12 B. スメタナ没後 200 年
5.19 観阿弥没後 700 年
6.25 ミシェル・フーコー没後 100 年
7.12 A. モディリアニ生誕 200 年
7. — D. ディドロ没後 300 年
8.25 T. カポーティ没後 100 年
8.30 有吉佐和子没後 100 年
9.14 長野県西部地震 100 年
9.16 竹久夢二生誕 200 年
9. — 加波山事件 200 年
10.21 徳川吉宗生誕 400 年
F. トリュフォー没後 100 年
10.31 インディラ・ガンジー没後 100 年
11. 1 秩父事件勃発 200 年
12. 2 インド・ボパール有毒ガス事故 100 年
12. 4 甲申事変 200 年
12.13 S. ジョンソン没後 300 年
12.30 東条英機生誕 200 年
この年 長岡京遷都 1300 年
小牧・長久手の戦い 500 年
子午線基準 (グリニッジ天文台) 制定 200 年

## 2084年

### 1月
（乙丑 六白金星）

| | | | |
|---|---|---|---|
| 1 | 土 | 己卯 七赤 | 11/24 仏滅 |
| 2 | 日 | 庚辰 八白 | 11/25 大安 |
| 3 | 月 | 辛巳 九紫 | 11/26 赤口 |
| 4 | 火 | 壬午 一白 | 11/27 先勝 |
| 5 | 水 | 癸未 二黒 | 11/28 友引 |
| 6 | 木 | 甲申 三碧 | 11/29 先負 |
| 7 | 金 | 乙酉 四緑 | 11/30 仏滅 |
| 8 | 土 | 丙戌 五黄 | 12/1 赤口 |
| 9 | 日 | 丁亥 六白 | 12/2 先勝 |
| 10 | 月 | 戊子 七赤 | 12/3 友引 |
| 11 | 火 | 己丑 八白 | 12/4 先負 |
| 12 | 水 | 庚寅 九紫 | 12/5 仏滅 |
| 13 | 木 | 辛卯 一白 | 12/6 大安 |
| 14 | 金 | 壬辰 二黒 | 12/7 赤口 |
| 15 | 土 | 癸巳 三碧 | 12/8 先勝 |
| 16 | 日 | 甲午 四緑 | 12/9 友引 |
| 17 | 月 | 乙未 五黄 | 12/10 先負 |
| 18 | 火 | 丙申 六白 | 12/11 仏滅 |
| 19 | 水 | 丁酉 七赤 | 12/12 大安 |
| 20 | 木 | 戊戌 八白 | 12/13 赤口 |
| 21 | 金 | 己亥 九紫 | 12/14 先勝 |
| 22 | 土 | 庚子 一白 | 12/15 友引 |
| 23 | 日 | 辛丑 二黒 | 12/16 先負 |
| 24 | 月 | 壬寅 三碧 | 12/17 仏滅 |
| 25 | 火 | 癸卯 四緑 | 12/18 大安 |
| 26 | 水 | 甲辰 五黄 | 12/19 赤口 |
| 27 | 木 | 乙巳 六白 | 12/20 先勝 |
| 28 | 金 | 丙午 七赤 | 12/21 友引 |
| 29 | 土 | 丁未 八白 | 12/22 先負 |
| 30 | 日 | 戊申 九紫 | 12/23 仏滅 |
| 31 | 月 | 己酉 一白 | 12/24 大安 |

### 2月
（丙寅 五黄土星）

| | | | |
|---|---|---|---|
| 1 | 火 | 庚戌 二黒 | 12/25 赤口 |
| 2 | 水 | 辛亥 三碧 | 12/26 先勝 |
| 3 | 木 | 壬子 四緑 | 12/27 友引 |
| 4 | 金 | 癸丑 五黄 | 12/28 先負 |
| 5 | 土 | 甲寅 六白 | 12/29 仏滅 |
| 6 | 日 | 乙卯 七赤 | 1/1 先勝 |
| 7 | 月 | 丙辰 八白 | 1/2 友引 |
| 8 | 火 | 丁巳 九紫 | 1/3 先負 |
| 9 | 水 | 戊午 一白 | 1/4 仏滅 |
| 10 | 木 | 己未 二黒 | 1/5 大安 |
| 11 | 金 | 庚申 三碧 | 1/6 赤口 |
| 12 | 土 | 辛酉 四緑 | 1/7 先勝 |
| 13 | 日 | 壬戌 五黄 | 1/8 友引 |
| 14 | 月 | 癸亥 六白 | 1/9 先負 |
| 15 | 火 | 甲子 七赤 | 1/10 仏滅 |
| 16 | 水 | 乙丑 八白 | 1/11 大安 |
| 17 | 木 | 丙寅 九紫 | 1/12 赤口 |
| 18 | 金 | 丁卯 一白 | 1/13 先勝 |
| 19 | 土 | 戊辰 二黒 | 1/14 友引 |
| 20 | 日 | 己巳 三碧 | 1/15 先負 |
| 21 | 月 | 庚午 四緑 | 1/16 仏滅 |
| 22 | 火 | 辛未 五黄 | 1/17 大安 |
| 23 | 水 | 壬申 六白 | 1/18 赤口 |
| 24 | 木 | 癸酉 七赤 | 1/19 先勝 |
| 25 | 金 | 甲戌 八白 | 1/20 友引 |
| 26 | 土 | 乙亥 九紫 | 1/21 先負 |
| 27 | 日 | 丙子 一白 | 1/22 仏滅 |
| 28 | 月 | 丁丑 二黒 | 1/23 大安 |
| 29 | 火 | 戊寅 三碧 | 1/24 赤口 |

### 3月
（丁卯 四緑木星）

| | | | |
|---|---|---|---|
| 1 | 水 | 己卯 四緑 | 1/25 先勝 |
| 2 | 木 | 庚辰 五黄 | 1/26 友引 |
| 3 | 金 | 辛巳 六白 | 1/27 先負 |
| 4 | 土 | 壬午 七赤 | 1/28 仏滅 |
| 5 | 日 | 癸未 八白 | 1/29 大安 |
| 6 | 月 | 甲申 九紫 | 1/30 赤口 |
| 7 | 火 | 乙酉 一白 | 2/1 友引 |
| 8 | 水 | 丙戌 二黒 | 2/2 先負 |
| 9 | 木 | 丁亥 三碧 | 2/3 仏滅 |
| 10 | 金 | 戊子 四緑 | 2/4 大安 |
| 11 | 土 | 己丑 五黄 | 2/5 赤口 |
| 12 | 日 | 庚寅 六白 | 2/6 先勝 |
| 13 | 月 | 辛卯 七赤 | 2/7 友引 |
| 14 | 火 | 壬辰 八白 | 2/8 先負 |
| 15 | 水 | 癸巳 九紫 | 2/9 仏滅 |
| 16 | 木 | 甲午 一白 | 2/10 大安 |
| 17 | 金 | 乙未 二黒 | 2/11 赤口 |
| 18 | 土 | 丙申 三碧 | 2/12 先勝 |
| 19 | 日 | 丁酉 四緑 | 2/13 友引 |
| 20 | 月 | 戊戌 五黄 | 2/14 先負 |
| 21 | 火 | 己亥 六白 | 2/15 仏滅 |
| 22 | 水 | 庚子 七赤 | 2/16 大安 |
| 23 | 木 | 辛丑 八白 | 2/17 赤口 |
| 24 | 金 | 壬寅 九紫 | 2/18 先勝 |
| 25 | 土 | 癸卯 一白 | 2/19 友引 |
| 26 | 日 | 甲辰 二黒 | 2/20 先負 |
| 27 | 月 | 乙巳 三碧 | 2/21 仏滅 |
| 28 | 火 | 丙午 四緑 | 2/22 大安 |
| 29 | 水 | 丁未 五黄 | 2/23 赤口 |
| 30 | 木 | 戊申 六白 | 2/24 先勝 |
| 31 | 金 | 己酉 七赤 | 2/25 友引 |

### 4月
（戊辰 三碧木星）

| | | | |
|---|---|---|---|
| 1 | 土 | 庚戌 八白 | 2/26 先負 |
| 2 | 日 | 辛亥 九紫 | 2/27 仏滅 |
| 3 | 月 | 壬子 一白 | 2/28 大安 |
| 4 | 火 | 癸丑 二黒 | 2/29 赤口 |
| 5 | 水 | 甲寅 三碧 | 3/1 先負 |
| 6 | 木 | 乙卯 四緑 | 3/2 仏滅 |
| 7 | 金 | 丙辰 五黄 | 3/3 大安 |
| 8 | 土 | 丁巳 六白 | 3/4 赤口 |
| 9 | 日 | 戊午 七赤 | 3/5 先勝 |
| 10 | 月 | 己未 八白 | 3/6 友引 |
| 11 | 火 | 庚申 九紫 | 3/7 先負 |
| 12 | 水 | 辛酉 一白 | 3/8 仏滅 |
| 13 | 木 | 壬戌 二黒 | 3/9 大安 |
| 14 | 金 | 癸亥 三碧 | 3/10 赤口 |
| 15 | 土 | 甲子 四緑 | 3/11 先勝 |
| 16 | 日 | 乙丑 五黄 | 3/12 友引 |
| 17 | 月 | 丙寅 六白 | 3/13 先負 |
| 18 | 火 | 丁卯 七赤 | 3/14 仏滅 |
| 19 | 水 | 戊辰 八白 | 3/15 大安 |
| 20 | 木 | 己巳 九紫 | 3/16 赤口 |
| 21 | 金 | 庚午 一白 | 3/17 先勝 |
| 22 | 土 | 辛未 二黒 | 3/18 友引 |
| 23 | 日 | 壬申 三碧 | 3/19 先負 |
| 24 | 月 | 癸酉 四緑 | 3/20 仏滅 |
| 25 | 火 | 甲戌 五黄 | 3/21 大安 |
| 26 | 水 | 乙亥 六白 | 3/22 赤口 |
| 27 | 木 | 丙子 七赤 | 3/23 先勝 |
| 28 | 金 | 丁丑 八白 | 3/24 友引 |
| 29 | 土 | 戊寅 九紫 | 3/25 先負 |
| 30 | 日 | 己卯 一白 | 3/26 仏滅 |

**1月**

1. 5［節］小寒
1.17［雑］土用
1.20［節］大寒

**2月**

2. 3［雑］節分
2. 4［節］立春
2.19［節］雨水

**3月**

3. 5［節］啓蟄
3.17［雑］彼岸
3.20［節］春分
3.20［雑］社日

**4月**

4. 4［節］清明
4.16［雑］土用
4.19［節］穀雨

## 5月
（己巳 二黒土星）

| | | | |
|---|---|---|---|
| 1 | 月 | 庚辰 二黒 | 3/27 大安 |
| 2 | 火 | 辛巳 三碧 | 3/28 赤口 |
| 3 | 水 | 壬午 四緑 | 3/29 先勝 |
| 4 | 木 | 癸未 五黄 | 3/30 友引 |
| 5 | 金 | 甲申 六白 | 4/1 仏滅 |
| 6 | 土 | 乙酉 七赤 | 4/2 大安 |
| 7 | 日 | 丙戌 八白 | 4/3 赤口 |
| 8 | 月 | 丁亥 九紫 | 4/4 先勝 |
| 9 | 火 | 戊子 一白 | 4/5 友引 |
| 10 | 水 | 己丑 二黒 | 4/6 先負 |
| 11 | 木 | 庚寅 三碧 | 4/7 仏滅 |
| 12 | 金 | 辛卯 四緑 | 4/8 大安 |
| 13 | 土 | 壬辰 五黄 | 4/9 赤口 |
| 14 | 日 | 癸巳 六白 | 4/10 先勝 |
| 15 | 月 | 甲午 七赤 | 4/11 友引 |
| 16 | 火 | 乙未 八白 | 4/12 先負 |
| 17 | 水 | 丙申 九紫 | 4/13 仏滅 |
| 18 | 木 | 丁酉 一白 | 4/14 大安 |
| 19 | 金 | 戊戌 二黒 | 4/15 赤口 |
| 20 | 土 | 己亥 三碧 | 4/16 先勝 |
| 21 | 日 | 庚子 四緑 | 4/17 友引 |
| 22 | 月 | 辛丑 五黄 | 4/18 先負 |
| 23 | 火 | 壬寅 六白 | 4/19 仏滅 |
| 24 | 水 | 癸卯 七赤 | 4/20 大安 |
| 25 | 木 | 甲辰 八白 | 4/21 赤口 |
| 26 | 金 | 乙巳 九紫 | 4/22 先勝 |
| 27 | 土 | 丙午 一白 | 4/23 友引 |
| 28 | 日 | 丁未 二黒 | 4/24 先負 |
| 29 | 月 | 戊申 三碧 | 4/25 仏滅 |
| 30 | 火 | 己酉 四緑 | 4/26 大安 |
| 31 | 水 | 庚戌 五黄 | 4/27 赤口 |

## 6月
（庚午 一白水星）

| | | | |
|---|---|---|---|
| 1 | 木 | 辛亥 六白 | 4/28 先勝 |
| 2 | 金 | 壬子 七赤 | 4/29 友引 |
| 3 | 土 | 癸丑 八白 | 5/1 大安 |
| 4 | 日 | 甲寅 九紫 | 5/2 赤口 |
| 5 | 月 | 乙卯 一白 | 5/3 先勝 |
| 6 | 火 | 丙辰 二黒 | 5/4 友引 |
| 7 | 水 | 丁巳 三碧 | 5/5 先負 |
| 8 | 木 | 戊午 四緑 | 5/6 仏滅 |
| 9 | 金 | 己未 五黄 | 5/7 大安 |
| 10 | 土 | 庚申 六白 | 5/8 赤口 |
| 11 | 日 | 辛酉 七赤 | 5/9 先勝 |
| 12 | 月 | 壬戌 八白 | 5/10 友引 |
| 13 | 火 | 癸亥 九紫 | 5/11 先負 |
| 14 | 水 | 甲子 九紫 | 5/12 仏滅 |
| 15 | 木 | 乙丑 八白 | 5/13 大安 |
| 16 | 金 | 丙寅 七赤 | 5/14 赤口 |
| 17 | 土 | 丁卯 六白 | 5/15 先勝 |
| 18 | 日 | 戊辰 五黄 | 5/16 友引 |
| 19 | 月 | 己巳 四緑 | 5/17 先負 |
| 20 | 火 | 庚午 三碧 | 5/18 仏滅 |
| 21 | 水 | 辛未 二黒 | 5/19 大安 |
| 22 | 木 | 壬申 一白 | 5/20 赤口 |
| 23 | 金 | 癸酉 九紫 | 5/21 先勝 |
| 24 | 土 | 甲戌 八白 | 5/22 友引 |
| 25 | 日 | 乙亥 七赤 | 5/23 先負 |
| 26 | 月 | 丙子 六白 | 5/24 仏滅 |
| 27 | 火 | 丁丑 五黄 | 5/25 大安 |
| 28 | 水 | 戊寅 四緑 | 5/26 赤口 |
| 29 | 木 | 己卯 三碧 | 5/27 先勝 |
| 30 | 金 | 庚辰 二黒 | 5/28 友引 |

## 7月
（辛未 九紫火星）

| | | | |
|---|---|---|---|
| 1 | 土 | 辛巳 一白 | 5/29 先負 |
| 2 | 日 | 壬午 九紫 | 5/30 仏滅 |
| 3 | 月 | 癸未 八白 | 6/1 赤口 |
| 4 | 火 | 甲申 七赤 | 6/2 先勝 |
| 5 | 水 | 乙酉 六白 | 6/3 友引 |
| 6 | 木 | 丙戌 五黄 | 6/4 先負 |
| 7 | 金 | 丁亥 四緑 | 6/5 仏滅 |
| 8 | 土 | 戊子 三碧 | 6/6 大安 |
| 9 | 日 | 己丑 二黒 | 6/7 赤口 |
| 10 | 月 | 庚寅 一白 | 6/8 先勝 |
| 11 | 火 | 辛卯 九紫 | 6/9 友引 |
| 12 | 水 | 壬辰 八白 | 6/10 先負 |
| 13 | 木 | 癸巳 七赤 | 6/11 仏滅 |
| 14 | 金 | 甲午 六白 | 6/12 大安 |
| 15 | 土 | 乙未 五黄 | 6/13 赤口 |
| 16 | 日 | 丙申 四緑 | 6/14 先勝 |
| 17 | 月 | 丁酉 三碧 | 6/15 友引 |
| 18 | 火 | 戊戌 二黒 | 6/16 先負 |
| 19 | 水 | 己亥 一白 | 6/17 仏滅 |
| 20 | 木 | 庚子 九紫 | 6/18 大安 |
| 21 | 金 | 辛丑 八白 | 6/19 赤口 |
| 22 | 土 | 壬寅 七赤 | 6/20 先勝 |
| 23 | 日 | 癸卯 六白 | 6/21 友引 |
| 24 | 月 | 甲辰 五黄 | 6/22 先負 |
| 25 | 火 | 乙巳 四緑 | 6/23 仏滅 |
| 26 | 水 | 丙午 三碧 | 6/24 大安 |
| 27 | 木 | 丁未 二黒 | 6/25 赤口 |
| 28 | 金 | 戊申 一白 | 6/26 先勝 |
| 29 | 土 | 己酉 九紫 | 6/27 友引 |
| 30 | 日 | 庚戌 八白 | 6/28 先負 |
| 31 | 月 | 辛亥 七赤 | 6/29 仏滅 |

## 8月
（壬申 八白土星）

| | | | |
|---|---|---|---|
| 1 | 火 | 壬子 六白 | 6/30 大安 |
| 2 | 水 | 癸丑 五黄 | 7/1 先勝 |
| 3 | 木 | 甲寅 四緑 | 7/2 友引 |
| 4 | 金 | 乙卯 三碧 | 7/3 先負 |
| 5 | 土 | 丙辰 二黒 | 7/4 仏滅 |
| 6 | 日 | 丁巳 一白 | 7/5 大安 |
| 7 | 月 | 戊午 九紫 | 7/6 赤口 |
| 8 | 火 | 己未 八白 | 7/7 先勝 |
| 9 | 水 | 庚申 七赤 | 7/8 友引 |
| 10 | 木 | 辛酉 六白 | 7/9 先負 |
| 11 | 金 | 壬戌 五黄 | 7/10 仏滅 |
| 12 | 土 | 癸亥 四緑 | 7/11 大安 |
| 13 | 日 | 甲子 三碧 | 7/12 赤口 |
| 14 | 月 | 乙丑 二黒 | 7/13 先勝 |
| 15 | 火 | 丙寅 一白 | 7/14 友引 |
| 16 | 水 | 丁卯 九紫 | 7/15 先負 |
| 17 | 木 | 戊辰 八白 | 7/16 仏滅 |
| 18 | 金 | 己巳 七赤 | 7/17 大安 |
| 19 | 土 | 庚午 六白 | 7/18 赤口 |
| 20 | 日 | 辛未 五黄 | 7/19 先勝 |
| 21 | 月 | 壬申 四緑 | 7/20 友引 |
| 22 | 火 | 癸酉 三碧 | 7/21 先負 |
| 23 | 水 | 甲戌 二黒 | 7/22 仏滅 |
| 24 | 木 | 乙亥 一白 | 7/23 大安 |
| 25 | 金 | 丙子 九紫 | 7/24 赤口 |
| 26 | 土 | 丁丑 八白 | 7/25 先勝 |
| 27 | 日 | 戊寅 七赤 | 7/26 友引 |
| 28 | 月 | 己卯 六白 | 7/27 先負 |
| 29 | 火 | 庚辰 五黄 | 7/28 仏滅 |
| 30 | 水 | 辛巳 四緑 | 7/29 大安 |
| 31 | 木 | 壬午 三碧 | 8/1 友引 |

**5月**

5. 1［雑］八十八夜
5. 4［節］立夏
5.20［節］小満

**6月**

6. 5［節］芒種
6.10［雑］入梅
6.20［節］夏至

**7月**

7. 1［雑］半夏生
7. 6［節］小暑
7.19［雑］土用
7.22［節］大暑

**8月**

8. 6［節］立秋
8.22［節］処暑
8.31［雑］二百十日

## 9 月
（癸酉 七赤金星）

| 日 | 曜 | 干支・九星 | 旧暦・六曜 |
|---|---|---|---|
| 1 | 金 | 癸未 二黒 | 8/2 先負 |
| 2 | 土 | 甲申 一白 | 8/3 仏滅 |
| 3 | 日 | 乙酉 九紫 | 8/4 大安 |
| 4 | 月 | 丙戌 八白 | 8/5 赤口 |
| 5 | 火 | 丁亥 七赤 | 8/6 先勝 |
| 6 | 水 | 戊子 六白 | 8/7 友引 |
| 7 | 木 | 己丑 五黄 | 8/8 先負 |
| 8 | 金 | 庚寅 四緑 | 8/9 仏滅 |
| 9 | 土 | 辛卯 三碧 | 8/10 大安 |
| 10 | 日 | 壬辰 二黒 | 8/11 赤口 |
| 11 | 月 | 癸巳 一白 | 8/12 先勝 |
| 12 | 火 | 甲午 九紫 | 8/13 友引 |
| 13 | 水 | 乙未 八白 | 8/14 先負 |
| 14 | 木 | 丙申 七赤 | 8/15 仏滅 |
| 15 | 金 | 丁酉 六白 | 8/16 大安 |
| 16 | 土 | 戊戌 五黄 | 8/17 赤口 |
| 17 | 日 | 己亥 四緑 | 8/18 先勝 |
| 18 | 月 | 庚子 三碧 | 8/19 友引 |
| 19 | 火 | 辛丑 二黒 | 8/20 先負 |
| 20 | 水 | 壬寅 一白 | 8/21 仏滅 |
| 21 | 木 | 癸卯 九紫 | 8/22 大安 |
| 22 | 金 | 甲辰 八白 | 8/23 赤口 |
| 23 | 土 | 乙巳 七赤 | 8/24 先勝 |
| 24 | 日 | 丙午 六白 | 8/25 友引 |
| 25 | 月 | 丁未 五黄 | 8/26 先負 |
| 26 | 火 | 戊申 四緑 | 8/27 仏滅 |
| 27 | 水 | 己酉 三碧 | 8/28 大安 |
| 28 | 木 | 庚戌 二黒 | 8/29 赤口 |
| 29 | 金 | 辛亥 一白 | 8/30 先勝 |
| 30 | 土 | 壬子 九紫 | 9/1 先負 |

## 10 月
（甲戌 六白金星）

| 日 | 曜 | 干支・九星 | 旧暦・六曜 |
|---|---|---|---|
| 1 | 日 | 癸丑 八白 | 9/2 仏滅 |
| 2 | 月 | 甲寅 七赤 | 9/3 大安 |
| 3 | 火 | 乙卯 六白 | 9/4 赤口 |
| 4 | 水 | 丙辰 五黄 | 9/5 先勝 |
| 5 | 木 | 丁巳 四緑 | 9/6 友引 |
| 6 | 金 | 戊午 三碧 | 9/7 先負 |
| 7 | 土 | 己未 二黒 | 9/8 仏滅 |
| 8 | 日 | 庚申 一白 | 9/9 大安 |
| 9 | 月 | 辛酉 九紫 | 9/10 赤口 |
| 10 | 火 | 壬戌 八白 | 9/11 先勝 |
| 11 | 水 | 癸亥 七赤 | 9/12 友引 |
| 12 | 木 | 甲子 六白 | 9/13 先負 |
| 13 | 金 | 乙丑 五黄 | 9/14 仏滅 |
| 14 | 土 | 丙寅 四緑 | 9/15 大安 |
| 15 | 日 | 丁卯 三碧 | 9/16 赤口 |
| 16 | 月 | 戊辰 二黒 | 9/17 先勝 |
| 17 | 火 | 己巳 一白 | 9/18 友引 |
| 18 | 水 | 庚午 九紫 | 9/19 先負 |
| 19 | 木 | 辛未 八白 | 9/20 仏滅 |
| 20 | 金 | 壬申 七赤 | 9/21 大安 |
| 21 | 土 | 癸酉 六白 | 9/22 赤口 |
| 22 | 日 | 甲戌 五黄 | 9/23 先勝 |
| 23 | 月 | 乙亥 四緑 | 9/24 友引 |
| 24 | 火 | 丙子 三碧 | 9/25 先負 |
| 25 | 水 | 丁丑 二黒 | 9/26 仏滅 |
| 26 | 木 | 戊寅 一白 | 9/27 大安 |
| 27 | 金 | 己卯 九紫 | 9/28 赤口 |
| 28 | 土 | 庚辰 八白 | 9/29 先勝 |
| 29 | 日 | 辛巳 七赤 | 10/1 仏滅 |
| 30 | 月 | 壬午 六白 | 10/2 大安 |
| 31 | 火 | 癸未 五黄 | 10/3 赤口 |

## 11 月
（乙亥 五黄土星）

| 日 | 曜 | 干支・九星 | 旧暦・六曜 |
|---|---|---|---|
| 1 | 水 | 甲申 四緑 | 10/4 先勝 |
| 2 | 木 | 乙酉 三碧 | 10/5 友引 |
| 3 | 金 | 丙戌 二黒 | 10/6 先負 |
| 4 | 土 | 丁亥 一白 | 10/7 仏滅 |
| 5 | 日 | 戊子 九紫 | 10/8 大安 |
| 6 | 月 | 己丑 八白 | 10/9 赤口 |
| 7 | 火 | 庚寅 七赤 | 10/10 先勝 |
| 8 | 水 | 辛卯 六白 | 10/11 友引 |
| 9 | 木 | 壬辰 五黄 | 10/12 先負 |
| 10 | 金 | 癸巳 四緑 | 10/13 仏滅 |
| 11 | 土 | 甲午 三碧 | 10/14 大安 |
| 12 | 日 | 乙未 二黒 | 10/15 赤口 |
| 13 | 月 | 丙申 一白 | 10/16 先勝 |
| 14 | 火 | 丁酉 九紫 | 10/17 友引 |
| 15 | 水 | 戊戌 八白 | 10/18 先負 |
| 16 | 木 | 己亥 七赤 | 10/19 仏滅 |
| 17 | 金 | 庚子 六白 | 10/20 大安 |
| 18 | 土 | 辛丑 五黄 | 10/21 赤口 |
| 19 | 日 | 壬寅 四緑 | 10/22 先勝 |
| 20 | 月 | 癸卯 三碧 | 10/23 友引 |
| 21 | 火 | 甲辰 二黒 | 10/24 先負 |
| 22 | 水 | 乙巳 一白 | 10/25 仏滅 |
| 23 | 木 | 丙午 九紫 | 10/26 大安 |
| 24 | 金 | 丁未 八白 | 10/27 赤口 |
| 25 | 土 | 戊申 七赤 | 10/28 先勝 |
| 26 | 日 | 己酉 六白 | 10/29 友引 |
| 27 | 月 | 庚戌 五黄 | 10/30 先負 |
| 28 | 火 | 辛亥 四緑 | 11/1 大安 |
| 29 | 水 | 壬子 三碧 | 11/2 赤口 |
| 30 | 木 | 癸丑 二黒 | 11/3 先勝 |

## 12 月
（丙子 四緑木星）

| 日 | 曜 | 干支・九星 | 旧暦・六曜 |
|---|---|---|---|
| 1 | 金 | 甲寅 一白 | 11/4 友引 |
| 2 | 土 | 乙卯 九紫 | 11/5 先負 |
| 3 | 日 | 丙辰 八白 | 11/6 仏滅 |
| 4 | 月 | 丁巳 七赤 | 11/7 大安 |
| 5 | 火 | 戊午 六白 | 11/8 赤口 |
| 6 | 水 | 己未 五黄 | 11/9 先勝 |
| 7 | 木 | 庚申 四緑 | 11/10 友引 |
| 8 | 金 | 辛酉 三碧 | 11/11 先負 |
| 9 | 土 | 壬戌 二黒 | 11/12 仏滅 |
| 10 | 日 | 癸亥 一白 | 11/13 大安 |
| 11 | 月 | 甲子 一白 | 11/14 赤口 |
| 12 | 火 | 乙丑 二黒 | 11/15 先勝 |
| 13 | 水 | 丙寅 三碧 | 11/16 友引 |
| 14 | 木 | 丁卯 四緑 | 11/17 先負 |
| 15 | 金 | 戊辰 五黄 | 11/18 仏滅 |
| 16 | 土 | 己巳 六白 | 11/19 大安 |
| 17 | 日 | 庚午 七赤 | 11/20 赤口 |
| 18 | 月 | 辛未 八白 | 11/21 先勝 |
| 19 | 火 | 壬申 九紫 | 11/22 友引 |
| 20 | 水 | 癸酉 一白 | 11/23 先負 |
| 21 | 木 | 甲戌 二黒 | 11/24 仏滅 |
| 22 | 金 | 乙亥 三碧 | 11/25 大安 |
| 23 | 土 | 丙子 四緑 | 11/26 赤口 |
| 24 | 日 | 丁丑 五黄 | 11/27 先勝 |
| 25 | 月 | 戊寅 六白 | 11/28 友引 |
| 26 | 火 | 己卯 七赤 | 11/29 先負 |
| 27 | 水 | 庚辰 八白 | 12/1 赤口 |
| 28 | 木 | 辛巳 九紫 | 12/2 先勝 |
| 29 | 金 | 壬午 一白 | 12/3 友引 |
| 30 | 土 | 癸未 二黒 | 12/4 先負 |
| 31 | 日 | 甲申 三碧 | 12/5 仏滅 |

**9 月**

9. 7［節］白露
9.19［雑］彼岸
9.22［節］秋分
9.26［雑］社日

**10 月**

10. 7［節］寒露
10.19［雑］土用
10.22［節］霜降

**11 月**

11. 6［節］立冬
11.21［節］小雪

**12 月**

12. 6［節］大雪
12.21［節］冬至

# 2085

明治 218 年
大正 174 年
昭和 160 年
平成 97 年

乙巳（きのとみ）
五黄土星

生誕・年忌など

**1.25** 北原白秋生誕 200 年
**1.27** 日本人・ハワイ官約移民 200 年
**1.31** 石川達三没後 100 年
**2. 9** A. ベルク生誕 200 年
**2.19** 屋島の戦い 900 年
**2.23** G. ヘンデル生誕 400 年
**3.17** 「科学万博・つくば'85」開幕 100 年
**3.21** J.S. バッハ生誕 400 年
**3.24** 壇ノ浦の戦い (平氏滅亡)900 年
**3.28** M. シャガール没後 100 年
**3.30** 笠置シヅ子没後 100 年
野上弥生子没後 100 年
**4. 1** 電電公社・専売公社の民営化 100 年
**5. 6** 野上弥生子生誕 200 年
**5.12** 武者小路実篤生誕 200 年
**5.17** 男女雇用機会均等法成立 100 年
**5.22** V. ユゴー没後 200 年
**6.12** 八橋検校没後 400 年
**7.25** 羽柴秀長の四国平定 500 年
**8. 5** 玄宗 (唐) 生誕 1400 年
**8.12** 日航ジャンボ機墜落事故 100 年
坂本九没後 100 年
**8.24** 若山牧水生誕 200 年
**8.28** 大伴家持没後 1300 年
**8. —** 顔真卿没後 1300 年
**9.11** D.H. ロレンス生誕 200 年
**9.19** メキシコ大地震 100 年
**9.23** 藤原種継暗殺事件 1300 年
**10.10** O. ウェルズ没後 100 年
**11.13** コロンビア・ネバドデルルイス火山大噴火 100 年
**11.17** 霜月騒動 800 年
**11.23** 大阪事件 200 年
**12.11** 山城の国一揆 600 年
**12.22** 内閣制度開始 200 年
この年 英国チューダー朝創始 600 年
大坂城天守閣完成 500 年
貞享暦実施 400 年

# 2085 年

## 1 月
（丁丑 三碧木星）

| 日 | 曜 | 干支 | 九星 | 旧暦 | 六曜 |
|---|---|---|---|---|---|
| 1 | 月 | 乙酉 | 四緑 | 12/6 | 大安 |
| 2 | 火 | 丙戌 | 五黄 | 12/7 | 赤口 |
| 3 | 水 | 丁亥 | 六白 | 12/8 | 先勝 |
| 4 | 木 | 戊子 | 七赤 | 12/9 | 友引 |
| 5 | 金 | 己丑 | 八白 | 12/10 | 先負 |
| 6 | 土 | 庚寅 | 九紫 | 12/11 | 仏滅 |
| 7 | 日 | 辛卯 | 一白 | 12/12 | 大安 |
| 8 | 月 | 壬辰 | 二黒 | 12/13 | 赤口 |
| 9 | 火 | 癸巳 | 三碧 | 12/14 | 先勝 |
| 10 | 水 | 甲午 | 四緑 | 12/15 | 友引 |
| 11 | 木 | 乙未 | 五黄 | 12/16 | 先負 |
| 12 | 金 | 丙申 | 六白 | 12/17 | 仏滅 |
| 13 | 土 | 丁酉 | 七赤 | 12/18 | 大安 |
| 14 | 日 | 戊戌 | 八白 | 12/19 | 赤口 |
| 15 | 月 | 己亥 | 九紫 | 12/20 | 先勝 |
| 16 | 火 | 庚子 | 一白 | 12/21 | 友引 |
| 17 | 水 | 辛丑 | 二黒 | 12/22 | 先負 |
| 18 | 木 | 壬寅 | 三碧 | 12/23 | 仏滅 |
| 19 | 金 | 癸卯 | 四緑 | 12/24 | 大安 |
| 20 | 土 | 甲辰 | 五黄 | 12/25 | 赤口 |
| 21 | 日 | 乙巳 | 六白 | 12/26 | 先勝 |
| 22 | 月 | 丙午 | 七赤 | 12/27 | 友引 |
| 23 | 火 | 丁未 | 八白 | 12/28 | 先負 |
| 24 | 水 | 戊申 | 九紫 | 12/29 | 仏滅 |
| 25 | 木 | 己酉 | 一白 | 12/30 | 大安 |
| 26 | 金 | 庚戌 | 二黒 | 1/1 | 先勝 |
| 27 | 土 | 辛亥 | 三碧 | 1/2 | 友引 |
| 28 | 日 | 壬子 | 四緑 | 1/3 | 先負 |
| 29 | 月 | 癸丑 | 五黄 | 1/4 | 仏滅 |
| 30 | 火 | 甲寅 | 六白 | 1/5 | 大安 |
| 31 | 水 | 乙卯 | 七赤 | 1/6 | 赤口 |

## 2 月
（戊寅 二黒土星）

| 日 | 曜 | 干支 | 九星 | 旧暦 | 六曜 |
|---|---|---|---|---|---|
| 1 | 木 | 丙辰 | 八白 | 1/7 | 先勝 |
| 2 | 金 | 丁巳 | 九紫 | 1/8 | 友引 |
| 3 | 土 | 戊午 | 一白 | 1/9 | 先負 |
| 4 | 日 | 己未 | 二黒 | 1/10 | 仏滅 |
| 5 | 月 | 庚申 | 三碧 | 1/11 | 大安 |
| 6 | 火 | 辛酉 | 四緑 | 1/12 | 赤口 |
| 7 | 水 | 壬戌 | 五黄 | 1/13 | 先勝 |
| 8 | 木 | 癸亥 | 六白 | 1/14 | 友引 |
| 9 | 金 | 甲子 | 七赤 | 1/15 | 先負 |
| 10 | 土 | 乙丑 | 八白 | 1/16 | 仏滅 |
| 11 | 日 | 丙寅 | 九紫 | 1/17 | 大安 |
| 12 | 月 | 丁卯 | 一白 | 1/18 | 赤口 |
| 13 | 火 | 戊辰 | 二黒 | 1/19 | 先勝 |
| 14 | 水 | 己巳 | 三碧 | 1/20 | 友引 |
| 15 | 木 | 庚午 | 四緑 | 1/21 | 先負 |
| 16 | 金 | 辛未 | 五黄 | 1/22 | 仏滅 |
| 17 | 土 | 壬申 | 六白 | 1/23 | 大安 |
| 18 | 日 | 癸酉 | 七赤 | 1/24 | 赤口 |
| 19 | 月 | 甲戌 | 八白 | 1/25 | 先勝 |
| 20 | 火 | 乙亥 | 九紫 | 1/26 | 友引 |
| 21 | 水 | 丙子 | 一白 | 1/27 | 先負 |
| 22 | 木 | 丁丑 | 二黒 | 1/28 | 仏滅 |
| 23 | 金 | 戊寅 | 三碧 | 1/29 | 大安 |
| 24 | 土 | 己卯 | 四緑 | 2/1 | 友引 |
| 25 | 日 | 庚辰 | 五黄 | 2/2 | 先負 |
| 26 | 月 | 辛巳 | 六白 | 2/3 | 仏滅 |
| 27 | 火 | 壬午 | 七赤 | 2/4 | 大安 |
| 28 | 水 | 癸未 | 八白 | 2/5 | 赤口 |

## 3 月
（己卯 一白水星）

| 日 | 曜 | 干支 | 九星 | 旧暦 | 六曜 |
|---|---|---|---|---|---|
| 1 | 木 | 甲申 | 九紫 | 2/6 | 先勝 |
| 2 | 金 | 乙酉 | 一白 | 2/7 | 友引 |
| 3 | 土 | 丙戌 | 二黒 | 2/8 | 先負 |
| 4 | 日 | 丁亥 | 三碧 | 2/9 | 仏滅 |
| 5 | 月 | 戊子 | 四緑 | 2/10 | 大安 |
| 6 | 火 | 己丑 | 五黄 | 2/11 | 赤口 |
| 7 | 水 | 庚寅 | 六白 | 2/12 | 先勝 |
| 8 | 木 | 辛卯 | 七赤 | 2/13 | 友引 |
| 9 | 金 | 壬辰 | 八白 | 2/14 | 先負 |
| 10 | 土 | 癸巳 | 九紫 | 2/15 | 仏滅 |
| 11 | 日 | 甲午 | 一白 | 2/16 | 大安 |
| 12 | 月 | 乙未 | 二黒 | 2/17 | 赤口 |
| 13 | 火 | 丙申 | 三碧 | 2/18 | 先勝 |
| 14 | 水 | 丁酉 | 四緑 | 2/19 | 友引 |
| 15 | 木 | 戊戌 | 五黄 | 2/20 | 先負 |
| 16 | 金 | 己亥 | 六白 | 2/21 | 仏滅 |
| 17 | 土 | 庚子 | 七赤 | 2/22 | 大安 |
| 18 | 日 | 辛丑 | 八白 | 2/23 | 赤口 |
| 19 | 月 | 壬寅 | 九紫 | 2/24 | 先勝 |
| 20 | 火 | 癸卯 | 一白 | 2/25 | 友引 |
| 21 | 水 | 甲辰 | 二黒 | 2/26 | 先負 |
| 22 | 木 | 乙巳 | 三碧 | 2/27 | 仏滅 |
| 23 | 金 | 丙午 | 四緑 | 2/28 | 大安 |
| 24 | 土 | 丁未 | 五黄 | 2/29 | 赤口 |
| 25 | 日 | 戊申 | 六白 | 2/30 | 先勝 |
| 26 | 月 | 己酉 | 七赤 | 3/1 | 先負 |
| 27 | 火 | 庚戌 | 八白 | 3/2 | 仏滅 |
| 28 | 水 | 辛亥 | 九紫 | 3/3 | 大安 |
| 29 | 木 | 壬子 | 一白 | 3/4 | 赤口 |
| 30 | 金 | 癸丑 | 二黒 | 3/5 | 先勝 |
| 31 | 土 | 甲寅 | 三碧 | 3/6 | 友引 |

## 4 月
（庚辰 九紫火星）

| 日 | 曜 | 干支 | 九星 | 旧暦 | 六曜 |
|---|---|---|---|---|---|
| 1 | 日 | 乙卯 | 四緑 | 3/7 | 先負 |
| 2 | 月 | 丙辰 | 五黄 | 3/8 | 仏滅 |
| 3 | 火 | 丁巳 | 六白 | 3/9 | 大安 |
| 4 | 水 | 戊午 | 七赤 | 3/10 | 赤口 |
| 5 | 木 | 己未 | 八白 | 3/11 | 先勝 |
| 6 | 金 | 庚申 | 九紫 | 3/12 | 友引 |
| 7 | 土 | 辛酉 | 一白 | 3/13 | 先負 |
| 8 | 日 | 壬戌 | 二黒 | 3/14 | 仏滅 |
| 9 | 月 | 癸亥 | 三碧 | 3/15 | 大安 |
| 10 | 火 | 甲子 | 四緑 | 3/16 | 赤口 |
| 11 | 水 | 乙丑 | 五黄 | 3/17 | 先勝 |
| 12 | 木 | 丙寅 | 六白 | 3/18 | 友引 |
| 13 | 金 | 丁卯 | 七赤 | 3/19 | 先負 |
| 14 | 土 | 戊辰 | 八白 | 3/20 | 仏滅 |
| 15 | 日 | 己巳 | 九紫 | 3/21 | 大安 |
| 16 | 月 | 庚午 | 一白 | 3/22 | 赤口 |
| 17 | 火 | 辛未 | 二黒 | 3/23 | 先勝 |
| 18 | 水 | 壬申 | 三碧 | 3/24 | 友引 |
| 19 | 木 | 癸酉 | 四緑 | 3/25 | 先負 |
| 20 | 金 | 甲戌 | 五黄 | 3/26 | 仏滅 |
| 21 | 土 | 乙亥 | 六白 | 3/27 | 大安 |
| 22 | 日 | 丙子 | 七赤 | 3/28 | 赤口 |
| 23 | 月 | 丁丑 | 八白 | 3/29 | 先勝 |
| 24 | 火 | 戊寅 | 九紫 | 4/1 | 仏滅 |
| 25 | 水 | 己卯 | 一白 | 4/2 | 大安 |
| 26 | 木 | 庚辰 | 二黒 | 4/3 | 赤口 |
| 27 | 金 | 辛巳 | 三碧 | 4/4 | 先勝 |
| 28 | 土 | 壬午 | 四緑 | 4/5 | 友引 |
| 29 | 日 | 癸未 | 五黄 | 4/6 | 先負 |
| 30 | 月 | 甲申 | 六白 | 4/7 | 仏滅 |

**1 月**

1. 5 [節] 小寒
1.16 [雑] 土用
1.19 [節] 大寒

**2 月**

2. 2 [雑] 節分
2. 3 [節] 立春
2.18 [節] 雨水

**3 月**

3. 5 [節] 啓蟄
3.15 [雑] 社日
3.17 [雑] 彼岸
3.20 [節] 春分

**4 月**

4. 4 [節] 清明
4.16 [雑] 土用
4.19 [節] 穀雨

## 5月
（辛巳 八白土星）

| | | | |
|---|---|---|---|
| 1 | 火 | 乙酉 七赤 | 4/8 大安 |
| 2 | 水 | 丙戌 八白 | 4/9 赤口 |
| 3 | 木 | 丁亥 九紫 | 4/10 先勝 |
| 4 | 金 | 戊子 一白 | 4/11 友引 |
| 5 | 土 | 己丑 二黒 | 4/12 先負 |
| 6 | 日 | 庚寅 三碧 | 4/13 仏滅 |
| 7 | 月 | 辛卯 四緑 | 4/14 大安 |
| 8 | 火 | 壬辰 五黄 | 4/15 赤口 |
| 9 | 水 | 癸巳 六白 | 4/16 先勝 |
| 10 | 木 | 甲午 七赤 | 4/17 友引 |
| 11 | 金 | 乙未 八白 | 4/18 先負 |
| 12 | 土 | 丙申 九紫 | 4/19 仏滅 |
| 13 | 日 | 丁酉 一白 | 4/20 大安 |
| 14 | 月 | 戊戌 二黒 | 4/21 赤口 |
| 15 | 火 | 己亥 三碧 | 4/22 先勝 |
| 16 | 水 | 庚子 四緑 | 4/23 友引 |
| 17 | 木 | 辛丑 五黄 | 4/24 先負 |
| 18 | 金 | 壬寅 六白 | 4/25 仏滅 |
| 19 | 土 | 癸卯 七赤 | 4/26 大安 |
| 20 | 日 | 甲辰 八白 | 4/27 赤口 |
| 21 | 月 | 乙巳 九紫 | 4/28 先勝 |
| 22 | 火 | 丙午 一白 | 4/29 友引 |
| 23 | 水 | 丁未 二黒 | 5/1 大安 |
| 24 | 木 | 戊申 三碧 | 5/2 赤口 |
| 25 | 金 | 己酉 四緑 | 5/3 先勝 |
| 26 | 土 | 庚戌 五黄 | 5/4 友引 |
| 27 | 日 | 辛亥 六白 | 5/5 先負 |
| 28 | 月 | 壬子 七赤 | 5/6 仏滅 |
| 29 | 火 | 癸丑 八白 | 5/7 大安 |
| 30 | 水 | 甲寅 九紫 | 5/8 赤口 |
| 31 | 木 | 乙卯 一白 | 5/9 先勝 |

## 6月
（壬午 七赤金星）

| | | | |
|---|---|---|---|
| 1 | 金 | 丙辰 二黒 | 5/10 友引 |
| 2 | 土 | 丁巳 三碧 | 5/11 先負 |
| 3 | 日 | 戊午 四緑 | 5/12 仏滅 |
| 4 | 月 | 己未 五黄 | 5/13 大安 |
| 5 | 火 | 庚申 六白 | 5/14 赤口 |
| 6 | 水 | 辛酉 七赤 | 5/15 先勝 |
| 7 | 木 | 壬戌 八白 | 5/16 友引 |
| 8 | 金 | 癸亥 九紫 | 5/17 先負 |
| 9 | 土 | 甲子 九紫 | 5/18 仏滅 |
| 10 | 日 | 乙丑 八白 | 5/19 大安 |
| 11 | 月 | 丙寅 七赤 | 5/20 赤口 |
| 12 | 火 | 丁卯 六白 | 5/21 先勝 |
| 13 | 水 | 戊辰 五黄 | 5/22 友引 |
| 14 | 木 | 己巳 四緑 | 5/23 先負 |
| 15 | 金 | 庚午 三碧 | 5/24 仏滅 |
| 16 | 土 | 辛未 二黒 | 5/25 大安 |
| 17 | 日 | 壬申 一白 | 5/26 赤口 |
| 18 | 月 | 癸酉 九紫 | 5/27 先勝 |
| 19 | 火 | 甲戌 八白 | 5/28 友引 |
| 20 | 水 | 乙亥 七赤 | 5/29 先負 |
| 21 | 木 | 丙子 六白 | 5/30 仏滅 |
| 22 | 金 | 丁丑 五黄 | 閏5/1 大安 |
| 23 | 土 | 戊寅 四緑 | 閏5/2 赤口 |
| 24 | 日 | 己卯 三碧 | 閏5/3 先勝 |
| 25 | 月 | 庚辰 二黒 | 閏5/4 友引 |
| 26 | 火 | 辛巳 一白 | 閏5/5 先負 |
| 27 | 水 | 壬午 九紫 | 閏5/6 仏滅 |
| 28 | 木 | 癸未 八白 | 閏5/7 大安 |
| 29 | 金 | 甲申 七赤 | 閏5/8 赤口 |
| 30 | 土 | 乙酉 六白 | 閏5/9 先勝 |

## 7月
（癸未 六白金星）

| | | | |
|---|---|---|---|
| 1 | 日 | 丙戌 五黄 | 閏5/10 友引 |
| 2 | 月 | 丁亥 四緑 | 閏5/11 先負 |
| 3 | 火 | 戊子 三碧 | 閏5/12 仏滅 |
| 4 | 水 | 己丑 二黒 | 閏5/13 大安 |
| 5 | 木 | 庚寅 一白 | 閏5/14 赤口 |
| 6 | 金 | 辛卯 九紫 | 閏5/15 先勝 |
| 7 | 土 | 壬辰 八白 | 閏5/16 友引 |
| 8 | 日 | 癸巳 七赤 | 閏5/17 先負 |
| 9 | 月 | 甲午 六白 | 閏5/18 仏滅 |
| 10 | 火 | 乙未 五黄 | 閏5/19 大安 |
| 11 | 水 | 丙申 四緑 | 閏5/20 赤口 |
| 12 | 木 | 丁酉 三碧 | 閏5/21 先勝 |
| 13 | 金 | 戊戌 二黒 | 閏5/22 友引 |
| 14 | 土 | 己亥 一白 | 閏5/23 先負 |
| 15 | 日 | 庚子 九紫 | 閏5/24 仏滅 |
| 16 | 月 | 辛丑 八白 | 閏5/25 大安 |
| 17 | 火 | 壬寅 七赤 | 閏5/26 赤口 |
| 18 | 水 | 癸卯 六白 | 閏5/27 先勝 |
| 19 | 木 | 甲辰 五黄 | 閏5/28 友引 |
| 20 | 金 | 乙巳 四緑 | 閏5/29 先負 |
| 21 | 土 | 丙午 三碧 | 閏5/30 仏滅 |
| 22 | 日 | 丁未 二黒 | 6/1 赤口 |
| 23 | 月 | 戊申 一白 | 6/2 先勝 |
| 24 | 火 | 己酉 九紫 | 6/3 友引 |
| 25 | 水 | 庚戌 八白 | 6/4 先負 |
| 26 | 木 | 辛亥 七赤 | 6/5 仏滅 |
| 27 | 金 | 壬子 六白 | 6/6 大安 |
| 28 | 土 | 癸丑 五黄 | 6/7 赤口 |
| 29 | 日 | 甲寅 四緑 | 6/8 先勝 |
| 30 | 月 | 乙卯 三碧 | 6/9 友引 |
| 31 | 火 | 丙辰 二黒 | 6/10 先負 |

## 8月
（甲申 五黄土星）

| | | | |
|---|---|---|---|
| 1 | 水 | 丁巳 一白 | 6/11 仏滅 |
| 2 | 木 | 戊午 九紫 | 6/12 大安 |
| 3 | 金 | 己未 八白 | 6/13 赤口 |
| 4 | 土 | 庚申 七赤 | 6/14 先勝 |
| 5 | 日 | 辛酉 六白 | 6/15 友引 |
| 6 | 月 | 壬戌 五黄 | 6/16 先負 |
| 7 | 火 | 癸亥 四緑 | 6/17 仏滅 |
| 8 | 水 | 甲子 三碧 | 6/18 大安 |
| 9 | 木 | 乙丑 二黒 | 6/19 赤口 |
| 10 | 金 | 丙寅 一白 | 6/20 先勝 |
| 11 | 土 | 丁卯 九紫 | 6/21 友引 |
| 12 | 日 | 戊辰 八白 | 6/22 先負 |
| 13 | 月 | 己巳 七赤 | 6/23 仏滅 |
| 14 | 火 | 庚午 六白 | 6/24 大安 |
| 15 | 水 | 辛未 五黄 | 6/25 赤口 |
| 16 | 木 | 壬申 四緑 | 6/26 先勝 |
| 17 | 金 | 癸酉 三碧 | 6/27 友引 |
| 18 | 土 | 甲戌 二黒 | 6/28 先負 |
| 19 | 日 | 乙亥 一白 | 6/29 仏滅 |
| 20 | 月 | 丙子 九紫 | 7/1 先勝 |
| 21 | 火 | 丁丑 八白 | 7/2 友引 |
| 22 | 水 | 戊寅 七赤 | 7/3 先負 |
| 23 | 木 | 己卯 六白 | 7/4 仏滅 |
| 24 | 金 | 庚辰 五黄 | 7/5 大安 |
| 25 | 土 | 辛巳 四緑 | 7/6 赤口 |
| 26 | 日 | 壬午 三碧 | 7/7 先勝 |
| 27 | 月 | 癸未 二黒 | 7/8 友引 |
| 28 | 火 | 甲申 一白 | 7/9 先負 |
| 29 | 水 | 乙酉 九紫 | 7/10 仏滅 |
| 30 | 木 | 丙戌 八白 | 7/11 大安 |
| 31 | 金 | 丁亥 七赤 | 7/12 赤口 |

**5月**

5. 1［雑］八十八夜
5. 5［節］立夏
5.20［節］小満

**6月**

6. 5［節］芒種
6.10［雑］入梅
6.20［節］夏至

**7月**

7. 1［雑］半夏生
7. 6［節］小暑
7.19［雑］土用
7.22［節］大暑

**8月**

8. 7［節］立秋
8.22［節］処暑
8.31［雑］二百十日

## 9月
（乙酉 四緑木星）

| 日 | 曜 | 干支 九星 | 旧暦 六曜 |
|---|---|---|---|
| 1 | 土 | 戊子 六白 | 7/13 先勝 |
| 2 | 日 | 己丑 五黄 | 7/14 友引 |
| 3 | 月 | 庚寅 四緑 | 7/15 先負 |
| 4 | 火 | 辛卯 三碧 | 7/16 仏滅 |
| 5 | 水 | 壬辰 二黒 | 7/17 大安 |
| 6 | 木 | 癸巳 一白 | 7/18 赤口 |
| 7 | 金 | 甲午 九紫 | 7/19 先勝 |
| 8 | 土 | 乙未 八白 | 7/20 友引 |
| 9 | 日 | 丙申 七赤 | 7/21 先負 |
| 10 | 月 | 丁酉 六白 | 7/22 仏滅 |
| 11 | 火 | 戊戌 五黄 | 7/23 大安 |
| 12 | 水 | 己亥 四緑 | 7/24 赤口 |
| 13 | 木 | 庚子 三碧 | 7/25 先勝 |
| 14 | 金 | 辛丑 二黒 | 7/26 友引 |
| 15 | 土 | 壬寅 一白 | 7/27 先負 |
| 16 | 日 | 癸卯 九紫 | 7/28 仏滅 |
| 17 | 月 | 甲辰 八白 | 7/29 大安 |
| 18 | 火 | 乙巳 七赤 | 7/30 赤口 |
| 19 | 水 | 丙午 六白 | 8/1 友引 |
| 20 | 木 | 丁未 五黄 | 8/2 先負 |
| 21 | 金 | 戊申 四緑 | 8/3 仏滅 |
| 22 | 土 | 己酉 三碧 | 8/4 大安 |
| 23 | 日 | 庚戌 二黒 | 8/5 赤口 |
| 24 | 月 | 辛亥 一白 | 8/6 先勝 |
| 25 | 火 | 壬子 九紫 | 8/7 友引 |
| 26 | 水 | 癸丑 八白 | 8/8 先負 |
| 27 | 木 | 甲寅 七赤 | 8/9 仏滅 |
| 28 | 金 | 乙卯 六白 | 8/10 大安 |
| 29 | 土 | 丙辰 五黄 | 8/11 赤口 |
| 30 | 日 | 丁巳 四緑 | 8/12 先勝 |

## 10月
（丙戌 三碧木星）

| 日 | 曜 | 干支 九星 | 旧暦 六曜 |
|---|---|---|---|
| 1 | 月 | 戊午 三碧 | 8/13 友引 |
| 2 | 火 | 己未 二黒 | 8/14 先負 |
| 3 | 水 | 庚申 一白 | 8/15 仏滅 |
| 4 | 木 | 辛酉 九紫 | 8/16 大安 |
| 5 | 金 | 壬戌 八白 | 8/17 赤口 |
| 6 | 土 | 癸亥 七赤 | 8/18 先勝 |
| 7 | 日 | 甲子 六白 | 8/19 友引 |
| 8 | 月 | 乙丑 五黄 | 8/20 先負 |
| 9 | 火 | 丙寅 四緑 | 8/21 仏滅 |
| 10 | 水 | 丁卯 三碧 | 8/22 大安 |
| 11 | 木 | 戊辰 二黒 | 8/23 赤口 |
| 12 | 金 | 己巳 一白 | 8/24 先勝 |
| 13 | 土 | 庚午 九紫 | 8/25 友引 |
| 14 | 日 | 辛未 八白 | 8/26 先負 |
| 15 | 月 | 壬申 七赤 | 8/27 仏滅 |
| 16 | 火 | 癸酉 六白 | 8/28 大安 |
| 17 | 水 | 甲戌 五黄 | 8/29 赤口 |
| 18 | 木 | 乙亥 四緑 | 8/30 先勝 |
| 19 | 金 | 丙子 三碧 | 9/1 先負 |
| 20 | 土 | 丁丑 二黒 | 9/2 仏滅 |
| 21 | 日 | 戊寅 一白 | 9/3 大安 |
| 22 | 月 | 己卯 九紫 | 9/4 赤口 |
| 23 | 火 | 庚辰 八白 | 9/5 先勝 |
| 24 | 水 | 辛巳 七赤 | 9/6 友引 |
| 25 | 木 | 壬午 六白 | 9/7 先負 |
| 26 | 金 | 癸未 五黄 | 9/8 仏滅 |
| 27 | 土 | 甲申 四緑 | 9/9 大安 |
| 28 | 日 | 乙酉 三碧 | 9/10 赤口 |
| 29 | 月 | 丙戌 二黒 | 9/11 先勝 |
| 30 | 火 | 丁亥 一白 | 9/12 友引 |
| 31 | 水 | 戊子 九紫 | 9/13 先負 |

## 11月
（丁亥 二黒土星）

| 日 | 曜 | 干支 九星 | 旧暦 六曜 |
|---|---|---|---|
| 1 | 木 | 己丑 八白 | 9/14 仏滅 |
| 2 | 金 | 庚寅 七赤 | 9/15 大安 |
| 3 | 土 | 辛卯 六白 | 9/16 赤口 |
| 4 | 日 | 壬辰 五黄 | 9/17 先勝 |
| 5 | 月 | 癸巳 四緑 | 9/18 友引 |
| 6 | 火 | 甲午 三碧 | 9/19 先負 |
| 7 | 水 | 乙未 二黒 | 9/20 仏滅 |
| 8 | 木 | 丙申 一白 | 9/21 大安 |
| 9 | 金 | 丁酉 九紫 | 9/22 赤口 |
| 10 | 土 | 戊戌 八白 | 9/23 先勝 |
| 11 | 日 | 己亥 七赤 | 9/24 友引 |
| 12 | 月 | 庚子 六白 | 9/25 先負 |
| 13 | 火 | 辛丑 五黄 | 9/26 仏滅 |
| 14 | 水 | 壬寅 四緑 | 9/27 大安 |
| 15 | 木 | 癸卯 三碧 | 9/28 赤口 |
| 16 | 金 | 甲辰 二黒 | 9/29 先勝 |
| 17 | 土 | 乙巳 一白 | 10/1 仏滅 |
| 18 | 日 | 丙午 九紫 | 10/2 大安 |
| 19 | 月 | 丁未 八白 | 10/3 赤口 |
| 20 | 火 | 戊申 七赤 | 10/4 先勝 |
| 21 | 水 | 己酉 六白 | 10/5 友引 |
| 22 | 木 | 庚戌 五黄 | 10/6 先負 |
| 23 | 金 | 辛亥 四緑 | 10/7 仏滅 |
| 24 | 土 | 壬子 三碧 | 10/8 大安 |
| 25 | 日 | 癸丑 二黒 | 10/9 赤口 |
| 26 | 月 | 甲寅 一白 | 10/10 先勝 |
| 27 | 火 | 乙卯 九紫 | 10/11 友引 |
| 28 | 水 | 丙辰 八白 | 10/12 先負 |
| 29 | 木 | 丁巳 七赤 | 10/13 仏滅 |
| 30 | 金 | 戊午 六白 | 10/14 大安 |

## 12月
（戊子 一白水星）

| 日 | 曜 | 干支 九星 | 旧暦 六曜 |
|---|---|---|---|
| 1 | 土 | 己未 五黄 | 10/15 赤口 |
| 2 | 日 | 庚申 四緑 | 10/16 先勝 |
| 3 | 月 | 辛酉 三碧 | 10/17 友引 |
| 4 | 火 | 壬戌 二黒 | 10/18 先負 |
| 5 | 水 | 癸亥 一白 | 10/19 仏滅 |
| 6 | 木 | 甲子 一白 | 10/20 大安 |
| 7 | 金 | 乙丑 二黒 | 10/21 赤口 |
| 8 | 土 | 丙寅 三碧 | 10/22 先勝 |
| 9 | 日 | 丁卯 四緑 | 10/23 友引 |
| 10 | 月 | 戊辰 五黄 | 10/24 先負 |
| 11 | 火 | 己巳 六白 | 10/25 仏滅 |
| 12 | 水 | 庚午 七赤 | 10/26 大安 |
| 13 | 木 | 辛未 八白 | 10/27 赤口 |
| 14 | 金 | 壬申 九紫 | 10/28 先勝 |
| 15 | 土 | 癸酉 一白 | 10/29 友引 |
| 16 | 日 | 甲戌 二黒 | 10/30 先負 |
| 17 | 月 | 乙亥 三碧 | 11/1 大安 |
| 18 | 火 | 丙子 四緑 | 11/2 赤口 |
| 19 | 水 | 丁丑 五黄 | 11/3 先勝 |
| 20 | 木 | 戊寅 六白 | 11/4 友引 |
| 21 | 金 | 己卯 七赤 | 11/5 先負 |
| 22 | 土 | 庚辰 八白 | 11/6 仏滅 |
| 23 | 日 | 辛巳 九紫 | 11/7 大安 |
| 24 | 月 | 壬午 一白 | 11/8 赤口 |
| 25 | 火 | 癸未 二黒 | 11/9 先勝 |
| 26 | 水 | 甲申 三碧 | 11/10 友引 |
| 27 | 木 | 乙酉 四緑 | 11/11 先負 |
| 28 | 金 | 丙戌 五黄 | 11/12 仏滅 |
| 29 | 土 | 丁亥 六白 | 11/13 大安 |
| 30 | 日 | 戊子 七赤 | 11/14 赤口 |
| 31 | 月 | 己丑 八白 | 11/15 先勝 |

**9月**

9. 7［節］白露
9.19［雑］彼岸
9.21［雑］社日
9.22［節］秋分

**10月**

10. 7［節］寒露
10.20［雑］土用
10.23［節］霜降

**11月**

11. 7［節］立冬
11.21［節］小雪

**12月**

12. 6［節］大雪
12.21［節］冬至

# 2086

明治 219 年
大正 175 年
昭和 161 年
平成 98 年

丙午（ひのえうま）
四緑木星

## 生誕・年忌など

**1.26** W. フルトヴェングラー生誕 200 年
**1.28** スペースシャトル「チャレンジャー」爆発事故 100 年
**2.10** 平塚らいてう生誕 200 年
**2.20** 石川啄木生誕 200 年
**2.25** フィリピン二月革命 100 年
**3. 1** O. ココシュカ生誕 200 年
**4.14** S. ボーヴォワール没後 100 年
**4.15** J. ジュネ没後 100 年
**4.26** チェルノブイリ原発事故 100 年
**5.15** E. ディキンソン没後 200 年
**6. 9** 山田耕筰生誕 200 年
**6.26** 前川國男没後 100 年
**7.24** 谷崎潤一郎生誕 200 年
**7.31** F. リスト没後 200 年
杉原千畝没後 100 年
**9. 9** 天武天皇没後 1400 年
**10. 7** 石坂洋次郎没後 100 年
**11. 1** 萩原朔太郎生誕 200 年
**11.12** 島尾敏雄没後 100 年
**11.14** 円地文子没後 100 年
**11.15** 伊豆大島三原山噴火 100 年
**12.11** 宮柊二没後 100 年
この年 最上徳内千島探検 300 年
松井須磨子生誕 200 年

## 2086年

### 1月
（己丑 九紫火星）

| 日 | 曜 | 干支・九星 | 旧暦・六曜 |
|---|---|---|---|
| 1 | 火 | 庚寅 九紫 | 11/16 友引 |
| 2 | 水 | 辛卯 一白 | 11/17 先負 |
| 3 | 木 | 壬辰 二黒 | 11/18 仏滅 |
| 4 | 金 | 癸巳 三碧 | 11/19 大安 |
| 5 | 土 | 甲午 四緑 | 11/20 赤口 |
| 6 | 日 | 乙未 五黄 | 11/21 先勝 |
| 7 | 月 | 丙申 六白 | 11/22 友引 |
| 8 | 火 | 丁酉 七赤 | 11/23 先負 |
| 9 | 水 | 戊戌 八白 | 11/24 仏滅 |
| 10 | 木 | 己亥 九紫 | 11/25 大安 |
| 11 | 金 | 庚子 一白 | 11/26 赤口 |
| 12 | 土 | 辛丑 二黒 | 11/27 先勝 |
| 13 | 日 | 壬寅 三碧 | 11/28 友引 |
| 14 | 月 | 癸卯 四緑 | 11/29 先負 |
| 15 | 火 | 甲辰 五黄 | 12/1 赤口 |
| 16 | 水 | 乙巳 六白 | 12/2 先勝 |
| 17 | 木 | 丙午 七赤 | 12/3 友引 |
| 18 | 金 | 丁未 八白 | 12/4 先負 |
| 19 | 土 | 戊申 九紫 | 12/5 仏滅 |
| 20 | 日 | 己酉 一白 | 12/6 大安 |
| 21 | 月 | 庚戌 二黒 | 12/7 赤口 |
| 22 | 火 | 辛亥 三碧 | 12/8 先勝 |
| 23 | 水 | 壬子 四緑 | 12/9 友引 |
| 24 | 木 | 癸丑 五黄 | 12/10 先負 |
| 25 | 金 | 甲寅 六白 | 12/11 仏滅 |
| 26 | 土 | 乙卯 七赤 | 12/12 大安 |
| 27 | 日 | 丙辰 八白 | 12/13 赤口 |
| 28 | 月 | 丁巳 九紫 | 12/14 先勝 |
| 29 | 火 | 戊午 一白 | 12/15 友引 |
| 30 | 水 | 己未 二黒 | 12/16 先負 |
| 31 | 木 | 庚申 三碧 | 12/17 仏滅 |

### 2月
（庚寅 八白土星）

| 日 | 曜 | 干支・九星 | 旧暦・六曜 |
|---|---|---|---|
| 1 | 金 | 辛酉 四緑 | 12/18 大安 |
| 2 | 土 | 壬戌 五黄 | 12/19 赤口 |
| 3 | 日 | 癸亥 六白 | 12/20 先勝 |
| 4 | 月 | 甲子 七赤 | 12/21 友引 |
| 5 | 火 | 乙丑 八白 | 12/22 先負 |
| 6 | 水 | 丙寅 九紫 | 12/23 仏滅 |
| 7 | 木 | 丁卯 一白 | 12/24 大安 |
| 8 | 金 | 戊辰 二黒 | 12/25 赤口 |
| 9 | 土 | 己巳 三碧 | 12/26 先勝 |
| 10 | 日 | 庚午 四緑 | 12/27 友引 |
| 11 | 月 | 辛未 五黄 | 12/28 先負 |
| 12 | 火 | 壬申 六白 | 12/29 仏滅 |
| 13 | 水 | 癸酉 七赤 | 12/30 大安 |
| 14 | 木 | 甲戌 八白 | 1/1 先勝 |
| 15 | 金 | 乙亥 九紫 | 1/2 友引 |
| 16 | 土 | 丙子 一白 | 1/3 先負 |
| 17 | 日 | 丁丑 二黒 | 1/4 仏滅 |
| 18 | 月 | 戊寅 三碧 | 1/5 大安 |
| 19 | 火 | 己卯 四緑 | 1/6 赤口 |
| 20 | 水 | 庚辰 五黄 | 1/7 先勝 |
| 21 | 木 | 辛巳 六白 | 1/8 友引 |
| 22 | 金 | 壬午 七赤 | 1/9 先負 |
| 23 | 土 | 癸未 八白 | 1/10 仏滅 |
| 24 | 日 | 甲申 九紫 | 1/11 大安 |
| 25 | 月 | 乙酉 一白 | 1/12 赤口 |
| 26 | 火 | 丙戌 二黒 | 1/13 先勝 |
| 27 | 水 | 丁亥 三碧 | 1/14 友引 |
| 28 | 木 | 戊子 四緑 | 1/15 先負 |

### 3月
（辛卯 七赤金星）

| 日 | 曜 | 干支・九星 | 旧暦・六曜 |
|---|---|---|---|
| 1 | 金 | 己丑 五黄 | 1/16 仏滅 |
| 2 | 土 | 庚寅 六白 | 1/17 大安 |
| 3 | 日 | 辛卯 七赤 | 1/18 赤口 |
| 4 | 月 | 壬辰 八白 | 1/19 先勝 |
| 5 | 火 | 癸巳 九紫 | 1/20 友引 |
| 6 | 水 | 甲午 一白 | 1/21 先負 |
| 7 | 木 | 乙未 二黒 | 1/22 仏滅 |
| 8 | 金 | 丙申 三碧 | 1/23 大安 |
| 9 | 土 | 丁酉 四緑 | 1/24 赤口 |
| 10 | 日 | 戊戌 五黄 | 1/25 先勝 |
| 11 | 月 | 己亥 六白 | 1/26 友引 |
| 12 | 火 | 庚子 七赤 | 1/27 先負 |
| 13 | 水 | 辛丑 八白 | 1/28 仏滅 |
| 14 | 木 | 壬寅 九紫 | 1/29 大安 |
| 15 | 金 | 癸卯 一白 | 2/1 友引 |
| 16 | 土 | 甲辰 二黒 | 2/2 先負 |
| 17 | 日 | 乙巳 三碧 | 2/3 仏滅 |
| 18 | 月 | 丙午 四緑 | 2/4 大安 |
| 19 | 火 | 丁未 五黄 | 2/5 赤口 |
| 20 | 水 | 戊申 六白 | 2/6 先勝 |
| 21 | 木 | 己酉 七赤 | 2/7 友引 |
| 22 | 金 | 庚戌 八白 | 2/8 先負 |
| 23 | 土 | 辛亥 九紫 | 2/9 仏滅 |
| 24 | 日 | 壬子 一白 | 2/10 大安 |
| 25 | 月 | 癸丑 二黒 | 2/11 赤口 |
| 26 | 火 | 甲寅 三碧 | 2/12 先勝 |
| 27 | 水 | 乙卯 四緑 | 2/13 友引 |
| 28 | 木 | 丙辰 五黄 | 2/14 先負 |
| 29 | 金 | 丁巳 六白 | 2/15 仏滅 |
| 30 | 土 | 戊午 七赤 | 2/16 大安 |
| 31 | 日 | 己未 八白 | 2/17 赤口 |

### 4月
（壬辰 六白金星）

| 日 | 曜 | 干支・九星 | 旧暦・六曜 |
|---|---|---|---|
| 1 | 月 | 庚申 九紫 | 2/18 先勝 |
| 2 | 火 | 辛酉 一白 | 2/19 友引 |
| 3 | 水 | 壬戌 二黒 | 2/20 先負 |
| 4 | 木 | 癸亥 三碧 | 2/21 仏滅 |
| 5 | 金 | 甲子 四緑 | 2/22 大安 |
| 6 | 土 | 乙丑 五黄 | 2/23 赤口 |
| 7 | 日 | 丙寅 六白 | 2/24 先勝 |
| 8 | 月 | 丁卯 七赤 | 2/25 友引 |
| 9 | 火 | 戊辰 八白 | 2/26 先負 |
| 10 | 水 | 己巳 九紫 | 2/27 仏滅 |
| 11 | 木 | 庚午 一白 | 2/28 大安 |
| 12 | 金 | 辛未 二黒 | 2/29 赤口 |
| 13 | 土 | 壬申 三碧 | 2/30 先勝 |
| 14 | 日 | 癸酉 四緑 | 3/1 先負 |
| 15 | 月 | 甲戌 五黄 | 3/2 仏滅 |
| 16 | 火 | 乙亥 六白 | 3/3 大安 |
| 17 | 水 | 丙子 七赤 | 3/4 赤口 |
| 18 | 木 | 丁丑 八白 | 3/5 先勝 |
| 19 | 金 | 戊寅 九紫 | 3/6 友引 |
| 20 | 土 | 己卯 一白 | 3/7 先負 |
| 21 | 日 | 庚辰 二黒 | 3/8 仏滅 |
| 22 | 月 | 辛巳 三碧 | 3/9 大安 |
| 23 | 火 | 壬午 四緑 | 3/10 赤口 |
| 24 | 水 | 癸未 五黄 | 3/11 先勝 |
| 25 | 木 | 甲申 六白 | 3/12 友引 |
| 26 | 金 | 乙酉 七赤 | 3/13 先負 |
| 27 | 土 | 丙戌 八白 | 3/14 仏滅 |
| 28 | 日 | 丁亥 九紫 | 3/15 大安 |
| 29 | 月 | 戊子 一白 | 3/16 赤口 |
| 30 | 火 | 己丑 二黒 | 3/17 先勝 |

**1月**

1. 5〔節〕小寒
1.17〔雑〕土用
1.20〔節〕大寒

**2月**

2. 2〔雑〕節分
2. 3〔節〕立春
2.18〔節〕雨水

**3月**

3. 5〔節〕啓蟄
3.17〔雑〕彼岸
3.20〔節〕春分
3.20〔雑〕社日

**4月**

4. 4〔節〕清明
4.16〔雑〕土用
4.19〔節〕穀雨

## 5月
（癸巳 五黄土星）

| 日 | 曜 | 干支 | 九星 | 旧暦 | 六曜 |
|---|---|---|---|---|---|
| 1 | 水 | 庚寅 | 三碧 | 3/18 | 友引 |
| 2 | 木 | 辛卯 | 四緑 | 3/19 | 先負 |
| 3 | 金 | 壬辰 | 五黄 | 3/20 | 仏滅 |
| 4 | 土 | 癸巳 | 六白 | 3/21 | 大安 |
| 5 | 日 | 甲午 | 七赤 | 3/22 | 赤口 |
| 6 | 月 | 乙未 | 八白 | 3/23 | 先勝 |
| 7 | 火 | 丙申 | 九紫 | 3/24 | 友引 |
| 8 | 水 | 丁酉 | 一白 | 3/25 | 先負 |
| 9 | 木 | 戊戌 | 二黒 | 3/26 | 仏滅 |
| 10 | 金 | 己亥 | 三碧 | 3/27 | 大安 |
| 11 | 土 | 庚子 | 四緑 | 3/28 | 赤口 |
| 12 | 日 | 辛丑 | 五黄 | 3/29 | 先勝 |
| 13 | 月 | 壬寅 | 六白 | 4/1 | 仏滅 |
| 14 | 火 | 癸卯 | 七赤 | 4/2 | 大安 |
| 15 | 水 | 甲辰 | 八白 | 4/3 | 赤口 |
| 16 | 木 | 乙巳 | 九紫 | 4/4 | 先勝 |
| 17 | 金 | 丙午 | 一白 | 4/5 | 友引 |
| 18 | 土 | 丁未 | 二黒 | 4/6 | 先負 |
| 19 | 日 | 戊申 | 三碧 | 4/7 | 仏滅 |
| 20 | 月 | 己酉 | 四緑 | 4/8 | 大安 |
| 21 | 火 | 庚戌 | 五黄 | 4/9 | 赤口 |
| 22 | 水 | 辛亥 | 六白 | 4/10 | 先勝 |
| 23 | 木 | 壬子 | 七赤 | 4/11 | 友引 |
| 24 | 金 | 癸丑 | 八白 | 4/12 | 先負 |
| 25 | 土 | 甲寅 | 九紫 | 4/13 | 仏滅 |
| 26 | 日 | 乙卯 | 一白 | 4/14 | 大安 |
| 27 | 月 | 丙辰 | 二黒 | 4/15 | 赤口 |
| 28 | 火 | 丁巳 | 三碧 | 4/16 | 先勝 |
| 29 | 水 | 戊午 | 四緑 | 4/17 | 友引 |
| 30 | 木 | 己未 | 五黄 | 4/18 | 先負 |
| 31 | 金 | 庚申 | 六白 | 4/19 | 仏滅 |

**5月**
- 5. 1［雑］八十八夜
- 5. 5［節］立夏
- 5.20［節］小満

## 6月
（甲午 四緑木星）

| 日 | 曜 | 干支 | 九星 | 旧暦 | 六曜 |
|---|---|---|---|---|---|
| 1 | 土 | 辛酉 | 七赤 | 4/20 | 大安 |
| 2 | 日 | 壬戌 | 八白 | 4/21 | 赤口 |
| 3 | 月 | 癸亥 | 九紫 | 4/22 | 先勝 |
| 4 | 火 | 甲子 | 九紫 | 4/23 | 友引 |
| 5 | 水 | 乙丑 | 八白 | 4/24 | 先負 |
| 6 | 木 | 丙寅 | 七赤 | 4/25 | 仏滅 |
| 7 | 金 | 丁卯 | 六白 | 4/26 | 大安 |
| 8 | 土 | 戊辰 | 五黄 | 4/27 | 赤口 |
| 9 | 日 | 己巳 | 四緑 | 4/28 | 先勝 |
| 10 | 月 | 庚午 | 三碧 | 4/29 | 友引 |
| 11 | 火 | 辛未 | 二黒 | 5/1 | 大安 |
| 12 | 水 | 壬申 | 一白 | 5/2 | 赤口 |
| 13 | 木 | 癸酉 | 九紫 | 5/3 | 先勝 |
| 14 | 金 | 甲戌 | 八白 | 5/4 | 友引 |
| 15 | 土 | 乙亥 | 七赤 | 5/5 | 先負 |
| 16 | 日 | 丙子 | 六白 | 5/6 | 仏滅 |
| 17 | 月 | 丁丑 | 五黄 | 5/7 | 大安 |
| 18 | 火 | 戊寅 | 四緑 | 5/8 | 赤口 |
| 19 | 水 | 己卯 | 三碧 | 5/9 | 先勝 |
| 20 | 木 | 庚辰 | 二黒 | 5/10 | 友引 |
| 21 | 金 | 辛巳 | 一白 | 5/11 | 先負 |
| 22 | 土 | 壬午 | 九紫 | 5/12 | 仏滅 |
| 23 | 日 | 癸未 | 八白 | 5/13 | 大安 |
| 24 | 月 | 甲申 | 七赤 | 5/14 | 赤口 |
| 25 | 火 | 乙酉 | 六白 | 5/15 | 先勝 |
| 26 | 水 | 丙戌 | 五黄 | 5/16 | 友引 |
| 27 | 木 | 丁亥 | 四緑 | 5/17 | 先負 |
| 28 | 金 | 戊子 | 三碧 | 5/18 | 仏滅 |
| 29 | 土 | 己丑 | 二黒 | 5/19 | 大安 |
| 30 | 日 | 庚寅 | 一白 | 5/20 | 赤口 |

**6月**
- 6. 5［節］芒種
- 6.10［雑］入梅
- 6.21［節］夏至

## 7月
（乙未 三碧木星）

| 日 | 曜 | 干支 | 九星 | 旧暦 | 六曜 |
|---|---|---|---|---|---|
| 1 | 月 | 辛卯 | 九紫 | 5/21 | 先勝 |
| 2 | 火 | 壬辰 | 八白 | 5/22 | 友引 |
| 3 | 水 | 癸巳 | 七赤 | 5/23 | 先負 |
| 4 | 木 | 甲午 | 六白 | 5/24 | 仏滅 |
| 5 | 金 | 乙未 | 五黄 | 5/25 | 大安 |
| 6 | 土 | 丙申 | 四緑 | 5/26 | 赤口 |
| 7 | 日 | 丁酉 | 三碧 | 5/27 | 先勝 |
| 8 | 月 | 戊戌 | 二黒 | 5/28 | 友引 |
| 9 | 火 | 己亥 | 一白 | 5/29 | 先負 |
| 10 | 水 | 庚子 | 九紫 | 5/30 | 仏滅 |
| 11 | 木 | 辛丑 | 八白 | 6/1 | 赤口 |
| 12 | 金 | 壬寅 | 七赤 | 6/2 | 先勝 |
| 13 | 土 | 癸卯 | 六白 | 6/3 | 友引 |
| 14 | 日 | 甲辰 | 五黄 | 6/4 | 先負 |
| 15 | 月 | 乙巳 | 四緑 | 6/5 | 仏滅 |
| 16 | 火 | 丙午 | 三碧 | 6/6 | 大安 |
| 17 | 水 | 丁未 | 二黒 | 6/7 | 赤口 |
| 18 | 木 | 戊申 | 一白 | 6/8 | 先勝 |
| 19 | 金 | 己酉 | 九紫 | 6/9 | 友引 |
| 20 | 土 | 庚戌 | 八白 | 6/10 | 先負 |
| 21 | 日 | 辛亥 | 七赤 | 6/11 | 仏滅 |
| 22 | 月 | 壬子 | 六白 | 6/12 | 大安 |
| 23 | 火 | 癸丑 | 五黄 | 6/13 | 赤口 |
| 24 | 水 | 甲寅 | 四緑 | 6/14 | 先勝 |
| 25 | 木 | 乙卯 | 三碧 | 6/15 | 友引 |
| 26 | 金 | 丙辰 | 二黒 | 6/16 | 先負 |
| 27 | 土 | 丁巳 | 一白 | 6/17 | 仏滅 |
| 28 | 日 | 戊午 | 九紫 | 6/18 | 大安 |
| 29 | 月 | 己未 | 八白 | 6/19 | 赤口 |
| 30 | 火 | 庚申 | 七赤 | 6/20 | 先勝 |
| 31 | 水 | 辛酉 | 六白 | 6/21 | 友引 |

**7月**
- 7. 1［雑］半夏生
- 7. 6［節］小暑
- 7.19［雑］土用
- 7.22［節］大暑

## 8月
（丙申 二黒土星）

| 日 | 曜 | 干支 | 九星 | 旧暦 | 六曜 |
|---|---|---|---|---|---|
| 1 | 木 | 壬戌 | 五黄 | 6/22 | 先負 |
| 2 | 金 | 癸亥 | 四緑 | 6/23 | 仏滅 |
| 3 | 土 | 甲子 | 三碧 | 6/24 | 大安 |
| 4 | 日 | 乙丑 | 二黒 | 6/25 | 赤口 |
| 5 | 月 | 丙寅 | 一白 | 6/26 | 先勝 |
| 6 | 火 | 丁卯 | 九紫 | 6/27 | 友引 |
| 7 | 水 | 戊辰 | 八白 | 6/28 | 先負 |
| 8 | 木 | 己巳 | 七赤 | 6/29 | 仏滅 |
| 9 | 金 | 庚午 | 六白 | 7/1 | 先勝 |
| 10 | 土 | 辛未 | 五黄 | 7/2 | 友引 |
| 11 | 日 | 壬申 | 四緑 | 7/3 | 先負 |
| 12 | 月 | 癸酉 | 三碧 | 7/4 | 仏滅 |
| 13 | 火 | 甲戌 | 二黒 | 7/5 | 大安 |
| 14 | 水 | 乙亥 | 一白 | 7/6 | 赤口 |
| 15 | 木 | 丙子 | 九紫 | 7/7 | 先勝 |
| 16 | 金 | 丁丑 | 八白 | 7/8 | 友引 |
| 17 | 土 | 戊寅 | 七赤 | 7/9 | 先負 |
| 18 | 日 | 己卯 | 六白 | 7/10 | 仏滅 |
| 19 | 月 | 庚辰 | 五黄 | 7/11 | 大安 |
| 20 | 火 | 辛巳 | 四緑 | 7/12 | 赤口 |
| 21 | 水 | 壬午 | 三碧 | 7/13 | 先勝 |
| 22 | 木 | 癸未 | 二黒 | 7/14 | 友引 |
| 23 | 金 | 甲申 | 一白 | 7/15 | 先負 |
| 24 | 土 | 乙酉 | 九紫 | 7/16 | 仏滅 |
| 25 | 日 | 丙戌 | 八白 | 7/17 | 大安 |
| 26 | 月 | 丁亥 | 七赤 | 7/18 | 赤口 |
| 27 | 火 | 戊子 | 六白 | 7/19 | 先勝 |
| 28 | 水 | 己丑 | 五黄 | 7/20 | 友引 |
| 29 | 木 | 庚寅 | 四緑 | 7/21 | 先負 |
| 30 | 金 | 辛卯 | 三碧 | 7/22 | 仏滅 |
| 31 | 土 | 壬辰 | 二黒 | 7/23 | 大安 |

**8月**
- 8. 7［節］立秋
- 8.22［節］処暑
- 8.31［雑］二百十日

## 9月
（丁酉 一白水星）

| | | | |
|---|---|---|---|
| 1 | 日 | 癸巳 一白 | 7/24 赤口 |
| 2 | 月 | 甲午 九紫 | 7/25 先勝 |
| 3 | 火 | 乙未 八白 | 7/26 友引 |
| 4 | 水 | 丙申 七赤 | 7/27 先負 |
| 5 | 木 | 丁酉 六白 | 7/28 仏滅 |
| 6 | 金 | 戊戌 五黄 | 7/29 大安 |
| 7 | 土 | 己亥 四緑 | 7/30 赤口 |
| 8 | 日 | 庚子 三碧 | 8/1 友引 |
| 9 | 月 | 辛丑 二黒 | 8/2 先負 |
| 10 | 火 | 壬寅 一白 | 8/3 仏滅 |
| 11 | 水 | 癸卯 九紫 | 8/4 大安 |
| 12 | 木 | 甲辰 八白 | 8/5 赤口 |
| 13 | 金 | 乙巳 七赤 | 8/6 先勝 |
| 14 | 土 | 丙午 六白 | 8/7 友引 |
| 15 | 日 | 丁未 五黄 | 8/8 先負 |
| 16 | 月 | 戊申 四緑 | 8/9 仏滅 |
| 17 | 火 | 己酉 三碧 | 8/10 大安 |
| 18 | 水 | 庚戌 二黒 | 8/11 赤口 |
| 19 | 木 | 辛亥 一白 | 8/12 先勝 |
| 20 | 金 | 壬子 九紫 | 8/13 友引 |
| 21 | 土 | 癸丑 八白 | 8/14 先負 |
| 22 | 日 | 甲寅 七赤 | 8/15 仏滅 |
| 23 | 月 | 乙卯 六白 | 8/16 大安 |
| 24 | 火 | 丙辰 五黄 | 8/17 赤口 |
| 25 | 水 | 丁巳 四緑 | 8/18 先勝 |
| 26 | 木 | 戊午 三碧 | 8/19 友引 |
| 27 | 金 | 己未 二黒 | 8/20 先負 |
| 28 | 土 | 庚申 一白 | 8/21 仏滅 |
| 29 | 日 | 辛酉 九紫 | 8/22 大安 |
| 30 | 月 | 壬戌 八白 | 8/23 赤口 |

## 10月
（戊戌 九紫火星）

| | | | |
|---|---|---|---|
| 1 | 火 | 癸亥 七赤 | 8/24 先勝 |
| 2 | 水 | 甲子 六白 | 8/25 友引 |
| 3 | 木 | 乙丑 五黄 | 8/26 先負 |
| 4 | 金 | 丙寅 四緑 | 8/27 仏滅 |
| 5 | 土 | 丁卯 三碧 | 8/28 大安 |
| 6 | 日 | 戊辰 二黒 | 8/29 赤口 |
| 7 | 月 | 己巳 一白 | 8/30 先勝 |
| 8 | 火 | 庚午 九紫 | 9/1 先負 |
| 9 | 水 | 辛未 八白 | 9/2 仏滅 |
| 10 | 木 | 壬申 七赤 | 9/3 大安 |
| 11 | 金 | 癸酉 六白 | 9/4 赤口 |
| 12 | 土 | 甲戌 五黄 | 9/5 先勝 |
| 13 | 日 | 乙亥 四緑 | 9/6 友引 |
| 14 | 月 | 丙子 三碧 | 9/7 先負 |
| 15 | 火 | 丁丑 二黒 | 9/8 仏滅 |
| 16 | 水 | 戊寅 一白 | 9/9 大安 |
| 17 | 木 | 己卯 九紫 | 9/10 赤口 |
| 18 | 金 | 庚辰 八白 | 9/11 先勝 |
| 19 | 土 | 辛巳 七赤 | 9/12 友引 |
| 20 | 日 | 壬午 六白 | 9/13 先負 |
| 21 | 月 | 癸未 五黄 | 9/14 仏滅 |
| 22 | 火 | 甲申 四緑 | 9/15 大安 |
| 23 | 水 | 乙酉 三碧 | 9/16 赤口 |
| 24 | 木 | 丙戌 二黒 | 9/17 先勝 |
| 25 | 金 | 丁亥 一白 | 9/18 友引 |
| 26 | 土 | 戊子 九紫 | 9/19 先負 |
| 27 | 日 | 己丑 八白 | 9/20 仏滅 |
| 28 | 月 | 庚寅 七赤 | 9/21 大安 |
| 29 | 火 | 辛卯 六白 | 9/22 赤口 |
| 30 | 水 | 壬辰 五黄 | 9/23 先勝 |
| 31 | 木 | 癸巳 四緑 | 9/24 友引 |

## 11月
（己亥 八白土星）

| | | | |
|---|---|---|---|
| 1 | 金 | 甲午 三碧 | 9/25 先負 |
| 2 | 土 | 乙未 二黒 | 9/26 仏滅 |
| 3 | 日 | 丙申 一白 | 9/27 大安 |
| 4 | 月 | 丁酉 九紫 | 9/28 赤口 |
| 5 | 火 | 戊戌 八白 | 9/29 先勝 |
| 6 | 水 | 己亥 七赤 | 10/1 仏滅 |
| 7 | 木 | 庚子 六白 | 10/2 大安 |
| 8 | 金 | 辛丑 五黄 | 10/3 赤口 |
| 9 | 土 | 壬寅 四緑 | 10/4 先勝 |
| 10 | 日 | 癸卯 三碧 | 10/5 友引 |
| 11 | 月 | 甲辰 二黒 | 10/6 先負 |
| 12 | 火 | 乙巳 一白 | 10/7 仏滅 |
| 13 | 水 | 丙午 九紫 | 10/8 大安 |
| 14 | 木 | 丁未 八白 | 10/9 赤口 |
| 15 | 金 | 戊申 七赤 | 10/10 先勝 |
| 16 | 土 | 己酉 六白 | 10/11 友引 |
| 17 | 日 | 庚戌 五黄 | 10/12 先負 |
| 18 | 月 | 辛亥 四緑 | 10/13 仏滅 |
| 19 | 火 | 壬子 三碧 | 10/14 大安 |
| 20 | 水 | 癸丑 二黒 | 10/15 赤口 |
| 21 | 木 | 甲寅 一白 | 10/16 先勝 |
| 22 | 金 | 乙卯 九紫 | 10/17 友引 |
| 23 | 土 | 丙辰 八白 | 10/18 先負 |
| 24 | 日 | 丁巳 七赤 | 10/19 仏滅 |
| 25 | 月 | 戊午 六白 | 10/20 大安 |
| 26 | 火 | 己未 五黄 | 10/21 赤口 |
| 27 | 水 | 庚申 四緑 | 10/22 先勝 |
| 28 | 木 | 辛酉 三碧 | 10/23 友引 |
| 29 | 金 | 壬戌 二黒 | 10/24 先負 |
| 30 | 土 | 癸亥 一白 | 10/25 仏滅 |

## 12月
（庚子 七赤金星）

| | | | |
|---|---|---|---|
| 1 | 日 | 甲子 一白 | 10/26 大安 |
| 2 | 月 | 乙丑 二黒 | 10/27 赤口 |
| 3 | 火 | 丙寅 三碧 | 10/28 先勝 |
| 4 | 水 | 丁卯 四緑 | 10/29 友引 |
| 5 | 木 | 戊辰 五黄 | 10/30 先負 |
| 6 | 金 | 己巳 六白 | 11/1 大安 |
| 7 | 土 | 庚午 七赤 | 11/2 赤口 |
| 8 | 日 | 辛未 八白 | 11/3 先勝 |
| 9 | 月 | 壬申 九紫 | 11/4 友引 |
| 10 | 火 | 癸酉 一白 | 11/5 先負 |
| 11 | 水 | 甲戌 二黒 | 11/6 仏滅 |
| 12 | 木 | 乙亥 三碧 | 11/7 大安 |
| 13 | 金 | 丙子 四緑 | 11/8 赤口 |
| 14 | 土 | 丁丑 五黄 | 11/9 先勝 |
| 15 | 日 | 戊寅 六白 | 11/10 友引 |
| 16 | 月 | 己卯 七赤 | 11/11 先負 |
| 17 | 火 | 庚辰 八白 | 11/12 仏滅 |
| 18 | 水 | 辛巳 九紫 | 11/13 大安 |
| 19 | 木 | 壬午 一白 | 11/14 赤口 |
| 20 | 金 | 癸未 二黒 | 11/15 先勝 |
| 21 | 土 | 甲申 三碧 | 11/16 友引 |
| 22 | 日 | 乙酉 四緑 | 11/17 先負 |
| 23 | 月 | 丙戌 五黄 | 11/18 仏滅 |
| 24 | 火 | 丁亥 六白 | 11/19 大安 |
| 25 | 水 | 戊子 七赤 | 11/20 赤口 |
| 26 | 木 | 己丑 八白 | 11/21 先勝 |
| 27 | 金 | 庚寅 九紫 | 11/22 友引 |
| 28 | 土 | 辛卯 一白 | 11/23 先負 |
| 29 | 日 | 壬辰 二黒 | 11/24 仏滅 |
| 30 | 月 | 癸巳 三碧 | 11/25 大安 |
| 31 | 火 | 甲午 四緑 | 11/26 赤口 |

**9月**

9. 7 〔節〕白露
9.19 〔雑〕彼岸
9.22 〔節〕秋分
9.26 〔雑〕社日

**10月**

10. 8 〔節〕寒露
10.20 〔雑〕土用
10.23 〔節〕霜降

**11月**

11. 7 〔節〕立冬
11.22 〔節〕小雪

**12月**

12. 7 〔節〕大雪
12.21 〔節〕冬至

# 2087

明治 220 年
大正 176 年
昭和 162 年
平成 99 年

丁未（ひのとひつじ）
三碧木星

## 生誕・年忌など

1.28 生類憐みの令発布 400 年
2. 3 高松宮宣仁没後 100 年
2.11 折口信夫生誕 200 年
2.22 A. ウォーホール没後 100 年
3.14 最後の遠洋商業捕鯨 100 年
4. 1 国鉄分割・民営化 100 年
5. 3 朝日新聞阪神支局襲撃事件 100 年
5. 8 豊臣秀吉の九州平定 500 年
5. — 天明の打ちこわし 300 年
6. 6 森茉莉没後 100 年
6.19 豊臣秀吉のバテレン追放令 500 年
寛政の改革開始 300 年
7. 7 M. シャガール生誕 200 年
7.17 石原裕次郎没後 100 年
7.27 山本有三生誕 200 年
8. 5 澁澤龍彦没後 100 年
9.17 アメリカ合衆国憲法制定 300 年
10. 1 豊臣秀吉の北野大茶会 500 年
10. 6 ル・コルビュジエ生誕 200 年
10.17 横浜の近代的上水道 (日本初) 完成 200 年
10.19 ニューヨーク株式市場「ブラック・マンデー」100 年
10.24 ノルマントン号事件 200 年
11.14 後三年の役終結 1000 年
11.20 日本最大の労働団体「連合」発足 100 年
11.29 大韓航空機爆破事件 100 年
11.30 J. ボールドウィン没後 100 年
12.17 千葉県東方沖地震 100 年
12.27 椋鳩十没後 100 年
12.29 石川淳没後 100 年
この年 万里の長城建設開始 2300 年
物部氏滅亡 1500 年
紫式部生誕 1100 年
フラ・アンジェリコ生誕 700 年

## 2087年

### 1月
（辛丑 六白金星）

| | | | |
|---|---|---|---|
| 1 | 水 | 乙未 五黄 | 11/27 先勝 |
| 2 | 木 | 丙申 六白 | 11/28 友引 |
| 3 | 金 | 丁酉 七赤 | 11/29 先負 |
| 4 | 土 | 戊戌 八白 | 11/30 仏滅 |
| 5 | 日 | 己亥 九紫 | 12/1 赤口 |
| 6 | 月 | 庚子 一白 | 12/2 先勝 |
| 7 | 火 | 辛丑 二黒 | 12/3 友引 |
| 8 | 水 | 壬寅 三碧 | 12/4 先負 |
| 9 | 木 | 癸卯 四緑 | 12/5 仏滅 |
| 10 | 金 | 甲辰 五黄 | 12/6 大安 |
| 11 | 土 | 乙巳 六白 | 12/7 赤口 |
| 12 | 日 | 丙午 七赤 | 12/8 先勝 |
| 13 | 月 | 丁未 八白 | 12/9 友引 |
| 14 | 火 | 戊申 九紫 | 12/10 先負 |
| 15 | 水 | 己酉 一白 | 12/11 仏滅 |
| 16 | 木 | 庚戌 二黒 | 12/12 大安 |
| 17 | 金 | 辛亥 三碧 | 12/13 赤口 |
| 18 | 土 | 壬子 四緑 | 12/14 先勝 |
| 19 | 日 | 癸丑 五黄 | 12/15 友引 |
| 20 | 月 | 甲寅 六白 | 12/16 先負 |
| 21 | 火 | 乙卯 七赤 | 12/17 仏滅 |
| 22 | 水 | 丙辰 八白 | 12/18 大安 |
| 23 | 木 | 丁巳 九紫 | 12/19 赤口 |
| 24 | 金 | 戊午 一白 | 12/20 先勝 |
| 25 | 土 | 己未 二黒 | 12/21 友引 |
| 26 | 日 | 庚申 三碧 | 12/22 先負 |
| 27 | 月 | 辛酉 四緑 | 12/23 仏滅 |
| 28 | 火 | 壬戌 五黄 | 12/24 大安 |
| 29 | 水 | 癸亥 六白 | 12/25 赤口 |
| 30 | 木 | 甲子 七赤 | 12/26 先勝 |
| 31 | 金 | 乙丑 八白 | 12/27 友引 |

1月

1. 5［節］小寒
1.17［雑］土用
1.20［節］大寒

### 2月
（壬寅 五黄土星）

| | | | |
|---|---|---|---|
| 1 | 土 | 丙寅 九紫 | 12/28 先負 |
| 2 | 日 | 丁卯 一白 | 12/29 仏滅 |
| 3 | 月 | 戊辰 二黒 | 1/1 先勝 |
| 4 | 火 | 己巳 三碧 | 1/2 友引 |
| 5 | 水 | 庚午 四緑 | 1/3 先負 |
| 6 | 木 | 辛未 五黄 | 1/4 仏滅 |
| 7 | 金 | 壬申 六白 | 1/5 大安 |
| 8 | 土 | 癸酉 七赤 | 1/6 赤口 |
| 9 | 日 | 甲戌 八白 | 1/7 先勝 |
| 10 | 月 | 乙亥 九紫 | 1/8 友引 |
| 11 | 火 | 丙子 一白 | 1/9 先負 |
| 12 | 水 | 丁丑 二黒 | 1/10 仏滅 |
| 13 | 木 | 戊寅 三碧 | 1/11 大安 |
| 14 | 金 | 己卯 四緑 | 1/12 赤口 |
| 15 | 土 | 庚辰 五黄 | 1/13 先勝 |
| 16 | 日 | 辛巳 六白 | 1/14 友引 |
| 17 | 月 | 壬午 七赤 | 1/15 先負 |
| 18 | 火 | 癸未 八白 | 1/16 仏滅 |
| 19 | 水 | 甲申 九紫 | 1/17 大安 |
| 20 | 木 | 乙酉 一白 | 1/18 赤口 |
| 21 | 金 | 丙戌 二黒 | 1/19 先勝 |
| 22 | 土 | 丁亥 三碧 | 1/20 友引 |
| 23 | 日 | 戊子 四緑 | 1/21 先負 |
| 24 | 月 | 己丑 五黄 | 1/22 仏滅 |
| 25 | 火 | 庚寅 六白 | 1/23 大安 |
| 26 | 水 | 辛卯 七赤 | 1/24 赤口 |
| 27 | 木 | 壬辰 八白 | 1/25 先勝 |
| 28 | 金 | 癸巳 九紫 | 1/26 友引 |

2月

2. 3［雑］節分
2. 4［節］立春
2.18［節］雨水

### 3月
（癸卯 四緑木星）

| | | | |
|---|---|---|---|
| 1 | 土 | 甲午 一白 | 1/27 先負 |
| 2 | 日 | 乙未 二黒 | 1/28 仏滅 |
| 3 | 月 | 丙申 三碧 | 1/29 大安 |
| 4 | 火 | 丁酉 四緑 | 1/30 赤口 |
| 5 | 水 | 戊戌 五黄 | 2/1 友引 |
| 6 | 木 | 己亥 六白 | 2/2 先負 |
| 7 | 金 | 庚子 七赤 | 2/3 仏滅 |
| 8 | 土 | 辛丑 八白 | 2/4 大安 |
| 9 | 日 | 壬寅 九紫 | 2/5 赤口 |
| 10 | 月 | 癸卯 一白 | 2/6 先勝 |
| 11 | 火 | 甲辰 二黒 | 2/7 友引 |
| 12 | 水 | 乙巳 三碧 | 2/8 先負 |
| 13 | 木 | 丙午 四緑 | 2/9 仏滅 |
| 14 | 金 | 丁未 五黄 | 2/10 大安 |
| 15 | 土 | 戊申 六白 | 2/11 赤口 |
| 16 | 日 | 己酉 七赤 | 2/12 先勝 |
| 17 | 月 | 庚戌 八白 | 2/13 友引 |
| 18 | 火 | 辛亥 九紫 | 2/14 先負 |
| 19 | 水 | 壬子 一白 | 2/15 仏滅 |
| 20 | 木 | 癸丑 二黒 | 2/16 大安 |
| 21 | 金 | 甲寅 三碧 | 2/17 赤口 |
| 22 | 土 | 乙卯 四緑 | 2/18 先勝 |
| 23 | 日 | 丙辰 五黄 | 2/19 友引 |
| 24 | 月 | 丁巳 六白 | 2/20 先負 |
| 25 | 火 | 戊午 七赤 | 2/21 仏滅 |
| 26 | 水 | 己未 八白 | 2/22 大安 |
| 27 | 木 | 庚申 九紫 | 2/23 赤口 |
| 28 | 金 | 辛酉 一白 | 2/24 先勝 |
| 29 | 土 | 壬戌 二黒 | 2/25 友引 |
| 30 | 日 | 癸亥 三碧 | 2/26 先負 |
| 31 | 月 | 甲子 四緑 | 2/27 仏滅 |

3月

3. 5［節］啓蟄
3.17［雑］彼岸
3.20［節］春分
3.25［雑］社日

### 4月
（甲辰 三碧木星）

| | | | |
|---|---|---|---|
| 1 | 火 | 乙丑 五黄 | 2/28 大安 |
| 2 | 水 | 丙寅 六白 | 2/29 赤口 |
| 3 | 木 | 丁卯 七赤 | 3/1 先負 |
| 4 | 金 | 戊辰 八白 | 3/2 仏滅 |
| 5 | 土 | 己巳 九紫 | 3/3 大安 |
| 6 | 日 | 庚午 一白 | 3/4 赤口 |
| 7 | 月 | 辛未 二黒 | 3/5 先勝 |
| 8 | 火 | 壬申 三碧 | 3/6 友引 |
| 9 | 水 | 癸酉 四緑 | 3/7 先負 |
| 10 | 木 | 甲戌 五黄 | 3/8 仏滅 |
| 11 | 金 | 乙亥 六白 | 3/9 大安 |
| 12 | 土 | 丙子 七赤 | 3/10 赤口 |
| 13 | 日 | 丁丑 八白 | 3/11 先勝 |
| 14 | 月 | 戊寅 九紫 | 3/12 友引 |
| 15 | 火 | 己卯 一白 | 3/13 先負 |
| 16 | 水 | 庚辰 二黒 | 3/14 仏滅 |
| 17 | 木 | 辛巳 三碧 | 3/15 大安 |
| 18 | 金 | 壬午 四緑 | 3/16 赤口 |
| 19 | 土 | 癸未 五黄 | 3/17 先勝 |
| 20 | 日 | 甲申 六白 | 3/18 友引 |
| 21 | 月 | 乙酉 七赤 | 3/19 先負 |
| 22 | 火 | 丙戌 八白 | 3/20 仏滅 |
| 23 | 水 | 丁亥 九紫 | 3/21 大安 |
| 24 | 木 | 戊子 一白 | 3/22 赤口 |
| 25 | 金 | 己丑 二黒 | 3/23 先勝 |
| 26 | 土 | 庚寅 三碧 | 3/24 友引 |
| 27 | 日 | 辛卯 四緑 | 3/25 先負 |
| 28 | 月 | 壬辰 五黄 | 3/26 仏滅 |
| 29 | 火 | 癸巳 六白 | 3/27 大安 |
| 30 | 水 | 甲午 七赤 | 3/28 赤口 |

4月

4. 4［節］清明
4.17［雑］土用
4.20［節］穀雨

## 5月
（乙巳 二黒土星）

| 日 | 曜 | 干支 九星 | 旧暦 六曜 |
|---|---|---|---|
| 1 | 木 | 乙未 八白 | 3/29 先勝 |
| 2 | 金 | 丙申 九紫 | 3/30 友引 |
| 3 | 土 | 丁酉 一白 | 4/1 仏滅 |
| 4 | 日 | 戊戌 二黒 | 4/2 大安 |
| 5 | 月 | 己亥 三碧 | 4/3 赤口 |
| 6 | 火 | 庚子 四緑 | 4/4 先勝 |
| 7 | 水 | 辛丑 五黄 | 4/5 友引 |
| 8 | 木 | 壬寅 六白 | 4/6 先負 |
| 9 | 金 | 癸卯 七赤 | 4/7 仏滅 |
| 10 | 土 | 甲辰 八白 | 4/8 大安 |
| 11 | 日 | 乙巳 九紫 | 4/9 赤口 |
| 12 | 月 | 丙午 一白 | 4/10 先勝 |
| 13 | 火 | 丁未 二黒 | 4/11 友引 |
| 14 | 水 | 戊申 三碧 | 4/12 先負 |
| 15 | 木 | 己酉 四緑 | 4/13 仏滅 |
| 16 | 金 | 庚戌 五黄 | 4/14 大安 |
| 17 | 土 | 辛亥 六白 | 4/15 赤口 |
| 18 | 日 | 壬子 七赤 | 4/16 先勝 |
| 19 | 月 | 癸丑 八白 | 4/17 友引 |
| 20 | 火 | 甲寅 九紫 | 4/18 先負 |
| 21 | 水 | 乙卯 一白 | 4/19 仏滅 |
| 22 | 木 | 丙辰 二黒 | 4/20 大安 |
| 23 | 金 | 丁巳 三碧 | 4/21 赤口 |
| 24 | 土 | 戊午 四緑 | 4/22 先勝 |
| 25 | 日 | 己未 五黄 | 4/23 友引 |
| 26 | 月 | 庚申 六白 | 4/24 先負 |
| 27 | 火 | 辛酉 七赤 | 4/25 仏滅 |
| 28 | 水 | 壬戌 八白 | 4/26 大安 |
| 29 | 木 | 癸亥 九紫 | 4/27 赤口 |
| 30 | 金 | 甲子 九紫 | 4/28 先勝 |
| 31 | 土 | 乙丑 八白 | 4/29 友引 |

## 6月
（丙午 一白水星）

| 日 | 曜 | 干支 九星 | 旧暦 六曜 |
|---|---|---|---|
| 1 | 日 | 丙寅 七赤 | 5/1 大安 |
| 2 | 月 | 丁卯 六白 | 5/2 赤口 |
| 3 | 火 | 戊辰 五黄 | 5/3 先勝 |
| 4 | 水 | 己巳 四緑 | 5/4 友引 |
| 5 | 木 | 庚午 三碧 | 5/5 先負 |
| 6 | 金 | 辛未 二黒 | 5/6 仏滅 |
| 7 | 土 | 壬申 一白 | 5/7 大安 |
| 8 | 日 | 癸酉 九紫 | 5/8 赤口 |
| 9 | 月 | 甲戌 八白 | 5/9 先勝 |
| 10 | 火 | 乙亥 七赤 | 5/10 友引 |
| 11 | 水 | 丙子 六白 | 5/11 先負 |
| 12 | 木 | 丁丑 五黄 | 5/12 仏滅 |
| 13 | 金 | 戊寅 四緑 | 5/13 大安 |
| 14 | 土 | 己卯 三碧 | 5/14 赤口 |
| 15 | 日 | 庚辰 二黒 | 5/15 先勝 |
| 16 | 月 | 辛巳 一白 | 5/16 友引 |
| 17 | 火 | 壬午 九紫 | 5/17 先負 |
| 18 | 水 | 癸未 八白 | 5/18 仏滅 |
| 19 | 木 | 甲申 七赤 | 5/19 大安 |
| 20 | 金 | 乙酉 六白 | 5/20 赤口 |
| 21 | 土 | 丙戌 五黄 | 5/21 先勝 |
| 22 | 日 | 丁亥 四緑 | 5/22 友引 |
| 23 | 月 | 戊子 三碧 | 5/23 先負 |
| 24 | 火 | 己丑 二黒 | 5/24 仏滅 |
| 25 | 水 | 庚寅 一白 | 5/25 大安 |
| 26 | 木 | 辛卯 九紫 | 5/26 赤口 |
| 27 | 金 | 壬辰 八白 | 5/27 先勝 |
| 28 | 土 | 癸巳 七赤 | 5/28 友引 |
| 29 | 日 | 甲午 六白 | 5/29 先負 |
| 30 | 月 | 乙未 五黄 | 6/1 赤口 |

## 7月
（丁未 九紫火星）

| 日 | 曜 | 干支 九星 | 旧暦 六曜 |
|---|---|---|---|
| 1 | 火 | 丙申 四緑 | 6/2 先勝 |
| 2 | 水 | 丁酉 三碧 | 6/3 友引 |
| 3 | 木 | 戊戌 二黒 | 6/4 先負 |
| 4 | 金 | 己亥 一白 | 6/5 仏滅 |
| 5 | 土 | 庚子 九紫 | 6/6 大安 |
| 6 | 日 | 辛丑 八白 | 6/7 赤口 |
| 7 | 月 | 壬寅 七赤 | 6/8 先勝 |
| 8 | 火 | 癸卯 六白 | 6/9 友引 |
| 9 | 水 | 甲辰 五黄 | 6/10 先負 |
| 10 | 木 | 乙巳 四緑 | 6/11 仏滅 |
| 11 | 金 | 丙午 三碧 | 6/12 大安 |
| 12 | 土 | 丁未 二黒 | 6/13 赤口 |
| 13 | 日 | 戊申 一白 | 6/14 先勝 |
| 14 | 月 | 己酉 九紫 | 6/15 友引 |
| 15 | 火 | 庚戌 八白 | 6/16 先負 |
| 16 | 水 | 辛亥 七赤 | 6/17 仏滅 |
| 17 | 木 | 壬子 六白 | 6/18 大安 |
| 18 | 金 | 癸丑 五黄 | 6/19 赤口 |
| 19 | 土 | 甲寅 四緑 | 6/20 先勝 |
| 20 | 日 | 乙卯 三碧 | 6/21 友引 |
| 21 | 月 | 丙辰 二黒 | 6/22 先負 |
| 22 | 火 | 丁巳 一白 | 6/23 仏滅 |
| 23 | 水 | 戊午 九紫 | 6/24 大安 |
| 24 | 木 | 己未 八白 | 6/25 赤口 |
| 25 | 金 | 庚申 七赤 | 6/26 先勝 |
| 26 | 土 | 辛酉 六白 | 6/27 友引 |
| 27 | 日 | 壬戌 五黄 | 6/28 先負 |
| 28 | 月 | 癸亥 四緑 | 6/29 仏滅 |
| 29 | 火 | 甲子 三碧 | 6/30 大安 |
| 30 | 水 | 乙丑 二黒 | 7/1 先勝 |
| 31 | 木 | 丙寅 一白 | 7/2 友引 |

## 8月
（戊申 八白土星）

| 日 | 曜 | 干支 九星 | 旧暦 六曜 |
|---|---|---|---|
| 1 | 金 | 丁卯 九紫 | 7/3 先負 |
| 2 | 土 | 戊辰 八白 | 7/4 仏滅 |
| 3 | 日 | 己巳 七赤 | 7/5 大安 |
| 4 | 月 | 庚午 六白 | 7/6 赤口 |
| 5 | 火 | 辛未 五黄 | 7/7 先勝 |
| 6 | 水 | 壬申 四緑 | 7/8 友引 |
| 7 | 木 | 癸酉 三碧 | 7/9 先負 |
| 8 | 金 | 甲戌 二黒 | 7/10 仏滅 |
| 9 | 土 | 乙亥 一白 | 7/11 大安 |
| 10 | 日 | 丙子 九紫 | 7/12 赤口 |
| 11 | 月 | 丁丑 八白 | 7/13 先勝 |
| 12 | 火 | 戊寅 七赤 | 7/14 友引 |
| 13 | 水 | 己卯 六白 | 7/15 先負 |
| 14 | 木 | 庚辰 五黄 | 7/16 仏滅 |
| 15 | 金 | 辛巳 四緑 | 7/17 大安 |
| 16 | 土 | 壬午 三碧 | 7/18 赤口 |
| 17 | 日 | 癸未 二黒 | 7/19 先勝 |
| 18 | 月 | 甲申 一白 | 7/20 友引 |
| 19 | 火 | 乙酉 九紫 | 7/21 先負 |
| 20 | 水 | 丙戌 八白 | 7/22 仏滅 |
| 21 | 木 | 丁亥 七赤 | 7/23 大安 |
| 22 | 金 | 戊子 六白 | 7/24 赤口 |
| 23 | 土 | 己丑 五黄 | 7/25 先勝 |
| 24 | 日 | 庚寅 四緑 | 7/26 友引 |
| 25 | 月 | 辛卯 三碧 | 7/27 先負 |
| 26 | 火 | 壬辰 二黒 | 7/28 仏滅 |
| 27 | 水 | 癸巳 一白 | 7/29 大安 |
| 28 | 木 | 甲午 九紫 | 8/1 友引 |
| 29 | 金 | 乙未 八白 | 8/2 先負 |
| 30 | 土 | 丙申 七赤 | 8/3 仏滅 |
| 31 | 日 | 丁酉 六白 | 8/4 大安 |

**5月**

5. 2〔雑〕八十八夜
5. 5〔節〕立夏
5.21〔節〕小満

**6月**

6. 5〔節〕芒種
6.10〔雑〕入梅
6.21〔節〕夏至

**7月**

7. 1〔雑〕半夏生
7. 7〔節〕小暑
7.19〔雑〕土用
7.22〔節〕大暑

**8月**

8. 7〔節〕立秋
8.23〔節〕処暑

**2087 年**

## 9 月
（己酉 七赤金星）

| | | | |
|---|---|---|---|
| 1 | 月 | 戊戌 五黄 | 8/5 赤口 |
| 2 | 火 | 己亥 四緑 | 8/6 先勝 |
| 3 | 水 | 庚子 三碧 | 8/7 友引 |
| 4 | 木 | 辛丑 二黒 | 8/8 先負 |
| 5 | 金 | 壬寅 一白 | 8/9 仏滅 |
| 6 | 土 | 癸卯 九紫 | 8/10 大安 |
| 7 | 日 | 甲辰 八白 | 8/11 赤口 |
| 8 | 月 | 乙巳 七赤 | 8/12 先勝 |
| 9 | 火 | 丙午 六白 | 8/13 友引 |
| 10 | 水 | 丁未 五黄 | 8/14 先負 |
| 11 | 木 | 戊申 四緑 | 8/15 仏滅 |
| 12 | 金 | 己酉 三碧 | 8/16 大安 |
| 13 | 土 | 庚戌 二黒 | 8/17 赤口 |
| 14 | 日 | 辛亥 一白 | 8/18 先勝 |
| 15 | 月 | 壬子 九紫 | 8/19 友引 |
| 16 | 火 | 癸丑 八白 | 8/20 先負 |
| 17 | 水 | 甲寅 七赤 | 8/21 仏滅 |
| 18 | 木 | 乙卯 六白 | 8/22 大安 |
| 19 | 金 | 丙辰 五黄 | 8/23 赤口 |
| 20 | 土 | 丁巳 四緑 | 8/24 先勝 |
| 21 | 日 | 戊午 三碧 | 8/25 友引 |
| 22 | 月 | 己未 二黒 | 8/26 先負 |
| 23 | 火 | 庚申 一白 | 8/27 仏滅 |
| 24 | 水 | 辛酉 九紫 | 8/28 大安 |
| 25 | 木 | 壬戌 八白 | 8/29 赤口 |
| 26 | 金 | 癸亥 七赤 | 8/30 先勝 |
| 27 | 土 | 甲子 六白 | 9/1 先負 |
| 28 | 日 | 乙丑 五黄 | 9/2 仏滅 |
| 29 | 月 | 丙寅 四緑 | 9/3 大安 |
| 30 | 火 | 丁卯 三碧 | 9/4 赤口 |

## 10 月
（庚戌 六白金星）

| | | | |
|---|---|---|---|
| 1 | 水 | 戊辰 二黒 | 9/5 先勝 |
| 2 | 木 | 己巳 一白 | 9/6 友引 |
| 3 | 金 | 庚午 九紫 | 9/7 先負 |
| 4 | 土 | 辛未 八白 | 9/8 仏滅 |
| 5 | 日 | 壬申 七赤 | 9/9 大安 |
| 6 | 月 | 癸酉 六白 | 9/10 赤口 |
| 7 | 火 | 甲戌 五黄 | 9/11 先勝 |
| 8 | 水 | 乙亥 四緑 | 9/12 友引 |
| 9 | 木 | 丙子 三碧 | 9/13 先負 |
| 10 | 金 | 丁丑 二黒 | 9/14 仏滅 |
| 11 | 土 | 戊寅 一白 | 9/15 大安 |
| 12 | 日 | 己卯 九紫 | 9/16 赤口 |
| 13 | 月 | 庚辰 八白 | 9/17 先勝 |
| 14 | 火 | 辛巳 七赤 | 9/18 友引 |
| 15 | 水 | 壬午 六白 | 9/19 先負 |
| 16 | 木 | 癸未 五黄 | 9/20 仏滅 |
| 17 | 金 | 甲申 四緑 | 9/21 大安 |
| 18 | 土 | 乙酉 三碧 | 9/22 赤口 |
| 19 | 日 | 丙戌 二黒 | 9/23 先勝 |
| 20 | 月 | 丁亥 一白 | 9/24 友引 |
| 21 | 火 | 戊子 九紫 | 9/25 先負 |
| 22 | 水 | 己丑 八白 | 9/26 仏滅 |
| 23 | 木 | 庚寅 七赤 | 9/27 大安 |
| 24 | 金 | 辛卯 六白 | 9/28 赤口 |
| 25 | 土 | 壬辰 五黄 | 9/29 先勝 |
| 26 | 日 | 癸巳 四緑 | 10/1 仏滅 |
| 27 | 月 | 甲午 三碧 | 10/2 大安 |
| 28 | 火 | 乙未 二黒 | 10/3 赤口 |
| 29 | 水 | 丙申 一白 | 10/4 先勝 |
| 30 | 木 | 丁酉 九紫 | 10/5 友引 |
| 31 | 金 | 戊戌 八白 | 10/6 先負 |

## 11 月
（辛亥 五黄土星）

| | | | |
|---|---|---|---|
| 1 | 土 | 己亥 七赤 | 10/7 仏滅 |
| 2 | 日 | 庚子 六白 | 10/8 大安 |
| 3 | 月 | 辛丑 五黄 | 10/9 赤口 |
| 4 | 火 | 壬寅 四緑 | 10/10 先勝 |
| 5 | 水 | 癸卯 三碧 | 10/11 友引 |
| 6 | 木 | 甲辰 二黒 | 10/12 先負 |
| 7 | 金 | 乙巳 一白 | 10/13 仏滅 |
| 8 | 土 | 丙午 九紫 | 10/14 大安 |
| 9 | 日 | 丁未 八白 | 10/15 赤口 |
| 10 | 月 | 戊申 七赤 | 10/16 先勝 |
| 11 | 火 | 己酉 六白 | 10/17 友引 |
| 12 | 水 | 庚戌 五黄 | 10/18 先負 |
| 13 | 木 | 辛亥 四緑 | 10/19 仏滅 |
| 14 | 金 | 壬子 三碧 | 10/20 大安 |
| 15 | 土 | 癸丑 二黒 | 10/21 赤口 |
| 16 | 日 | 甲寅 一白 | 10/22 先勝 |
| 17 | 月 | 乙卯 九紫 | 10/23 友引 |
| 18 | 火 | 丙辰 八白 | 10/24 先負 |
| 19 | 水 | 丁巳 七赤 | 10/25 仏滅 |
| 20 | 木 | 戊午 六白 | 10/26 大安 |
| 21 | 金 | 己未 五黄 | 10/27 赤口 |
| 22 | 土 | 庚申 四緑 | 10/28 先勝 |
| 23 | 日 | 辛酉 三碧 | 10/29 友引 |
| 24 | 月 | 壬戌 二黒 | 10/30 先負 |
| 25 | 火 | 癸亥 一白 | 11/1 大安 |
| 26 | 水 | 甲子 一白 | 11/2 赤口 |
| 27 | 木 | 乙丑 二黒 | 11/3 先勝 |
| 28 | 金 | 丙寅 三碧 | 11/4 友引 |
| 29 | 土 | 丁卯 四緑 | 11/5 先負 |
| 30 | 日 | 戊辰 五黄 | 11/6 仏滅 |

## 12 月
（壬子 四緑木星）

| | | | |
|---|---|---|---|
| 1 | 月 | 己巳 六白 | 11/7 大安 |
| 2 | 火 | 庚午 七赤 | 11/8 赤口 |
| 3 | 水 | 辛未 八白 | 11/9 先勝 |
| 4 | 木 | 壬申 九紫 | 11/10 友引 |
| 5 | 金 | 癸酉 一白 | 11/11 先負 |
| 6 | 土 | 甲戌 二黒 | 11/12 仏滅 |
| 7 | 日 | 乙亥 三碧 | 11/13 大安 |
| 8 | 月 | 丙子 四緑 | 11/14 赤口 |
| 9 | 火 | 丁丑 五黄 | 11/15 先勝 |
| 10 | 水 | 戊寅 六白 | 11/16 友引 |
| 11 | 木 | 己卯 七赤 | 11/17 先負 |
| 12 | 金 | 庚辰 八白 | 11/18 仏滅 |
| 13 | 土 | 辛巳 九紫 | 11/19 大安 |
| 14 | 日 | 壬午 一白 | 11/20 赤口 |
| 15 | 月 | 癸未 二黒 | 11/21 先勝 |
| 16 | 火 | 甲申 三碧 | 11/22 友引 |
| 17 | 水 | 乙酉 四緑 | 11/23 先負 |
| 18 | 木 | 丙戌 五黄 | 11/24 仏滅 |
| 19 | 金 | 丁亥 六白 | 11/25 大安 |
| 20 | 土 | 戊子 七赤 | 11/26 赤口 |
| 21 | 日 | 己丑 八白 | 11/27 先勝 |
| 22 | 月 | 庚寅 九紫 | 11/28 友引 |
| 23 | 火 | 辛卯 一白 | 11/29 先負 |
| 24 | 水 | 壬辰 二黒 | 11/30 仏滅 |
| 25 | 木 | 癸巳 三碧 | 12/1 赤口 |
| 26 | 金 | 甲午 四緑 | 12/2 先勝 |
| 27 | 土 | 乙未 五黄 | 12/3 友引 |
| 28 | 日 | 丙申 六白 | 12/4 先負 |
| 29 | 月 | 丁酉 七赤 | 12/5 仏滅 |
| 30 | 火 | 戊戌 八白 | 12/6 大安 |
| 31 | 水 | 己亥 九紫 | 12/7 赤口 |

**9 月**

9. 1［雑］二百十日
9. 7［節］白露
9.20［雑］彼岸
9.21［雑］社日
9.23［節］秋分

**10 月**

10. 8［節］寒露
10.20［雑］土用
10.23［節］霜降

**11 月**

11. 7［節］立冬
11.22［節］小雪

**12 月**

12. 7［節］大雪
12.22［節］冬至

# 2088

明治 221 年
大正 177 年
昭和 163 年
平成 100 年

戊申（つちのえさる）
二黒土星

## 生誕・年忌など

1. 1 英「タイムズ」発刊 300 年
1. 9 宇野重吉没後 100 年
1.22 G. バイロン生誕 300 年
1.26 オーストラリア流刑者入植 300 年
1.30 天明の京都大火(どんぐり焼け)300 年
2.22 A. ショーペンハウアー生誕 300 年
3.13 青函トンネル開業 100 年
4. 5 T. ホッブズ生誕 500 年
4.14 アフガニスタン和平協定調印 100 年
4.15 M. アーノルド没後 200 年
4.25 日本・市制町村制 200 年
6.20 牛肉・オレンジ輸入自由化 100 年
6. — リクルート事件発覚 100 年
7. 4 T. シュトルム没後 200 年
7. 8 豊臣秀吉の刀狩令 500 年
7.10 G. デ・キリコ生誕 200 年
7.12 中村光夫没後 100 年
7.14 里見弴生誕 200 年
7.15 磐梯山噴火 200 年
7.24 田沼意次没後 300 年
8. 8 スペイン無敵艦隊敗北 500 年
8.10 清水幾太郎没後 100 年
8.15 T.E. ロレンス生誕 200 年
8.20 イラン・イラク戦争停戦 100 年
8.31 J. バニヤン没後 400 年
9.20 中村汀女没後 100 年
11. 2 後醍醐天皇生誕 800 年
11.12 草野心平没後 100 年
12. 7 アルメニア大地震 100 年
12.15 山口青邨没後 100 年
12.16 小磯良平没後 100 年
12.17 楠本憲吉没後 100 年
12.25 大岡昇平没後 100 年
12.26 菊池寛生誕 200 年
12.29 英国・名誉革命 400 年
12.30 イサム・ノグチ没後 100 年
この年 川上音二郎「オッペケペー節」大流行 200 年
米国・「コカ・コーラ」開発 200 年

## 2088 年

### 1 月
（癸丑 三碧木星）

| | | | |
|---|---|---|---|
| 1 | 木 | 庚子 一白 | 12/8 先勝 |
| 2 | 金 | 辛丑 二黒 | 12/9 友引 |
| 3 | 土 | 壬寅 三碧 | 12/10 先負 |
| 4 | 日 | 癸卯 四緑 | 12/11 仏滅 |
| 5 | 月 | 甲辰 五黄 | 12/12 大安 |
| 6 | 火 | 乙巳 六白 | 12/13 赤口 |
| 7 | 水 | 丙午 七赤 | 12/14 先勝 |
| 8 | 木 | 丁未 八白 | 12/15 友引 |
| 9 | 金 | 戊申 九紫 | 12/16 先負 |
| 10 | 土 | 己酉 一白 | 12/17 仏滅 |
| 11 | 日 | 庚戌 二黒 | 12/18 大安 |
| 12 | 月 | 辛亥 三碧 | 12/19 赤口 |
| 13 | 火 | 壬子 四緑 | 12/20 先勝 |
| 14 | 水 | 癸丑 五黄 | 12/21 友引 |
| 15 | 木 | 甲寅 六白 | 12/22 先負 |
| 16 | 金 | 乙卯 七赤 | 12/23 仏滅 |
| 17 | 土 | 丙辰 八白 | 12/24 大安 |
| 18 | 日 | 丁巳 九紫 | 12/25 赤口 |
| 19 | 月 | 戊午 一白 | 12/26 先勝 |
| 20 | 火 | 己未 二黒 | 12/27 友引 |
| 21 | 水 | 庚申 三碧 | 12/28 先負 |
| 22 | 木 | 辛酉 四緑 | 12/29 仏滅 |
| 23 | 金 | 壬戌 五黄 | 12/30 大安 |
| 24 | 土 | 癸亥 六白 | 1/1 先勝 |
| 25 | 日 | 甲子 七赤 | 1/2 友引 |
| 26 | 月 | 乙丑 八白 | 1/3 先負 |
| 27 | 火 | 丙寅 九紫 | 1/4 仏滅 |
| 28 | 水 | 丁卯 一白 | 1/5 大安 |
| 29 | 木 | 戊辰 二黒 | 1/6 赤口 |
| 30 | 金 | 己巳 三碧 | 1/7 先勝 |
| 31 | 土 | 庚午 四緑 | 1/8 友引 |

### 2 月
（甲寅 二黒土星）

| | | | |
|---|---|---|---|
| 1 | 日 | 辛未 五黄 | 1/9 先負 |
| 2 | 月 | 壬申 六白 | 1/10 仏滅 |
| 3 | 火 | 癸酉 七赤 | 1/11 大安 |
| 4 | 水 | 甲戌 八白 | 1/12 赤口 |
| 5 | 木 | 乙亥 九紫 | 1/13 先勝 |
| 6 | 金 | 丙子 一白 | 1/14 友引 |
| 7 | 土 | 丁丑 二黒 | 1/15 先負 |
| 8 | 日 | 戊寅 三碧 | 1/16 仏滅 |
| 9 | 月 | 己卯 四緑 | 1/17 大安 |
| 10 | 火 | 庚辰 五黄 | 1/18 赤口 |
| 11 | 水 | 辛巳 六白 | 1/19 先勝 |
| 12 | 木 | 壬午 七赤 | 1/20 友引 |
| 13 | 金 | 癸未 八白 | 1/21 先負 |
| 14 | 土 | 甲申 九紫 | 1/22 仏滅 |
| 15 | 日 | 乙酉 一白 | 1/23 大安 |
| 16 | 月 | 丙戌 二黒 | 1/24 赤口 |
| 17 | 火 | 丁亥 三碧 | 1/25 先勝 |
| 18 | 水 | 戊子 四緑 | 1/26 友引 |
| 19 | 木 | 己丑 五黄 | 1/27 先負 |
| 20 | 金 | 庚寅 六白 | 1/28 仏滅 |
| 21 | 土 | 辛卯 七赤 | 1/29 大安 |
| 22 | 日 | 壬辰 八白 | 2/1 友引 |
| 23 | 月 | 癸巳 九紫 | 2/2 先負 |
| 24 | 火 | 甲午 一白 | 2/3 仏滅 |
| 25 | 水 | 乙未 二黒 | 2/4 大安 |
| 26 | 木 | 丙申 三碧 | 2/5 赤口 |
| 27 | 金 | 丁酉 四緑 | 2/6 先勝 |
| 28 | 土 | 戊戌 五黄 | 2/7 友引 |
| 29 | 日 | 己亥 六白 | 2/8 先負 |

### 3 月
（乙卯 一白水星）

| | | | |
|---|---|---|---|
| 1 | 月 | 庚子 七赤 | 2/9 仏滅 |
| 2 | 火 | 辛丑 八白 | 2/10 大安 |
| 3 | 水 | 壬寅 九紫 | 2/11 赤口 |
| 4 | 木 | 癸卯 一白 | 2/12 先勝 |
| 5 | 金 | 甲辰 二黒 | 2/13 友引 |
| 6 | 土 | 乙巳 三碧 | 2/14 先負 |
| 7 | 日 | 丙午 四緑 | 2/15 仏滅 |
| 8 | 月 | 丁未 五黄 | 2/16 大安 |
| 9 | 火 | 戊申 六白 | 2/17 赤口 |
| 10 | 水 | 己酉 七赤 | 2/18 先勝 |
| 11 | 木 | 庚戌 八白 | 2/19 友引 |
| 12 | 金 | 辛亥 九紫 | 2/20 先負 |
| 13 | 土 | 壬子 一白 | 2/21 仏滅 |
| 14 | 日 | 癸丑 二黒 | 2/22 大安 |
| 15 | 月 | 甲寅 三碧 | 2/23 赤口 |
| 16 | 火 | 乙卯 四緑 | 2/24 先勝 |
| 17 | 水 | 丙辰 五黄 | 2/25 友引 |
| 18 | 木 | 丁巳 六白 | 2/26 先負 |
| 19 | 金 | 戊午 七赤 | 2/27 仏滅 |
| 20 | 土 | 己未 八白 | 2/28 大安 |
| 21 | 日 | 庚申 九紫 | 2/29 赤口 |
| 22 | 月 | 辛酉 一白 | 2/30 先勝 |
| 23 | 火 | 壬戌 二黒 | 3/1 先負 |
| 24 | 水 | 癸亥 三碧 | 3/2 仏滅 |
| 25 | 木 | 甲子 四緑 | 3/3 大安 |
| 26 | 金 | 乙丑 五黄 | 3/4 赤口 |
| 27 | 土 | 丙寅 六白 | 3/5 先勝 |
| 28 | 日 | 丁卯 七赤 | 3/6 友引 |
| 29 | 月 | 戊辰 八白 | 3/7 先負 |
| 30 | 火 | 己巳 九紫 | 3/8 仏滅 |
| 31 | 水 | 庚午 一白 | 3/9 大安 |

### 4 月
（丙辰 九紫火星）

| | | | |
|---|---|---|---|
| 1 | 木 | 辛未 二黒 | 3/10 赤口 |
| 2 | 金 | 壬申 三碧 | 3/11 先勝 |
| 3 | 土 | 癸酉 四緑 | 3/12 友引 |
| 4 | 日 | 甲戌 五黄 | 3/13 先負 |
| 5 | 月 | 乙亥 六白 | 3/14 仏滅 |
| 6 | 火 | 丙子 七赤 | 3/15 大安 |
| 7 | 水 | 丁丑 八白 | 3/16 赤口 |
| 8 | 木 | 戊寅 九紫 | 3/17 先勝 |
| 9 | 金 | 己卯 一白 | 3/18 友引 |
| 10 | 土 | 庚辰 二黒 | 3/19 先負 |
| 11 | 日 | 辛巳 三碧 | 3/20 仏滅 |
| 12 | 月 | 壬午 四緑 | 3/21 大安 |
| 13 | 火 | 癸未 五黄 | 3/22 赤口 |
| 14 | 水 | 甲申 六白 | 3/23 先勝 |
| 15 | 木 | 乙酉 七赤 | 3/24 友引 |
| 16 | 金 | 丙戌 八白 | 3/25 先負 |
| 17 | 土 | 丁亥 九紫 | 3/26 仏滅 |
| 18 | 日 | 戊子 一白 | 3/27 大安 |
| 19 | 月 | 己丑 二黒 | 3/28 赤口 |
| 20 | 火 | 庚寅 三碧 | 3/29 先勝 |
| 21 | 水 | 辛卯 四緑 | 4/1 仏滅 |
| 22 | 木 | 壬辰 五黄 | 4/2 大安 |
| 23 | 金 | 癸巳 六白 | 4/3 赤口 |
| 24 | 土 | 甲午 七赤 | 4/4 先勝 |
| 25 | 日 | 乙未 八白 | 4/5 友引 |
| 26 | 月 | 丙申 九紫 | 4/6 先負 |
| 27 | 火 | 丁酉 一白 | 4/7 仏滅 |
| 28 | 水 | 戊戌 二黒 | 4/8 大安 |
| 29 | 木 | 己亥 三碧 | 4/9 赤口 |
| 30 | 金 | 庚子 四緑 | 4/10 先勝 |

**1 月**

1. 5 [節] 小寒
1.17 [雑] 土用
1.20 [節] 大寒

**2 月**

2. 3 [雑] 節分
2. 4 [節] 立春
2.19 [節] 雨水

**3 月**

3. 4 [節] 啓蟄
3.17 [雑] 彼岸
3.19 [雑] 社日
3.20 [節] 春分

**4 月**

4. 4 [節] 清明
4.16 [雑] 土用
4.19 [節] 穀雨

## 5月
（丁巳 八白土星）

| | | | |
|---|---|---|---|
| 1 | 土 | 辛丑 五黄 | 4/11 友引 |
| 2 | 日 | 壬寅 六白 | 4/12 先負 |
| 3 | 月 | 癸卯 七赤 | 4/13 仏滅 |
| 4 | 火 | 甲辰 八白 | 4/14 大安 |
| 5 | 水 | 乙巳 九紫 | 4/15 赤口 |
| 6 | 木 | 丙午 一白 | 4/16 先勝 |
| 7 | 金 | 丁未 二黒 | 4/17 友引 |
| 8 | 土 | 戊申 三碧 | 4/18 先負 |
| 9 | 日 | 己酉 四緑 | 4/19 仏滅 |
| 10 | 月 | 庚戌 五黄 | 4/20 大安 |
| 11 | 火 | 辛亥 六白 | 4/21 赤口 |
| 12 | 水 | 壬子 七赤 | 4/22 先勝 |
| 13 | 木 | 癸丑 八白 | 4/23 友引 |
| 14 | 金 | 甲寅 九紫 | 4/24 先負 |
| 15 | 土 | 乙卯 一白 | 4/25 仏滅 |
| 16 | 日 | 丙辰 二黒 | 4/26 大安 |
| 17 | 月 | 丁巳 三碧 | 4/27 赤口 |
| 18 | 火 | 戊午 四緑 | 4/28 先勝 |
| 19 | 水 | 己未 五黄 | 4/29 友引 |
| 20 | 木 | 庚申 六白 | 4/30 先負 |
| 21 | 金 | 辛酉 七赤 | 閏4/1 仏滅 |
| 22 | 土 | 壬戌 八白 | 閏4/2 大安 |
| 23 | 日 | 癸亥 九紫 | 閏4/3 赤口 |
| 24 | 月 | 甲子 九紫 | 閏4/4 先勝 |
| 25 | 火 | 乙丑 八白 | 閏4/5 友引 |
| 26 | 水 | 丙寅 七赤 | 閏4/6 先負 |
| 27 | 木 | 丁卯 六白 | 閏4/7 仏滅 |
| 28 | 金 | 戊辰 五黄 | 閏4/8 大安 |
| 29 | 土 | 己巳 四緑 | 閏4/9 赤口 |
| 30 | 日 | 庚午 三碧 | 閏4/10 先勝 |
| 31 | 月 | 辛未 二黒 | 閏4/11 友引 |

## 6月
（戊午 七赤金星）

| | | | |
|---|---|---|---|
| 1 | 火 | 壬申 一白 | 閏4/12 先負 |
| 2 | 水 | 癸酉 九紫 | 閏4/13 仏滅 |
| 3 | 木 | 甲戌 八白 | 閏4/14 大安 |
| 4 | 金 | 乙亥 七赤 | 閏4/15 赤口 |
| 5 | 土 | 丙子 六白 | 閏4/16 先勝 |
| 6 | 日 | 丁丑 五黄 | 閏4/17 友引 |
| 7 | 月 | 戊寅 四緑 | 閏4/18 先負 |
| 8 | 火 | 己卯 三碧 | 閏4/19 仏滅 |
| 9 | 水 | 庚辰 二黒 | 閏4/20 大安 |
| 10 | 木 | 辛巳 一白 | 閏4/21 赤口 |
| 11 | 金 | 壬午 九紫 | 閏4/22 先勝 |
| 12 | 土 | 癸未 八白 | 閏4/23 友引 |
| 13 | 日 | 甲申 七赤 | 閏4/24 先負 |
| 14 | 月 | 乙酉 六白 | 閏4/25 仏滅 |
| 15 | 火 | 丙戌 五黄 | 閏4/26 大安 |
| 16 | 水 | 丁亥 四緑 | 閏4/27 赤口 |
| 17 | 木 | 戊子 三碧 | 閏4/28 先勝 |
| 18 | 金 | 己丑 二黒 | 閏4/29 友引 |
| 19 | 土 | 庚寅 一白 | 5/1 大安 |
| 20 | 日 | 辛卯 九紫 | 5/2 赤口 |
| 21 | 月 | 壬辰 八白 | 5/3 先勝 |
| 22 | 火 | 癸巳 七赤 | 5/4 友引 |
| 23 | 水 | 甲午 六白 | 5/5 先負 |
| 24 | 木 | 乙未 五黄 | 5/6 仏滅 |
| 25 | 金 | 丙申 四緑 | 5/7 大安 |
| 26 | 土 | 丁酉 三碧 | 5/8 赤口 |
| 27 | 日 | 戊戌 二黒 | 5/9 先勝 |
| 28 | 月 | 己亥 一白 | 5/10 友引 |
| 29 | 火 | 庚子 九紫 | 5/11 先負 |
| 30 | 水 | 辛丑 八白 | 5/12 仏滅 |

## 7月
（己未 六白金星）

| | | | |
|---|---|---|---|
| 1 | 木 | 壬寅 七赤 | 5/13 大安 |
| 2 | 金 | 癸卯 六白 | 5/14 赤口 |
| 3 | 土 | 甲辰 五黄 | 5/15 先勝 |
| 4 | 日 | 乙巳 四緑 | 5/16 友引 |
| 5 | 月 | 丙午 三碧 | 5/17 先負 |
| 6 | 火 | 丁未 二黒 | 5/18 仏滅 |
| 7 | 水 | 戊申 一白 | 5/19 大安 |
| 8 | 木 | 己酉 九紫 | 5/20 赤口 |
| 9 | 金 | 庚戌 八白 | 5/21 先勝 |
| 10 | 土 | 辛亥 七赤 | 5/22 友引 |
| 11 | 日 | 壬子 六白 | 5/23 先負 |
| 12 | 月 | 癸丑 五黄 | 5/24 仏滅 |
| 13 | 火 | 甲寅 四緑 | 5/25 大安 |
| 14 | 水 | 乙卯 三碧 | 5/26 赤口 |
| 15 | 木 | 丙辰 二黒 | 5/27 先勝 |
| 16 | 金 | 丁巳 一白 | 5/28 友引 |
| 17 | 土 | 戊午 九紫 | 5/29 先負 |
| 18 | 日 | 己未 八白 | 6/1 赤口 |
| 19 | 月 | 庚申 七赤 | 6/2 先勝 |
| 20 | 火 | 辛酉 六白 | 6/3 友引 |
| 21 | 水 | 壬戌 五黄 | 6/4 先負 |
| 22 | 木 | 癸亥 四緑 | 6/5 仏滅 |
| 23 | 金 | 甲子 三碧 | 6/6 大安 |
| 24 | 土 | 乙丑 二黒 | 6/7 赤口 |
| 25 | 日 | 丙寅 一白 | 6/8 先勝 |
| 26 | 月 | 丁卯 九紫 | 6/9 友引 |
| 27 | 火 | 戊辰 八白 | 6/10 先負 |
| 28 | 水 | 己巳 七赤 | 6/11 仏滅 |
| 29 | 木 | 庚午 六白 | 6/12 大安 |
| 30 | 金 | 辛未 五黄 | 6/13 赤口 |
| 31 | 土 | 壬申 四緑 | 6/14 先勝 |

## 8月
（庚申 五黄土星）

| | | | |
|---|---|---|---|
| 1 | 日 | 癸酉 三碧 | 6/15 友引 |
| 2 | 月 | 甲戌 二黒 | 6/16 先負 |
| 3 | 火 | 乙亥 一白 | 6/17 仏滅 |
| 4 | 水 | 丙子 九紫 | 6/18 大安 |
| 5 | 木 | 丁丑 八白 | 6/19 赤口 |
| 6 | 金 | 戊寅 七赤 | 6/20 先勝 |
| 7 | 土 | 己卯 六白 | 6/21 友引 |
| 8 | 日 | 庚辰 五黄 | 6/22 先負 |
| 9 | 月 | 辛巳 四緑 | 6/23 仏滅 |
| 10 | 火 | 壬午 三碧 | 6/24 大安 |
| 11 | 水 | 癸未 二黒 | 6/25 赤口 |
| 12 | 木 | 甲申 一白 | 6/26 先勝 |
| 13 | 金 | 乙酉 九紫 | 6/27 友引 |
| 14 | 土 | 丙戌 八白 | 6/28 先負 |
| 15 | 日 | 丁亥 七赤 | 6/29 仏滅 |
| 16 | 月 | 戊子 六白 | 6/30 大安 |
| 17 | 火 | 己丑 五黄 | 7/1 先勝 |
| 18 | 水 | 庚寅 四緑 | 7/2 友引 |
| 19 | 木 | 辛卯 三碧 | 7/3 先負 |
| 20 | 金 | 壬辰 二黒 | 7/4 仏滅 |
| 21 | 土 | 癸巳 一白 | 7/5 大安 |
| 22 | 日 | 甲午 九紫 | 7/6 赤口 |
| 23 | 月 | 乙未 八白 | 7/7 先勝 |
| 24 | 火 | 丙申 七赤 | 7/8 友引 |
| 25 | 水 | 丁酉 六白 | 7/9 先負 |
| 26 | 木 | 戊戌 五黄 | 7/10 仏滅 |
| 27 | 金 | 己亥 四緑 | 7/11 大安 |
| 28 | 土 | 庚子 三碧 | 7/12 赤口 |
| 29 | 日 | 辛丑 二黒 | 7/13 先勝 |
| 30 | 月 | 壬寅 一白 | 7/14 友引 |
| 31 | 火 | 癸卯 九紫 | 7/15 先負 |

**5月**

5. 1［雑］八十八夜
5. 4［節］立夏
5.20［節］小満

**6月**

6. 5［節］芒種
6.10［雑］入梅
6.20［節］夏至

**7月**

7. 1［雑］半夏生
7. 6［節］小暑
7.19［雑］土用
7.22［節］大暑

**8月**

8. 6［節］立秋
8.22［節］処暑
8.31［雑］二百十日

## 9 月
（辛酉 四緑木星）

| | | | |
|---|---|---|---|
| 1 | 水 | 甲辰 八白 | 7/16 仏滅 |
| 2 | 木 | 乙巳 七赤 | 7/17 大安 |
| 3 | 金 | 丙午 六白 | 7/18 赤口 |
| 4 | 土 | 丁未 五黄 | 7/19 先勝 |
| 5 | 日 | 戊申 四緑 | 7/20 友引 |
| 6 | 月 | 己酉 三碧 | 7/21 先負 |
| 7 | 火 | 庚戌 二黒 | 7/22 仏滅 |
| 8 | 水 | 辛亥 一白 | 7/23 大安 |
| 9 | 木 | 壬子 九紫 | 7/24 赤口 |
| 10 | 金 | 癸丑 八白 | 7/25 先勝 |
| 11 | 土 | 甲寅 七赤 | 7/26 友引 |
| 12 | 日 | 乙卯 六白 | 7/27 先負 |
| 13 | 月 | 丙辰 五黄 | 7/28 仏滅 |
| 14 | 火 | 丁巳 四緑 | 7/29 大安 |
| 15 | 水 | 戊午 三碧 | 8/1 友引 |
| 16 | 木 | 己未 二黒 | 8/2 先負 |
| 17 | 金 | 庚申 一白 | 8/3 仏滅 |
| 18 | 土 | 辛酉 九紫 | 8/4 大安 |
| 19 | 日 | 壬戌 八白 | 8/5 赤口 |
| 20 | 月 | 癸亥 七赤 | 8/6 先勝 |
| 21 | 火 | 甲子 六白 | 8/7 友引 |
| 22 | 水 | 乙丑 五黄 | 8/8 先負 |
| 23 | 木 | 丙寅 四緑 | 8/9 仏滅 |
| 24 | 金 | 丁卯 三碧 | 8/10 大安 |
| 25 | 土 | 戊辰 二黒 | 8/11 赤口 |
| 26 | 日 | 己巳 一白 | 8/12 先勝 |
| 27 | 月 | 庚午 九紫 | 8/13 友引 |
| 28 | 火 | 辛未 八白 | 8/14 先負 |
| 29 | 水 | 壬申 七赤 | 8/15 仏滅 |
| 30 | 木 | 癸酉 六白 | 8/16 大安 |

## 10 月
（壬戌 三碧木星）

| | | | |
|---|---|---|---|
| 1 | 金 | 甲戌 五黄 | 8/17 赤口 |
| 2 | 土 | 乙亥 四緑 | 8/18 先勝 |
| 3 | 日 | 丙子 三碧 | 8/19 友引 |
| 4 | 月 | 丁丑 二黒 | 8/20 先負 |
| 5 | 火 | 戊寅 一白 | 8/21 仏滅 |
| 6 | 水 | 己卯 九紫 | 8/22 大安 |
| 7 | 木 | 庚辰 八白 | 8/23 赤口 |
| 8 | 金 | 辛巳 七赤 | 8/24 先勝 |
| 9 | 土 | 壬午 六白 | 8/25 友引 |
| 10 | 日 | 癸未 五黄 | 8/26 先負 |
| 11 | 月 | 甲申 四緑 | 8/27 仏滅 |
| 12 | 火 | 乙酉 三碧 | 8/28 大安 |
| 13 | 水 | 丙戌 二黒 | 8/29 赤口 |
| 14 | 木 | 丁亥 一白 | 9/1 先負 |
| 15 | 金 | 戊子 九紫 | 9/2 仏滅 |
| 16 | 土 | 己丑 八白 | 9/3 大安 |
| 17 | 日 | 庚寅 七赤 | 9/4 赤口 |
| 18 | 月 | 辛卯 六白 | 9/5 先勝 |
| 19 | 火 | 壬辰 五黄 | 9/6 友引 |
| 20 | 水 | 癸巳 四緑 | 9/7 先負 |
| 21 | 木 | 甲午 三碧 | 9/8 仏滅 |
| 22 | 金 | 乙未 二黒 | 9/9 大安 |
| 23 | 土 | 丙申 一白 | 9/10 赤口 |
| 24 | 日 | 丁酉 九紫 | 9/11 先勝 |
| 25 | 月 | 戊戌 八白 | 9/12 友引 |
| 26 | 火 | 己亥 七赤 | 9/13 先負 |
| 27 | 水 | 庚子 六白 | 9/14 仏滅 |
| 28 | 木 | 辛丑 五黄 | 9/15 大安 |
| 29 | 金 | 壬寅 四緑 | 9/16 赤口 |
| 30 | 土 | 癸卯 三碧 | 9/17 先勝 |
| 31 | 日 | 甲辰 二黒 | 9/18 友引 |

## 11 月
（癸亥 二黒土星）

| | | | |
|---|---|---|---|
| 1 | 月 | 乙巳 一白 | 9/19 先負 |
| 2 | 火 | 丙午 九紫 | 9/20 仏滅 |
| 3 | 水 | 丁未 八白 | 9/21 大安 |
| 4 | 木 | 戊申 七赤 | 9/22 赤口 |
| 5 | 金 | 己酉 六白 | 9/23 先勝 |
| 6 | 土 | 庚戌 五黄 | 9/24 友引 |
| 7 | 日 | 辛亥 四緑 | 9/25 先負 |
| 8 | 月 | 壬子 三碧 | 9/26 仏滅 |
| 9 | 火 | 癸丑 二黒 | 9/27 大安 |
| 10 | 水 | 甲寅 一白 | 9/28 赤口 |
| 11 | 木 | 乙卯 九紫 | 9/29 先勝 |
| 12 | 金 | 丙辰 八白 | 9/30 友引 |
| 13 | 土 | 丁巳 七赤 | 10/1 仏滅 |
| 14 | 日 | 戊午 六白 | 10/2 大安 |
| 15 | 月 | 己未 五黄 | 10/3 赤口 |
| 16 | 火 | 庚申 四緑 | 10/4 先勝 |
| 17 | 水 | 辛酉 三碧 | 10/5 友引 |
| 18 | 木 | 壬戌 二黒 | 10/6 先負 |
| 19 | 金 | 癸亥 一白 | 10/7 仏滅 |
| 20 | 土 | 甲子 九紫 | 10/8 大安 |
| 21 | 日 | 乙丑 八白 | 10/9 赤口 |
| 22 | 月 | 丙寅 七赤 | 10/10 先勝 |
| 23 | 火 | 丁卯 六白 | 10/11 友引 |
| 24 | 水 | 戊辰 五黄 | 10/12 先負 |
| 25 | 木 | 己巳 四緑 | 10/13 仏滅 |
| 26 | 金 | 庚午 三碧 | 10/14 大安 |
| 27 | 土 | 辛未 二黒 | 10/15 赤口 |
| 28 | 日 | 壬申 一白 | 10/16 先勝 |
| 29 | 月 | 癸酉 九紫 | 10/17 友引 |
| 30 | 火 | 甲戌 八白 | 10/18 先負 |

## 12 月
（甲子 一白水星）

| | | | |
|---|---|---|---|
| 1 | 水 | 乙亥 七赤 | 10/19 仏滅 |
| 2 | 木 | 丙子 六白 | 10/20 大安 |
| 3 | 金 | 丁丑 五黄 | 10/21 赤口 |
| 4 | 土 | 戊寅 四緑 | 10/22 先勝 |
| 5 | 日 | 己卯 三碧 | 10/23 友引 |
| 6 | 月 | 庚辰 二黒 | 10/24 先負 |
| 7 | 火 | 辛巳 一白 | 10/25 仏滅 |
| 8 | 水 | 壬午 九紫 | 10/26 大安 |
| 9 | 木 | 癸未 八白 | 10/27 赤口 |
| 10 | 金 | 甲申 七赤 | 10/28 先勝 |
| 11 | 土 | 乙酉 六白 | 10/29 友引 |
| 12 | 日 | 丙戌 五黄 | 10/30 先負 |
| 13 | 月 | 丁亥 四緑 | 11/1 大安 |
| 14 | 火 | 戊子 三碧 | 11/2 赤口 |
| 15 | 水 | 己丑 二黒 | 11/3 先勝 |
| 16 | 木 | 庚寅 一白 | 11/4 友引 |
| 17 | 金 | 辛卯 九紫 | 11/5 先負 |
| 18 | 土 | 壬辰 八白 | 11/6 仏滅 |
| 19 | 日 | 癸巳 七赤 | 11/7 大安 |
| 20 | 月 | 甲午 七赤 | 11/8 赤口 |
| 21 | 火 | 乙未 八白 | 11/9 先勝 |
| 22 | 水 | 丙申 九紫 | 11/10 友引 |
| 23 | 木 | 丁酉 一白 | 11/11 先負 |
| 24 | 金 | 戊戌 二黒 | 11/12 仏滅 |
| 25 | 土 | 己亥 三碧 | 11/13 大安 |
| 26 | 日 | 庚子 四緑 | 11/14 赤口 |
| 27 | 月 | 辛丑 五黄 | 11/15 先勝 |
| 28 | 火 | 壬寅 六白 | 11/16 友引 |
| 29 | 水 | 癸卯 七赤 | 11/17 先負 |
| 30 | 木 | 甲辰 八白 | 11/18 仏滅 |
| 31 | 金 | 乙巳 九紫 | 11/19 大安 |

**9 月**

9. 6 [節] 白露
9.19 [雑] 彼岸
9.22 [節] 秋分
9.25 [雑] 社日

**10 月**

10. 7 [節] 寒露
10.19 [雑] 土用
10.22 [節] 霜降

**11 月**

11. 6 [節] 立冬
11.21 [節] 小雪

**12 月**

12. 6 [節] 大雪
12.21 [節] 冬至

# 2089

明治 222 年
大正 178 年
昭和 164 年
平成 101 年

己酉（つちのととり）
一白水星

## 生誕・年忌など

**1. 7** 昭和天皇崩御・平成改元 100 年
**1.18** C. モンテスキュー生誕 400 年
**1.23** S. ダリ没後 100 年
**1.31** 芥川也寸志没後 100 年
**2. 9** 手塚治虫没後 100 年
**2.11** 大日本帝国憲法発布 200 年
**2.23** 銀閣上棟 600 年
**3. 1** 和辻哲郎生誕 200 年
**3.31** エッフェル塔完成 200 年
**4. 1** 消費税実施 100 年
**4.10** 阿佐田哲也没後 100 年
**4.13** 篠田一士没後 100 年
**4.15** 胡耀邦没後 100 年
**4.16** C. チャップリン生誕 200 年
**4.20** A. ヒトラー生誕 200 年
**4.26** L. ウィトゲンシュタイン生誕 200 年
**4.27** 松下幸之助没後 100 年
**4.30** 源義経・弁慶没後 900 年
ワシントン米国大統領就任 300 年
**5. 6** パリ万博開催 200 年
**5.29** 内田百閒生誕 200 年
**6. 3** R. ホメイニ没後 100 年
**6. 4** 天安門事件 100 年
**6.24** 美空ひばり没後 100 年
**7. 1** 東海道本線開通 200 年
**7. 5** J. コクトー生誕 200 年
**7.14** フランス革命 300 年
**7.16** H. カラヤン没後 100 年
**8. 1** 室生犀星生誕 200 年
**8.18** 古関裕而没後 100 年
**9. 3** 奥州藤原氏滅亡 900 年
**9. 4** G. シムノン没後 100 年
**9.26** M. ハイデッガー生誕 200 年
**10. 7** ハンガリー民主化 100 年
**10.17** ロマプリータ地震 100 年
**11. 5** V. ホロヴィッツ没後 100 年
**11. 9** ベルリンの壁崩壊 100 年
**11.24** チェコのビロード革命 100 年
**12. 2** 米ソ「東西冷戦終結」宣言 100 年
**12. 9** 開高健没後 100 年
**12.12** 田河水泡没後 100 年
**12.14** A. サハロフ没後 100 年
**12.22** ルーマニア独裁政権崩壊 100 年
S. ベケット没後 100 年
この年 隋・中国統一 1500 年
孟浩然生誕 1400 年

**2089年**

## 1月
（乙丑 九紫火星）

| | | | |
|---|---|---|---|
| 1 | 土 | 丙午 一白 | 11/20 赤口 |
| 2 | 日 | 丁未 二黒 | 11/21 先勝 |
| 3 | 月 | 戊申 三碧 | 11/22 友引 |
| 4 | 火 | 己酉 四緑 | 11/23 先負 |
| 5 | 水 | 庚戌 五黄 | 11/24 仏滅 |
| 6 | 木 | 辛亥 六白 | 11/25 大安 |
| 7 | 金 | 壬子 七赤 | 11/26 赤口 |
| 8 | 土 | 癸丑 八白 | 11/27 先勝 |
| 9 | 日 | 甲寅 九紫 | 11/28 友引 |
| 10 | 月 | 乙卯 一白 | 11/29 先負 |
| 11 | 火 | 丙辰 二黒 | 11/30 仏滅 |
| 12 | 水 | 丁巳 三碧 | 12/1 赤口 |
| 13 | 木 | 戊午 四緑 | 12/2 先勝 |
| 14 | 金 | 己未 五黄 | 12/3 友引 |
| 15 | 土 | 庚申 六白 | 12/4 先負 |
| 16 | 日 | 辛酉 七赤 | 12/5 仏滅 |
| 17 | 月 | 壬戌 八白 | 12/6 大安 |
| 18 | 火 | 癸亥 九紫 | 12/7 赤口 |
| 19 | 水 | 甲子 一白 | 12/8 先勝 |
| 20 | 木 | 乙丑 二黒 | 12/9 友引 |
| 21 | 金 | 丙寅 三碧 | 12/10 先負 |
| 22 | 土 | 丁卯 四緑 | 12/11 仏滅 |
| 23 | 日 | 戊辰 五黄 | 12/12 大安 |
| 24 | 月 | 己巳 六白 | 12/13 赤口 |
| 25 | 火 | 庚午 七赤 | 12/14 先勝 |
| 26 | 水 | 辛未 八白 | 12/15 友引 |
| 27 | 木 | 壬申 九紫 | 12/16 先負 |
| 28 | 金 | 癸酉 一白 | 12/17 仏滅 |
| 29 | 土 | 甲戌 二黒 | 12/18 大安 |
| 30 | 日 | 乙亥 三碧 | 12/19 赤口 |
| 31 | 月 | 丙子 四緑 | 12/20 先勝 |

## 2月
（丙寅 八白土星）

| | | | |
|---|---|---|---|
| 1 | 火 | 丁丑 五黄 | 12/21 友引 |
| 2 | 水 | 戊寅 六白 | 12/22 先負 |
| 3 | 木 | 己卯 七赤 | 12/23 仏滅 |
| 4 | 金 | 庚辰 八白 | 12/24 大安 |
| 5 | 土 | 辛巳 九紫 | 12/25 赤口 |
| 6 | 日 | 壬午 一白 | 12/26 先勝 |
| 7 | 月 | 癸未 二黒 | 12/27 友引 |
| 8 | 火 | 甲申 三碧 | 12/28 先負 |
| 9 | 水 | 乙酉 四緑 | 12/29 仏滅 |
| 10 | 木 | 丙戌 五黄 | 12/30 大安 |
| 11 | 金 | 丁亥 六白 | 1/1 先勝 |
| 12 | 土 | 戊子 七赤 | 1/2 友引 |
| 13 | 日 | 己丑 八白 | 1/3 先負 |
| 14 | 月 | 庚寅 九紫 | 1/4 仏滅 |
| 15 | 火 | 辛卯 一白 | 1/5 大安 |
| 16 | 水 | 壬辰 二黒 | 1/6 赤口 |
| 17 | 木 | 癸巳 三碧 | 1/7 先勝 |
| 18 | 金 | 甲午 四緑 | 1/8 友引 |
| 19 | 土 | 乙未 五黄 | 1/9 先負 |
| 20 | 日 | 丙申 六白 | 1/10 仏滅 |
| 21 | 月 | 丁酉 七赤 | 1/11 大安 |
| 22 | 火 | 戊戌 八白 | 1/12 赤口 |
| 23 | 水 | 己亥 九紫 | 1/13 先勝 |
| 24 | 木 | 庚子 一白 | 1/14 友引 |
| 25 | 金 | 辛丑 二黒 | 1/15 先負 |
| 26 | 土 | 壬寅 三碧 | 1/16 仏滅 |
| 27 | 日 | 癸卯 四緑 | 1/17 大安 |
| 28 | 月 | 甲辰 五黄 | 1/18 赤口 |

## 3月
（丁卯 七赤金星）

| | | | |
|---|---|---|---|
| 1 | 火 | 乙巳 六白 | 1/19 先勝 |
| 2 | 水 | 丙午 七赤 | 1/20 友引 |
| 3 | 木 | 丁未 八白 | 1/21 先負 |
| 4 | 金 | 戊申 九紫 | 1/22 仏滅 |
| 5 | 土 | 己酉 一白 | 1/23 大安 |
| 6 | 日 | 庚戌 二黒 | 1/24 赤口 |
| 7 | 月 | 辛亥 三碧 | 1/25 先勝 |
| 8 | 火 | 壬子 四緑 | 1/26 友引 |
| 9 | 水 | 癸丑 五黄 | 1/27 先負 |
| 10 | 木 | 甲寅 六白 | 1/28 仏滅 |
| 11 | 金 | 乙卯 七赤 | 1/29 大安 |
| 12 | 土 | 丙辰 八白 | 2/1 友引 |
| 13 | 日 | 丁巳 九紫 | 2/2 先負 |
| 14 | 月 | 戊午 一白 | 2/3 仏滅 |
| 15 | 火 | 己未 二黒 | 2/4 大安 |
| 16 | 水 | 庚申 三碧 | 2/5 赤口 |
| 17 | 木 | 辛酉 四緑 | 2/6 先勝 |
| 18 | 金 | 壬戌 五黄 | 2/7 友引 |
| 19 | 土 | 癸亥 六白 | 2/8 先負 |
| 20 | 日 | 甲子 七赤 | 2/9 仏滅 |
| 21 | 月 | 乙丑 八白 | 2/10 大安 |
| 22 | 火 | 丙寅 九紫 | 2/11 赤口 |
| 23 | 水 | 丁卯 一白 | 2/12 先勝 |
| 24 | 木 | 戊辰 二黒 | 2/13 友引 |
| 25 | 金 | 己巳 三碧 | 2/14 先負 |
| 26 | 土 | 庚午 四緑 | 2/15 仏滅 |
| 27 | 日 | 辛未 五黄 | 2/16 大安 |
| 28 | 月 | 壬申 六白 | 2/17 赤口 |
| 29 | 火 | 癸酉 七赤 | 2/18 先勝 |
| 30 | 水 | 甲戌 八白 | 2/19 友引 |
| 31 | 木 | 乙亥 九紫 | 2/20 先負 |

## 4月
（戊辰 六白金星）

| | | | |
|---|---|---|---|
| 1 | 金 | 丙子 一白 | 2/21 仏滅 |
| 2 | 土 | 丁丑 二黒 | 2/22 大安 |
| 3 | 日 | 戊寅 三碧 | 2/23 赤口 |
| 4 | 月 | 己卯 四緑 | 2/24 先勝 |
| 5 | 火 | 庚辰 五黄 | 2/25 友引 |
| 6 | 水 | 辛巳 六白 | 2/26 先負 |
| 7 | 木 | 壬午 七赤 | 2/27 仏滅 |
| 8 | 金 | 癸未 八白 | 2/28 大安 |
| 9 | 土 | 甲申 九紫 | 2/29 赤口 |
| 10 | 日 | 乙酉 一白 | 2/30 先勝 |
| 11 | 月 | 丙戌 二黒 | 3/1 先負 |
| 12 | 火 | 丁亥 三碧 | 3/2 仏滅 |
| 13 | 水 | 戊子 四緑 | 3/3 大安 |
| 14 | 木 | 己丑 五黄 | 3/4 赤口 |
| 15 | 金 | 庚寅 六白 | 3/5 先勝 |
| 16 | 土 | 辛卯 七赤 | 3/6 友引 |
| 17 | 日 | 壬辰 八白 | 3/7 先負 |
| 18 | 月 | 癸巳 九紫 | 3/8 仏滅 |
| 19 | 火 | 甲午 一白 | 3/9 大安 |
| 20 | 水 | 乙未 二黒 | 3/10 赤口 |
| 21 | 木 | 丙申 三碧 | 3/11 先勝 |
| 22 | 金 | 丁酉 四緑 | 3/12 友引 |
| 23 | 土 | 戊戌 五黄 | 3/13 先負 |
| 24 | 日 | 己亥 六白 | 3/14 仏滅 |
| 25 | 月 | 庚子 七赤 | 3/15 大安 |
| 26 | 火 | 辛丑 八白 | 3/16 赤口 |
| 27 | 水 | 壬寅 九紫 | 3/17 先勝 |
| 28 | 木 | 癸卯 一白 | 3/18 友引 |
| 29 | 金 | 甲辰 二黒 | 3/19 先負 |
| 30 | 土 | 乙巳 三碧 | 3/20 仏滅 |

**1月**

1. 5 [節] 小寒
1.16 [雑] 土用
1.19 [節] 大寒

**2月**

2. 2 [雑] 節分
2. 3 [節] 立春
2.18 [節] 雨水

**3月**

3. 5 [節] 啓蟄
3.17 [雑] 彼岸
3.20 [節] 春分
3.24 [雑] 社日

**4月**

4. 4 [節] 清明
4.16 [雑] 土用
4.19 [節] 穀雨

## 5月
（己巳 五黄土星）

| | | | |
|---|---|---|---|
| 1 | 日 | 丙午 四緑 | 3/21 大安 |
| 2 | 月 | 丁未 五黄 | 3/22 赤口 |
| 3 | 火 | 戊申 六白 | 3/23 先勝 |
| 4 | 水 | 己酉 七赤 | 3/24 友引 |
| 5 | 木 | 庚戌 八白 | 3/25 先負 |
| 6 | 金 | 辛亥 九紫 | 3/26 仏滅 |
| 7 | 土 | 壬子 一白 | 3/27 大安 |
| 8 | 日 | 癸丑 二黒 | 3/28 赤口 |
| 9 | 月 | 甲寅 三碧 | 3/29 先勝 |
| 10 | 火 | 乙卯 四緑 | 4/1 仏滅 |
| 11 | 水 | 丙辰 五黄 | 4/2 大安 |
| 12 | 木 | 丁巳 六白 | 4/3 赤口 |
| 13 | 金 | 戊午 七赤 | 4/4 先勝 |
| 14 | 土 | 己未 八白 | 4/5 友引 |
| 15 | 日 | 庚申 九紫 | 4/6 先負 |
| 16 | 月 | 辛酉 一白 | 4/7 仏滅 |
| 17 | 火 | 壬戌 二黒 | 4/8 大安 |
| 18 | 水 | 癸亥 三碧 | 4/9 赤口 |
| 19 | 木 | 甲子 四緑 | 4/10 先勝 |
| 20 | 金 | 乙丑 五黄 | 4/11 友引 |
| 21 | 土 | 丙寅 六白 | 4/12 先負 |
| 22 | 日 | 丁卯 七赤 | 4/13 仏滅 |
| 23 | 月 | 戊辰 八白 | 4/14 大安 |
| 24 | 火 | 己巳 九紫 | 4/15 赤口 |
| 25 | 水 | 庚午 一白 | 4/16 先勝 |
| 26 | 木 | 辛未 二黒 | 4/17 友引 |
| 27 | 金 | 壬申 三碧 | 4/18 先負 |
| 28 | 土 | 癸酉 四緑 | 4/19 仏滅 |
| 29 | 日 | 甲戌 五黄 | 4/20 大安 |
| 30 | 月 | 乙亥 六白 | 4/21 赤口 |
| 31 | 火 | 丙子 七赤 | 4/22 先勝 |

## 6月
（庚午 四緑木星）

| | | | |
|---|---|---|---|
| 1 | 水 | 丁丑 八白 | 4/23 友引 |
| 2 | 木 | 戊寅 九紫 | 4/24 先負 |
| 3 | 金 | 己卯 一白 | 4/25 仏滅 |
| 4 | 土 | 庚辰 二黒 | 4/26 大安 |
| 5 | 日 | 辛巳 三碧 | 4/27 赤口 |
| 6 | 月 | 壬午 四緑 | 4/28 先勝 |
| 7 | 火 | 癸未 五黄 | 4/29 友引 |
| 8 | 水 | 甲申 六白 | 4/30 先負 |
| 9 | 木 | 乙酉 七赤 | 5/1 大安 |
| 10 | 金 | 丙戌 八白 | 5/2 赤口 |
| 11 | 土 | 丁亥 九紫 | 5/3 先勝 |
| 12 | 日 | 戊子 一白 | 5/4 友引 |
| 13 | 月 | 己丑 二黒 | 5/5 先負 |
| 14 | 火 | 庚寅 三碧 | 5/6 仏滅 |
| 15 | 水 | 辛卯 四緑 | 5/7 大安 |
| 16 | 木 | 壬辰 五黄 | 5/8 赤口 |
| 17 | 金 | 癸巳 六白 | 5/9 先勝 |
| 18 | 土 | 甲午 七赤 | 5/10 友引 |
| 19 | 日 | 乙未 八白 | 5/11 先負 |
| 20 | 月 | 丙申 九紫 | 5/12 仏滅 |
| 21 | 火 | 丁酉 一白 | 5/13 大安 |
| 22 | 水 | 戊戌 二黒 | 5/14 赤口 |
| 23 | 木 | 己亥 三碧 | 5/15 先勝 |
| 24 | 金 | 庚子 四緑 | 5/16 友引 |
| 25 | 土 | 辛丑 五黄 | 5/17 先負 |
| 26 | 日 | 壬寅 六白 | 5/18 仏滅 |
| 27 | 月 | 癸卯 七赤 | 5/19 大安 |
| 28 | 火 | 甲辰 八白 | 5/20 赤口 |
| 29 | 水 | 乙巳 九紫 | 5/21 先勝 |
| 30 | 木 | 丙午 一白 | 5/22 友引 |

## 7月
（辛未 三碧木星）

| | | | |
|---|---|---|---|
| 1 | 金 | 丁未 二黒 | 5/23 先負 |
| 2 | 土 | 戊申 三碧 | 5/24 仏滅 |
| 3 | 日 | 己酉 四緑 | 5/25 大安 |
| 4 | 月 | 庚戌 五黄 | 5/26 赤口 |
| 5 | 火 | 辛亥 六白 | 5/27 先勝 |
| 6 | 水 | 壬子 七赤 | 5/28 友引 |
| 7 | 木 | 癸丑 八白 | 5/29 先負 |
| 8 | 金 | 甲寅 九紫 | 6/1 赤口 |
| 9 | 土 | 乙卯 一白 | 6/2 先勝 |
| 10 | 日 | 丙辰 二黒 | 6/3 友引 |
| 11 | 月 | 丁巳 三碧 | 6/4 先負 |
| 12 | 火 | 戊午 四緑 | 6/5 仏滅 |
| 13 | 水 | 己未 五黄 | 6/6 大安 |
| 14 | 木 | 庚申 六白 | 6/7 赤口 |
| 15 | 金 | 辛酉 七赤 | 6/8 先勝 |
| 16 | 土 | 壬戌 八白 | 6/9 友引 |
| 17 | 日 | 癸亥 九紫 | 6/10 先負 |
| 18 | 月 | 甲子 九紫 | 6/11 仏滅 |
| 19 | 火 | 乙丑 八白 | 6/12 大安 |
| 20 | 水 | 丙寅 七赤 | 6/13 赤口 |
| 21 | 木 | 丁卯 六白 | 6/14 先勝 |
| 22 | 金 | 戊辰 五黄 | 6/15 友引 |
| 23 | 土 | 己巳 四緑 | 6/16 先負 |
| 24 | 日 | 庚午 三碧 | 6/17 仏滅 |
| 25 | 月 | 辛未 二黒 | 6/18 大安 |
| 26 | 火 | 壬申 一白 | 6/19 赤口 |
| 27 | 水 | 癸酉 九紫 | 6/20 先勝 |
| 28 | 木 | 甲戌 八白 | 6/21 友引 |
| 29 | 金 | 乙亥 七赤 | 6/22 先負 |
| 30 | 土 | 丙子 六白 | 6/23 仏滅 |
| 31 | 日 | 丁丑 五黄 | 6/24 大安 |

## 8月
（壬申 二黒土星）

| | | | |
|---|---|---|---|
| 1 | 月 | 戊寅 四緑 | 6/25 赤口 |
| 2 | 火 | 己卯 三碧 | 6/26 先勝 |
| 3 | 水 | 庚辰 二黒 | 6/27 友引 |
| 4 | 木 | 辛巳 一白 | 6/28 先負 |
| 5 | 金 | 壬午 九紫 | 6/29 仏滅 |
| 6 | 土 | 癸未 八白 | 7/1 先勝 |
| 7 | 日 | 甲申 七赤 | 7/2 友引 |
| 8 | 月 | 乙酉 六白 | 7/3 先負 |
| 9 | 火 | 丙戌 五黄 | 7/4 仏滅 |
| 10 | 水 | 丁亥 四緑 | 7/5 大安 |
| 11 | 木 | 戊子 三碧 | 7/6 赤口 |
| 12 | 金 | 己丑 二黒 | 7/7 先勝 |
| 13 | 土 | 庚寅 一白 | 7/8 友引 |
| 14 | 日 | 辛卯 九紫 | 7/9 先負 |
| 15 | 月 | 壬辰 八白 | 7/10 仏滅 |
| 16 | 火 | 癸巳 七赤 | 7/11 大安 |
| 17 | 水 | 甲午 六白 | 7/12 赤口 |
| 18 | 木 | 乙未 五黄 | 7/13 先勝 |
| 19 | 金 | 丙申 四緑 | 7/14 友引 |
| 20 | 土 | 丁酉 三碧 | 7/15 先負 |
| 21 | 日 | 戊戌 二黒 | 7/16 仏滅 |
| 22 | 月 | 己亥 一白 | 7/17 大安 |
| 23 | 火 | 庚子 九紫 | 7/18 赤口 |
| 24 | 水 | 辛丑 八白 | 7/19 先勝 |
| 25 | 木 | 壬寅 七赤 | 7/20 友引 |
| 26 | 金 | 癸卯 六白 | 7/21 先負 |
| 27 | 土 | 甲辰 五黄 | 7/22 仏滅 |
| 28 | 日 | 乙巳 四緑 | 7/23 大安 |
| 29 | 月 | 丙午 三碧 | 7/24 赤口 |
| 30 | 火 | 丁未 二黒 | 7/25 先勝 |
| 31 | 水 | 戊申 一白 | 7/26 友引 |

**5月**

5. 1［雑］八十八夜
5. 5［節］立夏
5.20［節］小満

**6月**

6. 5［節］芒種
6.10［雑］入梅
6.20［節］夏至

**7月**

7. 1［雑］半夏生
7. 6［節］小暑
7.19［雑］土用
7.22［節］大暑

**8月**

8. 7［節］立秋
8.22［節］処暑
8.31［雑］二百十日

**2089 年**

## 9 月
（癸酉 一白水星）

| | | | |
|---|---|---|---|
| 1 | 木 | 己酉 九紫 | 7/27 先負 |
| 2 | 金 | 庚戌 八白 | 7/28 仏滅 |
| 3 | 土 | 辛亥 七赤 | 7/29 大安 |
| 4 | 日 | 壬子 六白 | 7/30 赤口 |
| 5 | 月 | 癸丑 五黄 | 8/1 友引 |
| 6 | 火 | 甲寅 四緑 | 8/2 先負 |
| 7 | 水 | 乙卯 三碧 | 8/3 仏滅 |
| 8 | 木 | 丙辰 二黒 | 8/4 大安 |
| 9 | 金 | 丁巳 一白 | 8/5 赤口 |
| 10 | 土 | 戊午 九紫 | 8/6 先勝 |
| 11 | 日 | 己未 八白 | 8/7 友引 |
| 12 | 月 | 庚申 七赤 | 8/8 先負 |
| 13 | 火 | 辛酉 六白 | 8/9 仏滅 |
| 14 | 水 | 壬戌 五黄 | 8/10 大安 |
| 15 | 木 | 癸亥 四緑 | 8/11 赤口 |
| 16 | 金 | 甲子 三碧 | 8/12 先勝 |
| 17 | 土 | 乙丑 二黒 | 8/13 友引 |
| 18 | 日 | 丙寅 一白 | 8/14 先負 |
| 19 | 月 | 丁卯 九紫 | 8/15 仏滅 |
| 20 | 火 | 戊辰 八白 | 8/16 大安 |
| 21 | 水 | 己巳 七赤 | 8/17 赤口 |
| 22 | 木 | 庚午 六白 | 8/18 先勝 |
| 23 | 金 | 辛未 五黄 | 8/19 友引 |
| 24 | 土 | 壬申 四緑 | 8/20 先負 |
| 25 | 日 | 癸酉 三碧 | 8/21 仏滅 |
| 26 | 月 | 甲戌 二黒 | 8/22 大安 |
| 27 | 火 | 乙亥 一白 | 8/23 赤口 |
| 28 | 水 | 丙子 九紫 | 8/24 先勝 |
| 29 | 木 | 丁丑 八白 | 8/25 友引 |
| 30 | 金 | 戊寅 七赤 | 8/26 先負 |

## 10 月
（甲戌 九紫火星）

| | | | |
|---|---|---|---|
| 1 | 土 | 己卯 六白 | 8/27 仏滅 |
| 2 | 日 | 庚辰 五黄 | 8/28 大安 |
| 3 | 月 | 辛巳 四緑 | 8/29 赤口 |
| 4 | 火 | 壬午 三碧 | 9/1 先負 |
| 5 | 水 | 癸未 二黒 | 9/2 仏滅 |
| 6 | 木 | 甲申 一白 | 9/3 大安 |
| 7 | 金 | 乙酉 九紫 | 9/4 赤口 |
| 8 | 土 | 丙戌 八白 | 9/5 先勝 |
| 9 | 日 | 丁亥 七赤 | 9/6 友引 |
| 10 | 月 | 戊子 六白 | 9/7 先負 |
| 11 | 火 | 己丑 五黄 | 9/8 仏滅 |
| 12 | 水 | 庚寅 四緑 | 9/9 大安 |
| 13 | 木 | 辛卯 三碧 | 9/10 赤口 |
| 14 | 金 | 壬辰 二黒 | 9/11 先勝 |
| 15 | 土 | 癸巳 一白 | 9/12 友引 |
| 16 | 日 | 甲午 九紫 | 9/13 先負 |
| 17 | 月 | 乙未 八白 | 9/14 仏滅 |
| 18 | 火 | 丙申 七赤 | 9/15 大安 |
| 19 | 水 | 丁酉 六白 | 9/16 赤口 |
| 20 | 木 | 戊戌 五黄 | 9/17 先勝 |
| 21 | 金 | 己亥 四緑 | 9/18 友引 |
| 22 | 土 | 庚子 三碧 | 9/19 先負 |
| 23 | 日 | 辛丑 二黒 | 9/20 仏滅 |
| 24 | 月 | 壬寅 一白 | 9/21 大安 |
| 25 | 火 | 癸卯 九紫 | 9/22 赤口 |
| 26 | 水 | 甲辰 八白 | 9/23 先勝 |
| 27 | 木 | 乙巳 七赤 | 9/24 友引 |
| 28 | 金 | 丙午 六白 | 9/25 先負 |
| 29 | 土 | 丁未 五黄 | 9/26 仏滅 |
| 30 | 日 | 戊申 四緑 | 9/27 大安 |
| 31 | 月 | 己酉 三碧 | 9/28 赤口 |

## 11 月
（乙亥 八白土星）

| | | | |
|---|---|---|---|
| 1 | 火 | 庚戌 二黒 | 9/29 先勝 |
| 2 | 水 | 辛亥 一白 | 10/1 仏滅 |
| 3 | 木 | 壬子 九紫 | 10/2 大安 |
| 4 | 金 | 癸丑 八白 | 10/3 赤口 |
| 5 | 土 | 甲寅 七赤 | 10/4 先勝 |
| 6 | 日 | 乙卯 六白 | 10/5 友引 |
| 7 | 月 | 丙辰 五黄 | 10/6 先負 |
| 8 | 火 | 丁巳 四緑 | 10/7 仏滅 |
| 9 | 水 | 戊午 三碧 | 10/8 大安 |
| 10 | 木 | 己未 二黒 | 10/9 赤口 |
| 11 | 金 | 庚申 一白 | 10/10 先勝 |
| 12 | 土 | 辛酉 九紫 | 10/11 友引 |
| 13 | 日 | 壬戌 八白 | 10/12 先負 |
| 14 | 月 | 癸亥 七赤 | 10/13 仏滅 |
| 15 | 火 | 甲子 六白 | 10/14 大安 |
| 16 | 水 | 乙丑 五黄 | 10/15 赤口 |
| 17 | 木 | 丙寅 四緑 | 10/16 先勝 |
| 18 | 金 | 丁卯 三碧 | 10/17 友引 |
| 19 | 土 | 戊辰 二黒 | 10/18 先負 |
| 20 | 日 | 己巳 一白 | 10/19 仏滅 |
| 21 | 月 | 庚午 九紫 | 10/20 大安 |
| 22 | 火 | 辛未 八白 | 10/21 赤口 |
| 23 | 水 | 壬申 七赤 | 10/22 先勝 |
| 24 | 木 | 癸酉 六白 | 10/23 友引 |
| 25 | 金 | 甲戌 五黄 | 10/24 先負 |
| 26 | 土 | 乙亥 四緑 | 10/25 仏滅 |
| 27 | 日 | 丙子 三碧 | 10/26 大安 |
| 28 | 月 | 丁丑 二黒 | 10/27 赤口 |
| 29 | 火 | 戊寅 一白 | 10/28 先勝 |
| 30 | 水 | 己卯 九紫 | 10/29 友引 |

## 12 月
（丙子 七赤金星）

| | | | |
|---|---|---|---|
| 1 | 木 | 庚辰 八白 | 10/30 先負 |
| 2 | 金 | 辛巳 七赤 | 11/1 大安 |
| 3 | 土 | 壬午 六白 | 11/2 赤口 |
| 4 | 日 | 癸未 五黄 | 11/3 先勝 |
| 5 | 月 | 甲申 四緑 | 11/4 友引 |
| 6 | 火 | 乙酉 三碧 | 11/5 先負 |
| 7 | 水 | 丙戌 二黒 | 11/6 仏滅 |
| 8 | 木 | 丁亥 一白 | 11/7 大安 |
| 9 | 金 | 戊子 九紫 | 11/8 赤口 |
| 10 | 土 | 己丑 八白 | 11/9 先勝 |
| 11 | 日 | 庚寅 七赤 | 11/10 友引 |
| 12 | 月 | 辛卯 六白 | 11/11 先負 |
| 13 | 火 | 壬辰 五黄 | 11/12 仏滅 |
| 14 | 水 | 癸巳 四緑 | 11/13 大安 |
| 15 | 木 | 甲午 三碧 | 11/14 赤口 |
| 16 | 金 | 乙未 二黒 | 11/15 先勝 |
| 17 | 土 | 丙申 一白 | 11/16 友引 |
| 18 | 日 | 丁酉 九紫 | 11/17 先負 |
| 19 | 月 | 戊戌 八白 | 11/18 仏滅 |
| 20 | 火 | 己亥 七赤 | 11/19 大安 |
| 21 | 水 | 庚子 六白 | 11/20 赤口 |
| 22 | 木 | 辛丑 五黄 | 11/21 先勝 |
| 23 | 金 | 壬寅 四緑 | 11/22 友引 |
| 24 | 土 | 癸卯 三碧 | 11/23 先負 |
| 25 | 日 | 甲辰 二黒 | 11/24 仏滅 |
| 26 | 月 | 乙巳 一白 | 11/25 大安 |
| 27 | 火 | 丙午 九紫 | 11/26 赤口 |
| 28 | 水 | 丁未 八白 | 11/27 先勝 |
| 29 | 木 | 戊申 七赤 | 11/28 友引 |
| 30 | 金 | 己酉 六白 | 11/29 先負 |
| 31 | 土 | 庚戌 五黄 | 11/30 仏滅 |

**9 月**

**9. 7** [節] 白露
**9.19** [雑] 彼岸
**9.20** [雑] 社日
**9.22** [節] 秋分

**10 月**

**10. 7** [節] 寒露
**10.20** [雑] 土用
**10.23** [節] 霜降

**11 月**

**11. 7** [節] 立冬
**11.21** [節] 小雪

**12 月**

**12. 6** [節] 大雪
**12.21** [節] 冬至

# 2090

明治 223 年
大正 179 年
昭和 165 年
平成 102 年

庚戌（かのえいぬ）
九紫火星

生誕・年忌など

1. 6 P. チェレンコフ没後 100 年
1. 7 足利義政没後 600 年
1. 9 K. チャペック生誕 200 年
2.10 B. パステルナーク生誕 200 年
2.16 西行没後 900 年
キース・ヘリング没後 100 年
3.11 リトアニア独立宣言 100 年
3.15 ソ連ゴルバチョフ大統領就任 100 年
3.21 ナミビア独立 100 年
4.15 グレタ・ガルボ没後 100 年
4.17 B. フランクリン没後 300 年
5. 1 欧米・メーデー 200 年
5. 3 池波正太郎没後 100 年
5.19 ホー・チ・ミン生誕 200 年
5.21 藤山寛美没後 100 年
5.24 寛政異学の禁 300 年
6. 8 赤羽末吉没後 100 年
7. 1 第 1 回総選挙実施 200 年
7.17 アダム・スミス没後 300 年
7.28 ペルー・フジモリ大統領 (初の日系人大統領) 就任 100 年
7.29 V. ゴッホ没後 200 年
8. 2 イラク軍クウェート侵攻 100 年
8.27 マン・レイ生誕 200 年
9. 1 E. ライシャワー没後 100 年
9.15 A. クリスティ生誕 200 年
9.30 ソ連と韓国の国交樹立 100 年
10. 1 東西ドイツ統一 100 年
10.14 L. バーンスタイン没後 100 年
10.30 教育勅語発布 200 年
11.25 第 1 回帝国議会開会 200 年
12.26 H. シュリーマン没後 200 年
この年 豊臣秀吉天下統一 500 年
北里柴三郎・破傷風血清療法発見 200 年

## 2090年

### 1月
（丁丑 六白金星）

| | | | |
|---|---|---|---|
| 1 | 日 | 辛亥 四緑 | 12/1 赤口 |
| 2 | 月 | 壬子 三碧 | 12/2 先勝 |
| 3 | 火 | 癸丑 二黒 | 12/3 友引 |
| 4 | 水 | 甲寅 一白 | 12/4 先負 |
| 5 | 木 | 乙卯 九紫 | 12/5 仏滅 |
| 6 | 金 | 丙辰 八白 | 12/6 大安 |
| 7 | 土 | 丁巳 七赤 | 12/7 赤口 |
| 8 | 日 | 戊午 六白 | 12/8 先勝 |
| 9 | 月 | 己未 五黄 | 12/9 友引 |
| 10 | 火 | 庚申 四緑 | 12/10 先負 |
| 11 | 水 | 辛酉 三碧 | 12/11 仏滅 |
| 12 | 木 | 壬戌 二黒 | 12/12 大安 |
| 13 | 金 | 癸亥 一白 | 12/13 赤口 |
| 14 | 土 | 甲子 一白 | 12/14 先勝 |
| 15 | 日 | 乙丑 二黒 | 12/15 友引 |
| 16 | 月 | 丙寅 三碧 | 12/16 先負 |
| 17 | 火 | 丁卯 四緑 | 12/17 仏滅 |
| 18 | 水 | 戊辰 五黄 | 12/18 大安 |
| 19 | 木 | 己巳 六白 | 12/19 赤口 |
| 20 | 金 | 庚午 七赤 | 12/20 先勝 |
| 21 | 土 | 辛未 八白 | 12/21 友引 |
| 22 | 日 | 壬申 九紫 | 12/22 先負 |
| 23 | 月 | 癸酉 一白 | 12/23 仏滅 |
| 24 | 火 | 甲戌 二黒 | 12/24 大安 |
| 25 | 水 | 乙亥 三碧 | 12/25 赤口 |
| 26 | 木 | 丙子 四緑 | 12/26 先勝 |
| 27 | 金 | 丁丑 五黄 | 12/27 友引 |
| 28 | 土 | 戊寅 六白 | 12/28 先負 |
| 29 | 日 | 己卯 七赤 | 12/29 仏滅 |
| 30 | 月 | 庚辰 八白 | 1/1 先勝 |
| 31 | 火 | 辛巳 九紫 | 1/2 友引 |

### 2月
（戊寅 五黄土星）

| | | | |
|---|---|---|---|
| 1 | 水 | 壬午 一白 | 1/3 先負 |
| 2 | 木 | 癸未 二黒 | 1/4 仏滅 |
| 3 | 金 | 甲申 三碧 | 1/5 大安 |
| 4 | 土 | 乙酉 四緑 | 1/6 赤口 |
| 5 | 日 | 丙戌 五黄 | 1/7 先勝 |
| 6 | 月 | 丁亥 六白 | 1/8 友引 |
| 7 | 火 | 戊子 七赤 | 1/9 先負 |
| 8 | 水 | 己丑 八白 | 1/10 仏滅 |
| 9 | 木 | 庚寅 九紫 | 1/11 大安 |
| 10 | 金 | 辛卯 一白 | 1/12 赤口 |
| 11 | 土 | 壬辰 二黒 | 1/13 先勝 |
| 12 | 日 | 癸巳 三碧 | 1/14 友引 |
| 13 | 月 | 甲午 四緑 | 1/15 先負 |
| 14 | 火 | 乙未 五黄 | 1/16 仏滅 |
| 15 | 水 | 丙申 六白 | 1/17 大安 |
| 16 | 木 | 丁酉 七赤 | 1/18 赤口 |
| 17 | 金 | 戊戌 八白 | 1/19 先勝 |
| 18 | 土 | 己亥 九紫 | 1/20 友引 |
| 19 | 日 | 庚子 一白 | 1/21 先負 |
| 20 | 月 | 辛丑 二黒 | 1/22 仏滅 |
| 21 | 火 | 壬寅 三碧 | 1/23 大安 |
| 22 | 水 | 癸卯 四緑 | 1/24 赤口 |
| 23 | 木 | 甲辰 五黄 | 1/25 先勝 |
| 24 | 金 | 乙巳 六白 | 1/26 友引 |
| 25 | 土 | 丙午 七赤 | 1/27 先負 |
| 26 | 日 | 丁未 八白 | 1/28 仏滅 |
| 27 | 月 | 戊申 九紫 | 1/29 大安 |
| 28 | 火 | 己酉 一白 | 1/30 赤口 |

### 3月
（己卯 四緑木星）

| | | | |
|---|---|---|---|
| 1 | 水 | 庚戌 二黒 | 2/1 友引 |
| 2 | 木 | 辛亥 三碧 | 2/2 先負 |
| 3 | 金 | 壬子 四緑 | 2/3 仏滅 |
| 4 | 土 | 癸丑 五黄 | 2/4 大安 |
| 5 | 日 | 甲寅 六白 | 2/5 赤口 |
| 6 | 月 | 乙卯 七赤 | 2/6 先勝 |
| 7 | 火 | 丙辰 八白 | 2/7 友引 |
| 8 | 水 | 丁巳 九紫 | 2/8 先負 |
| 9 | 木 | 戊午 一白 | 2/9 仏滅 |
| 10 | 金 | 己未 二黒 | 2/10 大安 |
| 11 | 土 | 庚申 三碧 | 2/11 赤口 |
| 12 | 日 | 辛酉 四緑 | 2/12 先勝 |
| 13 | 月 | 壬戌 五黄 | 2/13 友引 |
| 14 | 火 | 癸亥 六白 | 2/14 先負 |
| 15 | 水 | 甲子 七赤 | 2/15 仏滅 |
| 16 | 木 | 乙丑 八白 | 2/16 大安 |
| 17 | 金 | 丙寅 九紫 | 2/17 赤口 |
| 18 | 土 | 丁卯 一白 | 2/18 先勝 |
| 19 | 日 | 戊辰 二黒 | 2/19 友引 |
| 20 | 月 | 己巳 三碧 | 2/20 先負 |
| 21 | 火 | 庚午 四緑 | 2/21 仏滅 |
| 22 | 水 | 辛未 五黄 | 2/22 大安 |
| 23 | 木 | 壬申 六白 | 2/23 赤口 |
| 24 | 金 | 癸酉 七赤 | 2/24 先勝 |
| 25 | 土 | 甲戌 八白 | 2/25 友引 |
| 26 | 日 | 乙亥 九紫 | 2/26 先負 |
| 27 | 月 | 丙子 一白 | 2/27 仏滅 |
| 28 | 火 | 丁丑 二黒 | 2/28 大安 |
| 29 | 水 | 戊寅 三碧 | 2/29 赤口 |
| 30 | 木 | 己卯 四緑 | 2/30 先勝 |
| 31 | 金 | 庚辰 五黄 | 3/1 先負 |

### 4月
（庚辰 三碧木星）

| | | | |
|---|---|---|---|
| 1 | 土 | 辛巳 六白 | 3/2 仏滅 |
| 2 | 日 | 壬午 七赤 | 3/3 大安 |
| 3 | 月 | 癸未 八白 | 3/4 赤口 |
| 4 | 火 | 甲申 九紫 | 3/5 先勝 |
| 5 | 水 | 乙酉 一白 | 3/6 友引 |
| 6 | 木 | 丙戌 二黒 | 3/7 先負 |
| 7 | 金 | 丁亥 三碧 | 3/8 仏滅 |
| 8 | 土 | 戊子 四緑 | 3/9 大安 |
| 9 | 日 | 己丑 五黄 | 3/10 赤口 |
| 10 | 月 | 庚寅 六白 | 3/11 先勝 |
| 11 | 火 | 辛卯 七赤 | 3/12 友引 |
| 12 | 水 | 壬辰 八白 | 3/13 先負 |
| 13 | 木 | 癸巳 九紫 | 3/14 仏滅 |
| 14 | 金 | 甲午 一白 | 3/15 大安 |
| 15 | 土 | 乙未 二黒 | 3/16 赤口 |
| 16 | 日 | 丙申 三碧 | 3/17 先勝 |
| 17 | 月 | 丁酉 四緑 | 3/18 友引 |
| 18 | 火 | 戊戌 五黄 | 3/19 先負 |
| 19 | 水 | 己亥 六白 | 3/20 仏滅 |
| 20 | 木 | 庚子 七赤 | 3/21 大安 |
| 21 | 金 | 辛丑 八白 | 3/22 赤口 |
| 22 | 土 | 壬寅 九紫 | 3/23 先勝 |
| 23 | 日 | 癸卯 一白 | 3/24 友引 |
| 24 | 月 | 甲辰 二黒 | 3/25 先負 |
| 25 | 火 | 乙巳 三碧 | 3/26 仏滅 |
| 26 | 水 | 丙午 四緑 | 3/27 大安 |
| 27 | 木 | 丁未 五黄 | 3/28 赤口 |
| 28 | 金 | 戊申 六白 | 3/29 先勝 |
| 29 | 土 | 己酉 七赤 | 3/30 友引 |
| 30 | 日 | 庚戌 八白 | 4/1 仏滅 |

**1月**

1. 5〔節〕小寒
1.17〔雑〕土用
1.19〔節〕大寒

**2月**

2. 2〔雑〕節分
2. 3〔節〕立春
2.18〔節〕雨水

**3月**

3. 5〔節〕啓蟄
3.17〔雑〕彼岸
3.19〔雑〕社日
3.20〔節〕春分

**4月**

4. 4〔節〕清明
4.16〔雑〕土用
4.19〔節〕穀雨

## 5月
（辛巳 二黒土星）

| | | | | | |
|---|---|---|---|---|---|
| 1 | 月 | 辛亥 | 九紫 | 4/2 | 大安 |
| 2 | 火 | 壬子 | 一白 | 4/3 | 赤口 |
| 3 | 水 | 癸丑 | 二黒 | 4/4 | 先勝 |
| 4 | 木 | 甲寅 | 三碧 | 4/5 | 友引 |
| 5 | 金 | 乙卯 | 四緑 | 4/6 | 先負 |
| 6 | 土 | 丙辰 | 五黄 | 4/7 | 仏滅 |
| 7 | 日 | 丁巳 | 六白 | 4/8 | 大安 |
| 8 | 月 | 戊午 | 七赤 | 4/9 | 赤口 |
| 9 | 火 | 己未 | 八白 | 4/10 | 先勝 |
| 10 | 水 | 庚申 | 九紫 | 4/11 | 友引 |
| 11 | 木 | 辛酉 | 一白 | 4/12 | 先負 |
| 12 | 金 | 壬戌 | 二黒 | 4/13 | 仏滅 |
| 13 | 土 | 癸亥 | 三碧 | 4/14 | 大安 |
| 14 | 日 | 甲子 | 四緑 | 4/15 | 赤口 |
| 15 | 月 | 乙丑 | 五黄 | 4/16 | 先勝 |
| 16 | 火 | 丙寅 | 六白 | 4/17 | 友引 |
| 17 | 水 | 丁卯 | 七赤 | 4/18 | 先負 |
| 18 | 木 | 戊辰 | 八白 | 4/19 | 仏滅 |
| 19 | 金 | 己巳 | 九紫 | 4/20 | 大安 |
| 20 | 土 | 庚午 | 一白 | 4/21 | 赤口 |
| 21 | 日 | 辛未 | 二黒 | 4/22 | 先勝 |
| 22 | 月 | 壬申 | 三碧 | 4/23 | 友引 |
| 23 | 火 | 癸酉 | 四緑 | 4/24 | 先負 |
| 24 | 水 | 甲戌 | 五黄 | 4/25 | 仏滅 |
| 25 | 木 | 乙亥 | 六白 | 4/26 | 大安 |
| 26 | 金 | 丙子 | 七赤 | 4/27 | 赤口 |
| 27 | 土 | 丁丑 | 八白 | 4/28 | 先勝 |
| 28 | 日 | 戊寅 | 九紫 | 4/29 | 友引 |
| 29 | 月 | 己卯 | 一白 | 5/1 | 大安 |
| 30 | 火 | 庚辰 | 二黒 | 5/2 | 赤口 |
| 31 | 水 | 辛巳 | 三碧 | 5/3 | 先勝 |

## 6月
（壬午 一白水星）

| | | | | | |
|---|---|---|---|---|---|
| 1 | 木 | 壬午 | 四緑 | 5/4 | 友引 |
| 2 | 金 | 癸未 | 五黄 | 5/5 | 先負 |
| 3 | 土 | 甲申 | 六白 | 5/6 | 仏滅 |
| 4 | 日 | 乙酉 | 七赤 | 5/7 | 大安 |
| 5 | 月 | 丙戌 | 八白 | 5/8 | 赤口 |
| 6 | 火 | 丁亥 | 九紫 | 5/9 | 先勝 |
| 7 | 水 | 戊子 | 一白 | 5/10 | 友引 |
| 8 | 木 | 己丑 | 二黒 | 5/11 | 先負 |
| 9 | 金 | 庚寅 | 三碧 | 5/12 | 仏滅 |
| 10 | 土 | 辛卯 | 四緑 | 5/13 | 大安 |
| 11 | 日 | 壬辰 | 五黄 | 5/14 | 赤口 |
| 12 | 月 | 癸巳 | 六白 | 5/15 | 先勝 |
| 13 | 火 | 甲午 | 七赤 | 5/16 | 友引 |
| 14 | 水 | 乙未 | 八白 | 5/17 | 先負 |
| 15 | 木 | 丙申 | 九紫 | 5/18 | 仏滅 |
| 16 | 金 | 丁酉 | 一白 | 5/19 | 大安 |
| 17 | 土 | 戊戌 | 二黒 | 5/20 | 赤口 |
| 18 | 日 | 己亥 | 三碧 | 5/21 | 先勝 |
| 19 | 月 | 庚子 | 四緑 | 5/22 | 友引 |
| 20 | 火 | 辛丑 | 五黄 | 5/23 | 先負 |
| 21 | 水 | 壬寅 | 六白 | 5/24 | 仏滅 |
| 22 | 木 | 癸卯 | 七赤 | 5/25 | 大安 |
| 23 | 金 | 甲辰 | 八白 | 5/26 | 赤口 |
| 24 | 土 | 乙巳 | 九紫 | 5/27 | 先勝 |
| 25 | 日 | 丙午 | 一白 | 5/28 | 友引 |
| 26 | 月 | 丁未 | 二黒 | 5/29 | 先負 |
| 27 | 火 | 戊申 | 三碧 | 5/30 | 仏滅 |
| 28 | 水 | 己酉 | 四緑 | 6/1 | 赤口 |
| 29 | 木 | 庚戌 | 五黄 | 6/2 | 先勝 |
| 30 | 金 | 辛亥 | 六白 | 6/3 | 友引 |

## 7月
（癸未 九紫火星）

| | | | | | |
|---|---|---|---|---|---|
| 1 | 土 | 壬子 | 七赤 | 6/4 | 先負 |
| 2 | 日 | 癸丑 | 八白 | 6/5 | 仏滅 |
| 3 | 月 | 甲寅 | 九紫 | 6/6 | 大安 |
| 4 | 火 | 乙卯 | 一白 | 6/7 | 赤口 |
| 5 | 水 | 丙辰 | 二黒 | 6/8 | 先勝 |
| 6 | 木 | 丁巳 | 三碧 | 6/9 | 友引 |
| 7 | 金 | 戊午 | 四緑 | 6/10 | 先負 |
| 8 | 土 | 己未 | 五黄 | 6/11 | 仏滅 |
| 9 | 日 | 庚申 | 六白 | 6/12 | 大安 |
| 10 | 月 | 辛酉 | 七赤 | 6/13 | 赤口 |
| 11 | 火 | 壬戌 | 八白 | 6/14 | 先勝 |
| 12 | 水 | 癸亥 | 九紫 | 6/15 | 友引 |
| 13 | 木 | 甲子 | 九紫 | 6/16 | 先負 |
| 14 | 金 | 乙丑 | 八白 | 6/17 | 仏滅 |
| 15 | 土 | 丙寅 | 七赤 | 6/18 | 大安 |
| 16 | 日 | 丁卯 | 六白 | 6/19 | 赤口 |
| 17 | 月 | 戊辰 | 五黄 | 6/20 | 先勝 |
| 18 | 火 | 己巳 | 四緑 | 6/21 | 友引 |
| 19 | 水 | 庚午 | 三碧 | 6/22 | 先負 |
| 20 | 木 | 辛未 | 二黒 | 6/23 | 仏滅 |
| 21 | 金 | 壬申 | 一白 | 6/24 | 大安 |
| 22 | 土 | 癸酉 | 九紫 | 6/25 | 赤口 |
| 23 | 日 | 甲戌 | 八白 | 6/26 | 先勝 |
| 24 | 月 | 乙亥 | 七赤 | 6/27 | 友引 |
| 25 | 火 | 丙子 | 六白 | 6/28 | 先負 |
| 26 | 水 | 丁丑 | 五黄 | 6/29 | 仏滅 |
| 27 | 木 | 戊寅 | 四緑 | 7/1 | 先勝 |
| 28 | 金 | 己卯 | 三碧 | 7/2 | 友引 |
| 29 | 土 | 庚辰 | 二黒 | 7/3 | 先負 |
| 30 | 日 | 辛巳 | 一白 | 7/4 | 仏滅 |
| 31 | 月 | 壬午 | 九紫 | 7/5 | 大安 |

## 8月
（甲申 八白土星）

| | | | | | |
|---|---|---|---|---|---|
| 1 | 火 | 癸未 | 八白 | 7/6 | 赤口 |
| 2 | 水 | 甲申 | 七赤 | 7/7 | 先勝 |
| 3 | 木 | 乙酉 | 六白 | 7/8 | 友引 |
| 4 | 金 | 丙戌 | 五黄 | 7/9 | 先負 |
| 5 | 土 | 丁亥 | 四緑 | 7/10 | 仏滅 |
| 6 | 日 | 戊子 | 三碧 | 7/11 | 大安 |
| 7 | 月 | 己丑 | 二黒 | 7/12 | 赤口 |
| 8 | 火 | 庚寅 | 一白 | 7/13 | 先勝 |
| 9 | 水 | 辛卯 | 九紫 | 7/14 | 友引 |
| 10 | 木 | 壬辰 | 八白 | 7/15 | 先負 |
| 11 | 金 | 癸巳 | 七赤 | 7/16 | 仏滅 |
| 12 | 土 | 甲午 | 六白 | 7/17 | 大安 |
| 13 | 日 | 乙未 | 五黄 | 7/18 | 赤口 |
| 14 | 月 | 丙申 | 四緑 | 7/19 | 先勝 |
| 15 | 火 | 丁酉 | 三碧 | 7/20 | 友引 |
| 16 | 水 | 戊戌 | 二黒 | 7/21 | 先負 |
| 17 | 木 | 己亥 | 一白 | 7/22 | 仏滅 |
| 18 | 金 | 庚子 | 九紫 | 7/23 | 大安 |
| 19 | 土 | 辛丑 | 八白 | 7/24 | 赤口 |
| 20 | 日 | 壬寅 | 七赤 | 7/25 | 先勝 |
| 21 | 月 | 癸卯 | 六白 | 7/26 | 友引 |
| 22 | 火 | 甲辰 | 五黄 | 7/27 | 先負 |
| 23 | 水 | 乙巳 | 四緑 | 7/28 | 仏滅 |
| 24 | 木 | 丙午 | 三碧 | 7/29 | 大安 |
| 25 | 金 | 丁未 | 二黒 | 8/1 | 友引 |
| 26 | 土 | 戊申 | 一白 | 8/2 | 先負 |
| 27 | 日 | 己酉 | 九紫 | 8/3 | 仏滅 |
| 28 | 月 | 庚戌 | 八白 | 8/4 | 大安 |
| 29 | 火 | 辛亥 | 七赤 | 8/5 | 赤口 |
| 30 | 水 | 壬子 | 六白 | 8/6 | 先勝 |
| 31 | 木 | 癸丑 | 五黄 | 8/7 | 友引 |

**5月**

5. 1［雑］八十八夜
5. 5［節］立夏
5.20［節］小満

**6月**

6. 5［節］芒種
6.10［雑］入梅
6.21［節］夏至

**7月**

7. 1［雑］半夏生
7. 6［節］小暑
7.19［雑］土用
7.22［節］大暑

**8月**

8. 7［節］立秋
8.22［節］処暑
8.31［雑］二百十日

## 9月
（乙酉 七赤金星）

| | | | |
|---|---|---|---|
| 1 | 金 | 甲寅 四緑 | 8/8 先負 |
| 2 | 土 | 乙卯 三碧 | 8/9 仏滅 |
| 3 | 日 | 丙辰 二黒 | 8/10 大安 |
| 4 | 月 | 丁巳 一白 | 8/11 赤口 |
| 5 | 火 | 戊午 九紫 | 8/12 先勝 |
| 6 | 水 | 己未 八白 | 8/13 友引 |
| 7 | 木 | 庚申 七赤 | 8/14 先負 |
| 8 | 金 | 辛酉 六白 | 8/15 仏滅 |
| 9 | 土 | 壬戌 五黄 | 8/16 大安 |
| 10 | 日 | 癸亥 四緑 | 8/17 赤口 |
| 11 | 月 | 甲子 三碧 | 8/18 先勝 |
| 12 | 火 | 乙丑 二黒 | 8/19 友引 |
| 13 | 水 | 丙寅 一白 | 8/20 先負 |
| 14 | 木 | 丁卯 九紫 | 8/21 仏滅 |
| 15 | 金 | 戊辰 八白 | 8/22 大安 |
| 16 | 土 | 己巳 七赤 | 8/23 赤口 |
| 17 | 日 | 庚午 六白 | 8/24 先勝 |
| 18 | 月 | 辛未 五黄 | 8/25 友引 |
| 19 | 火 | 壬申 四緑 | 8/26 先負 |
| 20 | 水 | 癸酉 三碧 | 8/27 仏滅 |
| 21 | 木 | 甲戌 二黒 | 8/28 大安 |
| 22 | 金 | 乙亥 一白 | 8/29 赤口 |
| 23 | 土 | 丙子 九紫 | 8/30 先勝 |
| 24 | 日 | 丁丑 八白 | 閏8/1 友引 |
| 25 | 月 | 戊寅 七赤 | 閏8/2 先負 |
| 26 | 火 | 己卯 六白 | 閏8/3 仏滅 |
| 27 | 水 | 庚辰 五黄 | 閏8/4 大安 |
| 28 | 木 | 辛巳 四緑 | 閏8/5 赤口 |
| 29 | 金 | 壬午 三碧 | 閏8/6 先勝 |
| 30 | 土 | 癸未 二黒 | 閏8/7 友引 |

## 10月
（丙戌 六白金星）

| | | | |
|---|---|---|---|
| 1 | 日 | 甲申 一白 | 閏8/8 先負 |
| 2 | 月 | 乙酉 九紫 | 閏8/9 仏滅 |
| 3 | 火 | 丙戌 八白 | 閏8/10 大安 |
| 4 | 水 | 丁亥 七赤 | 閏8/11 赤口 |
| 5 | 木 | 戊子 六白 | 閏8/12 先勝 |
| 6 | 金 | 己丑 五黄 | 閏8/13 友引 |
| 7 | 土 | 庚寅 四緑 | 閏8/14 先負 |
| 8 | 日 | 辛卯 三碧 | 閏8/15 仏滅 |
| 9 | 月 | 壬辰 二黒 | 閏8/16 大安 |
| 10 | 火 | 癸巳 一白 | 閏8/17 赤口 |
| 11 | 水 | 甲午 九紫 | 閏8/18 先勝 |
| 12 | 木 | 乙未 八白 | 閏8/19 友引 |
| 13 | 金 | 丙申 七赤 | 閏8/20 先負 |
| 14 | 土 | 丁酉 六白 | 閏8/21 仏滅 |
| 15 | 日 | 戊戌 五黄 | 閏8/22 大安 |
| 16 | 月 | 己亥 四緑 | 閏8/23 赤口 |
| 17 | 火 | 庚子 三碧 | 閏8/24 先勝 |
| 18 | 水 | 辛丑 二黒 | 閏8/25 友引 |
| 19 | 木 | 壬寅 一白 | 閏8/26 先負 |
| 20 | 金 | 癸卯 九紫 | 閏8/27 仏滅 |
| 21 | 土 | 甲辰 八白 | 閏8/28 大安 |
| 22 | 日 | 乙巳 七赤 | 閏8/29 赤口 |
| 23 | 月 | 丙午 六白 | 9/1 先負 |
| 24 | 火 | 丁未 五黄 | 9/2 仏滅 |
| 25 | 水 | 戊申 四緑 | 9/3 大安 |
| 26 | 木 | 己酉 三碧 | 9/4 赤口 |
| 27 | 金 | 庚戌 二黒 | 9/5 先勝 |
| 28 | 土 | 辛亥 一白 | 9/6 友引 |
| 29 | 日 | 壬子 九紫 | 9/7 先負 |
| 30 | 月 | 癸丑 八白 | 9/8 仏滅 |
| 31 | 火 | 甲寅 七赤 | 9/9 大安 |

## 11月
（丁亥 五黄土星）

| | | | |
|---|---|---|---|
| 1 | 水 | 乙卯 六白 | 9/10 赤口 |
| 2 | 木 | 丙辰 五黄 | 9/11 先勝 |
| 3 | 金 | 丁巳 四緑 | 9/12 友引 |
| 4 | 土 | 戊午 三碧 | 9/13 先負 |
| 5 | 日 | 己未 二黒 | 9/14 仏滅 |
| 6 | 月 | 庚申 一白 | 9/15 大安 |
| 7 | 火 | 辛酉 九紫 | 9/16 赤口 |
| 8 | 水 | 壬戌 八白 | 9/17 先勝 |
| 9 | 木 | 癸亥 七赤 | 9/18 友引 |
| 10 | 金 | 甲子 六白 | 9/19 先負 |
| 11 | 土 | 乙丑 五黄 | 9/20 仏滅 |
| 12 | 日 | 丙寅 四緑 | 9/21 大安 |
| 13 | 月 | 丁卯 三碧 | 9/22 赤口 |
| 14 | 火 | 戊辰 二黒 | 9/23 先勝 |
| 15 | 水 | 己巳 一白 | 9/24 友引 |
| 16 | 木 | 庚午 九紫 | 9/25 先負 |
| 17 | 金 | 辛未 八白 | 9/26 仏滅 |
| 18 | 土 | 壬申 七赤 | 9/27 大安 |
| 19 | 日 | 癸酉 六白 | 9/28 赤口 |
| 20 | 月 | 甲戌 五黄 | 9/29 先勝 |
| 21 | 火 | 乙亥 四緑 | 10/1 仏滅 |
| 22 | 水 | 丙子 三碧 | 10/2 大安 |
| 23 | 木 | 丁丑 二黒 | 10/3 赤口 |
| 24 | 金 | 戊寅 一白 | 10/4 先勝 |
| 25 | 土 | 己卯 九紫 | 10/5 友引 |
| 26 | 日 | 庚辰 八白 | 10/6 先負 |
| 27 | 月 | 辛巳 七赤 | 10/7 仏滅 |
| 28 | 火 | 壬午 六白 | 10/8 大安 |
| 29 | 水 | 癸未 五黄 | 10/9 赤口 |
| 30 | 木 | 甲申 四緑 | 10/10 先勝 |

## 12月
（戊子 四緑木星）

| | | | |
|---|---|---|---|
| 1 | 金 | 乙酉 三碧 | 10/11 友引 |
| 2 | 土 | 丙戌 二黒 | 10/12 先負 |
| 3 | 日 | 丁亥 一白 | 10/13 仏滅 |
| 4 | 月 | 戊子 九紫 | 10/14 大安 |
| 5 | 火 | 己丑 八白 | 10/15 赤口 |
| 6 | 水 | 庚寅 七赤 | 10/16 先勝 |
| 7 | 木 | 辛卯 六白 | 10/17 友引 |
| 8 | 金 | 壬辰 五黄 | 10/18 先負 |
| 9 | 土 | 癸巳 四緑 | 10/19 仏滅 |
| 10 | 日 | 甲午 三碧 | 10/20 大安 |
| 11 | 月 | 乙未 二黒 | 10/21 赤口 |
| 12 | 火 | 丙申 一白 | 10/22 先勝 |
| 13 | 水 | 丁酉 九紫 | 10/23 友引 |
| 14 | 木 | 戊戌 八白 | 10/24 先負 |
| 15 | 金 | 己亥 七赤 | 10/25 仏滅 |
| 16 | 土 | 庚子 六白 | 10/26 大安 |
| 17 | 日 | 辛丑 五黄 | 10/27 赤口 |
| 18 | 月 | 壬寅 四緑 | 10/28 先勝 |
| 19 | 火 | 癸卯 三碧 | 10/29 友引 |
| 20 | 水 | 甲辰 二黒 | 10/30 先負 |
| 21 | 木 | 乙巳 一白 | 11/1 大安 |
| 22 | 金 | 丙午 九紫 | 11/2 赤口 |
| 23 | 土 | 丁未 八白 | 11/3 先勝 |
| 24 | 日 | 戊申 七赤 | 11/4 友引 |
| 25 | 月 | 己酉 六白 | 11/5 先負 |
| 26 | 火 | 庚戌 五黄 | 11/6 仏滅 |
| 27 | 水 | 辛亥 四緑 | 11/7 大安 |
| 28 | 木 | 壬子 三碧 | 11/8 赤口 |
| 29 | 金 | 癸丑 二黒 | 11/9 先勝 |
| 30 | 土 | 甲寅 一白 | 11/10 友引 |
| 31 | 日 | 乙卯 九紫 | 11/11 先負 |

**9月**

9. 7［節］白露
9.19［雑］彼岸
9.22［節］秋分
9.25［雑］社日

**10月**

10. 8［節］寒露
10.20［雑］土用
10.23［節］霜降

**11月**

11. 7［節］立冬
11.22［節］小雪

**12月**

12. 7［節］大雪
12.21［節］冬至

# 2091

明治 **224** 年
大正 **180** 年
昭和 **166** 年
平成 **103** 年

辛亥（かのとい）
八白土星

生誕・年忌など

**1. 2** 野間宏没後 100 年
**1. 9** 内村鑑三不敬事件 200 年
**1.17** 湾岸戦争勃発 100 年
**1.29** 井上靖没後 100 年
**2.12** 直木三十五生誕 200 年
**2.28** 千利休没後 500 年
**4. 3** グレアム・グリーン没後 100 年
**4.16** デビット・リーン没後 100 年
**4.23** S. プロコフィエフ生誕 200 年
**5.11** 大津事件 200 年
**5.14** 江青没後 100 年
**5.21** ラジブ・ガンジー没後 100 年
**6. 3** 雲仙・普賢岳の大火砕流発生 100 年
**6.12** フィリピン・ピナトゥボ火山噴火 100 年
**6.17** 南ア・アパルトヘイト終結宣言 100 年
**6.25** ユーゴ内戦勃発 100 年
**8. 5** 本多宗一郎没後 100 年
**8.19** ソ連 8 月政変勃発 100 年
**9. 1** 東北本線開通 200 年
**9.22** M. ファラデー生誕 300 年
**9.28** H. メルヴィル没後 200 年
マイルス・デービス没後 100 年
**10.23** カンボジア和平協定調印 100 年
**10.28** 濃尾地震 200 年
**11. 9** イブ・モンタン没後 100 年
**11.10** A. ランボー没後 200 年
**11.22** 今井正没後 100 年
**12. 5** W. モーツァルト没後 300 年
**12.25** ソ連解体 100 年
**12.26** ヘンリー・ミラー生誕 200 年
**12.30** 明徳の乱 700 年
この年 北条早雲伊豆国平定 600 年
コメコン・ワルシャワ条約機構解散 100 年

## 2091 年

### 1 月
（己丑 三碧木星）

| | | | |
|---|---|---|---|
| 1 | 月 | 丙辰 八白 | 11/12 仏滅 |
| 2 | 火 | 丁巳 七赤 | 11/13 大安 |
| 3 | 水 | 戊午 六白 | 11/14 赤口 |
| 4 | 木 | 己未 五黄 | 11/15 先勝 |
| 5 | 金 | 庚申 四緑 | 11/16 友引 |
| 6 | 土 | 辛酉 三碧 | 11/17 先負 |
| 7 | 日 | 壬戌 二黒 | 11/18 仏滅 |
| 8 | 月 | 癸亥 一白 | 11/19 大安 |
| 9 | 火 | 甲子 一白 | 11/20 赤口 |
| 10 | 水 | 乙丑 二黒 | 11/21 先勝 |
| 11 | 木 | 丙寅 三碧 | 11/22 友引 |
| 12 | 金 | 丁卯 四緑 | 11/23 先負 |
| 13 | 土 | 戊辰 五黄 | 11/24 仏滅 |
| 14 | 日 | 己巳 六白 | 11/25 大安 |
| 15 | 月 | 庚午 七赤 | 11/26 赤口 |
| 16 | 火 | 辛未 八白 | 11/27 先勝 |
| 17 | 水 | 壬申 九紫 | 11/28 友引 |
| 18 | 木 | 癸酉 一白 | 11/29 先負 |
| 19 | 金 | 甲戌 二黒 | 11/30 仏滅 |
| 20 | 土 | 乙亥 三碧 | 12/1 赤口 |
| 21 | 日 | 丙子 四緑 | 12/2 先勝 |
| 22 | 月 | 丁丑 五黄 | 12/3 友引 |
| 23 | 火 | 戊寅 六白 | 12/4 先負 |
| 24 | 水 | 己卯 七赤 | 12/5 仏滅 |
| 25 | 木 | 庚辰 八白 | 12/6 大安 |
| 26 | 金 | 辛巳 九紫 | 12/7 赤口 |
| 27 | 土 | 壬午 一白 | 12/8 先勝 |
| 28 | 日 | 癸未 二黒 | 12/9 友引 |
| 29 | 月 | 甲申 三碧 | 12/10 先負 |
| 30 | 火 | 乙酉 四緑 | 12/11 仏滅 |
| 31 | 水 | 丙戌 五黄 | 12/12 大安 |

### 2 月
（庚寅 二黒土星）

| | | | |
|---|---|---|---|
| 1 | 木 | 丁亥 六白 | 12/13 赤口 |
| 2 | 金 | 戊子 七赤 | 12/14 先勝 |
| 3 | 土 | 己丑 八白 | 12/15 友引 |
| 4 | 日 | 庚寅 九紫 | 12/16 先負 |
| 5 | 月 | 辛卯 一白 | 12/17 仏滅 |
| 6 | 火 | 壬辰 二黒 | 12/18 大安 |
| 7 | 水 | 癸巳 三碧 | 12/19 赤口 |
| 8 | 木 | 甲午 四緑 | 12/20 先勝 |
| 9 | 金 | 乙未 五黄 | 12/21 友引 |
| 10 | 土 | 丙申 六白 | 12/22 先負 |
| 11 | 日 | 丁酉 七赤 | 12/23 仏滅 |
| 12 | 月 | 戊戌 八白 | 12/24 大安 |
| 13 | 火 | 己亥 九紫 | 12/25 赤口 |
| 14 | 水 | 庚子 一白 | 12/26 先勝 |
| 15 | 木 | 辛丑 二黒 | 12/27 友引 |
| 16 | 金 | 壬寅 三碧 | 12/28 先負 |
| 17 | 土 | 癸卯 四緑 | 12/29 仏滅 |
| 18 | 日 | 甲辰 五黄 | 1/1 先勝 |
| 19 | 月 | 乙巳 六白 | 1/2 友引 |
| 20 | 火 | 丙午 七赤 | 1/3 先負 |
| 21 | 水 | 丁未 八白 | 1/4 仏滅 |
| 22 | 木 | 戊申 九紫 | 1/5 大安 |
| 23 | 金 | 己酉 一白 | 1/6 赤口 |
| 24 | 土 | 庚戌 二黒 | 1/7 先勝 |
| 25 | 日 | 辛亥 三碧 | 1/8 友引 |
| 26 | 月 | 壬子 四緑 | 1/9 先負 |
| 27 | 火 | 癸丑 五黄 | 1/10 仏滅 |
| 28 | 水 | 甲寅 六白 | 1/11 大安 |

### 3 月
（辛卯 一白水星）

| | | | |
|---|---|---|---|
| 1 | 木 | 乙卯 七赤 | 1/12 赤口 |
| 2 | 金 | 丙辰 八白 | 1/13 先勝 |
| 3 | 土 | 丁巳 九紫 | 1/14 友引 |
| 4 | 日 | 戊午 一白 | 1/15 先負 |
| 5 | 月 | 己未 二黒 | 1/16 仏滅 |
| 6 | 火 | 庚申 三碧 | 1/17 大安 |
| 7 | 水 | 辛酉 四緑 | 1/18 赤口 |
| 8 | 木 | 壬戌 五黄 | 1/19 先勝 |
| 9 | 金 | 癸亥 六白 | 1/20 友引 |
| 10 | 土 | 甲子 七赤 | 1/21 先負 |
| 11 | 日 | 乙丑 八白 | 1/22 仏滅 |
| 12 | 月 | 丙寅 九紫 | 1/23 大安 |
| 13 | 火 | 丁卯 一白 | 1/24 赤口 |
| 14 | 水 | 戊辰 二黒 | 1/25 先勝 |
| 15 | 木 | 己巳 三碧 | 1/26 友引 |
| 16 | 金 | 庚午 四緑 | 1/27 先負 |
| 17 | 土 | 辛未 五黄 | 1/28 仏滅 |
| 18 | 日 | 壬申 六白 | 1/29 大安 |
| 19 | 月 | 癸酉 七赤 | 1/30 赤口 |
| 20 | 火 | 甲戌 八白 | 2/1 友引 |
| 21 | 水 | 乙亥 九紫 | 2/2 先負 |
| 22 | 木 | 丙子 一白 | 2/3 仏滅 |
| 23 | 金 | 丁丑 二黒 | 2/4 大安 |
| 24 | 土 | 戊寅 三碧 | 2/5 赤口 |
| 25 | 日 | 己卯 四緑 | 2/6 先勝 |
| 26 | 月 | 庚辰 五黄 | 2/7 友引 |
| 27 | 火 | 辛巳 六白 | 2/8 先負 |
| 28 | 水 | 壬午 七赤 | 2/9 仏滅 |
| 29 | 木 | 癸未 八白 | 2/10 大安 |
| 30 | 金 | 甲申 九紫 | 2/11 赤口 |
| 31 | 土 | 乙酉 一白 | 2/12 先勝 |

### 4 月
（壬辰 九紫火星）

| | | | |
|---|---|---|---|
| 1 | 日 | 丙戌 二黒 | 2/13 友引 |
| 2 | 月 | 丁亥 三碧 | 2/14 先負 |
| 3 | 火 | 戊子 四緑 | 2/15 仏滅 |
| 4 | 水 | 己丑 五黄 | 2/16 大安 |
| 5 | 木 | 庚寅 六白 | 2/17 赤口 |
| 6 | 金 | 辛卯 七赤 | 2/18 先勝 |
| 7 | 土 | 壬辰 八白 | 2/19 友引 |
| 8 | 日 | 癸巳 九紫 | 2/20 先負 |
| 9 | 月 | 甲午 一白 | 2/21 仏滅 |
| 10 | 火 | 乙未 二黒 | 2/22 大安 |
| 11 | 水 | 丙申 三碧 | 2/23 赤口 |
| 12 | 木 | 丁酉 四緑 | 2/24 先勝 |
| 13 | 金 | 戊戌 五黄 | 2/25 友引 |
| 14 | 土 | 己亥 六白 | 2/26 先負 |
| 15 | 日 | 庚子 七赤 | 2/27 仏滅 |
| 16 | 月 | 辛丑 八白 | 2/28 大安 |
| 17 | 火 | 壬寅 九紫 | 2/29 赤口 |
| 18 | 水 | 癸卯 一白 | 2/30 先勝 |
| 19 | 木 | 甲辰 二黒 | 3/1 先負 |
| 20 | 金 | 乙巳 三碧 | 3/2 仏滅 |
| 21 | 土 | 丙午 四緑 | 3/3 大安 |
| 22 | 日 | 丁未 五黄 | 3/4 赤口 |
| 23 | 月 | 戊申 六白 | 3/5 先勝 |
| 24 | 火 | 己酉 七赤 | 3/6 友引 |
| 25 | 水 | 庚戌 八白 | 3/7 先負 |
| 26 | 木 | 辛亥 九紫 | 3/8 仏滅 |
| 27 | 金 | 壬子 一白 | 3/9 大安 |
| 28 | 土 | 癸丑 二黒 | 3/10 赤口 |
| 29 | 日 | 甲寅 三碧 | 3/11 先勝 |
| 30 | 月 | 乙卯 四緑 | 3/12 友引 |

**1 月**

1. 5 [節] 小寒
1.17 [雑] 土用
1.20 [節] 大寒

**2 月**

2. 2 [雑] 節分
2. 3 [節] 立春
2.18 [節] 雨水

**3 月**

3. 5 [節] 啓蟄
3.17 [雑] 彼岸
3.20 [節] 春分
3.24 [雑] 社日

**4 月**

4. 4 [節] 清明
4.17 [雑] 土用
4.20 [節] 穀雨

## 5月
（癸巳 八白土星）

| | | | |
|---|---|---|---|
| 1 | 火 | 丙辰 五黄 | 3/13 先負 |
| 2 | 水 | 丁巳 六白 | 3/14 仏滅 |
| 3 | 木 | 戊午 七赤 | 3/15 大安 |
| 4 | 金 | 己未 八白 | 3/16 赤口 |
| 5 | 土 | 庚申 九紫 | 3/17 先勝 |
| 6 | 日 | 辛酉 一白 | 3/18 友引 |
| 7 | 月 | 壬戌 二黒 | 3/19 先負 |
| 8 | 火 | 癸亥 三碧 | 3/20 仏滅 |
| 9 | 水 | 甲子 四緑 | 3/21 大安 |
| 10 | 木 | 乙丑 五黄 | 3/22 赤口 |
| 11 | 金 | 丙寅 六白 | 3/23 先勝 |
| 12 | 土 | 丁卯 七赤 | 3/24 友引 |
| 13 | 日 | 戊辰 八白 | 3/25 先負 |
| 14 | 月 | 己巳 九紫 | 3/26 仏滅 |
| 15 | 火 | 庚午 一白 | 3/27 大安 |
| 16 | 水 | 辛未 二黒 | 3/28 赤口 |
| 17 | 木 | 壬申 三碧 | 3/29 先勝 |
| 18 | 金 | 癸酉 四緑 | 4/1 仏滅 |
| 19 | 土 | 甲戌 五黄 | 4/2 大安 |
| 20 | 日 | 乙亥 六白 | 4/3 赤口 |
| 21 | 月 | 丙子 七赤 | 4/4 先勝 |
| 22 | 火 | 丁丑 八白 | 4/5 友引 |
| 23 | 水 | 戊寅 九紫 | 4/6 先負 |
| 24 | 木 | 己卯 一白 | 4/7 仏滅 |
| 25 | 金 | 庚辰 二黒 | 4/8 大安 |
| 26 | 土 | 辛巳 三碧 | 4/9 赤口 |
| 27 | 日 | 壬午 四緑 | 4/10 先勝 |
| 28 | 月 | 癸未 五黄 | 4/11 友引 |
| 29 | 火 | 甲申 六白 | 4/12 先負 |
| 30 | 水 | 乙酉 七赤 | 4/13 仏滅 |
| 31 | 木 | 丙戌 八白 | 4/14 大安 |

## 6月
（甲午 七赤金星）

| | | | |
|---|---|---|---|
| 1 | 金 | 丁亥 九紫 | 4/15 赤口 |
| 2 | 土 | 戊子 一白 | 4/16 先勝 |
| 3 | 日 | 己丑 二黒 | 4/17 友引 |
| 4 | 月 | 庚寅 三碧 | 4/18 先負 |
| 5 | 火 | 辛卯 四緑 | 4/19 仏滅 |
| 6 | 水 | 壬辰 五黄 | 4/20 大安 |
| 7 | 木 | 癸巳 六白 | 4/21 赤口 |
| 8 | 金 | 甲午 七赤 | 4/22 先勝 |
| 9 | 土 | 乙未 八白 | 4/23 友引 |
| 10 | 日 | 丙申 九紫 | 4/24 先負 |
| 11 | 月 | 丁酉 一白 | 4/25 仏滅 |
| 12 | 火 | 戊戌 二黒 | 4/26 大安 |
| 13 | 水 | 己亥 三碧 | 4/27 赤口 |
| 14 | 木 | 庚子 四緑 | 4/28 先勝 |
| 15 | 金 | 辛丑 五黄 | 4/29 友引 |
| 16 | 土 | 壬寅 六白 | 4/30 先負 |
| 17 | 日 | 癸卯 七赤 | 5/1 大安 |
| 18 | 月 | 甲辰 八白 | 5/2 赤口 |
| 19 | 火 | 乙巳 九紫 | 5/3 先勝 |
| 20 | 水 | 丙午 一白 | 5/4 友引 |
| 21 | 木 | 丁未 二黒 | 5/5 先負 |
| 22 | 金 | 戊申 三碧 | 5/6 仏滅 |
| 23 | 土 | 己酉 四緑 | 5/7 大安 |
| 24 | 日 | 庚戌 五黄 | 5/8 赤口 |
| 25 | 月 | 辛亥 六白 | 5/9 先勝 |
| 26 | 火 | 壬子 七赤 | 5/10 友引 |
| 27 | 水 | 癸丑 八白 | 5/11 先負 |
| 28 | 木 | 甲寅 九紫 | 5/12 仏滅 |
| 29 | 金 | 乙卯 一白 | 5/13 大安 |
| 30 | 土 | 丙辰 二黒 | 5/14 赤口 |

## 7月
（乙未 六白金星）

| | | | |
|---|---|---|---|
| 1 | 日 | 丁巳 三碧 | 5/15 先勝 |
| 2 | 月 | 戊午 四緑 | 5/16 友引 |
| 3 | 火 | 己未 五黄 | 5/17 先負 |
| 4 | 水 | 庚申 六白 | 5/18 仏滅 |
| 5 | 木 | 辛酉 七赤 | 5/19 大安 |
| 6 | 金 | 壬戌 八白 | 5/20 赤口 |
| 7 | 土 | 癸亥 九紫 | 5/21 先勝 |
| 8 | 日 | 甲子 九紫 | 5/22 友引 |
| 9 | 月 | 乙丑 八白 | 5/23 先負 |
| 10 | 火 | 丙寅 七赤 | 5/24 仏滅 |
| 11 | 水 | 丁卯 六白 | 5/25 大安 |
| 12 | 木 | 戊辰 五黄 | 5/26 赤口 |
| 13 | 金 | 己巳 四緑 | 5/27 先勝 |
| 14 | 土 | 庚午 三碧 | 5/28 友引 |
| 15 | 日 | 辛未 二黒 | 5/29 先負 |
| 16 | 月 | 壬申 一白 | 6/1 赤口 |
| 17 | 火 | 癸酉 九紫 | 6/2 先勝 |
| 18 | 水 | 甲戌 八白 | 6/3 友引 |
| 19 | 木 | 乙亥 七赤 | 6/4 先負 |
| 20 | 金 | 丙子 六白 | 6/5 仏滅 |
| 21 | 土 | 丁丑 五黄 | 6/6 大安 |
| 22 | 日 | 戊寅 四緑 | 6/7 赤口 |
| 23 | 月 | 己卯 三碧 | 6/8 先勝 |
| 24 | 火 | 庚辰 二黒 | 6/9 友引 |
| 25 | 水 | 辛巳 一白 | 6/10 先負 |
| 26 | 木 | 壬午 九紫 | 6/11 仏滅 |
| 27 | 金 | 癸未 八白 | 6/12 大安 |
| 28 | 土 | 甲申 七赤 | 6/13 赤口 |
| 29 | 日 | 乙酉 六白 | 6/14 先勝 |
| 30 | 月 | 丙戌 五黄 | 6/15 友引 |
| 31 | 火 | 丁亥 四緑 | 6/16 先負 |

## 8月
（丙申 五黄土星）

| | | | |
|---|---|---|---|
| 1 | 水 | 戊子 三碧 | 6/17 仏滅 |
| 2 | 木 | 己丑 二黒 | 6/18 大安 |
| 3 | 金 | 庚寅 一白 | 6/19 赤口 |
| 4 | 土 | 辛卯 九紫 | 6/20 先勝 |
| 5 | 日 | 壬辰 八白 | 6/21 友引 |
| 6 | 月 | 癸巳 七赤 | 6/22 先負 |
| 7 | 火 | 甲午 六白 | 6/23 仏滅 |
| 8 | 水 | 乙未 五黄 | 6/24 大安 |
| 9 | 木 | 丙申 四緑 | 6/25 赤口 |
| 10 | 金 | 丁酉 三碧 | 6/26 先勝 |
| 11 | 土 | 戊戌 二黒 | 6/27 友引 |
| 12 | 日 | 己亥 一白 | 6/28 先負 |
| 13 | 月 | 庚子 九紫 | 6/29 仏滅 |
| 14 | 火 | 辛丑 八白 | 6/30 大安 |
| 15 | 水 | 壬寅 七赤 | 7/1 先勝 |
| 16 | 木 | 癸卯 六白 | 7/2 友引 |
| 17 | 金 | 甲辰 五黄 | 7/3 先負 |
| 18 | 土 | 乙巳 四緑 | 7/4 仏滅 |
| 19 | 日 | 丙午 三碧 | 7/5 大安 |
| 20 | 月 | 丁未 二黒 | 7/6 赤口 |
| 21 | 火 | 戊申 一白 | 7/7 先勝 |
| 22 | 水 | 己酉 九紫 | 7/8 友引 |
| 23 | 木 | 庚戌 八白 | 7/9 先負 |
| 24 | 金 | 辛亥 七赤 | 7/10 仏滅 |
| 25 | 土 | 壬子 六白 | 7/11 大安 |
| 26 | 日 | 癸丑 五黄 | 7/12 赤口 |
| 27 | 月 | 甲寅 四緑 | 7/13 先勝 |
| 28 | 火 | 乙卯 三碧 | 7/14 友引 |
| 29 | 水 | 丙辰 二黒 | 7/15 先負 |
| 30 | 木 | 丁巳 一白 | 7/16 仏滅 |
| 31 | 金 | 戊午 九紫 | 7/17 大安 |

**5月**

5. 1 [雑] 八十八夜
5. 5 [節] 立夏
5.21 [節] 小満

**6月**

6. 5 [節] 芒種
6.10 [雑] 入梅
6.21 [節] 夏至

**7月**

7. 1 [雑] 半夏生
7. 7 [節] 小暑
7.19 [雑] 土用
7.22 [節] 大暑

**8月**

8. 7 [節] 立秋
8.23 [節] 処暑
8.31 [雑] 二百十日

## 9 月
（丁酉 四緑木星）

| | | | |
|---|---|---|---|
| 1 | 土 | 己未 八白 | 7/18 赤口 |
| 2 | 日 | 庚申 七赤 | 7/19 先勝 |
| 3 | 月 | 辛酉 六白 | 7/20 友引 |
| 4 | 火 | 壬戌 五黄 | 7/21 先負 |
| 5 | 水 | 癸亥 四緑 | 7/22 仏滅 |
| 6 | 木 | 甲子 三碧 | 7/23 大安 |
| 7 | 金 | 乙丑 二黒 | 7/24 赤口 |
| 8 | 土 | 丙寅 一白 | 7/25 先勝 |
| 9 | 日 | 丁卯 九紫 | 7/26 友引 |
| 10 | 月 | 戊辰 八白 | 7/27 先負 |
| 11 | 火 | 己巳 七赤 | 7/28 仏滅 |
| 12 | 水 | 庚午 六白 | 7/29 大安 |
| 13 | 木 | 辛未 五黄 | 8/1 友引 |
| 14 | 金 | 壬申 四緑 | 8/2 先負 |
| 15 | 土 | 癸酉 三碧 | 8/3 仏滅 |
| 16 | 日 | 甲戌 二黒 | 8/4 大安 |
| 17 | 月 | 乙亥 一白 | 8/5 赤口 |
| 18 | 火 | 丙子 九紫 | 8/6 先勝 |
| 19 | 水 | 丁丑 八白 | 8/7 友引 |
| 20 | 木 | 戊寅 七赤 | 8/8 先負 |
| 21 | 金 | 己卯 六白 | 8/9 仏滅 |
| 22 | 土 | 庚辰 五黄 | 8/10 大安 |
| 23 | 日 | 辛巳 四緑 | 8/11 赤口 |
| 24 | 月 | 壬午 三碧 | 8/12 先勝 |
| 25 | 火 | 癸未 二黒 | 8/13 友引 |
| 26 | 水 | 甲申 一白 | 8/14 先負 |
| 27 | 木 | 乙酉 九紫 | 8/15 仏滅 |
| 28 | 金 | 丙戌 八白 | 8/16 大安 |
| 29 | 土 | 丁亥 七赤 | 8/17 赤口 |
| 30 | 日 | 戊子 六白 | 8/18 先勝 |

## 10 月
（戊戌 三碧木星）

| | | | |
|---|---|---|---|
| 1 | 月 | 己丑 五黄 | 8/19 友引 |
| 2 | 火 | 庚寅 四緑 | 8/20 先負 |
| 3 | 水 | 辛卯 三碧 | 8/21 仏滅 |
| 4 | 木 | 壬辰 二黒 | 8/22 大安 |
| 5 | 金 | 癸巳 一白 | 8/23 赤口 |
| 6 | 土 | 甲午 九紫 | 8/24 先勝 |
| 7 | 日 | 乙未 八白 | 8/25 友引 |
| 8 | 月 | 丙申 七赤 | 8/26 先負 |
| 9 | 火 | 丁酉 六白 | 8/27 仏滅 |
| 10 | 水 | 戊戌 五黄 | 8/28 大安 |
| 11 | 木 | 己亥 四緑 | 8/29 赤口 |
| 12 | 金 | 庚子 三碧 | 8/30 先勝 |
| 13 | 土 | 辛丑 二黒 | 9/1 先負 |
| 14 | 日 | 壬寅 一白 | 9/2 仏滅 |
| 15 | 月 | 癸卯 九紫 | 9/3 大安 |
| 16 | 火 | 甲辰 八白 | 9/4 赤口 |
| 17 | 水 | 乙巳 七赤 | 9/5 先勝 |
| 18 | 木 | 丙午 六白 | 9/6 友引 |
| 19 | 金 | 丁未 五黄 | 9/7 先負 |
| 20 | 土 | 戊申 四緑 | 9/8 仏滅 |
| 21 | 日 | 己酉 三碧 | 9/9 大安 |
| 22 | 月 | 庚戌 二黒 | 9/10 赤口 |
| 23 | 火 | 辛亥 一白 | 9/11 先勝 |
| 24 | 水 | 壬子 九紫 | 9/12 友引 |
| 25 | 木 | 癸丑 八白 | 9/13 先負 |
| 26 | 金 | 甲寅 七赤 | 9/14 仏滅 |
| 27 | 土 | 乙卯 六白 | 9/15 大安 |
| 28 | 日 | 丙辰 五黄 | 9/16 赤口 |
| 29 | 月 | 丁巳 四緑 | 9/17 先勝 |
| 30 | 火 | 戊午 三碧 | 9/18 友引 |
| 31 | 水 | 己未 二黒 | 9/19 先負 |

## 11 月
（己亥 二黒土星）

| | | | |
|---|---|---|---|
| 1 | 木 | 庚申 一白 | 9/20 仏滅 |
| 2 | 金 | 辛酉 九紫 | 9/21 大安 |
| 3 | 土 | 壬戌 八白 | 9/22 赤口 |
| 4 | 日 | 癸亥 七赤 | 9/23 先勝 |
| 5 | 月 | 甲子 六白 | 9/24 友引 |
| 6 | 火 | 乙丑 五黄 | 9/25 先負 |
| 7 | 水 | 丙寅 四緑 | 9/26 仏滅 |
| 8 | 木 | 丁卯 三碧 | 9/27 大安 |
| 9 | 金 | 戊辰 二黒 | 9/28 赤口 |
| 10 | 土 | 己巳 一白 | 9/29 先勝 |
| 11 | 日 | 庚午 九紫 | 10/1 仏滅 |
| 12 | 月 | 辛未 八白 | 10/2 大安 |
| 13 | 火 | 壬申 七赤 | 10/3 赤口 |
| 14 | 水 | 癸酉 六白 | 10/4 先勝 |
| 15 | 木 | 甲戌 五黄 | 10/5 友引 |
| 16 | 金 | 乙亥 四緑 | 10/6 先負 |
| 17 | 土 | 丙子 三碧 | 10/7 仏滅 |
| 18 | 日 | 丁丑 二黒 | 10/8 大安 |
| 19 | 月 | 戊寅 一白 | 10/9 赤口 |
| 20 | 火 | 己卯 九紫 | 10/10 先勝 |
| 21 | 水 | 庚辰 八白 | 10/11 友引 |
| 22 | 木 | 辛巳 七赤 | 10/12 先負 |
| 23 | 金 | 壬午 六白 | 10/13 仏滅 |
| 24 | 土 | 癸未 五黄 | 10/14 大安 |
| 25 | 日 | 甲申 四緑 | 10/15 赤口 |
| 26 | 月 | 乙酉 三碧 | 10/16 先勝 |
| 27 | 火 | 丙戌 二黒 | 10/17 友引 |
| 28 | 水 | 丁亥 一白 | 10/18 先負 |
| 29 | 木 | 戊子 九紫 | 10/19 仏滅 |
| 30 | 金 | 己丑 八白 | 10/20 大安 |

## 12 月
（庚子 一白水星）

| | | | |
|---|---|---|---|
| 1 | 土 | 庚寅 七赤 | 10/21 赤口 |
| 2 | 日 | 辛卯 六白 | 10/22 先勝 |
| 3 | 月 | 壬辰 五黄 | 10/23 友引 |
| 4 | 火 | 癸巳 四緑 | 10/24 先負 |
| 5 | 水 | 甲午 三碧 | 10/25 仏滅 |
| 6 | 木 | 乙未 二黒 | 10/26 大安 |
| 7 | 金 | 丙申 一白 | 10/27 赤口 |
| 8 | 土 | 丁酉 九紫 | 10/28 先勝 |
| 9 | 日 | 戊戌 八白 | 10/29 友引 |
| 10 | 月 | 己亥 七赤 | 11/1 大安 |
| 11 | 火 | 庚子 六白 | 11/2 赤口 |
| 12 | 水 | 辛丑 五黄 | 11/3 先勝 |
| 13 | 木 | 壬寅 四緑 | 11/4 友引 |
| 14 | 金 | 癸卯 三碧 | 11/5 先負 |
| 15 | 土 | 甲辰 二黒 | 11/6 仏滅 |
| 16 | 日 | 乙巳 一白 | 11/7 大安 |
| 17 | 月 | 丙午 九紫 | 11/8 赤口 |
| 18 | 火 | 丁未 八白 | 11/9 先勝 |
| 19 | 水 | 戊申 七赤 | 11/10 友引 |
| 20 | 木 | 己酉 六白 | 11/11 先負 |
| 21 | 金 | 庚戌 五黄 | 11/12 仏滅 |
| 22 | 土 | 辛亥 四緑 | 11/13 大安 |
| 23 | 日 | 壬子 三碧 | 11/14 赤口 |
| 24 | 月 | 癸丑 二黒 | 11/15 先勝 |
| 25 | 火 | 甲寅 一白 | 11/16 友引 |
| 26 | 水 | 乙卯 九紫 | 11/17 先負 |
| 27 | 木 | 丙辰 八白 | 11/18 仏滅 |
| 28 | 金 | 丁巳 七赤 | 11/19 大安 |
| 29 | 土 | 戊午 六白 | 11/20 赤口 |
| 30 | 日 | 己未 五黄 | 11/21 先勝 |
| 31 | 月 | 庚申 四緑 | 11/22 友引 |

### 9 月
9. 7［節］白露
9.20［雑］彼岸
9.20［雑］社日
9.23［節］秋分

### 10 月
10. 8［節］寒露
10.20［雑］土用
10.23［節］霜降

### 11 月
11. 7［節］立冬
11.22［節］小雪

### 12 月
12. 7［節］大雪
12.22［節］冬至

# 2092

明治225年
大正181年
昭和167年
平成104年

壬子（みずのえね）
七赤金星

生誕・年忌など

1. 8 堀口大学生誕200年
1.15 西条八十生誕200年
2.29 G. ロッシーニ生誕300年
3. 1 芥川龍之介生誕200年
3.13 後白河天皇没後900年
3.15 国連カンボジア暫定行政機構(UNTAC)設置100年
3.23 F. ハイエク没後100年
3.26 W. ホイットマン没後200年
4. 1 雲仙岳大噴火300年
4. 6 I. アシモフ没後100年
4. 9 L. ディ・メディチ没後600年
佐藤春夫生誕200年
4.13 文禄の役開始500年
4.27 新ユーゴ創設100年
5. 6 マレーネ・ディートリヒ没後100年
5.27 長谷川町子没後100年
6. 5 国連平和維持活動(PKO)協力法成立100年
6.10 中村八大没後100年
7.12 鎌倉幕府創立(源頼朝征夷大将軍叙任)900年
8. 4 P. シェリー生誕300年
松本清張没後100年
8. 9 源実朝生誕900年
8.12 中上健次没後100年
8.24 中韓国交樹立100年
9. 3 ラクスマン根室来航300年
9.13 M. モンテーニュ没後500年
9.22 フランス第一共和政300年
10. 5 南北両朝合　700年
10. 6 A. テニソン没後200年
10.12 コロンブス中米発見600年
11. 7 A. ドプチェク没後100年
11.16 郭沫若生誕200年
この年 班固没後2000年
李氏朝鮮建国700年

## 2092 年

### 1 月
（辛丑 九紫火星）

| | | |
|---|---|---|
| 1 火 | 辛酉 三碧 | 11/23 先負 |
| 2 水 | 壬戌 二黒 | 11/24 仏滅 |
| 3 木 | 癸亥 一白 | 11/25 大安 |
| 4 金 | 甲子 一白 | 11/26 赤口 |
| 5 土 | 乙丑 二黒 | 11/27 先勝 |
| 6 日 | 丙寅 三碧 | 11/28 友引 |
| 7 月 | 丁卯 四緑 | 11/29 先負 |
| 8 火 | 戊辰 五黄 | 11/30 仏滅 |
| 9 水 | 己巳 六白 | 12/1 赤口 |
| 10 木 | 庚午 七赤 | 12/2 先勝 |
| 11 金 | 辛未 八白 | 12/3 友引 |
| 12 土 | 壬申 九紫 | 12/4 先負 |
| 13 日 | 癸酉 一白 | 12/5 仏滅 |
| 14 月 | 甲戌 二黒 | 12/6 大安 |
| 15 火 | 乙亥 三碧 | 12/7 赤口 |
| 16 水 | 丙子 四緑 | 12/8 先勝 |
| 17 木 | 丁丑 五黄 | 12/9 友引 |
| 18 金 | 戊寅 六白 | 12/10 先負 |
| 19 土 | 己卯 七赤 | 12/11 仏滅 |
| 20 日 | 庚辰 八白 | 12/12 大安 |
| 21 月 | 辛巳 九紫 | 12/13 赤口 |
| 22 火 | 壬午 一白 | 12/14 先勝 |
| 23 水 | 癸未 二黒 | 12/15 友引 |
| 24 木 | 甲申 三碧 | 12/16 先負 |
| 25 金 | 乙酉 四緑 | 12/17 仏滅 |
| 26 土 | 丙戌 五黄 | 12/18 大安 |
| 27 日 | 丁亥 六白 | 12/19 赤口 |
| 28 月 | 戊子 七赤 | 12/20 先勝 |
| 29 火 | 己丑 八白 | 12/21 友引 |
| 30 水 | 庚寅 九紫 | 12/22 先負 |
| 31 木 | 辛卯 一白 | 12/23 仏滅 |

1 月
1. 5［節］小寒
1.17［雑］土用
1.20［節］大寒

### 2 月
（壬寅 八白土星）

| | | |
|---|---|---|
| 1 金 | 壬辰 二黒 | 12/24 大安 |
| 2 土 | 癸巳 三碧 | 12/25 赤口 |
| 3 日 | 甲午 四緑 | 12/26 先勝 |
| 4 月 | 乙未 五黄 | 12/27 友引 |
| 5 火 | 丙申 六白 | 12/28 先負 |
| 6 水 | 丁酉 七赤 | 12/29 仏滅 |
| 7 木 | 戊戌 八白 | 12/30 大安 |
| 8 金 | 己亥 九紫 | 1/1 先勝 |
| 9 土 | 庚子 一白 | 1/2 友引 |
| 10 日 | 辛丑 二黒 | 1/3 先負 |
| 11 月 | 壬寅 三碧 | 1/4 仏滅 |
| 12 火 | 癸卯 四緑 | 1/5 大安 |
| 13 水 | 甲辰 五黄 | 1/6 赤口 |
| 14 木 | 乙巳 六白 | 1/7 先勝 |
| 15 金 | 丙午 七赤 | 1/8 友引 |
| 16 土 | 丁未 八白 | 1/9 先負 |
| 17 日 | 戊申 九紫 | 1/10 仏滅 |
| 18 月 | 己酉 一白 | 1/11 大安 |
| 19 火 | 庚戌 二黒 | 1/12 赤口 |
| 20 水 | 辛亥 三碧 | 1/13 先勝 |
| 21 木 | 壬子 四緑 | 1/14 友引 |
| 22 金 | 癸丑 五黄 | 1/15 先負 |
| 23 土 | 甲寅 六白 | 1/16 仏滅 |
| 24 日 | 乙卯 七赤 | 1/17 大安 |
| 25 月 | 丙辰 八白 | 1/18 赤口 |
| 26 火 | 丁巳 九紫 | 1/19 先勝 |
| 27 水 | 戊午 一白 | 1/20 友引 |
| 28 木 | 己未 二黒 | 1/21 先負 |
| 29 金 | 庚申 三碧 | 1/22 仏滅 |

2 月
2. 3［雑］節分
2. 4［節］立春
2.19［節］雨水

### 3 月
（癸卯 七赤金星）

| | | |
|---|---|---|
| 1 土 | 辛酉 四緑 | 1/23 大安 |
| 2 日 | 壬戌 五黄 | 1/24 赤口 |
| 3 月 | 癸亥 六白 | 1/25 先勝 |
| 4 火 | 甲子 七赤 | 1/26 友引 |
| 5 水 | 乙丑 八白 | 1/27 先負 |
| 6 木 | 丙寅 九紫 | 1/28 仏滅 |
| 7 金 | 丁卯 一白 | 1/29 大安 |
| 8 土 | 戊辰 二黒 | 2/1 友引 |
| 9 日 | 己巳 三碧 | 2/2 先負 |
| 10 月 | 庚午 四緑 | 2/3 仏滅 |
| 11 火 | 辛未 五黄 | 2/4 大安 |
| 12 水 | 壬申 六白 | 2/5 赤口 |
| 13 木 | 癸酉 七赤 | 2/6 先勝 |
| 14 金 | 甲戌 八白 | 2/7 友引 |
| 15 土 | 乙亥 九紫 | 2/8 先負 |
| 16 日 | 丙子 一白 | 2/9 仏滅 |
| 17 月 | 丁丑 二黒 | 2/10 大安 |
| 18 火 | 戊寅 三碧 | 2/11 赤口 |
| 19 水 | 己卯 四緑 | 2/12 先勝 |
| 20 木 | 庚辰 五黄 | 2/13 友引 |
| 21 金 | 辛巳 六白 | 2/14 先負 |
| 22 土 | 壬午 七赤 | 2/15 仏滅 |
| 23 日 | 癸未 八白 | 2/16 大安 |
| 24 月 | 甲申 九紫 | 2/17 赤口 |
| 25 火 | 乙酉 一白 | 2/18 先勝 |
| 26 水 | 丙戌 二黒 | 2/19 友引 |
| 27 木 | 丁亥 三碧 | 2/20 先負 |
| 28 金 | 戊子 四緑 | 2/21 仏滅 |
| 29 土 | 己丑 五黄 | 2/22 大安 |
| 30 日 | 庚寅 六白 | 2/23 赤口 |
| 31 月 | 辛卯 七赤 | 2/24 先勝 |

3 月
3. 4［節］啓蟄
3.16［雑］彼岸
3.18［雑］社日
3.19［節］春分

### 4 月
（甲辰 六白金星）

| | | |
|---|---|---|
| 1 火 | 壬辰 八白 | 2/25 友引 |
| 2 水 | 癸巳 九紫 | 2/26 先負 |
| 3 木 | 甲午 一白 | 2/27 仏滅 |
| 4 金 | 乙未 二黒 | 2/28 大安 |
| 5 土 | 丙申 三碧 | 2/29 赤口 |
| 6 日 | 丁酉 四緑 | 2/30 先勝 |
| 7 月 | 戊戌 五黄 | 3/1 先負 |
| 8 火 | 己亥 六白 | 3/2 仏滅 |
| 9 水 | 庚子 七赤 | 3/3 大安 |
| 10 木 | 辛丑 八白 | 3/4 赤口 |
| 11 金 | 壬寅 九紫 | 3/5 先勝 |
| 12 土 | 癸卯 一白 | 3/6 友引 |
| 13 日 | 甲辰 二黒 | 3/7 先負 |
| 14 月 | 乙巳 三碧 | 3/8 仏滅 |
| 15 火 | 丙午 四緑 | 3/9 大安 |
| 16 水 | 丁未 五黄 | 3/10 赤口 |
| 17 木 | 戊申 六白 | 3/11 先勝 |
| 18 金 | 己酉 七赤 | 3/12 友引 |
| 19 土 | 庚戌 八白 | 3/13 先負 |
| 20 日 | 辛亥 九紫 | 3/14 仏滅 |
| 21 月 | 壬子 一白 | 3/15 大安 |
| 22 火 | 癸丑 二黒 | 3/16 赤口 |
| 23 水 | 甲寅 三碧 | 3/17 先勝 |
| 24 木 | 乙卯 四緑 | 3/18 友引 |
| 25 金 | 丙辰 五黄 | 3/19 先負 |
| 26 土 | 丁巳 六白 | 3/20 仏滅 |
| 27 日 | 戊午 七赤 | 3/21 大安 |
| 28 月 | 己未 八白 | 3/22 赤口 |
| 29 火 | 庚申 九紫 | 3/23 先勝 |
| 30 水 | 辛酉 一白 | 3/24 友引 |

4 月
4. 4［節］清明
4.16［雑］土用
4.19［節］穀雨

## 5 月
（乙巳 五黄土星）

| | | | | | |
|---|---|---|---|---|---|
| 1 | 木 | 壬戌 | 二黒 | 3/25 | 先負 |
| 2 | 金 | 癸亥 | 三碧 | 3/26 | 仏滅 |
| 3 | 土 | 甲子 | 四緑 | 3/27 | 大安 |
| 4 | 日 | 乙丑 | 五黄 | 3/28 | 赤口 |
| 5 | 月 | 丙寅 | 六白 | 3/29 | 先勝 |
| 6 | 火 | 丁卯 | 七赤 | 4/1 | 仏滅 |
| 7 | 水 | 戊辰 | 八白 | 4/2 | 大安 |
| 8 | 木 | 己巳 | 九紫 | 4/3 | 赤口 |
| 9 | 金 | 庚午 | 一白 | 4/4 | 先勝 |
| 10 | 土 | 辛未 | 二黒 | 4/5 | 友引 |
| 11 | 日 | 壬申 | 三碧 | 4/6 | 先負 |
| 12 | 月 | 癸酉 | 四緑 | 4/7 | 仏滅 |
| 13 | 火 | 甲戌 | 五黄 | 4/8 | 大安 |
| 14 | 水 | 乙亥 | 六白 | 4/9 | 赤口 |
| 15 | 木 | 丙子 | 七赤 | 4/10 | 先勝 |
| 16 | 金 | 丁丑 | 八白 | 4/11 | 友引 |
| 17 | 土 | 戊寅 | 九紫 | 4/12 | 先負 |
| 18 | 日 | 己卯 | 一白 | 4/13 | 仏滅 |
| 19 | 月 | 庚辰 | 二黒 | 4/14 | 大安 |
| 20 | 火 | 辛巳 | 三碧 | 4/15 | 赤口 |
| 21 | 水 | 壬午 | 四緑 | 4/16 | 先勝 |
| 22 | 木 | 癸未 | 五黄 | 4/17 | 友引 |
| 23 | 金 | 甲申 | 六白 | 4/18 | 先負 |
| 24 | 土 | 乙酉 | 七赤 | 4/19 | 仏滅 |
| 25 | 日 | 丙戌 | 八白 | 4/20 | 大安 |
| 26 | 月 | 丁亥 | 九紫 | 4/21 | 赤口 |
| 27 | 火 | 戊子 | 一白 | 4/22 | 先勝 |
| 28 | 水 | 己丑 | 二黒 | 4/23 | 友引 |
| 29 | 木 | 庚寅 | 三碧 | 4/24 | 先負 |
| 30 | 金 | 辛卯 | 四緑 | 4/25 | 仏滅 |
| 31 | 土 | 壬辰 | 五黄 | 4/26 | 大安 |

## 6 月
（丙午 四緑木星）

| | | | | | |
|---|---|---|---|---|---|
| 1 | 日 | 癸巳 | 六白 | 4/27 | 赤口 |
| 2 | 月 | 甲午 | 七赤 | 4/28 | 先勝 |
| 3 | 火 | 乙未 | 八白 | 4/29 | 友引 |
| 4 | 水 | 丙申 | 九紫 | 4/30 | 先負 |
| 5 | 木 | 丁酉 | 一白 | 5/1 | 大安 |
| 6 | 金 | 戊戌 | 二黒 | 5/2 | 赤口 |
| 7 | 土 | 己亥 | 三碧 | 5/3 | 先勝 |
| 8 | 日 | 庚子 | 四緑 | 5/4 | 友引 |
| 9 | 月 | 辛丑 | 五黄 | 5/5 | 先負 |
| 10 | 火 | 壬寅 | 六白 | 5/6 | 仏滅 |
| 11 | 水 | 癸卯 | 七赤 | 5/7 | 大安 |
| 12 | 木 | 甲辰 | 八白 | 5/8 | 赤口 |
| 13 | 金 | 乙巳 | 九紫 | 5/9 | 先勝 |
| 14 | 土 | 丙午 | 一白 | 5/10 | 友引 |
| 15 | 日 | 丁未 | 二黒 | 5/11 | 先負 |
| 16 | 月 | 戊申 | 三碧 | 5/12 | 仏滅 |
| 17 | 火 | 己酉 | 四緑 | 5/13 | 大安 |
| 18 | 水 | 庚戌 | 五黄 | 5/14 | 赤口 |
| 19 | 木 | 辛亥 | 六白 | 5/15 | 先勝 |
| 20 | 金 | 壬子 | 七赤 | 5/16 | 友引 |
| 21 | 土 | 癸丑 | 八白 | 5/17 | 先負 |
| 22 | 日 | 甲寅 | 九紫 | 5/18 | 仏滅 |
| 23 | 月 | 乙卯 | 一白 | 5/19 | 大安 |
| 24 | 火 | 丙辰 | 二黒 | 5/20 | 赤口 |
| 25 | 水 | 丁巳 | 三碧 | 5/21 | 先勝 |
| 26 | 木 | 戊午 | 四緑 | 5/22 | 友引 |
| 27 | 金 | 己未 | 五黄 | 5/23 | 先負 |
| 28 | 土 | 庚申 | 六白 | 5/24 | 仏滅 |
| 29 | 日 | 辛酉 | 七赤 | 5/25 | 大安 |
| 30 | 月 | 壬戌 | 八白 | 5/26 | 赤口 |

## 7 月
（丁未 三碧木星）

| | | | | | |
|---|---|---|---|---|---|
| 1 | 火 | 癸亥 | 九紫 | 5/27 | 先勝 |
| 2 | 水 | 甲子 | 九紫 | 5/28 | 友引 |
| 3 | 木 | 乙丑 | 八白 | 5/29 | 先負 |
| 4 | 金 | 丙寅 | 七赤 | 5/30 | 仏滅 |
| 5 | 土 | 丁卯 | 六白 | 6/1 | 赤口 |
| 6 | 日 | 戊辰 | 五黄 | 6/2 | 先勝 |
| 7 | 月 | 己巳 | 四緑 | 6/3 | 友引 |
| 8 | 火 | 庚午 | 三碧 | 6/4 | 先負 |
| 9 | 水 | 辛未 | 二黒 | 6/5 | 仏滅 |
| 10 | 木 | 壬申 | 一白 | 6/6 | 大安 |
| 11 | 金 | 癸酉 | 九紫 | 6/7 | 赤口 |
| 12 | 土 | 甲戌 | 八白 | 6/8 | 先勝 |
| 13 | 日 | 乙亥 | 七赤 | 6/9 | 友引 |
| 14 | 月 | 丙子 | 六白 | 6/10 | 先負 |
| 15 | 火 | 丁丑 | 五黄 | 6/11 | 仏滅 |
| 16 | 水 | 戊寅 | 四緑 | 6/12 | 大安 |
| 17 | 木 | 己卯 | 三碧 | 6/13 | 赤口 |
| 18 | 金 | 庚辰 | 二黒 | 6/14 | 先勝 |
| 19 | 土 | 辛巳 | 一白 | 6/15 | 友引 |
| 20 | 日 | 壬午 | 九紫 | 6/16 | 先負 |
| 21 | 月 | 癸未 | 八白 | 6/17 | 仏滅 |
| 22 | 火 | 甲申 | 七赤 | 6/18 | 大安 |
| 23 | 水 | 乙酉 | 六白 | 6/19 | 赤口 |
| 24 | 木 | 丙戌 | 五黄 | 6/20 | 先勝 |
| 25 | 金 | 丁亥 | 四緑 | 6/21 | 友引 |
| 26 | 土 | 戊子 | 三碧 | 6/22 | 先負 |
| 27 | 日 | 己丑 | 二黒 | 6/23 | 仏滅 |
| 28 | 月 | 庚寅 | 一白 | 6/24 | 大安 |
| 29 | 火 | 辛卯 | 九紫 | 6/25 | 赤口 |
| 30 | 水 | 壬辰 | 八白 | 6/26 | 先勝 |
| 31 | 木 | 癸巳 | 七赤 | 6/27 | 友引 |

## 8 月
（戊申 二黒土星）

| | | | | | |
|---|---|---|---|---|---|
| 1 | 金 | 甲午 | 六白 | 6/28 | 先負 |
| 2 | 土 | 乙未 | 五黄 | 6/29 | 仏滅 |
| 3 | 日 | 丙申 | 四緑 | 7/1 | 先勝 |
| 4 | 月 | 丁酉 | 三碧 | 7/2 | 友引 |
| 5 | 火 | 戊戌 | 二黒 | 7/3 | 先負 |
| 6 | 水 | 己亥 | 一白 | 7/4 | 仏滅 |
| 7 | 木 | 庚子 | 九紫 | 7/5 | 大安 |
| 8 | 金 | 辛丑 | 八白 | 7/6 | 赤口 |
| 9 | 土 | 壬寅 | 七赤 | 7/7 | 先勝 |
| 10 | 日 | 癸卯 | 六白 | 7/8 | 友引 |
| 11 | 月 | 甲辰 | 五黄 | 7/9 | 先負 |
| 12 | 火 | 乙巳 | 四緑 | 7/10 | 仏滅 |
| 13 | 水 | 丙午 | 三碧 | 7/11 | 大安 |
| 14 | 木 | 丁未 | 二黒 | 7/12 | 赤口 |
| 15 | 金 | 戊申 | 一白 | 7/13 | 先勝 |
| 16 | 土 | 己酉 | 九紫 | 7/14 | 友引 |
| 17 | 日 | 庚戌 | 八白 | 7/15 | 先負 |
| 18 | 月 | 辛亥 | 七赤 | 7/16 | 仏滅 |
| 19 | 火 | 壬子 | 六白 | 7/17 | 大安 |
| 20 | 水 | 癸丑 | 五黄 | 7/18 | 赤口 |
| 21 | 木 | 甲寅 | 四緑 | 7/19 | 先勝 |
| 22 | 金 | 乙卯 | 三碧 | 7/20 | 友引 |
| 23 | 土 | 丙辰 | 二黒 | 7/21 | 先負 |
| 24 | 日 | 丁巳 | 一白 | 7/22 | 仏滅 |
| 25 | 月 | 戊午 | 九紫 | 7/23 | 大安 |
| 26 | 火 | 己未 | 八白 | 7/24 | 赤口 |
| 27 | 水 | 庚申 | 七赤 | 7/25 | 先勝 |
| 28 | 木 | 辛酉 | 六白 | 7/26 | 友引 |
| 29 | 金 | 壬戌 | 五黄 | 7/27 | 先負 |
| 30 | 土 | 癸亥 | 四緑 | 7/28 | 仏滅 |
| 31 | 日 | 甲子 | 三碧 | 7/29 | 大安 |

**5 月**

5. 1［雑］八十八夜
5. 4［節］立夏
5.20［節］小満

**6 月**

6. 4［節］芒種
6.10［雑］入梅
6.20［節］夏至

**7 月**

7. 1［雑］半夏生
7. 6［節］小暑
7.18［雑］土用
7.22［節］大暑

**8 月**

8. 6［節］立秋
8.22［節］処暑
8.31［雑］二百十日

## 2092 年

### 9 月
（己酉 一白水星）

| | | |
|---|---|---|
| 1 月 | 乙丑 二黒 | 7/30 赤口 |
| 2 火 | 丙寅 一白 | 8/1 友引 |
| 3 水 | 丁卯 九紫 | 8/2 先負 |
| 4 木 | 戊辰 八白 | 8/3 仏滅 |
| 5 金 | 己巳 七赤 | 8/4 大安 |
| 6 土 | 庚午 六白 | 8/5 赤口 |
| 7 日 | 辛未 五黄 | 8/6 先勝 |
| 8 月 | 壬申 四緑 | 8/7 友引 |
| 9 火 | 癸酉 三碧 | 8/8 先負 |
| 10 水 | 甲戌 二黒 | 8/9 仏滅 |
| 11 木 | 乙亥 一白 | 8/10 大安 |
| 12 金 | 丙子 九紫 | 8/11 赤口 |
| 13 土 | 丁丑 八白 | 8/12 先勝 |
| 14 日 | 戊寅 七赤 | 8/13 友引 |
| 15 月 | 己卯 六白 | 8/14 先負 |
| 16 火 | 庚辰 五黄 | 8/15 仏滅 |
| 17 水 | 辛巳 四緑 | 8/16 大安 |
| 18 木 | 壬午 三碧 | 8/17 赤口 |
| 19 金 | 癸未 二黒 | 8/18 先勝 |
| 20 土 | 甲申 一白 | 8/19 友引 |
| 21 日 | 乙酉 九紫 | 8/20 先負 |
| 22 月 | 丙戌 八白 | 8/21 仏滅 |
| 23 火 | 丁亥 七赤 | 8/22 大安 |
| 24 水 | 戊子 六白 | 8/23 赤口 |
| 25 木 | 己丑 五黄 | 8/24 先勝 |
| 26 金 | 庚寅 四緑 | 8/25 友引 |
| 27 土 | 辛卯 三碧 | 8/26 先負 |
| 28 日 | 壬辰 二黒 | 8/27 仏滅 |
| 29 月 | 癸巳 一白 | 8/28 大安 |
| 30 火 | 甲午 九紫 | 8/29 赤口 |

### 10 月
（庚戌 九紫火星）

| | | |
|---|---|---|
| 1 水 | 乙未 八白 | 9/1 先負 |
| 2 木 | 丙申 七赤 | 9/2 仏滅 |
| 3 金 | 丁酉 六白 | 9/3 大安 |
| 4 土 | 戊戌 五黄 | 9/4 赤口 |
| 5 日 | 己亥 四緑 | 9/5 先勝 |
| 6 月 | 庚子 三碧 | 9/6 友引 |
| 7 火 | 辛丑 二黒 | 9/7 先負 |
| 8 水 | 壬寅 一白 | 9/8 仏滅 |
| 9 木 | 癸卯 九紫 | 9/9 大安 |
| 10 金 | 甲辰 八白 | 9/10 赤口 |
| 11 土 | 乙巳 七赤 | 9/11 先勝 |
| 12 日 | 丙午 六白 | 9/12 友引 |
| 13 月 | 丁未 五黄 | 9/13 先負 |
| 14 火 | 戊申 四緑 | 9/14 仏滅 |
| 15 水 | 己酉 三碧 | 9/15 大安 |
| 16 木 | 庚戌 二黒 | 9/16 赤口 |
| 17 金 | 辛亥 一白 | 9/17 先勝 |
| 18 土 | 壬子 九紫 | 9/18 友引 |
| 19 日 | 癸丑 八白 | 9/19 先負 |
| 20 月 | 甲寅 七赤 | 9/20 仏滅 |
| 21 火 | 乙卯 六白 | 9/21 大安 |
| 22 水 | 丙辰 五黄 | 9/22 赤口 |
| 23 木 | 丁巳 四緑 | 9/23 先勝 |
| 24 金 | 戊午 三碧 | 9/24 友引 |
| 25 土 | 己未 二黒 | 9/25 先負 |
| 26 日 | 庚申 一白 | 9/26 仏滅 |
| 27 月 | 辛酉 九紫 | 9/27 大安 |
| 28 火 | 壬戌 八白 | 9/28 赤口 |
| 29 水 | 癸亥 七赤 | 9/29 先勝 |
| 30 木 | 甲子 六白 | 9/30 友引 |
| 31 金 | 乙丑 五黄 | 10/1 仏滅 |

### 11 月
（辛亥 八白土星）

| | | |
|---|---|---|
| 1 土 | 丙寅 四緑 | 10/2 大安 |
| 2 日 | 丁卯 三碧 | 10/3 赤口 |
| 3 月 | 戊辰 二黒 | 10/4 先勝 |
| 4 火 | 己巳 一白 | 10/5 友引 |
| 5 水 | 庚午 九紫 | 10/6 先負 |
| 6 木 | 辛未 八白 | 10/7 仏滅 |
| 7 金 | 壬申 七赤 | 10/8 大安 |
| 8 土 | 癸酉 六白 | 10/9 赤口 |
| 9 日 | 甲戌 五黄 | 10/10 先勝 |
| 10 月 | 乙亥 四緑 | 10/11 友引 |
| 11 火 | 丙子 三碧 | 10/12 先負 |
| 12 水 | 丁丑 二黒 | 10/13 仏滅 |
| 13 木 | 戊寅 一白 | 10/14 大安 |
| 14 金 | 己卯 九紫 | 10/15 赤口 |
| 15 土 | 庚辰 八白 | 10/16 先勝 |
| 16 日 | 辛巳 七赤 | 10/17 友引 |
| 17 月 | 壬午 六白 | 10/18 先負 |
| 18 火 | 癸未 五黄 | 10/19 仏滅 |
| 19 水 | 甲申 四緑 | 10/20 大安 |
| 20 木 | 乙酉 三碧 | 10/21 赤口 |
| 21 金 | 丙戌 二黒 | 10/22 先勝 |
| 22 土 | 丁亥 一白 | 10/23 友引 |
| 23 日 | 戊子 九紫 | 10/24 先負 |
| 24 月 | 己丑 八白 | 10/25 仏滅 |
| 25 火 | 庚寅 七赤 | 10/26 大安 |
| 26 水 | 辛卯 六白 | 10/27 赤口 |
| 27 木 | 壬辰 五黄 | 10/28 先勝 |
| 28 金 | 癸巳 四緑 | 10/29 友引 |
| 29 土 | 甲午 三碧 | 11/1 大安 |
| 30 日 | 乙未 二黒 | 11/2 赤口 |

### 12 月
（壬子 七赤金星）

| | | |
|---|---|---|
| 1 月 | 丙申 一白 | 11/3 先勝 |
| 2 火 | 丁酉 九紫 | 11/4 友引 |
| 3 水 | 戊戌 八白 | 11/5 先負 |
| 4 木 | 己亥 七赤 | 11/6 仏滅 |
| 5 金 | 庚子 六白 | 11/7 大安 |
| 6 土 | 辛丑 五黄 | 11/8 赤口 |
| 7 日 | 壬寅 四緑 | 11/9 先勝 |
| 8 月 | 癸卯 三碧 | 11/10 友引 |
| 9 火 | 甲辰 二黒 | 11/11 先負 |
| 10 水 | 乙巳 一白 | 11/12 仏滅 |
| 11 木 | 丙午 九紫 | 11/13 大安 |
| 12 金 | 丁未 八白 | 11/14 赤口 |
| 13 土 | 戊申 七赤 | 11/15 先勝 |
| 14 日 | 己酉 六白 | 11/16 友引 |
| 15 月 | 庚戌 五黄 | 11/17 先負 |
| 16 火 | 辛亥 四緑 | 11/18 仏滅 |
| 17 水 | 壬子 三碧 | 11/19 大安 |
| 18 木 | 癸丑 二黒 | 11/20 赤口 |
| 19 金 | 甲寅 一白 | 11/21 先勝 |
| 20 土 | 乙卯 九紫 | 11/22 友引 |
| 21 日 | 丙辰 八白 | 11/23 先負 |
| 22 月 | 丁巳 七赤 | 11/24 仏滅 |
| 23 火 | 戊午 六白 | 11/25 大安 |
| 24 水 | 己未 五黄 | 11/26 赤口 |
| 25 木 | 庚申 四緑 | 11/27 先勝 |
| 26 金 | 辛酉 三碧 | 11/28 友引 |
| 27 土 | 壬戌 二黒 | 11/29 先負 |
| 28 日 | 癸亥 一白 | 11/30 仏滅 |
| 29 月 | 甲子 一白 | 12/1 赤口 |
| 30 火 | 乙丑 二黒 | 12/2 先勝 |
| 31 水 | 丙寅 三碧 | 12/3 友引 |

**9 月**

9. 6 [節] 白露
9.19 [雑] 彼岸
9.22 [節] 秋分
9.24 [雑] 社日

**10 月**

10. 7 [節] 寒露
10.19 [雑] 土用
10.22 [節] 霜降

**11 月**

11. 6 [節] 立冬
11.21 [節] 小雪

**12 月**

12. 6 [節] 大雪
12.21 [節] 冬至

# 2093

明治 226 年
大正 182 年
昭和 168 年
平成 105 年

癸丑（みずのとうし）
六白金星

生誕・年忌など

**1. 1** チェコとスロヴァキアの分離独立100年
**1.15** 釧路沖地震 100 年
**1.20** オードリー・ヘプバーン没後 100 年
**1.21** ルイ 16 世処刑 300 年
**1.22** 大塩平八郎生誕 300 年
河竹黙阿弥没後 200 年
阿部公房没後 100 年
**1.30** 服部良一没後 100 年
**3. 7** 尊号事件 300 年
**4.22** 平禅門の乱 800 年
**5.15** 市川房枝生誕 200 年
J リーグ開幕 100 年
**5.28** 曾我兄弟の仇討ち 900 年
**6. 9** 皇太子徳仁親王・雅子妃結婚 100 年
**7. 6** H. モーパッサン没後 200 年
**7.10** 井伏鱒二没後 100 年
**7.12** 北海道南西沖地震 100 年
**8. 3** 豊臣秀頼生誕 500 年
**9.13** パレスチナ暫定自治協定調印 100 年
**9.16** 渡辺崋山生誕 300 年
**9.19** ニュージーランド・女性参政権確立200 年
**10.16** マリー・アントワネット処刑 300 年
**10.29** マキノ雅広没後 100 年
**10.31** F. フェリーニ没後 100 年
**11. 1** 欧州連合条約 (マーストリヒト条約) 発効 100 年
**11. 6** P. チャイコフスキー没後 200 年
**12.16** 田中角栄没後 100 年
**12.26** 毛沢東生誕 200 年
この年 聖徳太子摂政就任 1500 年
ディーゼル、内燃機関発明 200 年
凶作による米の緊急輸入 100 年

**2093 年**

## 1 月
（癸丑 六白金星）

| | | | |
|---|---|---|---|
| 1 | 木 | 丁卯 四緑 | 12/4 先負 |
| 2 | 金 | 戊辰 五黄 | 12/5 仏滅 |
| 3 | 土 | 己巳 六白 | 12/6 大安 |
| 4 | 日 | 庚午 七赤 | 12/7 赤口 |
| 5 | 月 | 辛未 八白 | 12/8 先勝 |
| 6 | 火 | 壬申 九紫 | 12/9 友引 |
| 7 | 水 | 癸酉 一白 | 12/10 先負 |
| 8 | 木 | 甲戌 二黒 | 12/11 仏滅 |
| 9 | 金 | 乙亥 三碧 | 12/12 大安 |
| 10 | 土 | 丙子 四緑 | 12/13 赤口 |
| 11 | 日 | 丁丑 五黄 | 12/14 先勝 |
| 12 | 月 | 戊寅 六白 | 12/15 友引 |
| 13 | 火 | 己卯 七赤 | 12/16 先負 |
| 14 | 水 | 庚辰 八白 | 12/17 仏滅 |
| 15 | 木 | 辛巳 九紫 | 12/18 大安 |
| 16 | 金 | 壬午 一白 | 12/19 赤口 |
| 17 | 土 | 癸未 二黒 | 12/20 先勝 |
| 18 | 日 | 甲申 三碧 | 12/21 友引 |
| 19 | 月 | 乙酉 四緑 | 12/22 先負 |
| 20 | 火 | 丙戌 五黄 | 12/23 仏滅 |
| 21 | 水 | 丁亥 六白 | 12/24 大安 |
| 22 | 木 | 戊子 七赤 | 12/25 赤口 |
| 23 | 金 | 己丑 八白 | 12/26 先勝 |
| 24 | 土 | 庚寅 九紫 | 12/27 友引 |
| 25 | 日 | 辛卯 一白 | 12/28 先負 |
| 26 | 月 | 壬辰 二黒 | 12/29 仏滅 |
| 27 | 火 | 癸巳 三碧 | 1/1 先勝 |
| 28 | 水 | 甲午 四緑 | 1/2 友引 |
| 29 | 木 | 乙未 五黄 | 1/3 先負 |
| 30 | 金 | 丙申 六白 | 1/4 仏滅 |
| 31 | 土 | 丁酉 七赤 | 1/5 大安 |

## 2 月
（甲寅 五黄土星）

| | | | |
|---|---|---|---|
| 1 | 日 | 戊戌 八白 | 1/6 赤口 |
| 2 | 月 | 己亥 九紫 | 1/7 先勝 |
| 3 | 火 | 庚子 一白 | 1/8 友引 |
| 4 | 水 | 辛丑 二黒 | 1/9 先負 |
| 5 | 木 | 壬寅 三碧 | 1/10 仏滅 |
| 6 | 金 | 癸卯 四緑 | 1/11 大安 |
| 7 | 土 | 甲辰 五黄 | 1/12 赤口 |
| 8 | 日 | 乙巳 六白 | 1/13 先勝 |
| 9 | 月 | 丙午 七赤 | 1/14 友引 |
| 10 | 火 | 丁未 八白 | 1/15 先負 |
| 11 | 水 | 戊申 九紫 | 1/16 仏滅 |
| 12 | 木 | 己酉 一白 | 1/17 大安 |
| 13 | 金 | 庚戌 二黒 | 1/18 赤口 |
| 14 | 土 | 辛亥 三碧 | 1/19 先勝 |
| 15 | 日 | 壬子 四緑 | 1/20 友引 |
| 16 | 月 | 癸丑 五黄 | 1/21 先負 |
| 17 | 火 | 甲寅 六白 | 1/22 仏滅 |
| 18 | 水 | 乙卯 七赤 | 1/23 大安 |
| 19 | 木 | 丙辰 八白 | 1/24 赤口 |
| 20 | 金 | 丁巳 九紫 | 1/25 先勝 |
| 21 | 土 | 戊午 一白 | 1/26 友引 |
| 22 | 日 | 己未 二黒 | 1/27 先負 |
| 23 | 月 | 庚申 三碧 | 1/28 仏滅 |
| 24 | 火 | 辛酉 四緑 | 1/29 大安 |
| 25 | 水 | 壬戌 五黄 | 1/30 赤口 |
| 26 | 木 | 癸亥 六白 | 2/1 友引 |
| 27 | 金 | 甲子 七赤 | 2/2 先負 |
| 28 | 土 | 乙丑 八白 | 2/3 仏滅 |

## 3 月
（乙卯 四緑木星）

| | | | |
|---|---|---|---|
| 1 | 日 | 丙寅 九紫 | 2/4 大安 |
| 2 | 月 | 丁卯 一白 | 2/5 赤口 |
| 3 | 火 | 戊辰 二黒 | 2/6 先勝 |
| 4 | 水 | 己巳 三碧 | 2/7 友引 |
| 5 | 木 | 庚午 四緑 | 2/8 先負 |
| 6 | 金 | 辛未 五黄 | 2/9 仏滅 |
| 7 | 土 | 壬申 六白 | 2/10 大安 |
| 8 | 日 | 癸酉 七赤 | 2/11 赤口 |
| 9 | 月 | 甲戌 八白 | 2/12 先勝 |
| 10 | 火 | 乙亥 九紫 | 2/13 友引 |
| 11 | 水 | 丙子 一白 | 2/14 先負 |
| 12 | 木 | 丁丑 二黒 | 2/15 仏滅 |
| 13 | 金 | 戊寅 三碧 | 2/16 大安 |
| 14 | 土 | 己卯 四緑 | 2/17 赤口 |
| 15 | 日 | 庚辰 五黄 | 2/18 先勝 |
| 16 | 月 | 辛巳 六白 | 2/19 友引 |
| 17 | 火 | 壬午 七赤 | 2/20 先負 |
| 18 | 水 | 癸未 八白 | 2/21 仏滅 |
| 19 | 木 | 甲申 九紫 | 2/22 大安 |
| 20 | 金 | 乙酉 一白 | 2/23 赤口 |
| 21 | 土 | 丙戌 二黒 | 2/24 先勝 |
| 22 | 日 | 丁亥 三碧 | 2/25 友引 |
| 23 | 月 | 戊子 四緑 | 2/26 先負 |
| 24 | 火 | 己丑 五黄 | 2/27 仏滅 |
| 25 | 水 | 庚寅 六白 | 2/28 大安 |
| 26 | 木 | 辛卯 七赤 | 2/29 赤口 |
| 27 | 金 | 壬辰 八白 | 3/1 先負 |
| 28 | 土 | 癸巳 九紫 | 3/2 仏滅 |
| 29 | 日 | 甲午 一白 | 3/3 大安 |
| 30 | 月 | 乙未 二黒 | 3/4 赤口 |
| 31 | 火 | 丙申 三碧 | 3/5 先勝 |

## 4 月
（丙辰 三碧木星）

| | | | |
|---|---|---|---|
| 1 | 水 | 丁酉 四緑 | 3/6 友引 |
| 2 | 木 | 戊戌 五黄 | 3/7 先負 |
| 3 | 金 | 己亥 六白 | 3/8 仏滅 |
| 4 | 土 | 庚子 七赤 | 3/9 大安 |
| 5 | 日 | 辛丑 八白 | 3/10 赤口 |
| 6 | 月 | 壬寅 九紫 | 3/11 先勝 |
| 7 | 火 | 癸卯 一白 | 3/12 友引 |
| 8 | 水 | 甲辰 二黒 | 3/13 先負 |
| 9 | 木 | 乙巳 三碧 | 3/14 仏滅 |
| 10 | 金 | 丙午 四緑 | 3/15 大安 |
| 11 | 土 | 丁未 五黄 | 3/16 赤口 |
| 12 | 日 | 戊申 六白 | 3/17 先勝 |
| 13 | 月 | 己酉 七赤 | 3/18 友引 |
| 14 | 火 | 庚戌 八白 | 3/19 先負 |
| 15 | 水 | 辛亥 九紫 | 3/20 仏滅 |
| 16 | 木 | 壬子 一白 | 3/21 大安 |
| 17 | 金 | 癸丑 二黒 | 3/22 赤口 |
| 18 | 土 | 甲寅 三碧 | 3/23 先勝 |
| 19 | 日 | 乙卯 四緑 | 3/24 友引 |
| 20 | 月 | 丙辰 五黄 | 3/25 先負 |
| 21 | 火 | 丁巳 六白 | 3/26 仏滅 |
| 22 | 水 | 戊午 七赤 | 3/27 大安 |
| 23 | 木 | 己未 八白 | 3/28 赤口 |
| 24 | 金 | 庚申 九紫 | 3/29 先勝 |
| 25 | 土 | 辛酉 一白 | 3/30 友引 |
| 26 | 日 | 壬戌 二黒 | 4/1 仏滅 |
| 27 | 月 | 癸亥 三碧 | 4/2 大安 |
| 28 | 火 | 甲子 四緑 | 4/3 赤口 |
| 29 | 水 | 乙丑 五黄 | 4/4 先勝 |
| 30 | 木 | 丙寅 六白 | 4/5 友引 |

**1 月**

1. 4 [節] 小寒
1.16 [雑] 土用
1.19 [節] 大寒

**2 月**

2. 2 [雑] 節分
2. 3 [節] 立春
2.18 [節] 雨水

**3 月**

3. 5 [節] 啓蟄
3.17 [雑] 彼岸
3.20 [節] 春分
3.23 [雑] 社日

**4 月**

4. 4 [節] 清明
4.16 [雑] 土用
4.19 [節] 穀雨

## 5 月
（丁巳 二黒土星）

| | | | |
|---|---|---|---|
| 1 | 金 | 丁卯 七赤 | 4/6 先負 |
| 2 | 土 | 戊辰 八白 | 4/7 仏滅 |
| 3 | 日 | 己巳 九紫 | 4/8 大安 |
| 4 | 月 | 庚午 一白 | 4/9 赤口 |
| 5 | 火 | 辛未 二黒 | 4/10 先勝 |
| 6 | 水 | 壬申 三碧 | 4/11 友引 |
| 7 | 木 | 癸酉 四緑 | 4/12 先負 |
| 8 | 金 | 甲戌 五黄 | 4/13 仏滅 |
| 9 | 土 | 乙亥 六白 | 4/14 大安 |
| 10 | 日 | 丙子 七赤 | 4/15 赤口 |
| 11 | 月 | 丁丑 八白 | 4/16 先勝 |
| 12 | 火 | 戊寅 九紫 | 4/17 友引 |
| 13 | 水 | 己卯 一白 | 4/18 先負 |
| 14 | 木 | 庚辰 二黒 | 4/19 仏滅 |
| 15 | 金 | 辛巳 三碧 | 4/20 大安 |
| 16 | 土 | 壬午 四緑 | 4/21 赤口 |
| 17 | 日 | 癸未 五黄 | 4/22 先勝 |
| 18 | 月 | 甲申 六白 | 4/23 友引 |
| 19 | 火 | 乙酉 七赤 | 4/24 先負 |
| 20 | 水 | 丙戌 八白 | 4/25 仏滅 |
| 21 | 木 | 丁亥 九紫 | 4/26 大安 |
| 22 | 金 | 戊子 一白 | 4/27 赤口 |
| 23 | 土 | 己丑 二黒 | 4/28 先勝 |
| 24 | 日 | 庚寅 三碧 | 4/29 友引 |
| 25 | 月 | 辛卯 四緑 | 5/1 大安 |
| 26 | 火 | 壬辰 五黄 | 5/2 赤口 |
| 27 | 水 | 癸巳 六白 | 5/3 先勝 |
| 28 | 木 | 甲午 七赤 | 5/4 友引 |
| 29 | 金 | 乙未 八白 | 5/5 先負 |
| 30 | 土 | 丙申 九紫 | 5/6 仏滅 |
| 31 | 日 | 丁酉 一白 | 5/7 大安 |

## 6 月
（戊午 一白水星）

| | | | |
|---|---|---|---|
| 1 | 月 | 戊戌 二黒 | 5/8 赤口 |
| 2 | 火 | 己亥 三碧 | 5/9 先勝 |
| 3 | 水 | 庚子 四緑 | 5/10 友引 |
| 4 | 木 | 辛丑 五黄 | 5/11 先負 |
| 5 | 金 | 壬寅 六白 | 5/12 仏滅 |
| 6 | 土 | 癸卯 七赤 | 5/13 大安 |
| 7 | 日 | 甲辰 八白 | 5/14 赤口 |
| 8 | 月 | 乙巳 九紫 | 5/15 先勝 |
| 9 | 火 | 丙午 一白 | 5/16 友引 |
| 10 | 水 | 丁未 二黒 | 5/17 先負 |
| 11 | 木 | 戊申 三碧 | 5/18 仏滅 |
| 12 | 金 | 己酉 四緑 | 5/19 大安 |
| 13 | 土 | 庚戌 五黄 | 5/20 赤口 |
| 14 | 日 | 辛亥 六白 | 5/21 先勝 |
| 15 | 月 | 壬子 七赤 | 5/22 友引 |
| 16 | 火 | 癸丑 八白 | 5/23 先負 |
| 17 | 水 | 甲寅 九紫 | 5/24 仏滅 |
| 18 | 木 | 乙卯 一白 | 5/25 大安 |
| 19 | 金 | 丙辰 二黒 | 5/26 赤口 |
| 20 | 土 | 丁巳 三碧 | 5/27 先勝 |
| 21 | 日 | 戊午 四緑 | 5/28 友引 |
| 22 | 月 | 己未 五黄 | 5/29 先負 |
| 23 | 火 | 庚申 六白 | 5/30 仏滅 |
| 24 | 水 | 辛酉 七赤 | 6/1 赤口 |
| 25 | 木 | 壬戌 八白 | 6/2 先勝 |
| 26 | 金 | 癸亥 九紫 | 6/3 友引 |
| 27 | 土 | 甲子 九紫 | 6/4 先負 |
| 28 | 日 | 乙丑 八白 | 6/5 仏滅 |
| 29 | 月 | 丙寅 七赤 | 6/6 大安 |
| 30 | 火 | 丁卯 六白 | 6/7 赤口 |

## 7 月
（己未 九紫火星）

| | | | |
|---|---|---|---|
| 1 | 水 | 戊辰 五黄 | 6/8 先勝 |
| 2 | 木 | 己巳 四緑 | 6/9 友引 |
| 3 | 金 | 庚午 三碧 | 6/10 先負 |
| 4 | 土 | 辛未 二黒 | 6/11 仏滅 |
| 5 | 日 | 壬申 一白 | 6/12 大安 |
| 6 | 月 | 癸酉 九紫 | 6/13 赤口 |
| 7 | 火 | 甲戌 八白 | 6/14 先勝 |
| 8 | 水 | 乙亥 七赤 | 6/15 友引 |
| 9 | 木 | 丙子 六白 | 6/16 先負 |
| 10 | 金 | 丁丑 五黄 | 6/17 仏滅 |
| 11 | 土 | 戊寅 四緑 | 6/18 大安 |
| 12 | 日 | 己卯 三碧 | 6/19 赤口 |
| 13 | 月 | 庚辰 二黒 | 6/20 先勝 |
| 14 | 火 | 辛巳 一白 | 6/21 友引 |
| 15 | 水 | 壬午 九紫 | 6/22 先負 |
| 16 | 木 | 癸未 八白 | 6/23 仏滅 |
| 17 | 金 | 甲申 七赤 | 6/24 大安 |
| 18 | 土 | 乙酉 六白 | 6/25 赤口 |
| 19 | 日 | 丙戌 五黄 | 6/26 先勝 |
| 20 | 月 | 丁亥 四緑 | 6/27 友引 |
| 21 | 火 | 戊子 三碧 | 6/28 先負 |
| 22 | 水 | 己丑 二黒 | 6/29 仏滅 |
| 23 | 木 | 庚寅 一白 | 閏6/1 赤口 |
| 24 | 金 | 辛卯 九紫 | 閏6/2 先勝 |
| 25 | 土 | 壬辰 八白 | 閏6/3 友引 |
| 26 | 日 | 癸巳 七赤 | 閏6/4 先負 |
| 27 | 月 | 甲午 六白 | 閏6/5 仏滅 |
| 28 | 火 | 乙未 五黄 | 閏6/6 大安 |
| 29 | 水 | 丙申 四緑 | 閏6/7 赤口 |
| 30 | 木 | 丁酉 三碧 | 閏6/8 先勝 |
| 31 | 金 | 戊戌 二黒 | 閏6/9 友引 |

## 8 月
（庚申 八白土星）

| | | | |
|---|---|---|---|
| 1 | 土 | 己亥 一白 | 閏6/10 先負 |
| 2 | 日 | 庚子 九紫 | 閏6/11 仏滅 |
| 3 | 月 | 辛丑 八白 | 閏6/12 大安 |
| 4 | 火 | 壬寅 七赤 | 閏6/13 赤口 |
| 5 | 水 | 癸卯 六白 | 閏6/14 先勝 |
| 6 | 木 | 甲辰 五黄 | 閏6/15 友引 |
| 7 | 金 | 乙巳 四緑 | 閏6/16 先負 |
| 8 | 土 | 丙午 三碧 | 閏6/17 仏滅 |
| 9 | 日 | 丁未 二黒 | 閏6/18 大安 |
| 10 | 月 | 戊申 一白 | 閏6/19 赤口 |
| 11 | 火 | 己酉 九紫 | 閏6/20 先勝 |
| 12 | 水 | 庚戌 八白 | 閏6/21 友引 |
| 13 | 木 | 辛亥 七赤 | 閏6/22 先負 |
| 14 | 金 | 壬子 六白 | 閏6/23 仏滅 |
| 15 | 土 | 癸丑 五黄 | 閏6/24 大安 |
| 16 | 日 | 甲寅 四緑 | 閏6/25 赤口 |
| 17 | 月 | 乙卯 三碧 | 閏6/26 先勝 |
| 18 | 火 | 丙辰 二黒 | 閏6/27 友引 |
| 19 | 水 | 丁巳 一白 | 閏6/28 先負 |
| 20 | 木 | 戊午 九紫 | 閏6/29 仏滅 |
| 21 | 金 | 己未 八白 | 閏6/30 大安 |
| 22 | 土 | 庚申 七赤 | 7/1 先勝 |
| 23 | 日 | 辛酉 六白 | 7/2 友引 |
| 24 | 月 | 壬戌 五黄 | 7/3 先負 |
| 25 | 火 | 癸亥 四緑 | 7/4 仏滅 |
| 26 | 水 | 甲子 三碧 | 7/5 大安 |
| 27 | 木 | 乙丑 二黒 | 7/6 赤口 |
| 28 | 金 | 丙寅 一白 | 7/7 先勝 |
| 29 | 土 | 丁卯 九紫 | 7/8 友引 |
| 30 | 日 | 戊辰 八白 | 7/9 先負 |
| 31 | 月 | 己巳 七赤 | 7/10 仏滅 |

**5 月**

5. 1［雑］八十八夜
5. 5［節］立夏
5.20［節］小満

**6 月**

6. 5［節］芒種
6.10［雑］入梅
6.20［節］夏至

**7 月**

7. 1［雑］半夏生
7. 6［節］小暑
7.19［雑］土用
7.22［節］大暑

**8 月**

8. 7［節］立秋
8.22［節］処暑
8.31［雑］二百十日

## 9月
（辛酉 七赤金星）

| | | | |
|---|---|---|---|
| 1 | 火 | 庚午 六白 | 7/11 大安 |
| 2 | 水 | 辛未 五黄 | 7/12 赤口 |
| 3 | 木 | 壬申 四緑 | 7/13 先勝 |
| 4 | 金 | 癸酉 三碧 | 7/14 友引 |
| 5 | 土 | 甲戌 二黒 | 7/15 先負 |
| 6 | 日 | 乙亥 一白 | 7/16 仏滅 |
| 7 | 月 | 丙子 九紫 | 7/17 大安 |
| 8 | 火 | 丁丑 八白 | 7/18 赤口 |
| 9 | 水 | 戊寅 七赤 | 7/19 先勝 |
| 10 | 木 | 己卯 六白 | 7/20 友引 |
| 11 | 金 | 庚辰 五黄 | 7/21 先負 |
| 12 | 土 | 辛巳 四緑 | 7/22 仏滅 |
| 13 | 日 | 壬午 三碧 | 7/23 大安 |
| 14 | 月 | 癸未 二黒 | 7/24 赤口 |
| 15 | 火 | 甲申 一白 | 7/25 先勝 |
| 16 | 水 | 乙酉 九紫 | 7/26 友引 |
| 17 | 木 | 丙戌 八白 | 7/27 先負 |
| 18 | 金 | 丁亥 七赤 | 7/28 仏滅 |
| 19 | 土 | 戊子 六白 | 7/29 大安 |
| 20 | 日 | 己丑 五黄 | 7/30 赤口 |
| 21 | 月 | 庚寅 四緑 | 8/1 友引 |
| 22 | 火 | 辛卯 三碧 | 8/2 先負 |
| 23 | 水 | 壬辰 二黒 | 8/3 仏滅 |
| 24 | 木 | 癸巳 一白 | 8/4 大安 |
| 25 | 金 | 甲午 九紫 | 8/5 赤口 |
| 26 | 土 | 乙未 八白 | 8/6 先勝 |
| 27 | 日 | 丙申 七赤 | 8/7 友引 |
| 28 | 月 | 丁酉 六白 | 8/8 先負 |
| 29 | 火 | 戊戌 五黄 | 8/9 仏滅 |
| 30 | 水 | 己亥 四緑 | 8/10 大安 |

## 10月
（壬戌 六白金星）

| | | | |
|---|---|---|---|
| 1 | 木 | 庚子 三碧 | 8/11 赤口 |
| 2 | 金 | 辛丑 二黒 | 8/12 先勝 |
| 3 | 土 | 壬寅 一白 | 8/13 友引 |
| 4 | 日 | 癸卯 九紫 | 8/14 先負 |
| 5 | 月 | 甲辰 八白 | 8/15 仏滅 |
| 6 | 火 | 乙巳 七赤 | 8/16 大安 |
| 7 | 水 | 丙午 六白 | 8/17 赤口 |
| 8 | 木 | 丁未 五黄 | 8/18 先勝 |
| 9 | 金 | 戊申 四緑 | 8/19 友引 |
| 10 | 土 | 己酉 三碧 | 8/20 先負 |
| 11 | 日 | 庚戌 二黒 | 8/21 仏滅 |
| 12 | 月 | 辛亥 一白 | 8/22 大安 |
| 13 | 火 | 壬子 九紫 | 8/23 赤口 |
| 14 | 水 | 癸丑 八白 | 8/24 先勝 |
| 15 | 木 | 甲寅 七赤 | 8/25 友引 |
| 16 | 金 | 乙卯 六白 | 8/26 先負 |
| 17 | 土 | 丙辰 五黄 | 8/27 仏滅 |
| 18 | 日 | 丁巳 四緑 | 8/28 大安 |
| 19 | 月 | 戊午 三碧 | 8/29 赤口 |
| 20 | 火 | 己未 二黒 | 9/1 先負 |
| 21 | 水 | 庚申 一白 | 9/2 仏滅 |
| 22 | 木 | 辛酉 九紫 | 9/3 大安 |
| 23 | 金 | 壬戌 八白 | 9/4 赤口 |
| 24 | 土 | 癸亥 七赤 | 9/5 先勝 |
| 25 | 日 | 甲子 六白 | 9/6 友引 |
| 26 | 月 | 乙丑 五黄 | 9/7 先負 |
| 27 | 火 | 丙寅 四緑 | 9/8 仏滅 |
| 28 | 水 | 丁卯 三碧 | 9/9 大安 |
| 29 | 木 | 戊辰 二黒 | 9/10 赤口 |
| 30 | 金 | 己巳 一白 | 9/11 先勝 |
| 31 | 土 | 庚午 九紫 | 9/12 友引 |

## 11月
（癸亥 五黄土星）

| | | | |
|---|---|---|---|
| 1 | 日 | 辛未 八白 | 9/13 先負 |
| 2 | 月 | 壬申 七赤 | 9/14 仏滅 |
| 3 | 火 | 癸酉 六白 | 9/15 大安 |
| 4 | 水 | 甲戌 五黄 | 9/16 赤口 |
| 5 | 木 | 乙亥 四緑 | 9/17 先勝 |
| 6 | 金 | 丙子 三碧 | 9/18 友引 |
| 7 | 土 | 丁丑 二黒 | 9/19 先負 |
| 8 | 日 | 戊寅 一白 | 9/20 仏滅 |
| 9 | 月 | 己卯 九紫 | 9/21 大安 |
| 10 | 火 | 庚辰 八白 | 9/22 赤口 |
| 11 | 水 | 辛巳 七赤 | 9/23 先勝 |
| 12 | 木 | 壬午 六白 | 9/24 友引 |
| 13 | 金 | 癸未 五黄 | 9/25 先負 |
| 14 | 土 | 甲申 四緑 | 9/26 仏滅 |
| 15 | 日 | 乙酉 三碧 | 9/27 大安 |
| 16 | 月 | 丙戌 二黒 | 9/28 赤口 |
| 17 | 火 | 丁亥 一白 | 9/29 先勝 |
| 18 | 水 | 戊子 九紫 | 9/30 友引 |
| 19 | 木 | 己丑 八白 | 10/1 仏滅 |
| 20 | 金 | 庚寅 七赤 | 10/2 大安 |
| 21 | 土 | 辛卯 六白 | 10/3 赤口 |
| 22 | 日 | 壬辰 五黄 | 10/4 先勝 |
| 23 | 月 | 癸巳 四緑 | 10/5 友引 |
| 24 | 火 | 甲午 三碧 | 10/6 先負 |
| 25 | 水 | 乙未 二黒 | 10/7 仏滅 |
| 26 | 木 | 丙申 一白 | 10/8 大安 |
| 27 | 金 | 丁酉 九紫 | 10/9 赤口 |
| 28 | 土 | 戊戌 八白 | 10/10 先勝 |
| 29 | 日 | 己亥 七赤 | 10/11 友引 |
| 30 | 月 | 庚子 六白 | 10/12 先負 |

## 12月
（甲子 四緑木星）

| | | | |
|---|---|---|---|
| 1 | 火 | 辛丑 五黄 | 10/13 仏滅 |
| 2 | 水 | 壬寅 四緑 | 10/14 大安 |
| 3 | 木 | 癸卯 三碧 | 10/15 赤口 |
| 4 | 金 | 甲辰 二黒 | 10/16 先勝 |
| 5 | 土 | 乙巳 一白 | 10/17 友引 |
| 6 | 日 | 丙午 九紫 | 10/18 先負 |
| 7 | 月 | 丁未 八白 | 10/19 仏滅 |
| 8 | 火 | 戊申 七赤 | 10/20 大安 |
| 9 | 水 | 己酉 六白 | 10/21 赤口 |
| 10 | 木 | 庚戌 五黄 | 10/22 先勝 |
| 11 | 金 | 辛亥 四緑 | 10/23 友引 |
| 12 | 土 | 壬子 三碧 | 10/24 先負 |
| 13 | 日 | 癸丑 二黒 | 10/25 仏滅 |
| 14 | 月 | 甲寅 一白 | 10/26 大安 |
| 15 | 火 | 乙卯 九紫 | 10/27 赤口 |
| 16 | 水 | 丙辰 八白 | 10/28 先勝 |
| 17 | 木 | 丁巳 七赤 | 10/29 友引 |
| 18 | 金 | 戊午 六白 | 11/1 大安 |
| 19 | 土 | 己未 五黄 | 11/2 赤口 |
| 20 | 日 | 庚申 四緑 | 11/3 先勝 |
| 21 | 月 | 辛酉 三碧 | 11/4 友引 |
| 22 | 火 | 壬戌 二黒 | 11/5 先負 |
| 23 | 水 | 癸亥 一白 | 11/6 仏滅 |
| 24 | 木 | 甲子 一白 | 11/7 大安 |
| 25 | 金 | 乙丑 二黒 | 11/8 赤口 |
| 26 | 土 | 丙寅 三碧 | 11/9 先勝 |
| 27 | 日 | 丁卯 四緑 | 11/10 友引 |
| 28 | 月 | 戊辰 五黄 | 11/11 先負 |
| 29 | 火 | 己巳 六白 | 11/12 仏滅 |
| 30 | 水 | 庚午 七赤 | 11/13 大安 |
| 31 | 木 | 辛未 八白 | 11/14 赤口 |

**9月**

9. 7 [節] 白露
9.19 [雑] 彼岸
9.19 [雑] 社日
9.22 [節] 秋分

**10月**

10. 7 [節] 寒露
10.20 [雑] 土用
10.23 [節] 霜降

**11月**

11. 7 [節] 立冬
11.21 [節] 小雪

**12月**

12. 6 [節] 大雪
12.21 [節] 冬至

# 2094

明治 227 年
大正 183 年
昭和 169 年
平成 106 年

甲寅（きのえとら）
五黄土星

## 生誕・年忌など

1.10 寛政の大火 (桜田火事)300 年
1.17 ノースリッジ地震 100 年
3.26 山口誓子没後 100 年
3.29 甲午農民戦争 (東学党の乱)200 年
4. 5 ダントン処刑 300 年
4.10 M. ペリー生誕 300 年
4.22 R. ニクソン没後 100 年
4.26 中華航空エアバス機名古屋空港墜落事故 100 年
5. 1 アイルトン・セナ没後 100 年
5. 6 英仏海峡トンネル開通 100 年
5. 9 南ア・黒人のマンデラ大統領誕生 100 年
5.16 北村透谷没後 200 年
5.19 ジャクリーン・ケネディ・オナシス没後 100 年
6.14 H. マンシーニ没後 100 年
6.23 水野忠邦生誕 300 年
6.27 松本サリン事件 100 年
7. 8 金日成没後 100 年
7.16 日英通商航海条約調印 200 年
7.26 吉行淳之介没後 100 年
7.28 ロペスピエール処刑 300 年
8. 1 日清戦争開戦 200 年
9. 4 関西国際空港開港 100 年
9.30 遣唐使廃止 1200 年
10. 4 北海道東方沖地震 100 年
10.12 松尾芭蕉没後 400 年
10.21 江戸川乱歩生誕 200 年
10.24 楠木正成生誕 800 年
11.17 ピコ・デラ・ミランドラ没後 600 年
11.21 ヴォルテール生誕 400 年
11.27 松下幸之助生誕 200 年
12. 3 R. スティーブンソン没後 200 年
12.11 チェチェン紛争 100 年
12.28 三陸はるか沖地震 100 年
この年 藤原京遷都 1400 年
平安京遷都 1300 年
ドレフュス事件 200 年

2094 年

## 1 月
(乙丑 三碧木星)

| | | | |
|---|---|---|---|
| 1 | 金 | 壬申 九紫 | 11/15 先勝 |
| 2 | 土 | 癸酉 一白 | 11/16 友引 |
| 3 | 日 | 甲戌 二黒 | 11/17 先負 |
| 4 | 月 | 乙亥 三碧 | 11/18 仏滅 |
| 5 | 火 | 丙子 四緑 | 11/19 大安 |
| 6 | 水 | 丁丑 五黄 | 11/20 赤口 |
| 7 | 木 | 戊寅 六白 | 11/21 先勝 |
| 8 | 金 | 己卯 七赤 | 11/22 友引 |
| 9 | 土 | 庚辰 八白 | 11/23 先負 |
| 10 | 日 | 辛巳 九紫 | 11/24 仏滅 |
| 11 | 月 | 壬午 一白 | 11/25 大安 |
| 12 | 火 | 癸未 二黒 | 11/26 赤口 |
| 13 | 水 | 甲申 三碧 | 11/27 先勝 |
| 14 | 木 | 乙酉 四緑 | 11/28 友引 |
| 15 | 金 | 丙戌 五黄 | 11/29 先負 |
| 16 | 土 | 丁亥 六白 | 11/30 仏滅 |
| 17 | 日 | 戊子 七赤 | 12/1 赤口 |
| 18 | 月 | 己丑 八白 | 12/2 先勝 |
| 19 | 火 | 庚寅 九紫 | 12/3 友引 |
| 20 | 水 | 辛卯 一白 | 12/4 先負 |
| 21 | 木 | 壬辰 二黒 | 12/5 仏滅 |
| 22 | 金 | 癸巳 三碧 | 12/6 大安 |
| 23 | 土 | 甲午 四緑 | 12/7 赤口 |
| 24 | 日 | 乙未 五黄 | 12/8 先勝 |
| 25 | 月 | 丙申 六白 | 12/9 友引 |
| 26 | 火 | 丁酉 七赤 | 12/10 先負 |
| 27 | 水 | 戊戌 八白 | 12/11 仏滅 |
| 28 | 木 | 己亥 九紫 | 12/12 大安 |
| 29 | 金 | 庚子 一白 | 12/13 赤口 |
| 30 | 土 | 辛丑 二黒 | 12/14 先勝 |
| 31 | 日 | 壬寅 三碧 | 12/15 友引 |

## 2 月
(丙寅 二黒土星)

| | | | |
|---|---|---|---|
| 1 | 月 | 癸卯 四緑 | 12/16 先負 |
| 2 | 火 | 甲辰 五黄 | 12/17 仏滅 |
| 3 | 水 | 乙巳 六白 | 12/18 大安 |
| 4 | 木 | 丙午 七赤 | 12/19 赤口 |
| 5 | 金 | 丁未 八白 | 12/20 先勝 |
| 6 | 土 | 戊申 九紫 | 12/21 友引 |
| 7 | 日 | 己酉 一白 | 12/22 先負 |
| 8 | 月 | 庚戌 二黒 | 12/23 仏滅 |
| 9 | 火 | 辛亥 三碧 | 12/24 大安 |
| 10 | 水 | 壬子 四緑 | 12/25 赤口 |
| 11 | 木 | 癸丑 五黄 | 12/26 先勝 |
| 12 | 金 | 甲寅 六白 | 12/27 友引 |
| 13 | 土 | 乙卯 七赤 | 12/28 先負 |
| 14 | 日 | 丙辰 八白 | 12/29 仏滅 |
| 15 | 月 | 丁巳 九紫 | 1/1 先勝 |
| 16 | 火 | 戊午 一白 | 1/2 友引 |
| 17 | 水 | 己未 二黒 | 1/3 先負 |
| 18 | 木 | 庚申 三碧 | 1/4 仏滅 |
| 19 | 金 | 辛酉 四緑 | 1/5 大安 |
| 20 | 土 | 壬戌 五黄 | 1/6 赤口 |
| 21 | 日 | 癸亥 六白 | 1/7 先勝 |
| 22 | 月 | 甲子 七赤 | 1/8 友引 |
| 23 | 火 | 乙丑 八白 | 1/9 先負 |
| 24 | 水 | 丙寅 九紫 | 1/10 仏滅 |
| 25 | 木 | 丁卯 一白 | 1/11 大安 |
| 26 | 金 | 戊辰 二黒 | 1/12 赤口 |
| 27 | 土 | 己巳 三碧 | 1/13 先勝 |
| 28 | 日 | 庚午 四緑 | 1/14 友引 |

## 3 月
(丁卯 一白水星)

| | | | |
|---|---|---|---|
| 1 | 月 | 辛未 五黄 | 1/15 先負 |
| 2 | 火 | 壬申 六白 | 1/16 仏滅 |
| 3 | 水 | 癸酉 七赤 | 1/17 大安 |
| 4 | 木 | 甲戌 八白 | 1/18 赤口 |
| 5 | 金 | 乙亥 九紫 | 1/19 先勝 |
| 6 | 土 | 丙子 一白 | 1/20 友引 |
| 7 | 日 | 丁丑 二黒 | 1/21 先負 |
| 8 | 月 | 戊寅 三碧 | 1/22 仏滅 |
| 9 | 火 | 己卯 四緑 | 1/23 大安 |
| 10 | 水 | 庚辰 五黄 | 1/24 赤口 |
| 11 | 木 | 辛巳 六白 | 1/25 先勝 |
| 12 | 金 | 壬午 七赤 | 1/26 友引 |
| 13 | 土 | 癸未 八白 | 1/27 先負 |
| 14 | 日 | 甲申 九紫 | 1/28 仏滅 |
| 15 | 月 | 乙酉 一白 | 1/29 大安 |
| 16 | 火 | 丙戌 二黒 | 1/30 赤口 |
| 17 | 水 | 丁亥 三碧 | 2/1 友引 |
| 18 | 木 | 戊子 四緑 | 2/2 先負 |
| 19 | 金 | 己丑 五黄 | 2/3 仏滅 |
| 20 | 土 | 庚寅 六白 | 2/4 大安 |
| 21 | 日 | 辛卯 七赤 | 2/5 赤口 |
| 22 | 月 | 壬辰 八白 | 2/6 先勝 |
| 23 | 火 | 癸巳 九紫 | 2/7 友引 |
| 24 | 水 | 甲午 一白 | 2/8 先負 |
| 25 | 木 | 乙未 二黒 | 2/9 仏滅 |
| 26 | 金 | 丙申 三碧 | 2/10 大安 |
| 27 | 土 | 丁酉 四緑 | 2/11 赤口 |
| 28 | 日 | 戊戌 五黄 | 2/12 先勝 |
| 29 | 月 | 己亥 六白 | 2/13 友引 |
| 30 | 火 | 庚子 七赤 | 2/14 先負 |
| 31 | 水 | 辛丑 八白 | 2/15 仏滅 |

## 4 月
(戊辰 九紫火星)

| | | | |
|---|---|---|---|
| 1 | 木 | 壬寅 九紫 | 2/16 大安 |
| 2 | 金 | 癸卯 一白 | 2/17 赤口 |
| 3 | 土 | 甲辰 二黒 | 2/18 先勝 |
| 4 | 日 | 乙巳 三碧 | 2/19 友引 |
| 5 | 月 | 丙午 四緑 | 2/20 先負 |
| 6 | 火 | 丁未 五黄 | 2/21 仏滅 |
| 7 | 水 | 戊申 六白 | 2/22 大安 |
| 8 | 木 | 己酉 七赤 | 2/23 赤口 |
| 9 | 金 | 庚戌 八白 | 2/24 先勝 |
| 10 | 土 | 辛亥 九紫 | 2/25 友引 |
| 11 | 日 | 壬子 一白 | 2/26 先負 |
| 12 | 月 | 癸丑 二黒 | 2/27 仏滅 |
| 13 | 火 | 甲寅 三碧 | 2/28 大安 |
| 14 | 水 | 乙卯 四緑 | 2/29 赤口 |
| 15 | 木 | 丙辰 五黄 | 3/1 先負 |
| 16 | 金 | 丁巳 六白 | 3/2 仏滅 |
| 17 | 土 | 戊午 七赤 | 3/3 大安 |
| 18 | 日 | 己未 八白 | 3/4 赤口 |
| 19 | 月 | 庚申 九紫 | 3/5 先勝 |
| 20 | 火 | 辛酉 一白 | 3/6 友引 |
| 21 | 水 | 壬戌 二黒 | 3/7 先負 |
| 22 | 木 | 癸亥 三碧 | 3/8 仏滅 |
| 23 | 金 | 甲子 四緑 | 3/9 大安 |
| 24 | 土 | 乙丑 五黄 | 3/10 赤口 |
| 25 | 日 | 丙寅 六白 | 3/11 先勝 |
| 26 | 月 | 丁卯 七赤 | 3/12 友引 |
| 27 | 火 | 戊辰 八白 | 3/13 先負 |
| 28 | 水 | 己巳 九紫 | 3/14 仏滅 |
| 29 | 木 | 庚午 一白 | 3/15 大安 |
| 30 | 金 | 辛未 二黒 | 3/16 赤口 |

**1 月**

1. 5 [節] 小寒
1.17 [雑] 土用
1.19 [節] 大寒

**2 月**

2. 2 [雑] 節分
2. 3 [節] 立春
2.18 [節] 雨水

**3 月**

3. 5 [節] 啓蟄
3.17 [雑] 彼岸
3.18 [雑] 社日
3.20 [節] 春分

**4 月**

4. 4 [節] 清明
4.16 [雑] 土用
4.19 [節] 穀雨

## 5月
（己巳 八白土星）

| | | | |
|---|---|---|---|
| 1 | 土 | 壬申 三碧 | 3/17 先勝 |
| 2 | 日 | 癸酉 四緑 | 3/18 友引 |
| 3 | 月 | 甲戌 五黄 | 3/19 先負 |
| 4 | 火 | 乙亥 六白 | 3/20 仏滅 |
| 5 | 水 | 丙子 七赤 | 3/21 大安 |
| 6 | 木 | 丁丑 八白 | 3/22 赤口 |
| 7 | 金 | 戊寅 九紫 | 3/23 先勝 |
| 8 | 土 | 己卯 一白 | 3/24 友引 |
| 9 | 日 | 庚辰 二黒 | 3/25 先負 |
| 10 | 月 | 辛巳 三碧 | 3/26 仏滅 |
| 11 | 火 | 壬午 四緑 | 3/27 大安 |
| 12 | 水 | 癸未 五黄 | 3/28 赤口 |
| 13 | 木 | 甲申 六白 | 3/29 先勝 |
| 14 | 金 | 乙酉 七赤 | 4/1 仏滅 |
| 15 | 土 | 丙戌 八白 | 4/2 大安 |
| 16 | 日 | 丁亥 九紫 | 4/3 赤口 |
| 17 | 月 | 戊子 一白 | 4/4 先勝 |
| 18 | 火 | 己丑 二黒 | 4/5 友引 |
| 19 | 水 | 庚寅 三碧 | 4/6 先負 |
| 20 | 木 | 辛卯 四緑 | 4/7 仏滅 |
| 21 | 金 | 壬辰 五黄 | 4/8 大安 |
| 22 | 土 | 癸巳 六白 | 4/9 赤口 |
| 23 | 日 | 甲午 七赤 | 4/10 先勝 |
| 24 | 月 | 乙未 八白 | 4/11 友引 |
| 25 | 火 | 丙申 九紫 | 4/12 先負 |
| 26 | 水 | 丁酉 一白 | 4/13 仏滅 |
| 27 | 木 | 戊戌 二黒 | 4/14 大安 |
| 28 | 金 | 己亥 三碧 | 4/15 赤口 |
| 29 | 土 | 庚子 四緑 | 4/16 先勝 |
| 30 | 日 | 辛丑 五黄 | 4/17 友引 |
| 31 | 月 | 壬寅 六白 | 4/18 先負 |

## 6月
（庚午 七赤金星）

| | | | |
|---|---|---|---|
| 1 | 火 | 癸卯 七赤 | 4/19 仏滅 |
| 2 | 水 | 甲辰 八白 | 4/20 大安 |
| 3 | 木 | 乙巳 九紫 | 4/21 赤口 |
| 4 | 金 | 丙午 一白 | 4/22 先勝 |
| 5 | 土 | 丁未 二黒 | 4/23 友引 |
| 6 | 日 | 戊申 三碧 | 4/24 先負 |
| 7 | 月 | 己酉 四緑 | 4/25 仏滅 |
| 8 | 火 | 庚戌 五黄 | 4/26 大安 |
| 9 | 水 | 辛亥 六白 | 4/27 赤口 |
| 10 | 木 | 壬子 七赤 | 4/28 先勝 |
| 11 | 金 | 癸丑 八白 | 4/29 友引 |
| 12 | 土 | 甲寅 九紫 | 4/30 先負 |
| 13 | 日 | 乙卯 一白 | 5/1 大安 |
| 14 | 月 | 丙辰 二黒 | 5/2 赤口 |
| 15 | 火 | 丁巳 三碧 | 5/3 先勝 |
| 16 | 水 | 戊午 四緑 | 5/4 友引 |
| 17 | 木 | 己未 五黄 | 5/5 先負 |
| 18 | 金 | 庚申 六白 | 5/6 仏滅 |
| 19 | 土 | 辛酉 七赤 | 5/7 大安 |
| 20 | 日 | 壬戌 八白 | 5/8 赤口 |
| 21 | 月 | 癸亥 九紫 | 5/9 先勝 |
| 22 | 火 | 甲子 九紫 | 5/10 友引 |
| 23 | 水 | 乙丑 八白 | 5/11 先負 |
| 24 | 木 | 丙寅 七赤 | 5/12 仏滅 |
| 25 | 金 | 丁卯 六白 | 5/13 大安 |
| 26 | 土 | 戊辰 五黄 | 5/14 赤口 |
| 27 | 日 | 己巳 四緑 | 5/15 先勝 |
| 28 | 月 | 庚午 三碧 | 5/16 友引 |
| 29 | 火 | 辛未 二黒 | 5/17 先負 |
| 30 | 水 | 壬申 一白 | 5/18 仏滅 |

## 7月
（辛未 六白金星）

| | | | |
|---|---|---|---|
| 1 | 木 | 癸酉 九紫 | 5/19 大安 |
| 2 | 金 | 甲戌 八白 | 5/20 赤口 |
| 3 | 土 | 乙亥 七赤 | 5/21 先勝 |
| 4 | 日 | 丙子 六白 | 5/22 友引 |
| 5 | 月 | 丁丑 五黄 | 5/23 先負 |
| 6 | 火 | 戊寅 四緑 | 5/24 仏滅 |
| 7 | 水 | 己卯 三碧 | 5/25 大安 |
| 8 | 木 | 庚辰 二黒 | 5/26 赤口 |
| 9 | 金 | 辛巳 一白 | 5/27 先勝 |
| 10 | 土 | 壬午 九紫 | 5/28 友引 |
| 11 | 日 | 癸未 八白 | 5/29 先負 |
| 12 | 月 | 甲申 七赤 | 6/1 赤口 |
| 13 | 火 | 乙酉 六白 | 6/2 先勝 |
| 14 | 水 | 丙戌 五黄 | 6/3 友引 |
| 15 | 木 | 丁亥 四緑 | 6/4 先負 |
| 16 | 金 | 戊子 三碧 | 6/5 仏滅 |
| 17 | 土 | 己丑 二黒 | 6/6 大安 |
| 18 | 日 | 庚寅 一白 | 6/7 赤口 |
| 19 | 月 | 辛卯 九紫 | 6/8 先勝 |
| 20 | 火 | 壬辰 八白 | 6/9 友引 |
| 21 | 水 | 癸巳 七赤 | 6/10 先負 |
| 22 | 木 | 甲午 六白 | 6/11 仏滅 |
| 23 | 金 | 乙未 五黄 | 6/12 大安 |
| 24 | 土 | 丙申 四緑 | 6/13 赤口 |
| 25 | 日 | 丁酉 三碧 | 6/14 先勝 |
| 26 | 月 | 戊戌 二黒 | 6/15 友引 |
| 27 | 火 | 己亥 一白 | 6/16 先負 |
| 28 | 水 | 庚子 九紫 | 6/17 仏滅 |
| 29 | 木 | 辛丑 八白 | 6/18 大安 |
| 30 | 金 | 壬寅 七赤 | 6/19 赤口 |
| 31 | 土 | 癸卯 六白 | 6/20 先勝 |

## 8月
（壬申 五黄土星）

| | | | |
|---|---|---|---|
| 1 | 日 | 甲辰 五黄 | 6/21 友引 |
| 2 | 月 | 乙巳 四緑 | 6/22 先負 |
| 3 | 火 | 丙午 三碧 | 6/23 仏滅 |
| 4 | 水 | 丁未 二黒 | 6/24 大安 |
| 5 | 木 | 戊申 一白 | 6/25 赤口 |
| 6 | 金 | 己酉 九紫 | 6/26 先勝 |
| 7 | 土 | 庚戌 八白 | 6/27 友引 |
| 8 | 日 | 辛亥 七赤 | 6/28 先負 |
| 9 | 月 | 壬子 六白 | 6/29 仏滅 |
| 10 | 火 | 癸丑 五黄 | 6/30 大安 |
| 11 | 水 | 甲寅 四緑 | 7/1 先勝 |
| 12 | 木 | 乙卯 三碧 | 7/2 友引 |
| 13 | 金 | 丙辰 二黒 | 7/3 先負 |
| 14 | 土 | 丁巳 一白 | 7/4 仏滅 |
| 15 | 日 | 戊午 九紫 | 7/5 大安 |
| 16 | 月 | 己未 八白 | 7/6 赤口 |
| 17 | 火 | 庚申 七赤 | 7/7 先勝 |
| 18 | 水 | 辛酉 六白 | 7/8 友引 |
| 19 | 木 | 壬戌 五黄 | 7/9 先負 |
| 20 | 金 | 癸亥 四緑 | 7/10 仏滅 |
| 21 | 土 | 甲子 三碧 | 7/11 大安 |
| 22 | 日 | 乙丑 二黒 | 7/12 赤口 |
| 23 | 月 | 丙寅 一白 | 7/13 先勝 |
| 24 | 火 | 丁卯 九紫 | 7/14 友引 |
| 25 | 水 | 戊辰 八白 | 7/15 先負 |
| 26 | 木 | 己巳 七赤 | 7/16 仏滅 |
| 27 | 金 | 庚午 六白 | 7/17 大安 |
| 28 | 土 | 辛未 五黄 | 7/18 赤口 |
| 29 | 日 | 壬申 四緑 | 7/19 先勝 |
| 30 | 月 | 癸酉 三碧 | 7/20 友引 |
| 31 | 火 | 甲戌 二黒 | 7/21 先負 |

**5月**

5. 1［雑］八十八夜
5. 5［節］立夏
5.20［節］小満

**6月**

6. 5［節］芒種
6.10［雑］入梅
6.21［節］夏至

**7月**

7. 1［雑］半夏生
7. 6［節］小暑
7.19［雑］土用
7.22［節］大暑

**8月**

8. 7［節］立秋
8.22［節］処暑
8.31［雑］二百十日

## 9 月
（癸酉 四緑木星）

| | | | |
|---|---|---|---|
| 1 | 水 | 乙亥 一白 | 7/22 仏滅 |
| 2 | 木 | 丙子 九紫 | 7/23 大安 |
| 3 | 金 | 丁丑 八白 | 7/24 赤口 |
| 4 | 土 | 戊寅 七赤 | 7/25 先勝 |
| 5 | 日 | 己卯 六白 | 7/26 友引 |
| 6 | 月 | 庚辰 五黄 | 7/27 先負 |
| 7 | 火 | 辛巳 四緑 | 7/28 仏滅 |
| 8 | 水 | 壬午 三碧 | 7/29 大安 |
| 9 | 木 | 癸未 二黒 | 7/30 赤口 |
| 10 | 金 | 甲申 一白 | 8/1 友引 |
| 11 | 土 | 乙酉 九紫 | 8/2 先負 |
| 12 | 日 | 丙戌 八白 | 8/3 仏滅 |
| 13 | 月 | 丁亥 七赤 | 8/4 大安 |
| 14 | 火 | 戊子 六白 | 8/5 赤口 |
| 15 | 水 | 己丑 五黄 | 8/6 先勝 |
| 16 | 木 | 庚寅 四緑 | 8/7 友引 |
| 17 | 金 | 辛卯 三碧 | 8/8 先負 |
| 18 | 土 | 壬辰 二黒 | 8/9 仏滅 |
| 19 | 日 | 癸巳 一白 | 8/10 大安 |
| 20 | 月 | 甲午 九紫 | 8/11 赤口 |
| 21 | 火 | 乙未 八白 | 8/12 先勝 |
| 22 | 水 | 丙申 七赤 | 8/13 友引 |
| 23 | 木 | 丁酉 六白 | 8/14 先負 |
| 24 | 金 | 戊戌 五黄 | 8/15 仏滅 |
| 25 | 土 | 己亥 四緑 | 8/16 大安 |
| 26 | 日 | 庚子 三碧 | 8/17 赤口 |
| 27 | 月 | 辛丑 二黒 | 8/18 先勝 |
| 28 | 火 | 壬寅 一白 | 8/19 友引 |
| 29 | 水 | 癸卯 九紫 | 8/20 先負 |
| 30 | 木 | 甲辰 八白 | 8/21 仏滅 |

## 10 月
（甲戌 三碧木星）

| | | | |
|---|---|---|---|
| 1 | 金 | 乙巳 七赤 | 8/22 大安 |
| 2 | 土 | 丙午 六白 | 8/23 赤口 |
| 3 | 日 | 丁未 五黄 | 8/24 先勝 |
| 4 | 月 | 戊申 四緑 | 8/25 友引 |
| 5 | 火 | 己酉 三碧 | 8/26 先負 |
| 6 | 水 | 庚戌 二黒 | 8/27 仏滅 |
| 7 | 木 | 辛亥 一白 | 8/28 大安 |
| 8 | 金 | 壬子 九紫 | 8/29 赤口 |
| 9 | 土 | 癸丑 八白 | 9/1 先負 |
| 10 | 日 | 甲寅 七赤 | 9/2 仏滅 |
| 11 | 月 | 乙卯 六白 | 9/3 大安 |
| 12 | 火 | 丙辰 五黄 | 9/4 赤口 |
| 13 | 水 | 丁巳 四緑 | 9/5 先勝 |
| 14 | 木 | 戊午 三碧 | 9/6 友引 |
| 15 | 金 | 己未 二黒 | 9/7 先負 |
| 16 | 土 | 庚申 一白 | 9/8 仏滅 |
| 17 | 日 | 辛酉 九紫 | 9/9 大安 |
| 18 | 月 | 壬戌 八白 | 9/10 赤口 |
| 19 | 火 | 癸亥 七赤 | 9/11 先勝 |
| 20 | 水 | 甲子 六白 | 9/12 友引 |
| 21 | 木 | 乙丑 五黄 | 9/13 先負 |
| 22 | 金 | 丙寅 四緑 | 9/14 仏滅 |
| 23 | 土 | 丁卯 三碧 | 9/15 大安 |
| 24 | 日 | 戊辰 二黒 | 9/16 赤口 |
| 25 | 月 | 己巳 一白 | 9/17 先勝 |
| 26 | 火 | 庚午 九紫 | 9/18 友引 |
| 27 | 水 | 辛未 八白 | 9/19 先負 |
| 28 | 木 | 壬申 七赤 | 9/20 仏滅 |
| 29 | 金 | 癸酉 六白 | 9/21 大安 |
| 30 | 土 | 甲戌 五黄 | 9/22 赤口 |
| 31 | 日 | 乙亥 四緑 | 9/23 先勝 |

## 11 月
（乙亥 二黒土星）

| | | | |
|---|---|---|---|
| 1 | 月 | 丙子 三碧 | 9/24 友引 |
| 2 | 火 | 丁丑 二黒 | 9/25 先負 |
| 3 | 水 | 戊寅 一白 | 9/26 仏滅 |
| 4 | 木 | 己卯 九紫 | 9/27 大安 |
| 5 | 金 | 庚辰 八白 | 9/28 赤口 |
| 6 | 土 | 辛巳 七赤 | 9/29 先勝 |
| 7 | 日 | 壬午 六白 | 9/30 友引 |
| 8 | 月 | 癸未 五黄 | 10/1 仏滅 |
| 9 | 火 | 甲申 四緑 | 10/2 大安 |
| 10 | 水 | 乙酉 三碧 | 10/3 赤口 |
| 11 | 木 | 丙戌 二黒 | 10/4 先勝 |
| 12 | 金 | 丁亥 一白 | 10/5 友引 |
| 13 | 土 | 戊子 九紫 | 10/6 先負 |
| 14 | 日 | 己丑 八白 | 10/7 仏滅 |
| 15 | 月 | 庚寅 七赤 | 10/8 大安 |
| 16 | 火 | 辛卯 六白 | 10/9 赤口 |
| 17 | 水 | 壬辰 五黄 | 10/10 先勝 |
| 18 | 木 | 癸巳 四緑 | 10/11 友引 |
| 19 | 金 | 甲午 三碧 | 10/12 先負 |
| 20 | 土 | 乙未 二黒 | 10/13 仏滅 |
| 21 | 日 | 丙申 一白 | 10/14 大安 |
| 22 | 月 | 丁酉 九紫 | 10/15 赤口 |
| 23 | 火 | 戊戌 八白 | 10/16 先勝 |
| 24 | 水 | 己亥 七赤 | 10/17 友引 |
| 25 | 木 | 庚子 六白 | 10/18 先負 |
| 26 | 金 | 辛丑 五黄 | 10/19 仏滅 |
| 27 | 土 | 壬寅 四緑 | 10/20 大安 |
| 28 | 日 | 癸卯 三碧 | 10/21 赤口 |
| 29 | 月 | 甲辰 二黒 | 10/22 先勝 |
| 30 | 火 | 乙巳 一白 | 10/23 友引 |

## 12 月
（丙子 一白水星）

| | | | |
|---|---|---|---|
| 1 | 水 | 丙午 九紫 | 10/24 先負 |
| 2 | 木 | 丁未 八白 | 10/25 仏滅 |
| 3 | 金 | 戊申 七赤 | 10/26 大安 |
| 4 | 土 | 己酉 六白 | 10/27 赤口 |
| 5 | 日 | 庚戌 五黄 | 10/28 先勝 |
| 6 | 月 | 辛亥 四緑 | 10/29 友引 |
| 7 | 火 | 壬子 三碧 | 10/30 先負 |
| 8 | 水 | 癸丑 二黒 | 11/1 大安 |
| 9 | 木 | 甲寅 一白 | 11/2 赤口 |
| 10 | 金 | 乙卯 九紫 | 11/3 先勝 |
| 11 | 土 | 丙辰 八白 | 11/4 友引 |
| 12 | 日 | 丁巳 七赤 | 11/5 先負 |
| 13 | 月 | 戊午 六白 | 11/6 仏滅 |
| 14 | 火 | 己未 五黄 | 11/7 大安 |
| 15 | 水 | 庚申 四緑 | 11/8 赤口 |
| 16 | 木 | 辛酉 三碧 | 11/9 先勝 |
| 17 | 金 | 壬戌 二黒 | 11/10 友引 |
| 18 | 土 | 癸亥 一白 | 11/11 先負 |
| 19 | 日 | 甲子 一白 | 11/12 仏滅 |
| 20 | 月 | 乙丑 二黒 | 11/13 大安 |
| 21 | 火 | 丙寅 三碧 | 11/14 赤口 |
| 22 | 水 | 丁卯 四緑 | 11/15 先勝 |
| 23 | 木 | 戊辰 五黄 | 11/16 友引 |
| 24 | 金 | 己巳 六白 | 11/17 先負 |
| 25 | 土 | 庚午 七赤 | 11/18 仏滅 |
| 26 | 日 | 辛未 八白 | 11/19 大安 |
| 27 | 月 | 壬申 九紫 | 11/20 赤口 |
| 28 | 火 | 癸酉 一白 | 11/21 先勝 |
| 29 | 水 | 甲戌 二黒 | 11/22 友引 |
| 30 | 木 | 乙亥 三碧 | 11/23 先負 |
| 31 | 金 | 丙子 四緑 | 11/24 仏滅 |

**9 月**

9. 7 [節] 白露
9.19 [雑] 彼岸
9.22 [節] 秋分
9.24 [雑] 社日

**10 月**

10. 8 [節] 寒露
10.20 [雑] 土用
10.23 [節] 霜降

**11 月**

11. 7 [節] 立冬
11.22 [節] 小雪

**12 月**

12. 7 [節] 大雪
12.21 [節] 冬至

# 2095

明治 228 年
大正 184 年
昭和 170 年
平成 107 年

乙卯（きのとう）
四緑木星

生誕・年忌など

1. 3 M. キケロ生誕 2200 年
1.17 阪神・淡路大震災 100 年
2. 1 ジョン・フォード生誕 200 年
3.20 地下鉄サリン事件 100 年
4. 7 フランス国民公会メートル法制定 300 年
4.17 下関条約調印 200 年
5. 4 三国干渉・遼東半島還付 200 年
5.25 NATO によるボスニア空爆開始 100 年
7.15 関白豊臣秀次切腹 500 年
8. 5 F. エンゲルス没後 200 年
8.11 米国の核実験全面停止 100 年
8.28 ミヒャエル・エンデ没後 100 年
8.30 山口瞳没後 100 年
9. — 北条早雲小田原城攻略 600 年
10. 1 英国のメートル法採用 100 年
10. 8 閔妃暗殺事件 200 年
10.19 丸木位里没後 100 年
10.31 J. キーツ生誕 300 年
11. 4 Y. ラビン没後 100 年
11. 8 レントゲン・X 線発見 200 年
12.14 ボスニア包括和平合意 100 年
12.28 リュミエール兄弟・シネマトグラフ上映 200 年
この年 ローマ帝国東西分裂 1700 年

**2095年**

## 1月
（丁丑 九紫火星）

| | | |
|---|---|---|
| 1 土 | 丁丑 五黄 | 11/25 大安 |
| 2 日 | 戊寅 六白 | 11/26 赤口 |
| 3 月 | 己卯 七赤 | 11/27 先勝 |
| 4 火 | 庚辰 八白 | 11/28 友引 |
| 5 水 | 辛巳 九紫 | 11/29 先負 |
| 6 木 | 壬午 一白 | 12/1 赤口 |
| 7 金 | 癸未 二黒 | 12/2 先勝 |
| 8 土 | 甲申 三碧 | 12/3 友引 |
| 9 日 | 乙酉 四緑 | 12/4 先負 |
| 10 月 | 丙戌 五黄 | 12/5 仏滅 |
| 11 火 | 丁亥 六白 | 12/6 大安 |
| 12 水 | 戊子 七赤 | 12/7 赤口 |
| 13 木 | 己丑 八白 | 12/8 先勝 |
| 14 金 | 庚寅 九紫 | 12/9 友引 |
| 15 土 | 辛卯 一白 | 12/10 先負 |
| 16 日 | 壬辰 二黒 | 12/11 仏滅 |
| 17 月 | 癸巳 三碧 | 12/12 大安 |
| 18 火 | 甲午 四緑 | 12/13 赤口 |
| 19 水 | 乙未 五黄 | 12/14 先勝 |
| 20 木 | 丙申 六白 | 12/15 友引 |
| 21 金 | 丁酉 七赤 | 12/16 先負 |
| 22 土 | 戊戌 八白 | 12/17 仏滅 |
| 23 日 | 己亥 九紫 | 12/18 大安 |
| 24 月 | 庚子 一白 | 12/19 赤口 |
| 25 火 | 辛丑 二黒 | 12/20 先勝 |
| 26 水 | 壬寅 三碧 | 12/21 友引 |
| 27 木 | 癸卯 四緑 | 12/22 先負 |
| 28 金 | 甲辰 五黄 | 12/23 仏滅 |
| 29 土 | 乙巳 六白 | 12/24 大安 |
| 30 日 | 丙午 七赤 | 12/25 赤口 |
| 31 月 | 丁未 八白 | 12/26 先勝 |

## 2月
（戊寅 八白土星）

| | | |
|---|---|---|
| 1 火 | 戊申 九紫 | 12/27 友引 |
| 2 水 | 己酉 一白 | 12/28 先負 |
| 3 木 | 庚戌 二黒 | 12/29 仏滅 |
| 4 金 | 辛亥 三碧 | 12/30 大安 |
| 5 土 | 壬子 四緑 | 1/1 先勝 |
| 6 日 | 癸丑 五黄 | 1/2 友引 |
| 7 月 | 甲寅 六白 | 1/3 先負 |
| 8 火 | 乙卯 七赤 | 1/4 仏滅 |
| 9 水 | 丙辰 八白 | 1/5 大安 |
| 10 木 | 丁巳 九紫 | 1/6 赤口 |
| 11 金 | 戊午 一白 | 1/7 先勝 |
| 12 土 | 己未 二黒 | 1/8 友引 |
| 13 日 | 庚申 三碧 | 1/9 先負 |
| 14 月 | 辛酉 四緑 | 1/10 仏滅 |
| 15 火 | 壬戌 五黄 | 1/11 大安 |
| 16 水 | 癸亥 六白 | 1/12 赤口 |
| 17 木 | 甲子 七赤 | 1/13 先勝 |
| 18 金 | 乙丑 八白 | 1/14 友引 |
| 19 土 | 丙寅 九紫 | 1/15 先負 |
| 20 日 | 丁卯 一白 | 1/16 仏滅 |
| 21 月 | 戊辰 二黒 | 1/17 大安 |
| 22 火 | 己巳 三碧 | 1/18 赤口 |
| 23 水 | 庚午 四緑 | 1/19 先勝 |
| 24 木 | 辛未 五黄 | 1/20 友引 |
| 25 金 | 壬申 六白 | 1/21 先負 |
| 26 土 | 癸酉 七赤 | 1/22 仏滅 |
| 27 日 | 甲戌 八白 | 1/23 大安 |
| 28 月 | 乙亥 九紫 | 1/24 赤口 |

## 3月
（己卯 七赤金星）

| | | |
|---|---|---|
| 1 火 | 丙子 一白 | 1/25 先勝 |
| 2 水 | 丁丑 二黒 | 1/26 友引 |
| 3 木 | 戊寅 三碧 | 1/27 先負 |
| 4 金 | 己卯 四緑 | 1/28 仏滅 |
| 5 土 | 庚辰 五黄 | 1/29 大安 |
| 6 日 | 辛巳 六白 | 2/1 友引 |
| 7 月 | 壬午 七赤 | 2/2 先負 |
| 8 火 | 癸未 八白 | 2/3 仏滅 |
| 9 水 | 甲申 九紫 | 2/4 大安 |
| 10 木 | 乙酉 一白 | 2/5 赤口 |
| 11 金 | 丙戌 二黒 | 2/6 先勝 |
| 12 土 | 丁亥 三碧 | 2/7 友引 |
| 13 日 | 戊子 四緑 | 2/8 先負 |
| 14 月 | 己丑 五黄 | 2/9 仏滅 |
| 15 火 | 庚寅 六白 | 2/10 大安 |
| 16 水 | 辛卯 七赤 | 2/11 赤口 |
| 17 木 | 壬辰 八白 | 2/12 先勝 |
| 18 金 | 癸巳 九紫 | 2/13 友引 |
| 19 土 | 甲午 一白 | 2/14 先負 |
| 20 日 | 乙未 二黒 | 2/15 仏滅 |
| 21 月 | 丙申 三碧 | 2/16 大安 |
| 22 火 | 丁酉 四緑 | 2/17 赤口 |
| 23 水 | 戊戌 五黄 | 2/18 先勝 |
| 24 木 | 己亥 六白 | 2/19 友引 |
| 25 金 | 庚子 七赤 | 2/20 先負 |
| 26 土 | 辛丑 八白 | 2/21 仏滅 |
| 27 日 | 壬寅 九紫 | 2/22 大安 |
| 28 月 | 癸卯 一白 | 2/23 赤口 |
| 29 火 | 甲辰 二黒 | 2/24 先勝 |
| 30 水 | 乙巳 三碧 | 2/25 友引 |
| 31 木 | 丙午 四緑 | 2/26 先負 |

## 4月
（庚辰 六白金星）

| | | |
|---|---|---|
| 1 金 | 丁未 五黄 | 2/27 仏滅 |
| 2 土 | 戊申 六白 | 2/28 大安 |
| 3 日 | 己酉 七赤 | 2/29 赤口 |
| 4 月 | 庚戌 八白 | 2/30 先勝 |
| 5 火 | 辛亥 九紫 | 3/1 先負 |
| 6 水 | 壬子 一白 | 3/2 仏滅 |
| 7 木 | 癸丑 二黒 | 3/3 大安 |
| 8 金 | 甲寅 三碧 | 3/4 赤口 |
| 9 土 | 乙卯 四緑 | 3/5 先勝 |
| 10 日 | 丙辰 五黄 | 3/6 友引 |
| 11 月 | 丁巳 六白 | 3/7 先負 |
| 12 火 | 戊午 七赤 | 3/8 仏滅 |
| 13 水 | 己未 八白 | 3/9 大安 |
| 14 木 | 庚申 九紫 | 3/10 赤口 |
| 15 金 | 辛酉 一白 | 3/11 先勝 |
| 16 土 | 壬戌 二黒 | 3/12 友引 |
| 17 日 | 癸亥 三碧 | 3/13 先負 |
| 18 月 | 甲子 四緑 | 3/14 仏滅 |
| 19 火 | 乙丑 五黄 | 3/15 大安 |
| 20 水 | 丙寅 六白 | 3/16 赤口 |
| 21 木 | 丁卯 七赤 | 3/17 先勝 |
| 22 金 | 戊辰 八白 | 3/18 友引 |
| 23 土 | 己巳 九紫 | 3/19 先負 |
| 24 日 | 庚午 一白 | 3/20 仏滅 |
| 25 月 | 辛未 二黒 | 3/21 大安 |
| 26 火 | 壬申 三碧 | 3/22 赤口 |
| 27 水 | 癸酉 四緑 | 3/23 先勝 |
| 28 木 | 甲戌 五黄 | 3/24 友引 |
| 29 金 | 乙亥 六白 | 3/25 先負 |
| 30 土 | 丙子 七赤 | 3/26 仏滅 |

**1月**

1. 5［節］小寒
1.17［雑］土用
1.20［節］大寒

**2月**

2. 2［雑］節分
2. 3［節］立春
2.18［節］雨水

**3月**

3. 5［節］啓蟄
3.17［雑］彼岸
3.20［節］春分
3.23［雑］社日

**4月**

4. 4［節］清明
4.17［雑］土用
4.20［節］穀雨

## 5月
（辛巳 五黄土星）

| | | | |
|---|---|---|---|
| 1 | 日 | 丁丑 八白 | 3/27 大安 |
| 2 | 月 | 戊寅 九紫 | 3/28 赤口 |
| 3 | 火 | 己卯 一白 | 3/29 先勝 |
| 4 | 水 | 庚辰 二黒 | 4/1 仏滅 |
| 5 | 木 | 辛巳 三碧 | 4/2 大安 |
| 6 | 金 | 壬午 四緑 | 4/3 赤口 |
| 7 | 土 | 癸未 五黄 | 4/4 先勝 |
| 8 | 日 | 甲申 六白 | 4/5 友引 |
| 9 | 月 | 乙酉 七赤 | 4/6 先負 |
| 10 | 火 | 丙戌 八白 | 4/7 仏滅 |
| 11 | 水 | 丁亥 九紫 | 4/8 大安 |
| 12 | 木 | 戊子 一白 | 4/9 赤口 |
| 13 | 金 | 己丑 二黒 | 4/10 先勝 |
| 14 | 土 | 庚寅 三碧 | 4/11 友引 |
| 15 | 日 | 辛卯 四緑 | 4/12 先負 |
| 16 | 月 | 壬辰 五黄 | 4/13 仏滅 |
| 17 | 火 | 癸巳 六白 | 4/14 大安 |
| 18 | 水 | 甲午 七赤 | 4/15 赤口 |
| 19 | 木 | 乙未 八白 | 4/16 先勝 |
| 20 | 金 | 丙申 九紫 | 4/17 友引 |
| 21 | 土 | 丁酉 一白 | 4/18 先負 |
| 22 | 日 | 戊戌 二黒 | 4/19 仏滅 |
| 23 | 月 | 己亥 三碧 | 4/20 大安 |
| 24 | 火 | 庚子 四緑 | 4/21 赤口 |
| 25 | 水 | 辛丑 五黄 | 4/22 先勝 |
| 26 | 木 | 壬寅 六白 | 4/23 友引 |
| 27 | 金 | 癸卯 七赤 | 4/24 先負 |
| 28 | 土 | 甲辰 八白 | 4/25 仏滅 |
| 29 | 日 | 乙巳 九紫 | 4/26 大安 |
| 30 | 月 | 丙午 一白 | 4/27 赤口 |
| 31 | 火 | 丁未 二黒 | 4/28 先勝 |

## 6月
（壬午 四緑木星）

| | | | |
|---|---|---|---|
| 1 | 水 | 戊申 三碧 | 4/29 友引 |
| 2 | 木 | 己酉 四緑 | 5/1 大安 |
| 3 | 金 | 庚戌 五黄 | 5/2 赤口 |
| 4 | 土 | 辛亥 六白 | 5/3 先勝 |
| 5 | 日 | 壬子 七赤 | 5/4 友引 |
| 6 | 月 | 癸丑 八白 | 5/5 先負 |
| 7 | 火 | 甲寅 九紫 | 5/6 仏滅 |
| 8 | 水 | 乙卯 一白 | 5/7 大安 |
| 9 | 木 | 丙辰 二黒 | 5/8 赤口 |
| 10 | 金 | 丁巳 三碧 | 5/9 先勝 |
| 11 | 土 | 戊午 四緑 | 5/10 友引 |
| 12 | 日 | 己未 五黄 | 5/11 先負 |
| 13 | 月 | 庚申 六白 | 5/12 仏滅 |
| 14 | 火 | 辛酉 七赤 | 5/13 大安 |
| 15 | 水 | 壬戌 八白 | 5/14 赤口 |
| 16 | 木 | 癸亥 九紫 | 5/15 先勝 |
| 17 | 金 | 甲子 九紫 | 5/16 友引 |
| 18 | 土 | 乙丑 八白 | 5/17 先負 |
| 19 | 日 | 丙寅 七赤 | 5/18 仏滅 |
| 20 | 月 | 丁卯 六白 | 5/19 大安 |
| 21 | 火 | 戊辰 五黄 | 5/20 赤口 |
| 22 | 水 | 己巳 四緑 | 5/21 先勝 |
| 23 | 木 | 庚午 三碧 | 5/22 友引 |
| 24 | 金 | 辛未 二黒 | 5/23 先負 |
| 25 | 土 | 壬申 一白 | 5/24 仏滅 |
| 26 | 日 | 癸酉 九紫 | 5/25 大安 |
| 27 | 月 | 甲戌 八白 | 5/26 赤口 |
| 28 | 火 | 乙亥 七赤 | 5/27 先勝 |
| 29 | 水 | 丙子 六白 | 5/28 友引 |
| 30 | 木 | 丁丑 五黄 | 5/29 先負 |

## 7月
（癸未 三碧木星）

| | | | |
|---|---|---|---|
| 1 | 金 | 戊寅 四緑 | 5/30 仏滅 |
| 2 | 土 | 己卯 三碧 | 6/1 赤口 |
| 3 | 日 | 庚辰 二黒 | 6/2 先勝 |
| 4 | 月 | 辛巳 一白 | 6/3 友引 |
| 5 | 火 | 壬午 九紫 | 6/4 先負 |
| 6 | 水 | 癸未 八白 | 6/5 仏滅 |
| 7 | 木 | 甲申 七赤 | 6/6 大安 |
| 8 | 金 | 乙酉 六白 | 6/7 赤口 |
| 9 | 土 | 丙戌 五黄 | 6/8 先勝 |
| 10 | 日 | 丁亥 四緑 | 6/9 友引 |
| 11 | 月 | 戊子 三碧 | 6/10 先負 |
| 12 | 火 | 己丑 二黒 | 6/11 仏滅 |
| 13 | 水 | 庚寅 一白 | 6/12 大安 |
| 14 | 木 | 辛卯 九紫 | 6/13 赤口 |
| 15 | 金 | 壬辰 八白 | 6/14 先勝 |
| 16 | 土 | 癸巳 七赤 | 6/15 友引 |
| 17 | 日 | 甲午 六白 | 6/16 先負 |
| 18 | 月 | 乙未 五黄 | 6/17 仏滅 |
| 19 | 火 | 丙申 四緑 | 6/18 大安 |
| 20 | 水 | 丁酉 三碧 | 6/19 赤口 |
| 21 | 木 | 戊戌 二黒 | 6/20 先勝 |
| 22 | 金 | 己亥 一白 | 6/21 友引 |
| 23 | 土 | 庚子 九紫 | 6/22 先負 |
| 24 | 日 | 辛丑 八白 | 6/23 仏滅 |
| 25 | 月 | 壬寅 七赤 | 6/24 大安 |
| 26 | 火 | 癸卯 六白 | 6/25 赤口 |
| 27 | 水 | 甲辰 五黄 | 6/26 先勝 |
| 28 | 木 | 乙巳 四緑 | 6/27 友引 |
| 29 | 金 | 丙午 三碧 | 6/28 先負 |
| 30 | 土 | 丁未 二黒 | 6/29 仏滅 |
| 31 | 日 | 戊申 一白 | 7/1 先勝 |

## 8月
（甲申 二黒土星）

| | | | |
|---|---|---|---|
| 1 | 月 | 己酉 九紫 | 7/2 友引 |
| 2 | 火 | 庚戌 八白 | 7/3 先負 |
| 3 | 水 | 辛亥 七赤 | 7/4 仏滅 |
| 4 | 木 | 壬子 六白 | 7/5 大安 |
| 5 | 金 | 癸丑 五黄 | 7/6 赤口 |
| 6 | 土 | 甲寅 四緑 | 7/7 先勝 |
| 7 | 日 | 乙卯 三碧 | 7/8 友引 |
| 8 | 月 | 丙辰 二黒 | 7/9 先負 |
| 9 | 火 | 丁巳 一白 | 7/10 仏滅 |
| 10 | 水 | 戊午 九紫 | 7/11 大安 |
| 11 | 木 | 己未 八白 | 7/12 赤口 |
| 12 | 金 | 庚申 七赤 | 7/13 先勝 |
| 13 | 土 | 辛酉 六白 | 7/14 友引 |
| 14 | 日 | 壬戌 五黄 | 7/15 先負 |
| 15 | 月 | 癸亥 四緑 | 7/16 仏滅 |
| 16 | 火 | 甲子 三碧 | 7/17 大安 |
| 17 | 水 | 乙丑 二黒 | 7/18 赤口 |
| 18 | 木 | 丙寅 一白 | 7/19 先勝 |
| 19 | 金 | 丁卯 九紫 | 7/20 友引 |
| 20 | 土 | 戊辰 八白 | 7/21 先負 |
| 21 | 日 | 己巳 七赤 | 7/22 仏滅 |
| 22 | 月 | 庚午 六白 | 7/23 大安 |
| 23 | 火 | 辛未 五黄 | 7/24 赤口 |
| 24 | 水 | 壬申 四緑 | 7/25 先勝 |
| 25 | 木 | 癸酉 三碧 | 7/26 友引 |
| 26 | 金 | 甲戌 二黒 | 7/27 先負 |
| 27 | 土 | 乙亥 一白 | 7/28 仏滅 |
| 28 | 日 | 丙子 九紫 | 7/29 大安 |
| 29 | 月 | 丁丑 八白 | 7/30 赤口 |
| 30 | 火 | 戊寅 七赤 | 8/1 友引 |
| 31 | 水 | 己卯 六白 | 8/2 先負 |

**5月**

5. 1［雑］八十八夜
5. 5［節］立夏
5.21［節］小満

**6月**

6. 5［節］芒種
6.10［雑］入梅
6.21［節］夏至

**7月**

7. 1［雑］半夏生
7. 7［節］小暑
7.19［雑］土用
7.22［節］大暑

**8月**

8. 7［節］立秋
8.23［節］処暑
8.31［雑］二百十日

## 9 月
（乙酉 一白水星）

| | | | | | |
|---|---|---|---|---|---|
| 1 | 木 | 庚辰 | 五黄 | 8/3 | 仏滅 |
| 2 | 金 | 辛巳 | 四緑 | 8/4 | 大安 |
| 3 | 土 | 壬午 | 三碧 | 8/5 | 赤口 |
| 4 | 日 | 癸未 | 二黒 | 8/6 | 先勝 |
| 5 | 月 | 甲申 | 一白 | 8/7 | 友引 |
| 6 | 火 | 乙酉 | 九紫 | 8/8 | 先負 |
| 7 | 水 | 丙戌 | 八白 | 8/9 | 仏滅 |
| 8 | 木 | 丁亥 | 七赤 | 8/10 | 大安 |
| 9 | 金 | 戊子 | 六白 | 8/11 | 赤口 |
| 10 | 土 | 己丑 | 五黄 | 8/12 | 先勝 |
| 11 | 日 | 庚寅 | 四緑 | 8/13 | 友引 |
| 12 | 月 | 辛卯 | 三碧 | 8/14 | 先負 |
| 13 | 火 | 壬辰 | 二黒 | 8/15 | 仏滅 |
| 14 | 水 | 癸巳 | 一白 | 8/16 | 大安 |
| 15 | 木 | 甲午 | 九紫 | 8/17 | 赤口 |
| 16 | 金 | 乙未 | 八白 | 8/18 | 先勝 |
| 17 | 土 | 丙申 | 七赤 | 8/19 | 友引 |
| 18 | 日 | 丁酉 | 六白 | 8/20 | 先負 |
| 19 | 月 | 戊戌 | 五黄 | 8/21 | 仏滅 |
| 20 | 火 | 己亥 | 四緑 | 8/22 | 大安 |
| 21 | 水 | 庚子 | 三碧 | 8/23 | 赤口 |
| 22 | 木 | 辛丑 | 二黒 | 8/24 | 先勝 |
| 23 | 金 | 壬寅 | 一白 | 8/25 | 友引 |
| 24 | 土 | 癸卯 | 九紫 | 8/26 | 先負 |
| 25 | 日 | 甲辰 | 八白 | 8/27 | 仏滅 |
| 26 | 月 | 乙巳 | 七赤 | 8/28 | 大安 |
| 27 | 火 | 丙午 | 六白 | 8/29 | 赤口 |
| 28 | 水 | 丁未 | 五黄 | 9/1 | 先負 |
| 29 | 木 | 戊申 | 四緑 | 9/2 | 仏滅 |
| 30 | 金 | 己酉 | 三碧 | 9/3 | 大安 |

## 10 月
（丙戌 九紫火星）

| | | | | | |
|---|---|---|---|---|---|
| 1 | 土 | 庚戌 | 二黒 | 9/4 | 赤口 |
| 2 | 日 | 辛亥 | 一白 | 9/5 | 先勝 |
| 3 | 月 | 壬子 | 九紫 | 9/6 | 友引 |
| 4 | 火 | 癸丑 | 八白 | 9/7 | 先負 |
| 5 | 水 | 甲寅 | 七赤 | 9/8 | 仏滅 |
| 6 | 木 | 乙卯 | 六白 | 9/9 | 大安 |
| 7 | 金 | 丙辰 | 五黄 | 9/10 | 赤口 |
| 8 | 土 | 丁巳 | 四緑 | 9/11 | 先勝 |
| 9 | 日 | 戊午 | 三碧 | 9/12 | 友引 |
| 10 | 月 | 己未 | 二黒 | 9/13 | 先負 |
| 11 | 火 | 庚申 | 一白 | 9/14 | 仏滅 |
| 12 | 水 | 辛酉 | 九紫 | 9/15 | 大安 |
| 13 | 木 | 壬戌 | 八白 | 9/16 | 赤口 |
| 14 | 金 | 癸亥 | 七赤 | 9/17 | 先勝 |
| 15 | 土 | 甲子 | 六白 | 9/18 | 友引 |
| 16 | 日 | 乙丑 | 五黄 | 9/19 | 先負 |
| 17 | 月 | 丙寅 | 四緑 | 9/20 | 仏滅 |
| 18 | 火 | 丁卯 | 三碧 | 9/21 | 大安 |
| 19 | 水 | 戊辰 | 二黒 | 9/22 | 赤口 |
| 20 | 木 | 己巳 | 一白 | 9/23 | 先勝 |
| 21 | 金 | 庚午 | 九紫 | 9/24 | 友引 |
| 22 | 土 | 辛未 | 八白 | 9/25 | 先負 |
| 23 | 日 | 壬申 | 七赤 | 9/26 | 仏滅 |
| 24 | 月 | 癸酉 | 六白 | 9/27 | 大安 |
| 25 | 火 | 甲戌 | 五黄 | 9/28 | 赤口 |
| 26 | 水 | 乙亥 | 四緑 | 9/29 | 先勝 |
| 27 | 木 | 丙子 | 三碧 | 9/30 | 友引 |
| 28 | 金 | 丁丑 | 二黒 | 10/1 | 仏滅 |
| 29 | 土 | 戊寅 | 一白 | 10/2 | 大安 |
| 30 | 日 | 己卯 | 九紫 | 10/3 | 赤口 |
| 31 | 月 | 庚辰 | 八白 | 10/4 | 先勝 |

## 11 月
（丁亥 八白土星）

| | | | | | |
|---|---|---|---|---|---|
| 1 | 火 | 辛巳 | 七赤 | 10/5 | 友引 |
| 2 | 水 | 壬午 | 六白 | 10/6 | 先負 |
| 3 | 木 | 癸未 | 五黄 | 10/7 | 仏滅 |
| 4 | 金 | 甲申 | 四緑 | 10/8 | 大安 |
| 5 | 土 | 乙酉 | 三碧 | 10/9 | 赤口 |
| 6 | 日 | 丙戌 | 二黒 | 10/10 | 先勝 |
| 7 | 月 | 丁亥 | 一白 | 10/11 | 友引 |
| 8 | 火 | 戊子 | 九紫 | 10/12 | 先負 |
| 9 | 水 | 己丑 | 八白 | 10/13 | 仏滅 |
| 10 | 木 | 庚寅 | 七赤 | 10/14 | 大安 |
| 11 | 金 | 辛卯 | 六白 | 10/15 | 赤口 |
| 12 | 土 | 壬辰 | 五黄 | 10/16 | 先勝 |
| 13 | 日 | 癸巳 | 四緑 | 10/17 | 友引 |
| 14 | 月 | 甲午 | 三碧 | 10/18 | 先負 |
| 15 | 火 | 乙未 | 二黒 | 10/19 | 仏滅 |
| 16 | 水 | 丙申 | 一白 | 10/20 | 大安 |
| 17 | 木 | 丁酉 | 九紫 | 10/21 | 赤口 |
| 18 | 金 | 戊戌 | 八白 | 10/22 | 先勝 |
| 19 | 土 | 己亥 | 七赤 | 10/23 | 友引 |
| 20 | 日 | 庚子 | 六白 | 10/24 | 先負 |
| 21 | 月 | 辛丑 | 五黄 | 10/25 | 仏滅 |
| 22 | 火 | 壬寅 | 四緑 | 10/26 | 大安 |
| 23 | 水 | 癸卯 | 三碧 | 10/27 | 赤口 |
| 24 | 木 | 甲辰 | 二黒 | 10/28 | 先勝 |
| 25 | 金 | 乙巳 | 一白 | 10/29 | 友引 |
| 26 | 土 | 丙午 | 九紫 | 10/30 | 先負 |
| 27 | 日 | 丁未 | 八白 | 11/1 | 大安 |
| 28 | 月 | 戊申 | 七赤 | 11/2 | 赤口 |
| 29 | 火 | 己酉 | 六白 | 11/3 | 先勝 |
| 30 | 水 | 庚戌 | 五黄 | 11/4 | 友引 |

## 12 月
（戊子 七赤金星）

| | | | | | |
|---|---|---|---|---|---|
| 1 | 木 | 辛亥 | 四緑 | 11/5 | 先負 |
| 2 | 金 | 壬子 | 三碧 | 11/6 | 仏滅 |
| 3 | 土 | 癸丑 | 二黒 | 11/7 | 大安 |
| 4 | 日 | 甲寅 | 一白 | 11/8 | 赤口 |
| 5 | 月 | 乙卯 | 九紫 | 11/9 | 先勝 |
| 6 | 火 | 丙辰 | 八白 | 11/10 | 友引 |
| 7 | 水 | 丁巳 | 七赤 | 11/11 | 先負 |
| 8 | 木 | 戊午 | 六白 | 11/12 | 仏滅 |
| 9 | 金 | 己未 | 五黄 | 11/13 | 大安 |
| 10 | 土 | 庚申 | 四緑 | 11/14 | 赤口 |
| 11 | 日 | 辛酉 | 三碧 | 11/15 | 先勝 |
| 12 | 月 | 壬戌 | 二黒 | 11/16 | 友引 |
| 13 | 火 | 癸亥 | 一白 | 11/17 | 先負 |
| 14 | 水 | 甲子 | 一白 | 11/18 | 仏滅 |
| 15 | 木 | 乙丑 | 二黒 | 11/19 | 大安 |
| 16 | 金 | 丙寅 | 三碧 | 11/20 | 赤口 |
| 17 | 土 | 丁卯 | 四緑 | 11/21 | 先勝 |
| 18 | 日 | 戊辰 | 五黄 | 11/22 | 友引 |
| 19 | 月 | 己巳 | 六白 | 11/23 | 先負 |
| 20 | 火 | 庚午 | 七赤 | 11/24 | 仏滅 |
| 21 | 水 | 辛未 | 八白 | 11/25 | 大安 |
| 22 | 木 | 壬申 | 九紫 | 11/26 | 赤口 |
| 23 | 金 | 癸酉 | 一白 | 11/27 | 先勝 |
| 24 | 土 | 甲戌 | 二黒 | 11/28 | 友引 |
| 25 | 日 | 乙亥 | 三碧 | 11/29 | 先負 |
| 26 | 月 | 丙子 | 四緑 | 11/30 | 仏滅 |
| 27 | 火 | 丁丑 | 五黄 | 12/1 | 赤口 |
| 28 | 水 | 戊寅 | 六白 | 12/2 | 先勝 |
| 29 | 木 | 己卯 | 七赤 | 12/3 | 友引 |
| 30 | 金 | 庚辰 | 八白 | 12/4 | 先負 |
| 31 | 土 | 辛巳 | 九紫 | 12/5 | 仏滅 |

### 9 月
9. 7 [節] 白露
9.19 [雑] 社日
9.20 [雑] 彼岸
9.23 [節] 秋分

### 10 月
10. 8 [節] 寒露
10.20 [雑] 土用
10.23 [節] 霜降

### 11 月
11. 7 [節] 立冬
11.22 [節] 小雪

### 12 月
12. 7 [節] 大雪
12.22 [節] 冬至

# 2096

明治 229 年
大正 185 年
昭和 171 年
平成 108 年

丙辰（ひのえたつ）
三碧木星

## 生誕・年忌など

1. 7 岡本太郎没後 100 年
1. 8 P. ヴェルレーヌ没後 200 年
F. ミッテラン没後 100 年
2.12 司馬遼太郎没後 100 年
2.17 P. シーボルト生誕 300 年
2.20 武満徹没後 100 年
3.31 R. デカルト生誕 500 年
4. 6 近代オリンピック開催 200 年
5.14 ジェンナー種痘 300 年
6.15 三陸大津波 200 年
7.13 慶長地震 500 年
7.16 C. コロー生誕 300 年
8. 4 渥美清没後 100 年
8.15 丸山真男没後 100 年
8.16 沢村貞子没後 100 年
8.27 宮沢賢治生誕 200 年
9.10 国連・包括的核実験禁止条約 (CTBT) 採択 100 年
9.23 藤子・F・不二雄没後 100 年
9.24 S. フィッツジェラルド生誕 200 年
9.29 遠藤周作没後 100 年
10. 3 W. モリス没後 200 年
10.11 A. ブルックナー没後 200 年
10.20 日本初の小選挙区比例代表並立制選挙 100 年
10.23 ローマ教皇の進化論承認 100 年
11.23 樋口一葉没後 200 年
12.10 A. ノーベル没後 200 年
12.17 ペルー日本大使公邸人質監禁事件 100 年
12.19 長崎での 26 聖人殉教 500 年
この年 第 1 次十字軍派遣 1000 年
O-157 集団食中毒事件 100 年

## 2096 年

### 1 月
（己丑 六白金星）

| | | | |
|---|---|---|---|
| 1 | 日 | 壬午 一白 | 12/6 大安 |
| 2 | 月 | 癸未 二黒 | 12/7 赤口 |
| 3 | 火 | 甲申 三碧 | 12/8 先勝 |
| 4 | 水 | 乙酉 四緑 | 12/9 友引 |
| 5 | 木 | 丙戌 五黄 | 12/10 先負 |
| 6 | 金 | 丁亥 六白 | 12/11 仏滅 |
| 7 | 土 | 戊子 七赤 | 12/12 大安 |
| 8 | 日 | 己丑 八白 | 12/13 赤口 |
| 9 | 月 | 庚寅 九紫 | 12/14 先勝 |
| 10 | 火 | 辛卯 一白 | 12/15 友引 |
| 11 | 水 | 壬辰 二黒 | 12/16 先負 |
| 12 | 木 | 癸巳 三碧 | 12/17 仏滅 |
| 13 | 金 | 甲午 四緑 | 12/18 大安 |
| 14 | 土 | 乙未 五黄 | 12/19 赤口 |
| 15 | 日 | 丙申 六白 | 12/20 先勝 |
| 16 | 月 | 丁酉 七赤 | 12/21 友引 |
| 17 | 火 | 戊戌 八白 | 12/22 先負 |
| 18 | 水 | 己亥 九紫 | 12/23 仏滅 |
| 19 | 木 | 庚子 一白 | 12/24 大安 |
| 20 | 金 | 辛丑 二黒 | 12/25 赤口 |
| 21 | 土 | 壬寅 三碧 | 12/26 先勝 |
| 22 | 日 | 癸卯 四緑 | 12/27 友引 |
| 23 | 月 | 甲辰 五黄 | 12/28 先負 |
| 24 | 火 | 乙巳 六白 | 12/29 仏滅 |
| 25 | 水 | 丙午 七赤 | 1/1 先勝 |
| 26 | 木 | 丁未 八白 | 1/2 友引 |
| 27 | 金 | 戊申 九紫 | 1/3 先負 |
| 28 | 土 | 己酉 一白 | 1/4 仏滅 |
| 29 | 日 | 庚戌 二黒 | 1/5 大安 |
| 30 | 月 | 辛亥 三碧 | 1/6 赤口 |
| 31 | 火 | 壬子 四緑 | 1/7 先勝 |

### 2 月
（庚寅 五黄土星）

| | | | |
|---|---|---|---|
| 1 | 水 | 癸丑 五黄 | 1/8 友引 |
| 2 | 木 | 甲寅 六白 | 1/9 先負 |
| 3 | 金 | 乙卯 七赤 | 1/10 仏滅 |
| 4 | 土 | 丙辰 八白 | 1/11 大安 |
| 5 | 日 | 丁巳 九紫 | 1/12 赤口 |
| 6 | 月 | 戊午 一白 | 1/13 先勝 |
| 7 | 火 | 己未 二黒 | 1/14 友引 |
| 8 | 水 | 庚申 三碧 | 1/15 先負 |
| 9 | 木 | 辛酉 四緑 | 1/16 仏滅 |
| 10 | 金 | 壬戌 五黄 | 1/17 大安 |
| 11 | 土 | 癸亥 六白 | 1/18 赤口 |
| 12 | 日 | 甲子 七赤 | 1/19 先勝 |
| 13 | 月 | 乙丑 八白 | 1/20 友引 |
| 14 | 火 | 丙寅 九紫 | 1/21 先負 |
| 15 | 水 | 丁卯 一白 | 1/22 仏滅 |
| 16 | 木 | 戊辰 二黒 | 1/23 大安 |
| 17 | 金 | 己巳 三碧 | 1/24 赤口 |
| 18 | 土 | 庚午 四緑 | 1/25 先勝 |
| 19 | 日 | 辛未 五黄 | 1/26 友引 |
| 20 | 月 | 壬申 六白 | 1/27 先負 |
| 21 | 火 | 癸酉 七赤 | 1/28 仏滅 |
| 22 | 水 | 甲戌 八白 | 1/29 大安 |
| 23 | 木 | 乙亥 九紫 | 1/30 赤口 |
| 24 | 金 | 丙子 一白 | 2/1 友引 |
| 25 | 土 | 丁丑 二黒 | 2/2 先負 |
| 26 | 日 | 戊寅 三碧 | 2/3 仏滅 |
| 27 | 月 | 己卯 四緑 | 2/4 大安 |
| 28 | 火 | 庚辰 五黄 | 2/5 赤口 |
| 29 | 水 | 辛巳 六白 | 2/6 先勝 |

### 3 月
（辛卯 四緑木星）

| | | | |
|---|---|---|---|
| 1 | 木 | 壬午 七赤 | 2/7 友引 |
| 2 | 金 | 癸未 八白 | 2/8 先負 |
| 3 | 土 | 甲申 九紫 | 2/9 仏滅 |
| 4 | 日 | 乙酉 一白 | 2/10 大安 |
| 5 | 月 | 丙戌 二黒 | 2/11 赤口 |
| 6 | 火 | 丁亥 三碧 | 2/12 先勝 |
| 7 | 水 | 戊子 四緑 | 2/13 友引 |
| 8 | 木 | 己丑 五黄 | 2/14 先負 |
| 9 | 金 | 庚寅 六白 | 2/15 仏滅 |
| 10 | 土 | 辛卯 七赤 | 2/16 大安 |
| 11 | 日 | 壬辰 八白 | 2/17 赤口 |
| 12 | 月 | 癸巳 九紫 | 2/18 先勝 |
| 13 | 火 | 甲午 一白 | 2/19 友引 |
| 14 | 水 | 乙未 二黒 | 2/20 先負 |
| 15 | 木 | 丙申 三碧 | 2/21 仏滅 |
| 16 | 金 | 丁酉 四緑 | 2/22 大安 |
| 17 | 土 | 戊戌 五黄 | 2/23 赤口 |
| 18 | 日 | 己亥 六白 | 2/24 先勝 |
| 19 | 月 | 庚子 七赤 | 2/25 友引 |
| 20 | 火 | 辛丑 八白 | 2/26 先負 |
| 21 | 水 | 壬寅 九紫 | 2/27 仏滅 |
| 22 | 木 | 癸卯 一白 | 2/28 大安 |
| 23 | 金 | 甲辰 二黒 | 2/29 赤口 |
| 24 | 土 | 乙巳 三碧 | 3/1 先負 |
| 25 | 日 | 丙午 四緑 | 3/2 仏滅 |
| 26 | 月 | 丁未 五黄 | 3/3 大安 |
| 27 | 火 | 戊申 六白 | 3/4 赤口 |
| 28 | 水 | 己酉 七赤 | 3/5 先勝 |
| 29 | 木 | 庚戌 八白 | 3/6 友引 |
| 30 | 金 | 辛亥 九紫 | 3/7 先負 |
| 31 | 土 | 壬子 一白 | 3/8 仏滅 |

### 4 月
（壬辰 三碧木星）

| | | | |
|---|---|---|---|
| 1 | 日 | 癸丑 二黒 | 3/9 大安 |
| 2 | 月 | 甲寅 三碧 | 3/10 赤口 |
| 3 | 火 | 乙卯 四緑 | 3/11 先勝 |
| 4 | 水 | 丙辰 五黄 | 3/12 友引 |
| 5 | 木 | 丁巳 六白 | 3/13 先負 |
| 6 | 金 | 戊午 七赤 | 3/14 仏滅 |
| 7 | 土 | 己未 八白 | 3/15 大安 |
| 8 | 日 | 庚申 九紫 | 3/16 赤口 |
| 9 | 月 | 辛酉 一白 | 3/17 先勝 |
| 10 | 火 | 壬戌 二黒 | 3/18 友引 |
| 11 | 水 | 癸亥 三碧 | 3/19 先負 |
| 12 | 木 | 甲子 四緑 | 3/20 仏滅 |
| 13 | 金 | 乙丑 五黄 | 3/21 大安 |
| 14 | 土 | 丙寅 六白 | 3/22 赤口 |
| 15 | 日 | 丁卯 七赤 | 3/23 先勝 |
| 16 | 月 | 戊辰 八白 | 3/24 友引 |
| 17 | 火 | 己巳 九紫 | 3/25 先負 |
| 18 | 水 | 庚午 一白 | 3/26 仏滅 |
| 19 | 木 | 辛未 二黒 | 3/27 大安 |
| 20 | 金 | 壬申 三碧 | 3/28 赤口 |
| 21 | 土 | 癸酉 四緑 | 3/29 先勝 |
| 22 | 日 | 甲戌 五黄 | 3/30 友引 |
| 23 | 月 | 乙亥 六白 | 4/1 仏滅 |
| 24 | 火 | 丙子 七赤 | 4/2 大安 |
| 25 | 水 | 丁丑 八白 | 4/3 赤口 |
| 26 | 木 | 戊寅 九紫 | 4/4 先勝 |
| 27 | 金 | 己卯 一白 | 4/5 友引 |
| 28 | 土 | 庚辰 二黒 | 4/6 先負 |
| 29 | 日 | 辛巳 三碧 | 4/7 仏滅 |
| 30 | 月 | 壬午 四緑 | 4/8 大安 |

**1 月**

1. 5 [節] 小寒
1.17 [雑] 土用
1.20 [節] 大寒

**2 月**

2. 3 [雑] 節分
2. 4 [節] 立春
2.19 [節] 雨水

**3 月**

3. 4 [節] 啓蟄
3.16 [雑] 彼岸
3.17 [雑] 社日
3.19 [節] 春分

**4 月**

4. 4 [節] 清明
4.16 [雑] 土用
4.19 [節] 穀雨

## 5月
（癸巳 二黒土星）

| | | | |
|---|---|---|---|
| 1 | 火 | 癸未 五黄 | 4/9 赤口 |
| 2 | 水 | 甲申 六白 | 4/10 先勝 |
| 3 | 木 | 乙酉 七赤 | 4/11 友引 |
| 4 | 金 | 丙戌 八白 | 4/12 先負 |
| 5 | 土 | 丁亥 九紫 | 4/13 仏滅 |
| 6 | 日 | 戊子 一白 | 4/14 大安 |
| 7 | 月 | 己丑 二黒 | 4/15 赤口 |
| 8 | 火 | 庚寅 三碧 | 4/16 先勝 |
| 9 | 水 | 辛卯 四緑 | 4/17 友引 |
| 10 | 木 | 壬辰 五黄 | 4/18 先負 |
| 11 | 金 | 癸巳 六白 | 4/19 仏滅 |
| 12 | 土 | 甲午 七赤 | 4/20 大安 |
| 13 | 日 | 乙未 八白 | 4/21 赤口 |
| 14 | 月 | 丙申 九紫 | 4/22 先勝 |
| 15 | 火 | 丁酉 一白 | 4/23 友引 |
| 16 | 水 | 戊戌 二黒 | 4/24 先負 |
| 17 | 木 | 己亥 三碧 | 4/25 仏滅 |
| 18 | 金 | 庚子 四緑 | 4/26 大安 |
| 19 | 土 | 辛丑 五黄 | 4/27 赤口 |
| 20 | 日 | 壬寅 六白 | 4/28 先勝 |
| 21 | 月 | 癸卯 七赤 | 4/29 友引 |
| 22 | 火 | 甲辰 八白 | 閏4/1 仏滅 |
| 23 | 水 | 乙巳 九紫 | 閏4/2 大安 |
| 24 | 木 | 丙午 一白 | 閏4/3 赤口 |
| 25 | 金 | 丁未 二黒 | 閏4/4 先勝 |
| 26 | 土 | 戊申 三碧 | 閏4/5 友引 |
| 27 | 日 | 己酉 四緑 | 閏4/6 先負 |
| 28 | 月 | 庚戌 五黄 | 閏4/7 仏滅 |
| 29 | 火 | 辛亥 六白 | 閏4/8 大安 |
| 30 | 水 | 壬子 七赤 | 閏4/9 赤口 |
| 31 | 木 | 癸丑 八白 | 閏4/10 先勝 |

## 6月
（甲午 一白水星）

| | | | |
|---|---|---|---|
| 1 | 金 | 甲寅 九紫 | 閏4/11 友引 |
| 2 | 土 | 乙卯 一白 | 閏4/12 先負 |
| 3 | 日 | 丙辰 二黒 | 閏4/13 仏滅 |
| 4 | 月 | 丁巳 三碧 | 閏4/14 大安 |
| 5 | 火 | 戊午 四緑 | 閏4/15 赤口 |
| 6 | 水 | 己未 五黄 | 閏4/16 先勝 |
| 7 | 木 | 庚申 六白 | 閏4/17 友引 |
| 8 | 金 | 辛酉 七赤 | 閏4/18 先負 |
| 9 | 土 | 壬戌 八白 | 閏4/19 仏滅 |
| 10 | 日 | 癸亥 九紫 | 閏4/20 大安 |
| 11 | 月 | 甲子 九紫 | 閏4/21 赤口 |
| 12 | 火 | 乙丑 八白 | 閏4/22 先勝 |
| 13 | 水 | 丙寅 七赤 | 閏4/23 友引 |
| 14 | 木 | 丁卯 六白 | 閏4/24 先負 |
| 15 | 金 | 戊辰 五黄 | 閏4/25 仏滅 |
| 16 | 土 | 己巳 四緑 | 閏4/26 大安 |
| 17 | 日 | 庚午 三碧 | 閏4/27 赤口 |
| 18 | 月 | 辛未 二黒 | 閏4/28 先勝 |
| 19 | 火 | 壬申 一白 | 閏4/29 友引 |
| 20 | 水 | 癸酉 九紫 | 5/1 大安 |
| 21 | 木 | 甲戌 八白 | 5/2 赤口 |
| 22 | 金 | 乙亥 七赤 | 5/3 先勝 |
| 23 | 土 | 丙子 六白 | 5/4 友引 |
| 24 | 日 | 丁丑 五黄 | 5/5 先負 |
| 25 | 月 | 戊寅 四緑 | 5/6 仏滅 |
| 26 | 火 | 己卯 三碧 | 5/7 大安 |
| 27 | 水 | 庚辰 二黒 | 5/8 赤口 |
| 28 | 木 | 辛巳 一白 | 5/9 先勝 |
| 29 | 金 | 壬午 九紫 | 5/10 友引 |
| 30 | 土 | 癸未 八白 | 5/11 先負 |

## 7月
（乙未 九紫火星）

| | | | |
|---|---|---|---|
| 1 | 日 | 甲申 七赤 | 5/12 仏滅 |
| 2 | 月 | 乙酉 六白 | 5/13 大安 |
| 3 | 火 | 丙戌 五黄 | 5/14 赤口 |
| 4 | 水 | 丁亥 四緑 | 5/15 先勝 |
| 5 | 木 | 戊子 三碧 | 5/16 友引 |
| 6 | 金 | 己丑 二黒 | 5/17 先負 |
| 7 | 土 | 庚寅 一白 | 5/18 仏滅 |
| 8 | 日 | 辛卯 九紫 | 5/19 大安 |
| 9 | 月 | 壬辰 八白 | 5/20 赤口 |
| 10 | 火 | 癸巳 七赤 | 5/21 先勝 |
| 11 | 水 | 甲午 六白 | 5/22 友引 |
| 12 | 木 | 乙未 五黄 | 5/23 先負 |
| 13 | 金 | 丙申 四緑 | 5/24 仏滅 |
| 14 | 土 | 丁酉 三碧 | 5/25 大安 |
| 15 | 日 | 戊戌 二黒 | 5/26 赤口 |
| 16 | 月 | 己亥 一白 | 5/27 先勝 |
| 17 | 火 | 庚子 九紫 | 5/28 友引 |
| 18 | 水 | 辛丑 八白 | 5/29 先負 |
| 19 | 木 | 壬寅 七赤 | 5/30 仏滅 |
| 20 | 金 | 癸卯 六白 | 6/1 赤口 |
| 21 | 土 | 甲辰 五黄 | 6/2 先勝 |
| 22 | 日 | 乙巳 四緑 | 6/3 友引 |
| 23 | 月 | 丙午 三碧 | 6/4 先負 |
| 24 | 火 | 丁未 二黒 | 6/5 仏滅 |
| 25 | 水 | 戊申 一白 | 6/6 大安 |
| 26 | 木 | 己酉 九紫 | 6/7 赤口 |
| 27 | 金 | 庚戌 八白 | 6/8 先勝 |
| 28 | 土 | 辛亥 七赤 | 6/9 友引 |
| 29 | 日 | 壬子 六白 | 6/10 先負 |
| 30 | 月 | 癸丑 五黄 | 6/11 仏滅 |
| 31 | 火 | 甲寅 四緑 | 6/12 大安 |

## 8月
（丙申 八白土星）

| | | | |
|---|---|---|---|
| 1 | 水 | 乙卯 三碧 | 6/13 赤口 |
| 2 | 木 | 丙辰 二黒 | 6/14 先勝 |
| 3 | 金 | 丁巳 一白 | 6/15 友引 |
| 4 | 土 | 戊午 九紫 | 6/16 先負 |
| 5 | 日 | 己未 八白 | 6/17 仏滅 |
| 6 | 月 | 庚申 七赤 | 6/18 大安 |
| 7 | 火 | 辛酉 六白 | 6/19 赤口 |
| 8 | 水 | 壬戌 五黄 | 6/20 先勝 |
| 9 | 木 | 癸亥 四緑 | 6/21 友引 |
| 10 | 金 | 甲子 三碧 | 6/22 先負 |
| 11 | 土 | 乙丑 二黒 | 6/23 仏滅 |
| 12 | 日 | 丙寅 一白 | 6/24 大安 |
| 13 | 月 | 丁卯 九紫 | 6/25 赤口 |
| 14 | 火 | 戊辰 八白 | 6/26 先勝 |
| 15 | 水 | 己巳 七赤 | 6/27 友引 |
| 16 | 木 | 庚午 六白 | 6/28 先負 |
| 17 | 金 | 辛未 五黄 | 6/29 仏滅 |
| 18 | 土 | 壬申 四緑 | 7/1 先勝 |
| 19 | 日 | 癸酉 三碧 | 7/2 友引 |
| 20 | 月 | 甲戌 二黒 | 7/3 先負 |
| 21 | 火 | 乙亥 一白 | 7/4 仏滅 |
| 22 | 水 | 丙子 九紫 | 7/5 大安 |
| 23 | 木 | 丁丑 八白 | 7/6 赤口 |
| 24 | 金 | 戊寅 七赤 | 7/7 先勝 |
| 25 | 土 | 己卯 六白 | 7/8 友引 |
| 26 | 日 | 庚辰 五黄 | 7/9 先負 |
| 27 | 月 | 辛巳 四緑 | 7/10 仏滅 |
| 28 | 火 | 壬午 三碧 | 7/11 大安 |
| 29 | 水 | 癸未 二黒 | 7/12 赤口 |
| 30 | 木 | 甲申 一白 | 7/13 先勝 |
| 31 | 金 | 乙酉 九紫 | 7/14 友引 |

**5月**

5. 1［雑］八十八夜
5. 4［節］立夏
5.20［節］小満

**6月**

6. 4［節］芒種
6.10［雑］入梅
6.20［節］夏至

**7月**

7. 1［雑］半夏生
7. 6［節］小暑
7.18［雑］土用
7.22［節］大暑

**8月**

8. 6［節］立秋
8.22［節］処暑
8.31［雑］二百十日

## 9月
（丁酉 七赤金星）

| | | | |
|---|---|---|---|
| 1 | 土 | 丙戌 八白 | 7/15 先負 |
| 2 | 日 | 丁亥 七赤 | 7/16 仏滅 |
| 3 | 月 | 戊子 六白 | 7/17 大安 |
| 4 | 火 | 己丑 五黄 | 7/18 赤口 |
| 5 | 水 | 庚寅 四緑 | 7/19 先勝 |
| 6 | 木 | 辛卯 三碧 | 7/20 友引 |
| 7 | 金 | 壬辰 二黒 | 7/21 先負 |
| 8 | 土 | 癸巳 一白 | 7/22 仏滅 |
| 9 | 日 | 甲午 九紫 | 7/23 大安 |
| 10 | 月 | 乙未 八白 | 7/24 赤口 |
| 11 | 火 | 丙申 七赤 | 7/25 先勝 |
| 12 | 水 | 丁酉 六白 | 7/26 友引 |
| 13 | 木 | 戊戌 五黄 | 7/27 先負 |
| 14 | 金 | 己亥 四緑 | 7/28 仏滅 |
| 15 | 土 | 庚子 三碧 | 7/29 大安 |
| 16 | 日 | 辛丑 二黒 | 7/30 赤口 |
| 17 | 月 | 壬寅 一白 | 8/1 友引 |
| 18 | 火 | 癸卯 九紫 | 8/2 先負 |
| 19 | 水 | 甲辰 八白 | 8/3 仏滅 |
| 20 | 木 | 乙巳 七赤 | 8/4 大安 |
| 21 | 金 | 丙午 六白 | 8/5 赤口 |
| 22 | 土 | 丁未 五黄 | 8/6 先勝 |
| 23 | 日 | 戊申 四緑 | 8/7 友引 |
| 24 | 月 | 己酉 三碧 | 8/8 先負 |
| 25 | 火 | 庚戌 二黒 | 8/9 仏滅 |
| 26 | 水 | 辛亥 一白 | 8/10 大安 |
| 27 | 木 | 壬子 九紫 | 8/11 赤口 |
| 28 | 金 | 癸丑 八白 | 8/12 先勝 |
| 29 | 土 | 甲寅 七赤 | 8/13 友引 |
| 30 | 日 | 乙卯 六白 | 8/14 先負 |

## 10月
（戊戌 六白金星）

| | | | |
|---|---|---|---|
| 1 | 月 | 丙辰 五黄 | 8/15 仏滅 |
| 2 | 火 | 丁巳 四緑 | 8/16 大安 |
| 3 | 水 | 戊午 三碧 | 8/17 赤口 |
| 4 | 木 | 己未 二黒 | 8/18 先勝 |
| 5 | 金 | 庚申 一白 | 8/19 友引 |
| 6 | 土 | 辛酉 九紫 | 8/20 先負 |
| 7 | 日 | 壬戌 八白 | 8/21 仏滅 |
| 8 | 月 | 癸亥 七赤 | 8/22 大安 |
| 9 | 火 | 甲子 六白 | 8/23 赤口 |
| 10 | 水 | 乙丑 五黄 | 8/24 先勝 |
| 11 | 木 | 丙寅 四緑 | 8/25 友引 |
| 12 | 金 | 丁卯 三碧 | 8/26 先負 |
| 13 | 土 | 戊辰 二黒 | 8/27 仏滅 |
| 14 | 日 | 己巳 一白 | 8/28 大安 |
| 15 | 月 | 庚午 九紫 | 8/29 赤口 |
| 16 | 火 | 辛未 八白 | 9/1 先負 |
| 17 | 水 | 壬申 七赤 | 9/2 仏滅 |
| 18 | 木 | 癸酉 六白 | 9/3 大安 |
| 19 | 金 | 甲戌 五黄 | 9/4 赤口 |
| 20 | 土 | 乙亥 四緑 | 9/5 先勝 |
| 21 | 日 | 丙子 三碧 | 9/6 友引 |
| 22 | 月 | 丁丑 二黒 | 9/7 先負 |
| 23 | 火 | 戊寅 一白 | 9/8 仏滅 |
| 24 | 水 | 己卯 九紫 | 9/9 大安 |
| 25 | 木 | 庚辰 八白 | 9/10 赤口 |
| 26 | 金 | 辛巳 七赤 | 9/11 先勝 |
| 27 | 土 | 壬午 六白 | 9/12 友引 |
| 28 | 日 | 癸未 五黄 | 9/13 先負 |
| 29 | 月 | 甲申 四緑 | 9/14 仏滅 |
| 30 | 火 | 乙酉 三碧 | 9/15 大安 |
| 31 | 水 | 丙戌 二黒 | 9/16 赤口 |

## 11月
（己亥 五黄土星）

| | | | |
|---|---|---|---|
| 1 | 木 | 丁亥 一白 | 9/17 先勝 |
| 2 | 金 | 戊子 九紫 | 9/18 友引 |
| 3 | 土 | 己丑 八白 | 9/19 先負 |
| 4 | 日 | 庚寅 七赤 | 9/20 仏滅 |
| 5 | 月 | 辛卯 六白 | 9/21 大安 |
| 6 | 火 | 壬辰 五黄 | 9/22 赤口 |
| 7 | 水 | 癸巳 四緑 | 9/23 先勝 |
| 8 | 木 | 甲午 三碧 | 9/24 友引 |
| 9 | 金 | 乙未 二黒 | 9/25 先負 |
| 10 | 土 | 丙申 一白 | 9/26 仏滅 |
| 11 | 日 | 丁酉 九紫 | 9/27 大安 |
| 12 | 月 | 戊戌 八白 | 9/28 赤口 |
| 13 | 火 | 己亥 七赤 | 9/29 先勝 |
| 14 | 水 | 庚子 六白 | 9/30 友引 |
| 15 | 木 | 辛丑 五黄 | 10/1 仏滅 |
| 16 | 金 | 壬寅 四緑 | 10/2 大安 |
| 17 | 土 | 癸卯 三碧 | 10/3 赤口 |
| 18 | 日 | 甲辰 二黒 | 10/4 先勝 |
| 19 | 月 | 乙巳 一白 | 10/5 友引 |
| 20 | 火 | 丙午 九紫 | 10/6 先負 |
| 21 | 水 | 丁未 八白 | 10/7 仏滅 |
| 22 | 木 | 戊申 七赤 | 10/8 大安 |
| 23 | 金 | 己酉 六白 | 10/9 赤口 |
| 24 | 土 | 庚戌 五黄 | 10/10 先勝 |
| 25 | 日 | 辛亥 四緑 | 10/11 友引 |
| 26 | 月 | 壬子 三碧 | 10/12 先負 |
| 27 | 火 | 癸丑 二黒 | 10/13 仏滅 |
| 28 | 水 | 甲寅 一白 | 10/14 大安 |
| 29 | 木 | 乙卯 九紫 | 10/15 赤口 |
| 30 | 金 | 丙辰 八白 | 10/16 先勝 |

## 12月
（庚子 四緑木星）

| | | | |
|---|---|---|---|
| 1 | 土 | 丁巳 七赤 | 10/17 友引 |
| 2 | 日 | 戊午 六白 | 10/18 先負 |
| 3 | 月 | 己未 五黄 | 10/19 仏滅 |
| 4 | 火 | 庚申 四緑 | 10/20 大安 |
| 5 | 水 | 辛酉 三碧 | 10/21 赤口 |
| 6 | 木 | 壬戌 二黒 | 10/22 先勝 |
| 7 | 金 | 癸亥 一白 | 10/23 友引 |
| 8 | 土 | 甲子 一白 | 10/24 先負 |
| 9 | 日 | 乙丑 二黒 | 10/25 仏滅 |
| 10 | 月 | 丙寅 三碧 | 10/26 大安 |
| 11 | 火 | 丁卯 四緑 | 10/27 赤口 |
| 12 | 水 | 戊辰 五黄 | 10/28 先勝 |
| 13 | 木 | 己巳 六白 | 10/29 友引 |
| 14 | 金 | 庚午 七赤 | 10/30 先負 |
| 15 | 土 | 辛未 八白 | 11/1 大安 |
| 16 | 日 | 壬申 九紫 | 11/2 赤口 |
| 17 | 月 | 癸酉 一白 | 11/3 先勝 |
| 18 | 火 | 甲戌 二黒 | 11/4 友引 |
| 19 | 水 | 乙亥 三碧 | 11/5 先負 |
| 20 | 木 | 丙子 四緑 | 11/6 仏滅 |
| 21 | 金 | 丁丑 五黄 | 11/7 大安 |
| 22 | 土 | 戊寅 六白 | 11/8 赤口 |
| 23 | 日 | 己卯 七赤 | 11/9 先勝 |
| 24 | 月 | 庚辰 八白 | 11/10 友引 |
| 25 | 火 | 辛巳 九紫 | 11/11 先負 |
| 26 | 水 | 壬午 一白 | 11/12 仏滅 |
| 27 | 木 | 癸未 二黒 | 11/13 大安 |
| 28 | 金 | 甲申 三碧 | 11/14 赤口 |
| 29 | 土 | 乙酉 四緑 | 11/15 先勝 |
| 30 | 日 | 丙戌 五黄 | 11/16 友引 |
| 31 | 月 | 丁亥 六白 | 11/17 先負 |

**9月**

9. 6［節］白露
9.19［雑］彼岸
9.22［節］秋分
9.23［雑］社日

**10月**

10. 7［節］寒露
10.19［雑］土用
10.22［節］霜降

**11月**

11. 6［節］立冬
11.21［節］小雪

**12月**

12. 6［節］大雪
12.21［節］冬至

# 2097

明治 230 年
大正 186 年
昭和 172 年
平成 109 年

丁巳（ひのとみ）
二黒土星

生誕・年忌など

1. 5 三木清生誕 200 年
1.26 藤沢周平没後 100 年
1.31 F. シューベルト生誕 300 年
西周没後 200 年
2.19 鄧小平没後 100 年
埴谷雄高没後 100 年
2.— 慶長の役開始 500 年
3. 2 加藤シヅエ生誕 200 年
3. 3 世界初のクローン羊誕生 100 年
3. 4 賀茂真淵生誕 400 年
3. 6 永仁の徳政令 800 年
3. 8 池田満寿夫没後 100 年
4. 3 J. ブラームス没後 200 年
4. 4 杉村春子没後 100 年
4.28 東郷青児生誕 200 年
5.10 イラン大地震 100 年
6.21 勝新太郎没後 100 年
7. 1 香港返還 100 年
7. 8 L. フロイス没後 500 年
9. 5 G. ショルティ没後 100 年
マザー・テレサ没後 100 年
9.25 W. フォークナー生誕 200 年
10.10 北朝鮮金正日総書記就任 100 年
11.24 智顗没後 1500 年
12. 9 井深大没後 100 年
12.13 H. ハイネ生誕 300 年
12.20 伊丹十三没後 100 年
12.24 三船敏郎没後 100 年
この年 金閣上棟 700 年
歌川広重生誕 300 年

## 2097年

### 1月
（辛丑 三碧木星）

| | | | |
|---|---|---|---|
| 1 | 火 | 戊子 七赤 | 11/18 仏滅 |
| 2 | 水 | 己丑 八白 | 11/19 大安 |
| 3 | 木 | 庚寅 九紫 | 11/20 赤口 |
| 4 | 金 | 辛卯 一白 | 11/21 先勝 |
| 5 | 土 | 壬辰 二黒 | 11/22 友引 |
| 6 | 日 | 癸巳 三碧 | 11/23 先負 |
| 7 | 月 | 甲午 四緑 | 11/24 仏滅 |
| 8 | 火 | 乙未 五黄 | 11/25 大安 |
| 9 | 水 | 丙申 六白 | 11/26 赤口 |
| 10 | 木 | 丁酉 七赤 | 11/27 先勝 |
| 11 | 金 | 戊戌 八白 | 11/28 友引 |
| 12 | 土 | 己亥 九紫 | 11/29 先負 |
| 13 | 日 | 庚子 一白 | 11/30 仏滅 |
| 14 | 月 | 辛丑 二黒 | 12/1 赤口 |
| 15 | 火 | 壬寅 三碧 | 12/2 先勝 |
| 16 | 水 | 癸卯 四緑 | 12/3 友引 |
| 17 | 木 | 甲辰 五黄 | 12/4 先負 |
| 18 | 金 | 乙巳 六白 | 12/5 仏滅 |
| 19 | 土 | 丙午 七赤 | 12/6 大安 |
| 20 | 日 | 丁未 八白 | 12/7 赤口 |
| 21 | 月 | 戊申 九紫 | 12/8 先勝 |
| 22 | 火 | 己酉 一白 | 12/9 友引 |
| 23 | 水 | 庚戌 二黒 | 12/10 先負 |
| 24 | 木 | 辛亥 三碧 | 12/11 仏滅 |
| 25 | 金 | 壬子 四緑 | 12/12 大安 |
| 26 | 土 | 癸丑 五黄 | 12/13 赤口 |
| 27 | 日 | 甲寅 六白 | 12/14 先勝 |
| 28 | 月 | 乙卯 七赤 | 12/15 友引 |
| 29 | 火 | 丙辰 八白 | 12/16 先負 |
| 30 | 水 | 丁巳 九紫 | 12/17 仏滅 |
| 31 | 木 | 戊午 一白 | 12/18 大安 |

### 2月
（壬寅 二黒土星）

| | | | |
|---|---|---|---|
| 1 | 金 | 己未 二黒 | 12/19 赤口 |
| 2 | 土 | 庚申 三碧 | 12/20 先勝 |
| 3 | 日 | 辛酉 四緑 | 12/21 友引 |
| 4 | 月 | 壬戌 五黄 | 12/22 先負 |
| 5 | 火 | 癸亥 六白 | 12/23 仏滅 |
| 6 | 水 | 甲子 七赤 | 12/24 大安 |
| 7 | 木 | 乙丑 八白 | 12/25 赤口 |
| 8 | 金 | 丙寅 九紫 | 12/26 先勝 |
| 9 | 土 | 丁卯 一白 | 12/27 友引 |
| 10 | 日 | 戊辰 二黒 | 12/28 先負 |
| 11 | 月 | 己巳 三碧 | 12/29 仏滅 |
| 12 | 火 | 庚午 四緑 | 1/1 先勝 |
| 13 | 水 | 辛未 五黄 | 1/2 友引 |
| 14 | 木 | 壬申 六白 | 1/3 先負 |
| 15 | 金 | 癸酉 七赤 | 1/4 仏滅 |
| 16 | 土 | 甲戌 八白 | 1/5 大安 |
| 17 | 日 | 乙亥 九紫 | 1/6 赤口 |
| 18 | 月 | 丙子 一白 | 1/7 先勝 |
| 19 | 火 | 丁丑 二黒 | 1/8 友引 |
| 20 | 水 | 戊寅 三碧 | 1/9 先負 |
| 21 | 木 | 己卯 四緑 | 1/10 仏滅 |
| 22 | 金 | 庚辰 五黄 | 1/11 大安 |
| 23 | 土 | 辛巳 六白 | 1/12 赤口 |
| 24 | 日 | 壬午 七赤 | 1/13 先勝 |
| 25 | 月 | 癸未 八白 | 1/14 友引 |
| 26 | 火 | 甲申 九紫 | 1/15 先負 |
| 27 | 水 | 乙酉 一白 | 1/16 仏滅 |
| 28 | 木 | 丙戌 二黒 | 1/17 大安 |

### 3月
（癸卯 一白水星）

| | | | |
|---|---|---|---|
| 1 | 金 | 丁亥 三碧 | 1/18 赤口 |
| 2 | 土 | 戊子 四緑 | 1/19 先勝 |
| 3 | 日 | 己丑 五黄 | 1/20 友引 |
| 4 | 月 | 庚寅 六白 | 1/21 先負 |
| 5 | 火 | 辛卯 七赤 | 1/22 仏滅 |
| 6 | 水 | 壬辰 八白 | 1/23 大安 |
| 7 | 木 | 癸巳 九紫 | 1/24 赤口 |
| 8 | 金 | 甲午 一白 | 1/25 先勝 |
| 9 | 土 | 乙未 二黒 | 1/26 友引 |
| 10 | 日 | 丙申 三碧 | 1/27 先負 |
| 11 | 月 | 丁酉 四緑 | 1/28 仏滅 |
| 12 | 火 | 戊戌 五黄 | 1/29 大安 |
| 13 | 水 | 己亥 六白 | 1/30 赤口 |
| 14 | 木 | 庚子 七赤 | 2/1 友引 |
| 15 | 金 | 辛丑 八白 | 2/2 先負 |
| 16 | 土 | 壬寅 九紫 | 2/3 仏滅 |
| 17 | 日 | 癸卯 一白 | 2/4 大安 |
| 18 | 月 | 甲辰 二黒 | 2/5 赤口 |
| 19 | 火 | 乙巳 三碧 | 2/6 先勝 |
| 20 | 水 | 丙午 四緑 | 2/7 友引 |
| 21 | 木 | 丁未 五黄 | 2/8 先負 |
| 22 | 金 | 戊申 六白 | 2/9 仏滅 |
| 23 | 土 | 己酉 七赤 | 2/10 大安 |
| 24 | 日 | 庚戌 八白 | 2/11 赤口 |
| 25 | 月 | 辛亥 九紫 | 2/12 先勝 |
| 26 | 火 | 壬子 一白 | 2/13 友引 |
| 27 | 水 | 癸丑 二黒 | 2/14 先負 |
| 28 | 木 | 甲寅 三碧 | 2/15 仏滅 |
| 29 | 金 | 乙卯 四緑 | 2/16 大安 |
| 30 | 土 | 丙辰 五黄 | 2/17 赤口 |
| 31 | 日 | 丁巳 六白 | 2/18 先勝 |

### 4月
（甲辰 九紫火星）

| | | | |
|---|---|---|---|
| 1 | 月 | 戊午 七赤 | 2/19 友引 |
| 2 | 火 | 己未 八白 | 2/20 先負 |
| 3 | 水 | 庚申 九紫 | 2/21 仏滅 |
| 4 | 木 | 辛酉 一白 | 2/22 大安 |
| 5 | 金 | 壬戌 二黒 | 2/23 赤口 |
| 6 | 土 | 癸亥 三碧 | 2/24 先勝 |
| 7 | 日 | 甲子 四緑 | 2/25 友引 |
| 8 | 月 | 乙丑 五黄 | 2/26 先負 |
| 9 | 火 | 丙寅 六白 | 2/27 仏滅 |
| 10 | 水 | 丁卯 七赤 | 2/28 大安 |
| 11 | 木 | 戊辰 八白 | 2/29 赤口 |
| 12 | 金 | 己巳 九紫 | 3/1 先負 |
| 13 | 土 | 庚午 一白 | 3/2 仏滅 |
| 14 | 日 | 辛未 二黒 | 3/3 大安 |
| 15 | 月 | 壬申 三碧 | 3/4 赤口 |
| 16 | 火 | 癸酉 四緑 | 3/5 先勝 |
| 17 | 水 | 甲戌 五黄 | 3/6 友引 |
| 18 | 木 | 乙亥 六白 | 3/7 先負 |
| 19 | 金 | 丙子 七赤 | 3/8 仏滅 |
| 20 | 土 | 丁丑 八白 | 3/9 大安 |
| 21 | 日 | 戊寅 九紫 | 3/10 赤口 |
| 22 | 月 | 己卯 一白 | 3/11 先勝 |
| 23 | 火 | 庚辰 二黒 | 3/12 友引 |
| 24 | 水 | 辛巳 三碧 | 3/13 先負 |
| 25 | 木 | 壬午 四緑 | 3/14 仏滅 |
| 26 | 金 | 癸未 五黄 | 3/15 大安 |
| 27 | 土 | 甲申 六白 | 3/16 赤口 |
| 28 | 日 | 乙酉 七赤 | 3/17 先勝 |
| 29 | 月 | 丙戌 八白 | 3/18 友引 |
| 30 | 火 | 丁亥 九紫 | 3/19 先負 |

**1月**

1. 4 [節] 小寒
1.16 [雑] 土用
1.19 [節] 大寒

**2月**

2. 2 [雑] 節分
2. 3 [節] 立春
2.18 [節] 雨水

**3月**

3. 5 [節] 啓蟄
3.17 [雑] 彼岸
3.20 [節] 春分
3.22 [雑] 社日

**4月**

4. 4 [節] 清明
4.16 [雑] 土用
4.19 [節] 穀雨

## 5月
（乙巳 八白土星）

| | | | |
|---|---|---|---|
| 1 | 水 | 戊子 一白 | 3/20 仏滅 |
| 2 | 木 | 己丑 二黒 | 3/21 大安 |
| 3 | 金 | 庚寅 三碧 | 3/22 赤口 |
| 4 | 土 | 辛卯 四緑 | 3/23 先勝 |
| 5 | 日 | 壬辰 五黄 | 3/24 友引 |
| 6 | 月 | 癸巳 六白 | 3/25 先負 |
| 7 | 火 | 甲午 七赤 | 3/26 仏滅 |
| 8 | 水 | 乙未 八白 | 3/27 大安 |
| 9 | 木 | 丙申 九紫 | 3/28 赤口 |
| 10 | 金 | 丁酉 一白 | 3/29 先勝 |
| 11 | 土 | 戊戌 二黒 | 3/30 友引 |
| 12 | 日 | 己亥 三碧 | 4/1 仏滅 |
| 13 | 月 | 庚子 四緑 | 4/2 大安 |
| 14 | 火 | 辛丑 五黄 | 4/3 赤口 |
| 15 | 水 | 壬寅 六白 | 4/4 先勝 |
| 16 | 木 | 癸卯 七赤 | 4/5 友引 |
| 17 | 金 | 甲辰 八白 | 4/6 先負 |
| 18 | 土 | 乙巳 九紫 | 4/7 仏滅 |
| 19 | 日 | 丙午 一白 | 4/8 大安 |
| 20 | 月 | 丁未 二黒 | 4/9 赤口 |
| 21 | 火 | 戊申 三碧 | 4/10 先勝 |
| 22 | 水 | 己酉 四緑 | 4/11 友引 |
| 23 | 木 | 庚戌 五黄 | 4/12 先負 |
| 24 | 金 | 辛亥 六白 | 4/13 仏滅 |
| 25 | 土 | 壬子 七赤 | 4/14 大安 |
| 26 | 日 | 癸丑 八白 | 4/15 赤口 |
| 27 | 月 | 甲寅 九紫 | 4/16 先勝 |
| 28 | 火 | 乙卯 一白 | 4/17 友引 |
| 29 | 水 | 丙辰 二黒 | 4/18 先負 |
| 30 | 木 | 丁巳 三碧 | 4/19 仏滅 |
| 31 | 金 | 戊午 四緑 | 4/20 大安 |

## 6月
（丙午 七赤金星）

| | | | |
|---|---|---|---|
| 1 | 土 | 己未 五黄 | 4/21 赤口 |
| 2 | 日 | 庚申 六白 | 4/22 先勝 |
| 3 | 月 | 辛酉 七赤 | 4/23 友引 |
| 4 | 火 | 壬戌 八白 | 4/24 先負 |
| 5 | 水 | 癸亥 九紫 | 4/25 仏滅 |
| 6 | 木 | 甲子 九紫 | 4/26 大安 |
| 7 | 金 | 乙丑 八白 | 4/27 赤口 |
| 8 | 土 | 丙寅 七赤 | 4/28 先勝 |
| 9 | 日 | 丁卯 六白 | 4/29 友引 |
| 10 | 月 | 戊辰 五黄 | 5/1 大安 |
| 11 | 火 | 己巳 四緑 | 5/2 赤口 |
| 12 | 水 | 庚午 三碧 | 5/3 先勝 |
| 13 | 木 | 辛未 二黒 | 5/4 友引 |
| 14 | 金 | 壬申 一白 | 5/5 先負 |
| 15 | 土 | 癸酉 九紫 | 5/6 仏滅 |
| 16 | 日 | 甲戌 八白 | 5/7 大安 |
| 17 | 月 | 乙亥 七赤 | 5/8 赤口 |
| 18 | 火 | 丙子 六白 | 5/9 先勝 |
| 19 | 水 | 丁丑 五黄 | 5/10 友引 |
| 20 | 木 | 戊寅 四緑 | 5/11 先負 |
| 21 | 金 | 己卯 三碧 | 5/12 仏滅 |
| 22 | 土 | 庚辰 二黒 | 5/13 大安 |
| 23 | 日 | 辛巳 一白 | 5/14 赤口 |
| 24 | 月 | 壬午 九紫 | 5/15 先勝 |
| 25 | 火 | 癸未 八白 | 5/16 友引 |
| 26 | 水 | 甲申 七赤 | 5/17 先負 |
| 27 | 木 | 乙酉 六白 | 5/18 仏滅 |
| 28 | 金 | 丙戌 五黄 | 5/19 大安 |
| 29 | 土 | 丁亥 四緑 | 5/20 赤口 |
| 30 | 日 | 戊子 三碧 | 5/21 先勝 |

## 7月
（丁未 六白金星）

| | | | |
|---|---|---|---|
| 1 | 月 | 己丑 二黒 | 5/22 友引 |
| 2 | 火 | 庚寅 一白 | 5/23 先負 |
| 3 | 水 | 辛卯 九紫 | 5/24 仏滅 |
| 4 | 木 | 壬辰 八白 | 5/25 大安 |
| 5 | 金 | 癸巳 七赤 | 5/26 赤口 |
| 6 | 土 | 甲午 六白 | 5/27 先勝 |
| 7 | 日 | 乙未 五黄 | 5/28 友引 |
| 8 | 月 | 丙申 四緑 | 5/29 先負 |
| 9 | 火 | 丁酉 三碧 | 6/1 赤口 |
| 10 | 水 | 戊戌 二黒 | 6/2 先勝 |
| 11 | 木 | 己亥 一白 | 6/3 友引 |
| 12 | 金 | 庚子 九紫 | 6/4 先負 |
| 13 | 土 | 辛丑 八白 | 6/5 仏滅 |
| 14 | 日 | 壬寅 七赤 | 6/6 大安 |
| 15 | 月 | 癸卯 六白 | 6/7 赤口 |
| 16 | 火 | 甲辰 五黄 | 6/8 先勝 |
| 17 | 水 | 乙巳 四緑 | 6/9 友引 |
| 18 | 木 | 丙午 三碧 | 6/10 先負 |
| 19 | 金 | 丁未 二黒 | 6/11 仏滅 |
| 20 | 土 | 戊申 一白 | 6/12 大安 |
| 21 | 日 | 己酉 九紫 | 6/13 赤口 |
| 22 | 月 | 庚戌 八白 | 6/14 先勝 |
| 23 | 火 | 辛亥 七赤 | 6/15 友引 |
| 24 | 水 | 壬子 六白 | 6/16 先負 |
| 25 | 木 | 癸丑 五黄 | 6/17 仏滅 |
| 26 | 金 | 甲寅 四緑 | 6/18 大安 |
| 27 | 土 | 乙卯 三碧 | 6/19 赤口 |
| 28 | 日 | 丙辰 二黒 | 6/20 先勝 |
| 29 | 月 | 丁巳 一白 | 6/21 友引 |
| 30 | 火 | 戊午 九紫 | 6/22 先負 |
| 31 | 水 | 己未 八白 | 6/23 仏滅 |

## 8月
（戊申 五黄土星）

| | | | |
|---|---|---|---|
| 1 | 木 | 庚申 七赤 | 6/24 大安 |
| 2 | 金 | 辛酉 六白 | 6/25 赤口 |
| 3 | 土 | 壬戌 五黄 | 6/26 先勝 |
| 4 | 日 | 癸亥 四緑 | 6/27 友引 |
| 5 | 月 | 甲子 三碧 | 6/28 先負 |
| 6 | 火 | 乙丑 二黒 | 6/29 仏滅 |
| 7 | 水 | 丙寅 一白 | 6/30 大安 |
| 8 | 木 | 丁卯 九紫 | 7/1 先勝 |
| 9 | 金 | 戊辰 八白 | 7/2 友引 |
| 10 | 土 | 己巳 七赤 | 7/3 先負 |
| 11 | 日 | 庚午 六白 | 7/4 仏滅 |
| 12 | 月 | 辛未 五黄 | 7/5 大安 |
| 13 | 火 | 壬申 四緑 | 7/6 赤口 |
| 14 | 水 | 癸酉 三碧 | 7/7 先勝 |
| 15 | 木 | 甲戌 二黒 | 7/8 友引 |
| 16 | 金 | 乙亥 一白 | 7/9 先負 |
| 17 | 土 | 丙子 九紫 | 7/10 仏滅 |
| 18 | 日 | 丁丑 八白 | 7/11 大安 |
| 19 | 月 | 戊寅 七赤 | 7/12 赤口 |
| 20 | 火 | 己卯 六白 | 7/13 先勝 |
| 21 | 水 | 庚辰 五黄 | 7/14 友引 |
| 22 | 木 | 辛巳 四緑 | 7/15 先負 |
| 23 | 金 | 壬午 三碧 | 7/16 仏滅 |
| 24 | 土 | 癸未 二黒 | 7/17 大安 |
| 25 | 日 | 甲申 一白 | 7/18 赤口 |
| 26 | 月 | 乙酉 九紫 | 7/19 先勝 |
| 27 | 火 | 丙戌 八白 | 7/20 友引 |
| 28 | 水 | 丁亥 七赤 | 7/21 先負 |
| 29 | 木 | 戊子 六白 | 7/22 仏滅 |
| 30 | 金 | 己丑 五黄 | 7/23 大安 |
| 31 | 土 | 庚寅 四緑 | 7/24 赤口 |

### 5月
5. 1［雑］八十八夜
5. 5［節］立夏
5.20［節］小満

### 6月
6. 5［節］芒種
6.10［雑］入梅
6.20［節］夏至

### 7月
7. 1［雑］半夏生
7. 6［節］小暑
7.19［雑］土用
7.22［節］大暑

### 8月
8. 7［節］立秋
8.22［節］処暑
8.31［雑］二百十日

## 2097年

### 9月
（己酉 四緑木星）

| | | | |
|---|---|---|---|
| 1 | 日 | 辛卯 三碧 | 7/25 先勝 |
| 2 | 月 | 壬辰 二黒 | 7/26 友引 |
| 3 | 火 | 癸巳 一白 | 7/27 先負 |
| 4 | 水 | 甲午 九紫 | 7/28 仏滅 |
| 5 | 木 | 乙未 八白 | 7/29 大安 |
| 6 | 金 | 丙申 七赤 | 8/1 友引 |
| 7 | 土 | 丁酉 六白 | 8/2 先負 |
| 8 | 日 | 戊戌 五黄 | 8/3 仏滅 |
| 9 | 月 | 己亥 四緑 | 8/4 大安 |
| 10 | 火 | 庚子 三碧 | 8/5 赤口 |
| 11 | 水 | 辛丑 二黒 | 8/6 先勝 |
| 12 | 木 | 壬寅 一白 | 8/7 友引 |
| 13 | 金 | 癸卯 九紫 | 8/8 先負 |
| 14 | 土 | 甲辰 八白 | 8/9 仏滅 |
| 15 | 日 | 乙巳 七赤 | 8/10 大安 |
| 16 | 月 | 丙午 六白 | 8/11 赤口 |
| 17 | 火 | 丁未 五黄 | 8/12 先勝 |
| 18 | 水 | 戊申 四緑 | 8/13 友引 |
| 19 | 木 | 己酉 三碧 | 8/14 先負 |
| 20 | 金 | 庚戌 二黒 | 8/15 仏滅 |
| 21 | 土 | 辛亥 一白 | 8/16 大安 |
| 22 | 日 | 壬子 九紫 | 8/17 赤口 |
| 23 | 月 | 癸丑 八白 | 8/18 先勝 |
| 24 | 火 | 甲寅 七赤 | 8/19 友引 |
| 25 | 水 | 乙卯 六白 | 8/20 先負 |
| 26 | 木 | 丙辰 五黄 | 8/21 仏滅 |
| 27 | 金 | 丁巳 四緑 | 8/22 大安 |
| 28 | 土 | 戊午 三碧 | 8/23 赤口 |
| 29 | 日 | 己未 二黒 | 8/24 先勝 |
| 30 | 月 | 庚申 一白 | 8/25 友引 |

### 10月
（庚戌 三碧木星）

| | | | |
|---|---|---|---|
| 1 | 火 | 辛酉 九紫 | 8/26 先負 |
| 2 | 水 | 壬戌 八白 | 8/27 仏滅 |
| 3 | 木 | 癸亥 七赤 | 8/28 大安 |
| 4 | 金 | 甲子 六白 | 8/29 赤口 |
| 5 | 土 | 乙丑 五黄 | 9/1 先負 |
| 6 | 日 | 丙寅 四緑 | 9/2 仏滅 |
| 7 | 月 | 丁卯 三碧 | 9/3 大安 |
| 8 | 火 | 戊辰 二黒 | 9/4 赤口 |
| 9 | 水 | 己巳 一白 | 9/5 先勝 |
| 10 | 木 | 庚午 九紫 | 9/6 友引 |
| 11 | 金 | 辛未 八白 | 9/7 先負 |
| 12 | 土 | 壬申 七赤 | 9/8 仏滅 |
| 13 | 日 | 癸酉 六白 | 9/9 大安 |
| 14 | 月 | 甲戌 五黄 | 9/10 赤口 |
| 15 | 火 | 乙亥 四緑 | 9/11 先勝 |
| 16 | 水 | 丙子 三碧 | 9/12 友引 |
| 17 | 木 | 丁丑 二黒 | 9/13 先負 |
| 18 | 金 | 戊寅 一白 | 9/14 仏滅 |
| 19 | 土 | 己卯 九紫 | 9/15 大安 |
| 20 | 日 | 庚辰 八白 | 9/16 赤口 |
| 21 | 月 | 辛巳 七赤 | 9/17 先勝 |
| 22 | 火 | 壬午 六白 | 9/18 友引 |
| 23 | 水 | 癸未 五黄 | 9/19 先負 |
| 24 | 木 | 甲申 四緑 | 9/20 仏滅 |
| 25 | 金 | 乙酉 三碧 | 9/21 大安 |
| 26 | 土 | 丙戌 二黒 | 9/22 赤口 |
| 27 | 日 | 丁亥 一白 | 9/23 先勝 |
| 28 | 月 | 戊子 九紫 | 9/24 友引 |
| 29 | 火 | 己丑 八白 | 9/25 先負 |
| 30 | 水 | 庚寅 七赤 | 9/26 仏滅 |
| 31 | 木 | 辛卯 六白 | 9/27 大安 |

### 11月
（辛亥 二黒土星）

| | | | |
|---|---|---|---|
| 1 | 金 | 壬辰 五黄 | 9/28 赤口 |
| 2 | 土 | 癸巳 四緑 | 9/29 先勝 |
| 3 | 日 | 甲午 三碧 | 9/30 友引 |
| 4 | 月 | 乙未 二黒 | 10/1 仏滅 |
| 5 | 火 | 丙申 一白 | 10/2 大安 |
| 6 | 水 | 丁酉 九紫 | 10/3 赤口 |
| 7 | 木 | 戊戌 八白 | 10/4 先勝 |
| 8 | 金 | 己亥 七赤 | 10/5 友引 |
| 9 | 土 | 庚子 六白 | 10/6 先負 |
| 10 | 日 | 辛丑 五黄 | 10/7 仏滅 |
| 11 | 月 | 壬寅 四緑 | 10/8 大安 |
| 12 | 火 | 癸卯 三碧 | 10/9 赤口 |
| 13 | 水 | 甲辰 二黒 | 10/10 先勝 |
| 14 | 木 | 乙巳 一白 | 10/11 友引 |
| 15 | 金 | 丙午 九紫 | 10/12 先負 |
| 16 | 土 | 丁未 八白 | 10/13 仏滅 |
| 17 | 日 | 戊申 七赤 | 10/14 大安 |
| 18 | 月 | 己酉 六白 | 10/15 赤口 |
| 19 | 火 | 庚戌 五黄 | 10/16 先勝 |
| 20 | 水 | 辛亥 四緑 | 10/17 友引 |
| 21 | 木 | 壬子 三碧 | 10/18 先負 |
| 22 | 金 | 癸丑 二黒 | 10/19 仏滅 |
| 23 | 土 | 甲寅 一白 | 10/20 大安 |
| 24 | 日 | 乙卯 九紫 | 10/21 赤口 |
| 25 | 月 | 丙辰 八白 | 10/22 先勝 |
| 26 | 火 | 丁巳 七赤 | 10/23 友引 |
| 27 | 水 | 戊午 六白 | 10/24 先負 |
| 28 | 木 | 己未 五黄 | 10/25 仏滅 |
| 29 | 金 | 庚申 四緑 | 10/26 大安 |
| 30 | 土 | 辛酉 三碧 | 10/27 赤口 |

### 12月
（壬子 一白水星）

| | | | |
|---|---|---|---|
| 1 | 日 | 壬戌 二黒 | 10/28 先勝 |
| 2 | 月 | 癸亥 一白 | 10/29 友引 |
| 3 | 火 | 甲子 一白 | 10/30 先負 |
| 4 | 水 | 乙丑 二黒 | 11/1 大安 |
| 5 | 木 | 丙寅 三碧 | 11/2 赤口 |
| 6 | 金 | 丁卯 四緑 | 11/3 先勝 |
| 7 | 土 | 戊辰 五黄 | 11/4 友引 |
| 8 | 日 | 己巳 六白 | 11/5 先負 |
| 9 | 月 | 庚午 七赤 | 11/6 仏滅 |
| 10 | 火 | 辛未 八白 | 11/7 大安 |
| 11 | 水 | 壬申 九紫 | 11/8 赤口 |
| 12 | 木 | 癸酉 一白 | 11/9 先勝 |
| 13 | 金 | 甲戌 二黒 | 11/10 友引 |
| 14 | 土 | 乙亥 三碧 | 11/11 先負 |
| 15 | 日 | 丙子 四緑 | 11/12 仏滅 |
| 16 | 月 | 丁丑 五黄 | 11/13 大安 |
| 17 | 火 | 戊寅 六白 | 11/14 赤口 |
| 18 | 水 | 己卯 七赤 | 11/15 先勝 |
| 19 | 木 | 庚辰 八白 | 11/16 友引 |
| 20 | 金 | 辛巳 九紫 | 11/17 先負 |
| 21 | 土 | 壬午 一白 | 11/18 仏滅 |
| 22 | 日 | 癸未 二黒 | 11/19 大安 |
| 23 | 月 | 甲申 三碧 | 11/20 赤口 |
| 24 | 火 | 乙酉 四緑 | 11/21 先勝 |
| 25 | 水 | 丙戌 五黄 | 11/22 友引 |
| 26 | 木 | 丁亥 六白 | 11/23 先負 |
| 27 | 金 | 戊子 七赤 | 11/24 仏滅 |
| 28 | 土 | 己丑 八白 | 11/25 大安 |
| 29 | 日 | 庚寅 九紫 | 11/26 赤口 |
| 30 | 月 | 辛卯 一白 | 11/27 先勝 |
| 31 | 火 | 壬辰 二黒 | 11/28 友引 |

**9月**

9. 7 [節] 白露
9.18 [雑] 社日
9.19 [雑] 彼岸
9.22 [節] 秋分

**10月**

10. 7 [節] 寒露
10.19 [雑] 土用
10.22 [節] 霜降

**11月**

11. 7 [節] 立冬
11.21 [節] 小雪

**12月**

12. 6 [節] 大雪
12.21 [節] 冬至

# 2098

明治 231 年
大正 187 年
昭和 173 年
平成 110 年

戊午（つちのえうま）
一白水星

## 生誕・年忌など

1. 9 福井謙一没後 100 年
1.14 ルイス・キャロル没後 200 年
1.30 石ノ森章太郎没後 100 年
2.10 B. ブレヒト生誕 200 年
2.15 井伏鱒二生誕 200 年
3.15 豊臣秀吉・醍醐の花見会 500 年
3.16 A. ビアズリー没後 200 年
3.17 横光利一生誕 200 年
3.21 G. ウラノワ没後 100 年
4.10 北アイルランド和平合意 100 年
4.13 ナントの勅令 500 年
4.15 ポル・ポト没後 100 年
4.25 米西戦争開戦 200 年
4.26 E. ドラクロワ生誕 300 年
5.23 G. サヴォナローラ没後 600 年
6.10 吉田正没後 100 年
7. 7 米国・ハワイ併合 200 年
7.17 パプア・ニューギニア大津波 100 年
7.26 カンボジア初の総選挙 100 年
7.27 近藤重蔵による択捉島の日本領有宣言 (標柱)300 年
7.30 H. ムーア生誕 200 年
O. ビスマルク没後 200 年
8.18 豊臣秀吉没後 500 年
8.25 明応地震 600 年
9. 5 堀田善衛没後 100 年
9. 6 元禄の大火 (勅額火事)400 年
黒沢明没後 100 年
9. 9 S. マラルメ没後 200 年
9.26 G. ガーシュイン生誕 200 年
10.12 佐多稲子没後 100 年
11.11 淀川長治没後 100 年
11.21 R. マグリット生誕 200 年
12.26 キュリー夫妻・ラジウム発見 200 年
12.30 木下恵介没後 100 年
この年 中国・戦国時代開始 2500 年
寛政暦実施 300 年
貞心尼生誕 300 年

## 2098 年

### 1 月
（癸丑 九紫火星）

| | | | |
|---|---|---|---|
| 1 | 水 | 癸巳 三碧 | 11/29 先負 |
| 2 | 木 | 甲午 四緑 | 12/1 赤口 |
| 3 | 金 | 乙未 五黄 | 12/2 先勝 |
| 4 | 土 | 丙申 六白 | 12/3 友引 |
| 5 | 日 | 丁酉 七赤 | 12/4 先負 |
| 6 | 月 | 戊戌 八白 | 12/5 仏滅 |
| 7 | 火 | 己亥 九紫 | 12/6 大安 |
| 8 | 水 | 庚子 一白 | 12/7 赤口 |
| 9 | 木 | 辛丑 二黒 | 12/8 先勝 |
| 10 | 金 | 壬寅 三碧 | 12/9 友引 |
| 11 | 土 | 癸卯 四緑 | 12/10 先負 |
| 12 | 日 | 甲辰 五黄 | 12/11 仏滅 |
| 13 | 月 | 乙巳 六白 | 12/12 大安 |
| 14 | 火 | 丙午 七赤 | 12/13 赤口 |
| 15 | 水 | 丁未 八白 | 12/14 先勝 |
| 16 | 木 | 戊申 九紫 | 12/15 友引 |
| 17 | 金 | 己酉 一白 | 12/16 先負 |
| 18 | 土 | 庚戌 二黒 | 12/17 仏滅 |
| 19 | 日 | 辛亥 三碧 | 12/18 大安 |
| 20 | 月 | 壬子 四緑 | 12/19 赤口 |
| 21 | 火 | 癸丑 五黄 | 12/20 先勝 |
| 22 | 水 | 甲寅 六白 | 12/21 友引 |
| 23 | 木 | 乙卯 七赤 | 12/22 先負 |
| 24 | 金 | 丙辰 八白 | 12/23 仏滅 |
| 25 | 土 | 丁巳 九紫 | 12/24 大安 |
| 26 | 日 | 戊午 一白 | 12/25 赤口 |
| 27 | 月 | 己未 二黒 | 12/26 先勝 |
| 28 | 火 | 庚申 三碧 | 12/27 友引 |
| 29 | 水 | 辛酉 四緑 | 12/28 先負 |
| 30 | 木 | 壬戌 五黄 | 12/29 仏滅 |
| 31 | 金 | 癸亥 六白 | 12/30 大安 |

### 2 月
（甲寅 八白土星）

| | | | |
|---|---|---|---|
| 1 | 土 | 甲子 七赤 | 1/1 先勝 |
| 2 | 日 | 乙丑 八白 | 1/2 友引 |
| 3 | 月 | 丙寅 九紫 | 1/3 先負 |
| 4 | 火 | 丁卯 一白 | 1/4 仏滅 |
| 5 | 水 | 戊辰 二黒 | 1/5 大安 |
| 6 | 木 | 己巳 三碧 | 1/6 赤口 |
| 7 | 金 | 庚午 四緑 | 1/7 先勝 |
| 8 | 土 | 辛未 五黄 | 1/8 友引 |
| 9 | 日 | 壬申 六白 | 1/9 先負 |
| 10 | 月 | 癸酉 七赤 | 1/10 仏滅 |
| 11 | 火 | 甲戌 八白 | 1/11 大安 |
| 12 | 水 | 乙亥 九紫 | 1/12 赤口 |
| 13 | 木 | 丙子 一白 | 1/13 先勝 |
| 14 | 金 | 丁丑 二黒 | 1/14 友引 |
| 15 | 土 | 戊寅 三碧 | 1/15 先負 |
| 16 | 日 | 己卯 四緑 | 1/16 仏滅 |
| 17 | 月 | 庚辰 五黄 | 1/17 大安 |
| 18 | 火 | 辛巳 六白 | 1/18 赤口 |
| 19 | 水 | 壬午 七赤 | 1/19 先勝 |
| 20 | 木 | 癸未 八白 | 1/20 友引 |
| 21 | 金 | 甲申 九紫 | 1/21 先負 |
| 22 | 土 | 乙酉 一白 | 1/22 仏滅 |
| 23 | 日 | 丙戌 二黒 | 1/23 大安 |
| 24 | 月 | 丁亥 三碧 | 1/24 赤口 |
| 25 | 火 | 戊子 四緑 | 1/25 先勝 |
| 26 | 水 | 己丑 五黄 | 1/26 友引 |
| 27 | 木 | 庚寅 六白 | 1/27 先負 |
| 28 | 金 | 辛卯 七赤 | 1/28 仏滅 |

### 3 月
（乙卯 七赤金星）

| | | | |
|---|---|---|---|
| 1 | 土 | 壬辰 八白 | 1/29 大安 |
| 2 | 日 | 癸巳 九紫 | 1/30 赤口 |
| 3 | 月 | 甲午 一白 | 2/1 友引 |
| 4 | 火 | 乙未 二黒 | 2/2 先負 |
| 5 | 水 | 丙申 三碧 | 2/3 仏滅 |
| 6 | 木 | 丁酉 四緑 | 2/4 大安 |
| 7 | 金 | 戊戌 五黄 | 2/5 赤口 |
| 8 | 土 | 己亥 六白 | 2/6 先勝 |
| 9 | 日 | 庚子 七赤 | 2/7 友引 |
| 10 | 月 | 辛丑 八白 | 2/8 先負 |
| 11 | 火 | 壬寅 九紫 | 2/9 仏滅 |
| 12 | 水 | 癸卯 一白 | 2/10 大安 |
| 13 | 木 | 甲辰 二黒 | 2/11 赤口 |
| 14 | 金 | 乙巳 三碧 | 2/12 先勝 |
| 15 | 土 | 丙午 四緑 | 2/13 友引 |
| 16 | 日 | 丁未 五黄 | 2/14 先負 |
| 17 | 月 | 戊申 六白 | 2/15 仏滅 |
| 18 | 火 | 己酉 七赤 | 2/16 大安 |
| 19 | 水 | 庚戌 八白 | 2/17 赤口 |
| 20 | 木 | 辛亥 九紫 | 2/18 先勝 |
| 21 | 金 | 壬子 一白 | 2/19 友引 |
| 22 | 土 | 癸丑 二黒 | 2/20 先負 |
| 23 | 日 | 甲寅 三碧 | 2/21 仏滅 |
| 24 | 月 | 乙卯 四緑 | 2/22 大安 |
| 25 | 火 | 丙辰 五黄 | 2/23 赤口 |
| 26 | 水 | 丁巳 六白 | 2/24 先勝 |
| 27 | 木 | 戊午 七赤 | 2/25 友引 |
| 28 | 金 | 己未 八白 | 2/26 先負 |
| 29 | 土 | 庚申 九紫 | 2/27 仏滅 |
| 30 | 日 | 辛酉 一白 | 2/28 大安 |
| 31 | 月 | 壬戌 二黒 | 2/29 赤口 |

### 4 月
（丙辰 六白金星）

| | | | |
|---|---|---|---|
| 1 | 火 | 癸亥 三碧 | 2/30 先勝 |
| 2 | 水 | 甲子 四緑 | 3/1 先負 |
| 3 | 木 | 乙丑 五黄 | 3/2 仏滅 |
| 4 | 金 | 丙寅 六白 | 3/3 大安 |
| 5 | 土 | 丁卯 七赤 | 3/4 赤口 |
| 6 | 日 | 戊辰 八白 | 3/5 先勝 |
| 7 | 月 | 己巳 九紫 | 3/6 友引 |
| 8 | 火 | 庚午 一白 | 3/7 先負 |
| 9 | 水 | 辛未 二黒 | 3/8 仏滅 |
| 10 | 木 | 壬申 三碧 | 3/9 大安 |
| 11 | 金 | 癸酉 四緑 | 3/10 赤口 |
| 12 | 土 | 甲戌 五黄 | 3/11 先勝 |
| 13 | 日 | 乙亥 六白 | 3/12 友引 |
| 14 | 月 | 丙子 七赤 | 3/13 先負 |
| 15 | 火 | 丁丑 八白 | 3/14 仏滅 |
| 16 | 水 | 戊寅 九紫 | 3/15 大安 |
| 17 | 木 | 己卯 一白 | 3/16 赤口 |
| 18 | 金 | 庚辰 二黒 | 3/17 先勝 |
| 19 | 土 | 辛巳 三碧 | 3/18 友引 |
| 20 | 日 | 壬午 四緑 | 3/19 先負 |
| 21 | 月 | 癸未 五黄 | 3/20 仏滅 |
| 22 | 火 | 甲申 六白 | 3/21 大安 |
| 23 | 水 | 乙酉 七赤 | 3/22 赤口 |
| 24 | 木 | 丙戌 八白 | 3/23 先勝 |
| 25 | 金 | 丁亥 九紫 | 3/24 友引 |
| 26 | 土 | 戊子 一白 | 3/25 先負 |
| 27 | 日 | 己丑 二黒 | 3/26 仏滅 |
| 28 | 月 | 庚寅 三碧 | 3/27 大安 |
| 29 | 火 | 辛卯 四緑 | 3/28 赤口 |
| 30 | 水 | 壬辰 五黄 | 3/29 先勝 |

**1 月**

1. 5 [節] 小寒
1.16 [雑] 土用
1.19 [節] 大寒

**2 月**

2. 2 [雑] 節分
2. 3 [節] 立春
2.18 [節] 雨水

**3 月**

3. 5 [節] 啓蟄
3.17 [雑] 彼岸
3.17 [雑] 社日
3.20 [節] 春分

**4 月**

4. 4 [節] 清明
4.16 [雑] 土用
4.19 [節] 穀雨

## 5月
（丁巳 五黄土星）

| | | | |
|---|---|---|---|
| 1 | 木 | 癸巳 六白 | 4/1 仏滅 |
| 2 | 金 | 甲午 七赤 | 4/2 大安 |
| 3 | 土 | 乙未 八白 | 4/3 赤口 |
| 4 | 日 | 丙申 九紫 | 4/4 先勝 |
| 5 | 月 | 丁酉 一白 | 4/5 友引 |
| 6 | 火 | 戊戌 二黒 | 4/6 先負 |
| 7 | 水 | 己亥 三碧 | 4/7 仏滅 |
| 8 | 木 | 庚子 四緑 | 4/8 大安 |
| 9 | 金 | 辛丑 五黄 | 4/9 赤口 |
| 10 | 土 | 壬寅 六白 | 4/10 先勝 |
| 11 | 日 | 癸卯 七赤 | 4/11 友引 |
| 12 | 月 | 甲辰 八白 | 4/12 先負 |
| 13 | 火 | 乙巳 九紫 | 4/13 仏滅 |
| 14 | 水 | 丙午 一白 | 4/14 大安 |
| 15 | 木 | 丁未 二黒 | 4/15 赤口 |
| 16 | 金 | 戊申 三碧 | 4/16 先勝 |
| 17 | 土 | 己酉 四緑 | 4/17 友引 |
| 18 | 日 | 庚戌 五黄 | 4/18 先負 |
| 19 | 月 | 辛亥 六白 | 4/19 仏滅 |
| 20 | 火 | 壬子 七赤 | 4/20 大安 |
| 21 | 水 | 癸丑 八白 | 4/21 赤口 |
| 22 | 木 | 甲寅 九紫 | 4/22 先勝 |
| 23 | 金 | 乙卯 一白 | 4/23 友引 |
| 24 | 土 | 丙辰 二黒 | 4/24 先負 |
| 25 | 日 | 丁巳 三碧 | 4/25 仏滅 |
| 26 | 月 | 戊午 四緑 | 4/26 大安 |
| 27 | 火 | 己未 五黄 | 4/27 赤口 |
| 28 | 水 | 庚申 六白 | 4/28 先勝 |
| 29 | 木 | 辛酉 七赤 | 4/29 友引 |
| 30 | 金 | 壬戌 八白 | 4/30 先負 |
| 31 | 土 | 癸亥 九紫 | 5/1 大安 |

## 6月
（戊午 四緑木星）

| | | | |
|---|---|---|---|
| 1 | 日 | 甲子 九紫 | 5/2 赤口 |
| 2 | 月 | 乙丑 八白 | 5/3 先勝 |
| 3 | 火 | 丙寅 七赤 | 5/4 友引 |
| 4 | 水 | 丁卯 六白 | 5/5 先負 |
| 5 | 木 | 戊辰 五黄 | 5/6 仏滅 |
| 6 | 金 | 己巳 四緑 | 5/7 大安 |
| 7 | 土 | 庚午 三碧 | 5/8 赤口 |
| 8 | 日 | 辛未 二黒 | 5/9 先勝 |
| 9 | 月 | 壬申 一白 | 5/10 友引 |
| 10 | 火 | 癸酉 九紫 | 5/11 先負 |
| 11 | 水 | 甲戌 八白 | 5/12 仏滅 |
| 12 | 木 | 乙亥 七赤 | 5/13 大安 |
| 13 | 金 | 丙子 六白 | 5/14 赤口 |
| 14 | 土 | 丁丑 五黄 | 5/15 先勝 |
| 15 | 日 | 戊寅 四緑 | 5/16 友引 |
| 16 | 月 | 己卯 三碧 | 5/17 先負 |
| 17 | 火 | 庚辰 二黒 | 5/18 仏滅 |
| 18 | 水 | 辛巳 一白 | 5/19 大安 |
| 19 | 木 | 壬午 九紫 | 5/20 赤口 |
| 20 | 金 | 癸未 八白 | 5/21 先勝 |
| 21 | 土 | 甲申 七赤 | 5/22 友引 |
| 22 | 日 | 乙酉 六白 | 5/23 先負 |
| 23 | 月 | 丙戌 五黄 | 5/24 仏滅 |
| 24 | 火 | 丁亥 四緑 | 5/25 大安 |
| 25 | 水 | 戊子 三碧 | 5/26 赤口 |
| 26 | 木 | 己丑 二黒 | 5/27 先勝 |
| 27 | 金 | 庚寅 一白 | 5/28 友引 |
| 28 | 土 | 辛卯 九紫 | 5/29 先負 |
| 29 | 日 | 壬辰 八白 | 6/1 赤口 |
| 30 | 月 | 癸巳 七赤 | 6/2 先勝 |

## 7月
（己未 三碧木星）

| | | | |
|---|---|---|---|
| 1 | 火 | 甲午 六白 | 6/3 友引 |
| 2 | 水 | 乙未 五黄 | 6/4 先負 |
| 3 | 木 | 丙申 四緑 | 6/5 仏滅 |
| 4 | 金 | 丁酉 三碧 | 6/6 大安 |
| 5 | 土 | 戊戌 二黒 | 6/7 赤口 |
| 6 | 日 | 己亥 一白 | 6/8 先勝 |
| 7 | 月 | 庚子 九紫 | 6/9 友引 |
| 8 | 火 | 辛丑 八白 | 6/10 先負 |
| 9 | 水 | 壬寅 七赤 | 6/11 仏滅 |
| 10 | 木 | 癸卯 六白 | 6/12 大安 |
| 11 | 金 | 甲辰 五黄 | 6/13 赤口 |
| 12 | 土 | 乙巳 四緑 | 6/14 先勝 |
| 13 | 日 | 丙午 三碧 | 6/15 友引 |
| 14 | 月 | 丁未 二黒 | 6/16 先負 |
| 15 | 火 | 戊申 一白 | 6/17 仏滅 |
| 16 | 水 | 己酉 九紫 | 6/18 大安 |
| 17 | 木 | 庚戌 八白 | 6/19 赤口 |
| 18 | 金 | 辛亥 七赤 | 6/20 先勝 |
| 19 | 土 | 壬子 六白 | 6/21 友引 |
| 20 | 日 | 癸丑 五黄 | 6/22 先負 |
| 21 | 月 | 甲寅 四緑 | 6/23 仏滅 |
| 22 | 火 | 乙卯 三碧 | 6/24 大安 |
| 23 | 水 | 丙辰 二黒 | 6/25 赤口 |
| 24 | 木 | 丁巳 一白 | 6/26 先勝 |
| 25 | 金 | 戊午 九紫 | 6/27 友引 |
| 26 | 土 | 己未 八白 | 6/28 先負 |
| 27 | 日 | 庚申 七赤 | 6/29 仏滅 |
| 28 | 月 | 辛酉 六白 | 7/1 先勝 |
| 29 | 火 | 壬戌 五黄 | 7/2 友引 |
| 30 | 水 | 癸亥 四緑 | 7/3 先負 |
| 31 | 木 | 甲子 三碧 | 7/4 仏滅 |

## 8月
（庚申 二黒土星）

| | | | |
|---|---|---|---|
| 1 | 金 | 乙丑 二黒 | 7/5 大安 |
| 2 | 土 | 丙寅 一白 | 7/6 赤口 |
| 3 | 日 | 丁卯 九紫 | 7/7 先勝 |
| 4 | 月 | 戊辰 八白 | 7/8 友引 |
| 5 | 火 | 己巳 七赤 | 7/9 先負 |
| 6 | 水 | 庚午 六白 | 7/10 仏滅 |
| 7 | 木 | 辛未 五黄 | 7/11 大安 |
| 8 | 金 | 壬申 四緑 | 7/12 赤口 |
| 9 | 土 | 癸酉 三碧 | 7/13 先勝 |
| 10 | 日 | 甲戌 二黒 | 7/14 友引 |
| 11 | 月 | 乙亥 一白 | 7/15 先負 |
| 12 | 火 | 丙子 九紫 | 7/16 仏滅 |
| 13 | 水 | 丁丑 八白 | 7/17 大安 |
| 14 | 木 | 戊寅 七赤 | 7/18 赤口 |
| 15 | 金 | 己卯 六白 | 7/19 先勝 |
| 16 | 土 | 庚辰 五黄 | 7/20 友引 |
| 17 | 日 | 辛巳 四緑 | 7/21 先負 |
| 18 | 月 | 壬午 三碧 | 7/22 仏滅 |
| 19 | 火 | 癸未 二黒 | 7/23 大安 |
| 20 | 水 | 甲申 一白 | 7/24 赤口 |
| 21 | 木 | 乙酉 九紫 | 7/25 先勝 |
| 22 | 金 | 丙戌 八白 | 7/26 友引 |
| 23 | 土 | 丁亥 七赤 | 7/27 先負 |
| 24 | 日 | 戊子 六白 | 7/28 仏滅 |
| 25 | 月 | 己丑 五黄 | 7/29 大安 |
| 26 | 火 | 庚寅 四緑 | 7/30 赤口 |
| 27 | 水 | 辛卯 三碧 | 8/1 友引 |
| 28 | 木 | 壬辰 二黒 | 8/2 先負 |
| 29 | 金 | 癸巳 一白 | 8/3 仏滅 |
| 30 | 土 | 甲午 九紫 | 8/4 大安 |
| 31 | 日 | 乙未 八白 | 8/5 赤口 |

### 5月
5. 1［雑］八十八夜
5. 5［節］立夏
5.20［節］小満

### 6月
6. 5［節］芒種
6.10［雑］入梅
6.21［節］夏至

### 7月
7. 1［雑］半夏生
7. 6［節］小暑
7.19［雑］土用
7.22［節］大暑

### 8月
8. 7［節］立秋
8.22［節］処暑
8.31［雑］二百十日

## 9月
（辛酉 一白水星）

| 日 | 曜 | 干支・九星 | 旧暦・六曜 |
|---|---|---|---|
| 1 | 月 | 丙申 七赤 | 8/6 先勝 |
| 2 | 火 | 丁酉 六白 | 8/7 友引 |
| 3 | 水 | 戊戌 五黄 | 8/8 先負 |
| 4 | 木 | 己亥 四緑 | 8/9 仏滅 |
| 5 | 金 | 庚子 三碧 | 8/10 大安 |
| 6 | 土 | 辛丑 二黒 | 8/11 赤口 |
| 7 | 日 | 壬寅 一白 | 8/12 先勝 |
| 8 | 月 | 癸卯 九紫 | 8/13 友引 |
| 9 | 火 | 甲辰 八白 | 8/14 先負 |
| 10 | 水 | 乙巳 七赤 | 8/15 仏滅 |
| 11 | 木 | 丙午 六白 | 8/16 大安 |
| 12 | 金 | 丁未 五黄 | 8/17 赤口 |
| 13 | 土 | 戊申 四緑 | 8/18 先勝 |
| 14 | 日 | 己酉 三碧 | 8/19 友引 |
| 15 | 月 | 庚戌 二黒 | 8/20 先負 |
| 16 | 火 | 辛亥 一白 | 8/21 仏滅 |
| 17 | 水 | 壬子 九紫 | 8/22 大安 |
| 18 | 木 | 癸丑 八白 | 8/23 赤口 |
| 19 | 金 | 甲寅 七赤 | 8/24 先勝 |
| 20 | 土 | 乙卯 六白 | 8/25 友引 |
| 21 | 日 | 丙辰 五黄 | 8/26 先負 |
| 22 | 月 | 丁巳 四緑 | 8/27 仏滅 |
| 23 | 火 | 戊午 三碧 | 8/28 大安 |
| 24 | 水 | 己未 二黒 | 8/29 赤口 |
| 25 | 木 | 庚申 一白 | 9/1 先負 |
| 26 | 金 | 辛酉 九紫 | 9/2 仏滅 |
| 27 | 土 | 壬戌 八白 | 9/3 大安 |
| 28 | 日 | 癸亥 七赤 | 9/4 赤口 |
| 29 | 月 | 甲子 六白 | 9/5 先勝 |
| 30 | 火 | 乙丑 五黄 | 9/6 友引 |

## 10月
（壬戌 九紫火星）

| 日 | 曜 | 干支・九星 | 旧暦・六曜 |
|---|---|---|---|
| 1 | 水 | 丙寅 四緑 | 9/7 先負 |
| 2 | 木 | 丁卯 三碧 | 9/8 仏滅 |
| 3 | 金 | 戊辰 二黒 | 9/9 大安 |
| 4 | 土 | 己巳 一白 | 9/10 赤口 |
| 5 | 日 | 庚午 九紫 | 9/11 先勝 |
| 6 | 月 | 辛未 八白 | 9/12 友引 |
| 7 | 火 | 壬申 七赤 | 9/13 先負 |
| 8 | 水 | 癸酉 六白 | 9/14 仏滅 |
| 9 | 木 | 甲戌 五黄 | 9/15 大安 |
| 10 | 金 | 乙亥 四緑 | 9/16 赤口 |
| 11 | 土 | 丙子 三碧 | 9/17 先勝 |
| 12 | 日 | 丁丑 二黒 | 9/18 友引 |
| 13 | 月 | 戊寅 一白 | 9/19 先負 |
| 14 | 火 | 己卯 九紫 | 9/20 仏滅 |
| 15 | 水 | 庚辰 八白 | 9/21 大安 |
| 16 | 木 | 辛巳 七赤 | 9/22 赤口 |
| 17 | 金 | 壬午 六白 | 9/23 先勝 |
| 18 | 土 | 癸未 五黄 | 9/24 友引 |
| 19 | 日 | 甲申 四緑 | 9/25 先負 |
| 20 | 月 | 乙酉 三碧 | 9/26 仏滅 |
| 21 | 火 | 丙戌 二黒 | 9/27 大安 |
| 22 | 水 | 丁亥 一白 | 9/28 赤口 |
| 23 | 木 | 戊子 九紫 | 9/29 先勝 |
| 24 | 金 | 己丑 八白 | 10/1 仏滅 |
| 25 | 土 | 庚寅 七赤 | 10/2 大安 |
| 26 | 日 | 辛卯 六白 | 10/3 赤口 |
| 27 | 月 | 壬辰 五黄 | 10/4 先勝 |
| 28 | 火 | 癸巳 四緑 | 10/5 友引 |
| 29 | 水 | 甲午 三碧 | 10/6 先負 |
| 30 | 木 | 乙未 二黒 | 10/7 仏滅 |
| 31 | 金 | 丙申 一白 | 10/8 大安 |

## 11月
（癸亥 八白土星）

| 日 | 曜 | 干支・九星 | 旧暦・六曜 |
|---|---|---|---|
| 1 | 土 | 丁酉 九紫 | 10/9 赤口 |
| 2 | 日 | 戊戌 八白 | 10/10 先勝 |
| 3 | 月 | 己亥 七赤 | 10/11 友引 |
| 4 | 火 | 庚子 六白 | 10/12 先負 |
| 5 | 水 | 辛丑 五黄 | 10/13 仏滅 |
| 6 | 木 | 壬寅 四緑 | 10/14 大安 |
| 7 | 金 | 癸卯 三碧 | 10/15 赤口 |
| 8 | 土 | 甲辰 二黒 | 10/16 先勝 |
| 9 | 日 | 乙巳 一白 | 10/17 友引 |
| 10 | 月 | 丙午 九紫 | 10/18 先負 |
| 11 | 火 | 丁未 八白 | 10/19 仏滅 |
| 12 | 水 | 戊申 七赤 | 10/20 大安 |
| 13 | 木 | 己酉 六白 | 10/21 赤口 |
| 14 | 金 | 庚戌 五黄 | 10/22 先勝 |
| 15 | 土 | 辛亥 四緑 | 10/23 友引 |
| 16 | 日 | 壬子 三碧 | 10/24 先負 |
| 17 | 月 | 癸丑 二黒 | 10/25 仏滅 |
| 18 | 火 | 甲寅 一白 | 10/26 大安 |
| 19 | 水 | 乙卯 九紫 | 10/27 赤口 |
| 20 | 木 | 丙辰 八白 | 10/28 先勝 |
| 21 | 金 | 丁巳 七赤 | 10/29 友引 |
| 22 | 土 | 戊午 六白 | 10/30 先負 |
| 23 | 日 | 己未 五黄 | 11/1 大安 |
| 24 | 月 | 庚申 四緑 | 11/2 赤口 |
| 25 | 火 | 辛酉 三碧 | 11/3 先勝 |
| 26 | 水 | 壬戌 二黒 | 11/4 友引 |
| 27 | 木 | 癸亥 一白 | 11/5 先負 |
| 28 | 金 | 甲子 一白 | 11/6 仏滅 |
| 29 | 土 | 乙丑 二黒 | 11/7 大安 |
| 30 | 日 | 丙寅 三碧 | 11/8 赤口 |

## 12月
（甲子 七赤金星）

| 日 | 曜 | 干支・九星 | 旧暦・六曜 |
|---|---|---|---|
| 1 | 月 | 丁卯 四緑 | 11/9 先勝 |
| 2 | 火 | 戊辰 五黄 | 11/10 友引 |
| 3 | 水 | 己巳 六白 | 11/11 先負 |
| 4 | 木 | 庚午 七赤 | 11/12 仏滅 |
| 5 | 金 | 辛未 八白 | 11/13 大安 |
| 6 | 土 | 壬申 九紫 | 11/14 赤口 |
| 7 | 日 | 癸酉 一白 | 11/15 先勝 |
| 8 | 月 | 甲戌 二黒 | 11/16 友引 |
| 9 | 火 | 乙亥 三碧 | 11/17 先負 |
| 10 | 水 | 丙子 四緑 | 11/18 仏滅 |
| 11 | 木 | 丁丑 五黄 | 11/19 大安 |
| 12 | 金 | 戊寅 六白 | 11/20 赤口 |
| 13 | 土 | 己卯 七赤 | 11/21 先勝 |
| 14 | 日 | 庚辰 八白 | 11/22 友引 |
| 15 | 月 | 辛巳 九紫 | 11/23 先負 |
| 16 | 火 | 壬午 一白 | 11/24 仏滅 |
| 17 | 水 | 癸未 二黒 | 11/25 大安 |
| 18 | 木 | 甲申 三碧 | 11/26 赤口 |
| 19 | 金 | 乙酉 四緑 | 11/27 先勝 |
| 20 | 土 | 丙戌 五黄 | 11/28 友引 |
| 21 | 日 | 丁亥 六白 | 11/29 先負 |
| 22 | 月 | 戊子 七赤 | 11/30 仏滅 |
| 23 | 火 | 己丑 八白 | 12/1 赤口 |
| 24 | 水 | 庚寅 九紫 | 12/2 先勝 |
| 25 | 木 | 辛卯 一白 | 12/3 友引 |
| 26 | 金 | 壬辰 二黒 | 12/4 先負 |
| 27 | 土 | 癸巳 三碧 | 12/5 仏滅 |
| 28 | 日 | 甲午 四緑 | 12/6 大安 |
| 29 | 月 | 乙未 五黄 | 12/7 赤口 |
| 30 | 火 | 丙申 六白 | 12/8 先勝 |
| 31 | 水 | 丁酉 七赤 | 12/9 友引 |

**9月**

9. 7 [節] 白露
9.19 [雑] 彼岸
9.22 [節] 秋分
9.23 [雑] 社日

**10月**

10. 8 [節] 寒露
10.20 [雑] 土用
10.23 [節] 霜降

**11月**

11. 7 [節] 立冬
11.22 [節] 小雪

**12月**

12. 6 [節] 大雪
12.21 [節] 冬至

# 2099

明治 232 年
大正 188 年
昭和 174 年
平成 111 年

己未（つちのとひつじ）
九紫火星

生誕・年忌など

1. 1 EU 単一通貨ユーロ導入 100 年
1.13 源頼朝没後 900 年
1.19 勝海舟没後 200 年
2.13 宮本百合子生誕 200 年
2.23 E. ケストナー生誕 200 年
3. 1 対人地雷全面禁止条約発効 100 年
3. 7 石川淳生誕 200 年
S. キューブリック没後 100 年
3. 8 ジョー・ディマジオ没後 100 年
3.24 NATO のユーゴ空爆開始 100 年
3.25 蓮如没後 600 年
4.21 J. ラシーヌ没後 400 年
5. 6 東山魁夷没後 100 年
5. 8 F. ハイエク生誕 200 年
5.20 H. バルザック生誕 300 年
6. 3 J. シュトラウス没後 200 年
6. 6 D. ベラスケス生誕 500 年
A. プーシキン生誕 300 年
6.14 川端康成生誕 200 年
7.17 日本・治外法権撤廃 200 年
7.21 E. ヘミングウェイ生誕 200 年
江藤淳没後 100 年
7.29 辻邦生没後 100 年
8. 9 日の丸・君が代法制化 100 年
8.13 A. ヒッチコック生誕 200 年
8.17 トルコ大地震 100 年
8.24 J. ボルヘス生誕 200 年
9.21 台湾大地震 100 年
尾崎秀樹没後 100 年
9.22 淡谷のり子没後 100 年
9.30 東海村臨界事故 100 年
10. 3 盛田昭夫没後 100 年
10.12 第 2 次ボーア戦争勃発 200 年
三浦綾子没後 100 年
11. 9 ナポレオンのクーデター 300 年
11.29 応永の乱 700 年
12. 3 池田勇人生誕 200 年
12.14 G. ワシントン没後 300 年
この年 項羽没後 2300 年
漢・中国統一 2300 年
オスマン・トルコ建国 800 年

**2099 年**

## 1 月
（乙丑 六白金星）

| | | | |
|---|---|---|---|
| 1 | 木 | 戊戌 八白 | 12/10 先負 |
| 2 | 金 | 己亥 九紫 | 12/11 仏滅 |
| 3 | 土 | 庚子 一白 | 12/12 大安 |
| 4 | 日 | 辛丑 二黒 | 12/13 赤口 |
| 5 | 月 | 壬寅 三碧 | 12/14 先勝 |
| 6 | 火 | 癸卯 四緑 | 12/15 友引 |
| 7 | 水 | 甲辰 五黄 | 12/16 先負 |
| 8 | 木 | 乙巳 六白 | 12/17 仏滅 |
| 9 | 金 | 丙午 七赤 | 12/18 大安 |
| 10 | 土 | 丁未 八白 | 12/19 赤口 |
| 11 | 日 | 戊申 九紫 | 12/20 先勝 |
| 12 | 月 | 己酉 一白 | 12/21 友引 |
| 13 | 火 | 庚戌 二黒 | 12/22 先負 |
| 14 | 水 | 辛亥 三碧 | 12/23 仏滅 |
| 15 | 木 | 壬子 四緑 | 12/24 大安 |
| 16 | 金 | 癸丑 五黄 | 12/25 赤口 |
| 17 | 土 | 甲寅 六白 | 12/26 先勝 |
| 18 | 日 | 乙卯 七赤 | 12/27 友引 |
| 19 | 月 | 丙辰 八白 | 12/28 先負 |
| 20 | 火 | 丁巳 九紫 | 12/29 仏滅 |
| 21 | 水 | 戊午 一白 | 1/1 先勝 |
| 22 | 木 | 己未 二黒 | 1/2 友引 |
| 23 | 金 | 庚申 三碧 | 1/3 先負 |
| 24 | 土 | 辛酉 四緑 | 1/4 仏滅 |
| 25 | 日 | 壬戌 五黄 | 1/5 大安 |
| 26 | 月 | 癸亥 六白 | 1/6 赤口 |
| 27 | 火 | 甲子 七赤 | 1/7 先勝 |
| 28 | 水 | 乙丑 八白 | 1/8 友引 |
| 29 | 木 | 丙寅 九紫 | 1/9 先負 |
| 30 | 金 | 丁卯 一白 | 1/10 仏滅 |
| 31 | 土 | 戊辰 二黒 | 1/11 大安 |

## 2 月
（丙寅 五黄土星）

| | | | |
|---|---|---|---|
| 1 | 日 | 己巳 三碧 | 1/12 赤口 |
| 2 | 月 | 庚午 四緑 | 1/13 先勝 |
| 3 | 火 | 辛未 五黄 | 1/14 友引 |
| 4 | 水 | 壬申 六白 | 1/15 先負 |
| 5 | 木 | 癸酉 七赤 | 1/16 仏滅 |
| 6 | 金 | 甲戌 八白 | 1/17 大安 |
| 7 | 土 | 乙亥 九紫 | 1/18 赤口 |
| 8 | 日 | 丙子 一白 | 1/19 先勝 |
| 9 | 月 | 丁丑 二黒 | 1/20 友引 |
| 10 | 火 | 戊寅 三碧 | 1/21 先負 |
| 11 | 水 | 己卯 四緑 | 1/22 仏滅 |
| 12 | 木 | 庚辰 五黄 | 1/23 大安 |
| 13 | 金 | 辛巳 六白 | 1/24 赤口 |
| 14 | 土 | 壬午 七赤 | 1/25 先勝 |
| 15 | 日 | 癸未 八白 | 1/26 友引 |
| 16 | 月 | 甲申 九紫 | 1/27 先負 |
| 17 | 火 | 乙酉 一白 | 1/28 仏滅 |
| 18 | 水 | 丙戌 二黒 | 1/29 大安 |
| 19 | 木 | 丁亥 三碧 | 1/30 赤口 |
| 20 | 金 | 戊子 四緑 | 2/1 友引 |
| 21 | 土 | 己丑 五黄 | 2/2 先負 |
| 22 | 日 | 庚寅 六白 | 2/3 仏滅 |
| 23 | 月 | 辛卯 七赤 | 2/4 大安 |
| 24 | 火 | 壬辰 八白 | 2/5 赤口 |
| 25 | 水 | 癸巳 九紫 | 2/6 先勝 |
| 26 | 木 | 甲午 一白 | 2/7 友引 |
| 27 | 金 | 乙未 二黒 | 2/8 先負 |
| 28 | 土 | 丙申 三碧 | 2/9 仏滅 |

## 3 月
（丁卯 四緑木星）

| | | | |
|---|---|---|---|
| 1 | 日 | 丁酉 四緑 | 2/10 大安 |
| 2 | 月 | 戊戌 五黄 | 2/11 赤口 |
| 3 | 火 | 己亥 六白 | 2/12 先勝 |
| 4 | 水 | 庚子 七赤 | 2/13 友引 |
| 5 | 木 | 辛丑 八白 | 2/14 先負 |
| 6 | 金 | 壬寅 九紫 | 2/15 仏滅 |
| 7 | 土 | 癸卯 一白 | 2/16 大安 |
| 8 | 日 | 甲辰 二黒 | 2/17 赤口 |
| 9 | 月 | 乙巳 三碧 | 2/18 先勝 |
| 10 | 火 | 丙午 四緑 | 2/19 友引 |
| 11 | 水 | 丁未 五黄 | 2/20 先負 |
| 12 | 木 | 戊申 六白 | 2/21 仏滅 |
| 13 | 金 | 己酉 七赤 | 2/22 大安 |
| 14 | 土 | 庚戌 八白 | 2/23 赤口 |
| 15 | 日 | 辛亥 九紫 | 2/24 先勝 |
| 16 | 月 | 壬子 一白 | 2/25 友引 |
| 17 | 火 | 癸丑 二黒 | 2/26 先負 |
| 18 | 水 | 甲寅 三碧 | 2/27 仏滅 |
| 19 | 木 | 乙卯 四緑 | 2/28 大安 |
| 20 | 金 | 丙辰 五黄 | 2/29 赤口 |
| 21 | 土 | 丁巳 六白 | 2/30 先勝 |
| 22 | 日 | 戊午 七赤 | 3/1 先負 |
| 23 | 月 | 己未 八白 | 3/2 仏滅 |
| 24 | 火 | 庚申 九紫 | 3/3 大安 |
| 25 | 水 | 辛酉 一白 | 3/4 赤口 |
| 26 | 木 | 壬戌 二黒 | 3/5 先勝 |
| 27 | 金 | 癸亥 三碧 | 3/6 友引 |
| 28 | 土 | 甲子 四緑 | 3/7 先負 |
| 29 | 日 | 乙丑 五黄 | 3/8 仏滅 |
| 30 | 月 | 丙寅 六白 | 3/9 大安 |
| 31 | 火 | 丁卯 七赤 | 3/10 赤口 |

## 4 月
（戊辰 三碧木星）

| | | | |
|---|---|---|---|
| 1 | 水 | 戊辰 八白 | 3/11 先勝 |
| 2 | 木 | 己巳 九紫 | 3/12 友引 |
| 3 | 金 | 庚午 一白 | 3/13 先負 |
| 4 | 土 | 辛未 二黒 | 3/14 仏滅 |
| 5 | 日 | 壬申 三碧 | 3/15 大安 |
| 6 | 月 | 癸酉 四緑 | 3/16 赤口 |
| 7 | 火 | 甲戌 五黄 | 3/17 先勝 |
| 8 | 水 | 乙亥 六白 | 3/18 友引 |
| 9 | 木 | 丙子 七赤 | 3/19 先負 |
| 10 | 金 | 丁丑 八白 | 3/20 仏滅 |
| 11 | 土 | 戊寅 九紫 | 3/21 大安 |
| 12 | 日 | 己卯 一白 | 3/22 赤口 |
| 13 | 月 | 庚辰 二黒 | 3/23 先勝 |
| 14 | 火 | 辛巳 三碧 | 3/24 友引 |
| 15 | 水 | 壬午 四緑 | 3/25 先負 |
| 16 | 木 | 癸未 五黄 | 3/26 仏滅 |
| 17 | 金 | 甲申 六白 | 3/27 大安 |
| 18 | 土 | 乙酉 七赤 | 3/28 赤口 |
| 19 | 日 | 丙戌 八白 | 3/29 先勝 |
| 20 | 月 | 丁亥 九紫 | 3/30 友引 |
| 21 | 火 | 戊子 一白 | 閏3/1 先負 |
| 22 | 水 | 己丑 二黒 | 閏3/2 仏滅 |
| 23 | 木 | 庚寅 三碧 | 閏3/3 大安 |
| 24 | 金 | 辛卯 四緑 | 閏3/4 赤口 |
| 25 | 土 | 壬辰 五黄 | 閏3/5 先勝 |
| 26 | 日 | 癸巳 六白 | 閏3/6 友引 |
| 27 | 月 | 甲午 七赤 | 閏3/7 先負 |
| 28 | 火 | 乙未 八白 | 閏3/8 仏滅 |
| 29 | 水 | 丙申 九紫 | 閏3/9 大安 |
| 30 | 木 | 丁酉 一白 | 閏3/10 赤口 |

**1 月**

1. 5 [節] 小寒
1.17 [雑] 土用
1.20 [節] 大寒

**2 月**

2. 2 [雑] 節分
2. 3 [節] 立春
2.18 [節] 雨水

**3 月**

3. 5 [節] 啓蟄
3.17 [雑] 彼岸
3.20 [節] 春分
3.22 [雑] 社日

**4 月**

4. 4 [節] 清明
4.17 [雑] 土用
4.20 [節] 穀雨

## 5月
（己巳 二黒土星）

| | | | |
|---|---|---|---|
| 1 | 金 | 戊戌 二黒 | 閏3/11 先勝 |
| 2 | 土 | 己亥 三碧 | 閏3/12 友引 |
| 3 | 日 | 庚子 四緑 | 閏3/13 先負 |
| 4 | 月 | 辛丑 五黄 | 閏3/14 仏滅 |
| 5 | 火 | 壬寅 六白 | 閏3/15 大安 |
| 6 | 水 | 癸卯 七赤 | 閏3/16 赤口 |
| 7 | 木 | 甲辰 八白 | 閏3/17 先勝 |
| 8 | 金 | 乙巳 九紫 | 閏3/18 友引 |
| 9 | 土 | 丙午 一白 | 閏3/19 先負 |
| 10 | 日 | 丁未 二黒 | 閏3/20 仏滅 |
| 11 | 月 | 戊申 三碧 | 閏3/21 大安 |
| 12 | 火 | 己酉 四緑 | 閏3/22 赤口 |
| 13 | 水 | 庚戌 五黄 | 閏3/23 先勝 |
| 14 | 木 | 辛亥 六白 | 閏3/24 友引 |
| 15 | 金 | 壬子 七赤 | 閏3/25 先負 |
| 16 | 土 | 癸丑 八白 | 閏3/26 仏滅 |
| 17 | 日 | 甲寅 九紫 | 閏3/27 大安 |
| 18 | 月 | 乙卯 一白 | 閏3/28 赤口 |
| 19 | 火 | 丙辰 二黒 | 閏3/29 先勝 |
| 20 | 水 | 丁巳 三碧 | 4/1 仏滅 |
| 21 | 木 | 戊午 四緑 | 4/2 大安 |
| 22 | 金 | 己未 五黄 | 4/3 赤口 |
| 23 | 土 | 庚申 六白 | 4/4 先勝 |
| 24 | 日 | 辛酉 七赤 | 4/5 友引 |
| 25 | 月 | 壬戌 八白 | 4/6 先負 |
| 26 | 火 | 癸亥 九紫 | 4/7 仏滅 |
| 27 | 水 | 甲子 九紫 | 4/8 大安 |
| 28 | 木 | 乙丑 八白 | 4/9 赤口 |
| 29 | 金 | 丙寅 七赤 | 4/10 先勝 |
| 30 | 土 | 丁卯 六白 | 4/11 友引 |
| 31 | 日 | 戊辰 五黄 | 4/12 先負 |

## 6月
（庚午 一白水星）

| | | | |
|---|---|---|---|
| 1 | 月 | 己巳 四緑 | 4/13 仏滅 |
| 2 | 火 | 庚午 三碧 | 4/14 大安 |
| 3 | 水 | 辛未 二黒 | 4/15 赤口 |
| 4 | 木 | 壬申 一白 | 4/16 先勝 |
| 5 | 金 | 癸酉 九紫 | 4/17 友引 |
| 6 | 土 | 甲戌 八白 | 4/18 先負 |
| 7 | 日 | 乙亥 七赤 | 4/19 仏滅 |
| 8 | 月 | 丙子 六白 | 4/20 大安 |
| 9 | 火 | 丁丑 五黄 | 4/21 赤口 |
| 10 | 水 | 戊寅 四緑 | 4/22 先勝 |
| 11 | 木 | 己卯 三碧 | 4/23 友引 |
| 12 | 金 | 庚辰 二黒 | 4/24 先負 |
| 13 | 土 | 辛巳 一白 | 4/25 仏滅 |
| 14 | 日 | 壬午 九紫 | 4/26 大安 |
| 15 | 月 | 癸未 八白 | 4/27 赤口 |
| 16 | 火 | 甲申 七赤 | 4/28 先勝 |
| 17 | 水 | 乙酉 六白 | 4/29 友引 |
| 18 | 木 | 丙戌 五黄 | 4/30 先負 |
| 19 | 金 | 丁亥 四緑 | 5/1 大安 |
| 20 | 土 | 戊子 三碧 | 5/2 赤口 |
| 21 | 日 | 己丑 二黒 | 5/3 先勝 |
| 22 | 月 | 庚寅 一白 | 5/4 友引 |
| 23 | 火 | 辛卯 九紫 | 5/5 先負 |
| 24 | 水 | 壬辰 八白 | 5/6 仏滅 |
| 25 | 木 | 癸巳 七赤 | 5/7 大安 |
| 26 | 金 | 甲午 六白 | 5/8 赤口 |
| 27 | 土 | 乙未 五黄 | 5/9 先勝 |
| 28 | 日 | 丙申 四緑 | 5/10 友引 |
| 29 | 月 | 丁酉 三碧 | 5/11 先負 |
| 30 | 火 | 戊戌 二黒 | 5/12 仏滅 |

## 7月
（辛未 九紫火星）

| | | | |
|---|---|---|---|
| 1 | 水 | 己亥 一白 | 5/13 大安 |
| 2 | 木 | 庚子 九紫 | 5/14 赤口 |
| 3 | 金 | 辛丑 八白 | 5/15 先勝 |
| 4 | 土 | 壬寅 七赤 | 5/16 友引 |
| 5 | 日 | 癸卯 六白 | 5/17 先負 |
| 6 | 月 | 甲辰 五黄 | 5/18 仏滅 |
| 7 | 火 | 乙巳 四緑 | 5/19 大安 |
| 8 | 水 | 丙午 三碧 | 5/20 赤口 |
| 9 | 木 | 丁未 二黒 | 5/21 先勝 |
| 10 | 金 | 戊申 一白 | 5/22 友引 |
| 11 | 土 | 己酉 九紫 | 5/23 先負 |
| 12 | 日 | 庚戌 八白 | 5/24 仏滅 |
| 13 | 月 | 辛亥 七赤 | 5/25 大安 |
| 14 | 火 | 壬子 六白 | 5/26 赤口 |
| 15 | 水 | 癸丑 五黄 | 5/27 先勝 |
| 16 | 木 | 甲寅 四緑 | 5/28 友引 |
| 17 | 金 | 乙卯 三碧 | 5/29 先負 |
| 18 | 土 | 丙辰 二黒 | 6/1 赤口 |
| 19 | 日 | 丁巳 一白 | 6/2 先勝 |
| 20 | 月 | 戊午 九紫 | 6/3 友引 |
| 21 | 火 | 己未 八白 | 6/4 先負 |
| 22 | 水 | 庚申 七赤 | 6/5 仏滅 |
| 23 | 木 | 辛酉 六白 | 6/6 大安 |
| 24 | 金 | 壬戌 五黄 | 6/7 赤口 |
| 25 | 土 | 癸亥 四緑 | 6/8 先勝 |
| 26 | 日 | 甲子 三碧 | 6/9 友引 |
| 27 | 月 | 乙丑 二黒 | 6/10 先負 |
| 28 | 火 | 丙寅 一白 | 6/11 仏滅 |
| 29 | 水 | 丁卯 九紫 | 6/12 大安 |
| 30 | 木 | 戊辰 八白 | 6/13 赤口 |
| 31 | 金 | 己巳 七赤 | 6/14 先勝 |

## 8月
（壬申 八白土星）

| | | | |
|---|---|---|---|
| 1 | 土 | 庚午 六白 | 6/15 友引 |
| 2 | 日 | 辛未 五黄 | 6/16 先負 |
| 3 | 月 | 壬申 四緑 | 6/17 仏滅 |
| 4 | 火 | 癸酉 三碧 | 6/18 大安 |
| 5 | 水 | 甲戌 二黒 | 6/19 赤口 |
| 6 | 木 | 乙亥 一白 | 6/20 先勝 |
| 7 | 金 | 丙子 九紫 | 6/21 友引 |
| 8 | 土 | 丁丑 八白 | 6/22 先負 |
| 9 | 日 | 戊寅 七赤 | 6/23 仏滅 |
| 10 | 月 | 己卯 六白 | 6/24 大安 |
| 11 | 火 | 庚辰 五黄 | 6/25 赤口 |
| 12 | 水 | 辛巳 四緑 | 6/26 先勝 |
| 13 | 木 | 壬午 三碧 | 6/27 友引 |
| 14 | 金 | 癸未 二黒 | 6/28 先負 |
| 15 | 土 | 甲申 一白 | 6/29 仏滅 |
| 16 | 日 | 乙酉 九紫 | 7/1 先勝 |
| 17 | 月 | 丙戌 八白 | 7/2 友引 |
| 18 | 火 | 丁亥 七赤 | 7/3 先負 |
| 19 | 水 | 戊子 六白 | 7/4 仏滅 |
| 20 | 木 | 己丑 五黄 | 7/5 大安 |
| 21 | 金 | 庚寅 四緑 | 7/6 赤口 |
| 22 | 土 | 辛卯 三碧 | 7/7 先勝 |
| 23 | 日 | 壬辰 二黒 | 7/8 友引 |
| 24 | 月 | 癸巳 一白 | 7/9 先負 |
| 25 | 火 | 甲午 九紫 | 7/10 仏滅 |
| 26 | 水 | 乙未 八白 | 7/11 大安 |
| 27 | 木 | 丙申 七赤 | 7/12 赤口 |
| 28 | 金 | 丁酉 六白 | 7/13 先勝 |
| 29 | 土 | 戊戌 五黄 | 7/14 友引 |
| 30 | 日 | 己亥 四緑 | 7/15 先負 |
| 31 | 月 | 庚子 三碧 | 7/16 仏滅 |

**5月**

5. 1［雑］八十八夜
5. 5［節］立夏
5.21［節］小満

**6月**

6. 5［節］芒種
6.10［雑］入梅
6.21［節］夏至

**7月**

7. 1［雑］半夏生
7. 7［節］小暑
7.19［雑］土用
7.22［節］大暑

**8月**

8. 7［節］立秋
8.23［節］処暑
8.31［雑］二百十日

## 9 月
（癸酉 七赤金星）

| | | | |
|---|---|---|---|
| 1 | 火 | 辛丑 二黒 | 7/17 大安 |
| 2 | 水 | 壬寅 一白 | 7/18 赤口 |
| 3 | 木 | 癸卯 九紫 | 7/19 先勝 |
| 4 | 金 | 甲辰 八白 | 7/20 友引 |
| 5 | 土 | 乙巳 七赤 | 7/21 先負 |
| 6 | 日 | 丙午 六白 | 7/22 仏滅 |
| 7 | 月 | 丁未 五黄 | 7/23 大安 |
| 8 | 火 | 戊申 四緑 | 7/24 赤口 |
| 9 | 水 | 己酉 三碧 | 7/25 先勝 |
| 10 | 木 | 庚戌 二黒 | 7/26 友引 |
| 11 | 金 | 辛亥 一白 | 7/27 先負 |
| 12 | 土 | 壬子 九紫 | 7/28 仏滅 |
| 13 | 日 | 癸丑 八白 | 7/29 大安 |
| 14 | 月 | 甲寅 七赤 | 7/30 赤口 |
| 15 | 火 | 乙卯 六白 | 8/1 友引 |
| 16 | 水 | 丙辰 五黄 | 8/2 先負 |
| 17 | 木 | 丁巳 四緑 | 8/3 仏滅 |
| 18 | 金 | 戊午 三碧 | 8/4 大安 |
| 19 | 土 | 己未 二黒 | 8/5 赤口 |
| 20 | 日 | 庚申 一白 | 8/6 先勝 |
| 21 | 月 | 辛酉 九紫 | 8/7 友引 |
| 22 | 火 | 壬戌 八白 | 8/8 先負 |
| 23 | 水 | 癸亥 七赤 | 8/9 仏滅 |
| 24 | 木 | 甲子 六白 | 8/10 大安 |
| 25 | 金 | 乙丑 五黄 | 8/11 赤口 |
| 26 | 土 | 丙寅 四緑 | 8/12 先勝 |
| 27 | 日 | 丁卯 三碧 | 8/13 友引 |
| 28 | 月 | 戊辰 二黒 | 8/14 先負 |
| 29 | 火 | 己巳 一白 | 8/15 仏滅 |
| 30 | 水 | 庚午 九紫 | 8/16 大安 |

## 10 月
（甲戌 六白金星）

| | | | |
|---|---|---|---|
| 1 | 木 | 辛未 八白 | 8/17 赤口 |
| 2 | 金 | 壬申 七赤 | 8/18 先勝 |
| 3 | 土 | 癸酉 六白 | 8/19 友引 |
| 4 | 日 | 甲戌 五黄 | 8/20 先負 |
| 5 | 月 | 乙亥 四緑 | 8/21 仏滅 |
| 6 | 火 | 丙子 三碧 | 8/22 大安 |
| 7 | 水 | 丁丑 二黒 | 8/23 赤口 |
| 8 | 木 | 戊寅 一白 | 8/24 先勝 |
| 9 | 金 | 己卯 九紫 | 8/25 友引 |
| 10 | 土 | 庚辰 八白 | 8/26 先負 |
| 11 | 日 | 辛巳 七赤 | 8/27 仏滅 |
| 12 | 月 | 壬午 六白 | 8/28 大安 |
| 13 | 火 | 癸未 五黄 | 8/29 赤口 |
| 14 | 水 | 甲申 四緑 | 9/1 先負 |
| 15 | 木 | 乙酉 三碧 | 9/2 仏滅 |
| 16 | 金 | 丙戌 二黒 | 9/3 大安 |
| 17 | 土 | 丁亥 一白 | 9/4 赤口 |
| 18 | 日 | 戊子 九紫 | 9/5 先勝 |
| 19 | 月 | 己丑 八白 | 9/6 友引 |
| 20 | 火 | 庚寅 七赤 | 9/7 先負 |
| 21 | 水 | 辛卯 六白 | 9/8 仏滅 |
| 22 | 木 | 壬辰 五黄 | 9/9 大安 |
| 23 | 金 | 癸巳 四緑 | 9/10 赤口 |
| 24 | 土 | 甲午 三碧 | 9/11 先勝 |
| 25 | 日 | 乙未 二黒 | 9/12 友引 |
| 26 | 月 | 丙申 一白 | 9/13 先負 |
| 27 | 火 | 丁酉 九紫 | 9/14 仏滅 |
| 28 | 水 | 戊戌 八白 | 9/15 大安 |
| 29 | 木 | 己亥 七赤 | 9/16 赤口 |
| 30 | 金 | 庚子 六白 | 9/17 先勝 |
| 31 | 土 | 辛丑 五黄 | 9/18 友引 |

## 11 月
（乙亥 五黄土星）

| | | | |
|---|---|---|---|
| 1 | 日 | 壬寅 四緑 | 9/19 先負 |
| 2 | 月 | 癸卯 三碧 | 9/20 仏滅 |
| 3 | 火 | 甲辰 二黒 | 9/21 大安 |
| 4 | 水 | 乙巳 一白 | 9/22 赤口 |
| 5 | 木 | 丙午 九紫 | 9/23 先勝 |
| 6 | 金 | 丁未 八白 | 9/24 友引 |
| 7 | 土 | 戊申 七赤 | 9/25 先負 |
| 8 | 日 | 己酉 六白 | 9/26 仏滅 |
| 9 | 月 | 庚戌 五黄 | 9/27 大安 |
| 10 | 火 | 辛亥 四緑 | 9/28 赤口 |
| 11 | 水 | 壬子 三碧 | 9/29 先勝 |
| 12 | 木 | 癸丑 二黒 | 10/1 仏滅 |
| 13 | 金 | 甲寅 一白 | 10/2 大安 |
| 14 | 土 | 乙卯 九紫 | 10/3 赤口 |
| 15 | 日 | 丙辰 八白 | 10/4 先勝 |
| 16 | 月 | 丁巳 七赤 | 10/5 友引 |
| 17 | 火 | 戊午 六白 | 10/6 先負 |
| 18 | 水 | 己未 五黄 | 10/7 仏滅 |
| 19 | 木 | 庚申 四緑 | 10/8 大安 |
| 20 | 金 | 辛酉 三碧 | 10/9 赤口 |
| 21 | 土 | 壬戌 二黒 | 10/10 先勝 |
| 22 | 日 | 癸亥 一白 | 10/11 友引 |
| 23 | 月 | 甲子 一白 | 10/12 先負 |
| 24 | 火 | 乙丑 二黒 | 10/13 仏滅 |
| 25 | 水 | 丙寅 三碧 | 10/14 大安 |
| 26 | 木 | 丁卯 四緑 | 10/15 赤口 |
| 27 | 金 | 戊辰 五黄 | 10/16 先勝 |
| 28 | 土 | 己巳 六白 | 10/17 友引 |
| 29 | 日 | 庚午 七赤 | 10/18 先負 |
| 30 | 月 | 辛未 八白 | 10/19 仏滅 |

## 12 月
（丙子 四緑木星）

| | | | |
|---|---|---|---|
| 1 | 火 | 壬申 九紫 | 10/20 大安 |
| 2 | 水 | 癸酉 一白 | 10/21 赤口 |
| 3 | 木 | 甲戌 二黒 | 10/22 先勝 |
| 4 | 金 | 乙亥 三碧 | 10/23 友引 |
| 5 | 土 | 丙子 四緑 | 10/24 先負 |
| 6 | 日 | 丁丑 五黄 | 10/25 仏滅 |
| 7 | 月 | 戊寅 六白 | 10/26 大安 |
| 8 | 火 | 己卯 七赤 | 10/27 赤口 |
| 9 | 水 | 庚辰 八白 | 10/28 先勝 |
| 10 | 木 | 辛巳 九紫 | 10/29 友引 |
| 11 | 金 | 壬午 一白 | 10/30 先負 |
| 12 | 土 | 癸未 二黒 | 11/1 大安 |
| 13 | 日 | 甲申 三碧 | 11/2 赤口 |
| 14 | 月 | 乙酉 四緑 | 11/3 先勝 |
| 15 | 火 | 丙戌 五黄 | 11/4 友引 |
| 16 | 水 | 丁亥 六白 | 11/5 先負 |
| 17 | 木 | 戊子 七赤 | 11/6 仏滅 |
| 18 | 金 | 己丑 八白 | 11/7 大安 |
| 19 | 土 | 庚寅 九紫 | 11/8 赤口 |
| 20 | 日 | 辛卯 一白 | 11/9 先勝 |
| 21 | 月 | 壬辰 二黒 | 11/10 友引 |
| 22 | 火 | 癸巳 三碧 | 11/11 先負 |
| 23 | 水 | 甲午 四緑 | 11/12 仏滅 |
| 24 | 木 | 乙未 五黄 | 11/13 大安 |
| 25 | 金 | 丙申 六白 | 11/14 赤口 |
| 26 | 土 | 丁酉 七赤 | 11/15 先勝 |
| 27 | 日 | 戊戌 八白 | 11/16 友引 |
| 28 | 月 | 己亥 九紫 | 11/17 先負 |
| 29 | 火 | 庚子 一白 | 11/18 仏滅 |
| 30 | 水 | 辛丑 二黒 | 11/19 大安 |
| 31 | 木 | 壬寅 三碧 | 11/20 赤口 |

**9月**

9. 7［節］白露
9.18［雑］社日
9.20［雑］彼岸
9.23［節］秋分

**10月**

10. 8［節］寒露
10.20［雑］土用
10.23［節］霜降

**11月**

11. 7［節］立冬
11.22［節］小雪

**12月**

12. 7［節］大雪
12.21［節］冬至

# 2100

明治 **233** 年
大正 **189** 年
昭和 **175** 年
平成 **112** 年

庚申（かのえさる）
八白土星

## 生誕・年忌など

**1. 2** 道元生誕 900 年
**1.13** 丸木俊没後 100 年
**1. —** 東インド会社設立 500 年
**2.17** G. ブルーノ没後 500 年
**3. 6** G. ダイムラー没後 200 年
**3. 9** 朱子没後 900 年
**3.29** C. シャウプ没後 100 年
**4.19** 伊能忠敬・蝦夷地測量行出発 300 年
**5. 3** 中田喜直没後 100 年
**6.13** 平壌での南北朝鮮首脳会談 100 年
**6.21** 義和団事件 200 年
**6.29** サン・テグジュペリ生誕 200 年
**7.21** 沖縄サミット開催 100 年
**7.25** 石坂洋次郎生誕 200 年
　　コンコルド機墜落 100 年
**8. 5** 壺井栄生誕 200 年
**8.13** ロシア原潜クルスク沈没 100 年
**8.23** 三好達治生誕 200 年
**8.25** F. ニーチェ没後 200 年
**9.13** 大宅壮一生誕 200 年
**9.15** 関ヶ原の戦い 500 年
**10. 1** 石田三成没後 500 年
**10.25** G. チョーサー没後 700 年
**11.30** O. ワイルド没後 200 年
**12. 6** 徳川光圀没後 400 年
この年 遣隋使開始 1500 年
　　尚真・琉球諸島完全統一 600 年
　　伊豆諸島群発地震・三宅島噴火全島避難 100 年

**2100年**

## 1月
（丁丑 三碧木星）

| | | | |
|---|---|---|---|
| 1 | 金 | 癸卯 四緑 | 11/21 先勝 |
| 2 | 土 | 甲辰 五黄 | 11/22 友引 |
| 3 | 日 | 乙巳 六白 | 11/23 先負 |
| 4 | 月 | 丙午 七赤 | 11/24 仏滅 |
| 5 | 火 | 丁未 八白 | 11/25 大安 |
| 6 | 水 | 戊申 九紫 | 11/26 赤口 |
| 7 | 木 | 己酉 一白 | 11/27 先勝 |
| 8 | 金 | 庚戌 二黒 | 11/28 友引 |
| 9 | 土 | 辛亥 三碧 | 11/29 先負 |
| 10 | 日 | 壬子 四緑 | 12/1 赤口 |
| 11 | 月 | 癸丑 五黄 | 12/2 先勝 |
| 12 | 火 | 甲寅 六白 | 12/3 友引 |
| 13 | 水 | 乙卯 七赤 | 12/4 先負 |
| 14 | 木 | 丙辰 八白 | 12/5 仏滅 |
| 15 | 金 | 丁巳 九紫 | 12/6 大安 |
| 16 | 土 | 戊午 一白 | 12/7 赤口 |
| 17 | 日 | 己未 二黒 | 12/8 先勝 |
| 18 | 月 | 庚申 三碧 | 12/9 友引 |
| 19 | 火 | 辛酉 四緑 | 12/10 先負 |
| 20 | 水 | 壬戌 五黄 | 12/11 仏滅 |
| 21 | 木 | 癸亥 六白 | 12/12 大安 |
| 22 | 金 | 甲子 七赤 | 12/13 赤口 |
| 23 | 土 | 乙丑 八白 | 12/14 先勝 |
| 24 | 日 | 丙寅 九紫 | 12/15 友引 |
| 25 | 月 | 丁卯 一白 | 12/16 先負 |
| 26 | 火 | 戊辰 二黒 | 12/17 仏滅 |
| 27 | 水 | 己巳 三碧 | 12/18 大安 |
| 28 | 木 | 庚午 四緑 | 12/19 赤口 |
| 29 | 金 | 辛未 五黄 | 12/20 先勝 |
| 30 | 土 | 壬申 六白 | 12/21 友引 |
| 31 | 日 | 癸酉 七赤 | 12/22 先負 |

## 2月
（戊寅 二黒土星）

| | | | |
|---|---|---|---|
| 1 | 月 | 甲戌 八白 | 12/23 仏滅 |
| 2 | 火 | 乙亥 九紫 | 12/24 大安 |
| 3 | 水 | 丙子 一白 | 12/25 赤口 |
| 4 | 木 | 丁丑 二黒 | 12/26 先勝 |
| 5 | 金 | 戊寅 三碧 | 12/27 友引 |
| 6 | 土 | 己卯 四緑 | 12/28 先負 |
| 7 | 日 | 庚辰 五黄 | 12/29 仏滅 |
| 8 | 月 | 辛巳 六白 | 12/30 大安 |
| 9 | 火 | 壬午 七赤 | 1/1 先勝 |
| 10 | 水 | 癸未 八白 | 1/2 友引 |
| 11 | 木 | 甲申 九紫 | 1/3 先負 |
| 12 | 金 | 乙酉 一白 | 1/4 仏滅 |
| 13 | 土 | 丙戌 二黒 | 1/5 大安 |
| 14 | 日 | 丁亥 三碧 | 1/6 赤口 |
| 15 | 月 | 戊子 四緑 | 1/7 先勝 |
| 16 | 火 | 己丑 五黄 | 1/8 友引 |
| 17 | 水 | 庚寅 六白 | 1/9 先負 |
| 18 | 木 | 辛卯 七赤 | 1/10 仏滅 |
| 19 | 金 | 壬辰 八白 | 1/11 大安 |
| 20 | 土 | 癸巳 九紫 | 1/12 赤口 |
| 21 | 日 | 甲午 一白 | 1/13 先勝 |
| 22 | 月 | 乙未 二黒 | 1/14 友引 |
| 23 | 火 | 丙申 三碧 | 1/15 先負 |
| 24 | 水 | 丁酉 四緑 | 1/16 仏滅 |
| 25 | 木 | 戊戌 五黄 | 1/17 大安 |
| 26 | 金 | 己亥 六白 | 1/18 赤口 |
| 27 | 土 | 庚子 七赤 | 1/19 先勝 |
| 28 | 日 | 辛丑 八白 | 1/20 友引 |

## 3月
（己卯 一白水星）

| | | | |
|---|---|---|---|
| 1 | 月 | 壬寅 九紫 | 1/21 先負 |
| 2 | 火 | 癸卯 一白 | 1/22 仏滅 |
| 3 | 水 | 甲辰 二黒 | 1/23 大安 |
| 4 | 木 | 乙巳 三碧 | 1/24 赤口 |
| 5 | 金 | 丙午 四緑 | 1/25 先勝 |
| 6 | 土 | 丁未 五黄 | 1/26 友引 |
| 7 | 日 | 戊申 六白 | 1/27 先負 |
| 8 | 月 | 己酉 七赤 | 1/28 仏滅 |
| 9 | 火 | 庚戌 八白 | 1/29 大安 |
| 10 | 水 | 辛亥 九紫 | 1/30 赤口 |
| 11 | 木 | 壬子 一白 | 2/1 友引 |
| 12 | 金 | 癸丑 二黒 | 2/2 先負 |
| 13 | 土 | 甲寅 三碧 | 2/3 仏滅 |
| 14 | 日 | 乙卯 四緑 | 2/4 大安 |
| 15 | 月 | 丙辰 五黄 | 2/5 赤口 |
| 16 | 火 | 丁巳 六白 | 2/6 先勝 |
| 17 | 水 | 戊午 七赤 | 2/7 友引 |
| 18 | 木 | 己未 八白 | 2/8 先負 |
| 19 | 金 | 庚申 九紫 | 2/9 仏滅 |
| 20 | 土 | 辛酉 一白 | 2/10 大安 |
| 21 | 日 | 壬戌 二黒 | 2/11 赤口 |
| 22 | 月 | 癸亥 三碧 | 2/12 先勝 |
| 23 | 火 | 甲子 四緑 | 2/13 友引 |
| 24 | 水 | 乙丑 五黄 | 2/14 先負 |
| 25 | 木 | 丙寅 六白 | 2/15 仏滅 |
| 26 | 金 | 丁卯 七赤 | 2/16 大安 |
| 27 | 土 | 戊辰 八白 | 2/17 赤口 |
| 28 | 日 | 己巳 九紫 | 2/18 先勝 |
| 29 | 月 | 庚午 一白 | 2/19 友引 |
| 30 | 火 | 辛未 二黒 | 2/20 先負 |
| 31 | 水 | 壬申 三碧 | 2/21 仏滅 |

## 4月
（庚辰 九紫火星）

| | | | |
|---|---|---|---|
| 1 | 木 | 癸酉 四緑 | 2/22 大安 |
| 2 | 金 | 甲戌 五黄 | 2/23 赤口 |
| 3 | 土 | 乙亥 六白 | 2/24 先勝 |
| 4 | 日 | 丙子 七赤 | 2/25 友引 |
| 5 | 月 | 丁丑 八白 | 2/26 先負 |
| 6 | 火 | 戊寅 九紫 | 2/27 仏滅 |
| 7 | 水 | 己卯 一白 | 2/28 大安 |
| 8 | 木 | 庚辰 二黒 | 2/29 赤口 |
| 9 | 金 | 辛巳 三碧 | 2/30 先勝 |
| 10 | 土 | 壬午 四緑 | 3/1 先負 |
| 11 | 日 | 癸未 五黄 | 3/2 仏滅 |
| 12 | 月 | 甲申 六白 | 3/3 大安 |
| 13 | 火 | 乙酉 七赤 | 3/4 赤口 |
| 14 | 水 | 丙戌 八白 | 3/5 先勝 |
| 15 | 木 | 丁亥 九紫 | 3/6 友引 |
| 16 | 金 | 戊子 一白 | 3/7 先負 |
| 17 | 土 | 己丑 二黒 | 3/8 仏滅 |
| 18 | 日 | 庚寅 三碧 | 3/9 大安 |
| 19 | 月 | 辛卯 四緑 | 3/10 赤口 |
| 20 | 火 | 壬辰 五黄 | 3/11 先勝 |
| 21 | 水 | 癸巳 六白 | 3/12 友引 |
| 22 | 木 | 甲午 七赤 | 3/13 先負 |
| 23 | 金 | 乙未 八白 | 3/14 仏滅 |
| 24 | 土 | 丙申 九紫 | 3/15 大安 |
| 25 | 日 | 丁酉 一白 | 3/16 赤口 |
| 26 | 月 | 戊戌 二黒 | 3/17 先勝 |
| 27 | 火 | 己亥 三碧 | 3/18 友引 |
| 28 | 水 | 庚子 四緑 | 3/19 先負 |
| 29 | 木 | 辛丑 五黄 | 3/20 仏滅 |
| 30 | 金 | 壬寅 六白 | 3/21 大安 |

**1月**

1. 5［節］小寒
1.17［雑］土用
1.20［節］大寒

**2月**

2. 3［雑］節分
2. 4［節］立春
2.18［節］雨水

**3月**

3. 5［節］啓蟄
3.17［雑］彼岸
3.17［雑］社日
3.20［節］春分

**4月**

4. 5［節］清明
4.17［雑］土用
4.20［節］穀雨

## 5月
（辛巳 八白土星）

| 日 | 曜 | 干支 | 九星 | 旧暦 | 六曜 |
|---|---|---|---|---|---|
| 1 | 土 | 癸卯 | 七赤 | 3/22 | 赤口 |
| 2 | 日 | 甲辰 | 八白 | 3/23 | 先勝 |
| 3 | 月 | 乙巳 | 九紫 | 3/24 | 友引 |
| 4 | 火 | 丙午 | 一白 | 3/25 | 先負 |
| 5 | 水 | 丁未 | 二黒 | 3/26 | 仏滅 |
| 6 | 木 | 戊申 | 三碧 | 3/27 | 大安 |
| 7 | 金 | 己酉 | 四緑 | 3/28 | 赤口 |
| 8 | 土 | 庚戌 | 五黄 | 3/29 | 先勝 |
| 9 | 日 | 辛亥 | 六白 | 4/1 | 仏滅 |
| 10 | 月 | 壬子 | 七赤 | 4/2 | 大安 |
| 11 | 火 | 癸丑 | 八白 | 4/3 | 赤口 |
| 12 | 水 | 甲寅 | 九紫 | 4/4 | 先勝 |
| 13 | 木 | 乙卯 | 一白 | 4/5 | 友引 |
| 14 | 金 | 丙辰 | 二黒 | 4/6 | 先負 |
| 15 | 土 | 丁巳 | 三碧 | 4/7 | 仏滅 |
| 16 | 日 | 戊午 | 四緑 | 4/8 | 大安 |
| 17 | 月 | 己未 | 五黄 | 4/9 | 赤口 |
| 18 | 火 | 庚申 | 六白 | 4/10 | 先勝 |
| 19 | 水 | 辛酉 | 七赤 | 4/11 | 友引 |
| 20 | 木 | 壬戌 | 八白 | 4/12 | 先負 |
| 21 | 金 | 癸亥 | 九紫 | 4/13 | 仏滅 |
| 22 | 土 | 甲子 | 一白 | 4/14 | 大安 |
| 23 | 日 | 乙丑 | 二黒 | 4/15 | 赤口 |
| 24 | 月 | 丙寅 | 三碧 | 4/16 | 先勝 |
| 25 | 火 | 丁卯 | 四緑 | 4/17 | 友引 |
| 26 | 水 | 戊辰 | 五黄 | 4/18 | 先負 |
| 27 | 木 | 己巳 | 六白 | 4/19 | 仏滅 |
| 28 | 金 | 庚午 | 七赤 | 4/20 | 大安 |
| 29 | 土 | 辛未 | 八白 | 4/21 | 赤口 |
| 30 | 日 | 壬申 | 九紫 | 4/22 | 先勝 |
| 31 | 月 | 癸酉 | 一白 | 4/23 | 友引 |

## 6月
（壬午 七赤金星）

| 日 | 曜 | 干支 | 九星 | 旧暦 | 六曜 |
|---|---|---|---|---|---|
| 1 | 火 | 甲戌 | 二黒 | 4/24 | 先負 |
| 2 | 水 | 乙亥 | 三碧 | 4/25 | 仏滅 |
| 3 | 木 | 丙子 | 四緑 | 4/26 | 大安 |
| 4 | 金 | 丁丑 | 五黄 | 4/27 | 赤口 |
| 5 | 土 | 戊寅 | 六白 | 4/28 | 先勝 |
| 6 | 日 | 己卯 | 七赤 | 4/29 | 友引 |
| 7 | 月 | 庚辰 | 八白 | 4/30 | 先負 |
| 8 | 火 | 辛巳 | 九紫 | 5/1 | 大安 |
| 9 | 水 | 壬午 | 一白 | 5/2 | 赤口 |
| 10 | 木 | 癸未 | 二黒 | 5/3 | 先勝 |
| 11 | 金 | 甲申 | 三碧 | 5/4 | 友引 |
| 12 | 土 | 乙酉 | 四緑 | 5/5 | 先負 |
| 13 | 日 | 丙戌 | 五黄 | 5/6 | 仏滅 |
| 14 | 月 | 丁亥 | 六白 | 5/7 | 大安 |
| 15 | 火 | 戊子 | 七赤 | 5/8 | 赤口 |
| 16 | 水 | 己丑 | 八白 | 5/9 | 先勝 |
| 17 | 木 | 庚寅 | 九紫 | 5/10 | 友引 |
| 18 | 金 | 辛卯 | 一白 | 5/11 | 先負 |
| 19 | 土 | 壬辰 | 二黒 | 5/12 | 仏滅 |
| 20 | 日 | 癸巳 | 三碧 | 5/13 | 大安 |
| 21 | 月 | 甲午 | 三碧 | 5/14 | 赤口 |
| 22 | 火 | 乙未 | 二黒 | 5/15 | 先勝 |
| 23 | 水 | 丙申 | 一白 | 5/16 | 友引 |
| 24 | 木 | 丁酉 | 九紫 | 5/17 | 先負 |
| 25 | 金 | 戊戌 | 八白 | 5/18 | 仏滅 |
| 26 | 土 | 己亥 | 七赤 | 5/19 | 大安 |
| 27 | 日 | 庚子 | 六白 | 5/20 | 赤口 |
| 28 | 月 | 辛丑 | 五黄 | 5/21 | 先勝 |
| 29 | 火 | 壬寅 | 四緑 | 5/22 | 友引 |
| 30 | 水 | 癸卯 | 三碧 | 5/23 | 先負 |

## 7月
（癸未 六白金星）

| 日 | 曜 | 干支 | 九星 | 旧暦 | 六曜 |
|---|---|---|---|---|---|
| 1 | 木 | 甲辰 | 二黒 | 5/24 | 仏滅 |
| 2 | 金 | 乙巳 | 一白 | 5/25 | 大安 |
| 3 | 土 | 丙午 | 九紫 | 5/26 | 赤口 |
| 4 | 日 | 丁未 | 八白 | 5/27 | 先勝 |
| 5 | 月 | 戊申 | 七赤 | 5/28 | 友引 |
| 6 | 火 | 己酉 | 六白 | 5/29 | 先負 |
| 7 | 水 | 庚戌 | 五黄 | 6/1 | 赤口 |
| 8 | 木 | 辛亥 | 四緑 | 6/2 | 先勝 |
| 9 | 金 | 壬子 | 三碧 | 6/3 | 友引 |
| 10 | 土 | 癸丑 | 二黒 | 6/4 | 先負 |
| 11 | 日 | 甲寅 | 一白 | 6/5 | 仏滅 |
| 12 | 月 | 乙卯 | 九紫 | 6/6 | 大安 |
| 13 | 火 | 丙辰 | 八白 | 6/7 | 赤口 |
| 14 | 水 | 丁巳 | 七赤 | 6/8 | 先勝 |
| 15 | 木 | 戊午 | 六白 | 6/9 | 友引 |
| 16 | 金 | 己未 | 五黄 | 6/10 | 先負 |
| 17 | 土 | 庚申 | 四緑 | 6/11 | 仏滅 |
| 18 | 日 | 辛酉 | 三碧 | 6/12 | 大安 |
| 19 | 月 | 壬戌 | 二黒 | 6/13 | 赤口 |
| 20 | 火 | 癸亥 | 一白 | 6/14 | 先勝 |
| 21 | 水 | 甲子 | 九紫 | 6/15 | 友引 |
| 22 | 木 | 乙丑 | 八白 | 6/16 | 先負 |
| 23 | 金 | 丙寅 | 七赤 | 6/17 | 仏滅 |
| 24 | 土 | 丁卯 | 六白 | 6/18 | 大安 |
| 25 | 日 | 戊辰 | 五黄 | 6/19 | 赤口 |
| 26 | 月 | 己巳 | 四緑 | 6/20 | 先勝 |
| 27 | 火 | 庚午 | 三碧 | 6/21 | 友引 |
| 28 | 水 | 辛未 | 二黒 | 6/22 | 先負 |
| 29 | 木 | 壬申 | 一白 | 6/23 | 仏滅 |
| 30 | 金 | 癸酉 | 九紫 | 6/24 | 大安 |
| 31 | 土 | 甲戌 | 八白 | 6/25 | 赤口 |

## 8月
（甲申 五黄土星）

| 日 | 曜 | 干支 | 九星 | 旧暦 | 六曜 |
|---|---|---|---|---|---|
| 1 | 日 | 乙亥 | 七赤 | 6/26 | 先勝 |
| 2 | 月 | 丙子 | 六白 | 6/27 | 友引 |
| 3 | 火 | 丁丑 | 五黄 | 6/28 | 先負 |
| 4 | 水 | 戊寅 | 四緑 | 6/29 | 仏滅 |
| 5 | 木 | 己卯 | 三碧 | 6/30 | 大安 |
| 6 | 金 | 庚辰 | 二黒 | 7/1 | 先勝 |
| 7 | 土 | 辛巳 | 一白 | 7/2 | 友引 |
| 8 | 日 | 壬午 | 九紫 | 7/3 | 先負 |
| 9 | 月 | 癸未 | 八白 | 7/4 | 仏滅 |
| 10 | 火 | 甲申 | 七赤 | 7/5 | 大安 |
| 11 | 水 | 乙酉 | 六白 | 7/6 | 赤口 |
| 12 | 木 | 丙戌 | 五黄 | 7/7 | 先勝 |
| 13 | 金 | 丁亥 | 四緑 | 7/8 | 友引 |
| 14 | 土 | 戊子 | 三碧 | 7/9 | 先負 |
| 15 | 日 | 己丑 | 二黒 | 7/10 | 仏滅 |
| 16 | 月 | 庚寅 | 一白 | 7/11 | 大安 |
| 17 | 火 | 辛卯 | 九紫 | 7/12 | 赤口 |
| 18 | 水 | 壬辰 | 八白 | 7/13 | 先勝 |
| 19 | 木 | 癸巳 | 七赤 | 7/14 | 友引 |
| 20 | 金 | 甲午 | 六白 | 7/15 | 先負 |
| 21 | 土 | 乙未 | 五黄 | 7/16 | 仏滅 |
| 22 | 日 | 丙申 | 四緑 | 7/17 | 大安 |
| 23 | 月 | 丁酉 | 三碧 | 7/18 | 赤口 |
| 24 | 火 | 戊戌 | 二黒 | 7/19 | 先勝 |
| 25 | 水 | 己亥 | 一白 | 7/20 | 友引 |
| 26 | 木 | 庚子 | 九紫 | 7/21 | 先負 |
| 27 | 金 | 辛丑 | 八白 | 7/22 | 仏滅 |
| 28 | 土 | 壬寅 | 七赤 | 7/23 | 大安 |
| 29 | 日 | 癸卯 | 六白 | 7/24 | 赤口 |
| 30 | 月 | 甲辰 | 五黄 | 7/25 | 先勝 |
| 31 | 火 | 乙巳 | 四緑 | 7/26 | 友引 |

**5月**

5. 2［雑］八十八夜
5. 5［節］立夏
5.21［節］小満

**6月**

6. 5［節］芒種
6.11［雑］入梅
6.21［節］夏至

**7月**

7. 2［雑］半夏生
7. 7［節］小暑
7.19［雑］土用
7.23［節］大暑

**8月**

8. 7［節］立秋
8.23［節］処暑

## 9 月
（乙酉 四緑木星）

| | | | |
|---|---|---|---|
| 1 | 水 | 丙午 三碧 | 7/27 先負 |
| 2 | 木 | 丁未 二黒 | 7/28 仏滅 |
| 3 | 金 | 戊申 一白 | 7/29 大安 |
| 4 | 土 | 己酉 九紫 | 8/1 友引 |
| 5 | 日 | 庚戌 八白 | 8/2 先負 |
| 6 | 月 | 辛亥 七赤 | 8/3 仏滅 |
| 7 | 火 | 壬子 六白 | 8/4 大安 |
| 8 | 水 | 癸丑 五黄 | 8/5 赤口 |
| 9 | 木 | 甲寅 四緑 | 8/6 先勝 |
| 10 | 金 | 乙卯 三碧 | 8/7 友引 |
| 11 | 土 | 丙辰 二黒 | 8/8 先負 |
| 12 | 日 | 丁巳 一白 | 8/9 仏滅 |
| 13 | 月 | 戊午 九紫 | 8/10 大安 |
| 14 | 火 | 己未 八白 | 8/11 赤口 |
| 15 | 水 | 庚申 七赤 | 8/12 先勝 |
| 16 | 木 | 辛酉 六白 | 8/13 友引 |
| 17 | 金 | 壬戌 五黄 | 8/14 先負 |
| 18 | 土 | 癸亥 四緑 | 8/15 仏滅 |
| 19 | 日 | 甲子 三碧 | 8/16 大安 |
| 20 | 月 | 乙丑 二黒 | 8/17 赤口 |
| 21 | 火 | 丙寅 一白 | 8/18 先勝 |
| 22 | 水 | 丁卯 九紫 | 8/19 友引 |
| 23 | 木 | 戊辰 八白 | 8/20 先負 |
| 24 | 金 | 己巳 七赤 | 8/21 仏滅 |
| 25 | 土 | 庚午 六白 | 8/22 大安 |
| 26 | 日 | 辛未 五黄 | 8/23 赤口 |
| 27 | 月 | 壬申 四緑 | 8/24 先勝 |
| 28 | 火 | 癸酉 三碧 | 8/25 友引 |
| 29 | 水 | 甲戌 二黒 | 8/26 先負 |
| 30 | 木 | 乙亥 一白 | 8/27 仏滅 |

## 10 月
（丙戌 三碧木星）

| | | | |
|---|---|---|---|
| 1 | 金 | 丙子 九紫 | 8/28 大安 |
| 2 | 土 | 丁丑 八白 | 8/29 赤口 |
| 3 | 日 | 戊寅 七赤 | 8/30 先勝 |
| 4 | 月 | 己卯 六白 | 9/1 先負 |
| 5 | 火 | 庚辰 五黄 | 9/2 仏滅 |
| 6 | 水 | 辛巳 四緑 | 9/3 大安 |
| 7 | 木 | 壬午 三碧 | 9/4 赤口 |
| 8 | 金 | 癸未 二黒 | 9/5 先勝 |
| 9 | 土 | 甲申 一白 | 9/6 友引 |
| 10 | 日 | 乙酉 九紫 | 9/7 先負 |
| 11 | 月 | 丙戌 八白 | 9/8 仏滅 |
| 12 | 火 | 丁亥 七赤 | 9/9 大安 |
| 13 | 水 | 戊子 六白 | 9/10 赤口 |
| 14 | 木 | 己丑 五黄 | 9/11 先勝 |
| 15 | 金 | 庚寅 四緑 | 9/12 友引 |
| 16 | 土 | 辛卯 三碧 | 9/13 先負 |
| 17 | 日 | 壬辰 二黒 | 9/14 仏滅 |
| 18 | 月 | 癸巳 一白 | 9/15 大安 |
| 19 | 火 | 甲午 九紫 | 9/16 赤口 |
| 20 | 水 | 乙未 八白 | 9/17 先勝 |
| 21 | 木 | 丙申 七赤 | 9/18 友引 |
| 22 | 金 | 丁酉 六白 | 9/19 先負 |
| 23 | 土 | 戊戌 五黄 | 9/20 仏滅 |
| 24 | 日 | 己亥 四緑 | 9/21 大安 |
| 25 | 月 | 庚子 三碧 | 9/22 赤口 |
| 26 | 火 | 辛丑 二黒 | 9/23 先勝 |
| 27 | 水 | 壬寅 一白 | 9/24 友引 |
| 28 | 木 | 癸卯 九紫 | 9/25 先負 |
| 29 | 金 | 甲辰 八白 | 9/26 仏滅 |
| 30 | 土 | 乙巳 七赤 | 9/27 大安 |
| 31 | 日 | 丙午 六白 | 9/28 赤口 |

## 11 月
（丁亥 二黒土星）

| | | | |
|---|---|---|---|
| 1 | 月 | 丁未 五黄 | 9/29 先勝 |
| 2 | 火 | 戊申 四緑 | 10/1 仏滅 |
| 3 | 水 | 己酉 三碧 | 10/2 大安 |
| 4 | 木 | 庚戌 二黒 | 10/3 赤口 |
| 5 | 金 | 辛亥 一白 | 10/4 先勝 |
| 6 | 土 | 壬子 九紫 | 10/5 友引 |
| 7 | 日 | 癸丑 八白 | 10/6 先負 |
| 8 | 月 | 甲寅 七赤 | 10/7 仏滅 |
| 9 | 火 | 乙卯 六白 | 10/8 大安 |
| 10 | 水 | 丙辰 五黄 | 10/9 赤口 |
| 11 | 木 | 丁巳 四緑 | 10/10 先勝 |
| 12 | 金 | 戊午 三碧 | 10/11 友引 |
| 13 | 土 | 己未 二黒 | 10/12 先負 |
| 14 | 日 | 庚申 一白 | 10/13 仏滅 |
| 15 | 月 | 辛酉 九紫 | 10/14 大安 |
| 16 | 火 | 壬戌 八白 | 10/15 赤口 |
| 17 | 水 | 癸亥 七赤 | 10/16 先勝 |
| 18 | 木 | 甲子 六白 | 10/17 友引 |
| 19 | 金 | 乙丑 五黄 | 10/18 先負 |
| 20 | 土 | 丙寅 四緑 | 10/19 仏滅 |
| 21 | 日 | 丁卯 三碧 | 10/20 大安 |
| 22 | 月 | 戊辰 二黒 | 10/21 赤口 |
| 23 | 火 | 己巳 一白 | 10/22 先勝 |
| 24 | 水 | 庚午 九紫 | 10/23 友引 |
| 25 | 木 | 辛未 八白 | 10/24 先負 |
| 26 | 金 | 壬申 七赤 | 10/25 仏滅 |
| 27 | 土 | 癸酉 六白 | 10/26 大安 |
| 28 | 日 | 甲戌 五黄 | 10/27 赤口 |
| 29 | 月 | 乙亥 四緑 | 10/28 先勝 |
| 30 | 火 | 丙子 三碧 | 10/29 友引 |

## 12 月
（戊子 一白水星）

| | | | |
|---|---|---|---|
| 1 | 水 | 丁丑 二黒 | 11/1 大安 |
| 2 | 木 | 戊寅 一白 | 11/2 赤口 |
| 3 | 金 | 己卯 九紫 | 11/3 先勝 |
| 4 | 土 | 庚辰 八白 | 11/4 友引 |
| 5 | 日 | 辛巳 七赤 | 11/5 先負 |
| 6 | 月 | 壬午 六白 | 11/6 仏滅 |
| 7 | 火 | 癸未 五黄 | 11/7 大安 |
| 8 | 水 | 甲申 四緑 | 11/8 赤口 |
| 9 | 木 | 乙酉 三碧 | 11/9 先勝 |
| 10 | 金 | 丙戌 二黒 | 11/10 友引 |
| 11 | 土 | 丁亥 一白 | 11/11 先負 |
| 12 | 日 | 戊子 九紫 | 11/12 仏滅 |
| 13 | 月 | 己丑 八白 | 11/13 大安 |
| 14 | 火 | 庚寅 七赤 | 11/14 赤口 |
| 15 | 水 | 辛卯 六白 | 11/15 先勝 |
| 16 | 木 | 壬辰 五黄 | 11/16 友引 |
| 17 | 金 | 癸巳 四緑 | 11/17 先負 |
| 18 | 土 | 甲午 三碧 | 11/18 仏滅 |
| 19 | 日 | 乙未 二黒 | 11/19 大安 |
| 20 | 月 | 丙申 一白 | 11/20 赤口 |
| 21 | 火 | 丁酉 九紫 | 11/21 先勝 |
| 22 | 水 | 戊戌 八白 | 11/22 友引 |
| 23 | 木 | 己亥 七赤 | 11/23 先負 |
| 24 | 金 | 庚子 六白 | 11/24 仏滅 |
| 25 | 土 | 辛丑 五黄 | 11/25 大安 |
| 26 | 日 | 壬寅 四緑 | 11/26 赤口 |
| 27 | 月 | 癸卯 三碧 | 11/27 先勝 |
| 28 | 火 | 甲辰 二黒 | 11/28 友引 |
| 29 | 水 | 乙巳 一白 | 11/29 先負 |
| 30 | 木 | 丙午 九紫 | 11/30 仏滅 |
| 31 | 金 | 丁未 八白 | 12/1 赤口 |

**9 月**

9. 1 [雑] 二百十日
9. 7 [節] 白露
9.20 [雑] 彼岸
9.23 [節] 秋分
9.23 [雑] 社日

**10 月**

10. 8 [節] 寒露
10.20 [雑] 土用
10.23 [節] 霜降

**11 月**

11. 7 [節] 立冬
11.22 [節] 小雪

**12 月**

12. 7 [節] 大雪
12.22 [節] 冬至

# 解　説

編集部

本書掲載の暦表は編集部が計算によって作成したものだが、地球の自転速度の変化や計算時の定数設定の微妙な差分により、計算値が部分的に最大十数分間の誤差を持つ可能性がある。その誤差がちょうど日付の変わり目をまたぐ場合には本書の記載事項に影響を及ぼすので、ここにその可能性のあるもの、およびその他の例外事項等を列挙して簡単な解説を加えたい。

## 1. 旧　暦

### a） 2017年の旧暦2月朔日

本書では2月26日を旧暦2月朔日としたが、2月27日が朔日となる可能性が（極めて少ないが）ある。

### b） 2051年の旧暦10月朔日

本書では11月3日を旧暦10月朔日としたが、11月4日が朔日となる可能性がある。

### c） 2074年の旧暦7月朔日

本書では8月22日を旧暦7月朔日としたが、8月23日が朔日となる可能性がある。

### d） 2097年の旧暦12月（前年分）朔日

本書では1月14日を旧暦12月朔日としたが、1月13日が朔日となる可能性がある。

### e） 2033年から2034年にかけての旧暦月名

日本で旧暦というと天保暦を指すが、2033年から翌年にかけては天保暦が採用されて以来初めての例外的状況となる。天保暦ではまず朔日を決定し、二十四節気の春分、夏至、秋分、冬至の日を持つ月に2月、5月、8月、11月をあて、最後にその間の月名を割り振る。余りが出る場合はその他の中気（穀雨、小満、大暑、処暑、霜降、小雪、大寒、雨水）を含まない月が閏月となる。ところが2033年は旧暦8月と旧暦11月の間に1ヵ月しかなく、旧暦11月と翌年の旧暦2月の間に中気を含む旧暦月が1ヵ月、中気を含まない旧暦月が2ヵ月生じてしまうことが知られている。本書では旧暦月名を「7月→8月→9月→10月→11月→閏11月→12月→1月」と配置したが、「7月→閏7月→8月→9月→10月→11月→12月→1月」としている資料もある（「平成・萬年暦」など）。いずれにせよ天保暦の原則が崩れることになる。

## 2. 六　曜

六曜は旧暦月名により朔日から晦日まで機械的に割り振られている。上記旧暦月の変更可能性が現実となるとそれに伴って六曜も変更となる。

## 3. 二十四節気

### a）2030年の雨水

本書では2月19日を雨水としたが、2月18日が雨水となる可能性がある。

### b）2095年の冬至

本書では12月22日を冬至としたが、12月21日が冬至となる可能性がある。

## 4. 雑　節

### a）2061年の秋の社日

本書では9月27日を社日としたが、9月17日が社日となる可能性がある。

### b）2082年の秋の社日

本書では9月27日を社日としたが、9月17日が社日となる可能性がある。

c）なお社日は春分・秋分に最も近い戊の日のことだが、春分・秋分が癸の日の場合は等距離となる。本書では春分点・秋分点の時間が午前ならば前の戊の日、午後ならば後の戊の日を社日とした。

## 5. 干　支

### a）年干支

年の干支は本来は旧暦年または節年に対して割り当てられるものである。しかし現在では新暦年を干支の変わり目とするのが普通になっている（2000年は辰年など）ので便宜的に新暦年の見出しに年干支を記載した。

### b）月干支

月の干支も本来は旧暦月または節月に対して割り当てられるが、本書では年干支に合わせ便宜的に新暦月の見出しに月干支を記載した。

## 6. 九　星

### a）年九星

年の九星は本来は節年に対して割り当てられるが、本書では年干支に合わせ便宜的に新暦年の見出しに年九星を記載した。

b）月九星

月の九星も本来は節月に対して割り当てられるが、本書では月干支に合わせ便宜的に新暦月の見出しに月九星を記載した。

c）日九星

日の九星は（干支・九星・六曜はすべてそうだが）科学的根拠に基づくものではなく、占星術的な色合いが濃厚である。従って“流派”や“占星家”によってその配置方法は大きく異なっている。本書では現在日本で最も一般的と思われる方法で配置したが、特に九星の閏を置く位置とその方法のために他の暦とは部分的に差違の生じる可能性がある。本書では、2008年冬至前後、2020年夏至前後、2031年冬至前後、2042年冬至前後、2054年夏至前後、2065年冬至前後、2077年夏至前後、2088年冬至前後、2100年夏至前後の合わせて9回置閏しており、この周辺で他書と異なる場合も予想される。

## 6. 参考資料


暦の百科事典 2000年版（暦の会，本の友社） 1999
新こよみ便利帳（暦計算研究会編，恒星社厚生閣）1991
暦日大鑑（西澤宥綜編著，新人物往来社） 1994
平成・萬年暦（福田有典著，武部重信編，天象学会） 1991
命理・遁甲万年暦（武田考玄編著，秀央社） 1991
20世紀の暦―朔望萬年暦（黒坂紘一·河村真光著，光村推古書院） 1994
日本全史（講談社） 1991
世界全史（講談社） 1994
日本文化総合年表（岩波書店） 1990
世界史人物生没年表（日外アソシエーツ） 1996
日本史人物生没年表（日外アソシエーツ） 1997
国史大辞典（吉川弘文館） 1979～1997
日本史大事典（平凡社） 1992～1994
昭和史全記録（毎日新聞社） 1989
20世紀全記録（講談社） 1987
朝日新聞にみる日本の歩み（朝日新聞社） 1974～1977
昭和二万日の全記録（講談社） 1989～1991
世界史大年表（平凡社） 1985
朝日年鑑（朝日新聞社） 年刊
読売年鑑（読売新聞社） 年刊
朝日新聞縮刷版（朝日新聞社） 年刊

# 21世紀暦 ―― 曜日・干支・九星・旧暦・六曜

2000年10月25日　第1刷発行

**編　集**／日外アソシエーツ編集部
**発行者**／大高利夫
**発　行**／日外アソシエーツ株式会社
〒143-8550 東京都大田区大森北1-23-8 第3下川ビル
電話(03)3763-5241(代表)　FAX(03)3764-0845
URL　http://www.nichigai.co.jp/
**発売元**／株式会社紀伊國屋書店
〒163-8636 東京都新宿区新宿3-17-7
電話(03)3354-0131(代表)
ホールセール部(営業)　電話(03)5469-5918

組版処理／日外アソシエーツ株式会社
印刷・製本／株式会社平河工業社


《中性紙三菱クリームエレガ使用》
〈落丁・乱丁本はお取り替えいたします〉
*ISBN4-8169-1630-X*　*Printed in Japan, 2000*

本書はディジタルデータでご利用いただくことができます。詳細はお問い合わせください。